2009—2010 年度
水利水电工程建设工法汇编

2009—2010 Collection of Construction Methods in Water & Hydropower Engineering

水 利 部 建 设 与 管 理 司
中 国 水 利 工 程 协 会 编
浙江省围海建设集团股份有限公司

黄河水利出版社
·郑 州·

图书在版编目(CIP)数据

2009-2010 年度水利水电工程建设工法汇编/水利
部建设与管理司,中国水利工程协会,浙江省围海建设
集团股份有限公司编. —郑州:黄河水利出版社,2011.9
ISBN 978-7-5509-0121-6

Ⅰ.①2… Ⅱ.①水…②中…③浙… Ⅲ.①水利水电
工程-工程施工-建筑规范-汇编-中国-2009-2010
Ⅳ.①TV5-65

中国版本图书馆 CIP 数据核字(2011)第 190286 号

出 版 社:黄河水利出版社
　　　　地址:河南省郑州市顺河路黄委会综合楼 14 层　邮政编码:450003
发行单位:黄河水利出版社
　　　　发行部电话:0371-66026940、66020550、66028024、66022620(传真)
　　　　E-mail:hhslcbs@126.com
承印单位:河南省瑞光印务股份有限公司
开本:880 mm×1 230 mm　1/16
印张:51.75　　　　　　　　　　插页:4
字数:1 460 千字　　　　　　　　印数:1—2 100
版次:2011 年 9 月第 1 版　　　　印次:2011 年 9 月第 1 次印刷
定价:158.00 元

《2009-2010 年度水利水电工程建设工法汇编》

编委会名单

主　　任：孙献忠

副 主 任：赵东晓　　安中仁　　冯全宏

编　　委：翟伟铎　　张子和　　俞元洪　　梅锦煜　　黄景湖

　　　　　郑桂斌　　张雪虎　　吴良勇　　陈　晖　　陈富强

　　　　　王掌权　　邱春方　　温仲奎　　郁建红　　仇志清

　　　　　吴建东　　张茂军　　朱鸿鸣　　张志建　　张　末

　　　　　胡梅愿　　薛　归　　殷航俊

工作人员：孙以三　　孙燕贺　　徐丽君　　成迪龙　　胡寿胜

　　　　　陈用辉　　戈明亮　　王春亚　　余朝伟

前　言

水利水电工程建设工法，是以水利水电工程为对象，施工工艺为核心，将先进技术与科学管理相结合，经过一定的工程实践形成的施工方法。

为鼓励企业科技创新，提高水利水电工程施工水平和工程质量，根据广大施工会员单位的倡议，协会向水利部建议后，水利部委托协会在行业内开展工法评审管理工作。2010年10月，协会发布了《水利水电工程建设工法管理办法》，2011年3～5月，开展了2009—2010年度工法评审工作，审定水利水电工程建设工法97项，其中土建工程86篇，机电及金结工程7篇，其他工程4篇。

这批工法是这些水利水电施工企业科技创新的成果，是广大工程技术人员对施工方法的科学总结。总体上看，这批工法经过工程实践检验，行之有效，是指导水利工程施工的实施细则，具有较强的创新性和实用性。

我们倡导水利水电施工企业和广大工程技术人员积极推广应用这些工法，继续修改完善现有工法，积极探索和实践新的工法，不断加强工法成果管理工作。为此，我们将这些工法汇编成书，展现给大家。

本书凝结了工法完成单位和完成人员的智慧，同时要感谢各位专家对稿件的精心修改，以及黄河水利出版社的编辑们为本书文字和图表加工所付出的辛勤劳动。

由于时间紧、内容多、专业性强，书中难免有错漏之处，敬请专家和读者批评指正。

中国水利工程协会

二〇一一年八月

中华人民共和国水利部办公厅

办建管函〔2009〕902 号

关于委托开展水利水电建设工程
工法评审工作的函

中国水利工程协会：

　　为了鼓励企业科技创新，促进水利水电建设工程新技术、新工艺、新材料和新设备的推广应用，提高水利水电建设工程施工水平和工程质量，经研究，现委托你协会承担水利水电建设工程工法评审等工作。具体管理办法由你协会组织制定，报部核备后印发实施，工法评审结果报部备案。

二〇〇九年十一月十三日

中国水利工程协会文件

中水协〔2010〕20号

关于发布《水利水电工程建设工法
管理办法》的通知

部直属有关单位,各流域管理机构,各省、自治区、直辖市水利(水务)厅
(局),新疆生产建设兵团水利局,各有关施工企业,各有关单位:

根据水利部《关于委托开展水利水电建设工程工法评审工作的函》
(办建管函〔2009〕902号),我会制定了《水利水电工程建设工法管理办
法》,经第一届理事会第六次会议(通讯)表决通过,报水利部建设与管理
司备案同意,现印发施行。

附件:水利水电工程建设工法管理办法

二〇一〇年十月二十六日

水利水电工程建设工法管理办法

第一条 为鼓励企业科技创新,促进我国水利水电工程建设新技术、新工艺、新材料和新设备的推广和应用,提高水利水电工程施工水平和工程质量,参照《工程建设工法管理办法》,根据中国水利工程协会章程,结合水利行业实际,制定本办法。

第二条 本办法所称的水利水电工程建设工法为水利水电行业建设工法,是指以水利水电工程为对象,施工工艺为核心,运用系统工程原理,将先进技术与科学管理相结合,经过一定的工程实践形成的综合配套的施工方法。

水利水电工程建设工法划分为土建工程、机电与金结工程、其他工程3个类别。

第三条 本办法适用于水利水电工程建设工法的申报、评审和成果管理。

第四条 中国水利工程协会受水利部委托,承担水利水电工程建设工法管理工作。

第五条 水利水电工程建设工法由施工企业申报,由中国水利工程协会组织评审,评审结果报水利部备案后公布。

第六条 水利水电工程建设工法原则上每2年评审一次。

第七条 申报水利水电工程建设工法应具备以下条件:

(一)符合国家水利水电工程建设的方针、政策和技术标准,具有先进性、科学性和实用性;

(二)工法的关键性技术应处于水利水电工程行业内领先水平,工法中采用的新技术、新工艺、新材料和新设备在现行水利水电工程技术标准

的基础上有所创新;

(三)工法至少经过两个工程的应用,并得到建设单位认可,经济效益和社会效益显著。

第八条　企业申报水利水电工程建设工法,中央和水利部直属单位企业直接到中国水利工程协会申报;流域管理机构所属企业须由流域管理机构出具推荐意见后申报;其他企业由注册所在地省级行政主管部门或水利工程行业自律组织出具推荐意见后申报。

第九条　两个单位共同完成的项目可联合申报,同时要明确主要完成单位。

第十条　多个单位同期申报的同类项目,可以同时参加评审,评审通过后,由评审委员会根据工程完成时间、专利号时间和科技创新水平等来确定申报单位排序,征求申报单位同意后予以公布。

第十一条　水利水电工程建设工法编写内容要齐全完整,应包括:前言、工法特点、适用范围、工艺原理、施工工艺流程及操作要点、材料与设备、质量控制、安全措施、环保与资源节约、效益分析和应用实例。

第十二条　工法编写应层次分明、数据准确可靠、语言表达规范、附图清晰,应满足指导项目施工与管理的需要。

工法中若涉及需保密的关键技术,应在申请专利后申报,在编写时可以省略,但需注明专利号。

第十三条　申报材料包括:

(一)水利水电工程建设工法申报表;

(二)工法具体内容材料;

(三)由科技查新机构出具的科技成果查新证明材料;

(四)由省部级科技成果鉴定部门出具的关键技术评价(鉴定)证明材

料；

（五）其他证明材料。

第十四条　中国水利工程协会组织成立水利水电工程建设工法评审委员会，下设土建工程、机电与金结工程、其他工程 3 个专业评审组。

第十五条　水利水电工法评审程序：

（一）工法评审实行主、副审制，由专业评审组组长指定每项工法主审 1 人、副审 2 人，主、副审审阅申报材料，提出基本评审意见。

（二）专业评审组审查材料，查看工程施工影像资料，听取主、副审对工法的基本评审意见，在此基础上提出初审意见。

（三）专业评审组初审通过的工法项目提交评审委员会审核，评审委员会听取和审议专业评审组初审意见，采取无记名投票方式表决，同意有效票数达到评审委员会总人数三分之二及以上的为通过。

（四）评审委员会提出审核意见，并由评审委员会主任签字。

（五）中国水利工程协会将评审情况报水利部主管司局备案。

第十六条　中国水利工程协会对工法评审结果进行公示，公示时间为 10 天。经公示无异议后，予以公布。对符合申报国家级工法条件的工法予以推荐。

第十七条　已批准的水利水电工程建设工法有效期为 6 年。

第十八条　中国水利工程协会对获得水利水电工程建设工法的单位和个人颁发证书。工法所有权单位应对开发编写和推广应用工法有突出贡献的个人予以表彰和奖励。

第十九条　如发现已批准的水利水电工程建设工法有剽窃作假等问题，经查实后，撤消其工法称号，3 年内不再受理其单位申报工法。

第二十条　本办法自发布之日起施行。

中国水利工程协会文件

中水协〔2011〕14号

关于公布2009-2010年度第一批水利水电
工程建设工法的通知

各有关单位:

2011年3月,我会组织召开了2009-2010年度水利水电工程建设工法评审会议,评审委员会对有关单位申报的第一批工法进行了评审,审定47项为2009-2010年度第一批水利水电工程建设工法,现予以公布。

附件:2009-2010年度第一批水利水电工程建设工法名单(略)

二〇一一年三月三十一日

中国水利工程协会文件

中水协〔2011〕17号

关于公布2009-2010年度第二批水利水电
工程建设工法的通知

各有关单位:

2011年5月12日,我会就安蓉建设总公司等19家单位申报的65项工法,召开了评审会议。经评审并报部备案,审定滨海河口钢构架围堰施工工法等50项工法为2009-2010年度第二批水利水电工程建设工法,现予以公布。

附件:2009-2010年度第二批水利水电工程建设工法名单(略)

二〇一一年五月十八日

目　录

一、土建工程篇

2009–2010 年度水利水电工程建设工法汇编

2009–2010 Collection of Construction Methods in Water & Hydropower Engineering

一、土建工程篇

海上船抛石筑堤施工工法

浙江省围海建设集团股份有限公司

1 前 言

　　随着经济社会的快速发展,我国沿海地区工业化、城镇化进程加快,围垦成为利用海域资源、缓解土地供需矛盾、拓展发展空间的重要途径。

　　由于船只在海上作业受潮流、潮差、风浪等影响较大,浙江沿海一些海域风浪大、水流急且紊乱,不仅要防止风浪对船体稳定、定位精度的不利影响,而且要防止紊乱水流对水下抛石的不利影响。一系列不利影响构成相当重大的技术难题,这些都需要在施工过程中不断总结经验。

　　我公司具有多年海上施工经验,对海上船抛石筑堤施工方法运用较为熟悉,并研究、总结出船抛石方施工的关键技术,针对不同的工程实际情况,采取各种类型船舶相结合的施工方式。

　　本工法的关键技术于 2011 年 1 月 16 日通过浙江联政科技评估中心科技成果鉴定,评审意见为:该技术处于国内领先水平,并获有国家实用新型专利两项,液压对开驳,专利号:ZL201020049343.4;侧抛式石方专用驳船,专利号:ZL201020049344.9。

2 工法特点

　　(1)本工法采用的液压对开驳、侧抛式石方专用驳船上装备精确的 GPS 全球定位系统,能够确保抛石时准确的定位。

　　(2)本工法利用的各种类型抛石船,不仅可以解决无陆路交通运输的难题,还可以在短时间内组织设备到位并迅速投入施工,以加快施工进度。

　　(3)本工法减少了潮位对抛石施工的影响,采用"低潮低抛,高潮高抛"的施工方法,大大加快了施工进度。

　　(4)本工法通过液压对开驳和侧抛式石方专用驳船运输石料并卸料抛填相结合的施工方式,具有吃水浅、装料快、自动卸料、工效高、安全、可靠等特点。

3 适用范围

　　本工法适用于围堤及堵口、防波堤、护岸、码头、驳岸等工程净水深 2.0 m 以上的抛石填筑,风力≤7 级、浪高≤2 级的环境中施工;液压对开驳一般适用于海上运距 1 km 以内,满载吃水 1.8 ~ 2.5 m;侧抛式石方专用驳船一般适用于海上运距 1 km 以上,满载吃水 1.5 ~ 2.5 m。

4 工艺原理

　　海上船抛石筑堤主要填筑海堤平均海平面以下的堤心石部分,在缺少陆路交通条件或筑堤时需要"分层轮加"的情况下,利用船舶设备的优势进行填筑施工。一方面填筑时不需要陆路交通支持,且可以分层逐步加高(又称为"平抛"),从而防止海堤一次性加载过高,使海堤基础逐步得到固结从而不至于失稳;另一方面可以通过船抛石方,使海堤涂面的抗冲刷性能得到提高,防止海堤填筑过程中造成过度冲刷,形成冲刷沟而影响海堤稳定,同时可以提高坝体的整体抗滑安全系数,还能使基础沉降更加均匀。

　　海上抛石筑堤主要依靠机械化施工,工艺原理较为简单但实用性很强。

5 施工工艺流程及操作要点

5.1 工艺流程

海上船抛石筑堤作业流程见图1。

5.2 操作要点

5.2.1 建造施工码头

船抛施工需要建造码头，码头应选择在地基条件较好、水深合适的地方。通常液压对开驳码头采用重力式(见图2)，侧抛式石方专用驳船码头采用斜坡式(见图3)。

为了充分利用涨潮落潮时间，必要时可设置高低码头，在潮位低时使用低码头，潮位高时使用高码头，这样就能保证船抛作业24 h不间断施工。

5.2.2 石料装船

石料采用自卸汽车运输，自卸汽车在料场装满石料后，通过码头向船上装料。侧抛式石方专用驳船可通过斜坡道码头直接上料，其优点是码头建造简便，装船速度快，一次性装载量大；液压对开驳可采用重力式码头直接上料，重力式码头需要选择适当地方建造，建成后比较坚固耐用。

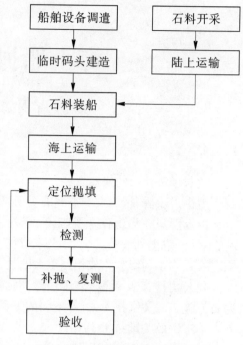

图1 海上船抛石筑堤作业流程

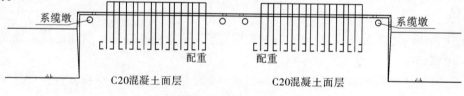

(a)重力式码头平面示意图

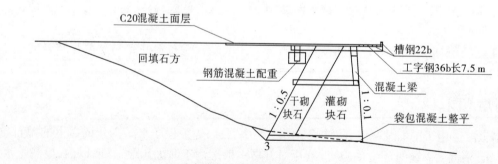

(b)重力式码头剖面示意图

图2 重力式码头结构示意图

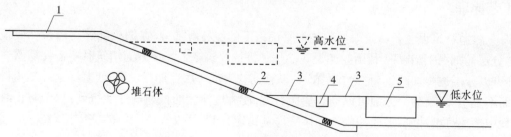

1—平坡道；2—斜坡道；3—跳板；4—跳趸；5—甲板船

图3 斜坡式码头结构示意图

无论采用哪种方式进行石料装船,一般都采用自卸汽车进行运输石料,在码头上石料装船时都应有专人指挥,确保施工安全;自卸汽车在码头前沿完成倒车,自卸车缓慢后退进入卸料点,之后顶起车箱将石料卸入船中,多辆自卸汽车循环进行装料直至装满抛石船。

5.2.3 海上运输

目前驳船一般都具有自航的能力,较少使用拖轮拖运,因此灵活性和机动性大大增加,海运航速通常可以达到 10~15 n mile/h,当运输距离较大时,宜合理规划航线,尽量减少运输成本和运输时间,并配备足够的运输设备以确保工程进展。

当风力大于 7 级或浪高超过 2 级时,为确保海上运输安全,应停止海上运输;当海上有大雾,能见度小于 1 000 m 时,应停止海上运输;遇台风等恶劣天气时,应停止海上运输。

海上运输船舶应符合适航条件,禁止内河船进入海上运输,同时舶舶设备按时年检,合格后才能投入运营;在海上运输时,应遵守海事部门相关规定,服从相关部门管理。

5.2.4 定位

采用 GPS 定位系统进行精确定位,海上船抛石方定位是整个筑堤过程中的关键工序,它直接关系到筑堤质量。为了满足全天候施工要求,定位设备装置选用国际较为先进的 GPS 实时差分定位系统,在抛石作业船上设置两台接收机接收卫星信号和差分信号。这些信号同时输入电脑,经过换算确定出精确定位位置。在抛石作业时先设计好计算机操作程序,再在电脑上按设计坐标设定好所需抛石填筑的施工区域,通过计算机屏幕直观显示船体设定图形和所设定的抛石填筑单元格的位置姿态,再用船舶设备自航系统进行移动船位,使船体定位边线和设定抛石填筑单元格起始边线重合,说明船体已定位准确,可进行抛石填筑。

5.2.5 船抛施工

5.2.5.1 分层分段划分

根据设计断面要求进行分层分段划分,船抛石方一般遵循“自低向高,分层加荷”的原则,因此分层分段施工对实施抛石筑堤有十分重要的作用。

分段:将海堤工程划分为若干个施工段进行船抛石方,各段施工长度一般为 100~300 m,当海堤设计明确要求分层加载时,分段长度可适当增加。

分层:当海堤有分层加荷要求时,考虑坝体沉降与加荷稳定问题,施工应采取加级施工,各级加载高度在 1.0~2.0 m,加荷过程中如发现异常,根据沉降观测资料对加荷厚度随时调整。这时,抛石施工应适当分层,施工前对各层段区的工程量进行详细的划分、计算,计算量要考虑沉损,为船抛提供可靠的依据,指导抛填施工。

软土地基上筑堤通常需要缓慢加荷,根据设计要求,加载后需有约两个月的稳定期,每施工段每级加载施工时间一个月,加载后稳定期约为两个月,随后进行第二级加载。

施工期间各次加载水平向尺寸误差控制在 ±1.0 m,竖直向尺寸误差控制在 ±0.5 m,碎石垫层顶面高程不高于设计高程 0.5 m,不低于 0.3 m,施工期抛石找平层平整度控制在 ±0.5 m。

5.2.5.2 测量放样

通过全站仪放出区段的大样,并用浮标作为标志定出大致位置,具体船抛实施时则利用 GPS 定位系统或定位船按区段分网格进行抛投,电脑上直观显示,并根据抛投情况随时进行动态调整,以保证投料均匀,无漏抛。

5.2.5.3 抛投顺序

横断面方向从两侧向中间的方向进行,即先抛内外海侧镇压层,再抛堤芯,以防止地基加载出现塑性角挤出和涂面隆起。

沿堤轴线方向,遵循"从低到高"的原则,即从涂面较低位置开始抛投,然后堤线各位置再逐步同步加高,确保整条堤线抛石能均匀上升。

整个抛填过程中,可随时加密断面测量、指导施工,采用改变液压对开驳装船量对断面局部不足进行补抛。施工时,一般较细的石料抛中间,大块石料抛两侧,提高海堤防冲性能;高潮时使用高码头,低潮时使用低码头,以充分利用时间。

5.2.5.4 抛填

采用自航液压对开驳进行抛填时,抛填石料时要做到"齐"、"准"、"快",一旦定位准确后,立即打开驳体卸掉石料,然后液压对开驳驶离抛填区。

采用侧抛式石方专用驳船抛填时,定位完成后侧抛式石方专用驳船抛锚固定位置,再采用装载机(或挖掘机)把侧抛式石方专用驳船上的石料卸入抛填区中,卸料过程中侧抛式石方专用驳船可通过绞锚机微调船位,直至将侧抛式石方专用驳船上的石料卸完,然后侧抛式石方专用驳船驶离抛填区域。

水上抛填石料时,根据当时的水深、水流和波浪等自然条件对块石产生的漂流影响,确定并微调抛石船的驻位。抛石的过程中,要求石料均匀抛填,尽可能使抛石料厚薄均匀。无论采用何种抛填方式,都需要在施工过程中不断总结经验,以提高效率。

水抛块石定位及微机控制见图4。

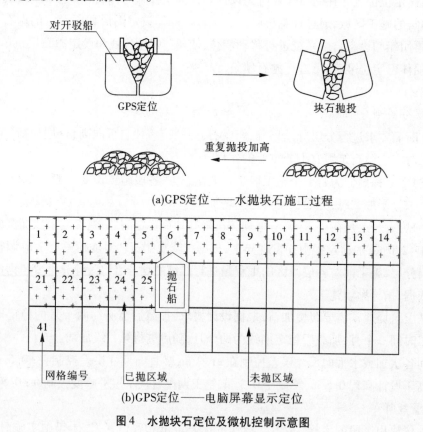

图4 水抛块石定位及微机控制示意图

5.2.6 补抛与复测

根据海堤设计断面,船抛石方到一定程度后,及时进行水下测量,并将测量成果与设计断面相对比,确定需要补抛的具体位置及所需抛填的方量,采用合适吨位的船舶进行补足,补抛的过程一样需要经过精确定位,保证抛投到位。

补抛到位后,及时进行复测,反复补足直至达到设计要求。

5.2.7 质量检查

一般情况下采用水下地形测量确认抛填质量,必要时辅以潜水探摸。

5.3 劳动力组织

劳动力组织情况见表1。

表1 劳动力组织情况

序号	单项工程	所需人数	备注
1	总负责人	1	
2	施工指挥	每艘船配1个	
3	船员	每艘船配6个	
4	专职GPS定位员	每艘船配1个	
5	记录质检员	1	资料整理
6	测量员	4	水下断面测量
7	交通艇驾驶员	1	人员交通、材料运输

6 材料与设备

6.1 材料

主要材料为各种规格的抛石料,需符合设计要求。

6.2 设备

海上船抛石筑堤所需设备见表2。

表2 海上船抛石筑堤设备

序号	名称	单位	数量	备注
1	抛石船	艘	满足施工进度要求	运输、抛石
2	装载机(或挖掘机)	辆	每艘配1辆	侧抛式石方专用驳船上卸料
3	交通艇	艘	1	人员、材料运输
4	GPS定位系统	套	1	船舶定位
5	测深仪	套	1	地形或断面测量

7 质量控制

7.1 工程质量控制标准

质量控制标准采用《水利水电建设工程验收规程》(SL 223—2008)、《水利水电工程施工质量检验与评定规程》(SL 176—2007)。

7.2 质量保证措施

7.2.1 施工记录

海上船抛石筑堤需安排专人负责填筑过程的记录和每次抛填位置记录,记录者负责签名并由专人负责校核,同时将填筑情况反馈到每条船舶,确保有计划地抛填。

7.2.2 质量控制

海上船抛石筑堤过程中派专人随时检查,检查、检验的主要内容为断面测量、抛石材料质量控制、平整度控制等。

石料质量控制是抛石填筑的重点,要确保抛石料符合设计要求,控制含泥量及石料块度,具体执行设计要求;断面测量检测主要是和设计断面进行对比,确保抛填后形成设计要求的形状,如未达到设计要求,应重复补抛直至形成设计要求;垫层及面层抛石往往需要控制平整度及顶面标高、密实度等,应进行检测,必要时可进行潜水探摸以直观了解水下情况。

8 安全措施

为加强施工船舶安全管理,严格遵守《安全生产法》等相关安全生产的法律法规和公司规章制度,坚持"安全第一,预防为主,综合治理"的安全生产方针,按照"管生产必须同时管安全,谁主管,谁负责"的原则逐级落实安全生产责任制,特制定以下安全措施。

(1)施工作业前按规定向海事管理部门申请办理水上水下施工作业许可证,并办理航行通知等有关手续。

(2)施工船舶应按《中华人民共和国船舶最低安全配员规则》规定配备保证船舶安全的合格船员。船长、轮机长、驾驶员、轮机员、话务员必须持有合格的适任证书。

(3)成立以船长为组长的安全生产领导小组,配备专职安全员,由技术负责人牵头编制《生产安全事故应急救援预案》、《防台度汛应急救援预案》。

(4)对施工作业人员进行"三级"安全教育,按照《建设工程安全生产管理条例》要求,由技术负责人组织并逐级进行安全技术交底。

(5)施工作业严格遵守公司各项安全操作规程并进行技术交底,所有施工作业人员必须佩戴安全帽、穿好救生衣,严禁酒后上岗作业。

(6)在施工区域周边设置安全警示标志,夜间施工作业保证足够的照明,并设置红灯警示,避免过往船只发生意外碰撞,安全员负责现场监督。

(7)加强对施工船舶、安全设备、信号设备自查,防止船舶带"病"作业,确保设备安全正常运行,安排专人检修电路,严格用火管理,配备消防器材。

(8)确保通信畅通,随时保持与海事、岸基管理机构的通信联系。

(9)作业期间如遇大风、雾天,超过船舶抗风等级或通风度不良时,应停止作业。

(10)台风来临时,做好台风跟踪观测,按防台预案做好避风工作,在6级大风半径范围到达工地5 h前船舶应抵达防台锚地。

9 环保措施

(1)严格按照《中华人民共和国海洋环境保护法》、《中华人民共和国防止船舶污染水域管理条例》、《船舶污染物排放标准》的要求对施工船舶污水排放进行管理,经处理排放的污水含油量不得超过15 mg/L。

(2)加强施工期环境管理,制定严格的规章制度,依照公司《环境管理体系》的规定,不得随意排放油类、油性混合物、废弃物和其他有害物质。

(3)施工船舶产生的生活污水、船舶含油污水、生活垃圾集中统一处理,做好船舶垃圾日常的收集、分类与储存工作,不得任意倒入施工水域,靠岸后交陆域处理。

(4)现场作业专人指挥,合理选择施工方法,选用低噪声设备,加强船舶设备维修保养,合理安排施工时间。

(5)船舶应装设处理舱底污水的设备,施工船舶舱底含油污水不得随意排放。

(6)一旦发生意外火灾或油料泄漏事故,当事人应报告船长,立即启动应急救援预案,立即采取措施进行控制、清除或减轻污染损害的措施,并视情节及时报告应急主管部门(水上搜救中心、所在地海事局等)及公司安监部,并接受环保部门或海事部门的调查处理。

10 效益分析

(1)使用海上船抛石筑堤,充分利用船舶设备机械化、自动化程度高的优点,适合远距离运输施工,可减少陆上交通带来的各种影响。

(2)海上船抛石筑堤,可以大量减少临时道路建造长度,减少占用土地面积,节约临时工程造价,尤其适用于深水筑堤无法形成陆路通道的情况。

(3)可以以较快的速度投入施工,加快施工进度,使建筑物提前发挥效益;施工时可通过建造高低码头减少涨潮落潮的影响,条件良好时每天的有效施工时间达 24 h,可缩短施工工期,社会效益明显。

(4)随着科技进步,向深水围垦推进是一种趋势,船舶设备可以发挥其绝对的优势,解决工程施工中的瓶颈问题,水深越深则其优势更能充分发挥。

(5)在粉砂质地基上筑堤,潮流冲刷是不可避免的,但可以通过船抛石方先形成护底,之后采用陆上立抛石方紧跟填筑,可以减少潮流对地基的冲刷,产生明显的经济效益。在绍兴市口门治江围垦工程中,钱塘江巨大潮差对粉砂地基形成冲刷,而直接陆上抛填进占改变了潮流,从而加速了堤坝前冲刷沟的形成,导致抛石方量大大增加。采用船舶平抛一层护底后,使冲刷得到了有效控制,减少了抛石量,节约资源,绍兴口门治江工程节约石方达 30% 以上,效益明显。

11 应用实例

11.1 温州半岛小霓屿促淤坝工程

温州半岛小霓屿促淤坝工程促淤区面积为 9.77 万亩[1],工程的防御标准为 20 年一遇,主体建筑物为 4 级。坝轴线以折线形布置,自小霓屿岛经黄礁之间堤段称为西坝,黄礁至霓屿岛之间称为东坝,西坝全长 378.2 m,涂面高程大部分为 -5.0 ~ -15.0 m,硬基。东坝全长 1 346.3 m,位于黄礁和霓屿岛之间,涂面高程大部分为 -10.0 ~ -23.0 m,大部分为软基,合计长 1 724 m。本工程总工期为 18 个月,船抛石方量为 98 万 m^3,石料场在海堤附近开采并且在料场附近建造了重力式码头用于船抛施工,抛石使用了 1 条 100 m^3 液压对开驳、3 条 300 m^3 液压对开驳,日施工能力达到 3 000 m^3 以上,船抛定位采用 GPS 系统,本工程目前已完工待验。

11.2 东海大桥港桥连接段海堤工程

东海大桥港桥连接段海堤工程是东海大桥的一部分,位于大乌龟岛和颗珠山岛之间,全长 1 220 m,桩号从 K27+940 至 K29+160。海堤结构型式为斜坡式抛石堤,由基础、堤身、护面和上部结构四部分组成,堤顶宽度 49.5 ~ 71.5 m,以海堤为基础在其上修造一条设计行车速度为 80 km/h 的双向 6 条行车道的高等级高速公路,与东海大桥的其他部分形成一条快速、便捷的港区集疏运通道。本工程水抛规格较多,包括 10 ~ 100 kg、300 ~ 600 kg、600 ~ 100 kg 等,分别抛填在海堤镇压层、棱体及堤心石位置,抛石方量共计 201 万 m^3。2003 年 6 月 13 日开始水抛石方施工,于 2004 年 3 月 30 日完工,历时 10 个月。施工中配备 100 m^3 液压对开驳 3 艘、500 m^3 液压对开驳 6 艘、1 000 t 侧抛式石方专用驳船 5 艘,建造了重力式码头和侧抛式石方专用驳船码头各 1 座。本工程水抛石施工十分顺利,完成海堤质量优良,并获得了"鲁班奖"。

11.3 温州浅滩一期围涂工程

温州浅滩一期围涂工程位于浙江省温州市瓯江口外,介于灵昆岛(属温州市龙湾区)和霞屿岛(属温州市洞头县)之间,是瓯江河口区域内发育较为完整、规模最大的滩涂资源。工程全长

---

[1] 1 亩 = 1/15 hm^2。

3.256 km(含东围堤延长段),其桩号为南围堤 S4+600～S6+306.5,东围堤延长段 E3+538.04～E5+088.45。本工程由基础、堤身、护面和上部结构四部分组成。涂面高程在-2.0～-6.0 m。本工程堤身填筑采用本工法进行施工,受潮位影响小,效率高。工程于 2007 年 2 月 3 日开始施工,至今共完成抛石量约 150 万 m³。该工程设计新颖,精心施工、施工质量优良,达到设计要求。

11.4 瑞安丁山二期围垦工程

瑞安丁山二期围垦工程由主堤、北直堤、南直堤及水闸组成。海堤全长 7 893 m,围区面积 10 680 亩。南直堤自上望水闸向东南 3 133.4 m,涂面高程 0.8～2.0 m;折向东北为主堤,长 3 963.8 m,涂面高程 0.4～0.6 m;再折向西北到莘民水闸为北直堤,长 1 795.8 m,涂面高程 0.5～2.5 m。围区范围涂面平坦,涂面平均坡降约 1/500。本工程堤身填筑采用本工法进行施工,受潮位影响小,效率高。工程自 2007 年 6 月 1 日开始施工,2010 年年底共完成抛石量约 90 万 m³。该工程设计新颖,精心施工、施工质量优良,达到设计要求。

11.5 台州市椒江区十一塘围垦工程Ⅰ标段工程

台州市椒江区十一塘围垦工程Ⅰ标段工程位于台州湾西侧,北至椒江口南岸,南到椒江、路桥两区的交界处。围区自北向南分布,东西宽 3.1～4.2 km,南北长约 8.2 km,为淤泥质滩涂,滩涂资源丰富。围区自西向东逐渐降低,平均坡度约 1/1 500,推荐顺堤位置涂面高程-1.6～-2.3 m。围垦总面积 40 013 亩。本工程堤身填筑采用本工法进行施工,受潮位影响小,效率高。工程于 2007 年 11 月 28 日开始施工,2010 年年底共完成抛石量约 100 万 m³。该工程设计新颖,精心施工、施工质量优良,达到设计要求。

11.6 苍南江南海涂围垦工程Ⅲ标

苍南江南海涂围垦工程Ⅲ标位于苍南县东海岸、鳌江河口南岸,东濒东海,南接琵琶山、舿艚港,西依江南平原。本工程由北堤、顺堤、舿艚堤、施工便道、北闸、琵琶闸组成。其中本标段包括 3 521.12 m舿艚堤和 2 879.8 m 顺堤(桩号 D3+000～D5+879.8)及琵琶闸。本工程堤身填筑采用本工法进行施工,受潮位影响小,效率高。工程于 2006 年 10 月 1 日开始施工,2010 年年底共完成抛石量约 90 万 m³。该工程设计新颖,精心施工、施工质量优良,达到设计要求。

(主要完成人:俞元洪　张茂军　仇志清　郁建红　薛　归)

活塞式土方输送船筑堤施工工法

浙江省围海建设集团股份有限公司

1 前 言

在围垦工程施工中,建造在海涂上的海堤往往采用土石混合结构,一般在外海侧抛填石方挡潮,在内坡侧填筑闭气土方防渗,闭气土方直接取自海堤离堤坝边线几百米以外的滩涂。滩涂大多沉积着深厚的淤泥质黏土层,这类土层黏性大、强度低、含水量高,陆上机械下不去,水上机械无法进入,现有的设备难以发挥作用,人工又无法施工。

在围海筑堤工程中软黏土的机械施工,从国内外现有技术状况比较,现有的管道输送设备,即使是一种较先进的由荷兰进口的绞吸式挖泥船,也由于它含水量大,无法形成设计断面;螺旋泵、混凝土泵无法克服泥土的黏滞性。

为此,经科研攻关、工程实践,解决了原有问题,形成了本工法。本工法的关键技术于2011年1月16日通过浙江联政科技评估中心科技成果鉴定,评审意见:该技术适用于输送大方量、远距离的软黏土筑堤工程,具有国内领先水平,并获有国家实用新型专利一项,活塞式土方输送船,专利号:201020049347.2。

2 工法特点

本工法是利用活塞式淤泥输送泵输送淤泥,采取薄层轮加方法施工,保证了土体在填筑时的稳定。土方填筑设计外边坡一般为1:12~1:16,由于淤泥本身强度低,采用活塞式淤泥输送泵输送,留足沉降固结预留量,待其固结一段时间以后,采用挖机进行修坡达到设计断面。本工法的核心技术具有以下特点:

(1)本工法采用活塞式淤泥输送泵,利用真空负压吸料、液压式高压输出原理,实现远距离输送高浓度、大黏度、低含水量的淤泥及软黏土,输送功效高、无堵塞。

(2)本工法土方输送采用减摩润滑理论,因为空气黏度小(约为油黏度的万分之一),可减少黏滞阻力,以达到淤泥及软黏土在低能耗的条件下,实现远距离高效率输送。

(3)本工法土方输送采用的气动元件、液压元件寿命长,反应快,维护简单,调节方便,可实现系统的自动控制。

(4)本工法土方输送采用管道输送,移动灵活,布料方便,定位准确性高。

(5)本工法土方输送进料口采用负压吸入,输送途中采用封闭管道,不会造成水和环境的污染,实现绿色施工。

3 适用范围

本工法适用于围海筑堤工程中,高浓度、大黏度、低含水量的淤泥及软黏土的远距离直接输送,输送的淤泥及软黏土含水率可达到95%~98%,施工输送距离可达到1 000~1 500 m(一般围海筑堤工程中土方施工距离在100~500 m)。适用于河道土方开挖筑堤、港口疏浚土方筑堤、围垦土方闭气筑堤、水库航道湖泊清淤筑堤等。

4 工艺原理

(1)活塞式土方输送船自配抓斗,是一种将抓土和送土结合在一起的土方输送设备,其主要原理是将从涂面上抓取的土方放置于集料斗内,活塞式淤泥输送泵利用真空负压原理,将土方吸入料缸;然后利用液压式高压输出原理,将土方通过输送管推送至坝体上;圆形输送管道能将吸入的土方通畅无阻地送出,能够保持连续均匀地输送。实现了对滩涂的淤泥质黏土长距离输送,设备成本低廉,施工方便,输送土方含水量低,功效高,解决了淤泥质黏土远距离输送难的问题。

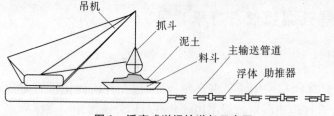

图1 活塞式淤泥输送船示意图

图1为活塞式淤泥输送船示意图。

(2)该技术采用减摩润滑理论,使管壁与淤泥质黏土之间产生一层悬浮膜,淤泥质黏土内摩擦力大于管壁摩擦力,减少黏滞阻力,达到淤泥质黏土远距离高效率输送,同时分层填筑,满足设计要求。

(3)在主输送管道上,每隔一定距离,可均匀装一个助推器。主输送管道、电缆与辅助管道平行铺设。当淤泥质黏土在主输送管道中行进的阻力较大时,辅助管道中的高压水气或表面膜液,可注入主输送管道内壁的水平通道与充满毛细孔的吸附层上,使得表面膜液和推动力得以补充。

软黏土或淤泥质黏土推送流程见图2。

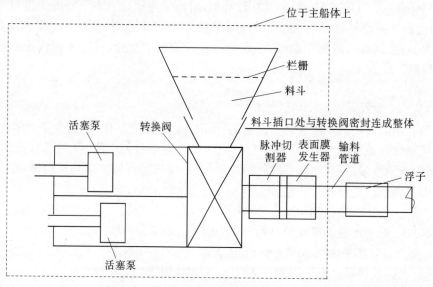

图2 软黏土或淤泥质黏土推送流程示意图

5 施工工艺流程及操作要点

5.1 施工工艺流程

活塞式土方输送船筑堤施工工艺流程见图3。

5.2 操作要点

(1)首先将活塞式土方输送船移至取土施工区域。连接好泥泵输送管路,采用圆形空心的泡沫浮子套在输送管路的外面,使整根输送管路浮在水面上,便于整体移位和检修,在管路的出口处20 m左右的地方设置小型划拖式工作平台,其上搁置移动锚机和布料操作系统,工人可在上面直接操作布料台和控制前后的卸料位置。

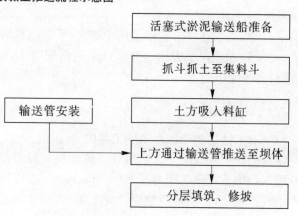

图3 活塞式土方输送船筑堤施工工艺流程

（2）当一个断面施工完成后，同时启动抓斗，划拖工作平台上的锚机向施工顺序方向移动，这样周而复始，完成第一层施工后，回到原先开始处进行第二层施工，直至完成全部任务。

（3）利用活塞式土方输送船输送淤泥，采取薄层轮加方法施工，每层厚度为 30～50 cm，层与层之间间歇时间大于半个月，有利于土体填筑时的稳定。设计要求土方填筑上级坡度一般为 1：3 左右，下级坡坡度为 1：12～1：16。由于淤泥本身强度低，难以采用机械一次性施工完成至设计断面要求，故当活塞式土方输送船输送完成设计工作量，并留足沉降固结预留量，等待其固结一段时间以后，采用挖机进行修坡以形成设计要求边坡。

（4）闭气土方填筑要确保每一层加土至下一层加土之间有足够的间歇固结时间，不在同一地点连续不断地往上加土。土方施工遵循"流水作业"和"薄层轮加"的原则。土方填筑应紧跟石方填筑，一般要求土方填筑高程不低于堤身块石填筑高程 1.0 m。

（5）分段填筑闭气土方时，段与段之间应以斜坡连接，结合坡度不陡于 1：3。堤身闭气土方与石块、石渣不得混杂，以免留下渗流通道。

6 材料与设备

活塞式土方输送船筑堤技术采用筑堤施工用活塞式土方输送船设备及其配件，施工无需特别说明的材料，采用的设备和元件主要参数见表 1、表 2。

表 1 活塞式土方输送船筑堤技术实施设备及元件

序号	名称	单位	数量	备注
1	活塞式土方输送船体	艘	1	施工平台及软黏土的远距离输送
2	料斗	个	1	铁板焊接而成，设置于船体的中部，挖掘机的旋转半径之内
3	栏栅	块	1	2.80 m×4.80 m，网孔尺寸小于输料管道直径的 2/3
4	推送器	个	1	发送罐完成交替吸入和压出物料的专用部件
5	表面膜发生器	个	1	使管壁与泥柱之间形成一层悬浮膜的专用部件
6	脉冲切割器	个	1	将进入输料管道前的泥土切割成一段一段的泥柱的专用部件
7	GPS 定位系统	套	1	标记工作区域的 GPS 差分定位系统
8	智能控制系统	套	1	自动化操作
9	抓斗	个	1	取土与喂料
10	柴油发电机	台	3	
11	输料管道	套	1	输送泥柱的管状载体，采用 ΦC150 mm 钢管（长度根据工程距离可调）
12	管道接头	个	若干	
13	管道浮子	个	若干	水上输送管道铺设的浮体，外包尼龙网罩（数量根据输料管道长度而定）
14	浮子包箍	个	若干	每个浮子 2 个
15	时间继电器	只	2	
16	中间继电器	只	2	
17	交流接触器	只	2	
18	电磁阀	只	2	
19	手动电位器	只	2	

表2　活塞式土方输送船筑堤技术实施用设备元件主要参数

序号	名称	零部件名称	尺寸规格	备注
1	主泵	高压手动变量泵	(160SCY14-1B)	
2	主泵电机	立卧式三相异步电机	(Y315S)	315 kW
3	小泵	高压手动变量泵	(10SCY14-1B)	
4	小泵电机	立式三相异步电机	(Y132S-6B5)	5.5 kW、1 500 r/min
5	主泵换向阀	电液换向阀	(FWH-06-3C6)	
6	主泵溢流阀	电磁溢流阀	(YW-06-31.5-B/24)	
7	小泵换向阀	电磁换向阀	(FW-02-3C6)	
8	小泵溢流阀	电磁溢流阀	(YW-03-31.5-B/24)	
9	阀门调速阀	单向节流阀	(DLA-02W-31.5)	
10	同步回路阀	电磁换向阀	(FW-02-2B8)	
11	同步回路阀	液控单向阀	(DAY-02-B-31.5b)	
12	同步回路阀	溢流阀	(DY-02-B-14)	
13	油箱组件	油箱	1 000 L(含辅件)	
14	推力油缸	活塞缸	(100×1 500)	
15	阀门油缸	活塞缸或柱塞缸	根据阀门定	
16	电控箱	电控箱		
17	电源柜	电源柜		

7　质量控制

7.1　质量控制标准

7.1.1　工法实施的质量控制标准

本工法施工中,应严格执行下列规范:

(1)《水利水电工程施工质量检验与评定规程》(SL 176—2007);

(2)《堤防工程施工规范》(SL 260—98);

(3)《堤防工程施工质量评定与验收规程》(SL 239—1999)。

7.1.2　工法实施的设备要求

活塞式土方输送船的主要性能参数需符合表3的规定。其他自制体系均留有检修手孔和开关。

表3　活塞式土方输送船的主要性能参数

型号	YT-30/100	YT-50/200	YT-80/500	YT-100/800	YT-150/1000	YT-200/1500	YT-300/1500
输送量 (m³/h)	30	50	80	100	150	200	300
输送距离 (m)	100	200	500	800	1 000	1 500	1 500
输送浓度 (%)	95~98	95~98	95~98	95~98	95~98	95~98	95~98
料管直径 (mm)	100	100	150	150	150	200	250
定位精度 (m)	±0.2	±0.2	±0.2	±0.2	±0.2	±0.2	±0.2

7.2 质量保证措施

7.2.1 施工记录

填写淤泥填筑单元工程质量评定表,表格格式见表4。

表4 淤泥填筑单元工程质量评定

单位工程名称			单元工程量		
分部工程名称			检验日期		年 月 日
单元工程名称、部位			评定日期		年 月 日
项次	检查项目	质量标准	检验记录		
1	△土质	符合设计要求			
2	△分层填筑厚度	符合设计要求			
3	填筑次序、方法	符合设计和规范要求			
4	含水率	符合设计要求			
项次	检测项目	设计值	允许值（cm）	实测值	测点数（点）	合格率（%）
1	边线		0～+50			
2	高程		±20			
3	平整度		±20			
4	坡度		符合设计要求			
检测结果		共检测 点,其中合格 点,合格率 %			
施工单位自评意见		自评质量等级	监理单位复评意见		复评质量等级
主要检查项目 符合质量标准,一般检查项目 符合质量标准。检测项目实测点合格率 %					
施工单位名称			监理单位名称		
初检负责人	复检负责人	终检负责人	监理代表		

7.2.2 质量控制

闭气土料料场的选取对土方施工起着关键性的作用,取土边线离内外堤脚距离必须满足设计要求,部分土料可结合内坝脚进排水河进行挖取,采用浅挖广取,每次取土深度控制在1~1.5 m,严禁在规定范围以外取土。施工前,将土方表层的草皮、植物根茎等杂物清除,不能使用含沙、石等杂物的海泥,不合格土方不得入堤。施工时,严格按设计分层进行填筑,不得超厚;填筑第二层土方时,必须满足停荷间歇期。形成断面后,对闭气土方进行测量,宽度、高程、坡度等参数应符合设计施工图纸。

8 安全措施

为加强施工船舶安全管理,严格遵守《安全生产法》等相关安全生产的法律法规和集团公司规章制度,坚持"安全第一,预防为主,综合治理"的安全生产方针,按照"管生产必须同时管安全,谁主管,谁负责"的原则逐级落实安全生产责任制,特制定以下安全措施。

(1)施工作业前按规定向海事管理部门申请办理水上水下施工作业许可证,并办理航行通知等有关手续。

(2)施工船舶应按《中华人民共和国船舶最低安全配员规则》规定配备保证船舶安全的合格船员。船长、轮机长、驾驶员、轮机员、话务员必须持有合格的适任证书。

(3)成立以船长为组长的安全生产领导小组,配备专职安全员,由技术负责人牵头编制《生产安全事故应急救援预案》、《防台度汛应急救援预案》。

(4)对施工作业人员进行"三级"安全教育,按照《建设工程安全生产管理条例》要求,由技术负责人组织,逐级进行安全技术交底。

(5)施工作业严格遵守公司各项安全操作规程和技术交底,所有施工作业人员必须佩戴安全帽、穿好救生衣,严禁酒后上岗作业。

(6)在施工区域周边设置安全警示标志,夜间施工作业保证足够的照明,并设置红灯警示,避免过往船只发生意外碰撞,安全员负责现场监督。

(7)加强对施工船舶、安全设备、信号设备自查,防止船舶带"病"作业,确保设备安全正常运行,安排专人检修电路,严格用火管理,配备消防器材。

(8)确保通信畅通,随时保持与海事、岸基管理机构的通信联系。

(9)作业期间如遇大风、雾天,超过船舶抗风等级或通风度不良时,应停止作业;台风来临时,做好台风跟踪观测,按防台预案做好避风工作,在6级大风范围半径到达工地5 h前船舶应抵达防台锚地。

9 环保措施

(1)严格按照《中华人民共和国海洋环境保护法》、《中华人民共和国防止船舶污染水域管理条例》、《船舶污染物排放标准》的要求对施工船舶污水排放进行管理,经处理排放的污水含油量不得超过 15 mg/L。

(2)加强施工期环境管理,制定严格的规章制度,依照集团公司《环境管理体系》的规定,不得随意排放油类、油性混合物、废弃物和其他有害物质。

(3)施工船舶产生的生活污水、船舶含油污水、生活垃圾集中统一处理,做好船舶垃圾日常的收集、分类与储存工作,不得任意倒入施工水域,靠岸后交陆域处理。

(4)现场作业专人指挥,合理选择施工方法,选用低噪声设备,加强船舶设备维修保养,合理安排施工时间。

(5)船舶应装设处理舱底污水的设备,施工船舶舱底含油污水不得随意排放。

(6)一旦发生意外火灾或油料泄漏事故,当事人应报告船长,立即启动应急救援预案,立即采取措施进行控制、清除或减轻污染损害的措施,并视情节及时报告应急主管部门(水上搜救中心、所在地海事局等)及集团公司安监部,并接受环保部门或海事部门的调查处理。

10 效益分析

活塞式土方输送船筑堤技术,能输送高浓度的泥浆及低含水量的各种软黏土,打破历来认为淤泥质黏土无法用管道输送的禁区。输送距离和输送量可根据需要随时调整。具有能耗省、工效高、效益好、定位准、自动化程度高、充装管袋布料方便的特点。适用于河道开挖、围海筑堤、海滩回填、土方搬运。

10.1 经济效益

活塞式土方输送船筑堤施工工法是将从海上抓取的泥土放置于集料斗内,利用活塞运动的真空度,将泥土吸入料缸。然后利用活塞的反向运动的推力,将泥土推送至坝体上。该工法中各道工序采用的主要原料为淤泥,自行开采,土源广泛,整体造价低,经济效益和社会效益显著。

该技术在洞头状元南片、宁海下洋涂围垦、台州市路桥区黄礁涂围涂、浙江省舟山东港开发区二期围涂等工程中应用,满足了该类工程的工艺要求,累计完成结算产值 8 521 万元,实现利润 2 724 万元,取得了明显的经济效益。

10.2 其他效益

活塞式土方输送船筑堤技术利用真空负压吸料和液压式高压输出原理实现对河道、水库、海湾滩涂上进行清淤和挖土长距离输送,完成筑堤、河道清淤疏浚任务的施工,可输送距离为 1 km,扬程为 40 m,可送土方量 180 m^3/h,其设备成本低廉、施工简便,解决了当前软黏土和淤泥土远距离输送难的问题。

活塞式土方输送船和绞吸式挖泥船的施工对比见表 5。

表 5 活塞式土方输送船和绞吸式挖泥船的施工对比

项 目	泥浆浓度(%)	土方自然坡度(%)	备 注
绞吸式挖泥船	20～30	≤0.5	闭气土方设计边坡为 1:8～1:25,即设计坡度为 4%～12.5%。绞吸式挖泥船输送土方自然坡度远小于设计坡度,无法形成设计断面,活塞式土方输送船配合局部修坡即可达设计断面,满足设计要求
活塞式土方输送船	95～98	≤8	

11 应用实例

本工法首先在浙江舟山东港二期围涂工程施工中开发成功。随后,于 2006 年、2007 年又分别在数个工程中得以成功应用。

11.1 黄礁涂围垦工程

黄礁涂围垦范围位于温岭团结塘以东,白果山、黄礁(岛)、子云山及道士冠(岛)内侧,大五百峙以东,围垦面积约 10 224 万 m^2,主要由海堤、水闸及围区配套工程组成。海堤总长 890 m,堤身采用抛石结构,防渗采用海涂泥充当防渗体,基础采用爆炸挤淤处理方式。工程设计新颖,通过精心施工,施工质量优良。

该工程海堤防渗采用海涂泥作防渗体,工程取土区涂面低、取土距离远、水深,经过方案讨论后确定选用活塞式土方输送船筑堤施工工法进行施工,该工法中各道工序采用材料都很普遍,容易采购,整体造价低,施工效率高,投入少,效果好,产生的效益较为明显。工程开始于 2009 年 9 月 15 日,土方总工程量为 26.3 万 m^3。至 2009 年 12 月 30 日完成土方量 17.1 万 m^3,输送距离为 150～350 m,施工进展顺利,并得到了设计、监理、业主的一致好评。

11.2 宁海县下洋涂围垦工程

宁海县下洋涂围垦工程位于浙江海岸中部的三门海湾内,围垦面积 5.38 万亩,围垦工程由海堤、水闸及渠道等配套工程组成。围堤堤线全长 17.35 km。海堤结构型式为斜坡式抛石堤,由基础、堤身、闭气土方、护面和上部结构等组成。本工程设计新颖,通过精心施工,施工质量达到优良。

工程开始于 2009 年 3 月 1 日,土方总工程量为 91.5 万 m^3。至 2009 年 12 月 30 日完成土方量 62.0 万 m^3,输送距离为 180～300 m,施工进展顺利,并得到了设计、监理、业主的一致好评。

11.3 洞头县状元南片围涂工程

洞头县状元南片围涂工程位于浙江省温州市洞头县状元岙岛南侧,堤线总长 4 758 m,建设规模围涂面积为 0.52 万亩。本工程由南围堤、东围堤、隔堤及两座水闸组成。海堤结构型式为斜坡式抛石堤,由基础、堤身、闭气土方、护面和上部结构组成。本工程设计新颖,通过精心施工,施工质量优良。

该工程海堤防渗采用海涂泥作防渗体,工程取土区涂面低、取土距离远、水深,一般工艺难以满足施工要求,最终确定选用活塞式土方输送船筑堤施工工法进行施工,该工法中各道工序采用材料都很普遍,容易采购。原材料为土方,就地取材,资源丰富,施工成本波动风险小,与其他工艺比较,整体造价低,施工效率高,投入少,效果好,产生的效益较为明显。本工程开始于 2006 年 4 月 30 日,至 2007 年 6 月 30 日结束,完成土方总量 108 万 m^3,输送距离为 150~300 m,该工程得到了设计、监理、业主的一致好评。

（**主要完成人**：张子和　俞元洪　张志建　郁建红　吴良勇）

复杂软基爆破挤淤筑堤施工工法

浙江省围海建设集团股份有限公司

1 前 言

随着沿海滩涂资源开发的不断深入,深水围垦已成为沿海产业带开发的主流发展方向,爆破挤淤施工技术已成为水下软基处理中主要技术之一。在围垦筑堤施工过程中,通常会遇到复杂软基,表现为淤泥层上部有石方或砂砾层、淤泥层中间夹有石方或砂砾层和淤泥层与石方或砂砾层交替存在等三种情况。若直接加载抛石体,极易出现堤身无序不稳定的滑动或过大的沉降,造成后续处理费用的增加,甚至导致后续堤段施工的中断,所以有必要在常规爆破挤淤的基础上进行技术攻关,开发适用于复杂软基的爆破挤淤筑堤技术。

我公司根据多年的爆破挤淤施工经验,利用多次爆夯、爆破挤压作用,结合潮汐特征研究总结出复杂软基爆破挤淤筑堤施工工法。

本工法的关键技术于2011年1月16日通过浙江联政科技评估中心科技成果鉴定,评审意见:该技术处于国内领先水平,关键技术获得国家发明专利一项,专利号:ZL 2009 1 0097980,并获得第十九届全国发明展览会金奖。

2 工法特点

(1)本工法经过爆破作用可以排(挤)出淤泥达到密实和部分下沉的稳定效果,减少筑堤过程中无序不稳定性的滑动或过大沉降对工程造成的安全隐患,地基处理效果明显,后期沉降小;

(2)本工法在复杂软基筑堤中不需要使用诸类大型设备,投入的施工机械设备简单,大大节约了机械费;

(3)本工法有效地减少复杂软基先挖后填带来的抛石方量的增多和浪费,减少工程投资成本;

(4)本工法加快软基的筑堤施工速度,有效缩短施工工期。

3 适用范围

复杂软基爆破挤淤主要应用于围堤、防波堤、护岸、码头、驳岸等工程的复杂软基基础处理(本工法中复杂软基处理指淤泥层上部有石方或砂砾层、淤泥层中间夹有石方或砂砾层和淤泥层与石方或砂砾层交替存在这三种情况软基的处理)。软基构造层上部覆盖或中间夹杂石方体(或砂砾石),无法采用插设塑料排水板、常规的爆炸排淤填石等方法,且将石方体(或砂砾石)挖除难度太大、成本太高、进度缓慢时,可采用复杂软基爆破挤淤,处理的软基深度宜在6~25 m,其中夹石层小于5 m。

4 工艺原理

本工法工艺原理为:利用海洋涨落潮的特征,以覆盖水深替代爆破中的抵抗线,先进行爆夯,使爆炸的能量作用到复杂软基的顶面,向下挤压复杂软基,经过爆炸压力作用排(挤)出淤泥达到密实和下沉的初步稳定效果;经过爆夯挤压后的复杂软基再进行抛石加载,避免出现堤身的滑动或位移;通过堤头斜爆,在爆炸震动的作用下,利用抛石堤身的自身重量,使得抛石体进一步向下挤压;再在堤身两侧多次布置爆填药包,多次侧爆后可使堤身两侧完全落底,并且有一定的落地宽度,形成设计要求的海堤断面,保证了堤身的稳定。

5 施工工艺流程及操作要点

5.1 施工工艺流程

复杂软基爆破挤淤筑堤施工工艺流程见图1。

5.2 操作要点

（1）施工准备，查阅地质勘测资料，掌握不同部位地质情况，设备安装包括施工船机的改装、施工零星材料的购买、爆破施工手续等的办理。

（2）设立测量基点，在已经抛填的海堤上设立施工高程基准点，引导设立爆夯施工测量控制基准点，基准点的测量复核要满足测量规范的要求，设立后要进行必要的保护。

（3）设立施工船机定位标志，在岸上设立定位标志，在基准点架设全站仪指挥施工船就位。

（4）测量复杂软基顶面高程，测量船定位，用水砣和测杆测量，每10 m一条横断面，2 m一个测点。

（5）根据地质情况设计方案，按设计参数加工爆夯药包及配重。

（6）测量放线，对复杂软基上的药包布置位置设立标志。

（7）履带式挖掘机停置堤头，提起装药器，通过挖掘机的行走和旋转将装药器定位，将药包埋设在设计位置。

（8）装药后将每个药包的导爆索拉出，松紧要适中，避免导爆索相互缠绕或靠近。连接网路时，将每个药包的导爆索按同样的方向搭接在主导爆索上。搭接长度不小于15 cm，搭接处用防水胶布绑扎紧密，除搭接处外禁止打结或打圈。支导爆索与主导爆索的传爆方向的夹角必须小于90°。

5.3 复杂软基爆炸参数设计计算

复杂软基爆炸挤淤筑堤的计算爆炸参数的方法和步骤如下。

（1）爆夯下沉平均高度 D_1 计算公式为：

$$D_1 = K_1(D - D_0) \tag{1}$$

式中：K_1 为经验系数，一般为 0.8～0.95，夹石层的厚取大值；D 为设计挤淤置换深度；D_0 为复杂软基深度，由地质钻探所得。

（2）单药包质量 Q 计算公式为：

$$Q = q_0 ab D_1 \tag{2}$$

式中：q_0 为爆破单耗；a 为药包间距；b 为药包排距；D_1 为爆夯下沉平均高度。

5.4 药包制作

爆炸处理作业前计算药包数量、总药量，并通知炸药库在指定时间运到工地。

5.4.1 炸药品种

爆破挤淤施工采用散装乳化炸药。乳化炸药的性能要满足出厂时的性能参数，防止乳化炸药时间过长，性能减低。

5.4.2 导爆索

选用防水塑料导爆索，导爆索每米含TNT量为1.5 kg。

5.4.3 药包质量计量

单个药包的质量按复杂软基含碎石土等厚度计算选取，药包质量的计量用台秤称重。单药包

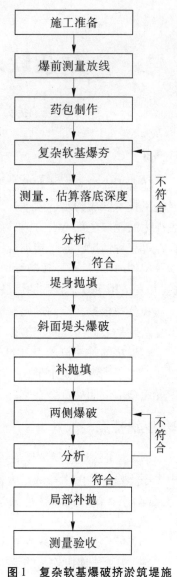

图1 复杂软基爆破挤淤筑堤施工工艺流程

的质量误差为 5%。

5.4.4 药包防护

采用塑料编织袋防护,塑料编织袋尺寸为 40 cm×70 cm,编织袋的抗拉强度≥30 kN/m²。

5.4.5 药包结构

爆破挤淤采用单个药包,单个药包的质量根据设计选取。将称好重的炸药装到塑料编织袋内;将导爆索的一段做成起爆头,插入炸药内部;用细麻绳捆扎袋口。导爆索的另一端用塑料防水胶布包扎。药包结构见图2。

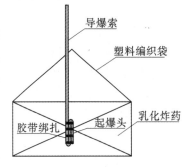

图2 药包结构

5.4.6 材料及制作要求

5.4.6.1 材料要求

(1)检查导爆索的外观质量,如有过粗、过细、破皮或其他缺陷部分均应切除。

(2)每盘导爆索的两端应先切掉 5 cm,使用快刀切取导爆索,切口应做防水处理。切割时工作台上严禁摆放电雷管。禁止切割已接上电雷管或已插入炸药的导爆索。

(3)导爆索需用搭接连接时,搭接长度不得小于 15 cm,并绑扎结实。导爆索禁止打结或打圈。

5.4.6.2 制作要求

(1)药包制作应在专用加工房作业。

(2)药包防水应根据药包需要浸水时间和承受水压采用相应的防水措施,必要时以现场浸水准爆试验加以确定。

装药作业施工流程、施工检测工艺见图3、图4。

5.5 爆破网络

复杂软基爆破挤淤的爆破网路由电雷管、主导爆索、分导爆索和药包联成。单个药包内不放置电雷管,导爆索起爆药包靠起爆头激发能量。爆破网络见图5。

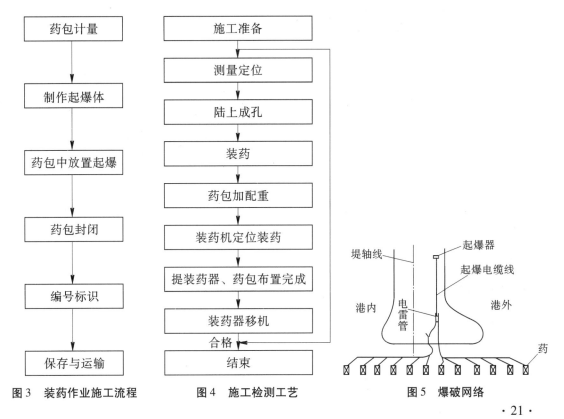

图3 装药作业施工流程　　图4 施工检测工艺　　图5 爆破网络

5.6 爆破

（1）堤端前沿爆夯,详见图6、图7。

（2）在复杂软基上抛石,高程控制在大潮高潮位以上,在抛石堤头水下复杂软基顶面布置药包,斜面爆夯挤淤。第二步的目的是加深抛石体的落底深度。当实施时,如果抛石堤头老海堤石头面被抬高,不能保证斜面爆夯的水深,可适当降低抛填高程,直接填筑穿过复杂软基的位置,补救措施就是加强第三步两侧的爆炸处理。

（3）堤两侧泥下装药爆破挤淤,在堤顶面用挖掘机长臂装药,药包埋深6~7 m,间距3.0 m,分段施工,有条件的两侧装药同时起爆。外侧至少3遍,内侧2~3遍。第三步的目的是将堤身整体落底,特别是要保证外侧落地,并有一定落地宽度。

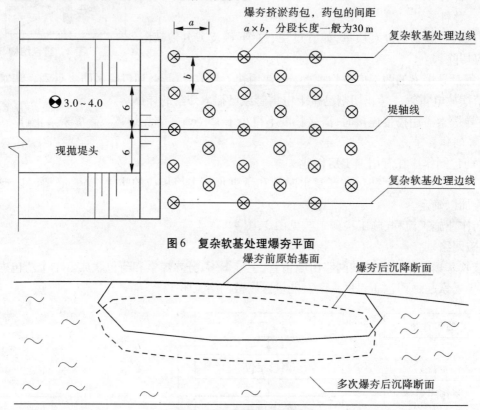

图6 复杂软基处理爆夯平面

图7 多次爆夯后横断面

5.7 劳动力组织情况

劳动力组织情况见表1。

表1 劳动力组织情况

单项工程	项目负责人	设计技术负责人	技术员	爆破员	安全员	记录员	保管员	测量员	普工	交通艇驾驶员	后勤人员	皮卡车驾驶员	合计
所需人数	1	1	2	1	1	2	1	2	4	1	1	1	18

6 材料与设备

6.1 材料

每爆破挤淤100 m³石料所需材料见表2。

6.2 设备

复杂软基爆破挤淤所需设备见表3。

表2 复杂软基爆破挤淤材料 （100 m³）

名称	乳化炸药	雷管	导电线	塑料编织袋
数量	38 kg	0.07 个	11 m	4 只

表3 复杂软基爆破挤淤所需设备

名称	交通艇	辅助船	挖掘机	布药机	皮卡车	水准仪	全站仪	起爆器	雷管检测仪	警报器	对讲机	安全警示灯	钻机	物探仪
数量	1 艘	2 艘（警戒）	2 台	1 台	1 辆	1 台	1 台	2 套	1 台	2 部	6 部	6 盏	2 台	1 台

7 质量控制

7.1 质量控制标准

质量控制标准采用《水运工程爆破技术规范》（JTS 204—2008）、《爆破安全规程》（GB 6722—2003）以及设计要求。

7.2 质量保证措施

7.2.1 施工记录

软基处理工程爆破检验单见表4。

表4 软基处理工程爆破检验单

单位工程名称			单元工程部位		
分部工程名称			检验日期		
单元工程名称			检查日期		
序号	爆破参数	参数	爆破方式		备注
			堤头	内(外)侧	
1	布药桩号		爆填	爆夯	爆填	爆夯	
2	药包至堤身轴边距				
3	水深(m)				
4	涂面高程(m)				下次抛填参数：
5	药包埋深(m)				抛填宽度：
6	药包间距(m)				抛填高程：
7	布药宽度(m)				抛填进尺：
8	单药包质量(kg)				允许误差：
9	药包个数(n)				1. 进尺：±0.5 m
10	布药总质量(kg)				2. 高程：±0.3 m
11	布药时间				3. 宽度：+1.0 m
12	起爆时间				
13	准爆率(%)				
施工单位自评意见			监理单位复核意见		
施工单位			监理单位		
记录人	初检负责人	终检负责人	建设单位		

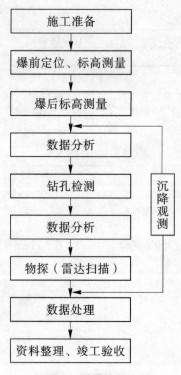

施工准备

爆前定位、标高测量

爆后标高测量

数据分析

钻孔检测 ─ 沉降观测

数据分析

物探（雷达扫描）

数据处理

资料整理、竣工验收

图8 质量控制流程

7.2.2 质量控制流程

质量控制流程见图8。

7.2.3 抛填参数保证

抛填参数的保证是控制石料落底的重要手段之一：抛填进尺允许偏差±0.5 m；抛填高程允许偏差±0.3 m；抛填宽度允许偏差±1.0 m。

7.2.4 装药工艺控制

药包间距允许偏差±1.0 m；药包埋深允许偏差±1.0 m；单炮药重允许偏差±5%。

7.2.5 爆填前后断面测量

通过控制和检测，能够及时发现爆破挤淤施工过程中所存在的问题和隐患：①堤头30 m范围内测量一条纵断面，堤头下沉内外侧不均匀时增加两条纵断面，测点间隔2 m；②堤身间隔10 m测量一条横断面，要求测点间隔2 m，内外侧同时起爆时测量全断面；③测量堤身外侧护底块石爆夯前后水下断面。

7.2.6 阶段检测

（1）体积平衡检测。根据每炮抛填石料质量、方量记录，堤心爆填进尺每30 m左右进行一次体积平衡检验，即统计实抛方量，与设计断面体积对比分析，推测堤身大致落底深度。根据检验结果，调整爆破参数。

（2）钻孔检测。采用钻孔检测方法，直接探明抛石体下部状态，此方法为抛石落底深度主要检查方法，钻孔位置由设计单位确定。在堤身完成50 m后，对2～3个钻孔进行检测，揭示爆填体混合层厚度，检测结果作为调整抛填及爆破参数的依据。其他钻孔检测在爆破处理过程中或者结束后进行。钻孔数量根据抽检结果最终确定。

（3）物探检测。当抛石设计落底深度在10 m以内，可采用物探检测，物探检测采用地质雷达法或横波浅层反射法等地质勘探方法。根据波的透射和反射原理确定抛石体界面，每50 m设一横断面，纵断面检测共布置3个，堤顶及内外坡的适当位置各一个。

（4）沉降位移观测。为了观测施工过程中堤身的沉降和位移，沿堤不同断面布设沉降位移观测点。沿围堤长度方向爆破挤淤段设3个观测断面，观测断面根据现场条件布设在堤身适当位置。

8 安全措施

为加强施工过程中安全生产管理，应坚持"安全第一，预防为主，综合治理"的安全生产方针，遵守《安全生产法》、《爆破安全规程》（GB 6722—2003）、《水运规程爆破技术规范》（JTS 204—2008）等相关法律法规，同时落实如下措施：

（1）施工期间，项目部应定时与当地气象、水文站联系，在大风、大雨、雷电、大雾、大雪等恶劣天气时严禁进行爆破作业，在台风到来之前做好布药机的安全避险工作。

（2）临近航道施工作业前按规定向海事管理部门商定有关航运和施工的安全事项，如发布通航公告。

（3）火工材料仓库严禁使用明火或抽烟，严禁非施工人员进入，应安排专人看管，防止火工品流失或被盗，配备消防器材；火工材料现场使用全过程必须由专职爆破安全员监控，实行"谁领用、谁负责"的制度，当班如有剩余火工材料，领用人负责办理退库手续。凡不及时清理、退库，造成火工材料丢失被盗的,由公安部门追究有关当事人的责任。

(4)工作面火工材料现场使用必须严格按照有关规范执行,严禁出现边钻边装药,抛掷、丢弃火工材料等违章行为。

(5)装药前,现场堆放的火工材料必须由专职火工材料看护人员看守。每次现场爆破完毕后,将剩余的部分火工材料转至现场安全的地点清点,严禁雷管与炸药混堆混放,一经发现,对责任单位严厉处罚,并视为违反纪律,由此承担擅离职守而产生的一切后果。

(6)在施工区域周边设置"爆破现场,严禁入内"、"爆破危险区,不准入内"等安全警示牌及标志,夜间施工作业保证足够的照明,并设置红灯警示,避免过往船只发生意外碰撞,安全员负责现场监督安全技术措施的落实。

(7)布药机装药时,应安排专人指挥,施工作业人员应密切注意装药器的上下运行情况,发现异常,立即停机,在布药机移动的半径内严禁堆放杂物和站人。

(8)爆破前必须同时发出音响和视觉信号,使在危险区的人员能够听到、看到。爆破后,经爆破、安全人员检查无拒爆、迟爆等现象,确认安全时,方可发出解除警戒信号。

9 环保与资源节约

为了保护和改善爆破施工现场的生活环境,防止由于爆破作业施工造成的污染,保障施工现场施工过程的良好生活环境是十分重要的。切实做好施工现场的环境保护工作,主要采取以下措施:

(1)认真贯彻执行国家环境保护法,严格遵守当地有关规定,并办理有关手续,按照建设方对环保的要求进行工程的施工,做好施工场地四周生态环境的保护。

(2)将环保工作和责任落实到岗位、落实到人,严格要求各作业班组做到工完场清料净,做好"水、气、声、渣"管理和防范,提高施工作业人员环境保护意识。在日常施工中随时检查,出现问题及时纠正。

(3)施工中严格按照公司环境管理体系、环境管理制度的要求,对施工机械设备污水排放进行管理,防止油料泄漏,油污水和垃圾要集中回收并做好记录,严禁向水中排放和倾倒油类、油性混合物、废弃物和其他有害物质。

(4)施工现场产生的油污水及垃圾集中统一处理,做好垃圾日常的收集、分类与储存工作,不得任意倒入施工水域,垃圾必须装入加盖的储集容器里,严禁现场焚烧垃圾。

(5)施工现场设垃圾站,各类生活垃圾按规定收集、分类,不得任意倒入施工水域,严禁垃圾乱倒、乱卸或用于回填、焚烧垃圾。

(6)加强对食堂环境卫生的管理,落实环境卫生管理制度,对办公区、生活区域垃圾采用分类存放,对食堂产生的油污水经过滤措施处理排放,厕所污水不能进入城区管网设置的化粪池。

(7)一旦发生事故或出现紧急状况时,当事人应报告现场负责人,立即启动《消防应急救援预案》,立即采取措施进行控制、清除或减轻污染的损害,并视情节及时报告建设方。

10 效益分析

(1)针对复杂软基,采用现有的排水固结法和常规爆破挤淤填石法,应先对复杂软基作挖除处理,需要使用诸如挖机、专业挖泥船或绞吸船等大型机械设备,实际消耗成本大。采用复杂软基爆破挤淤工法,不需要使用诸类大型设备,投入的施工机械设备简单,大大节约了机械费。

(2)复杂软基爆破挤淤工法能有效地减少先挖后填带来的抛石方量的增多和浪费,减少工程投资成本。

(3)复杂软基爆破挤淤工法是在爆破挤淤工法的基础上面对复杂软基情况所采用的特殊技术攻关方法,有效地解决了复杂软基爆破挤淤的技术瓶颈,极大地丰富了爆破挤淤在各类软基的应用内涵。

（4）复杂软基爆破挤淤工法选择覆盖在炸药包上的水深2～3 m时进行爆破，避免了水上作业施工的难度，能最有效地节省施工时间，而且能减少筑堤过程中无序不稳定性的滑动，地基处理效果明显，后期沉降小，已越来越多地应用到软基处理工程中，投资效益和社会效益显著。

11 应用实例

11.1 奉化市红胜海塘续建工程Ⅰ标

奉化市红胜海塘续建工程Ⅰ标位于宁波奉化市莼湖镇，地处象山港的西北部，距奉化市区12 km。红胜海塘于1969年开工，至1979年工程停工，海堤已部分填筑，长约3 600 m，中间留有缺口1 000 m。本标段主堤（K0+022～K2+876），基础采用爆破挤淤处理法，总方量为46万 m³。红胜海塘老海堤（K2+050～K2+100，K2+710～K2+876）曾铺设厚度不等的原抛石体、坚硬的碎石土和贝壳土等，按照常规的爆破挤淤施工工艺，药包无法埋设。经研究采取爆破挤淤破壳处理工法，加载的抛石料可达到设计落底深度和宽度要求。从2008年9月16日开始施工，到2008年10月20日完工，历时36 d，爆破处理方量16 120 m³，经施工单位和业主单位各自委托检测单位对爆破挤淤段进行钻探检测和物探，结果均符合设计要求。

11.2 岱山县衢山南扫箕围垦工程

岱山县衢山南扫箕围垦工程位于浙江省东北部舟山群岛岱山县大衢岛岛斗镇的中南部，围区南北宽度约1.6 km，东西宽度约1.8 km，围涂面积3 989.2亩。主堤自枫藤嘴内侧向东1 776 m，涂面高程为▽-4.50 m左右，采用爆破挤淤法处理原软土地基，原涂面高程为▽-4.5 m，处理深度18 m，宽度为44.6 m。在施工过程中，发现桩号K1+475～K1+388段表面淤泥层下3 m有厚6 m左右的粉沙层，药包埋设不到位，按常规的爆破挤淤方案难以实施。经研究采取复杂软基爆破挤淤处理工法，通过多次爆夯使得堤身宽度和落底标高达到设计要求。该段从2007年3月1日开始施工，到2007年4月20日完成，历时50 d，爆破处理方量约56 550 m³，经沉降观测坝体安全稳定，委托检测单位对爆破挤淤段进行钻探检测和物探，均符合设计要求。

11.3 台州市路桥区黄礁涂围垦工程施工Ⅱ标

台州市路桥区黄礁涂围垦工程施工Ⅱ标位于黄礁门海堤，西起白果山大滨头，向东连七姐妹礁，再向东南到黄礁岛蟹钳岙里，工程主要包括主堤（K0+000～K0+890）段（含主堤龙口合拢）和水闸（4 m×4 m）的所有土建工程与临时工程（含相应的金属结构与机电安装工程）。

经地形加密测量和二次地质勘测，K0+360～K0+306、K0+000～K0+100为七姐妹礁和黄礁岛蟹钳岙的礁盘及其延伸段，淤泥层夹杂大量的粉砂，不能直接加载抛石体，也无法采用常规的爆破挤淤施工工艺。经研究采取复杂软基爆破挤淤处理工法，从2009年3月13日开始实施，历时65 d，爆破处理方量约61 089 m³，经沉降观测坝体安全稳定，委托检测单位对爆破挤淤段进行钻探检测和物探，均符合设计要求。

11.4 舟山市定海区金塘北部开发建设项目沥港渔港建设工程施工Ⅰ标

舟山市定海区金塘北部开发建设项目沥港渔港建设工程施工Ⅰ标位于舟山市定海区金塘镇西北部，防波堤东堤全长2 180 m，总方量为218万 m³。K2+040～K1+900为礁石延伸段，在药包埋设过程中碰到复杂混合体软基，经过复测，发现淤泥层中夹石方体，采用复杂软基爆破挤淤处理工法，方案于2009年11月25日开始实施，历时60 d，共处理方量60 489 m³，经过钻孔，加载的抛石料达到设计落底深度和宽度。

（主要完成人：俞元洪　仇志清　李　城　胡梅愿　金崇国）

深水区排水板插设施工工法

浙江省围海建设集团股份有限公司

1 前 言

随着沿海滩涂资源开发的不断深入,深水围垦已成为沿海产业带开发的主流发展方向,排水板插设施工技术已成为水下软基处理中的主要技术之一。深水区乃至深海区水上插板作业需要解决风浪大、水流急且紊乱带来的问题,不仅要防止水下环境对导管本身的稳定、板带拖拽的不利影响,而且要防止风浪对船体稳定、插设精度的不利影响,同时还要克服不利风浪条件对有效作业时间的影响,以上一系列不利影响均造成相当重大的技术难题。所以,有必要进行技术攻关,开发适用于深水区的排水板插设技术。

通过联合设计单位和科研单位开展科技创新研究,总结出东海大桥海堤施工关键技术,取得了一项海堤施工综合技术成果,深水排水板插设施工是核心技术之一,"东海大桥海堤关键技术研究"项目获得了国家科技进步一等奖,同时形成了深水排水板插设施工工法。

本工法的关键技术已获得国家发明专利一项,专利号:ZL 97112879.6;深水区排水板插设施工技术项目经浙江省科学技术成果鉴定,认为关键技术具有国际先进水平。

2 工法特点

(1)本工法采用的是双船体深水插板船,船上装备高精度 GPS 实时差分定位系统,能够确保每个施工区域乃至每一根排水板施工插设位置,偏差控制在 ±50 mm 以内。

(2)常规的深水插板船桩管和桩架位于船体的一侧,每次打设后须重新定位船只,施工效率很低。而本工法采用双体结构深水插板船,插设桩机设备布置于船体中部,一次定位后,可以对 32 m×11 m 范围的区域进行布桩作业,极大地提高了施工效率。

3 适用范围

本工法适用于厚度 55 m 以内的淤泥、淤泥质土等软土地基,以及在水深 2～20 m、流速 ≤3 m/s、潮差 ≤9 m、风力 ≤7 级、浪 ≤2 级条件下的施工。

4 工艺原理

(1)塑料排水板加固软土地基的原理:在压缩性高、含水量大、孔隙比大、软土较厚的土层中插设塑料排水板,作为排水通道,增加排水途径,缩短排水距离,在上部荷载的作用下,使土体颗粒中水分通过排水板排出地层外,加快了地基的沉降与固结,以达到提高地基承载力的目的。

(2)本工法的主要工作原理:本工法采用中空式深水插板船,船体定位后,可以在船体中空区域内一次性连续施打;通过高精度 GPS 定位系统,依靠四角定位锚机进行深水插板船的精确定位,船体定位后,移动桩架及套管到设计施工桩位,将已装好排水板的套管利用自重和惯性,直接贯入涂面以下,必要时辅以振动锤进行适当振动,达到预定高程;卷扬机提升套管,排水板端部自动与套管脱离,板体留置于基础之中;套管需提到垫层以上 0.5 m,利用剪板系统将排水板剪断,完成装靴后,移动桩位,进行下一根排水板的插设。

5 施工工艺流程及操作要点

5.1 工艺流程

深水排水板施工作业流程见图1。

5.2 操作要点

5.2.1 施工准备工作

(1)收集基础资料:施工现场自然环境;设计文件和地质资料,特别是硬夹层的位置、深度和分布范围。

(2)施工技术人员对现场的施工环境和施工条件进行全面分析,掌握施工水域的潮汐、水流、流速和波浪等水文资料,及其岸坡、水底的地形地貌等情况;熟悉设计文件和设计交底内容。

(3)在施工区域附近设置水尺,明确工程的测量控制点和基准点。

(4)确定施工通道和船舶停靠、防风避台码头。

5.2.2 材料检验

(1)塑料排水板的型号与设计要求相一致,其纵向通水量、排水板抗拉强度及延伸率、滤膜抗拉强度及延伸率、滤膜渗透系数、滤膜等效孔径等主要性能指标应符合表1的规定。

(2)塑料排水板品质应符合《塑料排水板质量检验标准》(JTJ/T 257—96)的规定,运抵工地时应有生产厂家的合格证、试验单、质检单、批号等。

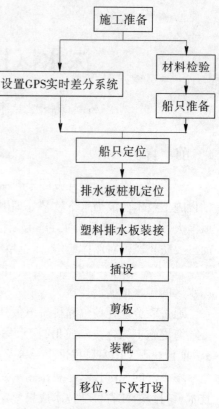

图1 深水排水板施工作业流程

表1 排水板性能指标

项目		单位	A 型	B 型	C 型	D 型	条件
纵向通水量		cm^3/s	≥15	≥25	≥40	≥55	侧压力 350 kPa
滤膜渗透系数		cm/s	≥5×10^{-4}				试件在水中浸泡 24 h
滤膜等效孔径		mm	<0.075				以 O$_{95}$ 计
塑料排水板抗拉强度		kN/10 cm	≥1.0	≥1.3	≥1.5	≥1.8	延伸率10%时
滤膜抗拉强度	干态	N/cm	≥15	≥25	≥30	≥37	延伸率10%时
	湿态		≥10	≥20	≥25	≥32	延伸率15%时,试件在水中浸泡 24 h

(3)查看包装是否完好,有无旧杂料掺入,有无表面破损,清点来料数量与送货单是否相符。

(4)检查试验单上的测试单位、测试日期有无异常、有无印章,仔细检查试验单上的主要测试数据是否达到设计要求。如有不符者将坚决拒收和退货。

(5)随机抽样拆开一包或两包滤膜进行肉眼和手工检测并进行判断,重点检查滤膜的坚挺度、整洁度和芯带厚薄均匀度、齿槽是否垂直,以及手感、撕裂强度等。

(6)塑料排水板的外型尺寸应均匀,宽度和厚度采用游标卡尺检测,检测点数为10个测点,取10个测点数值的平均值,断面尺寸满足表2要求。

(7)以上检验合格后,应随机抽样。每批需进行抽检,送具有合格检测资质的单位进行检验。排水板验收检测次数应满足下列规定:同批次生产的排水板,每20万m检测一次。小于20万m

的按 20 万 m 计;不同批次生产的排水板应分批次检测,同批次生产分批运输的也应分批检测。

(8)对于合格的来料,应编号登记入库并妥善保管。

(9)塑料排水板的运输、保管及使用,应避免强力牵引和烈日暴晒,应保管在干燥、通风环境中,使用前应对排水板滤膜、芯带进行全面检查,破损、断带的产品不得使用。

(10)塑料排水板存放超过 6 个月,使用前应重新抽样检测。

表 2　塑料排水板断面尺寸要求

型号	A 型	B 型	C 型	D 型
宽度(mm)	$(1\pm0.02)b$　(b 为塑料排水板宽度)			
厚度(mm)	≥3.5	≥4	≥4.5	≥5.0

5.2.3　船只准备

船体系双舵双桨自航双片体船舶,续航能力为 50 天,插板桩机布置在片体甲板平面上,桩机迎面朝艉,当船舶定位后,桩机利用甲板上轨道和滚子链驱动纵横位移,考虑沿海作业时季风、突发性风浪等不稳定因素,甲板上插板桩架采用便捷起竖架,压载平衡舱布置于片体两侧,根据不同工况可快速调节船体平衡,甲板上前、后、左、右设四台绞缆机,受中央全程控制位移。船舶基本参数:船总长 57 m,总宽 20 m,型深 3.2 m,吃水深度为 1.6 m,排水量 350 t,中间施工区域尺寸为 32 m×11 m,桩机功率 220 kW,提桩速度 38 m/min。

插板船立、平面示意图见图 2、图 3。

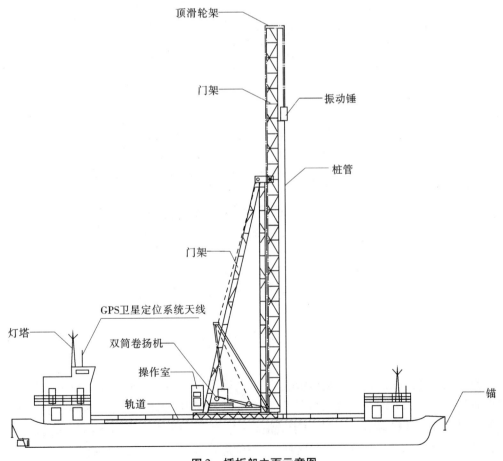

图 2　插板船立面示意图

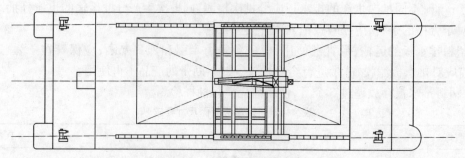

图 3　插板船平面示意图

5.2.4　设置 GPS 实时差分系统

插板设备有精确的定位系统,能够确保每一个施工区域乃至每一根排水板施工插设位置都有准确的定位。

船只采用国际上较为先进的 GPS 实时差分定位系统,如图 4 所示,该定位系统采用 3 台 GPS-RT20 接收机,经过全球 24 颗在轨卫星发送信号,结合地面卫星通信电台发播坐标信号,在作业船上设置两台 RT20 单频接收机和测深仪,接受准确实时数据,输入计算机,解算出差分的精确位置坐标,由两台接收机两个 X、Y 点坐标相交形成船体设定区域矩形图,在计算机上按设计坐标首先设定好所需插设位置。

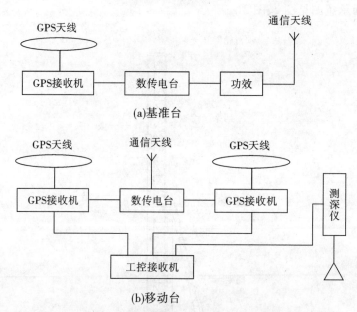

图 4　GPS 实时差分定位系统示意图

5.2.5　船只定位

根据船体施工区域划分整体工程平面几何图,用 4 台锚机进行调节,将移动坐标和设定坐标几何图影重合。

为了使插板作业船在海面上有足够精准的定位,确保每一根排水板打设到预定位置,主要是依靠插板作业船上配备的 GPS 实时差分定位系统,GPS 定位系统及计算机中的海洋成图软件将插板作业船船位显示在计算机显示屏之上,由于波浪、风力、潮汐的多方面影响,插板船仍会有一定程度的位移,我们因此设置了专职人员对计算机中的船位进行监控,只要发现有细微的位移,由中央集控室调整锚机,使船位与 GPS 提供的定位相啮合。这进一步保证了该定位系统定位的精确性,插板作业船定位偏差控制在 50 mm 以内。

在施工前需对塑料排水板插设范围内的施工船位进行划分编号,在插板船的每个施工船位插设完成之后,由插板作业船配备的 4 台锚机进行船位调整,进入下一个船位继续施工,如图 5 所示。

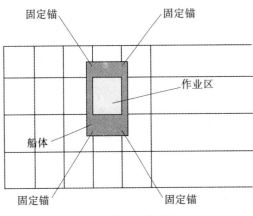

图 5　计算机屏幕定位

5.2.6　排水板桩架定位

前后移动插板桩机是通过片体甲板轨道、驱动滚子链进行移位,左右移动桩管及桩机是通过横向驱动装置进行移位。

5.2.7　塑料排水板的装接板

初次打设需先将排水板装入套管,利用细钢丝绳把塑料排水板从钢套管顶下拉到套管底部,并穿出套管底部 40~50 cm。装靴装置自动将带头夹住并关闭带头保护装置。

排水板长度不足时可接长,先将两根塑料排水板的滤膜剥开,将板芯对插搭接,再将滤膜包好、裹紧后,用细铁丝穿扎牢固,也可用大号钉书针钉接,搭接长度应大于 20 cm,且连接牢固。

接长排水板的施工应符合以下规定:每根"接长板"只能有一个接头;"接长板"分散使用,相邻板无接头;"接长板"的使用量不超过总打设根数的 10%。

5.2.8　插设

在塑料排水板的插设方式上,主要有振动法和静压法两种,根据德国专家汉斯堡(Hansbo)的理论,前者将对地基原状土产生一定程度的扰动,同时将降低地基强度。鉴于坝基为超软弱黏土地基,灵敏度较高,采用以静压法为主的插入方式,利用套管自重和惯性,则套管可直接贯入涂面以下,必要时辅以振动锤进行适当振动以达到预定高程,这种插入方式可以将人为施工扰动对地基强度产生的不利影响降低到较小程度。

在打设过程中,应保证套管的垂直度,垂直度偏差不得大于 5%,打设到设计高程后,方可拔套管,拔套管初始阶段需徐徐提升套管,防止由于拔管过快,周围泥土对排水板的阻力过小而造成回带现象。套管需提到垫层以上 0.5 m。

5.2.9　剪板

插板船配备 2 套割带系统,第一种是人工操作的长柄环形剪板系统,主要在浅水区(水深<5 m)使用。第二种是机械自动操作的液压式水下剪板系统,主要在深水区使用,采用水下导向架底端配置液压剪刀,在水下完成自动剪板。剪板后确保塑料排水板在水平排水垫层表面的外露长度不小于 20 cm。

5.2.10　装靴

钢套管拔出水面以后,人工抓住伸出套管口的排水板,并穿出套管底部 40~50 cm,用装靴装置自动将带头夹住并关闭带头保护装置。

装靴水下装置为回位并可重复使用机械装置,当塑料排水板剪断以后,它能立即将带头压住并关闭带头保护装置,当塑料排水板插至标准高程后上拔时,该装置自动打开保护门,此时带头在泥阻作用下留在泥涂中,这样周而复始,完成多个插设循环。

5.3　劳动力组织情况

劳动力组织情况见表 3。

表3 劳动力组织情况

序号	单项工程	所需人数	备注
1	船长	1	总负责人
2	大副	1	施工指挥
3	三管轮	1	桩机机械负责人
4	值班水手	1	甲板机械负责人
5	GMDSS 操作员	1	专职 GPS 定位员
6	专职操作手	3	桩机操作
7	普工	12	排水板施工辅助
8	记录质检员	2	资料整理
9	炊事员	1	后勤
10	测量员	1	水位及水深等观测
11	交通艇驾驶员	1	
12	抛锚艇驾驶员	2	
13	合计	27	

6 材料与设备

6.1 材料

每插设 100 m 深水排水板所需材料见表4。

表4 深水排水板插设材料 　　　　　　　　　　　（100 m）

序号	名称	单位	数量	备注
1	塑料排水板	m	110	原材料
2	柴油	kg	8.4	
3	型钢	kg	0.5	
4	钢护管	kg	4.25	
5	大号钉书针	枚	20	排水板连接

6.2 设备

深水排水板插设所需设备见表5。

表5 深水排水板插设设备

序号	名称	单位	数量	备注
1	插板船	艘	1	排水板插设
2	抛锚艇	艘	2	定位
3	交通艇	艘	1	交通
4	8t 汽车吊	台	1	材料运输
5	GPS 定位系统	套	1	测量定位
6	潮位观测仪	套	1	测量
7	测深仪	套	1	测量

7 质量控制

7.1 质量控制标准

质量控制标准采用《水运工程塑料排水板应用技术规程》(JTS 206-1—2009)、《塑料排水板质量检验标准》(JTJ/T 257—96)。

7.2 质量保证措施

(1)施工记录。插板作业船上配备的计算机自动控制软件,该软件通过桩机测出插设套管深度与排水板的进带长度,由传数机输进计算机自动控制,根据水下测深仪测出水深数据与GPS测绘仪测算高程数据,传送入计算机进行运算,运算后的结果将自动记录在案,形成施工原始记录,可供施工及管理人员检查和监督。

(2)在插板作业过程中注意保持桩机的纵横向坐标位置及垂直度,确保插板深度达到设计要求。平面位置偏差不大于5 cm,垂直度偏差不大于1.5%。

(3)每插设一支桩都有编号、深度等详细记录,可供监理部门随时检查。

(4)插设深度必须满足设计要求,为确保塑料排水板打设深度,在桩架上设置明显的进尺标记,以控制排水板的打设深度。作业时要求10分钟观测一次水深,调整导管入水深度,做到保持导管入土深度不变。

(5)如果发现插板过程中有某一支桩不符合设计要求,我们将立即在其附近重新补插,并向监理部门报告和做好记录。

(6)垂直度控制。用挂线随时检测沉管的倾斜度,调整桩机垂直度。

(7)回带控制。直观上看,沉管上提,如果有回带则回带时,能看到在沉管的板带入口处的排水板带与沉管口没有相对位移,而此时的沉管上提高度亦正好是回带长度,如果此长度超过50 cm,在边上补插一根,回带的根数应小于总根数的5%。

8 安全措施

为加强施工船舶安全管理,严格遵守《安全生产法》等相关安全生产的法律法规和公司规章制度,坚持"安全第一,预防为主,综合治理"的安全生产方针,按照"管生产必须同时管安全,谁主管,谁负责"的原则逐级落实安全生产责任制,特制定以下安全措施。

(1)施工作业前按规定向海事管理部门申请办理水上水下施工作业许可证,并办理航行通知等有关手续。

(2)施工船舶应按《中华人民共和国船舶最低安全配员规则》要求配备保证船舶安全的合格船员。船长、轮机长、驾驶员、轮机员、话务员必须持有合格的适任证书。

(3)成立以船长为组长的安全生产领导小组,配备专职安全员,由技术负责人牵头编制《生产安全事故应急救援预案》、《防台度汛应急救援预案》。

(4)对施工作业人员进行"三级"安全教育,按照《建设工程安全生产管理条例》要求,由技术负责人组织,逐级进行安全技术交底。

(5)施工作业严格遵守公司安全操作规程和技术交底,所有施工作业人员必须佩戴安全帽、穿好救生衣,严禁酒后上岗作业。

(6)施工区域周边设置安全警示标志,夜间施工作业保证足够的照明,并设置红灯警示,避免过往船只发生意外碰撞,安全员负责现场监督安全技术措施的落实。

(7)加强对船舶安全设备、信号设备自查,防止船舶带"病"作业,确保设备安全正常运行,安排专人检修电路,严格用火管理,配备消防器材。

(8)排水板插设时,安排专人指挥,施工作业人员应密切注意桩锤、桩管的上下运行情况,发现异常,立即停车。

(9)在桩架移动的轨道上严禁堆放杂物和站人。

(10)确保通信畅通,随时保持与海事、岸基管理机构的通信联系。

(11)作业期间如遇大风、雾天,超过船舶抗风等级或通风度不良时,停止作业。

(12)台风来临时,做好台风跟踪观测,按防台预案做好避风工作,在6级大风半径范围到达工地5小时前船舶应抵达防台锚地。

(13)加强对食堂卫生管理,炊事员经体检合格持"健康证"上岗,避免腐烂食物流入加工间,配备消毒柜,防止"食物中毒"等意外事故的发生。

9 环保与资源节约

(1)严格按照《中华人民共和国海洋环境保护法》、《中华人民共和国防止船舶污染水域管理条例》、《船舶污染物排放标准》的要求对施工船舶污水排放进行管理,经处理排放的污水含油量不得超过15 mg/L。

(2)加强施工期环境管理,制定严格的规章制度,依照公司《环境管理体系》的规定,不得随意排放油类、油性混合物、废弃物和其他有害物质。

(3)施工船舶产生的生活污水、船舶含油污水、生活垃圾集中统一处理,做好船舶垃圾日常的收集、分类与储存工作,不得任意倒入施工水域,靠岸后交陆域处理。

(4)现场作业应由专人指挥,合理选择施工方法,选用低噪声设备,加强船舶设备维修保养,合理安排施工时间。

(5)船舶应装设处理舱底污水的设备,施工船舶舱底含油污水不得随意排放。

(6)一旦发生意外火灾或油料泄漏事故,当事人应报告船长,立即启动应急救援预案,立即采取措施进行控制、清除或减轻污染损害的措施,并视情节及时报告应急主管部门(水上搜救中心、所在地海事局等)及集团公司安监部,并接受环保部门或海事部门的调查处理。

10 效益分析

(1)深水区排水板插设工法与候潮排水板插设法、平板船上搭载插板机法比较,具有定位准确、质量确保等优点。同时可全天候施工作业,不受候潮施工影响,提高了施工进度和工作效率,减少了许多复杂、重复工艺,降低了劳动强度,减小了人身安全事故发生率。

(2)本工法可在水上施工,也可以在露滩搁浅情况下施工,施工时间比候潮排水板插设法多出40%,比平板船上搭载插板机施工时间多出20%。可有效提前工期,具有明显的社会效益。

(3)在水深达到3 m或更深的时候,候潮排水板插设法和平板船上搭载插板机法均无法施工。深水排水板插设工法目前可以在水深20 m情况下,插入涂面40 m,解决了深水地基处理的难题,为深水围垦打开广阔前景。

爆破挤淤基础处理可适用于7~12 m的软基处理,深水排水板插设工法可处理40 m以上的软基,解决深软基的基础处理,为推进科技进步提供技术支撑。

(4)爆破挤淤基础处理,也是目前软基处理的方法之一,该方法断面抛石量大,而采用深水排水板插设工法可减少抛石量50%,能够节约石料开采,节约资源,保护生态环境。

11 应用实例

11.1 洋山深水港一期工程东海大桥港桥连接段海堤工程

该工程泥面标高为-7.0~-10.0 m(85国家高程,下同),基础处理采用袋装砂、碎石垫层、塑料排水板处理。塑料排水板采用C型,间距为120 cm,正方形布置,最深处插至-40 m高程,排水板插设量为 260 万 m,自 2003 年 5 月 10 日开始,至 2003 年 11 月 15 日全部完成,配置 3 条插板船,通过深水区排水板插设施工工法的应用,提高了工作效率,使得月实际作业天数从 15 天调整到 23 天,有效地提高了施工效率,缩短了施工工期和减少了施工成本,该工程荣获了 2006 年度"中国建筑工程鲁班奖(国家优质工程)"。

11.2 椒江十一塘围垦工程

椒江区围垦工程位于台州湾西侧,北至椒江口南岸,南到椒江、路桥两区的交界处,围区自北向南分布,东西宽 3.1~4.2 km,南北长约 8.2 km。该工程中的北直堤、顺堤、施工通道均采用深水区排水板插设施工工法来处理,塑料排水板采用 C 型,间距为 120~140 cm,正方形布置,最深处插至 -24 m 高程,排水板插设量为 319 万 m,自 2007 年 12 月 20 日开始,至 2008 年 10 月 2 日全部完成,施工效率高,施工周期短。经工程实践,软基排水固结效果好,工程达到设计要求。

11.3 温州半岛浅滩灵霓海堤一期工程

温州半岛浅滩灵霓海堤一期工程位于浙江温州市瓯江口外,介于灵昆岛(属温州市龙湾区)和霓屿岛(属温州市洞头县)之间。海堤结构为斜坡式抛石堤,由基础、堤身、护面和上部结构四部分组成。该工程的基础采用深水排水板插设施工工法处理,塑料排水板采用 B 型,间距为 140 cm,正方形布置,最深处插至 -22 m 高程,排水板插设量为 585 万 m,自 2003 年 5 月 3 日开始,至 2004 年 2 月 26 日全部完成。经工程验证,软基加固效果好,达到设计要求,并且该工程获得了 2007 年度"浙江省建设工程钱江杯奖(优质工程)"。

11.4 洞头县状元南片围涂工程

该工程位于浙江省温州市洞头县状元岙岛南侧,堤线总长 4 758 m,建设规模围涂面积为 0.52 万亩。本工程由南围堤、东堤、隔堤及两座水闸组成,海堤结构为斜坡式抛石堤。该工程的基础采用深水板插设施工工法处理,塑料排水板采用 B 型,间距为 130 cm,正方形布置,最深处插至 -20 m 高程,排水板插设量为 290 万 m,自 2005 年 9 月 8 日开始,至 2006 年 3 月 6 日全部完成。经工程实践,软基排水固结效果好,工程达到设计要求。

11.5 温州浅滩一期围涂工程

温州浅滩一期围涂工程位于浙江温州市瓯江口外,介于灵昆岛(属温州市龙湾区)和霓屿岛之间,坡降 0.4%~10.68%,面积 6.5 万亩。海堤结构为斜坡式抛石堤,由基础、堤身、护面和上部结构四部分组成。该工程的基础采用深水排水板插设施工工法处理,排水板插设量为 562 万 m,自 2006 年 12 月 24 日开始,至 2007 年 10 月 10 日全部完成。经工程验证,软基加固效果好,达到设计要求。

(主要完成人:张子和　俞元洪　吴建东　仇志清　朱鸿鸣)

深水区土工布铺设施工工法

浙江省围海建设集团股份有限公司

1 前 言

土工布能够有效地隔离不同物理性质的材料(如土体与碎石),使两种或多种材料间不混杂,保持材料的整体结构和功能;还能有效地将集中应力扩散、传递或分解,降低地基不均匀沉降;有效地增加土体的抗拉强度和抗变能力,增强地基抗剪切破坏。因此,土工布在软基处理中得到广泛应用。近几年来,该技术被应用于深水软基处理中。深水区乃至深海区土工布铺设不能采用常规的人工铺设施工方法,而是要用专用的船只施工,这就不仅要解决深海复杂工况对施工船体安全作业的影响,而且要解决深水复杂水文条件对施工效率和质量的影响。

漩门二期堵坝工程土工布作业海域风浪大、水流急且紊乱,不仅要防止风浪对船体稳定、铺设精度的不利影响,而且要防止紊乱水流对土工布的不利影响。一系列不利影响构成相当重大的技术难题。

本公司联合设计单位和科研单位开展科学创新,研究、总结出快速筑堤施工关键技术,取得了一项技术成果——"软基快速筑堤方法与技术",同时形成了深水区土工布铺设施工工法,本工法的关键技术于2010年1月9日通过浙江联政科技评估中心科技成果鉴定,评审意见为:该技术处于国内领先水平,并获国家实用新型专利一项(深水土工铺设船)专利号:201020049346.8。

2 工法特点

(1)本工法采用的是专用的土工布铺设船,船上装备有精确的GPS全球定位系统,能够确保每一块土工布的铺设位置都有准确的定位。

(2)利用土工布铺设船,不仅可以解决在深水中无法铺设土工布的难题,还可将大幅土工布一次性铺设到位,减少水下土工布拼接的工作量。

(3)本工法在深水区铺设土工布,铺设基本不受潮位影响,可全天候施工,大大加快了施工进度。

3 适用范围

本工法适用于在水深2~20 m、流速0~3 m/s、潮差≤9 m、风力≤7级、浪≤2级的环境中施工。

4 工艺原理

深水区土工布主要铺设在软土地基上筑堤的抛石堤下部,一方面利用土工布的隔离作用,防止淤泥进入排水垫层,影响垫层的排水效果;另一方面利用有纺土工布的良好抗拉性能,提高坝体的整体抗滑安全系数;同时还能使基础沉降更加均匀。

土工布铺设立面、平面示意图见图1、图2。

土工布按铺设宽度缝接好,展开后卷绕到滚筒上,将卷绕妥的土工布吊移至土工布铺设船的臂架牵引机构上使其固定,土工布铺设船驶入铺设区,利用GPS全球定位系统进行精确定位,通过锚机调整船位,铺设时,放下吊臂上的土工布至舷侧水面,然后将固定在土工布起始端小铁锚拉直抛下,后下沉土工布并通过移动铺设船进行土工布铺设,边铺布边抛袋装碎石进行固定。

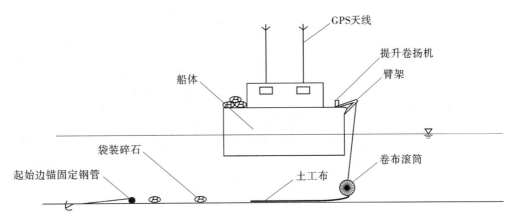

图 1　土工布铺设立面示意图

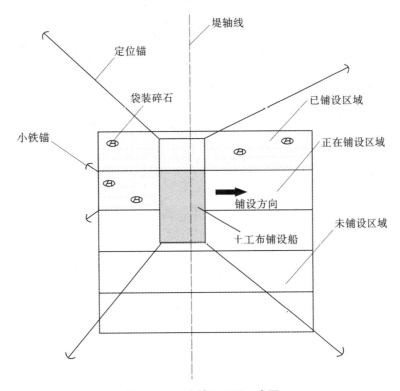

图 2　土工布铺设平面示意图

5　施工工艺流程及操作要点

5.1　工艺流程

深水区土工布铺设作业流程见图 3。

5.2　操作要点

5.2.1　土工布检测

每一批材料到场，都要进行抽样检验，经检验合格后才能使用。检查来料包装是否完好，外观及表面有无破损，数量是否有缺少。不允许有裂口、孔洞、裂纹或退化变质等材料。检查来料有无质检单、合格证、测试单、出厂日期、批号、厂名、布幅与布长等尺寸标定、规格型号是否正确。检查来料测试单中的各项指标是否满足设计要求。每批来料中随机抽查 1~2 件，作出简单的肉眼和手工检测，以判断其外观是否合格或良好。以上各项中，如发现有明显的不符合要求的材料，拒收并

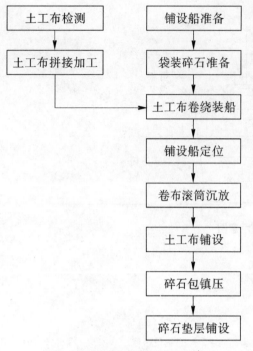

图3 深水区土工布铺设作业流程

退回。以上项目现场检验合格后,再按规范要求随机取样送至有资质的检测单位进行原材料检验,取样数量为来料卷数的5%,每卷4 m²。若检验通过,则该批土工布予以正式验收,否则一律退回厂家。

土工合成材料运输过程中和运抵工地后应放入仓库进行保存,避免日晒,防止黏结成块,并应将其储存在不受损坏和方便取用的地方,尽量减少装卸次数。

存储时必须防止太阳照射,远离火种,存放期不得超过产品的有效期。

5.2.2 土工布拼接加工

土工布单幅宽通常为4~8 m,为方便施工,通常需要较大的幅宽,根据使用需要由厂家定制缝接,加工成幅宽约为24 m的大幅土工布,这样既可以减少现场拼接的工作量,也能确保土工布缝接质量。

一般可将6张幅宽为4 m或4张幅宽为6 m或3张幅宽为8 m的土工布拼成幅宽为24 m的大幅土工布,缝接宽度一般为16 cm。

缝合线须采用工业缝纫机缝制,缝合线须为防化学紫外线的材质。缝合线与土工布应有明显的色差,以便于检查。

土工布缝接示意见图4。

5.2.3 铺设船准备

本土工布铺设船由船体、定位系统、土工布铺设装置等组成。

铺设船为无动力推进的水上甲板式钢质平台,甲板上设有6台绞缆机,其中主绞缆机4台,辅助绞缆机2台,还有土工布铺设设备、张拉式刹闸装置,内置中央集控、发电设备、生活设施等。主要是为整个铺设过程提供基础保证,船体具有一定的抗风浪能力。船体基本参数:总长47 m,型宽9.4 m,型深2.1 m,重载排水量752 t。绞锚机主要为锚固定位和移动船舶,本船使用的为8 t 13 m/min绞锚机。发电设备主要为船舶作业提供动力,生活设施主要为船上作业人员的生活、生产安全等配套设备,以保证施工过程的稳定和安全。

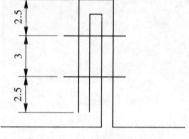

图4 土工布缝接示意图
（单位:cm）

定位系统由3台高精度GPS、计算机、打印机及相关软件等组成,其中岸台1台、船上2台,形成实时差分定位,能准确确定船舶的行走轨迹和船舶姿态,定位精度为±10 cm,而且可以不分白天和黑夜实现全天候作业。定位作业时只要在计算机内输入船体的尺寸、土工布平面尺寸以及施工平面区域位置,计算机即可自动划分出土工布铺设单元格轨迹,即可进行定位作业。

土工布铺设装置由铺设滚筒、吊索、悬臂梁、中控变频卷扬机、牵引机构等组成。铺设滚筒是土工布摊铺时的主要部件,所以必须有一定的抗弯曲强度、同轴度才能保证顺利铺设;吊索是起落滚筒的牵引索具,由于在铺设时会产生较大拉力,因此吊索必须具有足够的抗拉强度以保证不被破坏。悬臂梁为滚筒的起落支承体,承重全部滚筒构件的总质量。卷扬机主要为滚筒升、放装置,在铺设时用以调节滚筒的深度,以防止滚筒过分地压紧泥涂面,使土工布滚筒因阻力太大而滚动困难,造成土工布不能连续张开。而两侧的牵引机构设有液压自锁装置,防止土工布在水流运动下滚筒自转,只有在铺设船移动时才会解锁同步转动,使土工布铺设平顺而不起皱。

5.2.4 小铁锚制作

由于小锚在抛设后连着土工布,一般不作回收利用,因此小锚在设计时,一方面要考虑抗拉力和抓力的需求,另一面要尽量经济合理。

图 5 为小铁锚示意。

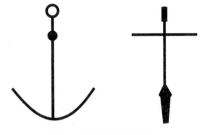

图 5 小铁锚示意图

5.2.5 φ90 mm 圆管

φ90 mm 圆管安装于土工布的铺设起始边,长度略长于土工布一次铺设的宽度,两端各设置一个小铁环,以方便与小铁锚连接。

5.2.6 袋装碎石准备

采用普通的编织袋,人工装碎石,每只质量在 50 kg 左右,采用包缝机封口,在铺设船上的指定位置整齐堆放。

5.2.7 土工布卷绕装船

(1)将完好土工布卷到滚筒上。卷绕时拉直以防土工布在卷绕过程中弯曲折叠。按设计长度进行裁剪。在土工布的外露端头上安装一根 φ90 mm 的圆钢管,使其挺直而不折皱,又为起始边固定小铁锚创造良好的捆绑条件。

(2)将卷绕妥的上工布吊移至臂架牵引机构上并使其固定。

5.2.8 铺设船定位

铺设船定位是整个铺设过程中的关键工序,它直接关系到铺设质量。为了满足全天候施工要求,定位设备装置的选型经过长期反复论证,选用国际较为先进的 GPS 实时差分定位系统。该系统由三台高精度 GPS 组成。其中一台主要接收卫星信号和发射差分信号。在作业船上设置两台接收机接收卫星信号和差分信号。这些信号同时输入计算机,经过换算确定出精确定位位置。在铺设作业时先设计好计算机操作程序,再在计算机上按设计坐标设定好所需铺设土工布的施工区域,根据每幅土工布的实际尺寸和施工区域布置平面划分每幅土工布的单元格平面施工图,通过计算机屏幕显示船体设定图形和所设定的铺设区单元格的位置姿态,再用主绞锚机移动船位,使船体定位边线和设定单元格铺设区起始边线重合,说明船体已定位准确,可进行铺设作业。

5.2.9 土工布铺设

船体定位准确以后,在土工布的露头圆钢管上安装好锚固小锚并预留一定的长度,用绞锚机反向移动铺设船相当于预留长度的距离,抛下锚固锚,然后移至铺设起始位置,由于开始时有一定的斜度,所以移动距离必须算准。放下铺设滚筒至涂面上,如有高差必以较高点为准,只要观察一下滚筒吊绳的张紧度就可确定滚筒有无着地,并根据两端吊绳下放的长度,确定涂面有无高差。然后移动绞锚机按照设定的铺设区域位置进行水下摊铺,移动时必须四个主锚机同步进行,两个拉紧,两个放松,如有偏差,可通过艏艉横锚及时校正。因为是动态定位,所以整个移动过程在计算机上全过程显示,只要预定的轨迹和铺设路线一致,就说明铺设准确。由于整个摊铺过程是在水下操作,所以水流和流向的影响极少,为了减少水流和流向的影响,在摊铺时尽量采用顺流或逆流方向进行。同时在摊铺过程中每移动 2~3 m 的距离必须投抛碎石包、砂包,或船只抛填碎石将摊铺的土工布压住,使其不能上浮。当铺至末端时放松滚筒吊索,同时边抛碎石包,边将船底部分土工布压住,然后提升铺设滚筒,待整个铺设过程完成,再移动铺设船进行下一幅布的铺设。

相邻土工布连接采用水下搭接,搭接宽度不小于 1 m,铺设时要计算好搭接长度。

5.3 劳动力组织

劳动力组织情况见表 1。

表 1　劳动力组织情况

单项工程	总负责人	施工指挥	甲板机械负责人	专职GPS定位员	专职操作手	普工	记录质检员	炊事员	测量员	交通艇驾驶员	抛锚艇驾驶员	合计
所需人数	1	1	1	1	3	12	2	1	1	1	2	26

注：普工主要从事土工布铺设、拼接等工作；记录质检员主要从事资料整理工作；测量员主要从事水位及水深观测工作。

6　材料与设备

6.1　材料

深水区土工布铺设所需材料见表2。

6.2　设备

深水区土工布铺设所需设备见表3。

表 2　深水区土工布铺设材料　（100 m²）

名称	单位	数量
小铁锚	只	0.17
φ90 mm 圆管	m	1.2
碎石袋	包	0.5
土工布	m²	108

表 3　深水区土工布铺设设备

名称	土工布铺设船	抛锚艇	交通艇	8 t 汽车吊	GPS 定位系统	拖轮
数量	1 艘	2 艘	1 艘	1 台	1 套	1 艘
工作内容	土工布铺设	船体定位	人员、材料运输	材料运输	测量定位	调遣

7　质量控制

7.1　工程质量控制标准

质量控制标准采用《水运工程土工合成材料应用技术规范》（JTJ 239—2005）、《水利水电工程土工合成材料应用技术规范》（SL/T 225—98）。

7.2　质量保证措施

7.2.1　施工记录

土工布铺设时安排专人负责铺放过程的描述记录和每块铺放的位置尺寸记录。记录者负责签名并由专人负责校核。

7.2.2　质量控制

土工布在铺设过程中派专人随时检查，检查、检验的主要内容为材料铺设方向、材料的缝接和搭接、铺设位置等。

铺设方向为土工布的径向垂直于堤轴线，材料的缝接强度需满足设计要求，搭接宽度不小于1 000 mm，轴线偏移不大于1 500 mm。

8　安全措施

为加强施工船舶安全管理，严格遵守《安全生产法》等相关安全生产的法律法规和公司规章制度，坚持"安全第一，预防为主，综合治理"的安全生产方针，按照"管生产必须同时管安全，谁主管，谁负责"的原则逐级落实安全生产责任制，特制定以下安全措施。

（1）施工作业前按规定向海事管理部门申请办理水上水下施工作业许可证，并办理航行通知等有关手续。

（2）施工船舶应按《中华人民共和国船舶最低安全配员规则》规定配备保证船舶安全的合格船员。船长、轮机长、驾驶员、轮机员、话务员必须持有合格的适任证书。

（3）成立以船长为组长的安全生产领导小组，配备专职安全员，由技术负责人牵头编制《生产安全事故应急救援预案》、《防台度汛应急救援预案》。

（4）对施工作业人员进行"三级"安全教育，按照《建设工程安全生产管理条例》要求，由技术负责人组织，逐级进行安全技术交底。

（5）施工作业严格遵守公司各项安全操作规程和技术交底，所有施工作业人员必须佩戴安全帽、穿好救生衣，严禁酒后上岗作业。

（6）在施工区域周边设置安全警示标志，夜间施工作业保证足够的照明，并设置红灯警示，避免过往船只发生意外碰撞，安全员负责现场监督。

（7）加强对施工船舶、安全设备、信号设备自查，防止船舶带"病"作业，确保设备安全正常运行，安排专人检修电路，严格用火管理，配备消防器材。

（8）确保通信畅通，随时保持与海事、岸基管理机构的通信联系。

（9）作业期间如遇大风、雾天，超过船舶抗风等级或通风度不良时，停止作业。

（10）台风来临时，做好台风跟踪观测，按防台预案做好避风工作，在 6 级大风半径范围到达工地 5 小时前船舶抵达防台锚地。

（11）加强对食堂卫生管理，炊事员经体检合格持证上岗，避免腐烂食物流入加工间，配备消毒柜，防止食物中毒等意外事故的发生。

9　环保与资源节约

（1）严格按照《中华人民共和国海洋环境保护法》、《中华人民共和国防止船舶污染水域管理条例》、《船舶污染物排放标准》的要求对施工船舶污水排放进行管理，经处理排放的污水含油量不得超过 15 mg/L。

（2）加强施工期环境管理，制定严格的规章制度，依照公司《环境管理体系》的规定，不得随意排放油类、油性混合物、废弃物和其他有害物质。

（3）施工船舶产生的生活污水、船舶含油污水、生活垃圾集中统一处理，做好船舶垃圾日常的收集、分类与储存工作，不得任意倒入施工水域，靠岸后交陆域处理。

（4）现场作业专人指挥，合理选择施工方法，选用低噪声设备，加强船舶设备维修保养，合理安排施工时间。

（5）船舶应装设处理舱底污水的设备，施工船舶舱底含油污水不得随意排放。

（6）一旦发生意外火灾或油料泄漏事故，当事人应报告船长，立即启动应急救援预案，立即采取措施进行控制、清除或减轻污染损害的措施，并视情节及时报告应急主管部门（水上搜救中心、所在地海事局等）及公司安监部，并接受环保部门或海事部门的调查处理。

10　效益分析

（1）深水区土工布铺设，采用专用土工布铺设船铺设，该船机械化、自动化程度高，与传统的人工候潮铺设土工布法比较使用人工可减少80%，在海上施工人工用量少，相应可减少海上施工人员安全问题。

（2）深水区土工布铺设，可以不受涨潮落潮的条件影响，每天的有效施工时间 24 小时。人工候潮铺设土工布须候潮在低潮位时施工，每天的有效施工时间仅 6 小时。可缩短施工工期达75%。浙江省舟山市东港二期围涂工程，仅水下土工布铺设这一个项目就比原设计工期提前 2 个月，社会效益明显。

（3）随着科技进步，向深水围垦推进是一种趋势。人工候潮铺设土工布在水深到一定程度时就无法施工。本工法解决了这一瓶颈，在水深 25 m 以下铺设土工布质量能够保证。开辟了深水围垦的新天地。

（4）土工布具有加筋作用，能够起到横向抗拉作用，对抗滑有明显作用。深水区土工布铺设比较由于水深而无法铺设土工布，可以减少镇压层的宽度，减少抛石量，节约资源。

（5）土工布具有隔离作用，以往由于水深无法铺设土工布而将反滤层、抛石直接抛在海涂面上。造成反滤层、抛石与海涂泥混合在一起，降低了反滤层、抛石有效厚度。采用深水区土工布铺设，土工布起到隔离作用，解决了海涂泥掺入到反滤层、抛石的问题。可以减少反滤层，抛石厚度30%以上。

11 应用实例

11.1 温州半岛浅滩灵霓海堤一期工程

温州半岛浅滩灵霓海堤一期工程位于浙江省温州市瓯江口外，介于灵昆岛（属温州市龙湾区）和霓屿岛（属温州市洞头县）之间。海堤结构型式为斜坡式抛石堤，由基础、堤身、护面和上部结构四部分组成。该工程采用土工布加碎石垫层作水平排水系统，其中土工布施工运用深水区土工布铺设施工工法，该工法中各道工序采用材料简单，价格也不高。本工程土工布总铺设面积 45 万 m^2，从 2003 年 4 月 17 日开始施工至 2003 年 10 月 13 日完工，设计新颖，精心施工，施工质量优良，效率高，造价低，并达到设计要求。该工程获得 2007 年度"浙江省建设工程钱江杯奖"（优质工程）。

11.2 温州浅滩一期围涂工程

温州浅滩一期围涂工程位于浙江省温州市瓯江口外，介于灵昆岛和霓屿岛之间，坡降 0.4‰~10.68‰，面积 6.5 万亩。海堤结构型式为斜坡式抛石堤，由基础、堤身、护面和上部结构四部分组成。该工程采用土工布加碎石垫层作水平排水系统，其中土工布施工运用深水区土工布铺设施工工法，该工法中各道工序采用材料简单，价格也不高。本工程土工布铺设面积 45.2 万 m^2，从 2006 年 11 月 24 日开始施工至 2007 年 2 月 22 日完工，设计新颖，精心施工，施工质量优良，效率高，造价低，并达到设计要求。

11.3 洞头县状元南片围涂工程

洞头县状元南片围涂工程位于浙江省温州市洞头县状元岙岛南侧，堤线总长 4 758 m，建设规模围涂面积为 0.52 万亩。本工程由南围堤、东围堤、隔堤及两座水闸组成。海堤结构型式为斜坡式抛石堤，由基础、堤身、闭气土方、护面和上部结构四部分组成。该工程基础涂面与碎石垫层之间采用土工布隔离，施工运用深水区土工布铺设施工工法。该工法中各道工序所用材料都很普通，容易采购，材料价格也便宜。本工程土工布总铺设面积 27.1 万 m^2，从 2005 年 8 月 19 日开始施工至 2006 年 1 月 17 日完工，设计新颖，精心施工，施工质量优良，效率高，造价低，并达到设计要求。

11.4 椒江区十一塘围垦工程

椒江区十一塘围垦工程位于台州湾西侧，北至椒江口南岸，南到椒江、路桥两区的交界处。围区自北向南分布，东西宽 3.1~4.2 km，南北长约 8.2 km，工程由北直堤、顺堤、施工便道、北闸、东闸工程组成，地基涂层含水量高、承载力低。由于工程基础差、涂面高程低、施工工期紧、工程质量要求高，所以北直堤、顺堤均采用深水区土工布铺设施工工法。该工程基础涂面与碎石垫层之间采用土工布隔离，施工运用深水区土工布铺设施工工法，该工法中各道工序所用材料容易采购，来源广泛，价格低。本工程土工布总铺设面积 39.73 万 m^2，从 2007 年 11 月 28 日开始施工至 2008 年 9 月 25 日完工，施工效率高，质量优良，达到设计要求。

（主要完成人：张子和　俞元洪　仇志清　吴建东　郁建红）

滩涂桁架式筑堤机土方施工工法

浙江省围海建设集团股份有限公司

1　前　言

随着世界人口的增长和大工业的发展,土地资源日趋紧张。地球表面的陆地面积只占 29%,而且还大量被沙漠、冰雪、山地占据,所以沿海的土地更是贵若黄金,海涂土地资源的开发利用越来越必要。全世界拥有大量的可开发滩涂,仅我国就有 18 000 km 海岸线,5 000 多个岛屿,具有丰富的滩涂资源待开发。但是,现有的陆上土方机械,如铲运机、装载机、运输机等,都只能在陆地上施工,水上土方机械,如挖泥船、泥驳等,只能在水上施工。而大量的围垦工程都是在陆上机械下不去、水上机械上不来的滩涂地带施工。再则,滩涂中的软黏土,具有颗粒细小、胶结力强、含水量大的特点。现有的土方机械均无法克服软黏土施工中的种种困难。为此,大量的滩涂工程都采用"人海战役",工作辛苦,工效极低,进度缓慢。

我公司根据多年施工经验,研究设计了利用平底浮体来支撑钢桁架梁结构,通过梁上的抓斗往复作业进行土方集料与布料的滩涂桁架式土方筑堤机,成功解决了多年来一直困惑沿海滩涂土方施工的难题。做到挖河和堤防填筑并进,浮水和搁涂两用,工作效率成倍提高。

本工法的关键技术于 2010 年 1 月 9 日通过浙江联政科技评估中心科技成果鉴定,评审意见为:该技术处于国内领先水平,关键技术获得国家授权专利一项,专利号:201020049345.3。

2　工法特点

(1)浮水和搁涂两用,涨潮时浮在水面施工,潮水退时搁在涂面施工。

(2)挖河和填筑并进,土体扰动少、强度高。

(3)移动灵活,布料面积大,可平面布料,也可垂直布料。

(4)全自动控制,动作迅速准确。

(5)结构简单,安全可靠,故障少,磨损少。

(6)筑堤机自重轻,拆装运输方便。

(7)工作时间长、干扰少、劳力省、工效高。

3　适用范围

该工法能在浅水、海涂、沼泽地等各种环境中施工,可以对软黏土、淤泥等进行施工。

4　工艺原理

桁架式土方筑堤机施工原理是将从海上抓取的土料放置于抓斗内,抓斗通过桁架行走至土方施工位置,利用自动卸料装置,将土料卸至坝体上,然后抓斗通过桁架返回。使用桁架式土方筑堤机输送淤泥时不会增加土体的含水量,因此固结速度快,形成的边坡比较陡,使用效果好。输送最大距离可达 80~150 m,产量为 30~60 m³/h。

5 施工工艺流程及操作要点

5.1 施工工艺流程

桁架式滩涂筑堤机施工工艺流程见图1。

5.2 施工过程及操作要点

5.2.1 施工准备

（1）施工技术人员对现场的施工环境和施工条件进行全面分析，掌握施工滩涂的潮汐、水流、流速和波浪等水文资料，及其岸坡、滩涂的地形地貌等情况；熟悉设计文件和设计交底内容。

（2）将桁架式滩涂筑堤机运抵施工现场，并按施工要求进行组装，桁架式滩涂筑堤机结构见图2。

（3）在施工区域设置控制桁架式筑堤机移动的钢索和电锚机。

5.2.2 筑堤机移动就位

船体两端设有平行于堤岸的钢索，通过船体两端的电锚机控制着筑堤机沿堤移动，见图3。

图1 桁架式滩涂筑堤机施工工艺流程

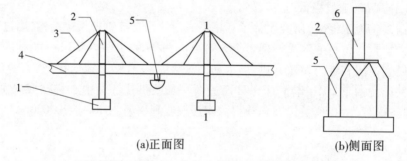

(a)正面图　　　(b)侧面图

1—平地浮体;2—支架;3—拉索;4—导轨;5—集料斗;6—支撑柱

图2 桁架式滩涂筑堤机结构示意图

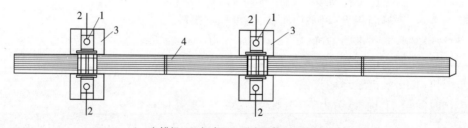

1—电锚机;2—钢索;3—平底浮体;4—桁架梁

图3 桁架式滩涂筑堤机移动装置

5.2.3 取土

控制抓斗，将其下放，抓起涂面的淤泥。

5.2.4 运土

通过控制室的控制，使抓斗沿轨道向卸料地点方向运送。

5.2.5 卸料布料

抓斗运行到卸料地点上空后，打开抓斗，将泥料堆卸在堤坝上。通过操作室的控制，以及筑堤机位置和桁架梁高度的调整，实现土方的平面布料和垂直布料。

（1）平面布料：软黏土闭气筑堤施工要求薄层轮加，固定一点落料容易引起土体滑坡或地基滑移，因此在土体堆筑时必须进行线式布料。筑堤机集料斗端为绞接盘结构，卸料端可进行水平移动,无论浮水作业还是搁涂施工,均可由绞锚机移动主船体进行移位布料。同时,挖泥船边取土边形成河道,在搁涂时可在自挖河道中前进,实行挖土与填筑并进,沿堤线铺填。

(2)垂直布料:当闭气堤线第一次铺填完毕,筑堤机须回到堤首进行第二次填筑,这时须提升大梁,以提高卸料高度。土方填筑从最低部位开始,水平分层填筑,均衡上升。视土料及地基土情况,海涂泥填筑分层厚度控制在 0.3~0.5 m。闭气断面需经多次堆筑方达到设计高程。

5.2.6 回空

抓斗卸料后,再沿轨道向涂面方向运动,准备下一次取土。

5.2.7 抓斗取土

在配有双抓斗的桁架式滩涂筑堤机的桁架梁上,其中一个抓斗取土时,另一个抓斗在堤坝上空卸土,两个抓斗同时往复运行进行土方施工。当一个断面施工完成后,利用锚机向施工顺序方向移动一个施工船位,这样周而复始,完成第一层施工后,回到原先开始处进行第二层施工,直至完成全部任务。

6 材料与设备

6.1 材料

所需材料见表1。

表1 桁架式滩涂筑堤机施工材料

序号	名称	单位	数量	备注
1	柴油	kg	64.75	
2	钢丝绳	kg	1.5	损耗

6.2 设备

桁架式滩涂筑堤机施工所需设备见表2。

表2 桁架式滩涂筑堤机施工设备

序号	名称	单位	数量	备注
1	桁架式土方筑堤机	台	1	土方施工
2	8 t 汽车吊	台	1	材料运输
3	抛锚艇	艘	1	抛锚
4	5 t 卷扬机	台	4	
5	锚	只	4	

7 质量控制

质量控制标准采用《堤防工程施工规范》(SL 260—98)和《堤防工程施工质量评定与验收规程》(SL 239—1999)。

8 安全措施

为加强施工船舶安全管理,严格遵守《安全生产法》等相关安全生产的法律法规和公司规章制度,坚持"安全第一,预防为主,综合治理"的安全生产方针,按照"管生产必须同时管安全,谁主管,谁负责"的原则逐级落实安全生产责任制,特制定以下安全措施。

施工作业前按规定向海事管理部门申请办理水上水下施工作业许可证,并办理航行通知等有关手续。

（1）成立安全生产领导小组，配备专职安全员，由技术负责人牵头编制《生产安全事故应急救援预案》、《防台度汛应急救援预案》。

（2）对施工作业人员进行"三级"安全教育，按照《建设工程安全生产管理条例》要求，由技术负责人组织，逐级进行安全技术交底。

（3）施工作业严格遵守公司安全操作规程和技术交底，所有施工作业人员必须佩戴安全帽、穿好救生衣，严禁酒后上岗作业。

（4）在施工区域周边设置安全警示标志，夜间施工作业保证足够的照明，并设置红灯警示，避免过往船只发生意外碰撞，安全员负责现场监督安全技术措施的落实。

（5）加强对安全设备、信号设备自查，防止带"病"作业，确保设备安全正常运行，安排专人检修电路，严格用火管理，配备消防器材。

（6）土方施工时，施工作业人员应密切注意设备运行情况，发现异常，立即停车。

9　环保与资源节约

（1）严格按照《中华人民共和国海洋环境保护法》、《中华人民共和国防止船舶污染水域管理条例》、《船舶污染物排放标准》的要求对施工船舶污水排放进行管理，经处理排放的污水含油量不得超过 15 mg/L。

（2）加强施工期环境管理，制定严格的规章制度。依照公司《环境管理体系》的规定，不得随意排放油类、油性混合物、废弃物和其他有害物质。

（3）施工船舶产生的生活污水、船舶含油污水、生活垃圾集中统一处理，做好船舶垃圾日常的收集、分类与储存工作，不得任意倒入施工水域，靠岸后交陆域处理。

（4）现场作业应由专人指挥，合理选择施工方法，加强船舶设备维修保养，合理安排施工时间。

（5）船舶应装设处理舱底污水的设备，施工船舶舱底含油污水不得随意排放。

（6）一旦发生意外火灾或油料泄漏事故，当事人应报告船长，立即启动应急救援预案，立即采取控制、清除或减轻污染损害的措施，并视情节及时报告应急主管部门（水上搜救中心、所在地海事局等）及公司安监部，并接受环保部门或海事部门的调查处理。

10　效益分析

10.1　社会效益

本工法形成了一整套应用于滩涂土方工程的施工方法，可在浮水搁涂等各种环境下进行软黏土的土方筑堤施工，实现挖填并进、土方薄层布料、分层加高和自然干燥，具有土体扰动少、强度高、动作迅速准确、布料面积大、生产效率高、拆装运输方便等优点，对类似工程具有重要的指导意义，从而产生广泛的社会效益。

10.2　经济效益

本工法技术更加适用于中小型堤坝工程，与人工填筑方法相比，人员投入少，设备成本低，土体质量好，施工速度适中，从而可以产生较好的直接与间接经济效益。

11　应用实例

11.1　宁海县蛇蟠涂围垦工程

该工程总面积 20 762 亩，其中宁海县 17 777 亩，三门县 2 985 亩，新海堤总长 5 354.5 m，加固东沙友谊塘 1 224.8 m。堤坝土方施工采用桁架式滩涂筑堤机施工技术，桁架输送距离为 80 ~ 120 m，土方量 24 万 m³。工程于 2006 年 10 月 6 日开始，至 2008 年 3 月 12 日完成，工程达到设计要求，效果良好。

11.2 温岭市东海塘围涂工程石板殿港堵坝工程

温岭市东海塘围涂工程石板殿港堵坝工程为Ⅲ等工程,堤体轴线长 1 220.35 m,延伸段长 238.8 m,涂面高程 6.3~0.5 m(黄海高程,下同)。堵坝为石土结构,采用复式断面;坝顶高程 7.0 m,顶宽 5.0 m,挡浪墙顶高程 7.8 m。堤坝土方施工采用桁架式滩涂筑堤机施工技术,桁架输送距离为 80~120 m,土方量 18.12 万 m³。工程于 2003 年 4 月 11 日开始,至 2005 年 10 月 4 日完成,工程达到设计要求,效果良好。

11.3 瑞安市丁山二期围涂工程

瑞安市丁山二期围涂工程位于瑞安市东海岸,东临大海,西靠温瑞平原,南至飞云江口,北与丁山一期相望。本工程建筑物由主堤、北直堤、南直堤及水闸组成。海堤全长 7 893 m,围区面积 10 680 亩。堤坝土方施工采用桁架式滩涂筑堤机施工技术,海堤防渗体采用海淤泥,桁架输送距离为 80~150 m,土方量 72 万 m³。工程于 2008 年 5 月 14 日开始,2009 年年底已基本完成,效果良好。

11.4 椒江区十一塘围垦工程

该工程位于台州湾西侧,北至椒江口南岸,南到椒江、路桥两区的交界处,围区自北向南分布,东西宽 3.1~4.2 km,南北长约 8.2 km。工程由北直堤、顺堤、施工便道、北闸、东闸组成,堤坝土方施工采用桁架式滩涂筑堤机施工技术,海堤防渗体采用海淤泥,桁架输送距离为 80~120 m,土方量 101.5 万 m³。工程于 2008 年 3 月 21 日开始,2009 年年底土方基本成型,效果良好。

11.5 北仑区梅山七姓涂围涂工程

该工程位于北仑区梅山乡南部海域,围涂面积 1.356 万亩。工程由海堤、水闸、施工隔堤和排涝横河等组成。海堤全长 10.503 km,堤坝土方施工采用桁架式滩涂筑堤机施工技术,海堤防渗体采用海淤泥,桁架输送距离为 80~120 m,土方量 49 万 m³。工程于 2008 年 12 月 17 日开始,2009 年年底基本成型,效果良好。

(主要完成人:张子和　俞元洪　仇志清　郁建红　张　末)

薄壁直立墙混凝土单侧分离式滑模施工工法

江南水利水电工程公司

1 前 言

三峡永久船闸闸室衬砌墙为 29～34 m 的高薄壁直立墙,其结构复杂,钢筋密度大,工艺质量要求高,施工难度大,高空交叉作业,安全隐患多,工期要求紧。为保证施工质量和安全,加快施工进度,针对工程项目的特点,进行了科研攻关,三峡永久船闸南线一、二级闸室薄壁衬砌墙采用了单侧分离式液压滑模施工工艺,有效地解决了以上施工难题。此项技术填补了国内单侧滑模技术的空白,获得了国家专利(专利号 ZL 00 2 29509.1),2000 年获三峡总公司三峡工程科研成果奖。在此基础上形成了薄壁直立墙混凝土单侧分离式滑模施工工法。

2 工法特点

薄壁直立墙混凝土单侧分离式滑模施工工法的特点如下:

(1)适用于薄壁高直立混凝土墙结构;

(2)滑模采用单侧分离式结构;

(3)施工连续,加快了施工进度;

(4)混凝土表面经原浆压光处理后外观质量良好,无气泡、麻面等;

(5)安装操作方便,现场布置灵活;

(6)工作面可实现封闭施工,安全性高;

(7)施工成本低。

3 适用范围

本工法适用于薄壁高陡、直立结构的混凝土浇筑。

4 工艺原理

薄壁直立墙混凝土单侧分离式滑模采用双轨预埋结构支撑系统,滑模模体设于迎水面,模体固定于轨道上,轨道为垂直设置,初次安装时进行准确的测量定位,安装时确保其垂直度满足精度要求,轨道在模体滑升过程中采用三个 25 kg 的重锤进行垂直度监测,采用上端固定于岩壁锚杆上的筒式调平器进行轨道垂直度的调整,两侧的侧模采用测量放线组立组合模板一次安装到位,利用岩壁上的锚杆进行内撑内拉固定牢固。整个模体系统与辅助系统分离,且避免辅助系统在施工过程中带给模体系统的外力使模体跑模。模体滑升采取短行程多次滑升的方法确保结构表面平整度满足规范要求。

单侧分离式滑模平面布置见图 1,剖面图见图 2。

本装置由模体系统、操作平台系统和液压系统组成。其中模体系统包括支撑架、模体、抹面操作平台和导轨等;操作平台系统包括支撑架、液压控制平台、混凝土受料平台、材料中转平台等;液压系统包括液压控制台、油路、千斤顶等。

为确保模体系统的垂直度,控制水平均匀上升,在操作平台上安装了筒式调平器,模体上布置了 25 kg 监测锤。

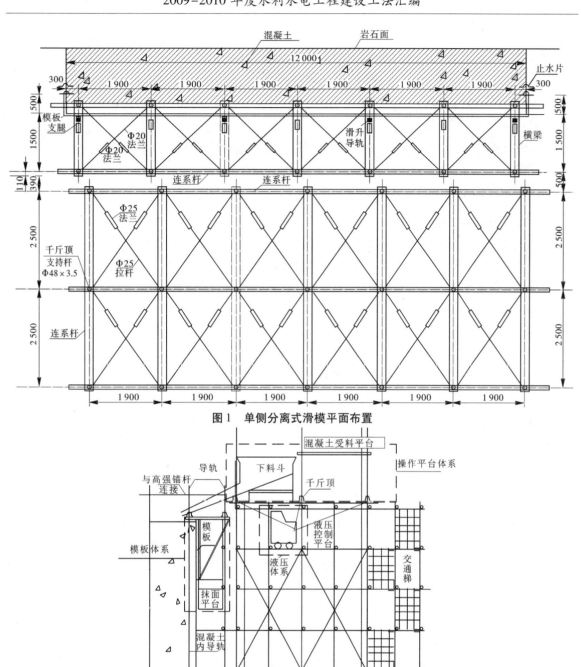

图 1　单侧分离式滑模平面布置

图 2　单侧分离式滑模剖面

滑模系统计算如下。

(1)滑模导轨的高度校核:

导轨采用 Φ48×3.5 mm 的钢管,横间距 1.3 m,立杆纵间距 1.1 m,步距 1.5 m。滑模施工最大高度为 42 m。

采用下列公式计算允许最大高度：

$$H = [K_A Q_A 5 - 1.3(1.2 N_G K_2 + 1.4 N_Q K)] h / 1.2 N_G K_1$$

式中　$Q_A 5 = 63.641$ kN；

　　　　$N_Q K = 12.38$ kN；

　　　　$N_G K_2 = 3.877$ kN；

　　　　$N_G K_1 = 0.4$ kN；

　　　　$K_A = 0.85$。

计算得到允许最大高度为 $H = 82.4$ m。

（2）滑模导轨稳定校核：

采用下列公式进行单根导轨承载力稳定校核：

$$[p] = \alpha 40 EJ / K(L_0 + 95)^2$$

式中　$[p]$——支承杆的允许承载力；

　　　　α——工作条件系数，取 0.7；

　　　　K——安全系数，取 2.0；

　　　　L_0——支承杆脱空长度，取 200 cm；

　　　　J——为 Φ4.8×3.5 钢管支承杆的惯性矩（12.18 cm⁴）；

　　　　E——弹性模量（2.1×10⁶）。

计算得到导轨允许承载力 $[p] = 4\ 115$ kg>2 462 kg（实际承载力）。

5　施工工艺流程及操作要点

5.1　施工工艺流程

薄壁直立墙混凝土单侧分离式滑模施工工艺流程见图 3。

图 3　薄壁直立墙混凝土单侧分离式滑模施工工艺流程

5.2　操作要点

5.2.1　测量放线

测定设计结构轮廓线和细部结构位置，控制滑模系统安装定位。

5.2.2　仓面准备

5.2.2.1　侧面模板组立

结构缝侧面模板采用钢模，配合以木模板补缝，采用内撑内拉固定，一次组立到顶。

5.2.2.2　结构缝止水

水平止水：利用内外侧的钢筋网以 Φ16 的钢筋搭成支撑架，再架立止水。

竖向止水：利用结构缝侧面模板进行架立，采用特制的固定架加固止水（见图 4），一次安装到位。

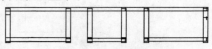

图 4　竖向止水固定架示意图

5.2.2.3　钢筋安装

闸室衬砌墙的基岩面侧钢筋一次安装到位，迎水面钢筋随着混凝土的上升同步安装，竖向钢筋采用直螺纹进行连接，水平钢筋人工绑扎。

5.2.2.4　排水管网安装

排水管网由水平及竖向排水管组成，在岩面终验后即进行一次性安装加固，方法是水平广式软管,用膨胀螺栓进行固定。竖向混凝土无砂预制管则采用插筋固定。

5.2.2.5 浮式系船柱等预埋件施工

浮式系船柱:由门机起吊进行一次性安装。

爬梯埋件和预埋套筒(模体支撑系统):随钢筋安装焊接固定于钢筋网上,要紧贴模板。

5.2.3 滑模安装

5.2.3.1 模体安装

(1)模体构件在现场按编号存放;

(2)模体组装利用门机按顺序进行;

(3)模体的垂直度和上口平直度利用测量进行控制定位;

(4)抹面操作平台在模体滑升到一定高度后安装。

5.2.3.2 导轨安装

(1)导轨安装在模体验收合格后进行,每排导轨与模板面平行;

(2)导轨随混凝土浇筑逐段安装,采用法兰连接;

(3)导轨采用锚杆固定;

(4)导轨采用测量进行定位,其垂直度利用花篮螺栓和微调螺栓调节。

5.2.3.3 操作平台系统安装

(1)操作平台系统在导轨安装合格后进行;

(2)操作平台系统采用专项设计的脚手架支撑。

5.2.3.4 液压系统安装

(1)液压控制柜、千斤顶、高压油管及阀门在安装前进行检查清洗,防止二次污染;

(2)液压系统按千斤顶、液压控制柜、高压油管、阀门的顺序进行安装;

(3)高压油管应平顺或大弧度布置,接头连接牢固,不得松脱漏油。

5.2.4 混凝土施工

5.2.4.1 混凝土浇筑工艺

混凝土采用三级配,设计标号为 $R_{28}250S8D150$,坍落度采用低坍落度(夏季 5~9 cm,冬季 4~7 cm)。

(1)混凝土入仓:采用门塔机吊罐经受料平台溜槽入仓;根据每层的混凝土需求量控制下料量,保持储料斗和溜槽光滑、清洁;

(2)混凝土平仓振捣:采用人工平仓振捣。

5.2.4.2 滑模滑升工艺

(1)模体下部混凝土达到初凝时进行滑升;每次滑升距离为 20 cm,分为 4 个行程完成,首先滑升一个行程,观察混凝土初凝情况,满足滑升要求则完成剩余行程的滑升。模体的滑升速度 2.5~3.5 m/d(高温季节的滑升速度较快)。具体的滑升速度控制视混凝土的初凝时间等现场实际情况确定。

(2)每次滑升前应检查导轨的垂直度、油路及阀门的开启情况。

(3)滑升时先松动所有紧固件,统一指挥,进行滑升。

(4)滑升时注意观察脱模后混凝土的凝固情况和导轨的稳定性等。

5.2.4.3 滑模系统的监测、调整

(1)模体上口平直度:

在模体顶面拉线控制其直线度。利用布置在模体上的 3 个 25 kg 重的监测锤监测模体两端的高差,当高差超过 1 cm 时,利用千斤顶进行调整。

(2)导轨垂直度:

利用布置在模体上的 3 个 25 kg 重的监测锤和测量仪器对导轨垂直度进行监测。

利用筒式调平器、花篮螺栓和微调螺栓进行调整。

5.2.4.4 抹面压光

混凝土脱模后应及时抹面压光。

5.2.4.5 混凝土养护

(1)混凝土终凝后进行养护;

(2)利用布置在抹面平台上的水管淋水养护,冬季随着混凝土的上升采用 EPE 保温被进行保温。

5.2.5 滑模系统拆除

(1)滑模系统的拆除在混凝土收仓、模体滑空后进行;

(2)利用门塔机按安装的反向顺序进行拆除;

(3)施工现场设专人进行指挥警戒,并设置警示标志,拆除过程中严禁向下抛物。

6 材料与设备

6.1 主要材料

工程主体材料为三级配 $R_{28}250S8D150$ 混凝土,塌落度为 4~9 cm。其他主要施工辅助材料见表 1。

表 1 主要施工辅助材料

序号	名称	型号	单位	数量	备注
1	导轨(钢管)	φ48	组	7	单仓消耗
2	钢管	φ40	t		
3	储料斗		个	3	自制
4	溜槽		道	6	自制
5	竹跳板		块	500	
6	木板	4 cm 厚	m³	2	
7	安全网		m²	400	
8	高压油管		m		

6.2 设备

主要施工设备见表 2。

表 2 主要施工设备

序号	名称	型号	单位	数量	备注
1	门机	MQ600	台	1	
2	塔机	C7050	台	1	
3	混凝土运输车	15 t	台	3	
4	液压控制柜	HY-36	个	1	
5	千斤顶		个	24	
6	滑模		套	1	自制
7	钢筋加工设备		套	1	直螺纹
8	振捣器	φ100	台	4	1 台备用
9	软轴振捣器	φ50	台	2	
10	吊锤	25 kg	个	3	测斜
11	混凝土卧罐	YW3	个	1	
12	钢筋切断机		台	2	
13	多功能刨床		台	1	
14	气焊设备		套	2	
15	电焊机		台	2	

6.3 劳动力组织

劳动力组织见表3。

表3 劳动力组织

工种	架子工	测量工	钢筋工	模板工	止水安装工	预埋件安装	滑模安装、拆除	混凝土浇筑	门机司机	混凝土运输	滑模运行控制	抹面工	信号工
数量	12人	3人	6人	3人	3人	2人	10人	12人	2人	6人	10人	4人	4人

注:测量工负责安装定位测量,滑升过程中每天测一次;混凝土浇筑、门机司机、混凝土运输、滑模运行控制、抹面工、信号工均为两班作业。

7 质量控制

(1)成立以项目总工为首的质量管理领导小组,设专职质检人员,各工序的负责人为质量责任人。

(2)施工前进行技术交底。

(3)严格执行"三检制"。

(4)严格控制原材料质量,不合格的原材料严禁进入现场。

(5)高温季节施工严格落实温控措施。

(6)混凝土浇筑层厚不超过40 cm,平仓浇筑,均匀上升;振捣保证不漏振、不过振;振捣时振捣器不得触及混凝土中的埋件。

(7)分缝止水安装误差控制在5 mm以内,并加固牢固,设专人维护,防止浇筑过程中变形。

(8)为确保墙后排水管网通畅,排水管网与岩面或补缺混凝土不留缝隙,以免水泥浆堵塞;设专人维护,在浇筑过程中水平排水管进行通水保护。

(9)导轨安装定位要精确,安装要垂直。

(10)导轨的安装精度为总高度的1/2 000,累计误差小于10 mm。

(11)连接上下导轨的最大抗拉部位需要上两个螺帽,并确保紧固。

(12)模体进入现场前,对每个构件进行检查校正,现场按照各种配件的规格、型号分门别类存放,整齐有序。

(13)模体安装定位要准确。

(14)模体安装完毕后进行复测,保证上口的平直和定位的准确度。

(15)混凝土水平运输:为满足混凝土入仓强度及温控要求,供料要及时,减少现场入仓等待时间,高温季节运输车加设遮阳棚。

(16)严格控制混凝土坍落度,根据不同气温及时调整。混凝土初凝时(手按无痕不粘手)开始滑升。

(17)要求进行原浆压光,反复5~6道,直至混凝土表面光滑平整。

(18)每次开始滑升先滑升单个行程,观察混凝土凝固情况,确定初凝后再滑升剩余行程。

(19)每次滑升首个行程时观察上下平台的稳定性满足要求后再滑升剩余行程。

(20)严格控制滑模的滑升速度。滑升速度与季节气温变化、混凝土的性能指标及来料速度有关。

(21)每次滑升后检查模体两端的高差和导轨垂直度是否满足要求,累计误差超过10 mm进行调整。

(22)利用筒式调平器调整模板系统的水平度。

(23)利用花篮螺栓调整导轨的较大偏差。

(24)利用微调螺栓调整千斤顶的滑升高程,使所有千斤顶基本处于同一高程。

(25)浇筑时要对混凝土表面进行流水养护,养护的时间不少于 28 d。

(26)低温季节混凝土抹面完成后利用抹面平台立即覆盖保温,并对当年浇筑的混凝土进行保温。

8　安全措施

(1)成立安全管理小组,设立专职安全员,建立安全管理体系,制定安全管理措施。

(2)施工前进行专题安全教育、安全培训、安全技术交底。

(3)现场采用全封闭施工管理,施工人员进入施工现场必须佩戴安全防护用品,非施工人员未经许可不得进入施工现场。

(4)严格按照工艺顺序施工。

(5)中转平台上材料堆放的位置及数量应符合施工组织设计的要求,不用的材料、物件应及时清理运至地面。

(6)所有人员必须经专用交通梯进出工作面,严禁攀爬脚手架和钢筋骨架。

(7)设备操作人员必须持证上岗,非专业人员严禁操作。

(8)门塔机吊装作业时,必须有专人指挥,吊臂下严禁站人,吊物重量不得超过额定荷载。

(9)操作平台上必须设置安全网(安全网随支撑架上升及时安装),交通通道和施工工作面必须搭设封闭式防护棚,防止坠物伤人。

(10)夜间施工,照明用电采用低压安全灯,电压不应高于 36 V。

(11)操作平台和工作面上的一切物品,均不得从高空抛下。

(12)安全员应跟班监督、检查安全施工情况,发现隐患及时责令整改,必要时下达停工整改通知。

(13)所有设备必须定期检查和维修保养,严禁带病作业。

(14)现场做好防火、防爆、防破坏等措施。

(15)采取防雨防雷措施。遇雷电和六级以上大风时,停止施工,施工人员必须撤离工作面。

(16)当遇到雷雨、雾、雪或风力达到五级或五级以上的天气时,不得进行滑模装置的安装、拆除作业。

(17)安全事故处理坚持"四不放过"原则。

9　环保措施

(1)成立环境保护领导小组,落实国家和地方政府有关环境保护的法律、法规。

(2)加强对工程材料、设备和工程废弃物的控制与治理。

(3)施工现场做到各种标牌清楚、标识醒目、场地整洁。

(4)滑模安装与拆除过程中,防止液压油泄漏污染环境。

10　效益分析

采用薄壁直立墙混凝土单侧分离式滑模施工技术,加快了施工进度,缩短了工期,保证了施工质量,减少了劳动力,提高了劳动效率,降低了施工成本,取得了良好的经济效益和社会效益。

11　应用实例

三峡永久船闸闸室衬砌直立墙属薄壁衬砌混凝土结构,衬砌墙高 29～42 m ,厚 1.5 m,标准块宽 12 m(个别块 11 m、24 m),仓内布置有系统锚杆、浮式系船柱、内外钢筋网等。鉴于闸室结构复杂,混凝土无法直接入仓,高空交叉作业,施工安全隐患多,为此采用了薄壁直立墙混凝土单侧分离式滑模施工技术。三峡永久船闸南线一、二闸室衬砌墙设计共分84块,均采用了该施工技术。该技术布置灵活,克服了岩石面因支护原因交面不一致造成的工期延误,同时提高了单个工作面的施工进度,最终在保证施工质量的前提下,提前完成了船闸闸室衬砌墙的混凝土施工。

闸室衬砌墙采用的混凝土标号为 $R_{28}250S8D150$,配合比见表4。

表4　混凝土配合比

级配	配合比参数				外加剂掺量		混凝土原材料用量(m³)								
	水胶比	单用水量(kg)	砂率(%)	粉煤灰(%)	ZB-1$_A$(%)	DH-9 1/万	水	水泥	粉煤灰	人工砂($Fm=2.6$)	碎石			外加剂溶液
											小石	中石	大石	DH-9 ZB-1$_A$
三	0.45	106	30	20	0.5	0.5	106	189	47	617	360	360	720	5.9　1.18

各月滑模滑升的平均速度见图5。

混凝土质量检查情况:

(1)采用 ZC3-A 型回弹仪检测,混凝土强度均超过设计强度;

(2)采用 S1R-2 型彩色显示地质雷达检测,衬砌墙混凝土与岩石面结合良好;

(3)采用 SWS-1A 型面波仪检测,混凝土的密实度及均匀性良好;

(4)混凝土质量等级评定为优良。

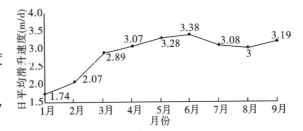

图5　各月滑模滑升平均速度曲线

(主要完成人:胡文利　李虎章　帖军锋　韦顺敏)

掺聚丙烯微纤维(钢纤维)湿喷混凝土施工工法

中国水利水电第十四工程局有限公司

1 前 言

在地下各类洞室的开挖支护施工中,一般遵循"新奥法"适时支护原则,使其洞室围岩自稳联合受力。湿喷射聚丙烯微纤维(钢纤维)混凝土在洞室开挖支护施工中发挥十分有效的作用,但因地下洞室具有空气流通性较弱、自身净化能力低、工作面空间狭窄等环境特点,如何保证地下洞室在开挖施工中具有良好施工环境,并适时支护发挥作用,是该施工的技术难点。传统的普通喷射混凝土技术存在结构强度低、容易产生裂缝等缺点。

中国水利水电第十四工程局在所承建的大型地下工程施工中不断总结及改善洞室开挖支护技术,在龙滩、小湾、三峡、溪洛渡等大型水电站导流洞、地下厂房、主变室和尾水隧洞等地下工程中均成功采用技术先进、工艺成熟的湿喷射聚丙烯微纤维(钢纤维)混凝土施工工艺,增强了洞室围岩支护力,加快了施工进度,并解决了传统的(干喷)普通混凝土喷护工艺强度低、容易产生裂缝的弱点,具有技术先进性,并有明显的社会效益和经济效益。

2 工法特点

(1)湿喷射聚丙烯微纤维(钢纤维)混凝土是在普通混凝土中掺入聚丙烯微纤维或钢纤维,使其抗裂、抗拉、抗压性能增强,使得洞室围岩支护有效增加,确保工程快速、安全、有效施工。

(2)湿喷混凝土与干喷混凝土相比,各种力学指标都有较大的提高,在公路、交通、水利水电等地下洞室锚喷支护施工中,湿喷混凝土有效地解决了粉尘浓度高和回弹损失量大的难题。

3 适用范围

本工法适用于地下洞室的喷锚支护,目前已广泛应用于各类地下洞室及边坡支护工程。

4 工艺原理

聚丙烯微纤维(钢纤维)混凝土是在普通混凝土集料中掺入分布均匀且离散的聚丙烯微纤维或钢纤维,在风力的作用下,经喷射机喷射而成,是一种新型复合材料。由于在普通混凝土中掺入了均匀且离散的聚丙烯微纤维或钢纤维,在其内部构成一种均匀的乱向支撑体系,从而产生一种有效的二级加强效果,削弱混凝土的塑性收缩,收缩的能量被分散到无数的纤维丝上,从而有效地增强混凝土的韧性,减少混凝土初凝时收缩引起的裂纹和裂缝。同时,可以有效阻碍骨料的离析。

5 施工工艺流程及操作要点

5.1 施工工艺流程

聚丙烯微纤维(钢纤维)混凝土湿喷射作业的施工程序为:测量定位→松动岩石及粉尘清理→锚杆安装或挂钢筋网→表面清洗→厚度标志→仓面验收→喷射作业→检查补喷→养护→厚度及密实度检查、强度试验。

5.2 操作要点

5.2.1 准备工作

5.2.1.1 收集资料,做好标记

收集和研究相关技术资料,事先检查其断面是否欠挖,欠挖事先处理。对开挖已验收合格,要进行喷混凝土施工的部位,首先由测量人员用红油漆标出其高程和桩号,然后对岩石表面松动的石块及浮土用人工进行细致的撬挖与清理。撬挖清理完毕后,若需装锚杆或挂钢筋网,则先进行锚杆或钢丝网的施工,然后用压力水枪或风枪对受喷面松散的泥土及杂物等进行彻底清洗。岩面清洗完毕后,用插筋或锚杆按约 3.0 m×3.0 m 的间距做好喷聚丙烯微纤维(钢纤维)混凝土厚度标记。

5.2.1.2 检查验收

作业班组先自己认真检查,自检合格后,班组填写好验收记录表报送二检验收;二检验收合格后报三检验收;经监理工程师验收合格,仓面准备就绪。

5.2.1.3 喷混凝土台车开机前准备工作

(1)喷射开始,先对喷车送风和水,并检查和调整风与水的压力。

(2)检查速凝剂箱液面高度,根据喷射混凝土量添加速凝剂。

(3)转动速凝剂调节表盘,使速凝剂添加量符合混凝土配合比。

(4)检查压力控制器的动作压力是否与输送距离等有关参数相适应。

(5)连接混凝土管、出料弯管、喷嘴、连接混凝土输送软管。

(6)合上电路总开关,检查电压是否正常。

(7)启动计量泵,观察吸入管内液体流动是否正常。

(8)用水灰比为 1∶2 的净水泥浆润滑喷车的料斗及输料管路。

5.2.2 喷混凝土施工

5.2.2.1 喷混凝土料的拌和

按照设计配合比配料,先投入碎石,然后投入纤维[钢纤维束(水溶性胶合剂黏结成束)可先用清水浸泡分解成单根],再投入砂子搅拌两分钟,使纤维充分打开,然后投入水泥和水按常规工艺搅拌均匀即可,使纤维充分混合。

5.2.2.2 喷射混凝土操作

(1)喷嘴垂直对着受喷面,按照"湿喷机操作"开启湿喷机。

(2)连续上料,保持料斗内料满,并在料斗口上设一活动的 15 mm 孔径筛网,避免超粒径骨料进入机内。

(3)喷射部分顺序:应分段、分部、分块、自下而上进行,喷射前个别受喷面凹洼处,应先喷找平。

(4)喷射操作时,喷嘴与受喷面的距离应保持在 1.5～2.0 m,此时回弹量最低,压实性最好。喷头与受喷面的距离太近时,压缩空气会将刚黏在受喷面上的混凝土拌和料吹走,使粗骨料的回弹量增加,同时喷头与受喷面的距离还取决于拌和料的骨料粒径、颗粒级配、气压和配料的输送距离,操作手操作时可根据实际情况调节两者间的距离,直到达到最低的回弹量。

(5)喷嘴与受喷面的垂线夹角宜控制在 10°～15°,若受喷面被格栅、钢筋网覆盖,可将喷头稍加偏斜,但不宜大于 20°。

(6)喷头应连续不断地作圆圈运动,并形成螺旋形转动,旋转直径为 20～30 cm;后一圈压前一圈 1/3,喷射路线应分段、分部、分块按先墙后拱,自下而上地进行。

(7)刚喷的混凝土有一定流动性,一次喷射的厚度须进行控制。一般垂直边墙为 4～5 cm,拱顶 3～4 cm,斜坡面可适当加厚。影响喷层厚度的主要因素是坍落度、速凝剂的作用效果和气温。一般 8 cm 的坍落度可获得较厚的喷层,能保证让混凝土在 2 min 内凝结,效果较好,作业面的气温

在 15 ℃以上为宜。

（8）拱部光滑面的喷射：按水泥砂浆配合比拌和砂浆，并适当加大速凝剂掺量，在受喷面喷一层厚约 2.0 cm 砂浆，初凝后按常规方法继续喷射混凝土。

5.3 强度试验与厚度检查

5.3.1 取样

喷聚丙烯微纤维（钢纤维）混凝土的强度试验采用现场取样。每喷 50~100 m³ 取样一组，每组不少于 3 个。聚丙烯微纤维（钢纤维）混凝土方量不到 50 m³ 的独立工程，取样至少一组。当聚丙烯微纤维（钢纤维）混凝土原材料或配合比发生变更时，另取一组。

5.3.2 厚度检查

原则上当聚丙烯微纤维（钢纤维）混凝土喷完 7 天后即可进行厚度检查，检查方法为定点取芯法。检查的点位与数量按以下规定确定：

（1）洞室开挖：检查点位按断面分组，取样断面的数量按表 1 确定。长度不足的独立工程至少取一个断面。每个取样断面的检查点从拱顶中线起，每隔 2~3 m 设一个，但拱顶至少 3 个，全断面不少于 5 个。

（2）露天坡面：每 50~100 m² 取一组，不到 50 m² 的独立工程至少取一组。每组随机取 3 个点，特殊部位按监理工程师指示取点。

洞室开挖喷混凝土厚度检查断面见表 1。

表 1　洞室开挖喷混凝土厚度检查断面　　　　　　　　　　（单位：m）

隧洞跨度	<5	5~15	15~25	>25
断面间距	40~50	20~40	10~20	5~10
竖井直径	<5	5~8	>8	
断面间距	20~40	10~20	5~10	

6　材料与设备

6.1　原材料

6.1.1　水泥

优先选用符合国家标准的普通硅酸盐水泥，当有防腐或特殊要求时，经监理人批准可采用特种水泥。一般水泥应采用水泥强度等级 42.5 级的普通硅酸盐水泥。进场水泥应有生产厂的质量证明书，其标准应符合国家标准 GB175 的规定。

6.1.2　骨料

细骨料应采用坚硬耐久的粗、中砂，细度模数宜不大于 2.5；粗骨料应采用耐久的卵石和碎石，粒径不应大于 15 mm；喷射混凝土中不得使用含有活性二氧化硅的骨料。喷射混凝土的骨料级配，应满足表 2 的规定。

表 2　喷射混凝土用骨料通过各种筛径的累计重量百分数　　　　　（%）

项目	骨料粒径（mm）							
	0.15	0.30	0.60	1.20	2.50	5.00	10.00	15.00
优	5~7	10~15	17~22	23~31	34~43	50~60	78~82	100
良	4~8	5~22	13~31	18~41	26~54	40~70	62~90	100

6.1.3　水

（1）凡适宜饮用的水均可使用，未经处理的工业废水不得使用；

（2）拌和用水所含物质不影响混凝土和易性和混凝土强度的增长，并不致引起钢筋和混凝土的腐蚀；

（3）水的 pH 值、不溶物、可溶物、氯化物、硫酸盐、硫化物的含量应符合表3 的规定。

表3　物质含量极限

项目	预应力混凝土	钢筋混凝土	素混凝土
pH 值	>4	>4	>4
不溶物（mg/L）	<2 000	<2 000	<5 000
可溶物（mg/L）	<2 000	<5 000	<10 000
氯化物（以 Cl^- 计）（mg/L）	<500	<1 200	<3 500
硫酸盐（以 SO_4^{2-} 计）（mg/L）	<600	<2 700	<2 700
硫化物（以 S^{2-} 计）（mg/L）	<100	—	—

注：使用钢丝或经热处理的钢筋的预应力混凝土氯化物含量不得超过 350 mg/L。

6.1.4　速凝剂

湿喷混凝土优先选用液态速凝剂，采用初凝时间不大于 5 min，终凝时间不大于 10 min。

6.1.5　聚丙烯微纤维

技术指标：抗拉强度≥450 MPa、纤维杨氏弹性模量≥3 500 MPa、纤维断裂伸长率≤25%、微纤维长度≥14 mm，掺量一般为 0.9 kg/m^3。

6.1.6　钢纤维

抗拉强度≥1 000 MPa、纤维的直径应在 0.3～0.6 mm，长度按设计要求，每方喷射混凝土掺量一般为 40～50 kg，并根据试验确定。

6.2　机具设备

湿喷机：采用 MEYCO（A901C）型湿喷混凝土机，该湿喷机采用泵送设备输送混凝土，自带压风设备，在喷嘴处将液体速凝剂均匀掺入混凝土并将混凝土用风喷射至岩面。生产率：30 m^3/h；泵送最大输送距离：水平 300 m，垂直 100 m；喷高范围 14.5 m，工作宽度 26 m，机前距离 13 m，机旁粉尘浓度小于等于 10 mg/m^3。

7　质量控制

（1）施工前，作业厂队和施工班组必须收集并认真研究相关图纸、文件，严格按照设计图纸和规范规定组织施工。

（2）各分项工程的验收严格执行"三检制"。首先由作业班组自检，并按要求填好分项工程验收表；自检合格后报队级质检员复检（二检）；复检合格后报请三检，三检合格后由质量部报请监理工程师终检。

（3）严格按设计配合比拌制聚丙烯微纤维（钢纤维）混凝土。拌和前，实验室人员认真检查提供的配合比是否有误；拌和人员对照实验室提供的聚丙烯微纤维（钢纤维）混凝土配合比清单，认真调试好拌和站的称量系统和运转设备。称量偏差控制为：水泥、水和外加剂±2%；砂石±3%。现场拌制混凝土时，将实验室提供的配合比进行换算并制成表格，以便现场称量。

（4）受喷面必须清洗干净，喷前应保持湿润但又不能有流水，确保聚丙烯微纤维（钢纤维）混凝土与基面结合紧密。当受喷面渗水较多时，应先设排水管将渗水引出，然后再喷混凝土。

（5）聚丙烯微纤维（钢纤维）混凝土喷完后须认真养护。养护方式有喷雾、洒水等多种。当空气相对湿度达到 85% 以上时，可采用自然养护。养护龄期≥15 天。

（6）聚丙烯微纤维（钢纤维）混凝土紧跟开挖作业时，为了尽量减少爆破冲击震动给新喷聚丙烯微纤维(钢纤维)混凝土带来的危害,要求下一循环放炮与聚丙烯微纤维(钢纤维)混凝土喷完的间隔时间≥3 h,以确保聚丙烯微纤维(钢纤维)混凝土完全凝固并具有足以抗拒暴破冲击震动的强度。

8 安全措施

(1)加强安全管理,树立职工的安全意识,并派专人进行安全巡视检查。

(2)注意松石、危石伤人,施工前及时处理。

(3)设备停放部位要安全平稳,支腿须着落在坚实稳固的地面上。

(4)洞内或晚间作业时要有良好的通风与照明,并定期检查洞内有害气体浓度。

(5)喷射作业前要认真检查输料管及其接头等有无破损、松动,发现问题,及时处理。

(6)认真检查电源线路和设备的电器部件,保证用电安全。

(7)处理堵管时,工作风压≤0.4 MPa。

9 环保措施

(1)在施工过程中严格遵守国家和地方政府下发的有关环境保护的法律、法规和规章,加强对施工工程材料、设备、废水、生产生活垃圾、弃渣的控制和治理,遵守有防火及废弃物处理的规章制度,做好文明施工,加强对职工的环保、水保教育,提高职工的环保、水保意识,杜绝人为破坏环境的行为,做好施工区环境保护和水土保持工作。

(2)在工程施工过程中,加强施工机械的净化,减少污染源(如掺柴油添加剂,配备催化剂附属箱等),配置对有害气体的监测装置,禁止不符合国家废气排放标准的机械进入工区。加强对施工中有毒、有害、易燃、易爆物品的安全管理,防止管理不善而导致环境事故的发生。

(3)进场施工机械和进场材料停放、堆存要集中整齐,施工车辆在施工完必须清洗干净后,方可停放在指定停车场。建筑材料堆放有序,并挂材料名称、规格、型号等标志牌。

(4)施工废水、废油和生活废水经污水处理池(站),经处理后达到《污水综合排放标准》(GB 8978—1996)一级标准及地方环保部门的有关规定再排放,保证下游生产、生活用水不受污染。生活污水按招标文件的有关规定处理合格后排放。

(5)做好施工产生的弃渣和其他工程材料运输过程中的防散落与沿途污染措施,弃渣与工程废弃物拉至指定地点堆放和治理。

(6)洞室作业需设置有效的通风排烟设施,保证空气流通,洒水除尘,防止或减少粉尘对空气的污染,作业人员配备必要的防尘劳保用品,大型钻孔设备配备除尘装置,使钻进时不起尘。

10 效益分析

10.1 经济效益

喷射湿聚丙烯微纤维(钢纤维)混凝土有较高的黏稠性,喷射湿聚丙烯微纤维回弹率为5%~12%,喷射普通混凝土其回弹率为15%~25%,所以其比喷射普通混凝土显著降低混凝土回弹量,回弹降低幅度为10%~13%;还增加了一次喷射厚度,减少喷射次数,提高喷射效率,提高生产能力。与合同工期比较,工期缩短,减少人工费用和设备使用周期,降低了成本,具有明显的经济效益。以小湾水电站地下厂房和主变室湿喷微纤维(钢纤维)混凝土经济效益对比为例,该部位共有丙烯微纤维 C25 混凝土 6 869 m³,丙烯微纤维 C20 混凝土 2 977 m³,钢纤维 C30 混凝土 5 237 m³,由于回弹降低幅度节约丙烯微纤维 C25 混凝土 687 m³,丙烯微纤维 C20 混凝土 296 m³,钢纤维 C30 混凝土 524 m³,其单位直接费分别为 696 元/m³、574 元/m³、1 202 元/m³。直接节约 127.9 万元;间接减少了通风设备费 11.4 万元,减少电费约 25.7 万元;综合节约成本约 165 万元。

10.2 社会效益

(1) 在隧道工程及地下锚喷支护施工中,湿喷聚丙烯微纤维(钢纤维)混凝土采用麦斯特喷车和湿喷工艺,减少了喷射混凝土回弹量和有效地解决了粉尘浓度高的技术难题,降低喷射普通混凝土粉尘多的毛病,粉尘量的减少改善了喷射混凝土施工环境,降低了作业人员砂尘病的概率,有利于文明施工。

(2) 喷射湿聚丙烯微纤维(钢纤维)混凝土的抗裂、抗拉、抗压等各种力学指标均比喷射普通混凝土有较大提高,特别是混凝土的抗裂能力,增加了初期支护能力,加强了后期施工的安全。

(3) 本工法为以后同类地下工程在类似条件情况下提供了技术参考指标,促进地下工程技术的进步,具有较好的社会效益。

11 应用实例

11.1 小湾水电站地下工程

11.1.1 工程概况

小湾水电站导流洞工程:1 号、2 号导流隧洞平行布置在左岸,洞轴线中心距 48 m,城门洞型。隧洞开挖断面大小根据围岩类别有五种规格,标准断面尺寸在 17.4 m×20.3 m ~ 19.4 m×22.2 m(宽×高)。喷混凝土支护包括喷 C20 普通混凝土厚 10 cm 或 15 cm,挂网喷 C25 微纤维混凝土厚 20 cm(进出口洞段及洞身不良地质洞段)。

小湾水电站地下厂房系统布置在双曲拱坝右岸山体内,主厂房开挖尺寸 298.4 m×30.6 m×84.88 m(长×宽×高)。由于主副厂房开挖跨度较大,采用系统锚杆、喷 C25 纤维混凝土 20 cm 厚支护,断层破碎带加钢筋肋拱喷 C30 钢纤维混凝土 20 cm。主厂房开挖共分 10 层,由上往下依次开挖支护。

小湾水电站引水发电系统主变室:主变室位于厂房下游,与厂房净距 49.7 ~ 50.0 m;主变室开挖尺寸为 230.6 m×19 m×23.642 m(长×宽×高)。主变室开挖共分 3 层,由上往下依次开挖支护,由于顶层开挖跨度较大,采用顶拱以 Φ28(36)、$L=4.5$ m(9 m)砂浆锚杆进行支护,喷 C30 钢纤维混凝土厚度为 20 cm;主变室边墙以 1 000 kN、$L=20 ~ 35$ m 锚索和 Φ28、$L=4.5$ m(6 m)砂浆锚杆进行支护,喷 C20 微纤维混凝土厚度为 15 cm。

11.1.2 施工情况

小湾水电站 1 号、2 号导流隧洞、小湾水电站地下厂房和主变室开挖各工作面均采用三臂液压凿岩台车为主的大型机械化钻爆法作业,开挖采用分层开挖支护方法,均采用了喷射湿聚丙烯微纤维(钢纤维)混凝土施工工艺方法。

导流隧洞开挖支护工程于 2002 年 7 月 20 日开工,2004 年 4 月 3 日竣工。主要工程量:喷丙烯微纤维 C25 混凝土 4 614 m³,钢纤维 C30 混凝土 8 428 m³。

小湾水电站地下厂房和主变室开挖支护于 2004 年 12 月开工,2006 年 7 月结束。主要工程量:喷丙烯微纤维混凝土 9 846 m³,钢纤维 C30 混凝土 5 237 m³。

11.1.3 工程监测与结果评价

采用湿喷射聚丙烯微纤维(钢纤维)混凝土工法进行施工,增强了开挖初期围岩稳定力,有效减弱了围岩变形,保证后期支护的安全性,围岩应力较小。

导流洞最大变形 16 cm,从未发生隧洞塌方,得到各方好评,2004 年 10 月 20 日过水分流至今,运行安全,被评为"全国建筑行业用户满意工程"。

主副厂房工程顶拱最大变形 4.5 mm,顶拱开挖大面平整,整个厂房成型在目前国内最好,平均径向超挖 13.6 cm;主变室顶拱最大变形 2.8 mm,顶拱开挖大面平整,平均径向超挖 15.8 cm。施工过程是处于安全、稳定、快速、优质的可控状态,从未发生隧洞塌方情况,得到各方好评。

11.2 三峡右岸地下电站主厂房工程

11.2.1 工程概况

三峡地下电站位于微新岩体中,岩石坚硬,完整性较好,岩石主要为前震旦系闪云斜长花岗岩和闪长岩包裹体,主厂房开挖尺寸 311.3 m×31.6 m×87.3 m(长×宽×高)。设计上,采用系统锚杆、喷 C30 钢纤维混凝土 15～20 cm 厚支护。

11.2.2 施工情况

三峡地下主厂房开挖采用三臂液压凿岩台车为主的大型机械化钻爆法作业,分 10 层开挖支护,均采用了喷射湿聚丙烯微纤维(钢纤维)混凝土施工工艺。

该工程开挖支护于 2005 年 3 月开工,目前已开挖到Ⅵ层,全部开挖支护预计在 2007 年 12 月结束。主要工程量:钢纤维 C30 混凝土 5 974 m³。

11.2.3 工程监测与结果评价

采用湿喷射钢纤维混凝土工法进行施工,增强了开挖围岩的稳定,有效减弱了围岩变形,保证了后期支护的安全性,围岩应力较小,顶拱目前最大变形 1 mm,围岩处于稳定状态,整个厂房成型较好,平均径向超挖低于 10 cm,施工过程是处于安全、稳定、快速、优质的可控状态,从未发生隧洞塌方情况,得到各方好评。

11.3 龙滩水电站主副厂房工程

11.3.1 工程概况

龙滩水电站地下厂房系统布置在左岸山体内,主厂房开挖尺寸 388.5 m×30.7 m×77.3 m(长×宽×高)。由于主副厂房开挖跨度较大,采用系统锚杆、顶拱喷 C30 钢纤维混凝土 20 cm,边墙喷 C20 纤维混凝土 20 cm 厚支护。主厂房开挖共分 9 层,由上往下依次开挖支护。

11.3.2 施工情况

龙滩水电站地下主厂房开挖采用三臂液压凿岩台车为主的大型机械化钻爆法作业,分 9 层开挖支护,均采用了湿喷射湿聚丙烯微纤维(钢纤维)混凝土施工工艺。

该工程开挖支护于 2001 年 7 月开工,2004 年 7 月完工。主要工程量:喷丙烯微纤维 C20 混凝土 5 164 m³,钢纤维 C30 混凝土 6 221 m³。

11.3.3 工程监测与结果评价

采用湿喷射湿聚丙烯微纤维(钢纤维)混凝土工法进行施工,增强了开挖围岩的稳定,有效减弱了围岩变形,保证了后期支护的安全性,围岩应力较小,顶拱目前最大变形 5.7 mm,围岩处于稳定状态,整个厂房成型较好,平均径向超挖低于 14.6 cm,施工过程是处于安全、稳定、快速、优质的可控状态,从未发生隧洞塌方情况,得到各方好评。

总之,该工法具有喷锚支护施工粉尘浓度低的特点,适用于地下工程洞室施工环境,有利于文明施工,同时,具有工程进度快、减少人工费用及设备使用周期长的显著经济效益和社会效益。

（主要完成人:沈嗣元　王红军　王荣富　王　斌　杨元红）

大型导流洞进出口围堰水下拆除
爆破施工工法

中国水利水电第六工程局有限公司

1 前 言

大型导流洞进出口围堰周围环境复杂,水下部分一般采用预留岩埂、浆砌石、混凝土等一种或几种型式的组合,基础进行灌浆等防渗处理,导流洞施工完成后,围堰需要进行水下爆破拆除。

本工法在积累了龙滩电站围堰拆除、小湾电站围堰拆除等多个大型围堰爆破拆除的基础上,在溪洛渡水电站左岸导流洞进出口围堰拆除中进行技术创新,针对不同的围堰,采用个性化设计。进口围堰由于在大汛期间拆除,围堰堰体在密密麻麻钻孔的同时,还需要满足挡水防汛要求,因此围堰上部浆砌石采取垂直孔、下部岩埂采用水平孔的布孔方式,最终一次性爆破拆除;出口围堰在汛后两次爆破拆除,先将堰体拆除到水面以上 EL385 m 高程,然后进行 EL385 m 高程以下的堰体拆除,采取堰内水平孔、堰外垂直孔的布孔方式。同时,进出口围堰均采用了高单耗、低单响的设计思路,采用了高精度雷管和特制高爆防水炸药。

每次爆破后,块度控制在设计范围以内,成功实现瞬间冲渣过流或采用反铲扒开缺口,之后冲渣过流。

2 工法特点

(1)本工法针对不同的围堰采取上部垂直孔、下部水平孔相结合的布孔方式,个性化设计,有效降低了水平孔施工难度,加快了施工进度。

(2)本工法采用高单耗、低单响的设计思路。高精度雷管在导流洞围堰拆除中证明了其优越性,对保证爆堆和最低缺口的形成起到了重要作用,同时高精度雷管脚线的高强度、耐摩擦对于有高速水流的复杂爆破,有很强的实用性。

(3)本工法采用炸药单耗按需分配的精细爆破控制技术。

3 工法适用范围

本工法适用于大中型水电站导流洞进出口围堰水下拆除爆破施工。

4 工艺原理

围堰能否成功爆破拆除,首先是看钻孔能否均匀布设到整个堰体当中,而钻孔的设计需要考虑到堰体的结构、厚度、施工时段等各种因素。本工艺原理:根据围堰的不同结构和不同的拆除时段采取个性化精细爆破设计。在布孔方式设计方面,对于汛期拆除的进口围堰,考虑到围堰需满足汛期挡水要求,采取上部垂直孔、下部水平孔的布孔方式,最终一次性爆破拆除;出口围堰在汛后拆除,为了尽量减少最后一层的拆除工程量和难度,分两次爆破拆除;同时,由于出口围堰纵向轴线与导流洞轴线均是小角度相交,如果全部采取水平孔的布孔方式,最大孔深达到 60 m,钻孔和精度控制难度非常大,因此采取堰内水平孔、堰外垂直孔的布孔方式。以上的布孔方式,缩短了水平孔的长度,有利于保证钻孔精度,同时主体围堰采用的是水平孔,水平孔钻孔可以在汛期进行,工期上可以保证。

同时,进出口围堰均采用了高单耗、低单响的设计思路,采用了炸药单耗按需分配的精细爆破控制技术。根据围堰与保护物距离的远近,将爆区分成不同区域并采取不同的爆破参数(钻孔布置、炸药单耗、单段药量、装药结构等),对炸药单耗进行合理分配,对网络进行精心设计,通过高精度塑料导爆管雷管接力起爆技术,严格控制单段药量,既控制了爆破振动、爆破飞石,又确保了爆破效果,是精细爆破技术在围堰拆除中的成功应用。

5 工艺流程和操作要点

5.1 工艺流程

5.1.1 围堰拆除工艺流程

围堰拆除工艺流程如下:爆破参数设计→水平孔排架搭设→测量放样→样架搭设与检查→造孔施工→验孔→装药→联网起爆。

5.1.2 工艺流程施工中需注意的事项

5.1.2.1 水平孔孔深确定

由于围堰沿江侧堰体在水下,水下地形复杂,不确定因素多,水平孔孔深如果稍有失误,要么孔无法到位,要么孔钻穿、透水。因此,在爆破设计阶段,需由测量人员根据布孔图及原始地形图进行详细的切剖面,计算每个孔的详细孔深。

5.1.2.2 严格控制孔位偏差

其技术要求如下:

排间距允许误差不能超过±0.1 m;

孔间误差不允许超过±0.2 m;

深度误差允许超深0.3 m,不允许欠;

角度误差不允许超过±0.1°。

施工过程中,施工人员及时检查、修正钻孔角度,并且做好自检记录表格,质检人员及时抽检。

5.1.2.3 插入PVC管

根据岩石情况,岩石差时孔内需要及时插入PVC管。

围堰岩体一般较为破碎,布孔密集,为防止塌孔,钻孔完毕、验收合格后,立即安装PVC管对孔壁进行保护,确保后期药卷能顺利装入孔内。

5.2 施工操作要点

5.2.1 爆破参数设计

根据堰体结构形状、岩石特性以及爆破需要达到的效果,确定爆破设计参数,建议典型爆破设计参数如下。

5.2.1.1 水平主爆孔爆破参数

(1)炮孔直径。孔径为Φ110~135 mm,每孔均安装有高强度PVC套管以防塌孔,PVC套管内径为90 mm,PVC套管接口部位采用硬质接头,防止破碎岩体石渣引起堵塞及接口错位。

(2)水平孔孔距和排距。水平孔的孔距和排距根据其单位耗药量大小来确定,其原则是自上而下逐渐加密,底部的间排距为1.25 m×1.25 m,顶部的间排距为1.5 m×1.5 m。

(3)水平孔孔深及孔底部距临空面的距离。水平孔的炮孔深度随岩埂厚度变化,孔深一般建议在15~25 m,水平孔底部距离临空面的距离建议在0.8~1.5 m。

(4)水平孔顶部抵抗线。水平孔顶部为浆砌石区,水平孔最上排距浆砌片石底部距离为1.5 m。

(5)钻孔倾角。所有水平孔都向下倾斜5°。

(6)堵塞长度。主爆孔的堵塞长度:当排间距为1.5 m时,取1~1.2 m;当排间距为1.25 m

时,取 0.8~1.0 m;当排间距为 1.0 m 时,取 0.8 m。堵塞物为袋装砂和黄泥。

(7)炸药单耗。要求爆渣≤40 cm 的占 60% 以上,顺利实现冲渣,考虑基岩有压渣及水压条件和抛掷需要,最低单耗选为 1.5 kg/m³,根据爆渣部位的不同,抛掷的要求不同,单耗在 1.5~2.0 kg/m³ 变动,底部和堰体前部约束比较大的部位,单耗值大于 2.0 kg/m³。

(8)装药。选用 Φ70 特种防水高爆药卷,连续装药。第一发 1 025 ms 高精度非电雷管放在堵塞段以下 10 m 处,第二发 1 025 ms 高精度非电雷管放在距离孔口 16 m 处。

5.2.1.2 垂直孔爆破参数

垂直孔布置在岩堰上部浆砌片石(含面板)内。

(1)钻孔直径 Φ。浆砌片石钻孔直径取 Φ110~120 mm。

(2)底部抵抗线 W。浆砌片石 $W=1.5~2.0$ m。

(3)钻孔深度 L。浆砌片石钻孔深度 $L \geq H$(浆砌片石高度),岩堰随地形变化。

(4)超钻深度 h。浆砌片石不超深。

(5)孔距 a 与排距 b。浆砌片石取 $a \times b = 2.0$ m×2.5 m,面板间距 2 m。

(6)装药与堵塞。选用 Φ70 特种防水高爆药卷,连续装药,单耗 0.7~1 kg/m³,两发 1 025 ms 高精度非电雷管均放在堵塞段以下 10 m 处。孔口堵塞长度为 0.8~1.2 m,采用黏土或袋装沙堵塞。

5.2.1.3 预裂孔爆破参数

水平预裂孔向下倾斜 5°钻孔,间距为 1.0 m,线装药密度为 450 g/m,孔口堵塞长度为 0.5 m,采用导爆索将 Φ32 药卷绑扎成串状的装药结构。

5.2.2 起爆网路设计

起爆网路是爆破成败的关键,因此在起爆网路设计和施工中,必须保证能按设计的起爆顺序、起爆时间和时差全部安全准爆,且网路要标准化和规范化,以利于施工中联结与操作。本次爆破采用高精度非电毫秒雷管。

5.2.2.1 设计原则

(1)起爆网路的单响药量应满足震动的安全要求。根据周围建筑物允许震速,由爆破震动速度公式反算允许单段药量,单响药量一般控制在 300 kg 以内。

(2)在单响药量严格控制的情况下,同一排相邻段、前后排的相邻孔尽量不出现重段和串段现象。

(3)整个网路传爆雷管全部传爆或者绝大多数传爆后,第一响的炮孔才能起爆。

(4)万一同排炮孔发生重段爆破,单响药量产生的振动速度值不超过 30 cm/s 的校核标准。

(5)为保证爆堆形成的缺口,必须合理选择最先起爆点及爆渣抛掷方向。

5.2.2.2 爆破器材选择

(1)传统的塑料导爆管非电雷管的缺陷。塑料导爆管雷管非电起爆技术在水电行业得到普遍应用。其价格便宜、使用简便、分段灵活、不受雷电杂散电流影响,现在已经成了水电行业爆破施工的最主要爆破器材。但这种传统的塑料导爆管非电起爆系统也有自身的缺陷,主要表现在:①误差大。误差大带来了一个不容忽视问题,当低段雷管和高段雷管组合使用时,高段雷管的误差已经超过了低段雷管的延时,易导致起爆顺序紊乱。②雷管延时的分布容易导致重段。传统塑料导爆管雷管的延时顺序是 25 ms、50 ms、75 ms、110 ms、150 ms、……都有公约数 5。当网路比较大的时候极容易重段。

(2)高精度非电雷管的选择。围堰拆除追求最佳的爆堆形状、最合理的抛掷方向、最优化的抛掷顺序和最佳的减震效果,因此对起爆顺序和起爆时间的准确性要求很高,传统的非电雷管和非电起爆系统难以满足要求。目前,国内有数家单位已经研制出了高精度的塑料导爆管非电雷管,其中以 Orica 公司为典型代表。该公司生产专用非电塑料导爆管排间联接雷管,其段差分别是 9 ms、17 ms、25 ms、42 ms、65 ms 等,而且精度较高。这些雷管的正负误差基本能控制在 3 ms 以内。1 025 ms 的高精度雷管,误差可控制在±22 ms 以内。以上雷管的精度在一定程度上克服了传统非电起爆雷管大误差带来的困难。

因此,围堰拆除建议采用高精度塑料导爆管雷管组成的非电接力式起爆网路。为确保接力起爆网路的安全、可靠,原则上孔内起爆应选用高段别雷管,孔外传爆选用低段别雷管,同时孔内高段别雷管的延时误差应小于排间雷管的延时。

(3)孔间传爆雷管的选择。在单响药量严格控制的情况下,同一排相邻段不能出现重段和串段现象。当同排接力雷管延期时间小于起爆雷管误差时,则有可能出现重段,甚至出现同一排设计先爆孔迟后于相邻设计后爆孔起爆的情况。采用高精度塑料导爆管雷管可以有效地避免这种情况的发生。

采用 17 ms 做孔间雷管,局部采用 9 ms 进行间隔。

(4)排间传爆雷管的选择。在考虑起爆雷管延时误差的情况下,必须保证前后排相邻孔不能出现重段和串段现象,杜绝前排孔滞后或同时于后排相邻孔起爆。因此,排间雷管的延时误差应尽可能小于孔间雷管的延时。根据孔间选择 17 ms 延时,局部采用 9 ms 或 25 ms 的情况。排间有两种雷管 42 ms 和 65 ms 可供选择。由于总的炮孔排数有 14 排,因此选择 42 ms 做排间雷管,可以将排间起爆总延时控制在 1 000 ms 以内,为孔内起爆雷管的选择留出足够的余地。

采用 42 ms 做排间雷管。

(5)起爆雷管的选择。为防止由于先爆炮孔产生的爆破飞石破坏起爆网路,对于孔内雷管的延期时间必须保证在首个炮孔爆破时,接力起爆雷管已起爆。这就要求起爆雷管的延时尽可能长些,但延时长的高段别雷管其延时误差也大,为达到排间相邻孔不串段、重段,同一排相邻的孔间尽可能不重段的目的,高段别雷管的延时误差不能超过排间接力传爆雷管的延时值,对单段药量要求特别严格的爆破,高段别雷管的延时误差还不能超过同一排孔间的接力雷管延时值。排间雷管选择 42 ms,总排数 20 余排,需要 13 个排间联接,综合考虑,孔内延时雷管选择 1 025 ms。

采用 1 025 ms 做孔内延时雷管。

5.2.3 钻孔施工

5.2.3.1 测量放线

脚手架平台搭设验收合格后,由专业测量人员采用全站仪按照设计图纸要求逐孔放样,用红油漆在岩石边坡上将各孔孔位做好标记,同时标识孔的方向,并且由施工人员将提前做好的孔口标记牌,挂在相对应孔位旁边的排架钢管上面。

5.2.3.2 钻机定位

严格按照设计要求的孔位、孔向和测量放样情况进行钻机的就位和调正,所有的水平孔向下倾斜角度为 5°,开孔之前采用定型三角样架和水平尺控制倾斜角度,三角样架采用角钢焊接而成,长直角边长度为 1 m,小夹角为 5°,钻机定位时,将三角样架斜边紧贴钻机,长直角边上放置水平尺量测水平面,从而调整钻孔角度,三角样架示意如图 1 所示。

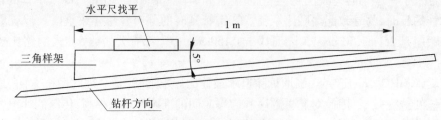

图 1 三角样架定位示意图

质检人员进行钻孔角度检查时采用坡度规。

5.2.3.3 造孔施工

水平爆破孔钻孔直径选用 Φ110 mm、Φ120 mm 两种,水平预裂孔钻孔直径为 Φ90 mm,垂直孔钻孔直径为 Φ110 mm。水平孔主要考虑采用 100B 型风动钻机和 YG-80 型锚索钻机造孔,垂直孔采用 CM351 钻机造孔。

钻孔精度主要采用以下措施进行控制:

(1)钻机安装就位完毕、施工人员自检合格后,填写"围堰水平孔钻孔施工质量检查验收记录表",上交质检部门进行检查,并且向质检部门申请开钻证。质检人员现场检查、复核,主要对钻孔的孔位、孔向和钻机的稳定性进行检查,检查符合要求后,签发水平孔开钻证后可正式施钻。

(2)在钻孔的过程中,施工队技术人员必须及时逐孔、逐项进行检查,并分别在钻进到 1.0 m、3.0 m、10.0 m 和孔底后,对钻机钻孔角度进行检查、校核,将检查结果填写到"围堰水平孔钻孔施工质量检查验收记录表"中,符合要求,继续施工,否则及时停止钻设,将孔灌注水泥砂浆,待强后,重新钻孔。质检部门现场监督、抽查、复检,做好抽查的记录,并对施工队检查结果予以确认。

(3)钻孔完毕之后,施工人员先自检,然后由质检部门和监理工程师进行终孔验收,主要检查孔深、孔向和孔间排距三项指标,详细地将验收结果填写到"围堰水平孔钻孔施工检查验收记录表"中,如果孔位、孔向、孔深均超过标准值,经质检部和监理工程师共同确认该水平孔作废,采用水泥砂浆封堵,待强后,重新钻孔。验收合格后,往孔内插入 PVC 管,孔口采用提前预制好的木楔子和棉纱堵塞保护。

5.2.4 装药

5.2.4.1 验孔与清孔

先按设计对孔位进行编号、挂牌,装药前由各装药小组根据孔位编号对照设计孔深进行再次验孔。验孔工作内容为测量孔深和清查孔内是否异常。

验孔采用炮棍探测孔深,检查孔内是否存在异物及孔壁变形情况等,炮棍前端安装 Φ80 硬质堵头。验孔发现有不合格孔,如存在炮孔堵塞,用红布条系在该孔口进行标识,做好记录。塌孔处理小组对该孔用高压风水冲洗,必要时重新扫孔处理,确保炸药装到孔底。

5.2.4.2 装药

先装水平爆破孔,再装垂直孔,最后装预裂孔。

1)水平孔装药

水平孔和预裂孔自上而下逐排装药。塌孔、堵塞孔及渗水孔最后处理合格后再装药。

(1)每排孔设两个装药组,从两端向中间装药。

(2)由装药组先对附近等装药的 3~4 炮孔进行清孔,测量、记录孔深。

(3)各送药组将炸药和雷管送到装药部位,按孔号发放药卷和雷管,先发炸药,再发雷管,做好记录。

(4)每个装药组 4 人,1 人主装药,另外 3 人辅助装药、堵塞炮孔,并作记录。

(5)将第一节炸药端部丝扣段剪去,掏出堵塞片,然后将该节药卷送入孔底。

(6)将 3 节炸药的堵塞片掏出,并拧成一组,将该组药卷最外一节的端头丝扣剪掉,掏出堵塞片,用炮棍送入孔底,与先前送入孔内的炸药紧紧连在一起。按照该方法依次往孔内装药。

(7)当装到孔深距孔口 1/3 处,在该位置的药卷上安装 2 个 1 025 ms 的非电毫秒雷管(注:由于 1 025 ms 的非电毫秒雷管的导爆管长 18 m,保证孔口外露不小于 6 m,以便联网)。每次装药时要拉住孔内导爆管,防止孔内导爆管弯折或聚堆。

(8)重复(6)的方法,再往孔内装 2 组共 6 节药卷后,剩下的药卷逐节利用丝扣连接边接边推送入孔内,一次全部装完,并做好记录。

(9)将该孔的装药记录和堵塞记录交给技术服务组并开始下一孔的装药。

2）垂直孔装药

自下游向上游逐排装药。塌孔、堵塞孔最后处理合格后再装药。

（1）由装药组先对附近等装药的3~4炮孔进行清孔，测量、记录孔深。

（2）各送药组将炸药和雷管送到装药部位，按孔号发放药卷和雷管，先发炸药再发雷管，做好记录。

（3）每个装药组4人，1人主装药，另外3人辅助装药、堵塞炮孔，并作记录。

（4）将3节炸药的堵塞片掏出，并拧成一组，将该组药卷最外一节的端头丝扣剪掉，掏出堵塞片，用炮棍捣实。按照该方法依次往孔内装药。

（5）当药卷装到距离孔口堵塞段10 m位置时，在该部位的药卷安装1 025 ms的非电毫秒雷管。每次放药卷时要拉住孔内导爆管，防止孔内导爆管弯折或聚堆。

（6）继续（4）步装药直到完成，将该孔的装药记录交给技术服务组并开始下一孔的装药。

3）预裂孔装药

预裂孔自上而下逐孔装药。塌孔、堵塞孔及渗水孔的最后处理合格后装药。

（1）由装药组先对3~4炮孔进行清孔，测量、记录孔深。

（2）根据孔深和是否有渗水情况采用不同的装药结构。

（3）送药组将炸药和雷管送到装药部位，并配合装药组向孔内送药。

（4）药串送入过程中要慢速、匀速地送入孔底。

（5）将该孔的装药记录交给技术服务组并开始下一孔的装药。

5.2.4.3 堵塞

堵塞质量的好坏是保证爆破效果和爆破安全的重要环节，为了保证堵塞质量，选择袋装砂和黄泥作为堵塞材料，涌水孔用袋装砂堵塞。在堵塞前加工好砂袋，砂袋采用纱布制作Φ80、长20 cm，每个装入70%砂子，系好袋口。黄泥随装随加工，人工搓成长10 cm直径Φ80土卷。

水平主爆孔当排间距为1.5 m时，堵塞长度为1~1.2 m；当排间距为1.25 m时，堵塞长度为0.8~1.0 m；垂直孔口堵塞长度为0.8~1.2 m；预裂孔口堵塞长度为0.5 m。

5.2.5 网路联结

按设计依次为先左右、后自下至上联结，预裂孔单独连接后再统一上网，岩埂区域联结后再连接浆砌石，最后是面板混凝土，直至起爆点。接力雷管采用胶管包裹保护。

严格按设计要求专人进行联结和网路保护，网路联结固定在围堰内侧后坡锚桩上面。脚手架的拆除不能影响到已经完成的起爆网络的安全。

垂直主传爆网路在排架全部拆除完成后利用吊车作业筐进行联结。

在联网中，每班应有专人随后检查，检查雷管段数是否正确、捆扎是否牢固及是否有偏联。有无漏接或中断、破损；有无打结或打圈，支路拐角是否符合规定；雷管捆扎是否符合要求；线路连接方式是否正确、雷管段数是否与设计相符；网路保护措施是否可靠。

各水平网路节点的导爆管应与传爆雷管牢固卡在一起，在其外侧用编织袋缠2~3层，防止该节出现意外而松动。

6 材料与设备

导流洞围堰拆除施工需根据断面大小、工程量及工期合理安排劳动力资源，溪洛渡水电站左岸1号导流洞进口围堰拆除，需要的人员、材料及设备见表1、表2。

表1 主要施工人员配置

技术管理人员	安全员	钻工	炮工	物资供应	力工	合计
8人	2人	60人	12人	6人	30人	118人

表 2　主要施工材料及设备配置

设备名称	型号及规格	单位	数量	备注
轻型潜孔钻机	YQ100B	台	25	钻孔
高分压钻机	CM351	台	2	钻孔
炸药车	2 t	台	2	运输火工材料
自卸汽车	5 t	辆	2	运输材料
钢管	1.5 in	t	30	样架搭设
汽车吊	25 t	台	1	
汽车吊	8 t	台	1	
非电毫秒雷管(Orica)	9 ms	发	20	
非电毫秒雷管(Orica)	17 ms	发	300	
非电毫秒雷管(Orica)	42 ms	发	24	
非电毫秒雷管(Orica)	1 025 ms	发	1 195	
电雷管		发	2	
炸药(9815 厂)	$\Phi 32$	kg	195	
炸药(9815 厂)	$\Phi 70$	kg	26 928(水平孔)	
炸药(Orica)	$\Phi 70$	kg	6 192(垂直孔)	
导爆索(云南燃料二厂)		m	350	

7　质量控制

围堰爆破拆除是一个非常精细化的施工过程,对其中的每一道工序、每一个环节都不能马虎,从钻孔、装药、联网等每一道工序都必须严格按照设计要求,本工法的质量控制主要体现在以下几方面。

7.1　测量放样质量要求

(1)测量放样时机、放样内容首先要满足现场钻孔作业的要求。

(2)测量放样过程中,技术人员及现场管理人员必须同时在场,与测量人员配合完成放样工作。放样完成后,测量人员必须向现场技术人员进行交底。

(3)测量放样记录要清晰准确,参与放样人员要在记录上签字,测量记录要完整保存。

7.2　钻机就位、验收

各施工队伍严格按照设计要求的孔位、孔向和测量放样情况进行钻机的就位和调正,确保钻机固定牢固、稳定,在钻进过程中不得出现轻微晃动、偏移等影响钻孔位置和角度的现象。钻机安装就位完毕、施工队自检合格后,填写"围堰水平孔钻孔施工质量检查验收记录表",上交质检部门进行检查,并且向质检部门申请开钻证。质检人员现场检查、复核,主要对钻孔的孔位、孔向和钻机的稳定性进行检查,检查符合要求后,签发水平孔开钻证后可正式施钻。

7.3　钻孔中间检查、控制

在钻孔的过程中,施工队技术人员必须及时逐孔、逐项进行检查,并分别在钻进到 1.0 m、3.0 m、10.0 m 和孔底后,对钻机钻孔角度进行检查、校核,将检查结果填写到"围堰水平孔钻孔施工质量检查验收记录表"中,符合要求,继续施工,否则及时停止钻设,将孔灌注水泥砂浆,待强后,重新钻孔。质检部门现场监督、抽查、复检,做好抽查的记录,并对施工队检查结果予以确认。

7.4 终孔验收、封孔

钻孔完毕之后,施工队伍先自检,然后由质检部门和监理工程师进行终孔验收,主要检查孔深、孔向和孔间排距三项指标,详细地将验收结果填写到"围堰水平孔钻孔施工检查验收记录表"中,如果孔位、孔向、孔深均超过标准值,经质检部和监理工程师共同确认该水平孔作废,采用水泥砂浆封堵,待强后,重新钻孔。验收合格后,往孔内插入 PVC 爆破管,孔口采用提前预制好的木楔子和棉纱堵塞保护。

7.5 装药、联网质量要求

为检测所采用的起爆网路的可靠性,爆前对实际起爆网路进行模拟试验。为节约起爆器材、减少试验工作量,只进行实际网路的主干线和最后两排孔支线的简化模拟,因为该简化模拟试验已能反映整个网路传爆可靠性和实际延期时间。如果模拟网路的传爆雷管、起爆雷管全部引爆,证明所采用的网路是可靠的。

按设计对孔位进行编号,装药前必须测量孔深,达不到要求的必须及时处理,确保炸药装到孔底。装药人员必须经过培训及技术交底。无关人员禁止进入施工现场。严格按设计要求的装药结构、雷管段别和数量进行装药、堵塞,同时认真做好原始记录。

所用炸药、非电毫秒雷管、导爆索必须具有防水性能或者是经过防水处理,都必须是新定购的同厂、同批、同型号的产品,并经过验收合格。

网路联结人员必须经过培训及技术交底,并严格按设计要求进行联结和网路保护。

网路联结过程中,应设专人跟班检查,防止错接或漏接,网路联结完成后应由多人检查组进行全面检查,确保无误后方可起爆。充水爆破时,应对水下网路做好防护工作,防止充水过程中损坏起爆网路。

8 安全防护措施

8.1 拦渣坎防护

为了减少冲渣对进口闸门的影响,在每个导流洞洞内进口段垂直导流洞方向各设置 2 道挡渣坎,其中 1 号、2 号导流洞挡渣坎位置分别为导流洞 0+30、0+80,3 号导流洞为 0+00、0+50。挡渣坎为梯形断面,高 4.5 m、顶口宽 2 m、底口宽 5.6 m,靠江侧坡比为 1∶0.2,并码一层纺织袋,背江侧坡比为 1∶1。

8.2 充水防护

上游围堰在 9 月中下旬爆破,堰外处于较高水位状态下。爆破时水头挟带块石将直接冲入堰内并直达闸门,采用拦渣坎阻挡后仍有较大风险。根据 1 号导流洞不充水试验效果分析,采用堰内充水条件下爆破防护,充水为挡渣坎至闸门之间洞段,水位高度为 3 m。

8.3 防飞石

围堰距被保护建筑物太近,重点是出口闸门、门槽、闸室混凝土。飞石防护手段有两种:一是覆盖防护,就是在爆破体上用砂袋或其他材料进行覆盖,主要是对 1 号导流洞出口围堰两段混凝土堰体的顶部孔口位置覆盖砂袋,浆砌石段不进行覆盖防护。二是保护性防护,即对被保护建筑或构筑物进行防护。本次爆破防护重点是下游闸室、闸门,爆破除采用开闸爆破外,对闸门槽、底板进行重点防护。

8.3.1 闸门槽的防护

主要是出口围堰闸门槽,闸门槽是围堰爆破的重点保护对象,主要是防止爆破飞石和瞬间的爆渣冲击损坏,造成闸门无法关闭和开启,必须重点防护。

(1)轮胎防护:将 4~6 个轮胎捆成一组,从下到上,挂在闸门槽上。

(2)砂袋堆码防护法:距围堰 50 m 范围内的明渠底板、闸室底板和导流洞底板表面堆码砂袋一层,其中沿出口闸门底坎上下游侧各 2 m 范围闸室底板表面堆码砂袋两层。砂袋内装风化砂,袋口开启式放置。

8.3.2 闸门的防护

由于闸室在爆破时提启,1 号、2 号导流洞出口闸室的结构决定闸门板全部暴露在外,需对其进行防护。先沿闸门面板挂一层轮胎,在轮胎外表面挂设两层竹跳板。

8.3.3 闸室顶部的防护

出口围堰闸室顶部需要防护,闸门顶部启闭机、控制柜和变压器采用型钢结构进行覆盖,型钢结构上面绑扎一层轮胎,再在其表面挂两层竹跳板覆盖防护。其他混凝土表面采用竹跳板覆盖防护。

8.3.4 立面混凝土的防护

洞门及其两侧混凝土、明渠边坡的防护采用两层竹跳板防护。

8.4 安全警戒保证措施

爆破警戒半径为 800 m,爆破前安全部应通知监理、业主单位协调,爆破警戒范围内的部位的高排架作业及其他施工活动暂停作业。爆破施工过程主要做好以下安全措施:

(1)按照有关规定,对易燃易爆物品、火工产品的运输、加工、保管、使用等环节执行施工局专项规章制度。炸药、雷管和油料的运输,按照公安部门对易燃、易爆物资运输的有关规定执行,并接受当地公安部门的审查和检查。

(2)从炸药运入现场开始,应划定装运警戒区,实行封闭管理,并挂牌说明装药区,非装药施工人员不得进入。有关部门人员需进入现场,经技术服务组同意,并核发准入证,安全小组方允许其进入,并登记,出来后要收回准入证。作业人员吃饭、上下班换班都要清查,防止将炸药、雷管带出,建立严格的火工材料领退制度及炸药发放制度。警戒区内应禁止烟火;搬运爆破器材应轻拿轻放,不应冲撞起爆药包。

(3)有足够的照明设施保证作业安全。

(4)爆破警戒范围按设计确定,在危险区边界,应设有明显标志,并派出岗哨。执行警戒任务的人员,应按指令到达指定地点并坚守工作岗位。预警信号发出后爆破警戒范围内开始清场工作。起爆信号应在确认人员、设备等全部撤离爆破警戒区,所有警戒人员到位,具备安全起爆条件时发出。起爆信号发出后,准许负责起爆的人员起爆。安全等待时间过后,检查人员进入爆破警戒范围内检查、确认安全后,方可发出解除爆破警戒信号。在此之前,岗哨不得撤离,不允许非检查人员进入爆破警戒范围。

(5)爆后应超过 5 min,方准许检查人员进入爆破作业地点;如不能确认有无盲炮,应经 15 min 后才能进入爆区检查。发现盲炮及其他险情,应及时上报或处理;处理前应在现场设立危险标志,并采取相应的安全措施,无关人员不应接近。

9 环保措施

根据工程施工的特点和工程的施工环境,严格遵守招标文件中提出的有关环境保护的要求,严格遵守《中华人民共和国环境保护法》、《中华人民共和国水污染防治法》、《中华人民共和国大气污染防治法》、《中华人民共和国噪声污染防治法》、《中华人民共和国水土保持法》等一系列有关环境保护和水土保持的法律、法规和规章,做好施工区和生活营地的环境保护工作,坚持"以防为主、防治结合、综合治理、化害为利"的原则。

(1)钻孔设备选用效率高、噪声低的设备,钻孔作业时,大型钻孔设备必须配备除尘装置。

(2)所有施工弃渣严格按招标文件指定场地和堆存方式有序弃存。

(3)在工程施工期间,对噪声、扬尘、振动、废水、废气和固体废弃物进行全面控制,最大限度地减少施工活动给周围环境造成的不利影响。生活污水、施工废水处理后应达到污水综合排放标准。

10　效益分析

溪洛渡水电站左岸导流隧洞进出口围堰按照设计的爆破网络成功起爆,设计的爆破缺口和爆堆形状顺利形成,爆破块度完全控制在 40 cm 以下,爆破到了设计底板高程,爆破安全监测表明没有对闸门造成任何影响,爆破取得圆满成功。此次特大规模围堰爆破拆除的成功实践,推动了我国围堰精细爆破理论与技术的发展,创造了巨大的社会效益与经济效益。为类似工程提供了成功的借鉴,是类似围堰拆除的经典案例。

11　应用实例

11.1　溪洛渡水电站左岸导流洞进口围堰

11.1.1　工程概况

溪洛渡水电站左岸三条导流洞进口各布置一条围堰,进口围堰总长为 450 m。围堰按照洪水频率 $P=10\%$ 设计,重力坝式结构,下部为岩埂,上部为浆砌石。进口围堰浆砌石基础高程在 380~385 m,顶部高程为 402 m。在弱风化完整岩体上浇筑 1.5 m 厚 C20 毛石混凝土黏合层,浆砌石迎水面浇筑 60 cm 厚 C20 混凝土防渗面板。后根据防洪要求在围堰顶部增加了混凝土防浪墙。进口围堰总拆除高度为 39 m,总拆除 16.5 万 m^3。

11.1.2　施工情况及效果

进口围堰周围环境复杂、地形地质条件变化大、拆除爆破规模大、工期紧、施工强度大、爆破块度和爆堆形状控制标准高。通过方案比选,确定布孔方案全部由上部垂直孔(浆砌石)、下部水平孔(岩埂)构成。进口围堰在汛期关门放炮,实行分批爆破,在爆破顺序上,先爆破进口围堰,再爆破出口围堰,条件具备一个爆破一个,直至最后一次爆破。

进口围堰岩埂拆除施工从 2007 年 7 月至 2007 年 9 月,用时 3 个月,总钻孔量为 2.8 万 m,总装药量为 150 t,导爆索 6.5 万 m,导爆管 5 600 发。其中 1 号导流洞进口围堰于 2007 年 9 月 11 日爆破,2 号、3 号导流洞进口围堰于 2007 年 9 月 22 日爆破。

左岸 1 号、2 号、3 号导流洞进口围堰爆破后均实现了瞬间过流,1 号导流洞进口围堰爆破完成后基本无堆渣现象,由于 2 号、3 号导流洞进口围堰二次处理开挖时水位较低、水流较缓,因此除明渠中间岩埂墙堆积了部分爆渣外,在水面以上还有部分爆渣。爆破粒径小,采用反铲拔开冲渣口后,也顺利实现了过流。另外,爆破后对进口闸门无影响,爆破取得圆满成功。

11.2　溪洛渡水电站左岸导流洞出口围堰

11.2.1　工程概况

溪洛渡水电站左岸三条导流洞出口各布置一条围堰,出口围堰总长 400 m。围堰按照洪水频率 $P=10\%$ 设计,重力坝式结构,下部为岩埂,上部为浆砌石。出口围堰浆砌石基础高程在 385~390 m,顶部高程为 400 m。在弱风化完整岩体上浇筑 1.5 m 厚 C20 毛石混凝土黏合层,浆砌石迎水面浇筑 60 cm 厚 C20 混凝土防渗面板。后根据防洪要求在围堰顶部增加了混凝土防浪墙。出口围堰总拆除高度为 41 m,总拆除 25.4 万 m^3。

11.2.2　施工情况及效果

出口围堰周围环境复杂、地形地质条件变化大、拆除爆破规模大、工期紧、施工强度大、爆破块度和爆堆形状控制标准高。通过方案比选,确定布孔方案全部由上部垂直孔(浆砌石)、下部水平孔(岩埂)构成。出口围堰在汛后均提闸开门爆破。实行分批爆破,在爆破顺序上,先爆破进口围堰,再爆破出口围堰,条件具备一个爆破一个,直至最后一次爆破。

出口围堰岩埂拆除施工从 2007 年 8 月至 2007 年 10 月,用时 3 个月,总钻孔量为 3.2 万 m,总装药量为235 t,导爆索10.5万 m,导爆管8 500发。其中导流洞出口围堰高程385.00 m以上2007年10月12日爆破,1号、2号导流洞出口围堰高程385.00 m以下于2007年10月31日爆破,3号导流洞出口围堰高程385.00 m以下于2007年11月4日爆破。

左岸1号、2号、3号导流洞出口堆渣最高高程在385 m左右,爆破后没有实现瞬间过流,但爆破粒径小,采用反铲拔开冲渣口后,顺利实现了过流,爆破取得圆满成功。

11.3 锦屏二级水电站导流隧洞进出口围堰

11.3.1 工程概况

锦屏二级水电站导流隧洞进出口围堰按照洪水频率 $P=20\%$ 设计,围堰采用重力坝式结构,围堰上部采用浆砌石结构,下部预留岩埝。围堰基础浇筑C20毛石混凝土结合层,混凝土上面为浆砌石堰体。进口围堰堰体顶部高程为1 642.5 m,堰顶宽度为2.5~3 m,围堰总长62 m。出口围堰堰顶部高程为1 642 m,堰顶宽度为3 m,围堰总长66 m。浆砌石堰体迎水面浇筑60 cm厚C20混凝土防渗面板。围堰下部岩埝采用帷幕灌浆达到基岩防渗要求。导流洞进口明渠底板高程为1 625 m,进口围堰总拆除高度为17.5 m,总拆除量为6 200 m³。出口明渠底板高程为1 624 m,出口围堰总拆除高度为18 m,总拆除量为6 000 m³。

11.3.2 施工情况

根据雅砻江历年水位流量关系曲线,为了尽可能地降低围堰最后一层拆除难度和拆除工程量,进出口围堰均采用垂直孔分三层的爆破拆除方案。第一、二层拆除到水面以上2 m高度,为水上一般土岩爆破作业;最后一层为水下一次性爆破拆除作业。

进口围堰第一层拆除高度为4.5 m,第二层拆除高度为3 m,最后一层拆除高度为10 m。最后一层总拆除方量为3 000 m³,总造孔量为210个(2 050 m),总装药量为6 000 kg。

出口围堰第一层拆除高度为4.5 m,第二层拆除高度为2.5 m,最后一层拆除高度为11 m。最后一层总拆除方量为2 500 m³,总造孔量为180个(1 850 m),总装药量为5 300 kg。

进出口围堰均在汛后拆除,采取以垂直孔为主、水平孔为辅的布孔方式,进出口围堰第三层水下主爆孔装Φ75 mm特制防水炸药和Φ70 mm普通乳化炸药。水下预裂孔采用Φ37 mm特制防水炸药。本次围堰拆除爆破采用ms2、ms5、ms11、ms13段普通非电毫秒雷管及ms1、ms15特制非电毫秒雷管。为避免重段现象的出现,其中ms1段雷管为特制雷管,微差为13 ms,ms15段雷管为特制防水型。

进口围堰堰体较厚,堰前有压渣和水压力,如果从堰外起爆临空面不好,同时水压力对爆破作用起反作用,对冲渣很不利,达不到预想的效果。因此,进口围堰起爆点选择在堰内,采用从堰内往堰外方向逐排"V"形起爆网络。

出口围堰堰体较薄,如果采取逐排"V"形起爆网络,对于薄壁结构,前排垂直孔起爆时很容易对后排垂直孔产生破坏作用,造成整个网络混乱、后排容易拒爆。因此,出口围堰起爆点选择在堰内,采取由围堰内外侧往中心对称起爆网络。

进出口围堰于2008年11月14日中午同时起爆,在低水头不利冲渣的条件下,成功实现直接冲渣、过流,围堰底部拆得非常干净、平坦,水流极为平稳,为雅砻江第四次大江截流、导流隧洞分流创造了很好的条件。

(主要完成人:叶 明 聂文俊 翟万全 王金田)

大型倒虹吸液压钢模台车及液压混凝土布料机施工工法

中国水电建设集团十五工程局有限公司

1 前 言

南水北调工程是我国乃至世界上最大的调水工程,建筑物施工质量要求高,工期紧迫。由中国水电建设集团十五工程局承建的南水北调中线一期工程新乡卫辉段第三标段,设计有两座大型钢筋混凝土倒虹吸,共长 1 200 m,分 63 节管身,混凝土浇筑方量约 13 万 m³。倒虹吸由进口斜管段、水平段和出口斜管段组成,管身进出口斜坡坡率为 1:4.5。倒虹吸横向断面设计为 3 孔 1 联箱形钢筋混凝土结构,其中沧河倒虹吸单孔过水断面尺寸为 6.8 m×6.8 m(宽×高),底板厚 1.2 m,顶板厚 1.2 m,侧墙厚 1.2 m,中墙厚 1.1 m。倒虹吸管身为 C30 钢筋混凝土。

倒虹吸单节混凝土浇筑方量约为 1 500 m³,施工仓面大,浇筑强度高。为提高混凝土浇筑质量,加快施工进度,提高施工效率,依托本标段 2 座倒虹吸工程施工,项目部成立专门课题小组,开展液压钢模台车和液压混凝土布料机施工工法的研究。该项施工工法经河南省南水北调中线管理局、河南省水利勘测设计研究有限公司和河南省科光监理公司的有关专家的专题讨论和审定。我局专家组也对该项施工工法进行了专题研讨,并对液压钢模台车的结构、操作工艺、液压混凝土布料机的布料能力、卸料方式,以及混凝土浇筑顺序等关键技术进行了审定。该项施工工法在南水北调工程中得到成功应用,在提高施工质量、加快施工进度、实现大断面混凝土机械化施工、提高施工功效等方面,取得了显著的社会效益和经济效益。

2 工法特点

对于大型倒虹吸钢筋混凝土施工,采用液压钢模台车及液压混凝土布料机施工工法,具有以下特点。

2.1 实现混凝土机械化施工,加快进度

液压钢模台车设计以集中操纵液压杆件,实现了大块定性钢模板及台车的整体拆卸和移位,成功替代了以往的人工搭设满堂脚手架,安装拆卸普通组合钢模板的传统施工作业方式。液压混凝土布料机不仅解决了水平段混凝土高强度连续入仓,还可以通过液压支腿的自动调节,实现了不同坡比的斜坡段混凝土入仓。

2.2 提高混凝土浇筑质量

液压钢模台车整体性好,稳定性强。钢模台车采用的大块定型钢模板一次性安装,使整个混凝土表面均为一整块模板,避免了小型组合模板的拼接误差,以及混凝土浇筑时产生的接缝不严和漏浆错台等现象,提高了混凝土浇筑的外观质量。布料机的高强度连续布料入仓,杜绝了大仓面混凝土因入仓慢而引起的质量弊端。

2.3 更加保证了施工安全

较传统的满堂架组合钢模板施工方法,液压钢模台车及液压布料机施工投入劳动力少,液压钢模台车主要通过操作集中液压杆件进行模板的整体安装和拆卸。液压布料机主要通过遥控器远距离操作布料机的运行,保证了作业人员的安全。

2.4 提高施工效率

大型倒虹吸钢筋混凝土施工,浇筑方量大,线路长,采用该项工法施工,实现机械化、流水线式施工,较传统的满堂架人工作业,钢模台车具有安拆施工周期短,提高每段倒虹吸混凝土浇筑效率的优点,节约了大量的设备、材料和劳力投入,提高了施工效率,节约了施工成本。

3 适用范围

本工法适用于水利水电及市政工程大断面长距离倒虹吸钢筋混凝土施工。

4 工艺原理

4.1 混凝土施工方案

倒虹吸管身段混凝土按设计分段施工,每段管身混凝土分两期施工。底板(倒角上带 40 cm 高墙)为一期浇筑块;侧墙(中墙)和顶板为二期混凝土。倒虹吸管身混凝土施工一、二期分缝见图 1。混凝土采用 HZS60 拌和站拌制,8 m³ 罐车运输,液压混凝土布料机输送入仓,落距大于 2 m 时,加设缓降漏斗卸料。

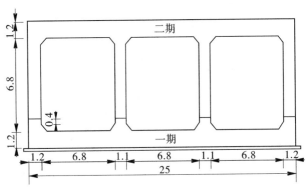

图 1 倒虹吸管身混凝土施工一、二期施工分缝图

(单位:m)

4.2 钢模台车及模板设计方案

4.2.1 一期定型钢模板

一期模板设计为大块定型钢模,分为外墙模和拐角模两种。

4.2.2 二期钢模台车

钢模台车由台车架、螺旋丝杠、液压系统、行走系统、内外侧墙钢模、内顶钢模及端头模等 7 部分组成。台车架设计总长为 15.2 m,分为两节,单节长 7.6 m,两节采用连接板螺栓连接。螺旋丝杠分为顶部垂直丝杠、底部垂直丝杠和侧向丝杠。液压系统分为顶部液压、侧面液压、水平微调液压和液压泵站。台车底部设计有 8 个行走轮,对称布置在单节台车底部纵梁下,行走轨道为 43 kg/m 的轨道。内顶钢模、内外侧墙钢模均为大块定型钢模,内外侧墙模板通过高强螺杆锥形螺母套件对拉对撑紧固。

台车断面见图 2,台车实物图见图 3。

4.2.3 液压混凝土布料机

为配合钢模台车施工,设计制作主梁跨度为 31 m,梁底高度为 11.8 m,副梁跨度为 20 m 的水平与斜坡段自行式混凝土布料机 1 台,布料机设计混凝土布料强度为 50 m³/h。布料机具有如下主要性能:

(1)布料机的主梁跨度适合 3 孔管身施工范围,副梁外端有一定的垂直活动范围,适合地面起伏变化。

（2）满足混凝土入仓强度、入仓覆盖位置和一定范围的起重能力。

（3）布料机的前后支腿,为可伸缩的液压装置,适应水平段和斜坡段施工。液压混凝土布料机见图4。

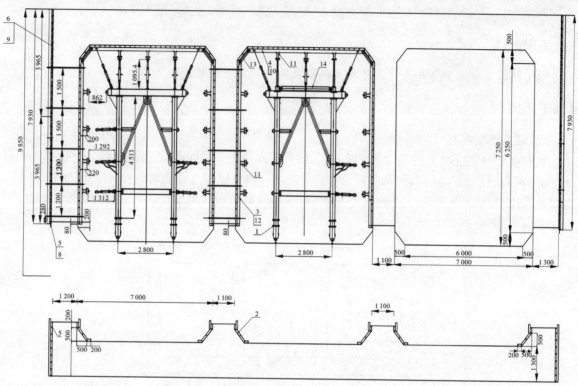

1—台车架;2—下部拐角模板;3—内侧模板;4—顶板底模板;5—底板外侧模板;6—外侧模板;7—外侧模板1;8—外侧模板围枓;9—外侧模板围枓1;10—顶板底模板围枓;11—内侧模板逼筋;12—侧墙内侧模板围枓;13—旋转耳板/销轴;14—水平调整装置

图2　钢模台车断面

图3　钢模台车

图 4　液压混凝土布料机

5　施工工艺流程及操作要点

5.1　工艺流程

工艺流程:一期混凝土施工→绑扎侧墙(中墙)钢筋→台车轨道铺设→牵引台车就位→校正台车→(液压及丝杠)固定顶板、侧墙模板→顶板钢筋安装→堵头模板安装→侧墙及顶板混凝土浇筑→端头模、侧墙模、顶模脱模→台车整体移动至下一个工作面。

5.2　操作要点

5.2.1　一期模板安装

模板安拆用混凝土布料机起吊移位,人工辅助安装和拆卸。采用高强螺杆焊接在拐角模定位杆,定位杆为Φ16 mm钢筋,纵向间距按1 m设置,预埋在垫层混凝土中。定位杆上焊接短钢筋以支撑拐角模板,拐角模上部用锥形螺母套件向下压紧模板,起到固定拐角模板、防止模板上浮作用。端头模板结合止水带和止水铜片同时安装,采用横向围图固定,橡胶止水带采用制作专用固定钢筋,铜止水采用端头板加固。

5.2.2　测量放线

在一期底板混凝土面上测量放样单孔中心线,并以此放出钢模台车轨道线,用墨斗弹线,准确标识。

5.2.3　轨道铺设

依据轨道线铺设台车轨道,轨道下间隔1 m铺设20 mm×300 mm×300 mm(厚×长×宽)钢垫板。

5.2.4　钢模台车就位

采用5 t卷扬机牵引台车,使台车沿轨道移动至浇筑段设计位置,调整台车底部螺旋丝杠,使丝杠顶紧台车底纵梁,并插好销子紧固。

5.2.5　内顶模就位

启动液压泵站,同时开启顶部油缸液压系统操纵杆,使顶部油缸同步缓慢顶起内顶钢模,使其达到设计高程。顶板中心线如有误差,可采用开启台车顶部两端的水平微调油缸,进行顶板水平微调,直到顶板中线符合设计。内顶模板高程、中心线符合设计后,立即锁定顶部油缸,然后调节台车顶部螺旋丝杠。螺旋丝杠支撑就位后,插好丝杠销子进行固定。

5.2.6 内侧墙模就位

启动液压泵站,同时开启侧向油缸液压系统操纵杆,使侧向油缸同步缓慢顶开内侧墙钢模。检查内侧墙钢模就位是否符合设计。如需微调,可开启单个或多个侧向油缸进行微调。内侧墙钢模就位符合设计后,立即锁定油缸。然后手动调节侧向螺旋丝杠,使其就位顶紧内侧墙模,并插好固定销子。

5.2.7 外侧墙模就位

外侧墙模采用人工搭设简易脚手架,布料机起吊移动模板,人工配合安装。外侧模底部采用可调丝杠辅助支撑。内外墙模板采用对拉螺杆对撑固定,螺杆为Φ20 mm专用快速高强螺杆。

5.2.8 混凝土浇筑方法

底板、顶板混凝土浇筑采用"台阶法",铺料厚度40 cm,插入式振捣器振捣。侧墙、中墙浇筑采用"分层法",分层厚度为50 cm。由于单仓浇筑方量较大(二期约1 000 m³),为减小入仓强度,采用图5、图6所示的浇筑方法。经现场实测入仓强度降为20 m³/h,大幅降低了混凝土拌制、运输和入仓浇筑强度。实测二期单仓浇筑时间为48 h左右。

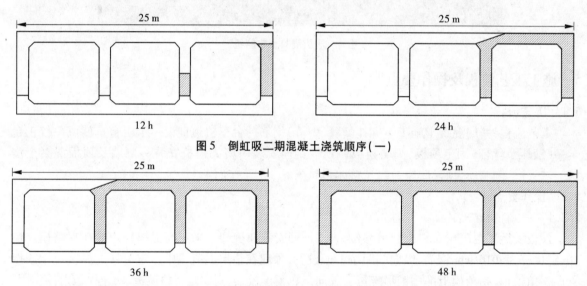

图5 倒虹吸二期混凝土浇筑顺序(一)

图6 倒虹吸二期混凝土浇筑顺序(二)

5.2.9 台车脱模顺序

台车脱模顺序:拆卸外侧墙钢模→卸侧向螺旋丝杠→收内侧模→卸顶部螺旋丝杠→收内顶模→卸底部螺旋丝杠→台车移位。

5.2.10 台车爬坡移位

斜管段台车移位时,将台车拆分为两节,单节长7.2 m。分节牵引就位后,再组装成一体。从水平段沿1:4.5斜坡拖移前,应将内顶模降至最低位置,避免内顶模与已浇筑混凝土顶板卡塞。经电脑模拟和实地1:1放大样,台车上坡时内顶板与已浇混凝土顶板之间最小安全距离为70 mm,台车可以顺利进入斜坡段。后期的施工也验证了这些参数,台车顺利爬坡。

5.2.11 混凝土布料

混凝土罐车在岸坡边沿通过斜坡流槽,将混凝土卸入布料机皮带上进行送料。布料机上设计有4个固定卸料口,通过人工操作可实现不同卸料口的卸料。每个卸料口下安装缓降串筒至混凝土仓面,通过遥控布料机沿基坑两侧轨道移动,人工辅助牵引移动缓降串筒,实现倒虹吸仓面任意位置的布料入仓。

5.2.12 布料机爬坡

布料机的前后支腿设计为液压可伸缩装置,通过调节支腿的长短,在外力牵引下,实现从水平段到斜坡段的爬坡功能,且可适应不同坡比的斜坡段施工。布料机的副梁轨道行走支承轮设计为万向轴,保证了斜坡段布料机主副梁及皮带输送机始终为水平状态,确保混凝土输送平稳。

6 材料与设备

主要材料及设备见表1。

7 质量控制

7.1 执行标准

工法执行现有的国家及水利、电力行业标准,主要有:

(1)《混凝土结构工程施工及验收规范》(GB 50204—2002);

(2)《混凝土质量控制标准》(GB 50164—92);

(3)《水工混凝土施工规范》(DL/T 5144—2001);

(4)《液压滑动模板施工技术规范》(GBJ 113—87)。

7.2 拆模标准

(1)不承重侧面模板的拆除,应在混凝土强度达到其表面及棱角不因拆模而受损坏时,方可拆除;

(2)墙体混凝土强度不低于 3.5 MPa 时,方可拆除;

(3)顶板底模应在混凝土强度达到表2的规定后,方可拆除,施工时可通过现场同条件养护的混凝土试样进行强度确认。

表2 顶板混凝土底模拆模标准

结构跨度(m)	按设计的混凝土强度标准值的百分率计(%)
≤2	50
>2,≤8	75
>8	100

7.3 注意事项

(1)为防止混凝土浇筑过程中,在新老混凝土结合部位发生漏浆现象,可在台车大块模板四周粘贴双面胶带。

(2)由于倒虹吸断面大,浇筑仓面也大,为降低入仓强度,浇筑顺序应从短边向长边方向进行。

(3)墙体脱模后留下的锥形螺母孔洞,可采用丙乳砂浆填补,并调整色差,确保与墙体混凝土外观颜色美观一致。

8 安全措施

执行国家现有的安全规范规程。

表1 主要材料及设备

名称		数量
钢模台车	台车架(3孔)	3 台
	下拐角模1	50 块
	内侧模1	60 块
	内顶模1	30 块
	外侧模1	20 块
	外侧模2	20 块
	外侧模3	20 块
	外侧模4	4 块
	外侧模5	4 块
	内顶模2	6 块
	横肋	33 条
	内侧模2	12 块
	水平调整油缸(HSJK-100/55-350)	6 个
	下拐角模2	12 块
	外侧模6	4 块
	顶丝杠(Φ75×275 mm)	54 个
	底丝杠	36 个
	侧丝杠(Φ75×275 mm)	240 个
	顶液压(HSJK-100/55-400)	24 个
	侧液压(HSJK-160/90-450)	24 个
	液压泵站(SXLD-08-340-B)	3 台
	行走系统	24 个
布料机	31 m 主梁	1 个
	20 m 副梁	1 个
	11.8 m 支腿	2 个
	皮带机(B=800 mm)	51 m
	行走系统	3 套
	液压支腿	4 个
	2 t 起重器	1 个
	混凝土拌和站(HZS60)	1 台
	8 m³ 混凝土罐车	3 台
	5 t 卷扬机	3 台

8.1 皮带机安全操作规程

(1)皮带机定期保养,驱动滚筒定期换油;

(2)开机时提起卸料器,皮带上应无任何障碍物;

(3)停机时需把皮带上混凝土卸干净,故障停机时要采用人工及时清理混凝土;

(4)正常布料要均匀,布料强度控制在$\leqslant 1 \ m^3/min$;

(5)清扫器要专人随时清理,皮带偏移及时调整。

8.2 布料机行走及起重安全规程

(1)布料机行走前要查看轨道上有无障碍物及行人;

(2)注意观察自动卷线器行走时电缆绕行情况;

(3)减速机定期更换齿轮油,链条保持正常润滑;

(4)起重物不大于设计规定 2 t,禁止歪拉斜吊;

(5)停机后关闭总电源。

8.3 钢模台车安全规程

(1)液压系统专人操作;

(2)禁止在液压系统及管路附近进行电焊气割等;

(3)锁定液压缸和丝杠操作均属于高空作业,需搭设简易架板,采取安全带等防护措施;

(4)台车牵引时确保与周围有一定的安全空间。

9 环保措施

执行国家和行业现有的环保规定及指标,注意以下环节:

(1)布料机和钢模台车要防止润滑油、液压油等污染环境;

(2)布料机使用完后,及时清扫干净所有部件;

(3)在钢模台车大块定型模板的脱模剂涂刷时,防止污染钢筋、止水及预埋件;

(4)浇筑混凝土时,为防止浆液污染二期钢筋,可采用在钢筋上穿套 PVC 套管进行临时保护。

10 效益分析

10.1 施工效率

该工法较普通组合钢模板施工比较,节约了混凝土施工的人工、材料和机械投入,实现了混凝土浇筑机械化,大幅提高施工效率。钢模台车和满堂架施工效率对比见表3。

表 3　钢模台车与满堂架组合模板施工效率对比

项目	单节施工时间 (天)	单节用工 (工日)	备　注
液压钢模台车	12	184	经统计对比分析,单节管身施工时间,液压钢模台车较满堂架组合板节约时间 10 天,节约工日 159 个
满堂架组合板	22	343	

根据沧河倒虹吸长度及工程量,经统计分析,该工法较传统的满堂架组合板施工法,节约劳动力投入 7 791 个工日,节约工期 180 天。

10.2 效益分析

采用液压钢模台车施工,通过节约劳动力和提高施工功效,降低了倒虹吸施工的劳务成本。与传统的满堂架组合板施工法相比较,除去台车投入费用后,节约了 35 万元劳务成本。2 套台车残值按目前市场计价为 230 万元,采用液压钢模台车施工创效 265 万元。

液压混凝土布料机具有布料和起重功能,替代了混凝土泵送设备和专用起重设备费用。根据沧河倒虹吸总工程量,考虑施工时段,加上布料机残值,经统计创效 156 万元。

液压钢模台车及液压混凝土布料机施工工法,在沧河倒虹吸工程中合计创效 421 万元。

10.3 社会效益

采用该工法后,在提高施工功效、提高混凝土外观质量方面取得了很好的效果,得到了国务院南水北调中线管理局的认可和好评,各参建单位也多次实地参观学习,产生了良好的社会影响。

10.4 文明环保节能

液压钢模台车和液压布料机为整体结构,施工中操作方便灵活,外观简洁美观大气,提升了工程施工的形象。与传统工法比较,避免了现场大量零星材料的堆放和运转,减少了施工废弃物引起的环境污染,使施工现场更加整洁有序。该项工法投入劳力少,能源消耗低,施工效率高,满足国家建筑节能工程的要求,进一步推进能源与建筑行业结合配套技术的应用。

11 应用实例

11.1 沧河倒虹吸工程

南水北调中线一期工程新乡卫辉段沧河倒虹吸工程,位于河南省卫辉市安都乡马林庄北约300 m。倒虹吸长度为 859 m,由进口斜管段、水平段和出口斜管段组成,管身进出口斜坡坡率为1∶4.5。倒虹吸横向断面设计为 3 孔 1 联箱形钢筋混凝土结构,单孔过水断面尺寸为 6.8 m×6.8 m(宽×高),底板厚 1.2 m,顶板厚 1.2 m,侧墙厚 1.2 m,中墙厚 1.1 m。倒虹吸管身为 C30 钢筋混凝土,施工工期为 2009 年 8 月至 2011 年 12 月,主要工程量为:混凝土浇筑 8.76 万 m³,钢筋制安 7 300 t。

11.2 香泉河倒虹吸工程

南水北调中线一期工程新乡卫辉段香泉河倒虹吸工程,位于河南省卫辉市安都乡小虎坨村东南约 800 m 处。倒虹吸长度为 341 m,由进口斜管段、水平段和出口斜管段组成,管身进出口斜坡坡率为 1∶4.5。单孔过水断面尺寸为 7 m×7.25 m(宽×高),底板厚 1.3 m,顶板厚 1.3 m,侧墙厚 1.3 m,中墙厚 1.1 m。倒虹吸管身为 C30 钢筋混凝土,施工工期为 2009 年 8 月至 2011 年 12 月,主要工程量为:混凝土浇筑 4.2 万 m³,钢筋制安 2 900 t。

11.3 大沙河倒虹吸工程

南水北调中线一期工程大沙河渠道倒虹吸工程,位于河南省博爱县阳庙镇鹿村村南约 300 m 处。倒虹吸总长 491 m,由进口斜管段、水平段和出口斜管段组成,管身进出口斜坡坡率为 1∶4.5。管身横向为 2 孔一联共 4 孔箱形钢筋混凝土结构,单孔孔径为 6.5 m×6.65 m(宽×高)。倒虹吸管身为 C30 钢筋混凝土,施工工期为 2009 年 4 月至 2011 年 10 月,主要工程量为:混凝土浇筑 6.4 万 m³,钢筋制安 4 800 t。

11.4 应用效果

上述三个工程中成功应用了钢模台车和布料机施工工法,在降低施工成本,提高施工功效,节约施工工期和保证施工质量,实现大型倒虹吸混凝土机械化、流水线施工等方面均取得了良好的效果,受到业主、监理和各参建单位的好评与肯定。

(主要完成人:张胜利 任院关 李占勤 王跃刚 杨少敏)

大型圆竖井(调压室)螺旋形开挖支护施工工法

中国水利水电第十四工程局有限公司

1 前 言

我国西南水电工程多处于深山峡谷之中,大型地下洞室埋深大,初始地应力高,开挖过程中极易发生片帮、掉块,甚至塌方。在此地质条件下,如何保证大型洞室施工的安全、质量及进度,是许多企业面临的一个难题。因此,研究高地应力条件下的大型地下洞室开挖支护技术,就显得尤为重要。

由中国水利水电第十四工程局有限公司承建的锦屏一级水电站地下厂房洞室群,最大主应力σ_1量值普遍在20～35.7 MPa。调压井是厂区三大洞室之一,为圆形深井,有大跨度球面穹顶和挖空率极高的底部五岔口。其开挖与支护平行作业,浅层支护与深层支护立体交叉,支护工程量大、时效性强。为此,对调压井开挖施工方案进行研究与优化,总结形成了大型圆竖井(调压井)螺旋形开挖支护施工工法,并在该工程中成功应用。

2 工法特点

本工法针对高地应力,在大型圆形竖井开挖支护中,穹顶采用"环形分区,以角度划分,分圈分扇区逐步开挖,大型机械设备及时进行支护"方法;中部采用"环形分区,导井先导施工,扩大双螺旋下挖",初期支护紧跟开挖工作面、深层支护适当滞后的施工方案;下部岔口采取"先洞后墙",分部位分别贯通岔口的办法。这种施工工艺,地应力在开挖过程中得到一定的释放,可较好地控制岩爆,有利于确保施工安全,加快施工进度,保证洞室的稳定。

3 适用范围

本工法适用于埋深较大、地应力高、大直径、深竖井、圆形断面的大型洞室开挖工程。其他地应力较低的大直径竖井也可参照本工法施工。

4 工艺原理

高地应力条件下,开挖后围岩应力释放时间长。在应力未进行一定释放的情况下就进行深层支护,支护体受力将持续增大,造成较大隐患。大型竖井在开挖后再次对上部进行加强支护十分困难,对工程安全也不利。为此,采用环形分区使应力在开挖过程中得到一定的释放。采用螺旋型开挖,变井挖为洞挖,充分利用平面空间和立体空间,使开挖和支护连续进行,加快施工;开挖后能够及时进行浅层支护,从而可限制围岩表层的变形和松弛;采用了挂壁式施工平台,在应力进行一定调整后再施加深层支护,以使围岩变形应力控制在设计锚固力范围内,保证工程的安全。

5 施工工艺流程及操作要点

5.1 施工工艺流程

大型调压室施工工艺流程见图1。

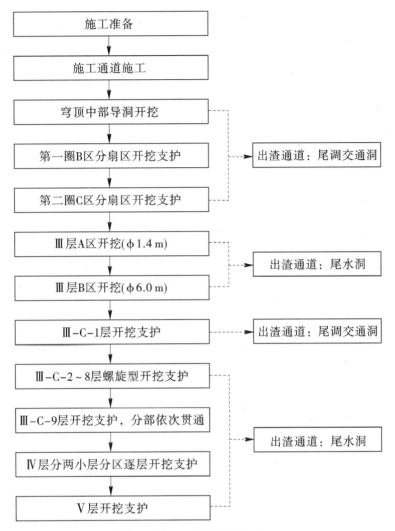

图 1　大型调压室施工工艺流程

5.2　操作要点

5.2.1　施工准备

5.2.1.1　施工方案编制

施工前应根据电站施工区场内交通、引水发电系统总体布置、工程水文、地质条件,进行方案规划。其内容包括:施工道路布置,监测断面及仪器设备的布置,施工风、水、电规划,洞室开挖施工的程序,施工方法的选择,施工机械设备配备和人员组合,进度计划及质量安全保证措施等。

5.2.1.2　施工组织

按照决策层、管理层和作业层结构进行项目组织,采用项目经理负责制,按照各层分离的原则,实行适应大规模机械化施工组织需要的"队为基础、两级管理、一级核算"的运行模式。

5.2.1.3　生产性试验

在非主体如施工通道工程施工过程中,提前进行喷锚、锚杆注浆、锚索张拉、固结灌浆、爆破参数等生产性试验。

5.2.2　施工通道规划及施工

大型地下厂房在尾水调压室上部有尾调连接洞与之相贯,并且每个调压室各设置一个施工支洞;调压室下部上游接三条尾水连接洞,下游接一条尾水洞,形成"三机一室一洞"布置型式。由于交叉口众多,合理规划施工通道至关重要。调压室上部通道平面布置见图2,调压室下部通道平面布置见图3。

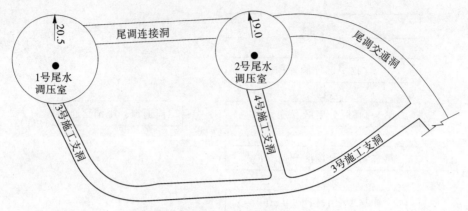

图2 尾调室上部通道平面布置

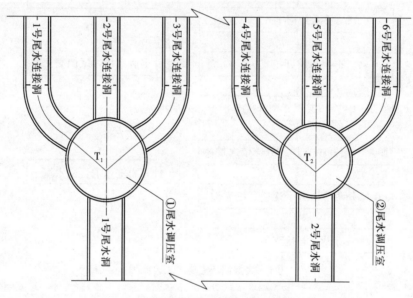

图3 尾调室下部通道平面布置

5.2.3 穹顶施工

5.2.3.1 施工方案

布置施工支洞至尾调室顶部高程,支洞底板距调压室穹顶10~12 m,以满足多臂台车的施工高度要求。

采用"以角度划分,分圈分扇区逐步开挖,逐步释放应力,及时进行支护"的施工方法。分扇区开挖每排炮开挖后的断面大,可满足大型支护设备操作空间要求,在开挖后及时进行支护。调压室洞径较大,达到41 m,将穹顶分为A区、B区、C区三区进行开挖,即一个导洞、两圈开挖。其中第一圈分22个扇区,第二圈分48个扇区,具体程序如下:

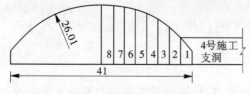

图4 穹顶导洞开挖顺序

从施工支洞朝穹顶中心方向打一中部导洞,宽度与施工支洞等宽,高度则随穹顶弧度逐渐增大,顺着设计轮廓线进行开挖,以满足开挖后及时进行系统支护的施工要求。导洞开挖顺序见图4。

完成导洞施工后,沿导洞两侧进行第一圈B区分扇区开挖(锦屏电站调压室由于开挖至90°位置后出露f14断层,为避免两侧同时开挖后f14断层与其所组成的不利裂隙形成不稳定体危及工程安全,开挖至B-8区后,停止了逆时针方向的开挖。全部由顺时针方向进行开挖支护)。B区开挖完成并完成支护后开始进行第二圈C区开挖(锦屏电站调压室为避免两侧同时开挖后f14断层与其所组成的不利裂隙形成不稳定体危及工程安全,第二圈开挖至C-25区后停止了逆时针方向的开挖。全部由顺时针方向进行开挖支护)。具体开挖分区及顺序见图5。

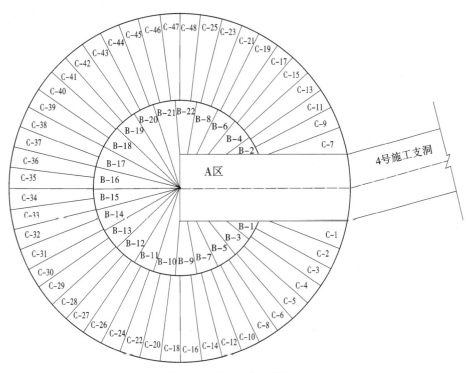

图5 穹顶开挖分区及顺序

5.2.3.2 施工措施

开挖采用手风钻配合钻架平台车造孔,每排开挖进尺控制在2.5 m以内,锚杆支护采用多臂钻造孔,人工安装锚杆,湿喷混凝土。

1)开挖施工

周边孔孔距控制为50 cm,采用YT28手风钻造孔。分扇区开挖的部分钻孔角度控制按同心圆同一高程原理进行控制,测量放线时以同心圆原理先计算出周边孔各孔相应进尺末端与周边孔形成的方位角,以此放出各孔尾线。除周边外,穹顶部位钻机均可按尾线向外偏转,因此可最大限度地减少超欠挖量。中部导洞则在放线时计算出各周边孔相应孔深需向上抬高值,并标出至穹顶中心点方向的尾线,造孔时对应上述值调整钻机角度后方开钻施工。

2)支护施工

锚杆采用BOOMR353E三臂台车进行造孔,人工配合吊车安装,挤压式注浆机注浆。喷混凝土采用meycopotenza喷车湿喷。支护程序为初喷→砂浆锚杆施工→预应力锚杆施工→挂钢筋网→锚索施工→复喷混凝土。其中初喷和锚杆施工随开挖支护及时进行,岩石较好部位两排炮进行一次支护。挂网、锚索及复喷混凝土在开挖完成后进行。

遇到不良地质情况时,根据实际情况,采用打设Φ25、L=4.5 m、间距1.5 m的超前锚杆,外插角5°~15°。排炮进尺控制在1.0~2.0 m,开挖后立即进行5 cm厚钢纤维混凝土初喷封闭,局部增加随机锚杆支护,系统锚喷支护紧跟开挖掌子面,一排炮一支护的方法进行。

易发生岩爆部位,在开挖前先布置超前锚杆,超前锚杆参数为:Φ25,$L=4.5$ m,间距$1.0 \sim$ 1.5 m,外插角$5° \sim 15°$。爆破后及时对该排炮进行初喷5 cm厚钢纤维混凝土,并增设随机锚杆,随机锚杆采用Φ32、$L=6.0$ m带垫板高强锚固剂锚杆(6小时内强度大于20 MPa)。

5.2.4 调压室中下部施工

厂区高地应力条件下大理岩变形特点:①在岩石相关完整部位,开挖后12个小时至一年以后均有岩爆或由于地应力引起的片绑或其他掉块等现象。②在高地应力条件下,围岩的松弛深度随时间的推移不断加深。③煌斑岩脉及绿片岩开挖后遇水即软化,同时易形成掉块或塌方,须及时封闭。④断层以及煌斑岩脉,与层面裂隙等裂隙组合,形成一定规模的局部不稳定块体,对洞室稳定也存在一定影响。

调压室中下部开挖分层、分区见图6~图9。

按施工程序和方法不同,中下部开挖施工共分四大层(第Ⅱ~Ⅴ层)。其中第Ⅲ层分为九个小层,第Ⅳ分两个小层。

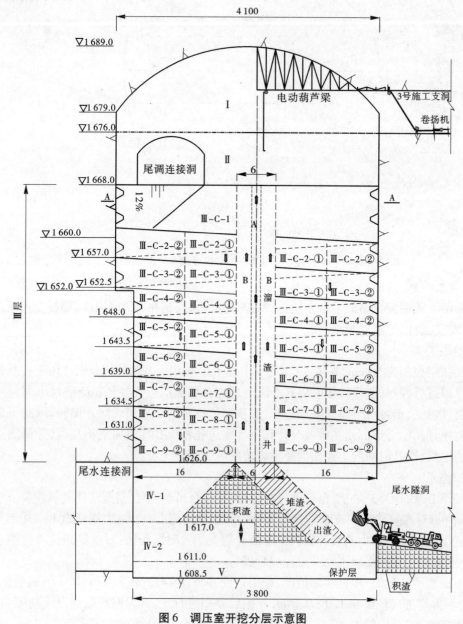

图6 调压室开挖分层示意图

根据不同分层的部位情况进行分区开挖,其中 Ⅱ 层分为 A 区和 B 区两区开挖。第 Ⅲ 层分 A 区、B 区、C 区三个区,A 区:φ1.4 m 导井施工;B 区:φ6.0 m 溜渣井扩大区;C 区:井身扩挖区,该区分两小区依次双螺旋型向下开挖。第 Ⅳ 层根据前期尾水连接管洞道分割情况分 Ⅰ 区、Ⅱ 区、Ⅲ 区、Ⅳ 区四个区。Ⅴ 层只分为一个区按排炮底部光爆进行开挖。

5.2.4.1 Ⅱ 层施工措施

Ⅱ 层(EL1 676 ~ EL1 668):该层开挖按分区开挖,从尾调交通洞和尾调连接洞开口后沿直径方向开挖 12 ~ 15 m 中槽,然后环向采取水平钻爆开挖,规格线提前采用预裂爆破施工。浅层支护紧跟开挖工作面。采用多臂钻进行锚杆造孔施工,喷车施喷混凝土。

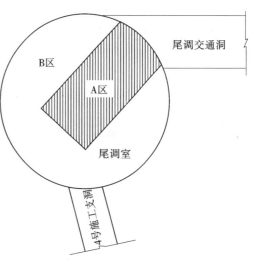

图 7 调压室 Ⅱ 层开挖分区示意图

5.2.4.2 Ⅲ 层施工措施

1)Ⅲ 层开挖方案研究和确定

该洞段调压室分为 A、B、C 三个区,其中 C 区再分①、②两个小区依次双螺旋型下挖,采用挖掘机扒渣。利用手风钻造爆破孔,短进尺排炮循环螺旋型开挖,围岩喷混凝土封闭和锚杆支护作业紧跟开挖作业面。

锚索支护时间滞后于开挖 2 ~ 3 小层后进行。

2)Ⅲ 层 A 区开挖

A 区开挖采用 LM-200 型反井钻机施工,其施工工艺见图 10。

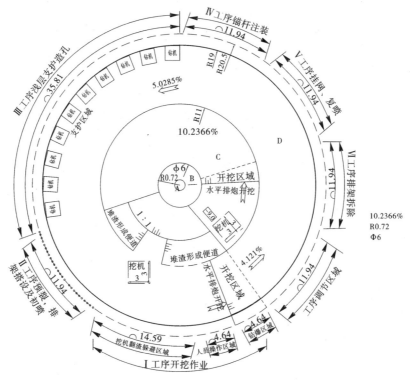

图 8 调压室 Ⅲ 层开挖分区

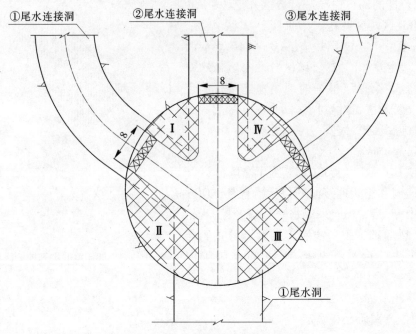

图 9 调压室底部岔口段开挖分区

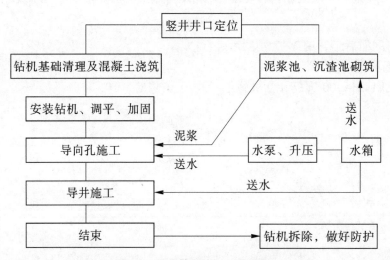

图 10 反井钻机施工工艺流程

反导井施工时,做好相关临时设施的加工、布置,钻机基础混凝土浇筑;砌筑沉渣池、泥浆池,沉渣池紧连钻机基础混凝土布置,以便导孔施工时排出的石渣进入沉渣池沉淀。混凝土基础强度达70%后进行钻机安装。

先进行 Φ216 mm 导向孔施工。导向孔造孔完成后,由尾调室底部安装 Φ1 400 mm 反井钻头,进行自下而上反井施工;每 20 m 时暂停施工,由尾调室底部进行出渣;待出渣完成后尾调室底部做好安全警示,反井钻机恢复施工。

3) Ⅲ层 B 区开挖

Ⅲ层 B 区开挖为对 A 区 1.4 m 导井进行扩挖,扩挖采用从下至上钻爆开挖,施工人员和材料均采用提升系统提升。

扩挖施工前,先从上往下对 Φ1.4 m 的导井逐步进行检查,对岩石的破碎部位进行石块清撬,喷 5~10 cm C20 素混凝土临时封闭,防止施工过程中掉块伤人。

开挖由下至上反向扩挖至 EL1 661.5 m。由于吊笼空间限制,一次扩挖同一部位分两序进行,一序扩挖到 Φ3.0 m,二序扩挖到 Φ6.0 m。二序扩挖时,采用 Φ48 钢管和扣件将吊笼锁定于导井中,防止吊笼作业时晃动。

一序开挖采用手风钻造 Φ42 mm 斜向辐射孔进行爆破,孔深 120 cm,间距 70 cm,排距 120 cm,孔内连续装药,一次爆破进尺 4.8 m,直接在吊笼内装药连线;二序扩挖采用手风钻造 Φ42 mm 斜向辐射孔进行爆破,孔深 220 cm,间距 150 cm,排距 120 cm,孔内连续装药,一次爆破进尺 4.8 m,可在支撑钢管上搭设木板作为临时通道进行装药连线,装药前需对掌子面松动石块进行清理。

扩挖的石渣通过溜渣井溜至尾调室底部,从尾调室底部采用自卸车出渣。

4)Ⅲ-C-1 层开挖

从尾调连系洞(尾调交通洞)口开始以 12% 的坡度向下开挖,采用装载机、反铲配合 20 t 自卸汽车出渣。锚杆采用多臂台车造孔,人工注、装。喷混凝土采用喷车施喷。

5)Ⅲ-C-2 ~ Ⅲ-C-8 层开挖

该洞段中没有施工通道与其相贯,均采用从调压室底部出渣。该洞段开挖分①、②两个小区,其中①小区开挖洞径为 12 m,②小区开挖至设计规格线。两个小区均采用螺旋型开挖,手风钻排炮钻爆。①小区超前②小区一层,②小区开挖后喷混凝土和锚杆支护跟进施工。

Ⅲ-C-2 ~ Ⅲ-C-8 层开挖均属井挖施工,井内无通道可直接到达开挖工作面。因此,在调压室顶部布置了 5 t 电动葫芦梁进行材料垂直吊运。井内各配置一台 1 m³ 挖掘机进行扒渣,石渣从 6 m 导洞扒至调压室底部后,采用 3 m³ 装载机配合 8 t 自卸汽车出渣。喷混凝土采用喷锚机人工施喷。

6)Ⅲ-C-9 层开挖

调压室 EL1 626 m 以下已提前开挖了尾水洞到各条尾水连接管的通道。该层不再螺旋式降坡开挖,而采用手风钻垂直孔分部贯通。首先进行通道顶拱部位的贯通施工,并完成贯通部位的初期支护、锁口支护。然后采用手风钻按各条隧洞所切割形成的部位分部位依次逐层开挖,开挖后随即进行初期支护。支护完成后再进行下一部位的开挖支护,依次施工。

5.2.4.3 Ⅳ层施工措施

该部位被前期通道分为四个小区,施工时按顺序分区分层依次进行开挖。开挖方法:在下部导洞洞顶出露后,需先增设锚杆锁口后方能进行岩柱的开挖,分为Ⅰ~Ⅳ四个区,高度方向上分两层进行开挖,采用手风钻造水平孔开挖,该区开挖采用光面爆破。每区开挖支护全部完成后,再进行另一区开挖支护。

5.2.4.4 Ⅴ层施工措施

该层为底板保护层,采用手风钻光爆开挖。采用手风钻造 Φ42 mm 水平孔,主爆孔孔深 4.8 m,间距 1.2 ~ 1.5 m,孔内连续装药;光爆孔孔深 4.8 m,间距 50 cm,竹片绑扎药卷间隔装,爆破网络采用磁电雷管起爆。

5.2.5 支护施工方法

5.2.5.1 临时支护

施工过程中,开挖后及时进行初喷 5 ~ 10 cm 厚 C20 混凝土封闭;根据围岩出露情况,围岩条件较差时,根据现场实际情况增设临时支护锚杆。

5.2.5.2 浅层支护

浅层支护(主要为锚杆和挂网喷混凝土)紧跟开挖工作面,与开挖面平行同步作业,按设计要求进行。

5.2.5.3 深层支护（预应力锚索）

深层支护主要是锚索支护。锚索支护滞后开挖工作面2~3层，支护施工平台采用悬挑栈桥，并在栈桥上搭设脚手架形成挂壁式排架操作平台。锚索支护按设计要求进行。

5.2.6 专项开挖支护措施

5.2.6.1 上下同步作业安全控制措施

调压室开挖支护施工时，由于分层、分台阶形成上下同步开挖、支护、锚梁、灌浆等工序的同步作业，会出现多重作业干扰，主要干扰内容及采取的控制措施如下：

（1）控制爆破，防止爆破过多的飞石对上部排架和反铲的影响。采用密孔距、少药量、松动爆破控制措施，主要的孔排距比正常的小，主要代表性孔排距为@1.0×1.2 m。

（2）高空坠落控制措施。采取加强防护的控制措施，对各层平台采取分层防护的方法进行控制，主要采取分层布设安全网，加绿网的防护体系，分层高度为4.5 m。

（3）同层爆破影响防护措施。由于同层开挖过程中，开挖与出渣、浅层支护同时进行，在爆破时要采取控制和防护措施来完成爆破对工程设施与设备的影响，一方面对爆破区进行表面防护，采用防护网覆盖，压重的方式进行处理，另一方面要对支护施工区进行防护，对上部及同层采用竹跳板进行全井外侧防护。

（4）上下施工干扰带来的影响的控制措施。根据现场合理安排施工程序，调节工作面，使上下层尽可能在空间上错开。若上层深层支护与下部开挖无法错开，存在立体交叉作业时，上层支护部位设置隔离平台，隔离平台采用5 cm木板搭设，拼缝位置设置堵缝板，拼缝严密不漏缝隙，工作面操作平台保持清洁，机具摆放整齐，并定期派专人巡视检查。

5.2.6.2 上下贯通专项措施

（1）为防止贯通开挖时尾水连接管、尾水洞的二次应力调整造成尾水连接管与尾水洞岩体应力过高而失稳，在尾调开挖到中部，贯通前20 m时，应在完成尾水连接管的混凝土衬砌施工，完成尾水洞上游渐变段的加强支护工作后，才能进行下部开挖与贯通施工。

（2）调压室与下部尾水洞、尾水连接管贯通时，为防止贯通部位贯通瞬间应力集中释放，造成应力恶性释放，对"五通"区造成恶性破坏，尾调室开挖至EL1 631.0 m（岩石厚度不小于5 m）时，采取分区、分序贯通的方法，让应力分区释放。

（3）为保证贯通区的开挖层厚度，防止贯通层塌方，造成人员与设备的伤害，必须保证贯通层的厚度不小于下部导洞的宽度，并根据下挖及该部位的地质情况，加大厚度。

这一措施虽然增加了工期，但为保证安全，必须采用这种方法分区分序贯通施工。

5.2.6.3 岩爆预防及处理措施

开挖过程中，根据观测预报及地质观察，对有可能出现岩爆的部位采取以下措施：

（1）采用预裂爆破、薄层开挖、分区开挖，分期释放应力。

（2）保证高边墙开挖成型质量，以避免应力集中区出现。

（3）在开挖后及时进行喷锚挂网支护。

（4）加强处理岩爆危石，及时清除边墙上的浮石，以确保施工人员和施工设备的安全以及支护工作的顺利进行。

（5）掌子面喷洒高压水。

（6）分析总结易发生岩爆部位的规律，尽量避免设备、管线及人行道处于易发生岩爆部位下方。

5.2.6.4 安全监测措施

为保证下挖过程中尾调室围岩稳定，施工过程爆破对中间产品的振动影响，动态掌握开挖时尾调室的围岩松弛状态。主要采取以下措施进行检测。

(1)爆破振动测试。开挖时控制向下开挖爆破的单响药量(洞室爆破不超过 35 kg)。控制质点振动速度在规范允许范围内。

(2)围岩声波测试。采用声波测试松动深度,及时完成设计要求的测试孔,采用现有的实施松动深度测试,掌握变化动态,及时向设计提供,并动态优化爆破设计。

(3)安全监测。每层开挖完成后及时完成安全监测仪器的埋设,力求尽快提供监测数据,监测设施做好防爆设施。及时掌握围岩的变形,锚杆、多点位移计、锚索测力计的变化情况,为设计和施工提供安全参考。

(4)加强临时监测。根据尾调开挖进度,由于尾调过大,不宜在井内进行收敛监测,只在下部尾水洞渐变段、尾水连接管下游段进行收敛监测。

(5)加强周边洞室的安全排查。由于尾调开挖尺寸大,对主变、尾水连接管、尾水洞的影响很大,要及时对相关洞室的外观及监测进行排查,及时发现问题,提交设计后进行处理。

5.2.6.5 防堵井措施

(1)严格控制爆破粒径。开挖过程中根据爆破效果调整爆破参数,防止出现过大粒径堵井。

(2)开挖后,若发现有较大粒径石块,则应将石块解炮后,方可甩入溜渣井。

(3)下部加在集渣井体积,保证下部石渣不过多地在导井内堆积,发生堵井。及时出渣,并做好上下的协调工作。

5.2.6.6 尾水调压室与尾水连接洞施工干扰防护措施

尾水调压室开挖时,尾水连接管内混凝土同步浇筑,贯通时混凝土已浇筑完成,为防止施工干扰带来的伤害与破坏,应采取以下保护措施:

(1)尾水连接管前期防护。在尾水连接管与尾水调压室交叉的位置靠调压室侧 EL1 617 m 设置 3 m×9 m×8 m 钢筋石笼防护墙,在尾水连接管与尾水调压室交叉的位置靠尾水连接管侧设置 2 m×7 m×12 m 钢筋石笼防护墙,单个钢筋石笼采用 Φ22 和 Φ14 钢筋制作,采用调压室开挖石渣填筑。

(2)尾水连接管贯通时混凝土防护。底板:在尾水连接管已浇筑底板上铺设沙袋,厚度 50 cm,铺设范围为 12 m×15 m。

边墙:在尾水连接管靠调压室侧 12～15 m 范围内混凝土浇筑完成后模板拉筋不割除,将废旧轮胎和竹条板挂于拉筋上用于边墙混凝土防护,边墙防护挂设高度 12 m。

止水:采用在开挖面与混凝土结构缝间相邻部位开挖时,对之间的空隙采用泡沫板全部充填,并在外侧混凝土面平直面加竹跳板进行防护。

6 材料与设备

本工法采用的材料和设备见表 2、表 3。

表 2 主要材料

序号	材料名称	用 途	备 注
1	无碱速凝剂	喷混凝土外加剂	
2	低碱速凝剂	喷混凝土外加剂	
3	钢筋(Φ6.5-Φ10、Φ25-Φ32)	挂网及锚杆杆体	屈服强度≥240 MPa
4	钢绞线(1×7-15.24-1860)	锚索索体	
5	水泥(P.O 42.5)	喷混凝土材料	
6	细骨料	喷混凝土材料	
7	钢纤维	喷混凝土材料	抗拉强度≥600 MPa
8	Φ48,δ=3.5 mm 钢管	施工排架	
9	[14b 槽钢	环形栈桥	

表3　主要设备

序号	设备名称	设备型号	用　途
1	反井钻机	ML-200	导井施工
2	潜孔钻	GYQ-100、KQJ-100B	造孔
3	锚索钻机	YG80、YG100	锚索造孔
4	反铲	2.0 m³	装渣
5	反铲	1.0 m³	翻渣
6	装载机	ZL50	
7	自卸汽车	16~30 t	出渣
8	长臂反铲	CAT 系列、沃尔沃系列	排险、出渣
9	吊车	(QY8 t、16 t、25 t)	
10	三臂凿岩台车	BOOM353E	锚杆孔造孔
11	喷车	meycopotenza	湿喷混凝土
12	喷锚机		干喷
13	手风钻	YT28	造孔
14	卷扬机	KJM-5 型	导井扩挖
15	电动葫芦梁	5 t	材料吊运
16	锚杆注浆机	MEYCOPOLI-T 螺旋式注浆机	锚杆注浆
17	锚杆注浆机	挤压式	
18	扭力扳手		预应力锚杆施工
19	振捣器	Φ30 软轴	锚墩浇筑

7　质量控制

7.1　工程质量标准

工程质量应符合以下标准:

(1)《水利水电工程施工组织设计规范》(SL 303—2004)。

(2)《水工建筑物地下开挖工程施工技术规范》(DL/T 5099—1999)。

(3)《水利水电工程锚喷支护施工规范》(DL/T 5181—2003)。

(4)《水利水电工程施工安全防护设施技术规范》(DL/T 5162—2002)。

(5)《引水发电系统及泄洪洞工程开挖及锚喷支护施工技术要求》。

(6)《水电水利基本建设工程单元工程质量等级评定标准第Ⅰ部分:土建工程》(DL/T 5113.1—2005)。

7.2　光面爆破和预裂爆破应达到的效果

光面爆破和预裂爆破应达到如下效果:

(1)残留炮孔痕迹应在开挖轮廓面上均匀分布;

(2)炮孔痕迹保存率:完整岩石不少于90%,较完整和完整性差的岩石不少于60%,较破碎和破碎岩石不少于30%;

(3)相邻两孔间的岩面平整,孔壁不应有明显的爆震裂隙;

(4)相邻两茬炮之间的台阶或预裂爆破孔的最大外斜值,不应大于10 cm;

(5)预裂爆破后,必须形成贯穿连续性的裂缝,预裂缝宽度,应不小于0.5 cm。

7.3 爆破振动控制

爆破振动应按表 4 控制。

表 4　质点安全振动速度　　　　　　　　（单位:cm/s）

项目	龄期(d)			
	1 ~ 3	3 ~ 7	7 ~ 28	>28
混凝土	<1.2	1.2 ~ 2.5	5 ~ 7.0	≤10.0
喷混凝土	<5.0			
灌浆	1	1.5	2 ~ 2.5	
锚索、锚杆	1	1.5	5 ~ 7	
已开挖的地下洞室洞壁	≤10.0			

注:爆破区药量分布的几何中心至观测点或防护目标 10 m 时的控制值。

7.4 超欠挖控制

超欠挖应按下列规定控制:

(1)严格按照《水工建筑物地下开挖工程施工技术规范》(DL/T 5099—1999)的规定进行超欠挖控制:地下建筑物开挖一般不应欠挖,尽量减少超挖。平均径向超挖值,平洞不大于 20 cm,斜井、竖井不大于 25 cm。

(2)根据不同围岩情况,选择合理的钻爆参数,完善爆破工艺,提高爆破质量。

(3)提高划线、钻眼精度,特别是周边眼,必须按设计轮廓钻眼,准确控制好外插角,避免产生人为因素的超挖。

8　安全措施

8.1 安全管理主要制度

(1)建立以项目经理为主要安全责任者的安全生产责任制,做到层层落实,实行下级对上级负责逐级联保制和班组互保制,对现场 24 小时不失控。对生产中出现的安全问题,实行跟踪解决并落实措施,杜绝事故的发生。

(2)建立健全安全监督检查机构,按照安全质量标准化标准及安全生产重大隐患排查制度的要求,定期组织安全检查,做到警钟长鸣,把安全事故消灭在萌芽状态,达到安全生产的目的。

(3)严格执行一工程一措施的管理制度。工程开工前,将施工顺序、技术要求、操作要点、达到的质量标准及安全注意事项,认真向工人进行交底,切实贯彻落实。

8.2 安全管理主要措施

(1)提升、悬吊钢丝绳,应指定专人做好使用前、使用中的试验、检查工作。

(2)遵照"有疑必探"的原则,认真分析研究水文地质资料,加强现场观察,及时推断含水层位及断层位置,采取相应的临时支护形式,以确保施工安全。

(3)项目部配备测气员、安全员、放炮员和通风员等,严格执行"一通三防"的管理制度、"一炮三检"制、"三人连锁"放炮制等制度,确保设备和施工安全。

(4)因开挖断面大,装药集中,应规划好爆破飞石的抛投方向,爆破前将所有施工人员疏散到安全距离之外。

(5)加强监控测量,认真做好信息分析,及时进行动态管理与信息反馈,防止塌方、掉块造成人员伤亡。

(6)环形栈桥施工平台上的施工荷载应严格按施工组织设计规定控制,不能超载。清理平台时应采取措施,防止碎物从高处坠落。

9   环保措施

(1)在施工过程中严格遵守国家和地方政府下发的有关环境保护的法律、法规和规章,加强对施工工程材料、设备、废水、生产生活垃圾、弃渣的控制和治理,遵守防火及废弃物处理的规章制度,做好文明施工,加强对职工的环保、水保教育,提高职工的环保、水保意识,杜绝人为破坏环境的行为,做好施工区环境保护和水土保持工作。

(2)在工程施工过程中,加强施工机械的净化,减少污染源(如掺柴油添加剂,配备催化剂附属箱等),配置对有害气体的监测装置,禁止不符合国家废气排放标准的机械进入工区。加强对施工中有毒、有害、易燃、易爆物品的安全管理,防止管理不善而导致环境事故的发生。

(3)进场施工机械和进场材料停放、堆存要集中整齐,施工车辆在施工完后都必须清洗干净,停放在指定停车场。建筑材料要堆放有序,并挂材料名称、规格、型号等标志牌。

(4)施工废水、废油和生活废水经污水处理池(站),经处理后达到《污水综合排放标准》(GB 8978—1996)一级标准及地方环保部门的有关规定再排放,保证下游生产、生活用水不受污染。生活污水按招标文件的有关规定处理合格后排放。

(5)做好施工产生的弃渣和其他工程材料运输过程中的防散落与沿途污染措施,弃渣与工程废弃物拉至指定地点堆放和处理。

(6)洞室作业需设置有效的通风排烟设施,保证空气流通,洒水除尘,防止或减少粉尘对空气的污染,作业人员配备必要的防尘劳保用品,大型钻孔设备配备除尘装置,使钻进时不起尘。

10   效益分析

(1)本工法可以更有效地控制工程质量,增强业主对施工单位的信任度,为稳固市场打下基础。本工法顶部分扇区开挖,利用同心圆的原理对穹顶进行超欠挖控制,1 号、2 号尾水调压室穹顶开挖后规格面无较大起伏,开挖成型较好,其中 1 号尾水调压室平均超挖(含地质原因引起的超挖)为 15.8 cm,2 号尾水调压室平均超挖(含地质原因引起的超挖)为 16.3 cm。1 号、2 号尾水调压室井身开挖也已结束,分区开挖及螺旋型开挖方法,利用悬挂排架平台进行深层支护等方法均已得到成功应用,开挖质量控制较好,允许超挖均控制在施工规范中竖井允许超挖值 25 cm 的范围内。

(2)本工法采用环形分区、悬挂平台等方案可以使开挖、喷锚支护、锚索施工的相应工序同步平行作业,也利于提高大型机械设备的效率,加快施工进度,有较好的经济效益。

(3)本工法使地应力在开挖过程中得到一定的释放,及时形成初期支护控制围岩表面变形,同时适时进行锚索支护,提高了支护效果,从而很好地解决了高地应力持续释放后带来的工程隐患,同时采用先洞后墙法进行五岔口的贯通施工,确保了高挖空率下大型地下洞室五岔口的贯通施工安全,具有很好的社会效益。

(4)本工法成功解决了地质条件复杂、岩石强度应力比(R_b/σ_m)为 1.5 ~ 4 的高-极高地应力区的大型洞室工程的开挖支护。通过细致研究大型洞室开挖、支护施工程序及方法和施工期安全监测反馈分析,采取"动态设计、动态施工",实现了高地应力低围岩强度地区大型洞室的安全、快速施工,确保了整个调压室的稳定。

本工法已推广应用于金沙江、雅砻江、大渡河、怒江、澜沧江等西南大型水电基地,深埋、复杂地质条件下大型地下洞室快速、安全施工,推动流域梯级滚动开发施工进程。

11   应用实例

11.1   小湾水电站调压室五岔口开挖支护

小湾水电站位于云南省西部南涧县与凤庆县交界的澜沧江中游河段,在干流河段与支流黑惠江交汇处下游1.5 km处,系澜沧江中下游河段规划八个梯级中的第二级。小湾水电站工程属大(1)型Ⅰ等工程,永久性主要水工建筑物为1级建筑物。

小湾尾水调压室为"三机合一"布置,大洞径的尾水支洞、调压室、尾水隧洞在此形成立体交叉五岔口,上游尾水支洞平面交汇位置处岩体较薄,仅为8.75 m,在国内乃至世界上都是罕见的,工程安全问题突出,需谨慎对待,安全稳妥地开挖。

尾水调压室竖井开挖Φ2 m导洞先贯通,然后按Φ6 m、Φ16 m、Φ38 m分次扩挖。底部五岔口开挖采取了尾水支洞先支护及混凝土锁口,后竖井分次扩挖。开挖至尾水支洞及尾水隧洞洞顶5 m左右则在竖井内预留3 m保护层开挖,开挖洞渣堆积在尾水支洞及尾水隧洞交叉口位置。尾水支洞除系统锚杆、喷混凝土外,各支洞间边墙隔墩布置了600 kN级的对穿锚索,岔口顶拱布置了两排径向125 kN预应力锚杆及600 kN级、$L=18$ m的无黏结锚索,在上述系统支护完成后进行10 m洞段的混凝土锁口。通过先锁口,后竖井分次扩挖,竖井扩挖至尾水支洞、尾水隧洞洞顶及时进行喷混凝土、水平向系统、锁口预应力锚杆及锚索施工。通过超前研究开挖支护方案、按程序谨慎稳妥开挖支护,成功实现了小湾尾调室下部五岔口的安全开挖支护。

11.2 锦屏一级水电站引水发电系统调压室开挖支护

11.2.1 工程概述

锦屏一级水电站位于四川省凉山彝族自治州木里县和盐源县交界处的雅砻江大河湾干流河段上,是雅砻江干流下游河段的控制性水库梯级电站。引水发电系统布置于坝区右岸,地下厂区洞室群规模巨大,主要由引水洞、地下厂房、母线洞、主变室、尾水调压室和尾水洞等组成,三大洞室平行布置。本工程f_{13}、f_{14}、f_{18}断层横跨地下厂房,三大洞室群地质条件复杂,洞室围岩强度低,地应力高。尾水系统采用"三洞合一"布置形式,圆筒阻抗式调压室,两调压室中心距离95.10 m,调压室与主厂房轴线距离为147.5 m,与主变室间的岩柱厚度46.0 m。①②调压室高80.5 m,穹顶为球面型,开挖断面上室Φ41 m、Φ37 m,下室Φ38 m、Φ35 m;下部每个调压室上游接三条尾水连接管,下游接一条尾水洞,其中尾水连接管断面为12 m×17.5 m,与调压室相交位置两洞岩墙厚度仅8.19 m。尾水洞相接部位为渐变段,断面为18.3 m×17.65 m。

调压室顶部为穹顶,主要采用Φ32、$L=9$ m预应力锚杆和Φ32、$L=7$ m普通砂浆锚杆,间排距1.4 m×1.4 m,交错布置。挂网Φ10@20 cm,喷C30钢纤维混凝土,厚20 cm,局部不良地质段采用锚索和浅层锚杆加强支护。

中下部支护参数:Φ32、$L=9$ m锚杆和Φ32、$L=6$ m普通砂浆锚杆,间排距1.0 m×1.0 m,交错布置。断层和煌斑岩脉部位采用Φ32、$L=12$ m锚杆和Φ32、$L=9$ m普通砂浆锚杆,间排距1.0 m×1.0 m,交错布置。系统布置锚索,锚索间排距为4.0 m×4.5 m,锚索锚固力为1 000 kN、1 750 kN、2 000 kN,端头锚索长度为20~56 m,对穿锚索长度为58~75 m。挂钢筋网ϕ8@20 cm,喷C25混凝土厚15 cm。

11.2.2 工期对比

锦屏一级水电站②尾调室开挖合同工期为1 049天(2007年6月16日至2010年4月30日),①尾调室开挖合同工期为927天(2008年1月16日至2010年7月31日)。实际施工过程中,设计增加了大量的浅层、深层支护,实际开挖工期②尾调室827天,其中EL1 676 m以上施工时段为(2007年12月12日至2008年5月8日),EL1 676 m以下施工时段为(2009年2月8日至2010年12月20日);①尾调室为811天,其中EL1 676 m以上施工时段为(2007年12月8日至2008年5月15日),EL1 676 m以下施工时段为(2009年2月21日至2010年12月5日)。②尾调室节省工期为1 049-827=222(天),①尾调室节省工期为927-811=116(天)。

11.2.3 工程量对比

①、②尾水调压室开挖支护主要工程量对比见表5。

表5　①、②尾水调压室开挖支护主要工程量对比

项目	规格	单位	合同工程量	实物工程量	增加或减少工程量
开挖工程量	石方洞挖	m³	184 500	184 500	
喷混凝土	C25	m³	1 795.3	1 795.3	
喷混凝土	C30 钢纤维	m³	1 112.4	1 112.4	
挂钢筋网	Φ8@20 cm	t	68.8	47.3	−21.5
挂钢筋网	Φ10@20 cm	t	—	33.5	33.5
加强钢筋网	Φ25@20 cm	t	—	20.3	20.3
普通锚杆	Φ32, L=9.0 m	根	3 495	6 483	2 988
预应力锚杆	Φ32, L=12.0 m, T=120 kN	根	54	54	
预应力锚杆	Φ32, L=9.0 m, T=120 kN	根	1 225	2 462	1 237
锁口锚杆	Φ36, L=12.0 m, T=121 kN	根	—	354	354
普通锚杆	Φ32, L=6.0 m	根	3 495	3 889	394
普通锚杆	Φ32, L=12.0 m	根	526	1 127	601
普通锚杆	Φ32, L=3.0 m	根	—	2 530	2 530
加密锚杆	Φ25, L=4.5 m	根	708	—	−708
加密锚杆	Φ28, L=4.5 m	根	660	383	−277
锚杆束	3Φ32, L=12 m	束	—	36	36
预应力锚索	L=15.0 m, T=1 500 kN	束	279	—	−279
	L=20.0 m, T=1 750 kN		43	—	−43
	L=25.0 m, T=1 750 kN		45	47	2
	L=30.0 m, T=1 500 kN		27	—	−27
	L=30.0 m, T=1 750 kN		18	18	
	L=35.0 m, T=1 500 kN		3	38	35
	L=35.0 m, T=1 750 kN		—	38	38
	L=40.0 m, T=2 000 kN		—	45	45
	L=56.0 m, T=2 000 kN		—	67	67
	L=20 m, T=2 000 kN		—	247	247
	L=25 m, T=2 000 kN		—	346	346
	L=30 m, T=2 000 kN		8	46	38
	L=35 m, T=2 000 kN		—	3	3
	L=20 m, T=1 000 kN		71	87	16
预应力锚索	L=58～75 m, T=2 000 kN		—	20	20
排水孔	Φ120	m	65	65	
软式透水管	Φ50	m	1 435	1 435	
软式透水管	Φ100	m	240	240	
排水钢管	Φ100	m	65	65	

11.2.4 应用效果

通过上述的工期对比和工程量对比,锦屏调压室在工期滞后、工程量增加的情况下采用螺旋形快速开挖,极大地加快了浅支护进度,采用悬挂平台使锚索深层支护有效地跟进,提高了生产效率,加快了施工进度,使整个施工过程处于安全、稳定、优质的可控状态,受到了各方的一致好评,充分证明了该工法先进、成熟、可靠,具有深远的社会意义,值得在类似工程中推广应用。

(**主要完成人**:张开雄　段汝健　党鹏亮　张文轩　罗　彪)

大型直立深槽成型爆破开挖施工工法

湖北安联建设工程有限公司

1 前 言

在大型水电工程建设中,经常遇到诸如船闸、地下厂房等大型直立深槽结构的建筑物工程。如何保证直立深槽成型爆破开挖质量和施工安全,确保工程进度,提高经济效益,是我们在施工中必须解决的问题。

三峡水利枢纽永久船闸是深挖路堑式双线双向垂直边坡结构,直立深槽边坡最大深度达 68 m,如何实现快速开挖施工、保证直立深槽开挖边坡稳定和成型质量、确保施工安全是一相当复杂而重大的技术难题。

湖北安联建设工程有限公司联合水利水电爆破咨询服务部共同进行科技创新和课题研究,在研究过程中得到了中国长江三峡工程开发建设总公司、长江水利委员会勘测规划设计研究院三峡工程设计代表局、中南勘测设计研究院三峡建设监理中心等单位的指导和支持,最终取得了"直立深槽开挖爆破技术"这一国内领先、国际首创的工程施工科技新成果,于 2002 年 11 月通过中国工程爆破协会评审,获得 2002 年中国工程爆破科学技术一等奖。通过施工科研和技术创新,形成了大型直立深槽成型爆破开挖的施工工法。该工法在控制岩体结构基础面的平整度和减少保留岩体受爆破振动影响方面效果明显,技术先进,有明显的社会效益和良好的经济效益。

2 工法特点

2.1 结构特殊,设计理念新

设计经过周密细致的研究,采取在山体内开挖成型、外表为薄衬砌混凝土结构形式建设船闸,体现了设计理念的先进性和首创性,充分利用岩体自身稳定的自然条件,施工过程中采取快速下挖与及时支护相结合的措施,解决高边坡岩体松动变形问题,同时要求协调与地下洞室施工的相互干扰,严格执行施工程序,确保直立边坡成型质量和施工、运行安全。

2.2 设备选型与优化配置

直立深槽快速下挖必须采用先进的机械设备,实施过程中组织相当数量的全液压钻机钻孔并配置大斗容量挖装与运输设备,有效地缩短了单循环钻、挖、运的时间,达到整个深槽快速下挖的目的,采取潜孔钻与手风钻相结合的钻孔设备控制直立边坡成型质量。

2.3 施工程序与及时支护

船闸直立深槽施工不仅需要合理安排自身的施工程序,还要协调与地下输水廊道、竖井之间的施工程序。两线闸室总体上自上而下同步下挖,两线下挖相对高差不得超过一个梯段,同线闸室相邻部位同步下挖,相对高差也不得超过一个梯段;闸室最后一个梯段开挖距地下输水廊道开挖不小于 30 m,滞后竖井开挖不小于一个梯段。直立深槽边坡成型后必须及时进行支护,边坡支护滞后开挖一个梯段进行(特殊部位或地质条件差的部位随挖随锚或先锚后挖),且在上一层支护施工未完成前不得进行下一层边坡保护层的开挖施工。

2.4 双重缓冲、双重光面爆破技术研究与应用

采用深孔梯段微差爆破技术、缓冲爆破技术和施工预裂(光面)爆破技术进行直立深槽的抽槽(先锋槽)开挖,应用宽孔距、窄排距、小抵抗线和孔内不同装药结构的爆破参数,以及孔内外微差

爆破网络技术,有效地控制爆破岩石块度,控制飞石数量和距离、减少炮根、提高挖装效率,达到减少爆破振动对保留岩体和输水廊道、阀门竖井等结构岩体的破坏影响的目的。直立深槽边坡保护层主要采用手风钻小孔径小梯段缓冲爆破技术、光面爆破技术和非电塑料导爆管微差起爆技术进行爆破开挖。同时针对不同地质条件的岩体和结构特殊部位采取个性化爆破设计参数,适当增加保护层厚度,尽可能减少爆破对保留岩体的振动破坏,保证爆破残孔率不低于设计要求,相邻炮孔起伏差小于设计允许值,以获得较平整的开挖基岩面。

跟踪爆破监测,将数据处理和信息反馈技术指导施工,及时调整爆破参数,获得了较佳的爆破效果。

2.5 综合安全管理措施

采用自带除尘装置的设备钻孔和湿式方式造孔,能消除或最大限度地降低粉尘污染,满足了环保要求。由于施工范围广,地面与地下同时多部位进行爆破作业,采取综合爆破安全管理措施,统一指挥、统一信号、统一起爆时间、统一通信联络、联合安全警戒;采用控制爆破技术,控制单个作业面爆破规模和最大单响药量,有效控制爆破飞石和减少炮烟,有效地防止爆破安全事故的发生。

3 适用范围

本工法适用于大型直立深槽结构建筑物,如船闸、地下厂房、大型地下洞室等工程的开挖施工。

4 工艺原理

根据船闸结构复杂和工程地质条件的特点,必须严格保证船闸快速下挖和边坡成型质量,闸室抽槽开挖采用深孔梯段微差爆破技术、缓冲爆破技术和施工预裂(光面)爆破技术,以保证爆破岩石块度既满足设计要求,又利于提高生产效率,并能有效控制爆破振动对保留岩体和输水廊道、阀门竖井等结构岩体的影响,达到快速下挖的目的;两侧预留保护层开挖采用潜孔钻与手风钻相结合的钻孔设备,有利于保证钻孔质量,以获得平整的开挖岩面,采取小孔径、小梯段、小药量爆破参数和缓冲爆破技术、光面爆破技术和非电塑料导爆管微差起爆技术,尽可能减少爆破对保留岩体的振动破坏;同时,应用多种监测技术对爆破作业进行跟踪监测,综合分析监测数据,反馈指导现场作业,及时调整爆破参数,以获得较佳爆破效果。

采取开挖与支护相结合的措施,保证特殊部位岩体不发生大的变形,中上部岩体不产生大的松弛变形,有效减少岩体塌落,控制船闸形体结构不发生大的改变。

5 施工工艺流程及操作要点

5.1 施工工艺流程

直立深槽开挖施工程序流程见图1。边坡支护滞后开挖一个梯段进行,且在上一层支护施工未完成前不得进行下一层边坡保护层的开挖施工。

槽挖施工程序形象示意如图2所示。

5.2 操作要点

5.2.1 抽槽开挖

5.2.1.1 抽槽梯段高度

抽槽梯段高度由建筑物设计宽度、岩石地质条件、选择的开挖设备性能和施工场地条件等诸多因素决定,一般为 7～10 m。

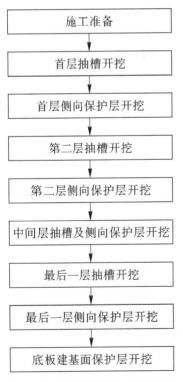

图1 直立深槽开挖施工程序流程

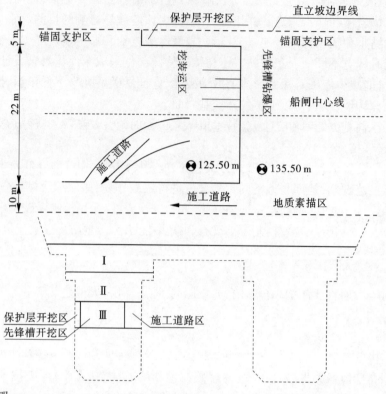

说明：
1. 该断面为二闸室开挖与锚固典型断面图。
2. 图中虚线为直立坡开挖轮廓线。
3. 第Ⅰ层为永久锚固层，该层主要进行锚固的灌浆、张拉、浇筑墩头、检测等工序；第Ⅱ层主要为临时锚固支护层，该层主要进行锚固前的超欠挖测量检查、地质素描及锚固的排架搭设、造孔、下索等工序，并完成临时支护的所有工序；第Ⅲ层为开挖层，该层进行先锋槽及侧向保护层开挖、边坡危石清撬、超欠挖测量检查，为锚固工序创造条件。

图 2　槽挖施工程序形象示意图

5.2.1.2　先锋槽宽度

先锋槽宽度主要由建筑物设计宽度、施工场地条件及周边相邻建筑物制约条件决定，一般两侧应分别预留 3~5 m 的侧向边坡保护层。有相邻建筑物制约的地段，首层侧向预留厚度应通过爆破试验和振动监测确定，一般情况下先锋槽边线距相邻建筑物设计边线至少 30 m。后续开挖分 1~2 次扩槽，然后再进行侧向保护层开挖。

5.2.1.3　爆破参数设计

梯段爆破孔钻孔深度为 8~11 m，其中超钻 1 m，每一循环推进 10 m，布置 4~5 排炮孔，炮孔直径为 Φ89~100 mm，最小抵抗线取 2 m，孔距为 2.5~3 m，排距为 2.0~2.5 m，采用 Φ70 mm 卷状乳化炸药连续装药，堵塞长度 2 m，单孔装药量为 33.75 kg，单耗药量为 0.6 kg/m³。

缓冲孔孔距为 1.5 m，抵抗线为 1.8 m，装药结构底部为 Φ50~70 mm 卷状乳化炸药连续，中部为 Φ50 mm 卷状炸药间隔，上部为 32~50 mm 卷状炸药间隔绑扎，单孔药量为 16~18 kg，单耗药量为 0.5 kg/m³。2~3 孔一段，爆破抛掷方向与主爆孔抛掷方向垂直。

主爆孔后排爆破孔孔距加密到 1.5 m，装药结构与缓冲孔相同，以减少爆破振动对后缘岩体拉裂破坏，为下一梯段爆破创造良好的掌子面，有利于爆破顺利进行。

施工光面爆破孔距为 1.0~1.2 m,抵抗线为 1.2 m,装药结构底部为 32 mm 卷状炸药双节连续,中部为 Φ32 mm 卷状炸药单节连续,上部为 Φ25 mm 卷状炸药单节连续或间隔绑扎,单孔药量为 8~10 kg,单耗药量为 0.5 kg/m³。爆破抛掷方向与缓冲孔一致。

5.2.1.4 设备选型

采用全液压潜孔钻,钻头直径为 89~98 mm;挖装采用 4.5~9 m³ 正铲;用 20~45 t 自卸汽车运输渣料。

5.2.1.5 施工中具体要求

(1)根据现场建筑物设计宽度和现场条件的变化,及时调整抽槽宽度。

(2)两侧边孔为施工光面孔,最后一排孔视为缓冲孔,必须保证钻孔质量。

(3)孔位误差:主爆孔 ±20 cm,缓冲孔 ±10 cm,周边孔 ±5 cm,孔偏斜度 ≤2%。

(4)单段药量:主爆孔 ≤40 kg,缓冲孔 ≤20 kg,施工光爆孔 ≤10 kg。

(5)严格按爆破设装药和联网,采用"V"形起爆网络,避免跳段和拒爆。

(6)爆破前必须清除掌子面底部的炮坎,确保爆破效果。

5.2.2 侧向保护层开挖

5.2.2.1 梯段高度

梯段高度根据手风钻的设备性能和生产效率确定,一般 3.5~5 m。

5.2.2.2 作业面宽度

施工布置要求侧向保护层滞后先锋槽 2~3 个循环进行开挖,一般作业面宽度为 20~30 m。

5.2.2.3 保护层厚度

首层侧向保护层一般为 5 m;其他层的侧向边坡保护层根据现场条件、岩石地质及爆破效果确定,一般为 3~5 m。

5.2.2.4 爆破参数设计

(1)主爆孔:梯段高度 3~5 m,孔深 3.3~5.5 m,其中超钻 0.3~0.5 m,主爆孔 1~2 排,钻孔孔径 Φ45 mm,抵抗线 1.0~1.2 m,孔距 0.8~1.0 m,装药结构为直径 Φ32 mm 卷状乳化炸药、连续装药,堵塞长度 0.9 m,单位耗药量 0.50~0.60 kg/m³。

(2)缓冲孔:1 排,钻孔孔径 Φ45 mm,抵抗线 0.8~1.0 m,孔距 0.6~0.8 m,装药结构采用 Φ32 mm(下部 1.1 m)~Φ25 mm(上部 3 m)卷状乳化炸药连续装药,堵塞长度 0.9 m,单位耗药量 0.50~0.60 kg/m³。

(3)光爆孔:孔径 Φ45 mm,孔深 5 m,开孔位置位于设计轮廓线上,眼底允许向边坡岩体偏出 20 cm,以利于下一梯段钻孔设备就位开孔,形成"锯齿状"边坡,抵抗线 0.5~0.7 m,孔距 0.4~0.5 m,底部装药结构采用 Φ32 mm 卷状乳化炸药,中上部采用 Φ25 mm 卷状乳化炸药间隔装药,上部线装药密度为 140~220 g/m,中部为 280~320 g/m,下部为 560~800 g/m,堵塞长度 0.5 m,单位耗药量 0.50~0.60 kg/m³。

5.2.2.5 设备选型

采用气腿式手风钻,挖装设备同抽槽开挖施工。

5.2.2.6 施工中具体要求

(1)孔位误差:主爆孔 ±10 cm;缓冲孔 ±5 cm;周边光爆孔 ±2 cm,孔底外斜 10 cm。孔偏斜度 ≤1%。

(2)严格按爆破设计装药,周边光爆孔采用导爆索,其他炮孔采用非电毫秒雷管联网,"一"型起爆网络,避免跳段和拒爆。

(3)爆破前必须清除掌子面底部的炮坎,确保爆破效果。

5.2.3 钻爆作业工艺流程

钻爆作业施工工艺流程如图 3 所示。

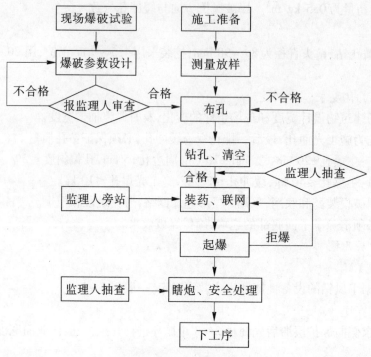

图3 钻爆作业施工工艺流程

5.3 爆破跟踪监测

爆破跟踪监测的目的是保证工程安全和反馈指导施工。根据反馈的爆破振动测试资料分析，不断调整爆破参数，优化起爆网络，以获得较佳的爆破效果，达到控制爆破规模和振动速度、稳定边坡岩体的目的。主要监测内容见表1。

表1 爆破跟踪监测内容

序号	监测项目	监测仪器	监测次数	监测目的
1	振动测试		512	测定保留岩体质点振动速度
2	声波测试	SYC-2 型非金属超声测试仪	542	确定爆破对保留岩体的影响范围
3	地震波测试	ES-1225 增强型工程地震仪	482	辅助手段，与声波测试相互配合

注：可根据实际工程规模和现场情况增加和减少监测次数。

5.4 劳动力组织

每月按25个人工作日，每天按"三班制"考虑，安排单作业面（包括一个抽槽作业面和滞后一定距离同步进行两侧向保护层开挖作业面）劳动力组合，见表2。

表2 劳动力组合情况

序号	工 种	人数（人）	序号	工 种	人数（人）
1	管理人员	8	6	空压机工	8
2	技术人员	10	7	修理工	10
3	重机操作手	18	8	测量工	6
4	自卸车司机	30	9	普工	26
5	钻工	90	合 计		206

6 材料与设备

本工法无需特别说明的材料,单作业面所需的主要施工机械设备见表3。

表3 主要施工机械设备

序号	机械设备名称、型号	单位	数量	用途
1	全液压潜孔钻	台	2	抽槽开挖钻孔
2	推土机	台	1	清理工作面,集渣
3	正铲	台	1	装渣
4	反铲	台	1	安全处理,清理,装渣
5	自卸汽车载重32 t	辆	8	运渣
6	手风钻	把	30	侧向保护层钻孔
7	空压机21 m³	台	4	供施工用风
8	全站仪	台套	1	3个面共用,测量放样

7 质量控制

7.1 工程质量控制标准

大型直立深槽开挖施工质量执行《水工建筑物岩石基础开挖工程施工技术规范》(SL 47—94)及《水电水利基本建设工程单元质量等级评定标准》(SDJ 249—1998)的规定,设计开挖面允许偏差按表4执行。

表4 设计开挖面允许偏差

序号	检查项目	允许偏差(cm)	检查方法
1	弱风化及微新岩面	+15	用钢尺
2	强风化岩面	+20	用钢尺

7.2 质量保证措施

(1)建立健全开挖爆破的质量保证体系。钻孔、装药、联网等重要工序必须通过初检、复检、终检"三检"合格,由终检人员提交"三检"结果,报监理单位签证确认。

(2)各级质检人员,由有工程实践经验的爆破技术人员承担。钻、爆操作人员,选拔有实践经验的技工和经过技术培训合格的人员,持证上岗。

(3)大规模开挖施工前,必须进行现场爆破试验,通过对比、分析,确定适合相应地质条件和现场情况的爆破参数。

(4)每循环爆破作业编制专门的爆破设计,经校、审无误,并报监理人审批后方能实施。在爆破开挖过程中,根据地质变化和上循环作业爆破效果及时修改爆破设计、调整爆破参数。

(5)严格按照施工图、爆破设计图和施工控制网点测量放样、布孔。钻周边光爆孔时,要架设导轨,检查孔距、钻具倾角与倾向,重点检查拐点处的钻孔角度,确保炮孔的斜度。

(6)钻进过程中,注意调整钻孔压力,防止钻压过大造成飘孔。并作好记录,特别是岩性(粉)变化的位置、高程。根据上循环作业的爆破效果和本循环作业的钻进速度及岩粉性状,分析钻孔各段的岩性变化,相应调整线装药密度。

(7)按设计要求将周边光爆(或预裂)孔的药卷绑牢在用竹片上,入孔时用人工完全抬起竹片,缓慢放入炮孔内,确认竹片下端接触孔底后方能松手,防止药卷松动或脱落影响光爆效果。

(8)严格按爆破设计连接爆破网络,并经监理人检查、签字确认后方能起爆,防止跳段或拒爆等影响爆破质量的现象发生。

8 安全措施

(1)认真贯彻落实"安全第一,预防为主"的方针,根据国家有关规定、条例,建立、健全开挖爆破施工安全管理体系,结合施工单位实际情况和工程的具体特点,组成专职安全员和班组兼职安全员以及工地安全用电负责人参加的安全管理网络,执行安全生产责任制,明确各级人员的职责,抓好工程的安全生产。

(2)各级安全管理人员,应由有工程实践经验并经安全培训合格的人员承担。班组兼职安全员和爆破工,必须经过安全培训合格,持证上岗。

(3)开挖爆破作业,要编制施工安全措施和爆破设计,报监理单位审批,严格按经审批的安全措施和爆破设计施工。

(4)爆破作业面在钻孔、清孔、验孔等工序完成及无关人员退场后方可进行装药,禁止边钻孔边装药。

(5)在特殊部位实施爆破作业,必须采取特殊的安全措施,如在爆破区周边打减震孔、尽量减少单段起爆药量和一次爆破规模、在爆破区上覆盖沙袋和柔性网等,确保保护对象安全。

(6)加强爆破时的安全警戒,爆破作业必须划定安全警戒区,并在各路口和通道处设标示牌明确告示;每次爆破必须派专人负责清场和警戒,不能撤走的设备要防护,防止爆破伤害事故发生。检查确认无安全隐患解除警报后其余施工人员才能进入现场。

(7)建立、健全专职安全员现场巡视和地质预报制度,对可能存在塌方、掉块等安全隐患部位要预先发出预报和警示。

(8)加强安全教育和培训,全面开展"危险预知活动",提高全员的安全意识;严格落实"三工"制度,即工前安全教育、工中安全检查、工后安全讲评制度;防止安全事故发生。

9 环保措施

(1)建立、健全施工环保体系,成立对应的施工环境卫生管理机构,制定环保制度,落实施工环境保护责任制。

(2)在工程施工过程中严格遵守国家和地方政府颁发的有关环境保护的法律、法规和规章,加强对爆破烟尘、飞石、施工粉尘、施工燃油、工程材料、设备、废水、生产生活垃圾、弃渣的控制和治理,遵守有关防火及废弃物处理的规章制度,做好交通环境疏导,充分满足便民要求,认真接受地方交通管理,随时接受相关部门的监督检查。

(3)选择自带捕尘的钻孔设备,减少钻孔时粉尘污染,在深槽两直立边墙顶边缘沿线设置喷雾装置,爆破后立即开启,喷雾降尘,防止爆破烟尘过度扩散污染环境。

(4)成立专门的施工道路维护保养作业队,保证路面平整、无积水;非雨天要经常洒水,保持路面湿润,防止尘土飞扬,污染环境。

(5)经常清理施工现场的杂物、垃圾、弃渣和散落在施工道路上的石渣,并将其运至指定地点堆放,按要求处理,保持环境清洁。

(6)优先选用先进的环保机械和设备。对于城镇近郊的工程,施工期间要采取设立隔音墙、隔音罩等措施降低施工噪声到允许值以内,尽可能避免夜间施工。

10 效益分析

(1)本工法将"双重缓冲、双重光爆"即中部抽槽开挖采用"缓冲+施工光爆"、两侧保护层开挖采用"缓冲+周边光爆"的控制爆破技术应用于大型直立深槽工程爆破开挖施工中,从根本上解决了高直立墙边坡开挖成型难的问题。由于边坡成型质量高,34 万 m² 的直立墙边坡超挖控制在20 cm 以内,不得欠挖,采用此工法,大大减小了超欠挖处理工作量,超挖减少并使混凝土回填量减少约 10.2 万 m³,节约投资约 4 000 万元。

(2)采用本工法"双重缓冲、双重光爆"的综合控制爆破技术,达到了船闸闸室快速开挖、及时支护、安全稳定的效果,使人工陡高岩石边坡工程理论与实践更加系统和完善,将岩石高边坡开挖爆破水平提高到了一个新的高度,为类似工程施工积累了有益的经验,有着巨大的社会效益和显著的经济效益。

11 应用实例——三峡永久船闸直立深槽开挖

11.1 工程概况

永久船闸是长江三峡水利枢纽永久通航建筑物,位于枢纽左岸坛子岭左侧,船闸中心线与坝轴线夹角为 67.42°,为双线五级连续船闸,是在海拔 265 m 的山体中,经人工开挖(最大开挖高度 100~170 m)形成的人工航道,由上游引航道、闸室主体段、下游引航道、输水系统、山体排水系统组成,最大运行水头 113 m,最大通航洪水流量 56 700 m³/s。施工工程量巨大,土石方开挖 4 300 余万 m³,其中闸室段 2 560 万 m³,洞挖约 100 万 m³;混凝土 370 余万 m³,金属结构制造约 3.78 万 t;锚索约 4 360 束;高强结构锚杆 9.3 余万根。

船闸主体段由两线五级船闸组成,每线船闸有五个闸室、六个闸首,闸室有效尺寸 280 m×34 m×5 m(长×宽×槛上最小水深),从一闸首至六闸首全长 1 637 m。最大开挖深度达 170 m(直立墙最大开挖深度 68 m),中间保留 57 m 宽的岩体中隔墩,两线船闸中心线相距 94 m。三峡永久船闸闸室典型断面如图 4 所示。

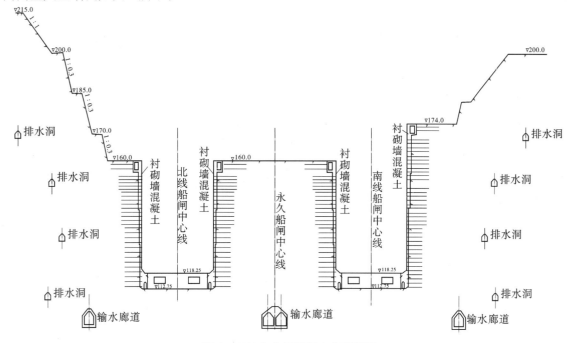

图 4 三峡永久船闸闸室典型断面

工程所在区域地层以前震旦纪闪云斜长花岗岩为主,夹伟晶岩脉、辉绿岩脉等后期侵入的酸基性岩脉和片岩捕房体。

施工区断裂构造较发育,主要走向为 NEE 和 NNW 两组,也有 NNE、NWW 向的,一般倾角较陡,但构造岩风化、软化、夹泥现象较普遍,影响深度较大。

节理裂隙也较发育。局部地段呈密集带,主要产状与断层相似,优势发育的如上述四组,延伸不是很长,多数为压扭性,面平且光滑,有充填物,非风化状态时,性状尚好,C 值较高,风化状态时,性状较差,力学指标低。

天然状态地下水垂直分带,大致按全、强、弱、微风化程度区分,补给以大气降水为主,以大岭为界,上游从北坡向西方向渗流,下游从北坡向东南方向渗流,地下水位面主要分布在弱风化带内,透水性好的结构面为通道方向,断层破碎带为渗水主要通道。

较稳定的最大水平主应力方向为 N400W,与轴线夹角为 29°,应力量级为 10 MPa 左右,为中等地应力区。直立墙或略有倒悬状态下,自重应力的分析及对爆破钻孔作业的影响值得注意,可能发生钻孔错动变形。

三峡水利枢纽区域岩体属易风化岩性,云母多,斜长石多,颗粒粗大,不耐风化,因此坝区形成深达几十米的风化壳,风化砂仍是坝区一大地质特征。存在风化岩面起伏较大;风化层中夹有大量球状微新岩块,从几方到几十方大小不等,分布无规则;以及反向风化现象等工程特征,或给开挖钻孔爆破作业带来较严重的不一致性。

11.2 施工情况

双线五级船闸一闸首至六闸首全长 1 637 m,两线船闸中心线相距 94 m,中间保留 57 m 宽的岩体中隔墩,最大开挖深度达 170 m(直立墙最大开挖深度 68 m),一般边坡开挖深度为 40~50 m,岩石开挖量达 2 560 万 m³。需爆破开挖出的边坡和底板基础面约 60 余万 m²,其中直立墙边坡面积达 34 万 m²。

该工程直立深槽开挖爆破于 1997 年 2 月初开始进行钻孔和开挖方式试验,同年 4 月初开始爆破试验和生产性试验,自 1997 年 5 月中旬开始正式进行开挖爆破施工,至 1999 年 9 月下旬全部完成直立深槽的开挖任务。历时约 2 年半时间,创造了高峰月槽挖强度约 40 万 m³/月,开挖边坡成型面积约 9.6 万 m²/月的世界纪录。

施工过程中,遇到大、小断层破碎带近千条,其中在南二闸首、北二闸首、南三闸首、南四闸室和北五闸首各分别出露一条宽大于 1 m 的大型断层,我们另外采取加大侧向保护层厚度(由 3~5 m 加厚到 8~10 m)、减少爆破规模和单段药量(主爆孔单孔一响,光爆孔减少一半)的控制爆破技术,保证了这些部位开挖成型效果和边坡稳定。对于闸首和系船柱槽等结构复杂的部位,我们除采用本工法外,还采取小药卷光爆和周边减振空孔等综合控爆措施,确保了开挖成型质量。

11.3 工程质量评价

永久船闸深槽直立墙开挖建基面轮廓尺寸控制较好;建基面声波 V_p 主要分布范围为 5 100~5 850 m/s,平均值为 5 430 m/s,大于 5 000 m/s 的设计标准要求,表明建基面岩体比较完整;爆破没有对建基面质量产生大的影响。对于断层、断层影响带以及中墩顶板、平台马道、边坡上部等部位,局部进行了挖除或灌浆处理,以提高基岩的完整性。

依据合同文件及三峡工程质量标准,对永久船闸地面工程基础开挖质量进行了评定。永久船闸二期地面工程开挖共 2 851 个单元工程,质量合格。船闸工程地面基础开挖质量满足设计要求。

多方面进行的施工监测成果也进一步证明,在船闸槽挖中采用的爆破方法,能够最大程度地减少因为开挖而对岩体稳定造成的影响。在开挖中结合进行的锚固支护工程,进一步改善了岩体的稳定条件,这是船闸工程施工必不可少的。

总之,通过采用本工法,并综合应用边坡锚固支护技术,攻克了"永久船闸直立墙高边坡开挖"这一世界级的科学难题。2000 年 5 月,永久船闸开挖工程竣工现场验收工作组对永久船闸爆破开挖工程形成的验收意见为:"永久船闸二期工程主体段开挖,边坡及底板基础形体结构尺寸符合设计要求,保留岩体残孔率在 80% 以上,设计界面开挖平整,开挖爆破施工质量优良。"

(主要完成人:郭冬生　陈太为　谢东高　张文辉　申　逸)

地下洞室高边墙深孔临边预裂施工工法

中国水利水电第十四工程局有限公司

1 前　言

随着科学技术的发展,地下洞室的规模在逐渐扩大,且数量也越来越多,越来越面临着大断面、高边墙地下洞室的开挖施工。目前,国内大断面、高边墙地下洞室的中下层施工大都采用直边墙预裂梯段开挖,层高一般为 8~10 m;造孔多采用轻型潜孔钻和履带潜孔钻。由于机型特点,两种钻机均不能临近边墙施工。因此,大部分大型地下厂房工程在开挖中采用了先中部预裂梯段拉槽,后预留保护层采用手风钻或台车光面爆破的施工方式,如龙滩地下厂房及水布垭地下厂房;少部分地下厂房采用了手风钻薄层逐层下挖的施工方式,如小湾地下厂房就采用 4 m 分层方式。

中国水利水电第十四工程局有限公司在积累了鲁布革电站、龙滩电站、小湾电站等十多个大型地下洞室群高边墙开挖经验的基础上,在三峡地下电站主厂房高边墙开挖中采用了深孔临边预裂技术,成功总结出了一套地下洞室高边墙深孔临边预裂施工工法,使二峡地下厂房高边墙平均超挖控制在 10 cm 以内,平整度小于 9 cm,爆破半孔率达到了 95% 以上,工程开挖质量优良。该工法一方面可减少施工分序,使施工工程序简单化,缩短了开挖与支护之间的间隔时间,保证了围岩的稳定;另一方面还可使主厂房减少开挖分层,加快进度。

2 工法特点

本工法在直立边墙预裂爆破造孔设备的选择上,选用了改进型轻型潜孔钻机,有效控制了高边墙的技术性超挖;在直墙预裂孔的造孔精度控制上,采用导向定位技术及制定与之相配套的质量管理方法,减少了人为因素的影响,保证了造孔精度;并通过现场生产性试验,确定适宜的爆破参数及装药结构,从而确保了地下洞室高边墙的预裂爆破成型质量。

3 适用范围

本工法适用于大中型地下洞室工程不同地质条件下的直立边墙预裂爆破开挖施工。

4 工艺原理

为适应垂直高边墙施工采用深孔临边预裂技术,对轻型潜孔钻钻机进行了改进,使该钻机钻杆中心仅需要与岩面间有 8~10 cm 的空间就能造孔施工。采用这种改进型轻型潜孔钻,正常超挖或人为控制一定超挖就能满足临边造孔的正常就位条件,解决了常规轻型钻机需要 20~25 cm 施工空间不能临边造孔问题。直接靠边墙造孔,排炮错台少、超挖少、进度加快,施工质量及施工效益显著。

5 施工工艺流程和操作要点

5.1 工艺流程

5.1.1 地下洞室高边墙深孔临边预裂工艺流程

地下洞室高边墙深孔临边预裂工艺流程为:生产性试验→爆破参数设计→基岩面清理→测量放线→样架搭设→样架校核→造孔施工→验孔→装药爆破→爆破效果检查。

5.1.2 工艺流程施工中需注意的事项

（1）欠挖处理。施工前应首先对上层已开挖的边墙 2 m 高度范围内进行欠挖检查,若存在欠挖,及时组织人员进行处理,以满足直墙预裂钻机的就位要求。

（2）预裂孔深度确定。地下工程洞室直立边墙部位的一次预裂深度,应结合洞室的施工开挖分层情况进行确定。综合考虑开挖层高对直立高边墙稳定的影响、钻孔精度控制以及对保留岩体的爆破影响等因素,分层预裂深度以 6~8 m 为宜,原则上不宜超过 10 m。

（3）开挖分段长度确定。地下洞室直立边墙预裂施工的分段长度原则上按 10 m 左右一段,并应根据爆破安全监测数据分析反馈的意见对分段长度做适当调整。

（4）开挖段与段之间的控制措施。为避免相邻两段在进行前段预裂爆破时对后段预裂孔钻孔的破坏,要求在后段与前段预裂孔相邻 2 m 范围内预留空孔不装药,并安装 PVC 套管对孔壁进行保护。

5.2 施工操作要点

5.2.1 生产性试验

地下洞室高边墙开挖之前需进行一定的生产性试验。试验的目的主要是通过试验确定高边墙开挖的爆破参数、钻孔参数及钻孔精度控制方法,以避免在初期探索阶段可能造成的不必要的损失及潜在的质量隐患。

生产性试验一般以 3~5 次为宜,选择具有代表性的不同地质条件部位进行。每次试验段可分别设置不同的孔距、装药结构,但同一试验段内安排的必选参数不宜超过 3 组。

试验完成后应根据爆后成型质量检查、爆破松动圈影响范围、质点振动速度监测数据等进行综合分析和判断,以确定适宜的钻爆参数以及钻孔精度控制标准。

5.2.2 爆破参数设计

高边墙深孔临边预裂爆破设计可参照表 1 进行初步设计,并进行爆破试验,根据爆破试验取得的成果,对爆破参数根据岩石情况适时进行优化调整,调整时线密度按 20 g/m 进行增减。

表 1   高边墙深孔临边预裂爆破参数建议值

炮孔类别	孔径 (mm)	孔深 (cm)	孔距 (cm)	药径 (mm)	堵塞长度 (cm)	单孔药量 (g)	线装药密度 (g/m)
完整岩石	80~90	800~1 000	70~90	35	200	3 600~6 500	450~650
节理裂隙 发育岩石	80~90	700~800	60~70	35	200	2 800~3 600	400~450

所有预裂爆破孔药卷均事先按照爆破设计确定的装药结构采用竹片绑扎好,预裂爆破孔插药入孔时还应注意药卷的方向,竹片靠洞室轮廓线一侧,药卷朝向最小抵抗线方向,堵塞长度不小于炸药的最小抵抗线。

5.2.3 基岩面清理

在钻孔开孔位置附近 80 cm 范围以及定位样架搭设范围内的基岩面采用人工配合反铲的方式进行清理。这样一方面可以保证定位样架搭设牢靠,防止钻机受冲击荷载出现移位;另一方面可以提高钻机的开孔精度,防止开孔位置出现大的偏移。

5.2.4 测量放线

现场施工测量放线由专业人员采用全站仪进行,放样内容包括:所有预裂孔的开孔点位置和钻孔样架定位点位置。所放点位须在现场进行明显标识,放线过程要求开挖作业厂队的现场技术员全程参与;放线结束后由测量人员向现场技术员进行书面交底。

5.2.5 样架搭设

钻机定位样架采用 Φ48 mm 钢管按照标准样架设计图纸进行搭设,定位样架主要由定位横杆和加固斜撑钢管两个部分组成,采用管扣件进行连接;样架加固斜撑钢管排距以 1.7 m 左右为宜。底板位置采用手风钻先造 Φ50 mm 的孔(深 50 cm),再用钢管插入孔内加固样架;边墙位置根据现场实际情况可采用与系统锚杆连接或者增设临时插筋的方式进行加固处理。定位样架搭设见图1。

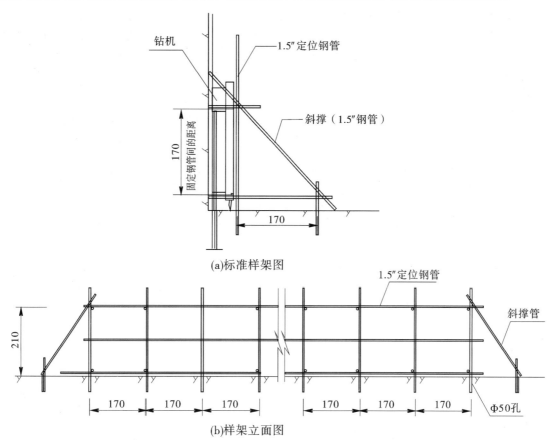

(a)标准样架图

(b)样架立面图

图 1 定位样架搭设示意图

5.2.6 样架校核

样架搭设完毕后需经专业测量师采用全站仪校核造孔样架角度,方向、角度符合要求后,并经质量管理部门验收后方能投入造孔作业。

5.2.7 造孔施工

采用改进型轻型潜孔钻机造垂直预裂孔,孔径为 Φ80 mm 或 Φ90 mm,孔距 60 ~ 90 cm,按照 10 m孔深孔底向岩石侧超挖8 ~ 10 cm 进行控制。

钻孔孔深主要采用累计钻杆长度进行控制,以保证所造孔在孔深要求上满足规范要求。

钻孔精度主要采用以下措施进行控制:

(1)采用定位样架导向技术,保证钻机就位后,其开孔位置、钻孔方位角、倾角均与设计指标完全一致。

(2)严格执行开孔段和钻进过程中的三次校钻制度,即:开钻 20 cm 检查、钻进 1 m 检查、钻进 3 m 检查;分别检查纵向和横向偏差指标是否满足规定,发现钻孔偏差及时纠偏。

(3)钻进过程中每 2 ~ 3 根钻杆加一个扶正器,有效防止钻进过程中"飘钻"现象的发生。

(4)严格控制钻进速度。开钻时用小风压缓慢推进,孔深 0 ~ 1 m 内钻速控制在 40 min/m,孔深 1 ~ 8 m 内钻进速度控制在 15 ~ 20 min/m。

5.2.8 装药爆破

在安排进行现场生产性试验前,应首先根据设计提供的本工程岩石物理力学参数,按照推荐公

式 $\Delta_g = 9.32 R^{0.53} r^{0.38}$（g/m）估算出线装药密度。然后根据生产性试验所取得的成果,初步确定适用于本工程各种不同地质围岩情况下的标准线装药密度和装药结构参数;实际开挖过程中根据实际情况及时组织对爆破参数进行优化调整。

所有预裂孔药卷均事先按照爆破设计确定的装药结构采用竹片绑扎的形式提前加工好。预裂孔装药时,还应注意绑扎药卷的竹片应放置在靠设计轮廓线一侧。底部 1.0 m 范围内加强装药、上部孔口段减弱装药,装药结束后预裂孔的孔口位置采用黏土或者喷锚回弹料加水拌匀后进行炮孔的堵塞,堵塞长度要求不小于设计堵塞长度。

围岩壁面某处的爆破振速峰值大小,虽受到围岩岩性、地质构造特征、爆破条件及边界条件等诸多因素影响,但传播总的规律主要还是取决于该点至爆源的距离及爆破最大单段药量的大小。因此应根据现场生产性试验所确定的 K 值和 α 系数按照设计单位所提出的最大质点振动速度控制指标代入经验公式 $V = K\left(\dfrac{Q^{1/3}}{R}\right)^{\alpha}$ 中进行反算,以确定最大爆破单响药量;并通过后续爆破监测数据进行验证和调整。

在现场生产性试验阶段,最大单响药量推荐范围为 30 ~ 40 kg。

5.2.9 爆破效果检查

预裂面被后续开挖揭露后专职质检员应对爆破成型质量进行检查,并收集相关数据。岩面超欠挖情况采用全站仪进行检查形成测量体型图,岩面平整度采用水平尺进行现场量测;爆破松动圈测试采用爆后声波测试的方式。

最后,根据爆破成型质量检查结果及时与开挖质量评定标准进行比较,得出评价结论及改进方法。

6 材料与设备

地下洞室开挖需根据断面大小、工程量及工期合理安排劳动力资源。三峡地下厂房高边墙开挖跨度为 32.6 m,单层开挖高度为 8 ~ 10 m,长度为 311 m,需要的人员及设备如表2、表3所示。

表 2 主要施工人员配置

工种	管理人员	钻工	安全员	炮工	合计
人数	8 人	20 人	2 人	4 人	34 人

表 3 主要施工材料及设备配置

设备名称	型号及规格	单位	数量	备 注
轻型潜孔钻机	YQ100D	台	16	钻孔
手风钻	YT-28	台	4	钻孔
自卸汽车	5 t	辆	2	运输材料
钢管	1.5 吋	t	6	样架搭设

7 质量控制

7.1 测量放样质量要求

测量放样时机、放样内容首先要满足现场钻孔作业的要求。

测量放样在定位架搭设前进行,放样内容包括定位架定位点、所有周边孔开孔点。

测量放样过程中,技术人员及现场管理人员必须同时在场,与测量人员配合完成放样工作。放样完成后,测量人员必须向现场技术人员进行交底。

测量放样记录要清晰准确,参与放样人员要在记录上签字,测量记录要完整保存。

7.2 钻孔样架搭设与拆除质量要求

样架搭设结构以批准的结构图为准,根据实际情况可增加连接杆,但不能减少连接杆,位置以测量所放的样架搭设控制点为基准,要求位置准确,固定牢固可靠,结构稳定性足以承受钻孔作业。定位样架的搭设与拆除根据实际情况分段安排进行。

7.3 样架的复核与验收质量要求

搭设完成的样架在正式投入使用前必须进行验收,验收时必须由测量队对样架搭设的位置准确性进行复核,符合要求的样架测量队提供样架校核数据给现场当班技术人员;复核测量的同时,安排完成对定位样架的结构及稳固性情况的相关检查工作。

7.4 钻孔质量要求

预裂孔的钻孔质量控制指标主要包括孔径、孔距、孔向和孔深偏差控制。钻孔完成后,钻工要先进行自检,然后按照"三检"程序申请进行验收。预裂孔成孔验收合格后需采用有效措施对孔口位置进行临时封堵保护,以防止在正式装药时出现钻孔被堵塞。

7.5 验孔要求

预裂孔的验收工作严格执行"三检制度"和"联检制度"。终检工作由专职"三检"人员完成。

预裂孔的钻孔验收主要检查项目包括孔距、孔向和孔深检查,并同时做好相应的检查数据记录工作。预裂孔的孔距采用钢卷尺进行检查。预裂孔的纵向和横向偏差检查的方式可采用孔内插管人工吊锤球法或者地质罗盘检测法进行。孔深的检查主要采用控制孔底的绝对位置为准,检查时采用在孔外设置基准线的方法进行。

预裂孔的质量检查验收标准如表4所示。

表4　直墙预裂孔钻孔质量验收标准

孔深	5 m		5 m<孔深≤10 m	
角度允许偏差(°)	外偏角	内偏角	外偏角	内偏角
	2	0	1	0
孔深偏差(cm)	5			

7.6 预裂装药结构、联网质量要求

预裂孔采用间隔装药结构,装药一律采用竹片间隔绑扎的形式进行,所使用的装药参数和药卷直径应严格按照爆破设计参数执行。

装药结构重点检查项目:药卷直径、单节药卷重量、药卷布置间距、绑扎牢固程度、导爆索安装情况以及单孔总装药量。单孔的装药量以及封堵段长度和起爆网络的连接方式必须满足技术措施和专项爆破设计的技术要求。

7.7 爆破后的效果检查、收集数据资料

预裂爆破实施后,值班技术人员、专职质检员以及监理工程师应及时对预裂缝成缝情况和成缝宽度采用人工测量的方式完成数据的采集工作。

最后,根据爆破成型质量检查结果及时与开挖质量评定标准进行比较,得出最终的开挖质量评价结论并确定后续施工的改进方法。

7.8 开挖断面检查的要求

开挖断面的测量检查成果是评价开挖面超欠挖控制情况的唯一依据,断面测量要在开挖后16小时完成。

7.9 开挖成果的总体分析、评价要求

开挖质量的数据收集和质量评价工作由质量管理部门牵头负责完成。

质量数据收集的范围主要包括(但不限于):爆破参数设计资料、各工序质量验收记录、实际装药联网参数、爆后质量检查、测量断面资料、施工现场照片或者施工录像以及爆破监测数据分析资料等。

由于直墙预裂爆破施工的特殊性,爆破参数分析主要基于预裂缝的成缝情况和成缝宽度进行初步的研判,爆破效果的分析有待于后续开挖揭露出预裂面后才能安排进行。数据分析的方法通常采用对比法和统计图法等。通过数据分析后对开挖过程技术措施、质量控制方法等得出评价。

8 安全措施

(1)所有进入地下洞室工地的人员,必须按规定佩戴安全防护用品,遵章守纪,听从指挥;施工队必须认真组织开展班前会和预知危险活动,要对当班作业环节可能出现的危险情况加强防范。

(2)洞室施工放炮由取得"爆破员证"的爆破工担任,严格防护距离和爆破警戒;在规定的四个爆破时段内,撤离施工人员和设备,由炮工负责引爆;爆破后启动通风设备进行通风,保证在放炮后的规定时间内将有害气体浓度降到允许范围内,才能进行安全处理和洒水降尘。

(3)作业前清除掌子面及边顶拱上残留的危石及碎块,保证进入人员和设备的安全。出完渣施工平台就位后人工利用撬棍再次进行安全检查及处理;在施工过程中,经常检查已开挖洞段的围岩稳定情况,清撬可能塌落的松动岩块。

(4)开展施工期围岩稳定变形监测工作,定时进行爆破振动监测,围岩收敛变形观测,时刻掌握围岩变化。

(5)在洞室施工中配备有害气体监测、报警装置和安全防护用具,如防爆灯、防毒面具、报警器等,一旦发现毒气,立即停止工作并疏散人员。配备足够的通风设备,搞好洞内通风,保证洞内施工时的能见度,避免机械事故和人员伤亡事故的发生,并防止有害气体对人体的伤害。

(6)洞内施工所用的动力线路和照明线路,必须使用电缆线,必须架设到一定的高度,线路要架设整齐,设置于洞内的配电系统和布置闸刀、开关的部位,必须有醒目的安全警示牌。洞内必须使用漏电保护装置,保证一线一闸;36 V以上的电气设备和由于绝缘损坏可能带有危险电压的金属外壳、构架等,必须有保护接地。

9 环保措施

根据工程施工的特点和工程的施工环境,严格遵守招标文件中提出的有关环境保护的要求,严格遵守《中华人民共和国环境保护法》、《中华人民共和国水污染防治法》、《中华人民共和国大气污染防治法》、《中华人民共和国噪声污染防治法》、《中华人民共和国水土保持法》等一系列有关环境保护和水土保持法律、法规和规章,做好施工区和生活营地的环境保护工作,坚持"以防为主、防治结合、综合治理、化害为利"的原则。

9.1 废水处理

洞内生产废水含泥量高,污染物主要为悬浮物,基本不含毒理学指标。各作业面的生产废水通过临时排水沟汇集到集水池,用水泵抽排,通过污水管排放至洞外污水沉淀池。处理达标后排放,沉渣定期清挖,统一运至弃渣场。要求所有施工废水做到达标排放,防止造成江河水体污染。

9.2 废气污染控制

(1)洞室内钻孔作业时,小型钻机必须采用湿式钻孔作业。

(2)开挖作业时,对爆渣洒水除尘,以控制和减少粉尘对空气的污染。

(3)加强洞内通风,采用轴流风机强制通风和通风竖井通风结合的方式,降低洞内有害气体浓度。做好有害气体的检测工作,防止发生中毒。

(4)洞内的设备尽可能采用电动设备,减少柴油燃烧产生废气污染。对必须使用的柴油设备,尽量采用先进环保型设备。

(5)汽车、设备排放的气体应经常检测,排放的气体必须达标,才能投入使用。否则必须检修或停用。

9.3 施工弃渣

所有施工弃渣严格按指定场地和堆存方式弃存。弃渣场统一规划,提前建设,设置排水、拦渣设施,确保下游河道、水库及耕地不受施工污染。

9.4 噪声防治措施

(1)选用低噪声设备,加强机械设备的维护和保养,降低施工噪声对施工人员和附近居民区的影响。

(2)对供风站、钻机等噪声大的设备,采取消音隔音措施,使噪声降至允许标准,对工作人员进行噪声防护(戴耳塞等),防止噪声危害。

10 效益分析

(1)本工法通过减化施工程序安排,采用样架进行钻孔精度控制等方法,设计轮廓线位置的开挖成型质量优良。本工法为后续的地下工程开挖施工提供了新的技术方法和质量控制指标,促进了预裂爆破技术在地下工程施工中的进一步运用,社会效益明显。

(2)由于减少了预留保护层开挖的施工程序安排,可以实现高直立边墙的快速支护,对于确保地下洞室直立高边墙的稳定极为有利。

(3)与同类地下洞室施工技术相比,采用本工法施工,设计轮廓线位置的开挖界面更平整(平整度小于 9 cm),半孔率达 95% 以上,平均超挖可以控制在 10 cm 以内。对于需要采取结构混凝土衬砌的部位,可以减小混凝土的超填量,经济效益明显。

(4)采用本工法施工,取消了直立边墙部位的预留保护层手风钻二次开挖,显著降低了开挖的造孔量、炸药单耗以及雷管单耗,经济效益明显。

(5)由于减少了施工程序和施工干扰,加快了施工进度,可以实现特大型地下工程洞室群开挖的快速施工。

(6)在造孔中采用了标准化样架导向技术,标准化作业程度高,减少了人为因素影响,保证了施工质量的稳定性。

11 应用实例

11.1 三峡地下电站主厂房开挖

11.1.1 工程概况

三峡地下电站装机 6 台、单机容量为 700 MW,总装机容量 4 200 MW。其引水发电系统地下洞室群由引水隧洞、主厂房、尾水洞、母线洞及母线竖井、交通洞、通风及管道洞、厂外排水洞等组成。主厂房位于微新岩体中,岩石坚硬,完整性较好,岩石主要为前震旦系闪云斜长花岗岩和闪长岩包裹体,岩体中尚有花岗岩脉和伟晶岩脉。主厂房开挖高度为 87.3 m,长度为 311.3 m,跨度为 32.6 m,厂房顶拱层开挖高度为 12 m。

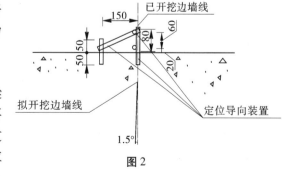

图 2

11.1.2 施工情况

三峡地下电站主厂房共分 10 层开挖,岩壁梁以下单层开挖高度控制在 8~9 m,高边墙开挖主要采用改进型轻型潜孔钻机深孔临边预裂技术,通过先对周边进行结构预裂后,采用全断面一次梯段拉槽开挖,其周边孔孔距为 60~70 cm,孔深为 8~9 m,测量放样时采用逐孔放样,并逐一放出尾线点,周边孔线装药密度为 400~510 g/m,见图 2。

11.1.3 工程监测与结果评价

经现场检测,三峡地下电站主厂房高边墙开挖平均超挖控制在 10 cm 以内,爆破半孔率达到

90%以上,所有爆破孔呈平、直、齐均匀分布,排炮台坎小,平整度高。开挖质量优良。

11.2 溪洛渡右岸地下电站主厂房开挖

11.2.1 工程概况

溪洛渡水电站右岸地下电站安装9台单机容量为700 MW的水轮发电机组,总装机容量6 300 MW。右岸地下厂房位于坝肩上游山体内,垂直埋深380~460 m;出露的岩体主要为玄武岩岩性,岩石强度高;整个围岩类别以Ⅱ类为主,部分为Ⅲ₁类围岩,柱状节理裂隙发育。

厂房设计开挖尺寸为443.34 m × 31.9 m × 75.6 m(长×宽×高),主变室设计开挖尺寸为352.889 m × 19.80 m × 33.32 m(长×宽×高),尾水调压室设计开挖尺寸为317 m × 26.5 m × 96 m(长×宽×高),是世界上最大的地下厂房。

11.2.2 施工情况

溪洛渡水电站右岸地下电站厂房开挖支护施工于2006年4月开始,于2008年12月31日全部开挖结束。

溪洛渡右岸地下厂房共分10层开挖,单层开挖分层高度为6~8 m。除厂房顶拱层和岩锚梁层开挖外,厂房高边墙开挖施工采用了改进型轻型潜孔钻机进行深孔临边预裂;通过先对设计开挖轮廓线位置进行结构预裂后,采用不留保护层梯段拉槽开挖的施工方式。其预裂孔孔距70 cm,孔径φ90 mm,预裂孔全孔平均线装药密度580~650 g/m,底部1.0 m范围内加强装药、上部孔口段减弱装药,炮孔堵塞长度不小于1.3 m,单孔药量3.5~5 kg。

11.2.3 工程监测与结果评价

通过该技术在溪洛渡右岸地下电站工程的研究和运用,创造了溪洛渡右岸地下电站主变室直立墙预裂Ⅱ、Ⅲ层开挖界面平整,排炮间连结平顺,半孔平行呈直线,岩壁无明显爆振裂隙;不平整度不超过5.4 cm,半孔率达98%,平均超挖8.6 cm,单元工程优良率100%的好成绩。

目前,该项技术已经在溪洛渡右岸地下电站厂房、尾水调压室以及尾水洞等部位得到了全面推广应用。工程总体开挖成型质量优良,半孔率达到90%以上,平均超挖控制在10 cm以内,已全部开挖结束的地下厂房最大位移变形小于3 cm,爆破松动圈影响范围小于80 cm。工程开挖成型质量得到了三峡开发总公司质量专家组和总公司领导的高度评价。

11.3 糯扎渡电站地下厂房主厂房开挖

11.3.1 工程概况

糯扎渡水电站引水发电系统工程洞室群集中布置在左岸勘界河与火烧寨沟之间约1 330 m范围山体内,最大埋深约265 m,电站装机容量5 850 MW(9×650 MW)。大小平洞和竖井纵横交错,形成庞大而复杂的地下洞室群,平行布置有大跨度、高边墙的地下厂房、主变室、尾闸室及调压室四大洞室。洞室虽位于坚硬的花岗岩体内,但地质结构面发育。厂房设计开挖尺寸为418 m×31 m(最大跨度)×81.6 m(长×宽×高)。

11.3.2 施工情况

糯扎渡水电站主厂房共分10层开挖,单层开挖高度控制在8~9 m,高边墙开挖主要采用改进型轻型潜孔钻机深孔临边预裂技术,通过先对设计规格线预裂后,采用全断面一次梯段拉槽开挖,其周边孔孔距为80~90 cm,孔深为8~9 m,测量放样时采用逐孔放样,样架固定,周边孔线装药密度为580~650 g/m。

11.3.3 工程监测与结果评价

糯扎渡水电站主厂房高边墙开挖平均超挖控制在12 cm以内,爆破半孔率达到90%以上,所有爆破孔呈平、直、齐均匀分布,排炮台坎小,平整度高,开挖质量优良。

(主要完成人:尹俊宏 常二广 代绍华 黄 岗 周 涛)

地下工程顶拱预应力锚索施工工法

中国水利水电第十四工程局有限公司

1　前　言

预应力锚索是由钻孔穿过软弱岩层或滑动面,把一端锚固在坚硬的岩层中(称内锚头),然后在另一个自由端(称外锚头)进行张拉,从而对岩层施加压力对不稳定岩体进行锚固,在边坡加固治理应用较为普遍。地下工程顶拱预应力锚索近年来发展比较迅速,其施工技术日臻完善。

中国水利水电十四工程局大理分公司在湖北清水江水布垭电站地下厂房工程施工中,为解决地下工程顶拱锚索施工存在工期短、难度大、质量要求高等困难,保证地下工程尤其是地下厂房顶拱等无衬砌永久安全稳定,进行了厂房顶拱预应力锚索的施工技术研究,积极开展了科技创新,逐步形成了一套地下工程预应力锚索施工工艺,优质、高效、快捷、经济地完成了水布垭地下厂房顶拱154束锚索和四条尾水洞靠近厂房部位48束锚索的施工。工法在三峡右岸地下厂房和金沙江鲁地拉电站地下厂房工程中得到了推广应用,技术先进,获得了明显的社会效益及经济效益。

2　工法特点

(1)开工前确定科学合理的锚索施工方案。

(2)顶拱有黏结预应力锚索,通过模拟试验确定止浆环的制作和安装方案,以确保其可靠性。

(3)注浆方案合理、可靠。

3　适用范围

本工法适用于地质条件不好的地下工程顶拱预应力锚索施工。

4　工艺原理

锚索是一种主要承受拉力的杆状构件,施工的关键是如何按设计要求建立预应力值,而准确、可靠地建立预应力值则与锚索施工工艺有极大的关系。地下工程顶拱预应力锚索是通过钻孔将钢绞线束或高强度钢丝组固定于深部稳定的地层中,并在被加固体表面通过张拉产生预应力,从而达到使加固体稳定和限制其变形的目的。

5　施工工艺流程及操作要点

5.1　工艺流程

(1)地下工程顶拱预应力有黏结锚索施工工艺流程见图1。

(2)地下工程顶拱预应力无黏结锚索施工工艺流程见图2。

5.2　施工操作要点

5.2.1　施工前准备

5.2.1.1　编制施工方案

认真研究工程设计图纸,对地质情况进行详细了解,结合本单位的技术力量、机械设备等条件,并根据工程特点和施工条件,编制出切实可行的锚索施工方案。其主要内容如下:

(1)施工总布置;

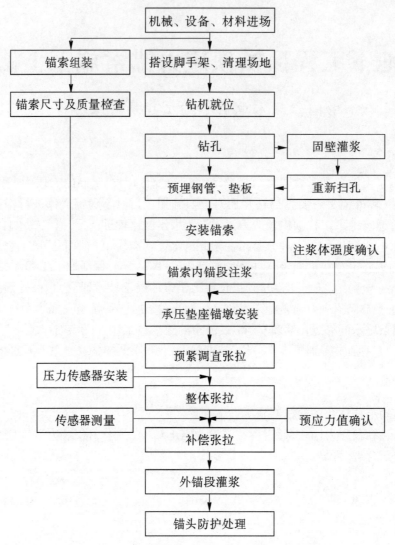

图1 地下工程顶拱预应力有黏结锚索施工工艺流程

(2)锚索造孔技术措施;

(3)止浆环制作、安装及锚索的灌浆技术措施;

(4)质量保证措施;

(5)安全保证措施;

(6)施工流程和进度;

(7)材料、设备供应计划;

(8)劳动组织计划。

5.2.1.2 开工前的必备条件

(1)锚索施工前必须建立严密的统一施工指挥系统,制定岗位责任制、安全操作、质量检查等各项规章制度。

(2)现场技术人员及测量人员必须熟悉施工图纸,测量人员复核控制点基本数据,确认无误后再进行准确的施工放线,施工人员应严格按图纸要求进行施工。

(3)锚索施工前,应进行生产性试验,为下一步锚索施工提供参考数据。

(4)为保证施工质量,锚索施工前还应制定:"锚索施工措施"、"造孔保证措施"、"止浆环制作及安装专题措施"、"锚索运输及下设措施"、"灌浆措施"。对制定出的措施要对全体施工人员进行交底和技术培训,培训合格方可上岗操作。

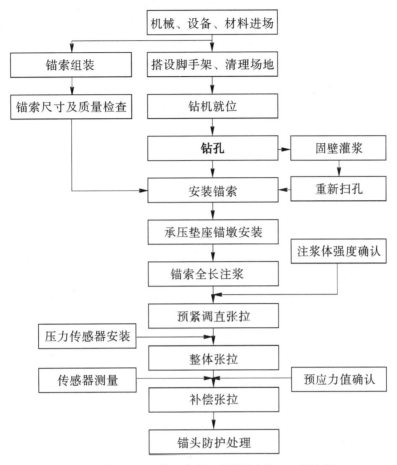

图2 地下工程顶拱预应力无黏结锚索施工工艺流程

(5)在满足工程结构要求的基础上,根据已揭示的地质情况,针对不同地质条件制定相应的处理措施。

(6)供电、供水系统及输、排风辅助设备布置完毕,检查合格。在此基础上进行施工机具和材料的准备。

(7)在制定施工方案及施工措施时,充分考虑各种可能影响施工质量的因素,以保证锚索施工质量。

5.2.2 锚索试验

锚索作业开工,施工单位编制详细的试验计划及试验大纲,报送监理工程师审批;锚索试验结束后,施工单位对试验结果进行分析,并将试验的详细记录和试验分析结果报告(包括试验方法、数量、使用材料、设备、仪器、加载过程、伸长值测量等)提交监理工程师。

锚索施工前应按监理工程师的指示进行下列试验:

(1)钢绞线力学性能试验、锚具硬度检验。

(2)不同掺和料和不同外加剂浆液配制程序及拌制时间,浆液密度或比重,浆液流动性或流变参数,浆液的沉淀稳定性,浆液的凝结时间(包括初凝或终凝时间)、浆液结石的容重、强度、弹性模量和渗透性试验。

(3)对预应力索的止浆环进行模拟试验以保证内锚固段的灌浆质量。

(4)对锚索进行张拉并记录且进行超张拉加载。

（5）监理工程师指示的其他试验内容。

根据工程的建筑物布置和地质条件，选择地质条件与实际施工区相似的地段作为锚索试验区，进行现场锚索生产性试验。按施工图纸的要求或按监理工程师指示确定试验孔布置方式、孔深、内锚固段长度、灌浆压力等试验参数。并按批准的锚索施工程序和方法进行锚索试验，将锚索施工过程的原始记录及张拉情况整理成施工资料，并提交监理工程师。

5.2.3　锚索孔钻孔

锚索孔布置根据设计图纸并结合现场地质情况来确定。对围岩裂隙发育部位，锚固段是否需固结灌浆和加深，按设计要求或监理工程师指示进行处理。

钻孔要求如下：

（1）所有钻孔应统一编号，应便于锚索参数对应。由测量人员按设计要求进行间、排距布置钻孔，合理确定锚索施工的倾角与方位角等参数。

（2）钻孔必须保证成孔质量（包括孔径、孔斜、孔深等）。

（3）钻孔时应对孔内各种岩层情况进行详细记录并为是否进行固结灌浆提供依据。

（4）锚索孔（段）在钻进结束后，采用高压水侧向喷头反复冲洗索孔，自上而下清洗干净，保证孔壁的清洁度，以提高浆液与孔壁的黏结度。

（5）钻孔过程中保证成孔质量，造孔前由技术员与测量人员确定孔位、方向，造孔后技术人员检查核实孔位的方向、角度、深度是否正确，测量倾角、方位角用同索孔径硬质 PVC 管孔外延长测量法，孔斜用孔内点光源法。

（6）施工中，应注重开孔质量、慢速推进，钻头、冲击器及钻杆、扶正器应与设计孔径相对应，才能确保成孔质量，钻孔时一定要完全掌握地质情况以确定锚索的施工参数。

5.2.4　锚索编制及安装

5.2.4.1　锚索结构形式

根据设计要求确定锚索的结构形式。

5.2.4.2　锚固材料及锚具选择

（1）钢绞线的选择应完全满足工程要求。

（2）辅件的选择：合理选择支架，材料中应不含氯化物和其他易引起钢材腐蚀和氢脆的成分；灌浆管采用直径 25 mm 的 PVC 增强塑料管，承受压力 2 MPa 以上。

（3）锚具：满足《水工预应力锚固施工规范》（SL 46—2002）的要求，锚具中的应力不超过使用材料的允许应力。

5.2.4.3　锚索制作

（1）下料：按比锚索设计长度稍长，满足锚墩安装及张拉的长度，采用砂轮切割机进行切割，无黏结锚索内锚段需去皮除油洗净。

（2）除锈：按设计要求量出锚固段长度后进行表面清洁。

（3）编索：编索在适当位置处搭设的加工厂内进行。

有黏结锚索在编索前先对钢绞线进行外观检查，检查合格后的钢绞线才能使用。若有局部锈蚀应进行除锈，若锈蚀严重则应剔除。编索时应严格按照设计图纸安装对中支架、隔离支架、止浆环等，保证锚索的"平、直、顺"。为确保止浆效果，止浆环外加套一个帆布止浆包，并将灌浆管在止浆包内开孔，止浆环与充气管连接须可靠、注浆后可取出。为保护充气管在运输、下索过程中不受影响，将充气管放置于外锚段排气管内，内锚段注浆初凝后即取出充气管。灌浆管口布置于止浆环以上 100 cm，内锚段排气管布置于孔底，外锚段排气管布置于止浆环下端。

无黏结锚索内锚段钢绞线要去皮除油，除油时要将钢绞线分开，每根钢丝单独洗净后再恢复，对中支架、进回浆管安装后，内锚段再套上波纹管，最后安装隔离支架。为防止灌浆压力大浆管爆裂,进浆管在孔口及索体中部各布置一根,孔口灌浆管采用灌前埋设方式。无黏结锚索注浆前必须用与锚具孔孔位对应的自制定位隔离板安装于孔口,否则灌浆后无法安装锚具张拉。

最后在锚索头加上导向帽以利于穿索,所有进回浆管做好标记。每束锚索统一建立台账,登记编号、钢绞线弹模等,经自检、监理工程师验收合格后方可下索。

(4)检查:锚索编制完成后,经监理工程师检测各项指标满足设计规范要求,并签发单项验收合格证后方可下入孔内,有黏结锚索下索前需进行止浆环充气检查。

5.2.4.4　锚索运输、入孔

所有锚索均在加工厂编索,运输方式根据施工现场情况确定。

安装前,应对洗净的锚索孔再用高压风清孔一次,并核对锚索编号与孔号是否一致,再由卷扬机辅助人工匀速向孔内推进,保证锚索顺直送入孔内,锚索入孔后须固定牢靠。

5.2.5　锚索灌浆

(1)有黏结锚索分两次灌浆,即锚固段灌浆和外锚段灌浆。灌浆材料均为普通硅酸盐 P.O. 42.5 水泥,并加入减水剂增加灌浆效果,浆液配比采用试验所确定的最优配合比。待排气管排出的浆液与进浆浓度相同时,根据设计要求开始进行屏浆达到结束标准。外锚段注浆同内锚段,其灌浆管在张拉合格后方可埋设于孔口。

(2)无黏结锚索注浆前先安装锚墩,并在孔口埋设第一根灌浆管,待第二根灌浆管回浆时将第一管灌浆管封闭,从第二根注浆管继续注浆,至排气管浆液浓度同进浆管相同时根据设计要求开始进行屏浆达到结束标准。

(3)浆液浓度检测可用比重计或比重秤,注浆量可采用灌浆自动记录仪在现场打印原始记录,也可采用手工记录,同时请监理工程师现场签证。

(4)有黏结锚索加工时一定要保证止浆环的可靠性并在运输和下锚过程中保证止浆环的完整性,注浆前先注水检查止浆环质量以确保内锚固段灌浆质量,为确保内锚段止浆效果,止浆环外加套一个帆布止浆包,并将灌浆管在止浆包内开孔,有黏结锚索止浆技术示意见图3。为保证外锚段灌浆质量,排气管采用两根,有黏结锚索止浆环与充气管连接须可靠且注浆后可取出。为保护充气管在运输、下索过程中不受影响,将充气管放置于外锚段排气管内。无黏结锚索为确保内锚段灌浆质量,灌浆管采用孔口、孔中部两根形式以避免常规从孔口向上注浆摩阻增大浆管爆裂而导致灌浆失败。灌浆管耐压强度应满足灌浆最大压力要求。每束锚索编索时应记录弹性模量,且不同卷钢绞线编成一束时弹模要相同,以便用张拉伸长值校核张拉力。

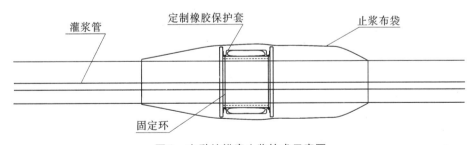

图 3　有黏结锚索止浆技术示意图

(5)顶拱锚索注浆时应实时监控灌浆压力表,不可超过灌浆管耐压强度。无黏结锚索注浆前必须用与锚具孔孔位对应的自制定位隔离板安装于孔口,否则灌浆后无法安装锚具张拉。

5.2.6　锚墩安装

锚墩结构形式分为钢锚墩和预制混凝土锚墩两种,主要取决于岩面承载能力,可通过计算确定,根据试验验证,采用千分尺测定岩面变形值。混凝土锚墩采用预制形式,钢锚墩用厚壁钢板制作。

锚墩安装时应采用千斤顶顶压预制混凝土锚墩或钢锚墩,使岩面与填充物结合密实。

锚墩施工工艺如下:

(1)基岩面的处理。在预应力锚索注浆完成后就可进行锚墩的施工,首先清理岩石面,对于岩石较为破碎或岩石面裂隙发育的,需要处理岩石面。

(2)有黏结锚索锚墩安装。有黏结锚索锚墩安装在内锚段注浆强度达到设计要求后进行,用手拉葫芦初步就位,穿上锚具利用锚索用千斤顶推至距岩面 30 cm 位置,充填设计标号干硬性砂浆,然后用千斤顶顶压锚墩,使锚墩与岩面接触密实,通过锚具夹片锁定锚墩。

(3)无黏结锚索锚墩安装。无黏结锚索锚墩安装在注浆前完成,下索后即可进行,先将索体固定于孔口,用手拉葫芦将锚墩初步就位,再固定索体尾部,用三个手压千斤顶(或可调丝杆托撑)均匀顶压推至距岩面 30 cm 位置,充填设计标号干硬性砂浆,然后再用千斤顶(或可调丝杆托撑)顶压锚墩,使锚墩与岩面接触密实,最后木楔楔紧,在锚墩安装的同时安装自制定位隔离板,在孔口埋设第一根注浆管。

5.2.7 张拉锚索

为减少场地占用,张拉平台利用平台车或自制移动式排架。

5.2.7.1 张拉机具检验

张拉前先对千斤顶、电动油泵、压力表等进行标定,并绘制出张拉吨位与压力表读数之间的关系曲线图。

5.2.7.2 张拉

为了保证组成锚索的每一根钢绞线受力均匀,张拉分调直预紧张拉和整体张拉两个步骤,均需分级张拉。

调直预紧张拉锚索采用单根对称分级正反循环张拉。为防止单根张拉相互影响,加载 30 kN 达到调直预紧效果即可。整体张拉按以下分级:$\delta/10 \rightarrow \delta/4 \rightarrow \delta/2 \rightarrow 3\delta/4 \rightarrow \delta \rightarrow 1.15\delta$(超张拉力:由于张拉夹片锁定时工作应力不可避免损失,应根据限位板与锚具间长度计算伸长损失量,超张拉力必须大于损失量),每级荷载需持荷稳压 5 min 以上。张拉时卸荷应缓慢匀速,升荷速率每分钟不超过设计张拉力的 1/10;卸荷速率每分钟不超过设计张拉力的 1/5。张拉时,记录下每级荷载下钢绞线伸长值,并与理论伸长值相比较,校核钢绞线伸长值是否正常。

补偿张拉在张拉结束 7 d 后,根据锚索张拉力监测结果决定是否需要补偿张拉。

有黏结锚索分级张拉时要实时检查排气管是否通畅,若堵塞应取出夹片调整排气管位置,重新张拉。

5.2.8 锚头防护

当张拉锁定完成后,采用角磨机切割多余钢绞线,进行锚头保护;采用现浇方式,混凝土采用一级配高流态混凝土,人工插实,钢性锚墩要进行防腐处理以满足耐久性要求。

6 材料与设备

6.1 施工原材料

钢绞线、水泥、锚具、夹片等,预应力锚索采用符合《预应力混凝土用钢绞线》(GB/T 5224—2003)标准的 1 860 MPa(270 级)高强低松弛钢绞线;灌浆及混凝土锚墩用水泥采用 P.O.42.5 普通硅酸盐水泥,其质量检验指标应符合《硅酸盐水泥、普通硅酸盐水泥》(GB 175—1999)的相关规定;辅助材料有减水剂、支架等,应满足施工要求并不得含腐蚀材料。

6.2 施工设备

(1)造孔设备:风宜采用中风压电动空压机,其风压、供风量应与钻进设备配套,造孔宜采用可移动式锚索台车,其钻杆直径、扶正器数量应能满足孔斜率要求。

（2）下索设备：吨位适宜的卷扬机。

（3）灌浆设备：采用 UH-4.8 型灰浆联合灌浆机、3NS 灌浆机等能灌注 0.35：1 水灰比浓浆、输浆量大于 3 m^3/h、灌浆压力大于 5 MPa 即可，可配用灌浆自动记录仪。

（4）张拉设备：油泵选用 ZB4-500 型，供油量 2×2 L/min，额定压力 50 MPa，单根预紧张拉千斤顶和整体张拉千斤顶根据设计参数选配，其吨位与行程要能满足要求。

7 质量控制

（1）锚索施工时，必须遵照以下规范严格执行：

《水电水利工程施工测量规范》（DL/T 5173—2003）。

《水工建筑物水泥灌浆施工技术规范》（DL/T 5148—2001）。

《水电站基本建设工程单元工程质量等级评定标准》（DL/T 5113.1—2005）。

《水利水电建筑安装安全技术工作规程》（SD 267—88）。

（2）地下工程顶拱锚索施工存在工期短、难度大、质量要求高等特点，为了保证地下工程尤其是地下厂房顶拱等无衬砌永久安全稳定，应制定地下工程顶拱预应力锚索施工专项质量管理措施和过程控制，从原材料着手，确保锚索施工原材料钢绞线、水泥、锚具、夹片等必须是合格材料，在施工中对各个环节进行质量跟踪和检查，对重要工序灌浆和张拉工序三检人员必须旁站控制施工质量，使工程各部位、各工序施工始终处于受控状态，确保锚索施工各项工序及要求完全满足设计及规范技术要求。

8 安全措施

（1）项目开工前，由安全环保部编制实施性安全施工措施，对设备吊装运输就位、机械操作、编锚、运输、下索、灌浆、锚墩安装及张拉等作业编制和实施专项安全施工措施，从措施上确保施工安全。

（2）实行逐级安全技术交底制，由项目部组织有关人员进行详细的安全技术交底，凡参加安全技术交底的人员要履行签字手续，并保存资料，安全环保部专职安全员对安全技术措施的执行情况进行监督检查，并做好记录。

（3）特殊工种的操作人员需进行安全教育、考核及复检，严格按照《特种作业人员安全技术考核管理规定》考核合格获取操作证后方能上岗。对已取得上岗证的特种作业人员要进行登记，按期复审，并设专人管理。

（4）确保必需的安全投入。购置必备的劳动保护用品，安全设备应齐备，完全满足安全生产的需要。

（5）所有现场施工人员佩戴安全帽，特种作业人员佩戴专门的防护用具。对于被允许的参观者或检查人员进入施工现场时，佩戴安全帽，非施工人员不得进入施工现场。

（6）在工程现场周围配备、设立必要的安全标志和标志牌，以便为施工人员和公众提供安全和方便。

标志牌包括警告与危险标志、安全与控制标志、指路标志。

（7）用电施工措施由专业人员负责编制，内容包括配电装置及其电容量、供电线路的走向和现场照明的设置，生活、生产设施用电负荷情况，编制有针对性的电器安全技术规定。

（8）专业电工持证上岗。电工有权拒绝执行违反电器安全规程的工作指令，安全员有权制止违反用电安全的行为，严禁违章指挥和违章作业。

9 环保措施

项目部进场后由项目经理组织有关人员制定文明施工的实施细则，并层层宣传加以贯彻落实。

定期对实施情况进行检查,并提出进一步整改措施。并在进入生产区域的出入口处设置醒目的标志,施工人员统一着装并佩戴工作证或上岗证。

项目在施工时,应严格遵守国家的各项有关环境保护的法律、法规及合同的有关规定,搞好施工中的环境保护工作,以防止由于工程施工造成附近地区的环境污染。

风、水、电、通信设施、施工照明等管线路布置合理,颜色分类,标识清晰、安全、牢固,做到平、直、顺,整齐有序。管线的架设高度严格按措施的要求实施。

工程施工期间,对环境会产生影响的工序进行重点控制,造孔过程中施工供风设备尽可能采用电动压风机,钻孔时采用在钻杆内加水送至孔底避免扬尘,灌浆剩余浆液沉淀处理运至指定弃渣场,施工废水需经沉淀处理达到一级排放标准后才能排放,最大限度地减少施工活动给周围环境造成的不利影响。

为使施工期间对环境影响达到最低限度,及时掌握并控制现场施工情况,拟建完善的工地环保管理机构,对全体施工人员进行系统的环保教育,养成良好的环保意识,做到规范作业、文明施工。

工程完工后,及时拆除施工临时设施,清除施工区和生活区及其附近的施工废弃物及建筑垃圾等,并按环境保护措施计划完成环境恢复。

10   效益分析

地下工程顶拱预应力锚索施工技术的成功应用,对地下工程大跨度洞室的稳定安全问题是革命性的解放,从常规混凝土衬砌改变为预应力锚索加固支护,大大减少了工程投资和对整体施工进度的制约,由此带来的经济效益和社会效益都是十分可观的。

11   应用实例

11.1   湖北清江水布垭电站地下厂房工程

清江水布垭电站位于湖北恩施州巴东县境内,地下厂房尺寸为 168.5 m×23 m×65.47 m,厂房及尾水洞顶拱采取 1 500 kN 预应力有黏结锚索加强支护,上倾角 30°~90°,长度 25 m,其中地下厂房顶拱锚索数量为 154 束,四条尾水洞靠近厂房部位共布置 48 束,施工时段为 2002 年 12 月至 2004 年 10 月。工程完工已历经 6 年,运行状况良好。

11.2   长江三峡电站右岸地下厂房工程

三峡电站位于湖北宜昌市境内,地下厂房洞室断面为直墙曲顶拱型,厂房最大高度约 87.3 m、跨度 32.60 m、全长 311.30 m。锚索型式为 2 500 kN 全长有黏结预应力及无黏结预应力两种,其中有黏结锚索数量为 120 束,无黏结锚索 10 束。锚索造孔直径设计为 185 mm,上倾角 30°~90°,长度有 20 m、25 m、30 m 和 35 m 四种,由 17 根钢绞线组成,预应力锚索为内锚类和少数对穿型。施工时段为 2005 年 3 月至 2006 年 3 月。工程完工已历经 5 年,运行状况良好。

11.3   金沙江鲁地拉电站地下厂房工程

金沙江鲁地拉电站位于云南省宾川县境内,主厂房开挖尺寸为 269 m×29.2 m×75.6 m(长×宽×高),在顶拱范围布置了 92 束 $T=1\,500$ kN,$L=20$ m 的预应力无黏结锚索;尾水调压室开挖尺寸为 184 m×24 m×71 m(长×宽×高)在顶拱范围布置了 38 束 $T=1\,500$ kN,$L=20$ m 的预应力无黏结锚索。施工时段为 2008 年 1 月至 2008 年 12 月。工程完工后,运行状况良好。

（主要完成人:万福贵　曾　垒　史雁飞　徐元亭　李世春）

电厂取水头下拉式沉管施工工法

内蒙古辽河工程局股份有限公司

1 前 言

近年来,国家加大了对基础建设的投入力度,为了缓解逐年加大的工农业用水缺口,我国水利基础设施建设得到了大力发展,各类引水工程中的问题急需解决。取水工程能否保质保量地完成,直接影响到整个生产体系能否按计划投产,而取水头部位无疑会成为制约工期的重点部位。

内蒙古上都电厂 2×600 MW 机组厂外供水工程 A 标段取水加压泵站工程要将重量达 200.214 kN、长度达 42.8 m 的钢管和整体钢模板的焊接组合体,从水库水面平稳地运送到水下 9.5 m 的沟槽中。我公司经过认真论证及精密计算,最终采用下拉式沉管工艺顺利地完成了本工程取水头部位安装工作,并成功总结出电厂取水头下拉式沉管施工工法,为今后推广该项施工技术提供了可靠的技术保证。该项工法中的关键技术科技查新,在国内尚属首次使用。该项工法的推广和应用,必将取得良好的经济效益和社会效益。

本工法获得了内蒙古黄河辽河工程局股份有限公司辽河工程局分公司的 2006 年度技术创新一等奖。

2 工法特点

(1)工期:全部引水钢管与整体钢模板(含钢筋、拦污栅)等钢构件在岸上组装起来,整体沉入水中,避免了水下安装,节约工期约 18 天。

(2)成本:不需要大型船只,解决了在中小型水库等无船只工作条件下的水下钢构件安装问题,节约成本 232 万元。

(3)质量:全部钢构件采用岸上组装,确保了构件的整体安装质量。

(4)安全:无大型船只及其他设备,无大量水下作业,最大程度地减少了作业危险源,保证了工程安全顺利实施。

3 适用范围

本工法适用于电厂引水工程取水头部位无大型船只及起重设备条件下,钢构件的水下定位及安装。

4 工艺原理

采用下拉式沉管工艺,使引水钢管与整体钢模板(含钢筋、拦污栅)整体在浮力、重力和向下拉力的共同作用下,平稳地下到水库水位以下 9.5 m 的沟槽内。

分别对引水钢管和整体钢模板进行平衡设计,以保证二者的整体平衡。

在整体钢模板左右两侧焊接大小和形状相同的长方体密闭浮箱,浮箱顶部设有充气阀和注水阀。当钢模板和浮箱完全沉入水中时,结构物的重力刚好等于浮力。实现钢模板和浮箱自身的平衡。

引水钢管两端临时封闭,管内设置对称的充气气囊,气囊之间充满空气。气囊与端盖之间注入适量的水作为配重。在引水钢管气囊附近设拉环,与导向架上的拉力钢丝绳相连。当引水钢管没入水面以下时,其自身的重力、两端的水配重、浮力和钢丝绳向下的拉力达到平衡状态。

设置对称气囊的目的是将配重水对称地固定在钢管两端,防止引水钢管在下沉过程中发生翻转。假如不放置气囊,则用来配重的水在钢管水平时只有半管水,那么一旦有一端沉得略快,管中水必然瞬间涌向该端,造成钢管急剧倾斜(即一头因瞬间失去水配重而突然上浮,而另一端因瞬间充满水,重量陡增而突然下沉)。

5 施工工艺流程及操作要点

5.1 施工工艺流程

取水头构筑物和第一期引水管施工程序见图1。

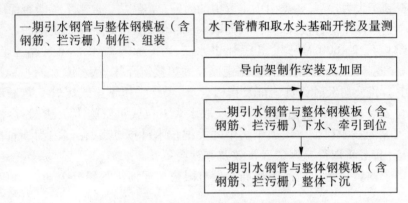

图1 取水头构筑物和第一期引水管施工程序

5.2 操作要点

5.2.1 自流引水管和取水头构筑物的施工

与泵房、厂区挡土墙施工统筹规划,分为两期。第一期,围堰底部的引水管段和围堰外面的取水头施工;第二期,围堰建成后,在围堰的保护下,围堰内靠近泵房的引水管段施工。详见图2。

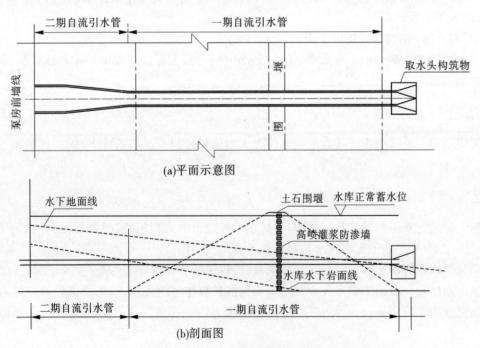

图2 自流引水管和取水头构筑物分期施工示意图

5.2.2 取水头构筑物和第一期引水管施工

5.2.2.1 确定施工方案

取水头构筑物为带有拦污栅的水下两孔钢筋混凝土涵闸式进水口,从后墙穿出两根引水钢管。其结构形式及尺寸见图3。

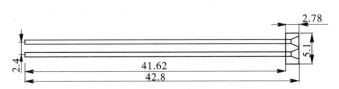

图 3 一期引水钢管与整体钢模板(含钢筋、拦污栅)整体结构形式及结构尺寸 (单位:m)

经过对设定几个施工方案的对比分析,最终选定方案:引水钢管与整体钢模板(含钢筋、拦污栅)组装起来,整体沉入水中,浇筑水下混凝土。

方案优点:不需要大型船只,不存在水下连接;

方案缺点:需架设泵送混凝土管道,但难度不大。

5.2.2.2 水下管槽和取水头构筑物基础开挖

管槽底宽 3.5 m,水下边坡 1:6～1:8,最大槽深 4.8 m;取水头构筑物基础长 7.1 m,宽 5.7 m,用挖泥船开挖管槽和基础。

5.2.2.3 一期引水钢管与整体钢模板(含钢筋、拦污栅)制作、组装

(1)修建制作、组装平台。引水管加整体钢模板总长度为 42.8 m,最大宽度 5.1 m(整体钢模板),最大高度 2.7 m(整体钢模板),据此,确定平台的尺寸;选择平台位置时,重点考虑引水管和整体钢模板便于下水。据此,选定在泵房前沿沙滩浅水中修建平台。根据引水钢管的刚度和重量,采取间断式平台,以减少工程量;平台顶高程高于当时水库水位 30 cm;间断式平台由沙袋搭建,中心间距约 9.5 m,共计 5 个,详见图4。

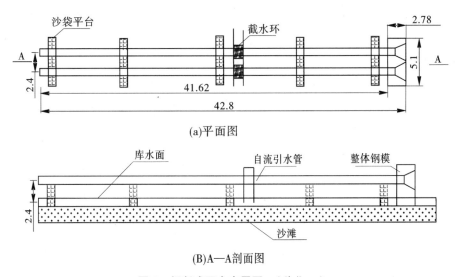

(a)平面图

(B)A—A剖面图

图 4 间断式平台布置图 (单位:m)

(2)制作组装程序见图5。

(3)密封试验。整体钢模板两侧浮箱采用压缩空气检查其密封性;引水钢管采用注水法检查其密封性。引水钢管中的隔水气囊采用压缩空气检查密封性。

(4)导向架制作安装。导向架由四根钢柱组成。每两根钢柱形成一个门架,每个门架由四根

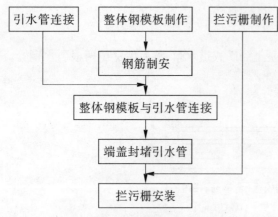

图5 一期引水钢管与整体钢模板(含钢筋、拦污栅)
制作、组装程序

钢丝绳地锚固定。每根钢柱由 D159 钢管法兰连接而成,钢管标准节长度为 2.18 m。在挖泥船上依次连接并下入水中,借助高压水枪插入粉细砂基 2～3 m(有的钢柱已经插到基岩)。

5.2.2.4 一期引水钢管与整体钢模板(含钢筋、拦污栅)下水

通过计算,选定合理的吊点,利用工地现有三台反铲挖掘机,将一期引水钢管与整体钢模板(含钢筋、拦污栅)逐步移入水中。

5.2.2.5 一期引水钢管与整体钢模板(含钢筋、拦污栅)水中迁移到位

用挖泥船牵引,通过设在岸上和围堰上的限位绳索,将一期引水钢管与整体钢模板(含钢筋、拦污栅)迁移到位。

5.2.2.6 一期引水钢管与整体钢模板(含钢筋、拦污栅)整体下沉就位

下沉作业选在风浪较小的时段。整体下沉就位施工步骤如图6所示。

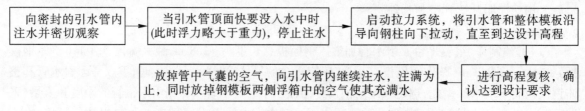

图6 引水钢管与整体钢模板(含钢筋、拦污栅)整体下沉就位施工步骤

6 材料与设备

本工法无需特别说明的材料,采用的机具设备见表1。

7 质量控制

7.1 工程质量控制标准

(1)测量定位执行国家相关标准;

(2)取水头安装执行设计图纸。

7.2 质量保证措施

(1)加强质量意识教育,提高全员的创优意识,要求广大干部职工把质量视为企业生存的大事。

(2)开工前,按要求编写各类工程管理文件,建立各级领导小组,开展质量创优活动。

(3)建立定期和不定期的施工质量检查制度,根据工程进展情况,按验标要求及时进行分项、分部、单位工程的质量检查评定。

(4)搞好技术培训,加强科技攻关,开展 QC 活动,消除质量通病。

(5)加强技术工作,成立科技攻关组,对重大技术方案、工程难题进行专项研究,强化方案优化,合理进行施工组织安排,做到标准明确、重点突出、技术交底清楚、施工指导切实具体。

(6)抓好测量及试验工作,确保各种原材料符合工程要求,确保工程位置、结构尺寸准确无误。

(7)建立激励机制,奖优罚劣,优质优价,鼓励创优。

8 安全措施

8.1 劳动力组织

劳动力组织情况见表 2。

表 1 机具设备

序号	设备名称	单位	数量	用途
1	简易浮船	艘	2	
2	手拉葫芦	台	8	起重
3	测量仪器	套	1	测量定位
4	电焊机	台	4	焊接
5	吊车	台	4	起重

表 2 劳动力组织情况

序号	单项工程	所需人数
1	管理人员	3
2	技术人员	4
3	其他人员	20
	合计	27 人

8.2 安全技术措施

(1)认真贯彻"安全第一,预防为主"的方针,根据国家有关规定、条例,结合施工单位实际情况和工程的具体特点,组成专职安全员和班组兼职安全员以及工地安全用电负责人参加的安全生产管理网络,执行安全生产责任制,明确各级人员的职责,抓好工程的安全生产。

(2)施工现场按符合防火、防洪、防触电等安全规定及安全施工要求进行布置,并布置各种安全标识。

(3)非施工人员不得任意进入现场参观,施工现场醒目处应设立标志。

(4)施工现场的道路要有交通标志,危险地方应挂"危险""禁止通行"等明显标志,运输道路及人行道不得堆放任何物件,保持道路畅通。

(5)注意施工现场用电安全,电气工作人员必须持证上岗,认真贯彻执行有关安全工作规程。

(6)水面操作人员全部配备救生衣、防护衣、漂浮线、救生圈等防护用具,防止发生意外。

(7)施工现场的临时用电严格按照《施工现场临时用电安全技术规范》(JGJ 46—2005)的有关规范规定执行。

(8)施工潮湿地段,混凝土浇筑仓面上照明用电电压必须低于 36 V。

(9)建立完善的施工安全保证体系,加强施工作业中的安全检查,确保作业标准化、规范化。

9 环保与资源节约

环保与资源节约方面应做好以下工作:

(1)妥善处理各类污水,未经处理不得直接排入设施和河流。

(2)施工现场的用电线路、用电设施的安装和使用必须符合安全操作规程,并按照施工组织设计进行架设,严禁任意拉线接电。

(3)建筑垃圾、生活垃圾、渣土要在指定地点堆放,每日进行清理。

(4)施工机械应按施工平面布置规定的位置和线路设置,不得任意侵占场内道路。

(5)施工现场道路保持畅通,排水系统处于良好的使用状态,保护场容场貌的整洁,做到工完场清。施工中需要封路而影响环境时,必须事先告之监理(业主)。在行人、车辆通行的地方施工,须设明显标志。

(6)温暖季节施工要对现场进行绿化。

(7)在施工中,凡是可能对地下水流的水质构成危害的工种、工序,在施工前要制定专门措施,严防水污染。

10　效益分析

（1）本工法将工程施工由水面以下转到地面以上，避免了水下施工产生的大量水下作业，消除水下作业可能产生的各种安全隐患，并且成功降低了大量施工及安全成本的投入。为以后中小水库取水工程在类似情况下的建设提供了可靠的决策依据和技术指标，新的工法技术将促进取水工程施工技术进步，有明显的社会效益和环境效益。

（2）本工法与同类工程的工法相比，由于工程的水下工作量部分小，不受大型水上船只的限制，工程进度快，干扰因素少，有利于文明施工和有效地利用各种资源，大大降低了各种水下作业可能带来的安全隐患，并且节约了大量工程成本，形成了较好的经济效益。

11　应用实例

11.1　上都电厂 2×600 MW 机组厂外供水工程 A 标段取水加压泵站工程

工程概况：两根平行的自流引水管位于水库正常库水位 1 197.5 m 以下 9.5 m 处，水平布置。内径 700 mm，壁厚 10 mm，单根长度 62 m。取水头为带拦污栅的水下钢筋混凝土取水口。轮廓尺寸为长 2.78 m、宽 5.1 m、高 2.7 m。

引水管和取水头构筑物的结构形式和主要尺寸见图2、图3。

自流引水管和取水头构筑物的施工，与泵房、厂区挡土墙施工统筹规划，分为两期。第一期，施工围堰底部的引水管段和围堰外面的取水头；第二期，围堰建成后，在围堰的保护下，围堰内靠近泵房的引水管段施工。

该段于 2004 年 7 月 1 日开工，2004 年 7 月 14 日竣工。

11.2　多伦年产 46 万 t 煤基烯烃项目取水泵站区及供水管线建筑安装工程

11.2.1　部件重量计算

依据技设图纸的结构形式及现场条件，计算出沉管各部件重量。

11.2.2　一期引水钢管与整体钢模板（含钢筋、拦污栅）制作、组装

（1）制作、组装平台引水管和整体钢模板总长度 85.21 m，宽度最大 5.1 m（整体钢模板），高度最大 2.7 m（整体钢模板），据此确定平台的尺寸。选择平台位置时，重点考虑引水管和整体钢模板便于下水。所以，在泵房前沿沙滩浅水中修建平台。根据引水钢管的刚度和重量，采取间断式平台，以减少工程量。平台顶高程高于当时水库水位 30 cm。间断式平台由填筑石渣在水中进行，中心间距约 23 m，共计 4 个。

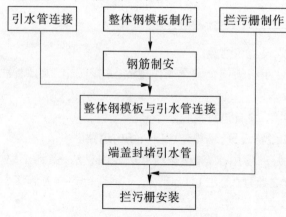

图 7　一期引水钢管与整体钢模板
（含钢筋、拦污栅）制作、组装程序

（2）制作、组装程序。一期引水钢管与整体钢模板（含钢筋、拦污栅）制作、组装程序见图7。

（3）密封试验。整体钢模板两侧浮箱采用压缩空气检查其密封性；引水钢管采用注水法检查其密封性；引水钢管中的隔水气囊采用压缩空气检查密封性。

（4）导向架制作安装。导向架由六根钢柱组成。每两根钢柱形成一个门架，每个门架由四根钢丝绳地锚固定。每根钢柱由 D159 钢管法兰连接而成，钢管标准节长度 2.5 m。在挖泥船上依次连接并下入水中，借助高压水枪插入粉细砂基 2~3 m（有的钢柱已经插到基岩）（见

图 8)。

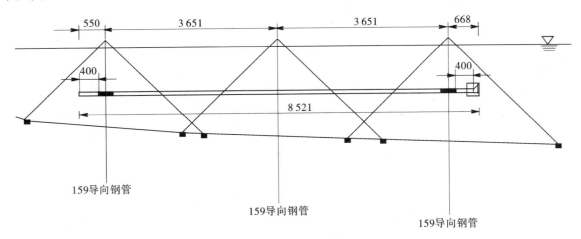

图 8 沉管施工剖面

11.2.3 一期引水钢管与整体钢模板(含钢筋、拦污栅)下水

通过计算,选定合理的吊点,利用 4 台 25 t 汽车起重机,将一期引水钢管与整体钢模板(含钢筋、拦污栅)一次吊入水中。一期引水管与整体钢模板起吊入水平面布置如图 9 所示。

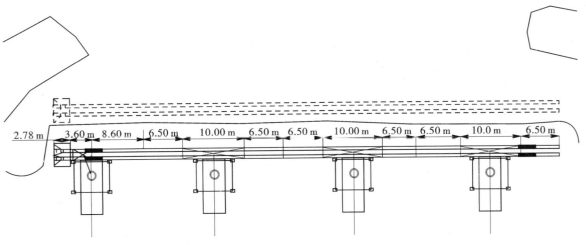

图 9 一期引水管与整体钢模板起吊入水平面布置 (单位:m)

11.2.4 一期引水钢管与整体钢模板(含钢筋、拦污栅)水中迁移到位

用挖泥船和鱼船将引水管牵引至最外侧的门架处,调整好方向后,利用岸上的装载机通过绳索将引水管牵引至设计位置。

11.2.5 一期引水钢管与整体钢模板(含钢筋、拦污栅)整体下沉就位

下沉作业选在风浪较小的时段(一般选在清晨 4~5 点钟)。整体下沉的施工步骤如图 6 所示。

下沉作业的施工参数:经计算每根管的注水量为 20.6 m³,注水时间约为 1 h。两侧浮箱的充气压力每下沉 1 m 增加 0.01 MPa,气泵放置在距离浮箱较近的浮桥上。

11.2.6 有关设计计算过程及结果

11.2.6.1 一期引水钢管与整体钢模板(含钢筋、拦污栅)整体水中平衡设计

(1)整体结构形式及结构尺寸见图 2、图 3。

(2)整体水中平衡设计见图 10。

为了防止整体翻转,分别对引水管和整体钢模板进行平衡分析。

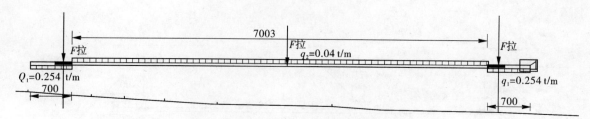

图10　引水管水中平衡设计荷载示意图

对于引水管,平衡式为:

$$2 \times 70.03q_2 - 2 \times 2 \times 7q_1 - 3 \times F_拉 = 0 \tag{1}$$

对于钢模板,平衡式为:

$$F_浮 - G = 0 \tag{2}$$

式中,q_2 为注水段产生的净均布荷载(向下),$q_2 = (G_管 + G_水) - F_浮 = 9.8 \times [(0.159 + 0.294) - 0.413] = 0.372(\text{kN/m})$;$q_1$ 为非注水段产生的净均布荷载(向上),$q_1 = F_浮 - G_管 = 9.8 \times (0.413 - 0.159) = 5.135 \text{ kN/m}$;$F_拉$ 为使引水管下沉的拉力;$F_浮$ 为整体钢模板两侧浮箱的浮力;G 为整体钢模板、钢筋、拦污栅、浮箱及加固件的重量,$G = 9.8 \times 4\,154 = 40.709(\text{kN})$。

上述各项指标中,q_1、q_2 和 G 这三项由结构形式和尺寸决定;$F_拉$ 的确定要考虑两点因素:一是导向架的稳定能力,二是下拉系统的可靠性。$F_拉$ 应尽可能小,这样导向柱可以做得较轻巧,同时下拉机具规格较小,比较省力,且可靠度高。为此,$F_拉$ 取为 1.96 kN;q_2 在取值时考虑到引水管端盖密封万一不理想而少量进水,因而注水段不能注满管,应留一定的缓冲空间,防止沉管时外界水压力通过注水段传给隔离气囊使气囊变位。注水段顶部预留 10 cm 高空间。

(3)变形计算。经简化,变形计算的力学计算模型如图11所示。

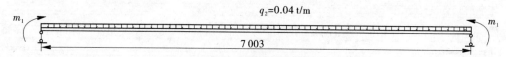

图11　变形计算采用的模型图

跨中挠度由均布荷载 q_2 和两端的力矩 m_1 产生,其计算公式为

$$y_c = \frac{5q_2l^4}{384EI} + q\frac{m_1l^2}{16EI} \tag{3}$$

计算下来的跨中挠度为 $y_c = 0.51$ m。

(4)强度计算

$$\sigma = M_{\max}/W_x = 36.85 \text{ MPa} < [\sigma]$$

11.2.6.2　浮箱设计

根据浮力的大小 $F_浮 = G = 40.709$ kN,确定浮箱体积 $V = 2.08$ m³。每个浮箱的尺寸为:长 2.78 m,宽 1.2 m,厚 0.75 m(其体积为 2.50 m³ 每侧预留 3.92 kN 的不可预见量)。

浮箱在水下受到的静水压强由开始下沉时的 $p = 0$ 逐渐增加到最大值 $p = 96.922$ kN/m²。通过计算,在浮箱的内部设置L 50×50 的角钢骨架,以防浮箱被水压扁。

浮箱的顶部设充气阀和充水阀,下沉之前,先充适当压力的空气,下沉到底后,充水放气减掉浮力。

11.2.6.3　气囊设计

气囊外直径等于钢管内直径。两个气囊通过气线串联。每个气囊长 3 m。气囊的充气压力范围 0~0.025 MPa。气囊的充气线从靠近泵房端盖中穿出。

11.2.6.4 引水管端盖设计

靠近泵房的一端,在钢管上焊法兰盘,并用盲板临时封闭。钢板上设置充气孔;取水头那一端,用特制的端盖临时锁死。泵站建成后,用水泵向前池充水直至与库水位齐平,此时端盖两侧水压平衡。利用事先引出的细钢丝绳将端盖的锁定销拉开,使端盖在自重作用下打开。

11.2.6.5 导向架设计

导向架由三个平行的门架组成,门架由分节钢管通过法兰连接组成,门架高出水面 3 m,每个门架由四个地锚固定,导向柱深入至中粗砂地基。地锚为边长 0.9 m 的正方体钢筋石笼,利用高压水枪使其埋入砂层。

该段于 2007 年 3 月 15 日开工,2007 年 4 月 1 日竣工。

11.3 工程监测与结果评价

采用"下拉沉管法施工工法",保证了取水头施工质量,并能及时监测各主要工序施工阶段的数值,使施工全过程处于安全、稳定、快速、优质的可控状态,化解了工期矛盾。工程质量良好,无质量、安全生产事故发生,得到了各方的好评。

(主要完成人:赵明宇 李 正 白希亮 赵学军)

陡边坡混凝土面板无轨拉模施工工法

江夏水电工程公司

1 前 言

混凝土面板堆石坝上下游坡比一般为 1∶1.3～1∶5,其面板混凝土采用无轨拉模施工已经是一项相当成熟的技术措施。但是对于岩石基础、坡度比 1∶0.75 高陡边坡情况下的面板混凝土采用无轨拉模施工,这不仅需要保证施工中的安全,还须妥善解决混凝土浮托力、混凝土在陡边坡入仓过程中的骨料分离、最大限度减小面板裂缝等一系列的特殊技术问题。

山西西龙池抽水蓄能电站下水库库岸钢筋混凝土面板,标准面板块高差 53.44 m,面板坡度 1∶0.75。我公司对此项目进行了深入探索和研究,并通过现场试验论证,采取相应的特殊技术措施,成功实施了无轨拉模施工,浇筑面板混凝土,既能保证施工质量,又能加快施工进度,且能节省模板。

本工法技术可靠,保证施工质量,有明显的社会效益和经济效益。

2 工法特点

(1)无轨拉模的工艺简单,易于推广。侧模采用木模,质量轻,坡面上运输安装较简单。尤其对于不规则混凝土板块,也可实施滑模作业。

(2)混凝土浇筑、振捣、抹面一次完成,速度快,质量易于保证。采用跳块浇筑面板混凝土,能实现流水作业,便于组织各道工序,合理安排劳动力。

(3)通过优化面板混凝土配合比控制混凝土入仓后的坍落度,减小混凝土的浮托力;控制滑模上升速度,以利用混凝土的逐渐初凝减小混凝土的浮托力;利用较小的滑动模板自重加配重解决滑模的抗混凝土浮托力等多项措施,顺利实现面板混凝土的无轨拉模施工。

3 适用范围

本工法适用于不陡于 1∶0.75 坡比的大面积陡边坡混凝土面板浇筑工程。

4 工艺原理

陡边坡混凝土面板无轨拉模,由滑动模板、侧模、卷扬机牵引系统三部分组成,以卷扬机牵引特制的重力式滑动钢模板,沿坡面边浇筑混凝土边滑升,可连续浇筑到顶。

无轨拉模是在有轨滑模的基础上,取消专用钢轨道,利用两侧的木模轨道或已浇块混凝土来支撑、导向和控制混凝土面板的浇筑厚度。滑动模板的长度由面板纵缝距离确定,模板采用分段组合式。

通过控制入仓后混凝土坍落度、控制滑模上升速度、优化混凝土配合比等措施降低混凝土浮托力。在浇筑过程中,混凝土的浮托力由模板自重和附加配重来克服。

无轨拉模施工时的滑升速度与浇筑强度、脱模时间相适应。

5 施工工艺流程及操作要点

5.1 施工工艺流程

陡边坡面板混凝土施工主要包括钢管爬梯搭设、铜止水安装、钢筋制安、侧模安装、滑动模板安装、混凝土浇筑、混凝土层面处理及混凝土养护等。

混凝土面板无轨拉模施工流程见图1。

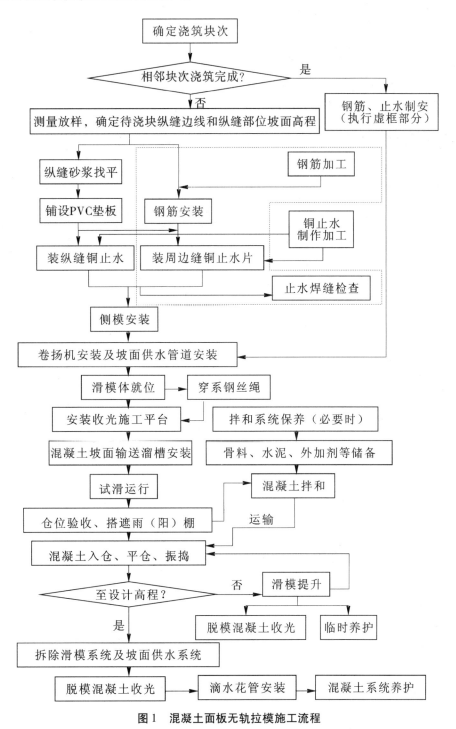

图1　混凝土面板无轨拉模施工流程

5.2　操作要点

5.2.1　施工准备

5.2.1.1　确定混凝土配合比

面板混凝土配合比除满足面板设计性能外,无轨拉模施工对其有以下特殊要求:

(1)为减小混凝土对滑模体的浮托力,混凝土入仓坍落度应不大于5 cm,以3～4 cm为宜。此乃陡边坡无轨拉模成功与否的关键。

（2）为了保证模板顺利滑升,要求混凝土凝结时间合适。

（3）便于溜槽输送,且在输送过程中不离析、不分层。

（4）入仓后易于振捣,脱模后不泌水、不下塌、不被拉裂。

（5）具有良好的和易性,满足施工对混凝土流动性的要求。

5.2.1.2　滑动模板设计及制作

1）滑动模板设计的技术要求

（1）滑模必须有足够的自重,再设置附加配重,以克服混凝土振捣时的浮托力。

（2）滑模必须有足够的刚度,以保证滑模在下放和上拉时不扭曲,中间挠度不超过5 mm。

（3）滑模必须提供安全可靠的操作平台,包括上部的行人走道及后部的抹面平台。

（4）滑模设计时要满足新浇混凝土的保温、养护要求。

2）滑动模板制作

模体由组合式桁架和钢面板组成,滑模体长度根据面板混凝土浇筑块宽度确定,滑模两端各挑出0.5～1 m。为满足不同宽度面板施工需要,滑动模板设计为组合式,中间可以拆卸。滑模底部滑板宽1.2 m,用厚12～16 mm的钢板制作;在桁架上方搭设操作平台,尾部设抹面平台,两端设挂钩,与牵引钢丝绳连接。其施工及结构如图2、图3所示。

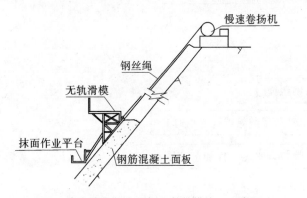

图2　陡边坡混凝土面板无轨拉模施工示意图　　　　图3　滑动模板结构示意图

5.2.1.3　基础验收

清除岩基上的杂物、泥土及松动岩石后冲洗干净并排干积水,清洗后的基础岩面在混凝土浇筑前保持清洁、干燥。如遇有承压水,根据现场情况制定引排措施。最终建基面在验收合格后,方可进入下一道工序施工。

5.2.1.4　技术交底

为确保面板混凝土浇筑的质量和安全,施工前应对施工人员进行技术交底。技术交底的内容包括设计要求、施工方法、工期要求、安全质量要求等。

5.2.2　上下交通钢管爬梯搭设施工

侧模安装前,首先由测量人员在边坡的上下两端测设施工纵缝边线,然后采用钢管在纵缝边线外侧坡面上搭设人员上下的交通爬梯。钢管爬梯安装在面板混凝土外侧,距分缝线0.5 m左右,每一节爬梯都用短锚杆固定在坡面上。爬梯用钢管扣件连接,基础面凹凸不平部位用钢管支撑,爬梯应设稳固的安全扶手。

在此基础上,测量人员在边坡的上下两端及中部每隔一定间距对纵缝边线及控制点高程进行精确放样,据此控制点挂线安装侧模。

5.2.3　铜止水片安装

在相对应混凝土纵缝基础面上铺设一层砂浆垫层,然后在砂浆垫层上铺设PVC垫片。铜止水片采用紫铜卷材,加工前先进行退火处理,并采用铜片止水加工设备一次加工成型(包括"T"、"十"字接头),然后运输到现场进行焊接。

5.2.4 钢筋制安

按照钢筋配料单下料加工钢筋后,运输到现场,通过人工传输至相应位置后进行绑扎、焊接。钢筋安装时,利用设置于坡面的锚杆作为支架钢筋,做架立网,施工前在锚杆上用油漆标明钢筋网高程,安装结构钢筋及分布筋,钢筋接头按规范要求进行焊接。钢筋安装应保证钢筋网平整、牢固,间距符合设计要求,钢筋网间距准确、均匀。

5.2.5 侧模安装

先浇面板块需安装侧模。侧模的安装原则上沿坡面自下而上进行。

侧模主要采用规格为 10 cm×10 cm 的方木进行拼装,侧模外侧在坡面上设置 Φ25 插筋,插筋入岩 50 cm,外露 20 cm,插筋坡面间距为 90 cm,用于支撑侧模。侧模顶部安装一规格为 L 50×5 的角钢,作为无轨拉模的滑动轨道,并使角钢上表面与待浇筑的混凝土上表面一致。角钢钻孔后用螺栓拼装连接,侧模制作时块与块之间要清缝,靠混凝土侧要刨光。模板拼接处要有错口缝,防止漏浆。侧模安装如图 4 所示。

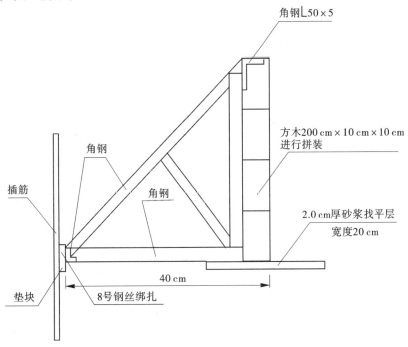

图 4　侧模安装示意图

模板全部安装完毕后进行测量校正,侧模安装必须垂直,误差不大于 3 mm,顶面必须顺直,不能有突变,否则影响无轨滑模的滑行,也会造成面板混凝土表面凹凸不平。校正无误后,再进行嵌缝,刷脱模剂,顶面角钢涂润滑油,以利于滑模滑行,减小阻力。

5.2.6 卷扬系统安装

滑动模板采用 2 台 10 t 慢速卷扬机进行牵引。卷扬机布置位置与待浇混凝土的施工纵缝相对应。

卷扬机基础要求位于岩基上,打设锚杆将其固定牢固,并配置混凝土配重块。

5.2.7 滑动模板及水电、照明等安装

滑动模板在平地上根据浇筑宽度先进行组装,再采用汽车吊机将其吊装于侧模的轨道上,并将卷扬机钢丝绳穿系于滑动模板上。牵引系统安装完毕后,使滑动模板轻轻落在侧模上。先空载牵

引滑动模板上行一段距离,确认其系统可正常运行,施工准备全部结束后即可进行混凝土浇筑。

修整平台随滑动模板一同安装,修整平台有两种,一种为滑动模板附着式修整平台,另一种为分离式修整平台。分离式修整平台在滑动模板上升一定高度采用钢丝绳系在滑动模板的底部。

采用软式水管将水引至滑动模板,用做混凝土的临时养护用水。同时将动力电源及照明电源引至滑动模板上。根据气候条件,为避免刚浇筑后脱模的混凝土受太阳暴晒或受雨淋,在滑动模板上采用钢管搭设遮阳(雨)棚。

为防止在混凝土浇筑过程中因混凝土浮托力过大,使滑模"跑模",初期滑模采用坡面锚杆进行初步锁定,并配置一定的配重后上行一段距离,确认其系统可正常运行后,在模具的内侧增设加固支撑,一端顶紧模板,另一端支撑于岩面上,支撑设立结束后即可进行混凝土浇筑。

5.2.8 溜槽安装

采用溜槽解决陡边坡面板混凝土入仓过程中的骨料分离问题。

溜槽采用 $\delta = 1.2$ mm 厚的铁皮加工而成,每个溜槽为半圆形(半径为 30 cm),长度为 2.0 m。溜槽沿长度方向每 100 cm 设一铁箍,溜槽与溜槽之间通过挂钩连接。溜槽每 3~4 节与坡面钢筋绑扎牢固。

溜槽安装时,在已开挖坡面上先设置插筋,插筋入岩 40 cm,外露 30 cm,采用 8 号铁丝与溜槽固定。为保障混凝土浇筑强度,每个结构块浇筑时在结构块长度方向平均布置两条溜槽,溜槽的末端可向左右方向移动。溜槽外侧上下设置吊耳并采用卡扣与钢丝绳连接牢固。为防止混凝土在下料过程中飞溅伤人,溜槽敞开表面采用无纺布(或帆布)进行覆盖。

为防止混凝土在溜槽内产生分离,在每节溜槽内安装一缓冲钢板。缓冲钢板自上而下的重量不等,底部溜槽的缓冲板重于顶部溜槽的缓冲板。混凝土在溜槽下滑过程中,粗骨料的下滑速度一般要快于水泥浆及细骨料的速度,但粗骨料必定受缓冲板的阻挡。粗骨料受到阻挡后,速度明显得到控制,同时部分欲飞溅出溜槽的骨料碰撞在无纺布(或帆布)上后回弹,也有效地缓解了其下滑速度。溜槽设缓冲钢板装置如图 5 所示。

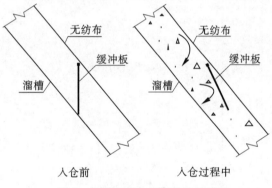

图 5 溜槽设缓冲钢板装置示意图

5.2.9 钢筋混凝土防渗面板无轨拉模现场工艺性试验

由于库岸边坡较陡(1∶0.75),混凝土面板施工难度较大,在开始正式施工前需要进行现场工艺性试验。

现场工艺性试验需要验证面板混凝土无轨拉模施工的可行性以及混凝土试验配合比的施工性能,并要确定混凝土面板施工的浇筑、振捣、收面及无轨拉模在滑升过程中的稳定性等内容。混凝土面板工艺试验中质量检查人员对每一道工序进行跟踪,并记录有关数据,逐步确定了无轨拉模的安装、模体滑升速度、混凝土浇筑、振捣及收(压)面等工艺参数,并对混凝土配合比进行了优化和完善。

5.2.10 混凝土拌和与运输、入仓

仓位验收后即可安排混凝土浇筑。

混凝土在拌和站拌和后,由混凝土罐车从拌和站运输至浇筑块的溜槽端部的集料斗上。为防止混凝土坍落度过大导致滑模浮托力过大,拌和系统严格控制混凝土出机口坍落度在 6~7 cm,混凝土入仓坍落度严格控制在 3~4 cm。

实施无轨拉模关键是控制混凝土入仓后的坍落度,主要采取以下措施:

（1）增加混凝土拌制过程中的砂石骨料含水量的检测频次，根据骨料含水量及时修正混凝土配合比中的加水量；

（2）建立混凝土坍落度损失对应表，根据气温、空气湿度以及混凝土运输距离的变化及时调整混凝土出机口的坍落度；

（3）加强混凝土的振捣与管控工作，防止漏振或过振，严禁在入仓后的混凝土中加水等，以解决混凝土坍落度小造成振捣难度大的问题。

5.2.11 平仓、振捣、滑动模板提升及混凝土表面抹面

混凝土浇筑之前，为防止底部出现石子架空现象，先在面板底部铺筑一层厚 2~3 cm 的砂浆（砂浆强度等级不低于面板混凝土）。混凝土入仓后，人工进行平仓，使浇筑层厚为 30 cm 左右，并专门挑选含粗骨料较少的混凝土至铜止水附近，避免粗骨料在止水周边产生架空而出现渗漏。平仓后采用 D50 软轴振捣器进行振捣，在进行混凝土振捣过程中，采用双排交错连续振捣的方法进行混凝土的振捣施工，即从一端向另一端或从中间向两端进行错位连续振捣，避免在混凝土浇筑过程中漏振，铜止水片部位采用 D30 软轴振捣器振捣。在振捣过程中振捣器插入下一层混凝土面的高度不宜超过 10 cm，且插入深度不得少于 5 cm，以保证混凝土振捣密实。

如在浇筑过程中突然下雨，应在滑动模板上架设钢管架，用彩条布覆盖作雨棚，避免雨水冲刷已浇筑的混凝土。如雨过大致使仓面积水无法正常浇筑，则停仓作施工缝处理。如雨较小，将仓内积水排除后可继续进行混凝土浇筑。

滑模滑升由专人统一指挥，指挥人员在滑模附近，统一指挥语言，指挥其滑升。滑动模板滑升前，必须清除前沿超填混凝土。

混凝土浇筑后一次提升高度为 30 cm，滑动模板的提升速度初步控制在 0.6~0.8 m/h，根据混凝土脱模的效果加大或减小滑动模板的提升速度。

滑模拉升时，模板下缘混凝土表面要承受较大的拉应力，如混凝土坍落度太小或脱模时间接近初凝往往会造成机械损伤，因此要掌握好脱模时间，并在脱模后及时抹面压平，消除表面伤痕。面板浇筑中间不要停顿，以免过程中形成冷缝。如因故停顿造成冷缝，应停止施工，按施工缝处理后再继续浇筑。

因混凝土供料或其他原因造成待料时，滑模应在 30 min 左右拉动一次，防止滑模的滑板与混凝土表面产生黏结，增大卷扬机的启动功率。为了滑模运行安全，还需在两侧加挂 10 t 手拉葫芦，以增加安全保障，即使在上部卷扬机出现意外如停电时，10 t 葫芦还可起到保护作用和将滑模滑升至与混凝土面脱离。

在滑模提升一定高度后，人工在修整平台上对脱模混凝土人工找平、收光、压光。滑模滑过的面板混凝土表面，由抹面平台上的抹面工用长 0.5 m 的木尺初抹，表面平整后，用样板控制平整度，用铁抹子抹面、收光，使面板混凝土达到平整美观。

5.2.12 滑模拆移

拆模前先将模板配重卸载，整体吊起，拆解钢丝绳，解体后的模具吊装至平板车上，转运至下一个施工工作面。

5.2.13 混凝土养护

在浇筑过程中，在修整平台时人工洒水对已浇混凝土面进行养护，并立即用塑料薄膜覆盖保湿，防止面板开裂。混凝土浇筑至顶后，采用无纺布等隔热保温用品进行覆盖，在面板顶部通过供水花管进行常流水养护，并同时辅以人工养护。面板冬季保温采用两层保温材料养护。

5.3 劳动力组织

劳动力组织情况见表 1。

表1　一条混凝土面板作业流水线劳动力组织情况

人员	钢筋工	混凝土工	架子工	车辆驾驶员	木工	电焊工	止水工	其他技工	普工	现场管理人员	合计
人数（人）	10	8	4	6	9	3	2	3	10	2	57

6　材料与设备

本工法与常规面板堆石坝无轨拉模施工的设备基本相同,由于为陡边坡无轨拉模施工,牵引力较常规的拉模施工要大,故卷扬机的额定牵引力应大些。主要机具及材料投入见表2。

表2　一条混凝土面板作业流水线主要机具及材料投入

机械名称	强制式搅拌机	混凝土搅拌车	平板车	卷扬机	溜槽	滑动模板	铜止水模具	平板振捣器	软管振捣器	软管振捣器	汽车吊机
数量	1~2台	3辆	2辆	2台	60节	1套	1套	2台	3台	1台	1台
备注	根据强度确定	8 m³	8 t	10 t	2 m/节				Φ50	Φ30	25 t

7　质量控制

7.1　工程质量控制标准

施工质量执行《混凝土面板堆石坝施工规范》(DL/T 5128—2009)、《混凝土面板堆石坝接缝止水规范》(DL/T 5115—2008)、《水工混凝土施工规范》(DL/T 5144—2001)等的要求。

7.2　质量保证措施

(1)加强混凝土坍落度的质量控制。坍落度是影响无轨拉模施工质量和进度的最重要因素。坍落度过大,混凝土易产生离析、分层,且脱模时间过长,容易泌水、下塌;坍落度过小,难振捣密实,易出现蜂窝、麻面现象。

(2)避免或减小滑模的机械损伤、浇筑时中断时间过长又未按规定处理的冷缝、入仓时加水等易诱发的面板裂缝。

(3)加强混凝土振捣质量控制。振捣是混凝土内在质量和外观质量的主要决定因素之一,必须仓内布料均匀平整,无分离现象,振捣密实,同时不得过振或漏振,以防止混凝土脱模泌水与滑动模板上浮。

(4)施工期间密切关注天气变化,尽量避开雨天施工。如遇小雨,在滑动模板上架设钢管架,用彩条布覆盖作雨棚,保证入仓混凝土质量。抹面后及时用彩条布覆盖,防止雨水对混凝土面板的冲刷。

(5)面板混凝土脱模后,立即用塑料薄膜覆盖保湿,防止面板开裂。初凝后揭除薄膜覆盖,盖上无纺布等隔热保温用品,并及时洒水养护,宜连续养护至水库蓄水为止。

(6)模板支撑基础坚实,支撑架和牵引钢丝绳等稳定、牢固;滑模、侧模稳定、牢固,牵引拉升调节系统正常工作;模板拼缝严密。

8　安全措施

(1)必须按设计图纸加工无轨拉模操作平台。平台各部件的焊接质量必须经检验合格。操作平台及吊脚手架上的铺板必须严密平整,防滑、固定可靠,并不得随意挪动。操作平台上的孔洞(如上、下层操作平台的通道孔,梁模滑空部位等)应设盖板封严。操作平台(包括内外吊脚手)边缘应设钢制防护栏杆,其高度不小于 120 cm,横挡间距不大于 35 cm,底部设高度大于 18 cm 的挡板。在防护栏杆外侧应满挂安全网封闭,并应与防护栏杆绑扎牢固。

(2)定期检查卷扬机、吊点、钢丝绳是否磨损以及模板结构块间连接是否牢固,吊点与钢丝绳之间采用鸡心环联结等,并严格按照操作规程定期对设备及相关设施进行维护保养。

(3)卷扬机基础应平整、结实牢固。采用根据负荷计算且满足安全要求的混凝土配重块固定卷扬机,所有卷扬机采用单独电源供电,施工现场一律采用电缆作为导线,采用漏电开关保护,并实行一机一闸。卷扬机、吊点、牵引点应保持在同一轴线上。工作中每日检查一次锚杆各部位的位移情况。

(4)面板施工的动力及照明用电应设有备用电源。混凝土工作平台上采用 380 V 电压供电的设备,应装有触电保安器。经常移动的用电设备和机具的电源线,应使用橡胶软线。所有电气设备必须接地,且电阻不得大于 4 Ω。用电设备必须使用漏电开关,且必须安装防止短路的保险器,不得使用单极和裸露开关。敷设于操作平台上的电气线路应安装在隐蔽处,对无法隐蔽的电线应有保护措施。

(5)夜间施工应保证工作面照明充分。操作平台上有高于 36 V 的固定照明灯具时,必须在其线路上设置触电保安器,灯泡应配有防雨灯伞或保护罩。

(6)滑模提升的操作工必须由专人培训上岗。滑模提升时必须在指挥人员的统一指挥下进行。拉模前必须进行滑行试验,在确保安全的情况下进行施工。

(7)面板上升后拆除的溜槽等不用的材料、物件及时清理运至地面,不能大量堆放在混凝土浇筑工作平台上。

(8)施工人员必须系好安全带,设置专职安全监护人员。同时在坡面上另设两条绳索作为断绳安全保护装置,将安全绳固定在绳索上。滑模上的安全绳与模板同步上升。

(9)拉模施工时,上下工作人员密切配合,信号统一,用对讲机进行上、下通信联络,同时辅助以口哨、红绿旗等工具。通信联络设备及信号设专人管理和使用,联络不清,信号不明,不得擅自启动垂直运输机械。

(10)施工中要经常与当地气象台取得联系,遇到雷雨、六级和六级以上大风时,必须停止施工。停工前做好停工措施,操作平台上人员撤离前,应对设备、工具、零散材料、可移动的铺板等进行整理、固定并做好防护,全部人员撤离后立即切断通向操作平台的供电电源。

9 环保措施

(1)对于混凝土拌和、混凝土浇筑、交通运输等施工强噪声源,按照《建筑施工场界噪声标准》(GB 12523—90),优先选用低噪声动力机械设备以降低噪声值,并合理安排工作人员,减少其接触噪声的时间。

(2)施工产生的沸水需经过处理后方可排放。仓位冲洗、混凝土养护、混凝土冷却的施工废水重点控制悬浮物的排放,根据施工现场情况布置一定数量的施工污水沉淀池,经沉淀达到排放标准后方可排放。浇筑混凝土时产生的废水,还要控制 pH 污染因子,当 pH 值较高达不到排放标准时,作适当酸碱中和处理,达到《污水综合排放标准》(GB 8978—1996)规定的一级标准后方可排放。

(3)按照《环境空气质量标准》(GB 3095—1996),对施工期间粉尘排放:①选配或安装有效的除尘设备,且与施工设备同时运行,并保持完好运行状态。②经常清扫工地和道路,保持工地和所有场地道路的清洁。③洒水车定时洒水。在施工高峰期及干燥季节,视路面扬尘情况,随时增加洒水次数。

(4)对交通运输车辆、拌和站等施工机械排放废气造成污染的大气污染源:①加强对各类机械设备的保养维护,保证发动机在良好状态下工作;②选择使用符合环保要求的燃油,减少污染气体的排放;③不在工地焚烧残留物或废料等。

10　效益分析

国内陡边坡混凝土面板的施工工艺,主要有无轨拉模、有轨滑模两种。

对于有轨滑模,轨道安装精度高、难度大,施工复杂。对于无轨拉模,只要混凝土坍落度、滑模的配重、滑模提升速度等方面控制好,可顺利实现无轨拉模施工。

10.1　无轨拉模与有轨滑模的技术方案对比分析

对于有轨滑模,其轨道为工20的工字钢,单根工字钢较重,在陡边坡上安装,人工运输困难,施工作业危险,安装精度要求较高,施工复杂,难以满足进度要求,且不规则混凝土板块很难实施拉模作业。

改用无轨拉模后,与有轮有轨滑模相比,无轨拉模侧模采用木模,可节省钢轨道,木模重量轻,坡面上运输较简单,安装精度要求较低,施工进度快,尤其对于不规则混凝土板块,均可实施拉模作业。

有轨滑模与无轨拉模两种施工方案在施工工艺上各有优点与不足,但是通过对比可以发现,陡边坡混凝土面板无轨拉模可操作性强,便于实施。两种施工方案的施工工艺比对见表3。

表3　无轨拉模及有轨滑模施工工艺比对

比对项目	无轨拉模	有轨滑模
模板大小	12 m×1.2 m	12 m×1.2 m
模板侧压力	172.8 kN(包括振捣器激振力)	172.8 kN(包括振捣器激振力)
总牵引力	709.44 kN	356.2 kN
压重	23.8 t	无
模板自重	5 t	5 t
施工工艺特点	1.对提升系统的牵引力要求较高。 2.施工中模板顶部的压重大。 3.面板表层混凝土强度损失大。 4.混凝土施工结束后短时间内只可采用覆盖养护措施。 5.不需跨面板内埋设的锚杆。 6.模板压重较大对整个拉模的稳定不利。 7.与锚杆的施工工艺要求的高低无关。 8.整个拉模的施工总荷载较有轨滑模小。 9.采用无轨拉模施工可连续进行浇筑。 10.拉模施工后缺陷处理工程量大。 11.模板移位或就位必须借助起重设备。 12.模板的自重不影响拉模的牵引力及稳定。	1.对提升系统牵引力要求不高。 2.施工中面层模板不需压重。 3.面板表层混凝土强度损失小。 4.混凝土施工结束后即可采用覆盖养护,终凝后采用洒水及流水养护措施。 5.需要跨面板内埋设的螺杆。 6.对导轨与螺杆等连接件、导轨与导轨连接件及导轨、母体桁架的刚度要求高。 7.导轨与锚杆连接件间交错换位对整个导轨受力平衡及稳定不利。 8.增加了倒运模板、套筒埋设、连接螺杆换位等施工程序。 9.对锚杆的施工工艺要求高(必须满足拉模的整体稳定的要求)。 10.采用手拉葫芦牵引时,葫芦的交换牵引对拉模的稳定不利。 11.整个滑模的施工荷载较小。 12.在一层浇筑结束后,须停顿一段时间后方可进行下层浇筑。 13.滑模施工结束后缺陷处理工程量小。 14.滑模就位或移位须借助于起重设备。 15.母体自重对提升系统牵引力要求影响较大。

10.2 无轨拉模与有轨滑模的经济效益与社会效益对比分析

有轨滑模与无轨拉模在材料投入方面的不同主要在于有轨滑模使用了工 20 的工字钢作为轨道。

山西西龙池抽水蓄能电站下水库库岸钢筋混凝土面板为满足按期蓄水的工程进度需要,必须投入 8 条面板施工作业流水线。如果采用有轨滑模,需要投入工 20 的工字钢 1 500 m,计 55 t,每吨包括材料费在内安装费按 10 000 元计,则合计 55 万元。用于固定钢轨道的锚杆共计 8 370 根,Φ28,入岩 1 m,外露 0.65 m,每根单价按 30 元计,合计 25.1 万元。与无轨拉模相比,有轨滑模在轨道的安装和拆除上按每套需增加投入 30 人工日计算,则需要增加人工费 22.5 万元。以上总计增加投入约 102.6 万元人民币。

面板混凝土采用无轨拉模后,除在上述成本上有节约外,由于无轨拉模的侧模安装工艺简单,施工进度有了很大提高,在 2006～2007 年混凝土施工强度高、各种外界制约因素繁杂的情况下,圆满完成了面板混凝土施工任务,有效确保了西龙池抽水蓄能电站的按期蓄水发电,得到了建设单位、监理单位、设计单位等各方的好评,社会效益显著。

10.3 陡边坡混凝土面板无轨拉模的优点

从上述对比分析可以看出,陡边坡混凝土面板无轨拉模具有以下优点:

(1)采用无轨拉模方案,侧模采用木模,重量轻,坡面上运输较简单,安装精度要求较低,施工进度快。

(2)有轨滑模需要跨面板内埋设锚杆,锚杆的施工工艺要求高(必须满足拉模的整体稳定的要求);而无轨拉模不需跨面板内埋设的锚杆,节约了施工费用和锚杆施工时间,加快了施工进度。

(3)有轨滑模在一层浇筑结束后,须停顿一段时间后方可进行下层浇筑;而采用无轨拉模施工可连续进行浇筑,对施工浇筑质量有保障,加快了浇筑进度。

(4)无轨拉模与有轨滑模相比减少了倒运模板、套筒埋设、连接螺杆换位等施工程序,加快了施工进度。

(5)无轨拉模与有轨滑模相比,在材料、人工等投入方面节省了较多费用。

11 应用实例

国内陡边坡混凝土面板比较少见,该工法在山西西龙池抽水蓄能电站下水库工程成功应用后,现已经是一项较为成熟的先进工法。同时,在湖北省鹤峰县江坪河水电站下游侧右岸瓦屋台河床边坡加固工程以及云南糯扎渡水电站黏土心墙堆石坝的岸坡段心墙混凝土底板施工中得到了推广运用。

11.1 山西西龙池抽水蓄能电站下水库

山西西龙池抽水蓄能电站下水库为减少高陡库岸的开挖,满足库容需要,面板坡度为 1∶0.75。混凝土面板沿库岸轴线方向累计长度约 1 055.3 m,面板不设水平缝,只设垂直缝。混凝土面板总块数为 115 块。混凝土面板设计标准块宽度有 12 m、10 m、8 m、6 m,标准面板高 53.44 m,斜长为 66.8 m。面板混凝土厚度为 40 cm(法向)。混凝土面板总面积为 6.85 万 m^2。

面板采用 C25W8F300 混凝土。水泥为 42.5 普通硅酸盐水泥,人工骨料。外加剂有引气剂、高效减水剂等,掺和料有粉煤灰、聚丙烯纤维。混凝土配合比为水胶比 0.4(水泥 244 kg/m^3),掺粉煤灰 25%(81 kg/m^3),砂率为 37%(砂 722 kg/m^3、石 1 236 kg/m^3),另加适量的减水剂、引气剂等。

由于无轨拉模工艺简单,施工速度快,使本工程能够按期完成。钢筋混凝土防渗面板施工于 2005 年 11 月 6 日开始,2007 年 11 月 2 日按期完成。

面板采用无轨拉模一次连续浇筑,夏季高温施工采取预冷措施,入仓温度控制在 28 ℃以下。面板混凝土养护至水库蓄水。面板冬季采用 EPE 保温被和棉被两层保温材料保温。

施工中加大技术措施落实力度,加强混凝土原材料质量控制,并重点加强现场施工质量管理,从面板混凝土浇筑后的施工质量情况看,整体质量较好,达到面板混凝土质量控制要求。施工过程中严格控制各工序质量,拌和物质量控制较好。面板混凝土 C25W8F300 的 28 d 抗压强度共检测707 组,强度保证率为 95.2%,满足设计要求。

2007 年 12 月,混凝土防渗面板顺利通过中国水电工程顾问集团公司组织的山西西龙池抽水蓄能电站下水库蓄水安全鉴定。

11.2 湖北省鹤峰县江坪河水电站下游侧右岸瓦屋台河床边坡加固工程

湖北省鹤峰县江坪河水电站下游侧右岸瓦屋台河床边坡加固工程是江坪河水电站的一个抢险加固工程。在江坪河水电站施工期间,2007 年汛期出现特大暴雨,电站下游左岸梅家台山体出现大滑坡,形成堰塞湖,致使河床水流改向,直接冲刷右岸的瓦屋台河床边坡,危及右岸边坡的安全稳定。2007 年汛末以及 2008 年在对堰塞湖清挖处理后,为确保右岸边坡的安全稳定,特对瓦屋台河床边坡进行加固处理。即先对坡进行开挖修整,坡比为 1∶1,坡面采用 C25 混凝土面板进行防护,混凝土工程量约 6 200 m³,并在混凝土面板坡面上安装预应力锚索对河床边坡进行加固。

该项目于 2008 年 11 月 15 日开工,2009 年 4 月 25 日竣工。施工中,混凝土面板护坡参照了陡边坡混凝土面板无轨拉模施工工法进行施工,施工工艺简便快速,进度、质量满足合同、设计和规范要求,所施工的各单元工程质量检测成果优良。经历了 2009 年全年十年一遇洪水和 2010 年汛期日降雨量 270 mm 的百年不遇的特大暴雨的考验,运行情况良好。

（**主要完成人**：严匡柠　陈剑华　王松波　陈和勇　姚自友）

陡边坡碎石垫层料施工工法

江夏水电工程公司

1 前 言

随着沥青混凝土应用的发展,在工程中采用沥青混凝土进行库岸防渗的工程越来越多,其中包括沥青面板下卧层——碎石垫层的施工。库岸碎石垫层与传统面板堆石坝垫层相比,坡度较陡,其施工有着许多自身的特点。我公司通过工程实践,总结出一套适合陡边坡库岸垫层的施工工艺,形成本工法。

2 工法特点

(1)利用自制牵引设备和布料小车在坡面一次将垫层料摊铺完成。

(2)坡面垫层料从下到上一次摊铺完成后进行整体修坡、平整与碾压,坡面平整度好。

(3)施工设备利用常用土石方机械加工制作,无须专门设备,经济适用。

(4)小车直接在坡面布料,垫层料不易分离,施工速度快、质量好、效益高。

3 适用范围

本工法适用于陡边坡(坡度大于 1:2)库岸碎石垫层的施工。

4 工艺原理

利用普通的载重汽车和卷扬机等设计、改装成斜坡牵引设备,牵引自制斜坡布料小车直接在库岸进行铺料,再由人工进行整平、斜坡碾碾压,最终完成垫层料的施工。

5 施工工艺流程及操作要点

5.1 施工工艺流程

本工法施工工艺流程见图1。

5.2 操作要点

5.2.1 牵引及布料设备设计与制作

(1)牵引设备设计必须考虑斜坡碾与布料小车的重量和动载力,确保牵引施工安全。

(2)由于库岸坡面较长,且牵引布料小车与斜坡碾时采用多股钢丝绳,所以牵引设备的卷扬机必须具备较大的容绳量。

(3)布料小车设计既要考虑施工进度和工效要求(容积要大),又要考虑牵引设备的牵引能力(容积要小),二者应力求平衡。

5.2.2 垫层料生产与碾压试验

(1)由于垫层料是连续级配碎石料且级配曲线较长,其质量要求高,生产工艺复杂,生产成品垫层料一般有两种方式:一种是利用多种不同粒径料按比例进行掺配,另一种是通过多组破碎设备直接生产。前一种生产方式不仅工序复杂,而且受掺配工序的限制人为因素影响较大,成品料质量不稳定,级配易发生变化。后一种生产方式只要设备调试完成,其生产的成品料就基本稳定,级配不易发生变化,因此质量保证率较高。不管采用哪种方式生产垫层料,都必须在正式填筑施工前对成品垫层料进行级配试验,只有垫层料本身质量符合要求后,方可进行下道工序作业。

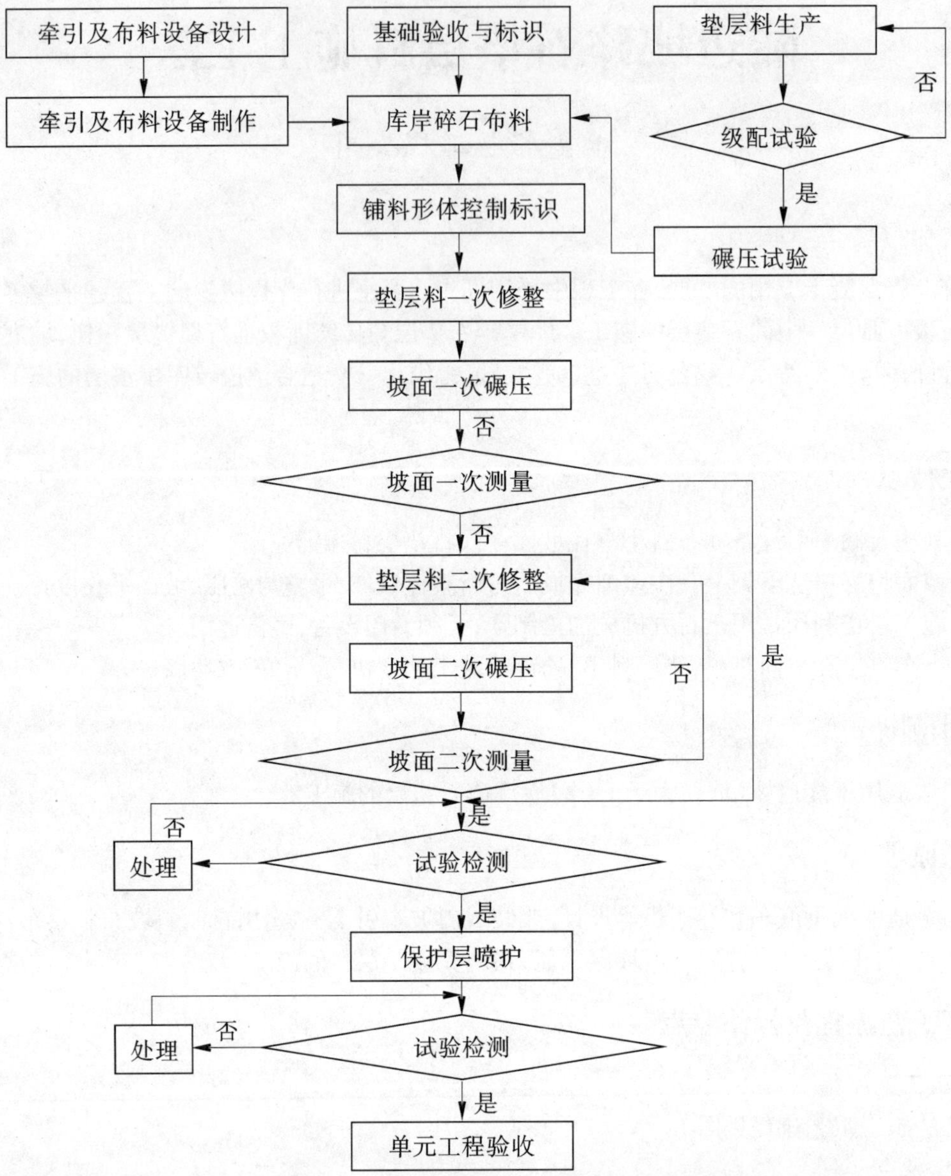

牵引及布料设备设计 → 牵引及布料设备制作 → 库岸碎石布料

基础验收与标识 → 库岸碎石布料

垫层料生产 → 级配试验（否→垫层料生产；是→碾压试验）

库岸碎石布料 → 铺料形体控制标识 → 垫层料一次修整 → 坡面一次碾压 → 坡面一次测量（否）→ 垫层料二次修整 → 坡面二次碾压 → 坡面二次测量（是/否）→ 试验检测（否→处理；是）→ 保护层喷护 → 试验检测（否→处理；是）→ 单元工程验收

图1 库岸碎石垫层施工工艺流程

(2)垫层料检测合格后,应在与库岸工况基本相同的场地(边坡的坡度及基础性质)进行碾压试验。碾压试验根据设计要求的最大干密度和孔隙率,采用逐步收敛法进行,获得施工所需的铺层厚度、碾压机械型号、碾压遍数及洒水量等施工参数,编制碾压试验报告和施工技术方案并向监理报批。

(3)由于库岸垫层料是在较陡的坡面进行,因此碾压试验时必须注意振动碾向上时振动碾压,向下时关闭振动,上、下往复一次为碾压一遍。

(4)由于库岸垫层料一般较薄(60~100 cm),且每一层铺填施工相对复杂,因此在做碾压试验时应尽可能将铺筑层厚定为设计值(松铺层厚为设计值加5~10 cm碾压沉降值),寻求其他参数,以降低施工难度,减少施工工作量,加快施工进度。

5.2.3 基础验收与铺料

(1)垫层料碾压试验完成后,就可以进行正式铺填施工。施工前需先进行库岸基础面验收,由于库岸范围一般较大,验收时分区段进行,在已验收的区域进行标识,作为本次铺填施工的边界。

（2）填筑区域边界标识后，在填筑区内每隔一定间距（5 m×5 m）安钢筋桩等进行铺料厚度标识。

（3）利用牵引设备和布料小车在坡面布料。布料时将小车放到库底，装载机向小车内装料后，牵引设备将小车拉到坡面，由专门操作人员在铺料位置打开小车出料口活动门进行布料，布料厚度根据活动门开度和小车牵引速度确定。为了减少修坡工作量，铺料厚度应尽可能与钢筋桩标识的厚度一致。

5.2.4 修坡与碾压

库岸垫层料施工修坡与碾压工艺可概括为"两修两碾"，即通过两次坡面修整和两次碾压完成垫层料填筑施工：

（1）小车铺料完成后，一般会将先前布置的厚度标识钢筋桩破坏，这时需通过测量重新对坡面进行放样布桩，此次控制点高度以高于设计厚度 15～20 cm，网格密度不大于 5 m×5 m 为宜。然后在整个坡面高程（厚度）控制桩上纵横拉线，组织工人在坡面根据控制线进行修坡，修坡厚度按碾压试验确定的松铺厚度为准。修整后的坡面应低于所拉的纵横控制线，以防止控制线因受部分突出坡面的垫层料影响使修坡精度降低。

（2）第一次坡面修整完成后，拆除所有控制线和控制桩，按碾压试验确定的碾压参数进行坡面第一次碾压。

（3）第一次碾压完成后，即对完成后的坡面进行形体测量，不仅检测垫层料的填筑厚度，也同时检测垫层料坡面与设计坡面的法向偏差。如果本次测量表明坡面厚度和形体满足设计要求，则垫层料填筑碾压完成，直接进行干密度、渗透系数和颗粒级配等检测；如果本次测量表明厚度和形体不满足设计要求，则在坡面根据测量成果进行第二次标识，此次标识要求控制点网格比第一次密，一般不大于 3 m×3 m，并纵横带线进行第二次修坡。

（4）垫层料第二次修坡时由于大部分已填筑到位，属于小范围精修坡，且由于坡面已填筑碾压完成，为防止已填好的垫层料被人为踩踏破坏，应安排少量技术熟练人员进行第二次修整。

（5）第二次修坡时，对于超厚或形体高于设计面的部位，人工进行铲除，并将铲出的多余料用编织袋、小桶等盛装后运出坡面，严禁在坡面丢弃，影响已修好的部位；对于厚度不足或低于设计面的部位，先由人工将该范围表面已压实的垫层料扒松（扒松深度不小于 10 cm），再洒水进行湿润（洒水量以扒松的垫层料表面潮湿，但坡面不淌水为准），之后用布料小车拉料到该部位进行补填，人工按重新布置的控制桩拉线修整。由于第二次补填的垫层料一般较少且较薄，因此不能用正常的垫层料进行补填，而应采用去除粗颗粒（大于 40 mm 的颗粒）的垫层料级配曲线下半部料进行补填，以保证后补填料与先填料结合良好且表面平整，防止表面粗颗粒集中。

（6）第二次坡面修整完成后，再对坡面进行全面洒水，洒水量以坡面潮湿无流淌为准。洒水时为防止水流过急将垫层料冲出沟槽，破坏坡面，应尽可能用花洒进行喷洒。

（7）在洒水完成后（要求坡面不能干，垫层料不反白），即可进行第二次碾压，第二次碾压时使用原碾压设备进行静压，不振动，碾压上、下两遍四次即可。

（8）第二次碾压完成后，对坡面进行第二次形体测量检测。一般经过第二次修整后坡面厚度和形体均能满足设计要求，否则重复上述第三次修坡直到形体检测合格为止。

5.2.5 垫层料检测与验收

垫层料形体验收合格后，即可进行干密度、渗透系数、级配和变形模量等项目的试验检测，各项目检测合格后即可验收进行保护层施工，否则需进行二次处理直至合格。由于库岸垫料施工是在坡面一次摊铺完成的，垂直厚度较小，原位渗透系数试验较难在坡面进行，且我国现行规范中尚无关于库岸垫层料的专门规定，因此对于渗透试验的检测一般以室内渗透检测为主。原位渗透检测若必须做，则一般试验点选在坡顶部位便于布置试验器材的地方，具体检测项目主频次以具体设计要求为准。

5.2.6 垫层料保护层施工与单元工程验收

垫层料各项质量控制项目经试验检测合格后，即可按设计要求进行坡面保护层施工。保护层根据不同的工程有不同的设计，现尚无统一规定。《混凝土面板堆石坝施工规范》（DL/T 5128—2009）中规定垫层料的保护层一般分为喷乳化沥青、喷混凝土和碾压砂浆等三种。在我国现已建成和在建的沥青混凝土面板防渗的工程中，一般库岸垫层料保护层为喷乳化沥青，保护层具体检测指标按设计要求进行。保护层经检测验收合格后，该区域库岸垫层料即施工完成，可进行正常的单元工程验收。

5.2.7 特殊部位的施工与处理

对于库岸顶部、底部和有拐点及异形等特殊部位，以及上、下两端布料小车和斜坡碾不能覆盖的部位，应配备适当的反铲和液压夯板机等设备进行局部处理。在采用夯板机进行压实处理的部位，应加大质量检测频次，以保证这些特殊部位的质量符合设计要求。

6 材料与设备

本工法无须特别说明的材料，采用的机具除运输垫层料的自卸车、喂料的装载机、碾压的斜坡碾及局部处理使用的反铲和液压夯板机等常规设备外，主要是根据具体工程自行设计改装的斜坡牵引设备和自制布料小车。

6.1 牵引设备

采用土石方工程常以重型自卸车或反铲为载体，加装一台卷扬机作为移动式牵引装置。

6.2 布料小车

用工字钢、钢板和汽车轮自制坡面布料小车，由人工通过小车出料口闸门开度灵活控制铺料强度和厚度。

6.3 牵引设备及布料小车实例

自制的牵引设备及布料小车实例图片见图2和图3。

图2　牵引设备　　　　　　　　　　　　　　图3　布料小车

7 质量控制

7.1 工程质量控制标准

由于现行水利工程施工规范中尚没有专门针对库岸垫层料的有关规定，在施工中除参照《混凝土面板堆石坝施工规范》（DL/T 5128—2009）和《混凝土面板堆石坝施工规范》（SL 49—94）中相关堆石坝垫层料要求外，主要按照设计要求的各项技术标准执行。

7.2 工程质量保证措施

（1）严把料源质量关：在垫层料正式生产前先进行工艺性生产试验，检测垫层料级配，当垫层料级配满足设计要求后,方可正式生产。

(2)严格控制成品料卸料时的自由落高,原则上不超过2 m。若垫层料需中转,在中转料场二次装料前,进行适当的搅拌,以减少垫层料在卸料过程中的分离。

(3)坡面布料完成后,进行精确测量放样,做好坡面垫层料的形体和厚度标识并纵横带线,要求标识线网格长宽尺寸不超过5 m,且标识线高度大于坡面设计高度10 cm以上,便于人工整平时进行控制。

(4)严格按现场碾压试验参数进行洒水和碾压,确保碾压密实。

(5)首次碾压完成后,对坡面进行再次精确测量并放出控制标识,要求标识纵横带线且网格线长宽尺寸不超过3 m,安排技术熟练工人进行精修坡,精修坡后垫层料形体及厚度与设计线偏差应控制在+5 ~ -8 cm。

(6)精修坡后的第二次碾压原则上只进行静压(第一次动压时已按施工参数完成),若修补量较大,方进行动压,以减少对已压实部分的挠动影响。

(7)对完工垫层料的检测试坑由人工分层夯填密实,防止试坑部位形成薄弱环节。

8 安全措施

(1)严格工地用电线路规划和检查,杜绝工地用电出现闸刀,做到"一机一闸一保护";加强车辆和设备的检查保养,严禁机械设备带病作业和超负荷运转。

(2)加强道路维护和保养,设立各种道路指示标志,保证行车安全。

(3)每班作业前应进行牵引设备和钢丝绳的检查,防止设备故障和钢丝绳断裂,对于断丝和起毛的钢丝绳应按规范要求及时更换。

(4)为防止牵引设备钢丝绳过卷引发安全事故,应在牵引设备钢丝绳上安装自动限位器。

(5)由于雨雪天汽车轮胎与路面的摩擦系数较正常天气情况下小,因此雨雪天应加强牵引车轮胎防侧滑的安全检查和措施。

(6)因现场碎石较多,应加强牵引车运行路面的清理,防止将轮胎扎破;牵引车所有后轮胎单侧必须为两个以上。

(7)严禁任何人员穿硬底鞋上库岸坡面。

(8)所有坡面作业人员应佩戴安全绳,安全绳在库顶的锚固点应坚固;工作中严禁不同人员的安全绳交叉和打结。

(9)当牵引设备牵引布料小车或斜坡碾进行作业时,小车和斜坡碾下方严禁设备和人员通行,并在作业区设置安全警示标识,安排专职安全员巡视。

9 环保措施

(1)由于施工车辆多,运行中容易扬尘,必须加强对路面和施工工作面的洒水,防止或减少扬尘污染。

(2)所有运输车辆必须加挂后挡板,防止垫层料运输途中沿路撒落。

(3)加强路面维护,疏通路边排水沟,防止雨天路面积水和污水横流。

(4)加强设备维护保养,所有设备保持消音设施完好,降低噪声污染。

(5)设备维修和更换机油时,必须开到地槽处或下部做好垫护,防止机油等废液污染土壤。

(6)对不合格的废弃料按规划妥善处理,严禁随意乱堆放,防止环境污染。

(7)做好施工现场各种垃圾的回收和处理,严禁垃圾乱丢乱放,影响环境卫生。

10 效益分析

本工法利用常规的大吨位自卸汽车和卷扬机改制成牵引设备,用普通型钢和车轮制作布料小车,既经济又实用,不仅解决了陡边坡库岸垫层料施工的难题,而且在工程实践中取得了较好的经济效益和社会效益。

11 工程实例

11.1 工程概况

河南国网宝泉抽水蓄能电站是一座日调节纯抽水蓄能电站,总装机容量为 1 200 MW,位于河南省新乡市境内。电站枢纽包括上水库、下水库、输水系统、地下厂房洞室群和地面开关站等,工程总投资约 47 亿元。其中上水库工程库岸采用沥青混凝土防渗,库岸为 1∶1.7 高陡边坡,坡长约 94 m,坡面垫层料设计厚度 0.6 m,总填筑方量约 7.6 万 m^3。

11.2 库岸垫层料施工情况

11.2.1 工程质量标准及施工参数

11.2.1.1 工程设计质量指标及检测频率

(1)垫层料填筑后干密度不小于 2.22 g/cm^3,孔隙率不大于 19%,渗透系数不小于 10^{-3} cm/s,级配曲线应连续且 90% 以上应在设计级配包络线内,设计垫层级配包络线数据见表 1。

表1 垫层级配包络线数据

上包线	粒径(mm)	—	50	40	20	10	5	3	2	1
	含量(%)	—	100.0	92.0	73.2	55.5	39.0	30.0	24.0	16.0
下包线	粒径(mm)	80	50	40	20	10	5	3	2	1
	含量(%)	100	84.5	77.0	58.0	40.0	25.0	15.0	10.0	4.0

(2)施工完成的库岸垫层料厚度不小于 60 cm,完成后的垫层料坡面实际形体面与设计形体面的偏差为 +5～-8 cm。对完成的坡面采用 3 m 靠尺检测,每 100 m^2 检查 2 处,要求表面平整度(凹凸度)不大于 40 mm。

(3)完成的库岸垫层料每 5 000 m^2 做一次变形模量检测,垫层料变形模量不小于 35 MPa。

(4)对于干密度(孔隙率)和颗粒级配的检测频率参照《混凝土面板堆石坝施工规范》(DL/T 5128—2009)中上游坡面标准执行,即 1 次/(1 500～3 000) m^2;渗透系数检测以室内试验为主,现场原位试验根据情况在现场确定试验部位,试验总量控制在 5 个以内。

(5)垫层料表面喷洒阳离子乳化沥青保护层,喷洒量为不小于 2 kg/m^2。

11.2.1.2 垫层料施工参数

根据上述质量要求,我公司经碾压试验,获得如下施工参数:摊铺前对垫层料进行 2%～3% 的预洒水,垫层料一次摊铺(松铺厚度 70 cm)完成后,在坡面再次进行 2%～3% 的表面洒水并进行碾压,碾压机械为 10 t(激振力 28 t)斜坡碾,碾压 8 遍(碾压时向上振动,向下静压,一个上、下往复为一遍),斜坡碾在坡面牵引行进速度小于 2 km/h。

乳化沥青喷涂按总量控制,以每车乳化沥青的重量计算所喷涂的面积,要求喷后坡面沥青均匀,颜色一致。

11.2.2 工程质量检测成果

在施工中,我公司严格按设计和规范要求进行施工质量控制与检测,共进行干密度(孔隙率)检测 65 组,检测合格率为 100%;进行颗粒级配检测 51 组,合格率 90.2%;进行室内渗透检测 3 组,原位渗透检测 2 组,合格率 100%;进行变形模量检测 35 组,合格率 100%;其他铺筑厚度、施工体形及表面平整度等属于施工过程控制的项目,在每次工序完成后及时组织检查,符合要求后方转入下道工序作业,过程控制良好。

11.2.3 工程施工过程及情况

我公司利用工地已有的 3303B 型包头自卸车(自重 19.83 t,载重 25 t)为载体,加装一台 JG4 型卷扬机(额定载荷 40 kN,容绳量 340 m,电机功率 55 kW)作为牵引装置。通过安装在车厢侧臂悬伸的独立支架式滑轮组将牵引钢丝绳转为 4 股,则整个牵引设备的牵引能力达到 160 kN,完全满足牵引 10 t 斜坡碾的要求。

布料小车由工 22 工字钢、钢板和汽车轮制作,其容积根据牵引设备能力确定,在宝泉工程中我们制作了容积为 4 m^3 的小车,垫层料松方密度按 1.7 t/m^3 计,则载重量为 6.8 t,加上小车自重约 1.5 t,总重 8.3 t,与斜坡碾重量相当。布料时由 3 m^3 装载机喂料,人工开启小车出口闸门。出料强度及布料厚度由人工控制闸门开度进行灵活掌握。

宝泉工程上水库库岸垫层料于 2006 年 7 月开始施工,施工前两个月,由于操作工人技术不熟练,施工进度不理想,平均日填筑量仅约 250 m^3,到当年 9 月,操作工经过两个月的施工实践,完全掌握了坡面平料和精修的技术,单台牵引设备日高峰铺料量达 900 m^3,平均日填筑强度达 460 m^3。

该工程库岸垫层料施工于 2007 年 10 月 15 日全部结束,经检测,工程各项质量指标符合设计要求。

(**主要完成人**:张利荣　冯小明　尚诗涛　刘耀华　李建元)

陡倾角斜井混凝土衬砌滑模施工工法

江夏水电工程公司

1 前　言

针对目前国内抽水蓄能电站尾水隧洞陡倾角短斜井混凝土衬砌施工现状,结合其他工程斜井滑模施工经验,经过对 LSD 连续拉伸、简易框架模体以及分料入仓系统组成的滑模系统进行应用研究,得出了短斜井混凝土衬砌较为成功的施工新工艺。我公司在安徽响水涧抽水蓄能电站下水库尾水隧洞施工实践中,通过不断总结优化模体和分料入仓系统设计、施工布置、施工工艺形成了本工法。

2 工法特点

(1)模体为框架结构,稳定性好,保证模体安全滑升。

(2)模体结构简单、长度短、重量轻,大大节约了成本,同时减少模体组装工作量。

(3)模体各构件均通过螺栓连接,大大增加了拆装的便携性,为 4 条斜井滑模大大节约了工期,确保了施工进度。

(4)混凝土通过滑槽下料,并在模体中梁顶部安装转料槽及分料槽,混凝土快速、简便输送入仓,既加快入仓速度,又节约人工入仓成本、输送轨道材料及安装成本。

(5)滑升速度快:因大大节约混凝土入仓时间,故滑升速度较快,平均滑升速度达 6.47 m/d,最大滑升速度为 9.38 m/d。

(6)采用位移传感器(激光导向仪)作为纠偏措施,灵敏度高,能及时发现模体偏移方向和偏移位移,确保及时进行纠偏。

3 适用范围

本工法适用于陡倾角短斜井混凝土衬砌施工。

4 工艺原理

利用 LSD 连续拉伸液压千斤顶抽拔钢绞线作为牵引设备,并与简易框架模体以及分料入仓系统组成滑模系统进行短斜井混凝土衬砌滑模施工,采取位移传感器(激光导向仪)作为纠偏措施,既保证工程成型质量,又大大降低了成本、加快了施工进度。

5 施工工艺流程与操作要点

5.1 施工工艺流程

本工法施工工艺流程见图 1。

5.2 模体设计

模体主要由模板、框架结构、提升系统、行走装置、操作平台和抹面平台 6 部分组成。

5.2.1 模板

滑模模板采用 3 mm 钢板弯制而成,每块模板宽 35 cm,模板背面采用角钢焊接作为围图,模板间采用螺栓连接,强度、刚度及稳定性满足要求。模板高 1.5 m,锥度按 0.5% 控制。

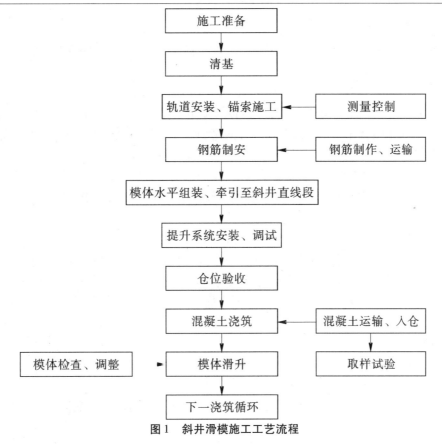

图 1 斜井滑模施工工艺流程

5.2.2 模体框架结构

模体框架结构由围圈、中梁以及桁架组成(见图 2)。

围圈主要用来支撑和加固模板,使其形成一个圆筒形整体。围圈采用上下九道,选用槽钢制作。相邻两层围圈之间布置 8 道桁架,采用螺栓连接。单个围圈由三段槽钢连接而成,各段之间用螺栓连接。围圈与模板的连接采用短角钢焊接固定。

模体中梁全长 9 m,直径 1.2 m,由圆架和纵向槽钢组成。单榀圆架由槽钢弯曲制作成外圆,圆架内部由角钢和钢板组成支架。各榀圆架之间通过 8 根均匀分布的槽钢焊接连成整体。

相邻两榀围圈之间通过桁架与中梁连成整体,每层均匀布置 8 榀桁架,桁架与围圈、中梁之间均采用螺栓连接,桁架结构布置图见图 3。

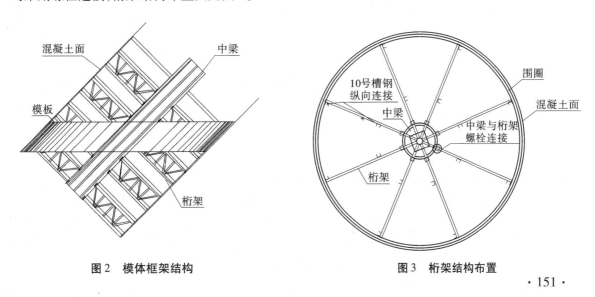

图 2 模体框架结构

图 3 桁架结构布置

5.2.3 提升装置

本套滑模的提升装置由 2 台 100 t LSD 千斤顶、安全夹持器、液压油泵、操作台、2 组钢绞线、千斤顶承重架以及洞顶锚索组成。

2 台 100 t LSD 连续拉伸千斤顶作为滑模的提升动力装置,分别布置于模体两侧腰线位置,距离模体中心 2.4 m 处。千斤顶由 8 块"L"形钢板焊接于千斤顶承重架底部。两台千斤顶既可联动又可单动,每个千斤顶穿 6 根钢绞线,沿轴线方向牵引。千斤顶承重架由工字钢和钢板焊接而成,两端分别与桁架焊接。

千斤顶液压油泵、操作台布置于操作平台上,操作台用于控制千斤顶及油泵的运行。

锚索布置在隧洞上弯段腰线两侧,用于承受千斤顶牵引拉力。每束锚索由 6 根钢绞线组成,左捻和右捻各一半。锚索入岩深度 8 m。

5.2.4 行走装置

滑模体行走装置包括轨道、前引导轮、后承重轮。轨道主要用于承载前引导轮及前期运送钢筋,采用 50 mm 高轻轨制作而成。前引导轮采用 20 号槽钢做支架,主要用于模体滑升时导向和纠偏。承重轮采用前后双轮结构,直接坐落在混凝土面上,主要承受模体自重,承重轮底部设铁板以保护混凝土面。

5.2.5 操作平台

操作平台采用 2 cm 厚钢板焊接而成,主要用于放置提升系统设备、电源及其他辅助设施。

5.2.6 抹面平台

抹面平台安装于模体底部,相当于模板底部的一圈走道,采用角钢和钢板焊接制作。其用于搭载抹面施工人员及混凝土养护设施。

5.3 混凝土施工

5.3.1 钢筋制安

斜井直线段钢筋采用散装法安装,在模体就位前一次全部安装完成。钢筋绑扎前,在斜井直线段底拱处安装滑模行走导向轨道,在上平洞底板安装 3 t 卷扬机,制作小型台车,利用卷扬机牵引台车沿轨道进行钢筋运输和绑扎。

5.3.2 模体安装

模体主要由模板、框架结构、提升系统、行走装置、操作平台和抹面平台 6 部分组成。首先在下平洞段进行模体组装,组装完成后利用安装在模体上的 LSD 千斤顶,拉升至斜井直线段于下弯段分缝处就位。而后进行运行调试,模体起滑前对模体进行测量纠偏,验收合格后方可继续施工。

5.3.3 分料系统安装

模体就位后,进行混凝土下料滑槽和模体分料系统安装。

滑槽由铁皮弯制而成,每 8 m 为一段,各段之间设缓冲段,并且在每段前沿设缓冲板,防止混凝土骨料飞溅。滑槽采用钢筋与隧洞顶部岩壁锚杆进行焊接固定。在模体中梁顶部设转料斗,转料斗底部为轴承结构,可以灵活旋转,转料斗下设 8 个分料槽。混凝土由滑槽输送至转料斗后,再通过分料槽直接滑至浇筑面。分料系统结构布置及俯视图见图 4。

5.3.4 混凝土浇筑

混凝土采用混凝土搅拌车运输至尾水隧洞上平洞卸料平台,直接放料至滑槽,再通过滑槽、转料斗、分料槽输送至模体四周各浇筑面。混凝土必须对称下料入仓,分层浇筑,分层厚度为 25 ~ 30 cm。

首先利用滑模进行斜井直线段下三角混凝土浇筑,在浇筑时采取措施防止模体上浮。斜井上三角同样采用滑模进行浇筑,浇筑时延长导轨至上弯段满足上三角滑升要求,直至混凝土浇筑完成脱模。

模体滑升前混凝土应浇筑到模板高度的 2/3 处,模板上缘距混凝土表面预留 30 ~ 50 cm 浇筑层厚度,等第一层混凝土达到脱模强度后,开始滑升 2 个行程(约 6 cm),视脱模后混凝土表面情况再进行正常滑升。正常滑升时,每次滑升高度控制在10个行程以内(约30 cm),每隔90 min再继续滑升,应尽量保持连续施工。滑升速度取决于混凝土初凝时间、下料速度、施工环境温度等因素。通常混凝土脱模强度控制在0.3 MPa左右,过早脱模容易造成滑出的混凝土塌落,过晚脱模容易将混凝土拉裂。设专人观察和分析混凝土表面情况,根据现场条件确定合理的滑升速度和分层浇筑厚度。

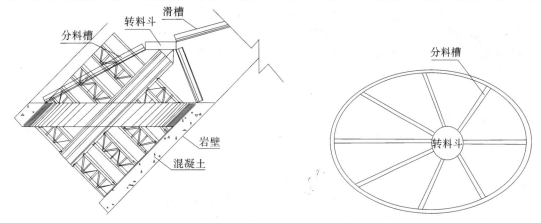

图4　分料系统结构布置及俯视图

5.4　纠偏措施

在滑模施工中,由于操作平台上的荷载分布不均匀、千斤顶不同步性,浇筑混凝土时混凝土入模的位置不够对称等,会使模体发生偏移。针对上述情况,施工中采用下述措施预防和纠正偏斜:

(1)千斤顶设有位移传感器,偏差很小,但在长期进行时,会有累积偏差,所以在施工中要经常检查,随时调整。

(2)操作平台上的荷载尽可能均衡布置。

(3)混凝土浇筑顺序是先顶拱再边墙后底板,这样可以防止模体上浮,下部轨道控制模体滑动方向,混凝土浇筑尽可能均衡,如发现偏移,可采取改变浇筑顺序的措施,逐步纠正其偏移。

(4)滑模的纠偏系统主要由位移传感器(激光导向仪)和模板内侧4个水准管组成。位移传感器布置于斜井直线段与上弯段连接处,左右腰线位置各1台。模体方向校正后,位移传感器通过激光在模体上确定控制点,模体滑升过程中若激光偏离了控制点,则说明模体已发生偏移,需及时进行纠正。当模板发生偏移时,还可通过观察水准管判断模板偏移方向,采取措施调整偏差。

(5)每一班要对模板进行一次观测、检查,如发现偏移及时纠正偏差。

6　材料与设备

本工法采用的机具设备见表1。

表1　陡倾角短斜井滑模施工机具设备

序号	设备名称	规格及型号	单位	数量	备注
1	斜井直线段滑模	定制	套	1	
2	滑模提升装置	定制	套	1	
3	混凝土运输车	6 m³	台	2	
4	LSD1000-250千斤顶	100 t	台	2	
5	潜孔钻	MY-100 B	套	1	
6	电焊机	BX-500/300	台	5	
7	插入式振捣器	Φ50 mm	台	6	
8	卷扬机	JM-1	台	1	1 t
9	钢筋加工设备		台套	1	
10	木材加工设备		台套	1	

7 质量控制

(1)严格按照设计图纸、施工规范及其他相关技术要求施工。

(2)执行"三检制",控制每道工序质量。

(3)原材料使用前要经过抽样检验,合格后方可使用。

(4)焊接必须按照焊接操作规程要求进行施工。

(5)滑模施工各工种必须密切配合,各工序必须衔接,以保证连续均衡施工。

(6)严格按照分层、平起、对称、均匀地浇筑混凝土,各层浇筑的间隔时间不得超过允许间隔时间。

(7)振捣混凝土时,不得将振捣器触及预埋件、钢筋、模板,振捣器插入下层混凝土的深度,宜为 5 cm 左右,模板滑升时严禁振捣混凝土。

(8)在浇筑混凝土过程中,应及时把粘在模板、支撑杆上的砂浆、钢筋上的油渍和被油污的混凝土清除干净。

(9)对脱模后的混凝土表面,及时修整、喷洒养护液养护,养护期不应少于 14 d。

(10)混凝土施工期间的预埋件应精心施工,预埋件不得超出混凝土浇筑表面,其位置偏差应小于 20 mm,必须安装牢固,出模后应及时使其外露。

(11)交接班应在工作面进行,了解上班滑升情况和发现问题,制定本班的滑升方式,并滑升 2~3 个行程进行测定。

8 安全措施

(1)以施工班组为单位成立安全管理组织机构,各班配备安全员,各班班长负责本班安全生产。安全员对本班安全生产进行监督和检查,安全管理机构每天进行巡查。杜绝违章指挥和违章施工,实现安全生产。

(2)施工人员上岗前必须经过安全技术教育和安全技能培训,考试合格方可上岗。

(3)所有施工人员进入工地必须佩戴安全帽,严禁酒后进入工地;高空作业人必须佩戴安全绳。施工人员要做到"三不伤害",即不伤害自己,不伤害他人,不被他人伤害。

(4)电工、电焊工等特殊工种施工人员作到持证上岗。

(5)严格井口管理和文明施工,防止坠人和坠物事故发生。

(6)滑模试滑升阶段,安排专人对模体结构和焊接部位进行全面检查,发现异常立即进行补强和处理,达到正常方可进入正常施工。

(7)滑模液压控制系统设专人操作,并经常检查设备和供油管路连接,发现问题立即解决,防止高压油管伤人。

(8)安全员对洞室岩面要经常巡视检查,发现松动危石等隐患应及时暂停施工,并上报处理。

(9)排架施工时必须发放安全防护用品,施工期间严格按照规范要求使用。

9 效益分析

本工法与以往斜井滑模施工工法相比,主要有以下区别:

(1)模体结构简单、重量轻,本套系统模体约 15 t,各构件均通过螺栓连接,减少模体拆装工作量,大大节约了施工成本,加快了施工进度。

(2)混凝土通过滑槽下料、模体中梁顶部旋转料斗及分料槽入仓,大大节约混凝土入仓时间,加快了模体滑升速度。

(3)采用位移传感器(激光导向仪)作为纠偏措施,灵敏度高,能及时发现模体偏移方向和位移,确保及时进行纠偏。

(4)较大地节约了工程成本,达 40 多万元。

10 工程实例

10.1 工程概况

响水涧抽水蓄能电站下水库土建工程位于安徽省芜湖市三山区峨桥镇境内,电站装机容量 1 000 MW(4×250 MW),为日调节纯抽水蓄能电站,电站由上水库、输水系统、地下厂房系统、开关站和下水库等建筑物组成,电站属大(2)型二等工程。

下水库尾水隧洞共有 4 条,平行布置。1 号、4 号尾水隧洞开挖断面为马蹄形,尺寸为 7.8 m×8.2 m;2 号、3 号尾水隧洞开挖断面为圆形,直径为 7.8 m。斜井直线段轴线长为 51.8 m,倾角为 45°,混凝土衬砌厚度为 50 cm,衬砌后 4 条隧洞断面均为圆形,内径均为 6.8 m。

10.2 施工过程

经过我公司专家组及项目部技术人员的认真研究,在征求设计、监理和业主等多方意见后,采用了上述施工工艺。2009 年 8 月 22 日开始进行 2 号尾水隧洞斜井滑模施工,至 2009 年 9 月 2 日施工完成,混凝土浇筑历时 11 d;1 号尾水隧洞滑模施工历时 8 d,3 号尾水隧洞滑模施工历时 9 d,1 号尾水隧洞滑模施工历时 10 d;平均滑升速度达 6.47 m/d,最大滑升速度为 9.38 m/d,于 2009 年 12 月 21 日圆满完成全部斜井滑模施工任务。所采用的斜井滑模系统,不仅制作和装拆简便快捷、成本低廉、滑模速度快,而且成型质量好、完全满足设计和规范要求,具有充分的施工可行性和质量可靠性。

(主要完成人:刘 剑 占小星 郑 振 吴志刚 刘祥恒)

堆石坝硬岩筑坝材料爆破开采
施工工法

江夏水电工程公司

1 前 言

堆石坝因其安全性、经济性和适应性较好的特点,成为水利水电枢纽挡水建筑物首选坝型,且随着设计理念的提升和施工技术的进步,堆石坝已朝超高堆石坝的方向发展。对于超高堆石坝,在筑坝材料上往往选用抗压强度高的硬岩或超硬岩。施工中如通过爆破开采的方式获取,常因细粒含量较少而难以满足坝料的设计级配要求。为此,结合多个堆石坝工程筑坝材料爆破开采实践,总结规律,不断优化爆破参数,从而形成了本工法。

2 工法特点

(1)本工法对于脆硬性岩的爆破开采有较好的指导性,可通过较少的爆破试验场次,使坝料级配满足设计要求。

(2)本工法对爆破设计理念和施工中各个环节的要求均做了明确说明,有较强的可操作性。

(3)本工法所使用的钻孔设备、火工品及其他辅助设施与常规爆破相同,并无特殊要求,适用范围较为广泛。

3 适用范围

本工法适用于堆石坝中岩石强度高且呈脆硬性的筑坝材料的爆破开采施工。

4 工艺原理

对于脆硬性岩石,通过常规的爆破所获得的坝料,其细粒料的百分比含量往往较低,呈"中间料"偏多的现象,级配曲线偏陡,不均匀系数偏小。欲改善坝料级配,关键在于提高细粒料的获得率,其次是调整其他粒径组的百分比含量。

4.1 细粒料获得率影响因素分析

对于深孔爆破,当炸药在孔内爆炸时,将产生高压冲击波和爆生气体,致使炮孔周围岩石过度粉碎,在爆破孔周围产生一柱状的压缩粉碎圈,该压缩粉碎圈所产生的细粒即是上坝细粒料的主要来源。工程实践已证明,在其他条件相同的情况下,全耦合装药与不耦合装药相比,更有利于提高爆渣细粒料的含量。根据有关文献资料,在不考虑岩石节理裂隙等因素的影响且装药结构为柱状全耦合装药的条件下,压缩粉碎圈即细料圈半径($R_{细}$)范围可由下式估算而得:

$$R_{细} = R_{孔} \{0.354 \rho_{药} D_{药}{}^2 \rho_{岩} C_P B / [(\rho_{岩} C_P + \rho_{药} D_{药}) \sigma]\}^{1/\alpha}$$

其中

$$B = [(1+b)^2 + (1+b^2) - 2\mu_d(1-\mu_d)(1-b)^2]^{0.5}$$

$$b = \mu_d / (1-\mu_d)$$

$$\alpha = 2 + \mu_d / (1-\mu_d)$$

式中,$R_{孔}$为钻孔半径;$\rho_{药}$为炸药密度;$D_{药}$为炸药爆速;$\rho_{岩}$为岩石密度;μ_d为岩石动泊松比;σ为单轴岩石动态抗压强度;C_P为岩石中的声速;b为侧向力系数;α为衰减系数。

设钻孔深度为 H,装药长度为 h,炸药单耗为 q,爆破后单孔对应的细粒料方量($V_{细}$)和单孔对应的爆破方量(V)分别为:

$$V_{细}=\pi R_{细}^2\,h=\pi R_{孔}^2\{0.354\rho_{药}D_{药}^2\rho_{岩}C_P\,B/[(\rho_{岩}C_P+\rho_{药}D_{药})\sigma]\}^{2/\alpha}h$$

$$V=Q/q=\pi R_{孔}^2 h\rho_{药}/q$$

由此,细粒料的获得率($P_{细}$)为:

$$P_{细}=V_{细}/\,V=q\{0.354\rho_{药}D_{药}^2\rho_{岩}C_P\,B/[(\rho_{岩}C_P+\rho_{药}D_{药})\sigma]\}^{2/\alpha}/\rho_{药}$$

从 $P_{细}$ 的计算式可以看出:

(1)对于同一种类的岩石,细粒料的获得率 $P_{细}$ 随着炸药爆速的增大而明显增大。

(2)对于同一种类的岩石,在已选定炸药的情况下,细粒料的获得率 $P_{细}$ 与炸药单耗 q 成正比例关系。

(3)对于同一种类的岩石,在炸药单耗 q 不变的情况下,$P_{细}$ 随着炸药密度 $\rho_{药}$ 的增大略有减小。但从炸药的一般性能可知,在一定范围内提高炸药密度,炸药爆速 $D_{药}$ 可明显提高,因炸药爆速 $D_{药}$ 提高导致 $P_{细}$ 的增大量,可大于炸药密度 $\rho_{药}$ 的提高导致 $P_{细}$ 的减小量。因此,也可认为,适当提高炸药密度 $\rho_{药}$,$P_{细}$ 也可增加。

(4)在已选定炸药且确定炸药单耗的情况下,对于性能不同的岩石,细粒料的获得率 $P_{细}$ 随着岩石的抗压强度 σ 的增大明显减小;在其他条件不变的情况下,当岩石密度 $\rho_{岩}$ 及岩石中的声速 C_P 增大时,$P_{细}$ 可略有增加,但实际上当岩石密度 $\rho_{岩}$ 及岩石中的声速 C_P 增大时,岩石的抗压强度 σ 也明显增大,从而导致 $P_{细}$ 变小,也即越是脆硬性的岩石,其细粒料的获得率越低。

(5)$P_{细}$ 与钻孔直径无必然关系。

(6)以上分析未考虑岩石节理裂隙的影响,实际上如节理裂隙过于发育,细粒料含量将明显偏低,且超径石偏多。

4.2 其他粒径组含量影响因素分析

(1)高炸药单耗的影响。从以上对细粒料获得率影响因素分析可知,对于特定的脆硬性岩石,如在选定火工品的情况下,欲提高爆渣细粒料获得率,只有提高炸药的单耗。炸药单耗的提高,必然使孔排距变小,孔网密集,爆破后爆渣块度较为均匀,呈现"中间料"偏多的局面。

(2)炮孔密集系数 m 的影响。设孔距为 a,排距为 b,则炮孔密集系数 $m=a/b$。当 $m>2$ 时,为"宽孔距、小抵抗线"的布孔方式。应用"宽孔距、小抵抗线"爆破技术可改善岩石破碎质量,降低大块率,使块度更加趋于均匀。对于堆石坝而言,虽然也追求改善岩石破碎质量,降低大块率,但为有利于坝料的压实质量,坝料不均匀系数应该是越大越好,并不希望级配过于均匀。"宽孔距、小抵抗线"爆破技术在堆石坝的爆破开采施工中是否适宜采用,应具体问题具体分析。如爆破岩石为软岩或中硬岩,炸药单耗一般较小,孔网面积较大,采用"宽孔距、小抵抗线"的布孔方式,在改善岩石破碎质量、降低大块率的同时,对坝料的不均匀性影响并不大,从降低爆破成本出发可考虑采用该技术。但对于脆硬性岩石,为提高坝料的细料含量,炸药单耗往往较大,导致孔网面积变小,即使采用常规的布孔方式,其爆渣块度已经较小且偏均匀,如仍采用该技术,爆破块度将更加均匀。所以,对于脆硬性岩石,当炸药单耗偏大时,不宜采用"宽孔距、小抵抗线"的布孔方式,也即炮孔密集系数 m 不宜大于2,而应在 1~2 之间取值,炸药单耗越大,m 值越应取小值。

(3)孔距错距的影响。在确定炮孔密集系数 m,拟定孔距 a 和排距 b 后,保持排距 b 不变,使每一排的孔距按 $a+\Delta a$、$a-\Delta a$、$a+\Delta a$、$a-\Delta a$、……依次错距的布孔方式。孔距错距后,爆渣料级配可得到进一步优化,级配曲线更趋平缓,"中间料"比例相对减少,大粒径组(非超径石)比例相对提高,不均匀系数可明显增大。孔距的错距 Δa 不宜过大,以孔距的5%左右为宜。现场施工实践表明,当 Δa 取为孔距的10%左右时,往往出现较多的超径石。

(4)钻孔孔径的影响。在炸药单耗大的情况下,如钻孔孔径较小,势必使孔网面积偏小,从而使坝料偏于均匀;反之,如采用大孔径,可使装药集中,孔网面积也相应加大,可使坝料的不均匀性加大。

(5)炮孔堵塞长度和钻孔深度的影响。爆破后,炮孔堵塞段总是存在一定数量的超径石。为减小超径石量,应适当减小炮孔堵塞长度。与此同时,在不明显影响钻机造孔效率的情况下,应加大钻孔深度,炮孔深度一般可达 15～20 m。由此,堵塞段所产生的超径石对应总爆破量的比例将大大减小。

(6)爆破规模和爆破区域形状的影响。为减小超径石比例,除上述加大钻孔深度、减小炮孔堵塞长度外,采取大规模爆破也是相当必要的。对于每一爆破作业区,第一排炮孔正前方岩石立面处于临空,爆破后前排必定崩落一定数量的大块石。如爆破规模越大,大块石所占爆破总量的比例则越小。另外,在爆破规模相同的情况下,爆破作业区在平面上尽可能按方形布置,前排立面的临空面面积可最小。

5 施工工艺流程及操作要点

5.1 施工工艺流程

堆石坝坝料爆破开采施工工艺流程见图1。

5.2 操作要点

5.2.1 爆破作业区规划

爆破作业区规划之前,首先应通过爆破等手段对爆破作业平台进行修整,使平台具备大规模爆破作业条件。

爆破作业区规划时,如爆破区域相对狭窄,形状不规则,应因地制宜地根据该区域面积和形状拟定爆破规模。如爆破区域较大且形状规则,则可根据拟定的爆破规模确定每一次爆破作业区的大小。在爆破规模上,应使炮孔布置后排数不小于5～6排。在爆破作业的平面规划上,条件具备时,应尽可能方形布置。

5.2.2 爆破设计

5.2.2.1 火工品

因全耦合装药有利于爆渣细粒料含量的提高,所以在炸药选择上,应优先采用现场混装炸药或由厂家定制生产的袋装散装炸药。如采用卷装炸药,药卷与炮孔孔壁之间存在一定间隙,影响对岩石破碎的效果。同时,为提高爆破料细粒的百分比含量,炸药的爆速或猛度应足够大。对于现场混装乳化炸药,其爆速一般不小于4 200 m/s。

雷管以毫秒非电导爆管雷管为主,段位齐全,且最高段位应足够大,以满足大规模爆破的需求。

5.2.2.2 炸药单耗

从经济角度而言,炸药单耗应尽可能地小,但从获得更多的细料含量的角度出发,由以上的分析可知,炸药单耗应尽可能地大。炸药单耗应根据岩石的抗压强度或坚硬程度并结合一定的爆破经验来选定,岩石越坚硬,单耗越大。对于堆石坝脆硬性岩石的爆破,在采用深孔梯段爆破的情况下,如果要求坝料 5 mm 粒径以下的含量不小于5%,则炸药单耗一般不小于 0.6 kg/m³。

爆破试验阶段的炸药单耗选择,由于处于摸索阶段,为尽快锁定最适宜的炸药单耗,如爆破作

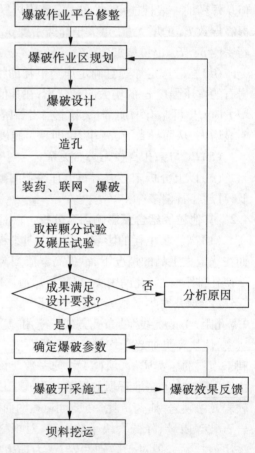

图 1 堆石坝坝料爆破开采施工工艺流程

业面足够大,可拟定 2~3 个炸药单耗值进行爆破设计,形成多组钻爆参数,在同一场次的爆破试验上一次性联网爆破,然后根据爆破效果以及爆渣颗粒分析成果初步锁定炸药单耗值。如爆渣细料含量满足设计要求,单耗低者为优选值,甚至单耗仍有降低的可能性;如爆渣细料含量均低于设计值,说明所选单耗偏低,需提高炸药单耗进一步进行试验。

正式开采阶段,可根据岩石的完整情况以及坝料的颗分试验分析成果适当调整炸药单耗。如岩石完整,节理裂隙少,坝料的颗分试验分析成果表明细粒含量有增多的趋势,则可适当下调炸药单耗,反之,应适当加大单耗。

5.2.2.3 钻孔孔径

在岩石坚硬、炸药单耗高的情况下,应优先采用大孔径,以提高单孔装药量,加大孔网面积,避免爆破料过于均匀。钻孔孔径一般以 100~150 mm 为宜。

5.2.2.4 梯段高度、钻孔深度与堵塞长度

为减小超径石的含量,梯段高度不应小于 10 m,对于常规的钻孔设备,梯段高度以 12~15 m 为宜。钻孔深度为梯段高度与超钻深度之和,对于脆硬岩石,超钻一般不小于 1.0 m。堵塞长度在不明显引起飞石的情况下,应尽可能短,对于钻孔孔径为 90~120 mm 的炮孔,结合工程实践,堵塞长度可减小至 2~2.5 m。

5.2.2.5 孔排距

以上参数确定后,可计算出单孔对应的孔网面积,即

$$S = \pi D_{孔}^2 h \rho / (4Hq)$$

式中,$D_{孔}$ 为钻孔直径;h 为装药深度;H 为梯段高度;ρ 为炸药密度;q 为炸药单耗。

另设孔距、排距分别为 a、b,且 $a = mb$,$S = ab$。由此解得

$$b = (S/m)^{0.5}, \quad a = S/b$$

对于脆硬性岩石,从以上的分析可知,m 宜在 1~2 之间取值,岩石越脆硬,m 越是应取小值。

通过以上参数的拟定,经爆破后,如爆渣级配仍过于均匀,即"中间料"偏多、大粒径料和细粒径料偏少时,可按 4.2 节要求对孔距作错距处理,以进一步改善坝料级配。

5.2.3 造孔

根据爆破设计布孔图,确定炮孔实地的平面位置和孔口相对高程。布设炮孔前,工作面上的浮渣应采用反铲或推土机进行必要的清理,使工作面具备钻机开孔的条件。工作面一般清理的原则是:岩石面凸出部位应无浮渣,凹坑部位浮渣厚度不超过 50 cm 即可,不宜彻底清理,清理过于彻底不利于履带式钻机的行走。

钻机性能应与爆破设计所要求的孔深、孔径相适应。钻孔的开孔精度一般不超过 15 cm,遇地质破碎带或钻机卡钻等特殊情况可适当调整孔位。炮孔一般为垂直孔,钻进过程中应通过钻机附属的测斜设施或采用铅垂线测量钻杆的铅垂度,并及时进行纠偏。为保证所有炮孔孔底基本处于一个平面内,实际孔深应结合孔口相对高程进行计算确定。

每一个孔造孔结束后,应实测孔的深度,做好记录,并采用稻草或编织袋等对孔口妥善进行封堵保护。

5.2.4 装药、联网、起爆

如开采区地下水丰富,装药前应采用风管伸入孔内将积水吹出,并迅速进行装药。如为袋装的散装炸药,人工装炸药倒入孔内即可。为保证炸药装入孔内的密度,每装 1~2 袋炸药后,应采用竹竿伸入孔内将炸药捣密实,如炮孔较深竹竿长度不够,可投入 2~3 节卷装炸药,通过卷装炸药下落过程中形成的动能,对散装炸药砸密实。

如采用现场混装炸药,应由熟练工人进行装药,确保孔内炸药连续不间断。每一个孔装药完成后,应迅速采用钻屑岩粉或其他材料对炮孔进行堵孔,以防止炸药"发泡"冲出孔口。

为达到更好的爆破效果,起爆药卷(卷装炸药插入起爆雷管)一般设在孔下部1/3位置处,实施孔内反向起爆。起爆药卷在装药过程中一同装入孔内。孔外联网一般采用导爆管非电雷管进行,对于大规模的爆破,常见的联网形式是孔内设高段位雷管、孔外采用低段位雷管接力来实现毫秒分段。由于炮孔采用大孔径且炮孔较深,单孔装药量均较大,应根据周边需保护的建筑物所允许的质点振动速度确定最大单响药量,一般为"单孔单响"或"两孔一响"。

孔排间的微差起爆顺序可多种多样,直线形、对角线形、"V"形等均可。"V"形起爆顺序更有利于大块石的二次解小,但联网相对复杂。工程实践表明,在其他条件相同的情况下,仅通过改变起爆顺序,对爆渣的细小颗粒含量并无明显的改善。所以,如通过爆破试验表明,直线形、对角线形的起爆顺序大块石并不明显,可优先采用直线形、对角线形的联网方式。

5.2.5　颗分试验与碾压试验

由于梯段高度较高,爆破后不同高度的爆渣级配略有差异,一般孔底粉状石渣多于孔的中上部。在取样进行颗分试验时,首先应剔除立面临空面崩落的大块石,然后采用挖掘机进行立面挖装取样,要求上部、中部、下部所取比例基本对等。颗分试验完成后,应对成果进行分析,如不理想,调整爆破参数再次进行爆破试验。

碾压试验一方面是验证坝料设计的合理性,另一方面是通过碾压试验寻求最优的碾压参数。如坝料级配在设计包线范围内,经不同参数的组合进行碾压,其压实密度均达不到设计要求,说明设计要求需作适当调整。一般情况下,只要坝料级配在设计包线的范围内,通过当前常用的大型碾压设备,通过一定的碾压参数组合,密实度应能达到设计要求。

5.2.6　大规模爆破开采

通过爆破试验取得最优的爆破参数,同时经碾压试验验证其合理性,即可对石料进行大规模的爆破开采、挖装上坝。爆破开采过程中,仍应根据相关要求,对坝料进行颗分试验,并根据试验成果微调爆破参数。

6　材料与设备

6.1　火工品

炸药优先选用现场混装炸药,或采用厂家定制的袋装散装炸药,要求爆速或猛度大。雷管以导爆管非电雷管为主,毫秒分段,要求段位齐全,最高段位的延时满足分段的要求,导爆管长度根据孔深和孔外连接长度确定;同时配置即发电雷管作为引爆雷管。必要时,可配置部分导爆索用于边坡的预裂爆破和主爆区的辅助联网。

6.2　设备

(1)所采用的钻机应优先选用全液压潜孔钻机或其他潜孔钻机,要求钻孔孔径和钻孔深度均能满足爆破设计要求。

(2)如采用现场混装炸药,应现场设置加工厂,配置装药车,其性能和数量应能满足现场要求。

(3)高掌子面的挖装,可优先选用正铲进行挖装,另配部分反铲作为清面设备。另外,也可直接采用反铲进行挖装。运输自卸汽车以大于25 t为宜。

(4)配置一定数量的空压机和手风钻对超径石钻孔,通过爆破进行解小,或配置破碎锤直接对超径石破解。

(5)配置火工品运输专用车,配置施工区洒水车。

7　质量控制

(1)爆破之前,必须将表面覆盖层彻底清理干净,防止石料被污染。

(2)通过试验优选石料开采的爆破参数,使开采的石料粒径满足坝体不同填筑部位对填筑料的要求。

（3）严格按照经监理工程师批准的爆破设计方案进行布孔、装药，开孔误差不大于 15 cm，垂直孔方向误差不大于 1°。

（4）每个孔装 2 发相应爆破设计的同段位雷管，严格按照爆破设计网络联线，保证起爆顺序不被改变。

（5）开采过程中若遇断层、夹泥层、破碎带等不良地质段，必须专门爆破清除，作弃料处理，严禁将不合格料混入成品料中。

（6）对于超径大石，尽可能在石料场处理，在装料时用反铲剔除。对于爆破后超径石，露出表面的，用手风钻或破碎锤解小。

（7）爆破中遇有复杂地质情况时，要及时调整爆破参数，改善装药结构。

（8）料场设置料种标志，挖装运输采用挂牌运输的方式，防止有用料与弃料混料，也防止不同种类上坝料混料。

（9）按照设计及规范要求，定期进行筛分试验，并根据筛分结果调整爆破参数，确保石料级配满足设计要求。

8 安全措施

8.1 爆破作业安全管理

（1）爆破作业要严格遵守《爆破安全规程》，加强火工品采购运输、保管、使用的管理。履行出入库登记手续。爆破材料的贮存仓库应干燥，通风良好。不同性质炸药须分别存放。存放爆破器材的仓库配足消防设备。设专人管理库房。任何情况下，炸药都不得与雷管一起运输或存放。爆破器材的运输、加工以及爆破作业的实施与事故处理均应严格按有关的安全操作规程执行。

（2）参加爆破作业的有关人员，必须通过公安部规定的考核合格，爆破设计人员持有公安部颁发的《爆破工程技术人员安全作业证》，炮工必须持有县级以上公安部门颁发的《爆破员作业证》方可上岗。

（3）在大规模开采爆破之前，根据具体的开挖特性，结合生产有针对性地进行爆破试验，并提交正式报告经审批后作为钻爆施工的指导性文件和依据。同时根据岩体条件，不断优化爆破参数，避免恶化保留岩体的自然状态，确保岩体的稳定和安全。

（4）边坡开挖前，详细调查边坡岩石的稳定性，包括设计开挖线外对施工有影响的坡面和岸坡等；设计开挖线以内有不安全因素的边坡，必须进行处理和采取相应的防护措施，山坡上所有危石及不稳定岩体均应撬挖排除。

（5）爆破作业统一指挥，按相关要求和《爆破安全规程》等有关规定，设置警报装置和视觉信号，设置警戒标志，警戒人员佩戴袖标、口哨、红绿旗。

（6）爆破现场指挥员负责与警报调度联系。第一声警报后，警戒人员到位，警戒区内非爆破作业人员、设备迅速撤离警戒范围。第二声警报为起爆警报，现场爆破指挥员在确认安全的情况下与警报调度联系后发出，第二声警报后充电起爆。爆后检查现场，确认安全后，指挥员通知调度，发出第三声解除警报信号，解除警戒。

（7）雷雨季节须采用非电起爆。

（8）施工期间，要对边坡稳定进行必要的安全支护并进行监测。

（9）如开采施工过程中发现不稳定边坡，应先作稳定处理，然后进行开挖。

（10）开挖爆破中，控制单响及堵塞作业，避免飞石、空气冲击波、地震波对附近需保护建筑物的危害。

8.2　机械作业安全管理

（1）制定机械操作程序，严格要求操作手、驾驶员按程序操作，经常检查机械，及时排除故障，严禁酒后操作机械设备。

（2）开挖机械要停放平稳牢固，机械旋转范围内不得站人，施工中经常检查边坡岩石有无滑塌危险。

（3）钻孔前，对机械进行全面检查，排除一切不利因素。

（4）夜间施工要有足够的照明，特别是各路口交叉点与转角应增设照明器具。

9　环保措施

（1）建立健全爆破施工环保体系，成立相应的环境保护机构，制定配套制度，并落实环境保护责任制。

（2）开工前，编制详细的环境保护措施计划，根据具体的施工计划制定出与工程同步的防止施工环境污染的措施。

（3）合理规划开采区域范围，避免开采区域之外的树林、草皮等绿色植物被破坏。

（4）合理规划弃渣场，并做好弃渣场的排水设施，防止固体废弃物流失。

（5）合理确定石料场的开挖边坡坡比，确保边坡在开采后的稳定；采用预裂爆破或光面爆破，使边坡平整、美观。

（6）为减少爆破粉尘，爆破工作面在施爆以前必须进行洒水，防止积聚的表面粉尘扬起。钻孔过程中，钻机安装除尘、吸尘装置或采用湿法作业。

（7）爆破作业严格控制药量，并采用先进的爆破方法，避免爆破噪声对居民生活环境的影响，尽量缩短爆破时间，以保障施工区及其周围人员有良好的生活和工作环境。

（8）成立专门的施工道路维护保养作业队，保证路面平整、无积水；晴天要经常洒水，保持路面湿润，防止尘土飞扬，污染环境。

10　经济效益

脆硬性岩石作为堆石坝的筑坝材料，按照一般经验来拟定爆破参数进行试验，往往容易"走弯路"，导致不满足设计要求的试验场次增多，试验成果向目标值收敛的速度慢。本工法创造性地提出了孔距错距新的布孔方式，对于脆硬性岩的爆破开采有较好的指导性，可通过较少的爆破试验场次，使坝料级配尽快接近直至满足设计要求。本工法缩短了试验工期，且大大减少了试验成本。同时，采用本工法，可在满足设计要求的情况下，寻求最小的炸药单耗。当前，超高堆石坝的填筑工程量大多以千万立方计，如炸药单耗经优化可减小 $0.05 \sim 0.1 \ kg/m^3$，在节省火工品上以及减少钻孔工作量上，其经济效益极其可观。

11　工程实例

本工法先在山西西龙池抽水蓄能电站下水库工程堆石坝填筑施工以及在仙游抽水蓄能电站下水库工程初步进行了研究，后结合湖北江坪河水电站的面板堆石坝工程的冰渍砾石这种脆硬岩石作了更深入系统的研究，形成本工法。

11.1　山西西龙池抽水蓄能电站下水库工程

山西西龙池抽水蓄能电站位于山西省忻州市五台县境内，滹沱河与清水河交汇处上游约 3 km 处的滹沱河左岸。电站由上水库、输水系统、地下厂房系统、下水库、地面开关站等建筑物组成，工程等级为Ⅰ等。电站装机容量为 1 200 MW（4×300 MW），年发电量为 18.05 亿 kWh。下水库位于滹沱河左岸，为岸边式水库，按设计正常蓄水位 838.0 m 计，水库死水位 798.0 m，总库容

494.2 万 m³,调节库容 421.5 万 m³。挡水坝坝型为沥青混凝土面板堆石坝,坝顶高程 840.0 m,坝顶长度 538.0 m,坝轴线位置最大坝高 97.0 m,大坝总填筑工程量 710.0 万 m³。主堆石料及过渡料采用水泉湾料场和闪虎沟备用料场的新鲜灰岩料,饱和抗压强度达 80 MPa 以上。

实际施工中,闪虎沟备用料场的灰岩料强度远高于水泉湾料场,岩石坚硬,通过爆破试验,炸药单耗达到 0.65 kg/m³,爆渣细料含量基本达到设计要求的下限。

11.2 仙游抽水蓄能电站下水库工程

福建仙游抽水蓄能电站位于福建省莆田市仙游县西苑乡,距县城约 37 km,电站装机容量为 1 200 MW(4×300 MW),安装 4 台单机容量为 300 MW 的混流可逆式水泵水轮发动机组,为周调节抽水蓄能电站。本工程属大(1)型 Ⅰ 等工程。枢纽主要包括上水库、输水系统、地下厂房系统、地面开关站及下水库等工程项目。

下水库坝址位于西苑乡半岭村上游 1 km 处溪口溪峡谷中。大坝为钢筋混凝土面板堆石坝,坝顶高程 299.9 m,坝轴线长 264.19 m,最大坝高 72.4 m。大坝总填筑工程量 75.2 万 m³。主次堆石料及过渡料采用料场开采的弱、微风化新鲜石料。岩石为侏罗系晶凝灰熔岩及花岗岩,新鲜岩石致密坚硬。

通过爆破试验,采用深孔台阶、孔间微差、孔内全耦合连续装药、"V"形起爆网络等方法,炸药单耗达到 0.55～0.6 kg/m³,爆渣级配粒径等指标基本达到设计要求。

11.3 湖北江坪河水电站大坝工程

江坪河水电站位于湖北省鹤峰县溇水上游河段,坝址控制流域面积 2 140 km²。工程枢纽由混凝土面板堆石坝、右岸泄水建筑物、左岸引水发电系统等建筑物组成。混凝土面板堆石坝坐落在狭长的"V"形河谷内,坝轴线处河谷宽高比约为 1.8。堆石坝最大坝高 219.0 m,是目前已建、在建混凝土面板堆石坝中第二高坝。大坝填筑总量约 702 万 m³,堆石区筑坝材料以栗山坡石料场开采料为主。

栗山坡石料场位于坝址下游的左岸一侧,距坝址 4.2～5.3 km,分布高程 330～520 m。石料以震旦系下统南沱砂岩组(Zant)冰渍砾岩为主。弱风化冰渍砾岩的干抗压强度平均值为 111.0 MPa,软化系数为 0.65;微风化冰渍砾岩的干抗压强度平均值为 132.0 MPa,软化系数为 0.66。根据冰渍砾岩室内物理力学性质试验成果,其性能可满足堆石坝筑坝的要求,但冰渍砾岩物质组成、矿物成分复杂,目前国内外尚未见采用冰渍砾岩填筑高面板堆石坝的工程实例,设计和施工均无实际工程经验可借鉴。

施工中,对冰渍砾石的爆破开采进行了系统的试验研究,取得了使爆破料级配满足设计要求的相对最优的爆破参数。在工程实践中,结合硬岩爆破后"中间料"偏多的特点,创造性地提出了孔距错距的新的布孔方式,使爆破料级配更符合设计要求。

（主要完成人:严匡柠 邹文明 刘国林 王 燕 朱贤博）

粉质壤土填筑施工工法

中国水电建设集团十五工程局有限公司

1 前 言

近年来,国家对西部特别是新疆的交通、水利等的投资巨大,土料作为土石方工程的一种最常用的当地填筑材料,其应用无疑是非常广泛的。而粉质壤土是该区域最常见的当地填筑材料,研究粉质壤土的土性特点、施工工艺和质量控制对土石方工程的设计和施工都具有十分重要的意义。

中国水电建设集团十五工程局有限公司在新疆的水利、交通建设中,对粉质壤土的制备、碾压工艺进行研究,形成了本施工工法。

2 工法特点

本工法采用"筑畦灌水法"进行加水、采用反铲立面开采的施工工艺进行土料制备,方法简易,成本较低,其大面积应用将会有效地降低工程造价,节约施工成本,具有很高的推广价值。

本工法对传统的碾压进退错距法进行了改进,采用了"半滚错距法",既有利于机手进行控制,避免漏压,又完全避免了过压造成的危害,实践证明这是一种很好的土料碾压方法。

本工法对局部反复碾压造成剪切破坏的土料,采用深刨毛器进行纵横两个方向的反复刨松,然后进行重新碾压至设计填筑指标;对土方填筑路口和其他部位被车辆反复碾压破坏的土料进行重塑处理,达到减少返工、节约成本的目的。

3 适用范围

本工法适用于我国新疆等北方干旱地区公路交通、水利水电工程的粉质壤土填筑施工。

4 工艺原理

(1)根据粉质壤土的颗粒分析成果可知:土料粉粒含量较大,自然状态下渗透性较强,加水后上部水分容易向下渗透,因此在施工中采用"筑畦灌水法"进行适量加水、采用反铲立面翻倒开采,即可使上下层土料搅拌均匀,土料含水量满足填筑要求。

(2)传统进退错距法容易产生漏压现象,现阶段常采用的"整滚满错法"则不可避免地会产生过压条带,工法对这两种方法进行综合优化,采用了"半滚错距法"。

(3)粉质壤土填筑过程中,施工路口往往由于车辆反复行驶碾压而造成土料剪切破坏现象,常规施工方法是挖除弃掉,通过对土料的重塑性研究,对这部分土料进行就地处理后再利用。

5 施工工艺及操作方法

5.1 土料制备

"筑畦灌水法"制备土料施工方法是对土料场进行整体规划后,采用推土机将料场按基本平行等高线堆筑成畦,畦高1 m,根据地形每30 m×30 m范围筑成网格状畦子,删除中间部分用推土机的松土器将土料表层钩松。设立专用抽水泵站,采用Dg150离心水泵抽水,用Φ150钢管构成引水管道,将水引到土料场的最高处,对每个网格状畦子内进行灌水浸泡。注水量按土料需要补充的含水量计算,并根据当地气候条件考虑10% ~20%的蒸发损失。开采方式可以采用反铲翻倒后立面开采,有利于上下层土料含水量搅拌均匀,从而满足土料填筑最优含水量要求。浸泡半个月,先进行试验性开采,经多点检测含水量满足施工技术要求后,再大量开采。

5.2 半滚错距法

粉质壤土中黏粒含量少,对碾压机具的重量和碾压遍数非常敏感。碾压机具太轻或者碾压遍数不足则不能满足设计对压实度的要求;碾压机具过重或者碾压遍数过多则很容易造成土料的剪切破坏,甚至需要返工。因此,在施工中进行了大量的试验和分析,尤其是对几种碾压错距法进行了有益的改进,总结出"半滚错距法"这种比较好的碾压方法,既能够满足施工中土料的压实度要求,又有利于碾压机具操作手的实际操作,取得了很好的效果。

传统的进退错距法是每次进退时均进行错距,错距宽度为 $b=B/n$(b 为错距宽度、B 为碾子宽度、n 为碾压遍数),如图1(a)。其优点是不易产生过压现象,而缺点是施工中很难控制,由于该方法错距宽度往往只有 $20 \sim 30$ cm,特别是凸块碾碾压边线不易分清,机手很难精确进行错距,漏压的情况难以避免。

近年来,坝体碾压特别是堆石坝施工中较常采用整滚错距法,即在同一位置完成试验确定的碾压遍数后,再进行相邻部位的碾压,同时必须有 20 cm 左右的搭接,以免漏压。这种方法的优点是不会出现漏压现象,但缺点是错距时搭接部位碾压遍数为规定遍数的 2 倍,会产生过压现象,如图1(b)。结合以上两种方法的优缺点,本工法采用"半滚错距法",即错距宽度为碾子宽度的一半,每滚碾压遍数也相应为规定遍数的一半,这样既有利于机手进行控制,避免漏压,又完全避免了过压危害。碾压方法见图1(c)。实践证明,这是一种很好的土料碾压方法。

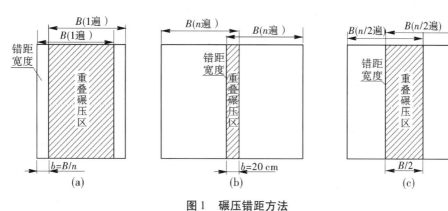

图1 碾压错距方法

5.3 土料重塑

粉质壤土是一种介于黏土和粉土之间的土,又称为低液限黏土,颜色主要以红黄居多,可手握成团,但黏砾含量明显不如黏土大,有一定的砂感,遇水有轻微膨胀,风干后较坚硬。通过对该土料各项物理力学性质分析,认为该土料是适合均质土坝和路基填筑的较好材料,而且有一定的可重塑性。在填筑过程中,往往会因为局部土料含水量过高而出现剪切破坏现象,或者在填筑时路口位置经过自卸汽车、洒水车等反复行驶、过压造成土料的破坏现象。发生这种情况时常规的处理方法是:将这部分土料挖出后弃掉,然后换填土料,重新铺平碾压。这种返工必然造成施工成本的增加,并会影响填筑施工进度。本工法利用粉质壤土的重塑性,在不挖出这部分破坏土料的情况下对其进行原地处理,达到再次利用的目的。

具体处理办法是:采用 $120 \sim 220$ HP 的推土机后面安装的松土器,将过压或剪切破坏的部位沿同一方向平行刨松 $20 \sim 25$ cm,推土机行走时错距尽可能小(15 cm 左右);然后用同样的方法,在垂直方向刨松,将过压或剪切破坏土料的物理结构完全破坏,恢复其松散状态的物理特性。根据实际情况调整其含水量(含水量过高晾晒几个小时,含水量不足时适当洒水补充),然后重新整平,按照正常遍数碾压达到压实度标准。作业要领是:在刨松时需要纵横两个方向仔细均匀,刨松深度掌握适当。

6 施工设备

根据一般情况配置的机械设备可以参考表1。

表1 施工设备

序号	机械名称	设备型号	数量	备注
1	推土机	220~320 HP	1	用于土料场制备
2	反铲	1.2~1.6 m³	2	土料场开挖
3	自卸车	15 t	4~8辆	土料运输
4	振动凸块碾	12~16 t	2台	填筑面碾压
5	振动平碾	16~20 t	2台	填筑面碾压
6	推土机	120~220 HP	1台	填筑面平整、土料重塑
7	洒水车	8~12 t	1辆	现场补充水分

7 质量控制

粉质壤土填筑的质量指标,设计上采用压实度进行控制,一般要求达到 $D \geq 0.98$。压实度指标必须通过室内击实试验确定,首先计算出土料最大干密度和最优含水量,然后以此作为现场压实度控制标准。

施工中土料的压实度一般采用两种控制方法,分别是干密度法和现场快速三点击实法。

(1)传统的干密度法。采用传统的干密度法进行控制时,必须将整个料场按区块进行划分,开采前进行室内试验以确定该区块的控制最大干密度标准。不同区块采用不同的标准进行控制。按照 50 m×100 m 为一个区块进行方格网控制,每个区块取样5组(方块4角各一个,形心点取一个),进行室内击实试验,取5组最大干密度值的平均值作为此区块的最大干密度控制标准,再根据此标准值作为现场碾压压实度的参比密度。当现场取样土料干密度与试验最大干密度的比值大于0.98时,即可判定该部位的土料压实度满足设计指标;比值小于0.98时,判定该部位需要进行补压。

(2)现场三点击实法。三点击实试验法又称快速击实试验法,它的原理是用最大湿密度求压实度和含水量差值。用此法进行现场检测时,不需测定含水量,仅在测定压实土湿密度后,做三种含水量的快速击实试验,通过数解法或借助提前绘制好的三点击实控制图来确定填土的压实度及最优含水量(ω_{op})与填土含水量(ω_f)的差值,全部试验可在1 h内完成。所以,从理论上说,三点击实试验法较常规干密度法(酒精燃烧法确定含水量)速度快,能更好地满足施工进度。三点击实控制图见图2。

三点击实试验法首先被美国垦务局采用,国内在鲁布革等工程上也曾采用此法进行填筑质量控制。

以上两种方法都曾在施工中运用过,通过比较可知,虽然三点击实法不需要现场进行含水量的测定,但每次要进行三点击实,工效相比干密度法并没有提高,反而有所降低。干密度法虽然要对各土场进行五点击实以确定最大干密度,但这项工作完全可以提前进行而不影响施工进度,现场测定含水量采用微波炉后并不需要很长时间。因此,干密度法是一种快速有效的施工现场质量控制方法,值得推广应用。

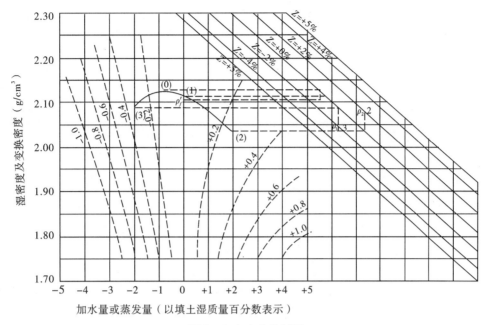

图2　三点击实控制图

8　安全措施

8.1　职业健康安全管理

在施工过程中,项目领导和所有作业人员都必须坚持"安全第一,预防为主"的原则,制定切实可行的安全生产规章制度,层层落实安全生产责任制,做好班前安全教育,提高员工的安全意识,实现安全生产的目标。通过安全教育学习,增强参建人员的安全意识和自我保护意识,以消除人的不安全行为;由项目部安全生产领导小组组织对施工现场进行一次全面的安全检查(形成安全检查记录),以消除物的不安全状态。

8.2　施工机械安全管理

土料制备和填筑作业中施工机械存在一定的安全隐患,是安全生产管理的重要环节,施工企业领导必须高度重视。尤其是对运输车辆和碾压设备要制定详细的安全操作规程,要求机械驾驶人员持证上岗,严格按照操作规程作业,对违反安全生产规章制度的作业人员要严肃查处。

9　环保与资源节约

9.1　环境保护

在粉质壤土制备和填筑的施工过程中,主要从两方面考虑对环境的影响。第一,对土料场水土流失的影响;第二,开采、运输和碾压过程中可能造成的扬尘对空气污染的影响。

本施工工法主要针对的是新疆等干旱地区的土料制备和填筑,采用"筑畦灌水法"制备土料。这种施工方法在土料场基本平行于等高线修筑土埂,然后抽水灌溉、浸泡,所以不会造成浇灌水无序漫流;即使施工期间有暴雨降临,大量的雨水也会被一道道土埂拦截,形成多个蓄水池,因此不会造成大量水土流失。

经过制备的土料含水量都能达到最优含水量的上限,所以土料场装车和车辆运输也不会造成扬尘现象,能够满足环保的要求。

9.2　资源节约

在以往的施工中,填筑路口或者其他部位已经碾压好的土料因为含水量偏高或者车辆重复碾压造成剪切破坏,采取的方法一直是全部予以清除。本工法利用粉质壤土的重塑性,对已经破坏的土料采取刨松、晾晒或适当洒水,然后碾压,进行原地处理,再次利用,从而达到了节约资源的目的,非常环保,值得推广。

10 效益分析

本施工工法在新疆"500"水库、新疆引额济克"635"水利枢纽主坝工程和新疆恰甫其海工程施工中均进行了实际应用,节约施工成本20%以上,取得了较好的经济效益,效益分析见应用实例。

11 应用实例

11.1 "500"水库工程

11.1.1 工程简况

"500"水库是新疆引额济乌一期一步工程的尾端反调节水库,位于阜康市境内天山北缘冲洪积扇下部细土平原区,距阜康市城西北约10 km,是经三面筑坝而成的典型平原水库。水库正常高水位496 m,坝顶高程499 m,坝顶长度14.79 km,最大坝高24 m,库容1.72亿 m³,设计坝型为均质土坝。坝体防渗土料采用最普通的当地材料——粉质壤土填筑。坝体主要由两大部分组成,即防渗土料和特种料。

11.1.2 土料填筑指标

"500"水库土料属低压缩性轻粉质壤土,压缩系数 $\alpha < 0.1$ MPa,压缩模量介于 15~27 之间。通过慢剪法试验,抗剪强度指标分别为:内聚力 25~33 MPa、摩擦角 25°~28°。经过大量的室内击实试验及现场碾压试验得知,土料最大干密度为 1.79~1.84 g/cm³,其最优含水量为 13.2%~14%,不同区域的土料差异较大,施工中按照压实度 $D \geqslant 0.98$ 来控制,采用干密度法进行现场质量控制。

11.1.3 土料制备和含水量控制

"500"水库土料场含水量分布很不均匀,东坝段料场土料天然含水量基本能满足要求,中坝段土料的含水量则大部分在 8%~11%,必须进行加水制备才能上坝填筑。施工中曾尝试了"土牛法"、"地土牛法"和"沟畦灌水法"等制备方法。

(1)土牛法:由 1.6 m³ 反铲控装,15 t 自卸汽车运至土牛制备场。先进行分层堆土,堆土过程中进行雾化喷水,堆成 5 m 的高台后,自卸汽车由高台卸料,推土机平料,台高可逐渐升至 10 m 左右。在土料卸料过程中,进行雾化喷水。土牛制备料场面积 320 m×250 m,每个制备场堆置两个土牛,每个 150 m×200 m,一个进行制备,一个取料上坝。

(2)地土牛法:先由挖掘机在料场开挖出一个宽 4 m 左右、深 4 m 的深槽,然后挖掘机将旁边的土料就地进行翻倒,翻倒过程中即进行人工雾化加水,制备的土料上部用塑料薄膜覆盖,以防止水分散失。

(3)筑畦灌水法:采用推土机将料场按 30 m×30 m 筑成网格状畦子,畦高 1 m,中间用松土器钩松。用管道引水灌泡,泡水量按可开采土料量计算,并按 10% 考虑蒸发损失。

三种制备方法进行了试验比较后发现:"土牛法"和"地土牛法"的优点是加水均匀,制备存放时间较短,一般超过半个月即可开采上坝;缺点是成本高,特别是"土牛法"成本太高,挖装运推平等工序全部进行了两次。"筑畦灌水法"虽然制备工期较长,但完全可以通过提前制备来满足上坝的需要,而成本是比较节约的。因此,除前期进行了前两种方法的试验外,后面全部采用"筑畦灌水法"进行土料制备。

11.1.4 对碾压错距法的改进

"500"水库粉质壤土对碾压遍数很敏感,碾压遍数达不到则干密度不能满足要求,而过压则很容易造成土料的剪切破坏。针对此种情况,在施工中我们对"半滚错距法"和"整磙碾压法"进行了大量的试验,分析比较两者的优缺点,从而对"碾压错距法"进行了改进,将两者的优点结合在一起,形成了比较合理的填筑碾压方法,达到既不过压又不漏压的效果,满足了施工要求,取得了很好的效果。

11.1.5 粉质壤土的重塑

"500"水库工程土料填筑量大,上坝路口层层更换,在 14.79 km 长的坝面上需要布置的路口很多,这些路口的土料经过车辆反复碾压,往往造成土料剪切破坏,这样大量路口已经填筑好的土料需要返工挖除,造成很大的浪费。为此,我们进行了重塑土碾压试验,尝试了对这部分土料进行重塑后再利用。采用深刨毛器对破坏的土料进行纵横两个方向反复刨松,使破坏的土料重新恢复到松散的自然状态,经检测含水量符合上坝土料的技术要求后,再平整碾压。

11.1.6 效益分析

"500"水库工程坝体土方填筑 420 万 m^3,如果用"土牛法"进行制备,土料填筑单价为 4.5 元/m^3,采用"筑畦灌水法"制备成本仅为 2.7 元/m^3,因此节约土料制备成本 420 万 m^3×(4.5−2.7)元/m^3=756 万元。土料重塑利用可以避免约 12 万 m^3 土料挖除至坝外弃掉,重复利用土料后每方土料节约返工费用约为 3.5 元/m^3,仅此一项可以节约返工费用 42 万元。

11.2 恰甫其海水利枢纽工程

11.2.1 工程概况

恰甫其海水利枢纽工程位于伊犁地区巩留县特克斯河与小吉尔尕郎河交汇处,该工程属新疆伊犁河流域一期开发项目,以灌溉为主,兼发电防洪等综合利用功能,水库总库容 19.7 亿 m^3,为 I 等大(1)型工程。拦河大坝为黏土心墙坝,最大坝高 108 m,坝顶长 350 m,坝顶宽度 12 m,大坝上游坡比 1:2.5,下游坡比 1:1.7,心墙底宽为 68 m。土料成因为风积黄土,属中压缩性土,无分散性和湿陷性,塑性指数和黏粒含量偏低,土料属低液限黏土,施工中质量控制采用干密度法进行。

11.2.2 工法应用

恰甫其海水利枢纽工程拦河大坝心墙土料制备时,采用了"筑畦灌水法",收到了显著的效益。

在大坝心墙填筑施工中,心墙黏土碾压采用了"半滚错距法",通过碾压试验确立了合理的施工参数和碾压机具,加快了施工进度,施工质量也得到了保证。

11.2.3 恰甫其海工程效益分析

恰甫其海工程土料制备前期主要是采用"土牛法"作业,后面改为"筑畦灌水法"制备土料约 40 万 m^3。经过核算比较,节约土料制备成本约 72 万元。

11.3 新疆引额济克"635"水利枢纽主坝工程

11.3.1 工程概况

新疆引额济克"635"水利枢纽主坝工程位于新疆阿勒泰地区福海县境内额尔齐斯河干流的中游段,距乌鲁木齐市 560 km,距北屯镇 56 km。该工程是新疆引额济克工程的水源工程,为大(2)型水利枢纽工程,年引水量 8.4 亿 m^3,水库总库容 2.82 亿 m^3。主坝为黏土心墙砂砾石坝,最大坝高 70.6 m,河床主坝段长 320 m,坝顶高程 650 m,坝顶宽 8 m,正常蓄水位 645 m,死水位 632 m。黏土心墙最大底宽 39.5 m,在心墙底部与基岩接触面间设 0.5 m 厚的混凝土盖板,黏土心墙顶宽 4 m,心墙顶高程 648 m,心墙上、下游边坡坡比均为 1:0.25,分别设有 3 m 厚的反滤层、3.8 m 厚的混合过渡料层及坝壳料区。

11.3.2 工法应用

"635"主坝原设计为黏土掺配砂砾石作为防渗体,复查试验和现场碾压试验资料表明:该土料黏粒含量高,最高达 60% 以上,土质以黏土、重黏土、粉质黏土、粉质壤土为主,土的天然含水量远低于最优含水量,且含水分布不均匀。为解决土料含水不足,采取了经常洒水、筑畦灌水法、二次制备、填筑过程中配置洒水设备补水等方法,解决了土料施工最优含水量的问题。

11.3.3 工法应用效果

对填筑的心墙土料逐层检测干容重、压实度、含水量,1 号料场平均 98.3 m^3 取样 1 个,合格率 100%,优良率 90%以上。主坝最高部位桩号 0+960 处,沉降量最大为 731 mm,占坝高的 1.05%,在同类型坝中沉降较小。

11.3.4 效益分析

新疆引额济克"635"水利枢纽主坝工程土方填筑约 340 万 m^3,节约成本 612 万元,经济效益显著。

(**主要完成人:**杨 伟 王保国 齐宏文 吴 莉 高小红)

复杂地质条件下深厚覆盖层竖井施工工法

中国水利水电第六工程局有限公司

1 前 言

溪洛渡水电站左岸地下厂房共设 1 号、2 号两条出线竖井,竖井工程规模巨大,开挖直径达 14 m,竖井深度最大达 488.5 m,覆盖层深度最深达 126 m,且地质条件极其复杂,土体透水性强,稳定性差。井身覆盖层先后穿过洪积堆积体、冰川、冰水堆积体、古滑坡堆积体等地层,且土体内含大量孤石与土石胶结体,施工难度极大。竖井施工采用"正井法"施工,在施工过程中如何合理安排开挖、支护、衬砌之间的关系,减少井内施工干扰,关系着施工安全以及节点工期的实现。对此,我局制定了"复杂地质条件下深厚覆盖层竖井施工技术"工法,采用井口桁架梁、仞脚模板、大盘以及井壁混凝土斜接茬技术,有效解决了"正井法"开挖、混凝土"倒悬法"浇筑的各种施工难题。溪洛渡水电站左岸出线竖井施工受到业主单位及水利水电专家的一致好评,其施工技术被集团公司评为 2010 年科技进步三等奖。在工程实践中此工法的应用取得了良好的效果,在溪洛渡水电站右岸 3 号、4 号出线竖井施工及其他工程中得到了推广应用。

2 工法特点

(1)成功探索出洪积堆积体、冰川、冰水堆积体、古滑坡堆积体等复杂地质条件下深覆盖层竖井开挖、支护快速施工技术。

(2)成功解决了复杂地质条件下深覆盖层竖井井壁含管涌通道及井壁渗水施工难题。

(3)成功探索出全圆"倒悬法"一衬混凝土紧跟开挖进行浇筑施工技术。

(4)成功解决了混凝土"倒悬法"施工时,钢筋接头错头问题,上下层混凝土接缝浇筑不满施工难题。

(5)成功解决了竖井开挖、支护、衬砌、灌浆等各工序上下立体作业施工干扰问题。

(6)采用配套先进合理的施工安全系统,确保竖井施工安全。

(7)不断优化施工方案、大胆尝试、勇于创新,创造了深覆盖层大直径竖井月施工强度 55.5 m 的国内新纪录。

3 适用范围

本工法适用于水利水电工程中复杂地质条件下的深厚覆盖层竖井施工。

4 工艺原理

复杂地质条件下深厚覆盖层竖井施工工法,其主要工艺原理如下:

(1)开挖工序有利于保护井壁,减少施工对松散井壁的扰动,防止井壁垮塌。

(2)支护方法快捷、简便,减少开挖后土体暴露在外时间。

(3)一衬混凝土采用"倒悬法"浇筑,及时跟进开挖施工,确保井壁安全。

(4)通过爆破质点振动监测试验,控制单响药量,减少了孤石爆破时对井壁及已浇混凝土的影响。

(5)采用井口桁架梁、井内作业大盘,仞脚模板技术实现了竖井开挖、支护、混凝土衬砌、壁后灌浆施工的上下交叉作业。

5 施工工艺流程及操作要点

5.1 施工工艺流程

施工工艺流程为:井挖施工人员乘载人电梯至工作面→门机吊运反铲、吊斗等井挖设备至工作面→反铲装渣到吊斗→吊斗装满后挂钩,起吊→在出线场1号、2号竖井中间倒渣区翻斗卸渣→吊斗挂钩再吊至工作面→本层可直接挖装的石渣出完,孤石出露→钻孔→装药、联线、防护→反铲、锚杆钻车等机械设备吊出井外,不能吊出的井盘等吊至井口并加强防护,人员全部撤至井外安全地带→井外鸣警、响炮、通风、散烟→施工人员乘载人电梯至工作面检查爆破效果、排险→门机吊运反铲、吊斗至工作面进行工作面清理→本层开挖全部渣出完→井挖施工人员乘载人电梯、吊斗通过门机撤至另一竖井进行井挖施工→同时井身支护与混凝土衬砌施工人员进入工作面。

5.2 操作要点

5.2.1 施工布置

由于竖井覆盖层采用"正井法"施工,井口布置直接关系到竖井开挖、支护、衬砌之间的衔接以及平行交叉作业,是实现井内立体施工的纽带。井口布置方案为:在竖井顶部平台布置一台16 t门机,进行机械、设备、材料、出渣等的垂直运输。每个竖井井口布置一桁架,作为大盘、风管、水管、混凝土下料管等的支承平台。每个竖井井口布置一台施工电梯,进行施工人员上下竖井垂直运输。在出线平台,每个竖井布置一个稳车群,用于大盘、电梯的升降。

每个出线井内布置一个单层桁架梁结构吊盘,吊盘分8节采用L80×8、L75×7角钢和[8槽钢焊制,上铺δ3 mm网纹钢板,吊盘外径10.6 m,外侧管线位置留豁口,以便吊盘顺利通过。中间空心,中空直径6 m,内外侧用钢筋护栏和安全网防护。吊盘主桁架梁高、宽均为1 m,内外侧为三角形结构。吊盘自重约7 t,用两台10 t车通过两根6×19-Φ28-1670钢丝绳悬吊,钢丝绳破断力总和1 071 kN。井口布置见图1,大盘结构图见图2、图3。

5.2.2 覆盖层开挖施工

竖井开挖、支护及混凝土浇筑施工循环进行,循环进尺控制在3.0 m以内,开挖一层支护一层。覆盖层段开挖采用人工配合0.3 m³液压反铲进行。先采用液压反铲扩挖竖井中间部分,靠井壁预留30 cm保护层采用人工开挖。

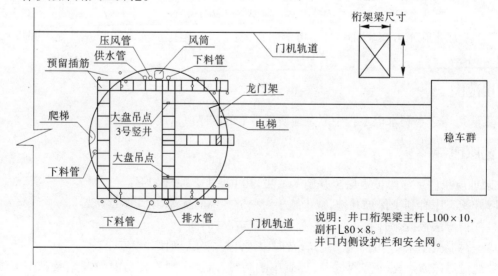

图1 井口布置

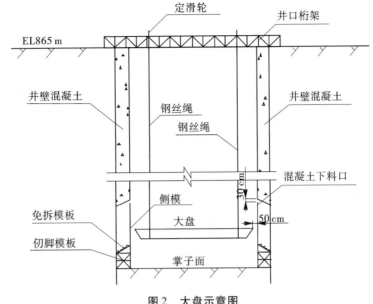

图2 大盘示意图

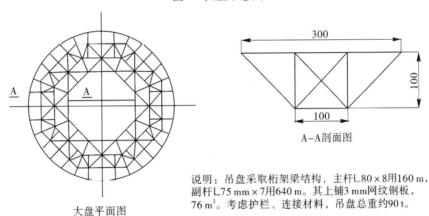

大盘平面图

A—A剖面图

说明：吊盘采取桁架梁结构，主杆L80×8用160 m，
副杆L75 mm×7用640 m。其上铺3 mm网纹钢板，
76 m²。考虑护栏、连接材料，吊盘总重约90 t。

图3 吊盘结构

大块孤石在每循环土体开挖完毕之后，集中采用钻孔爆破法解体后随土方挖出，井壁处孤石在井中开挖完毕之后采用人工持手风钻钻水平孔，进行爆破，爆破后再进行人工持风镐修整。孤石解爆时，先在竖井底部挖一大坑，井内孤石采用反铲将孤石移至大坑中，然后进行钻孔；井壁内嵌孤石直接在原位钻水平孔。装药完毕之后采用钢筋网、砂袋对孤石进行覆盖后起爆。爆破后孤石随土方由反铲进行装渣。

由于出线竖井开挖掌子面距离井壁新浇混凝土距离很近，仅1.5 m，因此采用质点振动监测试验，确定一次最大起爆药量，井内爆破必须严格控制一次起爆药量，防止爆破对新浇混凝土造成损伤。通过质点振动监测试验，测试振动速度均小于安全质点振动速度1.2 cm/s的最大单响药质量为4.0 kg。

爆破完毕之后立即进行检查，确定无安全隐患之后，采用门机将0.3 m³液压反铲吊运至井底，开挖弃渣直接采用液压反铲装自制6.0 m³吊斗，用门机提升到井口临时堆渣场卸渣，然后适时采用3.0 m³载机装20 t自卸汽车，运至指定渣场。

由于竖井覆盖层地质结构复杂，土体内部架空现象严重，在开挖过程中多次遇见内部架空结构。当开挖遇见管涌通道时，对管涌通道洞口做适当扩挖，以保证施工安全为原则。扩挖后清除管涌通道内垮塌堆积的松散物，然后对管涌通道采用C20混凝土进行分层回填。首先对管涌通道空隙较小的部位进行回填，并充分振捣，然后回填空隙较大的部位，确保回填密实。回填时在管涌通道顶部预埋回填灌浆花管,回填完成后首先进行回填灌浆,灌浆压力0.1~0.15 MPa,然后对周边自进式锚杆进行固结灌浆。

5.2.3 覆盖层支护施工

受地质条件影响,覆盖层井壁较为松散,为保证井壁的安全,必须对井壁进行灌浆加固。根据原来设计方案,出线竖井覆盖层支护方式为:土锚杆 Φ48@1.0×1.5 m,在施工过程中,由于土体内部孤石含量高且内部架空现象严重,土锚杆施工极其困难。根据现场实际施工情况,土锚杆在进入土体后遇大孤石,再也无法继续施工,且不能拔出,锚杆损失量非常大。即使施工完毕的土锚杆,施工时间也大大超出预期。

5.2.3.1 试验

为进一步确定土锚杆施工方法及程序,在左岸出线竖井井口段及出线场内进行了土锚杆、自进式锚杆钻孔灌浆试验。土锚杆与自进式锚杆均采用D7进行施工,土锚杆分别采用直接造孔和先造孔后插杆两种方法进行施工。

(1)土锚杆直接造孔:采用在D7液压钻钎尾上加设连接套,将Φ48土锚杆装入连接套中,利用D7液压钻凿岩机冲击力将土锚杆压入土体中。现场在井口段不同部位共施工土锚杆10根,最大入土深度为1.5 m,最小入土深度0.5 m,均不满足设计要求的5.5 m入土深度,合格率为零,且钻进速度缓慢,造孔平均速度为0.5~1.0 m/h。

(2)土锚杆先造孔后插杆:采用D7液压钻先钻设Φ76 mm土锚杆孔,然后采用在D7液压钻钎尾上加设连接套,将Φ48土锚杆装入连接套中,利用D7液压钻凿岩机冲击力将土锚杆打入孔中。由于土体钻孔后出现严重塌孔现象,钻杆退出孔内时需要多次吹孔,且成孔率低,因此通过此方法,现场在井口段不同部位共施工土锚杆47根,在出线场内共施工土锚杆3根,最大入土深度为5.5 m,最小入土深度3.0 m,其中满足设计要求5.5 m入土深度的土锚杆共5根,合格率为10%,施工速度缓慢,且施工投入增加,造孔平均速度为1.5~2.0 m/h。

(3)自进式锚杆:采用在D7液压钻钎尾上加设连接套,将Φ32自进式锚杆装入连接套中,利用D7液压钻凿岩机冲击力将自进式锚杆带压钻入土体中。通过此方法,现场在井口段施工Φ32自进式锚杆9根(其中有3根为带连接套的3 m长锚杆连接而成,有5根按技术要求钻设了花孔),在出线场内共施工土锚杆6根(其中有3根按技术要求钻设了花孔),最大入土深度为5.6 m,最小入土深度为5.5 m,全部满足设计要求5.5 m的入土深度,合格率为100%,且施工速度快,造孔平均速度为11~16.5 m/h。

(4)灌浆试验对比:出线竖井土锚杆及自进式锚杆灌浆试验共试验了10根,土锚杆3根,自进式锚杆7根,其中3根自进式锚杆没有钻设花孔,4根自进式锚杆按技术要求钻设花孔。灌浆工程量如表1所示。

表1 灌浆工程量

序号	孔号	锚杆形式	水灰比	灌浆注灰量(kg)	单位注灰量(kg/m)	总注浆量(L)	备注
1	1-1	Φ32 自进式	0.7:1	306.10	55.65	313.65	钻花孔
2	1-2	Φ32 自进式	0.7:1	306.93	55.81	314.50	钻花孔
3	1-3	Φ32 自进式	0.7:1	288.97	52.54	296.10	无花孔
4	2-1	Φ32 自进式	0.7:1/0.5:1	590.69	107.40	558.81	钻花孔
5	2-2	Φ32 自进式	0.7:1	238.96	43.45	244.85	无花孔
6	2-3	Φ32 自进式	0.7:1	181.28	32.96	185.75	无花孔
7	3-1	Φ48 土锚杆	0.7:1	148.20	26.95	361.45	钻花孔
8	3-2	Φ48 土锚杆	0.7:1/0.5:1	1 208.13	219.66	1 269.39	钻花孔
9	4-1	Φ48 土锚杆	0.7:1	432.41	78.62	260.65	钻花孔
10	4-2	Φ32 自进式	0.7:1	281.82	51.24	288.75	无花孔

根据现场灌浆工程量数据,钻设花孔的自进式锚杆灌浆量大于无花孔的自进式锚杆灌浆量;土锚杆正常灌浆量与钻设花孔的自进式注浆量基本一致;土锚杆注浆量相互间差别较大,注浆效果不均衡。而自进式锚杆注浆量相互间差异较小。自进式锚杆施工速度快,锚杆损失量小,且能达到土锚杆的效果(对井壁土体进行固结),因此在实际施工过程中系统支护采用自进式锚杆。

5.2.3.2 自进式锚杆施工

根据试验结果,出线竖井覆盖层系统支护采用自进式锚杆替代土锚杆,自进式锚杆间排距为1.2 m×1.0 m,$L=6.0$ m,入岩5.5 m,锚杆底部1.5 m范围内设置花孔,花孔间距10 cm。开挖结束后采用门机将液压反铲吊运至井口安全区域,随即进行井壁系统支护。由于竖井覆盖层中含有大量孤石以及架空结构,采用手风钻进行锚杆施工困难,且容易断杆,因此系统支护采用CLM-15履带式锚杆钻车进行施工(CLM-15履带式锚杆钻车采用门机进行竖井内的垂直运输)。为了减小由于断杆造成的锚杆损失,每根自进式锚杆由两节3.0 m长锚杆组成,先进行第一节(第一节锚杆含花孔)锚杆施工,然后由第二节锚杆进行加长,继续施工。

锚杆注浆时为了保证灌浆压力满足设计要求,将大盘移动到需要注浆部位,通过门机将注浆机吊运至大盘上,对于井底锚杆注浆,将注浆机直接吊运至井底进行注浆,保证注浆机与被注浆锚杆之间的垂直高差小于1.5 m,减少附加注浆压力。注浆站布置在井口适当位置,浆液制成后通过高压橡胶管自流至储浆桶中,然后通过注浆泵进行注浆。

由于竖井地质结构复杂,内部架空现象严重,注浆异常情况时有发生。单根锚杆当吃浆量大于500 L时,停止注浆,依次进行同一截面上的其他锚杆注浆,待一圈注浆完成后,对没有达到结束标准的锚杆进行补灌,直至每根锚杆注浆都达到结束标准。

5.2.4 覆盖层混凝土施工

出线竖井混凝土主要为井壁一衬混凝土施工。由于出线竖井覆盖层采用正井法施工,因此井壁混凝土施工采用"倒悬法"进行施工。混凝土衬砌滞后开挖1~2个循环。混凝土施工采用井内布置的大盘作为施工平台,井壁一衬混凝土厚度为1.0~1.2 m。由于混凝土衬砌采用"倒悬法"浇筑,因此混凝土施工存在两大技术难点:一是钢筋接头错头的问题,二是相邻两层混凝土接缝问题(相邻混凝土接缝处浇筑不满的问题)。

5.2.4.1 模板施工

为了满足钢筋错头的要求,底模支撑采用仞脚模板,为了避免进行底部混凝土凿毛,在仞脚模板上采用免拆模板。钢筋穿过免拆模板后伸入仞脚模板中。仞脚下行钢模板高1.35 m,仞脚下部高0.9 m,斜面坡度30°,使钢筋接头能错开0.6 m,单个仞脚模板长1.5 m,模板加工拼装安放在下部仞脚模板上。模板和仞脚之间采用钢筋插销活连接,仞脚模板断面见图4,仞脚模板安装后示意图见图5。

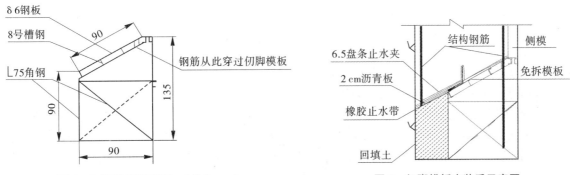

图4 仞脚模板断面图 (单位:cm)　　　　　图5 仞脚模板安装后示意图

侧模采用P1015、P3015标准钢模板拼装。侧模施工平台采用井内布置的大盘。大盘运行到作

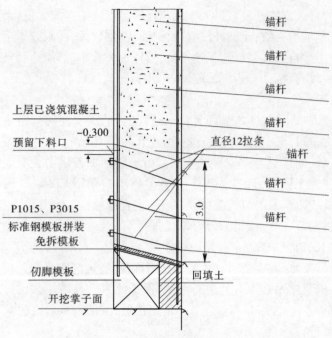

图6 模板拼装后示意图 （单位:m）

业面时,采用大盘四周布置的丝杠,将大盘与井壁顶死,避免在大盘上作业时晃动。侧模拼装后结构如图6所示。

5.2.4.2 混凝土下料系统

为满足出线竖井混凝土衬砌井内垂直输送,在每个竖井上部井口设置3个下料口,配备3套Φ159 mm溜管。溜管由无缝钢管制作,每节长度6 m,采用法兰连接,溜管采用两根钢丝绳悬吊,溜管用卡扣固定在钢丝绳上,沿井壁向下敷设,为防止混凝土在长距离溜管下落过程中产生骨料分离,每一节溜管设置1个与主管成135°夹角的岔管,溜管从井口连接到距离仓面8 m高度改用溜筒或软管连接到浇筑仓面。此混凝土下料系统制作简单、安装方便、成本低廉。

混凝土下料程序为:混凝土→井口下料口料斗→溜管→溜筒或软管→仓号→平铺、振捣。混凝土最大垂直输送距离为126 m,竖井井壁混凝土施工一年来,混凝土井内垂直运输时没有出现骨料分离现象,混凝土完全符合设计要求。

5.2.4.3 混凝土入仓、振捣

模板施工时,模板顶部设开放振捣口,即模板上部30 cm外倾30°角,使模板上口与上仓混凝土面保留30 cm空隙作为仓号上部进料空间与振捣棒振捣口,保证混凝土进料与振捣在整圈范围皆可进行,并在侧模中部适当位置设进人孔,仓号底部1.5 m范围浇筑时施工人员从进人孔进入仓号内进行布料和振捣,待一仓混凝土浇筑3/4时,所有施工人员撤出仓号,对进人孔钢筋、模板进行恢复,然后通过模板上部预留的30 cm空隙作为仓号上部进料空间与振捣棒振捣口进行混凝土浇筑。

混凝土铺料采用平铺法,平铺层的厚度控制在40～50 cm。混凝土平仓采用人工平仓,橡胶止水处采用人工送料填满,并用钢筋夹将止水固定支撑。为了防止模板在混凝土下料过程中产生位移,混凝土采取对称入仓方式。下料管下料达到一定量后要移位一次,避免下料集中。混凝土振捣采用直径50 mm和70 mm的软轴插入式振捣器振捣,模板周围和埋件附近采用Φ50振捣器或采用人工捣固密实,特别是止水周围要细心振捣,以防模板走样和埋件位移。

5.2.4.4 两循环间混凝土接缝混凝土处理

每仓混凝土均采用免拆模板作为底模,因此每仓混凝土底面不再进行凿毛处理。避免每仓混凝土底部进行人工凿毛,降低了施工强度,加快了施工进度。

5.2.4.5 竖向钢筋接头处理

根据施工规范要求,同一截面上的钢筋接头不大于50%,且相邻接头之间距离大于50 cm。钢筋采用滚轧直螺纹丝套进行连接。钢筋错头采用仞脚模板作为平台,钢筋穿过免拆模板后,伸入仞脚模板内进行错头,相邻钢筋之间错头达到60 cm以上。

5.2.4.6 混凝土拆模与养护

根据溪洛渡水电站导流洞的施工经验,混凝土浇筑36 h后进行侧面模板拆除,侧模拆除以及混凝土洒水养护均采用大盘作为施工平台,拆除的模板集中放置在井底,然后由门机集中吊出竖井。混凝土拆模后,及时对混凝土进行洒水养护,洒水采用胶管从沿井壁布置的供水管接水。为了保证施工安全,侧模拆除时停止井内其他工序施工。底模拆除在下一循环土方开挖时进行,先开挖井中部分,待上一层混凝土浇筑 48 h 后,对底模下部进行开挖,随着土方开挖的进行,底模下部将被掏空,底模自然脱离与混凝土的接触。由于竖井开挖需要进行孤石解爆,底模拆除后由门机吊运出井,放置在出现场适当地方。模板出井后及时清理干净、修补整齐,混凝土浇筑前涂刷脱模剂。

5.2.5 覆盖层一衬井壁壁后灌浆施工

本工程竖井灌浆主要指井壁混凝土壁后灌浆,在井壁混凝土施工时,在井壁混凝土中预埋外径不小于 57 mm、壁厚为 3.5 mm 的壁后灌浆钢管,防止在混凝土浇筑过程中管道变形甚至破坏。在进行壁后灌浆施工时,预埋灌浆管扫孔,再进行壁后灌浆。灌浆采用大盘作为施工平台。为了减小由于高差引起的灌浆附加压力,灌浆设备放置在大盘上(大盘与灌浆孔之间的垂直高差小于 1.5 m),在井口布置一个集中制浆站,然后通过高压橡胶管自流至大盘上的储浆桶里,然后进行灌浆。

由于本竖井覆盖层段地质条件极其复杂,内部架空结构以及管涌通道较多,灌浆会出现较多异常情况,为了保证灌浆质量以及灌浆施工的顺利进行,采用先试验再全面施工的思路。左岸竖井选取 2 个单元(每个单元 15 个孔)进行试验,通过试验得出以下结论:

(1)根据现场注浆实际情况,绝大部分注浆孔,在灌注 500 L 以内纯水泥浆都能达到结束标准。个别注浆孔注浆量特别大,对于吃浆量特别大的注浆孔,最初采用间歇灌浆的方式,使得部分吃浆量大的注浆孔达到了结束标准;对于采用间歇灌浆仍然不能达到结束标准的注浆孔,采用灌注水泥砂浆的方式进行注浆,采用这种方式也能使部分注浆量大的孔很快达到结束标准;但是有少量注浆孔采用水泥砂浆灌注仍然不能很快达到结束标准,为此采用掺入水泥砂浆体积 3% 的水玻璃砂浆进行灌注,效果很好。例如:注浆量最大的注浆孔为 819.3 m 高程 S4-9 号注浆孔,总注浆量达到了 6 570.15 L,在灌注 5 683.85 L 水泥砂浆后,注浆孔吃浆量仍然特别大,我局在砂浆中掺入 3% 的水玻璃后,继续灌注 280.40 L 砂浆,该注浆孔即达到了结束标准。

(2)根据灌浆试验记录,同一排注浆孔吃浆量差别很大,约 50% 的注浆孔吃浆量在 200~500 L,约 50% 的注浆孔需要灌注水泥砂浆,约 30% 的注浆孔需要灌注水玻璃砂浆,注浆孔注浆量都远远超过回填灌浆的工程量。

(3)由于存在一定比例的注浆孔吃浆量特别大,因此左岸竖井井壁土体内部可能存在较大的管涌通道。由于竖井覆盖层段采用自进式锚杆支护,自进式锚杆对覆盖层土体起到了固结作用,竖井壁后注浆主要为填充竖井一衬井壁混凝土与其周边土体之间的空隙,因此采用以下方式是可行的:①注浆量≤500 L 时,采用 0.5∶1 的纯水泥浆进行注浆。②注浆量≥500 L 时,采用 1∶0.5∶0.3(水∶水泥∶砂)的砂浆进行注浆。③注浆量≥2 000 L 时,在砂浆中掺入砂浆体积 3% 的水玻璃进行注浆(砂浆配比仍然为 1∶0.5∶0.3(水∶水泥∶砂))。

5.2.6 井壁渗水处理

为了保证竖井井壁的安全,防止因为井壁渗水引起井壁坍塌,经我局课题攻关小组多方咨询以及多次试验,采取以下方案:

(1)及时将渗水通过高扬程水泵排至井外。

(2)针对竖井内施工场地狭小的问题,对于井壁面渗的问题,采用自进式锚杆的浆液,在渗水部位均匀浇洒一层,可有效减少渗水量。

(3)覆盖层段的混凝土衬砌及时跟进。

6 材料与设备

6.1 材料

(1)火工材料。采用乳化炸药、非电毫秒管及导爆索。

(2)仞脚模板。采用仞脚模板成功解决了钢筋接头错头问题。

6.2 设备

设备包括 0.3 m³ 小松挖掘机、CLM-15 履带式锚杆钻车。

在竖井开挖过程中采用 0.3 m³ 小松挖掘机,掘进速度快,装渣时回转半径小,加快开挖进度;采用 CLM-15 履带式锚杆钻车可一次将锚杆钻入土体内,钻进速度快,效率高。

7 质量控制

(1)建立出线竖井施工质量保证体系,确立管理人员名单,负责各工序的组织管理工作。

(2)施工机械设备组织到位。

(3)施工前,技术人员组织召开专题会议,对测量人员、施工作业队各个工序有关人员进行技术及工法交底。

(4)每班作业均由一名技术员和一名质检员进行全过程质量检查控制与技术指导、监督,填写质量检查控制表。

(5)项目总工程师、质检部部长、技术部部长、施工队队长要对每一循环施工质量进行检查、总结,制定下一循环改进措施并予以实施。

8 安全措施

(1)为保证照明安全,必须在各作业面、道路、生活区等设置足够的照明系统,地下工程照明用电遵守 SDJ 212—83 第 10.3.3 条的规定,在潮湿和易触电的场所照明供电电压不大于 36 V。施工用电线路按规定架设,满足安全用电要求。

(2)进行爆破时,人员撤至安全距离之外。

(3)每道工序施工完成,经过安全检查合格后,才能进入下一道工序的施工。

(4)定期进行井壁围岩变形观测,如发现异常情况及时报告有关人员,并立即组织施工人员和机具撤离。

(5)项目部成立安全管理小组,针对本工程安全重点,由技术部编制安全技术措施指导现场生产,加强施工现场安全管理工作,科学组织施工,确保施工安全。

9 环保措施

(1)爆破粉尘及烟气得到了及时有效的排放。

(2)施工废水都按要求进行了处理,排入场内系统排水沟内。

10 效益分析

10.1 经济效益

(1)模板支撑:底模采用仰脚模板,免去了底模支撑以及底模安装,底模安装时,每个竖井仅需要 4 个工人配合门机进行就位,费时 4 h。若采用常规模板进行支撑,则需要 10 个工人,费时 1 d 且底模安装以及封堵需要 5 个工人,费时 1 d。每循环需要脚手架钢管 942 m,每循环脚手架钢管考虑 10% 的损耗,总共需要脚手架钢管 15 t,每吨价格按 5 600 元考虑。由于模板支撑安装需要技术工人,每个工人每天工资按 100 元计算,1 号、2 号竖井总共有混凝土 42 仓,此项 2 个竖井可节省资金:[15×5 600+100×(15-4×0.5)×42]×2=277 200(元)。

(2)井壁混凝土防护:孤石解爆时,采用井内挖坑以及控制一次最大起爆药量进行孤石解爆,不需要对井壁混凝土进行防护。若采用常规方法爆破,必须对井壁混凝土进行防护,需要马道板 200 m²,废旧轮胎 175 个(按最底一仓混凝土进行防护),每循环考虑 20% 的损耗量。因此,2 个竖井混凝土防护需要马道板 3 680 m²,废旧轮胎 3 220 个,马道板每平方米 95 元,废旧轮胎每个 35

元。每次防护需要10个工人,费时1 d,每个工人工资按100元/d考虑。因此,整个防护费用为: $3\,680×95+3\,220×35+100×10×42×2=315\,150$(元)。

(3)井口桁架以及井内大盘:本项目竖井内均采用大盘作为操作平台。若采用常规方式,混凝土防护、竖井壁后灌浆、混凝土侧模安装以及浇筑均需要在井内搭设脚手架钢管作为施工平台。搭设脚手架按双排脚手架,间排距1.0 m,步距1.0 m考虑,每循环需要搭设Φ48脚手架钢管1 130 m,脚手架钢管每次搭设按10%的损毁率计,共需要Φ48脚手架钢管44 t,现在市场价为5 600元/t,同时每次脚手架搭设需要6个工人,费时1.0 d,每个工人平均按100元/d考虑,需要资金:$44×5\,600+6×1.0×100×42×2=173\,600$(元)。

(4)后期竖井壁后灌浆需要整个竖井搭设脚手架钢管,因此总共需要脚手架钢管77 174 m,若考虑采用租赁的方式,按每天0.18元/m计算,同时使用过程中,按10%的损毁率考虑,需要资金:$38\,587×0.18×60+38\,587×10%×3.84÷1\,000×5\,600=499\,717$(元)(脚手架钢管租赁时间考虑60 d)。每个竖井搭设脚手架需要20个人工,费时15 d,需要资金$15×20×100×2=60\,000$(元)。每个大盘造价40 000元,每个大盘采用2台10 t卷扬机牵引,卷扬机每台65 000元,每年按20%的折旧率,本项目结束后残值为58 500元。因此,采用大盘可节约资金$499\,717+60\,000-40\,000×2-(65\,000-58\,500)×4=453\,717$(元)(每个竖井各一套大盘系统)。

(5)本工程采用的新技术最大的亮点在于节约工期上。竖井覆盖层月施工强度最高达55.5 m,创2009年行业纪录,岩石层段最高强度达175 m,使得竖井较合同工期提前3个月完工,且保证了工程质量,潜在效益巨大。由于竖井提前3个月完工,大大节省了施工管理费用,左岸竖井总共配备管理人员如下:工点长1人,技术员2人,质检员2人,测量员2人,共计7人,每人每月按3 000元工资计算,总共节省资金$7×0.3×3=6.3$(万元),参考竖井运行费用,每个月风水电等开销,平均每月42万元,因此提前3个月完工,可节省资金:$42×3+6.3=132.3$(万元)。

(6)间接经济效益:本竖井工程规模巨大,地质条件极其复杂,覆盖层深度大。由于对本竖井工程的各种施工技术进行研究,并取得成功,使得竖井提前3个月完工,极大地提升了我公司的形象,给业主、设计、监理等单位留下了深刻的影响。因此,我公司2009年10月收到业主"溪洛渡水电站左右岸出线竖井上段二期土建工程议标邀请书",并于2009年12月与业主签订承包合同,合同金额约9 000万元,按照7%的利润计算,可增加收入:$9\,000×7%=630$(万元)。

综上所述,由于进行"复杂地质条件下大直径深覆盖层出线竖井群施工技术"研究并取得成功,使得我公司实现直接经济效益:$277\,200+315\,150+173\,600+453\,717+1\,323\,000=254.27$(万元)。间接经济效益630万元。

10.2　社会效益

复杂地质条件下深厚覆盖层竖井施工工法是中国水利水电第六工程局在总结过去多年地下工程开挖经验基础上的一项新技术,在工程实践应用中得到了业主及社会各界的一致好评,为中国水利水电第六工程局在地下工程施工中创造品牌工程奠定了基础。

11　应用实例

11.1　复杂地质条件下深厚覆盖层竖井施工工法在溪洛渡水电站1号出线竖井中的应用

金沙江溪洛渡水电站为仅次于三峡电站的巨型水电站,电站装机容量13 860 MW,近期年发电量为571.2亿kWh,枯水期平均出力为3 395 MW,远景可达640.6亿kWh和6 657 MW。电站水库正常蓄水位600 m,正常蓄水位下库容为115.7亿m³。

溪洛渡水电站左岸地下厂房1号出线竖井工程规模巨大,开挖直径达14.6 m,竖井总深度488.5 m,覆盖层深度最深达114 m,地质条件极其复杂,土体透水性强,稳定性差,为世界罕见。井身覆盖层先后穿过洪积堆积体、冰川、冰水堆积体、古滑坡堆积体等地层,且土体内含大量孤石与土石胶结体,施工难度极大。采用井口桁架梁、仞脚模板、大盘以及井壁混凝土斜接茬技术有效解决了"正井法"开挖、混凝土"倒悬法"浇筑的各种施工难题,项目部严格管理、合理组织、精细化施工,有效地保证了混凝土的质量和进度。

按照此工法的实施和施工现场合理的组织,在2009年11月完成了溪洛渡水电站左岸地下厂房2号出线竖井施工,受到业主单位及水利水电专家的一致好评,其施工技术被集团公司评为2010年科技进步三等奖。

11.2　复杂地质条件下深厚覆盖层竖井施工工法在溪洛渡水电站2号出线竖井中的应用

左岸地下厂房2号出线竖井工程开挖直径达14 m,竖井总深度488.5 m,覆盖层深度最深达124.8 m。

该处地质条件极其复杂,土体透水性强,稳定性差,为世界罕见。井身覆盖层先后穿过洪积堆积体、冰川、冰水堆积体、古滑坡堆积体等地层,且土体内含大量孤石与土石胶结体,施工难度极大。采用井口桁架梁、仞脚模板、大盘以及井壁混凝土斜接茬技术有效解决了"正井法"开挖、混凝土"倒悬法"浇筑的各种施工难题,项目部严格管理、合理组织、精细化施工,有效地保证了混凝土的质量和进度。

按照此工法的实施和施工现场合理的组织,在2009年11月完成了溪洛渡水电站左岸地下厂房2号出线竖井施工,受到业主单位及水利水电专家的一致好评,其施工技术被集团公司评为2010年科技进步三等奖。

11.3　复杂地质条件下深厚覆盖层竖井施工工法在溪洛渡水电站3号出线竖井中的应用

溪洛渡水电站右岸地下厂房3号出线竖井工程规模巨大,开挖直径达14.6 m,竖井上段深度252.03 m,覆盖层深度最深达64.7 m,且地质条件极其复杂,土体透水性强,稳定性差,为世界罕见。井身覆盖层先后穿过洪积堆积体、冰川、冰水堆积体、古滑坡堆积体等地层,且土体内含大量孤石与土石胶结体,施工难度极大。采用井口桁架梁、仞脚模板、大盘以及井壁混凝土斜接茬技术有效解决了"正井法"开挖、混凝土"倒悬法"浇筑的各种施工难题,项目部严格管理、合理组织、精细化施工,有效地保证了混凝土的质量和进度。

按照此工法的实施和施工现场合理的组织,在2009年10月完成了溪洛渡水电站右岸地下厂房3号出线竖井施工,受到业主单位及水利水电专家的一致好评。

11.4　复杂地质条件下深厚覆盖层竖井施工工法在溪洛渡水电站4号出线竖井中的应用

溪洛渡水电站右岸地下厂房4号出线竖井工程规模巨大,开挖直径达14.6 m,竖井上段深度252.03 m,覆盖层深度最深达61.7 m,地质条件极其复杂,土体透水性强,稳定性差,为世界罕见。井身覆盖层先后穿过洪积堆积体、冰川、冰水堆积体、古滑坡堆积体等地层,且土体内含大量孤石与土石胶结体,施工难度极大。采用井口桁架梁、仞脚模板、大盘以及井壁混凝土斜接茬技术有效解决了"正井法"开挖、混凝土"倒悬法"浇筑的各种施工难题,项目部严格管理、合理组织、精细化施工,有效地保证了混凝土的质量和进度。

按照此工法的实施和施工现场合理的组织,在2009年11月完成了溪洛渡水电站右岸地下厂房4号出线竖井施工,受到业主单位及水利水电专家的一致好评。

(主要完成人:翟万全　王金田　蔡荣生　刘永胜　张　坤)

高强锚杆施工工法

湖北安联建设工程有限公司

1 前 言

三峡永久船闸 68 m 直立闸墙采用世界先进的独特的混凝土薄壁衬砌墙结构形式,衬砌墙与边坡稳定变形要求高,设计锚固荷载大,为有效地减少锚杆密度,进而减少锚杆数量,达到减轻因锚固钻孔而造成对直立岩体的扰动伤害的目的,设计采用了水平高强锚杆将衬砌墙与岩体连接成整体,共同工作。一方面锚固直立坡浅层岩体,另一方面联结闸室薄衬砌墙混凝土,有效地解决了混凝土衬砌墙自身稳定和船闸运行时期的边坡安全问题。

湖北安联建设工程有限公司联合设计单位和大专院校开展了科技创新,在三峡永久船闸直立边坡进行了包括水平高强锚杆在内的开挖锚固综合施工技术研究和施工应用,分别获得 2002 年度中国电力科学技术二等奖、2005 年度国家科技进步二等奖,三峡永久船闸工程 2006 年度詹天佑奖。同时,形成了有防腐自由段的高强锚杆施工工法。由于在处理岩石边坡和混凝土结构稳定方面效果明显,技术先进,故有明显的社会效益和经济效益。

2 工法特点

(1)本工法为直立坡排架高空作业,施工工艺完善、简便,可操作性强。

(2)采用专用锚杆钻机,快速造孔,工效高,速度快,确保了工期。

(3)采用砂浆泵注浆、回浆管在注浆结束时绑扎稳压 3 ~ 5 s 后挂高 2.0 m,可有效地保证水平锚杆砂浆的密实度。

(4)施工质量控制简单,能够满足设计要求。

3 适用范围

本工法可广泛适用于高陡边坡及大型地下洞室、地下厂房顶拱和边墙的锚杆支护施工。(三峡永久船闸高强锚杆具有特殊性,在岩面与混凝土结合面附近设置了长 50 ~ 150 cm 的橡胶套管防腐自由段,一般情况下,锚杆杆体设计可以不需要设置自由段。)

4 工艺原理

该工法工艺原理为:在岩体中钻孔,然后插入加工好的锚杆杆体,封孔,砂浆泵注浆密实,最后浇筑衬砌结构混凝土,达到既锚固岩体又稳定混凝土结构的效果。

高强锚杆是一种以抗拉强度高、硬度大、抗弯剪强度相对低的 Φ32 高强度 V 级钢筋制作,锚杆按其作用分三段,锚入岩体内的锚固段、外露段(锚杆施工期预留在坡外、后期埋入混凝土衬砌墙内)和二者之间的自由段。船闸运行期间,水平高强结构锚杆除适应受边坡岩体变形、混凝土变形、边坡地下水、闸室外水压力及温度应力的作用外,还长期处于反复张拉荷载和剪切荷载作用状态。水平高强锚杆结构见图 1。

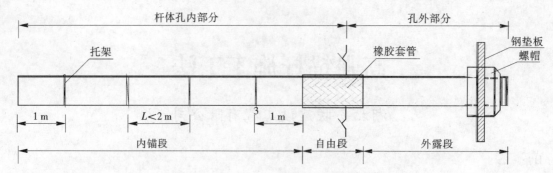

图 1   水平高强锚杆结构

5   施工工艺流程及操作要点

5.1   施工工艺流程

水平高强锚杆施工工艺流程见图 2。

5.2   操作要点

5.2.1   锚杆自由段防腐蚀处理

锚杆自由段防腐蚀处理在专设的封闭防护处理车间内完成,采用喷锌加涂料封闭、外套橡胶管的联合防腐方式,主要有喷砂除锈、热喷涂锌、涂刷防腐漆及绑扎橡胶套管等四道工序。

(1)喷砂除锈。对锚杆杆体先清除表面一切油污、浮锈、可溶解的盐类和非溶解性的残留物;然后在喷砂车间向自由段范围的表面采用喷射棱角钢砂的方法进行除锈,使其达到《涂装前钢材表面锈蚀等级和除锈等级》(GB 8923—88)中规定的 Sa2 1/2 级,表面粗糙度在 40～80 mm 的范围内。喷砂时将锚杆紧密排列,一次可除锈 10～20 根,除锈过程中需不断转动锚杆,使其表面均匀。喷射用的压缩空气采用冷干机净化以保证清洁、干燥,此外压力应不得小于 0.4 MPa。

(2)热喷涂锌。喷砂除锈后转移至喷锌车间,尽快(间隔时间一般不宜超过 12 h,在雨天潮湿或含盐雾空气条件下,间隔时间不可超过 2 h,且锚杆表面不得有肉眼可见的氧化现象发生)采用电弧喷涂的方式进行喷锌 2～3 道(两道喷锌之间必须间隔 10 min 以上),每道厚度控制在 80 μm 为宜,总厚度不小于 200 μm。喷锌涂层表面应无杂质、气泡、孔洞、裂纹及蜕质等现象,其孔隙率应小于 15%。

(3)涂刷防腐漆。在最后一道喷锌结束后,转移至涂刷车间,立即进行涂刷封闭涂料。封闭材料采用 BW9355 型改性环氧重防腐涂料,涂料分一道底漆二道面漆,后一道涂料必须在前一道涂料面干后进行。面漆每道控制在 100 μm 内,总厚度不小于 200 μm。封闭涂料湿膜不得有针孔、起泡、发白、失光、流挂、渗色、咬底、皱皮等缺陷;干膜不得有白化、细纹龟裂、回黏、剥落、脱皮等弊病。此外,当锚杆表面温度低于大气露点以上 3 ℃或相对湿度高于 85% 时,必须采取保温除湿措施。

(4)绑扎橡胶套管。橡胶套管需待封闭涂料干透后方可绑

图 2   高强锚杆施工工艺流程

扎,橡胶套管两端用高压胶布封闭密实,防止水及水泥浆渗入涂装层。橡胶套管不得有划裂、破损等缺陷。

5.2.2　搭设排架

施工排架采用外径 48 mm、壁厚 3.5 mm 的钢管,立杆支承在坚实基岩面上,立杆间距 2.0 m,横杆间距 1.5 m。钢管搭接长度不小于 20 cm,抗冲击、不摇晃,满足承重要求。排架宽度一般为 6 m,架体距岩壁 30 cm,通过插筋连接固定,插筋与岩壁成 30° 角,深入岩体 50 cm 以上,按 5 m× 6 m(高×宽)布置,采用 350 号速凝早强砂浆固结,在排架外侧设安全栏杆及安全网,每隔 6 m 设立斜支撑。每层铺设竹(木)跳板,并用铁丝绑扎牢固,不允许出现探头板或空格,内侧设上下爬梯等应符合有关安全管理规定。

5.2.3　钻孔、洗孔、验孔

钻孔机具采用宣化 100B 型水平孔钻机或改装的 DCZ 新型钻机,钻进方法采用全断面风动冲击法。造孔完毕后,孔内用风、水联合高压清洗干净,达到孔内无杂物、岩屑、积水。

按总造孔量的 20% 进行抽样测量,孔斜采用经纬仪测量,孔深用专门加工的轻质钢管量尺(类似塔尺)量测。

5.2.4　锚杆二次加工

经防腐厂加工后的锚杆运到工地后,须在工地工作台上再加工,对单根锚杆用电动刷进行除污、除锈,并用专用钢筋钳安装托架,距孔内锚杆端部 1 m 处设一个,距孔口锚固段 1 m 处设一个,中间段两托架距离不超过 2 m。绑扎进回浆管时,进浆管距离锚杆底端 20 cm,回浆管在孔内 15 cm,安装前进行验收。

5.2.5　安装

采用人工配以卷扬机吊装相结合的施工办法。加工好的锚杆运输到需安装的相应部位,用卷扬机把锚杆吊装到相应孔位的排架上,再用人工推送入孔。

水平高强锚杆端头的位置有较严格的要求,锚杆离混凝土结构墙外边线间距采用测量仪器放样控制;对于超挖大于设计要求的部位,可通过调节其自由段的孔内外长度或端部采用冷挤压接长办法达到设计安装线。孔口采用麻丝和水泥砂浆封堵,封堵要严密、不漏水。

采用软橡胶套管保护高强锚杆外露段,在混凝土开仓前取下,然后作除锈处理并安装锚垫板。

5.2.6　制浆与灌浆

(1)砂浆原材料按配合比准确称量后,送入砂浆泵搅拌桶,每次搅拌 3 min 以上,经网筛进入下层搅拌桶。

(2)采用 C232 型砂浆泵进行施灌,灌浆压力 0.2～0.4 MPa。灌浆时,认真做好灌浆记录,采取自下而上的灌浆顺序,防止串浆。

(3)回浆管管口应高于孔口 2.0 m,挂于上一层排架,回浆管排出孔内水、气体并溢出浓浆 1 min 后,结束灌浆,绑扎回浆管,为提高灌浆密实性,须继续压浆 3～5 s 后绑扎进浆管。

(4)每根锚杆灌浆完毕后必须用清水冲洗岩面,保证岩面及锚杆外露部分清洁、干净。

5.2.7　浇筑拉拔墩头及拉拔检测

随机抽取安装量的 10% 以上浇筑混凝土拉拔墩头($R_7300\#$),墩头外表面与锚杆轴线垂直。混凝土拉拔墩头达到龄期后,采用 YQT600-B 型千斤顶对锚杆单根拉拔检测,分五级,各级拉拔力分别为 100 kN、200 kN、300 kN、400 kN、450 kN,单根累计变形不能超过 10 mm,每级须稳压 2 min。

6　材料、设备与劳动组合

6.1　材料

(1)锚杆杆体:采用 Φ32 mm Ⅴ级精轧螺纹钢筋,屈服强度应大于 800 MPa、极限抗拉强度应大于 1 000 MPa、延伸率大于 6%、冷弯 90 ℃不出现裂纹,钢筋表面不得有结疤和横向裂纹。

(2)锚垫板:规格为 200 mm×200 mm×20 mm 的钢板。

(3)托架:规格为 Φ12 mm 圆钢。

(4)防腐所需的材料。

棱角钢砂:平均粒径为 0.5～1.5 mm;

锌丝:规格为 φ3 mm,含锌量应为 99.99%以上,外观应光洁、无锈、无油、无折痕;

封闭涂料:采用 BW9300 系列省工型重防腐涂料,该涂料分为 BW9306 底漆和 BW9355 面漆,干膜厚度不得低于 200 μm。

橡胶套管:采用内径为 Φ38 mm、厚度为 5 mm,硬度应在 50 邵尔以上,扯断强度大于 18 MPa,扯断伸长率在 500%以上,老化系数(70 ℃×72 h)大于 0.8。

(5)砂浆原材料。

水泥:宜选用高标号、早强、微膨胀、可灌性好、对杆体不产生锈蚀和腐蚀的。如 525 号普通硅酸盐水泥。

砂:砂粒粒径小于 2.5 mm,细度模数约为 1.7,人工砂石粉含量不超过 6%～17%;河砂含泥量小于 2%。

外加剂:采用 AEA 膨胀剂、JG2(固体)高效减水剂,其质量和检验方法应符合规范《混凝土外加剂》(GB 8076—1997)的规定,一般掺量为 AEA 膨胀剂 8%、JG2 减水剂 0.5%。

表 1 为三峡永久船闸使用的水泥砂浆配合比。

表 1　三峡永久船闸使用的水泥砂浆配合比

设计标号	水泥标号	水胶比	每方材料用量(kg)					备注
			水	水泥	砂	AEA	JG2(固体)	
R₇300	普硅 525	0.38	340	823	899	72	4.48	1. AEA 膨胀剂代用水泥 8%;
R₂₈300		0.42	340	745	972	65	4.05	2. 砂粒径小于 2.5 mm

6.2　施工设备

(1)钻孔设备。

宣化 100B 型水平孔钻机、改装的新型 DCZ 锚杆钻机;

中风压空压站供风,每台锚杆钻机耗风量为 9～10 m³/min。

(2)防腐处理设备。

移动式电动空气压缩机(排气量为 6 m³/min,公称排气压力为 0.7 MPa)、0.6 m³贮气罐;

冷冻式干燥机;

砂罐;

XDP-5 型电弧喷涂机;

BC100A 磁性涂层测厚仪。

(3)灌浆、拉拔检测设备。

C232 型砂浆泵或其他常用注浆机;

YQT600-B 型千斤顶。

(4)测量、验孔仪器。捷创力 520 全站仪(测量精度为 2″、测距精度为 2+2 ppm)、蔡司 010 经纬仪(测量精度为 2″)和苏光 J2-2 经纬仪(测量精度为 2″)。

6.3　劳动力组合

三峡永久船闸的水平高强锚杆施工,锚杆自由段防腐加工处理在两个专业厂进行,现场作业可分排架搭设与拆除、锚杆钻孔、锚杆安装三个工种类型的作业队,各作业队人员均按两班制作业,每个闸室以 50~100 m 长为一段按工序形成流水作业。每班单工作面劳动力组合如表 2 所示。

表 2 工作面劳动力组合

作业队名称	每班单工作面人数	工作内容
防腐加工作业队	15~20 人	进行锚杆除锈、喷涂加工
排架安拆作业队	30~40 人	负责作业排架安装、拆除
钻孔作业队	30~40 人	进行锚杆钻孔与空压机运行
安装作业队	30~40 人	进行锚杆运输、安装、注浆及砂浆拌制
锚杆检测人员	2~3 人	负责锚杆拉拔检测

7 质量标准

(1)执行的主要的技术规程规范:

《水工预应力锚固设计规范》(SL 212—98);

《岩土锚杆(索)技术规程》;

《中国长江三峡工程标准-质量标准汇编(二)》(试行);

《水工金属结构防腐蚀规范》(SL 105 2007);

《涂漆通用技术条件》(SDZ 014—85);

《涂装前钢材表面锈蚀等级和除锈等级》(GB 8923—88);

《热喷涂锌及锌合金涂层》(GB 9793—88);

《涂膜厚度测定法》(GB 1764—79)。

(2)锚杆钻孔孔位误差小于 10 cm,孔深误差小于 5 cm,孔径不小于 76 mm,孔轴偏差小于 $2° \sim 4°$。

(3)杆体材质、尺寸符合设计要求;表面干净、无锈、无油污;自由段杆体经喷射棱角钢砂除锈后的钢筋表面,应达到 GB 8923—88 中的 Sa2 1/2 级,表面粗糙度达到 60~80 μm;防腐喷锌层厚度均匀且不低于 200 μm,无起皮、鼓包缺陷;封闭涂料采用 BW9300 系列省工型重防腐涂料,干膜厚度不得低于 200 μm,漆膜的外观应均匀一致,无流挂、绉纹、鼓泡、针孔、裂纹等缺陷;外套橡胶管无划痕破损,胶带应有 1/2 胶带宽度的重叠,封闭严实,尺寸准确。

(4)杆体安装时,托架开口朝上、牢固可靠;孔内清洗干净、无杂物、岩屑、积水;灌浆管路布置、孔口堵塞符合设计要求;自由段位置符合设计要求。

(5)锚杆砂浆原材料和配合比符合设计要求,注浆饱满密实,灌入量不少于理论值,灌浆压力满足设计要求。

(6)灌浆初凝后不得敲击振动锚杆,外露段套橡胶套管加以保护。

(7)砂浆强度检测合格,拉拔检测符合要求。

(8)锚杆除锈车间粉尘颗粒浓度不大于 1.0 mg/m^3。

8 安全措施

(1)贯彻"安全第一、预防为主"的方针,施工前认真组织进行技术安全交底,施工中开展预知危险源活动。

(2)各种机械设备保持完好状态,机械设备由持证的专人操作。

(3)锚杆加工和防腐操作人员必须佩戴安全帽、防护面罩、防尘口罩、手套等劳动保护用品。

(4)排架搭拆时,架子工必须戴安全帽,系安全绳、安全带,着软底胶鞋,工具装放在工作包内,钢管采用人工传递或其他方式传递。

（5）排架外侧搭设安全栏杆并挂安全网，操作平台铺设竹（木）跳板并用铁丝绑扎牢固。使用前必须进行排架安全验收。

（6）排架上严禁超载堆放材料、设备。

（7）钻孔及注浆时，管路必须平顺畅通，接头连接牢固。操作人员必须持证上岗，戴安全帽，系安全绳、安全带等，严禁上下立体交叉作业。

（8）夜间施工必须有足够的照明度。

9 环保措施

（1）贯彻"珍视健康保安全，注重环保报社会，诚信守法创精品"的环境和职业健康安全方针。施工前认真做好环保技术措施交底。

（2）施工现场各种机械设备、材料等合理布置、规范围挡，做到标牌清楚、齐全，施工场地文明整洁。

（3）锚杆加工和防腐操作车间通风布置合理，通风除尘设备运行良好。

（4）锚杆注浆管路连接良好，无漏浆现象发生，砂浆随拌随用，及时冲洗被砂浆污染的岩石表面，防止砂浆结块。

（5）优先选用先进的环保机械。钻孔应尽可能采用湿法作业施工，若采用干法作业施工，应保持钻孔吸尘设备处于良好状态，防尘指标低于允许值以下。

（6）对施工场地道路进行硬化处理，并安排专人进行洒水养护，防止尘土飞扬。

10 效益分析

（1）水平高强锚杆与普通锚杆相比，锚固数量大幅度减少、锚杆直径较小，总造价降低60%以上。

（2）本工法水平高强结构锚杆设计有带橡胶套管的防腐自由段，设计抗剪切变形量达5 mm，大大提高了混凝土衬砌墙抗剪切变形能力，优化了结构设计，能取得较好的经济效益和社会效益。

（3）本工法所列中风压钻孔设备，适宜于花岗岩地区，钻孔效率高，节约了一定的施工成本，具有低耗高效的优势。

11 工程实例

长江三峡水利枢纽永久船闸二期地面工程 TGP/CII-6-1 标段和 TGP/CII-6-2 标段水平高强锚杆主要分布在一闸首至六闸首的4个1 621 m长直立坡衬砌段、闸首陡坎处，呈上疏下密、上长下短规律分布，均为水平孔。锚杆长8～13 m，最顶上一排距闸顶1～2 m，最底下一排距建基面1.5 m，孔距1.2～2.1 m，排距1.35～2.0 m。水平高强锚杆施工总量达9.35万余根，平均每100 m²约38 根，其中TGP/CII-6-1 标段3.9万多根、TGP/CII-6-2 标段5.4 万多根。施工时段为1998 年11 月至1999 年12 月，月最高强度达13 000 多根。施工后各种检测结果均满足设计要求，混凝土与锚杆能够良好地联合工作，具备良好的安全性。

三峡永久船闸水平高强锚杆施工有其特殊性。其量多面广，技术要求高，高排架，高难度，在施工中有关人员精心组织，不断改进和创新，采用了新工艺、新设备和科学的管理方法，实践证明，此套施工技术适合永久船闸条件。各种检测资料表明，高强锚杆起到了其应有的作用，施工质量优良，为高边坡的锚杆施工积累了丰富的经验，值得类似工程今后借鉴。

（主要完成人：陈太为 郭冬生 陈孝英 赵方兴 申 逸）

高温季节碾压混凝土施工工法

江南水利水电工程公司

1 前 言

碾压混凝土是一种干硬性混凝土,一般采用通仓薄层连续施工,易受到高气温、强烈日晒、蒸发、相对湿度、刮风等因素的影响,故施工时应尽量避开高温季节。

在此之前,尽管已有高温季节碾压混凝土施工先例,但大都工程规模不大,龙滩大坝由于工程规模巨大,工期紧,必须全年施工方能实现进度目标。

龙滩地处广西天峨县境内,属亚热带气候,常年平均气温较高,我公司采取切实有效的七项综合温控措施,保证在高气温和高辐射热条件下实现碾压混凝土连续、快速施工,较好地降低了碾压混凝土的最高温度,防止了裂缝的产生,形成了一套高温季节碾压混凝土施工工法,具有较强的可操作性、明显的社会效益和经济效益。在第五届碾压混凝土坝国际研讨会上,龙滩大坝被评为"国际碾压混凝土坝荣誉工程奖"之首。

2 工法特点

(1)适用于高温季节的碾压混凝土施工。

(2)优化配合比设计,提高粉煤灰掺量,减少水泥用量,降低水化热温升,满足了混凝土的温度控制要求。

(3)采用斜层碾压方法,实现了大仓面施工,加快了施工进度,提高了经济效益。

(4)采取七项综合温控措施,有效地控制浇筑温度,确保了施工质量。

(5)施工程序化、管理规范化,降低了劳动强度,易于保证安全。

3 适用范围

本工法适用于重力坝、拱坝、围堰等碾压混凝土工程。

4 工艺原理

4.1 碾压混凝土坝的温控原理

碾压混凝土坝的断面尺寸和体积十分巨大,属于典型的大体积混凝土结构。混凝土浇筑以后,由于水泥的水化热,内部温度急剧上升,此时混凝土弹性模量很小,徐变较大,升温引起的压应力并不大;但在日后温度逐渐降低时,弹性模量比较大,徐变较小,在一定的约束条件下会产生相当大的拉应力。同时坝面与空气或水接触,一年四季中气温和水温的变化在大体积混凝土结构中也会引起相当大的拉应力。浇筑温度 T_p 是混凝土刚浇筑完毕时的温度,如果完全不能散热,混凝土处于绝热状态,则温度将沿着绝热温升曲线上升,如图 1 中虚线所示;实际上,由于通过浇筑层顶面和侧面可以散失大部分热量,混凝土温度将沿着图 1 中实线而变化,上升到最高温度 T_p+T_r 后温度即开始下降,其中 T_r 称为水化热温升。上层覆盖新混凝土后,受到新混凝土中水化热的影响,老混凝土中的温度还会略有回升;过了第二个温度高峰以后,温度继续下降。如果该点离开侧面比较远,温度将持续而缓慢地下降,最终降低到稳定温度 T_l。在混凝土坝内部,混凝土从最高温度降低到稳定温度的过程是非常缓慢的,往往需要几十年甚至几百年时间,为了加快这一降温过程,经常在混凝土内部埋设水管网通冷水进行冷却,如图1中点画线所示。

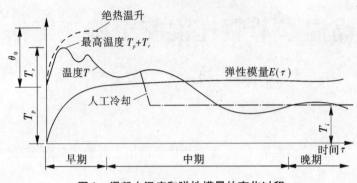

图1　混凝土温度和弹性模量的变化过程

4.2　斜层施工原理

假设碾压混凝土浇筑仓面的长度为 L,宽度为 B,由模板及入仓方式决定的一仓连续升程的最大高度为 H,每层压实层厚度为 h,则采用平层浇筑法一次开仓所能控制的最大浇筑面积为:

$$S_{\max} = L_1 B = ER_m T_0 / h$$

式中:$S_{\max}$ 为最大浇筑面积,m^2;L_1 为一次开仓平层浇筑块最大长度,m;E 为碾压混凝土施工综合效率系数;R_m 为本仓浇筑混凝土拌和系统的供料能力,m^3/h;T_0 为碾压混凝土拌和物的初凝时间,h。

改变浇筑层的角度,把铺筑层与水平面的夹角由 $0°$(水平)改成 $3° \sim 6°$,即以 $1:10 \sim 1:20$ 的缓坡,进行斜层铺筑,使斜层长度 $L_2 \geqslant L_1$,以满足层间塑性结合的要求,如图2所示,宽度 b 由坡比及 H 值确定。这种斜层铺筑方法的主要特征是:碾压混凝土的碾压层面与浇筑块的顶面和底面相交,减小铺筑面积,在相同条件下缩短了层间覆盖时间,加快了覆盖速度,最大限度地控制浇筑温度,同时能做到从开仓端到收仓端连续施工。

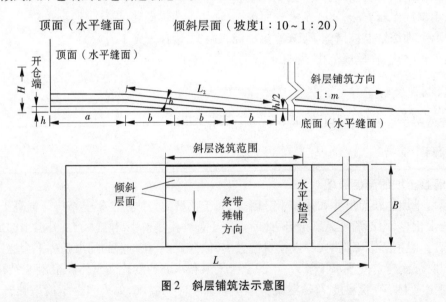

图2　斜层铺筑法示意图

4.3　综合温控措施

4.3.1　降低混凝土浇筑温度

实践表明,浇筑温度每降低 $1\ ℃$,混凝土最高温度可降低 $0.3 \sim 0.6\ ℃$。为降低混凝土浇筑温度,拟采取以下措施:

(1)骨料的运输、堆存均设保温设施,骨料堆存高度要求不小于 $6\ m$。为充分预冷骨料,对骨料进行二次风冷,采用冷却水、加冰拌制低温混凝土。

（2）混凝土在运输过程中加防阳隔热设施,卧罐等容器侧面设隔热,顶部设防阳棚,尽可能地缩短停车待卸时间,缩短浇筑坯覆盖时间。

4.3.2 降低水化热温升

采用发热量较低的水泥和减少单位水泥用量,实践表明:每 1 m³ 混凝土中少用 10 kg 水泥,则可降低混凝土绝热温升 1.2 ℃ 左右。拟采取以下措施降低混凝土水化热:

（1）改善级配设计,尽可能加大骨料粒径,从而减少水泥用量。

（2）动态控制 VC 值,尽量减少水的用量。

（3）高掺粉煤灰。掺粉煤灰不但能减少单位混凝土中的水泥用量,还有利于防裂。在施工配合比设计中,优先选用需水量≤90% 的优质粉煤灰。试验表明,掺 30% 粉煤灰,其 3 d 水化热可降低 19.4% ,7 d 水化热可降低 16.4% 。

（4）掺外加剂。采用或相当于浙江龙游 ZB-1A 型减水剂,一般掺量为 0.5% ~0.6% 。

4.3.3 浇筑仓面喷雾

混凝土浇筑过程中,根据气温情况在浇筑仓面进行动态喷雾,形成仓面 1 ~1.5 m 高空范围人工"小气候",其温度可降低 1 ~2 ℃ 。每台喷雾器有效控制范围 10×2 m² ,调整喷雾器喷雾方向与风的方向一致。

4.3.4 混凝土表面保温

高温下浇筑混凝土,温度倒灌现象非常突出,在运输过程中采取遮阳措施,浇筑过程中预冷混凝土,碾压后立即用 10 mm 厚的 EPE 保温被覆盖,可使混凝土浇筑温度回升降低 0.1 ~3.6 ℃ ,同时还可预防混凝土出现假凝,保证混凝土质量。

4.3.5 加强管理,及时覆盖

混凝土浇筑期间,实行现场交接班制度,尽量缩短已浇混凝土的暴露时间,尽可能避免温度倒灌。

4.3.6 通水冷却

在高温季节浇筑碾压混凝土时均需要铺设冷却水管进行通水冷却。但对于采用斜层法施工时,由于在相同条件下的施工强度相对平层法较低,层间覆盖时间较快,因此斜层法施工一般不铺设冷却水管。

冷却水管采用高强聚乙烯管,管径 25 mm,壁厚 3 mm,在平面上按蛇形布置,间距为 1.5 m×2.0 m(层厚×水平间距)或2.0 m×1.5 m(层厚×水平间距),水管距结构线 1.5 m 以外布置(如图3所示)。在混凝土刚浇筑完甚至正浇筑时就开始进行,以削减水化热温升,冷却时间一般为 14 d 左右。通水时要控制水温,避免温差过大产生局部裂缝。

4.3.7 表面流水养护

收仓后在混凝土表面,采取流水养护可使混凝土早期最高温度降低 1.5 ℃ 左右。养护从浇筑 12 h 后开始。

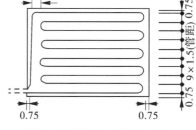

图3　冷却水管　（单位:m）

5 施工工艺流程及操作要点

5.1 施工工艺流程

高温季节碾压混凝土施工流程见图4。

5.2 操作要点

5.2.1 碾压混凝土配合比

选择配合比时应提前进行非生产性试验,并报监理工程师批准后经项目总工程师批准用于施工。在混凝土开始浇筑前 8 ~12 h 将混凝土要料单送达实验室。施工配料单根据已审批的施工配合比制定,实验室根据混凝土浇筑要料单在混凝土开浇前 4 ~8 h 签发施工配料单。

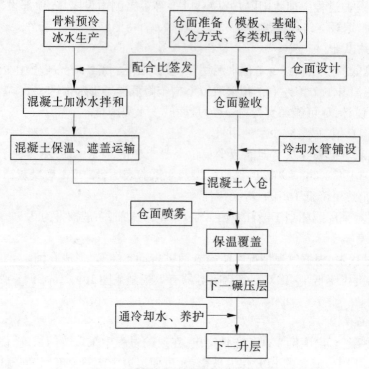

图4　高温季节碾压混凝土施工流程

5.2.2　仓面设计

在碾压混凝土开浇前,技术人员根据相应仓面的设计文件、变更通知等,编制针对性和适用性较强的仓面设计。经监理工程师签字确认的仓面设计在开浇前向现场人员交底,明确仓面指挥长、各工序负责人,且应放大张贴于醒目位置,确保施工中各道工序正常、有序、高效运行。

仓面设计的内容主要包括以下几项:

(1)仓面情况,包括仓面高程、面积、方量、混凝土种类及仓位施工特点等;

(2)仓面预计开仓时间、收仓时间、浇筑历时、入仓强度、供料拌和楼;

(3)仓面资源配置,包括设备机具、材料及人员数量要求;

(4)仓面设计图,图上标明混凝土分区线,混凝土种类标号,浇筑顺序等;

(5)混凝土来料流程表;

(6)对仓面特殊部位如止水周围、钢筋区、过流面等,指定专人负责混凝土浇筑质量工作(在注意事项中标明);

(7)每一铺筑层均要进行相应的压实容重、VC 值等取样试验,如果质量不符合决不允许进行下一层覆盖,直到处理合格为止。

5.2.3　仓面验收与签发开仓证

仓面准备工程质量检查验收坚持"三检制",工程技术员在每仓开浇 3 d 前,出具"仓面设计图",质检人员对照此图认真检查:建基面处理是否满足合同文件及设计要求;施工缝、模板、混凝土预制件、灌浆系统、钢筋、预埋件检查验收通过;碾压混凝土浇筑前对所有施工机具、现场试验机具等的状况进行检查;同时在模板或周边醒目标识混凝土分区及标号、浇筑方式等;经监理工程师验收合格后,方可签发开仓证。

5.2.4　碾压混凝土拌和、运输的温度控制

(1)有温控要求的碾压混凝土由调度室根据混凝土浇筑通知单提前 4 h 通知拌和系统,采取一、二次风冷及加冷水或加冰等措施以降低拌和楼出机口温度。

（2）实验室根据原材料情况、气候条件、入仓方式和仓面施工情况，在设计配合比允许的范围内调整配料，动态控制碾压混凝土的出机口 VC 值，确保碾压混凝土的质量。入仓的碾压混凝土 VC 值按下列原则控制：在 10：00 ~ 20：00 时段 3 ~ 8 s，在 20：00 ~（次日）10：00 时段 6 ~ 10 s。在高温时段取下限，低温时段取上限。

（3）运输能力应与拌和、浇筑能力和仓面具体情况相适应，安排混凝土浇筑仓位应做到统一平衡，以确保混凝土质量和充分发挥机械设备效率。在气温等于或高于 25 ℃时，汽车应设置遮阳防晒设施，以减少运输途中混凝土温度回升，控制混凝土运输时间。

5.2.5 仓面施工与管理

（1）每个仓面设仓面总指挥一人。仓面工程师全面安排、组织、指挥、协调本仓面碾压混凝土施工，所有参加碾压混凝土施工的人员，必须挂牌上岗，并遵守现场交接班制度，接班人员未到，当班人员不得离开工作岗位，交接班工作不得超过 5 min。尽量控制仓面铺筑层的覆盖时间，采用仓面大面积喷雾等措施来减少混凝土温度回升。

（2）在温度特别高的季节宜采用斜层平推法施工时，斜面坡度应控制在 1：10 ~ 1：20，坡角部位应避免形成尖角和大骨料集中。碾压时振动碾不得穿越坡脚边缘，该部位应预留 20 ~ 30 cm 宽度与下一条带同时碾压。斜坡坡脚不允许延伸至防渗区，防渗区混凝土必须采用平层铺筑。汽车只能从指定的斜面入仓口处入仓，铺料时平仓机自上而下铺料。

（3）为确保碾压混凝土施工质量，必须采用仓面大面积喷雾，碾压好的条带边缘斜坡面用 EPE 保温被覆盖，增湿降温，避免表层失水。在正常的碾压过程中禁止喷水，以免影响混凝土强度。碾压混凝土从出机至碾压完毕，要求在 1.5 h 内完成，不允许入仓或平仓后的碾压混凝土拌和物发生初凝现象。碾压混凝土的层间允许间隔时间必须控制在小于混凝土现场的初凝时间 1 ~ 2 h 和温控计算确定的层间允许间隔时间以内。一般高温季节按 4 h 控制。

5.2.6 雨天施工措施

（1）当降雨量每 6 min 小于 0.3 mm（小雨）时，碾压混凝土可继续施工，但必须采取如下措施：

①拌和楼生产混凝土拌和物的 VC 值应适当增大，一般可采用上限值，如持续时间较长，应把水灰比缩小 0.03 左右，由实验室值班负责人根据仓内情况和质检、仓面总指挥商定，由仓内及质控人员及时通知拌和楼质控人员。

②卸料后，应立即平仓和碾压，未碾压的拌和料暴露在雨中的受雨时间不宜超过 10 min。

③在垫层混凝土靠两岸边做好排水沟，使两岸边坡集水沿排水沟流至仓外，同时做好仓面排水，以免积水浸入碾压混凝土中。

（2）当 6 min 内降雨量达到或超过 0.3 mm 时暂停施工，暂停通知令由仓面总指挥发布并立即通知拌和楼，同时报告施工管理部门。

（3）暂停施工令发布后必须对仓面迅速做如下处理：

①已入仓的混凝土拌和料，迅速完成平仓和碾压，对碾压混凝土条带端头坡面，采用大小碾相结合，全面碾压密实，并用塑料布覆盖。

②如遇大雨或暴雨，来不及平仓碾压时，应用塑料布迅速全仓面覆盖，待雨过后再做处理。

③在垫层混凝土靠基岩边挖排水沟，把岸坡水排出仓外，不浸入碾压混凝土层。

④装有混凝土拌和物的车辆应用塑料布覆盖，待雨过后视时间长短，再定是否入仓。

（4）暂停施工令发布后，所有施工人员都必须坚守岗位，并做好随时恢复施工的准备。

（5）因雨暂停施工后，当降雨量每 6 min 小于 0.3 mm，并持续 30 min 以上，且仓面未碾压的混凝土尚未初凝时，应恢复施工，恢复施工令由仓面总指挥发布，同时报告施工管理部门。

（6）雨后恢复施工应做好如下工作：

①立即排除仓面内积水，首先排除塑料布上部积水，再掀开塑料布，其次排除卸料平仓范围内

的积水,再排除仓内其他范围内积水。视积水的程度,分别采用潜水泵排水、海绵和水瓢排水、吸尘器排水及吸管排水。

②对仓面进行认真检查,当发现漏碾尚未初凝者,应立即补碾;漏碾已初凝而无法恢复碾压者,以及有被雨水严重浸入者,应予清除。

③当仓面检查合格后,即可复工。新生产的混凝土 VC 值恢复正常值,但取其上限控制。

④皮带机及停在露天运送混凝土的车辆,必须把皮带机及车厢内的积水清除干净,否则不允许运输拌和料。

(7)雨后当仓面积水处理合格后,可先用大碾有振碾压,表层泛浆后,方可卸料,进行下一层的施工。对受雨水冲刷混凝土面裸露骨料严重部位,应铺水泥煤灰净浆或砂浆进行处理。

5.2.7 通水冷却

(1)冷却水管埋设。先碾压一个浇筑层(通常为 30 cm)后,挖沟埋设冷却水管,且不能与大骨料直接接触,否则必须挖槽并清除大骨料,填充细骨料。单根长度一般控制在 200~300 m,仓面较大时,用几根长度相近的水管,以使混凝土冷却速度均匀。冷却水管埋设后在模板边沿的醒目位置标识出位置,摊铺料时顺管路铺设,防止在浇筑过程中发生偏移。引出仓面的冷却水管严格按图纸标识,并将冷却水管用钢筋固定引出混凝土面。为避免冷却水管接头或管壁破坏漏水对碾压混凝土质量造成影响,冷却水管铺设后不进行通水检查,待上一碾压层混凝土浇筑完 48 h 后才开始通水冷却。

(2)通水冷却。为有效削减浇筑块的水化热温升,控制坝块内部最高温度,考虑到碾压混凝土早期强度低,而循环水压力较高(达 0.3 MPa),为避免冷却水管漏水对碾压层面造成破坏,在前一周通水期间采用低通水冷却,即不采用循环水,而将回水弃掉不要。根据混凝土温度与水温之差不超过 22 ℃的要求,碾压混凝土初期通水温度控制在 12~18 ℃,通水时间根据回水温度或坝块埋设的温度计所测温度控制,一般在 30~60 d。每隔 7~15 d 交换一次进、出口方向。

5.2.8 养护

施工过程中,碾压混凝土仓面应保持湿润。正在施工和碾压完毕的仓面应防止外来水流入。碾压混凝土施工完毕终凝后,即应进行洒水养护,但在炎热及干燥气候情况下应在碾压混凝土终凝前喷雾养护。对水平施工缝或冷缝,洒水养护应持续到上一层碾压混凝土开始铺筑为止。已碾压好超过初凝时间但未终凝的混凝土面严禁设备、人员通过,终凝后的混凝土面需养护 2~3 d 后方可允许设备通过。

5.3 劳动力配置

主要劳动力配置见表1。

表1 主要劳动力配置

名　称	人数	工作内容
拌和系统风冷和制冰站	10~20 人	主要进行混凝土拌和楼出机口前的温度控制
冷却水管铺设、通水	15~30 人	冷却水管铺设、管路维护、冷却水的生产、通冷却水管理等
温控管理人员	10~15 人	监督运输车辆遮盖、仓面喷雾、已碾压条带的保温覆盖、养护等

6 材料与设备

以龙滩水电站应用为例,其主要机具设备配置见表2。

表 2　主要机具设备配置

序号	机械名称	型号	单位	数量	备注
1	自卸汽车	25 t	台	46	混凝土运输设备
2	自行式振动碾	YZC12	台	5	碾压混凝土施工设备
3	手扶式振动碾	YZ1.8	台	2	
4	平仓机	SD16L	台	4	
5	喷雾机	C20	台	8	
6	切缝机		台	2	
7	核子密度仪		台	2	碾压混凝土施工检测仪器
8	VC 值测定仪		台	1	
9	雨量计		套	1	
10	净浆泵	BW250/5	台	2	
11	高压水冲毛机	GCHJ50	台	3	缝面冲毛设备
12	冷水机组	LSBLG8501	台	4	大坝温控设备
13	冷却塔	LBCM-250	座	4	
14	多卡模板	3 200×3 000 mm	套	200	大坝模板
15	冷却水管接头设备		台	4	四联振捣机

7　质量控制

7.1　浇筑过程中的质量检测和控制

原材料、混凝土拌和、机口取样的质量控制按规范要求,高温季节碾压混凝土坝主要检测 VC 值、出机口混凝土温度、浇筑温度等,见表 3。

表 3　碾压混凝土的检验项目和频率

检测项目	检测频率	检测目的
VC 值	每 2 h 一次*	检测碾压混凝土的可碾性,控制工作度变化
出机口混凝土温度	每 2~4 h 一次	温控要求
碾压混凝土浇筑温度	每 2~4 h 一次	温控要求
压实容重	每铺筑 100~200 m² 碾压混凝土至少应有一个检测点,每一铺筑层仓面内应有 3 个以上检测点	每个铺筑层测得的相对密实度不得小于 98.5%
两个碾压层间隔时间	全过程控制	由试验确定不同气温条件下的层间允许间隔时间,并按其判定
混凝土加水拌和至碾压完毕时间	全过程控制	小于 1.5 h

注:*气候条件变化较大(大风、雨天、高温)时应适当增加检测次数。

7.2　浇筑后的钻孔取样

(1)钻孔取样是检验混凝土质量的综合方法,对评价混凝土的各项技术指标十分重要。钻孔在碾压混凝土铺筑后 3 个月进行,钻孔的位置、数量根据现场施工情况由设计或监理工程师指定。

为取得完善的技术、质量资料,也可随机安排钻孔取样。

(2)芯样外观描述:评定碾压混凝土的均质性和密实性。

(3)采用"单点法"对坝体混凝土进行压水试验,必要时进行孔内电视录像。对混凝土进行观测记载及分析、混凝土质量分类与评价等。

8 安全措施

碾压混凝土坝施工工序繁多,施工安全隐患较多,交叉作业时有发生,为做好安全生产、文明施工,需做好如下安全防范措施:

(1)严格遵守国家安全管理规定,认真查找工序过程中发生的安全隐患,落实各项措施的实施;

(2)遵守国家有关的安全生产的强制性措施的落实,狠抓安全生产的"同时设计、同时施工、同时投入使用"三同时制度落实;

(3)施工用电、行车安全、高空作业、特殊工种等严格执行相应制度,杜绝无证操作现象;

(4)加强各种设备在施工间隙期间的检查和维修保养工作;

(5)认真落实"三工制度"中安全交底、安全过程控制、安全讲评制度;

(6)加强三级教育培训,在醒目位置悬挂各种安全标志和安全知识的标识牌,使之达到由"要我安全"向"我要安全"的转化;

(7)建立完善的施工安全保证体系,加强施工作业中的安全检查,确保作业标准化、规范化。

9 环保措施

(1)成立对应的施工环境卫生管理机构,在工程施工过程中严格遵守国家和地方政府下发的有关环境保护的法律、法规和规章,加强对施工燃油、工程材料、设备、废水、生产生活垃圾、弃渣的控制和治理,遵守有防火及废弃物处理的规章制度,做好交通环境疏导,随时接受相关单位的监督检查。

(2)将施工场地和作业限制在工程建设允许范围内,合理布置、规范围挡,做到标牌清楚、齐全,各种标志醒目,施工现场整洁文明。

(3)对施工中可能影响到的各种公共设施,应制定可靠的防止损坏和移位的实施措施,加强实施中的监测、应对和验收。同时,将相关方案和要求向全体施工人员详细交底。

(4)设立专用排浆沟,对废浆、污水进行集中,认真做好无害化处理,从根本上防止施工废浆乱流。

(5)定期清运沉淀泥砂,做好泥砂、弃渣及其他工程材料运输过程中的防散落和沿途污染措施,废水除按环境卫生指标进行处理达标外,还要按当地环保要求的指定地点排放。弃渣及其他工程废弃物按工程建设指定的地点和方案进行合理堆放和处治。

(6)对施工场地道路进行硬化,晴天时对施工通行道路进行洒水防尘。

10 效益分析

碾压混凝土能节省胶凝材料,有利于初期水化热温升的控制,节省了温控费用;另外,由于碾压混凝土坝采取了并仓浇筑方法,节省了立模面积;采用机械化的施工方法,改善了施工人员的劳动条件,加快了施工进度,工程建设工期大大缩短,提前发挥工程的综合效益。

11 应用实例

11.1 龙滩水电站

龙滩水电站地处亚热带的广西天峨境内,常年高温少雨,距县城18 km,大坝为碾压混凝土重力坝,设计坝顶高程 406.5 m,最大坝高 216.5 m;初期建设时,坝顶高程 382.0 m,最大坝高 192 m,坝体混凝土总方量约 580 万 m³,其中碾压混凝土约为 385 万 m³,龙滩大坝是目前世界上在建的高度最高、碾压混凝土方量最大的全断面碾压混凝土重力坝。工程自 2001 年 7 月正式开工,2007 年 5 月第一台机组发电,截至 2008 年 1 月,大坝已全线浇筑至一期 382.0 m 高程。工程能够在短短 4 年时间完成大坝混凝土施工,并提前实现投产目标,与在高温季节进行碾压混凝土施工是分不开的。

在 2005 年、2006 年连续两年的高温季节,实现碾压混凝土全天候施工,采取了斜层碾压方法和一系列的温控措施,较好地控制了坝体混凝土温度。从预埋的温度计成果显示,在碾压混凝土施工过程中采取的防止温度倒灌、初期通冷却水降温等措施非常得当,有效降低了混凝土温升峰值,整个坝体蓄水后在高温季节施工的碾压混凝土未发现温度裂缝。

11.2 构皮滩水电站

构皮滩水电站位于贵州省余庆县构皮滩镇上游 1.5 km 的乌江上,水库总库容 64.51 亿 m³,电站装机容量 3 000 MW。构皮滩水电站属Ⅰ等工程,拦河大坝采用混凝土抛物线型双曲拱坝,坝顶高程 640.50 m,最大坝高 232.5 m。坝后设水垫塘和二道坝,水垫塘采用平底板封闭抽排方案。水垫塘净长约 303 m,底宽 70 m,断面型式为复式梯形断面。二道坝由下游碾压混凝土围堰部分拆除形成,顶部高程 441.00 m,底部高程 408.00 m,最大坝高 33 m,混凝土 14.86 万 m³。

下游碾压混凝土围堰采用碾压混凝土施工,施工进度快,保证了施工质量和安全,工程从 2005 年运行至今没有发现质量问题,运行可靠,工程质量评为优良。

11.3 天生桥二级水电站

天生桥二级水电站位于广西、贵州两省交界的红水河上游南盘江上,电站总装机容量 1 320 MW,是一座低坝、长隧洞引水形式,以发电为主的水电工程。拦河大坝原设计为混凝土重力坝,最大坝高 60.7 m,坝顶全长 471 m。施工期间,将左岸挡水坝段、全部溢流坝段采用碾压混凝土。

坝体从 1987 年 4 月开盘碾压,至 1989 年 6 月结束,共浇筑碾压混凝土 9.3 万 m³。

工程运行至今未发现质量问题,运行可靠,工程质量优良。

(主要完成人:申时钊 李虎章 帖军锋 范双柱 赵志旋)

固定双吊点悬臂轨道式桁吊
吊装混凝土大梁施工工法

中国水电建设集团十五工程局有限公司

1 前 言

湖南株溪口水电站大坝属闸坝,共有闸门12孔、坝顶门机轨道梁24片,每片轨道梁长19.6 m、宽1.3 m、高2.4 m、重107 t,预制在基坑上游混凝土铺盖上,分别正对每孔布置。就现有道路大型吊车无法进入基坑;架桥机没有施工场地,而且取梁难以实现。

中国水电建设集团十五工程局有限公司株溪口项目部成立攻关小组展开技术攻关,自行设计制作了固定双吊点悬臂轨道式桁吊并组织施工,完成了株溪口水电站大坝门机轨道梁吊装任务,形成了闸坝坝顶门机轨道梁吊装新的施工工法。由于结构简单、成本低、操作方便、施工现场适应性强,在使用中产生了显著的社会效益和经济效益。

2 工法特点

固定双吊点悬臂轨道式桁吊结构简单、制作成本低、操作方便、施工现场适应性强、吊装高度大。因地制宜、施工工艺简单、施工成本低。均使用通用机具和设备,设备投入少。

3 适用范围

本工法适用于施工场地狭窄、道路简易、吊装高度高、大型吊装设备难以施展的大吨位闸坝式水电站坝顶门机轨道梁的吊装施工。具体适合吊装单片梁重量130 t以下、长度22.0 m以下、高度2.4 m以内的混凝土预制梁。

4 工艺原理

轨道梁预制场设在闸坝段上游混凝土铺盖,在预制场按设计先做好轨道梁地模。每孔两片轨道梁必须正对该孔,各孔轨道梁须上下游错开以便张拉。

轨道梁张拉注浆割掉多余预应力钢绞线后,每端用两台50 t千斤顶顶起,将旱船、轨道放进梁端,然后落下并取出千斤顶,通过钢丝绳、导向滑车以挖掘机为动力将轨道梁平移至闸墩根部。然后用固定双吊点悬臂轨道式桁吊将下游轨道梁吊至闸墩顶暂时存放,将上游轨道梁直接安装到位。最后利用千斤顶、旱船、轨道、滑车以卷扬机为动力将下游轨道梁平移就位。

固定双吊点悬臂轨道式桁吊由7部分组成:支腿、悬臂纵梁、平移横梁、起升机构、平移牵引机构、平衡机构、吊具。如图1和图2所示,4个支腿支撑两根悬臂纵梁分别安放在相邻两闸墩顶面设计位置上。平移横梁横跨于两悬臂纵梁上,通过其滑块与悬臂纵梁滑道相接触。两套起升机构分别安装于平移横梁两端起吊门机轨道梁。两套平移牵引机构牵引着平移横梁两端在悬臂纵梁滑道上水平移动。平衡机构安装于悬臂纵梁尾部与闸墩地锚相连,在门机轨道梁起吊时保持悬臂纵梁的平衡。悬臂纵梁悬臂端伸出闸墩墩头,平移横梁滑至悬臂纵梁悬臂端,从闸墩根部起吊门机轨道梁至闸墩顶部一定高度后,在悬臂纵梁上滑移至设计位置将门机轨道梁落下就位或暂存。

固定双吊点悬臂轨道式桁吊吊完1孔2片梁后,利用现场已有C7022塔机将其转移到另2个闸墩上,起吊另2片梁。

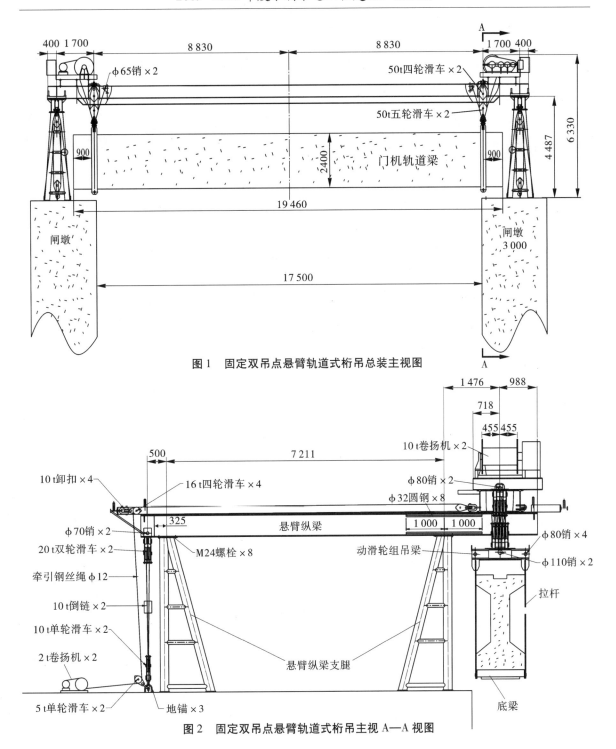

图 1　固定双吊点悬臂轨道式桁吊总装主视图

图 2　固定双吊点悬臂轨道式桁吊主视 A—A 视图

5　施工工艺流程及操作要点

5.1　施工工艺流程

门机轨道梁吊装施工从预应力大梁张拉完成,割掉多余漏出的预应力钢绞线后开始到轨道梁就位结束。总体工艺流程见图 3。

5.2　操作要点

5.2.1　轨道梁基坑平移

第一步:清理场地,铺设轨道。

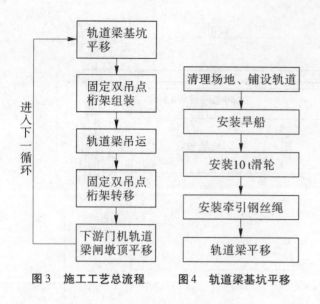

图3　施工工艺总流程　　图4　轨道梁基坑平移

第二步:用2台50 t千斤顶先将梁一端顶起,把轨道伸入梁下,将旱船放入梁与轨道之间,最后将梁放在旱船上,取出千斤顶再顶另一端梁。2台千斤顶起梁时必须保持同步,不宜起得太高,轨道和旱船能放进去即可。放入旱船前在轨道上表面均匀涂抹些黄油,以减小牵引阻力。

第三步:在旱船和预先埋设的地锚上分别挂上10 t单轮滑车。

第四步:缠绕钢丝绳。钢丝绳一端固定在地锚上,另一端绕过动滑轮和导向滑轮后挂在挖掘机上。

第五步:以2台挖掘机为动力平移轨道梁至距闸墩根部10 cm左右处。2台挖掘机牵引时应基本保持速度一致。其步骤如图4所示。

5.2.2　固定双吊点悬臂轨道式桁吊组装

第一步:将所有零部件运至施工现场塔机工作范围之内,将平衡机构20 t双轮滑车装在悬臂纵梁尾部,将悬臂纵梁装在支腿上,用塔机将悬臂纵梁及支腿整体分别吊至相邻两闸墩顶,放在预先确定好的位置上,闸墩顶面不平时可用钢板块调整。

第二步:将平移横梁用塔机横担在两悬臂纵梁上,使平移横梁两端的滑块刚好放在两悬臂纵梁的滑道上。

第三步:将起升卷扬机分别安装在平移横梁的两端设计位置并接好电源。

第四步:将50 t五轮滑车(动滑轮)装在动滑轮组吊梁上并同50 t四轮滑车(定滑轮)一同吊至闸墩顶,放在起升卷扬机正下方附近。

第五步:穿绕起升钢丝绳,并将绳头用4个绳卡卡出一个环,用销子固定在平移横梁的设计位置,然后用塔机将定滑轮安装在平移横梁的设计位置,最后启动卷扬机使动滑轮及其吊梁悬在空中。

第六步:安装平衡机构:将10 t单轮滑车挂在悬臂纵梁尾部正下方的闸墩地锚上,然后穿绕钢丝绳,并将二绳头分别用二个绳卡卡出一个环,一头用5 t卸扣挂在一侧地锚上,另一头挂上10 t倒链,倒链的链钩挂在另一侧地锚上。最后拉紧倒链使钢丝绳吃力。

第七步:用5 t倒链将平移横梁拉至悬臂纵梁悬臂端设计位置。

第八步:安装平移牵引机构:将4个16 t四轮滑车用10 t卸扣分别挂在平移横梁两端和悬臂纵梁尾端的锚环上;将5 t单轮滑车(导向滑轮)挂在悬臂纵梁尾部正下方的闸墩地锚上;将牵引卷扬机固定在闸墩顶面的适当位置并接好电源;最后穿绕钢丝绳、启动卷扬机使钢丝绳拉直。

第九步:启动起升卷扬机将动滑轮组吊梁放至闸墩根部的轨道梁上,安装吊具。吊具必须安装在轨道梁端的设计位置,以保证轨道梁吊至闸墩顶水平移动时顺利通过支腿。

第十步:检查。主要检查各部位销子、滑车是否安装正确;卷扬机各部位接线是否正确;卷扬机刹车是否调整到位、是否灵敏;钢丝绳缠绕时是否有损伤等。

其组装步骤见图5。

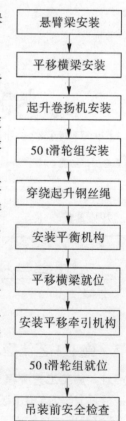

图5　固定双吊点悬臂桁架组装

5.2.3　轨道梁吊运

第一步:将轨道梁吊起离开旱船 5 cm 左右暂停,待梁停稳后,观察梁与闸墩间的距离,确保梁在起升过程中与闸墩不发生摩擦,距离不合适时必须进行调整。

第二步:起吊。起吊过程中要基本保持水平上升(见图 6),并随时聆听各种异常声响,若听到异响即刻停止起吊、检查分析原因,发现需要解决的问题必须解决。

第三步:轨道梁起升到吊具底梁超出闸墩垫石不影响水平移动时即可停止起升,观察轨道梁能否顺利通过支腿(见图 7)。当支腿阻碍轨道梁通过时,若差距超过 5 cm,则需要将轨道梁放下去重新调整吊具位置再起升;若差距不超过 5 cm,则可在梁平移靠近支腿时在另一端用 5 t 倒链牵引使梁通过支腿。

图 6　　　　　　　　　　　　　　　　　　图 7

第四步:启动牵引卷扬机,将轨道梁平移至指定位置落下,脱掉吊具底梁下右侧拉杆。在平移过程中随时观察平移横梁两端滑块与悬臂纵梁上滑道的相对位置,通过两端牵引卷扬机的停或拉来确保滑块始终在滑道上滑行。当轨道梁平移过了前支腿后即可松掉平衡机构的倒链。平移前应在悬臂纵梁的滑道上均匀洒些石墨粉,以减小摩擦力。

第五步:用 5 t 倒链拉动平移横梁向上游移动至悬臂纵梁悬臂端(见图 8),准备起吊下一片轨道梁。

轨道梁吊运步骤见图 9。

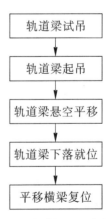

图 8

图 9　轨道梁吊运步骤

```
轨道梁试吊
   ↓
轨道梁起吊
   ↓
轨道梁悬空平移
   ↓
轨道梁下落就位
   ↓
平移横梁复位
```

5.2.4　固定双吊点悬臂轨道式桁吊的转移

当吊装完一孔 2 片轨道梁后必须将桁吊转移到另一孔的两个闸墩上,整个的转移过程需要 C7022 塔机配合。由于平移横梁和起升机构的总重为 14.5 t,超出塔机在该幅度的额定起重量,所以不能整体吊装,只能分开吊装转移。其步骤见图10。

第一步:将平移牵引卷扬机钢丝绳全部缠绕在卷筒上并将卷扬机吊至相应的闸墩。

第二步:将平衡机构倒链、单轮滑车拆下吊至相应闸墩,钢丝绳和双轮滑车可随悬臂纵梁吊移。

第三步:将起升机构两滑车用卸扣连在一起,启动起升卷扬机放出一定长度的钢丝绳,然后拆除卷扬机连接螺栓,将卷扬机吊至闸墩下游端适当位置。这时卷扬机与平移横梁有钢丝绳连接。

第四步:将平移横梁吊至闸墩下游适当位置,横担在两闸墩上。

第五步:将两悬臂纵梁连同支腿分别吊至相应闸墩的设计位置上。

第六步:依次将平移横梁、起升卷扬机、平衡机构和平移牵引机构部件吊装在相应位置即可。

5.2.5 下游门机轨道梁的闸墩顶平移

其步骤见图11。

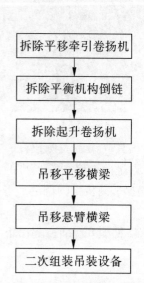

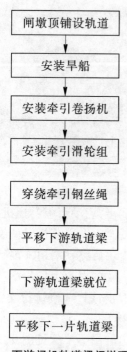

图10 固定双吊点悬臂轨道式桁架转移　图11 下游门机轨道梁闸墩顶平移

第一步:在闸墩顶铺设轨道。

第二步:用2台50 t千斤顶先将梁的一端顶起,取出所垫方木,将轨道伸入梁下,在梁和轨道之间放入旱船,将梁落在旱船上,取出千斤顶,再顶梁的另一端。2台千斤顶起梁时必须保持同步,不宜起得太高,轨道和旱船能放进去即可。放入旱船前在轨道上表面均匀涂抹些黄油,以减小牵引阻力。

第三步:将2 t卷扬机固定在闸墩顶适当位置,接好电源。

第四步:在旱船和闸墩顶下游预埋的地锚上分别挂上16 t四轮滑车。

第五步:在旱船和地锚的滑车之间绕钢丝绳,最后将绳头固定在旱船滑车上。

第六步:启动卷扬机牵引轨道梁平移。平移时要保证轨道梁两端移动速度基本一致。

第七步:轨道梁平移到位后,去掉旱船上的滑车,用2台50 t千斤顶先将梁的一端顶起,取出轨道和旱船,放好橡胶支座,然后落梁取出千斤顶,最后顶梁的另一端。

第八步:当整片梁就位后,将轨道、卷扬机、滑车、旱船等吊移至下一闸墩,平移下一片轨道梁。

6 材料和设备

6.1 主要材料

本工法所用主要材料见表1。

表 1　主要材料

序号	名　称	规格型号	主要技术指标	备　注
1	工字钢	56b	普通国标	
2	工字钢	32a	普通国标	
3	槽钢	12	普通国标	
4	钢管	Φ100 壁厚 6 mm	普通国标	制作桁吊材料
5	钢管	Φ220 壁厚 8 mm	普通国标	
6	钢板	厚 20 mm	普通国标	
7	销子	65\70\80\110	普通圆钢	
8	钢轨	QU70	普通国标	梁平移轨道
9	方木	20×20		钢轨枕木
10	钢丝绳	Φ20	6×37	梁基坑平移牵引绳
11	石墨粉			桁吊滑道润滑
12	润滑脂			旱船与钢轨润滑

6.2　主要设备和工具

本工法所用主要设备和工具见表 2。

表 2　主要设备和工具

序号	名　称	规格型号	单位	数量	用　途
1	挖掘机	EX230	台	2	梁基坑平移牵引
2	塔机	C7022	台	2	桁吊及材料转移
3	卷扬机	10 t	台	2	起吊轨道梁
4	卷扬机	2 t	台	2	梁闸墩顶平移牵引
5	手拉葫芦	10 t	台	2	桁吊平衡机构用
6	手拉葫芦	5 t	台	4	平移纵梁移动牵引等
7	四轮滑车	50 t	台	2	桁吊起升定滑轮
8	三轮滑车	32 t	台	2	桁吊起升动滑轮
9	二轮滑车	20 t	台	2	桁吊平衡动滑轮
10	单轮滑车	10 t	台	10	基坑平移、桁吊平衡等
11	滑轮	10 t	个	5	桁吊起升动滑轮及备用
12	四轮滑车	16 t	台	4	梁闸墩顶平移
13	单轮滑车	2 t	台	5	梁闸墩顶平移
14	卸扣	2\5\10 t	个	若干	

7　质量控制

7.1　质量控制标准

执行国家有关标准和设计文件。

7.2　质量控制措施

（1）在轨道梁张拉之后，在梁的两端面放出中心线，在梁靠近两端的下翼缘两侧放出吊具安装基准线。

（2）在轨道梁就位之前，复核垫石混凝土高程，不符合设计要求的及时处理，达到设计标准，并在垫石上表面放出安装中心线，将橡胶垫块放置在设计位置。

（3）以闸墩垫石表面中心线为基准，平移轨道梁至端面中心线与该基准线对准后，将梁放在橡胶垫块上。

8　安全措施

（1）施工方案经过局专家小组讨论审定。

（2）固定双吊点悬臂式桁吊的设计，经过湖南省水利水电勘测设计研究院复核。

（3）桁吊制作由专业工程师现场负责，抽调有资质有经验的焊工焊接，用探伤仪检查控制焊接质量。

（4）桁吊制作完成后，业主五凌公司请专家做了最后验收。

（5）安装完毕，由专业工程师检查验收。

（6）吊装前进行试吊。试吊载荷为轨道梁重的 1.25 倍，试吊时轨道梁吊离旱船 1 cm 左右静置 40 min，对桁吊做全面检查。

（7）操作箱用电缆引至闸墩，操作人员可在闸墩安全位置操作。

（8）施工现场设专职电工和专职安全员。

（9）施工现场实行封闭，非工作人员不得进入。

（10）闸墩顶设活动栏杆，工作人员佩戴安全帽、安全带。

（11）整个施工过程由专人指挥。

9　环保措施

9.1　施工前的环保措施

（1）优化设计方案，采用最佳施工方案，降低能耗，减少对环境的污染。

（2）设备设计过程考虑废旧材料，加工过程采用先进的焊接技术减少废气排放和废渣产生，对剩余下脚料集中堆放，对一些油料材料按照国家相关规定规范处理。

9.2　施工过程中的环保措施

（1）施工现场合理布局，减少对场地占用，严禁油料污染施工场地。及时分类收集施工过程中产生的施工垃圾，并按照国家相关环保规定进行处理。

（2）加快施工进度，降低施工过程的能耗，节约资源，减少对环境的污染。

（3）加强施工环保交底，提高作业人员的环保意识，做到既要施工又要减少对环境的污染和破坏。

9.3　竣工环保措施

（1）施工结束后清理现场施工垃圾，按照规定要求处理施工过程产生的固体、污油等垃圾。

（2）积极推广成熟工艺，提高已加工设备的利用率，减少重复制作，节约资源和减少对环境的污染。

10　效益分析

采用该工法施工的总费用为 51 万元（减去材料和机具的残值仅有 36.6 万元），其中材料费（含卷扬机、滑车、倒链等机具及电费）26.6 万元（残值 14.4 万元）；人工费（含桁吊制作人工费）14.1 万元；机械使用费 10.3 万元。使用吊车并不能替代轨道梁在基坑的平移和下游轨道梁在闸墩顶的平移，只能替代固定双吊点悬臂轨道式桁吊。由于轨道梁重量大、自身长、安装高度高，所以吊车最小需要 2 台 160 t 的或 1 台 220 t 的,现有道路如此大的吊车无法进入吊装现场,必须改造。经沿路勘察、计算,仅道路改造费用近 100 万元(含农田、树木、青苗补偿费)。吊车租赁费最少需要 80 万元,加上其他费用至少超过 100 万元。

使用吊车不但现场布置困难、施工干扰大,而且消耗大量的不可再生资源、排放大量的废气,造成环境污染。使用固定双吊点悬臂轨道式桁吊因地制宜、施工干扰小,以电力为能源,不会造成环境污染,更为环保。

11 应用实例

11.1 工程概况

湖南株溪口水电站工程位于资江干流中游湖南安化县境内,是以发电为主兼顾航运等综合利用的水电工程。总库容 3 330 万 m³,装机 4×18.5 MW。混凝土总计 36 万 m³、土石方开挖 34 万 m³。2005 年 11 月开工,2008 年 10 月主体工程完工,4 台机组发电、船闸过船。工程主要建筑物有右岸电站厂房、闸坝、左岸船闸。闸坝有 13 个闸墩、12 孔闸门、24 片坝顶门机轨道梁。该梁为预应力工字形混凝土梁,宽 1.3 m、高 2.4 m、长 19.6 m、重 107 t、安装高度 17 m。

11.2 应用效果及存在问题

对于大坝为闸坝结构的水电站,坝顶门机轨道梁是必不可少的建筑物,轨道梁的施工一般有现浇和预制吊装两种方法。现浇占用直线工期而且脚手架需要量大;预制吊装虽然不占用直线工期而且施工简单方便,但是一般情况轨道梁重量大、预制场地狭窄、现场道路简陋,大型起重设备工作受到很大的限制,吊装难度增大,费用也大幅度上升。株溪口水电站坝顶门机轨道梁采用预制吊装的方法施工,项目部根据施工现场实际,因地制宜,设计制作固定双吊点悬臂轨道式桁吊,避免了大型起重设备吊装存在的种种问题,安全、顺利、快捷地完成了坝顶门机轨道梁的吊装任务,赢得了时间,取得了可观的经济效益,为 4 台机组按时发电创造了条件,得到了业主和监理的好评。

由于该桁吊个别部件重量较大,在闸墩间转移时必须拆解,否则超出了 16 t 塔机的额定起重量,所以桁吊在闸墩间转移占用时间较长。

（主要完成人:范亦农 党晓青 张麦全 仇玉生）

河口水闸高性能混凝土管道间一次性浇筑成型施工工法

浙江省第一水电建设集团有限公司

1 前 言

曹娥江大闸枢纽位于浙江省绍兴市钱塘江下游右岸主要支流曹娥江江口,是国内第一河口水闸,属国家重大水利基础设施项目。工程于 2005 年底开工,其中管道间工程共分 14 孔,中孔跨径 22 m,边孔跨径 23 m,底宽 6.6 m(上口宽 8.0 m),高 4.5 m,箱内断面为 5.4 m×3.5 m,底板、侧墙、顶板厚度均为 50 cm。这种箱型结构一般要在侧墙倒角 1/3 位置设施工缝,分二次浇筑成型,但这种浇筑方案易引起施工缝渗漏、上下层色差等不良后果。该工程施工采用一次性整体成型浇筑管道间混凝土的方法,即底板、侧墙、顶板同时立模浇筑,避免了传统箱型结构混凝土分层浇筑施工中存在的上下层块之间的施工缝,克服了色差、施工工期较长(尤其在悬体结构施工过程中对浇筑支撑系统的占用时间长)、投入施工成本高等若干弊病,成功实现了在外观质量、工期、成本、防裂、防腐等方面的突破,成为河口建闸史上箱型结构施工技术的一个新的亮点。通过对曹娥江大闸管道间的施工实践,证明箱型结构混凝土一次性整体成型浇筑工法成熟,工艺可靠,并在实际工程中获得了较好的社会效益和经济效益。

该技术已进行国内科技查新,查新结果为"委托查新项目针对跨径 23 m,底宽 6.6 m(上口宽 8.0 m)、高 4.5 m 的箱涵,制定了河口水闸高性能混凝土管道间一次性浇筑成型施工工法,在上述检索结果中未见述及"。

2 工法特点

(1)管道间外表成型美观,克服了因多层施工引起的错位、色差、挂浆等弊病;另外,采用定型钢模施工,确保了混凝土表面的光洁、平整。

(2)减小了因水平施工缝处理不当而引起钢筋腐蚀的概率。

(3)采用一次性浇筑施工,较传统分层浇筑施工工期要大大缩短。

(4)浇筑仓面布置一步到位,模板及下部满堂式支架,周转时间大大减小。

(5)施工作业连续、集中,材料二次搬运少,机械设备利用率较高。

3 适用范围

本工法适用于各种大型水闸管道间施工,也可以推广应用于桥梁和空腹式墩台结构施工中。

4 工艺原理

4.1 模板支撑系统

4.1.1 管道间底模支撑系统

钢模底部支撑采用 Φ168 钢管(壁厚 4.5 mm)立柱,高度 7.190 m。钢管顶纵向铺设[25b@ 500,槽钢顶横向铺设[10@500 槽钢。钢管每间隔 3 m 采用L60×5 角钢斜撑。管道间底模支撑系统如图 1 所示。

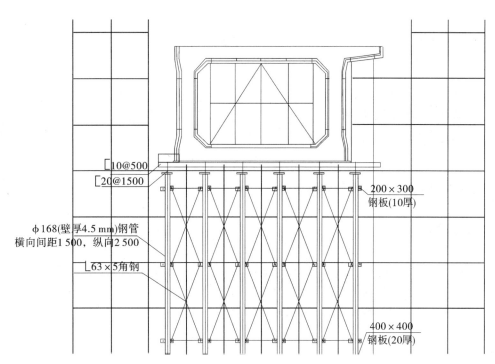

图 1 管道间底模支撑系统

4.1.2 管道间顶模支撑系统

管道间顶模支架采用 Φ48× 3.50 脚手架钢管搭设,底板混凝土以下支架采用 Φ25 钢筋。顶模底部铺设 100 mm× 100 mm 方木,间距 25 cm。脚手架高度为 3.40 m,搭设具体尺寸为:立杆的横距 $b= 0.50$ m,立杆的纵距 $l= 1.00$ m,立杆的步距 $h= 1.50$ m。管道间顶模支撑系统如图 2 所示。

4.1.3 顶模钢管支架底部支撑

采用一次性浇筑成型方法,悬空脚手架底部支撑钢支架考虑混凝土浇筑完毕后留在底板中。支架底部采用同强度等级混凝土连接作为底座,以防钢筋直接与模板面接触,达到防腐标准。支架上口与底部采用 Φ16 钢筋焊接固定,使其成为两端固定型立杆,钢管底部支撑系统见图 3。

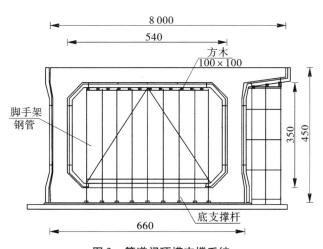

图 2 管道间顶模支撑系统

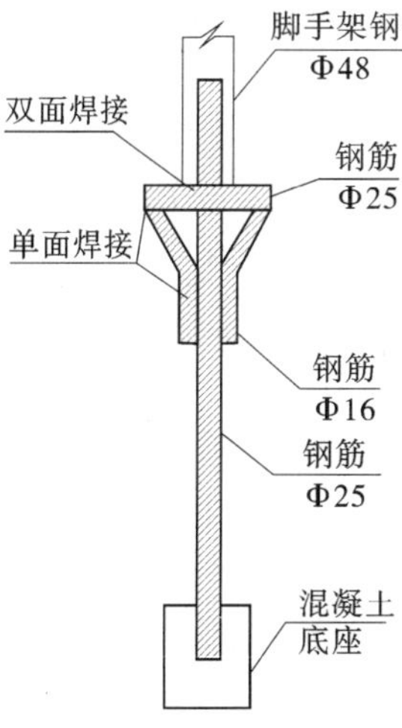

图 3 钢管底部支撑系统

4.2 混凝土入仓及振捣原理

管道间内顶模采用定型小钢模板,先预留 0.8 m× 0.8 m 的孔洞,间距 5 m。底板混凝土从预留孔中通过溜筒入仓,待底板混凝土浇筑完毕后,封闭洞口。预留孔位置模板外楞与其余部位独立,并具有安装简单的功能。

管道间侧墙中部每隔 3 m 预留一 0.8 m× 0.8 m 的孔洞,作为倒角附近混凝土的振捣补振区,确保侧墙混凝土的质量。另外,防止侧墙混凝土在浇筑过程中从底板处翻出,增加了倒角模板水平段扣板,待侧墙浇筑过半后,立即将水平段模板拆除,并对该部位的外露混凝土面进行压光处理。

5 施工工艺流程及操作要点

5.1 施工工艺流程

本工法施工工艺流程为:脚手架搭设→安装钢管立柱系统→铺设底模系统的槽钢→模板制作安装→钢筋制作安装→清理、冲仓、验收→混凝土浇筑→养护。

5.2 操作要点

5.2.1 脚手架搭设

为方便立拆模板与安拆钢管立柱,在管道间底模下搭设施工脚手架,脚手架采用 Φ48 钢管搭设,水平与纵向间距均为 1.5 m,步距为 1.8 m。利用脚手架临时固定钢管立柱与模板底部的槽钢。并在侧模外侧搭设双排施工用跑道脚手架。搭设钢管脚手架注意事项如下:

(1)钢管选用外径 48 mm、壁厚 3.5 mm 的焊接钢管。立杆、大横杆和斜杆的最大长度为 6.5 m,小横杆长度 1.5 m。

(2)钢管不得有裂纹、气孔,不宜有缩松、砂眼、浇冒口残余披缝,毛刺、氧化皮等,搭设前应清除干净。

(3)扣件与钢管的贴合面必须严格整形,应保证与钢管扣紧时接触良好,当扣件夹紧钢管时,开口处的最小距离应不小于 5 mm。

(4)扣件活动部位应能灵活转动,旋转扣件的两旋转面间隙应小于 1 mm。

(5)钢管弯曲、压扁、有裂纹或严重锈蚀及扣件有脆裂、变形、滑扣时应报废和禁止使用。

5.2.2 安装钢管立柱系统

钢管安装时要严格按照设计间排距布置,在初步调整垂直后,钢管之间用角钢连接。

钢管可按一端固定、一端铰支受压考虑。根据钢管承载能力计算钢管数量和布置形式。

长细比计算公式为:

$$\lambda = \frac{L}{i}$$

式中:λ 为钢管的长细比值;L 为钢管的计算高度;i 为钢管回转半径。

在钢管立柱系统施工时要注意以下事项:

(1)钢管宜采用力学性能适中的 Q235A(3 号)钢。每批钢材进场时,应有材质检验合格证。

(2)钢管不得有凹陷、弯曲、破损等缺陷,钢管焊接严格按照规范执行,并做好焊缝检验。

(3)钢管在拆除后不得乱堆乱放,造成钢管变形。

(4)考虑到钢管周转次数较多,使用时间较长,又在易腐蚀环境中存放,钢管外壁要做好防锈处理。

5.2.3 铺设底模系统的槽钢

槽钢抗弯强度验算按以下公式计算:

$$\sigma = \frac{M}{W} < f$$

式中:σ 为弯曲应力计算值,N/mm²;M 为最大弯矩,N·mm;W 为截面模量;f 为钢管抗弯强度设计值,205 N/mm²。

底部匚25b 槽钢安放时,要根据支撑杆中心轴线布置,并保证立面垂直,槽钢排之间用连接杆件固定。上部匚10 槽钢保持与底部槽钢垂直方向布置,间距严格按照 50 cm 控制。槽钢排间用连接杆件固定。

5.2.4 模板制作安装

5.2.4.1 模板制作

(1)定型钢模板及其支撑符合下列要求:

①保证混凝土浇筑后结构物的形状、尺寸及相互位置符合设计规定。

②具有足够的稳定性、刚度及强度,能承受混凝土浇筑和捣固的侧压力和振动力,并牢靠地维护原样,避免引起错台。定型钢模板面板采用 4 mm 厚 Q235 钢板,钢楞采用L 5。

③要做到标准化、系列化,装拆方便,周转次数高,有利于混凝土工程的机械化施工。

④模板表面光洁平整,接缝严密,不漏浆,以保证混凝土表面的质量。

(2)模板工程采用的材料及制作、安装等工序的成品必须进行质量检查,合格后,才能进行下一工序的施工。

(3)模板刚度控制:由于混凝土表面平整度<4 mm,而模板的表面平整度<2 mm,所以在模板设计过程中控制大模板的相对挠度<2 mm,绝对挠度<4 mm。

(4)各种连接部位按节点设计,并针对不同的情况逐个画出节点图,保证连接严密、牢固、可靠,保证施工时有依据,避免施工中的随意性;模板的设计、制作和安装应保证使混凝土能够正常浇筑和捣实,使其形成准确的形状和尺寸,模板拆除后的混凝土表面光洁和美观。

5.2.4.2 模板安装

(1)总体要求如下:

①按设计图纸测量放样,并通过模板顶部摆放的小棱镜架,用全站仪检查校正。

②模板安装过程中,安装足够的临时固定设施,以防倾覆。

③模板与混凝土接触的面板,以及各块模板接缝处,为保证表面的平整度和混凝土的密实性,钢模立模前均以磨光机将内表面打磨光洁,所有模板与模板的拼缝间均用厚双面胶粘贴,确保模板缝隙间不漏浆。

④节点构造:止水与模板接缝处均用在模板制作时统一考虑,按牢固、准确定位、方便装拆、避免破坏止水的原则进行详细节点构造设计。

⑤拉条:采用 Φ16 拉杆,拉杆采用 "H 型拉杆"。利用"H 型拉杆",一可方便拆模,二可以利用其中的锥形螺帽作模板内支撑,卸除 H 形螺帽后还可以形成矩形的孔洞,不用凿除混凝土就可以直接进行拉条孔修补,同时因拆模时不影响内部拉杆,可以可靠地解决拉杆漏水的通病。

5.2.5 钢筋制作安装

钢筋加工的尺寸必须符合施工图纸要求,加工后钢筋的允许偏差满足规范规定。环氧钢筋采用滚压直螺纹连接,搭接接头满足设计及规范要求,接头百分率控制在 50% 以内。由专用拖车配合人工运至施工现场,塔吊及汽车吊配合人工进行安装。钢筋安装时,保护层控制采用带轧丝的与混凝土同标号的预制块与钢筋轧紧,形成衬垫。垫块互相错开,分散布置,扎丝也不得伸入保护层外,两层钢筋之间用 Φ16@200 作支撑。

环氧钢筋连接与定位要求如下:

(1)环氧钢筋的连接采用当今建设部建行的 10 项新技术中的"滚压直螺纹连接",连接完成后,用专用涂料进行修补。

(2)为保证环氧钢筋的绑扎搭接的牢固和不损坏涂层,采用专用的包胶铅丝,对十字交叉钢筋,采用"X"型绑扣。

(3)环氧钢筋的机械连接:在连接后根据专用修补材料的使用要求,将套筒、螺母等连接件涂刷涂层。

（4）环氧钢筋的定位：按设计图纸采用专用铁架定位。

在混凝土浇筑前，检查涂层破损情况，按涂层根据专用修补材料的使用要求，予以修补。

5.2.6　混凝土浇筑施工

5.2.6.1　混凝土坍落度控制

经过我们多次试验，对于高性能混凝土来说，60 mm 的坍落度是工程外观质量与混凝土工作度最佳的结合点，若小于 60 mm，混凝土工作度与混凝土的施工强度均得不到保证，混凝土表面的气泡因黏聚性过大也不能排除；若大于 60 mm，混凝土极易产生分离和过振，也会在混凝土侧面产生大量的水气泡，同时也在混凝土表面产生大量浮浆，导致混凝土表面产生龟裂。

5.2.6.2　混凝土分层

单个管道间最大面积为 153 m²，按层厚 30 cm 计算，每层混凝土方量为 46 m³ 左右，混凝土入仓速度为 16～20 m³/h，每层浇筑时间基本为 3 h，满足本工程管道间高性能混凝土初凝时间 4～5 h 要求。采用薄层满仓平铺法施工，确保同一层混凝土基本保持水平，可以提高外观质量。

5.2.6.3　混凝土浇筑

（1）混凝土采用溜筒下料，控制其自由下落高度不超过 1 m，以避免溅起的水泥浆污染模板和骨料发生离析现象。

（2）混凝土采用 φ70 插入式振捣器振捣，要注意事项有：

①根据构件的具体情况，振捣前详细交待操作要点，组织专人分段负责。

②混凝土入模后稍作平整即可进行振捣，每层混凝土未振实前，不得加添新混凝土。

③为了防止混凝土中的石子被钢筋卡住使混凝土不再下落造成下部空洞，必须选用插钎检查捣实后，再加强振捣，人工插杆时要一钎接一钎按顺序下钎，不得漏插，插钎必须摇插，以扩大影响。

④边角部位加强人工插捣和机械振捣。

⑤混凝土的质量大多是振捣原因产生的。管道间高性能混凝土振捣时间以粗骨料不再显著下沉，并开始泛浆后加振 30 s。振捣自中间往两侧模板推进，插点间距为 50 cm，振捣器插入下层混凝土 5～10 cm。在管道间施工中，应采用二次振捣工艺，第一次振捣完毕，铺第二次料前先将混凝土再振捣一遍，这样可以更有效地排除混凝土中的气泡，减少混凝土的塑性裂缝的产生。

⑥在混凝土浇筑前，检查环氧树脂涂层钢筋破损情况，对破损涂层根据提供的专用修补材料的使用要求予以修补；混凝土振捣时，尽量避免振捣棒与钢筋的直接碰撞。

5.2.6.4　混凝土的养护

（1）混凝土终凝后，立即覆盖一层塑料膜，再加盖土工布保温层；炎热天气混凝土表面先覆盖草袋，并加强洒水养护，使混凝土在浇筑完毕 10 d 内有足够的养护水分。

（2）混凝土试块的制作。混凝土试块制作按规范要求进行，试块制作后在养护池进行养护，并及时送实验室进行强度试压。

5.3　关键技术

5.3.1　顶部模板和侧模的特殊处理

为确保侧墙尤其是倒角位置的混凝土质量，管道间模板经过一种特殊的加工处理，从选材、制作成型到安装都严格按照公司设计的方案进行，在倒角模板设计制作上采取了一些措施，从而来保证混凝土的浇筑质量。

管道间顶模间隔 5 m 预留 0.8 m×0.8 m 的孔洞，底板混凝土从预留孔中通过溜筒入仓，待底板混凝土浇筑完毕后，封闭洞口。预留孔位置模板外楞与其余部位独立，并具有安装简单的功能。

管道间侧墙间隔 5 m 安装溜筒，溜筒高度距浇筑面 1 m 左右，随浇随拆。

管道间侧墙中部每隔 3 m 预留一 0.8 m×0.8 m 的孔洞，作为倒角附近混凝土的振捣补振区，确保侧墙混凝土的质量。防止侧墙混凝土在浇筑过程中从底板处翻出，增加了倒角模板水平段扣板,扣板水平宽度 50 cm。待侧墙浇筑过半后,立即将水平段模板拆除,并对该部位的外露混凝土面进行压光处理。

5.3.2 混凝土配合比优化

高性能混凝土自身抗裂能力较普通混凝土差,在施工过程中易产生裂缝,为提高高性能混凝土的断裂韧性,我们尝试了在混凝土中掺高强纤维,提高其韧性。

混凝土纤维的乱向分布形式大大有助于削弱高性能混凝土塑性收缩时的应力,收缩的能量被分散到每立方米上千万条具有高抗拉强度而弹性模量相对较低的纤维单丝上,从而极为有效地增强了混凝土的韧性,抑制了微细裂缝的产生和发展。

6 材料与设备

6.1 主要机具设备

本工法主要机具设备见表1。

表1　主要机具设备

序号	机械或设备名称	规格型号	数量	额定功率	用途
1	拌和楼	JF1000	1	110 kW	混凝土拌和
2	混凝土搅拌车	6 m³	3		混凝土运输
3	装载机	ZL50A	2		混凝土骨料装运
4	钢筋弯曲机	WJ40-1	1	2.8 kW	钢筋加工
5	钢筋切断机	QJ40-1	1	5.5 kW	钢筋加工
6	履带起重机	QU40	1	40 t	吊运材料
7	移动式塔机	160 t·m	1		吊运模板
8	插入式振捣器	φ70	16	2.2 kW	混凝土振捣
9	发电机组	GF200	1	200 kVA	备用电源

6.2 劳动力安排

管道间施工劳动力安排见表2。

表2　管道间施工劳动力安排

序号	工种	人数	主要工种内容
1	技术人员	2	施工技术指导、质量记录
2	测量员	3	轴线和高程控制
3	普工	10	负责仓面清理、布置等
4	架子工	15	负责脚手架搭设
5	木工	25	负责模板拼装、拆除
6	钢筋工	20	负责钢筋制作、安装
7	混凝土工	15	负责混凝土浇筑、养护

7 质量控制

7.1 环氧钢筋的质量控制

(1)钢筋按不同等级、牌号、规格及生产厂家分批验收,分别堆存在为钢构件搭设的钢筋堆放场内,且立牌以便识别。

(2)钢筋要求有出厂证明书或试验报告单,使用前,仍要求做拉力、冷弯试验。钢号不明的钢筋,一律不予接收进场。

7.2 环氧钢筋直螺纹接头控制

7.2.1 加工控制

要求直螺纹接头每500个作为一个检验批来验收,随机抽取10%进行检测,要求全部合格。

如有一个接头不合格,则该批接头要逐个检查。检查内容如下:

(1)牙形检验:要求牙形必须饱满,牙顶宽度超过0.6 mm,秃牙部分不超过一个螺纹周长,螺丝扣长度应满足要求。

(2)螺纹大径检验:采用光面轴用量规检测。要求通端量规能通过螺纹的大径,而止端量规不能通过螺纹大径。

(3)螺纹中径及小径检验:采用螺纹环规检测。要求通端螺纹环规能顺利旋入螺纹并达到旋合长度,止端螺纹环规与端部螺纹部分旋合,旋入量不超过3P(P为螺距)。

(4)直螺纹连接套的检验:要求外观无裂纹或肉眼可见缺陷,长度及外形尺寸符合设计要求;采用螺纹塞规检验时,要求通端塞规能顺利旋入连接套筒并达到旋合长度,而止端螺纹塞规不能通过连接套筒内螺纹,但允许从套筒两端旋合,旋入量不超过3P(P为螺距)。

7.2.2 安装控制

(1)接头拼接时用管钳扳手拧紧,使两个丝头在套筒中央位置相互顶紧。

(2)拼接完成后,套筒每端不得有一扣以上的完整丝扣外露。

直螺纹接头拧紧力矩值见表3。

表3 直螺纹接头拧紧力矩值

钢筋直径(mm)	≤16	18～20	20～25	28～32	36～40
拧紧力矩值(N·m)	80	160	230	300	360

7.3 模板的质量控制

定型模板安装前,首先要进行底部混凝土面找平,这是管道间模板安装施工中至关重要的一个工序,找平高程允许偏差必须控制在0～+5 mm。大型模板每拼装一层就必须进行平面和垂直度校正。模板面拼装平整采用拉延线来调整,拼装过程的模板垂直度采用激光指向仪来控制,待全部加固完毕后,必须采用全站仪测量来调整上口边线。另外,两块模板之间必须粘贴海绵条,以起到塞缝作用。

模板安装的允许偏差见表4。

7.4 管道间混凝土的质量控制

(1)从原材料上把关,混凝土拌制时,原则上选择同一批黄砂、同一批号的水泥、矿渣和粉煤灰,以确保混凝土表面色泽一致,减少色差。钢筋保护层垫块,随混凝土浇筑上升而跟着拆除,以防混凝土局部表面收缩不均匀。

(2)严格控制水灰比,混凝土配合比必须经质检员验收后方可拌和和供应;每次混凝土浇筑前,试验员必须到商品混凝土拌和站按规定检查。

表4 模板安装的允许偏差

项次	偏差名称	允许偏差(mm)
1	模板底高程	+5
2	模板面平整度	2
3	板面缝隙	2
4	结构物边线与设计边线	±10
5	结构物水平截面尺寸	±20

(3)采取挂溜筒的混凝土入仓措施,限制混凝土下料入仓高度不超过1 m,以免混凝土飞溅至模板表面时间过长硬化引起麻面。同时,每班派人对模板表面进行检查,及时清理飞溅砂浆。

(4)合理布点,确保下料均匀,及时振捣,不得漏振、过振。

(5)混凝土采用二次振捣,增加密实性,排除混凝土表面气泡。

(6)拆除模板时,混凝土必须达到规定强度,拆模时必须小心仔细,不得损伤表面及棱角。

(7)对于预留洞孔的表面修补,派专人进行。修补后做到与混凝土表面颜色基本一致,表面光滑,不收缩开裂,达到美观的效果。

(8)指定专职施工人员专门从事混凝土浇筑层次和顺序的安排,严格控制铺筑层的厚度和仓内平仓及振捣的质量。

（9）加强现场混凝土养护,保证混凝土表面湿润。

8 安全措施

（1）做好上岗前安全教育,严格按安全操作规程施工,消除一切事故隐患。

（2）禁止非施工人员进入现场,进入现场施工人员必须戴安全帽。

（3）所有的施工辅助设施均须经安全检查后方可投入使用,雨天有防滑措施,临空处设置围栏。

（4）安装触电保护器,确保用电安全。

（5）严禁高空坠物伤人。

（6）禁止带电移动机械设备、带电安装与灵敏度装。

（7）操作人员必须做好三级安全教育和班前安全技术交底。

（8）脚手架及缆风系统必须经验收小组验收合格后方可投入使用。

（9）混凝土浇筑前应对满堂式支架的安装进行全面检查,确认无安全隐患后,方能开仓浇筑。

9 环保措施

（1）在材料搬运过程中,水泥、粉煤灰等粉类材料采用罐装车运输,黄砂、碎石等运输车辆应密封良好,防止沿途扬漏,必要时采取喷水等降低粉尘的措施。

（2）现场设污水处理池,施工废水经处理合格后方能进行排放。施工废渣、废料采用集中堆放,统一处理。

（3）施工作业产生的灰尘,除在现场的作业人员配备必要的专用劳保用品外,还应随时进行洒水以使灰尘公害减至最小程度。

（4）在施工期间,科学合理地规划施工区块,施工材料按要求整齐堆放,减少占地面积。

（5）在施工中,采用科学的施工管理方法合理安排施工作业,减少各施工工序的施工时间,减少电、水等能源浪费。

10 效益分析

10.1 社会效益

河口水闸高性能混凝土管道间一次性浇筑成型的施工工法具有施工工期短、周转材料转移快、机械设备利用率高、混凝土成型美观等优点,并且在实施过程中有效地解决了高性能混凝土的一些色差、防裂等难题,为公司在水利工程建设领域创造了良好的形象。

10.2 经济效益

河口水闸高性能混凝土管道间一次性浇筑成型的施工工法在工期、材料设备利用、劳动力安排方面都具有相对的优势,造价相比分层浇筑方法较低,具有良好的经济效益。

管道间一次性浇筑成型与多层浇筑成型的经济效益比较见表5。

表5 管道间不同浇筑成型的经济效益比较

项目	分层方法	
	一次性	二层
施工缝处理次数	无	1 次
仓面布置次数	1 次	2 次
施工工期	短	长
周转材料及机械设备占用时间	短	长

11 应用实例

11.1 曹娥江大闸枢纽工程四标

曹娥江大闸位于浙江省绍兴市钱塘江下游右岸主要支流曹娥江口,是国内第一河口水闸,属国家重大水利基础设施项目,其挡潮泄洪闸垂直水流方向 705 m,顺水方向长 636.5 m。其管道间工程共分 14 孔,中孔跨径 22 m,边孔跨径 23 m,底宽 6.6 m(上口宽 8.0 m),高 4.5 m,箱内断面为

5.4 m×3.5 m,底板、侧墙、顶板厚度均为50 cm。

曹娥江大闸四标采用一次性整体成型浇筑管道间混凝土的方法,即底板、侧墙、顶板同时立模浇筑。施工前项目部做了大量深入细致的工作,进行了科学的施工方案论证,通过加强和规范管道间立模、浇筑施工过程控制,特别是在确保管道间侧墙混凝土浇筑质量上做了大量工作,最终成功地达到了管道间一次性浇筑成型的这一目标。

工程自2005年12月开工,至2009年6月完工。在施工过程中,管道间未出现任何质量和安全事故,管道间外表成型美观,克服了因多层施工引起的错位、色差、挂浆等弊病,并缩短了工期,提前交付安装。在管道间施工期间,考虑空箱式管道间体积大,距地面高度高,模板安装难度大,施工质量难以控制,我们专门成立了QC小组,选定提高空箱式管道间外观质量为课题,以解决施工过程中的技术难题。

在施工中通过采取控制模板偏差、拌和质量、配合比优化、分层振捣等措施,并按照QC管理体系,持续改进,不断提高管道间一次性浇筑质量。

管道间全部采用了大型钢模一次性浇筑成型施工,并有效解决了高性能混凝土的防裂问题,在工期较原定计划缩短近1/4的同时,成型后的管道间在外观上极其美观。2007年1月26日,以潘家铮院士为首的专家组来本工程检查,对本工程管道间混凝土表面棱角分明、光滑平整、色泽一致给予高度赞扬。

11.2 曹娥江大闸枢纽工程五标

曹娥江大闸五标采用一次性整体成型浇筑管道间混凝土的方法,即底板、侧墙、顶板同时立模浇筑。在施工前项目部做了大量深入细致的工作,进行了科学的施工方案论证,通过加强和规范管道间立模、浇筑施工过程控制,特别是在确保管道间侧墙混凝土浇筑质量上做了大量工作,最终成功地达到了管道间一次性浇筑成型的这一目标。

工程自2005年12月开工,至2009年6月完工。在施工过程中,管道间未出现任何质量和安全事故,管道间外表成型美观,克服了因多层施工引起的错位、色差、挂浆等弊病,并缩短了工期,提前交付安装。

管道间外观及内部效果见图4、图5。

图4 管道间外观　　　　　　　　　　　图5 管道间内部

（**主要完成人**:陈国平　应小林　苏孝敏　雷　涛　王英禄)

混凝土面板堆石坝面板张性缝、压性缝表层止水施工工法

中国水电建设集团十五工程局有限公司

1 前 言

混凝土面板坝通过设有止水的周边缝、张性缝、压性缝将面板与面板、面板与趾板、面板与防浪墙及经过灌浆处理的稳定基岩连成整体,形成一道完整的防渗体系。混凝土面板坝的接缝止水结构是面板坝筑坝的关键技术之一。从已建成的国内外大多数面板堆石坝工程运行情况来看,面板坝接缝是较易造成漏水的主要通道,因此接缝止水施工质量关系到面板坝的运行安全和工程效益。

目前,对于坝高 200 m 以下混凝土面板堆石坝工程张性缝、压性缝止水系统基本上采用两道止水,即底部止水铜片和表层用嵌缝柔性材料止水。表层柔性填料可以在水压力的作用下流入接缝,对接缝实施封闭,发挥止水作用。随着工程实践经验的不断积累,特别是柔性填料性能的不断改进,人们普遍认为,表层止水可以在直接监督下施工,质量有保证,运行期还可再进行修复,其改进和发展的空间较大。为此,中国水利水电科学研究院、西安理工大学和中国水电建设集团十五工程局依托公伯峡混凝土面板坝工程,在提高面板坝接缝张性缝、压性缝表层止水的施工可靠度方面做了的大量研究工作,进行了科技创新,首次采用了柔性填料挤出机标准化、机械化施工技术,改进和完善了过去张性缝、压性缝表层止水柔性填料都是由人工按照分块、分条、分段嵌填的手工作业方式,解决了手工嵌填的柔性填料不均匀、不密实的问题,保证了施工质量,加快了施工进度。公伯峡水电站面板表层止水的施工,在工期紧、工程量大、质量要求严的实际情况下,采用这一施工工法,加快了工程进度,确保工程按期蓄水发电,技术先进,具有明显的经济效益。

2 工法特点

(1)实现了面板张性缝、压性缝表层止水填料的机械化施工,操作方便,提高施工速度,加快了工程进度。

(2)提高了张性缝、压性缝表层止水柔性填料的嵌填质量,挤出机挤出的柔性填料不仅密实,且挤出断面均匀,嵌填量满足设计要求。

(3)降低工人劳动强度,改善工人工作环境,提高了工作效率。

(4)柔性填料保护片的异型接头采用工厂加工,现场只作直线接头施工,以减少人为因素的影响。

3 适用范围

本工法适用于水利水电枢纽工程中 1、2、3 级和坝高 70～200 m 的混凝土面板堆石坝接缝张性缝、压性缝表层止水柔性填料的施工。

4 工艺原理

柔性填料机械化施工是根据工业橡胶挤出机的原理开发研制的,工作原理是利用螺旋挤压,在现场直接将柔性填料挤入满足设计嵌填断面要求的半圆形模具内;反向推力作为挤出机的驱动力,施工人员通过向投料口连续投放柔性填料,机器便可自行前进,进行填料嵌填。柔性填料挤出机长约 180 cm、宽 50 cm、高 50 cm,重约 200 kg。

5 施工工艺流程及操作要点

张性缝、压性缝表层止水采用后填法施工,即在面板混凝土施工过程中,接缝顶部预留填塞柔性填料的 V 型槽,其形状和尺寸满足设计要求,在接缝两侧面板混凝土强度达到设计要求后,根据工期要求,从下而上分段进行施工,施工时在日平均气温高于 5 ℃无雨时进行,在多风、多雨时段必须搭设工作棚,以确保施工质量。

表面止水施工工艺流程为:准备工作→测量放线→基础处理→涂底胶→橡胶棒底部手工嵌填→铺设橡胶棒→嵌填柔性填料→验收→安装复合盖板→安装固定扁钢→SK 封边剂封边。表面止水施工工艺流程见图1。

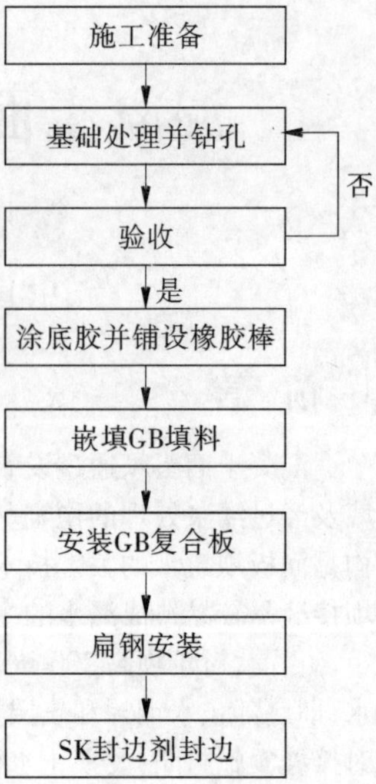

5.1 准备工作

施工用水、用电设施到位,卷扬机、坡面运输小车安装就位。

5.2 测量放线

根据不同的表面止水宽度,按设计要求尺寸,确定盖板边线、钻孔位置等,并用墨线清晰标志。

5.3 基础面处理

先用水冲洗槽内外,除去表面的浮渣;然后用钢丝刷将缝槽及两侧 20~30 cm 范围除去松动的混凝土表面及污渍;对于局部不平整的混凝土表面(如蜂窝麻面)采用磨光机打磨平或者用弹性环氧砂浆找平。

5.4 涂刷底胶

SK-I 底胶专门适用于在干燥混凝土表面进行柔性材料的粘贴施工。施工时在接缝底部及两侧 20 cm 宽范围内均匀刷涂第一道 SK-I 配套底胶。SK-I 底胶使用前须搅均匀,涂刷厚度约 0.5 mm,实干后(常温下 0.5 h 以上),再刷第二道 SK-I 底胶,待表干(手触摸不粘手,常温下约 0.2 h)后,进入下一道工序。

5.5 橡胶棒以下槽底三角部分手工嵌填

橡胶棒位置以下槽内三角部分采用人工嵌填,施工时先将填料切成细条状,沿接缝嵌填,按"先缝底、再两边、后中间"的原则,将填料填入接缝深处和各个侧面,粘贴过程中排出填料与混凝土黏结面之间的空气,再用橡胶榔头锤压密实。对于每次接茬部分做成坡形过渡,以利于第二层的粘贴,每层接茬部分的位置均匀错开。柔性填料嵌填见图2。

施工过程中要保持待粘面干燥,如果现场温度较低,用喷灯或电吹风烘热填料,使填料表面黏度提高,再进行嵌填。填料未使用时不要将防粘纸撕开,以防材料表面受到污染,影响使用效果,分段施工时应将接茬端部进行临时密封。

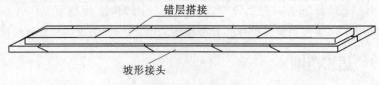

图 2　柔性填料嵌填示意图

5.6 铺设橡胶棒

按照从下到上原则,将橡胶棒一端先与下部填料粘贴,按压密实,然后逐步将橡胶棒表面用湿棉纱擦洗干净,分段铺设在已粘贴好的填料上,用橡胶榔头锤压密实。

5.7 机械嵌填

人工完成橡胶棒以下部分施工后,上部填料采用机械嵌填,不同表层止水的形状有不同的挤出机外模。

施工准备

基础处理并钻孔

验收　　否

是

涂底胶并铺设橡胶棒

嵌填GB填料

安装GB复合板

扁钢安装

SK封边剂封边

图 1　表面止水施工工艺流程

施工时,挤出机外模放在平台车上,平台车放置于坝面斜坡上,由坝顶卷扬机牵引。平台车自重约 800 kg,有方向控制系统,能够上下左右自由移动。平台车上有挤出机的运行空间和运行轨道,并通过中部两排可以升降的轮子进行加压。加压轮行走在挤出机外模的边缘上,起到固定外模具的作用。随着向挤出机里投放柔性填料,每安装一块模具平台车就向前移动一下。每块模具之间用"U"型连接卡进行连接,使挤出机可以不中断地连续工作。如果现场温度较低,用喷灯或电吹风烘热填料。

分段施工时应将接茬端部进行临时密封。

机械嵌填填料施工到达观测仪器(如测缝计等)附近时,改用手工嵌填,并保证观测仪器的完好。

嵌填完成后,12 h 内不过水,避免养护水浸泡,也不要任意撕扯,避免造成人为破坏。

5.8 三元乙丙复合盖板安装

填料断面尺寸满足设计要求,经过验收后,在已处理过的混凝土表面均匀涂刷 SK 底胶,然后一边撕开三元乙丙复合(橡胶)板上的防粘纸,一边将三元乙丙复合板从上向下逐步粘贴在填料和混凝土面上,粘贴过程中排出空气,特别是与混凝土面粘贴处,要用橡胶榔头锤压密实。

三元乙丙复合盖板的连接为搭接,搭接尺寸一般为 20 ~ 30 cm。先将待接头处的一侧复合板与下部填料粘贴,按压密实,然后将该侧三元乙丙复合板表面用湿棉纱擦洗干净,若表面有油污,可使用汽油擦拭,将接头另一侧三元乙丙复合板的防粘纸撕去,搭接在已粘贴好的三元乙丙复合板上,按压密实。

复合橡胶板安装见图 3。

三元乙丙复合盖板异型接头的施工:在异型止水缝的连接部位,以及周边缝本身的转角部位,采用特制的异型接头。如垂直缝与周边缝的连接部位,就必须采用"T"型接头。因此,应根据每个特定部位相应的角度尺寸,生产相对应的"L"型或"T"型接头,在生产厂家定型加工,在施工过程中对号入座,保证止水达到设计要求,施工也比较便利。

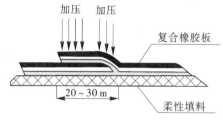

图 3 复合橡胶板安装示意图

5.9 安装镀锌扁钢

镀锌扁钢是用来固定三元乙丙复合板的,固定扁钢采用的是 M10×120 mm 的镀锌膨胀螺栓,间距为 25 cm,镀锌扁钢上孔径为 15 mm。

施工时将扁钢放在三元乙丙复合盖板上相应的位置,透过扁钢上的孔直接用冲击钻钻孔,钻孔完成后,用高压水和湿毛巾将混凝土表面和孔内清理干净。

安装时扁钢紧贴三元乙丙复合板下部的填料包边缘,保证复合板与混凝土间的柔性填料结合紧密,不留空腔。在镀锌扁钢钻孔部位涂抹黄油,用膨胀螺栓紧固,使扁钢、三元乙丙复合板与混凝土紧密结合,无脱空现象。膨胀螺栓的拧紧分三次进行。第二次与第一次紧固时间间隔为 2 d,最后一次紧固在铺盖或下闸蓄水前进行。

5.1.10 SK 封边剂封边

SK 封边剂为三组分,即 A 组分、B 组分、C 普通水泥,常温(20 ℃)下使用配比为 A∶B∶C = 1∶3∶(18 ~ 22)(质量比)。现场使用时,根据现场温度做调配试验,确定出最佳使用配比。

将要涂刷 SK 封边剂处的三元乙丙复合板表面和混凝土面用钢丝刷、棉纱(或毛巾)等清理干净,无灰尘、杂物和油污。将封边剂 A、B 组分按照使用比例拌和均匀,再按比例掺配普通水泥,并搅拌均匀。

将拌和好的 SK 封边剂涂刷在三元乙丙复合板边缝处,封边宽度为混凝土面和三元乙丙复合盖板表面各 5 cm。涂刷时倒角平滑,无棱角、无漏涂,封边密实均匀。常温 25 ℃时,SK 封边剂的适用期为 1 ~ 1.5 h,固化时间为 3 h 左右。涂刷完毕后,不踩踏、触碰,让封边剂自然表干。

6 材料与设备

6.1 材料

三元乙丙橡胶板的性能见表1、柔性填料特性见表2。

表1 三元乙丙橡胶板的性能

材料名称	项目		单位	指标要求
三元乙丙板	硬度(邵尔A)		度	60±5
	拉伸强度		MPa	≥8
	扯断伸长率		%	≥450
	撕裂强度		kN/m	≥25
	脆性温度		℃	≤-45
	耐热空气老化80℃×168 h	拉伸强度保持率	%	≥80
		扯断伸长率保持率	%	≥70
		100%伸长率外观		无裂纹
	臭氧老化(500 pphm,168 h×40℃,伸长率40%,静态)			外观无裂纹

表2 柔性填料性能

测试项目及试验条件		单位	指标
耐水耐化学性(在溶液中浸泡5个月后的质量变化率)	蒸馏水	%	±3
	饱和氢氧化钙溶液	%	±3
	10%氯化钠溶液	%	±3
抗拉强度	(23±2)℃	MPa	≥0.05
	(-30±2)℃	MPa	≥0.7
断裂伸长率	(23±2)℃	%	≥400
	(-30±2)℃	%	≥200
密度	(23±2)℃	g/cm³	1.4±0.1
高温流淌性(耐热性)	60℃、75°倾角、48 h	mm	不流淌
施工度(针入度)	25℃,5 s	0.1 mm	≥70
与混凝土黏接面浸水	浸水6个月后柔性填料与混凝土的黏接强度与初始黏接强度值之比	%	≥90
流动止水性能	接缝内流动长度	mm	≥130
	接缝宽5 mm、填料流动100 mm后的耐水压力	MPa	≥2.5
冻融循环耐久性	冻融后,柔性填料与混凝土的黏接强度与冻融前黏接强度之比	%	≥90
	冻融后,柔性填料与混凝土的黏接面的完好率(扯断混凝土间的柔性填料后进行检测)	%	≥90
抗击穿性	填厚5 cm,其下为2.5~5 mm的垫层料,64 h不渗水压力	MPa	≥2.7
与硬化后混凝土(砂浆)黏接面的完好率(界面涂刷SK底胶,扯断混凝土间的柔性填料后进行检测)		%	≥98
与新拌混凝土(砂浆)黏接面的完好率(界面不刷SK底胶,混凝土硬化后扯断混凝土间的柔性填料后进行检测)		%	≥90

张性缝(A 型缝)、压性缝(B 型缝)表层止水结构见图 4、图 5。

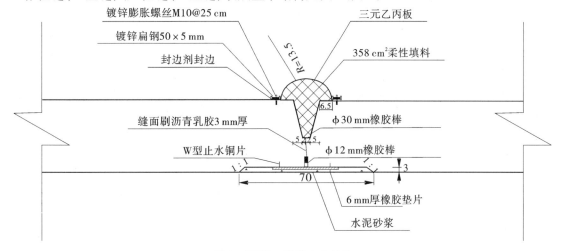

图 4　面板 A 型缝止水结构

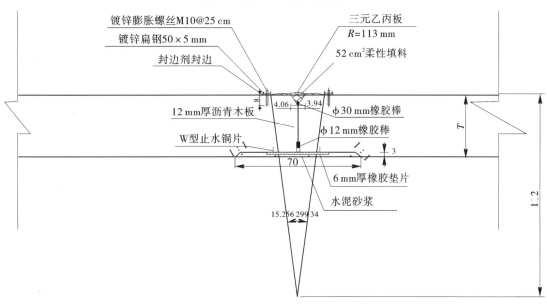

图 5　面板 B 型缝止水结构

6.2　设备

机具设备见表 3。

表 3　机具设备

序号	设备名称	设备型号	单位	数量	用途
1	吊车	16 t	台	1	
2	卷扬机	3 t	台	4	坡面台车牵引
3	填料挤出机	T140	台	2	
4	冲击钻	Z1C-SLD-38	台	4	混凝土面钻孔
5	工作平台车	P140	台	2	操作台
6	运输小车	自制	台	2	
7	喷灯	TQD05-2	个	4	烘干
8	电吹风	EH5266A	个	4	加热
9	台钻	JF-ZJ4116	台	1	扁钢打孔

7 质量控制

7.1 质量控制标准

工程质量控制标准,执行《混凝土面板堆石坝接缝止水技术规范》(DL/T 5115—2000)。柔性填料填塞完成后,应以50~100 m为一段,用模具检查其几何尺寸是否符合设计要求。抽样切开检查柔性填料与接缝表面是否黏结牢固,填料是否密实,如黏结质量差应返工处理,对填料的密封面膜及膨胀螺栓的紧固性应抽样检查质量。质量控制标准见表4。

表4 表层止水质量控制标准

检查项目	规定值或允许偏差	检查方法
接缝的混凝土表面	必须平整、密实,不得有露筋、蜂窝、麻面、起皮、起砂和松动等缺陷。接缝两侧混凝土表面高差小于5 mm,不平整度5 mm/10 m	水平仪
涂刷黏结剂	混凝土表面必须清洁干燥,黏结剂涂刷均匀、平整,不得漏涂,涂料必须与混凝土面黏结紧密	
柔性填料施工	填料应充满预留槽,并满足设计要求断面尺寸,边缘允许偏差±10 mm,填料施工应按规定工艺进行,盖板按设计要求位置与混凝土面应黏结紧密,锚压牢固,必须形成密封腔不得漏水。位置误差<30 mm,螺栓孔距误差<50 mm,螺栓孔深误差<5 mm	钢尺和模具

7.2 质量保证措施

(1)建立健全质量保证体系,实行采购、加工、制作、安装防护、监测全过程的质量控制与检查,质检人员应对接缝止水施工全过程实行旁站。

(2)每道工序和各分部分项工程施工完毕严格按质量标准进行"三级"检查、验收,合格后方能进行下道工序作业。

(3)建立技术档案,及时准确记录工序、成品、半成品、分部、分项质量情况并整理归档,以便指导和改进技术措施,不断提高施工质量。

(4)接缝止水施工前应对主要工序工种制定作业指导书。

(5)止水材料的焊接或熔接人员应经岗位培训考试合格后方能上岗。

(6)接缝两侧混凝土表面平整度控制,应根据实际施工情况及时对"V"型槽模板加固,防止变形或跑模;混凝土出模后采用两次收面的工艺措施,同时安排专人用2 m靠尺在混凝土初凝前对"V"型槽缝面进行检测,确保表面局部不平整10 m范围内起伏差不超过5 mm。

(7)柔性填料外止水材料不得露天存放。在施工现场临时存放时应及时覆盖,避免阳光直接暴晒。

8 安全措施

表层止水施工属于斜坡面临空作业,安全措施必须做到以下几点:

(1)建立健全岗位责任制,落实岗位安全责任。

(2)开展经常性的安全检查和安全教育,使全体施工人员牢固树立"安全第一"思想。特别是对聘用的民工,分工种进行安全法规、法纪和安全知识教育,并将安全操作规程发放到每位民工手中,分班组组织学习。

(3)贯彻施工前安全技术交底制度,提高施工人员安全意识和自我防护意识。

(4)执行交接班制度,贯彻交接班安全检查和事前、事中、事后安全检查,及时发现和排除事故隐患,确保施工安全。

(5)做好劳动保护工作。对现场工作人员,按照国家劳动保护法规定配备相应的劳保用品,包括安全帽、水鞋、绝缘鞋、雨衣、手套、安全绳(带)等。

(6)施工时,在坝顶上、下游侧各设置一道 1.2 m 高安全防护栏杆,沿坡面设置四道安全绳软梯,各配两根手扶安全绳供施工人员上下,坡面施工人员每人配备一条安全带。

(7)施工现场的临时用电严格按照《施工现场临时用电安全技术规范》的有关规范规定执行。特别是配电柜、配电箱前要有绝缘垫,并安装漏电保护装置。

(8)卷扬机、坡面小车等运输机械连接牢固、可靠,有专人管理和指挥。

(9)柔性填料、SK-I 底胶无毒,使用时若粘到皮肤上用洗衣粉进行清洗。

9 环保措施

(1)成立项目经理直接领导的环境保护领导小组,制定包括临时道路及施工场地扬尘、道路及施工场地照明、警示牌、防护、供水管线、路基及路面的排水等环保方案,遵守国家有关环境保护的法律、法规和规章,做好施工区的环境保护工作,防止由于工程施工造成施工区附近地区的环境污染和破坏。

(2)为防止施工区面板养护用水直接或间接进入河道、水源内,坝上游设置排水沟及污水、废水处理池,施工用水达到排放标准后方可排放,并对污水处理池及时清理。

(3)面板养护洒水应分布均匀,不要形成流水集中、横溢,影响止水的施工。

(4)对现场施工用的柔性填料、SK-I 底胶等材料做到严格管理和存放。已拌和好而未用完的 SK-I 底胶应及时进行清理,以免材料固化后难以清洗,清洗剂使用汽油等有机溶剂。

(5)在坝顶设置一个厕所,并派专人管理;安排专人负责保持施工区域内的环境卫生,及时清理生产、生活垃圾,并将其运至指定地点进行掩埋或焚烧处理;建立化粪池等必要的卫生设施。

(6)在坝顶值班室门前均设置一个"保洁箱",垃圾一律入内,并及时清理到监理工程师指定位置。

(7)施工结束后,及时拆除一切合同规定必须拆除的生产和生活临时设施,彻底清除施工区域内及其附近的施工废物,遵守"工完、料尽、场地净"的原则,完成一处,清理一处,不留垃圾,不留剩余施工材料和施工机具。

10 效益分析

(1)通过在公伯峡面板表面止水施工中的应用,表面止水的施工工艺与以往采用的手工施工工艺相比,提高工作效率近两倍,施工速度达 10 m/h;人工减少一半以上,劳动强度明显降低。

(2)面板表面止水施工质量得到明显提高,与手工施工相比,填料密实度显著改善,杜绝了层间空隙;成型止水外观表面光滑,均匀一致;表层止水填料嵌填量得到保证。

(3)施工机具结构简单,易于操作,利于推广。

11 应用实例

11.1 公伯峡水电站面板堆石坝

公伯峡面板坝位于青海省循化撒拉族自治县和化隆回族自治县交界处的黄河干流上。坝高 139 m,坝顶长 429 m,上游坝坡 1:1.4,下游坝坡 1:1.3 ~ 1:1.5,电站装机容量为 5× 300 MW。

公伯峡工程混凝土面板为不等厚结构,顶部厚度 30.0 cm,底部最大厚度为 70 cm,面板分块宽度为 12 m 和 6 m,共计 38 块,其中宽度 12 m 的有 34 块,宽度 6 m 的有 4 块,张性缝、压性缝长度约 5 000 延米,周边缝长度约 700 延米,面板表面积 5.8 万 m²。面板混凝土设计标号为 C25W12F200,

二级配混凝土,工程量 2.6 万 m³。

2003 年 10 月 22 日坝体填筑到达 2 005.8 m 高程后,开始进行面板施工准备工作,2004 年 3 月 15 日开始 I 序混凝土面板浇筑,面板 II 序块施工从 4 月 18 日开始施工,至 6 月 3 日完成全部面板混凝土浇筑任务。

面板表层止水施工的准备工作在混凝土完成 28 d 以后分块分段进行,2004 年 6 月 15 日正式开始张性缝、压性缝的表层止水施工和缺陷处理,2004 年 7 月 20 日表层止水施工和缺陷处理完成。

2004 年 8 月 8 日下闸蓄水,3 个月内坝后量水堰未出水,2004 年 11 月 8 日坝后量水堰开始出现渗流,实测渗流量为 3.28 L/s,目前渗流量变化不大。

2008 年 1 月公伯峡水电站获建筑行业最高奖——鲁班奖。

中国水电建设集团十五工程局在黄河上游水电有限责任公司建设公司、监理、设计和中国水利水电科学研究院的大力支持和帮助下,大坝面板表层止水施工工法在公伯峡水电站面板堆石坝上应用获得成功,该工法简单明了,加快了进度,保证了质量,具有很好的推广价值。

11.2 积石峡水电站面板堆石坝

积石峡水电站面板堆石坝位于青海省循化县境内积石峡出口处,是黄河上游干流"龙青段梯级规划"的第五个大型梯级水电站,距上游在建的公伯峡水电站 60 km,距省会西宁市公路里程 206 km,距循化县城、民和县城分别为 30 km 和 100 km。坝高 101 m,电站装机容量为 3×340 MW。

该工程面板张性缝、压性缝表层止水长度约 4 100 延米,2010 年 6 月 20 日正式开始张性缝、压性缝的表层止水施工,7 月 23 日完成。采用公伯峡成功应用的压性缝、张性缝表层止水施工工法,在工期紧、工程量大、质量要求严的实际情况下,提高工作效率近两倍,施工速度达 11 m/h 左右;提前 20 多天完成施工节点目标,确保了蓄水发电任务。

该工法全面详细,可操作性强,技术成熟,施工机具结构简单新颖,易于操作,能保证施工质量,施工进度和效益显著,具有很好的推广价值和应用前景。

(**主要完成人**:安新义　洪　镝　李宏伟　李宜田　赵继承)

在急流条件下长臂挖掘机操作工法

安蓉建设总公司

1 前 言

通过对长臂挖掘机铲斗油缸水下施工缸杆断裂分析,如掌握正确的操作方法,并对铲斗油缸缸杆加以防护,保证设备运行完好。

2010年8月7日,甘肃舟曲发生特大泥石流灾害,150万m³杂物堆积体在白龙江城关桥至瓦厂桥之间长达1.2 km的河道内,致使舟曲县城段河床抬高约10 m,形成堰塞湖,县城多条街道被淹,最大水深达10 m,情况万分危急。为尽快清除堵塞河段水下堆积体、挖除淤积体,只能选用长臂挖掘机,但在急流水下清淤过程中,由于长臂挖掘机大臂和铲斗在高速水流中作业,且高速水流挟带块石撞击大臂和铲斗,极易造成铲斗油缸断裂,修复需一周以上时间,一旦发生此故障,对排险进度造成极大影响,故我们在分析研究后,采用正确操作方法,并对铲斗油缸缸杆加以防护,有效避免了油缸断裂,加快了抢险进度,顺利完成了排险任务,保护了当地人民的生命财产安全,为灾后重建创造了条件。

2 工法特点

(1)油缸防护罩可以有效避免长臂挖掘机在水下环境或夜间作业时油缸与外物碰击而发生油缸缸杆断裂。

(2)油缸保护罩制作简单,但对长臂挖掘机可起到很好的保护作用。

(3)本工法中挖掘机操作"五字诀"是在长期工程实践基础上总结出来的,具有很强的实际指导意义。

3 适用范围

(1)常规条件下长臂挖掘机油缸保护。

(2)泥石流灾害、洪水灾害抢险及危险建筑物拆除、河道清淤等情况下的长臂挖掘机油缸保护。

4 工艺原理

对挖掘机的操作要领归纳出了五字操作要诀,即"平、角、近、撬、稳",并对抢险施工中长臂挖掘机在急流水下施工铲斗油缸缸杆断裂原因进行了分析,研究出避免此类情况发生的最佳操作方法和油缸防护措施,从而降低了维修工程成本,保证了长臂挖掘机的工效。

4.1 油缸缸杆易断裂部位

在长臂挖掘机工作时,铲斗油缸缸杆头部焊接部位属于应力集中区,正常工作情况下,液压油缸缸杆承受力为轴向拉伸或压缩,当固定销轴或推动销断裂时或推动销轴磨损的时候,缸杆会出现弯曲变形甚至断裂。如图1所示。

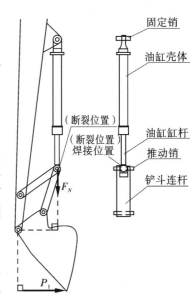

图1 长臂挖掘机缸杆易断裂部位
示意图

4.2 油缸缸杆易断裂的情况

4.2.1 挖斗卡死时容易导致缸杆断裂

假定由于挖斗被岩石卡死,如图 2 所示,大臂油缸缸杆继续向下回收,小臂油缸缸杆继续向外顶出,此时铲斗油缸有以下两种状况:

(1)铲斗油缸内部存在油压,缸杆未全部回收或伸出,此时无论大小臂油缸如何运行,要造成铲斗油缸缸杆断裂,铲斗油缸内部油压必须达到临界值 6,因此该状态下,大小臂油缸运行情况对小臂油缸缸杆无影响,小臂缸杆受力只与内部油压有关。

(2)铲斗油缸底部无油压,缸杆全部回收,可以理解为缸杆与油缸刚性连接,此时,铲斗油缸缸杆受力只和大小臂油缸工作情况有关,将图 2 简化后得到图 3。

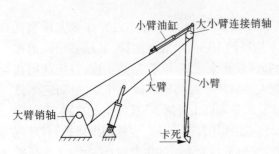

图 2　挖斗被岩石卡死

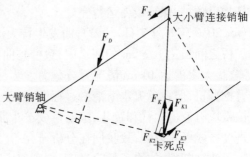

图 3　图 2 简化后

4.2.2 水下施工时可能导致缸杆断裂

(1)挖机水下作业时,如果油缸缸杆被硬石块卡住,此时如果操作手为了提取小臂强行收缩小臂,则小臂油缸收缩,铲斗油缸和石块接触,极易造成油缸缸杆断裂,简化缸杆力学模型如图 4 所示。

(2)在急流状况下,长臂挖掘机深入水中开挖,铲斗油缸在水流中石块冲击和大臂油缸收缩受两种力作用下,易使铲斗油缸缸杆断裂。如图 5 所示。

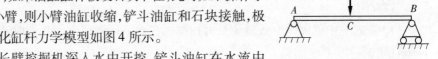

图 4　简化缸杆力学模型

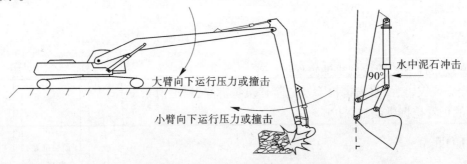

图 5　急流水下开挖油缸受力示意图

5　施工工艺及操作要点

5.1　施工工艺

长臂挖掘机操作工艺流程见图 6,保护罩制作安装工艺流程见图 7。

5.2　操作要点

5.2.1　长臂挖掘机急流水下操作要点

长臂挖掘机在急流水下或夜间操作时,为了更好地保护挖掘机油缸,应掌握好五字诀,即"平、角、近、撬、稳"。

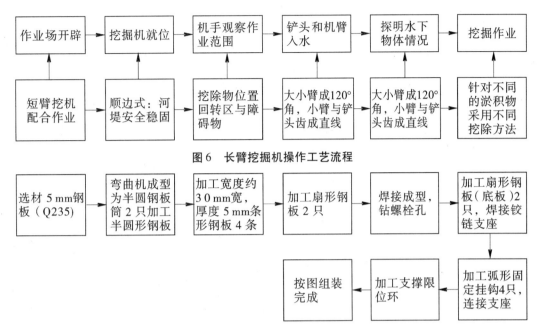

图 6　长臂挖掘机操作工艺流程

图 7　保护罩制作安装工艺流程

5.2.1.1　要诀"平"

挖掘机进入现场,在施工作业面上,应将挖掘机停放平稳,处于水平位置,并将行走机构锁住,若地面泥泞、松软和有沉陷危险,应用枕木或木板垫稳基础。稳定性不仅能提高工作效率,而且能保证操作安全性。如果作业时作业面不平整,容易造成挖掘机上下颠簸,可能造成铲斗油缸由于挖掘机剧烈晃动增加了作用在铲斗油缸上的负荷,造成缸杆扭曲或断裂。挖掘机正确摆放方式如图 8 所示。

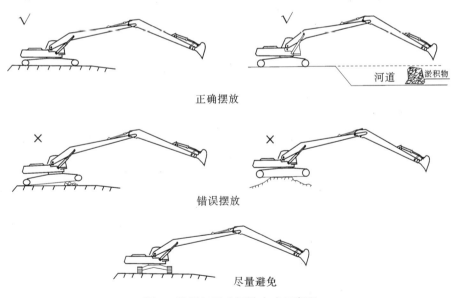

正确摆放

错误摆放

尽量避免

图 8　挖掘机正确摆放方式示意图

因挖掘机履带纵向距离大于横向距离,在抢险过程中,若场地允许,尽量让挖掘机履带正对或斜对河道,摆放时驱动轮置于作业面后方,挖掘机不易受力倾覆。如果出现泥石流来袭等危险情况,因履带垂直于河道方向,便于挖掘机迅速撤离,保证自身安全。

5.2.1.2　要诀"角"

(1)铲斗与水流的夹角。在水下挖掘作业时,水流阻力较水上大,选择合适的挖掘角度可有效提高挖掘效率,避免油缸间阻力负荷大造成的断裂和变形,挖掘时尽可能逆水入铲,顺水挖掘,可减小水流对铲斗的阻力。

(2)小臂油缸和小臂之间夹角。当铲斗油缸和连杆,小臂油缸和小臂之间成90°时,油缸的有效推力最大,按这个角度挖掘,能提高挖掘效率;当用小臂挖掘时,保证小臂角度范围从前方45°角到后方30°角之间,在这个范围内,即使用大臂和铲斗,也能提高挖掘效率。正确方法如图9所示。

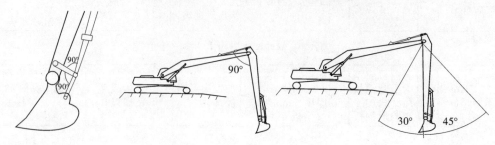

图9 小臂油缸和小臂夹角示意图

正确的摆放挖掘机与控制好小臂油缸和小臂之间夹角可以发挥挖掘机有效挖掘能力,减少铲斗油缸因负荷大而造成的弯曲或断裂。

5.2.1.3 要诀"近"

就是让挖掘机尽量靠近开挖工作面,减小阻力臂,提高挖掘效能。

5.2.1.4 要诀"撬"

长臂挖掘机一般斗容只有0.4 m³,挖掘重量是短臂挖掘机自重的1/3~1/4,当遇到河床中的大孤石、冲毁的楼板、梁或者其他硬物时,不能采取硬挖方式(经受力计算,硬挖卡死非常容易使油缸缸杆变形断裂),而应采用小臂和铲斗配合动作,反复撬挖。对于重量在1~2 t或体积不大于斗容4倍的硬物在合适的角度长臂挖掘机可以直接挖起,对于大于4倍斗容,重量在2 t以上的物体,在抢险中可通过用斗齿钩挖物体棱角,使物体旋转滚动至短臂挖掘机的作业范围,利用短臂挖掘机挖除。

5.2.1.5 要诀"稳"

挖掘时动作要平稳,不论是开关铲斗,提放大臂、小臂,整个过程都要平稳,尤其不能利用挖掘机斗齿撞击或冲击障碍物,否则极易造成油缸损坏。

5.2.2 长臂挖掘机油缸保护罩加工及安装操作要点

(1)防护罩采用厚度≥5 mm的钢板制作,板筒内径略大于铲斗油缸最大直径。

(2)支撑限位环用2只半圆铁环制成,用螺栓连接,但螺栓未冒出环的外圆,防止螺栓和防护罩发生干扰。

(3)固定挂钩可以绕挂钩铰链转动,安装时用螺栓连接,固定挂钩安装在油缸缸杆顶部,保护装置上部油缸处安装支撑限位环,与油缸无相对位移,用于限定防护罩径向位移,并且限位环直径略大于油缸缸体最大直径(将油缸液压油管占据空间位置计算在内),略小于防护罩内径。

(4)保护罩上应钻直径小于8 mm小孔,以利于保护罩内水和细砂的排出,同时也便于检查内部情况。

5.3 油缸保护罩加工及组装

油缸保护罩加工及组装可参照以下步骤进行:

(1)取厚度5 mm钢板,弯曲机制作,卷制成半圆钢板筒2只(内直径大于铲斗油缸最大直径,并且应将铲斗油缸液压油管位置计算在内),如图10所示。

(2)加工宽度约30 mm,厚度5 mm条形钢板4条,长度与钢板筒一样,如图11所示。

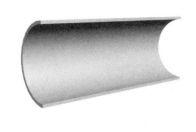

图 10 制作半圆钢板筒 　　　　　　　　　　　　图 11 条形钢板

（3）加工扇形钢板 2 只，内径为半圆钢板筒外径，外径比圆筒外径大 60 mm，如图 12 所示。

（4）在半圆钢板筒两侧焊接加工好的条形钢板，在钢板筒底部焊接加工好的半圆钢板，如图 13 所示。

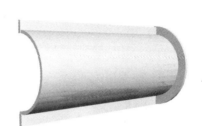
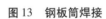

图 12 扇形钢板 　　　　　　　　　　　　　　图 13 钢板筒焊接

（5）焊接完成后，在焊接钢板处加工出螺丝孔 3 个，直径为 20 mm，在圆筒底部半圆钢板处加工螺丝孔 3 个，直径为 20 mm。加工位置可以均布在钢板上，但应注意半圆钢板处螺栓不能与两侧焊接钢板的螺栓发生干涉。图 14 为带上螺栓后的效果图。

（6）加工扇形钢板（底板），内径为半圆钢板筒外径，外径比圆筒外径大 60 mm，并在半圆钢板上焊接铰链座，加工螺栓孔，如图 15 所示。

图 14 钢板筒上加工螺栓孔 　　　　　　　　图 15 扇形钢板上加工螺栓孔

（7）加工弧形固定挂钩 4 只，具体尺寸根据缸杆与铲斗连接套直径选定，将挂钩与铰链座连接（螺栓连接或铆钉均可），如图 16 所示。

（8）加工支撑限位环，支撑限位环直径略大于油缸缸体最大直径，略小于防护罩内径。可用 2 只半圆形金属环制作，钻孔后用螺栓连接，钻孔时采取变径钻法，将螺栓隐藏于支撑环内部，如图 17 所示。

（9）油缸保护罩组装，按图 18 示意方法组装。

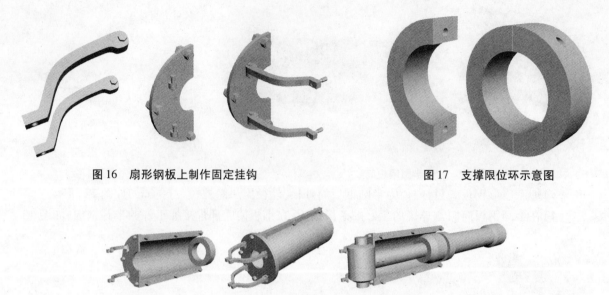

图16　扇形钢板上制作固定挂钩　　　　　　　图17　支撑限位环示意图

图18　油缸保护罩组装示意图

（10）制作并安装完成后的油缸保护罩示意图见图19。

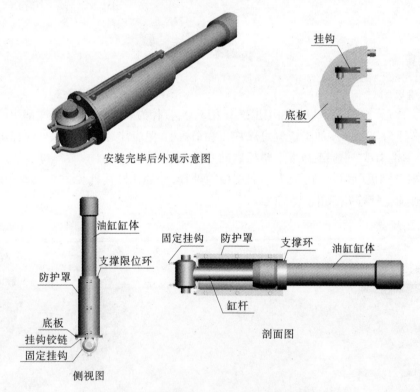

图19　安装完成后的油缸保护罩示意图

5.4　劳动力组织

因加工制作长臂挖掘机油缸保护罩相对简单，所需人工数量也较少，但在加工过程中应有技术人员进行指导并对质量进行控制。油缸保护罩施工劳动力组织见表1。

表1　施工劳动力组织

序号	工种名称	数量(人)	工作内容
1	车工	1	加工外壳半圆钢板筒
2	电焊工	1	焊接铰链支座
3	模具工	1	制作支撑环,若不开模具,支撑环可由车工代替制作

注:本表的劳动力组合的工种和数量仅供参考,应根据具体的所需保护罩数量和计划进行合理配置。

6　材料与机具

保护罩加工所需的材料和机具设备比较简单,保护罩制作需要的材料主要是 Q235 钢板和 M20×70 的螺栓,加工设备主要为车床、弯曲机、台钻以及电焊设备,钢板也可以根据实际情况选择其他型号钢板。保护罩加工所需的施工材料和机具设备见表2。

表2　保护罩加工所需的施工材料和机具设备

序号	机具名称	规格型号	单位	数量	备　注
1	钢板	Q235(1 200×5×6 100)	张	1	1 200×50×6 100
2	螺栓	M20×70	根	16	
3	模具		套	1	制作支撑环,若不开模具,可用厚钢板代替
4	车床		台	1	
5	弯曲机		台	1	
6	台钻		台	1	
7	电焊机		台	1	

注:本表的材料与机具设备的规格型号和数量仅供参考,应根据现场实际情况进行配置,且钢板的型号也可根据实际情况进行选择。

7　质量措施

7.1　从组织机构上保证质量

实施全面质量管理网络体系,成立各工种的 QC 小组,每项工程实行全面质量管理。建立健全质量保证组织体系,建立以指挥长为组长,副指挥长为副组长,现场工程师为组员的创优小组。形成以技术负责人为质量总负责、工程师专职监察的内部质量检查的质量监控相统一的组织保证机构,落实各项施工工序、工艺负责人和技术负责人的质量责任制,做到上道工序不优,下道工序不开工,分层把关,层层负责。同时,加强对各班组之间及同外协单位的配合协调。

7.2　从制度上保证质量

按照 ISO 9001 质量体系、技术规范及操作规程,组织相关人员进行图纸会审、技术交底,加强施工监控,特别是对工程关键技术和难点部位提出超前预防措施和处理质量事故中的技术问题;同时,按照各专业的各种操作规程和条例,加强对全体施工人员的质量意识教育,提高施工人员的质量意识,使全体施工人员养成严格执行质检制度的自觉性。实行工程技术人员和质检人员跟班作业的制度,发现问题及时解决,并逐级报告;实行工程技术人员和质检人员对所承担的施工、质检负责的制度,以确保工程质量目标的实现。

7.3　建立健全质量管理系统,落实质量责任制

明确各有关职能部门、人员在保证和提高工程质量中所承担的任务、职责和权限。

7.4 建立质量检查监督制度

工程质量实行两级检查,三方监督,即在班组自检的基础上现场质量员与施工员负责复检,定期进行质量检查。

7.5 从施工管理上保证质量

建立以指挥长为首的施工现场质量管理网络,配备专职质量检测工程师进行对工程质量全方位的管理和检查。同时,加强对各班组之间及同外协单位的配合和协调。质量检测工程师对工程质量具有一票否决权,质量检测工程师在对现场构筑物自检合格后,再上报驻地监理进行验收。

8 安全措施

(1)作业前进行设备安全检查,大臂和铲斗运动范围内无障碍物和其他人员,鸣笛示警后方可作业。

(2)挖掘机驾驶室内露传动部分,必须安装防护罩。

(3)电动单斗挖掘机必须接地良好,油压传动的臂杆的油路和油缸确认完好。

(4)挖掘机在平地上作业,应用制动器将履带(或轮胎)刹住、楔牢。

(5)禁止用挖掘机的任何部位去破碎石块、冻土等。

(6)在挖掘时任何人不得在铲斗作业回转半径范围内停留。装车作业时,应待运输车辆停稳后进行,铲斗应尽量放低,并不得砸撞车辆,严禁车箱内有人,严禁铲斗从汽车驾驶室顶上越过。卸土时铲斗应尽量放低,但不得撞击汽车任何部位。

(7)行走时臂杆应与履带平行,并制动回转机构,铲斗离地面宜为1 m。行走坡度不得超过机械允许最大坡度,下坡用慢速行驶,严禁空挡滑行。转弯不应过急,通过松软地时应进行铺垫加固。

(8)挖掘机回转制动时,应使用回转制动器,不得用转向离合器反转制动。满载时,禁止急剧回转猛刹车,作业时铲斗起落不得过猛。下落时不得冲击车架或履带及其他机件。

(9)作业时,必须待机身停稳后再挖土,铲斗未离开作业面时,不得作回转行走等动作,机身回转或铲斗承载时不得起落吊臂。

(10)在崖边进行挖掘作业时,作业面不得留有伞沿及松动的大块石,发现有坍塌危险时应立即处理或将挖掘机撤离至安全地带。

(11)驾驶司机离开操作位置,不论时间长短,必须将铲斗落地并关闭发动机。

(12)不得用铲斗吊运物料。

(13)发现运转异常时应立即停机,排除故障后方可继续作业。

(14)使用挖掘机拆除构筑物时,操作人员应分析构筑物倒塌方向,在挖掘机驾驶室与被拆除构筑物之间留有构筑物倒塌的空间。

(15)作业结束后,应将挖掘机开到安全地带,落下铲斗制动好回转机构,操纵杆放在空挡位置。

(16)作业后应将机械擦拭干净,冬季必须将机体和水箱内水放净(防冻液除外)。关闭门窗加锁后方可离开。

9 环保措施

(1)在进行干燥砂、土开挖时,应做好降尘措施,减少对环境的粉尘污染。

(2)尽量减小开挖区外植被破坏。

(3)做好设备、车辆的维护和管理,保证发动机在正常、良好状态下工作,以净化排气和减少大气污染。

(4)尽量使用无铅汽油或优质柴油做燃料以减少大气污染。

（5）对设备产生的噪声应按按国家标准《建筑施工场界噪声测量方法》（GB 12524—90）进行监测控制，并采取消声、吸声等降噪措施，将其影响范围降至最低程度。

（6）加强对设备的维护和管理，减少机械运行时产生的噪声，防止气动工器具、通风系统因漏气产生的噪声。

（7）振动大的设备应使用隔振机座。

（8）合理安置施工作业区和生活办公区，避免相互影响。

（9）给操作人员配置个人防噪用具，尽量减少噪声危害。

（10）各施工区、堆料场和渣场应因地制宜设置废料渣斗，渣斗内的施工废料应经常清理并及时转运出场。

（11）清理的杂物、泥土及岩石等应堆存于渣场，并做好弃渣的治理措施，保护施工开挖边坡的稳定，防止永久建筑物基础和施工场地的开挖弃渣冲蚀河床或淤积河道。

（12）挖掘机维修冲洗废水中主要含有泥沙及油污，其主要污染控制指标为SS、石油类，采用隔油池或油水分离器对油污进行收集；修理厂内的废油、外加剂、酸碱液体等汇入废油处理池，集中回收，尽量重复利用。对不能利用的应在施工排水系统的末段设置沉砂池和油水分离器，防止对江水造成污染。

10　经济分析

按规范操作，避免挖掘机机体损坏。一根缸杆市场价是2万~4万元（分国产和进口），供货周期3~7 d，如果缸杆损坏，直接经济损失就是2万~4万元，挖掘机停工，间接损失为3~7 d的挖掘机停工损失，如按市场赁费计约2万元，另造成工程延期，对抢险工程来讲，损失无法用金钱来估量。制作防护罩成本约1 200元，成本投入不大，防护效果良好，经济效益显著。

11　应用实例

2010年8月7日，甘肃舟曲发生特大泥石流灾害，150万 m³岩石等杂物堆积在白龙江城关桥至瓦厂桥之间长达1.2 km的河道内，致使舟曲县城段河床抬高约10 m，形成堰塞湖，武警水电部队共调集587名官兵、投入183台套大型机械设备，赶赴灾区抢险救灾，日夜奋战在抢险一线，历经22个昼夜，完成了堰塞湖排险、河道疏浚两大战役。

在抢险过程中，投入长臂挖掘机60余台套，完成水下开挖量50万 m³，前期长臂挖掘机铲斗油缸断裂较常见，约15台出现断裂。为了避免其余长臂挖掘机出现类似情况，影响抢险施工顺利进行，我们运用了自行总结的长臂挖掘机在应急抢险急流状况下水下施工预防铲斗油缸缸杆断裂操作工法，对挖掘机操作手操作方法进行了操作"五字诀"专题培训，并制作了铲斗油缸防护罩。在安装防护罩后，长臂挖掘机铲斗油缸再未发生断裂，取得了良好成效，其中仅1台长臂挖掘机防护罩在碰击到硬物后，防护罩出现轻微变形，但未损伤到内部铲斗油缸，我们将变形防护罩进行了更换，耗时仅30 min，极大地提高了修复速度，为加快抢险进度创造了条件，减少了舟曲县城淹没区域，消除了泥石流堰体瞬时溃决给下游人民带来的灾难和心理恐惧。在直接经济效益上，节约了成本，提高了设备完好率和利用率；在社会效益上，为舟曲灾后重建创造了条件，取得了巨大的社会效益。

（**主要完成人**：陶　然　郭建和　孙士国　蒲　果　张仕超）

路基箱在泥石流软基上铺垫道路施工工法

安蓉建设总公司

1 前 言

路基箱是一种用于铺垫路面供施工设备临时通过的封闭钢板结构箱体,实物图见图1。使用时一般长边拼接,且长边垂直于拟铺筑道路轴线。路基间块与块之间可采用焊接方式进行刚性连接,增强稳定性,提高承载力。

图1 路基箱实物

2010年8月7日,甘肃舟曲发生特大山洪泥石流灾害,150万 m³杂物堆积体在白龙江城关桥至瓦厂桥之间长达1.2 km的江道内,截断了白龙江,舟曲县城段河床抬高约10 m,形成堰塞湖,县城被淹。如何让挖掘设备通过泥石流淤积体到达江边进行河道疏通成为抢险的关键,在时间紧迫的情况下,采用了路基箱在泥石流软基上铺垫道路施工技术,快速打通了挖掘设备到达江边开挖泄流渠的通道,为成功完成白龙江除险任务奠定坚实基础。

2 工法特点

(1)路基箱铺筑道路具有快速、安全的特点。

(2)铺垫路基箱操作简单,采用挖掘机吊铺即可。

(3)提升路基承载能力效果明显。铺垫路基箱后,能让弹簧路基、泥石流路基、淤泥路基等特殊路段具备大型设备通行要求。

(4)在刚性连接后,承载能力会进一步提高。

(5)施工受天气影响较小。

(6)环保,与软基路段换填方法相比,可避免环境污染。

(7)路基箱可回收并重复使用。

3 适用范围

本工法适用于软土、弹簧路基和有碎石骨架的泥石流路基等刚度较小的路基。

4 工艺原理

通过铺填在软基上的路基箱增大机械设备与路面接触面积,从而降低地基承受的压强、提高路基承载力,让重型设备通过特殊路段。

5 施工工艺流程与操作要点

5.1 施工工艺流程

路基箱在泥石流软基上铺垫道路分单块一次铺设使用和循环使用两种情况,单块一次铺设路基箱施工工艺流程如图2所示。

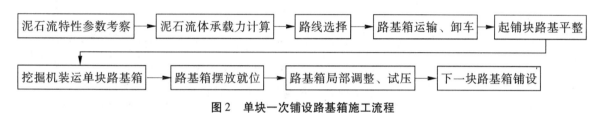

图 2 单块一次铺设路基箱施工流程

循环使用路基箱铺垫道路施工流程如图3所示。

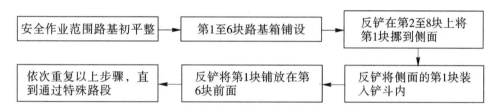

图 3 循环使用路基箱铺垫道路施工流程

5.2 操作要点

5.2.1 泥石流承载力计算

(1)泥石流承载力按照天然地基允许静承载力计算,计算公式为:

$$R = m_B \gamma (B-3) + m_D \gamma_p (D-1.5)$$

式中:R 为地基允许静承载力;γ 为土的天然容重,泥石流区取土的浮容重,tf/m³;γ_p 为地基面以上土的加权平均容重,泥石流区取土的浮容重,tf/m³;B 为与地面接触基础宽度,履带反铲取履带总宽,路基箱取路基箱长度,当 B 小于 3 m 时取 3 m,B 大于 6 m 时取 6 m;D 为埋置深度,泥石流路基与地面的陷机深度,D 小于 1.5 m 时取 1.5 m;m_B、m_D 为接触面宽和埋深(或陷机深度)的承载力修正系数,按表1选用。

表 1 地面接触宽度和陷机深度承载力修正系数

序号	土的类别		m_B	m_D
1	淤泥和淤泥质土,新近沉积黏性土,红黏土,人工填土,天然孔隙比 e 及液化指数 I_c 均大于 0.9 的一般黏性土		0	1.0
2	黏土和亚黏土	黏土、亚黏土	0.3	1.5
		轻亚黏土	0.5	2.0
3	粉砂、细砂(不包括饱和状态的稍密粉、细砂)		2.0	2.5
4	中砂、粗砂、砾砂、碎石土		3.0	4.0

经计算,泥石流承载力 $R = 4.59 \sim 6.8$ tf。

（2）泥石流路基经动力折减后的承载力计算：反铲在行走及开挖中作用在泥石流地基表面的荷载为动荷载，对泥石流地基产生冲击力，泥石流路基的承载力将会下降，其折减承载力计算公式为：

$$R_a = a_R R$$

式中：R_a 为经振动折减后的地基承载力，tf/m^2；a_R 为地基承载力折减系数，反铲行走时，$R_a = 0.8$，停留开挖时，$R_a = 1/(1 + \beta_h a/g)$；$\beta_h$ 为泥石流地基的动沉陷影响系数，按表 2 取值；g 为重力加速度，m/s^2。

表2　土的沉陷影响系数 β_h 值

基础类型	路基土名称及允许承载力$[R]$(tf/m^2)	β_h
一类土	碎石土$[R]>40$，黏性土$[R]>25$	1.0
二类土	碎石土$[R]=25\sim40$，砂土$[R]=30\sim40$，黏性土$[R]=18\sim25$	1.3
三类土	碎石土$[R]=16\sim25$，砂土$[R]=16\sim30$，黏性土$[R]=13\sim18$	2.0
四类土	砂土$[R]=12\sim16$，黏性土$[R]=8\sim13$	3.0

经计算，泥石流基础在振捣情况下折减承载力 $R_a = 3.67 \sim 5.44 \text{ tf}$。

（3）路基承载力验算：

中心受压　　　　　　　　　$p = W/F \leqslant R_a$

偏心受压　　　　$p_{\max} = W/F + M_x x_{\max}^x / I_x + M_y x_{\max}^y / I_y \leqslant 1.2 R_a$

式中：p、$p_{\max}$ 分别为地基平均压应力和最大压应力，tf/m^2；W 为设备总重量（力），tf；F 为基础底面积，m^2；I_x、I_y 分别为基础底面 x、y 向通过其形心轴的惯性矩，m^4；$x_{\max}^x$、$x_{\max}^y$ 分别为通过基础底面形心的轴至 x、y 向的基础边缘的最大距离，m。

经计算，挖掘机在没有铺垫路基箱的道路上行走时，路基受压应力 $P = 6.1 \text{ tf}$，泥石流基础不能满足挖掘机行走所需路基承载条件，在铺设 4.5 m 宽路基箱后，路基受压力 $P = 1.5 \text{ tf} \leqslant R_a$，挖掘机在泥石流软基上也具备行走条件。

5.2.2　路基箱的滑动稳定及倾斜稳定计算

（1）抗滑稳定系数 K_c 计算

$$K_c = W \cdot \mu / p_x \geqslant [K_c]$$

式中：W 为设备总重量（力），tf；p_x 为设备作用在路基箱上的水平力，tf；μ 为路基箱与泥石流的摩擦系数，可按照表 3 选用；$[K_c]$ 为滑动安全系数，一般 $[K_c] = 1.3$。

表3　路基箱与土的摩擦系数 μ

序号	土的分类名称	摩擦系数 μ
1	黏性土：潮湿的 干燥的	0.25 0.3
2	亚黏土，轻亚黏土	0.3~0.4
3	沙类土	0.4
4	碎石、卵石类土	0.5
5	轻质岩石（泥质灰岩、泥质页岩）	0.3
6	硬质岩石	0.6~0.7

经计算，反铲水平推力小于 2 tf，路基箱水平摩擦力为 11 tf，$K_c = 5.5 \geqslant [K_c]$，路基箱和设备是安全的。

（2）倾覆稳定系数 K_0 计算：

$$K_0 = \sum M_0 \big/ \sum M_y \geqslant [K_0]$$

式中：$\sum M_y$ 为倾覆力矩（反铲操作时被作用的定向水平力或机器扰动力与放大系数的乘积作为静力当量产生的力矩），tf·m；$\sum M_0$ 为稳定力矩，tf·m；$[K_0]$ 为倾覆稳定安全系数，一般取 $[K_0]=1.5$。

经计算，抗倾覆稳定系数 $K_0 = 2 \sim 5.3 \geqslant [K_0]$。

5.2.3 铺设地基条件的选择

经过计算，路基箱在淤泥中所受的浮力略小于路基箱的重量，路基箱的作用必须依靠路基的弱承载力或路基泥石流体里的碎石骨架来发挥。因此，路基箱铺设范围尽量选择稍干或路基内有相当比例的碎石路段，而不能选择完全液化或灵敏度● $S_t > 16$ 的路基。

图 4 为灵敏度在 $8 \sim 16$，未使用路基箱时挖掘机沉陷情况；图 5 为使用路基箱后设备工作情况。

图 4 挖掘机在泥石流淤积体上沉陷　　**图 5 挖掘机在铺垫的路基箱上工作**

5.2.4 路基箱的选择

按 $1.6\ \text{m}^3$ 反铲计算，反铲重约 $40\ \text{t}$，履带接地宽度 $0.75 \times 2\ \text{m}$，履带长 $4.7 \sim 5.06\ \text{m}$，与地面接触面积 $6.57\ \text{m}^2$。按照路基箱之间不做连接，反铲履带跨 $5 \sim 6$ 块路基箱后能正常工作考虑，有效宽度为 $5 \sim 6\ \text{m}$，取 $6\ \text{m}$，路基箱重 $0.278\ \text{t/m}^2$，计算需要路基箱长度。

$$L_{\min} = (W_1 + W_2) / B \times R \times 0.278$$

或
$$L_{\min} = \alpha W_1 / (BR - 1)$$

式中：$L_{\min}$ 为路基箱长度；R 为地基允许承载力；W_1 为设备自重；W_2 为路基箱重；B 为路基箱拼接宽度，非刚性连接取 $6\ \text{m}$；α 为路基箱每平方米重量系数，为宽 $1\ \text{m}$、厚 $0.1\ \text{m}$ 时取 3.597。

经计算，路基箱长度 $L_{\min}$ 选择 $4.5\ \text{m}$ 可以满足 $1.6\ \text{m}^3$ 反铲通行要求。根据施工需要，每台反铲单独工作时需要铺设路基箱 8 块，满足前后交替铺设施工要求。

5.2.5 铺装设备选择

吊装、铺设的施工设备宜选择 $1.0 \sim 1.6\ \text{m}^3$ 常规反铲，一般不宜长臂挖掘机铺设（长臂挖掘机工作半径大，效率低）。铺设好的路基适合履带型设备通过。在轮胎型设备通过的路基箱块路段若灵敏度在 $8 \sim 16$ 需要做刚性连接，灵敏度在 8 以下可以不连接。灵敏度大于 16 的泥石流或稀泥体铺设路基箱后仍然不具备设备通过性。

5.2.6 施工前准备

采用载重汽车将路基箱运输到铺填路段附近堆放备用，在铺垫路基箱前，用反铲对铺垫范围进行初平整，对灵敏度大的稀泥应先抛填部分石渣，先用反铲斗齿进行平整并用斗底加压平整。

● 灵敏度 S_t：在含水量不变的条件下，土在挠动前后，无侧限抗压强度 Q_u 之比。

5.2.7　操作方法

(1)利用反铲挖掘机挖斗挖装一块路基箱,并运送到拟定铺设位置。

(2)将路基箱摆放在已平整后的路基上,按路基箱长边垂直于铺垫道路轴线的方式进行铺设,并与上一块已铺设路基箱长边紧靠。

(3)重复上述步骤即可完成单块不重复路基箱铺垫道路,若循环使用路基箱铺垫道路则在第8块路基箱铺设完成后,利用挖掘机拆除第1块铺设的路基箱,铺设到第8块路基箱前面,如此循环便可利用8块路基箱进占至开挖工作面。

(4)若铺垫路基箱之间需刚性连接,则只适用于单块不重复路基箱铺设,在反铲挖掘机进占至道路前方时,人工将已铺装完成的路基箱进行焊接相连。

(5)当路基过软,在铺垫单层路箱后仍无法保证设备通行,则在已铺设路基箱上面重叠铺设第2层路基箱;如果2层路基箱不能满足路基稳定要求,则在横向铺设的路基箱上沿反铲轨道行走位置铺设平行于道路轴线的第3层路基箱,提高设备通过能力。多层路基箱铺设示意图如图6所示。

(a)双层路基箱铺设侧视图　　　　　　(b)三层路基箱铺设端头正视图

图6　多层路基箱铺设示意图

(6)拆除路基箱时,除进占方向相反外,其他操作与铺装相同。

(7)使用完成后应将路基箱清洗干净,并收集整齐堆放,以备再次使用。

5.3　劳动力组织

劳动力组织情况见表4。

表4　劳动力组织情况

序号	人员	人数	职责
1	技术员	1	掌握泥石流基础情况,及时调整铺垫路线
2	挖掘机操作手	1	吊运、铺装路基箱
3	指挥人员	1	指挥挖掘机操作手操作
4	安全员	1	负责路基箱铺装工作区域周边安全、警戒
5	电焊工	1	进行路基箱刚性连接焊接

注:表中电焊工视情况配置,若只有履带式设备通过时,路基箱之间不需要连接,可不配电焊工。

6　材料与设备

本工法没有需要特别说明的材料,采用的机具设备见表5。

表5　机具设备

序号	设备名称	单位	数量	用途
1	挖掘机	台	1	吊运、铺装路基箱
2	路基箱	块	8	铺垫道路
3	电焊机	台	1	路基箱间刚性连接

注:表中所需路基箱数量为循环使用路基箱铺垫方法,若一次性铺垫道路,则数量应根据拟铺垫道路进行计算;电焊机只有在路基箱需要刚性连接时配置。

7 质量控制

7.1 路基箱制作质量控制

（1）路基箱结构设计强度、刚度应满足《钢结构设计规范》（GB 50017—2003）规定。

（2）用于制作路基箱的材质标准应符合《建筑钢结构焊接技术规程》（JDJ 81—2002）。

（3）手工电弧焊使用的焊条应符合《低碳钢及低合金高强度电焊条》的规定。焊条的型号应与焊接件的金属强度相对应。

（4）材料和焊缝的强度实测值不小于：抗拉、抗压、抗弯 300 N/mm^2，抗剪 175 N/mm^2。

7.2 路基箱铺设质量控制

（1）路基平整度控制在 10 cm 以内，路基箱铺设长边拼缝结合紧凑，相邻块铺设错台控制在 5 cm 以内，轴线误差控制在 20 cm 以内。

（2）双层路基箱铺设时，上层与下层错缝铺设，3 层铺设时第 3 层路基箱长边垂直于第 2 层铺设，宽度根据行走设备轮距确定。

8 安全措施

（1）选择铺设路线时应进行初步判定，尽量避开积水较深的路线，或用挖掘机铲斗试探路积水深度，尽量选择路基碎石骨架较多的路线。

（2）铺装路基箱反铲挖掘机旋转半径内严禁人员入内，挖掘机操作手应具有 3 年以上独立操作经验。

（3）参与路基箱铺设的人员应着救生衣，挖掘机仓门保持敞开状态，便于操作手在险情发生时快速撤离。

（4）铺设路基箱时应有专人指挥。

（5）安全员应观察挖掘机工作范围内的安全状况，同时察看周围环境，如上游来水、泥石流冲沟稳定性等，遇险情时立即发出预警，并组织人员迅速撤离。

（6）路基箱铺设尽量在能见度较好的情况下进行，若在夜间铺设应有充分的照明，并配置至少 3 名安全员分别负责挖掘机安全、上游来水、泥石流险情预警。

（7）设备在路基箱铺设道路行进或工作时，应有安全员全程指挥。

9 环保措施

（1）做好挖掘机检查保养工作，防止漏油污染土壤。

（2）现场施工人员生活垃圾需集中堆放，并运至垃圾场。

（3）施工设备保养和修理产生的废油应进行回收处理，严禁直接排放在现场。

（4）路基箱使用完后应拆除并立即清洗，对变形的进行修复、对损坏的进行修补。

10 效益分析

在舟曲特大泥石流抢险中，共投入 447 块路基箱，打通临时施工道路 1.5 km，仅从单次抢险投入与常规道路修筑施工比较，并不能节约成本，但路基箱在使用后可回收多次使用，按折旧摊销其成本较常规方法低廉，但用其施工管理相对简单，节约管理成本 7.9 万元。根据当时现场实际情况，若采取换填方法修筑施工道路通往江边，至少需要 3～4 d，路基箱于 8 月 12 日 23 时运至舟曲现场，8 月 13 日第 1 台挖掘机便利用路基箱铺垫道路到达白龙江边进行河道疏通，8 月 15 日瓦厂桥至罗家峪之间县城街道露出水面，8 月 29 日按要求完成河道疏通。路基箱铺垫道路速度快，节省了工期，减小了县城淹没区，消除了泥石流淤积体溃决风险，为灾后重建创造了条件，产生了巨大的社会效益。

在环保方面,路基箱铺垫道路未对环境产生破坏。

11 应用实例

2010 年 8 月 7 日 22 时左右,甘肃舟曲发生特大山洪泥石流灾害,150 万 m³ 岩石等杂物堆积在白龙江城关桥至瓦厂桥之间长达 1.2 km 的江道内,致使白龙江舟曲县城段河床抬高约 10 m,形成堰塞湖,导致堰塞体上游河道水位暴涨,县城多条街道进水被淹,最大水深达 10 m。由于河道上游持续来水,县城被淹区域不断扩大,情况万分危急。公司迅速抽调 100 多台大型设备进驻舟曲,展开河道应急疏通。

此次白龙江清淤疏通难度是前所未有的,主要有 5 个难点:一是河道淤积严重,堆积体构成复杂。堆积体中有泥石流、树木、房屋,甚至整栋楼房,清除难度很大。二是施工条件受限,150 万 m³ 的堆积体基本都在水下,而且泥石流堆积区及河道两岸均为软基,大型机械无法直接进入进行河道开挖。三是淤堵河段水面宽阔,落差小、流速慢,不利于利用水流冲刷淤堵河道,清淤疏通工作主要依靠机械挖掘。四是正值主汛期,白龙江上游来水多,加之上游降雨形成的洪峰流量及水位变幅大,既增加了水下施工的难度,又对抢险救援人员的安全和施工进度造成较大影响。五是清淤疏通作业既有挖方,又有填方,而且在施工过程中还会不断出现新的淤积,施工工程量巨大。

如何让大型挖掘设备到达松软的泥石流淤积体上进行河道疏通是此次排险的关键,公司采取路基箱铺设道路施工方法,迅速在泥石流淤积体上铺设通道,为挖掘设备到达淤积体进行河道疏通创造了条件。

根据排险方案和实际施工需要,公司在瓦厂桥右岸上游、罗家峪沟口、三眼峪沟口和岔道口等 4 个作业区采用路基箱铺垫道路,在瓦厂桥右岸上游局部路段采用了三层路箱铺垫,在三眼峪沟口和瓦厂桥右岸上游部分路段采用了双层路基箱铺垫,其他部位采用单层路基箱铺垫。铺垫时采用短臂反铲挖掘机吊铺,因不需要载重汽车进入泥石流淤积体上作业,未对路基箱之间作刚性连接。共投入路箱 447 块,使用 2 600 块次,共打通临时便道 1 500 m。经过 22 昼夜奋战,于 8 月 29 日提前 12 h 完成了白龙江河道应急疏通任务,解除了堰塞体瞬时溃决的危险,减少了舟曲县城淹没区,为灾后重建创造了条件。

路基箱使用完后均进行了回收,除 5 块有轻微变形外,其他路基箱均完好。

路基箱铺设路基在本次应急疏通施工任务中的主要作用有两点,一是保证了设备快速安全通过淤泥区,为设备进场创造了条件;二是为大型挖掘设备在松软泥石流淤积体上安全进占至江边展开河道疏通作业创造了条件。

2010 年 8 月 13 日,四川绵远河清平乡发生泥石流,在应急疏通中使用了 60 块路基箱进行道路铺垫,8 月 19 日都江堰虹口乡白沙河泥石流抢险中用了 40 块路基箱铺垫道路,均取得了良好效果。

(主要完成人:陶　然　田维忠　张仕超　李书健　刘春文)

趾板插槽模板混凝土施工工法

江南水利水电工程公司

1　前　言

趾板混凝土浇筑是混凝土面板堆石坝坝体填筑的前提,必须在完成基础开挖及喷锚支护的前提下,尽快进行趾板混凝土浇筑,为大坝填筑及趾板基础灌浆提供工作面。由于趾板混凝土浇筑工作面狭窄,混凝土面板堆石坝坝体岸坡较陡,施工平台、施工道路难以形成,吊装作业难度大,基本上是人工操作,且上下交叉作业施工干扰大,故在充分利用填筑体作为施工平台外,还需考虑切合现场实际同时满足规范要求的施工手段,才能如期完成。我们在多个工程趾板施工中,为保证施工质量和安全,加快施工进度,结合工程项目的特点,对趾板混凝土采用了插槽模板配合常规模板浇筑的施工工艺。

2　工法特点

趾板混凝土插槽模板施工工法的特点如下:

(1)适用于岸坡趾板混凝土结构;

(2)模板采用常规钢模板,材料选型方便;

(3)施工连续,加快了施工进度;

(4)混凝土表面经原浆压光处理后外观质量良好,无气泡、麻面等常规缺陷;

(5)安装操作方便,现场布置灵活,可手工操作,解决了吊装困难的问题;

(6)工作面可实现封闭施工,安全性高;

(7)施工成本低。

3　适用范围

本工法适用于岸坡较陡、不便吊装施工条件下的混凝土浇筑。

4　工艺原理

趾板插槽模板采用内撑内拉结构支撑系统。模板采用常规钢模板与木枋组合式结构。施工工艺为先施工模板支撑系统,再人工组立面模,通过采取合理分块的方法连续施工确保了结构表面平整度满足规范要求。

本模板系统包括支撑件、拉结件、模板、抹面操作平台等,抹面操作平台利用模板背面后退展开。

趾板插槽模板安装示意图见图 1。

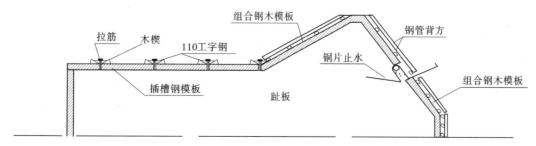

图 1　趾板插槽模板安装示意图

5 施工工艺流程及操作要点

5.1 施工工艺流程

趾板插槽模板混凝土施工工艺流程见图2。

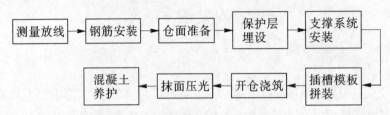

图2 趾板插槽模板混凝土施工工艺流程

5.2 操作要点

5.2.1 测量放线

测定设计结构轮廓线和细部结构位置,控制钢筋及模板系统安装定位。

5.2.2 钢筋安装

趾板钢筋按分块一次安装到位。

5.2.3 仓面准备

(1)侧面模板架立:侧面模板采用钢模,配合以木模板补缝,采用内撑内拉固定,一次架立到位。

(2)铜片止水:利用侧面模板进行架立,采用支架加固止水,一次安装到位。

5.2.4 保护层埋设

钢筋安装完毕后利用钢筋头焊接固定于上层钢筋网上,钢筋头顶部要紧贴模板。

5.2.5 支撑系统安装

(1)模板支撑系统采用2根10号槽钢靠背组焊成1根支架,每节长1.5 m,便于人工操作;

(2)支架安装在钢筋验收合格后进行,支架对中间距较插槽面模稍大2~3 cm;

(3)支架随混凝土浇筑分块逐段安装,采用钢筋头内撑内拉法控制保护层及支架拉结定位。

5.2.6 插槽模板安装

(1)模板在现场由混凝土上升方向人工入槽;

(2)模板背面采用木楔与槽钢楔紧;

(3)后续模板随混凝土上升超前30 cm安装。

5.2.7 混凝土施工

(1)混凝土入仓:采用混凝土拖式泵经受料斗溜槽入仓。根据每块的混凝土需求量控制下料量,保持料斗和溜槽光滑、清洁;

(2)混凝土平仓振捣:采用人工平仓振捣。

5.2.8 抹面压光

插槽模板拆除在分节支架控制段内的混凝土初凝前进行,以用手指轻按有指印、手上不粘混凝土且抹刀可收浆为准,混凝土脱模后应及时抹面压光。

5.2.9 混凝土养护

(1)混凝土终凝后进行养护;

(2)利用布置在块顶部的花管自流洒水养护。

6 材料与设备

6.1 主要材料

主要材料见表1。

表1 主要材料一览表

序号	名 称	型号	数量	备 注
1	背枋(钢管)	φ48	6 组	侧模背枋
2	槽钢	[10	5 组	支撑架
3	承料斗		1 个	自制
4	溜槽		1 道	自制
5	木板	5 cm 厚	30 m	
6	钢模板	P3015	150 m²	

6.2 设备

主要设备配置见表2。

表2 主要设备配置

名称	混凝土泵 (H60 (C7050))	混凝土运输车 (6 m³)	振捣器 (φ100)	软轴振捣器 (φ50)	止水成型机	钢筋切断机	钢筋弯曲机	气焊设备	电焊机
数量	1 台	3 台	2 台	4 台	1 台	1 台	1 台	1 套	4 台

6.3 劳动力组织

主要劳动力配备见表3。

表3 主要劳动力配备

工种	测量工	钢筋工	模板工	止水安装工	预埋件安装	混凝土浇筑	焊工	混凝土运输	抹面工
人数	6	20	12	3	2	12	10	6	4
备注	安装定位测量	两班作业	两班作业	铜片止水	预埋灌浆管	两班作业	两班作业	两班作业	两班作业

7 质量控制

(1)成立以项目总工为首的质量管理领导小组,设专职质检人员,各工序的负责人为质量责任人。

(2)施工前进行技术交底。

(3)严格执行"三检制"。

(4)严格控制原材料质量,不合格的原材料严禁进入现场。

(5)高温季节施工严格落实温控措施。

(6)混凝土浇筑层厚不超过40 cm,平仓浇筑,均匀上升;振捣保证不漏振、不过振;振捣时振捣器不得触及混凝土中的埋件、钢筋、模板等。

(7)止水安装误差控制在5 mm以内,并加固牢固,设专人维护,防止浇筑过程中变形移位。

(8)支架及模板安装定位要准确。

(9)混凝土水平运输:为满足混凝土入仓强度及温控要求,供料要及时,减少现场入仓等待时间,高温季节运输车及仓号加设遮阳棚。

(10)严格控制混凝土坍落度,根据不同气温由现场试验人员及时调整。

(11)每段模板拆除前,观察混凝土凝固情况,确定混凝土初凝时(手按无痕,不粘手)开始拆除。

(12)要求进行原浆压光,反复5~6道,直至混凝土表面光滑平整。

(13)浇筑后要对混凝土表面及时进行流水麻袋覆盖养护,养护的时间不少于28 d。

8 安全措施

(1)建立安全管理体系,制订安全管理措施,成立安全管理小组,设立专职安全员。

(2)施工前进行专题安全教育、安全培训、安全技术交底。

(3)现场采用全封闭施工管理,施工人员进入施工现场必须佩戴安全防护用品,非施工人员未经许可不得进入施工现场。

(4)严格按照工艺顺序施工。

(5)作业面上材料堆放的位置及数量应符合施工组织设计的要求,不用的材料、物件应及时清理运至地面。

(6)所有人员必须经专用交通梯进出工作面,严禁横跨趾板。

(7)设备操作人员必须持证上岗,非专业人员严禁操作。

(8)施工作业面下方必须设置安全网(安全网随趾板上升及时安装),防止坠落。

(9)夜间施工,照明采用射灯。

(10)工作面上的一切物品,均不得从高处抛下。

(11)安全员应跟班监督、检查安全施工情况,发现隐患及时责令整改,必要时下达停工整改通知。

(12)所有设备必须定期检查和维修保养,严禁带病作业。

(13)采取防雨及遮阳措施。

9 环保措施

(1)成立环境保护领导小组,落实国家和地方政府有关环境保护的法律、法规。

(2)加强对工程材料、设备和工程废弃物的控制与治理。

(3)施工现场做到各种标牌清楚、标志醒目、场地整洁。

10 效益分析

该工法效益的主要体现,一是适用性强。能克服作业面狭窄,不便机械化作业,上下交叉作业干扰等困难,提高了单个工作面的施工进度。二是简洁方便,可操作性强,模板安装方便,节约了大量劳动力,加快了施工进度。三是质量保证。采用该工法施工后坡面平整度能满足设计和规范要求。

11 应用实例

11.1 苏家河口水电站

苏家河口水电站大坝趾板设计为平趾板,呈折线布置,总长566.54 m,厚分为0.6 m、0.8 m、1.0 m三种,宽分为6.0 m、8.0 m、10.0 m三种,仓内布置有系统锚杆、上下双层钢筋网等,趾板混凝土浇筑原则上不分期,仅按浇筑入仓手段、基础地质条件的不同进行分块,不设永久结构缝,只设施工缝,最长浇筑段不大于15 m。两岸岸坡较陡,场地狭窄,无法展开机械吊装作业,相邻工程项目上下交叉作业,工期要求紧,质量要求高,存在较大的施工安全隐患,结合现场实际采用了趾板混凝土插槽模板施工技术,克服了不利因素,提高了单个工作面的循环进度,最终在保证施工质量与安全的前提下,提前完成了趾板的混凝土施工,为大坝填筑及趾板基础灌浆作业创造良好条件。

11.2 盘石头水库

盘石头水库工程趾板结构:高程 235 m 以下趾板宽度 7 m,高程 235 m 以上趾板宽度为 4 m,趾板厚度为 0.5 m。趾板混凝土设计指标为 C25S12D200。工程量:趾板总长度 769.495 m,趾板 C25 混凝土 3 228.96 m³。2001 年 9 月 16 日右坝肩址板试验块浇筑。2002 年 4 月 16 日,大坝趾板开始浇筑(桩号 0+300 ~ 0+315)混凝土,2004 年 10 月 13 日左右岸趾板已全部浇筑至高程 270.9 m。趾板混凝土浇筑按 12 ~ 15 m 长分块,最大浇筑长度不超过 15 m。对坡度小于 1∶4 的趾板,人工抹面或用简易滑模保证混凝土表面平整度;对于坡度大于 1∶4 的趾板,采用插槽模板方法进行浇筑。此工法简洁方便,可操作性强,施工后坡面平整度满足设计和规范要求,加快了施工进度。

11.3 乌江洪家渡水电站

乌江洪家渡水电站趾板混凝土坐落在弱风化岩石以下 0.5 m 的新鲜基岩上,与基岩锚杆连接。采用水平(宽度)方向与准线(Z 点连接)方向垂直布置方式,趾板总长约 780 m,宽 4.5 m,上下等宽,其厚度分别为 1.0 m(高程 1 020 m 以下)、0.8 m(高程 1 020 ~ 1 080 m)、0.6 m(高程 1 080 m 以上),河槽水平段长约 60 m。采用 C30 二级配 W12、F100 混凝土,单层双向布筋,纵向不设永久缝。采用本工法施工,有效解决了施工干扰问题,减少了模板安装所投入的劳动力,确保了施工质量,受到业主、设计及监理单位的好评,取得了良好的经济效益和社会效益。

(主要完成人:谢身武 敖利军 帖军锋 范双柱)

面板堆石坝垫层料乳化沥青防护施工工法

江南水利水电工程公司

1 前 言

混凝土面板堆石坝施工中,混凝土面板的施工一般都滞后于坝体填筑,施工期垫层料坡面要防止暴雨冲刷及临时挡水防风浪淘刷;另外,由于垫层料表面相对粗糙,面板混凝土浇筑时水泥砂浆的渗入,使得面板与垫层料黏合在一起,从而增大了对面板混凝土的约束,易使面板发生裂缝,存在安全隐患。因此,对面板堆石坝上游坡面垫层料采取喷乳化沥青措施,既有效地保护了垫层料,同时可减少对混凝土面板的约束,确保大坝安全运行。我公司在实践中形成了面板堆石坝上游垫层料坡面乳化沥青防护施工工法。

2 工法特点

(1)施工方便、快速。
(2)上游垫层料坡面保护及时。
(3)喷护厚度容易控制,施工质量得到有效保证。
(4)能与坝体同步变形,防护效果得到保证。
(5)减小了对混凝土面板的约束。

3 适用范围

本工法适用于面板堆石坝垫层料坡面的保护及挤压边墙表面施工。

4 工艺原理

4.1 乳化沥青作用机理

乳化沥青是一种常温下可冷态施工的乳状建筑材料,当喷涂在基面后,随着所含水分的离失,其中极细微的沥青颗粒相互聚集还原成原状沥青,又重新具备沥青的工程性能。

沥青砂结构由固体砂颗粒与液相的薄层沥青黏结而成,既有一定的强度,又有一定的柔性。当沥青与砂料颗粒接触后发生吸附作用,沥青性质发生改变,该部分沥青称结构沥青。在结构沥青之外,砂粒间充填的沥青称自由沥青,它不与砂料发生相互作用,沥青性质也不会改变。当沥青用量少时,沥青不足以裹覆砂粒表面,不能形成完整的沥青薄膜,黏附力不强。随着沥青量增加,结构沥青膜充分裹覆砂粒表面时,沥青胶浆具有最优的黏聚力。当沥青用量再继续增加时,砂粒间形成"无用"的自由沥青,强度反而降低。

在垫层料坡面喷乳化沥青,形成了具有一定强度的柔性保护层。利用乳化沥青的强度起到了保护坡面的作用;乳化沥青充填了垫层料表面孔洞,使得表面相对光滑,并与混凝土面板间形成了柔性隔离层,减小了垫层料对混凝土面板的约束。

实践表明,垫层料保护层破坏主要表现为在机械、水力和人员踩踏作用下,胶砂复合结构层与基层间发生推移滑动和剥离,进而胶砂层发生疏松、垮塌。这是由于乳化沥青胶砂层与基层黏结不良以及沥青与砂料黏附不好。因此,提高乳化沥青与石料的黏结性是确保坝面保护质量的关键。

乳化沥青分为带负电荷的阴离子和带正电荷的阳离子两种类型。当阴离子型乳化沥青与石灰石、白云石等碱性石料接触时,干燥石料的表面带有正电荷,因而阴离子乳化沥青与石料有一定吸附性。但当石料是花岗岩、硅质岩等酸性石料时,由于石料表面带有负电荷,故黏结不好。同时,当碱性石料表面潮湿时,石料会电离出 CO_3^{2-},带有负电荷,此时与阴离子乳化沥青的黏结性也不好。阳离子乳化沥青中沥青微粒带有正电荷,无论与酸性石料和碱性石料均能很好黏附,即使是碱性石料表面是干燥的,由于乳化沥青中的水分,也会使石料电离出负电荷,两者仍可很好地吸附结合,形成牢固的沥青膜。在实际施工中,由于坝坡需洒水碾压和遇下雨等情况,垫层料常处于潮湿状态,因此在南方多雨潮湿地区,坡面保护的乳化沥青宜用阳离子型的。

为了提高普通阳离子型乳化沥青的黏附性以及弹韧性等工程性能,常在生产乳化沥青过程中加入高分子聚合物以对其性能进行改进。高分子聚合物品种很多,将其加入乳化沥青中进行改性是一个十分复杂的物理化学过程。其品种、性能、掺配工艺以及其与乳化剂、基质沥青的耦合匹配均会对改性乳化沥青最终性能带来影响。根据有关文献和试验发现,乳状 SBS 橡胶作为主改性剂匹配 G3 复合乳化剂生产的改性乳化沥青能够满足坝面保护要求。

4.2 G3 复合改性乳化沥青的制备工艺和技术性能。

将橡胶掺入乳化沥青中的方法和次序对其性能都会产生重大影响,经试验,采用液态胶乳双液掺配二次搅拌工艺,可以制备出合适的改性乳化沥青。改性乳化沥青是一种新型材料,它与普通乳化沥青具有相同的外观和工程性质,但又有区别。G3 复合改性乳化沥青在黏结力、弹韧性、高低温稳定性、抗裂性等工程性能方面较普通乳化沥青均有较大改进,可以满足工程需要。

基质沥青乳液与 G3 改性乳化沥青主要技术指标见表 1。

表 1　基质沥青乳液与 G3 改性乳化沥青主要技术指标

项目		基质沥青乳液	改性乳化沥青乳液
黏度 C25.3		14	18
筛上剩余量(1.2 mm)小于(%)		0.27	0.15
黏附性		>2/3	>2/3
沥青微粒离子电荷		(+)	(+)
蒸发残留物含量不小于(%)		50	55
残留物性能	针入度(25 ℃)0.1 mm	100	80
	延伸度(25 ℃)cm	107	49
	(5 ℃)cm	15	42
	软化点(℃)	45	50
	黏韧性		20
	韧性		10

4.3 砂料技术性能指标

由于乳化沥青是液状材料,沥青颗粒 $d \leqslant 5 \mu m$,仅喷涂乳化沥青成膜很薄,不足以填充垫层料表面孔隙,达不到设计意图。所以,在乳化沥青喷涂后,必须撒一层细砂,经沥青固化胶结,形成一层 1～2 mm 的柔性结构薄层,以期达到设计意图。经比选,采用砂石料场的细砂较为合适,砂料的细度模数约 2.6,砂料技术指标见表 2。

表2　砂料技术指标

筛孔尺寸(mm)	筛余质量(g)	分计筛余(%)	累计筛余(%)
5.00	10.8	2.2	2.2
2.5	72.8	14.6	16.8
1.25	54.9	11.0	27.8
0.630	148.0	29.6	57.4
0.315	106.0	21.2	78.6
0.160	40.4	8.1	86.7
0.075		—	
筛底	67.2	13.4	—
细度模数	2.6		

5 施工工艺流程与操作要点

5.1 施工工艺流程

施工工艺流程见图1。

5.2 工艺设计及试验

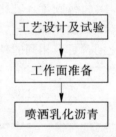

图1　施工工艺流程

乳化沥青与砂料的混合集料能否满足工程需要,其施工工艺十分重要。沥青胶砂混合体属于分散体系,其破坏机理一般可用库托理论分析其强度。胶砂混合体的破坏主要表现为剪切破坏,在外力作用下,胶砂体不发生剪切滑动破坏应具备以下条件:

$$\tau \leqslant C + \sigma\tan\varphi$$

式中:τ 为外荷作用在坝坡上产生的剪应力;σ 为外荷产生的正应力;φ 为材料的内摩擦角。

可以看出,沥青砂抗剪强度取决于内摩阻力 $\sigma\tan\varphi$ 和黏结力 C。一般而言,黏结力 C 取决于沥青与砂料相互作用结果,而内摩擦角取决于砂料形状、级配和空隙率。因此,工艺设计就围绕上述几个方面来进行。

为了确定沥青最优喷洒量和喷洒方式,我们进行了相关试验。结果发现使用单眼旋流式喷头比多眼缝隙式喷头可使喷出的乳化沥青雾化更好,沥青能更充分地裹覆在砂粒的各个表面,因而黏聚效果更好。在1:1.4的斜坡上喷洒乳化沥青,量多要流淌,量少黏聚力不够,经试验,确定每遍喷洒 $1.8 \sim 1.9 \ kg/m^2$ 的改性乳化沥青,效果较佳。

由于垫层料表面经过碾压较为光滑和平整,砂料撒布后,虽有乳化沥青作为底黏油,但其与垫层不能联结为一整体,容易产生层间破坏。因此,在喷洒头遍乳化沥青后,立即撒布一层砂料,在乳化沥青没有完全破乳凝固前,用斜坡碾进行静碾一遍,将砂料下部压入垫层料,上部突出垫层料基面形成较为粗糙的表面,以利于二遍沥青和二遍砂料的黏结。这样"一油一砂一碾"的面层与垫层料基层形成的嵌锁结构其抗剪切、抗冲击能力较高,不易被破坏,已能满足强度要求。头遍砂料要求粒径较大,有多个棱面,级配均匀,以利于相互嵌锁。

为防渗和加强面层结构,一般需要在"一油一砂一碾"形成的面层上,再喷洒"二油二砂",乳化沥青仍按 $1.8 \sim 1.9 \ kg/m^2$ 控制。而二遍砂料作为嵌缝料,要求颗粒较细,级配连续,能够将头遍砂粒间的间隙充填密实。一般"二油二砂"后仅需用撒砂机自带的轻型碾轮碾压即可获得较为满意的保护面层。当然,条件允许,再用斜坡碾静碾一遍,效果更佳。

喷护工艺试验结果见表3。

表3 喷护工艺试验结果

喷护工艺	沥青耗量 (kg/cm²)	破坏试验项目		
		水冲	滚石	踢踏
一油一砂	1.5	无损	少许损	损坏
一油一砂一碾	1.8	无损	无损	无损
二油二砂	3.6	无损	无损	无损
二油二砂一碾	3.6	无损	无损	无损

生产性试验直接在大坝垫层料坡面上进行,在坡面上划分一条施工带宽约20 m,进行"二油二砂"喷涂施工,喷涂时先在坡面条带喷洒乳化沥青,压力调试以充分雾化为宜(1~1.2 MPa),乳化沥青用量约1.9 kg/m²。然后立即在表面用专门的撒砂机撒布一层细砂,用量0.002 5~0.003 m³/m²,在乳化沥青没有完全破乳凝固前,用斜坡碾进行静碾一遍,将砂料下部压入垫层料,上部突出垫层料基面形成较为粗糙的表面。该层乳化沥青固化后,在此条带喷洒第二遍乳化沥青和撒布二遍砂,二遍沥青用量约1.8 kg/m²,二砂用量0.002 5~0.003 m³/m²。最后用砂机自带的滚轮轻碾一遍。

5.3 工作面准备

(1)将垫层料表面彻底清扫一遍,要求无浮渣和掉块,表面无缺陷性孔洞。亏盈坡要修整,坡面线符合设计要求。

(2)将坝面整平,利于施工车辆行走,便于喷涂连续施工。

(3)输送乳化沥青的钢管顺坡布置,顶端固定,通过另一端设置的万向滑轮实现工作面转换。

(4)撒砂机采用汽车吊吊装就位,利用安装在汽车吊上的卷扬机牵引工作,汽车吊须加配重以抗侧翻。

(5)将砂分堆在坝顶上,或将砂装盛在运砂车上,用汽车吊吊装运至撒砂机上。

5.4 喷洒乳化沥青(二油二砂)

(1)喷沥青(一油):采用专用的沥青车自带的沥青泵将沥青输送到管道中,通过调节喷枪上的锥隙型喷头开关实现乳化沥青的雾化,将雾化后的乳化沥青均匀喷涂在坡面上。

(2)撒砂(一砂):撒砂手操作撒砂机,将车斗中的砂料均匀铺撒到已喷涂沥青的坡面上;对撒砂机不能覆盖的局部边缘地带,采用人工辅助铺撒。

(3)一次碾压:在"一油一砂"没有破乳凝固前,用斜坡碾进行静碾一遍,将砂料下部压入垫层料,上部突出垫层料基面形成较为粗糙的表面,以利于二遍沥青和二遍砂料的黏结。

(4)二次喷撒:待"一油一砂"固化后,再进行二遍沥青喷涂和撒砂。

(5)二次碾压:在"二油二砂"喷撒完成后、沥青未固化前,利用撒砂机自带的滚轮在坡面上轻碾一遍,待沥青固化后,与砂料黏结形成"二油二砂"柔性结构薄层,厚4~6 mm。

5.5 劳动力配置

施工所需劳动力配置见表4。

表4 劳动力配置

人员名称	管理人员	司机	起重工	电工	砂机操作手	管道工	指挥	杂工	合计
数量(人)	4	5	4	2	8	6	2	8	49

6 材料与设备

施工所需主要机械设备配备见表5。

表5　主要机械设备配备

序号	设备名称	规格型号	数量
1	专用随车起重机	10 t	1
2	沥青泵及加热器	2CY/2.5	4
3	沥青运输车	15 t	2
4	专用撒砂机	GH2	1
5	专用高速卷扬机	5 t	1
6	沥青储存罐	5 t	1
7	沥青储存桶	0.2 t	450~500
8	圆筒筛砂机	4 kW	1
9	自卸汽车	20 t	1
10	钢管、万向轮	Φ32	180 m/120 组
11	装载机	74 kW	1

7　质量控制

由于在垫层料坡面喷涂乳化沥青属新技术、新工艺,没有行业规范可循,根据工程的实际情况,制定如下质量控制措施。

(1)第一遍沥青喷涂前,一定将坡面清扫干净,不能有浮渣,以利于沥青与坡面和砂料的黏结。

(2)以临界流淌控制乳化沥青喷涂量,第一遍约 1.9 kg/m^2,第二遍约 1.8 kg/m^2。

(3)砂料撒布要求均匀覆盖沥青表面,两次撒布量均为 0.002 5~0.003 m^3/m^2。

(4)沥青固化前,应完成撒砂和碾压。

8　安全措施

由于是在高边坡上施工,安全隐患很多,制定如下安全措施。

(1)施工人员必须戴好安全帽。

(2)坡面上作业的人员必须系安全绳。

(3)安全绳每天使用前均需仔细检查,发现破损必须立即更换。

(4)悬挂钢管的部件焊点随时检查,发现隐患立即停工修补。

(5)所有钢丝绳每天检查一次,抹打黄油,发现拉毛、断丝现象立即更换。

(6)施工设备用电安全检查,每天检查一次,发现隐患立即整改。

9　环保措施

(1)沥青、油料、化学物品等不能堆放在民用水井及河流湖泊附近,并应采取措施,防止雨水冲刷进入水体。

(2)施工驻地的生活污水、生活垃圾、粪便等集中处理,不能直接排入水体。

(3)不采用开敞式、半封闭式沥青加热工艺。

10　效益分析

洪家渡水电站上游坡面防护原设计为喷化学纤维混凝土,每平方米单价为 64.90 元,改用喷乳化沥青后,每平方米单价为 44.28 元,每平方米节约成本 20.62 元。喷阳离子乳化沥青技术先进,安全可靠,加快了施工进度,保证了施工质量。

11 应用实例

11.1 洪家渡水电站

洪家渡水电站大坝为钢筋混凝土面板堆石坝,最大坝高 179.50 m,坝顶长度 427.79 m,坝顶宽 10.95 m,上游边坡为 1∶1.4,下游平均边坡为 1∶1.4。填筑总量为 902.56 万 m³。

本工程上游坡面采用了喷乳化沥青防护,坡面面积 71 280 m²。该电站于 2004 年 4 月 1 日开始蓄水,2004 年 7 月 1 日首台机组发电,经过运行监测大坝运行正常,面板变形观测值和渗流量均在设计允许范围之内,大坝运行安全。洪家渡水电站于 2008 年 12 月获第八届"中国土木工程詹天佑奖"和"中国建设工程鲁班奖"。

11.2 天生桥一级水电站

天生桥一级水电站位于广西隆林、贵州安龙县交界的南盘江干流上,是红水河梯级开发水电站的第一级。电站总装机容量 1 200 MW,最大坝高 178 m,总库容量 102.6 亿 m³。拦河坝为混凝土面板堆石坝,坝顶长 1 104 m,顶宽 12 m,上游坡为 1∶1.4,坝体填筑总量约 1 800 万 m³。

面板堆石坝施工中,对上游坡面采取了喷乳化沥青防护措施,工程量为 31 214.5 m²。主要是起到防止暴雨、山洪冲刷及临时挡水防风浪淘刷;另外,减小面板与垫层料之间的约束力,减少面板裂缝产生。运用特点:施工方便、快速,上游坡面保护及时;喷护厚度容易控制,施工质量得到有效保证;能与坝体同步变形,防护效果得到保证,减小了对面板的约束。

11.3 盘石头水库

盘石头水库工程属大(2)型水库,工程等级 2 级,大坝为混凝土面板堆石坝,坝顶高程 275.7 m,坝顶长 666 m,最大坝高 102.2 m,趾板全长 769 m,面板面积 7.35 万 m²,坝体设计填筑量 548 万 m³。垫层坡面采用喷乳化沥青进行保护,喷护前垫层坡面清扫干净,无浮渣,坡面垫层料含水量按 1%~3%控制。沥青喷护采用人工系安全绳手持喷枪自垫层坡面由上而下喷洒,枪嘴距坡面 30~50 cm。一次喷护区域一般为 6 m 左右,采用二油二砂,厚度 1 cm。此方法进行坡面保护,取得了良好效果,提高了坡面保护的施工质量,加快了施工进度。

(主要完成人:刘 攀 李虎章 帖军锋 范双柱 赵志旋)

内河疏浚水下钻孔爆破施工工法

浙江省第一水电建设集团有限公司

1 前 言

近年来,随着杭嘉湖地区水运经济的繁荣,许多内河航道的船流密度非常大,如采用干地法施工,不仅会使局部河段断流停航,还会导致施工成本和工期的大幅增加。采用水下爆破技术对杭嘉湖地区内河航道进行浚深,可大大缩短施工和停航时间,极大地满足了河(航)道的行洪和通航要求,显著增强了河(航)道的行洪减灾能力、改善了内河旅游环境及活跃物流水运,这对发展整个杭嘉湖平原的内河水运经济、促进实施"万里清水河道"建设和生态城市建设,将不断地发挥着较大的经济、社会效益和生态效益。

经对小东山、枯柏树和德清大闸上游两侧连接段等3处水下石方开挖河段的工法应用实践,提出了一整套适用于我国东部沿海和长三角地区平原河道水下钻孔爆破的施工工艺,研制成功了一套适用于平原内河水域下的升降式浮筒型水上钻孔作业平台和配套的清渣、运渣的作业船只,填补了国内水利水下钻孔爆破部分施工工艺的缺失和空白。其中"河道整治中关于水下爆破相关工艺及其造价的研究与推广"项目荣获2006年浙江省水利科技创新三等奖。

2 工法特点

(1)不截流断航,保证了行洪、通航的需要,缩短施工工期,降低施工成本;施工地段均采取半河道封闭式水下钻孔、爆破和河底清渣作业,施工时按先下游后上游的顺序,交替在河道中心线左右两侧开挖,并留出一半航道供船只正常通行。

(2)为确保施工安全和过往船舶的安全,以及避免对紧邻建筑物和高低压线、通信线路的损坏,采用水下多排孔微差爆破技术,尽量减少爆破次数。

(3)必须在动水涌浪条件下反复移位钻孔和装药爆破,特别是随着导流港沿线石矿和大功率、大吨位船只的增加,船舶行驶产生的涌浪将会导致作业船只失稳和增加钻孔移位的难度。

(4)针对内河平原河网水深较浅的特点,成功自制了适用于内河疏浚水下钻孔爆破的升降式浮筒型水上钻孔作业平台,同时还改建了300 t级定位桩式大功率反铲式挖渣船,克服了水下钻孔爆破必须在动水、涌浪条件下反复移位钻孔和埋药爆破的难点,从而大大提高了水下钻孔爆破综合作业(钻孔、装药、施爆、转移、挖渣、外运等)的工作效率。

3 适用范围

本工法适用于要满足正常的行洪、通航要求条件下的平原骨干行洪河(航)道整治工程,也可推广应用在我国东南沿海和长三角地区,特别是闽、苏、浙、皖、赣、鲁地区的内河水下石方开挖、拓浚工程中。

4 工艺原理

(1)本工法重点解决的是如何在不截流断航的环境与动水涌浪条件下,保证钻孔、装药以及网路连接质量和爆后水下清渣到位的问题。

(2)为缩短施工工期,保证钻孔、装药以及网路连接质量,并考虑不得影响内河正常行洪和通航的特殊要求。工法技术小组针对近海环境下水下钻爆船的特点,自制出适用于浅水水域和动水作业的升降式浮筒型水上钻孔作业平台。平台由两根直径 100 cm、长 12 m 的两端密封的钢管作为浮筒,浮筒两端用槽钢焊接并外延 2.0 m,浮筒之间用 5 根 6 m 长的槽钢焊接,中间用钢板或木板铺装,使之形成一个 16 m× 6 m 的作业区(见图 1)。

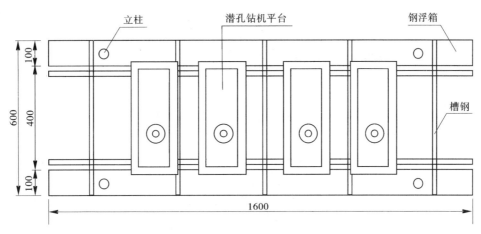

图 1　水上钻孔平台平面示意图　(单位:cm)

(3)为减少涌浪的影响,钻孔平台内侧设两组滑道便于潜孔钻机的平移就位。整个作业平台除用 6 根铁锚和锚绳固定外,同时还在浮筒两端竖向设置 4 根 Φ250 mm 可升降的钢管柱,钢管柱下端可延伸至河底岩石以下 30 cm 处,并用手拉葫芦调节其高低。本作业平台可同时布设 4 台 YQ-100B 型潜孔钻机,可以实施同步作业,避免了用普通驳船改装的钻孔作业船只能安装 1 台钻机和每钻 1 孔就要移位一次的缺点,使工效提高了 3 倍,不仅节省了移船的时间,加快了钻孔进度,稳定性好,移位作业也十分方便。

水下钻孔施工工艺原理见图 2。

(4)为解决和提高水下挖渣运渣的效率,将 300 t 运输船改装成为同吨级液压升降式自航挖渣船,并配置 100 t 级的泥驳供运渣之需。挖渣船在船体 1/3 部位配置 2 m³ 住友 580 型加长臂液压反铲式挖机(工作臂长为

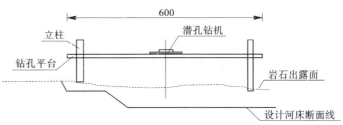

图 2　水下钻孔施工工艺原理

9 m)1 台。为使作业时船体稳定,在船体 2/3 处设置两根 600 mm× 600 mm 的定位钢立柱,并可用液压链条调节升降,当实施反铲作业时,可通过钢立柱的下降,使挖渣船略有抬升,同时用卷扬机将船尾的锚绳拉紧,使船体摆动减到最小;船体移位时,则可将钢立柱抬升,并用卷扬机将船移到指定位置。作业区水深小于 2 m 时,可以一次挖到设计标准,水深在 2 m 以上时,则分条分块并分两次挖到设计标高。具体见图 3、图 4。

图 3　浮筒式水上钻孔作业平台

图 4　液压升降式自航挖渣船

5 施工工艺流程及操作要点

5.1 施工工艺流程

水下钻孔爆破作业工艺流程见图5。

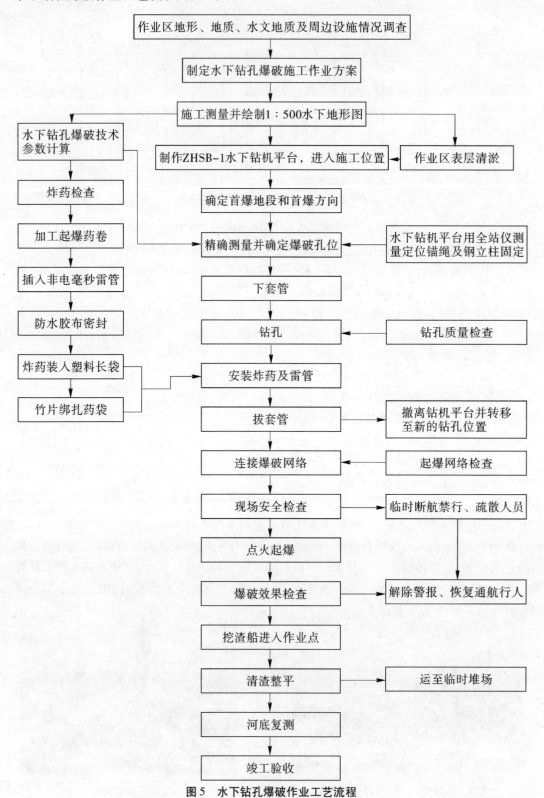

图5 水下钻孔爆破作业工艺流程

5.2 操作要点

5.2.1 作业区地形、地质、水文地质及周边设施情况调查

导流港不仅是东苕溪北排入湖的主要行洪通道和防洪骨干工程,也是湖州市重要的通航水道。河道平均面宽 70~120 m,正常水位约 3 m,枯水位为 2.6 m(均指吴淞高程,下同);年均气温 15.5~15.8 ℃,年均降水 1 253~1 460 mm,降雨量 70% 集中在 5~10 月。本工程区域深断裂活动较弱,区域稳定性良好,地震基本裂度为 Ⅵ 度。基岩面上有淤泥、粉质黏土和夹碎石的粉质黏土(残坡积层)覆盖,基岩风化带有强风化—弱风化层,新鲜岩石较坚硬,岩质为 Ⅵ~Ⅶ 类,全风化带厚 0~2.7 m。作业区德清内河航道水深较浅(<5 m),河道淤积较深(0.5~1.0 m),船流密度大和周边建(构)筑物、高低压电缆和通信光缆较多等。

5.2.2 制定水下钻孔爆破施工作业方案

为尽量减少钻孔爆破作业时对导流港正常行洪和航运的影响,应用本工法对 3 个试验河段在制定施工作业方案时,因地制宜,全部采用了半河道封闭式作业,并按先下游后上游的顺序在河道中心线东西两侧,实行交替开挖;除爆破时为避免飞石影响需临时停航外,整个作业期间均可留出一半河道供行洪和船只通行。

5.2.3 施工测量

(1)根据业主提供的测量基准点(线)为基础,按国家有关测绘标准和工程施工要求,设置施工的控制网,并将测量成果报送监理、业主审批。

(2)按 1:500 比例测绘水下地形图、开挖平面图和横断面图。

(3)对各个工作面均应进行爆区范围框定、高程标志、轴线定位,同时对各测量点进行保护。

(4)放样测站点的高程精度,应不低于五等水准测量的精度要求;放样点点位误差应满足以下要求:水下开挖边线为 ±1.00 m;水下开挖中心线为 ±1.00 m。

(5)爆破作业前应在开挖起始线、开挖终线、中心线、弯道顶点等处设立清晰的标志,包括标杆、浮标、灯标等;开挖平直段每隔 80 m 设一组横向标志,弯道处加密为 50 m;各组标志应以不同形状的标牌相间设置,同组标志上应安装颜色相同的单面反光灯,相邻组标志的灯光,应以不同的颜色予以区别。

(6)水中沿开挖方向设立便于观察的水尺,水尺零点与开挖底部高程应保持一致。

(7)重新施工时应及时补齐丢失的样桩,确保开挖的准确性。

5.2.4 水下钻孔施工

5.2.4.1 水下钻孔作业平台

本工法关键技术是在动水涌浪条件下,采用自制的水下钻孔作业平台,利用两条长 12 m,直径 1 m 的钢浮筒为载体,浮筒两端用槽钢焊接并补延 2 m,同时通过焊接槽钢、工字钢使两浮筒连接成为整体,两浮筒相距 4.00 m,工作平台长 15 m,宽 6 m,可同时布置 4 台 YQ-100B 型潜孔钻作业;平台上采用 6~8 根系有 100 m 锚绳的铁锚固定;钻孔时,将两侧 4 根钢管柱下端插入水底,并用手拉葫芦使钻孔平台升起脱离水面,此时平台完全支撑在 4 根钢管柱上,钻孔施工时,可以不受水中波浪的影响,作业平台移位时,可通过抬升钢管柱,使钻孔平台浮在水面上,再拉动锚绳将平台移到新的作业位置上。

5.2.4.2 钻孔工序

钻孔工序主要包括钻孔前准备工作、下套管、钻杆钻孔、验收等。

1)钻孔准备工作(表层清淤)

(1)首先由测量技术人员按设计划定好的首爆地段进行全钻仪精确定位放样,然后采用挖泥船进行该地段的常规表层清淤工作,最后将水下钻孔作业平台驶入测量规定的施工位置,升降钢立柱固定,施工人员按要求穿戴好劳保用品,进入钻孔平台。

（2）钻孔平台定位后，钻机长按本次平台钻孔作业安排的情况和明细表，在平台上为每一钻孔的具体位置做好标记，并使钻工对每一钻孔情况充分了解。

（3）钻机长组织钻工进行钻机、钻具检查，并做到分类堆放、摆放整齐，以防掉入水中；作业时，各类器具均应轻拿轻放。

（4）对每一钻孔位置的水深需用测绳进行测量，并考虑超深 $1.00 \sim 1.50$ m，以正确计算每孔所下套管的长度。

2）下套管

（1）在确定钻孔位置后，采用起重葫芦起吊套管，并徐徐垂直放置到确定的孔位，并用大锤夯入，使套管保证垂直并基本稳定。

（2）利用重力大锤将套管垂直打入到基岩以下 30 cm 深处，或利用钻机将带有环形中空钻头的套管钻进基岩 30 cm，并固定好套管，以确保稳定。

3）钻孔

（1）套管安装好后，钻机在套管内进行钻孔作业。

（2）作业过程中，要经常提升或放下钻杆，加接钻杆前后，应加大风压风量，以吹出岩屑防止卡钻。

（3）卡钻及钻孔回淤处理：采用重力锤继续打入套管，或用钻机使套管继续钻进；同时加大风压强行冲入；通过加大风压和风量排淤，并加水冲洗。

（4）钻孔至设计高度后，及时拔出，并按要求拆卸钻杆。

4）验收

每钻完一孔，立即准确测定孔位、孔深，经常校核，这是爆破成败的关键，主要是防止后续钻孔作业时钻到已装药孔位，或孔区过大影响到爆破效果。当完成钻孔工序后，应有专人检查、验收、签字后再进入下一道工序。

5.2.5 火工材料选择

炸药选取防水性能较好的乳化炸药，按钻孔直径和药量分别用 $\Phi 70 \sim 95$ mm 硬质塑料壳包装炸药。为确保每个炮孔准时起爆，每孔均采用 2 个非电雷管。孔内高段位雷管，孔外低段位雷管连接，采用复式非电起爆网络，以确保第一排炮孔爆响以前，雷管已传爆到最后一排孔内。

5.2.6 水下爆破参数选择

（1）钻孔形式：为便于定位控制、装药填堵和提高钻孔效率，水下爆破均采取潜孔钻垂直钻孔，孔径一般为 $\Phi 90 \sim 120$ mm，钻孔超深一般为 $1 \sim 1.5$ m。

（2）抵抗线 W_m 计算：抵抗线 W_m 是岩石爆破的重要技术参数之一，它与炮孔直径 d 应相互匹配。本工法采用爆破经验公式：

$$W_m = (20 \sim 30) d$$

式中：W_m 为炮孔底部最大抵抗线，m；d 为炮孔直径，mm。

如炮孔直径为 120 mm，则 $W_m = 25 d = 25 \times 120$ mm $= 3.0$ m。

（3）炮孔孔距排距确定：如多排炮孔均采用方形钻孔布置，则孔距与抵抗线相等，即孔距 $a = W = 3.0$ m；如前后排采用微差爆破，则排距 $b = a/1.2 = 3.0/1.2 = 2.5$（m）；如爆破作业区上方或毗邻地区有高压电缆或通信线路，为控制爆破飞石距离，应适当缩小孔径与孔网面积，加大钻孔超深和堵塞长度，这时孔距 a 与排距 b 相等，钻孔超深和堵塞长度亦应增加一倍，如：德清县枯柏树段其作业区上方 25 m 处就有一条高压线，下游 20 m 和 60 m 处各有一条低压线和通信光缆，故该工程孔径取 $\Phi 90$ mm，孔距、排距则选用 2.0 m，而钻孔超深则加大至 $3.5 \sim 4.0$ m。

（4）装药量计算：实施水下爆破时，由于爆破介质膨胀时必须克服和水接触面上的水体阻力，其装药量除考虑破碎岩石所须的能量外，还应考虑克服水体阻力的因素，故其装药量要较陆地钻孔爆破大。其常用单孔装药量的计算公式有：

$$Q = q_1 abH$$

式中：q 为爆破单位岩石所需的装药量，一般为 $0.5 \sim 2.0 \ kg/m^3$，具体可视岩质和周边环境情况而定；a 为孔距，m，一般为 $2 \sim 3 \ m$；b 为排距，m，一般为 $1.5 \sim 3 \ m$；H 为孔深（含 $1.0 \sim 1.5 \ m$ 超深），m，$4 \sim 8 \ m$。

由于岩性与炮孔直径不同，加上现场条件限制，每孔实际装药量也会有所不同，因此需要先行试爆，以求得在内河浅水条件下较为经济合理的炸药单耗。为降低爆破振动和水中冲击波等对周边环境的影响，爆破作业均采用"水下多排孔微差爆破技术"，规定最大单响药量不大于 250 kg，单次爆破总药量不大于 2 t。

5.2.7 水下爆破施工

爆破作业工序包括药柱加工、装药、连线起爆。

5.2.7.1 药柱加工

(1)爆孔药柱加工应在安全的地点进行，加工时雷管、炸药以及加工好的起爆药卷均应按照爆破安全规程要求，隔开一定距离放置，并妥善保管。

(2)装药量按已验收确定的编号进行爆孔药柱加工。

(3)起爆药体加工：为了提高保证率，每个爆孔均装置两个起爆药卷体。炸药卷置于塑料筒 1/3 高度位置上，用竹木工具开一小口，以便插入一个 15 段非电毫秒雷管，非电雷管插口采用环氧树脂灌封后，再用防水白黏胶布密封。

(4)将所需的防水乳化炸药用丝线紧密连接成串，再装入具有一定强度的塑料筒袋中（筒下先装一定配重）并用细绳和胶布牢牢捆在一定长度的毛竹片上（起爆体安装在倒数第三药卷中）。

5.2.7.2 装药

(1)将加工好的药柱沿套管徐徐放入钻孔中，同时在两根导爆管端头头上已贴好起爆顺序记号的浮球，用送药竹竿将药柱慢慢送至套管孔底。

(2)爆孔药柱送入孔底后，沿套管先填入一定量矿砂充填以固定药柱，拔出套管后，再填入矿砂堵孔。

(3)完成装药堵孔拔出套管后，将浮球上的导爆管留出一定长度，临时固定在平台上的安全部位。

(4)钻孔装药工作全部结束后，将所有爆孔导爆管上端绑在一个浮标下的细绳上，同时抬升平台的 4 根钢立柱到最高位置，并起锚使作业平台全部浮在水面上，然后用锚绳牵引并移至下一钻孔作业区域。

(5)平台移位后，将浮标下的导爆管捞起；按照同一排列顺序绑在下系砂袋的汽车内胎上；每平台设一至两个内胎，每排设两根导爆管，并使每爆孔两根导爆管分别处于不同的位置。

5.2.7.3 连线引爆

(1)连线准备：在爆破区域两侧中央垂直于排间线的适当位置，各布置 1 根 Φ50 cm 钢管（钢管下部打尖，并用人工锤夯入水下基岩），同时在两钢管上距水面 1.50 m 高度引牵一绳索，然后将作业区域各内胎上系绑的每束导爆管按起爆顺序系在绳索上。

(2)爆破警戒线设定好后，然后用相同型号非电毫秒雷管按从后往前的顺序串联成两支线，将绳索上同排的两把导爆管用 2×2 个 3 段非电毫秒雷管并联成两列。

(3)网路连接时，要注意将导爆管均匀分布于雷管四周，并用防水胶布或细绳捆紧，同时用泡沫盒包住扎紧后放置于距水面 1 m 以上位置。

(4)各支线用双即发雷管串联上岸，并采用双即发电雷管并联引爆。

(5)爆破警戒线设置好后，检查起爆网路并确认警戒区内人员已安全撤离后，由爆破总指挥下达起爆命令,爆破员起爆。

（6）爆破过程中,安排专人在安全可靠位置观察爆破水柱、爆破烟雾等情况。

（7）爆破作业后15 min,经爆破总指挥同意,爆破工程师、爆破员及有关人员进入现场检查爆破情况,并观察水中爆破产生的气体和水泡情况。

5.2.8　水下清渣

（1）利用自行研制的挖渣船清渣,配备4~6艘100 t驳船运渣。挖渣船为承载近300 t经改装的挖泥船,在船体的1/3部位停放2 m³住友580加长臂液压反铲挖机,工作臂长为9 m,完全能够满足水下石渣抓料的要求。

（2）为解决液压反铲工作时挖泥船的稳定问题,在挖渣船的2/3处设置两根600 mm×600 mm的大铁柱,铁柱用液压齿条上下升降。当液压反铲作业时,将铁柱下降,把挖泥船升起一部分,船尾部的锚绳用卷扬机拉紧,使挖渣船的摆动减到最小,需要移位时,将铁柱升起,开动卷扬机,将船移到指定的位置。通过对海上石方爆破挖渣的现场了解,该方法是切实可行的。为了提高工作效率和水下清渣的质量,作业时,根据爆渣的厚度,确定不同的作业顺序,水深小于2 m的地方,一次挖到设计标高,水深大于2 m的地方,则需两次分条分块挖到设计标高。

（3）驳船上的石渣通过码头上的吊抓机吊抓上岸,通过上海140A型推土机就近堆放和平整。

6　材料与设备

6.1　主要机具设备

主要机具设备见表1。

表1　主要机具设备

序号	机械或设备名称	规格型号	数量	额定功率	用途
1	水上钻孔平台	自制	1		钻机停放
2	柴油空压机	25 m³	2	45 kW	提供风源
3	潜孔钻机	YQ-100型	4~6		水下钻孔
4	长臂反铲挖机	2 m³	1	75 kW	水下挖渣
5	自卸车	5 t	5~12		石渣陆上运输
6	挖渣船	自制	1	300 t	停放挖机
7	驳船		4~6	100 t	石渣水上运输
8	推土机	SH140A	1	50 kW	推渣整平
9	全站仪	NTS-202	1		测量放样
10	经纬仪	J2	1		测量放样
11	水准仪	S3	1		测量放样

6.2　劳动力安排

每班劳动力安排见表2。

表2　每班劳动力安排

序号	工种	人数	主要工作内容
1	爆破技术人员	1	施工技术指导、质量记录
2	测量工	2~3	水下爆破测量放样及记录
3	钻机工	5~20	水下爆破钻孔、移机
4	爆破工	2~6	负责装药、连线、警戒
5	船工	2~9	船只驾驶
6	挖机工	2	挖机驾驶
7	普工	6~12	负责钻孔和出渣辅助

7 质量控制

7.1 质量目标

为确保工程施工质量达到优良,在水下钻孔爆破过程中推行全面质量管理活动,切实加强操作人员、检查人员的工作责任感,牢固树立"质量第一"的思想,完成"合同履约率100%、工程一次验收合格率100%、单位工程优良率大于80%、顾客满意率90%"的质量目标。

7.2 质量管理措施

7.2.1 质量管理组织措施

(1)推行全面质量管理办法,在项目经理部成立质量管理小组。由项目经理任组长、项目总工任副组长,成员为项目部负责技术、质检、材料、试验、测量等工作的管理人员和工段长、班组长,日常工作由项目部质检员负责。

(2)严格执行"三检制",即各班组自检,项目部专职质检员复检,公司派出的专职质检员和业主委派的监理工程师终检,做到层层把关,质量不达标不交付验收,上道工序未经验收决不进行下道工序施工。

(3)各工序均设立 QC 小组;加强职工队伍的质量教育,提高职工队伍的质量意识和工作责任心,推行全面质量管理;根据施工情况,有计划地按工序、分阶段组织学习施工规范、操作规程;不定期召开质量会议,对一周出现的质量问题进行回顾分析,并研究具体整改和预防措施。

(4)严把材料关,不符合施工技术要求的爆破器材等材料坚决不用,对过期和受损的爆破器材及时予以销毁。

(5)认真做好原始记录及资料整理工作,做到资料齐全、准确、工整,发现质量事故及时报告业主(监理工程师),凡不合格工程坚决返工,务求不留隐患。

(6)整个施工过程中,接受业主、监理工程师的质量监督和检查;主动配合水利水电工程质量监督部门的工作,接受其监督和检查。

7.2.2 质量技术管理措施

(1)实行质量交底制度,严格按设计图纸、施工要求、现行有关的施工规范和质量标准进行施工;制定实施措施,使施工人员明确质量标准及要求、掌握必须遵循的工艺方法和注意事项。

(2)检查质量情况,定期研究整改方案,对质量事故坚持"三不放过"的原则。

(3)为使开挖轮廓线达到设计要求,采用预裂爆破技术,制定详细的钻爆计划,选取合理的爆破技术方案和钻孔参数,保证爆破开挖后边坡基岩的完整性和最终开挖面的平整度。

(4)施工测量应根据建设单位提供的基准和水准点数据,经复核无误后,架构高精度控制网;对于永久性标桩、水准基点、三角网点及放样检验所需的标桩,应树立易于识别的牢固标志并认真加以保护;钻孔放样时应采用全站仪、经纬仪和水准仪准确定位;钻孔结束后应对孔深、孔距、孔向等钻孔参数进行检查并做好记录。

(5)装药、连线、堵孔等工作应严格按照施工设计和作业指导书的要求进行。

(6)对施工材料、施工场所等应进行有效保护,避免外界因素带来的干扰和损害;为确保全天候不间断施工,应制定严格的冬、雨季施工措施和安全方案;对露天开挖面坡顶工作面、场内道路及堆料场等工作区域,可通过挖沟或预留缓坡等方法以利于排水顺畅。

7.3 主要分项工程质量保证措施

7.3.1 测量技术质量保证措施

(1)测量施工组织。要根据设计、规范和施工计划要求,编制详细、合理的《测量施工方案》。《测量施工方案》应对人员要求、仪器设备要求、测量方法及质量、安全保障措施等提出详细说明。建立健全完善的检查检验制度。

（2）加密点的测设和复测。为保证各工作面之间的正确衔接，加密点应纳入首级控制网中，采用与首级控制网同等的观测要求和数据处理方案，确保加密点与首级施工控制网坐标系统的统一和测设精度。加密点间要相互联测，并定期复测，必要时应临时加测，保证加密点的正确性。

（3）测量仪器。要选用精度指标符合要求且工作稳定性较好的测量仪器，仪器应按要求定期鉴定，并注意日常的保养工作。注意做好测量工具（如水准尺、钢尺、脚架、插杆等）的日常保养工作。

（4）计算与校核。使用正确和规范的计算方法，并有校核手段。原则上，校核工作要有两人按不同方法进行计算，并在计算书上签字。

（5）测量过程。测量过程要保证方法正确，并要有校核措施。原则上，在有条件时，校核方法要避免采用与原测量过程相同的方法。无条件时，可使用同一方法进行重复测量。在使用同一方法进行重复测量时，要保证测量方法和计算数据的正确性。

（6）测量人员。选派具有较高管理能力和业务水平的测量管理及技术人员，以及操作熟练的现场测量作业人员参加本工程的施工测量工作。测量管理及技术人员要熟悉《工程测量规范》和施工技术要求，了解施工进度计划，合理安排工作，绝对避免因测量差错或工作不到位而影响工程施工质量和进度的情况出现。

7.3.2　爆破技术质量保证措施

7.3.2.1　施工准备

施工准备工作包括场地平整、测量放样，以及其他常规的爆破准备工作。

（1）在准备进行轮廓爆破时，首先进行平整场地，清除轮廓线两侧一定范围内的覆盖层或浮渣等，清理的范围可以根据所采用的机具来确定，要能满足钻机的安全和行走。清理的要求应当使得工作面平整。

（2）由于轮廓面是最终的边界开挖面，因此轮廓线必须标定准确，要想精确地定出孔口的位置，必须反复进行计算，保证轮廓孔在设计线上。

7.3.2.2　水下钻孔

（1）严格按照设计的药孔位置钻孔，允许偏差应控制在 30 cm 以内。

（2）钻孔首先要开孔，由于岩面的不平整或与钻进的方向不垂直，往往容易引起孔口偏离，此时，可采用人工撬凿或者用钻机冲击的办法，凿出孔口位置，经检测无误后，才开始钻进。

（3）允许的偏斜度应控制在 1° 以内。当钻进 5～10 cm 时，应对钻孔的方向、倾角等进行一次检查，若有误差及时纠正。以后，每钻进一定距离要检查一次，直至终孔。这里，方向角的控制通过现场放样时标识出每个孔的方位，与钻杆的投影线进行比较，二者一致方能开钻，也可以通过罗盘控制。对于倾角主要通过三角尺和铅锤来控制。

（4）严格按照设计的药孔深度钻孔，允许偏差应控制在 20 cm 以内。

（5）岩体中的软弱夹层以及与钻孔方向相近的节理裂隙等，容易使钻孔的方向产生某种程度的改变。另外，当钻倾斜孔时，由于钻头、冲击器本身具有一定的重量，在自重的作用下，钻孔有下垂弯曲的趋势。考虑到这些因素，要求钻机操作人员操作谨慎，加压均匀，钻进至一定深度时需拔出钻杆再钻，对于不合格的孔必须补孔。

（6）药孔钻孔完毕，组织检查验收药孔，并根据起爆网路的设计要求标明起爆的段别。此两项工作要求技术人员要深入现场，随班工作，及时检查、校对、验收炮孔的孔位、孔深、角度、段别是否符合设计要求，必要时进行调整。对不符合设计要求的炮孔重新进行钻孔，直至合格为止。建立严格的监督、验收、签字制度，以确保钻孔质量符合爆破效果和安全的要求。

（7）穿孔完毕，符合要求的药孔做好标记。

7.3.2.3 药包加工

(1)作业前向所有人员进行现场技术交底,明确各自的职责任务。

(2)按照爆破设计方案技术参数加工炸药包,根据起爆网路对每个药孔要求的起爆雷管段别,将雷管与药包结合,并在药包上和起爆雷管的导爆管上作出标记,防止装错药包。

(3)用于轮廓爆破的药包,最好能在药孔内均匀地连续分布。此时,对于不同的线装药密度,就应有不同的药卷直径。

(4)对于每一个钻孔应当分别准备各自的炸药竹片,不能混淆,每一炸药竹片加工好后,应立即在竹片顶部编上该孔的孔号和位置号,然后包扎好待用。

7.3.2.4 装药

(1)药包加工完毕即组织装药填塞。装药前派出爆破作业时的警戒人员,防止无关人员进入作业现场。

(2)装药时至少两人配合,一人负责装药,另一人提供药卷并监督装填的质量和作业的安全。要求分组落实,责任到人,技术人员坚持随班作业,及时进行检查监督。

(3)现场标定药孔参数。根据爆破设计技术方案确定的爆破参数,将爆破的范围、药孔位置、药孔的深度和角度、孔距、排距等标定在水下石方开挖范围内。

(4)爆前应逐孔进行清理,用高压风吹出孔内岩屑及积水。

(5)根据孔深和间距,计算每孔药量。在确定每孔药量时,应根据炮孔的间距、排距/前排炮孔的底盘抵抗线适当的增减。于装药前在每孔前立一小牌或纸片,上面写出孔号、孔深、装药量、填塞长度及起爆雷管段数。

(6)装药时,要逐孔称量炸药,各孔装药量应按规定值进行称量,但其精度要求不一定很高,一般要求误差不超过 1 kg。

(7)向炮孔中装散药时,应在孔口放一个自制的大漏斗,使炸药通过漏斗入孔,以防直接提起炸药袋向孔中倒时导致药块或包装纸堵塞炮孔。

(8)浅孔爆破装药时,先用木棒在药孔内探深,药孔深度符合设计要求时将装药轻轻地送入炮孔底部,导爆管控制在炮孔一侧。

(9)为使炸药爆炸时能够获得良好的不耦合效应,药柱(或者药卷串)应置于炮孔的中心。对于深度较小的而直径较大的孔,也可以不用竹片,直接将药卷串装填于炮孔中。

7.3.2.5 堵塞

(1)浅孔爆破用加工的填塞材料(其湿度以手抓成型、落地能散的土为宜)进行堵塞,每送入一些填料,用炮棍捣实,直至填满炮孔为止,填土时先轻后重,力求填满捣实,防止损伤脚线。

(2)深孔爆破填塞质量的好坏影响爆破效果,若填塞质量不好,填塞物松散地倒在孔中,则即使设计填塞长度合理,也会发生冲炮。填塞材料最好使用半干湿(含水量 10% 左右)的砂黏土或黏土与岩屑的混合物,并在填塞过程中分层用炮棍捣实。

7.3.2.6 连网

(1)药孔爆破有正向起爆与反向起爆两种起爆方式,在有些情况下,反向起爆的爆破效果比正向起爆要好,但在深孔爆破中,由于孔深多在 10 m 以下,故在工程中多用正向起爆。若炮孔为散装炸药,则雷管应放入起爆药包或起爆药柱中,埋在炮孔装药段的中上部。

(2)装药填塞后,应立即组织起爆网络的连接。

(3)浅孔爆破每孔装一个起爆雷管,可采用单式起爆网络;深孔爆破每孔装两个起爆雷管,可采用复式起爆网络。

(4)敷设网络时,要注意勿使导爆管扭劲、打死结和拉细变形,以免影响传播导爆管传爆可靠性。

(5)无论何种起爆网络均要构成网状,插入四通内的四根导爆管都要到位,铁箍用雷管钳夹紧。遇到天气不好时,每个连接的四通都要用塑料袋包扎好,并使四通闭端朝上,以防雨水进入影响起爆的可靠性。

8 安全措施

8.1 安全保证体系

(1)严格遵循"安全第一,预防为主,综合管理"的方针,切实加强施工期间班组管理,加大处理违章和事故的力度,坚决消灭重大事故,避免和防止可能出现的一般事故;坚持以安全生产为基础,规定各级领导为安全第一责任人,做到安全防范思想到位,安全管理措施层层落实,使安全生产工作纵向到底,横向到边,实现施工过程全覆盖。

(2)根据本工程的实际情况,建立健全项目施工安全保证体系(见图6)。

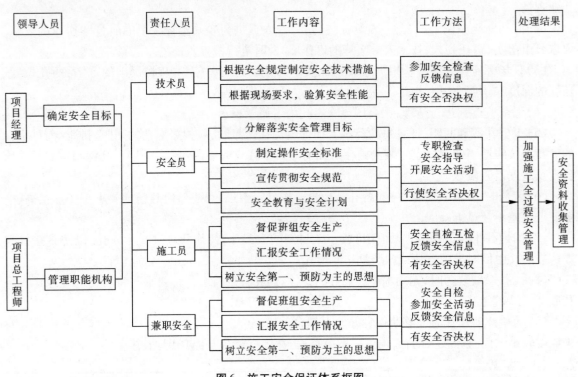

图6 施工安全保证体系框图

8.2 施工安全管理措施

(1)建立项目经理为第一责任人的安全生产领导机构,设置专职安全员,在班组设置兼职安全员,健全和完善安全管理体系。

(2)严格遵守国家有关安全技术规程及工程规定的施工安全要求,根据工程特点,制定并落实各项安全措施。

(3)牢固树立"安全第一"的思想,对职工定期进行安全技术培训和考核;对新工人进行三级安全教育,明确安全生产与工程施工之间的内在关系;凡从事驾驶员、船工、爆破工、安全员等工种的人员必须持证上岗。

(4)定期组织安全大检查,重点对施工用电、机电设备、火工品的性能,储存物资仓库的规范性、安全防火状况,关键、隐蔽、薄弱的部位、环节等进行检查。

(5)制定安全考核奖罚制度,做到分工明确,职责分明,实行安全考核一票否决制。

8.3 施工安全保证措施

(1)进入现场的施工人员必须穿戴安全帽、绝缘鞋等安全用具;正确使用和按时发放劳保用品;禁止无关人员及车辆进入施工现场。

（2）施工现场电源线路一律按规定架空;安装固定的配电箱并配置漏电保护器;对漏电及杂散电源随时进行检测、维修;加强夜间生产、生活区的安全防范措施,所有场内道路、作业区均应配置足够的照明灯具。

（3）做好防火工作,各类工棚及仓库均需布设灭火器材。

（4）各种机电设备均应专人使用、定期维修保养,杜绝安全事故的发生。

（5）水上作业平台必须按有关规定办理通行及疏浚施工手续;施工期间应严格按照当地港监部门制定的有关适船要求和安全施工的规定、规程进行操作;为避免碰撞,船舷二侧应设置缓冲轮胎。

（6）为保证过往船只的安全,施工区域两端出入口处均应设立醒目的警示牌;雨雾天气应加强观察瞭望,并对通过施工区域过往船只及时进行引导,以确保安全。

（7）水上作业平台必须配备足够数量的救生圈,作业人员必须穿上救生衣。

（8）实施爆破作业前必须经公安部门审批,并取得批文;火工品的存放、加工及装药、堵塞、连线、起爆均按国家有关规定的程序操作,杜绝违章作业。

（9）爆破作业区附近如有重要建筑设施、电缆、光缆、民居可通过缩小孔径、减少管网面积,加长爆孔钻深和堵塞长度,以控制爆破规模,也可调整炸药单耗、起爆网路分段及爆破方向,控制单响起爆装药量和一次爆破总装药量,以减少爆破振动及飞石对外界的危害。

（10）对爆破区域需保护的建（构）筑物上应埋设测点,进行测震,掌握施爆对建（构）筑物的振动冲击影响,指导爆破方案的调整,确定是否采取特殊防护措施。

8.3.1 防护堤保护

水下爆破区域河道两侧的防洪堤,距爆源很近,应重点予以保护,以减少和防止水下爆破作业时的振动冲击对防洪堤的损坏。经测震资料分析,如需采用特殊措施防护,通常可采用如下两种措施。

（1）设置气泡帷幕。在爆源与防洪堤之间的水底,在爆破振动的低频部位设置 2～3 排横穿水底并钻有许多小孔的软管或钢管,通入压缩空气使之形成气泡帷幕。

（2）防护结构。在爆源与防洪堤之间设置不同形式的防振防冲结构,如:在建筑物底部布置钢筋网、沿着建筑物周围布置草帘、用木材或钢材制成防护栅栏等。

8.3.2 划定警戒范围

施爆前必须通过严密计算划定警戒范围,并得到公安部门的批准;公示警戒线点的位置及警戒信号,配置足够的警戒人员;在施工现场设置各种必要的安全警告标志和信号灯,及时发布临时停航和其他一切安全告示。

8.3.3 掌握气象资料

主动与当地气象部门联系,掌握灾害性气象预报,做好防汛抢险准备工作和汛期施工方案,接受当地防汛指挥部门及业主的领导和调度,确保人身财产安全及工程的顺利进行。

8.4 爆破安全技术措施

8.4.1 严格控制各个环节

钻孔、装药、连接爆破网络、起爆方法等直接影响到爆破作业的安全性,施工工程中,必须对以下各个环节加以严格控制,做到万无一失。

严格按照设计的孔深钻孔,每钻完一孔,均应及时检查,如深度未达设计要求的,应立即加深或补孔。根据设计要求先用 Φ100～120 的钻头,保证装有乳化炸药的塑料护管（Φ70～95）不受孔壁的摩擦,并使其安全置入孔底。

对符合设计要求的钻孔,可按照设计的装药量进行填置,并由专门人员记录,防止少装和过装现象;采用复式非电起爆网络,爆破员在爆破以前应按设计装置和连接好的起爆网路,并做好记录,同时并由技术人员在现场监督实施,做到双层把关。

起爆方法采用电雷管起爆法,指挥长在确认警戒与安全无误后,发出起爆命令,由起爆员起爆。

8.4.2 爆破振动速度计算

爆破振动速度计算公式为:

$$V = K(Q^{1/3}/R)^a$$

式中:V 为介质点振动速度,cm/s;Q 为装药量(齐发爆破的总药量;毫秒微差爆破或秒差爆破时取最大一段装药量),kg;R 为爆源至被保护物的距离,m;K 为与介质性质、爆破方式等因素有关的系数,根据岩石性质,取85。

8.4.3 个别飞散物安全允许距离

个别飞散物安全允许距离根据《爆破安全规程》(GB 6722—2003)中的要求确定,如表3所示。

表3 爆破个别飞散物对人员的安全允许距离

爆破类型和方法	个别飞散物的最小安全允许距离	
水下钻孔爆破	水深小于1.5 m	与地面爆破相同
	水深大于6.0 m	不考虑飞石对地面或水面以上人员的影响
	水深1.5~6.0 m	由设计确定

根据在东苕溪德清县境内内河进行的3次水下钻孔爆破的实践经验,针对水深1.5~6.0 m的浅水区域条件下,本工法技术小组提出以下爆破个别飞散物对人员的安全允许距离:

(1)水深≤2.0 m,一个临空面时,最小安全距离为100~200 m;

(2)水深≤2.0 m,两个以上临空面的阶梯爆破时,最小安全距离为200~300 m;

(3)水深在2.0~4.0 m,最小安全距离为100~200 m;

(4)水深在4.0~6.0 m,最小安全距离为50~90 m。

实践表明,当水深超过6.0 m时,无论哪种爆破方式,装药量小于250 kg时,飞石很难飞出水面。

8.4.4 水中冲击波安全距离计算

水下爆破冲击波的安全判据和安全允许距离根据水域情况、药包设置、覆盖层厚度以及保护对象情况而定。在水深不大于30 m的水域内进行水下爆破,水中冲击波对人员与船舶的安全允许距离应遵守《爆破安全规程》的特别规定。

(1)对人员,按《爆破安全规程》要求确定,如表4所示。

表4 对人员的水中冲击波安全允许距离

装药及人员状况		炸药量(kg)		
		≤50	>50~≤200	>200~≤1 000
钻孔装药(m)	游泳	500	700	1 100
	潜水	600	900	1 400

(2)对船舶,客船1 500 m;施工船舶按《爆破安全规程》要求确定,如表5所示。

表5 对施工船舶的水中冲击波安全允许距离

装药及人员状况		炸药量(kg)		
		≤50	>50~≤200	>200~≤1 000
钻孔装药(m)	木船	100	150	250
	铁船	70	100	150

本工法在所用的工程中,实施毫秒微差爆破时取最大一段装药量,通常控制在 250 kg 以内。

对于爆破飞石影响范围内的重点建筑物的重要设施,同时采取以下措施:①利用橡胶带在水下孔口部位进行覆盖;②减小孔排距,增大孔口堵塞长度,使炸药主要集中在孔底部。

8.4.5 爆破对周围环境的影响及采取的措施

水下爆破工程重点考虑周围有无重要的建(构)筑物,有无公路,有无需要特别保护的物体,整个爆破过程中,主要考虑的是个别飞石对人员的危害。水下钻孔爆破作业期间,根据规范与当地公安部门的要求,施工地段附近所有人员必须撤离到 300 m 警戒范围以外,并加强警戒力量,以确保安全。

8.5 安全警戒措施

(1)爆破作业涉及人身、财产和设施的安全,事前必须经过公安部门审批,并取得允许爆破的批复。

(2)报批前,施工单位和业主应详细踏勘现场,划定警戒范围,并同各方协调好爆破的作业时间,经当地公安部门和航管部门批准后,方能实施;同时成立由业主、监理、公安、航管部门、当地政府、施工单位联合组成的爆破指挥部。

(3)施工现场设置"爆破区域,闲人免入"安全警告标志和爆破通告,航道内应按照航管部门的要求设置临时停航警示牌。

(4)在主要交通道口设立警戒点和醒目标志,并配置一部对讲机,每一警戒点不少于两人。警戒人员应佩戴袖标、口哨,手执小红旗。实施爆破作业时,水上航道由航管部门进行警戒并实施临时停航。

(5)每次爆破前均应张贴安民告示,明确警戒范围、警戒标志、音响信号的意义,以及发出信号的时间和方法。

(6)爆破施工前,请业主协调航管部门发布临时断航通告。

(7)爆破前,必须同时发出音响和视觉信号。

第一次信号:预备信号。在起爆前 30 min 发出,同时将与爆破无关的人员、船只全部撤离到安全地点,河道由航运部门指挥断航,露天设备应撤离或采取有效措施防护。警戒人员应及时到达警戒地点开展工作。

第二次信号:起爆信号。经确认人员、设备、船只全部撤离危险区后,由警戒人员向指挥部报告,指挥部在确认具备安全起爆条件后,下达起爆指令。

第三次信号:警戒解除信号。水下爆破作业完成后 15 min,爆破员和安全员进入爆破现场检查,经确认安全后,发出警戒解除信号。在没有发出警戒解除信号前,各警戒人员应坚守岗位,禁止其他人员进入现场。

9 环保措施

(1)水下钻孔爆破施工,根据浙江省爆破器材专业配送和当天必须返库的要求,故不会发生运输和储存的环保问题。运至现场后,严格按照爆破设计要求逐孔装药,通过竹片绑扎乳化炸药的方式确保装药到位。其装药过程中因是长条塑料袋外包,故也不会发生爆前产生的污染问题。

(2)水下钻孔爆破施工产生的石渣,尽量做到回收利用和挖填平衡,按合同指定弃料场地堆放整平,不得任意陆上裸露弃置;船机机械设备产生的废液应按规定经处理达标后排放,切实保护好河道水源。

(3)施工区域周边的土地、河流、植物、树木及建(构)筑物等,应尽力维持原状,不得让有害物质(含燃料、油料、化学品等,以及超过允许剂量的有害气体和尘埃、弃渣等)任意堆置、侵占和污染。

（4）严格遵守国家有关环境保护和水土保持的法令、法规，严格控制和减少施工期间的污水、粉尘及空气、噪声污染，采取各种有限的保护措施，减少和防止可能发生的土壤冲蚀，严格控制水土流失。科学、合理地组织施工，将施工期间对周围环境和河网水域的污染减至最小程度。

（5）生活区内，应在醒目的地方悬挂保护环境卫生标语，设置足够的临时卫生设施，及时清扫；生活垃圾应实行定点堆放，及时清理和运至指定地点进行掩埋或焚烧。

（6）施工临时占地，在竣工后应及时予以清理，尽量恢复使用前的面貌，对开挖的坡地、坡面应做好复绿工作。

（7）工程完成后，必须拆除一切施工临时设施和生活设施，并及时清理平整，做到工完、料尽、场地清。

10　效益分析

10.1　主要成果

通过河（航）道水下爆破施工，极大地满足了河（航）道的行洪和通航要求，无疑对活跃杭嘉湖地区船舶运输业经济发展和河道综合开发起到不可估量的巨大作用，将产生较大的生态、经济效益和社会效益。

10.2　经济效益

与常规的修筑围堰、江河截流和干地法钻孔爆破施工相比，采取不截流断航的水下爆破作业，由于可节省上下围堰的修筑、抛石、筑堤、土工布铺筑、基坑排水和围堰清除等工序，又不会造成停航损失，故水下爆破的作业工期较常规干地钻孔爆破施工总工期可相应缩短 $1/3 \sim 1/2$，施工成本也可大幅度降低。

现以截流断航、陆地钻孔常规爆破施工的湖州西苕溪旄儿港腊山段，与采用水下爆破作业的德清大闸上游两侧连接段进行工期比较（见表6）。因两者的爆破方量较为接近，具有可比性。

表6　德清大闸上游两侧连接段和旄儿港腊山河段爆破工期比较

作业河段	作业起讫时间（年-月）	总工期（月）	水下爆破工程量（万 m³）	作业起讫时间（年-月）	爆破工期（月）	岩质类别	平均远距（km）	作业方式	优缺点比较
德清大闸上游两侧连接段	2003-05 ~ 2004-08	6	5.07	2005-01 ~ 2005-06	6	V	5.0	水下钻孔爆破施工	不断航
旄儿港腊山段	1990-12 ~ 1992-05	17	6.0	1991-10 ~ 1992-05	17	VIII	0.35	常规方法（截流后钻孔爆破施工）	需断航8个月

经计算：3 个水下钻孔爆破试验作业河段，其 1 m³ 岩石水下钻孔爆破的成本比干地法常规爆破施工的可节约 27.4 ~ 31.02 元（见表7、表8），只相当干地钻孔爆破施工成本的 77.24% ~ 74.24%。3 个水下钻孔爆破试验段 10.83 万 m³ 石方，累计节省爆破成本315.10万元，平均每 1 m³ 水下石方开挖可节约成本29.2 元，节省24.25%，经济效益十分显著。

表 7 西苕溪旄儿港腊山段爆破作业成本分析

作业地段	石方量（万 m³）	爆破成本（元/m³）	比例（%）	其中爆破单价（元/m³）	爆破成本比例（%）	其他成本（元/m³）	其他成本比例（%）	价格时段	作业方式
旄儿港腊山段	6.0	120.4	100	44.13	36.65	76.27	63.35	按 2004 年平均价格	干地法截流施工

注：腊山段其他成本含修筑围堰、堆渣、抛石、土堤、铺设土工布及拆除费用 30.01 元/m³，基坑排水 1.25 元/m³，停航损失（增加绕道 5 km 的费用）45 元/m³，但未含爆破石方的清渣、运输、装卸、整平等费用。

表 8 3 个水下钻孔爆破试验作业段水下爆破成本分析

作业地段	工程量（万 m³）	作业成本（元/m³）	比例（%）	其中爆破单价（元/m³）	爆破成本比例（%）	其他成本（元/m³）	其他成本比例（%）	主材价格（元/t）		爆破时段（年-月）	与干地法裸露爆破相比	
								炸药	柴油		节省成本（元/m³）	节约资金（万元到
德清大闸上游两侧连接段	5.07	89.38	100	67.97	76.05	21.41	23.95	6.1	3.1	2005-01 ~ 2005-06	31.02	157.27
小东山段	3.24	93	100	68	73.12	25	26.88	6.5	3.1	2003-10 ~ 2004-03	27.4	88.78
枯柏树段	2.52	93	100	68	73.12	25	26.88	6.5	3.1	2003-12 ~ 2004-02	27.4	69.05

注：本栏其他成本中含清渣、运输、装卸、整平等费用。

10.3 社会效益

（1）采取半河道封闭式钻孔和水下爆破作业方式，由于无须全线断流停航，因此能基本满足正常的行洪和通航要求。

（2）通过导流港的全线拓浚，特别是有效拓宽了 3 个瓶颈地段的水下石方，从而使这些瓶颈地段的河宽从原来 30 m 增加到 60~65 m，河底高程也从原来的吴淞 0 m 高程降到吴淞-3.5 m，德清段导流港的行洪能力也从原设计的 300 m³/s 提高到 550 m³/s 以上，最大实测流量已达 1 000 m³/s 左右，故具有显著的行洪、防洪效益。

（3）通过导流港全线拓宽浚深，并彻底清除了 3 处瓶颈河段的水下暗礁、滩地，使河道平均水深增加了 2 m 以上，航道等级也从原来 V 级提高到 IV 级，并能满足 500 t 级运输船只的正常通航。

10.4 生态效益

与干地法截流钻孔爆破作业方式相比，水下爆破对周边环境的影响破坏相对要小，其主要生态效益和景观效益如下：

（1）结合导流港全线拓浚，并通过 3 个水下石方开挖河段 10.83 万 m³ 水下石方和近 20 多万 m³ 的水下淤泥的开挖，使沉积多年的内源性污染源得以彻底清除，原已泛滥成灾的水葫芦也得到了有效的控制,河流水体的自净化、自修复、自调节的功能也大大提高。

(2)根据循环经济的原理,通过挖填平衡,利用废弃渣土就近筑堤修路,不仅使弃土物尽所用,而且为该河段东大堤40 m宽的堤路、林带建设作出了贡献。

(3)通过3个水下石方段瓶颈阻水地段的拓宽浚深,河道的形态和生态景观得到了显著的改善。

11 应用实例

11.1 德清大闸上游两侧连接段石方开挖工程

东西苕溪防洪一期工程德清大闸上游两侧连接段工程位于德清大闸上游536 m处至德清大桥,全长836 m。该工程施工环境复杂,周围房屋密布,由于房屋距离爆破开挖点距离很近,对控制爆破震动带来很大影响,同时现存的临时便桥、新浇筑的大桥桥墩和架设自来水管的柱墩又需要保护,而且河道通航断面较小,来往船只频繁,施工时要保证河道的通航,都给工程施工带来很大的难度。工程水下爆破石方量5.07万 m^3,总投资额500多万元,于2006年2月动工,2006年8月顺利完工。采用半河道封闭式水下钻孔爆破工法技术,解决了在平原通航骨干河道无法断流停航条件下的施工难题,满足了汛期的正常行洪和航运需求,施工安全得到有效保证,而且加快了施工进度。经水下钻孔爆破施工后,上下游连接段河道底宽从原30 m拓宽至60~65 m,河底高程从原吴淞高程0 m降至-3.5 m,枯水期航道水深也比施工前增加2~3 m,确保了300~500 t级运输船只的安全通行,相应也保证了大闸建筑物的结构安全,航道等级也相应从Ⅴ级提高到Ⅵ级,具有明显的防洪效益和航运效益。

11.2 东西苕溪防洪一期工程导流港拓浚(德清小东山段)石方开挖工程

导流港(湖州市德清段)是湖州市东苕溪北排的主要行洪通道,也是治太十一项重点治理工程之一。德清县洛舍镇小东山段水下石方段3.24万 m^3,河道底宽仅30 m左右,河底高程一般在吴淞高程0 m左右,成为制约东苕溪导流港正常行洪和航运的瓶颈。由于东苕溪导流港是湖州市行洪的骨干河道和重要航道,无法采取断航截流干地法裸爆施工。采用半河道封闭式水下钻孔爆破工法技术,解决了在平原通航骨干河道无法断流停航条件下的施工难题,满足了汛期的正常行洪和航运需求,同时施工安全得到有效保证,而且加快了施工进度。小东山瓶颈河段经水下钻孔爆破施工后,河道底宽从原30 m拓宽至60~65 m,河底高程从原吴淞高程0 m降至-3.5 m,枯水期航道水深也比施工前增加2~3 m,确保了300~500 t级运输船只的正常通行,航道等级也相应从Ⅴ级提高到Ⅵ级,具有明显的防洪效益和航运效益。

11.3 东西苕溪防洪一期工程导流港拓浚(德清枯柏树段)石方开挖工程

导流港(湖州市德清段)是湖州市东苕溪北排的主要行洪通道,也是治太十一项重点治理工程之一。德清县乾元镇枯柏树河段水下石方段2.52万 m^3,河道底宽仅30 m左右,河底高程一般在吴淞高程0 m左右,成为制约东苕溪导流港正常行洪和航运的瓶颈。由于东苕溪导流港是湖州市行洪的骨干河道和重要航道,无法采取断航截流干地法裸爆施工。采用半河道封闭式水下钻孔爆破工法技术,解决了在平原通航骨干河道无法断流停航条件下的施工难题,满足了汛期的正常行洪和航运需求,同时施工安全得到有效保证,而且加快了施工进度,取得了显著的社会、经济、生态效益。枯柏树瓶颈河段经水下钻孔爆破施工后,河道底宽从原30 m拓宽至60~65 m,河底高程从原吴淞高程0 m降至-3.5 m,枯水期航道水深也比施工前增加2~3 m,确保了300~500 t级运输船只的正常通行,航道等级也相应从Ⅴ级提高到Ⅵ级,具有明显的防洪效益和航运效益。

(主要完成人:杨　明　蒋文龙　何建岳　金华强　刘全海)

泥岩及砂岩机械明挖劈裂施工工法

中国水电建设集团十五工程局有限公司

1 前 言

在以往的工程中,一般石方开挖的施工方法就是钻孔爆破法,对于花岗岩、石英岩和石灰岩等坚硬岩石如此,对于泥岩、砂岩等较软弱的岩石来说也是如此。但是,对于泥岩和砂岩这些强度较低的岩石,钻孔爆破并不是唯一的开挖方法。从国内外在地下洞室所采用的盾构机进行的纯机械石方开挖施工方法得到启示,中国水电建设集团十五工程局在工程实践中大胆探索纯机械石方明挖施工方法,并首先在新疆引额济乌渠道工程第Ⅶ标段进行试验,获得成功;然后在新疆引额济乌渠道工程第Ⅲ标段和新疆小山口水电站工程中进一步推广应用,大大提高了石方明挖工程的开挖质量,取得了良好的经济效益。专家论证认为:该施工方法具有较高的技术创新性,与钻孔爆破工法相比较优势突出,能够提高石方明挖质量、降低安全风险、有效地节约施工成本,具有一定的推广价值,并将其命名为泥岩及砂岩机械明挖劈裂施工工法。

2 工法特点

泥岩及砂岩机械明挖劈裂施工工法主要是采用推土机或者反铲裂石器,对泥岩或砂岩等岩石级别较低的工程岩石基础进行纯机械劈裂松动,然后用反铲或者装载机等挖装机械装车运出,从而改变了传统钻孔爆破的石方明挖施工,保证了建基面基础的完整性,避免了爆破可能造成的建基面或边坡的松动破坏,是石方明挖工法的一种技术创新。

3 适用范围

该工法适用于新疆天山和甘肃祁连山等地区的泥岩、砂岩和泥质砂岩等易风化、易泥化的软质岩石开挖。

4 工艺原理

泥岩的岩石等级一般为 Ⅲ ～ Ⅴ 级,饱和状态下抗压强度为 1.2 ～ 3.0 MPa,软化系数 0.2 ～ 0.3,抗剪强度 $C = 0.04 ～ 0.4$ MPa,内摩擦角 $\varphi = 29° ～ 32°$。在干燥状态下抗压强度和抗剪强度较高,但是在空气中外露时风化很快,大约 2 h 以后表层就开始风化,产生干缩裂缝,甚至松散掉块,但表层 5 ～ 10 cm 以下仍然坚硬;如用钻孔爆破的方法却又难以成孔,而且爆破效率低。尤其是遇水浸泡后,1 ～ 2 h 内就会崩解变软,在机械外力作用下很容易成为泥状。

砂岩的抗压强度较高,但是抗剪强度较低,岩石等级为Ⅳ ～ Ⅴ级,它的特性也是表面外露时风化极快,遇水后表层强度变低,在外力作用下很容易破坏,甚至变成松散的砂子,非常有利于机械劈裂开挖。

本工法充分利用泥岩、砂岩和泥质砂岩等岩石特性,将反铲挖掘机上的铲斗更换成相配套的裂石器,将岩石逐层劈裂钩松;也可以利用大功率推土机后面的裂石器进行石方劈裂钩松,然后采用反铲或装载机装车运出。每层钩松厚度一般为 30 ～ 50 cm,当泥岩、砂岩被水浸泡后更容易开挖,每层的钩松深度可以达到 80 ～ 100 cm。相对推土机后面的裂石器而言,反铲裂石器的钩松深度容易控制,尤其是在接近建基面和岩石边坡时,开挖质量更容易控制。因此,本工法采用反铲裂石器进行机械明挖劈裂施工。

5 施工工艺及操作方法

对于地下水位以上的石方明挖,将开挖工作面分成2个条带,每个条带宽度6~8 m、纵向长度30~50 m。配置1台反铲裂石器、1台反铲和3~5辆自卸车。首先,反铲裂石器在第一个条带钩松岩石,开挖深度基本保持在相同的深度,且要尽可能深,最大限度地发挥裂石器的功效;待完成后转入第二个条带。然后,反铲开始在第一个条带装车,配备的数辆自卸车将石渣运输到弃渣场。

对于地下水位以下的石方明挖,首先,采用反铲裂石器开挖集水坑和排水沟,将地下水通过这个排水系统集中起来,采用水泵抽出基坑以外以降低地下水位。集水坑一般布置在开挖线以外,避免影响结构混凝土施工;排水沟也应布置在开挖线或者结构线以外,上下游各开挖一条,并形成一定的纵向坡比,便于排水沟中的水集中流向集水坑,使岩石明挖工作面尽可能保持干地施工,否则,运输车辆将处于泥泞之中,难以行走。然后也应将工作面划分为2个条带,其他作业方法跟上面基本相同。

靠近设计边坡的位置,应该预留20 cm左右先不要挖,向下开挖2.5~3 m后上下部位均认真施放开挖边线,进行一次集中边坡修整。实践证明,这样做开挖出来的边坡会非常平整漂亮。

6 施工设备

首先选择购买与自己所使用的反铲挖掘机型号匹配的裂石器,然后取掉反铲小臂与铲斗之间的连接销子,拆掉铲斗,将匹配的裂石器装上。譬如:神冈反铲上安装的裂石器,长度约1.4 m,质量500 kg左右;CAT320反铲上安装的裂石器长度约1.2 m,质量400 kg左右。反铲裂石器主要由钩身和钩齿两部分构成,材质主要为锰钢,价格都在2万~3万元。1台反铲裂石器、1台反铲和3~5辆自卸车可以组成一个作业班组,完成从钩松到开挖运输的全过程工序。一般条件允许的情况下,最少配备2个这样的作业班组,从而加快石方明挖的施工进度。

7 质量控制

采用机械劈裂法进行石方明挖相对于钻爆法质量更容易控制。从新疆小山口项目右坝肩岩石边坡和趾板混凝土建基面开挖,平整度和超欠挖情况比钻爆法开挖的质量要好得多,尤其是在混凝土趾板基础开挖的过程中,要求施工人员用水准仪随时监测开挖的高程,将岩石建基面开挖控制在±10 cm以内,有效地保证了岩石开挖基础面平整度和超欠挖满足施工规范的要求。这提高了石方明挖的施工质量,避免了可能造成的超欠挖,实际工程量与设计量偏差在规范允许范围之内。

8 安全措施

8.1 职业健康安全管理

在施工过程中,项目领导和所有作业人员都必须坚持"安全第一,预防为主"的原则,制定切实可行的安全生产规章制度,层层落实安全生产责任制,做好班前安全教育,提高员工的安全意识,实现安全生产的目标。通过安全教育培训,提高施工人员的安全意识和自我保护意识;由项目部安全生产领导小组组织对施工现场进行全面的安全检查,发现隐患及时整改,确保施工现场安全生产管理始终处于可控状态。

8.2 施工机械安全管理

在反铲更换裂石器的过程中以及机械劈裂石方明挖施工过程中,存在一定的施工机械安全风险,也应作为安全生产管理的重要环节之一。因此,施工企业项目负责人必须高度重视,尤其是反铲和运输车辆要制定详细的安全操作规程,要求机械驾驶人员持证上岗,严格按照操作规程作业,对违反安全生产规章制度的作业人员严肃查处。

相对于钻孔爆破施工工法,泥岩及砂岩机械明挖劈裂施工工法将安全风险减少到最低,将会给企业节约很大一部分安全成本。尤其是避免使用炸药、雷管等火工材料,减少了对社会稳定的安全风险,更有利于安全生产管理。

9 环保与资源节约

假若采用钻爆法施工往往需要使用潜孔钻,而潜孔钻必须采用干式钻进,用高压风将石屑吹出来;石方爆破也会给空气中增添更多的有害气体和粉尘。因此,钻爆法施工常常会造成较大的空气污染,不易达到节能环保的要求。但是,采用机械明挖劈裂施工工法就很少造成扬尘,避免了对空气的污染,在环保方面具有很好的社会效益。

10 效益分析

本工法施工的效益分析如下:

(1)根据以往工程采用钻孔爆破工法的经验,采用纯机械石方明挖工法可以节省办理火工材料申请办证费用和炸药库建库费用约 24 万元;按 2 年工期计算,平均每人月工资 1 500 元计,每年减少库管员(1 人)、保安员(2 人)和押运员(1 人)等人工费用约 14.4 万元。

(2)经过测算,采用泥岩及砂岩机械明挖劈裂施工工法与钻孔爆破的施工工法相比,节约施工成本超过 43%,经济效益非常好。

(3)由于该工法减少了火工材料的使用,所以大大降低了安全事故的发生概率,将会给企业节约很大一部分安全成本。尤其是在新疆这样的边疆地区,工程所用的炸药、雷管等火工材料如流失,对社会稳定的影响非常大。该工法不使用火工材料也就减少了对社会稳定的安全隐患,也是一种社会效益。

11 应用实例

11.1 新疆小山口水电站工程概况

新疆小山口水电站位于巴音郭楞蒙古自治州和静县境内,是开都河梯级开发的第十级电站,装机容量 49.5 MW,属中型 3 等工程,工程主要任务是发电,实际装机 60 MW。枢纽工程由大坝、表孔溢洪道、坝后式发电厂房和尾水渠等部分组成。大坝为混合坝型,由右岸混凝土砂砾石面板坝与左岸混凝土重力坝组成。

土建工程分为三个标段,分别由中国水电建设集团十五工程局、第六工程局和安能公司三家单位承建;机电安装工程标段由中国水电建设集团第四局承建。十五局承建的混凝土面板坝总长度 970 m,最大坝高 37.6 m,坝顶高程 1 320.6 m。主要工程量为:一、二期围堰开挖 22.57 万 m³,填筑 51.59 万 m³;坝基土方开挖 112.74 万 m³,石方开挖 19.2 万 m³,砂砾石坝壳填筑 123.9 万 m³,各种特种料填筑 42.6 万 m³,面板和趾板混凝土 3.5 万 m³。

19.2 万 m³ 的石方明挖主要是右坝肩和趾板混凝土基础石方开挖,其中右坝肩开挖为地下水位以上石方明挖,趾板基础全部在地下水位以下的石方明挖。

11.2 施工情况

2009 年初,在进行石方明挖的施工组织设计时,开始也是首先考虑采用常规的钻孔爆破工法,但是,新疆这样的边疆地区火工材料的建库、使用的审批手续一直都很烦琐,加上 2009 年又是我们新中国成立 60 周年大庆,所以火工材料的审批非常严格,要想办理炸药手续必须到县级、州级和自治区的公安局、安检局等多个单位进行审批,非常难。因此,考虑利用当地泥岩、砂岩相对软弱的性质,放弃钻孔爆破法,而采用机械明挖劈裂施工工法进行施工。

首先采用 HP220 推土机尾部的松土器进行石方开挖试验。由于松土器是三个钩齿,而且长期使用,后钩齿比较钝,一次只能钩松 5 cm 左右的岩石。在 20 m×50 m 的范围内作业 2 h,也才开挖掉 10 cm 厚度,效果不够理想,无法达到大量石方开挖的目的。

然后,联系来了一台反铲携带的破碎锤,经过两天的开挖试验发现:这种破碎锤对泥岩上部砂卵石胶结层松动有一定的效果,但是,对于泥岩松动的效果不理想,每冲击一次只能钻一个孔洞,反铲还是不能顺利开挖装车。

经过多方了解,找到一种在反铲上配置的钩斗,先在 1.2 m³ 的"神冈"反铲上安装后使用,每次能够将坚硬的泥岩或砂岩钩松 30～50 cm,开挖速度比较快。因此,决定采用这种方法进行泥岩和砂岩的开挖。因为这种钩斗能够顺利开挖岩石,所以称其为裂石器。

试验成功后,根据 CAT320 反铲型号购买了一套裂石器,马上投入工程实践,大大加快了面板坝趾板岩石基础开挖的施工进度。这种在施工设备方面的大胆尝试,彻底打破了石方明挖一定要采用钻孔爆破法的传统思维方式,开辟了一条石方明挖的新思路,形成了新的施工工法——机械明挖劈裂施工工法。

11.3　经济技术比较

11.3.1　施工质量方面

采用钻爆法进行岩石开挖时,一般情况下,为了保证边坡和基础岩石不被爆破冲击波震动破坏,边坡都要采用预裂爆破,基础则采用预留保护层的方法。预裂爆破控制得好的话,边坡开挖质量还是能够得到保证的。但是,趾板混凝土基础保护层开挖就不是那么容易掌握了,预留保护层厚则常常造成欠挖较多的现象,但是不预留保护层,则往往超挖就比较多。因此,很难保证建基面开挖平整度的质量要求。

采用机械明挖劈裂施工工法相对于钻爆法质量更容易控制,从新疆小山口项目岩石边坡和混凝土建基面开挖的施工实践中可以看出:开挖的建基面平整度和超欠挖情况均能够控制在 10 cm 以内,满足石方开挖施工规范要求,从而解决了因超挖量过大而造成的混凝土实际浇筑量与设计工程量相差较大的问题。

11.3.2　施工进度方面

机械法开挖与钻爆法开挖的进度情况,通过小山口水电站工程右坝肩石方开挖工程实例做一比较。

2009 年 9 月 1 日开始采用 1 台反铲裂石器配 1 台反铲进行右坝肩石方开挖,至 10 月 12 日结束,其中 9 月 8～18 日配备裂石器的神冈反铲因机械故障停产 10 d,所以工作时间共计 32 d,开挖岩石工程量为 33 000 m³,平均每天 1 031 m³。

从 10 月 13 日开始进行钻孔爆破,然后反铲配自卸车装运。截至 10 月 30 日完成右坝肩石方开挖,共进行了钻孔爆破 3 次,岩石开挖共计 17 600 m³,平均每天 1 035 m³。

由此可见,对于这种泥岩和砂岩来说,采用泥岩及砂岩机械明挖劈裂施工工法与传统的钻爆法进行石方明挖施工进度没有明显差别。

另外,在地下水位以下作业时,采用钻爆法进行石方开挖,钻孔时往往比较困难,遇到砂岩夹层时可能还会出现卡钻的现象,影响施工进度;爆破使用的药卷需要更换成本更高的乳化炸药;尤其是地下水排水非常困难,造成钻孔作业和装药连线都很困难。但是,采用纯机械石方明挖方法就很容易开挖周边排水沟,保持作业面基本处于干燥状态,使作业变得更加容易,大大加快了施工进度。

11.3.3　施工安全方面

泥岩及砂岩机械明挖劈裂施工工法除机械设备存在一定的安全隐患外,不存在其他的安全隐患。但是,采用钻爆法进行石方开挖时,存在安全隐患就非常多。首先,炸药库是工程中最重要的危险源,存在较大的安全隐患,炸药、雷管等火工材料的运输存在很大的安全隐患;其次,在爆破区装药、连线和爆破时,以及处理哑炮的过程中,都存在很大的安全隐患,给施工安全增加了许多不确定性因素。当然,爆破后机械开挖运输同样存在机械设备运行安全隐患,这一点与机械明挖劈裂工法没有什么不同。

11.3.4 成本控制方面

施工组织设计中右坝肩石方开挖计划采用钻孔爆破方法,经过与一家成熟的钻爆公司进行合同谈判商定:不含反铲开挖和车辆运输,仅石方钻爆合同单价为 12.6 元/m³。右坝肩石方开挖工程量约 17.6 万 m³,钻爆成本 17.6 万 m³× 12.6 元/m³=221.76 万元。

机械明挖劈裂施工试验成功后,我们对该工法的施工成本进行了核算:一个反铲裂石器的购买成本加上运输费用总共不到 3 万元,1 个钩齿大约 300 元,小山口水电工程右坝肩石方开挖的 1 个多月里共用了 8 个钩齿,费用共计 2 400 元。暂不计入反铲开挖和车辆运输的费用,开挖岩石 33 000 m³ 的成本平均下来约为 2.3 元/m³。况且,这个裂石器在今后还能够大量使用,所以成本远远小于 1 元/m³。

显而易见,采用泥岩及砂岩机械明挖劈裂施工工法比钻爆法开挖施工成本要低很多,每立方米节约 12.6-2.3 元/m³=10.3 元/m³。本标段施工合同中,石方开挖工程量为 19.20 万 m³,石方明挖单价是 23.6 元/m³,因此节约施工成本 10.3 元/m³÷23.6 元/m³=43.6%;假若小山口水电站工程面板坝标段的石方明挖全部采用机械明挖劈裂工法开挖,那么本标段工程将节约施工成本总计 19.20 万 m³× 10.3 元/m³－197.76 万元,经济效益非常明显。

（主要完成人:王保国　刘军强　武鹏翔　吴　莉　高小红）

PHQZJ-Ⅰ排振滑模式坡面砌筑机
混凝土施工工法

河北省水利工程局

1 前 言

南水北调中线干线工程渠段地质条件变化较大,渠道衬砌结构、坡长、坡比差异较大,分缝较多,对过水断面混凝土衬砌厚度、表面平整度、密实度等设计指标要求较高,采取传统的渠道人工跳仓施工方法和工艺,以及采用美国高马克(Gomaco)公司、意大利玛森萨(Masser)公司研制的渠道衬砌机,都无法达到目前南水北调中线工程设计坡长和衬砌质量的要求,在有限施工工期内很难按期保质保量完成施工任务。根据南水北调工程渠道衬砌质量要求,研制适合南水北调中线要求的大型渠道砌筑设备及坡面机械化砌筑混凝土施工工艺,是当前南水北调中线施工中迫切需要解决的问题。

针对国内外已有衬砌设备生产周期长,价格昂贵,操作复杂,组装与拆装周期长等诸多问题。河北省水利工程局在 2005 年 10 月立项研究大型坡面混凝土砌筑设备及坡面机械化砌筑混凝土施工工法。通过课题研究解决了以下方面的问题:

(1)解决了南水北调中线工程渠道坡面砌筑混凝土在平整度和厚度保证率方面超规范要求的难题,满足了不同坡长和坡比机械化衬砌质量和伸缩缝预留等要求。

(2)解决了渠道砌筑混凝土底层振捣密实度和表面出浆的难题。

(3)解决了购买衬砌设备投入大、运行与维护成本高、组装与拆移难度大等问题,达到操作简单、安全可靠、节省资金、降低运行费用、加快施工进度的目的。

2009 年 9 月 3 日,河北省水利工程局向中华人民共和国国家知识产权局提出专利申请。水利部综合事业局随后在河北省石家庄市主持召开产品鉴定会,对河北省水利工程局研制的"排振滑模式坡面砌筑机"产品进行鉴定。经过中华人民共和国国家知识产权局依照中华人民共和国专利法进行审查,授予了专利权,颁发了专利证书。专利名称为一种大跨度混凝土坡面砌筑机,国家发明专利号为:ZL 2009 10075288.8。

本工法已经在南水北调中线京石段应急供水工程(委托河北建设管理项目)、南水北调中线一期工程京石段应急供水工程(石家庄至北拒马河段)、南水北调中线干线工程天津干线工程天津段、南水北调中线一期总干渠安阳段、南水北调中线干线工程漳河北至古运河段等南水北调工程中得到应用和推广。

2 工法特点

与国外同类渠道机械化衬砌施工技术和国内机械化衬砌技术在南水北调工程山东省济平干渠工程施工过程首次应用相比较,该工法解决了不同地质条件(沙土、沙壤土、壤土、沙砾石、膨胀土、湿陷性黄土)、不同坡比(1:1、1:1.5、1:1.75、1:2、1:2.5、1:2.75、1:3)、不同结构型式(保温板+复合土工膜+混凝土、砂砾石垫层+复合土工膜+混凝土、粗砂找平层+复合土工膜+混凝土、混凝土)和不同材料(保温板、复合土工膜、聚乙烯闭孔泡沫板、聚硫密封胶)、施工检测检验和质量评定标准——削坡平整度(2 m 靠尺允许偏差:拟铺设砂垫层 20 mm/2 m;其他情况 10 mm/2 m)、衬砌厚度(允许偏差:设计值的 -5% ~ +10%)、坡面平整度(≤8 mm/2 m)、伸缩缝顺直度

（≤15 mm/20 m）、密实度等设计指标要求。针对不同季节、不同施工环境,本工法也提出了渠道衬砌施工中衬砌机的衬砌速度、振捣时间、抹面压光的适宜时间和遍数等衬砌施工参数,为合理配置各种资源提供了依据。

随着南水北调东线和西线工程的开展,水利大坝、河道堤防等混凝土护坡工程的施工,本工法也将逐步代替原有施工方案。

3 适用范围

本工法适用于不同地质条件、不同坡比、不同结构型式、不同材料和不同衬砌厚度(目前南水北调边坡衬砌厚度为 10 cm、12 cm 或 15 cm)的梯形断面素混凝土衬砌、水利大坝、河道堤防等混凝土护坡工程的施工。

4 工艺原理

排振滑模式坡面砌筑机为集受料、运料、布料、铺平、振捣、提浆、出面、行走等多个功能为一体的坡面混凝土衬砌设备,动力传动方式为电动机传动,包括皮带输送机、螺旋布料机、振捣系统、整机运行、升降系统等。适应多种坡度及坡长坡面混凝土跳仓浇筑、连仓浇筑。

4.1 主要组成部分

排振滑模式坡面砌筑机主要包括行走机构、机架、皮带输送机、升降机构、摊铺系统、辅机及电气控制系统(见图 1)。

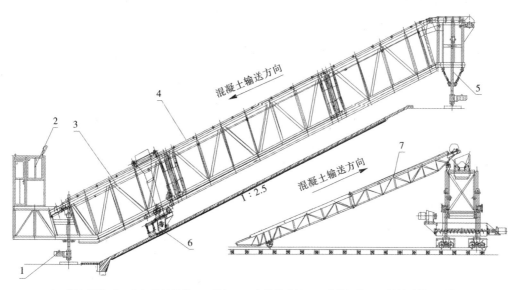

1—行走机构;2—电气控制系统;3—机架;4—皮带输送机;5—升降机构;6—摊铺系统;7—辅机

图 1 排振滑模式坡面砌筑机

4.2 砌筑机基本参数设计

(1)布料宽度为 3 m,布料斗宽度确定为 2 970 mm,两侧各留 15 mm;

(2)布料电机采用电磁调速装置,最大速度为:6 m³,混凝土拌和运输车卸料能力为:6 m³/8 min=0.75 m³/min;

渠坡每块砌筑混凝土量为(以南水北调中线干线京石段应急供水工程 S15 标为例):18.9 m(坡长)×3 m(宽)×0.1 m(厚)=5.7 m³;

每块衬砌时间为:5.7 m³/0.75 m³/min=7.6 min;

砌筑机沿坡面方向布料线速度为:18.9 m/7.6 min=2.5 m/min;

设计时取摊铺机布料线速度最大为：$v=3$ m/min。

4.3 振捣方式设计

砌筑机振捣采用排振滑模式，在 3 m 方向上均匀布置 10 根振捣棒。振捣棒选用 AT49 型电动自振振捣器，频率为 12 000 r/min。振捣棒布置见图 2。

图 2　振捣棒布置示意图

该振捣方式振捣效果好，混凝土密实度高、表面出浆好，可以减轻后续表面处理工作量。

4.4 电气设计

采用集中控制，控制室设在主皮带机梁底节顶部，主要控制大车行走、摊铺振捣系统、皮带机运行及整机升降等功能。

4.4.1 系统行走电气控制设计

行走系统由 4 台 1.5 kW 锥型转子电动机、变速系统及箱体组成，其行走速度为 5 m/min，控制系统采用分级控制方式，既可实现上、下行走电动机的同步，以实现直渠段坡道的衬砌，又可以实现上、下行走电动机的分步，以实现弯渠段坡道的衬砌，机动灵活，可靠性高。

4.4.2 整机升降电气控制设计

整机升降采用 4 台 25 t 升降机来实现，升降电机为 4 台 2.2 kW 电动机，电机同升降机间采用 V 带传动。由于衬砌机轨道辅设不可能十分平整，在设计时对 4 台升降机既可统一控制，又可单独控制，以调整轨道平整度误差。

4.4.3 运行指示及故障指示方面电气控制设计

系统在运行指示方面简洁明了，针对各子系统所运行的状态随时进行监测，为操作人员能够正确执行命令创造了条件，同时为机械设备故障判断提供了依据。在振捣方面，能够确切地反映每根振捣棒的实际工作状态，当发生过载或振捣电动机损坏时，故障指示灯熄灭，这样值班操作人员能够及时了解到故障信号，避免漏振现象发生，确保混凝土的振捣效果。

系统在故障应急切除方面采用紧急停止操作，及时切断电源主回路的应急处理办法，确保迅速断电，提高了机械设备安全操作的可靠性。在安全运行方面，针对摊铺系统的运行方式及运行规律，在摊铺系统有效运行范围内设置了上、下行程限位开关，避免了由于人为操作失误对机械设备造成伤害。

4.5 关键技术和创新点

4.5.1 采用排振滑模振捣方式

砌筑机振捣采用排振滑模式，在 3 m 方向上均匀布置 10 根振捣棒。振捣棒选用 AT49 型电动自振振捣器。本设备利用多个自振式振捣棒组成振捣排插入混凝土内，对混凝土进行深层振捣和表面提浆，保证了混凝土整体密实度和表面浆液丰富。

4.5.2 垂直轴线方向布料

砌筑机采用垂直轴线方向布料，每次布料宽度等于混凝土预留通缝宽度的公约数，解决了顺轴线方向砌筑设备无法预留通缝的难题，实现了预留通缝和跳仓浇筑，减少混凝土切缝工作量，同时解决了坡面混凝土因切缝不及时而造成的应力裂缝问题。

4.5.3 布料系统实现无级变速

布料系统采用变频调速,布料速度可在 0 ~ 3 m/min 内任意调节。这样可以调节振捣棒在混凝土内的行走速度,从而达到对不同配比、不同坍落度的混凝土振捣时间进行调节。布料一般控制在 1.5 m/min,回程时速度可调至最大,减少等待时间。

4.5.4 整机质量轻

整机采用桁架结构,结构紧凑,质量轻,整机质量约 30 t。相比其他设备 40 多 t 的质量约减轻 1/3,对设备倒运减少了工作量,降低了费用。

南水北调中线干线工程建设管理局负责编制的《南水北调中线干线工程渠道混凝土衬砌施工操作指南》中推荐了四种衬砌设备,我局研制的排振滑模式坡面砌筑机就是其中一种,与其他三种设备比较,我局的设备具有以下特点:

(1)在砌筑幅宽内首创多根振捣棒组成可调振捣排,对混凝土进行深层振捣和表面提浆,保证了混凝土实体密实度和表面浆液丰富。

(2)采用垂直渠道轴线方向的砌筑方式,既可连续砌筑,也可跳仓砌筑,满足了渠坡混凝土设计预留通缝的要求,减少割缝工作量。

(3)摊铺系统行走小车采用变频技术,摊铺速度连续可调,保证了振捣排对混凝土的振捣时间及施工质量。

(4)每辐砌筑为一独立程序,其砌筑厚度可单独调整,升降系统既可统一升降,也可单独调整,对轨道平整度要求较低。

5 施工工艺流程及操作要点

5.1 施工工艺流程

排振滑模式坡面砌筑机施工工艺流程如图 3 所示。

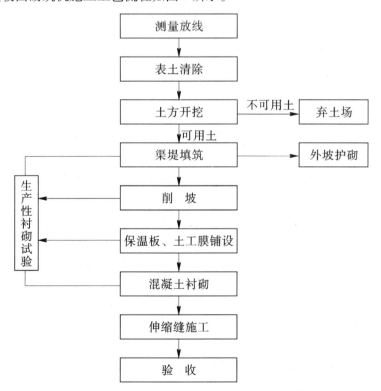

图 3 排振滑模式坡面砌筑机施工工艺流程

5.2 操作要点

5.2.1 一般规定

（1）施工单位应依据本指南和相关规程、规范，并结合工程项目的特点，编制渠道混凝土衬砌施工作业指导书，报监理工程师审批。

（2）施工单位的试验、质检人员应符合合同规定的有关资格要求，并经监理工程师批准后持证上岗。关键工序的作业人员，如削坡设备、渠道混凝土衬砌设备、抹面设备的操作人员应经培训后上岗。质量控制人员应认真、翔实地填写施工质量检验记录，确保施工质量记录资料真实、完整，具有可追溯性。上述人员宜相对固定。

（3）拌和站的生产能力应满足混凝土浇筑强度的要求，混凝土拌和、运输与浇筑作业应匹配。拌和站应有完整合格的计量设施，并有减尘降噪等环境保护措施。排振滑模式坡面砌筑机与混凝土坡面抹光机及工作台车同轨行走，起到挤压抹平、提浆压光等作用。

（4）衬砌施工前应根据合同文件，按照相关规程、规范的规定和要求，进行混凝土配合比试验，并设立满足生产需要的试验室。混凝土配合比既应满足强度、耐久性和经济性等要求，还应满足机械化衬砌混凝土施工的工作性要求，混凝土配合比的砂率宜控制在 35% 左右。配合比报告经监理工程师批准后实施。

（5）渠道混凝土机械化衬砌施工应先进行生产性施工检验，检验段长度一般不小于 100 m。通过生产性施工检验确定衬砌速度、振捣时间、抹面压光的适宜时间和遍数、切缝时间等衬砌施工参数，确定辅助机械、机具的种类和数量，确定施工组织形式和人员配置，制定具有可操作性的施工组织方案。

5.2.2 衬砌设备安装及调试

（1）衬砌机、抹面机、工作台车应同轨，其轨道规格应与衬砌机型式相匹配，轨道平行于渠道中心线铺设，一般上轨道在坡肩模板 0.5 m 以外，下轨道位置在坡脚模板 1.0 m 以外。钢轨宜铺设在枕木或垫板上，枕木或垫板的间距一般控制在 0.8 m 以内。钢轨采用铁道用钢轨，型号 30 kg/m。安装后测量要求轨道中心偏差≤2 mm/m；钢轨接头处高差≤1 mm；轨道不平度每 10 m≤3 mm。

（2）衬砌机轨道铺设的质量是保证衬砌混凝土质量的关键，衬砌机安装完毕应在轨道上反复行走几遍，使轨道处于稳定状态。衬砌机轨道坡降应与渠道坡降保持一致，衬砌前和衬砌施工中应经常校核轨道的方向和高程。

（3）调试应遵循"先分动，后联动；先空载，后负荷；先慢速，后快速"的原则。调试内容主要包括：电控柜的接线是否正确，有无松动；接地线是否接地正常；联结件是否紧固，各润滑处是否按要求注油；调整上下行走装置的伺服系统或频率使其同向、同步；振捣系统能否正常工作。

（4）试车先进行空载试车，应无冲击及较大的周期性噪声。空载试车一切正常后进行负载试车，试车时应先开车后投料，并使物料均匀、连续、缓慢地投入，停车时应先停止加料，待物料排空后再停车。试车过程中要检查运转是否平稳，轴承温度是否过高，未发现异常现象方可正式使用。

5.2.3 模板支立

（1）渠道横向通缝模板宜采用宽度与衬砌混凝土厚度相同、相互连接为整体的槽钢作为侧模；齿槽和坡肩模板优先采用定型钢模板，并与渠道横向通缝模板相连。采用压设砂袋或预制块等固定方法固定模板。

（2）混凝土衬砌施工过程中测量人员须随时对模板进行校核，保证混凝土分缝顺直。

5.2.4 混凝土布料施工

（1）施工过程中，渠道衬砌施工作业人员要分工明确、职责分明、各负其责、协调工作。衬砌过程中作业人员应相对固定。每台衬砌机组主要岗位及职责应绘制成标识牌，悬挂于衬砌机上，衬砌机工作组主要岗位职责见表1。

表 1　衬砌机工作组主要岗位职责一览表

主要岗位	负责人	主要职责
项目部管理	×××	施工组织管理,全过程控制
现场安全员	×××	对渠道衬砌施工中的机械设备、人身安全统筹管理
质检、质控	×××	施工质量检查、过程控制
衬砌机管理	×××	衬砌机机组人员及施工质量管理
测量	×××	对渠道衬砌的高程、轴线跟踪检测
轨道铺设及拆除	×××	对轨道轴距和高程控制及稳定负责
现场混凝土浇筑	×××	对混凝土浇筑厚度及密实度负责
边角处理人员	×××	处理好衬砌边角处混凝土振捣问题
抹面机抹面	×××	对混凝土表面平整度负责
人工压光	×××	对表面平整度、光洁度负责
保湿养护	×××	对混凝土养护质量负责
电工	×××	负责施工现场施工用电线路架设、维护、检修

(2)专人负责指挥布料。布料前质检员对混凝土拌和物进行坍落度和含气量等按有关规范进行检测。混凝土拌和物质量检查频率见表 2。

表 2　混凝土拌和物质量检查频率

检查项目	检查频次
砂子、小石含水率	每 4 h 检测 1 次
粗骨料的超逊径、含泥量	每 8 h 检测 1 次
拌和时间	每 4 h 检测 1 次
坍落度	每 4 h 检测 1~2 次
含气量	每 4 h 检测 1 次
拌和物的温度、气温和原材料	每 4 h 检测 1 次

(3)混凝土搅拌运输车就位后卸料前,可用少许水湿润运输车的下料槽和布料机输送带。运输车辆卸料自由下落高度应不大于 1.5 m。

(4)排振滑模式坡面砌筑机布料沿垂直轴线方向,每次布料宽度等于混凝土预留通缝宽度的公约数,解决了顺轴线方向砌筑设备无法预留通缝的难题,实现了预留通缝和跳仓浇筑,减少混凝土切缝工作量,同时解决了坡面混凝土因切缝不及时而造成的应力裂缝问题。布料系统采用变频调速,布料速度可在 0~3 m/min 内任意调节。这样可以调节振捣棒在混凝土内的行走速度,从而达到对不同配比、不同坍落度的混凝土振捣时间进行调节。布料一般控制在 1.5 m/min,回程时速度可调至最大,减少等待时间。

(5)排振滑模式坡面砌筑机采用皮带输送机布料,混凝土经输送带运至衬砌机的侧面设有分仓料斗,自行式滑动刮刀分料。施工中应设专人监视各分仓料斗内混凝土数量,保持各料仓的料量均匀,防止欠料。开动振动器和纵向行走开关,边输料边振动边行走。施工时应控制布料厚度,松铺系数根据坍落度大小由生产性施工检验确定。当坍落度为 4~6 cm 时,松铺系数宜为 1.1~1.15。

(6)排振滑模式坡面砌筑机振捣采用排振滑模式,在 3 m 方向上均匀布置 10 根振捣棒。振捣棒选用 AT49 型电动自振振捣器。通过自振式振捣棒组成振捣排插入混凝土内,对混凝土进行深层振捣和表面提浆,保证了混凝土整体密实度和表面浆液丰富。

(7)坡肩、坡脚和周边的施工应设专人负责。采用人工辅助布料,用插入式振捣棒或手提式平板振动器进行振捣。坡脚处分两次布料、振捣。插入式振捣棒振捣模板周边时,行走不宜过快。对坡肩及坡脚的折线部分,应以靠尺定型,以使折角整齐,外型美观。对已经拆模的混凝土要注意成品的保护,防止边角破坏。

（8）渠道混凝土衬砌开仓前应填写"渠道混凝土衬砌开仓报审表"（见表3），报验合格后开仓。

表3　渠道混凝土衬砌开仓报审表

（　[　]开仓　号）

合同名称：　　　　　　　　合同编号：

致： 　我方下述工程混凝土浇筑准备工作已就绪，请贵方审批。				
分部工程名称、编号			单元工程名称、编号	
施工起止桩号			部位（左、右坡、渠底）	
计划完成的工程量（m³）			计划施工时段	
申 报 意 见	主要工序		检查结果	
	基面清理检查		（包括土工膜外观全面检查、清理等）	
	细部结构		（包括对渠底、渠肩；与墩柱结合部位；与排水建筑物结合部位的检查）	
	模板支立		（是否牢固、稳定；是否平整、光洁；平面尺寸误差是否合格；预留孔、洞及位置）	
	备料情况			
	混凝土系统准备			
	人力资源配置		（包括操作人员、质量控制人员）	
	安全检查			
	技术交底			
	附：			
	承包人： 项目经理： 日　　期：　　　年　　月　　日			
（审批意见） 　　　　监理机构： 　　　　监理工程师： 　　　　日　　期：　　　年　　月　　日				

说明：本表一式4份，由承包人填写。监理机构审签后，承包人2份，监理机构、发包人各1份。

5.2.5　衬砌施工操作中的注意事项

（1）施工中严格按照生产性施工检验确定的振捣时间、工作速度等参数执行，做到混凝土不过振、漏振或欠振，达到混凝土深层振捣和表面提浆的效果，利于混凝土抹面和整平。

（2）衬砌施工中应专人检查振捣棒的工作状况，若发现衬砌后的板面上出现露石、蜂窝、麻面或横向拉沟等现象，须停机检查、修理或更换振捣棒，并对已浇筑混凝土进行处理。初凝前的混凝土进行补振，初凝后的混凝土进行清除，并采取填补混凝土，重新振捣。

（3）渠坡衬砌的顶部出现缺料、漏振时，应及时人工补料，并采用振捣棒和平板振捣器辅助振捣。

（4）当衬砌机行走前移时混凝土表面出现带状隆起，表明振动碾压小车高度设置有误，应及时调整，并重新碾压。

(5)进入弯道施工,要调整上下轨道行进速度,保证衬砌机始终与渠道上口线保持垂直工作状态。

5.2.6 施工过程中停机时的操作

(1)停机同时应解除自动跟踪控制,升起机架,将衬砌机驶离工作面,清理黏附的混凝土,整修停机衬砌端面,同时对衬砌机进行保养。

(2)当衬砌机出现故障时,应立即通知拌和站停止生产,在故障排除时间内浇筑面上的混凝土尚未初凝,可继续衬砌。停机时间超过 2 h,应将衬砌机驶离工作面,及时清理仓内混凝土。故障出现后浇筑的混凝土需进行严格的质量检查,并清除分缝位置以外的浇筑物,为恢复衬砌作业做好准备。

5.2.7 抹面施工

5.2.7.1 抹面机抹面施工

(1)混凝土抹面机应与衬砌机共用轨道,通过支腿的调节满足衬砌坡比的需要,并应具备自行走系统,保证压光衬砌坡面平整度。

(2)混凝土抹面机采用抹盘和抹片分别抹面。抹盘抹面起挤压及提浆整平功能,抹片起压光收面功能。

(3)坡面混凝土抹面机桁架悬挂电动抹光机,沿衬砌坡面往返抹面。抹面压光在渠道衬砌混凝土浇筑宽度有 3~4 m 时开始。第一次抹面时需安装抹盘,抹盘对衬砌混凝土面进行平整和提浆,将裸露于表面的小石子压入混凝土中。首次抹面时,混凝土表面较软,宜自坡脚至坡肩进行,抹盘以刚好接触到混凝土表面为宜。抹光机每次移动间距为 2/3 圆盘直径。

(4)根据浇筑时间、天气状况、湿度情况,第二次抹面时间一般控制在第一次抹面 15~25 min后。第二次抹面仍需使用抹盘,主要是找平。抹面中随时用 2 m 靠尺检查混凝土表面的平整度,调整抹面机高度及斜度,保证抹盘底面与衬砌设计顶面重合,浆液厚度不应超过 1.5 mm。第三次采用抹片抹面,提高衬砌混凝土表面的光洁度。

5.2.7.2 人工抹面施工

(1)施工中应选用工作台车作为人工抹面平台。工作台车采用桁架焊接而成,可调节高度和坡比。施工中,抹面台车应优先选用具有自行走功能的桁架。严禁操作人员在混凝土表面行走和抹面。

(2)抹面压光应由专人负责,并配备 2 m 靠尺检测平整度,混凝土表面平整度应控制在 8 mm/2 m。人工采用钢抹子抹面,一般为 2~3 遍。

(3)初凝前应及时进行压光处理,清除表面气泡,使混凝土表面平整、光滑、无抹痕。衬砌抹面施工严禁洒水、撒水泥、涂抹砂浆。

5.2.8 混凝土养护

(1)衬砌混凝土保证湿润养护不少于 28 d。混凝土养护设专人负责,并做好养护记录。表格形式见表 4。

表 4 混凝土养护日志

养护部位:　　　　　　　　　收面时间:

序号	养护方式	养护时间	养护人	备注
1				
2				
3				

(2)抹面完成后应及时采用草苫、草帘、毡布等浸湿后覆盖养护或喷施养护剂养护。养护剂喷洒量、成膜厚度、喷洒时间应通过现场试验确定。

(3)干热风天气施工时,宜采用喷雾器不间断喷雾改善混凝土施工部位环境湿度。

(4)当出现低温或负温天气时,应采取保温措施养护。

5.2.9 特殊天气施工

(1)在混凝土浇筑季节,认真收听天气预报,及时了解天气变化,结合分析整理的气象资料,制定混凝土施工应急预案,报监理单位批准。在施工中如果遇到特殊气候,立即启动应急预案,采取应急措施,保证衬砌混凝土施工质量。

(2)风天施工。风天应采取必要的防范措施,防止塑性收缩裂缝产生。适当调整混凝土出机口的坍落度。正在衬砌的作业面及时收面并立即养护,对已经衬砌完成并出面的浇筑段及时采取覆盖塑料布等养护措施。

(3)雨天施工。雨季施工要收集气象资料,并制定雨季雨天衬砌施工应急预案。砂石料场做好排水通道,运输工具增加防雨及防滑措施,浇筑仓面准备防雨覆盖材料,以备突发阵雨时遮盖混凝土表面。当浇筑期间降雨时,启动应急预案,浇筑仓面搭棚防雨水冲刷。降雨停止后必须清除仓面积水,不应带水抹面压光作业。降雨过后若衬砌混凝土尚未初凝,对混凝土表面进行适当的处理后才能继续施工;否则应按施工缝处理。雨后继续施工,需重新检测骨料含水率,并适时调整混凝土配合比中加水量。

(4)高温季节施工。日最高气温超过30 ℃时,应采取相应措施保证入仓混凝土温度不超过28 ℃。加强混凝土出机口和入仓混凝土的温度检测频率,并应有专门记录。

高温季节施工可增加骨料堆高,采取骨料场搭设防晒遮阳棚、骨料表面洒水降温等措施降低混凝土原材料的温度,并合理安排浇筑时间,采用加冰或加冰水拌和、对骨料进行预冷、掺加高效缓凝减水剂等方法降低混凝土的入仓温度。混凝土运输罐车采取防晒措施、混凝土输送带搭建防晒棚等措施降低入仓温度。

(5)低温施工。当日平均气温连续5 d稳定在5 ℃以下或现场最低气温在0 ℃以下时,不宜施工。确需继续施工,应采取措施保证混凝土拌和物的入仓温度不低于5 ℃;当日平均气温低于0 ℃时,应停止施工。

低温季节施工可采取骨料堆高、覆盖保温、热水拌和、掺加防冻剂等措施。拌和水温一般不超过60 ℃,当超过60 ℃时,改变拌和加料顺序,将骨料与水先拌和,然后加入水泥拌和,以免水泥假凝。在混凝土拌和前,用热水冲洗搅拌筒,并将积水或冰水排除,使搅拌筒处于正温状态。混凝土拌和时间比常温季节适当延长20%~25%。对混凝土运输车车罐采取保温措施,尽量缩短混凝土运输时间。对衬砌成型的混凝土及时覆盖保温或采取蓄热保温措施保温养护。

6 材料与设备

本工法所使用的主要材料名称、规格、主要技术指标及主要施工机具、仪器、仪表等名称、型号、性能、消耗及数量见表5。

表5 衬砌机械化施工主要机械设备、机具一览表

名称	基本特性	用途
搅拌运输车	≥6 m³	混凝土运输
排振滑模式坡面砌筑机	振捣棒振频≥8 000 Hz	混凝土衬砌
混凝土坡面抹光机	功效:≥300 m²/h;收面精度:≤3 mm/2 m	混凝土抹面收光
工作台车	刚度满足使用要求	人工辅助抹面
发电机	备用电源	临时应急供电
平板振捣器	满足使用要求	周边及边角部位振捣
插入式振捣棒	满足使用要求	周边及边角部位振捣
水源井成套设备	满足施工及养护用水需要	施工用水

7 质量控制

7.1 工法执行标准

本工法必须遵照南水北调中线干线工程建设管理局所下发的《渠道混凝土衬砌机械化施工技术规程》(NSBD5—2006)和《渠道混凝土衬砌机械化施工单元工程质量检验评定标准》(NSBD8—2010)等相关行业标准、规范中所规定的质量要求执行。其关键部位、关键工序的质量要求见表6。

表6　混凝土衬砌施工质量控制标准和检查方法及检查(测)数量

项次		检验项目	质量标准	检查(测)方法	检查(测)数量
主控项目	1	入仓混凝土	无不合格料入仓	观察检查、查阅施工记录、检查现场抽样试验报告	全数检查
	2	混凝土振捣	留振时间合理、无漏振,振捣密实、表面出浆	观察检查、查阅施工记录	全数检查
	3	养护	终凝前喷雾养护,保持湿润连续养护不应少于28 d	观察检查、查阅施工记录	全数检查
	4	混凝土厚度	允许偏差:−5 mm ~ +10 mm	尺量	每个单元测5个断面,每个断面不少于3点
	5	贯穿性裂缝	不允许,裂缝经处理符合设计要求	观察检查	全数检查
一般项目	1	垫层基面	厚度均匀、平整,密实度应符合设计要求,验收合格	观察检查、查阅施工记录	全数检查
	2	模板	应符合设计要求	观察检查、查阅施工记录	全数检查
	3	混凝土浇筑温度	应符合设计要求	观察检查、查阅施工记录	全数检查
	4	蜂窝	轻微、少量、不连续,单个蜂窝空洞的最长边距不得超过0.1 m,深度不超过骨料最大粒径,经处理符合设计要求	观察检查、查阅施工记录	全数检查
	5	碰损掉边	重要部位不允许,其他部位轻微少量,经处理符合设计要求	观察检查、查阅施工记录	全数检查
	6	表面裂缝	局部有少量不规则干缩裂纹	观察检查、查阅施工记录	全数检查
	7	衬砌表面平整度	允许偏差:8 mm/2 m	用2 m直尺检查	每个单元测3个断面,每个断面不少于3点
	8	渠道中心线	直线段允许偏差:±20 mm;曲线段允许偏差:±50 mm	全站仪测量	纵、横断面每个单元不少于3点
	9	衬砌顶高程	允许偏差:0 ~ +30 mm 设计值	水准仪测量	每个单元各测3个断面,每个断面不少于3点
	10	衬砌顶开口	允许偏差:0 ~ +30 mm 设计值	全站仪测量	每个单元不少于3个断面
	11	渠道边坡	允许偏差:边坡系数±0.02	水准仪、全站仪测量	每个单元各测3个断面,每个断面不少于3点

7.2 质量控制与检测

(1)在衬砌过程中用钢尺或自制厚度检测工具检查衬砌厚度,如有误差及时调整。每次布料检测3个断面,每个断面不少于1点。

(2)混凝土初凝前用2 m靠尺检测平整度。每次布料检测3个断面,每个断面不少于1点。注意坡肩、坡脚模板的保护,确保坡肩、坡脚的顺直。

（3）现场混凝土质量检查以抗压强度为主,并以 150 mm 立方体试件的抗压强度为标准。混凝土试件以出机口随机取样为主,每组混凝土的 3 个试件应在同一储料斗或运输车箱内的混凝土中取样制作。浇筑地点试件取样数量宜为机口取样数量的 10%。

（4）在生产性施工检验中,应对衬砌混凝土按《渠道混凝土衬砌机械化施工技术规程》（NSBD5—2006）进行现场芯样强度试验。

（5）混凝土浇筑施工现场应按班组详细记录衬砌施工的情况,记录格式见表 7。

表 7 混凝土浇筑现场记录

施工单位:　　　　　　　　班组:　　天气:(风、雨、雪)　~　　　　编号:

分部工程名称、编号				单元工程名称、编号	
施工起止桩号				部位(左、右坡,渠底)	
完成的工程量(m²)				衬砌方式(机械/人工)及完成时间	
项次	项目名称	标准		检查(测)频次	检查(测)结果
1	入仓混凝土料	混凝土有无离析、分离现象		随时检查	
		入仓混凝土的温度和坍落度		每 4 h 检查 1~2 次	
2	混凝土布料、摊铺	混凝土无壅料、欠料,铺料均匀,平仓齐平,无骨料集中现象		随时检查,每班不少于 8 次	
3	混凝土振捣	留振时间合理、无漏振,振捣密实、表面出浆		随时检查,每班不少于 8 次	
4	坡肩、齿槽及模板周边施工	坡肩、齿槽及模板周边施工采用人工辅助平仓,齿槽部位采用插入式振捣棒分层振捣,坡肩与模板周边振捣棒振捣时间合理、无漏振,振捣密实、表面出浆		随时检查,每班不少于 8 次	
5	抹面	抹面起止时间,抹面方式(机械/人工),机械抹面抹盘和抹片抹面遍数及人工抹面的遍数		随时检查,每班不少于 8 次	
6	衬砌表面平整度	2 m 靠尺检查,允许偏差:8 mm/2 m		每次布料检测 3 个断面,每个断面不少于 1~2 点	检测__个断面,检测__点
7	混凝土厚度	允许偏差:−5%~+20%		每次布料检测 3 个断面,每个断面不少于 1~2 点	检测__个断面,检测__点

班组负责人:　　　　　　　检测人:　　　　　　　日期:

8 安全措施

8.1 一般规定

工法实施过程中应根据国家、地方(行业)安全生产有关法规规定,特殊施工人员应持证上岗。施工前,应对相关人员进行安全文明生产教育,牢固树立"安全生产、预防为主"的思想。

8.2 机械化衬砌安全生产规定

(1)应遵守拌和站、运输车辆、衬砌机及施工辅助机械设备的安全操作规程。

(2)清理拌和站内混凝土时,应安排专人值守操作台。

(3)混凝土运输车辆倒退、卸料有专人指挥。

(4)施工中,严禁在衬砌机支腿上站人及操作,夜间施工应有照明装置,并有明显的警示标志。

(5)施工现场临时用电布置严格按照《施工现场临时用电安全技术规范》(JGJ 46—2005)相关规定执行。施工中操作人员不得擅离操作台,严禁用手触摸或修理正在运转的机件。

(6)在施工维修焊接时,电焊机作业面要避开土工膜和保温板,以免被电焊火花燃着。

(7)衬砌机行走中,施工人员要听从电铃指挥,电铃连续响三遍后再开始行走,注意行走时的安全。

8.3 安全防护

(1)确保施工现场工人劳保用品足额发放,并按照规定正确佩戴和使用。

(2)所有施工机械、电力、燃料、动力等操作部位,严禁吸烟和明火。

9 环保措施

9.1 一般规定

工法实施过程中,应严格执行我国的《环境保护法》、《水土保持法》、《固体废物污染防治法》、《水污染防治法》、《大气污染防治法》、《噪声污染防治法》等法律、法规中有关环境保护中所要求的环保指标。

9.2 环保措施和在文明施工中应注意的事项

(1)施工范围应设置明显的安全警示和文明宣传标志。

(2)场内各种设备不得带病工作,原材料应放置有序,并安排专人负责保管。

(3)对配电箱、开关箱进行检查、维修时,将其前一级相应的电源开关,分闸断电,并悬挂停电标志牌。

(4)防止水污染措施。为保证总干渠的水质不受污染,施工期对生活污水和生产废水进行处理,定期监测,实现达标排放。在生活区设置综合污水处理设施处理污水,达标后排放到指定的地点,具体措施如下:

①在生活取水点上游 1 000 m 至下游 100 m 的水域不准排入生产废水和生活污水,生活区的生活污水经过化粪池处理后排出。

②施工废水、生活污水进行专门处理,避免直接排入农田、耕地、灌溉渠和水库,更不能排入饮用水源。

③施工区域,砂石料场,在施工期间和完工以后按要求妥善处理,以减少对河道的侵蚀,防止沉渣进入河道。

④冲洗骨料或含有沉积物的操作用水,采取过滤、沉淀池处理措施,做到达标排放。

⑤施工机械防止严重漏油,禁止机械在运转中产生的油污水未经处理就直接排放,或维修施工机械时油污水直接排放。设备冲洗用水经沉淀滤油处理达标后排放。

(5)大气污染的防治措施:

①施工现场垃圾渣土要及时清理出现场。

②施工材料运输采用封闭性车辆或遮盖措施,其中散装水泥采用水泥车罐装运输。

③施工现场配置专用洒水车,定时对容易产生扬尘的路段、搅拌装运现场、材料堆放场地等洒水抑尘,干旱、多风季节增加洒水次数。

④车辆开出工地要做到不带泥砂,基本做到不撒土、不扬尘,减少对周围环境的污染。

⑤将混凝土搅拌站封闭严密,并在进料仓上方安装除尘装置,采用可靠措施控制工地粉尘污染。

(6)水土保持的防治措施:

①修建临时排水渠道,并与永久性排水设施相连接,防治边坡冲沟和冲刷。

②开挖或填筑的边坡采取砂袋防护措施,防止雨季到来时水流对坡面的冲刷而影响排水系统,减少对附近水域的污染。

10 效益分析

根据工法提出的渠道衬砌施工中衬砌机的衬砌速度、振捣时间、抹面压光的适宜时间和遍数等衬砌施工参数,各种资源达到了合理配置,避免了资源的闲置和浪费,加快了机械化施工的速度。

按照工法施工,通过人、机、料、法、环等全面质量管理,衬砌每立方米混凝土单价按照450元计算,其中材料费按55%、机械费按35%、人工费按10%考虑。在保证衬砌混凝土厚度要求前提下,按照原人工衬砌施工方法施工,衬砌每立方米混凝土约亏坡15%左右,则每立方米混凝土直接增加成本=450×55%×15%=37.13(元/立方米);按照施工方法指南,采用机械化衬砌作业,人工费降低约8%,无混凝土亏坡损耗,机械费降低约10%,以上述计算每立方米衬砌混凝土减少投资额56.48元。

以南水北调中线京石段应急供水工程(委托河北建设管理项目)渠道项目(S15)标段渠道边坡衬砌混凝土为例,此项工程共计节约投资=渠道机械化衬砌单坡长度7 000 m×延米断面面积2.1 m^2×每方节约成本56.48 元/m^3=83.025 6 万元。

11 应用实例

本工法已经在南水北调中线京石段应急供水工程(委托河北建设管理项目)、南水北调中线一期工程京石段应急供水工程(石家庄至北拒马河段)、南水北调中线干线工程天津干线工程天津段、南水北调中线一期总干渠安阳段、南水北调中线干线工程漳河北至古运河段等南水北调工程中得到应用和推广。

11.1 工程名称、位置及任务

南水北调中线京石段应急供水工程(委托河北建设管理项目)渠道项目(S15)标段,工程位于河北省曲阳县境内,设计桩号295+805~299+530。本合同工程为南水北调中线京石段应急供水工程总干渠上的一部分,肩负着向北京、天津等地供水的任务。

11.2 工程布置、规模、主要建设内容及技术经济指标

渠道项目(S15)标段工程等别为Ⅰ等,总干渠渠道和主要建筑物等级为1级,本标段建筑物设计防洪标准50年一遇,校核防洪标准200年一遇。地震设计烈度6度。渠道总干渠设计输水流量为165~155 m^3/s,渠内设计水深5.0 m。

合同项目总干渠渠道全长3 802.78 m,设计桩号:295+805~299+530。总干渠过水断面为梯形断面,底宽21.5~20 m,过水断面内边坡1∶2.5,纵坡1∶25 000,为半挖半填型式。渠道采用现浇混凝土衬砌,复合土工膜加强防渗,土工膜下铺设加糙聚苯乙烯泡沫塑料保温板保温。渠道衬砌厚度为边坡10 cm,底板8 cm。渠道外坡为六角框格,渠道两侧设置隔离网栏防护,网栏高度2.0 m。

合同项目还包括 3 座左岸排水建筑物、1 座渠渠交叉建筑物、3 座交通桥工程、1 座控制性建筑物。

主要合同工程量为土方开挖 90.04 万 m³,土方填筑 27.71 万 m³,混凝土 3.7 万 m³,钢筋制安 698.5 t,浆砌石 1.745 万 m³。

11.3 工期、主要控制工期

工程合同工期:2006 年 2 月至 2007 年 9 月 30 日。由于前期征迁、取弃土场征迁、专项设施拆迁等问题,工程实际开工日期为 2006 年 9 月 26 日,2007 年底主体工程完工,2008 年 4 月 30 日具备通水条件,工程完工日期为 2008 年 11 月 15 日。

11.4 项目合同价

项目合同价款为 5 433.825 8 万元。

11.5 施工情况

渠道边坡混凝土衬砌采用排振滑模式坡面砌筑机布料、入仓、振捣、滑模成型,桥梁下部衬砌施工采用人工衬砌,抹面台车抹面的施工工艺。机械衬砌之前,先进行衬砌试验,以总结衬砌经验、优化衬砌参数。

南水北调中线京石段应急供水工程(委托河北建设管理项目)渠道项目(S15)标段共划分为 1 个单位工程、13 个分部工程、1 919 个单元工程。通过排振滑模式坡面砌筑机的衬砌施工并按照排振滑模式坡面砌筑机的衬砌施工工法施工,3 个渠道主要分部工程,共计完成 300 个单元工程,评定 300 个,合格 300 个,合格率 100%,其中优良 292 个,优良率 97.3%。

2009 年 12 月 11 日,由建设单位组织,设计、监理、施工等单位共同参加组成外观质量评定小组,对渠道项目(S15)标段单位工程外观质量进行了评定,外观质量评定得分率为 90.9%,外观质量评定为优良。2009 年 12 月 17 日,S15 标通过了单位工程验收,验收结论为工程等级优良。2010 年 5 月 23 日,S15 标通过合同项目验收,合同项目质量等级评定为优良。S15 质量检查验收情况详见表 8。

表 8　S15 质量验收情况一览表

序号	分部工程名称	完成单元个数	评定单元个数	评定等级			
				合格	优良	优良率(%)	评定等级
1	△渠道工程 (57+425.89 ~ 58+625.89)	93	93	93	91	97.8	优良
2	△渠道工程 (58+625.89 ~ 59+861.639)	93	93	93	89	95.7	优良
3	△渠道工程 (59+861.639 ~ 61+228.67)	114	114	114	112	98.2	优良
4	左堤工程	251	251	251	241	96.0	优良
5	右堤工程	235	235	235	220	93.6	优良
6	左边坡防护工程	39	39	39	30	76.9	优良
7	右边坡防护工程	36	36	36	28	77.8	优良
8	左右截流沟工程	10	10	10	4	40.0	合格
9	左右隔离网工程	8	8	8	6	75.0	优良

续表8

序号	分部工程名称	完成单元个数	评定单元个数	评定等级			
				合格	优良	优良率(%)	评定等级
10	左沿渠道路工程	23	23	23	11	47.8	合格
11	右沿渠道路工程	23	23	23	22	95.7	优良
12	△倒虹吸工程(含分水口门)	755	755	755	641	84.9	优良
13	△公路桥工程	239	239	239	204	85.4	优良
	合计	1 919	1 919	1 919	1 699	88.5%	

注:△为主要分部工程。

11.6 结果评价

施工过程中按相关行业规范以及南水北调中线干线工程建设管理局所颁布的《渠道混凝土衬砌机械化施工技术规程》(NSBD5—2006)、《渠道混凝土衬砌机械化施工单元工程质量检验评定标准》(NSBD8—2010),并采用排振滑模式坡面砌筑机施工工法进行施工,不仅解决了不同地质条件、不同坡比、不同结构型式、不同材料和不同衬砌厚度边坡机械化衬砌施工的要求,同时施工检测检验和质量评定标准也均满足坡面平整度(≤8 mm/2 m)、伸缩缝顺直度(≤15 mm/20 m)、密实度及光洁度等各项设计指标。按照工法针对不同季节、不同施工环境所提出的渠道衬砌施工中衬砌机的衬砌速度、振捣时间、抹面压光的适宜时间和遍数等衬砌施工参数施工,能够规范和指导南水北调中线干线工程渠道混凝土衬砌施工管理,为合理配置各种资源提供了依据,确保工程质量按期保质保量完成。

(主要完成人:王步新　王乃超　吕贵敏　李进亮　贾　军)

强透水性基础水泥防渗控制性灌浆施工工法

江南水利水电工程公司

1 前 言

水利水电工程需在河道上修建拦河大坝等其他水工建筑物。施工时需在河道上先修筑围堰形成"基坑",围护水工建筑物在干地进行施工,并将河道水流通过预定的泄水通道引向下游。围堰是在河道流水中修筑的挡水建筑物,其成败直接影响到所围护的永久建筑物的施工安全、施工工期及工程造价,这就要求围堰有足够的稳定性、抗渗性和抗冲刷性能。其中,围堰覆盖层的防渗问题常常是围堰的"核心"工程。

对于土石围堰覆盖层的防渗,目前被广泛使用的主要有高压喷射灌浆和混凝土防渗墙两种型式。高压喷射灌浆虽施工简便、灵活、进度快、工效高,施工成本也较低,但其适用的地质条件有限,特别对于粒径过大的、含量过多的卵砾石地层或含有较多漂石或块石的地层,一般较难适用。混凝土防渗墙虽可适应于各种地质条件,施工方法成熟,耐久性及防渗效率也较高,但工艺环节较多,要求有较高的技术能力、管理水平和丰富的施工经验,同时进度较慢,施工成本也较高。

在乌江洪家渡水电站上、下游围堰和大渡河猴子岩水电站导流洞进水口围堰等工程成功实践基础上,摸索、总结出一套运用控制性水泥灌浆技术用于围堰防渗的施工工法,现加以总结,形成本工法。

2 工法特点

(1)施工便捷,控制性水泥灌浆采用常规的钻孔与灌浆设备,且多为小型设备,施工便利。

(2)防渗工效高,控制性水泥灌浆能有效解决串冒水泥浆问题,可解决没有止浆层和混凝土盖板压重的水泥灌浆难题。

(3)围堰防渗施工可以同截流后围堰闭气施工和基坑抽水并行施工,能缩短围堰闭气所占用的工期。

(4)采用控制性水泥灌浆技术用于围堰防渗,一般较高压喷射灌浆方案节约工程投资近 1/4 ~ 1/3。

3 适用范围

本工法适用于各类地质条件下覆盖层的防渗处理,对卵砾石地层及含有较多漂石或块石的地层,其优越性更显突出。

4 工艺原理

控制性水泥灌浆从灌浆附加压应力场角度出发,因附加压应力的作用而使地层产生挤压密实变形和挤压滑动,控制灌浆压力对地层产生的附加压应力值达到足够值后而对地层进行回填置换和挤密、挤实。

控制性水泥灌浆采用双液灌浆装置,在连续的灌水泥浆过程中根据控制水泥浆胶凝时间的需要(最短可达十多秒),启动另一小泵用间断的可变不连续的方式专门加注化学控制液(以水玻璃液为主),在孔口或孔内混合,或根据地层条件有部分水泥浆液在地层内发生局部的混合,产生凝胶作用,达到防渗效果。

5 施工工艺流程及操作要点

5.1 施工工艺流程

控制性水泥灌浆防渗帷幕施工分四步进行,即回填、挤压密实→局部加强→防渗处理→质量检查。

第一步采用双液灌浆系统将水泥浓浆和化学控制液按计划将浆液压入土石体内,用较短的时间和较大的压力实现对土石体的回填、挤压和密实。

第一阶段施工完毕后,根据围堰渗漏水情况,有针对性地局部进行加强和防渗堵漏。以低压灌浆为主,灌注 1∶1 纯水泥浆,不加或少加化学控制液。

单孔施工工艺流程为:定帷幕轴线放孔位 → 固定钻机 → 钻孔并镶 1.5 m 深的孔口管 → 下一段次钻孔 → 按计划浆液量控制进行双液灌浆 → 终孔段灌浆 → 全孔段重复灌浆 → 封孔结束。

5.2 操作要点

(1)钻孔一般采用潜孔钻或岩石电钻,孔径 $\Phi 56 \sim 90$ mm。

(2)灌浆孔的钻孔与灌浆按先下游排(第一排)后上游排(第二排)、先Ⅰ序后Ⅱ序、自上而下分排分序分段进行。

①同一排孔内,分两序进行施工,先钻灌Ⅰ序孔,然后再钻灌Ⅱ序孔。

②每一灌浆孔,均自上而下分段钻灌。钻灌分段无定量要求,主要视钻孔情况而定:钻孔一旦出现孔内返水,或有严重塌孔时,则立即停止钻孔进行灌浆;钻孔返水出现塌孔,或有小范围塌孔现象,但灌浆段长已超过 1.0 m 时,则一般控制段长为 2.5 ~ 3.0 m;碰到细砂层,则要求尽可能地加大钻孔冲洗,尽可能地把细砂从孔内冲洗出孔外,控制段长一般不要超过 1.0 m。

(3)控制性水泥灌浆选用双液灌浆系统,以 SGB6-10 型灌浆泵作为大泵灌水泥浆液,YZB-210/18 液压注浆泵或 JB-1516 液压注浆泵灌化学控制液,两种浆液视不同情况或在孔内、或在地层内混合,水泥浆液配合比全部选为 0.8∶1。水泥为 425 号普通硅酸盐水泥,加灌化学控制液数量和时机视孔内升压情况和进浆量变化情况而定。

(4)灌浆压力以控制水泥灌浆泵的机身压力表读数为准,一般Ⅰ序孔控制在 1.0 ~ 1.5 MPa。Ⅱ序孔控制在 1.5 ~ 2.0 MPa,Ⅱ序孔的终孔段或全孔段重复灌浆控制压力为 2.0 ~ 2.5 MPa。加灌化学控制液的目的主要是提高灌浆压力值。要求Ⅰ序孔灌浆尽可能减少小于 0.5 MPa 压力状态下的灌浆。Ⅱ序孔要尽可能减少小于 1.0 MPa 压力状态下的灌浆。当某些孔段出现升高压力有困难时,必须采取有效措施并加大化学控制液的掺加力度。

(5)灌入浆液量以控制灌入计划浆液量为主,孔距为 1.0 ~ 1.5 m,第一排孔控制Ⅰ序孔的平均灌入浆液量为 600 ~ 700 L/m,Ⅱ序孔的平均灌入量为 700 ~ 900 L/m。对于第二排孔,考虑排距较小,相对控制灌入的计划量也相应减少,一般为第一排孔的 50%,并视实际孔内情况作具体及局部调整。(一般应通过现场试验确定以上参数)

(6)灌浆结束标准:达到要求计划浆液量和要求灌浆压力后即可结束灌浆。

(7)控制性水泥灌浆的质量检查以压水试验为主,结合取芯检查。

6 材料与设备

6.1 材料

化学控制液以速凝剂为主,如果凝胶时间显得过短不能满足施工要求时,可适当加入缓凝剂,使浆液的凝胶时间变长。

速凝剂常常使用水玻璃,水玻璃溶液浓度多为 30 ~ 45°Be′,水玻璃的掺入量一般为水泥浆体积的 0.5% ~ 3%,缓凝剂通常采用磷酸氢二钠或磷酸氢二铵,其作用是抑制水泥与水玻璃的反应,使两者开始反应时间推迟 10~45 min。缓凝剂用量按水泥重量的 2.5%~3% 选定。

6.2 设备

采用的主要机具设备见表1。

表1　主要机具设备

序号	设备名称	型号及规格	单位	数量	备注
1	潜孔钻机	MD-60	台	4	采用跟管钻进时
2	潜孔钻机	DK-150	台	4	
3	岩石电钻	KHYD110A	台	12	
4	高压灌浆泵	SGB6-10 或 3SNS	台	4	
5	液压注浆泵	YZB-210/18 或 JB-1516	台	4	
6	高速制浆机	ZJ-250	台	1	
7	搅拌桶	YJ-1200	台	1	
8	双层搅拌桶	YJ-340	台	4	
9	拔管机	BG-60	台	2	采用跟管钻进时

7　质量检测与控制

（1）建立完善的质量保证体系及制度，严格按照施工技术要求、有关施工规程规范等进行检查控制。

（2）坚持每道工序施工班组初检、施工部门复检、质检终检的"三检"制度。下一道工序必须在上一道工序经过"三检"，再经过监理人检查验收合格后方可进行。

（3）施工中进行施工质量检查，其检查项目、检查标准见表2。

（4）所有设备操作人员和记录人员必须持证上岗，其他人员必须经过培训，经考试合格后方可上岗。

（5）在施工之前，必须对施工图纸及技术要求进行会审，根据施工图纸及技术要求编写施工技术措施和质量计划，并将施工技术措施和质量计划要求对施工人员进行详细的交底。

（6）施工过程中各种用于检验、试验和有关质量记录的仪器、仪表必须定期进行检验和率定。

（7）认真做好施工原始记录，并及时整理、汇总，发现问题及时上报，及时处理，不留质量隐患。

（8）施工过程中遇到特殊情况，应严格按设计有关要求编写出具体的处理方案，及时报监理人批示，并严格按监理人批示方案执行。

表2　施工过程质量控制检查项目

项类	检查项目		质量标准	检测方法
主控项目	钻孔	孔深	不得小于设计孔深	钢尺、测绳量测
	灌浆	灌浆压力	符合既定设计压力	压力表检测
		灌入量	符合既定灌入量	自动记录仪、量浆尺等检测
	施工记录、图表		齐全、准确、清晰	查看资料

续表2

项类	检查项目		质量标准	检测方法
一般项目	钻孔	孔序	按先后排序和孔序施工	现场查看
		孔位偏差	≤10 cm	钢尺量测
		终孔孔径	不得小于56 mm	卡尺量测钻头
		孔底偏距	符合设计要求	测斜仪测取数据、进行计算
	灌浆	灌浆段位置及段长	符合设计要求	核定钻杆、钻具长度或用钢尺、测绳量测
		钻孔冲洗	回水清净,孔内沉淀小于20 cm	观看回水,量测孔深
		裂隙冲洗与压水试验	符合设计要求	测量记录时间、压力和流量
		浆液及变换	符合设计要求	比重秤、量浆尺、自动记录仪等检测
		特殊情况处理	无特殊情况发生,或虽有特殊情况,但处理后不影响灌浆质量	根据施工记录和实际情况分析
		抬动观测	符合设计要求	千分表等量测
		封孔	符合设计要求	目测或钻孔抽查

8 安全措施

(1)设专职安全员,各班组设兼职安全员,负责施工安全检查和监管工作,发现问题、隐患及时处理。

(2)对全体参加施工的人员进行安全教育,让他们熟悉并掌握施工的每道工序及安全注意事项,提高全员安全意识。

(3)施工前要制定各机械设备的安全操作规程。

(4)凡进入现场施工的工作人员一律要戴安全帽,并按施工要求佩戴其他安全防护用品,违者严禁进入施工现场。

(5)工作所用机械设备、电器设备、仪表等,非指定工作人员不得随意操作。

9 环保措施

(1)严格遵守国家及当地政府、环保部门有关环境保护及文明施工的法律、法规及有关规定,遵守工程的有关规定和发包方的规划。

(2)有害物质废料(如燃料、油料、化学品、酸性物质等及超过允许剂量被污染的尘埃弃渣等),不得随意乱倒,防止产生污染。

(3)钻机在造孔时带水作业,以减少粉尘对环境的污染。

(4)施工用料应分类存放、堆码整齐、存取方便、正确防护。对施工剩料要及时收集、分类存放、定期清理。

(5)合理设置沉淀池。各部位的钻孔污物、废弃浆液等,用高压水冲洗至沉淀池中,经过沉淀后,清水抽排至下游河道,沉淀物用编织袋装好,用汽车运至指定弃渣场。

10 效益分析

采用控制性水泥灌浆施工工艺,可以较好解决常规灌浆的串冒水泥浆问题,节约成本,尤其比选用高喷技术和防渗墙施工更为稳妥和可靠,施工速度快。在基坑抽水开挖正常运行后闭气施工才结束,缩短围堰闭气所占的汛前总工期,不存在因漏水而影响施工总进度的风险。

11 应用实例

11.1 洪家渡水电站

洪家渡水电站位于贵州省黔西县与织金县交界的乌江北源六冲河下游,是乌江梯级开发"龙头"电站。总库容 49.25 亿 m^3,钢筋混凝土面板堆石坝最大坝高 179.5 m,总装机容量 540 MW。

电站上游围堰位于底纳河出口下游约 10 m,所处河谷为不对称"V"形谷,左岸为灰岩陡壁,右岸为 20°~40° 的缓坡。河床水下天然地形平缓,无深槽。受两岸(坝肩)开挖影响,存有大、中型孤石现象,从而形成了独特的围堰防渗地质构造。

上游围堰河床防渗体原设计为高喷板墙,鉴于上述围堰河床的实际情况,进行高喷板墙施工存在众多技术难题,也无类似工程可借鉴,国家专家咨询组根据在洪家渡水电站上游索桥左岸堆石体内运用控制性水泥灌浆进行防渗处理现场试验所取得的资料,参考天生桥中山包水电站围堰运用控制性水泥灌浆进行防渗的成功实例,认为洪家渡水电站围堰防渗体选用控制性水泥灌浆防渗帷幕新技术比选用高喷板墙方案,施工更为可靠和合理。从而,围堰的防渗方案最终确定为控制性水泥灌浆防渗帷幕新技术。

上游围堰控制性水泥灌浆防渗施工范围原则上为原设计高喷板墙的施工范围,左延伸至左岸岩壁,右与围堰右岸堰肩防渗帷幕灌浆防渗体相连,单排孔布置,帷幕中心线长 59.07 m,孔距1.25 m,孔深至基岩 0.5 m。施工后期(局部加强阶段),考虑上游围堰实际渗漏量和渗漏特点,为防止右岸堰肩覆盖层可能出现的渗漏通道,上游围堰控制性水泥灌浆防渗线延伸至右岸岩壁,并在轴线上游 0.60 m 距离上布置第二排孔,孔距、孔深要求不变。

防渗施工于 2001 年 11 月 3 日开工,11 月 22 日完成控制性水泥灌浆防渗帷幕工程第一步即回填、挤压、密实阶段,基本满足上游闭气条件,达到了基坑开挖的要求。随后在基坑抽水和开挖状态下进行后续工序的施工,2002 年 1 月 8 日,上游围堰控制性水泥灌浆防渗帷幕工程质量检查压水试验结束,工程竣工。整个工程历时 66 d,共完成灌浆钻孔 1 622.40 m,耗灰总量 644.72 t,化学控制液 43.28 m^3,预埋孔口管 106 根。

防渗效果:检查孔压水试验数据显示,进行的 14 个试段的压水试验透水率 q 值均远远小于设计防渗标准,其中 q_{max} 为 2.53 Lu,q_{min} 为 0.22 Lu,q_{cp} 为 1.30 Lu。0~1.0 Lu 的有 5 试段,占 35.7%,1.0~2.0 Lu 的有 5 试段、占 35.7%,2.0~3.0 Lu 的有 4 试段,占 28.6%。

工程验收结论:上游围堰控制性水泥灌浆防渗帷幕工程施工质量满足工程设计要求,质量等级评定为优良。

11.2 猴子岩水电站

猴子岩水电站位于四川省甘孜藏族自治州康定县孔玉乡,是大渡河干流水电规划"三库22级"的第 9 级电站,电站装机容量 1 700 MW,单独运行年发电量 69.964 亿 kWh。坝址距上游丹巴县城约 47 km,距下游泸定县城约 89 km,距成都 402 km。库区右岸有省道 S211(瓦斯沟口—丹巴)公路相通,在坝址下游 65 km 处的瓦斯沟口与国道 G318 线相接,对外交通方便。

猴子岩水电站枢纽建筑物由面板堆石坝、泄洪洞、放空洞、发电厂房、引水及尾水建筑物等组成。大坝为面板堆石坝,坝顶高程 1 848.50 m,河床趾板建基面高程 1 625.00 m,最大坝高223.50 m。引水发电建筑物由进水口、压力管道、主厂房、副厂房、主变室、开关站、尾水调压室、尾水洞及尾水塔等组成,采用"单机单管供水"及"两机一室一洞"的布置格局。

本工程初期导流采用断流围堰挡水、隧洞导流的导流方式。2 条导流洞断面尺寸均为 13 m×15 m(城门洞型,宽×高),同高程布置在左岸,进口高程 1 698.00 m,出口高程 1 693.00 m。1 号导流洞长 1 547.771 m(其中与 2 号泄洪洞结合段长 624.771 m),平均纵坡 3.230 5‰,2 号导流洞长 1 974.238 m,平均纵坡 2.532 6‰。

进口围堰防渗轴线长 205 m,成"U"形,防渗方式采用控制性水泥灌浆围帷防渗,防渗孔间距 1.0 m、单排,孔深 15 ~ 17 m,悬挂式,工程量 3 200 延米。

枯水期防渗施工平台高程 1 700.00 m,宽 12.0 m,直接开挖修整而成。

根据控制性水泥灌浆原理,结合以往工程的施工经验,导流洞进口围堰、进口左右岸的防渗帷幕灌浆原则上采用一排孔布置,施工过程中对局部较大的渗漏部位再在上游面增加第一排孔(间距为 1.0 m)。灌浆孔分 Ⅰ、Ⅱ 序,先施工 Ⅰ 序孔,后施工 Ⅱ 序孔。孔深按 15.0 ~ 17.0 m(高程 1 700.0 ~ 1 683.0 m)控制。

水泥平台采用 Φ50 mm 钢管搭制,长约 4 m,宽 2.5 m,上铺设木板,顶设防雨棚。根据施工的需要,分别配备高速搅拌机、高压灌浆机、砂浆泵等组成制浆、灌浆主系统,同时配备砂浆搅拌机、化学灌浆泵等灌浆设备满足掺和料的添加及双液灌浆需要。

防渗施工于 2009 年 3 月 1 日开工,4 月 15 日完成控制性水泥灌浆防渗帷幕工程第一步即回填、挤压、密实阶段,基本满足上游闭气条件,达到了基坑开挖的要求。随后在基坑抽水和开挖状态下进行后续工序的施工,2009 年 5 月 5 日,上游围堰控制性水泥灌浆防渗帷幕工程质量检查压水试验结束,工程竣工。整个工程历时 66 d,共完成灌浆钻孔 3 246.70 m,耗灰总量 1 536.58 t,化学控制液 76.89 m³,预埋孔口管 203 根。

防渗效果:检查孔压水试验数据显示,进行的 31 个试段的压水试验透水率 q 值均远远小于设计防渗标准,其中 q_{max} 为 2.13 Lu,q_{min} 为 0.46 Lu,q_{cp} 为 1.57 Lu。0 ~ 1.0 Lu 的有 13 试段、占 41.9%,1.0 ~ 2.0 Lu 的有 14 试段、占 45.2%,2.0 ~ 3.0 Lu 的有 4 试段、占 12.9%。

工程验收结论:上游围堰控制性水泥灌浆防渗帷幕工程施工质量满足工程设计要求,质量等级评定为优良。

(**主要完成人**:杨森浩　蒋建林　梁日新　宋园生　刘俊君)

强涌潮河口水下承台钢套箱施工工法

浙江省第一水电建设集团有限公司

1 前 言

传统钢套箱施工,一般在施工期水位以上搭设施工平台、平台上现场分节、分块拼装套箱,分节下沉,然后进行水下混凝土封底,最后抽水作业,工序繁多,套箱安装工期长。强涌潮河口水下承台混凝土浇筑,由于水深、涌潮等因素影响,采用传统钢套箱施工方法,导致套箱安装要经历多次涌浪的冲击破坏,特别是在 8、9 月的大潮汛期间,套箱极有可能被涌浪撕裂(钱塘江潮水冲击力最大可达 34.3 kN/m²),是施工企业经常面临的难题。经过多个工程的实践应用,采用整体注水式钢套箱施工水下承台,其施工方法已基本成熟,能有效解决强涌潮河道中水下承台施工困难,并在所应用的工程中获得了较好的经济效益和社会效益。

强涌潮河口水下承台钢套箱施工工法于 2008 年 6～9 月分别应用于杭州市钱塘江线"水上巴士"工程滨江站、杭州市钱塘江线"水上巴士"工程六和塔站、杭州市钱塘江线"水上巴士"工程第一码头站三个工程。

2 工法特点

本工法改变了传统钢套箱水上拼装→分节下沉→混凝土封底→抽水的工艺流程,采用整体式加工成型,不封底,一次性安放、止水,并考虑涌浪冲击因素,涌潮来临前,对套箱注水压重,有效抵御涌浪冲击,潮水过后将箱体中江水抽干,进行套箱内施工作业,按涨潮、退潮时间,循环进行注水、抽水作业,直至承台混凝土施工完成。

工法特点:①采用岸上整体制作,在小潮汛退潮期间一次性安放,套箱与基础灌注桩采用法兰连接、"O"型橡胶圈止水,无需混凝土封底,不设上承系统,大大缩短了套箱的安放工期;②套箱在制作、安放过程中不承受涌浪的直接冲击;③承台施工中,套箱由于通过法兰钢性连接,并可往套箱中注水压重,大大增强了套箱的抗涌潮的冲击能力,从而大大降低了套箱被强涌浪破坏的风险。

3 适用范围

本工法适用于:强涌潮河段中,采用套箱施工的水下结构混凝土(灌注桩基础);工期特别紧张,采取常规套箱施工方法,无法保证施工进度的其他水下混凝土施工。

4 工艺原理

强涌潮河口,特别是 8、9 月的潮水威力惊人,采用传统钢套箱施工方法,由于工序繁多,施工时间长,在套箱安放过程中极易被涌浪破坏,采用本工法的整体注水式套箱,在做好充分施工准备的前提下,可迅速在两个潮水的间隔时段内完成安放,不设上承系统,无需混凝土封底,实现一次性止水,并在涌浪来临前对套箱进行临时注水压重,增加套箱抵御涌浪的能力,潮水过后再排水,进行套箱内施工作业,保证套箱在混凝土浇筑之前的安全。

本工法就是在承台基础灌注桩施工完成,外护筒拔除前,利用外护筒挡水,将桩头凿除至设计高程,在内护筒外壁上焊接带凹槽的下法兰和安装支撑抱箍,用强力防水胶将"O"型止水圈粘在下法兰的凹槽内,最后将下法兰的中心位置坐标测出,法兰连接安装见图1。

根据设计图纸承台尺寸,套箱整体在加工场制作。根据测得的法兰中心位置,在套箱底板上割设套圈,并在套圈外侧焊接上法兰,再用驳船将套箱运至现场一次性安放。安放时通过桩顶法兰与套箱底部的法兰对接定位,通过千斤顶顶压扁担梁及上法兰,压紧"O"型止水圈止水,然后抽干套箱内江水,并将上下法兰焊接密封(见图2),再在套箱内进行混凝土浇筑前的一系列施工作业。在大潮汛涌浪来临前,停止一切套箱内作业,人员撤离,对套箱进行临时注水压重,以抵御涌浪的冲击。

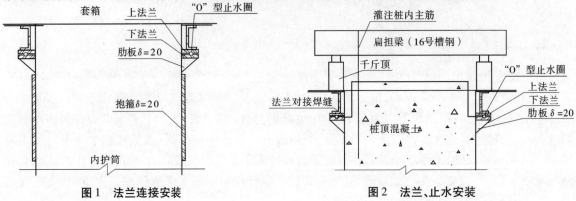

图1　法兰连接安装　　　　　　　　图2　法兰、止水安装

5　施工工艺流程及操作要点

5.1　工艺流程

本工法工艺流程见图3。

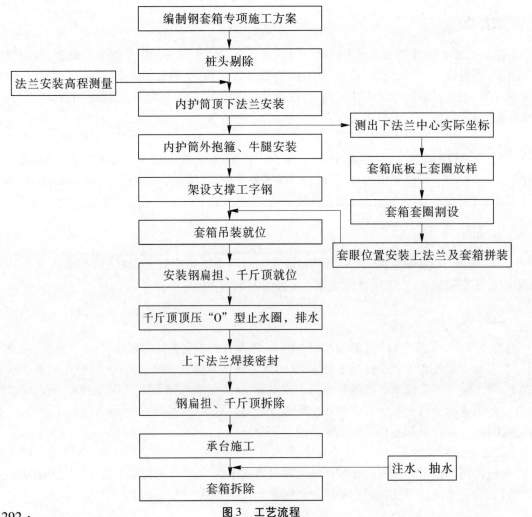

图3　工艺流程

5.2 操作要点

5.2.1 套箱设计

（略）。

5.2.2 操作要点

（1）桩头剔除。在基础灌注桩施工完成后，外护筒先不拔除，利用外护筒挡水，进行桩头凿除。根据设计图纸灌注桩混凝土需要深入承台底板，为了便于下道工序中上下法兰的焊接，桩头混凝土需凿成"品"字形，如图4所示。

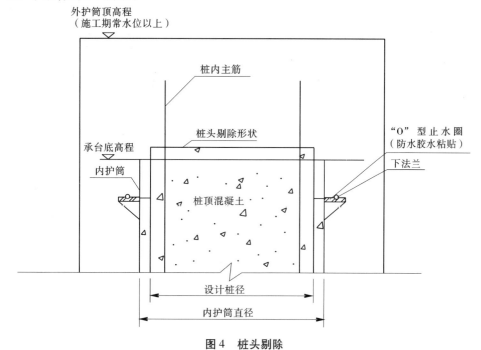

图4 桩头剔除

（2）下法兰及抱箍安装。桩头剔除后，利用外护筒挡水，在内护筒外壁上人工焊接下法兰和安装抱箍，安装完成后，必须对法兰中心坐标进行重新测量，并绘制放样图。套箱制作时底部的套圈和上法兰必须根据绘制的放样图定位，以确保上下法兰对接准确。待下法兰及抱箍安装完成后，灌注桩的外护筒方可拔除。

（3）架设支撑工字钢。外护筒拔除后，在抱箍牛腿上由潜水员水下架设支撑工字钢，工字钢通过连接板与牛腿螺栓连接，见图5。工字钢、法兰及抱箍共同组成套箱的底承系统。

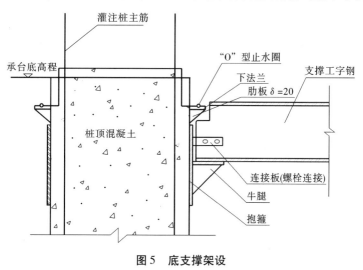

图5 底支撑架设

(4)套箱制作。套箱实为承台混凝土的模板,制作必须按设计图纸进行,在岸上加工厂整体制作。套箱面板采用δ=6 mm 的钢板;横向侧围图采用14 号槽钢,间距约0.6 m,与面板焊接;纵向侧围图采用14 号槽钢,间距约1.0 m,与横向围图焊接;底围图采用14 号槽钢,间距约0.5 m,与面板焊接,围图底部采用架设的36 号工字钢做纵向支撑围图。

(5)套眼割设及上法兰安装。下法兰安装完成后,根据测得的下法兰放样图,在套箱底板上割设套圈,再在套圈底部焊接上法兰,套眼和法兰的尺寸应比桩径稍大,以方便套箱安放、定位。

(6)套箱吊装就位。套箱安放采用整体一次性吊放到位,吊放前,应完成底承系统的所有安装工序,并将"O"型止水圈先用防水胶在法兰凹槽内粘牢,选择在小潮汛期间安装。由平板驳船运抵安装水域,船吊吊起,人工指挥,徐徐下放,直至上下法兰对接准确。

(7)"O"型橡胶圈止水、抽水。套箱吊装就位后,由潜水员下至套箱内将扁担梁与桩内主筋相连,扁担梁两头用千斤顶顶升,通过挤压上下法兰间的"O"型止水圈实现止水(见图2),然后抽干套箱内江水。

(8)法兰间焊接密封。套箱内江水抽干后,将上下法兰间隙焊接紧密、牢固,然后拆除扁担梁和千斤顶。

(9)承台施工作业。套箱法兰焊接密封完成,即可利用套箱挡水和作为混凝土模板,实现承台干地施工。但由于钱塘江涌潮威力巨大,特别是8、9 月潮水浪高和冲击力均达到一年中的高峰,为防止涌浪对箱体的破坏,必须集中力量突击进行承台施工作业,以最快的速度完成承台混凝土浇筑。同时混凝土未浇筑前,大潮汛期间每次涌浪来临之前,均需对套箱注水压重,提高套箱抵御涌浪冲击的能力。

(10)施工完成后,套箱采用水下焊枪割除。

6 材料与设备

6.1 材料

套箱制作所需的角钢、槽钢、钢板等均采用Q235 钢,其质量符合现行国家标准《碳素结构钢》(GBT 700—2006)的规定。

6.2 机具设备和劳动力

6.2.1 机具设备

(1)施工机具设备:平板驳船800 t、50 t 船吊、25 t 汽车吊、交直焊机、剪板机、火焰切割机、电动切割机、风镐、千斤顶、振动锤、潜水泵等。

(2)检测仪器:水准仪、全站仪、钢卷尺、水平尺、角尺等。

6.2.2 劳动力

所需操作人员主要有:钢结构加工及安装工、焊工、电工、机操工、船工、潜水员、普工等。按照施工程序分工合作操作,其中钢结构加工及安装工、焊工、电工、机操工、船工、潜水员等特殊工种必须持证上岗。

7 质量控制

7.1 质量控制标准

本工法必须符合《建筑桩基技术规范》(JGJ 94—2008)、《钢结构设计规范》(GB 50017—2003)、《钢结构工程施工质量验收规范》(GB 50205—2001)、《水利水电工程模板施工规范》(DL/T 5110—2000)有关规定,必须符合企业技术标准有关规定。

7.2 施工操作中的质量控制

(1)严格控制套箱钢材质量及加工质量,钢材的品种、规格、性能等应符合现行国家产品标准和设计要求,采用的原材料及成品实行进场验收制度,各工序按施工规范、标准进行质量控制,每道工序完成后进行检查,相关各专业工种之间进行交接检验。

(2)套箱加工采用电焊成型,焊接材料的品种、规格、性能等均符合现行国家产品标准和设计要求,钢材切割面、剪切面无裂纹、夹渣、分层和大于 1 mm 的缺棱,构件连接处的截面几何尺寸允许偏差±3.0 mm。

(3)套箱加工制作的允许偏差应符合表 1 的规定。

(4)套箱加工安装的允许偏差应符合表 2 的规定。

表 1　套箱加工制作的允许偏差

项目	允许偏差(mm)
长和宽	±2
板面局部不平(用 2 m 直尺检查)	2
连接配件的孔眼位置	±1

表 2　套箱加工安装的允许偏差

项目	允许偏差(mm)
标高	±3
水平度	$L/1\,000$
预留孔中心偏移	10

(5)套箱安装完毕后,应及时组织力量进行套箱内施工作业,并在潮水来临前注水压重,增加套箱的整体稳定性。

8　安全措施

(1)加强安全教育,并对操作人员进行详细的安全、技术交底,施工人员分工明确,任务明确,责任明确及工作位置明确。

(2)作业人员必须经过上岗培训,持证上岗,进入现场必须戴安全帽,穿防滑鞋,水上作业必须穿救生衣。

(3)设专人进行水情预报,针对潮水情况,提前做好人员撤离和应急工作。

(4)船上作业注意用电安全,所用线路均采用外包绝缘皮的电缆,用点设备全部安装漏电保护器,施工人员均穿绝缘胶鞋进场作业。

(5)夜间施工要加强生产安全措施,作业面布置足够的照明灯具。

(6)对所有的起重工具如索具、夹具等进行全面检查并经计算、验算后方可使用。

9　环保措施

(1)施工前必须组织作业人员认真学习环境保护法,执行当地环保部门的有关规定。

(2)合理调节作息时间,尽量减少夜间施工,不影响现场周围居民的正常休息。

(3)杜绝船只乱排放油污或生活垃圾,防止水污染。

(4)注重场内道路和车辆的洒水除尘工作,降低粉尘对环境的污染。

(5)建立健全工地保洁制度,设置清扫、洒水设备和各种防护设施,防止和减少工地内尘土飞扬,严禁向河道倾倒垃圾和排放污水。

10　效益分析

本工法主要针对钱塘江等涌潮河段赶工作业的水下承台施工,经过多个工程实践,取得了良好的社会效益和经济效益。

(1)本工法比较传统套箱施工,减少了工作平台安装、分块拼装、上承系统安装、混凝土封底等工序,简化了工艺流程,加快了施工进度,节省了套箱的制作和安装费用。

(2)通过工艺的简化,缩短了套箱安装时间,套箱加工和安装准备工作完成后,一般在一个潮水间隔时间内,即可完成套箱的初步安装,避免了安装过程中套箱经历涌潮冲击的风险。

（3）在涌潮来临前，通过对套箱进行注水压重，增加了套箱的整体稳定性和抗涌潮冲击能力，同时由于套箱内静水压力作用，抵消了套箱外的部分水压力和水流力，节约了套箱内支撑费用。

11 应用实例

本工法于2008年6～9月分别应用于杭州市钱塘江线"水上巴士"工程滨江站、杭州市钱塘江线"水上巴士"工程六和塔站、杭州市钱塘江线"水上巴士"工程第一码头站三个工程。

11.1 杭州市钱塘江线"水上巴士"工程滨江站工程

钱塘江线"水上巴士"工程滨江点位于钱塘江南岸的滨江区的闻涛路北侧，西兴大桥和复兴大桥间的江滨公园射潮广场上游440 m处。由两个25 m×7 m的码头平台组成，后接60 m长钢筋混凝土栈桥，呈"丁"字形布置。潮汐特征值根据附近南星桥水文站观测，最高潮位7.61 m，平均高潮位4.31 m，平均潮位3.97 m，平均低潮位3.63 m；平均流速分别为3.70 m/s；最大潮高2.05 m，平均潮高0.80 m。

承台尺寸为6.50 m×7.50 m×2.27 m，承台底高程2.65 m，低于平均低潮位，工期4个月，施工时段为2008年6～9月，处于汛期和天文大潮期间。由于工期紧张，施工难度大，为加快工期和解决涌浪冲击问题，采用本工法施工。

该工程承台基础灌注桩施工完成，外护筒拔除前，在承台底部四个桩顶护筒外侧焊接钢法兰和安装支撑抱箍，套箱整体在加工场制作完成后，用驳船现场一次性安放，安放时通过桩顶法兰与套箱底部的法兰对接定位，法兰间设置"O"型止水圈，通过千斤顶顶压法兰，压紧"O"型止水圈止水，然后抽干套箱内江水，并将上下法兰焊接密封，再在套箱内进行混凝土浇筑前的一系列施工作业。在大潮汛涌浪来临前，停止一切套箱内作业，人员撤离，对套箱进行临时注水压重，以抵御涌浪的冲击。

该工程应用本工法，在一个月内顺利完成三个套箱的安装和水下承台混凝土的施工，为工程按期完成抢得了时间。施工期间该工法应用承受了钱塘江8月份涌潮的考验，未发生套箱破坏和安全事故，为工程顺利完成奠定了基础。

11.2 杭州市钱塘江线"水上巴士"工程六和塔站工程

钱塘江"水上巴士"码头工程六和塔站位于钱塘江北岸的之江路南侧，钱塘江大桥以西300 m、六和塔附近。该站点为改建工程，改建一个25 m×7 m码头平台，与后方陆域通过30 m×4 m的预应力钢筋混凝土栈桥相连。

承台尺寸为6.50 m×7.50 m×1.50 m，承台底高程1.14 m，低于平均低潮位，工期4个月，施工时段为2008年6～9月，处于汛期和天文大潮期间。由于工期紧张，施工难度大，为加快工期和解决涌浪冲击问题，采用本工法施工。

该工程承台基础灌注桩施工完成，外护筒拔除前，在承台底部四个桩顶护筒外侧焊接钢法兰和安装支撑抱箍，套箱整体在加工场制作完成后，用驳船现场一次性安放，安放时通过桩顶法兰与套箱底部的法兰对接定位，法兰间设置"O"型止水圈，通过千斤顶顶压法兰，压紧"O"型止水圈止水，然后抽干套箱内江水，并将上下法兰焊接密封，再在套箱内进行混凝土浇筑前的一系列施工作业。在大潮汛涌浪来临前，停止一切套箱内作业，人员撤离，对套箱进行临时注水压重，以抵御涌浪的冲击。

该工程应用本工法，在15 d内顺利完成一个套箱的安装和水下承台混凝土的施工，为工程按期完成抢得了时间。施工期间该工法应用承受了钱塘江8月份涌潮的考验，未发生套箱破坏和安全事故，为工程顺利完成奠定了基础。

11.3 杭州市钱塘江线"水上巴士"工程第一码头站工程

钱塘江线"水上巴士"工程第一码头站位于钱塘江北岸的之江路南侧，复兴大桥以东约240 m。

该站点在原有第一码头 3 个泊位的基础上,在下游侧扩建一个 25 m×7 m 码头平台,与后方陆域通过 50 m×4 m 的预应力钢筋混凝土栈桥相连。

承台尺寸为 6.50 m×7.50 m×1.5 m,承台底高程 1.14 m,低于平均低潮位,工期 4 个月,施工时段为 2008 年 6~9 月,处于汛期和天文大潮期间。由于工期紧张,施工难度大,为加快工期和解决涌浪冲击问题,采用本工法施工。

该工程承台基础灌注桩施工完成,外护筒拔除前,在承台底部四个桩顶护筒外侧焊接钢法兰和安装支撑抱箍,套箱整体在加工场制作完成后,用驳船现场一次性安放,安放时通过桩顶法兰与套箱底部的法兰对接定位,法兰间设置"O"型止水圈,通过千斤顶顶压法兰,压紧"O"型止水圈止水,然后抽干套箱内江水,并将上下法兰焊接密封,再在套箱内进行混凝土浇筑前的一系列施工作业。在大潮汛涌浪来临前,停止一切套箱内作业,人员撤离,对套箱进行临时注水压重,以抵御涌浪的冲击。

该工程应用本工法,在 15 d 内顺利完成一个套箱的安装和水下承台混凝土的施工,为工程按期完成抢得了时间。施工期间该工法应用承受了钱塘江 8 月份涌潮的考验,未发生套箱破坏和安全事故,为工程顺利完成奠定了基础。

(主要完成人:翁国华　苏孝敏　楼汉卿　陈　立　黄志强)

渠道薄板混凝土衬砌施工工法

安蓉建设总公司

1 前 言

传统大型渠道衬砌工程施工一般主要采用滑模浇筑混凝土或是采用浆砌混凝土预制板衬砌。采用滑模衬砌时,混凝土的均匀性和外观平整度较差,施工速度较慢;采用浆砌混凝土预制板衬砌时,砌缝面积约占衬砌总面积的10%,存在砌缝砂浆开裂、缝内长草、衬砌体失稳破坏现象,混凝土衬砌层防渗作用降低。采用渠道薄板混凝土衬砌施工技术进行渠道薄板混凝土衬砌,机械化施工程度高,施工速度快,施工质量得到提高。

随着施工技术的不断革新,渠道混凝土衬砌设计厚度在逐渐降低,施工中出现了较多厚度在6~12 cm的实例。薄板混凝土衬砌施工工法采用具有国际领先技术水平的渠道衬砌设备机械化施工,南水北调京石段应急供水工程直管第一施工标施工运用实践证明,不仅能减少原材料使用量、减少人工投入,而且缩短了工程建设周期,产生了明显的经济效益。

2 工法特点

(1)混凝土集中拌制。

(2)对混凝土坍落度控制要求较高,一般在5~8 cm。

(3)施工效率高,在衬砌机正常运转、配合充分的情况下,最大混凝土浇筑量达20 m³/h。

(4)采用渠道衬砌机施工,可选用振动碾压式衬砌机或振动滑模式衬砌机和相应配套机械。振动滑模衬砌机适应性较强,效率较高,衬砌质量容易保证,宜优先选用。主要的配套机械设备有削坡机、切缝机、填缝机和人工台车等。在坡长较短、衬砌厚度较小的情况下,可选用振动碾压衬砌机。主要配套机械设备有削坡机、混凝土布料机、切缝机、填缝机和人工台车等。渠底衬砌机械化施工应配备皮带式混凝土输送机或大型滑槽。

3 适用范围

本工法适用于纵向坡比≤1%、横向坡比≤1∶1的梯形断面渠道混凝土衬砌、河道堤防及坝高较低、坡长较短的水库大坝等薄板混凝土护坡工程施工。

4 工艺原理

振动滑模衬砌机(振动碾压式衬砌机工艺原理与此设备稍有不同)主要由行走系统、升降调整系统、框架结构、摊铺布料系统、振动成型系统和自动控制系统等部分组成,能自动完成坡面、坡顶和坡脚弧面及渠底衬砌混凝土上料、布料、振捣密实、挤压成型。

(1)行走。衬砌机行走均采用导轨式。

(2)升降调整。升降调整系统根据实际施工坡面液压调整。

(3)布料。布料机系统有皮带机、螺旋布料器一套,可将混凝土从渠道顶部均匀地输送到渠底、坡角、渠坡和渠肩处,需人工辅助。

(4)振捣、成型。振捣系统设有14套高频电动振捣器,其成型、振捣原理是:料仓内置12 000 Hz插入式高频振捣棒将混凝土内部气泡逸出,捣实、提浆,靠设备自重利用滑模板挤压成型。

（5）抹面、压光。由于混凝土坍落度较低,振捣挤压成型混凝土表面不能满足外观要求,需用抹面机抹面,人工压光。

5 施工工艺流程及操作要点

5.1 施工工艺流程

本工法施工工艺流程如图 1 所示。

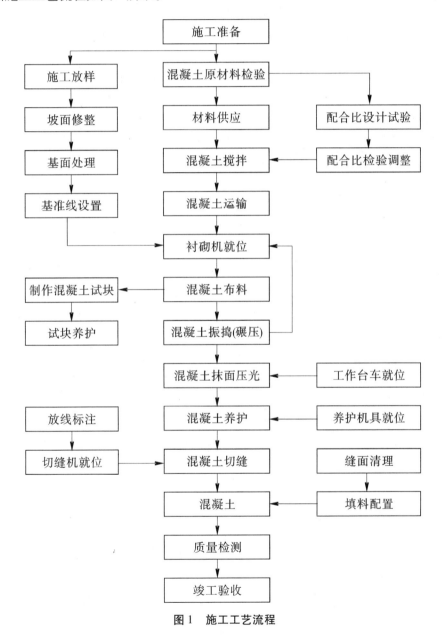

图 1 施工工艺流程

5.2 操作要点

5.2.1 原材料及配合比试验

水泥、粉煤灰、砂石骨料、水、外加剂等原材料的选用应符合设计和有关规范要求,同时骨料的最大粒径不大于衬砌混凝土板厚的 1/3。

5.2.2 基准线设置

根据布设的导线控制桩、设计断面尺寸和衬砌机参数确定。

5.2.3 坡面修整

衬砌施工放样应按设计要求提前进行全断面的复核、修整,确保混凝土衬砌的施工质量。

5.2.4 生产性施工检验

施工前应首先进行生产性施工检验,检验长度不小于 100 m,应达到以下目的:

(1)检验施工系统机械性能和生产能力,检验与实际生产能力相匹配的配套机械性能;

(2)确定衬砌机工作速度、振捣时间、抹面、压光的适宜时间和遍数、切缝时间、切缝强度等;

(3)确定辅助机械、机具的种类和数量、劳动力数量、定岗,制定施工组织方案和施工工艺流程;

(4)检验新拌制混凝土坍落度、含气量、泌水量、水胶比等;

(5)明确现场施工组织安排程序及管理办法;

(6)确定衬砌混凝土面养护方法及效果;

(7)确定施工产量和进度,完善施工进度计划。

不同气温、日照、风力等条件下运输过程中的混凝土坍落度损失以及工作速度、抹面压光时间、切缝时间等应在后续施工中持续检验、修正。

5.2.5 拌制、运输

渠道衬砌混凝土应尽量由就近布置的拌和站提供,避免运输距离过长造成坍落度损失过大。

在进行衬砌施工前,试验室必须提前进行砂石骨料的含水率、超逊径、表面温度等数据的检测,并根据砂石骨料的检测数据、当时的气温和运输距离及布料时间等,优化衬砌混凝土设计配合比,以确保入仓混凝土质量适应机械化施工要求。配合比参数严禁随意变更,当气候和运输条件变化时,可由试验室微调,使入仓坍落度保持最佳,保证衬砌混凝土机械化施工的工作性。混凝土入仓坍落度根据出机口坍落度和运输过程中的坍落度损失确定。同一座拌和楼每盘之间、拌和楼之间的混凝土拌和物的坍落度允许偏差应控制在±1 cm。

在投入生产前,砂石骨料和胶凝材料等计量器具应经计量部门标定,拌和站配料计量偏差不应超过表1的规定。

表 1　拌和站配料计量偏差精度要求

材料名称	水泥	掺和料	砂	石	水	外加剂
允许偏差(%)	±1	±1	±2	±2	±1	±1

外加剂采用后掺法掺入,外加剂应以液体形式掺加,其浓度和掺量根据配合比要求确定。

混凝土运输应选用载重容量不小于 6 m³ 的专用混凝土搅拌运输车,行驶速度应控制在 10 km/h 以下,避免运输过程中混凝土离析。场内应将重车送料和空车返回道路分设,避免对已成型衬砌混凝土板产生扰动。在高温或低温季节施工时,混凝土搅拌车应采取相应的防晒、保温措施,严禁运输过程中加水。

混凝土搅拌运输车辆数量可依据所有拌和站每小时生产能力、混凝土运距、车辆行驶速度、运输车载重能力进行配置,可按式(1)估算确定,但不得少于 2 台。

$$N = \frac{2k\gamma_c Q}{v_j \rho \xi} \qquad (1)$$

式中:N 为搅拌运输车总数,辆;k 为最长单程运输距离,km;γ_c 为新拌混凝土的密度,kg/m³;Q 为所有搅拌楼的每小时拌和能力,m³/h;v_j 为车辆的平均运输速度(包括卸料时间),km/h;ρ 为汽车载重能力,kg/辆;ξ 为车辆完好出勤率(%)。

混凝土拌和物从拌和楼出料至卸料入仓完毕的最长允许运输时间应执行相关规范规定,可参照表2确定。

5.2.6 摊铺布料及衬砌施工

(1)衬砌施工前,应对施工现场以下项目进行检查:

垫层、基面验收合格;

校核基准线;

拌和系统运转正常,运输车辆准备就绪;

模板、工作台车、养护洒水等施工辅助设备状态良好;

衬砌机设定到正确高度和位置,空载试运行正常;

检查衬砌板厚设置,板厚与设计值的允许偏差满足相关要求。

表2	混凝土拌和物最长允许运输时间
施工温度(℃)	允许最长运输时间(h)
5～18	1.75
19～28	1.5
29～33	1.25

(2)应安排专人负责指挥布料。布料前质检员检测混凝土拌和物的坍落度、含气量、入仓温度等。混凝土运输车辆卸料时,混凝土自由下落高度应小于1.5 m。采用螺旋布料器布料时,料位的正常高度应在螺旋布料器叶片最高点以下,但不应缺料;采用皮带输送机布料时,应保持各料仓的料量均匀。渠道坡脚处、坡顶和模板两侧等部位,需采用人工辅助布料摊平,软轴和平板振捣器振捣。

(3)衬砌机宜沿渠坡自下而上匀速连续工作。

(4)衬砌施工过程中应经常检查振捣棒的工作情况,如发现衬砌后的板面上出现露石、蜂窝、麻面或横向拉裂等现象,必须停机检查、修理或更换振捣棒,并对已浇筑混凝土进行处理。

(5)布料过程中不能出现离析现象。必须控制布料强度与振捣时间匹配,不过振、漏振或欠振,达到表面出浆,不出现露石、蜂窝、麻面等。

(6)衬砌机料仓内应保持充足的混凝土,仓内混凝土料位应高于振捣棒20 cm。

(7)进入弯道施工时,应保证衬砌机始终与渠道上口线保持垂直工作状态。

(8)衬砌施工停机处理。施工过程中停机中断施工时,应进行以下作业:

停机同时解除自动跟踪控制,升起机架,将衬砌机驶离工作面,清理黏附的混凝土,整修停机衬砌断面,同时保养衬砌机。

当衬砌机出现故障停机时,应立即通知拌和站停止生产。在故障排除时间内衬砌机内混凝土尚未初凝,允许继续衬砌。停机时间超过2 h,应将衬砌机驶离工作面,及时清理仓内混凝土,故障出现后浇筑的混凝土需进行严格的质量检查,并清除分缝位置以外的浇筑物,为恢复衬砌作业做好准备。

5.2.7 抹面压光

衬砌成型后的混凝土宜采用工作台车视气温、风速情况在混凝土初凝前抹面,以满足渠道糙率要求。操作人员应穿平底鞋,踩在混凝土面上操控抹面机施工。抹面机施工时自下而上,由先浇面至后浇面有序搭接,机械抹面3遍。

初凝前应及时压光,以消除表面气泡,使混凝土表面平整、光滑、无抹痕。人工用铁抹子压光。施工人员必须穿软平底鞋,且鞋底要干净,没有渣土。压光应由渠坡横断面最初施工的一侧向另一侧推行,在施工时应随时用2 m直尺检查,对不符合要求的及时处理,确保表面光滑平整。压光时禁止洒水湿润。

5.2.8 养护

混凝土浇筑完毕后,及时喷洒养护剂进行初始封闭保水养护,浇筑完毕后6～18 h开始洒水养护,并覆盖棉芯膜。经常观察混凝土表面湿润情况,及时补水,应保证湿润养护不少于28 d。

5.2.9 特殊气候施工

一般当风速大于 6 m/s 时,应适当调整混凝土外加剂的掺量和用水量,确保混凝土入仓时的坍落度满足施工要求,同时应对混凝土表面喷雾养护。

日最高气温超过 30 ℃时,宜选择在早晨、傍晚或夜间施工,并采用添加缓凝剂、控制水温等措施;当现场气温超过 35 ℃时,应停止施工。

当日平均气温连续 5 d 稳定在 5 ℃以下或现场最低气温在 0 ℃以下时,应采用添加防冻剂、控制水温等措施,以保证混凝土拌和物入仓温度不低于 5 ℃;当日平均气温低于 0 ℃时,应停止施工。

5.2.10 切缝

切缝时间应控制在容易切缝成型、又不松散和崩裂时进行,一般在混凝土终凝时开始。在气温较低或混凝土衬砌连续作业切缝施工强度较大时,应选用水泥混凝土软切缝机施工。

(1)边坡纵缝切割。首先将要切割的坡体横缝和纵缝用墨斗弹线,在边坡纵缝线沿横线方向一定距离处用电钻打孔,孔内插入 Φ10 钢筋将导向梁固定,切缝机依托导向梁施工。施工时用软塑料管冲刷锯片降温。在缝形成后,用水枪、风机等将缝内浮浆、碎渣冲洗干净。切缝过程中应控制切缝机的行走速度,尽量减少松散和崩裂的现象。

(2)边坡横缝切割。横缝切割时,利用纵缝位置加设轨道固定设施,施工中要严格控制切缝深度。切缝过程中通过控制卷扬机来控制切缝机的行走速度。

(3)渠底横纵缝。渠底横纵缝属于平面作业,人工控制切缝机沿墨线切割。

(4)混凝土软切缝。水泥混凝土软切缝机具有体积小、重量轻、噪声小、不需水冷锯片、操控简单等显著特点。利用软切缝机可在混凝土初凝结束前施工,一般来说,当混凝土初凝具有一定强度(以操作人员行走而不影响抹面质量为准,此时混凝土强度为 1~3.5 MPa)时即可进行切缝作业。

5.2.11 填缝

填缝材料填充前缝壁应干燥、干净,应采用专用工具压入,并保证上层填充密封胶的设计深度。密封胶应与混凝土黏结牢固。

5.3 劳动力组织

劳动力组织情况见表3。

表3 劳动力组织情况

工种	管理人员	技术人员	坡面修整	混凝土衬砌	混凝土养护	混凝土切缝	混凝土填缝
人数(人)	2	8	4	32	4	12	4

6 材料与设备

本工法没有需要特别说明的材料,采用的机具设备见表4。

表4 机具设备

设备名称	振动滑模式渠道衬砌机	拌和站	混凝土罐车	抹光机	平板振捣器	插入式振捣棒	电钻	发电机	起重机	切缝机	空压机
数量	1台	2套	3辆	3台	2台	2台	2台	1台	2台	5台	1台
用途	边坡混凝土衬砌	混凝土拌和	混凝土运输	混凝土抹光	辅助边角振捣	辅助边角振捣	固定切缝导向梁钻孔	备用电源	吊装衬砌机	混凝土切缝	缝面清理

7 质量控制

7.1 工程质量控制标准

执行相关行业规范以及《南水北调中线干线渠道工程施工质量评定标准(试行)》(NSBD7—2007)、《渠道素混凝土衬砌机械化施工技术规程》(NSBD5—2006)以及设计要求等。渠道混凝土衬砌允许偏差见表5。

表5 允许偏差

序号	检查(测)项目	规定值或允许值	检查(测)方法	检查(测)数量
1	入仓混凝土	无不合格料入仓	现场抽样试验	全数检查
2	渠底高程	允许偏差:0 ~ -10 mm	水准仪测量	每个单元测1个断面,每个断面不少于3点
3	渠底宽度	允许偏差:+20 mm	尺量、全站仪测量	每个单元不少于3个断面
4	渠道中心线	直线段允许偏差:±20 mm 曲线段允许偏差:±50 mm	全站仪测量	纵、横断面每个单元不少于3点
5	衬砌顶开口宽度	允许偏差:0 ~ +30 mm	全站仪测量	每个单元不少于3个断面
6	混凝土厚度	允许偏差:-5 ~ +10 mm	直尺/卷尺	每个单元测5个断面,每个断面不少于3点
7	表面平整度	允许偏差:8 mm/2 m	2 m尺检查	每个单元测3个断面,每个断面不少于3点

7.2 质量保证措施

(1)基面上的杂物、泥土及松动砂浆均应全部清除,并保持洁净和湿润,必须经验收合格后,方可进行混凝土衬砌。

(2)模板安装,必须按设计图纸测量放样,弧段处应多设控制点,以利检查校正;模板与混凝土接触的面板以及各块模板接缝处,必须平整严密,以保证混凝土表面的平整度和混凝土的密实性;模板安装的允许偏差:结构物边线与设计边线不大于±10 mm,顶部高程控制在±3 mm;模板安装就位后,应有足够强度的固定措施,防止在浇筑过程中错位。

(3)混凝土浇筑过程中,要有专人负责经常检查、调整模板的形状及位置;在浇筑混凝土过程中,严禁往仓号中加水;如发现混凝和易性较差时,应采用加强振捣等措施,以确保混凝土质量;不合格混凝土严禁入仓,已入仓的不合格混凝土必须清除。混凝土浇筑时要保持连续性,如因故中止且超过允许间隔时间,则应立即将混凝土缝留齐终止浇筑,若能重塑者,仍可继续浇筑混凝土。(重塑标准:用振捣器振捣30 s,周围10 cm内能泛浆且不留孔洞)

(4)混凝土及原材料严格按照配合比要求进行控制,每次开盘前,都对原材料预先进行检测,根据检测数据及时对混凝土配合比进行微调,同时检测每罐混凝土的出机和入仓温度及坍落度,对不能满足要求的混凝土不允许入仓。

(5)混凝土拌和必须按照试验室出具、监理工程师审核并签发的混凝土配料单进行配料,严禁擅自更改。混凝土外加剂应提前按要求配制成水溶液,控制好掺量。混凝土拌和时间不得小于90 s。

(6)混凝土运输采用计算配置的混凝土搅拌车运输,运输及卸料时间应控制在45 min内,混凝土自上向下落的高度不大于1.5 m,衬砌机布料滑车料斗底设置缓冲装置。

(7)混凝土浇筑必须按照《水工混凝土施工规范》(DL/T 5144—2001)要求实施。为避免新浇混凝土出现表面干缩裂缝应及时采取混凝土表面洒水并加盖棉毡等方法保持混凝土表面湿润和降低水分蒸发损失。模板相邻两面板高差小于 3 mm,局部不平小于 5 mm,结构物边线与设计边线偏差小于 10 mm。混凝土表面的平整度(用 2 m 直尺检查)不得超过 8 mm。由于采用衬砌机进行机械控制振捣,在施工时应注意振捣条线间距不超过振捣器有效半径的 1.5 倍(20 cm)。提浆表面或振动器振板行距宜重叠 5～10 cm。现场浇筑混凝土完毕应及时收面,混凝土表面应密实、平整、光滑且无露石。

(8)混凝土养护须及时,并有专人负责,保持混凝土面湿润。

(9)在衬砌外露缝切割时,要注意控制切割深度,缝线平直,尽量减少松散和崩裂的现象。隔缝材料接头部位不用搭接,但要保证接缝部位连接严密。

8　安全措施

(1)严格按施工组织设计布置施工现场,并满足防洪、防火、防盗、防雷等要求。

(2)施工现场临时用电布置严格按照《施工现场临时用电安全技术规范》(JGJ 46—2005)有关规定执行。

(3)严格遵循设备使用、维护手册上的规定,严禁违规操作、违章操作。

(4)做好劳动保护工作,确保劳保用品及时足量发放,并正确佩戴、使用。

(5)在渠坡施工时加设防滑踏板,防止上下行走施工人员跌伤。

(6)设备启动命令只能由现场调度员下达,任何人发现故障或危险时,都有责任将发现的故障、危险及时传达给调度员或要求紧急停机。

9　环保措施

(1)施工过程中必须严格遵守我国的《环境保护法》、《水污染防治法》、《大气污染防治法》、《固体废物污染防治法》、《噪声污染防治法》、《土地管理法》、《水土保持法》、《野生动物保护法》、《森林法》等法律、法规。

(2)生产废水的处理、排放。生产废水包括施工机械设备清洗的含油废水、混凝土养护冲洗水、砂料冲洗水、开挖土方的排水。对含油的废水先除去油污;对砂石土的废水则由沉淀池将其中固体颗粒沉淀下来,达到规定的标准再排于河中;混凝土拌和楼的废水经集中沉淀池充分沉淀处理后排放,沉淀的浆液和废渣定期清理后集中处理。

(3)生活污水的处理、排放。生活污水包括施工人员的生活排泄物,洗浴、食堂冲洗、生活区打扫卫生冲洗的所有污水。按生活居住区相对集中到一块,修建生活污水处理设施,选用以生物接触氧化为主体的处理工艺,处理达标后排放。

(4)采取一切措施尽可能防止运输车辆将砂石、混凝土、石渣等撒落在施工道路及工区场地上,安排专人及时进行清扫。场内施工道路保持路面平整,排水畅通,并经常检查、维护及保养。晴天洒水除尘,道路每天洒水不少于 4 次。

(5)在现场安装冲洗车轮设施并冲洗工地的车辆,确保工地的车辆不把泥土、碎屑及粉尘等带到公共道路路面及施工场地上,在冲洗设施和公共道路之间设置一段过渡的硬地路面。

(6)每月对排放的污水检测一次,发现排放污水超标,或排污造成水域功能受到实质性影响,立即采取必要治理措施进行纠正处理。

(7)施工弃渣和固体废物以国家《固体废物污染环境防治法》为依据,按设计和合同文件要求送至指定弃渣场。做好弃渣场的治理措施,有序地堆放和利用弃渣,防止随意弃渣阻碍河、沟等水道。

(8)施工区设置截、排水沟和完善排水系统,防止水土流失,防止破坏植被和其他环境资源。

10 效益分析

渠道薄板混凝土衬砌施工工法与传统人工衬砌、滑模衬砌相比,人员、材料投入量大幅度减少,操作简单,运行、维护费用低、设备可靠性高,实现了机械化连续作业,显著提高施工工效,大大提高工程建设速度,降低工程成本。

11 应用实例

11.1 工程概况

南水北调中线京石段应急供水工程(石家庄至北拒马河段)第一施工标段自南水北调中线总干渠北横岐公路桥至河北省与北京市交界,全长 5.145 km(桩号:222+230 ~ 227+375.35)。工程近期担负着向北京市应急供水任务,远期还将担负着南水北调中线一期工程输水的基本任务。主要由明渠和渠系建筑物组成,包括北拒马河南支渠道倒虹吸大型河渠交叉建筑物、4 座公路桥、渠渠交叉建筑物和排水建筑物 8 座以及明渠。

渠道设计流量 50 ~ 60 m³/s,总长 4 330.35 m,纵坡 1/24 000 ~ 1/25 000,底宽 7.5 ~ 11 m,渠深 5.1 ~ 5.75 m。包括全挖方渠段和半挖半填渠段,段内涉及两个弯道。

渠道断面设计为梯形断面,边坡坡比为 1:2.5。过水断面采用现浇素混凝土衬砌,衬砌厚度 10 cm。渠道衬砌结构自上而下依次为 10 cm 渠道混凝土面板、浆砌卵石、复合土工膜、砂砾料反滤层、纵横向排水管网、砂砾料反滤层。排水管网为 D200 无砂混凝土管,其中横向排水管每 2 m 设一道,出水口在加大水位以上 15 cm,纵向排水管在坡脚下设两道,用 PE 四通管相连接。渠道衬砌结构示意图如图 2 所示。

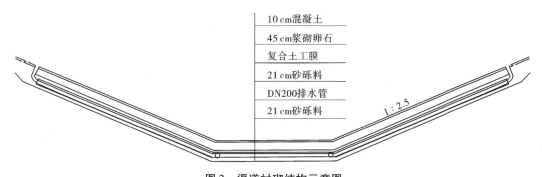

图 2 渠道衬砌结构示意图

合同完工日期 2007 年 10 月 31 日,由于开工日期延后,工程完工日期推迟至 2007 年 12 月 31 日;新增加交通桥后,确定 2008 年 4 月底具备试通水条件为新的工期目标。

11.2 施工情况

渠道边坡薄板混凝土衬砌基本采用振动滑模式衬砌机施工,临近建筑物部位设备无法靠近时采用人工滑模辅助衬砌,底板混凝土采用水泥混凝土滑模摊铺机衬砌。

遇建筑物无法通过时,衬砌机拆解为布料系统和衬砌系统,采用两台 50 t、25 t 汽车吊相配合搬迁、吊装。

按先边坡,后底板顺序施工。由于渠道段内建筑物较多,能连续衬砌边坡混凝土施工的渠道段最长为 822 m,底板混凝土衬砌速度较快,基本上能在全段边坡衬砌完成后一周内施工完毕,按工期计划安排,边坡混凝土衬砌为本项工程的关键线路。

渠道混凝土衬砌于 2007 年 7 月 20 日开工,竣工时间为 2008 年 3 月 31 日,完全满足 4 月底试通水目标。

11.3　结果评价

　　施工过程中按相关行业规范以及《南水北调中线干线渠道工程施工质量评定标准（试行）》（NSBD7—2007）、《渠道素混凝土衬砌机械化施工技术规程》（NSBD5—2006）控制施工质量，混凝土密实度高且均一，坡面平整，提浆效果好，无骨料暴露，工程质量优良。工期进度按计划落实，未发生安全事故。

　　　　　　　　　　（主要完成人：陶　然　韩冬杰　张仕超　黄　强　李晓鹏）

人字门安装测量控制放样施工工法

江夏水电工程公司

1 前 言

人字门安装是大型金属结构制造安装的范畴,人字门从几何角度是由诸多点、线、角组成的立面,其安装调整不同于一般有平面金属结构仅仅是中心、标高、水平等方面的简单测量,由于立体空间元素分布密集,人字门安装测量放样施工需采用空间控制网来进行控制。

人字门安装测点放样是整个人字门安装工作第一步,也是安装质量的关键所在,由于大型金属结构制造安装跨度时间长,其测量精度程度需长时期始终贯穿在整个安装过程之中。人字门安装前,必须将测量放样工作全部结束、核定无误、保护可靠后,方可进行人字门的正式安装,且应集中力量一次将控制网建好。公司在万安水电站人字门安装测量放样中总结出本工法。

2 工法特点

中小型人字门顶枢拉架基础锚杆由于未浇筑一期混凝土,顶枢基础锚杆交汇中心未确定。中小型人字门以底枢旋转中心为基础进行整个立体控制网的建立。即先确定底枢旋转中心,由底枢旋转中心确定顶枢旋转中心,再由顶枢旋转中心确定顶枢拉架基础锚杆交汇中心(顶枢拉架基础锚杆安装好后进行二期混凝土浇筑),最后进行整个立体控制网的建立。

大型的人字门顶枢拉架基础锚杆,多采用在一期混凝土中预先埋设的设计方案。即基础锚杆交汇中心已确定,以锚杆交汇中心确定顶枢旋转中心,再以顶枢旋转中心确定底枢旋转中心,最后进行整个立体控制网的建立。

针对大型人字门顶枢拉架基础锚杆的施工特点,人字门安装首先是平面测量控制网的布设,平面控制网的布设可以采用精度高和可靠性强的计算机辅助模拟化的设计方法;待平面测量控制网即安装施工平面控制网建好后,再在平面网基础上建立安装立体测量基准网。

3 适用范围

本工法主要适用于顶枢拉架基础锚杆在一期混凝土中事先预埋的大型船闸人字门安装测量放样。对其他水工金属结构的安装测量放样也可提供借鉴。

4 工艺原理

通过优化测量施工方案,采用较高精度的测量仪器,建立人字门安装施工立体控制网,由安装施工平面控制网再建立安装立体测量基准网,做到一次放样多次校核,反复平差,做好标识保护,同时注意测量过程中的温度、气压及日偏晒等影响因素并作适当纠偏。

5 施工工艺流程及操作要点

5.1 人字门安装施工控制网的建立

平面网的布设多采用精度高和可靠性强的计算机辅助模拟化设计方法,此法选取的测量元素范围恰当、结构简化;较易取得精准数值,工作量小,是测量的优化方案。按照测量规范进行约束平差法计算,计算最弱点精度、测角单位权中误差、测距单位权中误差、最弱边边长相对中误差等,误差应满足规范要求。

人字门安装高程控制网采用二等水准路线法设置,在闸顶和闸底布设二等水准路线分别进行高程控制,可保证高程测量精度,同时也便于施工。

需着重强调的是:在人字门测量放样前,应先对所属工程整体测量控制网进行校核,确定甲方提供的测量控制网的精度满足人字门测量放样的精度要求。另外,由于人字门安装工期较长、测量范围大,应综合考虑多次测量、温度变化大、偏晒严重、多次架设仪器等因素,评估不利因素对测量结果的影响,适当地进行纠偏和数据修整。

因此,要求对测量点精心保护,保护测量原始点,规范原始点的测放、校核操作程序,制订测量点遗失时的紧急恢复措施,使安装测量工作始终处于受控状态。

5.2 设置人字门安装基准网

在人字门安装前,按常规设置平面测量方法建立平面测量控制网,在平面测量控制网基础上,进行人字门顶底枢旋转中心基准设置,放样出支承中心和合力线,测量出门轴线和人字门点线角,从而建立空间立体测量基准。人字门安装基准网如图1所示。

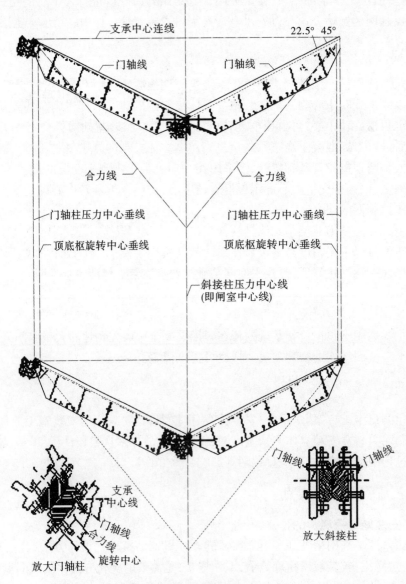

图1 人字门安装基准网

如果受现场地形条件的限制,不能直接从控制网点测放出顶底枢旋转中心和支承中心时,也可以采取垂准测量方法进行设置。

大型人字门安装立体测量控制网具体步骤为:

(1)测放出的顶底枢旋转中心。用两组顶枢锚杆的中心线的交点对其进行校核,且精准测量两点间的限差,其偏差必须控制在 2.0 mm。

(2)测量合力线。为了控制底枢座板的安装方位及三条刚性承压条的安装方位,在底板上还应布置左右合力线点 A,左右门轴线的交点 B。

(3)精准测量支承中心。精准测量左右支承中心距离和左右旋转中心距离;对左右支承中心的距离、左右旋转中心的距离进行相互校核,应符合设计要求。

6 材料与设备

除中小型人字门测量放点的测量平台、常规卷尺等工具外,按照工程测量规范及施工精度的要求,选用莱卡 TC2002 全站仪进行放样测量。精度达到测角 $\pm 0.5''$,测边 $\pm(1+1\times 10^{-6}\times D)$mm;选用 WILDTZL 垂准测量仪进行垂准测量,垂准精度达到 1/200 000,选用 WILDT3 经纬仪进行交会测量,测角精度达到 $\pm 1''$。

7 质量控制

在平面测量控制网上精准设置最终立体测量控制网是此测量控制法的关键。人字门安装的质量在很大程度上受控于立体控制网精度,是精度在质量上的具体反映。在平面测量控制网设置过程中人字门安装基准点、线、角应反复测量校验;在建立人字门安装立体测量控制网过程中,必须进行多条水平线、多条铅垂线、多个点线间相对距离、相对角度等的测量放样。

(1)人字门测量放样前首先对工程整体控制网进行校核,核定无误后建立人字门安装平面控制网。

(2)为保证人字门安装立体测量控制网精度,需选用适合精度的测量仪器,在使用前进行精准度测量和校正,并在整个施工过程中各阶段始终处于受控状态。

(3)施工过程中还特别注意了温度、气压及日偏晒等影响因素,评估不利因素对测量结果的影响,适当地进行纠偏和数据修整。

举例说明:三峡北一闸首人字门在早上太阳未出前及中午日偏晒情况下,测量左右顶枢旋转中心相差 3 mm。除考虑日偏晒的影响外,还应注意温度、气压对测量仪器的补偿修正。

(4)在测量过程中做到一次放样多次校核,以避免多次架设而引起的误差。通过不同的测量方法测算不同的变量来校核测量数据。测量结果一旦确定应注重对成果的保护。因施工时间长,在施工过程中,难免有已放好的点遭到破坏,为此在对测量结果注重保护的同时,应对重要点进行锁定、备份。

8 安全措施

由于人字门安装测量放样控制网为立体空间网,在施工过程中应搭设必要的载人施工平台及专门架设仪器的施工平台,因此施工平台的搭设除满足测量的稳定性要求外,还应根据相关的安全规定对施工平台进行合理设计、校核。做到载人安全、架设仪器稳定、行走便捷。

(1)人字门安装控制网点一旦原始点遗失将无法弥补,使安装工作失去控制基准,因此应对测点精心保护、清晰标识、定期校核。

(2)在人字门的构件安装就位过程中,为使构件一次就位、减小调整工作量,施工人员难免在构件就位时,与点位对中、对构件扶持。因施工空间狭小容易对施工人员人身安全造成威胁,应引起重视。

9 环境保护

本工法无环境污染问题。

10 效益分析

(1)船闸人字门均设置为大型钢闸门,其结构尺寸及现场安装较其他形式的钢闸门难度大。针对其控制难点大、精度要求高、安装的技术难点多、安装部件复杂等施工特点,选取了最优化的测量方法,在平面测量控制网上建立空间立体测量控制网方法可行,具有较高精度和可靠性。

(2)安装的实际过程中及工程结束后的无水、有水联合调试及试行的结果证明,所采用的工法是有效的,人字门安装调整精度较高,长期运行不变形。为类似大型钢结构安装建立高精度立体空间测量控制布网具有借鉴价值。

11 应用实例

现以三峡永久船闸及江西万安船闸人字门安装测量放样施工为例,简要介绍此工法。

11.1 三峡永久船闸人字门安装测量放样施工

三峡永久船闸人字门施工测量前,安装施工前期移交有闸室中心线控制点,人字门左右旋转中心(或支承中心)连线的坐标点,在底枢左右闸墙上标志的高程点;测量校验整体工程测量网原始控制点,按平面测量控制网建立所需引放出安装所需的点、线、角。

11.1.1 三峡永久船闸控制网的布置特点

(1)原土建船闸中心线因考虑精度问题,未直接引用为船闸安装用中心线,无统一闸室中心线。

(2)三峡顶枢拉架基础锚杆使用的是预应力锚杆,这样被迫在一期混凝土浇筑时锚杆要预埋,而且考虑到拉架和锚杆之间将来调整余量。所以锚杆预埋的位置要求很严,实际上就造成了在网点测量之前,通过 A、B 拉架附近几个控制点测绘,计算确定的顶枢旋转中心。

(3)在底枢旋转中心确定之前,当时考虑到将来安装放点,已将顶枢旋转中心引放在底枢位置。

(4)由于从顶枢锚杆预埋,到闸门安装网点测量之间长达几个月时间,而且施工干扰较大,一期锚杆预埋和闸门安装施工时有个别原始控制点被破坏。

综上所述,采取预先埋设顶枢拉架的预应力锚杆的方法进行人字门安装,在测量放点程序上势必与其他工程安装测量相反,就势必在安装工作的第一步测量控制方面有其特殊的方法和要求。

11.1.2 设置平面测量控制网

平面测量控制网的布设采用了计算机辅助模拟化设计方法设置,平面测量控制网如图 2 所示。该平面测量控制网总点数 8 个,其中有 6 个未知点,2 个业主提供的首级控制网点——挡水坝及一闸室 2 个点;网中含 34 个方向,17 条边,其平均边长约 99.5 m。

平面测量控制网使用了莱卡 TC2002 进行观测,按约束平差法计算最弱点 W6 实测精度为:$M_X = \pm 0.4$ mm,$M_Y = \pm 0.4$ mm,$M_P = \pm 0.5$ mm,测角单位权中误差为 $\pm 1.265''$,测距单位权中误差为

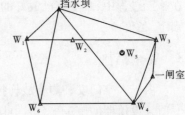

图 2 人字门安装施工控制网

± 0.20 mm,最弱边(一闸室—W_3)边长相对中误差为 1/127 000,比预估精度提高了 20%,满足了设计指标要求。

高程网的布设是根据船闸的结构特点及业主所提供高程点的实际情况,分别在闸顶(高程

185 m)和闸底(高程 138 m)布设二等水准路线。

11.1.3　设置立体测量控制网

三峡人字门安装的基准主要有:人字门顶底枢旋转中心、支承中心、合力线、门轴线,在平面测量控制网上设置上述要素,建设立体测量控制网如图 1 所示。由于现场地形条件的限制,不能直接从控制网点测放出顶枢、底枢旋转中心和支承中心,所以主要采取了垂准测量方法进行设置。即在闸顶高程 185 m 位置左右的顶枢中心位置各搭设一个牢固悬臂钢平台。然后利用控制点在闸顶平台上先测放出旋转中心、支承中心,再利用天顶仪把两中心点投影到顶枢平台和底枢平台上。并与由两组预应力锚杆中心线的交点确定的人字门旋转中心进行校核,且两点间的限差必须控制在 2.0 mm。两投影点要相互校核,同时,左右支承中心的距离、左右旋转中心的距离也要与设计值进行校核。

为了控制底枢座板的安装方位及三条刚性承压条的安装方位,在高程 138 m 底板上还布置左右合力线点 A 与左右门轴线的交点 B。测放方法是:在投影至底枢平台的两支承中心点上架设经纬仪,顺、逆时针旋转 45°、22.5°交会出两基准点,然后利用该两点与左、右支撑中心构成的单三角形,解算出其实际坐标,在限差范围内方可使用,并且要利用投影至底枢的旋转中心点与之进行校核。

在立体测量控制网设置过程中还应注意温度变化、偏晒、多次架设仪器对测量结果的影响,做到一次放样多次校核。

11.1.4　人字门安装测量放样结果

从立体测量控制图 1 中可以看出,同侧顶底枢旋转中心连线与支承中心连线相互平行,22.5°和 45°线交点 A、B 与闸室中心线相交,左右支承中心连线与闸室中心线相交于 C 点、左右旋转中心连线与左右支承中心连线相互平行,旋转中心至 45°线垂直距离为 100 mm、距门轴柱支承中心为 850 mm。

按立体测量控制人字门放样法,最终安装的人字门运行平稳、可靠。表现在人字门开关过程中的跳动量及止水效果上。三峡北一、二闸首人字门安装好后,经过临时开关门体测定门体跳动量为北一闸左、右侧人字门为 0.3 mm、0.5 mm,北二闸左、右侧人字门为 0.4 mm、0.6 mm,远远小于设计要求的 1 mm 跳动量;北一、二闸人字门刚性止水效果非常理想,完全达到并超过了规范要求。

11.2　江西万安船闸下闸首人字门测量放样施工简介

江西万安船闸整个网点包括顶底压力中心垂线、顶底旋转中心垂线、顶底止水中心垂线,共左右 6 条垂线;以及左右压力中心连线、左右旋转中心连线、左右止水中心连线,上下共 6 六条水平线;加上左右门压力线和闸室中心汇交点 A、左右门拱轴线和闸室中心线汇交点 B、左右旋转中心连线和闸室中心线汇交点 C。

在安装网点测量工作中的具体做法,首先是将上述控制点和控制线全部测量出,便于互相校核,以免发生错误。同时,考虑到正式安装后,一旦门叶吊装就位,底枢部位的点和线便被覆盖,如不将其他点线一次放好,并在适当位置锁定,将失去原来参照点,造成无法测量的后果。

其次是每测量一点一线都坚持反复核对,确保无误,对重要部位,如底枢旋转中心的高程、坐标、中心距、左右中心连线与闸室中心线的垂直度等重要尺寸,除放样时反复校核外,还要考虑气温对量具的影响(即第一天测量、第二天校核、第三天再重新校核),做到确信无误后才定点。

再次是在顶枢样点测量工作中,将顶枢旋转中心、止水中心、压力中心测在钢平台样架上,考虑到在门叶中装顶枢时样架要拆除,装顶枢镗孔时又要恢复,所以放样后需将顶枢测点用三角交汇法在其他位置锁定。

从整个安装情况看,安装网点的测量工作方法是正确的,精度是高的,为整个安装过程的检测工作提供了可靠依据。现将万安船闸下闸首人字门网点测量记录进行统计,具体见表 1。

表1 万安船闸下闸首人字门网点测量记录(底枢部分)

测点到测点		中误差(mm)	平均实长(mm)
左旋	右旋	0.1	
左压	右压	0.1	$15\,740.0^{+0.1}$
左止	右止	0.3	$16\,500.0^{+0.3}$
C 点	左旋	0.1	$7\,870.0^{-0.1}$
C 点	左压	0.4	$8\,265.0^{-0.4}$
C 点	左止	0.4	$7\,279.5^{+0.4}$
C 点	右旋	0.2	$7\,870.0^{+0.2}$
C 点	右压	0.3	$8\,265.0^{+0.3}$
C 点	右止	0.1	$7\,279.5^{-0.1}$
A 点	左旋	0.6	$11\,050.3^{+0.8}$
A 点	右旋	0.7	$11\,050.3^{+0.9}$

（主要完成人:郎绍峰　王定苍　赵克岐　欧阳运华　武生军）

S 型双向轴伸泵异形流道施工工法

江苏盐城水利建设有限公司

1 前 言

随着工业化进程的加快,二氧化碳排量逐年增加,全球气候变暖,汛期雨量日增。城市防洪压力越来越大,加之城市内河水源的日渐污染,防洪排污换水需求大增,城市防洪泵站的建设显得越来越重要。因此,对泵站建设中的"S"型双向轴伸泵安装技术及异形流道施工技术研究总结有着重要的意义。2006 年 2 月江苏盐城水利建设有限公司组织相关技术人员对"S"型双向轴伸泵安装技术及异形流道施工技术进行了专业研究,通过苏州城市中心区防洪工程大龙港枢纽工程、苏州东风新枢纽工程、通榆河北延送水工程大套三站等工程的应用,总结出"S"型双向轴伸泵异形流道施工工法。

2 工法特点

"S"型双向轴伸泵异形流道施工工法具有如下特点:

(1)施工方便。"S"型双向轴伸泵利用厂房桥式起重机安装施工,定位方便快捷;异形流道模板采用根据 3dsmax 已建模型做成的整体筒体,拆装方便。

(2)止水效果好。采用不锈钢环型止水薄板中置技术,主泵组与异形流道接触处无渗漏。

(3)施工精度高、运行噪声低。利用自制卡环控制主机泵叶轮安装间隙,保证了水泵运行的低噪声要求。

(4)水流流态稳定。泵站主功能上游排水侧配置整流墩,水流流态稳定,运行时对建筑物无损害。

(5)施工成本低。与其他形式水泵相比,维护成本低,建筑物使用寿命长,寿命周期成本大大降低。

3 适用范围

本工法适用于城市防洪泵站工程的施工,特别是在大流量、有压水头防涝排洪工程施工中,具有广阔的适用前景。

4 工艺原理

通过对"S"型双向轴伸泵安装技术及异形流道施工的工艺流程、增压微膨胀混凝土浇筑主泵组与异形流道湿接头技术、利用 3dsmax 三维建模技术组配异形流道模板、利用自制卡环控制主机泵叶轮安装间隙技术、不锈钢环型止水薄板中置技术、泵站主功能上游排水侧配置整流技术等进行研究,总结得出"S"型双向轴伸泵安装技术及异形流道施工的综合技术。

经过对泵站建设中的"S"型双向轴伸泵安装技术及异形流道施工技术的研究,进行相关指标的检验和控制,得出"S"型双向轴伸泵异形流道施工工法,并予以推广应用。

5 工艺流程及操作要点

5.1 工艺流程

本工法工艺流程见图 1。

5.2 操作要点

5.2.1 异形流道施工

5.2.1.1 模板的选用

根据建筑物部位选择不同类型的模板,确保结构物混凝土的外表光洁、美观。泵站进出水流道异型模板采用定型钢模板。

钢模板面板厚度不小于3 mm,在施工中选用光滑、干净的模板,对表面有凹坑、皱折和其他缺陷的模板在外露部位禁止使用。所有模板的制作尺寸、表面光洁度、平整度经检测满足规范要求后再用于工程施工。模板的刚度、强度要满足规范要求,能承受混凝土浇筑和振捣的侧向压力和振动力,防止产生移位、变形。

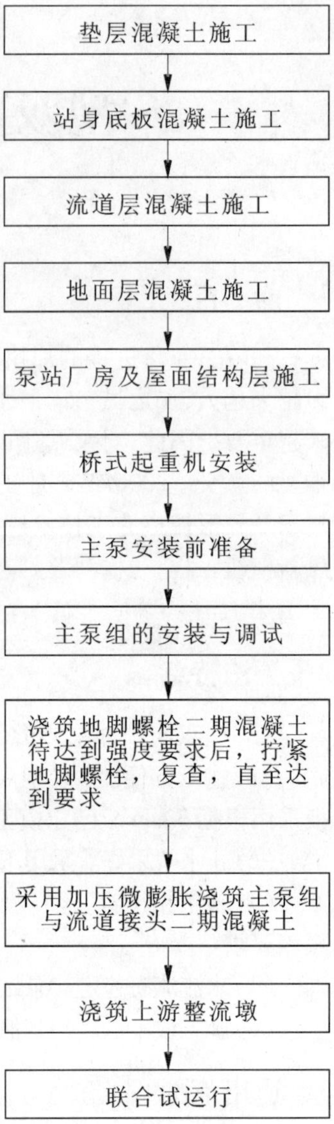

5.2.1.2 模板的制作

首先利用3dsmax三维建模技术,在计算机上根据流道的线性数据,根据坐标分块建模,然后分块组合(按1∶1相对尺寸)已建好的三维模型,组配成型后,观看立体效果,达到设计的线性流畅要求后,转换成二维CAD图形,再根据二维坐标放大样建立模板骨架,再整体焊接成型、打磨光滑。然后拆分成易拆卸的几块,最后安装异形流道模板成型。

5.2.1.3 模板安装

模板安装前,将模板表面清洗干净,为防锈和拆模方便,钢模板表面涂刷防锈隔离剂。钢模板二次使用时用砂轮磨光机清除表面浮锈和水泥砂浆后再涂防锈隔离剂,所有模板脱模剂使用同一品牌,以确保混凝土外观质量。模板安装时,按施工图纸进行模板安装的测量放样,重要部位设置控制点以便检验校正。

模板安装的顺序是:弹立模平面控制线和高程控制点→拼模板→模板初步固定→模板整体微调→钢管围图加固→对销螺栓拉紧→模板局部补洞加固。为确保模板接缝严密,在所有模板接缝处粘贴6 mm海棉条。应特别注意模板的加固措施,根据混凝土浇筑速度设计对销螺栓的数量,同时加密锚固对销螺丝和焊锚筋,加固钢筋、钢管围图,模板安装结束后,全面检查模板的尺寸、平整度、垂直度、接缝支撑、预留孔、洞位置,使允许偏差控制在规范内。

5.2.1.4 模板拆除

模板拆除时间按规范和设计要求施工,模板拆除遵循先上后下、先易后难的原则,承重结构底模拆除要经过同期混凝土试块强度与施工规范和施工图纸对照,确定混凝土强度已满足规范和设计要求后方可拆除。对于特种模板的拆除(比如异形模板)则根据监理要求时限拆除。模板拆除后及时清理和保养。

5.2.1.5 钢筋的进场验收及存放

根据不同型号的钢筋需求量列出计划单,采购符合设计和规范要求的钢筋,钢筋进场后,对其外表质量、直径、质保书及有关出厂证明进行核查,并在制作使用前按规范要求进行抽样试验,确保使用合格钢材,同时对验收合格的钢材根据级别、种类、规格、使用位置分别堆放并做标识,施工中严格遵循先试验,合格后使用的原则。

5.2.1.6 钢筋制作和安装

钢筋制作主要在钢筋场,现场绑扎安装。本工程钢筋的下料,均采用机械切断机作业,其加工

垫层混凝土施工
↓
站身底板混凝土施工
↓
流道层混凝土施工
↓
地面层混凝土施工
↓
泵站厂房及屋面结构层施工
↓
桥式起重机安装
↓
主泵安装前准备
↓
主泵组的安装与调试
↓
浇筑地脚螺栓二期混凝土待达到强度要求后,拧紧地脚螺栓,复查,直至达到要求
↓
采用加压微膨胀浇筑主泵组与流道接头二期混凝土
↓
浇筑上游整流墩
↓
联合试运行

图1　工艺流程图

偏差、钢筋安装位置、间距、保护层及各部位钢筋尺寸的大小均严格按设计图纸和规范要求施工。

钢筋保护层用高于结构物设计强度的混凝土垫块垫在钢筋与模板之间,垫块与钢筋扎紧,相互错开,分散布置。钢筋混凝土的保护层厚度偏差要在设计及规范要求之内。

5.2.1.7 流道层混凝土施工

混凝土浇筑前,仓面用水冲洗,铺一层 2~3 cm 同标号水泥砂浆,随后进行混凝土浇筑。混凝土熟料采用商品混凝土通过搅拌车运输到施工现场,混凝土泵输送入仓,漏斗串管进料,人工辅助平仓。

流道层混凝土浇筑采用水平分层的方法浇筑,每坯 30 cm,保持均匀上升平衡浇筑,以防底板受力和模板受力不均匀产生不均匀变形,每个隔墙用 4 台插入式振捣器振捣密实。在浇门槽部位时,由于门槽段结构较薄、钢筋较密,施工时用流动性较好的混凝土浇筑,同时加强振捣。另在浇筑过程中要控制好仓面的进料速度,防止进料过快侧向压力较大而破坏模板,同时注意观察在浇筑过程中模板的变形情况,发现问题及时加固处理,确保万无一失。

5.2.2 主泵组安装要求

5.2.2.1 技术标准

主泵组等安装、调试以及验收工作除严格遵照施工图纸和生产厂家的要求外,还要按招标文件技术条款中的标准执行。

如果采用替代标准,则提交替代标准供审查,在替代标准相当或优于本招标文件规定的标准并经监理人书面认可后,可使用该标准。

5.2.2.2 工地装卸、储存

发包人通知设备和材料进场后,公司立即布置设备抵运工地的装卸、验收、储存工作,并会同监理人对所提交的材料和设备的数量、状况进行检验,当发现损坏和数量不足时,提前 3 d 向监理人书面报告,设备到工地后,公司负责设备的维护和保养,并对用做埋设件的管道、设备、零件妥为保管,防止锈蚀和损坏。

5.2.2.3 设备安装程序和工艺要求

(1)本工程各项目安装前具备的资料。具体包括:制造厂图纸、安装使用说明书、施工安装图纸;设备出厂合格证和技术说明书;设备制造验收资料和质量证书。

(2)安装基准线或基准点,供设备安装作基准使用。

(3)安装检测必须选用满足精度要求,并经国家批准的计量检定机构检定合格的仪器设备。

(4)安装工作中使用的所有材料,应有产品合格证书,并符合施工图纸和国家有关规程规范。

5.2.2.4 设备吊装和安装前的准备

在设备吊装和安装前,按有关规程规范和制造厂的要求及施工设计图纸的规定,向监理人提出设备吊装和安装的计划、措施和技术方案。

5.2.2.5 安装前的检查和清理

(1)安装前的检查。设备安装前,根据有关规定和图纸、资料,对设备进行全面的检查,以确定合同规定的各项设备完整和完好,检查各施工图纸和所需的资料是否齐全,埋设部件的一、二期混凝土结合面是否已凿毛并清洗干净,预留钢筋的位置和数量是否符合图纸要求。

(2)清理。设备安装前,按图纸和资料的有关规定,对设备进行必要的清理和保养。

5.2.2.6 材料

所有材料应符合招标文件所列标准、技术规范和等级。如使用代用材料应提交代用材料的详细说明,使用代用材料须经监理人批准。提供的主要设备和部件的材料应经过试验,试验按中国或 ASTM 有关规定进行。

5.2.3 主泵组的主要结构特征

主泵采用卧式布置的“S”型双向轴伸泵,主轴水平安装,泵组由叶轮、叶轮室、导叶体、潜水电

机及其外壳、基础支座等组成,包括轴、轴承和密封,以及连接用的键、销等。泵段由双层圆筒组成,内层圆筒(灯泡体)为潜水电动机的电机壳,外层圆筒为贯流泵的外壳体,内外圆筒之间为过水流道。

水泵进出水两端通过伸缩接头与圆变方(方变圆)金属管段连接,其中圆变方(方变圆)金属管段埋设在混凝土中,与进出水流道相接。

潜水贯流泵由制造厂组装后、整体运输至工地。

5.2.4 机组安装程序

按《泵站技术管理规程》(SL 255—2000)安装分册及主机泵厂家提供的有关技术文件和机组安装图进行安装,根据机泵的结构确定安装次序。

5.2.4.1 施工准备

主机泵和有关附属设备的安装、调试、试运行在制造厂的安装指导人员的指导下进行。安装、调试、试运行的方法程序和要求,均应符合制造厂提供的技术文件的规定。如变更修改,得到安装指导人员和监理人认可的书面通知后方可进行。除制造厂有规定的要求外,其他安装要求按《泵站技术管理规程》(SL 255—2000)安装分册执行。

设备到货后,及时对设备进行开箱检查、清点,如有缺件报监理人。对重要部件的重要尺寸、尺寸公差进行检查,结果应符合施工图要求,不合格的报监理人。主泵配套的辅助设备、自动化元件仪表要有产品说明书和出厂检验合格证。埋设部件接触混凝土的结合面无油污和锈蚀。混凝土与埋设件接触密实,无空隙。

5.2.4.2 主泵埋入部件的安装要求

(1)主泵埋入部件清除油污、毛刺、泥沙、浮锈等杂物,与混凝土接触部分不得涂油漆,混凝土表面打毛并清扫干净。

(2)主泵埋入部件安装前要检查几何形状尺寸,并进行校正。

(3)主泵埋入部件安装到位,调整完毕后,按施工图纸要求,将拉紧器、支撑等固定件点焊牢固,埋入的焊接件内部需装设足够的支撑,以防止浇筑混凝土时变形,支撑在通水前需拆除,拆除后过流表面应平整光滑,凸出部分高度不得超过 1.5 mm。

(4)主泵埋入部件的安装允许偏差符合制造厂的要求,或符合 SL 317—2004 的要求,以高的标准为准。

5.2.5 主泵组的安装与调试

(1)根据设备结构,将前锥管与泵体分离,在泵房内就位后组装。

(2)将组装件吊入放在基础支墩上就位,垫好调整块,穿好地脚螺栓,调整高程水平,临时固定。

(3)找正水泵中心线和预埋流道的中心线。

(4)根据制造厂产品说明书和施工图纸要求,确定水泵基础安装尺寸,设备上定位基准的面、线或点。对安装基准线的平面位置,其允许偏差不得超过±2 mm,标高允许偏差不超过±1 mm。

(5)水泵叶轮的安装。利用自制卡环控制主机泵叶轮安装间隙,保证了水泵运行的低噪声要求。

(6)浇筑地脚螺栓二期混凝土,待达到强度要求后,拧紧地脚螺栓,复查,直至达到要求。

(7)测量管路进行清洗与耐压试验,各接头处不得渗漏。

(8)操作、控制、保护和指示装置应进行模拟试验,动作应准确可靠。

主机泵叶轮正视图、自制卡环示意图见图2。

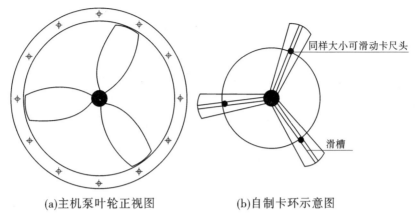

(a)主机泵叶轮正视图　　　　　　　(b)自制卡环示意图

图 2　主机泵叶轮正视图、自制卡环示意图

5.2.6　泵站监测系统

5.2.6.1　概述

泵站监测系统主要量测全站的进出水池水位及水位差和拦污栅前后水位及压差,监视主泵组的电动机定子温升、各轴承温升、上盖渗漏积水、进出水流道压力、泵段进出口压力和压差、振动以及轴的摆度等,以及时发现问题和采取措施,保证主泵组高效、安全地稳定运行。

5.2.6.2　安装

我们根据施工详图及其说明,各设备、仪表制造厂的说明和监理人提出的补充通知进行设备、管道和仪表、附件等的加工、焊接和预埋、敷设、安装等,如提出修改要求,征得监理人的同意后方可进行。

安装所用的装置性材料有检查合格证或出厂合格证。

设备、管道及管件、阀门等安装前均进行清洗,仪表校验合格。

明管设在支(吊)架上,并用管夹固定。

埋设的钢管采用焊接连接,在施工时将管道畅通的两端用塞子堵住,以防污物进入。在浇筑混凝土前,须进行水压试验。

所有焊接钢管采用螺纹或焊接连接,所有接管部位均不在弯曲或弯曲开始部分,螺纹无损坏现象。

排水系统安装完毕后均进行水压试验,压力为 1.5 倍工作压力,试验 10 min,不得渗漏变形。试验后提交试验报告,并签发合格证,作为竣工资料提交。

所有设备如试验不合格,则进一步进行处理。

明管安装位置与施工图要求的偏差,一般在室内不大于 10 mm,在室外不大于 15 mm;自流排水(油)管的坡度与液流方向一致,坡度为 0.2% ~0.5%。

埋管的出口位置偏差,一般不大于 10 mm,管口伸出混凝土面的长度和管道距混凝土墙面的距离,均不小于法兰的安装尺寸。

5.2.6.3　检查、试验

检查安装偏差。

检查各阀门、仪表等的安装位置是否符合施工图要求。

泵站监测系统水位测量仪进行试操作,检查其准确性和灵敏度。

5.2.7　主泵组与流道接头二期混凝土

施工方法为:将前期施工混凝土凿毛并清理干净→弹线水平定位→测定高程→固定预埋件→复核符合要求→监理工程师验收同意浇筑→浇筑→养护。埋件二期或三期混凝土采用高标号微膨胀混凝土,并加强养护。在混凝土达设计强度后方可使用。

采用不锈钢环型止水薄板中置技术,主泵组与异形流道接触处无渗漏。

异形流道与主机泵接头混凝土见图3。

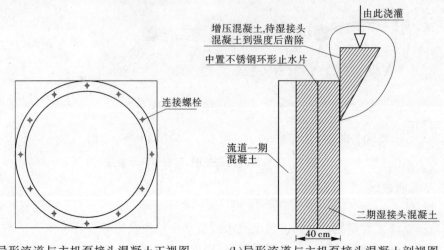

(a)异形流道与主机泵接头混凝土正视图　　(b)异形流道与主机泵接头混凝土剖视图

图3　异形流道与主机泵接头混凝土

5.2.8　上游整流墩施工

5.2.8.1　整流墩设计缘由

泵站主功能上游排水侧配置整流墩,水流流态稳定,运行时对建筑物无损害。整流墩采用河海大学水力学教研室研制的模型进行水力试验。试验效果良好。

图4为整流墩。

5.2.8.2　底板施工

整流墩底板混凝土一次性施工完成。

混凝土浇筑采用斜面分层法施工,顺水流方向浇筑,每层25 cm。

图4　整流墩

混凝土由搅拌车送到施工现场,用HBT60混凝土拖式输送泵入仓,采用插入式振捣器振捣密实,振捣器移动间距40 cm。振捣时间15～30 s,间隔20～30 min后进行二次复振,直至浇筑结束。

5.2.8.3　整流墩墩身混凝土施工

混凝土浇筑前,仓面用水冲洗,铺一层2～3 cm同标号水泥砂浆,随后进行混凝土浇筑。混凝土熟料采用商品混凝土通过搅拌车运输到施工现场,混凝土泵输送入仓,漏斗串管进料,人工辅助平仓。

墩身采用水平分层的方法浇筑,每层30 cm,保持均匀上升平衡浇筑,以防底板受力和模板受力不均匀产生不均匀变形。整流墩模板采用竹胶板,液体石蜡脱模剂。以保证外形的流畅,对水流无阻力。

5.2.9　保证混凝土外观质量的措施

(1)确保建筑物外部尺寸符合设计要求。用全站仪、DS1精密水准仪由有经验的测量工程师施测,并严格执行测量复核制度;模板支撑根据力学计算确定,支撑牢固;混凝土浇筑中跟踪检查,防止跑模变形,确保泵站建筑物尤其是流道、地面层等几何尺寸符合设计要求,并在规范和质检标准允许偏差范围内。

(2)混凝土构筑物轮廓线顺直,大角方正。施工中做到边角部位密实;严格掌握拆模时间,拆模后用钢管搭支架养护。

(3)混凝土表面平整度和立面垂直度及曲面与平面连结平顺。结构物外露面采用大钢模,连结部位放样加工异形模;中高级技工立模;混凝土浇筑前按三检制认真检查;混凝土浇筑中及时检查加固模板。

(4)混凝土表面无缺陷。通过优化混凝土配合比、提高平仓振捣施工工艺、充分养护等措施提高混凝土的外观质量。

(5)保证模板的平整度,模板拼缝用海绵嵌缝以防漏浆。严格掌握拆模时间,防止损坏混凝土棱角。

(6)在模板安装前涂刷不污染钢筋、混凝土的脱模隔离剂。

(7)中高级混凝土技术工人主持振捣,防止蜂窝、麻面发生。

(8)混凝土收面时,采用原浆收面压光。

(9)严格按混凝土操作规程,对混凝土拌和、运输、入仓浇筑、振捣均严格按照规范要求,保证混凝土的连续性,使之不出现冷缝。

(10)加强混凝土养护工作,防止产生温度缝、干缩缝。

(11)及时进行混凝土缺陷修补及整饰,加强成型混凝土的覆盖和保护,保证混凝土外观面清洁美观。立模浇筑的混凝土表面轻微缺陷经监理同意在拆模后 24 h 内完成修补,并详细记录。

(12)混凝土表面清洁。用同一厂家水泥防止色差;浇筑二期混凝土时对一期采取挂彩条布覆盖、立模用海绵夹紧等措施,并加强对成品混凝土的保护。混凝土成品保护措施如下:

①混凝土浇筑达到一定强度后采用麻袋片进行覆盖养护,并保持混凝土表面潮湿;

②混凝土浇筑结束后达一定强度方可进行下道工序施工;

③在混凝土表面施工时,要轻拿轻放,防止破坏混凝土的表面;

④底板混凝土周围采用钢管搭设保护措施,防止破坏混凝土的棱角。

5.2.10 联合试运行

5.2.10.1 试运行方案

每两台机组为单位试运行,1 号、3 号为一组,2 号、4 号为二组,第一天二组排涝、引水各开 3 h 后,一组排涝、引水各开 3 h;第二天一组、二组同时排涝开 5 h 后,再引水 5 h,最后排涝 5 h;第三天两组引水开 2 h 后再排涝开 1 h,在此期间先关节制闸闸门,当内河水位降到 2.8 m 时,开节制闸闸门,闸门不全开,根据水位调节闸门,以保持内河水位不再升高为标准。其他按苏州城市防洪大龙港枢纽工程泵站部分试运行技术要求执行。

5.2.10.2 试运行结果

根据已经完成的大龙港枢纽工程联合试运转情况来看:四台机组经过连续 24 h 运行,机组启动、停止、运行平稳,电机、齿轮箱、水泵温度和振动均符合规范要求,进出水水流流态稳定,机组运行良好;泵房水下部位特别是主泵组与异形流道接头部位无任何渗漏现象。

6 材料与设备

本工程完成土方:开挖计 4.1 万 m³,墙后回填 1.90 万 m³。灌注桩 73 根。完成站、闸混凝土,计 7 950 m³。内河侧灌砌块石挡墙,计 75 m³。钢闸门制造和安装节制闸 1 扇、泵站闸门 8 扇,液压启闭机安装 8 台(套)。

配备全站仪 1 台、S3 水准仪 2 台、百分表 12 只、游标卡尺等测量检测设备。

7 质量控制

7.1 建立施工质量保证体系

在大龙港枢纽工程施工中,为强化施工质量管理,我们建立并实施了质量保证组织体系、三级质量检验体系、质量责任人体系。

7.2 落实质量保证措施

(1)报审施工方案,进行技术交底。在大龙港枢纽工程施工中,每个单项工程开工前,项目部根据工程实际编制施工方案和施工技术措施,报监理工程师审查批准后实施。共报审施工方案21项。施工前组织施工技术人员、质检人员、班组长、工人技术骨干进行技术交底和质量标准交底,为质量控制做好基础工作。

(2)强化试验检测工作,把好材料质量关。

(3)通过召开质量专题会议,总结提高施工质量。在施工过程中,项目部多次召开质量专题会,对发现的问题进行了总结,同时有针对性地进行了整改,并教育和引导职工防止以后类似问题的发生。

(4)采取季节性施工措施,保证混凝土夏季施工质量。

7.3 质量检验情况

节制闸单位工程共有6个分部工程,泵站单位工程共有8个分部工程,经评定,全部为优良,分部工程优良率100%。

本工程共有236个单元工程,项目部质检科自评224个优良,12个合格,单元工程优良率94.6%。监理处确认213个优良,23个合格,单元工程优良率90.3%。

8 安全措施

建立以项目经理为安全第一责任人的安全生产领导小组,项目部设立安全科,设置了专职安全员岗位。施工队和施工班组设置兼职安全员,施工中加强安全教育,做到安全教育制度化、经常化,对新进场工人严格进行三级安全教育。特殊工种持证上岗,严格按操作规程操作。定期进行安全检查,发现隐患及时清除。同时按安全规范要求配备了消防器材,做好防火和用电安全,做好劳动防护用品的使用工作。由于重视了安全生产工作,工程中未出现安全事故。

9 环保与资源节约

(1)在工地现场和生活区设置足够的临时卫生设施,定期清扫处理。

(2)加强施工机械的维护和保养,防止了油料渗漏,对于机械保养中的废水、废油,经过处理后排放。

(3)加强燃油机械设备的维护保养,始终使发动机在良好状态下工作,加强检测,使尾气达标排放。

(4)保证了不让有害物质(燃料、油料、化学品以及超过允许剂量的有害气体和尘埃、污水、泥水、弃渣等)污染土地、河道。

(5)在工程完工后,及时拆除施工和生活临时设施,并对拆除后的场地进行彻底清理,做到了工完场清料尽,用地恢复原状。

10 效益分析

由于该成果的成功运用,苏州城市中心区防洪工程大龙港枢纽工程工期比计划工期提前了20 d,工程成本节约了20万元,经苏州市水利质量监督站核定,单位工程得分高达90分。2008年

7 月 18 日被苏州市水利局组织的苏州城市中心区防洪工程大龙港枢纽工程验收委员会评为优良工程。该成果先后在苏州东风新枢纽、通榆河北延送水工程大套三站等工程中成功运用,缩短了工期,节约了成本,取得了良好的经济效益及社会效益。

11 应用实例

11.1 大龙港枢纽工程

大龙港是苏州市城市中心区南部的主要骨干河道,北起古城区护城河,南至京杭运河,全长 3.2 km,河宽 16 ~ 60 m,为满足苏州市城市中心区防洪、排涝及改善水环境的需要,新建大龙港枢纽,由一座 12 m 节制闸和一座 20 m³/s 双向泵站组成,枢纽工程等级为:主要建筑物 1 级,次要建筑物 3 级,临时建筑物 4 级。

节制闸净宽 12 m,为钢筋混凝土坞式结构。闸门为升卧式闸门,由 2×160 kN 绳鼓式启闭机控制。闸上设 4 m 宽的敞廊式工作桥。

泵站内配 4 台平面"S"型轴伸泵,双向运行。水泵叶轮直径 1.45 m,单机流量 5 m³/s,配套 250 kW 高压异步电动机,电动机与水泵通过齿轮箱连接。泵站采用堤身式布置,4 台机组布置在一块底板上。

泵站配自吸泵和潜水泵各 1 台,作为主水泵检修时排水用;渗漏集水井内设 1 台潜水泵排水。站内配 4 台风机,作机泵层排风散热用。主厂房内配置 1 台桥式起重机,起吊重量 10/3 t。泵站设有监测系统,对泵站进出水池的水位、水位差、泵段进出口压力和拦污栅的压差进行监测。泵站内外河侧均设直立栅条式钢质拦污栅。

泵站总装机容量 1 000 kW,采用 10 kV 电源直供电动机。枢纽设中央控制室,建立泵站计算机监控系统,集中监控泵站与节制闸主要设备的运行。

11.2 苏州东风新枢纽

东风新枢纽是苏州市城市中心区防洪工程十大控制建筑物之一,位于苏州市中心城区西侧的京杭运河与里双河交汇口距运河约 80 m 的里双河上。由一座单孔净宽 8 m 节制闸和一座 20 m³/s 双向泵站组成,工程直接投资 2 500 万元。枢纽泵站居南、节制闸居北,闸站顺水流方向总长为 105.5 m,垂直水流方向长度为 39.6 m,主要建筑物为 1 级建筑物。泵站采用堤身式布置,安装 4 台平面"S"型卧式轴伸泵配 250 kW 异步电动机单列布置而成。单泵流量 5 m³/s,泵型为 1500ZWB-1,进出水口设有 8 扇平板钢闸门,配 8 台套液压启闭机进行启闭。节制闸单孔净宽 8 m,闸门采用上卧门结构,2 台 500 kN 液压启闭机进行启闭。

11.3 通榆河北延送水大套三站

通榆河北延送水大套三站工程为大(2)型泵站,设计流量 50 m³/s,共安装 5 台单机流量 10 m³/s 的立式轴流泵,配套电机功率 710 kW,全站总装机容量 3 550 kW。泵站采用堤身式块基型结构。站身顺水流方向长 27.0 m,采用沉井基础,泵站采用肘形进水流道,虹吸式出水流道,进水流道段设检修闸门,出水流道设真空破坏阀断流。站下引河内设跨河公路桥和回转式清污机桥。公路桥宽度 10 m,顶高程 4.0 m,汽车荷载等级为公路-Ⅱ级。

"S"型双向轴伸泵是一种优势明显、极具发展潜力的泵型,具有流量大、排洪迅捷、施工方便、造型美观等优点,近几年来在我国城市水利工程中发展较快,分布区域也越来越广,因此该施工工法的研究在城市防洪工程施工中,具有广阔的应用前景。

(主要完成人:梁广雪　袁成忠　陈少军　陈先勇　刘祝芳)

深孔锚杆挤压注浆自动退管法施工工法

中国水利水电第十四工程局有限公司

1 前 言

在水电工程施工中,随着地下洞室群规模的逐渐扩大,设计上越来越多地采用了深长张拉锚杆。传统的水泥卷张拉锚杆注装方式是将浸泡好的快凝水泥药卷和缓凝水泥药卷用风压枪泵逐一分节输送到锚杆孔内,然后利用架子或其他登高设备安装锚杆。这种施工工艺的缺陷有:第一,由于水泥药卷是逐一分节输送,中间有 1~2 s 的间隔,所以不能保证药卷是紧贴的,对于较长的锚杆,锚杆孔内极易形成空隙,严重影响张拉锚杆的强度;第二,由于洞室内的供风系统管路复杂,用风设备较多,不能保证张拉锚杆注装的风压稳定,风压偏低,不能压实水泥药卷,药卷间黏结力不够,甚至会由于自重产生掉落;风压过大,强大的冲击力会使水泥药卷反弹出孔口,浪费材料;第三,风压枪泵管口较小,由于水泥药卷的硬化时间短,容易堵管,清理管路时浆液易喷出,伤及施工人员,存在安全隐患;第四,拔进浆管人员对技术熟悉程度参差不齐,容易拔空,出现空隙;第五,工效较低,完成一根 6 m 长的张拉锚杆的注装至少需要 40 min,严重影响工程施工进度。如何克服上述缺陷就成为现有技术中亟待解决的技术问题,中国水利水电第十四工程局对传统工艺及新工艺进行了一系列科学试验,总结出了深孔锚杆挤压注浆自动退管法新工艺,深长锚杆注浆密实度均取得了显著提高。

本工法的关键技术"三峡地下电站主厂房开挖及岩壁梁混凝土防裂控制施工技术"于 2008 年 4 月由中国水利水电建设集团公司组织审定,技术水平处于国际先进水平,并获得中国水利水电建设集团公司科学技术进步特等奖。"深孔锚杆挤压注浆自动退管法施工工法"于 2009 年 3 月由中国水利水电建设集团公司组织审定,技术水平处于国际先进水平。

2 工法特点

本工法通过现场生产性工艺试验,对传统水泥卷锚固剂注浆工艺进行分析和总结,提出了新的注浆工艺。新工艺特点是将注浆方式改为压力稳定、出浆连续、能够充分保证密实度的新方式,即采用挤压注浆自动退管法进行张拉锚杆注装。其锚固剂采用挤压注浆机进行注装代替风枪注装,加快了注装速度,同时在浆管末端增设浆液封堵器保证了注浆密实度。该工法也适合所有普通砂浆锚杆。

3 适用范围

本工法适用于大中型水利水电工程不同施工部位的水泥药卷张拉锚杆及普通砂浆锚杆施工。

4 工艺原理

采用性能稳定的挤压式注浆设备代替风枪泵注浆,并将水泥药卷改为散装粉状锚固剂以利拌浆。在注浆管管口安装浆液封堵器,将快凝水泥砂浆按计算量均匀、连续、稳定地注入孔内;再用同样方法注入缓凝砂浆,注浆管受注浆压力挤压后平稳退出,直到浆液注满;最后安插锚杆,从而达到压浆均匀连续,减少了人为因素的影响,充分保证了砂浆注入量可控和密实度可靠、稳定,从而保证了深长张拉锚杆的强度。该工法工艺简便、安全可靠、施工效率高,从而可加快施工进度,保证工程的开挖支护施工工期。

5 施工工艺流程及操作要点

5.1 工艺流程

挤压注浆自动退管法工艺流程与传统注浆施工工艺基本一致,主要是在注浆方式上有区别,其施工工艺流程见图1。

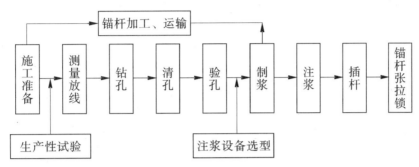

图1 砂浆锚杆施工工艺流程

5.2 简要施工方法

首先由测量人员按设计孔位进行放点,采用凿岩台车或潜孔钻造孔、洗孔并验孔;杆体制作在加工厂提前完成,杆体上分别等间距点焊对中装置;采用注浆机注浆,将注浆管插到锚杆孔底,并在注浆管管口安装比锚杆孔孔径小3~5 mm的浆液封堵器,防止浆液脱空,按先快凝后缓凝的方式,均匀连续地将搅拌好的锚固剂注入锚杆孔内;注浆管受注浆压力挤压后平稳退出,直到浆液注满;注浆结束后采用人工配合平台车进行插杆至设计孔深,待浆液龄期达到设计强度后进行张拉锁定。

5.3 施工操作要点

5.3.1 生产性试验

现场生产性工艺试验的目的主要是针对不同施工部位寻求不同的施工工艺来确保深长锚杆注浆的密实度。本工法进行了多次生产性工艺试验,采用直径为66 mm的钢管模拟锚杆孔,并模拟锚杆各种实际注浆工况,分别采用不同的浆液配合比进行注浆,注浆结束后剖管检查密实度情况。最终确定锚杆施工工艺和配合比。

5.3.2 孔深及孔径控制

造孔时实际孔深按设计孔深+5 cm控制,实际孔径按大于锚杆直径15 mm控制。

5.3.3 锚固剂拌制

分别拌制快凝和慢凝两种锚固剂,应根据施工部位及锚杆角度选择合适的水灰比,并通过生产性试验确定,一般在0.28~0.38;砂粒粒径不宜过大,一般不大于0.25 mm;也可在锚固剂中加入经筛分的天然细砂。砂浆拌制要均匀,以免有结块进入浆管,造成浆管堵塞,甚至爆管。

5.3.4 注浆设备选型

注浆设备的选型是保证张拉锚杆注浆密实度的关键。三峡地下电站主厂房张拉锚杆注浆设备选用MEYCOPOLI-T螺旋式注浆机或科达牌挤压式注浆机两种。科达牌挤压式注浆机额定工作压力3 MPa,排浆量2 m³/h,MEYCOPOLI-T螺旋式注浆机额定工作压力3~4 MPa,排浆量8~45 L/min。

5.3.5 注浆

先将注浆管插到锚杆孔底,并在注浆管管口安装比锚杆孔孔径小3~5 mm的浆液封堵器,防止浆液脱空;按先快凝后缓凝的方式,均匀连续地将搅拌好的锚固剂注入锚杆孔内;注浆管受注浆压力挤压后平稳退出,直到浆液注满;其中以快凝锚固剂注浆的内锚段长度为2.5~3.5 m,剩余的为缓凝锚固剂注浆的外锚段长度。注浆示意图见图2。

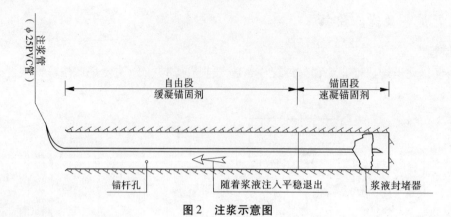

图2　注浆示意图

5.3.6　锚杆安装

注浆结束后,立即进行锚杆安插,插杆要匀速推进到设计位置,避免猛推猛进,造成大量浆液流出孔外,严禁在插杆过程中退杆再插,以免孔内形成空腔。杆体插入孔内长度不应小于设计长度的95%,且外露长度应符合设计要求。杆体安装到位后,用快速K3型水泥卷找平孔口,然后依次安装垫板、垫圈、螺母,对锚杆进行编号并做好每根锚杆的详细施工记录。

5.3.7　锚杆张拉

锚杆的张拉锁定在缓凝凝固剂初凝前速凝凝固剂终凝后达到一定强度进行。张拉锁定时段根据选用的凝固剂初凝、终凝时间,结合试验结果,控制在装入速凝水泥卷后6~9 h。张拉采用专用扭力扳手,扭力扳手具有可调刻度,使用应经过有关计量单位的率定,每一刻度对应相应的张拉力。张拉时一次加载到设计张拉力的115%,然后锁定杆体。张拉示意图见图3。

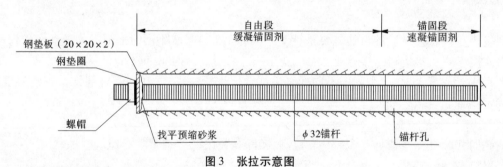

图3　张拉示意图

6　材料与设备

6.1　施工人员

现场作业面数量需根据锚杆工程量及工期进行确定,以单个作业面为例配置相关的人员见表1。

表1　锚杆施工人员配置

工种	管理人员	测量工	钻工	平台车工	驾驶员	技术员	注浆工	电工	安全员	普工	合计
人数(人)	1	2	2	1	1	1	6	1	1	2	18

6.2　主要设备

以单个作业面为例配置相关的设备见表2。

表2　主要设备配置

设备名称	规格及型号	单位	数量
三臂凿岩台车	BOOM353E	台	1
平台车	AMV30	台	2
锚杆注浆机	MEYCOPOLI-T 螺旋式注浆机	台	2
锚杆注浆机	科达牌挤压式注浆机	台	1
宣化钻	KQJ-100B	台	3
逆变直流电焊机	ZX7-315	台	3
直流电焊机	ZX5-400-2	台	1
扭力扳手	预置式 TG 型 200~1000 N·m	把	2
锚杆车丝机械		台	1
东风长箱车	10 t	辆	1

7 质量控制

(1)深长锚杆要求沿长度方向每隔 3 m 焊接短钢筋作为对中支架,且至少 3 根,短钢筋直径以小于 6 mm 为宜。注浆管和排气管的布置形式根据锚杆倾角方向而定。

(2)杆体要求端部车丝,丝牙长度须满足要求,每根锚杆均配有钢垫板、球型垫圈和螺母。

(3)注浆浆液均在现场进行拌制,拌制时根据该施工部位设计强度等级,按照实验室开出的施工配合比严格进行,拌制现场必须配置称量装置,便于严格控制砂浆各组分原材料的用量。浆液要拌和均匀,随拌随用,一次拌和的砂浆应在初凝前用完,并严防石块、杂物混入。

(4)注浆时,密切观察注浆压力和孔口,出现管路堵塞或孔口渗浆,应停止注浆及时处理。注浆至排气管出浓浆后即可停止。若注浆过程中遇到不良地质段,锚杆孔内卜浆量比较大,大于孔容积,注浆压力又较小,此时应及时给予记录。

(5)安插后封堵孔口,可采用速凝水泥卷或加了速凝剂的水泥砂浆封孔。对于已安装好的锚杆,在注入砂浆强度达到设计强度的 70% 以前,距锚杆施工区 20 m 范围内不得进行爆破。

(6)张拉时要认真检查各张拉附件的位置是否准确可靠,张拉过程中认真观察记录锚杆的位移情况,发现问题及时处理。张拉控制在注装结束 6~9 h 内进行,张拉力要求达到设计张拉力的 115%。

(7)锚杆施工完成且达到 28 d 龄期后应按每 200 根一组(3 根)(不足 200 根也取一组)拉拔试验检验锚杆抗拔力,同时按 5% 比例进行无损检测,检测锚杆注浆饱满度。

8 安全措施

(1)所有施工人员,必须按规定佩戴安全防护用品,遵章守纪,听从指挥;施工队必须认真组织开展班前会和预知危险活动,要对当班作业环节可能出现的危险情况加强防范。

(2)工作人员进入工作面前必须用反铲(辅以人工)清除掌子面及边顶拱上残留的危石及碎块,保证进入人员和设备的安全。在施工过程中,经常检查已开挖洞段的围岩稳定情况,清撬可能塌落的松动岩块。

(3)在洞室施工中配备有害气体监测、报警装置和安全防护用具,如防爆灯、防毒面具、报警器等,一旦发现毒气,立即停止工作并疏散人员。配备足够的通风设备,搞好洞内通风,保证洞内施工时的能见度,避免机械事故和人员伤亡事故的发生,并防止有害气体对人体的伤害。

(4)洞内施工所用的动力线路和照明线路,必须使用电缆线,必须架设到一定的高度,线路要架设整齐,设置于洞内的配电系统和布置闸刀、开关的部位,必须要有醒目的安全警示牌。洞内必须使用漏电保护装置,保证一线一闸;36 V 以上的电气设备和由于绝缘损坏可能带有危险电压的金属外壳、构架等,必须有保护接地。

9 环保措施

根据注装工艺的特点和工程的施工环境,需严格遵守招标文件中提出的有关环境保护的要求,严格遵守《中华人民共和国环境保护法》、《中华人民共和国水污染防治法》、《中华人民共和国大气污染防治法》、《中华人民共和国噪声污染防治法》、《中华人民共和国水土保持法》等一系列有关环境保护和水土保持法律、法规和规章,做好施工区和生活营地的环境保护工作,坚持"以防为主、防治结合、综合治理、化害为利"的原则。

9.1 废水、废浆处理

施工中各作业面的生产废水需通过污水管排放至指定污水处理池。处理达标后排放,并将施工中可能产生的废浆及时清理干净。

9.2 废气污染控制

(1)钻孔作业时,大型钻孔设备必须配备除尘装置,洞室等部位使用小型钻机采用湿式钻孔作业。

(2)加强洞内通风,采用轴流风机强制通风和通风竖井通风结合的方式,降低洞内有害气体浓度。做好有害气体的检测,防止中毒。

(3)洞内的设备尽可能采用电动设备,减少柴油燃烧产生废气污染。对必须使用的柴油设备,尽量采用先进环保型设备。

(4)汽车、设备排放的气体要经常检测,排放的气体必须达标才能投入使用。否则必须检修或停用。

9.3 噪声防治措施

(1)选用低噪声设备,加强机械设备的维护和保养,降低施工噪声对施工人员和附近居民区的影响。

(2)对供风站、钻机等噪声大的设备,采取消音隔音措施,使噪声降至允许标准,对工作人员进行噪声防护(戴耳塞等),防止噪声危害。

10 效益分析

挤压注浆自动退管法新工艺施工工法在大断面地下洞室开挖支护中的应用,极大地提高了锚杆注浆密实度,如三峡右岸地下电站主厂房深长锚杆的施工密实度全部大于80%,质量优良率达95.8%。深长锚杆注浆密实度的提高减小了顶拱及高边墙的围岩变形,本工法将促进地下工程施工技术的进步,社会效益明显。

与同类锚杆工程施工工法相比,由于采用性能稳定的挤压式注浆设备和在注浆管管口安装浆液封堵器,并通过精确控制注浆量,减小了材料耗量,提高了施工效率,减少了对废弃注浆材料的处理时间和费用,降低了消耗,节省了时间,形成了较好的经济效益。

11 工程实例

11.1 三峡地下电站张拉锚杆施工

11.1.1 工程概况

三峡地下电站安装 6 台单机容量为 700 MW 的水轮发电机组,总装机容量 4 200 MW。其引水发电系统地下洞室群由引水隧洞、主厂房、尾水洞、母线洞及母线竖井、交通洞、通风及管道洞、厂外排水洞等组成。其主厂房位于微新岩体中，岩石坚硬，完整性较好，岩石主要为前震旦系闪云斜长花岗岩和闪长岩包裹体，岩体中尚有花岗岩脉和伟晶岩脉。主厂房开挖高度为 87.3 m，长度为 311.3 m，跨度 32.6 m，厂房顶拱层开挖高度为 12 m。

三峡地下电站主厂房设计布置有 $\Phi25$、$L=6$ m，$\Phi32$、$L=8$ m 和 $\Phi32$、$L=12$ m 几种水泥锚固剂张拉锚杆，张拉力均为 75 kN。

11.1.2 施工情况

三峡地下电站主厂房张拉锚杆注浆采用挤压式自动退管法施工，注浆材料为袋装水泥锚固剂，锚固剂有速凝（8604-K3）和缓凝（8604-M1）两种，注装设备为科达牌挤压式注浆机和 MEYCO POLI-T 注浆机。

11.1.3 工程监测与结果评价

三峡地下电站主厂房张拉锚杆施工完成后采用无损检测方法进行，检测工作所用仪器为 LX-10E 型锚杆锚固质量检测仪，检测频率为设计锚杆总数的 10%，现场共检测锚杆 2 966 根，密实度全部大于 80%，密实度大于 90% 的根数达 2 883 根，优良率达 95.8%。

11.2 糯扎渡地下电站张拉锚杆施工

11.2.1 工程概况

糯扎渡地下电站厂房系统由主副厂房及安装间、主变室及母线洞、出线竖井及 500 kV 地面开关站、通风系统、厂区防渗排水系统、运输交通洞及回车场等组成，主厂房长度为 418 m，最大跨度为 31 m，高度为 81.6 m；引水系统布置 9 条引水道；尾水系统地下洞室（井）群主要由 9 条尾水管、9 条尾水支洞、1 个尾水闸门室、3 个尾水调压室、3 条尾水隧洞和出口检修闸门室构成；各洞室锁口处设计均布置有 $\Phi32$、$L=9$ m 水泥锚固剂张拉锚杆，张拉力为 125 kN。1 号、2 号导流隧洞断面型式为方圆型，衬砌后断面尺寸为 16 m×21 m，1 号导流洞洞身长 1 067.84 m，2 号导流隧洞洞身长 1 141.936 m。在进出口渐变段设计布置 $\Phi32$、$L=9$ m 水泥锚固剂张拉锚杆，张拉力为 125 kN。

11.2.2 施工情况

水泥锚固剂采用袋装，有速凝和缓凝两种，注装设备为瑞士麦斯特注浆机或科达牌挤压式注浆机，采用挤压注浆自动退管法进行注浆，锚杆施工完成后主要采用无损检测方法进行。

11.2.3 工程监测与结果评价

检测工作所用仪器为 LX-10E 型锚杆锚固质量检测仪，检测频率为设计锚杆总数的 10%，现场共检测锚杆 880 根，密实度优良率为 92.6%。

11.3 锦屏地下电站张拉锚杆施工

11.3.1 工程概况

锦屏一级水电站位于四川省凉山彝族自治州盐源县和木里县境内的雅砻江干流上，是雅砻江干流下游河段的控制性水库梯级电站，电站由挡水、泄洪及消能、引水发电等建筑物组成，水库总库容为 77.6 亿 m^3，电站总装机为 3 600 MW。

承建的引水发电系统及泄洪洞工程标，包括的主要工程项目有：取水塔、压力管道、地下发电厂、安装间、副厂房、母线洞、主变室、GIS 室、GIL 出线井、尾水连接洞、尾水调压室、尾水隧洞及尾水渠、通风洞及风机室、进场交通洞和出线场、泄洪洞等。

主厂房、主变室、尾水调压室平行布置，主厂房与尾调室中心间距为 145.00 m，三大洞室中心间距分别为 67.35 m 及 77.65 m，主厂房尺寸为 276.99 m×25.90 m×68.33 m。主变室长 197.10 m、宽 19.30 m、高 33.04 m。尾调室直径 37~41 m，高 80 m。

设计布置有 $\Phi32$、$L=9$ m，$\Phi32$、$L=12$ m 和 $\Phi28$、$L=7$ m 几种水泥锚固剂张拉锚杆，张拉力均为 120 kN。

11.3.2　施工情况

锦屏一级水电站地下电站主厂房洞室群张拉锚杆注浆采用挤压式自动退管法施工,注浆材料为袋装水泥锚固剂,锚固剂有速凝(MSSK3)和缓凝(MSSM1)两种,注装设备为科达牌挤压式注浆机和 MEYCO POLI-T 注浆机。

11.3.3　工程监测与结果评价

锦屏一级水电站地下电站主厂房洞室群张拉锚杆施工完成后,由有资质的检测单位采用无损检测方法进行检测,检测工作所用仪器为 LX-10E 型锚杆锚固质量检测仪,检测频率为设计锚杆总数的3%,现场目前共检测锚杆952根,密实度全部大于85%;密实度大于90%的根数达918根,优良率达96.4%。

（主要完成人：尹俊宏　代绍华　段汝健　凌征华　杨炳发）

水工混凝土输水箱涵一体化施工技术工法

河北省水利工程局

1 前 言

1.1 概述

水利工程穿越道路、河流的交叉建筑物、枢纽及箱涵工程较多,因混凝土浇筑量大,质量要求等级高、施工场地狭窄、作业仓面大,各个工序的衔接受到一定制约。特别是在市内地段施工时,混凝土的拌制运输、浇筑等环节的作业,必须符合环保要求。尤其是在高温季节施工,由于仓内混凝土表面蒸发坍落度损失较快,混凝土"老化"加速,易发生混凝土早期板结、层间结合不好、出现冷缝等。

一般施工企业,混凝土施工的常规设备大都离不开拌和机、混凝土运输车、吊车、塔吊吊罐等。但这些设备的单一运行很难形成一体化连续施工体系,同时还存在施工占地较多、场面凌乱,混凝土浇筑强度低,易形成施工冷缝,加大临时设施投资、受天气影响较大施工工期安全不易得到保障,混凝土强度的提高受到各个环节的制约等问题。

因此,水工输水箱涵混凝土浇筑强度、质量都必须进一步提高。面对这一难题,目前有两种解决办法:一是从国外引进塔(胎)带机等较新型的混凝土运输浇筑系统;二是利用现有设备,辅之研究制作部分设备,形成满足施工需求的系统装置。第一种办法,从时间和实用性上得不到保证,且投资巨大,其昂贵的价格往往与主体工程投资不匹配;第二种办法,省时、务实,还可节省资金。成为首选方案。

为规范和指导水工混凝土输水箱涵工程施工管理,确保工程质量,根据水利部以及国家有关标准、规程,编写了本工法。

1.2 工法关键技术

本工法是一种适合水工输水箱涵混凝土工程实际应用的系统,实现了从混凝土的原材料供应、称量、投料、拌和、运输、入仓、布料等各环节的有效连接,使之构成一条作业流水线,以实现大体积混凝土浇筑的时效控制、强度控制和质量控制。开展各施工环节的设备配置优化集合、经济性能方面的研究及应用。要解决的关键技术问题为:

(1)将各个施工环节有效连接,并一次受控入仓;

(2)有效解决系统装置适应作业面的纵横向延伸,实现水工大体积混凝土一体化连续施工。

1.3 研发过程及应用情况

(1)南水北调中线古运河枢纽项目,混凝土浇筑方量大,质量要求等级高、施工场地狭小、作业仓面大,各个工序衔接受到一定制约,特别是高温季节施工,由于仓内混凝土表面蒸发坍落度损失较快,混凝土"老化"加速,易发生混凝土早期板结、层间结合不好、出现冷缝等现象。

(2)目前,一般大型混凝土工程施工存在共同的弊端是从混凝土的原材料供应、称量、投料搅拌、运输入仓、布料浇筑等环节缺乏连续性,因而存在工程质量稳定性差、施工进度比较慢且不易控制和工程投入费用增加等问题。

综合国内外同类工程现状,一般的施工企业,混凝土施工多采用拌和机、皮带机、混凝土运输车、吊罐等设备,构不成一体化连续施工体系,并存在占地较多、工地凌乱、混凝土浇筑强度受各个环节制约等现象。三峡大坝工程采用国外先进的顶带机、塔带机、混凝土拌和车联合作业,虽能保证混凝土浇筑强度和工程质量,但投资费用巨大,塔带机圆心半径辐射仓面局限性较大,引进电子设备技术含量高,操作人员水平受到限制,而且检修时间长。在一般水电工程中不容易实现。

(3)寻求适合工程实际的系统技术与装置,实现混凝土的原材料供应、称量、投料、拌和、运输、入仓、布料等环节的有效连接,使之构成一条流水线,保证大体积混凝土浇筑时间控制、强度控制和质量控制,作为河北省水利科研计划项目(2004-71)列入日程,由河北省水利工程局承担。该项目自2003年4月开始,投入资金131万元,历时2年零5个月,2005年8月自行研制成功,2007年经中华人民共和国国家知识产权局认定为发明专利(专利号:ZL2005 1 0048195.8)。

(4)该系统为混凝土原材料称量、投料、搅拌设备及具有地面双平行轨道、带有混凝土输送机的行走式起重机系统的大型混凝土工程一体化连续施工系统装置。

2 工法特点及技术创新点

2.1 工法特点

工法在"大型混凝土工程一体化连续施工系统装置"专利技术的基础上,结合工程实例进行系统配置,将物流供应原材料、混凝土生产、混凝土拌和、运输和浇筑仓内的布料机等环节子系统有机组合,实现混凝土工厂化生产,保证了混凝土箱涵整体施工质量。与传统的施工工艺相比有下列特点:

(1)该施工技术免除了装载机给混凝土拌和系统供料的装卸而代之以地垄自动取料。

(2)该施工技术免除了多台混凝土搅拌车装运混凝土而代之以斜带机和主带机以1.6 m/s速度向浇筑仓面输送混凝土。

(3)该施工技术免除了塔吊装罐作垂直和水平运输混凝土的布料模式而代之以起重布料机的运行布料,其施工连续性是传统混凝土施工模式所没有的。

(4)施工过程中避免了装车、卸车和装罐、卸罐耽搁的时间及装载机、混凝土搅拌车、塔吊等机械故障对施工的困扰,经济上也就减少了此部分机械购置费用。

2.2 主要技术创新点

(1)核心发明点:系统装置现场布置紧凑合理,将单机产能优化集合,形成一条具有现代化水平的流水作业生产线。发明的大型混凝土工程一体化连续施工系统装置,包括混凝土原材料称量、投料和搅拌设备及行走式砌筑布料机,其特征在于具有混凝土过渡输送机和主带机,混凝土搅拌设备和混凝土过渡输送机相连,混凝土过渡输送机和主带机相连,主带机的输送带上设有多个转料口,上述行走式起重布料机为带有混凝土输送机的行走式起重布料机,上述转料口和行走式起重布料机上的混凝土输送机相连,行走式起重布料机上的混凝土输送机上设有多个布料口,混凝土从搅拌设备输出经输送带进入自行式布料机,可将混凝土输送到任何建筑部位,从而实现大体积混凝土的一体化连续施工。

(2)由于本系统装置的有机结合,整个混凝土浇筑过程,一次受控入仓。

(3)本系统装置的行走式起重布料机具有地面双平行轨道。

(4)本系统装置的行走式起重布料机上的混凝土输送机的出料口处设有可摆动角度的出料管。

(5)本系统装置的行走式起重布料机上的输送机为刮板式出口皮带输送机。

(6)本系统装置具有分段控制电路或整体控制电路。

(7)本系统装置的分段控制电路为:混凝土原材料输送称量、投料、搅拌、出料控制电路,混凝土输送控制电路及行走式起重布料机输送布料工作控制电路。

(8)本系统装置在主带机和行走式起重布料机输送之间设有行走式辅助输送机。

(9)本系统装置的行走式辅助输送机的轨道、行走式起重布料机的轨道及主带机的输送带呈平行布置。

3 适用范围

本工法所属学科为水利建筑工程施工技术。可广泛应用于人工水道、桥梁、涵洞、水坝等大型水工混凝土工程施工。

4 工艺原理

4.1 系统组成

该系统组成由大料场储料→地垄取料→微机控制物料称量、集料、投料搅拌→生产的混凝土直接转入胶带机(上扬胶带机与主胶带机)运输到浇筑仓面附近→转入起重布料机(副机和主机)→由各个分料口经吊筒将混凝土连续快速分布到各个部位,实现不留死角的施工浇筑。

4.2 系统设计原理

(1)建立一个可控的具有足够生产能力的混凝土自动化生产系统。

(2)建立一个能将混凝土拌和楼生产的拌和物输送至仓面布料的连接装置。

(3)建立一个行走式集混凝土布料和钢筋、模板吊装于一体的施工装置,从而形成一个从原材料集料、下料、投料、搅拌、混凝土输送入仓、布料浇筑各个环节有效对接的系统,且各个环节的配合由计算机监控运行。

4.3 系统工艺原理

(1)料仓子系统。为保证混凝土原材料的优质及时供应,料仓系统分设大石、中石、小石、砂料4个分料仓,整个料仓由遮阳、防雨棚覆盖。仓面以下设有地垄,由计算机控制自动下料,并将各种原材料按配合比要求输送至拌和楼。

(2)拌和楼自动投料、自动称量子系统。通过计算机控制使各种原材料的称量误差控制在规范以内。

(3)混凝土输送子系统。建立一条由出机口皮带、过渡斜皮带和与施工轴线平行的主皮带子系统。三部分皮带的有机连接可将混凝土输送到预定位置,并可完全替代多台混凝土搅拌车的往返运输,省略了施工道路、车辆维修,抑制了运输造成的扬尘,减少了尾气排放,为安全、文明、环保施工奠定了基础。

(4)研制了一台集起重布料于一体的施工装置,主体结构为 h 型。见图 1。

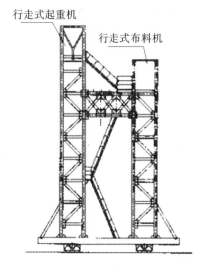

行走式起重机

行走式布料机

图 1 起重布料一体装置

该装置分别由行走式起重布料机(主机)和行走式辅助输送机(副机)两个独立单元组成,副机与主皮带有效对接,主机与副机对接,主机、副机均为行走式装置,可同向移动,也可相向移动。主机、副机的行走轨道与主皮带机的输送线路呈平行布置,以适应弯道输送之需要。混凝土拌和物通过以上三个子系统,输送至布料机,再由布料机分布到仓面的任何一个部位。非浇筑混凝土时,可以利用该机的起重功能吊装钢筋、模板等物料入仓进行作业。该系统装置可沿施工基坑内架设的轨道,平行于施工轴线任意移动,可覆盖整个作业面,与国外类似设备塔带机相比,不仅增加了仓面延伸作业和吊装功能,并且大大节省了投资。

4.4 控制电路

分段控制电路可分为:原材料输送、称量、投料、搅拌、出料控制电路,混凝土输送控制电路以及行走式主机、副机控制电路等。

4.5 系统连接方式

水工混凝土一体化施工技术系统,包括混凝土原材料称量、投料、搅拌设备及行走式起重布料机等,通过有机组合形成联合运行系统。其连接方式为:混凝土搅拌设备与混凝土过渡输送机相连;混凝土过渡输送机与主皮带相连;主皮带机的输送带上设有多个转料口,转料口与行走式起重布料机上的混凝土输送机相连并设有多个出料口,可将混凝土输送到建筑物仓面的任何部位。

5 施工工艺流程及操作要点

5.1 施工工艺流程

工法施工技术涵盖了从大料场储料、地垄取料、微机控制物料称量、集料、投料搅拌、生产的混凝土直接转入胶带机(上扬胶带机与主胶带机)运输到浇筑仓面附近、转入起重布料机(副机和主机)再由各个分料口经吊筒将混凝土连续快速分布到各个部位的全过程。工艺流程为:料仓→地垄→拌和站→过渡皮带→主皮带→行走式副机→行走式起重布料机主机→混凝土入仓。

混凝土箱涵一体化施工系统见图2。

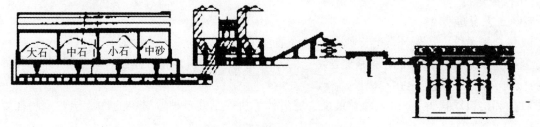

图2 混凝土箱涵一体化施工系统

5.2 操作要点

5.2.1 原材料采购

通过考察优选砂石料、水泥、粉煤灰及钢材原料,招标选择原材料供应商;建立储存料仓遮阳棚并实现地垄取料,有效降低了骨料温度。

5.2.2 材料储存运输

(1)储存料仓及遮阳措施、地垄根据工程的实际情况结合混凝土生产规模和浇筑强度确定。拱圈结构地垄施工,必须实施拱圈由低至高对称平衡上升施工。对两个连拱而言,也必须连续平衡上升施工,不得先进行一孔施工然后进行另一孔施工,保证施工安全。

(2)地垄内安装砂、石料自动称量系统和有计算机控制的取料口门,向搅拌机输送骨料。实现物流通畅,确保混凝土生产过程保质保量连续供应各种原材料,为混凝土连续生产创造条件。

5.2.3 混凝土生产拌和

(1)选择强制式拌和系统拌制混凝土。拌和系统必须具备微机控制、电子称量和投料搅拌、地垄取料和胶带机输送供料功能。骨料通过下料仓门自动下料进入称量斗进行称量,完毕后卸料斗门自动卸料,并将骨料卸入传输皮带,由传输皮带运送到拌和站骨料集料斗,由集料斗进入搅拌机进行拌制。

(2)具备拌和站中多个子系统安全运转的保障措施。相关技术人员到位,材料物资供应到位和相应管理制度到位。

5.2.4 混凝土输送

(1)胶带输送机选型和安装。选择适用于本工程的胶带机带宽、胶带运行速度、胶带坡度。

（2）胶带机安装在距地面至少 0.5 m 高的机架上，便于运行管理和随时清理架下的砂石。

（3）为防止胶带运行"跑偏"，机架两侧应设置竖向转轴，进料口附近还应安装集料槽，使混凝土顺利送出。为防止混凝土分离，两条胶带输送机之间应设挡板或漏斗。

5.2.5 混凝土入仓运输

（1）结合工程实际情况，进行起重布料机荷载、工况分析计算，设计生产满足工程需要的混凝土布料机系统，并进行布料机运行机构和运行动力的配套设计。按照布料机设计图纸及相关规范制造安装。

（2）根据图纸、规范及施工现场、运输要求，确定各部件加工工序、分节位置等，分别制作及防腐。由于布料机尺寸大，各部件可分节运输。在安装现场按限位进行对接后吊装就位。

（3）布料机分料口数量和位置根据浇筑需要设置。各个分料口经吊筒将混凝土连续快速分布到各个部位。

（4）布料机及相应机电设备安装完成后，进行试车。先进行空载运行，检查电气、机械有无异常，全部合格后进行有载运行。

静负荷试运转以起吊 1.25 倍额定荷载重物，离地 100 mm，停留 10 min，测量其挠度值，反复 3 次。电动葫芦负荷试车以起吊 1.1 倍额定荷载重物，反复运转不少于 10 min。

各项检测均符合要求后经验收投入使用。

5.2.6 控制电路

（1）包括混凝土原材料输送称量、投料、搅拌、出料控制电路，混凝土输送控制电路及行走式起重布料机输送布料工作控制电路三部分。

（2）控制电路联通后，进行一体化系统联动试验，试验合格后可以投入正式运行。

5.2.7 施工运行及维护

（1）混凝土浇筑期间加强设备维护和保养。皮带机驱动滚筒定期换油。

（2）混凝土浇筑前，对混凝土物流系统、混凝土浇筑供料系统及浇筑入仓运输系统设备及系统机械、电气配件及电缆进行全面检查。主要检查胶带机输送机刮板是否都放在支架上、胶带输送机上有无附着物、下料串筒是否悬挂就位、操作人员是否全部到位等。查看布料机行走轨道上有无障碍物及行人。

（3）行走机构在行驶前一定要按响警铃，警铃保持 1 min，保证施工安全。行走过程中，注意观察运行状态及现场施工情况，确保系统运行顺利。

（4）开机时皮带上应无任何障碍物。停机时需把皮带上混凝土卸干。故障停机时要采用人工及时清理混凝土。清扫器要专人随时清理，皮带偏移应及时调整。

（5）正常布料要均匀，控制胶带机的运行速度在允许范围内。为防止胶带运行"跑偏"，机架两侧应设置竖向转轴，进料口附近还应安装集料槽，使混凝土顺利送出。

（6）混凝土垂直运输主要依靠缓降串筒。底板混凝土浇筑时，串筒直接与施工系统上设置的卸料斗相接。为确保安全，在缓降串筒两侧拴系钢丝绳于布料机主横梁上，确保在混凝土浇筑过程中串筒不致脱落。在混凝土布料时，串筒整体倾斜角度应不大于 30°，且末端垂直，以避免串筒节间脱落或堵料。

浇筑墙体时，串筒安装分为两部分，一部分在墙体顶部安放等间距多个承接式串筒，另一部分直接悬挂在施工系统上，在浇筑下料时将两部分串筒位置对正即可。

浇筑顶板混凝土时，因高差较小，直接在混凝土施工系统上悬挂串筒。

（7）停机后关闭总电源。

（8）认真填写运行及维护记录。

5.2.8 劳动力组合

（1）输水箱涵混凝土施工过程中，人员经过培训合格后上岗。施工作业人员要职责分明、各负其责、协调工作。

（2）混凝土作业人员要相对固定。作业组主要岗位及职责绘制成标识牌悬挂。每班配置施工操作人员 24 人左右。

混凝土施工劳动力组合情况见表 1。

表 1　混凝土施工劳动力组合情况

序号	主要岗位	负责人	所需人数	主要职责
1	项目部管理	×××	3	施工组织管理,全过程控制
2	现场安全员	×××	1	负责混凝土施工设备及人身安全管理
3	技术、质检、质控	×××	2	施工技术管理、施工质量检查、过程控制
4	机械管理	×××	4	混凝土施工机械管理
5	测量	×××	4	对箱涵混凝土施工高程、轴线跟踪检测
6	现场混凝土浇筑	×××	6	负责混凝土拌制入仓及密实度
7	养护	×××	2	对混凝土养护质量负责
8	电工	×××	2	负责施工现场施工用电线路架设、维护、检修

5.2.9 节能减排

（1）节省劳动力。传统的混凝土施工方式，原材料供应、称量、投料、拌和、混凝土成品料运输、入仓、布料浇筑混凝土等环节，每班大约需要劳动力 25 人；采用一体化施工技术，相同工况，现场混凝土浇筑仅需要 6 人即可完成（表 1 中第 6 项）。比传统方式节省人力 19 人，节约 76%。而且大大提高混凝土浇筑速度。

（2）减少混凝土成品料的损耗。传统施工方式，混凝土从原材料运输到成品料入仓，各个施工环节损耗率较高，总体混凝土损耗率为 5%~8%。如果施工条件较差，混凝土损耗率能达到 10%；采用一体化施工技术，经过工程应用实例比较，相同工况条件下，混凝土损耗率仅为 2% 左右，大大节约了施工材料。

（3）降低机械成本。以古运河枢纽为例，按传统施工方法，需投入 763.45 万元，解决搅拌车和塔吊购置费；改用一体化连续施工技术装置，仅投入 131 万元，对比结果节约了 632.45 万元临时工程费。而且入仓速度快（75~85 m³/h），最大限度地缩短了混凝土在空气中的暴露时间，使浇筑的混凝土质量大大提高。

6 材料与设备

6.1 材料

主要材料见表 2。

6.2 设备

主要设备包括：计算机、骨料自动称量系统、强制式混凝土拌和站（具备计算机控制、电子称量和投料搅拌、地垄取料和胶带机输送供料功能）、工业计算机控制系统、计算机称量、监测、打印系统、电气控制系统、电动机、螺旋输送机、胶带输送机、起重布料机、测量仪器。

表 2 主要材料

序号	材料名称	材料类别	型号	材质
1	混凝土材料	水泥	普通硅酸盐水泥 42.5	
		砂子	中砂	
		石子	碎石	
2	混凝土掺加剂	粉煤灰	二级	
3	钢架	钢筋	22 mm	HPB235
4	红机砖	75 号	240×115×53	
5	遮阳棚	篷布	4 m×6 m	涤纶
6	遮阳棚立柱	钢管	φ50×5	碳钢 Q235
7	遮阳棚拱片	角钢	50×5	Q235
8	胶带		带宽 800 mm	橡胶
9	钢轨	重轨	43 kg/m	
10	布料机	槽钢	﹝22b、﹝40c	Q235
		角钢	∟125×80×10	Q235
		角钢	∟80×50×5	Q235
		工字钢	工12.6	Q235
		车轮		钢制
11	支腿	槽钢	﹝22b	Q235
		角钢	∟160 mm、∟90 mm	Q235
		钢板	40 mm	Q235
12	吊车梁	钢板	20 mm、10 mm	Q235
		钢管	Φ180×10	碳钢 Q235
		钢管	Φ95×8	碳钢 Q235
		钢管	Φ83×8	碳钢 Q235
		工字钢	工50b	Q235
		高强螺栓	Φ24	Q235
		槽钢	﹝40c	Q235

7 质量控制

7.1 工程质量控制标准

（1）本工法的一体化系统装置需要满足包括混凝土组成材料的计量及混凝土拌和物的搅拌、运输、入仓、布料等的质量控制。

（2）在混凝土原材料的计量过程中，每盘混凝土各组成材料的计量结果偏差应符合表3的规定（注：混凝土各组成材料的计量应按质量计，水和液体外加剂可按体积计）。

（3）混凝土拌和时间应通过试验确定，表4中所列最少拌和时间，可参考使用。

（4）混凝土拌和物应拌和均匀，颜色一致，不得有离析和泌水现象。

表3 混凝土组成材料的计量结果的允许偏差

组成材料	计量偏差
水泥、掺和料、水、冰、外加剂溶液	±1%
骨料	±2%

表4 混凝土最少拌和时间

拌和机容量 Q（ m^3 ）	最大骨料粒径（mm）	最少拌和时间（s）	
		自落式拌和机	强制式拌和机
0.8≤Q≤1	80	90	60
1<Q≤3	150	120	75
3<Q	150	150	90

（5）混凝土在运输过程中不发生分离、漏浆、严重泌水、严重温度回升和坍落度损失。

（6）混凝土在运输过程中应尽量缩短运输时间，掺普通减水剂的混凝土最短运输时间不宜超过表5的规定。

（7）混凝土的自由下落高度不宜大于1.5 m。

（8）布料高度应均匀，堆料高度应小于1.0 m。

（9）混凝土在浇筑点的坍落度应满足表6的规定。

表5 混凝土运输时间

运输时段的平均气温（℃）	混凝土运输时间（min）
20～30	45
10～20	60
5～10	90

表6 混凝土在浇筑点的坍落度

建筑物性质	混凝土运输时间（min）
素混凝土或少筋混凝土	1～4
配筋率不超过1%的钢筋混凝土	3～6
配筋率超过1%的钢筋混凝土	5～9

7.2 质量保证措施

（1）建立健全质量管理组织，成立全面质量管理小组，制定质量目标、质量计划。

（2）制定各职能部门岗位职责，落实责任人，制定奖罚措施，完善质量管理机制。

（3）针对容易出现的质量问题和质量隐患，制定纠正和预防措施。

（4）进行全员的质量教育培训，提高全员质量意识。

（5）严格执行"三检制"，上道工序不合格严禁下道工序施工。

（6）在施工中对各工序取得的质量数据，定期进行统计分析，并应采用各种质量统计管理图表，根据生产过程的质量动态，及时采取措施和对策。

（7）每一工作班正式开工前，应对计量设备进行校核，并应定期检定。

（8）生产过程中应定时检测骨料的含水量，当含水率有显著变化时，应增加测定次数，依据检测结果及时调整用水量和骨料用量。

（9）混凝土的搅拌时间，每一工作班至少抽查两次。

（10）混凝土运输设备和运输能力，应与拌和、浇筑能力、仓面具体情况相适合。

（11）在高温或低温条件下，应设置遮盖或保温措施，以避免天气、气温等情况影响混凝土质量。

（12）运输中应避免砂浆损失，必要时适当增加配合比的砂率。

（13）皮带机卸料处应设置挡板、卸料导管和刮板。

（14）应有清洗设施及时清洗皮带上黏附的水泥砂浆，并应防止冲洗水流入仓内。

（15）混凝土的布料可按平铺法或台阶法施工。应按一定厚度、次序、方向、分层进行，且布料层面平整。台阶法施工的台阶宽度不应小于2 m。

（16）混凝土布料厚度，应根据拌和能力、运输能力、浇筑速度、气温、振捣因素等确定，一般为30～50 cm。

（17）混凝土布料应保持连续性，不超过混凝土允许间歇时间。

8 安全控制

（1）建立健全安全生产管理机构，加强对安全生产的监督管理。

（2）对全员进行岗前安全教育，教育员工自觉遵守安全生产规章制度，不违章作业。

（3）开工前，向全员进行安全技术交底，针对工程特点和危险点进行危险源辨识，制定防范措施及应急避难和急救措施。

（4）根据危险因素和作业类别配备相应防护用品。

（5）坚持安全检查考核制度，对发现的不安全行为和隐患，认真分析原因并制定相应的整改防范措施。

（6）布料运输等操作人员应经培训合格后持证上岗，严格按照设备操作说明进行操作，严禁擅自离开岗位或将机械设备交给其他无证人员操作。严禁无关人员进入作业区。

（7）操作人员遵守机械设备保养规定，认真及时做好各级保养，保持机械设备的完好状态。

（8）机械上各种安全防护装置及监测、指示、仪表、报警等信号装置保持完好齐全，有缺损时及时修复。机械设备安全防护装置不完整或失效时不得使用。

（9）凡是电器设备必须安装漏电保护器，防止人员触电。

（10）机械设备不得带病运转，运转中发现不正常时，应先停机检查，排除故障后方可使用。

（11）一体化系统装置安装设备的机械状况、安全系数、钢丝绳的型号、允许荷载等必须符合起重规程规定。

（12）混凝土布料时应有专人指挥，上下协调，避免安全事故的发生。

9 环保措施

（1）本工法施工中产生的少量废弃物，如混凝土废料、机械设备保养的废机油等，按有关环保要求运至规定地点处理，防止污染环境。

（2）拌和站、布料机等机械设备冲洗废水汇集到集水坑后经过滤、沉淀处理后，达标排放。

（3）对拌和站的粉尘、噪声污染制定措施以降低对周围环境的影响。

（4）加强机械设备的维护，防止漏油，禁止机械在运转中产生的油污水未经处理直接排放。

（5）对废水和大气质量进行监测，从而了解污染影响范围与程度，据此改进施工工艺，减少扬尘和设备废气排放量。

10 效益分析

（1）工法研究首先应用在古运河枢纽工程。古运河枢纽工程，采用水工混凝土箱涵一体化施工技术，从 2005 年 5 月开始进行管身混凝土浇筑至 2007 年 4 月底，浇筑混凝土 5 万 m^3，拌和系统生产能力和入仓能力均达到 80 m^3/h 以上，节约资金共 762.45 万元。

（2）古运河枢纽应用该工法的经济效益分析见表 7。

表 7　古运河枢纽经济效益分析　　　　　　　　　　（单位:万元人民币）

项目总投资		131.00	
年份	新增产值	新增利税(纯收入)	节支总额
2004 年	0.00	0.00	70.00
2005 年	0.00	0.00	632.45
2006 年	0.00	0.00	60.00
累计			762.45

各栏目的计算依据见表8。

表8　计算依据

（一）常规配置设备投资			（二）一体化连续施工装置投资		
设备名称	单位及数量	合　价	设备名称	单位及数量	合价
搅拌车	5 台	5× 80 万元 =400 万元	吊装布料两用机制作		81 万元
塔吊	1 台	1 台× 240 万元 =240 万元	地垄安装费用		50 万元
塔吊运行费	12 元/m³	12 元/m³× 50 000 m³ =60 万元			
搅拌车运行费	24.69 元/m³	24.69 元/m³× 50 000 m³ =123.45 万元			
占地费用		70 000× 10 =70 万元			
合计	万元	893.45			131 万元

（3）水工混凝土输水箱涵一体化施工专利技术,将混凝土各个环节的分散施工形成一条具有现代化水平的混凝土流水作业生产线。减少中间诸多不利环节,将混凝土原材料供应、混凝土拌制、运输、浇筑等环节有机结合,组成一个系统整体,克服了传统混凝土浇筑施工缺乏连续性的弊端。避免了混凝土浇筑过程中易老化、坍落度损失、强度无保证等现象的发生,减少了安全、质量隐患,有效保证了浇筑强度和工程质量。

（4）自 2005 年 5 月以来,在我局承建的南水北调京石段应急供水工程古运河枢纽项目、天津干线天津市 2 段工程、天津干线保定市 1 段工程 TJ2-5 等工程中实际应用,混凝土箱涵施工质量满足设计及相关规范要求。共节约和增加经济效益达 1 543.22 万元,经济效益显著。

（5）采用一体化施工技术进行水工混凝土输水箱涵施工,有效解决了混凝土生产、运输和布料浇筑的连续性,使分散作业的工艺流程集合形成具有现代化水平一条龙式的流水作业施工生产线。实现了大体积混凝土浇筑安全、环保、高效、节能、优质的特性,符合国家产业政策。而且需增加的临时工程费用投入仅为传统模式临时工程费的 1/6,运行费用低廉,为水工混凝土箱涵施工提供了成熟的系统装置,是一项技术、经济、社会效益十分显著,具有广阔应用前景的创新技术。其实施应用,将为国家和社会带来重大的经济效益和社会效益。

（6）本工法对于大体积输水箱涵混凝土浇筑有极高的应用价值。随着国家对水利工程投入的增加,一大批大型水利输水箱涵工程项目的开工建设,提高工程质量、降低工程成本需要先进的技术和设备来保证,该工法施工工艺简单,设备安装便利,安全可靠,总结应用情况,在实际应用中确实达到了预期效果。尤其在南水北调工程施工中,对于作业仓面属于线性延伸的工程而言,更具有实用、经济、环保价值。由于它的经济实用、操作简便、受控一次入仓、运行费用低廉的特性,南水北调中线河北段（一期）工程混凝土建筑物浇筑量 321 万 m³,若半数采用本技术施工,可节约资金2.44亿元,具有良好的推广前景。

11　工程实例

11.1　古运河枢纽项目（S1 标）

11.1.1　工程概况

古运河枢纽工程位于石家庄市郊区,距市中心 7 km。枢纽工程包括渠道、古运河暗渠和田庄分水闸。枢纽工程的起点即为京石段应急供水工程的起点。总干渠在古运河与太平河汇合口下游约 50 m 处穿越古运河,同时穿越石家庄市北防洪堤（107 国道副线）及石太高速公路,交叉建筑物型式为穿河暗渠。工程等别为 I 等,主要建筑物的级别为 I 级。地震设计烈度 6 度。

古运河暗渠总长 565 m,由进口渐变段、进口闸室段、洞身段、出口闸室段及出口渐变段五部分组成。洞身段长 435 m,分 26 节。洞身过水断面为三孔一联拱涵结构,单孔过水断面 6.6 m× 8.2 m(宽×高)。其中,穿石太高速公路段拱涵采用浅埋暗挖法施工。主要合同工程量:土方明挖 72.33 万 m³,土方洞挖 2.58 万 m³,土方回填 61.3 万 m³,混凝土浇筑 7.61 万 m³,钢筋制安 6 439 t,砌石(含碎石垫层)6.04 万 m³。工程投资 1.183 亿元。

工程于 2004 年 12 月开工,2006 年 8 月竣工。总工期 23 个月。

11.1.2 施工情况

古运河枢纽使用本工法中的一体化连续施工系统及浅埋暗挖施工技术,完成了穿石太高速公路段拱涵施工及 565 m 运河暗渠施工。古运河枢纽工程,自 2005 年 5 月开始进行管身混凝土浇筑至 2007 年 4 月底,浇筑混凝土 5.35 万 m³,拌和系统生产能力和入仓能力均达到 80 m³/h,混凝土经 3~4 min 运输即可入仓,胶带机速度达 1.4 m/s,布料机行走速度达到 10 m/min,运行稳定、可靠,未发现任何安全或机械故障,已完工程单元质量评定合格率 100%,优良率 100%。

11.1.3 应用效果

(1)古运河枢纽采用了本工法中的大型混凝土工程一体化连续施工系统,初步计算,按传统的施工模式需投入 762.45 万元来解决搅拌车和塔吊购置费,改用一体化连续施工系统,装置仅需投入 131 万元。实践证明,一体化连续施工装置实现了高速输送混凝土入仓,每小时 75~85 m³,最大限度地缩短了混凝土在空气中的暴露时间,使浇筑的混凝土质量大大提高。

(2)古运河枢纽采用工法中的暗涵浅埋暗挖施工综合技术,监测结果表明,有效控制了地面沉降,保证了石太高速公路的正常运营和安全,水工暗涵大体积混凝土浇筑的温度控制措施切实可行,有效防止了裂缝发生,节省投资 2 000 多万元。

11.2 天津干线天津市 2 段工程

11.2.1 工程概况

南水北调中线一期工程天津干线天津市 2 段工程总长 4.284 km,工程设计流量 18 m³/s,加大流量 28 m³/s,工程由输水箱涵段、Rt69 通气孔、曹庄排干倒虹吸、阜盛道公路涵、星光路公路涵、外环河出口闸六大部分组成,主要工程量:土方开挖 78.81 万 m³,土方回填 63.75 万 m³,混凝土 8.15 万 m³,钢筋制安 0.7 万 t,金属结构总量 35 t。

其中输水箱涵段长 3.986 km,为 2 孔 3.6 m× 3.6 m 钢筋混凝土箱涵,断面为 M1、M2 箱型,顶板厚 0.55 m,底板厚 0.60(0.65)m,边墙厚 0.55 m,中墙厚 0.45 m。每 15 m 设一道横向伸缩缝,混凝土强度等级为 C30W6F150。箱涵混凝土 6.5 万 m³。箱涵每节平面尺寸 15 m× 8.75 m(长×宽),基坑最大深度 9.5 m。单节最大混凝土方量 263 m³。

工程所在地地面高程 1.1~2.0 m。地下水埋深浅,箱涵基础在地下水位线以下。工程总造价 1.489 亿元。合同工期 2008 年 10 月 10 日至 2010 年 9 月 30 日。

11.2.2 施工情况

天津干线天津市 2 段工程施工项目部在进行认真分析论证后,采用了水工混凝土输水箱涵一体化施工专利技术。该系统包括物流系统、混凝土生产系统优化和选择、混凝土浇筑供料运输系统、混凝土浇筑入仓运输系统四个子系统。2009 年 3 月现场组装调试完成并投入使用。经过一个施工期箱涵混凝土浇筑作业,于 2010 年 5 月顺利完成天津干线天津市 2 段工程箱涵混凝土浇筑施工任务。共完成箱涵混凝土浇筑 65 000 m³。大大提高了混凝土施工效率和混凝土浇筑质量。保证了施工期安全。

11.2.3 应用效果

(1)天津市 2 段工程采用了本工法中的大型混凝土工程一体化连续施工系统,初步计算,按传统的施工模式需投入 438.89 万元来解决搅拌车、输送泵等购置费,改用一体化连续施工系统,仅需投入 116 万元,对比节约了 322.89 万元临时工程费。实践证明,一体化连续施工装置实现了高速输送混凝土入仓,每小时 75~85 m³,最大限度地缩短了混凝土在空气中的暴露时间,加快了混凝土入仓和浇筑速度,大大提高混凝土的浇筑质量。为后续土方回填施工及时提供了工作面。

(2)有效降低了基坑降排水作业时间,减少降排水施工措施费用 100 万元。提高了工程经济效益。

11.3　南水北调中线天津干线保定市 1 段工程 TJ2-5

11.3.1　工程概况

南水北调中线一期工程天津干线保定市 1 段工程 TJ2-5 施工标位于河北省保定市,全长 9.004 km。该段以混凝土有压箱涵为主,并包括通气孔、分水口、保水堰、倒虹吸、公路涵等 18 座建筑物。工程设计输水流量 50 m³/s,加大输水流量 60 m³/s。主要工程量:土方工程 447.348 万 m³,混凝土 28.572 万 m³,钢筋制安 2.665 万 t。工程总造价 3.726 亿元。合同工期为 2009 年 8 月 15 日至 2012 年 8 月 15 日。

其中主体建筑物输水箱涵长 6.87 km,为 3 孔 4.4 m×4.4 m C30 现浇有压输水混凝土结构,箱涵标准单节长度为 15 m。底板、顶板、边墙及中墙最大厚度分别为 0.8 m、0.7 m、0.7 m、0.6 m。单节最大断面平面尺寸 15 m×15.8 m(长×宽),箱涵最大埋深 5.8 m。单节最大混凝土方量 540.42 m³。单节最大钢筋量 39.226 t。工程所在地地面高程 11.4~12.6 m。地下水位局部高于箱涵底板。

11.3.2　施工情况

河北省水利工程局天津干线保定市 1 段工程 TJ2-5 施工项目部经过认真分析论证,采用了水工混凝土输水箱涵一体化施工专利技术,2010 年 3 月份,开始第一节箱涵基础混凝土浇筑。一年来,共浇筑混凝土 14 万 m³,输水箱涵完成近半,系统运行稳定,保证了施工强度和施工质量。在已完成的单元工程质量评定中,合格率和优良率均为 100%。施工期安全无事故。

11.3.3　应用效果

使用水工混凝土输水箱涵一体化连续施工系统,天津干线保定市 1 段工程 TJ2-5 施工项目,输水箱涵混凝土的高峰浇筑强度达到 1 060 m³/d,节约开支 341.88 万元(临时工程费),浇筑速度比计划提高了 1.3 倍,浇筑质量完全满足设计要求,而且大大缩短了仓面各层间的布料时间,入仓混凝土各项指标符合现行规范要求。该系统经济实用,运行费用低廉,技术和经济效益比较明显。系统性能优越,有广阔的应用前景。

(**主要完成人:**刘治峰　郭永为　刘　斌　张戈平　张江然)

水工隧洞平底板混凝土施工工法

湖北安联建设工程有限公司

1 前 言

水工隧洞平底板混凝土一般采用泵送高坍落度混凝土进行浇筑,混凝土胶凝材料用量大,水化热高,温度控制难度大,混凝土出现裂缝的概率大。

为有效解决平底板混凝土防裂问题,湖北安联建设工程有限公司依托糯扎渡水电站右岸泄洪洞工程、金沙江溪洛渡水电站泄洪洞工程等项目,经多次试验研究,通过优化低坍落度混凝土的配合比,减少或避免混凝土发生裂缝,保证混凝土外光内实和体形结构。本工法通过优化混凝土配合比,采用中热水泥和高掺粉煤灰、减水剂等措施拌制低坍落度混凝土,从而能够大大降低水泥用量,有效防止底板混凝土出现裂缝概率;通过采用自卸车运输,使用长臂正铲提升混凝土入仓等手段来解决混凝土入仓问题;通过采用可拆卸刮轨来控制混凝土形体及表面平整度,确保混凝土表面平整、体形结构符合设计要求;通过采用新型拐角模板技术使洞室两侧 30 cm 边墙与底板同时浇筑,有效解决了边墙模板占压底板混凝土面而出现气泡和隆起等问题,取得了良好的经济效益和社会效益,逐步形成了本工法。

2 工法特点

(1)操作简单,控制精度高,经济效益好。

(2)采用刮轨工艺收面,大幅度提高了平底板混凝土表面平整度。

(3)使用新型拐角模板,能够有效防止盖模浇筑存在的气泡和底板面隆起的问题。

(4)本法浇筑低坍落度混凝土,胶凝材料用量小,能够有效降低混凝土最大温升,极大提高混凝土抗裂性能,同时节约了成本,可以取得良好的经济效益和社会效益。

3 适用范围

本工法适用于各种大型水工隧洞平底板混凝土浇筑及其他类似工程。

4 工艺原理

为有效执行底板刮轨工艺及同时浇筑矮边墙的要求,底板混凝土浇筑采用全幅无盖模施工,堵头模板采用组合钢模板现场拼装组立,止水片部位采用 U 型钢管支撑模板连成整体。为防止模板移位,自卸车运输混凝土卸至集料斗内,通过长臂正铲挖运连续均匀入仓,人工平仓振捣,刮轨工艺收面,底板混凝土按台阶法分两层(坯层厚 50 cm,左右方向布料,台阶宽 3~4 m)组织施工(若底板混凝土厚为 120~150 cm 以上则分三层浇筑)。为确保边墙与底板连接质量,施工缝划分在边墙内,30 cm 底部边墙与底板混凝土同时浇筑。采用新型"组合式拐角模板"进行立模,组合式拐角模板(高 40 cm,压角宽 15 cm)在夹角处采用螺栓连接,并在混凝土初凝前对底部 15 cm 压模作翻模抹面处理。

5 施工工艺流程及操作要点

5.1 施工工艺流程

水工隧洞平底板混凝土浇筑工艺流程见图1。

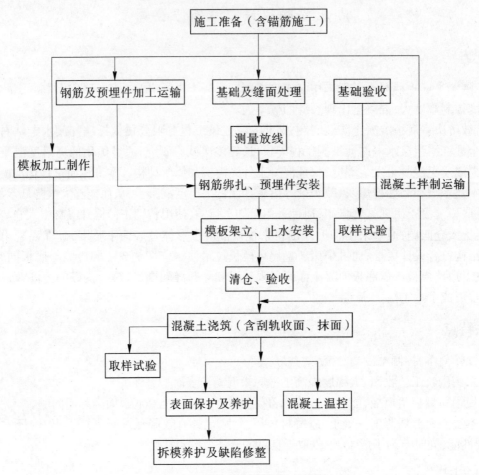

图1 平底板混凝土浇筑工艺流程

5.2 操作要点

本工法采用长臂正铲浇筑低坍落度混凝土,采用可拆卸圆钢刮轨控制混凝土形体及表面平整度,采用新型拐角模板解决边墙模板占压相邻底板混凝土而出现气泡和隆起等问题。

5.2.1 施工现场准备

底板浇筑前先浇筑垫层混凝土,以减少底板混凝土受岩体的约束。随后布置插筋,间排距2 m,呈梅花形布置,并对各施工缝面、伸缩缝面进行凿毛处理。

5.2.2 钢筋制安及冷却水管安装

钢筋加工成型后运至现场进行连接和绑扎,根据测量高程控制点确定上下层钢筋和冷却水管的位置。首先安装下层钢筋,距凿平混凝土面10 cm,在钢筋接头处采用机械连接,在下层钢筋安装完成后再安装冷却水管,控制在上下层钢筋网中间(相距约40 cm),利用铁丝固定在底板插筋上,间距1.0 m呈蛇形布置。上层钢筋安装前先设置架立筋,架立筋的直径和间排距满足承重钢筋网的受力要求,一般选用不小于Φ22的钢筋。实际安装时,应在架立筋上标示钢筋间距,依此间距安装主筋,分布筋依据主筋上标示的间距绑扎。

5.2.3 刮轨安装

底板混凝土采用刮轨工艺收面,将可调套筒托撑焊接固定在直立插筋上,以便刮轨安装调节,刮轨顶部高程与底板混凝土结构面高程相同。在混凝土浇筑前,需对刮轨高程进行测量复核,对不符合设计要求的点位通过调节托撑调整,圆钢刮轨经测量校核固定后不得碰撞。

5.2.4 模板制安

底板及边墙两侧堵头模板采用组合钢模板现场拼装,通过钢筋围图、蝴蝶卡扣连接固定。钢筋围图加工两道弯折,以保护橡胶止水带及铜片止水,防止止水片两侧模板跑模移位。与底板连接的边墙表面侧模板采用"组合式拐角模板"进行组合,组合式拐角模板在夹角处采用螺栓连接,并在混凝土初凝前对底部 15 cm 压模作翻模抹面处理。

5.2.5 正铲、集料斗、受料斗及溜槽布置

长臂正铲提升输送常态混凝土入仓,在浇筑仓外布置集料斗。自卸车将混凝土卸入集料斗后,长臂正铲从集料斗内挖运混凝土至仓内有序连续分层布料,集料斗每 1.0 h 清理一次,以保证混凝土从出机口到入仓浇筑 2.0 h 内完成,不产生废料弃料。对于 30 cm 矮边墙,采用受料斗加溜槽入仓,每侧布置一个移动受料斗,下方布置溜槽,长臂正铲将混凝土提升至受料斗上方,人工配合将混凝土沿溜槽滑至边墙仓内。

5.2.6 混凝土浇筑抹面

混凝土拌制采用中热水泥,掺粉煤灰、外加剂,为保证混凝土和易性,含气量控制在 4% ~6%。

混凝土入仓后,人工平仓振捣,底板混凝土采用台阶法浇筑二级配常态混凝土,坯层厚度 50 cm,台阶宽度 3 ~4 m,表面采用刮轨工艺进行收面处理。

混凝土浇筑前在仓内预埋架立筋,通过固定套筒托撑圆钢刮轨,刮轨顶部高程必须与混凝土底板结构面高程相同,收面时采用滚筒整平。2 m 方钢管靠尺刮除超高的混凝土,刮平时应全程采用水准仪复核,刮平后抽出刮轨钢筋,并采用混凝土原浆填补坑槽,最后采用机械配合人工进行抹面、压光,人工压光收面至少三次。第一次在刮平后马上进行,此过程应利用水准仪再次随机复核平整度;第二次在混凝土表面不见水光时,约在初凝前半小时;第三次在接近初凝时。由于抹面面积大,第二次和第三次应视情况采取流水作业,确保在初凝前抹面结束。对于 30 cm 矮边墙处,由于拐角模板在夹角处采用螺栓连接,收面时在初凝前对底部 15 cm 压模作翻模抹面处理。

5.2.7 已浇底板保护措施

(1)为了防止底板新浇混凝土因强度不足,而被交通车辆及设备压损表面,甚至压出裂缝,底板混凝土强度必须达到 70% 设计强度后才允许通车。

(2)对钢模台车行走轨道内的底板采取铺设"一层保温被(3 cm)+一层砂(10 cm)+一层天然砂砾石料(20 cm)"的方法进行保护,防止通行车辆损坏流道面。

(3)对钢模台车行走轨道外的底板应及时进行清扫,以保护混凝土表面。

5.3 主要劳动力配备

主要劳动力配置计划见表 1。

表 1 劳动力配置计划

工种	管理人员	技术人员	安全员	测量工	混凝土工	钢筋工	抹面工	模板工	电工	电焊工	操作手	温控员	驾驶员	普工	合计
人数	2	4	4	2	10	6	10	8	2	4	2	2	10	10	76

6 材料与设备

6.1 拟定投入的主要机械设备
施工机械设备见表2。

6.2 拟定投入的主要材料
主要材料见表3。

表2 施工机械设备

序号	主要设备名称	型号	单位	数量
1	自卸车	20 t	辆	5
2	长臂正铲		台	1
3	电焊机	BX3-500	台	2
4	振捣器电频机	9.5 kW	台	2
5	振捣棒	Φ70、Φ50	台	6
6	抹面机		台	1
7	注浆机		台	1

表3 主要材料

序号	主要材料名称	单位	数量
1	拐角模板	套	12
2	集料斗	个	1
3	受料斗	个	2
4	溜槽	个	2
5	刮轨板	根	2
6	模板	m²	21
7	围囹	m	50

7 质量控制

7.1 引用的主要质量控制标准
(1)《水工混凝土施工规范》(DL/T 5144—2001);

(2)《水利水电工程模板施工规范》(DL/T 5110—2000);

(3)《水工混凝土钢筋施工规范》(DL/T 5169—2002);

(4)《钢筋焊接及验收规程》(JGJ 18—96);

(5)《钢筋机械连接通用技术规程》(JGJ 107—2003);

(6)《水利水电基本建设工程单元工程质量等级评定标准》(DL/T 5113—2005);

(7)设计混凝土施工技术要求。

7.2 混凝土浇筑质量控制
(1)基础面测量、模板组立、模板校核及钢筋、预埋件制安等均由测量队进行精确控制。

(2)基础面清理严格按照规范要求作业,对松动石块进行彻底清撬,再用高压水冲洗干净。施工缝面采用冲毛机冲毛至满足设计要求,不便冲毛的部位采用人工凿毛。

(3)对进场钢筋按规范要求频次进行抽检,确保原材料质量合格。根据设计下发钢筋图纸细化钢筋下料表,并严格按图进行钢筋绑扎施工。质检员在施工过程中进行监督,确保钢筋规格和数量符合设计要求。

(4)模板组立前进行仔细检查,清除板面杂物并打磨平整,脱模剂涂抹均匀;对模板周边也应打磨平整,以减小板间接缝和错台。模板组立完毕后,浇筑过程中安排专人看护模板,对直模板段拉线进行控制,防止跑模。

(5)有预埋件的部位由测量放点定出埋件位置,按照预埋件质量要求施工。开仓前列出埋件清单,仔细对照检查,防止错埋和漏埋。

(6)长臂正铲集料斗每1.0 h清理一次,并做好记录,以保证混凝土从出机口到入仓浇筑2.0 h内完成,不产生废料弃料。

(7)浇筑过程中应严格按照仓面设计要求的浇筑方向、坯层厚度、布料顺序进行浇筑,浇筑过程中应控制坯层厚度,布料应均匀、有序、分层清楚,不得定点堆料,混凝土下料时自由下落的高度不得大于 1.0 m,并尽量避开刮轨钢筋处。

(8)混凝土入仓后,组织仓内人员及时进行平仓振捣,铺料、平仓、振捣等严格按照规范和质量要求操作,保证混凝土浇筑质量。

(9)混凝土浇筑完毕后,人工重复抹面直到混凝土表面平整光洁,且严格控制好平整度,必要时采用水准仪跟踪监控;抹面后用 1.5 m 靠尺检查平整度。

(10)实行责任分区,振捣和抹面人员分区作业,每个区域每个工种均设一名负责人,做到了分工分区明确、责任明确,便于现场组织指挥和对工人施工质量的考查,奖罚分明。

(11)及时采取养护措施,防止混凝土出现裂缝等缺陷或等强阶段受到破坏。成立温控小组,负责混凝土浇筑及养护期间温控测量数据收集和整理分析工作,指导现场冷却通水,确保混凝土内部温度控制在允许范围内。

(12)制定一系列混凝土浇筑应急预案,成立应急小组,以便在混凝土浇筑过程中出现紧急情况时迅速反应,及时采取有效措施保证混凝土浇筑正常进行,尽量减小损失。

7.3 混凝土温控

根据混凝土施工设计温控技术要求,应采取以下温控措施。

7.3.1 控制出机口温度

浇筑制冷混凝土,控制出机口温度。

7.3.2 冷却水管质量控制

塑料管不得受到重物挤压,已严重变形或老化的管材严禁使用。

7.3.3 冷却通水控制

(1)通水在混凝土浇筑后温度大于水温 2 ℃时开始通水,通自然水,通水时间为 7 ~ 15 d。混凝土内部最高温升出现前通水流量按 35 L/min 控制,内部温度达到最高值并开始降低后通水流量按 18 L/min 控制。

(2)通水冷却每 24 h 应调换进出口方向,保证混凝土内部温度与冷却水温差小于 20 ~ 25 ℃,通水冷却温度记录必须详细真实。冷却进出水温度观测频率一般为:在混凝土浇筑 3 ~ 5 d 内,观测频率为 1 次/4 h,5 d 后观测频率为 1 次/12 h。

8 安全措施

本工程存在的主要危险源有交通运输、机械伤害、电气伤害、坠落伤害、焊接伤害等,依据的相关法律及采取的措施如下。

8.1 安全法律法规

(1)《中华人民共和国安全生产法》。

(2)《中华人民共和国道路交通安全法》。

(3)《建设工程安全生产管理条例》。

(4)《水电水利工程施工安全防护设施技术规范》(DL 5162—2002)。

8.2 安全措施

8.2.1 建立健全安全保证体系

组建项目部安全生产管理委员会。成员由项目部各部门负责人和作业队队长组成,负责职业健康、施工安全制度制定,以及各个部门间的协调工作,每月召开一次全体会议,讨论重大安全问题并做好记录。项目部安全科为安全生产管理委员会直属机构,负责施工安全制度执行及日常事务处理,检查安全措施的落实情况、安全措施是否得当及存在的安全隐患是否已及时处理,杜绝重大安全事故的发生。

8.2.2 建立健全安全管理制度

(1)安全培训制度:对所有新进场的员工和作业队进行上岗前"三级"教育培训工作,使每个员工熟练掌握本岗位操作技能的同时熟悉安全与环境、文明生产管理规章制度和操作要求,提高事故的预防、职业危害和应急处理应变能力。

(2)持证上岗制度:所有机械操作人员及特殊工种(电工、焊工等)必须持证上岗,按相关操作规程正确操作,严禁违章操作,杜绝酒后作业。

(3)预知危险及班前会制度。

(4)安全检查与奖惩制度。

8.2.3 现场安全措施

(1)施工所用的动力线路和照明线路,必须按规定高度架设,线路完好无损,做到三级配电、两级保护,各类配电开关柜(箱)有防水(雨)措施,设醒目的安全警示牌。所有用电设备做到"一机一闸一漏",与金属物接触部位采取有效的隔离措施。

(2)混凝土仓内照明一律使用36 V及以下的安全电压,并采用有防护罩的灯具。

(3)电焊机配置专用漏电保护器(保证电焊机空载电压≤36 V),使用专用线材。不得利用排架等作为接零,接零点距施焊点间距≤3.0 m;作业人员穿戴专用的劳动保护用品,作业时有监护人监护。

(4)施工现场使用的二、三类机电设备及电动工具(包括振捣器专用电机、电焊机、砂轮机、切割机、钢筋弯曲机、钢筋切断机、钢筋调直机、电钻及冲击钻等)除定期进行全面检查外,每班必须检查电气设备外露的转动和传动部分的遮栏或防护罩是否完好,防止触电和机械伤害。

(5)氧气、乙炔严禁混装存放、运输,使用时的安全距离不得小于5 m;电、气焊(割)作业严格按操作规程作业。

(6)各工作场所必须配备足够数量的灭火器,以备应急之用。

(7)长臂正铲下料时,设置专项下料指挥员,以避免重机操作误伤施工人员。

9 环保措施

9.1 环保法律法规

(1)《中华人民共和国环境保护法》。

(2)《中华人民共和国水污染防治法》。

(3)《中华人民共和国固体废物污染环境保护法》。

9.2 环保措施

(1)采取一切必要手段防止运输物料遗落到场区道路,并安排专人及时清理。

(2)施工道路和施工现场定期进行洒水作业,以防止粉尘污染。

(3)根据工程具体情况,在现场设置可移动厕所,并保持清洁和卫生,确保现场施工人员能够比较方便地入厕,严禁随地大小便。

(4)设立专门的排水措施保持施工区清洁卫生,抽排水设施完善,排水沟保持清洁畅通。施工区不得有积水、杂物、垃圾、粪便、弃置不用的工器具等。

(5)加强设备维护保养,所有设备保持消音设施完好,降低噪声污染。

(6)做好施工现场各种垃圾的回收和处理,严禁垃圾乱丢乱放,影响环境卫生。

10 效益分析

采用常态混凝土浇筑,自卸车水平运输、长臂正铲提升混凝土入仓,较传统混凝土搅拌运输车运输、泵送混凝土入仓,节约了运输成本;采用低坍落度常态混凝土,为满足设计对混凝土抗冲耐磨指标要求,配合比优化,较传统泵送混凝土与掺钢丝、硅粉等比较,胶凝材料用量及掺和料用量减少,降低了混凝土拌制费。同时,因水泥用量减少,可大大节约胶凝材料,更好地控制混凝土内部温升及减少温控费用,降低混凝土产生裂缝的概率,提高混凝土工程质量,从而产生明显的经济效益和社会效益。

11 应用实例——金沙江溪洛渡水电站

11.1 工程概况

金沙江溪洛渡水电站右岸泄洪建筑物由 3 号、4 号泄洪洞组成,两条泄洪隧洞均为有压接无压,洞内龙落尾型式。泄洪洞由进水塔、有压洞段、地下工作闸门室、无压洞段、龙落尾段和出口挑坎等组成。泄洪洞轴线平行布置,中心间距为 50.00 m,隧洞全长分别为 1 433.550 m、1 633.624 m。

泄洪洞工程设计为大断面、大流量、高流速(20~50 m/s),其混凝土表面不平整度和抗冲耐磨要求高,温控防裂难度大。

无压段衬砌断面形式为城门型,衬砌后断面尺寸为 14 m × 19 m(宽×高),底板宽 14 m,边墙高 14.87 m,顶拱弧长为 17.05 m,半径为 8 m,角度为 122.09°,拱顶至底板最高为 19 m。设计泄洪流速在 20~30 m/s。设计平整度要求为 5 mm,设计温控要求不大于 39 ℃。

无压段衬砌首先浇筑底板及底板以上 30 cm 矮边墙,采用刮轨抹面施工工艺,使用定制长臂正铲浇筑坍落度 7~9 cm 的 $C_{90}40F150W8$ 二级配常态混凝土。参考混凝土配合比及坍落度指标见表 4。

表 4　参考混凝土配合比及坍落度指标

设计等级	级配	水胶比	水泥强度等级	粉煤灰掺量(%)	用水量(kg/m³)	胶凝材料(kg/m³)			砂率(%)	外加剂品种掺量		坍落度(mm)
						水泥	粉煤灰	胶材总量		减水剂(%)	引气剂(/万)	
$C_{90}40F150W8$	二	0.39	P.O42.5	30	122	219	94	313	33	0.65	3	70~90

30 cm 矮边墙采用"L"形组合式拐角模板,堵头模板采用组合钢模板,20 t 自卸车运输混凝土,长臂正铲提升输送入仓,人工平仓振捣,按台阶法分两层(坯层厚 50 cm),左右方向布料,刮轨工艺收面,抹面机配合人工进行抹面、压光。

采用该工法施工,施工质量优良,满足设计要求,受到了业主、监理的一致好评。

11.2 混凝土温度控制成果

无压段底板混凝土采用常态混凝土浇筑及通常温水控制,均能控制在最高允许温度范围内,温控记录统计结果见表 5、表 6。

表 5　右岸泄洪洞无压段底板入仓、浇筑温度记录成果

统计时段(月-日)	完成仓次	平均浇筑强度(m³/h)	允许浇筑温度	混凝土浇筑温度(℃)					
				测次	最大	最小	算术平均	超温点(个)	超温率(%)
01-01~12-25	82	15.1	18	719	19.7	14.1	16.9	6	0.8

表6　右岸泄洪洞无压段底板混凝土内部最高温度记录成果

统计时段（月-日）	混凝土标号	测温仓次	测温管（组）	最高温度（℃）	平均最高温度（℃）	允许最高温度（℃）	仓次分析			测点分析		
							符合（仓）	符合率（%）	超温（仓）	符合（组）	符合率（%）	超温（组）
01-01~12-25	$C_{90}40F150W8$	82	164	36.8	33.8	39	82	100	0	164	100	0

11.3　混凝土体形及平整度检测情况

右岸泄洪洞混凝土体形及平整度检测成果见表7。

表7　右岸泄洪洞混凝土体形及平整度检测成果

部位	体形测量					平整度检测	
	测点数	偏差值范围（mm）	偏差绝对值分布（%）			最大值（mm）	平均值（mm）
			0~10 mm	10~15 mm	15~20 mm		
无压段底板	5 646	-20~10	95.4	3.5	1.1	4	3.5

11.4　混凝土强度检测

现场混凝土取样共23组,检测结果见表8。

表8　右岸泄洪洞无压段底板混凝土抗压强度检测结果

混凝土强度等级	龄期	检测组数	最大值（MPa）	最小值（MPa）	平均值（MPa）	满足设计强度百分率（%）
$C_{90}40F150W8$	90	23	64.5	43.8	53.6	100

（主要完成人：覃壮恩　邓良超　吴　浪　余晓东　陈太为）

水平深孔对穿锚索施工工法

湖北安联建设工程有限公司

1 前 言

预应力锚固技术在我国水利水电工程中的应用只有 40 余年的历史,到 20 世纪 90 年代,才开始步入规范化设计和施工的轨道。三峡永久船闸是双线连续五级船闸,也是目前世界上造建船闸工程规模最大、设计总水头和级间水头最大、闸槽最深最长和直立坡最高的船闸。船闸采用大量 3 000 kN级大吨位水平对穿预应力锚索,锚孔孔斜要求≤1.0%,最大孔深为 60.0 m,最大孔径 176 mm。它既能同时解决两面岩体及结构变形和稳定问题,又避免了端头锚内锚段集中应力过大造成岩体内局部岩体的拉裂和损伤问题,同时还起到改善施工环境、简化束体结构、方便施工的作用。

湖北安联建设工程有限公司联合设计单位和大专院校结合工程实际,有针对性地对水平深孔预应力锚索施工技术开展了研究和创新。通过对锚索钻机机具改进和钻孔、验孔、穿索、张拉、封孔灌浆等关键工序施工工艺的探索研究,取得了丰硕成果,并形成此工法。该工法在三峡永久船闸直立边坡锚索施工中广泛应用,施工质量优良。由于对穿锚索在处理岩石边坡和保持闸首混凝土结构稳定方面效果明显,技术先进,得到了设计、监理、业主等单位和国务院三峡工程质量专家组及业内人士的高度赞誉,具有明显的社会效益和经济效益,该工法使我国水平深孔对穿锚索施工技术提高到一个新的高度。

三峡永久船闸工程中包括水平深孔对穿锚索在内的开挖锚固综合施工技术研究成果,分别获得 2002 年度中国电力科学技术二等奖、2005 年度国家科技进步二等奖,三峡永久船闸工程获得 2006 年度詹天佑奖。

2 工法特点

水平对穿预应力锚索,既充分利用两个临空面的优越性,又充分利用了钢绞线的高抗拉强度和混凝土与岩体的高抗压强度的特性。同时,还具有对岩体及结构扰动小,简化束体结构,方便施工和受力科学等优点,是一项在工期、质量、安全和造价等技术经济效能方面都具有一定的先进性、实用性和新颖性的工程施工技术。

对穿锚索除具有端头锚索的主动作用和作用快的共同优点外,还具有如下显著特点:

(1)受力结构更科学。端头锚索是内端受拉,外端受压;对穿锚索岩体或结构两面同时受压。它充分利用了岩体和结构高抗压能力,且两面压力又通过传力结构传给岩体或结构,既起控制岩体或结构变形,又起到提高岩体或结构稳定能力的作用。

(2)简化束体结构。端头锚索结构由内锚段、自由段和外露段三部分组成;而对穿锚索只由自由段(张拉段)和两个外露段组成,束体结构单一。

(3)减少干扰和提高工效。对穿锚索施工可以充分利用两个工作面的有利条件,减少对开挖工程施工的干扰,加快施工进度和及时加固的效果。在三峡船闸对穿锚索施工中,充分利用南北坡山体内五层排水洞和南北线开挖与锚索交错施工的条件,提前进行水平锚孔造孔,有效减少了施工干扰,提高了锚固时效和工效。

3 适用范围

本工法适用于对厚度在 70 m 以内的岩体或建筑物的加固,宜用于双线船闸、地下洞群、地下厂房及地下建筑物进出口岩体或结构的加固。

4 工艺原理

在岩体中钻孔(或在新浇混凝土结构内预留孔),穿入由数股钢绞线编制组成的束体,采用液压千斤顶,通过两端的承力结构(垫座)对束体进行预紧、张拉和锁定,从而实现主动给岩体或结构加力的作用,达到主动控制岩体或结构变形和提高岩体或结构稳定的目的。

锚孔导直工艺。主要是根据杠杆原理,设正副导正器。主导正器是控制钎头导直,副导正器是控制钻杆重力作用下的自然弯曲,副导正器根据实际孔深可多设。

钻孔消尘工艺。利用双臂钻杆的环状间隙向孔内冲击器附近注水,使粉尘与水通过风水压差作用,在孔内充分混合成水泥浆状物排出孔口外,从而达到除尘的目的。

穿束工艺。采用一端用小型卷扬机牵引,另一端用人工理顺推递,完成穿束工艺。

5 施工工艺流程及操作要点

5.1 施工工艺流程

水平深孔对穿锚索施工工艺流程见图1。

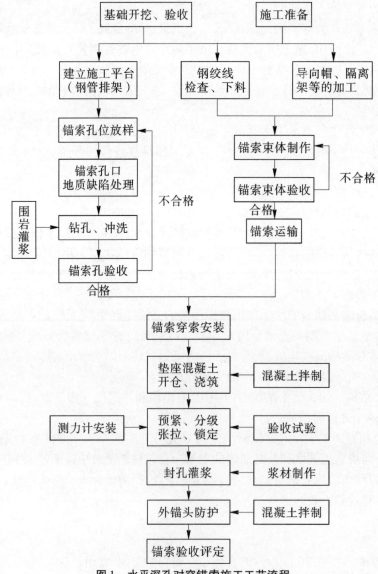

图1 水平深孔对穿锚索施工工艺流程

5.2 操作要点

5.2.1 施工准备

锚索施工前做好以下准备工作:搭设施工平台(钢管排架)、孔位测量放样、机具安装调试、材料及风水电准备等。

为保证锚索钻孔的开孔偏差不大于10 cm,使用满足设计精度要求的测量仪器进行开孔定位。

5.2.2 造孔

测量布孔后用测量仪器辅助钻机就位,然后固定钻机,保证钻杆中心线与锚索孔中心线重合,确保锚孔开孔孔位和孔轴线符合设计要求。为保证锚孔钻进的孔斜符合设计要求,开孔进尺5 m后对锚孔的孔斜进行一次检测,校对和调整钻孔参数,必要时采取纠偏措施(使用导直器、扶正器等);此后每钻进10 m对锚索孔的孔斜进行一次检测,以便及时校对和更改钻孔参数。

锚索孔钻进过程中,认真做好钻孔进尺记录(包括钻孔的尺寸、回水颜色、钻进速度和岩粉状态等数据),对每一段的地质情况作一个评价,为下一步地质缺陷处理或灌浆施工提供依据。

在钻孔完毕后,连续不断地用高压风水将孔道内的钻孔岩屑和泥沙冲洗干净,直到回水变清、钻孔彻底冲洗干净为止;在安装锚索前将钻孔孔口堵塞保护。

通过新浇混凝土结构的锚索按设计和规范要求在锚索孔部位的混凝土结构内预留锚孔。

5.2.3 验孔

水平深孔对穿锚索验孔主要采用经纬仪和全站仪对锚索孔两端孔口坐标进行测量,并与设计值相比较,求出终孔孔轴偏差。如果在验孔过程中发现锚孔为弧形,可使用磁方位摄影测斜法等对部分孔段进行辅助验孔。锚索孔验收完毕后,须做好孔口保护工作。

5.2.4 锚索地质缺陷处理

5.2.4.1 锚索孔口地质缺陷处理

为保证锚索承压垫座混凝土的施工质量,在锚索穿索施工前对锚索孔口承压垫座混凝土基础的地质缺陷及时进行处理,以免造成锚索张拉时垫座混凝土开裂破坏或锚索张拉后预应力损失较大的情况发生。缺陷处理一般先将孔口周围岩面清理干净,同时对松动块体进行清撬处理,大型块体预先采用锚杆加固,并在光滑岩面上增加适量的抗滑钢筋。

5.2.4.2 锚索孔围岩灌浆处理

对于破碎带或渗水量较大的围岩(即钻孔过程中遇到不回风、不回水、塌孔、卡钻等现象),经确认为地质缺陷后,对锚孔进行围岩灌浆,采用分段固结灌浆、扫孔钻进的方法进行处理。围岩灌浆过程中如灌入量较大且不起压,可间歇12 h后再复灌。灌浆结束3 d后才能进行锚孔扫孔作业。

5.2.5 编索

编索采用车间生产方式,将钢绞线平放在车间工作平台上,对单根钢绞线进行除污、除锈并编号,按结构要求编制成束后对应锚索孔号进行挂牌标识。针对每一个锚索,精确计算钢绞线的下料长度(长度须满足结构设计和工艺操作的要求,根据锚索实际孔深、锚具厚度、张拉设备工作长度、测力计装置的厚度和调节长度等确定);下料前先检查钢绞线的表面,没有损伤的钢绞线才能使用;下料时采用电动砂轮切割机切割,下料误差不得大于5 cm。锚索钢绞线按照设计结构编制,导向帽、隔离架等设置符合设计要求,灌、回浆管采用无锌铅丝按要求绑扎(不得使用镀锌铁丝作捆绑材料)。锚索捆扎完毕后采取保护措施防止钢绞线锈蚀。

无黏结锚索两端的钢绞线应去皮和清洗;去皮采用电工刀切口、人工拉皮;清洗时用专用工具将钢绞线松开,人工用汽油逐根清洗,干净棉纱擦干,其长度按设计要求,误差控制在1 cm以内。普通锚索的钢绞线也要用干净棉纱进行擦拭,保证其表面无锈斑、油污及杂质。

5.2.6 穿束

5.2.6.1 束体运输

束体水平运输的方法,交通条件好的,采用人工或拖车运输;交通条件差的,采用人工或拖车运输到紧靠现场附近,然后采用简易缆索(钢丝绳和滑轮组合)运输。运输过程中,每 2.0 m 应设一个支点,转弯半径以不改变束体结构为限,一般转弯半径不小于 5.0 m。

5.2.6.2 穿束

穿束时一端采用人工推送、另一端用小型卷扬机配合牵引完成穿束工序。穿索时要注意保持束体平顺,不得损伤束体结构。穿束完成后,要认真检验两端孔口外束体长度是否满足后续施工工艺要求,并及时做好外露束体的保护工作。

5.2.7 承压垫座混凝土浇筑

承压混凝土垫座浇筑是在穿束工序完成后进行的。垫座混凝土浇筑时,先清理锚孔孔口周边围岩岩面及松动岩块,然后安装钢套管、钢垫板、钢筋网,再进行立模、验仓和浇筑。安装时,保证预埋的钢套管中心线和钻孔轴线重合,钢垫板与钻孔轴线垂直。垫座混凝土宜采用 R_7350 号混凝土(二级配),具体配合比由试验确定。垫座混凝土采用小型拌和机拌制,人工喂料,软轴振捣器分层振捣密实,施工中要特别注意对边角部位混凝土的振捣。

5.2.8 锚索张拉

在承压垫座混凝土强度达到设计要求后进行锚索预紧张拉施工。对穿锚索两端要分别进行预紧,先采用预紧千斤顶对每根钢绞线进行 2 次以上的预紧,使锚索每股钢绞线受力均匀。预紧采用单根钢铰线对称和多次循环预紧方式,先对中间轴心 1 根钢铰线预紧,再由外及里对称预紧,预紧荷载宜为 0.2 ~ 0.3 倍设计张拉力。每根钢绞线以两次预紧伸长长度差不超过 3 mm 为限,伸长长度差超过 3 mm 的钢绞线则进入下一循环继续预紧,如此反复,直至每根钢绞线伸长长度差均不超过 3 mm,且每股钢绞线的预紧实际伸长位移大于预紧理论伸长位移。

整体张拉采取分级进行的方法,根据设计张拉力来确定分级吨位和级数,张拉力逐级增大,其最大值为锚索设计荷载的 1.03 ~ 1.1 倍,张拉升荷速率每分钟不得大于设计张拉力的 10%。每级张拉结束时需要稳压一定的时间(一般为 5 ~ 7 min),达到最终设计张拉吨位结束张拉时,要稳压的时间更长些(宜采用 10 ~ 20 min),以减少应力损失,保证锚固效果。整体张拉过程中,采用精度为 1 mm 的钢尺对钢绞线的每级伸长值进行测量,并与理论计算伸长值进行对比分析。当每一级的实测伸长值大于理论计算伸长值 10% 或小于 5% 时暂停张拉,待查明原因并及时采取措施予以调整后方可继续张拉。

长度超过 24 m 的对穿锚索宜采用两端同步张拉。

对设计上要求安装测力计的锚索,应先安装好测力计,测量测力计原始数据后,在监测人员的指导下进行预紧和张拉锁定施工。

对设计上要求做验收试验的锚索,应先按验收试验的要求进行验收试验。验收试验满足设计要求后再卸荷,重新张拉机具,再按预紧、张拉要求实施。

5.2.9 封孔灌浆

为减小锚索钢绞线在高应力状态下的应力损失,张拉锁定后(或在补偿张拉工作结束经检查确认锚索应力已达到稳定的设计值后)立即进行封孔灌浆。

封孔灌浆采用锚索的灌浆管从锚具系统中的灌浆孔施灌,采用有压循环灌浆方式进行,灌浆压力一般为 0.5 ~ 0.7 MPa。灌浆前先检查灌浆管是否畅通,若灌浆管堵塞及时采取有效的措施进行处理,保证锚索封孔灌浆的密实度;处理措施主要为采用排气管或备用管灌浆、加钻孔排气等措施进行灌浆等。为保证所有空隙都被浆液回填密实,在浆液凝固到不自孔中回流出来之前,保持 0.3 ~ 0.4 MPa 的压力进行屏浆。结束灌浆的控制标准为:灌浆量大于理论吃浆量,回浆比重不小于进浆比重,且稳压 30 min,孔内不再吸浆,进、排浆量一致。

锚索孔岩石破碎的部位可能存在裂隙与开挖岩面相通而漏浆,在进行灌浆时要边灌浆边用速凝剂封堵裂隙,同时灌浆压力要适当减小,通过延长屏浆时间来保证灌浆的密实性,必要时采用间歇灌浆法施工。

5.2.10 外锚头保护

锚索灌浆完成后锚具外的钢绞束留存 5 ~ 15 cm,其余部分采用砂轮切割机切除;然后将工作锚具和留存的钢绞线端头清洗干净,并对垫座混凝土进行凿毛,最后涂环氧保护层和浇 10 ~ 20 cm 厚的混凝土保护帽,完成对外锚头的保护。

6 材料、设备与劳动组合

6.1 材料

6.1.1 锚索体材料

一般选用标准型或压紧型 1 860 MPa(270 级)高强低松弛普通钢绞线和无黏结钢绞线,国内生产的厂家有江西新余、无锡金羊等品牌钢绞线厂家。

6.1.2 锚具

锚具选用以适合钢绞线为宜,主要类型有 OVM 等。

6.1.3 灌浆材料

选用水泥浆或水泥砂浆以高强、早强、微膨胀、可灌性好、对钢绞线不产生锈蚀和应力损失为宜。水泥浆液水灰比宜采用 0.3 ~ 0.4,水泥砂浆水灰比宜采用 0.45 ~ 0.5;浆液配合比根据试验选用。

6.2 设备

6.2.1 机械设备

水平深孔对穿锚索施工一般属于高处作业,机械设备宜选用可移动式和装配式的,且机械设备作业效率要求较高。

6.2.2 测量仪器

可选用捷创力 520 型全站仪(测量精度为 2″、测距精度为 $2+2\times10^{-6}$)、拓普康 SL-3 型测距仪(测距精度为 $2+2\times10^{-6}$)、蔡司 010 型经纬仪(测量精度为 2″)和苏光 J2-2 型经纬仪(测量精度为 2″)等满足测量精度要求的仪器。

6.2.3 造孔设备

可选用经改进和研制的 DKM-1 型轻便型钻机、宣化英格索兰 MZ165D 型钻机和 MGJ-50D 型微小型钻机等整机性能稳定可靠、安装定位方便、钻孔精度高、能适应复杂地质条件的钻机。

6.2.4 灌浆设备

根据浆材选用砂浆泵或灰浆泵,常用的砂浆泵有四川绵竹五金机械厂生产的 150/50 型砂浆泵,灰浆泵有杭州市建筑机械厂生产的 UBJ-2 型灰浆泵等灌浆设备。

6.2.5 预紧张拉机具

(1)预紧设备可选用 YCD-18 型、YKD-18 型,根据不同的预紧吨位来选用相应的型号。

(2)张拉设备可选用 YCW-400 型,根据不同的张拉吨位来选用相应的型号。

(3)油泵可选用 ZB4-500 型和 ZB4-500S 型等油泵。

6.2.6 切割钢绞线设备

可选用电动砂轮切割机,其具有操作简单、移动方便等特点。

6.3 劳动力组合

水平深孔对穿锚索工程施工属于多工序施工,工序间的间隔时间有着严格规定,如张拉锁定后立即进行封孔灌浆;再加之有的工序施工需要劳动力特别多,如穿索时运输锚索入孔,按 30 m 来算大致需要 20 人,而其他工序则最多需要 10 人左右;施工人员的合理配置和组织是一个关键,因此各个工序之间的衔接组织显得特别重要,各工序的劳动力组织安排见表 1。

表 1 水平深孔对穿锚索施工组织人员分配

分工		人员/班	职责范围	备注
现场指挥		1	全面负责施工现场工作,及时处理各项技术质量事宜	
现场调度		1	负责各施工工序的人员协调和工作安排	
现场质量、安全管理及技术负责		3	负责现场施工质量安全监督和技术措施的处理	
工序	测量	3	负责锚索孔的孔位放样、孔斜校核、检测	
	造孔	3	负责钻孔机械的管理、施工	
	编索	4	负责钢绞线的清尘和按结构图编索	
	穿索	20	负责锚索的运输和入孔	按 30 m 计
	承压垫座混凝土浇筑	3	负责承压垫座混凝土立模、浇筑	
	预紧张拉	4	负责钢绞线的预紧和张拉施工	
	封孔灌浆	4	负责封孔灌浆施工	
	外锚头保护	3	负责外锚头保护施工	

7 质量控制

(1)水平深孔对穿锚索施工必须遵照《水电水利工程预应力锚索施工规范》(DL/T 5083—2004)、《水工预应力锚固施工规范》(SL 46—94)等执行。

(2)锚索施工属于隐蔽性工程,施工时应实行全过程监控,确保工程施工质量。

(3)施工中的水泥、外加剂、钢绞线、锚具、夹片等各种原材料均应有供货商(厂家)提供的材质证明书、产品合格证及试验检验报告等,并按试验规程规范要求进行检测。

(4)灌浆材料(水泥浆或水泥砂浆)配合比应按规范要求进行现场试验确定。

(5)锚索钻孔的位置、方向、孔径及孔深应符合施工图纸要求。开孔时严格控制钻具的倾角及方位角,当钻进 20~30 cm 后应校核角度,在钻孔中及时测量孔斜及时纠偏,终孔孔轴偏差不得大于孔深的 2%,方位角偏差不得大于 3°。

(6)锚索制作完毕后应妥善存放,并登记、挂牌标明锚索编号与长度;存放点要求防潮、防水、防锈、防污染,索体入孔前应检查灌浆管、回浆管是否畅通。

(7)为保证张拉控制力的准确,在第 1 束锚索张拉前或张拉设备发生下列情况之一时,应对张拉设备系统(包括千斤顶、油泵、压力表等)进行"油压值—张拉力"的标定:

①千斤顶经过拆卸、修理;

②压力表受到碰撞或出现失灵现象;

③更换压力表;

④张拉中钢绞线发生多次破断事故或张拉伸长值误差较大;

⑤标定值与理论计算值误差大于±3%;

⑥标定间隔时间超过 6 个月。

(8)钢绞线在张拉施加预应力后如不及时进行水泥浆或水泥砂浆的防护,钢绞线在高应力状态下应力损失较快,因此应尽快(一般不超过 24 h 为宜)对有黏结钢绞线在高应力状态下进行防护。

(9)锚索在进行封孔灌浆时要求灌浆密实才有利于对钢绞线的防护,实际施工中一般采用有压循环灌浆。为保证锚索孔顶部空间浆液的密实度,在回浆管回浓浆后屏浆 30 min 左右,通过屏浆对孔内浆液进行泌水、排气,进一步提高灌浆质量。

8 安全措施

(1)水平深孔对穿锚索施工工序复杂、危险源较多,应加强安全组织教育,建立安全生产保证体系,确保施工安全。

(2)锚索一般是在高排架上施工,施工排架的搭设应符合规程规范要求;施工排架上的操作平台应铺满跳板,跳板接头搭接牢固,施工平台边缘设置护栏和安全网。在锚索钻机工作的施工排架上采用增加脚手架钢管和加设插筋等方法增强排架的刚度,保证钻机在钻孔时的稳定,防止在钻进时排架"漂移"。

(3)锚索钻机就位前先清除锚索孔口周围的松动块石,以免钻孔冲击时掉石块砸伤施工人员及设备。

(4)锚索运输和穿索过程中特别是上下坡时,一定要按指挥员号令统一行动,不得随意放下和换肩。

(5)锚索张拉受力时,千斤顶出力方向 45°内严禁站人。

9 环保措施

(1)水平深孔对穿锚索施工应根据 ISO14001 要求,结合工程特点制定生态环境保护措施。

(2)锚索钻孔要求:钻机应配备消声、捕尘装置;钻孔作业人员应配带隔音、防尘器具;制定施工污水处理排放措施。

(3)灌浆及混凝土施工要求:水泥堆放应有防护设施,避免水泥粉尘散扬;弃浆、污水应经处理后才能排放。

(4)锚索施工结束,应对施工现场进行清理。

10 效益分析

对于边坡的加固,采取预应力锚索的加固方案同其他加固方案比较,可节省投资 20% ~ 50%,工期缩短 50%左右,对边坡扰动也较小。

采用水平深孔对穿锚索加固除具有上述普通预应力锚索加固相同的优点以外,能合理减轻与开挖施工的干扰,提高工程施工进度,从而进一步节省投资。

11 应用实例

在三峡船闸施工中,采用南、北坡与岩体深部的排水洞对穿、中隔墩两侧相互对穿的形式共施工 3 000 kN 级水平深孔对穿锚索 1 987 束(三峡船闸水平深孔对穿锚索布置见图 2),有效保证了三峡船闸两侧高边坡、直立墙及中隔墩直立墙的安全稳定,减轻了与闸槽开挖的相互干扰。

11.1 造孔

三峡船闸锚索施工在高排架平台上进行,选用 DKM -1 型钻机和 MZ165D 型钻机,采用全断面风动冲击钻进法钻孔。锚索孔径为 165 mm,对穿锚索施工水平孔孔斜控制在孔深的 1%以内。

为提高锚索孔斜施工质量,三峡船闸锚索施工中采用导直钻进工艺。

钻孔偏斜主要由两个方面的原因造成,一是钻具与钻杆结构特征造成的自然偏斜,二是钻进过程中长度较大的钻杆在强大钻进压力下造成的弯曲。导直钻进工艺包括对这两方面钻孔偏斜的控制。

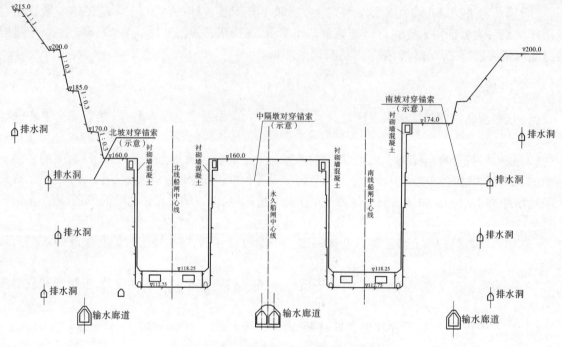

图2　三峡船闸水平深孔对穿锚索布置示意图

（1）钻具自然偏斜误差与控制。

钻具包括钻头、冲击器,全长1.45 m,头部直径165 mm,尾部直径136 mm;后部接细小钻杆,在水平钻孔中具有自然偏斜角。钻进过程中当钻进到钻杆第一挠曲波长时,在自重力作用下钻杆开始呈抛物线下垂,钻进越深,垂曲距离越大。为克服这种自然偏斜造成的钻孔精度误差,保证钻孔精度,在冲击器后部安装一较大直径的钻具扶正器,见图3~图5。

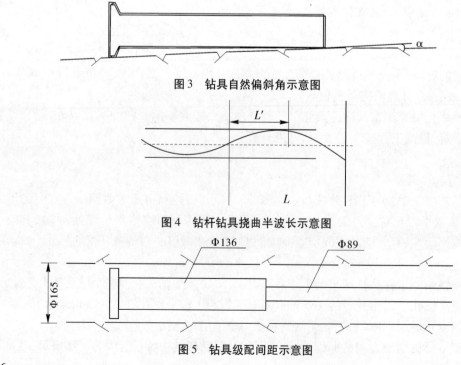

图3　钻具自然偏斜角示意图

图4　钻杆钻具挠曲半波长示意图

图5　钻具级配间距示意图

试验表明对上述钻具配备的扶正器参数如下:长度 0.3 ~ 0.5 m,直径 158 ~ 160 mm,表面刨槽凸棱,表面冷压合金柱齿与表面贴平,增加耐磨能力和加大导风排渣效果,减小重复破碎保证进尺效率。

(2)钻杆弯曲与控制。

三峡船闸锚索孔深普遍在 30 ~ 50 m,使用 Φ89 mm 钻杆,其径长比一般为 3/1 000 ~ 18/10 000,其变曲度发生在孔内回转时,螺旋弯应力导致钻杆自转(绕钻杆中心轴转动);加上轴向压力、偏斜力成倍上升,沿重力方向偏斜越来越严重。

控制钻杆弯曲的方法:加强钻杆刚度,采用 Φ89 mm 双壁钻杆和增大钻杆直径至 108 mm,来提高钻杆刚度;增加钻杆扶正器,延长钻杆弯曲波长,即在弯曲半波长位置增加扶正器支点。这样可以使钻杆绕着钻孔轴心,沿孔壁滑动做公转运动,使孔轴心呈直线延伸,减小弯曲力,减轻钻机负荷,达到水平成孔效果。

两种措施构成了导直钻进工艺,结构如图 6 所示。

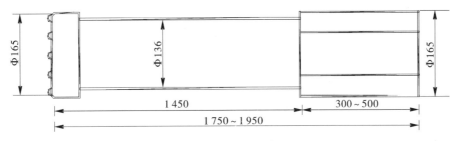

图 6　钻具扶正示意图

该钻具组合在三峡船闸锚索施工中造孔 4 300 余个,孔斜误差 ≤1% 的成孔保证率达 80% 以上。

11.2　编索

编索采用车间生产方式,将钢绞线平放在车间工作平台上,对单根钢绞线进行除污、除锈并编号,按结构要求编制成束后对应锚束孔号挂牌,出厂前进行验收。对穿锚索张拉端采用 OVM 夹片式锚具,下料长度按锚索实际孔深、锚具厚度、张拉设备工作长度、锚索测力计厚度和调节长度的总和考虑。由于边坡起伏较大,综合考虑各影响因素,对穿锚索实际施工中下料长度按实际孔深加上 2.4 ~ 3 m 控制,钢绞线采用砂轮切割机切割。

11.3　穿索

编制好的锚索用人工水平运输到相应部位,采用人工、滑轮挂钩或小型起重机将锚索运送到相应的施工排架平台上,人工穿索,穿索时注意保持索体平顺。

11.4　承压垫座混凝土浇筑

承压垫座混凝土内设置的钢套管、钢垫板、钢筋网及灌浆套管在车间进行加工,现场调整安装。安装前将孔口周围岩面清理干净并处理松动块体,安装时保证预埋的钢套管中心线和钻孔轴线重合,钢垫板与钻孔轴线垂直。立模后,进行开仓验收合格方可浇筑。垫座混凝土采用 $R_7 350$ 号混凝土(其配合比见表 2),小型拌和机拌制,人工喂料,管式振捣器分层振捣密实。

表 2　$R_7 350$ 号垫座混凝土施工配合比

水泥标号	配合比参数			每方材料用量(kg)				
	w/c	w	s%	水	水泥	人工砂	碎石(mm) 5 ~ 20	JG₂(固体)
普通硅酸盐水泥 525 号	0.32	147	38	147	459	689	1 171	2.75

11.5 预紧张拉

锚索承压垫座混凝土浇筑 7 d 后采用 YKD-18 型千斤顶进行单根预紧,预紧吨位为 30 kN。

预紧完成后采用 YCW-400 型千斤顶进行整体张拉,分级张拉程序为:预紧→750 kN(25%P)→1 500 kN(50%P)→2 250 kN(75%P)→3 000 kN(100%P)→3 450 kN(115%P);每一级稳压7 min,最后一级稳压 15 min。后期锚索施工不进行超张拉,分级张拉程序为:预紧→800 kN(27%P)→1 450 kN(48%P)→2 100 kN(70%P)→2 750 kN(92%P)→3 000 kN(100%P);每一级稳压 5 min,最后一级稳压 10 min。

11.6 封孔灌浆

锚索张拉锁定后立即进行封孔灌浆,灌浆压力 0.2~0.7 MPa,并浆压力 0.2 MPa,并浆时间 30 min,浆液配合比见表 3。

表 3 $R_{28}350$ 号封孔水泥净浆施工配合比

水泥标号	水胶比	每方材料用量(kg)				备注
		水	水泥	AEA	JG$_2$(固体)	
普通硅酸盐水泥 525 号	0.4	537	1235	107	6.71	AEA 代水泥 8%

11.7 外锚头保护

锚索在张拉锁定并完成封孔灌浆后,将锚具外的钢绞束留存 50 mm,其余部分采用砂轮切割机切除;然后将工作锚具和留存的钢绞线端头清洗干净,并对垫座混凝土进行凿毛,最后涂环氧保护层和浇 200 mm 厚的混凝土保护帽($R_{28}250$ 号混凝土)。

(主要完成人:陈　勇　陈孝英　陈太为　郭冬生　申　逸)

隧洞高压固结灌浆施工工法

中国水利水电第十四工程局有限公司

1 前 言

我国水工建筑物水泥灌浆施工技术规范界定灌浆压力大于或等于 3 MPa 的灌浆为高压灌浆。随着高水头、长引水隧洞电站以及抽水蓄能电站的建设,大量应用高压水道隧洞高压固结灌浆技术得到良好的发展。目前国内已有不少电站隧洞固结灌浆采用了高压灌浆工艺。

中国水利水电第十四工程局在广州抽水蓄能电站、小湾电站坝肩抗力体置换洞、惠州抽水蓄能电站输水系统、四川华能小天都水电站引水系统等多个工程中进行了隧洞高压固结灌浆施工,取得了比较好的效果。特别是惠州抽水蓄能电站输水系统灌浆工程,具有隧洞长、灌浆压力高、衬砌混凝土薄(60 cm)、单层钢筋等特点,最大灌浆压力达 7.5 MPa。2007 年 3 月,对此进行科研项目研究并获立项;2007 年 7 月至 2008 年 9 月在惠州抽水蓄能电站进行隧洞高压固结灌浆施工,取得了成功,并得到监理和业主的充分认可和好评。

总结上述工程的高压固结灌浆施工技术,形成了隧洞高压固结灌浆施工工法,并把它运用于工程实践。

2 工法特点

(1)隧洞高压固结灌浆在实施高压力前,一般应先进行中低压灌浆,防止高压灌浆时,浆液漏入隧洞或抬起混凝土衬砌,但也有直接施加高压灌浆而不进行中低压灌浆的情形。

(2)采用较高的灌浆压力,浆液扩散半径增大,能够较好地充填岩体的张开裂隙,减少渗透,增加岩体的变形和弹性模量,灌浆效果较好。

(3)高压灌浆施工过程中,采取措施保证灌浆压力的稳定,灌浆压力最大摆幅小于 15%,保证了施工过程的安全及施工质量。

(4)高压灌浆施工工艺采用机械塞,操作简单,保证了灌浆施工的顺利进行。

3 适用范围

本工法适用于高水头、长引水隧洞电站,以及抽水蓄能电站的隧洞高压固结灌浆;也适用于高拱坝坝肩支撑体气垫式调压室的高压固结灌浆;还可用于大流量、高压力的防渗堵漏处理工程(由于灌浆设备排量比较大,通过大于渗漏压力的高压力,可把渗漏水堵截到固结圈外,达到堵漏目的)。

4 工艺原理

高压固结灌浆是通过足够大的灌浆压力将浆液充填到岩体裂隙或破碎带,达到提高岩体的整体性和抗变形能力,减少渗漏,增加岩体的弹性模量。它与中低压固结灌浆唯一的区别在于采用了高压力,施工的关键在于如何保证持续稳定给孔段施加高灌浆压力及确保因高压力带来的施工人员、设备、建筑物结构安全问题。在灌浆机具及管路系统满足最大灌浆压力要求后,高压灌浆应当特别注意的是控制灌浆压力和注入率,因为理论上灌浆产生的浆力劈裂与注入量成正比,而注入量与注入率直接有关,要防止浆力劈裂过大而引起隧洞衬砌混凝土变形或破坏,必须控制好灌浆压力和注入率的关系。

5 施工工艺流程及操作要点

5.1 施工工艺流程

隧洞高压固结灌浆施工工艺流程见图1。

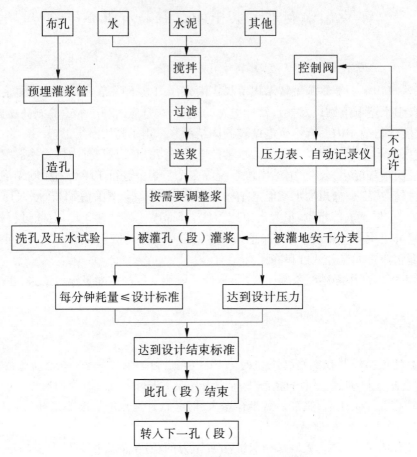

图 1　隧洞高压固结灌浆施工工艺流程图

5.2 施工方法

5.2.1 抬动变形观测

抬动观测工作从三方面开展,首先,在高压灌浆前对所灌洞段混凝土裂缝进行检测统计,便于在灌浆过程中随时监测混凝土裂缝变化情况,以及觉察新增的混凝土裂缝;其次,在每个灌浆单元内安装收敛计监测混凝土变形情况,最终检测所灌区段混凝土抬动情况;再次,每个灌浆段在灌浆过程中,都安装抬动变形观测自动报警装置,随时监测该区间混凝土变形情况,减少高灌浆压力对混凝土产生的破坏。

5.2.1.1 收敛计的安装与观测步骤

(1)用电钻在混凝土横断面上钻3个孔;

(2)安装膨胀螺栓;

(3)安装收敛计;

(4)测量和记录数据,并计算抬动变形观测值(在灌浆前和灌浆后通过计算三个点之间的距离变化值,确定是否发生抬动变形)。

5.2.1.2 抬动变形观测自动报警装置的安装与观测步骤

(1)采用潜孔钻机进行造孔,孔径60 mm;

（2）钻孔结束后,进行敞开式冲洗,冲洗结束后,采用空压机把孔内积水冲干;

（3）安装测杆:内测杆采用 12 mm 圆形钢筋,采用 0.5∶1∶1 水泥砂浆定量注浆法(通过 6 m 的 φ33.5 mm 管放至底部进行注浆);

（4）保护管安装:采用 φ48 mm 的铁管,隔浆材料采用粉细砂,人工冲填及安装;

（5）千分表的安装;

（6）观测:采用带有自动报警装置的智能位移测控仪和自动打印相结合的方法在灌浆过程中同步检测。

5.2.2 灌浆孔钻孔

根据灌浆孔的深度,采取潜孔钻机或手风钻钻孔,开孔孔径采用 φ50 mm,剩余孔段可采用 φ42 mm 钻进。

5.2.3 钻孔冲洗和裂隙冲洗

灌浆孔钻孔结束后,采用大流量水对钻孔内的残留岩粉等进行敞开式冲洗,直至回水澄清为止。

钻孔冲洗结束后进行裂隙冲洗,裂隙冲洗采用压力水冲洗,也可结合简易压水进行,压力为 1 MPa。

5.2.4 灌前压水试验

压水试验采用单点法压水试验,压力为 1 MPa。单点法压水试验方法为:在稳定的压力下,每 3~5 min 测一次压入流量,连续四次读数中,最大值与最小值之差小于最终值的 10%,或最大值与最小值之差小于 1 L/min 即可结束,取最终值作为计算 Lu 值。

5.2.5 灌浆方式

采用孔外循环式(高压机械塞卡塞)进行灌注,见图 2。

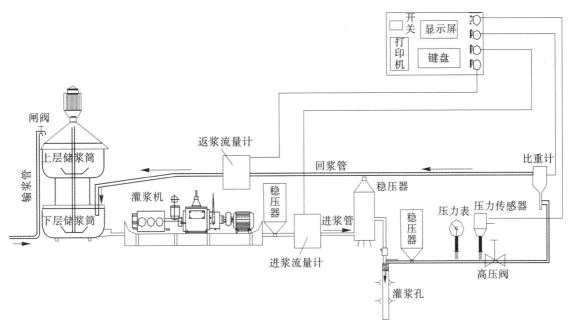

图 2 孔外循环灌浆法施工工艺流程

5.2.6 灌浆方法

采用环内分序逐排灌注方法进行施工,环内单号孔为 I 次序,双号孔为 II 次序。通过灌前压水试验资料分析,对于不吸水的孔段,可采用并联灌注方式,并联灌注尽量保持两个孔对称,严禁两个相邻灌浆孔进行并联灌浆,防止小范围内的混凝土受压过大,导致混凝土衬砌的破坏。

5.2.7 浆液配制

5.2.7.1 水泥灌浆材料

高压固结灌浆采用 P.O42.5 级普通硅酸盐水泥,通过 80 μm 方孔筛的筛余量不得超过 3%。

5.2.7.2 水泥浆液的制备要求

(1)按照设计水灰比进行配料,搅拌均匀,高速搅拌机搅拌时间不少于 30 s。

(2)水泥采用袋装水泥,并按袋数进行控制,搅拌用水采用水泵通过数字控制器进行控制(2 kW 的水泵 17 s 抽水量为 50 L)。

(3)浆液从开始制备至用完的时间应小于 4 h。

(4)浆液温度应保持在 5~40 ℃。

5.2.7.3 浆液水灰比

灌浆水灰比选用 3∶1、2∶1、1∶1、0.8∶1、0.6∶1(重量比)五个比级水灰比灌注,开灌水灰比根据灌前压水情况确定。

当灌前压水试验透水率 $q \leqslant 10$ Lu 时,采用水灰比 3∶1 的浆液开灌;

当灌前压水试验透水率 10 Lu$<q \leqslant 30$ Lu 时,采用水灰比 1∶1 的浆液开灌;

当灌前压水试验透水率 $q>30$ Lu 时,采用水灰比 0.6∶1 的浆液开灌。

5.2.7.4 浆液变换原则

浆液比级由稀至浓,逐级变换,并按以下原则进行变换:

(1)在灌浆过程中当灌浆压力保持不变,吸浆量均匀减少时,或当吸浆量不变,压力均匀升高时,灌浆工作持续下去,不得改变水灰比。

(2)当某一级水灰比浆液的灌入量已达到 300 L 以上,或灌注时间已达 1 h,而灌浆压力和注入率均无显著改变时,改浓一级灌注。

(3)当注入率大于 30 L/min 时,可根据具体情况适当越级变浓。

5.2.8 灌浆压力的控制

灌浆目标压力较大,如广州抽水蓄能电站最大灌浆压力为 6.5 MPa,惠州抽水蓄能电站最大灌浆压力为 7.5 MPa,灌浆应采用分级升压法灌注,严格控制升压速度,灌浆压力的控制与该灌浆段的注入率关系按表 1 进行控制。首先把压力控制在 4.5 MPa 以内进行灌注,当注入率小于 10 L/min 后,开始逐级升压,每级压力控制在 1 MPa 左右,升压速率控制在 0.5 MPa/min 左右,最终达到目标压力,在注入率小于 2.5 L/min 后稳压 20 min,若不出现劈裂现象,则可结束灌浆。

表 1 灌浆压力与注入率的关系

灌段注入率(L/min)	≥20	10~20	10~5	<5
灌浆压力(MPa)	0~1	1~2	4.5~5	6~7.5

在升压的同时应加强抬动变形观测,当抬动变形观测值接近或超过 0.2 mm 时(抬动变形自动报警装置值上限设为 0.2 mm),必须立即降压施灌。

5.2.9 灌浆结束标准及封孔

5.2.9.1 灌浆结束标准

(1)达到设计压力后,注入率不大于 2.5 L/min,稳压 20 min 后即可结束灌浆。

(2)达到灌浆结束标准后,应先把孔口的高压灌浆阀关住,后停灌浆泵,防止灌入浆量在卸压的瞬间流失。

5.2.9.2 灌浆孔封孔

在灌浆孔灌浆结束后,用 0.6∶1 的浓浆,采用目标压力继续灌注 5~10 min 进行压力灌浆封孔。从施工情况看,通过浓浆灌注后,所有灌浆孔均能封堵饱满、密实,只留下孔口栓塞段空余。灌浆结束后,采用干硬性水泥砂浆对孔口空余段进行人工封孔,并将孔口与混凝土表面压抹平齐。

5.3　灌浆质量检查

(1)灌浆质量检查采用压水试验及岩体声波测试进行,并结合灌浆资料进行综合评定。

(2)检查孔在灌浆结束 14 d 后进行,压水试验采用全孔一次性进行,压水压力为灌浆压力的 80%,从 1 MPa 开始施压,每 1 MPa 读取一个或一组数据,直至达到灌浆压力的 80%,若没有异常情况则结束压水。

(3)灌后声波测试在灌浆结束 14 d 后进行。

5.4　特殊情况处理

(1)对于事故孔的处理:对孔内断钻杆、掉钻头以及钻孔中碰到钢筋无法再进行钻进的灌浆孔,采取在设计孔位附近 20 cm 范围内重新开孔。对于废孔,冲洗干净后,用水泥砂浆进行及时的封孔,防止灌浆过程中串浆和漏浆。由于须进行高压灌浆部位,水头相对比较高,所浇筑的钢筋混凝土中的钢筋比较密,可能废孔会相对比较多,若废孔超过 3 个,则应把废孔部位凿成燕尾槽,用环氧砂浆进行修补。

(2)在灌前压水过程中,部分混凝土结构缝在灌前压水时会有漏水现象,把漏水部位凿成小槽,再用快干水泥进行封堵。

(3)在灌浆过程中,发生混凝土结构缝漏浆现象,采用凿槽用快干水泥封堵、低压、浓浆、间歇灌浆等灌浆方法把漏浆的结构缝堵住。

(4)在灌浆过程中,发生了部分串浆现象,用灌浆塞把串浆孔堵住,待灌浆孔灌浆结束后,采用 φ20 mm 钢管用高压水进行冲洗干净后再进行灌浆,若已堵孔则进行扫孔。

(5)在灌注过程中,若出现中断了灌浆,应立即采取扫孔措施,恢复灌浆时,使用开灌比级的水泥浆进行继续灌注。

(6)对于灌前有渗水的灌浆孔,都采取了闭浆措施,闭浆时间不小于 8 h。

6　材料与设备

6.1　钻孔和供风设备

(1)钻孔采用 QZJ100B 潜孔钻机或 YT28 型手风钻机。

(2)采用 12 m³ 或 4 m³ 移动式空压机进行供风。

6.2　灌浆设备

(1)SGB9-12 型灌浆泵:最大设计压力为 12 MPa,排浆量为 150 L/min。

(2)TTB120-20 型灌浆泵:最大设计灌浆压力为 20 MPa,排浆量为 120 L/min。

6.3　搅拌设备

(1)制浆设备采用高速搅拌机,最高转速为 1 400 r/min。

(2)搅拌设备采用双层搅拌缸,并安装了两道筛网。

6.4　记录仪

采用灌浆自动记录仪,配有一台主机,两个流量计,一个压力计和一个比重计。

6.5　稳压系统

每套灌浆管路系统布置了 2～3 个蓄能稳压器,分别安装在灌浆泵出浆口、进浆管路、回浆管路上。从灌浆过程看,起到了良好的稳压效果,在最大 7.5 MPa 灌浆压力工况时,压力摆动范围 0.5 MPa 左右,远远小于规范允许的 20% 灌浆压力。

6.6　灌浆施工的其他材料

(1)抗震压力表:最大量程为 16 MPa。

(2)阀门:采用耐蚀的高压灌浆阀门。

(3)高压灌浆管:采用设计压力为 27.6 MPa 的高压油管。

(4)灌浆塞:采用有良好膨胀和耐压性能的高压机械塞。

6.7 观测设备

(1)抬动变形自动报警装置(含千分表)。

(2)数字化收敛计。

7 质量控制

(1)严格按高压灌浆施工组织、图纸和有关技术要求规定及监理工程师的指示进行施工。

(2)灌浆试验开工前,编制详细的作业指导书,并对作业人员进行技术交底与技术培训。

(3)依据质量体系进行质量管理,确保过程受控,责任到人,施工、质检人员在施工过程中认真收集资料和数据。施工队和机班组严格按程序操作,压水、灌浆和检查等重要工序均采用自动记录仪记录,确保资料和数据的真实性、准确性和可靠性。

(4)严格执行"三检"制度,实行机、班组自检,现场质检人员对各道工序质量进行复检,经监理工程师验收合格后才允许进入下一工序。重要工序请设计方共同参与。

(5)灌浆使用的材料,如水泥、掺和料、外加剂等必须有试验记录和出厂合格证。灌浆前,称量及压力表必须进行鉴定,并在施工中进行检查,发现问题及时更换。

(6)灌浆设备、管路都必须有足够的排浆量以满足高压灌浆的要求。

(7)控制好浆液成品的使用时间,不得超过规范规定时间。

(8)采用灌浆自动记录仪对高压灌浆过程进行记录,并按要求定期校核。

(9)施工当中加强与相关部门的沟通,积极解决施工当中出现的问题,确保施工顺利进行。

8 安全措施

(1)建立健全安全管理体系,明确各级人员的安全岗位职责,实行以项目经理为第一责任人的安全责任制。

(2)严格遵守有关安全规定,执行"安全第一,预防为主"的方针,在施工过程中做好防范措施,采取有效措施,消除高空作业、交叉作业的安全隐患,防止各类安全事故的发生。

(3)实行逐级安全技术交底制,凡参加安全技术交底的人员要履行签字手续,并保存资料,专职安全员对安全技术措施的执行情况进行监督检查,并做好记录。

(4)灌浆作业平台和脚手架要安装牢固,扣件紧固。各类灌浆材料和机具(如钻杆、灌浆管)要摆放整齐。

(5)灌浆各工作面应保证照明灯光亮度充足、均匀,并具有良好的通风条件。

(6)认真分析高压灌浆工艺过程的安全隐患,制定相对安全的控制措施,在压水、灌浆升压时孔口位置禁止人员无故逗留,并在灌浆孔的上下设置"高压灌浆,禁止通行"牌子。

(7)对洞内用电、排架的搭设、使用、拆除严格按照相应的安全操作规程执行,并根据洞内的施工情况制定用电、排架的使用制度和安全注意事项,进行专项安全技术交底。

(8)加强现场安全管理,完善现场安全设施,坚持安全生产,文明施工。

9 环保措施

(1)建立由项目经理领导,生产副经理具体管理、各职能部门参与管理的环境保护保证体系。

(2)在制定质量、安全控制措施时,同时制定环境保护措施。

(3)在各施工工作面及制浆站设置沉淀池,对灌浆施工中产生的大量废浆、污水,均经沉淀池进行沉淀处理,沉淀池内的沉淀物及洞内沉淀物,随时清除,采用 5 t 自卸汽车运至弃渣场。

（4）现场的水泥进行遮盖、砖垫,防雨淋、日晒等处理。

（5）施工环境派专人经常清扫,保持现场干净、整洁的施工条件。

（6）工程完工后,按要求及时拆除所有工地栏杆、安全防护设施和其他临时设施,并将工地及周围环境清理整洁,做到工完、料清、场地净。

（7）教育施工人员遵纪守法、爱护环境,以良好的精神风貌投入施工生产,与当地群众和友邻单位搞好关系。

10 效益分析

目前高压灌浆施工多采用以下两种施工方法:一是孔口封闭方式,通过埋设孔口管来施加高压力;二是采用高压灌浆栓塞,直接在孔口安装进行灌注。高压灌浆工法采用第二种方式。

第一种方法由于采用孔口封闭方式进行灌注,工艺较复杂,且费工、费时、成本高、工期长;第二种方法采用高压灌浆栓塞,不需安装孔口管,施工简便,操作性强,减少了施工工序,缩短了工期,从而大大降低了施工成本。

由于采用高压力灌浆,浆液扩散半径增大,可适当增加灌浆孔的间排距,可减小灌浆工程量,从而节约投资和加快施工进度。

随着隧洞高压固结灌浆施工工艺的不断完善,有些工程优化掉高压固结灌浆前的中低压固结灌浆,直接进行高压灌浆,从而大大节约了工程投资,降低了工程造价,加快了施工进度,施工质量也得到了保证。由此产生的经济效益是非常巨大的,而且由于可缩短建设工期而提前投产所带来的经济效益和社会效益更是不可估量。

11 应用实例

11.1 惠州抽水蓄能电站高压固结灌浆施工

11.1.1 工程概况

惠州抽水蓄能电站装机容量 2 400 MW,分两厂布置,位于广东省惠州市博罗县城郊,距广州 112 km,距惠州市 20 km,距深圳 77 km。枢纽建筑物由上水库、下水库、输水系统、地下厂房洞室群及地面开关站等建筑物组成。上水库正常蓄水位 762 m,有效库容 2 740 万 m^3。下库正常蓄水位 231 m,死水位 205 m,调节库容 2 767 万 m^3。设计静水压力 6.27 MPa,最大动水压力 7.5 MPa。

输水系统由上库进出水口、闸门井、引水隧洞、上游调压井、高压隧洞、引水岔(支)管、尾水岔(支)管、尾水调压井、尾水隧洞等组成。上/下库进出水口均采用侧式箱型钢筋混凝土结构。受上游调压井位置限制,输水系统平面为折线布置,A 厂、B 厂输水系统均为一洞四机供水方式。引水隧洞为三级斜井四段平洞,上游调压井前为一斜井两平洞,上游调压井后为两斜井两平洞,各平洞间的斜井倾角为 50°。引水隧洞成型洞径均为 8.5 m,分岔后的引水支管管径为 3.5 m,尾水支管管径为 4.0 m,A /B 厂引水隧洞长 3 027.364 m/2 784.878 m,上、下游调压井均为阻抗式钢筋混凝土结构。

由于整个输水隧洞必须承受非常高的运行水头,对混凝土和岩体的防渗和强度都有很高的要求,因此通过高压灌浆以达到充填岩体的张开裂隙,减少渗透,增加岩体的变形和弹性模量,高压固结灌浆最大压力 7.5 MPa。

11.1.2 工程施工

惠州抽水蓄能电站 A 厂水道系统高压固结灌浆工程于 2007 年 7 月开始施工,至 2008 年 9 月结束,最大固结灌浆压力达 7.5 MPa,共完成高压固结灌浆 62 404.4 m,其中灌浆压力为 7.5 MPa 的高压灌浆完成 12 674.7 m。灌浆压力分布情况如下:

（1）上下库进出水口闸门后、上斜井、上平洞、调压井、尾水隧洞、尾水岔管、尾水支管灌浆压力为 3.5 MPa;

（2）引水支管固结灌浆压力为 3.0 MPa；

（3）中斜井灌浆压力为 4.0～5.0 MPa；

（4）中平洞灌浆压力为 5.0 MPa；

（5）下斜井灌浆压力为 6.5～7.5 MPa；

（6）下平洞和高压岔管灌浆压力为 7.5 MPa。

11.1.3 工程质量评价

A 厂固结灌浆完工后，对灌浆效果进行了质量检查，质量检验全部合格。工序验收一次性合格率 100%，单元工程合格率 100%，优良率 90% 以上。

11.2 广州抽水蓄能电站 II 期工程高压固结灌浆施工

11.2.1 工程概况

广州抽水蓄能电站 II 期工程位于广东省从化市境内，装机容量 1 200 MW，利用一期已经形成的上库和下库进行抽水发电。广州抽水蓄能电站 II 期工程高压岔管是参照美国哈扎公司的设计方案，在 I 期工程的基础上进行设计的，是引水隧洞的关键工程之一。高压岔管段包括主管段，5 号、6 号、7 号支管段及引支弯段。主岔管段由上游端洞径 8 m 按统一锥度变为各支岔管末端洞径 3.5 m；钢筋混凝土衬砌，设计衬砌厚度 60 cm，混凝土标号 300 号。设计静压水头 612 m，最大动水压力 7.25 MPa。

高压岔管地层岩性为燕山三期中粗粒黑云母花岗岩，岩石新鲜完整，I 类围岩地质条件较好，在 8 号引支弯段局部发育的裂隙有微弱渗水，岩石强度较高，岩石水力劈裂应力不小于 13 MPa。

高压岔管为一洞四岔，体形结构复杂，承压水头大，灌浆技术要求高。共设计有回填、接触（浅孔低压固结）、帷幕、高压固结四种不同类型的灌浆。其中高压固结灌浆最大灌浆压力为 6.5 MPa。

11.2.2 工程施工

高压固结灌浆施工前，先进行接触灌浆（浅孔低压灌浆）施工。灌浆压力 2.0 MPa，孔深 3.0 m，每排 10 孔，梅花形布置。在灌浆过程中，若发生串浆现象，则不堵塞串浆孔，而将主灌孔移至被串孔进行灌浆，如果多孔串浆则采用联灌方法（不多于 4 个孔）。

当混凝土衬砌达到 30 d 强度及接触灌浆 14 d 以后，开始进行高压固结灌浆，按照排间分序、环间加密的原则分两个次序进行施工（实际施工为四个次序）；排距 3.0 m，每排 10 孔，梅花形布置。一序孔采用机械栓塞置于混凝土中进行灌注，灌浆压力为 4.5 MPa；同一排孔先钻奇数孔，由底孔灌至顶孔；再钻偶数孔，由底孔灌至顶孔。二序孔用充气塞进行分段灌浆，排距 3.0 m，孔深 5.0 m。同一排孔先钻奇数孔，再钻偶数孔，由底孔灌至顶孔。第一段孔深为 2.5 m，把栓塞置于混凝土中进行灌浆，灌浆压力 4.5 MPa。第一段灌浆结束后待凝 72 h 再扫孔并钻孔至 5.0 m，充气塞置于 2.5 m 位置，用 6.5 MPa 压力进行第二段灌浆。

灌浆施工前，在 5 号支管靠近引支钢管末端 0.8 m 处安装了变形观测仪，灌浆过程中尤其是高压灌浆时进行跟踪监测，并密切观测混凝土裂缝的出现、现存裂缝的开展及渗水情况。灌浆工作开始之前，检查岔管及邻近高压支管裂缝，并对裂缝做出标记。

高压固结灌浆工程于 1999 年 1 月完工，共完成高压固结灌浆 16 875 m。

11.2.3 工程质量评价

高压固结灌浆结束以后，对质量检查孔进行压水试验，压水压力为 6.1 MPa，透水率值均在 1 Lu 以下，达到设计要求不大于 2 Lu 的标准，说明高压岔管经高压灌浆以后，围岩裂隙得到充填，透水性减弱，满足设计要求。

（主要完成人：胡耀光　赖开旺　何玉虎　李光进　常昆昆）

斜井、竖井反井钻机施工工法

中国水利水电第十四工程局有限公司

1 前 言

在水利水电工程建设中,为满足不同条件水工建筑物运行功能上的要求,常设计地下竖井式闸门井、调压井、竖井与斜井等水工建筑物。电站的竖井及斜井施工历来都是水利水电建设工程施工中的关键线路和技术难点部位。

我公司为了解决地下竖井及斜井开挖施工难题,于2002年7月引进了反井钻机(第一台为LM-200型),用反井钻机进行竖、斜井的导井施工,并在湖北省水布垭电站首次应用成功。为满足水利水电建设工程需要,至2004年12月先后购置反井钻机(国产反井钻机ML-200型一台套,国产反井钻机ML-280型一台套,国外进口反井钻机RHNO300型一台套),在湖北省水布垭水电站、贵州三板溪水电站、云南省小湾水电站、云南省溪洛渡水电站、广东省惠蓄电站、三峡水电站等施工中成功应用。

本工法的关键技术"硬岩及不良地质条件下国产反井钻机快速施工技术研究"、"300 m级长斜井反井钻导井施工技术研究"分别获得中国水利水电建设股份有限公司科技进步三等奖和二等奖。反井钻机在水利水电工程建设中的引进和成功应用,填补了水利水电建设反井钻快速施工技术的一项空白。一方面解决了地下竖井及斜井施工等施工难题,另一方面降低了施工成本,加快了施工进度。具有显著的社会效益、经济效率和广泛的推广应用前景。

2 工法特点

反井钻机在竖井、斜井的导孔施工过程中全部采用机械设备,机械化利用率较高,提高了工作效率,加快了施工进度。

反井钻机导井法施工速度快,解决了竖井、斜井的施工重大难题,钻孔形成的导井井壁光滑,质量满足设计及施工技术规范要求,并能够形成预定要求的洞径。

操作人员少,不需要施工人员至开挖面施工,提高了竖井、斜井导井施工的安全性,保证了作业人员的生命安全。

对环境造成的污染非常小,经济效益和社会效益显著。

3 适用范围

(1)反井钻机导井法施工主要用于水利、水电、煤矿行业中,水利水电工程主要运用于竖井、斜井正、反井钻孔施工,可以在不同地质情况下进行施工。

(2)竖井、斜井导井成形尺寸为Φ1.4 m。

国产反井钻机LM-200型导井施工范围:竖井最大开挖深度≤220 m,斜井反导井最大开挖长度≤200 m(最小倾角角度≥58°);LM-280型导井施工范围:竖井最大开挖深度≤280 m,斜井反导井最大开挖长度≤240 m(最小倾角角度≥58°)。

进口反井钻机RHNO300型施工竖井反导井最大开挖长度≤400 m,斜井反导井最大开挖长度≤350 m(最小倾角角度≥58°)。

4 工艺原理

反井钻机由主机液压马达驱动动力水龙头,将扭矩传递给钻具系统,带动钻具旋转,先采用Φ216 mm小钻头从上至下钻进到钻下平洞,在钻进过程中采用泥浆泵或高压水泵从泥浆池抽至动力水龙头,高压水沿钻杆至钻头排水孔压出,将石渣从钻杆与孔壁间的环形空间排至排渣槽,最后进入沉渣池。

导孔贯通后,停止泥浆泵或高压水泵运行,卸下小钻头,改换成Φ1.4 m镶齿盘形滚刀钻头,由下向上扩孔,扩孔时的石渣经过冷却水的冲刷和自重坠落到下平洞。

5 施工工艺流程及操作要点

5.1 施工工艺流程

反井钻机导井施工工序为:导井中心点放线→主机混凝土基础清理及混凝土浇筑→反井钻机就位及主机调平→二期混凝土浇筑→Φ216 mm导孔正向钻进→导孔贯通后拆除Φ216 mm钻头→安装φ1.4 m钻头并反向扩挖→设备拆除。

5.2 操作要点

5.2.1 工艺流程

反井钻机导井分两个步骤进行施工,首先是导孔正向钻进,然后是导井反向扩孔。竖井、斜井反井钻机施工工艺流程见图1。

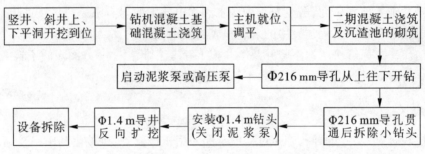

图1 竖井、斜井反井钻机施工工艺流程

5.2.2 主机基础处理及混凝土浇筑

反井钻机基础采用现浇混凝土,混凝土强度等级为C20,基础尺寸为6 m×3 m×0.7 m(长×宽×高),其结构见反井钻机基础布置图2。

在浇筑混凝土前将基础上的松渣清除干净,特别是距井中心0.8 m范围内不能有金属物体,以免在扩孔时损伤Φ1.4 m钻头。

5.2.3 反井钻机安装及Ⅱ期混凝土浇筑

5.2.3.1 钻机轨道安装

钻机基础混凝土浇筑2~3 d后,将主机轨道铺设在混凝土平台上,轨距为64 cm,轨道下铺设20号工字钢(20×20 cm,长120 cm),每隔60~80 cm垫一根,将轨道同20号工字钢牢固联结。

5.2.3.2 钻机安装及调试

将主机吊至轨道上,调好钻机位置,锁紧卡轨器,然后将轨道与混凝土基础上预埋的插筋焊接在一起,以此保证竖起主机钻架时轨道不移位,避免轨道移位造成主机倾倒发生机械事故。

主机吊装就位后,将操作车、油泵车同主机的油管及电源接通,并试运行,主机、操作车、油泵车运行正常后,竖起主机钻架,安装后拉杆,并调平主机。竖井施工时钻架垂直混凝土基础面;斜井施工时钻架与混凝土基础面的夹角等于斜井的倾角。

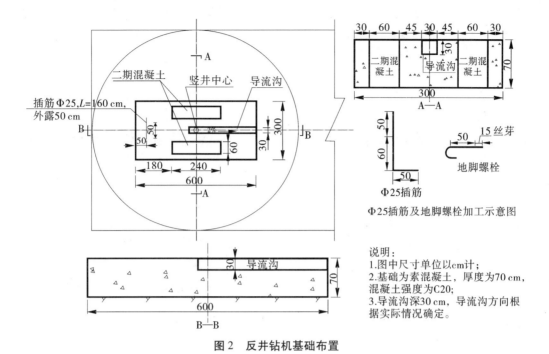

图 2 反井钻机基础布置

主机调平后用螺栓将钢垫板连接在钻架上,安装埋设预埋螺栓,再次调平钻机,浇筑Ⅱ期混凝土。Ⅱ期混凝土达到一定的强度后,安装转盘吊和翻转架。

5.2.4 Φ216 mm 导孔钻进

调整动力水龙头的转速为预定值,并将动力水龙头升到最高位置,把事先与异型钻杆相接的导孔钻头移入钻架底孔,并用下卡瓦卡住异型钻杆的下方卡位,然后将卡瓦放入卡座,用钻机辅助设备连接好钻杆,开启泥浆泵供洗井液和冷却用水,开始从上往下开孔钻进。

导孔开始钻进时采用高转速低钻压,动力水龙头的转速使用快速挡,钻压为 2~5 MPa。一般情况下,对于松软地层和过渡地层应采用低钻压,对于硬岩和稳定地层宜采用高钻压。

(1)稳定钻杆的布置。稳定钻杆的作用主要是控制导孔钻进的偏斜率,在钻头后连续布置 6~8 根,控制钻杆与导孔壁的间隙,从而减少钻杆摆动幅度,确保导孔钻进的垂直度。

(2)背压调整。背压过大,动力水龙头不能向下推进;背压过小时,动力水龙头向下推进过快,而且容易卡钻。背压的调整原则是既能使动力水龙头向下推进,又不能卡钻。

(3)洗孔。动力水龙头向下推进至最低位置时,停止向下推进,检查棘轮套的插销是否往上顶出来,如果插销被顶出来,说明孔内石渣没有冲洗干净,继续冲洗至插销回到原位。

导孔石渣冲洗干净后,关闭泥浆泵,连接钻杆,钻杆连接完成后开启泥浆泵,继续往下钻进。

导孔在钻进至离下平洞顶板 5~8 m 时,在预测钻穿位置设置围栏,禁止人员进入,防止石块坠落伤人。

(4)特殊情况。导孔钻进时无循环水返回时可停钻注水,如注入一定水量后循环正常,说明导孔穿过的溶洞或裂隙不大,此时可继续钻进。如果循环水流失过多,而钻进扭矩又大,说明岩渣向孔底堆积,立即停止钻进,采用灌浆方法进行处理。

灌浆方法:首先将钻杆和钻头取出孔外,用 1∶1∶1.3(水∶水泥∶砂的重量比)砂浆人工送进导孔内,砂浆灌入量约为 0.5 m³,砂浆灌入 24 h 后即可继续钻进。

5.2.5 Φ1.4 m 反向扩孔

导孔贯通后,在下平洞用卸扣器将导孔钻头和异型钻杆换下,将 Φ1.4 m 钻头运至导孔下方。将上、下提吊块分别同导孔钻杆、钻头固定,上、下提吊块用钢丝绳连接后,提升导孔钻杆,使钻头离开地面约 20 cm,然后固定钻头,下放导孔钻杆,拆去上、下提吊块,连接扩孔钻头。

将动力水龙头出轴转速调为慢速挡,开启冷却水,开始扩孔钻进。

在扩孔钻头未全进入钻孔时,为防止钻头剧烈晃动而损坏刀具,使用低钻压、低转速,待钻头全部钻进后可加压钻进。

扩孔钻压的大小根据地层的具体情况而定,软岩低压、硬岩高压,但是主泵油压不得超过24.0 MPa;副泵油压不得超过 18.5 MPa。

拆卸钻杆:第二根钻杆上方卡位升至卡座上方约 20 cm,将下卡瓦卡住第二根钻杆的上卡位,下降动力水龙头,使下瓦卡进入卡座内,反转动力水龙头一圈,升起翻转架并用机械手抱住钻杆,动力水龙头反转并提升约 10 cm,取出上卡瓦,再将动力水龙头升至最高位置,下降翻转架并松开机械手,同时下降动力水龙头连接钻杆,取出下卡瓦,继续扩孔钻进。在卸钻杆过程中,钻杆接头无法松动时,使用辅助卸扣辅助动力水龙头反转。

Φ1.4 m 扩孔过程中,采用冷却水冷却 Φ1.4 m 扩孔钻头,同时消尘、冲渣,每小时耗水量 9 ~ 12 m³,施工废弃水进入下平洞,在反向扩挖时将施工废弃水引入下平洞的排水系统内,统一排至洞外。

扩孔钻进结束后,拆去钻杆,采用钢丝绳将 Φ1.4 m 钻头固定在主机轨道上,主机吊离后再将钻头从导孔吊出。

5.3 施工重点及难点

5.3.1 导孔钻进过程中的卡钻处理

(1)采取高压水强行冲孔,在冲孔过程中起动钻机转动钻杆,直至钻杆转动提升。

(2)如导孔底部离下平洞洞顶较近,从下往上人工开挖导井,并与钻机施工的导孔相贯通,贯通后用高压水冲孔。

5.3.2 扩孔过程中的掉钻处理

在扩孔过程中,由于钻杆断裂使扩孔钻头卡在已扩挖成形的孔内,此时若从下面处理非常危险,一般采用从上面导孔中进行处理。

(1)将钻杆接上后采取钻杆对钻头施加压力使其自然坠落至下平洞。

(2)在孔口通过钢丝绳将炸药送入钻头卡住部位,引爆后将钻头震落至下平洞。该方法每次炸药用量控制在 5 ~ 8 kg,对钻头不会构成大的损伤。

5.3.3 导孔施工过程中的钻杆断裂处理

部分长期使用的钻杆在导孔钻进及扩孔过程中可能会发生断裂,反井钻机单根钻杆长度为1 m,重达 180 kg。在钻杆断裂后,如果不将钻杆取出,一方面丢失钻杆、钻头,造成经济损失;另一方面需重新造孔,有些特殊部位还不允许重新造孔,因此必须打捞钻具。

采用自制钻杆打捞器处理。钻杆打捞器的原理跟膨胀螺栓原理相同,其上部与钻杆呈直螺纹连接,下部为锥形套,前进过程中可以直接进入已断裂钻杆的内壁,进入内壁后,在打捞器提升过程中锥形套自行张开,与断裂钻杆内壁相连接,拉力越大连接越紧;然后通过打捞器将孔内钻杆提升到孔口用夹钎器固定,逐一取出钻杆。该打捞器一次能提升 40 t 以上的重量,即能提取 200 m 以上的钻杆长度,基本能满足取钻要求。钻杆打捞器见图3。

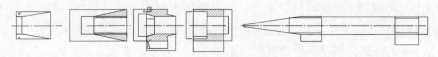

图3 钻杆打捞器示意图

5.3.4 不良地质地层施工方法

不良地质地层中主要采取以下两种施工方法进行施工。

(1)循环钻灌成孔法。该方法适用于断层、裂隙、溶沟、溶槽或软弱夹层等较多的不良地质段。

具体方法为在现场制备水泥浆,水∶水泥∶砂=1∶1∶1.3(重量比)水泥砂浆,通过灌浆设备或人工输送浆液的方法进行灌注,填充断层、裂隙、溶沟、溶槽,灌注 24 h 后即可进行钻孔施工。该方法实施较为安全可靠,但要反复取钻、灌浆,对施工进度影响较大。

(2)强行成孔法。该方法适用于断层、裂隙带范围不大,且处于竖井及斜井的深孔情况。在竖井及斜井导孔钻进超过 100 m 后,遇到断层、裂隙后出现孔口不返水时,继续钻进并不断地用泥浆泵向孔内压水,直至孔口返水。该方法的特点是利用水压力将钻孔时的积渣强行通过裂隙、断层或孔口排除,并堵塞裂隙里的渗水通道。

5.4 反井钻机改良

5.4.1 对 Φ1.4 m 钻头进行改良,使之适应硬岩施工

LM-200 型反井钻机扩孔钻头由 6 把对称扩孔滚刀组成,其中 2 把为中心刀,4 把为边刀,呈对称布置。在实际扩孔钻进过程中,4 把扩孔边刀扩孔负荷较大,容易受磨损,需要经常更换,而 2 把中心刀负荷较小,基本不需要更换。这样由于负荷不均匀导致外面钻头盘刀更换频繁,降低了造孔速度,里面扩孔中心刀闲置。在经过反复验证并仔细研究了各滚刀的运行轨迹后,将里面的其中 1 把扩孔盘刀改装到了外面,保证了每把扩孔盘刀均匀受力,加快施工进度,降低施工成本。改装前和改装后的扩孔钻头布置见图 4。

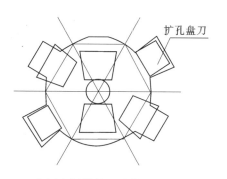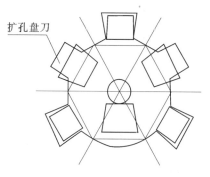

(a)由厂家提供的对称扩孔盘刀　　　　　(b)经改良的非对称扩孔盘刀

图 4　改装前、后的扩孔钻头布置

5.4.2 改变原来稳定钻杆的配置方法,更好地控制钻进精度

在 Φ216 m 导孔钻进时,原厂家设计连接钻头的第 1、2 根钻杆为稳定钻杆,然后接一般钻杆。根据施工经验,导孔产生偏斜一般在前 20～30 m 发生。为了更好地控制钻进精度,在 Φ216 m 导孔钻进时连接钻头的第 1～8 根钻杆都采用稳定钻杆,按此布置后,导孔钻进的偏斜均能控制在 1% 以内。

5.4.3 扩孔钻头中心管的改进

LM-200 型反井钻机扩孔钻头中心管主要作用为连接扩孔钻头与钻杆,长度约为 50 cm。由于接头部位离扩孔钻头较近且该部位所承受的扭矩较大,应力容易集中,在初期扩孔施工中经常出现与其他钻杆的连接部位断裂。为此经过研究后,将扩孔中心管长度加长至 1.5 m,并采用合金稳定条加固,经过改进后的扩孔钻头在施工中基本不出现断裂现象。改装前和改装后的扩孔钻头中心管布置见图 5。

5.4.4 扩孔钻头冷却系统的改进

LM-200 型反井钻机扩孔钻头扩孔施工期间的冷却,主要靠冷却水在孔口通过自流形式落至钻头上进行冷却。由于导孔较小,而扩孔钻头较大,通过自流的水仅能冷却位于中间的扩孔滚刀,而外围滚刀无法冷却,导致外围滚刀在工作中因过热容易损坏。鉴于此情况,对冷却系统进行了改造,在原利用孔口自流水冷却的同时,从钻机顶部连接一根 Φ60 mm 冷却水管通过钻杆中心孔,然后在扩孔钻头底盘上各引一根 Φ22 mm 管进入各滚刀进行冷却,使各滚刀在运转中均能受到冷却,不仅使滚刀使用时间比原来增加了 1 倍,同时也加快了施工进度。改装后所增加的扩孔钻头冷却系统见图 6。

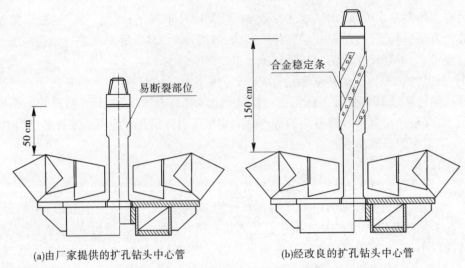

(a)由厂家提供的扩孔钻头中心管　　　　　　(b)经改良的扩孔钻头中心管

图5　改装前、后的扩孔钻头中心管布置

5.4.5　扩孔钻头破岩滚刀的改进

LM-200 型反井钻机扩孔钻头破岩滚刀一般为 4 齿滚刀,齿间距为 6 cm。采用 4 齿滚刀在 8 级以下的岩石基本能满足破岩要求,如水布垭电站的竖井及斜井施工。但在岩石级别较高时,难以满足施工要求,如小湾电站和三板溪电站,岩性为花岗岩,岩石级别 12 级;在初期进行主排风洞的扩孔施工中,扩孔速度相当缓慢,而钻头磨损较大。最初是认为合金钻头难以满足造孔要求,于是先将合金钻头改为金钢石钻头,但效果仍不是太明显,后仔细分析滚刀破岩原理后,认为是齿间距过大,难以达到破岩效果,在

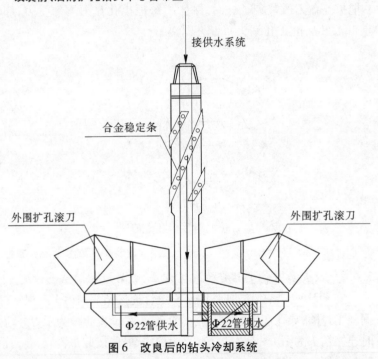

图6　改良后的钻头冷却系统

将 4 齿滚刀调整为 5 齿滚刀、齿间距调整为 5 cm 后,造孔速度明显提高,最后将滚刀调整为 6 齿滚刀、齿间距调整为 4 cm 后,在花岗岩中造孔速度能满足要求。改装前和改装后的破岩滚刀见图7。

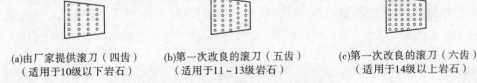

(a)由厂家提供滚刀（四齿）　　(b)第一次改良的滚刀（五齿）　　(c)第一次改良的滚刀（六齿）
（适用于10级以下岩石）　　　（适用于11～13级岩石）　　　（适用于14级以上岩石）

图7　改装前、后的扩孔钻头破岩滚刀

6　材料与设备

6.1　主要材料、设备表

主要设备配置见表1。

表 1　主要设备配置

设备名称		型　号	重　量	功　率	数量	备　注
反井钻机	主机	LM-200	8.3 t	83 kW	1 台套	主机轨道(20 号工字钢 6 m)
	操作车		0.89 t			
	油泵车		2.5 t			
泥浆泵		TBW850/50	5.5 t	90 kW	1 台	用于 Φ216 mm 导孔施工
潜水泵		2.2 kW		2.2 kW	3 台	油泵车冷却水循环水
随车吊		5 t			1 辆	吊运钻杆、操作车、油泵车
装载机		吊装能力大于 9 t			1 台	洞内吊装
吊车		16 t 以上				洞外吊装
钢板水箱		4 m³、5 m³			各 1 个	水箱大小按供水情况定
Φ216 mm 钻头		Φ216 mm	0.05 t		1 个	1 个钻头可施工 300~500 m
Φ1.4 m 钻头		Φ1.4 m	2.3 t		1 个	

6.2　反井钻机的技术性能

反井钻机组成:反井钻机由主机、油泵车、操作平台组成,施工时配置泥浆泵、循环水输送潜水泵、5 t 随车吊等。反井钻机的组成参见图 8。

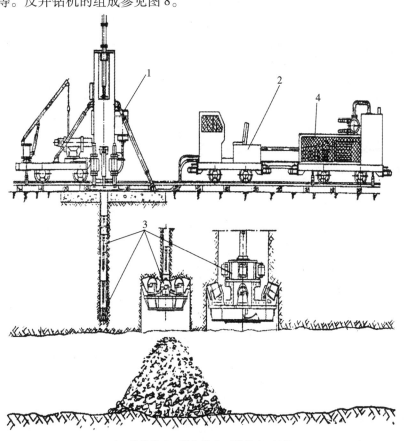

1—钻机车;2—操作车;3—泵车;4—钻具

图 8　反井钻机组成

以 LM -200 型反井钻机为例,反井钻机设备技术性能详细参数见表 2、表 3。

表2　LM-200型反井钻机主要部件尺寸及质量

名称		外形尺寸(mm)	数量	质量(kg)	总重(kg)
钻机	运输	2 950×1 370×1 570		6 900	15 177
	工作	3 230×1 770×3 448	1	8 277	
操作车		2 282×1 040×1 715	1	885	885
泵车		2 917×1 190×1 715	1	2 497	2 497
导孔钻头		Φ216	2	46	92
Φ1.4 扩孔钻头		Φ1 400×1 100	1	2 825	2 825
普通钻杆		Φ182×1 107	220	155	34 100
稳定钻杆		Φ210×1 107	6	179	1 074
TBW850/50 泥浆泵		4 975×1 120×2 050	1	5 500	5 500
合　计					62 150

表3　LM-200系列反井钻机主要技术参数

钻机型号	导孔 (mm)	钻孔 (m)	钻深 (m)	转速 (r/min)	拉力 (kN)	扭矩 (kN·m)	功率 (kW)	主机重 (kg)
LM-200	216	1.4	200	20	850	40	75	8 277

7　质量控制

7.1　工程质量控制标准

（1）竖井与斜井开挖质量执行中华人民共和国电力行业标准《水工建筑物地下开挖工程施工技术规范》（DL/T 5099—1999）。

（2）竖井与斜井开挖允许偏差:孔斜率控制在1%以内,根据已施工的竖井、斜井导井统计,孔斜率在1%～0.08%范围内。

7.2　质量控制措施

7.2.1　通过测量手段控制精度

精确控制测量放样,在排风竖井施工现场采用全站仪对开口点进行放样,然后在安装机身时采用水平尺和铅垂球从多角度进行精确测量,再对中心点进行校核,确保钻杆垂直于水平面。

7.2.2　通过配置稳定钻杆控制造孔精度

稳定钻杆配置时通过如下方案施工,以保证造孔精度:

（1）开孔前对合金稳定钻杆进行测量,选取与钻头直径相同的稳定钻杆进行配置。

（2）配置时可采取新钻头配新的稳定钻杆,旧钻头配旧的稳定钻杆,并要求直径一致。当稳定钻杆磨损较大时（直径小于标准孔径10 mm以上）则需更换新钻杆。

（3）稳定钻杆的配置采取钻头后连续装6～8根稳定钻杆,以后间隔一定的距离（80～100 m）放置1根。

7.2.3　通过合理控制钻压、造孔速度等手段确保造孔精度

在不同岩层及不同条件下的钻压和造孔速度控制见表4,实际施工时根据不同的地层情况予以适当调整。

7.2.4　通过对不良地质段进行加固处理等手段确保造孔精度

由于导孔在钻进过程中,钻杆遇软岩会发生偏斜,容易导致造孔偏离原设计轴线。对于造孔过程中遭遇不良地质段可通过设计提供的地质图、造孔速度的变化、造孔返渣、返水情况的变化进行

判断,具体灌浆方法为:在现场制备水泥砂浆,可通过灌浆的方法对不良地质段进行固孔后再钻进。

表 4 导孔钻进参数选择

钻进位置或岩石情况	钻压(kN)	转速(r/min)	预计钻速(m/h)
导孔开孔	50	10~20	0.3~0.6
贯通前	50~70	20	0.5
砂岩	20~40	20	2~3
泥岩	10~30	20	3~4
12 级花岗岩	70~90	20	0.5~1.2
12 级破碎花岗岩	40~70	20	0.5~0.8

7.2.5 精心操作

挑选有多年实践经验的操作人员,按照施工组织设计和反井钻机操作规程进行操作,及时发现和处理钻进中的问题和故障。

8 安全措施

8.1 机械设备操作的安全措施

为保证按规范化操作,在制定反井钻吊装及机械操作规程后,进行施工前应对操作工进行专业培训,定期对作业人员进行学习讲解,机械设备安排专人负责管理,杜绝违章操作,避免因违章操作造成设备伤人的安全事故的发生。

8.2 作业区内的安全防护措施

反井钻机施工多数在洞内进行,应避免洞顶掉石损伤人员及设备,设备就位前对洞顶进行安全处理,确保安全后人员及设备进场施工,并在施工过程中加强监护。

8.3 用电安全措施

反井钻机施工使用 380 V 的高压电,为保证安全用电,每个班配置一名专业电工,对电器装置进行安装及维护,禁止非电工人员进行电工作业。

8.4 Φ1.4 m 反向扩孔时的安全措施

Φ216 mm 导孔贯通前竖井、斜井下平洞洞顶可能会掉块石,以及 Φ1.4 m 反向扩孔时落渣,在竖井、斜井下口设置安全防护围栏,装设照明灯,在围栏上挂设警示牌,禁止人员及车辆通行,避免块石、钻头等坠落伤人。

9 环保措施

(1)成立对应的施工环境卫生管理机构,在工程施工过程中严格遵守国家和地方政府下发的有关环境保护的法律、法规和规章。加强对施工"三废"的控制和治理。

(2)将作业平台限制在工程建设允许的范围内,合理布置、标识清楚;对施工场地及时进行清理,保持整洁文明。

(3)设立专用排水沟、集浆坑,对废浆、污水进行集中处理,定期清运沉淀泥沙,从根本上防止废浆、污水乱流。

(4)采用隔音墙、隔音罩等消音措施降低施工噪声对人体的伤害。

(5)疏导施工道路,对施工场地和施工道路进行硬化,定时进行洒水,防止尘土飞扬,污染周围环境。

10 效益分析

10.1 经济效益

竖井、斜井导井施工所采用的较为传统的施工方法是手风钻导井施工,现以开挖一条 150 m 长断面为 Φ1.4 m 的竖井导井(岩石为 12 级)为例来分析常规施工、反井钻机施工方法的成本及进度特点。

10.1.1 传统人工导井法施工分析

手风钻竖井导井施工采用正导井和反导井工法相结合,设备配置为:手持式风钻 8~12 台,卷扬机 1 台,1 台阿立玛克爬罐,20 m³ 空压机 2 台。人员配置:按三班作业,钻手 15 人,炮工 3 人,卷扬机、爬罐操作工各 3 人,安全员 6 人,总计 27 人。正导井和反导井同时施工,平均每天共进尺 2.5 m(反向开挖平均每天 1.5 m,正向开挖平均每天 1 m)。施工总耗时 60 d。

10.1.2 反井钻机导井法施工分析

设备 LM-200 型反井钻 1 台套。人员配置:操作工及换钻杆人员每班 4 人,按三班计算总计 12 人。

先采用 Φ216 mm 的钻头自上而下钻孔,小孔贯通后再采用 Φ1.4 m 的钻头从下往上反向扩孔,钻进速度按 25 m/d,计 6 d;Φ1.4 m 导井反向扩时钻进速度为 8 m/d,计 19 d。施工共耗时约为 25 d。

10.1.3 传统人工和反井钻机竖井导井法施工分析

传统人工和反井钻机竖井导井法施工主要设备、工期及人员情况对照见表 5。

表 5 主要设备、工期及人员情况对照

施工方法	设备	设备价值(万元)	人员	工期	材料消耗
反井钻机	反井钻机 1 台套	140	12 人	25 d	Φ216 mm 钻头 1 个 1 万元
	随车吊 1 辆	14.5			Φ1.4 m 钻头 2 个 16 万元
人工导井开挖	8 t 卷扬机 1 台	3.8	27 人	60 d	空压机电机功率计 250 kW,轨道安装 90 m
	阿立玛克爬罐 1 台	255			
	20 m³ 空压机 2 台	17			
	轴流风机 2 台	12.8			37 kW
	Φ40 mm 钻头、钻杆、炸药等				3.7

表 5 中显示,150 m 竖井传统人工导井法施工设备投入约 289 万元,设备电机功率共 324 kW,电费约 19.4 万元(按 0.5 元/kWh 计),Φ40 mm 钻头、钻杆、炸药等材料消耗 3.7 万元,总计 23.1 万元;反井钻机导井法施工钻头材料消耗约 17 万元,设备功率约 180 kW,电费约 2.8 万元(按 0.5 元/kWh 计),总计 19.8 万元。传统人工导井法施工的材料消耗约比反井钻机导井法施工多约 4 万元。

10.2 安全效益

竖井传统人工导井法施工需要钻孔爆破,施工人员必须到工作面操作,人工进行安装炸药、出渣等,安全隐患较多,安全不易保证。反井钻机导井法施工作业人员不需要至工作面,安全隐患比较少,安全容易保证。因此,反井钻机导井法施工比传统人工导井法施工安全容易保证。

10.3 环境保护效益

竖井传统人工导井法施工需要钻孔爆破,手风钻产生的噪声比较大,对钻工身体健康会产生一定的损害;爆破产生的灰尘和气体也对人体健康产生一定的损害。反井钻机导井法施工产生的噪声比较小,对作业人员身体健康产生的损害非常小,Φ1.4 m 导井反向扩时作业人员不需要至工作面,产生的灰尘不会对作业人员身体健康产生损害。由此可见,反井钻机导井法施工比传统人工导井法施工对环境影响小得多。

11 应用实例

反井钻机导井法已施工的竖井、斜井统计表见表 6。

表6 反井钻机导井法已施工的竖井、斜井统计

序号	时间 (年-月)	钻机型号	工程项目	地质情况	竖井 (条)	斜井 (条)	总计 (m)
1	2002-7	ML-200 型	湖北水布垭电站	灰岩,硬度 9～12 级	7	4	1 400
2	2003-6	ML-200 型	贵州省三板溪水电站	花岗岩,硬度 14～16 级	6	—	670
3	2004-8	ML-280 型	云南省小湾水电站	花岗岩,硬度 14～16 级	11	—	1 525
4	2004-12	RHNO300 型	广州惠蓄水电站	花岗岩,硬度 14～16 级	3	2	1 085
5	2005-3	ML-200 型	湖北省三峡水电站	花岗岩,硬度 14～16 级	2	—	164
6	2006-3	ML-200 型	四川省锦屏二级水电站	灰岩,硬度 12 级	1	—	191
7	2006-3	ML-280 型	云南省溪洛渡水电站	花岗岩,岩石硬度为 14～ 16 级	2	—	409

11.1 湖北省水布垭电站施工(竖井、斜井施工)

湖北省水布垭电站施工地下厂房通风竖井长 183 m,洞径为 1.4 m;引水隧洞斜井长 156 m,洞径为 6.9 m。岩石以灰岩为主,局部为泥质生物碎屑灰岩、泥质白云岩与灰岩呈软硬相间不等厚分布并有多条断层交错分布,硬度为 8～12 级。

厂房通风竖井施工采用苏南煤机厂生产的 LM-200 型反井钻机进行施工。在 Φ216 mm 导孔施工时配置 TBW850/50 型泥浆泵一台,作为导孔时排渣。

厂房通风竖井、引水隧洞斜井反井钻机施工分两班作业,每个班作业人员为 4 人,驾驶员 1 人(随车吊),共 9 人。

11.1.1 厂房通风竖井施工

施工用水较紧缺,由于厂房通风上井口布置在露天平台,施工期间为枯水期,山体无渗水可接至工作面,施工用水从清江抽至工作面比较困难。施工时在距上井口 20 m 远的平台(该平台高出竖井上口 10 m)砌筑容量为 30 m³ 的浆砌石水池,用 9 m³ 的水车运至水池内供施工用水。

(1)厂房通风竖井反井钻机 Φ216 mm 导孔施工。于 2002 年 8 月 20 日开始准备工作(含基础混凝土施工、设备就位调试及沉渣池砌筑等),9 月 6 日开钻,9 月 12 日 Φ216 mm 导孔贯通,平均钻进速度为 30.5 m/天。

(2)厂房通风竖井反井钻机 Φ1.4 m 导孔施工。从 2002 年 9 月 13 日开始扩孔,2002 年 9 月 26 日结束。历时 13 d,平均钻进速度为 14 m/d。

11.1.2 4 号引水隧洞斜井导孔施工

(1)引水隧洞斜井反井钻机 Φ216 mm 导孔施工。于 2003 年 6 月 21 日开始准备工作(含基础混凝土施工、设备就位调试及沉渣池砌筑等),7 月 14 日开钻,7 月 23 日 Φ216 mm 导孔贯通,历时 9 d,平均钻进速度为 18 m/d。

(2)引水隧洞斜井反井钻机 Φ1.4 m 导孔施工。从 2003 年 7 月 24 日开始扩孔,2003 年 8 月 26 日结束。历时 28 d,平均钻进速度为 5.6 m/d。

11.2 溪洛渡电站竖井硬岩施工

溪洛渡电站右岸地下厂房主变室排风竖井,深度为 215.14 m,开挖洞径为 8.2 m,喷混凝土后净断面洞径为 8 m。

主变室排风系统出露的岩体主要为 $P_2\beta_4$ 层含斑玄武岩(约占 80%)和 $P_2\beta_5$ 层致密状玄武岩(约占 20%),岩体新鲜较完整,岩体以块体、层状结构为主,主要为 Ⅱ 类围岩,部分围岩受层内错动带和裂隙影响呈镶嵌结构,属 Ⅲ1 类围岩,主变室排风竖井走向基本垂直岩层,岩石硬度为 12～14 级。

主变排风竖井 Φ1.4 m 导井施工采用苏南煤机厂生产的 LM –200 型反井钻机进行施工。

11.2.1 主变排风竖井反井钻机 Φ216 mm 导孔施工

主变排风竖井施工干扰比较大,在距主变排风竖井反井钻机作业部位约 10 m,有 1 号通风平洞的施工作业,1 号通风平洞的施工作业(开挖爆破、通风散烟、出渣等)对反井钻机施工的干扰非常大,爆破、通风散烟、出渣时无法施工。

施工用水较紧缺,由于厂房进风竖井、排风斜井同主变排风竖井施工使用同一供水管路,而主变排风竖井井口高程相对较高,水压非常低。

主变排风竖井井深 215.14 m,LM-200 型反井钻机设计施工深度为 200 m。

施工中采取的相应措施如下:

(1)设置两个蓄水水箱,两个水箱的容量分别为 4 m³、5 m³,在导孔施工前一次将水箱和沉渣池内注满水,作为循环水和沉渣池的水量补充;并在供水管上安装了一台 2.2 kW 的管道增压泵以增加供水管水压。

(2)在沉渣池外增设一个集水坑,将沉渣池渗漏的水引入集水坑,用潜水泵将集水坑内的水抽至水箱内作为油泵车冷却循环用水,使沉渣池及水箱内的水全部循环以满足施工期用水。

(3)为保证设备的正常运行和对孔斜的控制,在开孔 20 m 钻进过程中控制钻进速度在 1.5 ~ 2 h/m。

Φ216 mm 导孔从 2006 年 5 月 25 日开始施工,2006 年 6 月 16 日结束,历时 23 d,其中 6 月 8 日至 6 月 16 日时段由于主变室施工影响停工。另外,受 1 号通风平洞施工影响停机时间约 4 d,实际钻孔施工时间约为 267 h,平均钻进速度为 19.4 m/d。

主变室排风竖井反井钻机 Φ216 mm 导孔施工分两班作业,每个班作业人员为 4 人,驾驶员 1 人(随车吊),队长 1 人。其设备配置见表 7,材料耗费见表 8。

表 7　设备配置

设备名称		型　号	重量	功率	数　量	备　注
反井钻机	主机	LM–200	8.3 t	83 kW	1 台套	主机轨道 (18 号工字钢 9 m)
	操作车		0.89 t			
	油泵车		2.5 t			
泥浆泵		TBW850/50	5.5 t	90 kW	1 台	
潜水泵		2.2 kW		2.2 kW	3 台	1 台备用
		1.1 kW		1.1 kW	1 台	
管道增压泵		2.2 kW		2.2 kW	1 台	供水增压
随车吊		3 t			1 辆	
沃尔沃装载机		150 型			1 台	主机、泥浆泵的吊装
钢板水箱		4 m³、5 m³			各 1 个	
手拉葫芦		2 t			1 个	
溢流阀		DB10-1-30/315			4 台	
		DB20-1-30/315			2 台	
液压马达		XQM16			1 台	
		2QJM42			1 台	

表 8 材料耗费

材料名称	规格型号	单位	数量	备注
浆砌石	M7.5	m³	1.5	工人砌筑沉渣池
水		m³	30	循环使用
电		kWh	41 000	
液压油	68 号	L	800	施工约 500 m 更换一次，渗漏率约为 5%
		kg	24.8	
齿轮油		L	200	
柴机油		L	16	
黄油	锂基	kg	5	用于钻杆
钻头	Φ216 mm	个	1	
油管接头		个	8	共 80 元
电缆线	4×4 mm	m	100	施工区照明线
水管	塑料管 Φ50 mm	kg	122	供水管
电机修理	7.5 kW	元	480	反井钻机小油泵电机
水泵修理	2.2 kW			循环水用的潜水泵

11.2.2 主变排风竖井反井钻机 Φ1.4 m 导孔施工

Φ1.4 m 导孔从 2006 年 6 月 18 日 13:00 开始扩孔施工，2006 年 7 月 31 日 12:30 结束。历时 44 d，其中，受 1 号通风平洞爆破、出渣、通风散烟影响停机时间 69.5 h，反井钻机、水泵等设备检修及漏油处理时间 90.5 h，停水影响时间 70 h，停电影响时间为 6 h，外界影响 230 h（10 d）。实际扩孔施工时间为 819 h（35 d），平均钻进速度为 6.15 m/d。

Φ1.4 m 导井施工材料消耗情况见表 9。

表 9 材料消耗情况

材料名称	规格型号	单位	数量	备注
水		m³	1 230	
电		kWh	60 315	
液压油	68 号	L	200	施工约 500 m 更换一次，渗漏率约为 5%
钻头		个	5	滚刀
密齿中心刀		个	1	未用
电机修理	7.5 kW	元	480	反井钻机小油泵电机
水泵修理	2.2 kW			循环水用的潜水泵
盘跟		kg	3.7	
轴承	6210/6211	各 2 个	4	
油管	R2AT6/R2AT4/R2AT1.2	各 1 条	3	

（主要完成人：刘泽敏 马绍龙 谭金龙 曾 垒 徐元亭）

闸墩滑模施工工法

江南水利水电工程公司

1 前 言

滑模施工是一次立模连续浇筑混凝土的施工工艺,它具有施工速度快、质量好、成本低等优点,是一项高效、低廉的混凝土施工方法。在水利水电工程中采用滑模技术施工可以成倍地提高混凝土浇筑速度,对于工期要求紧张的工程具有重要意义。

广西长洲水利枢纽外江船闸工程中冲沙闸闸墩的混凝土,采用液压滑模施工,提高了施工速度及混凝土外观质量,降低了材料损耗,减少了人员投入,取得了可观的经济效益和社会效益,也为今后此类结构工程施工积累了经验。

2 工法特点

(1)滑模施工与传统的混凝土分层施工方法相比较,不需要经过立模、施工缝处理和拆模等工序,混凝土可实现连续施工,每天滑升速度可达 2.5 ~ 5 m,提高了混凝土的施工速度。

(2)采用滑模施工的混凝土没有施工缝,混凝土连续性好,表面光滑,提高了混凝土外观质量。

(3)在具有相同结构尺寸较多的建筑物时,采用滑模施工,可节约模板、拉筋和一些周转材料等投入,从而能够降低工程造价。

(4)与传统混凝土施工方法相比较,采用滑模施工简化了施工程序,可以提高施工的安全性。

3 适用范围

本工法主要适用于闸墩、桥墩和拦污栅墩等高耸结构工程,并应满足如下要求:工程的结构平面应简洁,结构沿平面投影响应重合,且没有阻隔、影响滑升的突出构造或连接构件。

4 工艺原理

滑模施工包括绑扎钢筋、浇筑混凝土、提升模板,三个工序相互衔接、重复循环地连续作业。浇捣、提升连续交替进行。依靠埋置在混凝土中的支承杆,由液压千斤顶沿着支承杆向上爬升,从而带动滑模系统整体上升,直至到达所需的结构标高为止。

闸墩的滑模装置主要由模板系统、操作平台系统、液压提升系统和精度控制系统等部分组成。为了保证滑模有足够的强度、刚度及整体稳定性,便于安装和拆除,在使用中能运转灵活、安全可靠,闸墩滑模结构宜设计为桁架式整体钢结构,滑模装置中的围圈、提升架、工作台、设备台等构件之间均采用焊接形式与桁架主梁相连接。

4.1 模板系统

模板系统主要由模板、围圈和提升架等组成,模板需要具备一定的刚度、表面平整度。模板一般选择为组合钢模板,在墩头等圆弧部位应采用定型钢模板,在设计荷载作用下模板的变形量不应大于 2 mm;模板的上口至操作平台主梁下缘的高度,无钢筋时不得小于 250 mm,有钢筋时不得小于 500 mm;模板必须满足承受混凝土浇筑时的侧压力和便于脱离、滑升的要求,另外,模板还应当拆装方便;为保证组合钢模板间的接缝严密,在拼装模板时在模板间的接缝处加黏 2 mm 厚的防水双面胶带,确保模板接缝的严密,以免漏浆。

围圈转角应设计成钢结点,在设计荷载作用下变形量不应大于计算跨度的 1/500;上、下围圈间距一般为 500～750 mm,上围圈到模板的上口距离一般不大于 250 mm;可选择不等边角钢、槽钢或工字钢制造围圈。

提升架主要由辐射横梁、立柱和围圈支托等部件组成,横梁与立柱的结点必须是刚性连接。立柱宜用槽钢或角钢制作;立柱最大侧向变形量不应大于 2 mm。提升架悬挂在千斤顶上,承受模板和操作平台的全部荷载并传递给支承杆。

4.2 操作平台系统

操作平台系统主要包括操作平台和吊脚手架等部分,操作平台由桁架梁、铺板等组成,并与提升架组成整体稳定结构。操作平台支承在提升架上,主要为堆放材料、工具、设备、提升模板及施工人员操作之用,是滑模主要受力的构件之一,因此应有足够的强度和刚度。吊脚手架,又称吊梯,供调整和拆除模板、检查混凝土质量、支承底模以及修饰混凝土表面等操作之用,悬挂在操作平台下面,宽度一般为 800 mm,上面铺木板或竹跳板、外设围栏及安全网,使用圆钢作为吊杆时,圆钢直径不宜小于 16 mm。

4.3 液压提升系统

液压提升系统主要由液压控制台、千斤顶、支承杆、油路等组成,是滑模滑升的动力装置。

滑模采用的液压千斤顶都是穿心式,固定于提升架上,其中心穿入支承杆,千斤顶沿支承杆向上爬升,带动提升架、操作平台和模板一起上升。支承杆是用以承受滑模重量和全部施工荷载(含模板与混凝土间的摩擦力)的支承钢筋或钢管。

支承杆及千斤顶数量、规格应由计算确定,在荷载集中或摩阻力较大处或在拐角、交叉等特殊部位可根据需要加密布置。一般选择直径为 25 mm 的圆钢作为支承杆,在使用前,必须调直,采用冷拉调直的延伸率不应大于 3%;支承杆的接头,宜用 M10 丝扣连接,丝扣长度不应小于 20 mm,接头应合缝平顺、松紧适度;工具式支承杆的套管,其长度应达模板下缘,钢管内径应比支承杆直径大3～5 mm;对于代替受力钢筋的支承杆,其接头应满足有关规范要求。

千斤顶油路布置应使每个千斤顶到液压控制台的油路长度基本一致,且每条油路供油的千斤顶数量基本相等,以利于千斤顶同步提升;油泵的额定压力一般采用 12 MPa,其流量应根据带动千斤顶的数量一次给油时间计算确定;油管的耐压力应大于油泵压力的 25%。

液压提升操纵装置的选型及数量配置,应综合考虑千斤顶数量、油路长度、给回油时间、油箱容量(必要时自加副油箱)等因素,以便获得理想的提升速度。

4.4 测量控制系统及辅助系统

测量控制系统布置在闸墩的几个控制部位,在操作平台上安装专用测量控制仪器,用以监测滑模体的偏移情况,及时调整滑模的各液压系统,确保闸墩垂直滑升。辅助系统包括水、电、通信系统。

滑模施工用水主要是墩体混凝土在滑升终凝后的养护用水。在滑模体的辅助工作平台底环绕着滑模系统安装一条 Φ25 的塑胶管,以 200 mm 间距在管朝闸墩混凝土面的方向上打小孔,滑模滑升后向管内通水就可保证混凝土的养护用水。

滑模的用电系统主要是液压系统和电焊设备用电。机械动力设备采用 380 V 电压。操作平台上照明电压采用 36 V 低压,以保证夜间工作安全。闸墩上、下通信设备可采用对讲机。

5 工艺流程与操作要点

5.1 工艺流程

闸墩滑模施工工法工艺流程见图1。

5.2 滑模的组装

5.2.1 组装前准备工作

滑模施工前必须做好各项准备工作,包括千斤顶的调试、底板的凿毛和冲洗、测量放线、供电供水系统准备、备用电源准备、搭设安装平台或临时施工支架等。

5.2.1.1 人员组织

滑模组装需要以下各工种人员:测量工、电焊工、电工、起重工、安全员、技术人员等,并且在组装前要做好对安装人员的技术培训工作,按规定持证上岗。

5.2.1.2 机具设备及材料准备

(1)按设计图纸清点检查滑模设备各零部件的规模数量是否符合要求。

(2)液压千斤顶使用前,应按下列要求进行检验:

耐油压 12 MPa 以上,每次持压 5 min,重复 3 次,各密封处无渗漏;卡头锁固牢靠,放松灵活;在 1.2 倍额定荷载作用下,卡头锁固时的回降量,滚珠式不大于 5 mm,卡块式不大于 3 mm;同一批组装的千斤顶,在相同荷载作用下,其行程应接近一致,用行程调整帽调整后,行程差不得大于 2 mm,超标的不得使用。

(3)液压提升系统各部件性能须良好并有备用量,密封圈、钢珠及卡头弹簧等易损耗件应有充分的备件。

(4)支承杆加工必须保证质量,要顺直无锈,螺纹连接紧密无错台,存放时要涂油。

(5)各种螺栓、螺母和垫圈等应有备用量。

(6)给水设备应保证足够水量和水头高度。

(7)场地照明与动力用电设施应提前施工布置安装,滑模用电设备如配电盘、灯具、电线、电缆应提前制备齐全。

(8)滑模组装与液压设备检修作业使用的工具、常用零件及材料应备齐。

5.2.1.3 场地布置与其他准备工作

(1)机械设备设置、工棚修建、电线架设及材料堆放等应提前安排实施,并注意不要影响施工和安全。

(2)起滑高度处的混凝土高度应平齐,作为施工缝处理,该标高的混凝土面应凿毛,起滑高度处的钢筋数量和位置应准确,钢筋保护层及间距符合图纸要求。

(3)组装前,测好建筑物中心点,放好建筑物底部尺寸大样和模板安装线。

(4)对施工机具设备和钢模板在组装前进行一次全面检修,符合使用要求后方可安装。

(5)实验室应根据混凝土标号、气温与施工要求提前进行试验,选好配合比和外加剂掺量。

(6)液压提升设备存放、检查与保养应在专用工棚内和工作台上进行。

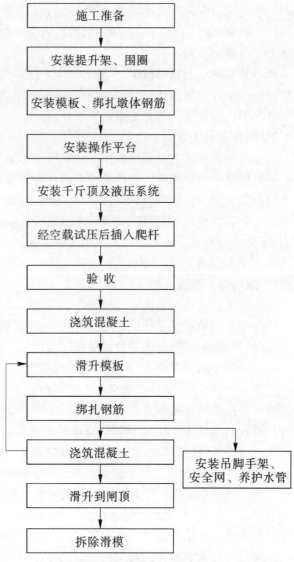

图1 闸墩滑模施工工法工艺流程

（7）准备好起重指挥用具（如口哨、红绿旗）并统一规定好信号,同时配置通信联络设备。

（8）在施工现场的周围设置安全围护栏以及醒目的警示标志。

（9）控制施工精度的观测仪器,必须经校验后方可使用。

（10）根据滑模施工需要,建立健全各项规章制度。

5.2.2　滑模组装

5.2.2.1　闸墩液压滑模组装程序

（1）安装提升架、围圈;

（2）安装模板、绑扎钢筋;

（3）安装操作平台;

（4）安装千斤顶及液压系统;

（5）经空载试压后插入支承杆（或爬杆）;

（6）滑升至适当高度,安装吊脚手架、挂安全网、敷设养护水管;

（7）各系统调试、试滑、检查验收。

5.2.2.2　滑模及相关系统组装操作要点

（1）模板安装须校准坡（锥）度,且在整个平台各处模板均应严格控制安装坡（锥）度。对于不变截面一滑到顶的混凝土结构,坡（锥）度一般控制在 0.2% ~ 0.3%,也可以采用无锥度设计。

（2）工作平台必须调平与对正,平台上设备、材料应均匀布置,以保持平台荷载均衡,避免造成平台倾斜与扭转。

（3）模板拼装不能反锥度,模板间搭接必须密贴。

（4）安装第一段支承杆时,必须先用不同长度支承杆交错排列,以改善支承杆受力和接长工作。并且首批插入的支承杆应距支承面 50 cm 左右,保证试压空间,加油、试压、排空。

（5）液压提升设备安装必须严格按技术要求进行。

（6）电气设备安装必须做好接地保护和防止雷击措施。

（7）模板提升到够安装吊架高度时,应及时安装吊架和安全网。

5.3　滑模施工

5.3.1　钢筋绑扎施工

滑模施工的特点是钢筋绑扎、混凝土浇筑、滑模滑升等工序相互衔接、重复循环地连续作业。模板定位检查完成后,即可进行钢筋的安装,为使钢筋的安装速度能满足滑模的要求,钢筋接头可采用套筒或电碴压力焊等方式连接。第一层钢筋绑扎从模板底部一直绑扎至提升架横梁下部,起滑后,采用边滑升边绑扎钢筋平行作业方式,竖向钢筋下料长度可控制在 3 ~ 3.5 m,水平钢筋绑扎超前混凝土 30 cm 左右。滑升中,钢筋绑扎严格按照设计要求进行,支承杆在同一水平内的接头数量不应超过支承杆总数的 1/4,所以第一层有 4 种不同的长度,以后各层均可采用 3 m 长,要求支承杆平整无锈皮,当千斤顶滑升至距支承杆顶端小于 350 mm 时,应及时接长支承杆,接头对齐,不平处用角磨机磨平,支承杆用环筋相连,焊接加固。

5.3.2　混凝土浇筑和模板滑升

混凝土初次浇筑和模板的初次滑升,严格按以下步骤进行,第一次浇筑 3 ~ 5 cm 厚的水泥砂浆,接着按分层厚度 30 ~ 40 cm 浇筑第二层,当混凝土厚度达到 70 ~ 80 cm、第一层混凝土强度达到 0.2 MPa 左右（出模混凝土手压有指痕）时,应进行 1 ~ 2 个千斤顶行程提升,并适时对模板结构及液压系统进行检查,如出模强度太高,可调整配合比并加快施工速度,如出模强度偏低,可适当放慢滑升速度或掺加外加剂,当第四层浇筑后再进行 1 ~ 2 个千斤顶行程提升,继续浇筑第五层再进行 3 ~ 5 个千斤顶行程提升,若无异常现象,便可进行正常浇筑和滑升。滑模的初次滑升一定要缓慢进行,并对液压装置、模板结构以及有关设施,在负载情况下作全面检查,发现问题及时处理,待一切正常后方可进行正常滑升。

混凝土应当从闸墩两端或四周向中间对称均匀入仓浇筑;结构物边角、伸缩缝处的混凝土应浇高些,浇筑预留孔、伸缩缝处的混凝土时,应对称均匀地布料。入仓混凝土每层厚度保持在 30~40 cm,同层混凝土尽量在规定时间内浇完。混凝土的振捣使用高频插入式振捣器分段对称进行,振捣时严格按混凝土施工规范执行。振捣棒不得触及承力杆、钢筋、预埋件和模板。对钢筋密集和靠近模板的部位使用软轴插入式振捣器振捣。在模板滑升时,严禁振捣混凝土,以免造成脱模混凝土发生变形坍塌。另外,浇筑施工时要随时清除模板上黏结的混凝土,还要对平台、桁架上的混凝土清除干净,以免混凝土积留太多而加重模体负载;防止混凝土浆污染液压系统机具及承力杆,随时清除黏接在千斤顶和承力杆上的混凝土浆。

施工转入正常滑升后,应尽量保持连续作业,由专人观察脱模混凝土表面质量,以确定合适的滑升时间和速度。模板滑升速度应与混凝土初凝程度相适应,一般脱模混凝土强度控制在 0.2~0.4 MPa,经验上一般用手指按压出模的混凝土有轻微的指印且不黏手,并在提升过程中能听到"沙沙"声,如此可说明出模混凝土强度较适宜,已具备滑升条件。正常滑升时,每次提升高度与分层高度一致,每次滑升的间隔时间一般不大于 1.5 h。气温很高时,为减少混凝土与模板的黏结力,以免混凝土拉裂,每隔 0.5 h 将模板提升 1~2 个行程。当混凝土浇至牛腿底或闸墩顶部时,放慢滑升速度,对模板进行找平,混凝土浇筑完成后,模板每隔 0.5~1.5 h 滑升 1~2 个行程,连续 4 h 以上,直到最上层混凝土初凝与模板不黏结为止。

5.3.3 修面及养护

修面和养护工作是保证混凝土质量的最后一道工序。表面修整是关系到结构外表美观和保护层质量的关键工序,当混凝土脱模后,在低强度状态立即进行此项工作。刚脱模的混凝土表面如有少量气泡和细孔均用铁抹子抹平压光,如有麻面用水泥砂浆抹面修补,如发现塌块、裂缝和较大孔洞时则先将缺陷处松散混凝土块清除掉,要清除到混凝土密实处,再用水泥砂浆抹面修平。

洒水养护是保证混凝土有适宜的硬化条件、减少和避免裂缝的关键工作,脱模后的混凝土要及时喷水养护,可在吊脚手架上固定一圈塑料管,在朝向混凝土面一侧打若干小孔,与施工供水管路连通,采用阀门控制供水水压,以便及时对脱模混凝土面进行养护。

5.3.4 停滑措施

滑模施工中因故停滑时间较长要作停滑处理。先在同一标高将混凝土浇平,每隔 0.5~1 h 提升模板一次,以免模板与混凝土黏结,复工时将混凝土表面凿毛,并用水冲走残渣,湿润表面,清理干净模板,涂上脱模剂。

滑模滑升至到距设计高程顶部 1 m 左右时,便开始放慢滑升速度,并准确进行抄平和找正工作。整个模板的抄平找正应在滑模达到终点高程以下 20 cm 之前完成,以确保顶部标高和位置的正确。

5.3.5 滑模的高温和雨天施工措施

在高温雨天施工中,为了使滑模施工不间断,保证混凝土施工的连续性,应采取以下措施:

(1)在滑模系统顶部设置遮阳挡雨篷,高温或下雨施工时,撑开遮阳挡雨篷以减少高温对仓面混凝土的暴晒和雨水对混凝土的冲刷,保证混凝土的施工质量。同时在雨天施工时尽可能采用较小的混凝土坍落度,以减少施工过程中因受雨水影响而产生水灰比、坍落度的变化带来的质量隐患,采用小坍落度的混凝土在雨天施工过程中可以减少灰浆流失,可保证雨天混凝土施工的质量要求。

(2)施工过程中如遇到下大雨,可停止混凝土的入仓,但停止混凝土入仓间隔不得超过 3 h,也就是在混凝土终凝前,尽可能在停雨或小雨间隙时入仓浇筑一次,同时滑升一次。

(3)不管是下大、中、小雨,仓面在浇筑过程中都有一定的斜度,入仓振捣后的混凝土面也随之倾斜,这样有利于排除积水,在雨天施工中入仓间隔阶段,排水效果较好,并且灰浆流失也较少。

(4)在雨天施工,脱模后的混凝土,如果被雨水冲刷,就会发生流淌,表面还会出现麻点,因此在抹面平整后覆盖透明薄膜,以保护初脱模的混凝土。

5.3.6 闸墩上、下侧游牛腿的施工措施

闸墩上、下侧游布置有牛腿,为不影响滑模正常滑升,闸墩上、下侧游牛腿的施工在滑模滑升到牛腿底部位后向闸墩体内侧退回 2 m 留出牛腿混凝土后浇块的方法施工。

当滑模模板上部已到牛腿位置时,由测量放线,确定牛腿后浇块的位置,同时在牛腿部位预埋好牛腿钢筋的插筋(伸出牛腿 50 d 的长度并按规范错开钢筋接头),安装先浇块的临时分缝面模板并按规范设置临时分缝面的插筋及键槽。模板安装后滑模系统继续滑升至设计高程。待滑模系统拆除后,将临时分缝面凿毛清理后安装牛腿整体模板,绑扎焊接牛腿钢筋,浇筑混凝土。

5.3.7 闸墩门槽插筋的处理措施

在滑模面板设计中将门槽插筋部位的模板设计为 U 型卡槽,滑模施工时用 5 cm×2 cm×120 cm 的方木条按门槽插筋的位置钻好插筋孔,将方木条卡进滑模面板的 U 型卡槽内插好门槽插筋即可。滑模滑升时在将方木条和滑模面板的加固卡销松开,门槽插筋板即与滑模面板自行分离,滑模即可滑升。

5.3.8 滑模系统的上下交通设施

为便于施工滑模系统与地面的上下交通联系,滑模系统的上下交通设施可采用搭设钢管脚手架楼梯的方式,楼梯与滑模连接部分设 3 m 高挂梯相接。滑模每滑升 3 m 高后及时将钢管脚手架梯子接高,以保证上下交通方便。

5.4 滑模拆除

滑模施工浇筑至闸顶高程时,将混凝土浇至设计标高位置并进行收仓抹面处理,滑模继续上升并滑空、脱离混凝土面,待模板可逐渐提升出混凝土面后,用门机进行拆模工作,步骤如下:

(1)将滑模上的配套设备拆除;

(2)拆除液压系统的控制台,拆除供电线路、刀闸及所有附属设备,拆除供水线路;

(3)拆除抹面平台及所有平台铺板;

(4)拆滑模主体框架将滑模主桁架一次吊出。

6 机具设备

单套滑模配备的主要施工机具设备见表1。

7 质量检测与控制

7.1 滑模组装质量检查标准

滑模装置组装的允许偏差见表2。

7.2 滑模施工的质量检测和精度控制

7.2.1 滑模施工的水平度控制

在滑模滑升过程中,保持整个模板系统的水平同步滑升,是保证滑模施工质量的关键,也是直接影响结构垂直度的一个重要因素。因此,必须随时观测,并采取有效的水平度控制与调平措施。

7.2.1.1 水平度的观测

在滑模开始滑升前,用水准仪对所有千斤顶的高度进行测量校平,并在各支承杆上以明显的标志划出水平基线。当滑模滑升后,不断以每 40 cm 的高程,在支承杆上从基线向上量划出水平尺寸线,以进行水平度的观测。以后每隔 3 m 高度再对滑模装置的水平度进行测量、检查与调整。

7.2.1.2 水平度的控制

水平度的控制主要是采取控制千斤顶的升差来实现,即采用限位调平法。限位调平法是在支承杆上按调平要求的水平尺寸线安装限位卡挡,并在液压千斤顶上增设限位装置。限位装置随千

斤顶向上爬升,当升到与限位卡挡相顶时,该千斤顶即停止爬升,起到自动限位的作用。滑模滑升过程中,每当千斤顶全部升至限位卡挡处一次,模板系统即可自动限位调平一次。而向上移动限位卡挡时,应认真逐个检查,保证其标高准确和安装牢固。

表1　单套滑模配备的主要施工机具设备

机具设备名称	型号	单位	数量	备注
液压滑模系统		套	1	
高架门机	MQ540/30	台	1	混凝土入仓设备
液压卧罐	3 m³	个	1	
自卸汽车	3 m³	台	4	混凝土运输设备
交流电焊机	22 kVA	台	2～3	
高频插入式振捣器	Φ150	套	2	混凝土振捣设备
软轴插入式振捣器	Φ50	套	3～5	
全站仪	徕卡	台	1	测量仪器
高压水泵		台	1	混凝土养护设备
柴油发电机	25 kW	台	1	备用电源

表2　滑模装置组装的允许偏差

内容		允许偏差（mm）
滑模装置中线与结构物轴线		3
主梁中线		2
连接梁、横梁中线		5
模板边线与结构物轴线	外露	5
	隐蔽	10
围圈位置	垂直方向	5
	水平方向	3
提升架垂直度		≤2
模板倾角度	上口	+0,－1
	下口	+2
千斤顶位置		5
圆模直径、方模边长		5
相邻模板的平整度		≤2
操作平台的水平度		10

7.2.2　滑模施工的垂直度控制

7.2.2.1　垂直度的观测

滑模施工时在闸墩门槽部位及墩头、墩尾位置各布置一套垂直观测设备。垂直度的观测设备采用导电线锤等,导电线锤是一个重约20 kg的钢铁线锤,线锤的尖端有一根导电触针,用直径为1.5 mm的细钢丝悬挂在平台下部,其上装有自动放长吊挂装置。施工时在滑模架上做好观测中点,并在闸墩底部混凝土面作好观测中点,用1.5 mm钢丝连接两点并张紧,在钢丝外套上一环形极板并固定在上围圈上,极板内径略小于规定的最大偏差,极数等于千斤顶的组数,将指示灯电源的负极焊接在钢丝上,每个指示灯一端接正板,另一端各接在一块极板上。指示灯安在控制台面上,极板中点与一组千斤顶中间一个在同一法线的,编上相同的号,每块极板上的指示灯在台面上编号亦与该极板相同。在调偏时,哪个指示灯亮,就将与它同号的千斤顶对面的那组千斤顶的油路关掉提升,直到所有的指示灯都不亮为止,这说明钢丝已不碰极板环的内孔边,即偏差小于规定值。同时每天用全站仪检测一次闸墩的体形。

7.2.2.2　垂直度的控制

在滑模施工中,影响垂直度的因素很多,例如:操作平台上的荷载分布不均匀,造成支承杆的负荷不一,致使结构向荷载大的一方倾斜;千斤顶产生升差后未及时调整,操作平台不能水平上升;操作平台的结构刚度差,使平台的水平度难以控制;浇筑混凝土时不均匀对称,发生偏移;支承杆布置不均匀或不垂直;以及滑升模板受风力等。为了控制垂直度,除应采取一些针对性的预防措施外,在施工中还应加强观测,发现水平偏移后及时采取纠偏措施。在纠正垂直度偏差时应徐缓进行,避免出现硬弯。

闸墩滑模一般都是左右对称的,所以左右飘移很小、上下方向飘移稍大,同时考虑各方面因素的影响,滑模的偏移还是客观存在的,根据施工经验,只要在千斤顶上加限位卡,每 40 cm 自动调平一次,可控制左右飘移值在允许范围之内;上下游方向飘移稍大,较难控制,所以需要施加外力纠偏,主要采用花篮螺杆和手拉葫芦拉模板或爬杆,以及采用千斤顶不均衡顶升等办法,其中以拉爬杆效果最明显,但较难控制,容易矫枉过正;拉模板施工难度较大;采用千斤顶不均衡顶升则引起高程不平;所以当偏移较小时采用千斤顶不均衡顶升法,易于控制且效果明显,但偏移超出 10 mm 时采用此法难以奏效且难以控制。宜采用拉模板或爬杆纠偏。在滑模液压系统设计里按每 8 个千斤顶编为一组,接分流阀分组控制,施工中易于采用不均衡顶升法调整滑模的偏移。采用不均衡顶升法调整纠正垂直度偏差时,操作平台的倾斜度应控制在 1% 之内。

7.3 施工中易产生的质量问题及其处理

7.3.1 支承杆弯曲

在滑模滑升过程中,支承杆加工或安装不直、脱空长度过长、操作平台上荷载不均及模板遇有障碍而硬性提升等原因,均可能造成支承杆失稳弯曲。施工中应随时检查、及时处理,以免造成严重的质量和安全事故。对于弯曲变形的支承杆,应立即停止该支承杆上千斤顶的工作,并立即卸荷,然后按弯曲部位和弯曲程度的不同采取加焊钢筋或斜支撑,弯曲严重时最好做切断处理,重新接入支承杆与下部支承杆焊接,将焊缝打磨平顺、光滑,并加焊斜支撑。

支承杆在混凝土内部发生的弯曲,从脱模后混凝土表面裂缝、外凸等现象,或根据支承杆突然产生较大幅度的下坠情况就可以检查出来。此时,应将弯曲处已破损的混凝土挖洞清除。在加焊绑条时,应保证必要的焊缝长度。支承杆加固后再支模补灌混凝土。

支承杆在混凝土外部易发生弯曲的部位,大多在混凝土上表面至千斤顶下卡头之间或预留孔洞等脱空处。

7.3.2 混凝土质量问题

7.3.2.1 混凝土水平裂缝或黏模

混凝土出现水平裂缝或黏模的原因有:模板严重倾斜;滑升速度慢或混凝土的初凝时间太短,使混凝土与模板黏结;模板表面不光洁,摩阻力太大。防止和解决的办法是:对于已出现的问题,细微裂缝可抹平压实;裂缝较大时,当被模板带起的混凝土脱模落下后,应立即将松散部分清除,并重新补上高一级强度等级的混凝土;由于混凝土的初凝时间太短导致黏模时,可以采取在不降低混凝土设计强度的前提下,优化混凝土的配合比,如在混凝土里增加缓凝剂或减水剂、适当提高混凝土的坍落度等,从而延长混凝土的初凝时间。

7.3.2.2 混凝土的局部坍塌

混凝土脱模时的局部坍塌,主要是由于在模板的初升阶段滑升过早、在正常滑升时速度过快、或混凝土没有严格按分层交圈的方法浇筑,使局部混凝土尚未凝固而造成的。对于已坍塌的混凝土应及时清除干净,补上高一级强度等级的干硬性细石混凝土。

7.3.2.3 混凝土表面外凸

由于模板的倾斜度过大或模板下部刚度不足;单层混凝土浇筑厚度过大或振捣混凝土的侧压力过大,致使模板外凸。处理措施是调整模板倾斜度,加强模板刚度;控制每层的浇筑厚度,及尽量采用振动力较小的振捣器。

8 安全措施

闸墩滑模施工为高空作业,施工工序多,施工安全隐患较多,交叉作业时有发生,为做好安全生产、文明施工,需做好以下安全防范措施:

(1)严格遵守国家有关安全管理方面的各项法律法规,根据工程结构和施工特点以及施工环境、气候等条件编制滑模施工专项安全技术措施,并确保措施的落实。

(2)成立滑模施工安全领导小组,配备专职安全检查员,监督全体施工人员严格执行安全操作规程,施工人员必须服从统一指挥,不得擅自操作液压设备和机械设备。

(3)对参加滑模工程施工的人员,必须进行培训和教育,使其了解本工程滑模施工特点,熟悉规范的有关条文和本岗位的安全技术操作规程及环保规定,并通过考核合格后方能上岗工作。主要施工人员应相对固定。

(4)滑模开始滑升前,应由设计、技术、质量、安全等人员对各系统进行全面的质量、安全、可靠性、稳定性检查验收,符合设计及有关规范要求后,方可投入使用。

(5)滑模施工中应经常与当地气象台、站取得联系,遇到雷雨、六级和六级以上大风时,必须停止施工。停工前做好停滑措施,操作平台上人员撤离前,应对设备、机具、零散材料、可移动的铺板等进行整理、固定并做好防护,全部人员撤离后立即切断通向操作平台的供电电源。

(6)滑模施工中的防雷装置,应符合《建筑防雷设计规范》的要求。

(7)凡患有高血压、心脏病、贫血、癫痫病等不适应高空作业疾病的坚决不能上操作平台。

(8)在施工的建筑物周围划出施工危险警戒区,并应采取有效的安全防护措施。

(9)滑模施工场地应有足够的照明,操作平台上的照明采用 36 V 低压电灯。

(10)滑模滑升到一定高程后,设置可靠的楼梯供施工人员上下,同时在操作平台上安装安全防护设施。

(11)滑模施工中,材料和工器具等应严格按要求分散堆载,平台不得超载且不应出现不均匀堆载的现象。

(12)滑模装置拆除时,必须编制详细的施工方案,明确拆除的内容、方法、程序、安全措施及指挥人员的职责等,并经批准后,方可实施。

(13)认真落实“三工制度”中安全交底、安全过程控制、安全讲评制度。

9 环保措施

(1)成立专门的施工环境卫生管理机构,在工程施工过程中严格遵守国家和地方政府下发的有关环境保护的法律、法规和规章,加强对施工燃油、工程材料、设备、废水、生产生活垃圾、弃渣的控制和治理,严格执行有关防火及废弃物处理的规章制度。

(2)主动与当地环保部门取得联系,接受环保部门的监督管理。

(3)将施工场地和作业限制在工程建设允许范围内,合理布置、规范围挡,做到标牌清楚、齐全,各种标识醒目,施工现场整洁文明。

10 经济效益分析

滑模施工是一种机械化程度较高的混凝土结构工程连续成型工艺,与传统施工方法相比,这种施工工艺施工速度快、机械化程度高,能够大大缩短工程建设工期;另外,这种施工工艺可节省大量的拉筋、架子及模板和一些周转材料,施工安全可靠,综合效益明显。

11 工程实例

11.1 广西长洲水利枢纽船闸工程

广西长洲水利枢纽船闸工程中的冲砂闸闸墩,由于闸墩体形截面小、断面体形复杂、闸墩高度高等特点,按照常规立模施工方法施工工期长,无法满足工期要求。为了加快施工进度,采用了滑模施工技术。冲砂闸闸墩可利用滑模施工的断面尺寸为:20 m(长)×4 m(宽)×29.9 m(高),其中上、下游均为圆弧段,上部设有牛腿,左右两侧均设有检修门槽和工作门槽,混凝土设计强度等级为

C20 三级配。冲砂闸闸墩采用滑模施工,从闸墩底部 8 m 高程滑升到闸墩顶部 37.9 m 高程只用了 10 d 时间,若采用散装模板施工则约需 1 个月的时间,大大缩短了施工工期。

11.2　辽宁三湾水利枢纽工程

辽宁三湾水利枢纽工程,坝体为混凝土重力坝,17 孔泄洪闸,18 个闸墩。墩混凝土浇筑采用滑模施工从 10.5 m 至 23.79 m 高程,闸墩的检修闸门槽由于为平直结构、金结预埋件为钢锚板,检修闸门槽采用钢模板与滑模一起整滑升,工作门槽为弧形门槽施工采用木模板,工作门槽木模提前定做成型在滑模滑升过程中进行安装。滑模施工在三湾工程应用中取得了较好的效果,在工程工期紧、任务重的情况下,利用液压滑模进行闸墩施工,一个闸墩滑模安拆和施工只用时 8 d,大大缩短了工期、提高了施工效率、保证了工程质量,得到业主、监理的好评。

(主要完成人:于　涛　王舜立　张轩庄　岳　耕　敖利军)

振动沉模防渗板墙施工工法

中国水电建设集团十五工程局有限公司

1 前 言

20 世纪 90 年代初,国家加大了对堤防和病险水库治理的投入力度,尤其是 1998 年大洪水之后,治理力度进一步加强,多种薄型或超薄型地下连续墙成槽机械应运而生,在堤防建设中发挥了重要作用。

江苏二河水利枢纽新泄洪闸基底部有一层黄绿色轻粉质沙壤土,夹杂大量粉沙,渗透性较强,分布高程在 1.83 ~ -0.2 m,为了消除这一渗透通道,原设计在闸室和左、右岸墙上游端布设 Φ800 mm 高压旋喷防渗墙进行垂直防渗,鉴于二河闸开工时间比原计划推迟 2 个月,要确保二河闸 2002 年 5 月底具备度汛条件,中国水电建设集团十五局通过专家咨询论证采用振动沉模防渗板墙双模板施工技术,并对该设备进行了相应的技术改造。工程实践证明,该技术不仅施工进度快,节省工程投资,而且防渗效果好。本工法就是在此基础上编制而成的。

2 工法特点

采用振动沉模施工的防渗板墙墙体质量好,连续性可靠;成型墙体宽度在 8 ~ 30 cm,属于薄连续墙,工程成本低;施工工效高,单套设备日作业量可达 300 m²。

3 适用范围

本工法主要应用于江河、水库、湖泊、堤坝软基垂直防渗加固工程,适宜于沙、沙性土、流沙、黏性土、淤泥质土及小粒径薄层砂卵石地层施工,造墙深度 20 m 左右,适宜墙厚 8 ~ 20 cm,最厚达 30 cm。

4 工艺原理

振动沉模工艺原理是将步履式桩机架设在导轨上,利用打桩机提吊大功率、高频率振动锤带动薄壁 H 型空腹模板完成造槽、护壁、灌注浆液、形成单元防渗板体。

5 施工工艺流程及操作要点

5.1 施工工艺流程

本工法施工工艺流程为:施工准备→模板就位→振动沉模→灌浆提升和注浆→再沉 A 模→连续作业成墙。

5.2 操作要点

5.2.1 施工准备

振动沉模防渗板墙施工机械设备自重约 40 t,对路基的承载力要求相对较高。为了保证防渗板墙墙体施工质量和机械设备的安全,先期进行施工降排水,并对基面进行整平、碾压,形成振动沉模防渗板墙施工平台,然后沿轴线方向从右向左依次分段开挖导向槽(储浆槽),尺寸为 60 cm×50 cm,并在距施工轴线上、下游 5 m 处布设导轨。

5.2.2 模板就位

机架调平后将 A 模板对准孔位,板刃轻放置于施工轴线上,再利用测斜装置调整桩机立柱及模板的垂直度。

5.2.3 振动沉模

(1)启动振锤,将 A 模板沿施工轴线振动沉入设计深度,A 模板称为先导模板,起定位、导向作用。

(2)将 B 模板紧靠 A 模板,沿导向装置振动沉入地层,达到设计深度。B 模板为前接模板,以延长防渗板墙长度。

5.2.4 模板提升和注浆

采用液压夹头夹住 A 模板,随即向 A 模板空腹内灌满浆液,边振动、边提升、边注浆,直至 A 模板拔出地面,浆液注满槽孔,即形成一块密实的单板体。将 A 模板向前移动紧靠 B 模板,并沿 B 模板导向装置振动沉入地层至设计深度;同时,B 模板内注满浆液,再将桩机回移至 B 模板位置,边提升、边注浆,则形成与前单板体紧密连接的又一块板墙体。

5.2.5 再沉 A 模

当 A 模板灌浆拔升至地面后,移至 B 模板前沿沉模,这时 B 模板就起到定位、导向作用。此时,A 模板为前接模板,起到延长板墙的作用,A、B 两模板相互轮流起定位导向作用。

5.2.6 A、B 模板位置轮流互换

重复以上工序,即完成振动沉模防渗板墙施工,具体如图 1 所示。

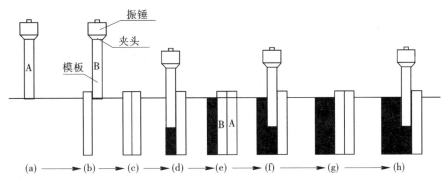

图 1 振动沉模防渗板墙施工示意图

5.3 施工工艺的改进

针对振动沉模施工中普遍存在的"板体表面与土体的接触面积大,降低了施工工效"等设备缺陷,我们在专家论证的基础上,要求厂家在设备进场施工前对原模板及辅助设备进行了相应技术改造,最终使得振动沉模施工工效由原来的 80~100 m²/d 提高到 120~180 m²/d,并且防渗板墙的连续性得到了有效保证,通过检测各类技术指标均满足设计要求。

5.3.1 模板的改进

板体原模板为 12 cm 厚的通长矩形体,在沉模施工过程中,板体表面与土体的接触面积过大,降低了施工工效,而且无法满足 30 cm 的成墙厚度要求,经过改进后的模板是两个矩形体的组合体,上端是 28 cm 厚的通长矩形板体,下端是 30 cm 厚的板头,施工过程中,与土体接触只有下端板头的表面,大大减小了沉模过程的摩擦力,提高了沉模工效。

5.3.2 注水管的改进

如何使水注入孔底软化土层,并在模板上部与土层之间形成一层水膜,是该工艺的施工难点。施工中将原模板板体内的注水管改为板体外管注水,并在直通板尖处设置一个喷嘴,然后在板头横向另打一个过水通道,通过板头活门侧面将水流引入板头另一侧。这样,沉模注水能可靠地注入孔底,大大减少了设备维修时间,提高了施工工效。

6 材料与设备

本工法采用的机具设备及人员配备见表1。

表1 机具设备及人员配备

分类	名称	规格型号	功率(kW)	设备数量	配备人员(人)
沉模系统	步履式桩机	DJB25	44	1	4
	振锤	DZ90A	90	1	2
	液压夹头	DZ90		1	2
	空腹模板	0.30×0.656×20		2	2
灌注系统	搅拌机	YS-340	5.5×2	2	12
	注浆泵	4SNS	15×2	2	4

振动沉模防渗板墙双模板施工工艺参数见表2。

7 质量控制

7.1 工程质量控制标准

7.1.1 控制标准

振动沉模防渗板墙施工质量执行水利及基础处理工程施工质量及验收规范和其他相关规定。

7.1.2 施工质量要求

(1)振动沉模防渗板墙墙体垂直度偏差≤0.3%;

(2)主桩中心与施工轴线偏差≤±5.0 cm,倾斜度偏移值≤0.2%;

(3)模板就位倾斜度≤0.2%,就位位置与施工轴线偏差≤±1.0 cm;

(4)振动沉模下沉深度与设计深度偏差≤±5.0 cm;

(5)浆料灌注充盈系数应大于1.1,稠度为10～12。

表2 振动沉模板墙双模板施工工艺参数

	参数	数值
振锤	激振力(kN)	570
	振频(次/min)	1 050
模板	宽度(m)	0.656
	厚度(cm)	30
	提速(m/min)	1～2
注浆泵	压力(MPa)	4
	流量(L/min)	140～200
搅拌机	制浆量(L/min)	200

7.2 质量控制措施

施工质量控制措施主要分为施工过程控制和施工结束后检查。

7.2.1 施工过程控制

(1)材料:采用普通硅酸盐 P.O.42.5 袋装水泥,采用Ⅰ级粉煤灰,采用中细砂,细度模数为2.2左右。

(2)墙体垂直度主要通过架设经纬仪配合锤球控制桩机立柱、模板的倾斜度,确保成墙的连续性。

(3)墙体深度检查通过水准仪测量沉入地层模板顶高程推算出墙底高程,使之满足设计高程-2.0 cm的偏差要求。

7.2.2 施工结束后检查

(1)开挖检查:在现场监理的指示下,随机开挖一段进行质量检查。

(2)墙体取样室内检测。

(3)围井注水试验:在防渗墙的不同位置作两个围井,进行围井注水试验。

(4)高密度电阻率层析成像探测:利用测点采集数据后,利用 Surfer 软件包绘制出每条测线的电阻率断面图,通过断面图分析研究得出相关结论。

8 安全措施

(1)认真贯彻"安全第一,预防为主"的方针,根据国家有关规定、条例,结合施工单位实际情况和工程的具体特点,组成专职安全员和班组兼职安全员以及工地安全用电负责人参加的安全生产管理网络,执行安全生产责任制,明确各级人员的职责,抓好工程的安全生产。

(2)施工现场按符合防火、防风、防雷、防洪、防触电等安全规定及安全施工要求进行布置,并完善布置各种安全标识。

(3)各类房屋、库房、料场等的消防安全距离做到符合公安部门的规定,室内不堆放易燃品;严禁在木材加工场、料库等处吸烟;随时清除现场的易燃杂物;不在有火种的场所或其近旁堆放生产物资。

(4)氧气瓶与乙炔瓶隔离存放,严格保证氧气瓶不沾染油脂,乙炔发生器有防止回火的安全装置。

(5)施工现场的临时用电严格按照《施工现场临时用电安全技术规范》的有关规定执行。

(6)电缆线路采用"三相五线"接线方式,电气设备和电气线路必须绝缘良好,场内架设的电力线路其悬挂高度和线间距除按安全规定要求进行外,将其布置在专用电杆上。

(7)施工现场使用的手持照明灯使用 36 V 的安全电压。

(8)室内配电柜、配电箱前要有绝缘垫,并安装漏电保护装置。

(9)建立完善的施工安全保证体系,加强施工作业中的安全检查,确保作业标准化、规范化。

9 环保措施

(1)成立对应的施工环境卫生管理机构,在工程施工过程中严格遵守国家和地方政府下发的有关环境保护的法律、法规和规章,加强对施工燃油、工程材料、设备、废水、生产生活垃圾、弃渣的控制和治理,遵守有防火及废弃物处理的规章制度,做好交通环境疏导,充分满足便民要求,认真接受城市交通管理,随时接受相关单位的监督检查。

(2)将施工场地和作业限制在工程建设允许的范围内,合理布置、规范围挡,做到标牌清楚、齐全,各种标识醒目,施工场地整洁文明。

(3)对施工中可能影响到的各种公共设施制定可靠的防止损坏和移位的实施措施,加强实施中的监测、应对和验证。同时,将相关方案和要求向全体施工人员详细交底。

(4)设立专用排浆沟、集浆坑,对废浆、污水进行集中,认真做好无害化处理,从根本上防止施工废浆乱流。

(5)定期清运沉淀泥砂,做好泥砂、弃渣及其他工程材料运输过程中的防散落与沿途污染措施,废水除按环境卫生指标进行处理达标外,按当地环保部门要求的指定地点排放。弃渣及其他工程废弃物按工程建设指定的地点和方案进行合理堆放和处治。

(6)优先选用先进的环保机械,尽可能避免夜间施工。

(7)对施工场地道路进行硬化,并在晴天经常对施工通行道路进行洒水,防止尘土飞扬,污染周围环境。

10 效益分析

振动沉模防渗板墙施工是一项新技术、新工艺,2002 年以前国家没有正式的有关振动沉模防渗板墙施工费用编制办法,我局在施工中根据工程的施工特点、施工机械设备、施工工艺等并结合省、部颁的相关定额对工程费用组成进行了分析估算,并结合江苏二河水利枢组振动沉模防渗板墙施工实际编制了 30 cm 厚的振动沉模施工定额(水利部补充定额中无 30 cm 厚的振动成模防渗板墙预算定额）。

二河枢纽工程新泄洪闸振动沉模防渗板墙施工机械台班费（补充）及费用构成、取费标准见表3、表4。

表3 施工机械台班费（补充）汇总

机械名称及规格	台班费	一类费用	二类费用			
			人工费		电费	
	元	元	工日	费用	数量（度）	费用
步履式振动沉模桩机	2 538.89	816.65	4	107.64	897	1 614.6
振动沉模模板	128.45	81.11	47.34			

注：人工每工日按26.91元、自发电按1.80元/kWh进行计价。

表4 基础资料汇总

编号	名称及规格	单位	预算价格（元）	编号	名称及规格	单位	预算价格（元）
一	人工费	工日	4	三	汽车吊15 t	台班	0.1
	材料费				强制式混凝土搅拌机0.5 m³	台班	1.0
	板枋材	m³	0.2		混凝土输送泵30 m³/h	台班	1.0
	混凝土	依据施工配合比计算			柱塞水泵10 kW	台班	1.0
二	高压胶管76 mm	m	4		潜水泵2.2 kW	台班	1.0
	高压胶管63 mm	m	4		电焊机32 kW	台班	0.2
	低压胶管	m	6		污水泵4 kW	台班	1.0
	电焊条	kg	15		取费标准		
	水	m³	50	四	其他费用率	%	5
	机械使用费				其他直接费率	%	2.5
三	步履式振动沉模桩机	台班	1.0		现场经费率	%	8
	模板	台班	1.0		间接费率	%	8
	汽车2.5 t	台班	1.0		计划利润	%	7
	载重汽车5.0 t	台班	1.0		税金	%	3.22

注：定额单位100 m²（墙厚≥17 cm），其他费率基数为人工费、材料费、机械使用费之和。

江苏二河枢纽新泄洪闸振动沉模防渗板墙为设计修改后的新增项目，实际完成的主要工程量为：板墙成槽150.32 m，板墙混凝土浇筑159.34 m³，墙顶凿除45 m³，墙顶混凝土9.02 m³，总投资28.39万元，其费用分析见表5。

表5 振动沉模防渗板墙费用分析

项目名称	人工费	材料费	机械费	其他直接费	现场经费	间接费	计划利润	税金
项目总费用（万元）	28.39							
费用合计（万元）	1.56	13.4	7.67	0.28	1.28	1.70	1.62	0.88
占总费用百分比（%）	5.5	47.2	27	1	4.5	6	5.7	3.1

江苏二河新泄洪闸采用这一新技术后,实际完成总投资仅为 28.39 万元,比原设计高压旋喷防渗墙工程总造价 90.24 万元节省了 61.85 万元,同时加快了施工进度(高压旋喷防渗墙施工需 75 d,采用振动沉模防渗墙后,仅用 45 d),确保了闸室混凝土按期开仓浇筑和 2002 年 5 月底度汛目标的顺利实现。

11 应用实例

淮河入海水道近期工程二河枢纽工程位于入海水道与分淮入沂河道交汇处,该工程地质报告查明:在闸室建基面底部有一层黄绿色轻粉质砂壤土,夹杂大量粉砂,渗透性较强,分布高程在 1.83 ~ -0.2 m,为了消除这一渗透通道,保证基础防渗的有效性,在闸室和左、右岸墙上游端布设振动沉模防渗板墙(原设计为高压旋喷防渗墙)进行垂直防渗,水平防渗则采用上游布设铺盖、下游设置排水孔,防渗长度由铺盖和闸室底板组成。

二河枢纽工程新泄洪闸振动沉模防渗板墙轴线全长 150.32 m,墙顶高程 3.3 m,底部高程 -2.0 m,成墙面积 796.7 m²,墙厚 0.3 m,其设计技术要求如下:

材料:水泥采用普通硅酸盐水泥,强度等级 32.5 级;粉煤灰要求 II 级灰以上;砂为中细砂;沥青采用建筑沥青 10 号。

墙体主要技术指标:抗压强度 ≥7 MPa;渗透系数 ≤2×10⁻⁷ cm/s;混凝土设计强度等级:C20。

工程实践表明:该施工方法具有技术先进、质量可靠、工效高(每台班最大可造墙 200 m²)、造价便宜等特点,避免了传统工法烦琐的施工工序,值得在水利工程基础处理施工项目中推广和应用。

(**主要完成人**:何小雄 杜立红 乔 勇 梁红艳)

滨海河口钢构架围堰施工工法

浙江省第一水电建设集团有限公司

1 前 言

滨海相河口围堰主要建基于淤质、液态河床上,这类围堰的主要特点是基底不稳和坐基条件差,同时筑堰和运行期间受潮汐影响较大,筑堰前期泥质含水量大等。由于对上述特点认识不足和操作不当而致使塌堰、倾覆和侧移等案例发生较多。滨海相河口的低围堰一般有两种类型,一是采用土工袋护面,内充泥质滩涂料,形成一道低水头土坝挡水,这种类型的围堰施工简单,但因断面较大、工期较长,施工费用较高;第二种是钢板桩围堰,在两道连续的钢板桩中充填粉砂质黏土或泥质滩涂料,这种类型的围堰断面较小,工期相对较短,但耗钢量大,摊销成本较高。我们经过逐步探索,不断研究和实践,集合两种围堰类型的优点设计,采用外连续的型钢形成围堰骨架,外堆镇压体,内衬弹性排水体与土工布,中间填充泥质滩涂料形成的临时挡水结构,即钢构架围堰,经过多个工程的实践应用,其施工方法已基本成熟,并在所应用的工程中取得了良好效果。通过施工过程中对钢构架围堰的探索、研究和实践,总结并形成了钢构架围堰施工工法。

2 工法特点

(1)结构简单,受力明确,整体性好。

(2)施工工期短,能就地取材,造价较低,钢构架材料可重复利用。

3 适用范围

本工法适用于受潮汐影响之滨海河口地段的码头、水闸、防护堤等潮位变化大,流速低于 1.2 m/s 且高度在 10 m 以内的施工围堰。

4 工艺原理

4.1 筑堰机理

由围堰围护的结构构成堰体结构外形,用淤质黏土填充筑堰,潮位线以上可直接用泥土筑堰;在潮位线变化区间可利用淤质、黏土的泌水不可逆性,利用堰体自重挤压自稳,使得堰体定型后,形成淤质土含水量小于 16% ~20%(根据土体试验所定之最佳含水量)的密实整体,从而形成"田埂、土堤"效应,使其在自稳定性、不透水性、抗浸泡和降低管涌扩张等方面发生质的改变。

4.2 围堰纵向结构

围堰纵向结构多由主堰和两侧的延伸段的次要围堰(也称子围堰)组成。围堰断面结构由主体围堰围护结构、填充体、镇压体和排水结构等组成。

(1)围护结构:通常采用钢管桩、钢板桩、木桩和围檩及拉结结构等造成,用于框定围堰的断面,锁定填充体的大小,这部分施工是筑堰的难点(见图1)。

(2)填充体:采用堰址附近泥质滩涂料,取料前应做好土样分析,确定筑填时的含水量及成堰后的最佳含水量,要求淤质、粉细颗粒含量不低于 65%。透水可逆性比大,有较好的防渗性和自稳定性是筑堰填充体的首要条件。通过一次筑堰,二次补浆密实加固,形成不透水的"田埂"阻水体。

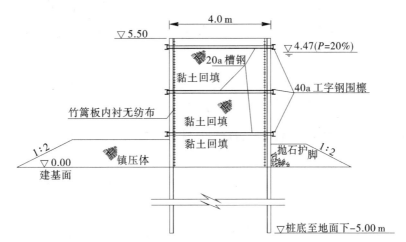

图1 围堰结构示意图

（3）镇压体：初步选定镇压材料后，通过镇压计算（基底承载力）和施工平面、竖向布置确定镇压尺寸。镇压分为堰后镇压和堰前护脚两种形式，所用材料可为碎石混合料、建筑垃圾和填充管、袋等。施工顺序在主堰修筑后镇压，也可在主堰修筑前以施工通道形式进行，要视现场情况主动应变。

（4）排水体：主要用于筑堰结构土体结构泌水，增加堰体强度、刚度和阻水性，可由镇压体形成排水体，当镇压体为充泥管袋类弱透水材料时，可利用排水板及其他透水性材料单独建构排水体。排水是堰体的加强过程，也是堰体形成的时间速率的标尺，过快可能导致堰体变形，过慢对临近汛期会造成结构隐患。

4.3 潮汐变化

由于滨海潮汐变化，对于围堰主体的自然脱水，起到脉动、吸脱和反闭作用，有利于堰体整体性的形成，还可利用潮汐间歇进行堰体加固（结构、补浆）提供时间余度。

5 工艺流程及操作要点

5.1 工艺流程

工艺流程见图2。

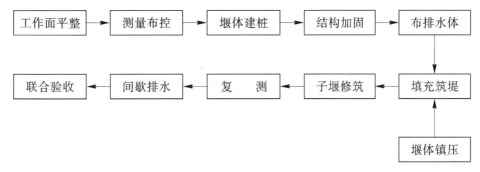

图2 工艺流程

5.2 操作要点

5.2.1 工作面平整

施工前，将筑堰区域利用液压挖掘机（8 mm钢板铺底）进行表层清理，按规划修筑施工道路；水上作业利用涨潮期清理筑堰河道或施工区域。准备出每个潮汐循环所备用筑堰材料的场地面积，动力设备、电力、照明等使之符合施工设计要求。

堰体基底边轮廓线要清至淤泥质,为防止垃圾等非泥质回流基底可采用较好泥土换填。

两侧镇压体清理以方便测量布控和施工即可,有苇丛、杂木等可就地沿垂直堰体轴线方向平铺或简单覆盖,既减少了清淤量,同时改善镇压体底部排水。

基底清理机械手要熟悉本职操作、熟知潮汐规律,进作业区前要预知迅速驾离作业区的路线和撤离的时间。

5.2.2 测量布控

测量人员按设计图纸放样,依照专项设计的点、线放出各点位置,主要点位予以编号,标识要醒目准确。

在河口堰端设置吊线桩和保护桩,两岸均需设立由于断线、二次接线的抛投装置。吊线有醒目的标桩绳标,在施工区边缘要设立便于观察且不妨碍施工的水位标尺。

5.2.3 堰体建桩

根据专项设计选定建桩材料(钢管、型钢和松木桩)和施打方式(沉桩机、反铲和打桩船),按照设计点位沉桩。

推选水上(船沉桩)建桩以利于保证桩位质量。陆相机械沉桩易产生桩位位移或造成邻近桩位移。船沉可分次沉桩分次定位加固,陆沉也可逐根沉打加固,逐渐加大结构体刚度。挖掘机开始操作时,动作(击打、行走和变位)幅度宜小,基底稳定后渐次加大。

沉桩管内注入粗砂,以加强沉管桩的重度、耐击打性和竖向刚度。

5.2.4 围堰框架加固

将围堰沉桩、水平梁、拉结梁进行整体式加固。选用工字钢做水平维护梁,采用槽钢或螺纹钢为拉结梁,焊接或螺栓连接,确保主体构架刚度稳定。

水平梁既是加固梁也是堰体尺寸规制梁,可采用分次加固、量定,也可分点定位水平梁内插沉桩。后插桩可采用临时定位环(定于水平梁上)定向沉放、击打。

加固横向拉杆和斜向拉杆要及时跟进,拉撑结构不得使用柔性材料,如钢丝绳等。

5.2.5 围堰内衬

围堰框架经确认加固后,选用毛竹片沿沉桩内缘固定,两片毛竹片之间搭接不少于 5.0 cm,内衬土工布,与毛竹片形成维护反滤体。

毛竹片由下至上顺序铺设,上片内叠压下片,用铅丝绑牢。沉桩表面每 50 cm 长点焊不少于 2 个定位圈(利于铅丝绑扎),便于毛竹片绑扎。

土工布用钢筋绑丝缝制于毛竹片上,每平方米不少于 16 个点。

5.2.6 围堰填充

利用挖掘机填充堰体,采用中心填充法,土体自然或机械轻压密实,填筑速度不宜过快,避免由于基底承载在加强形成过程中造成结构失稳。填筑前,在熟悉填筑料理化指标的同时,需对填筑料的含水量液限、塑限进行测定,二次修订填筑速度。

水力冲填由于淤泥冲填沉积、滤水时间较长,要经历几个冲填、沉积过程,每次加载不宜高于堰体高的 20%。优点是密实度易于保证,且堰体结构受力均匀。缺点是功效相对较低。

堰体填筑超高,根据经验,当成堰稳定 3 d 后,一次加填超高堰体高度的 10% 作为沉陷余量。

5.2.7 堰体镇压

可在堰体填充过程中同步进行堰体镇压,亦可沉桩前先形成镇压体,作为施工道路的一部分,镇压体基底部做好排水结构;作为保护性结构,镇压体要具有透水性(下部)和持力稳定性(表、上部刚度)好的特点。

镇压体施工的重点在于堰体填筑和镇压的协同并进,而加载和镇压的初始阶段往往出现变形。日加载高度不宜大于 0.75 m,堰体高 3.0 m 后,日加载可达 1.5 m 直至成堰。

5.2.8 子堰修筑

由于子堰建基多受潮水影响较小,高度均在 3.0 m 左右,可直接采用淤土修建,迎水面采用袋装淤土镇压即可。

5.2.9 围堰复测

围堰形成后,设定观测点,15 d 内每天观测一次,第二个 15 d 每 3 d 观测一次,以后可每 10 d 复测一次。

5.2.10 补浆

堰体成型后,伴随堰体含水量的减少,出现下沉、局部开裂等常规现象,可派专人进行潮后补浆(隔 3 d 补浆一次,持续 3 次),其水、泥(原址淤泥)比为 1:0.5。每天补浆量为 50 kg/10 m² 断面,洪汛来临前半个月补浆不少于 3 次。

内部补浆采用机械沉压 42 mm 钢管,间距 1 000 mm,拔管后注浆。外部注浆可沿堰体侧壁土工布内缘自然流淌,注满即可。

6 材料与设备

6.1 材料

(1)土料:应满足《水利水电工程施工组织设计规范》(SL 303—2004)的相关要求。含砂粉质黏土塑限 ω_p<18.5%,黏土 ω_p<20.0%,淤泥质黏土 ω_p<20.0%,淤泥 ω_p<28.0%。

若基底承载力及排水较好,塑限还可适度放宽。

(2)含水量控制:应控制在 30% 以内,以保证堰体的整体、密实和抗渗性。

(3)维护材料:毛竹片应具有一定韧性和强度,土工布抗拉和稳定性好,不易破损。

(4)钢管:围堰高度小于 5.0 m,可选用 φ219(壁厚 6 mm)钢管;围堰高度大于 5.0 m,选用 φ219(壁厚 8 mm)钢管。围堰填筑前进行管内充砂,围堰拆除后水冲透管。钢管间距以 50.0 cm 为宜。

(5)型钢:工字钢应由计算选用,通常采用工 20 b;拉结采用槽钢或螺纹钢(φ20)。

(6)松木桩:小河道(跨度<20 m)、短期围堰,可采用密排松木桩绑扎围拢筑堰,维护采用槽钢和螺纹钢(环)加固,不宜采用铅丝和钢丝绳捆绑加固。

(7)镇压体:采用碎石混合料或袋装土镇压,袋装土镇压应破袋泌水。

(8)排水材料:碎石混合料、苇草铺底等。

6.2 设备

主要施工设备见表 1。

表 1 主要施工设备

设备名称	挖掘机(CAT320)	打桩船	自卸车(10T)	电焊机(X422)	测量、仪器、罗盘	排水设备
数 量	3 台套	2 台套	2 台	1 台	5 台套	4 台套

注:1.挖掘机数量需考虑土体送料传递;测量设备包含自制量具。

2.设备数量根据专项施工方案进行调整,挖掘机、自卸汽车型号为施工参照选用。

6.3 劳动力组织

由项目经理对围堰施工进行现场组织和过程负责,项目总工做技术交底和安全布置。由施工员、作业班长组成作业队,同时应配备电工、机修工、测量工等联合作业。

作业队队长(可由施工员担任)要根据施工工艺和方法合理安排流水作业,对施工作业面做到测量标识清晰、地质资料翔实,作业物资准备充分。施工人员投入见表 2。

表2　施工人员投入

工种	管理	技术	测量工	挖机工	船工	沉桩工	电工	焊工	普工	合计
人数(人)	2	3	3	7	2	2	2	2	4	27

注:该表应根据具体围堰施工的专项施工方案确定。

7　质量措施

根据围堰所服务对象和应用条件的不同,就围堰的安全性、抗渗性和运行、回收等因素,堰体施工应达到以下技术要求。

(1)填充体的饱和密实度不小于95%,其整体性决定了堰体的抵抗外力能力和抗渗性。含水量减少出现堰体干裂时,采用喷水、振压(重振轻压)堰体以加大堰体密实度。

(2)堰体修筑过程中堰体上部变形大于2%堰高时,应停止加载。在分析变形原因后二次加固,再依次加载。如下部出现滑移,进行堰内减载(挖出或水冲泵出),然后调整加固。

(3)围堰出现渗漏,可采用出水点逆方向压水判断漏源点法,在迎水面封阻闭气。

(4)在编制可行和批准的专项技术方案后,应做到技术、安全交底充分;筑堰材料符合技术要求,且储备充足;施工过程严谨有序,确保每个潮位循环的作业量到位,尾潮保护有效。

(5)堰体框架结构制作安装:

①按时填写各种施工记录,并与施工进度同步进行(不可做回忆记录),确保填写及时,内容完整、规范,数据真实、准确。

②严格按施工工序和工艺进行检查验收。由施工技术人员进行工序质量预检。

(6)土方工程质量控制:

①施工前制定详细的基坑导流及围护方案,报工程监理审批后实施。

②土方开挖时做好施工测量工作,严格控制围堰开挖边坡坡度,坡面采取必要的防护措施。

③做好围堰施工内的排水,设置集水井;筑堰时应防止基础面积水,以控制围堰的稳定性。

④堰体严格控制填筑层厚度,填筑前做好碾压试验,施工时严格按参数进行控制。填筑层与层之间要求按设计及规范要求进行施工。

8　安全措施

8.1　安全防范重点

根据以往施工经验,本工程安全防范重点有如下几个方面:①电气安全;②机械及交通安全;③防落水事故。

8.1.1　电气安全

(1)一切电器设备、架空线路等安拆工作,必须由持证且熟悉电气操作的人员进行,任何其他人员一律不得擅自安拆。严禁各电路、分电、分器设备等超标用电,以杜绝由于超负荷引起的各种安全事故。

(2)露天的配电箱其箱底离地面应符合规范要求(60 cm),装置牢固,配电箱应有防雨、防雷和漏电保护装置,金属外壳必须接地装置,经常检查电器设备和线路,尤其是移动性电缆线,经检查无损伤后方可使用,在使用时也应注意保护,电器设备如闸刀、开关、插座、漏电保护装置等有损坏或失灵的必须停止使用,待修整后方可使用。

8.1.2　机械及交通安全

(1)各种机械设备操作人员必须持证上岗,按操作规程进行操作,严禁无证操作,且要定机定人操作。辅助作业人员必须经安全技术培训后才能上岗。

（2）大型机械起重机、沉桩船舶等各制动器、离合器动作要灵敏可靠,各种仪表完好,机械连接件必须紧固,油路系统需正常,钢丝绳规格、强度符合要求,吊环、吊钩无裂纹、变形、破旧,织补焊磨损不超标,灯光、喇叭、雨刷、倒车镜等需完整无损。

（3）起重吊装作业时要有专人统一指挥,操作前对各种工具、设备,特别是钢丝绳进行仔细检查,并进行试运行,严禁起重臂下站人。

（4）在施工道路上设置安全标志,夜间施工要求在道路两侧设警示红灯。

（5）遵守有关规范,在施工中按本地港航部门的有关规定,日夜显示工作信号,航行船舶应加强瞭望,注意过往船只,保持通信畅通,加强联系,做到早让、宽让,确保航行的安全。操作人员配备符合标准的适任证书。

8.1.3 落水防范措施

施工期间车辆及船舶较多,穿插频繁,项目部必须作好安全防范措施,防止发生船舶的碰撞、人员落水事故。

8.2 安全验收

（1）所有进场设备、材料证件齐全,人员持证上岗。

（2）所有工艺过程进行安全技术交底。

（3）基坑排水。排水速度与外江潮位差不宜过大,通常保持在50.00 cm左右为宜。

（4）前道工序未履行验收,不得进行下道工序。

8.3 安全应急措施

（1）施工前,对全体员工进行安全生产教育,落实安全生产责任制。

（2）对每个施工步骤分别进行安全技术交底,形成书面文档。

（3）建立围堰巡查制度,固定检查班次,如遇有险情及时报告,并根据险情现状,决定当班当事人是否具备处理现场险情的能力。

（4）当围堰出现较大沉降变形时,用块石进行镇压,局部加设混合料块石抗滑桩,并及时补充填筑土方,确保围堰稳定,且标高达到设计要求。

（5）当围堰出现大面积渗水时,应及时撤出基坑内人员、设备,并加强围堰内排水强度,对该段围堰回填土进行二次压实。

（6）将根据运行情况,在基坑内设置编织袋加强镇压,确保围堰稳定,同时在围堰外侧铺一道编织布,用袋装土压脚,然后填筑土方,加大围堰断面。围堰加固后及时排干坑内积水,恢复施工。

（7）施工人员的人身安全高于一切,如发生危及人身安全的情况时,现场人员在行使紧急避险权确保人员生命安全的前提下,及时向上级有关领导部门报告事故情况,并采取必要的应急救援措施。

9 环保措施

9.1 生态保护措施

（1）加强对作业人员的环保意识教育,控制填筑料流失,减少筑堰对河道的污染。

（2）筑堰材料应及时收集清理,如数退库,保持工完场清。

（3）施工过程中,确保各种机械完好,严防油（废）料渗漏污染河道。

（4）施工活动界限之内的生态环境尽力维护原状,界限之外的必须予以保护。

（5）工程完工后,按业主要求尽快拆除临建设施、清理场地,进行绿化。

9.2 水土保持措施

（1）施工区边坡四周设置截水沟,截水沟内设置干砌石或碎石袋护坡,以保证排水通畅。

（2）施工工厂设施靠河侧应砌筑挡墙。弃土场底部设置临时砌石挡墙,并做好弃渣场坡面植草保护工作,防止弃渣流失。

(3)尽量不改变原河流水道的自然流向及当前的植被状况。

10 效益分析

滨海相河口泥质围堰既是一个传统的围堰形式,也在不断地认识和总结。钢构泥质围堰是安全、经济的水工挡水构筑物。

根据基地条件和维护结构的稳定情况,与块石填筑黏土闭气、冲填管袋围堰等筑堰方法相比,按使用时段和工质情况均能体现较好的工程效益(见表3、表4)。

表3 不同筑堰结构经济对比分析

序号	堰体结构	结构体	单位	数量(m)	综合价(元)	元/m	备注
1	块石闭气围堰	块石	m³	60.0	65	3 900	费用偏高、一次性
2	冲填管带围堰	砂	m³	60.0	55	3 300	费用低、一次性
3	钢构泥质围堰	钢构	t	1.2	4 500	5 400	可回收

注:钢构泥质围堰的综合价中包含:1 施工道路;2 冲填配套设备;3 加固材料。

表4 不同筑堰结构安全对比分析

序号	堰体结构	结构体	抗渗性	整体性	备注
1	块石闭气围堰	块石	易渗漏	石、土结合差	难于鉴别渗漏点
2	冲填管带围堰	砂	易破损	袋布需加防护	管带表层易老化、破袋
3	钢构泥质围堰	钢构	不易破损	时间越长越密实	竹、土工布老化不影响泥质堰

11 工程实例

11.1 温州西向排洪卧旗水闸工程

温州市卧旗水闸的建筑物等级为2级,临时建筑物施工围堰按4级($P=20\%$)建筑物设计,根据卧旗水闸所处的地形、地质情况,围堰断面不能太大,采用钢管桩框格式内填土围堰,围堰挡水标准按全年$P=20\%$标准设计,相应潮水位为4.47 m,围堰顶高程参照老堤标准确定为5.0 m(超高0.5 m)。

水闸净宽30.0 m,闸底板高−1.0 m,共布置三孔,每孔10.0 m,水闸设计流量350 m³/s。卧旗水闸永久建筑物包括上游防渗保护段、闸室段和下游消能防冲段,临时建筑为下游围堰。

根据卧旗水闸所处的地形、地质情况,围堰断面不能太大,采用钢管桩框格式内填土围堰,围堰挡水标准按全年$P=20\%$标准设计,相应潮水位为4.47 m,围堰顶高程参照老堤标准,确定为5.0 m(超高不小于0.5 m)。

原招标设计为钢板桩筑土围堰,由于基地的条件较差,要求对钢板桩、土石围堰和钢木构架筑(冲)填土围堰三个方案进行比较。钢板桩由于整体结构费用偏高、辅助条件苛刻;土石围堰采购费用较高,且要求前期施工道路修筑费用较高,最终选用钢管桩构架,里面填筑河道淤泥质作为填筑材料进行围堰主体施工。围堰施工完成后,堰体结构稳定,抗渗性较好,其间经历多次台风、洪汛超标准洪水,未造成堰体破坏。

11.2 温州瑞安下埠水闸工程

瑞安下埠水闸工程枢纽建筑物主要由水闸、船闸、堵口坝、船舶避风港和驳坎组成,其中船闸布置在内河河道右侧的滩地上,主体为混凝土结构,设2孔泄水闸和1孔船闸,单孔净宽9.0 m;堵口坝布置在下埠老水闸下游浦口上,连接浦口左右岸并作为滨江大道路基,堵口坝采用土石坝,上、下游设抛石棱体。坝轴线长约 260 m,坝顶高程 6.26 m,最大坝高约 8.7 m,坝顶宽度 32 m;船舶避风港主要利用内河现有堤塘,向外延伸至滨江大道,避风港底高程为-1.84 m。

瑞安市下埠水闸的建筑物等级为 2 级建筑物,上游临时建筑物施工围堰按 5 级建筑物设计,根据下埠水闸所处的地形、地质情况,围堰断面不能太大,采用钢管桩框格式内填土围堰,围堰挡水标准按全年 $P=20\%$ 标准设计,相应潮水位为 4.32 m,围堰顶高程参照老堤标准确定为 5.2 m。

上游围堰采用钢管桩内填黏土的围堰形式,围堰宽度为 5.5 m,顶高程 5.2 m,最大坝高约为 7.7 m(其中 1.2 m 为子围堰),堰长约 320 m。

根据施工图设计断面,采用 12~18 m 长的 φ220 钢管,垂直打入土中 8~13 m,钢管纵向间距 800 mm,内外两排钢管之间间距 5.5 m,内外两排钢管设置 4 层[20 槽钢围图,其中最上面一道用 [12 槽钢连接,以下三道采用 φ25 螺杆连接,组成一个整体。φ220 钢管内侧用毛竹片串联,竹笆内侧铺设加厚土工布,以防止土料颗粒的外流,围堰中间回填黏土。考虑到堰体的防冲及稳定,围堰的内外侧均采用抛石镇压,抛石顶高程▽1.5,平台顶宽为 3 m,边坡 1:3。子围堰在汛期前完成,采用袋装土堆砌内填黏土形式(见图 3)。

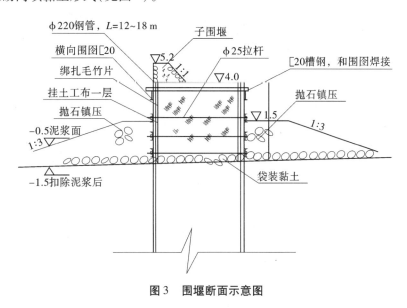

图 3 围堰断面示意图

(主要完成人:于 来 施丹新 李洪生 杜奇奋 朱三雁)

长螺旋钻孔压灌混凝土旋喷扩孔桩施工工法

黑龙江省水利第一工程处

1 前 言

在水厂工程建设中,有很多地区地下水位较高,地下盛水建筑物所承受的上升浮力较大,单纯靠增加混凝土底板厚度增大自重来平衡上升浮力,将增加很多原材料及投资。为了提高建筑物的抗拔及抗压承载力,采用长螺旋钻孔压灌混凝土旋喷扩孔桩与底板结合。此工法可减少混凝土用量,施工周期短,节约资金,增强建筑物地基的各项承载能力,提高建筑物的稳定性,值得在水利基础工程建设中推广应用。

2 工法特点

(1)在桩基底部进行扩孔,提高桩基础的抗拔承载力。

(2)在相同抗拔承载力条件下,比等径桩缩短桩长1/3。

(3)施工速度快,节约工期,加快工程进度。

(4)大型设备进场,场地需平整、坚硬,有开阔的作业面。

3 适用范围

本工法适用于有抗压及抗拔承载力要求的盛水建筑物基础及其他需增加地基承载力建筑物基础。

4 工艺原理

利用长螺旋钻机,按设计孔径钻孔,达到预定深度后,在孔端部采用高压射流喷射出的水泥浆,冲击破坏桩周土层,使钻孔底部扩大。利用水泥浆的渗透作用提高桩端阻力,有效提高桩的承载力。

5 施工工艺流程及操作要点

5.1 施工工艺流程

长螺旋钻孔压灌混凝土旋喷扩孔桩工艺流程见图1。

5.2 操作要点

5.2.1 稳钻工序

(1)确定准备施工的桩位号后,由技术员按图纸找点,以露出圆状白点为准。依据固定点、轴线或其他准确的桩位点,按图示尺寸进行检查。

(2)钻机就位后,钻头尖与桩位点垂直对准,并且利用线坠检查钻具的垂直度,反复抄平。如发现钻头尖离开点位,重新稳点,重新抄平,直到钻头尖对准桩位点为止。

5.2.2 钻孔工序

(1)施工前,技术员应依据设计桩长及施工场地地坪标高,分别在钻机抱杆上做出明显标记,

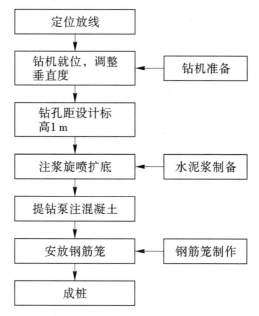

图 1　长螺旋钻孔压灌混凝土旋喷扩孔桩工艺流程

以确定钻具钻进深度。将混凝土泵输送管、钻杆内的残渣清干净,为防止泵送混凝土过程中输送管路堵塞,工程开工(停工再继续施工)前应先在地面打 1:3 砂浆疏通管路。

(2)施工时,首先将钻头喷孔堵严,防止钻进过程中砂土从钻头中进入,造成混凝土输送管路堵塞。

(3)钻机下钻速度要平稳,在可能的情况下,进尺越快越好,但要注意电流和返土情况,防止出现埋钻事故。最大电流控制在 220 A。

(4)钻进中,如发现地下障碍时,应立即停止钻进,通知甲方解决处理。

(5)如遇到流砂层或影响钻孔进程以及与地质报告描述不符的情况,应及时与甲方和设计单位进行沟通,妥善处理,以保证施工工期。

5.2.3　孔底注浆旋喷扩孔工序

(1)钻机钻至设计孔底标高 1 m 时,开动高压泵向孔内进行扩孔旋喷,利用高压射流喷射出的水泥浆,冲击破坏桩周土层,使钻孔底部扩大。旋喷压力控制在 4~6 MPa。开始旋喷后,缓慢下落钻具高压旋喷,钻孔至设计标高后停止高压旋喷。利用水泥浆的渗透作用提高桩端阻力,有效提高桩的承载力。

(2)为保证桩底扩大段的直径和桩底扩大段的高度,施工中保证喷浆压力、喷浆高度。

5.2.4　泵送混凝土工序

(1)旋喷注浆结束后,将钻具提离孔底 300 mm,开动混凝土输送泵进行泵送混凝土先将扩大头部位灌注满混凝土,然后边泵送混凝土边提钻,保证钻具在混凝土内埋深不小于 1.00 m。

(2)泵送混凝土过程中混凝土输送要连续进行,同时提钻速度要与泵送混凝土的量配合好,既要保证钻杆在混凝土内的最小埋深,又要保证埋深不致过大,而导致埋钻事故的发生。

(3)提钻速度:HBT60 混凝土泵理论排量 60 m^3/h,按工作系数 0.75 计算,即每分钟排量 0.75 m^3。桩身截面积 $0.2 \times 0.2 \times 3.14 = 0.126 (m^2)$,提钻速度为每分钟 $0.75/0.126 = 5.95 (m)$,即每分钟提钻速度不得大于 5.95 m。

(4)泵送混凝土至设计桩顶标高不少于 50 cm。泵送混凝土工序结束。

(5)如部分桩顶标高低于基底标高较多,为保证成桩质量,防止桩顶上部塌孔,应将混凝土浇筑至基底标高。

（6）检查并记录泵送混凝土的数量,保证混凝土的充盈系数大于1,形成表格成书面报表形式。

5.2.5　安置钢筋笼工序

（1）灌注工先将检查合格的预制钢筋笼抬到孔口,搬运过程中要轻抬轻放,破损的钢筋笼要按不合格品进行处置,不合格品不应使用。

（2）钢筋笼应提前制作,严格按设计要求下料、焊接。

（3）钻完孔后利用钻机卷扬机将钢筋笼竖立吊起,垂直吊于孔口上方,扶稳下入孔中。钢筋笼下入过程中若阻力大时,用钻机卷扬机吊起振捣器在钢筋笼顶部振动下入设计标高。

（4）记录笼顶标高、钢筋笼保护层厚度等。

5.2.6　搅拌水泥浆工序

（1）由于地理条件以及混凝土强度的要求,水灰比定为1.00。

（2）严格按技术要求给定的数量加水及水泥,每罐水泥1 000 kg,水1 000 kg。

（3）水泥浆搅拌时间不得小于3 min。

（4）搅拌好的水泥浆经过筛网过滤存放在贮浆罐中,并应经常搅拌防止沉淀,存贮时间不得超过该批水泥的初凝时间。

6　材料与设备

6.1　施工材料

（1）现场使用超流态C30混凝土。

（2）钢筋:钢筋的级别、直径必须符合设计要求,有出厂证明书及复试报告,表面应无老锈和油污。

（3）外加剂:掺和料根据施工需要通过试验确定。

6.2　主要机具

施工所用主要机具见表1。

表1　主要机具

序号	名称	型号	数量	用电量	备注
1	长螺旋钻机	JZL-60	1台	132 kW	
2	混凝土输送泵	HBT80	1台	90 kW	
3	高压注浆泵	XPB-32	1台	55 kW	
4	水泥浆搅浆机	自制	1台	5 kW	
5	电焊机		4台	4×15 kW	
6	切割机		1台	5 kW	
7	调直机		1台	5 kW	
	合计			352 kW	

7　质量控制

7.1　严格按审定的施工组织设计施工

施工组织设计是工程施工大纲,是根据本工程的特点、技术要求、工程地质情况、现场施工条件、人员素质、施工能力和机械装备等程度确定的施工方案,所以在工程施工中应认真做到以下几点:

（1）工程开工前,应组织本工程管理人员、施工人员了解本工程的施工组织设计,使每个人了解工程的总体要求,明确本岗位的职责,对质量要求和技术要求要做到心中有数。

(2)按施工方案,对具体操作者进行技术交底。

(3)建立质量管理体系,加强施工现场的管理力度,并做好以下几项工作。

①认真做好施工图纸的会审与设计交底。

②严格执行施工中的检验复核制,对不合格品及时处理。

③桩基施工中的桩位点、基准轴线、水准高程点,必须经过建设单位或监理单位检验复核,认可合格后方可使用。

(4)加强对各工序管理点的管理。施工过程中对施工工序均进行自检,填写"施工记录",各工序由项目经理部负责统一分工,制定标准化管理制度。施工中应健全完善工序自检工序之间的互检工作,下道工序检查上道工序是否合格,不合格不准转入下道工序。

(5)做好验收阶段的工作:

①记录验收:原始记录,隐蔽工程检查验收记录。

②桩的检测:按要求对桩的质量进行检查,混凝土试块检验及单桩承载力的测定。

(6)每天至少抽检 3 次混凝土坍落度。

7.2 技术措施

(1)水准点的数量不少于两个,并且使用前应与永久固定点进行校准。

(2)钻孔深度应在钻机上做出明显标志,以保证有效桩长。

(3)桩位测放。用于测量定位的经纬仪、钢尺应定时检验自身精度,合格后方可使用。根据基础平面布置图和已给定的控制点,来确定桩位点,每个桩位点用白灰圆点作标记。

7.3 原材料质量保证措施

所购原材料的品名、牌号、产地、规格、批号、批量及生产日期必须与提交的相应证明书吻合,在二次复试合格后方可使用。

7.4 质量通病及预防措施

(1)缩径、断桩:控制提钻速度,保证混凝土包裹钻头 1 m 左右。至桩顶标高。

(2)桩头强度不够:如果回落应二次补填,补填应将桩头上面的砂土清理干净后补注混凝土。

(3)钢筋笼下不去:控制混凝土坍落度,严格按配合比进行上料。吊装钢筋笼注意起吊点,严格控制在第 3 道加强筋的位置,并且使用大绳拉住笼顶,以避免钢筋笼碰到钻机抱杆。另外,人工把扶笼底避免笼底弯曲。

7.5 成品保护措施

防护部位为原材料、半成品(钢筋笼、桩位点)、成品(桩头)。

防护措施如下:

(1)钢筋的防护:钢筋进场后,由保管员依据验收单,按类别堆放整齐,并建立材料账,凭单领料,作到账物相一致。

(2)水泥的防护:如果采用袋装水泥,进场前应先选择好场地,水泥底部应使用木方垫平,铺设防雨布,做好防潮、防雨工作;如果采用散装水泥,应将水泥罐固定垫平,并制作厚度>5 cm 的素混凝土地面,水泥进场后直接打入水泥罐中,水泥罐上方的防护帽应牢固,禁止使用没有防护帽的水泥罐。

(3)外加剂、掺和料防护:铺设防雨布,做好防潮、防雨工作。

(4)钢筋笼的防护:制作好的钢筋笼应堆放整齐,搬运时轻拿轻放,防止锈蚀、损坏,吊装时做好防护,避免碰撞、弯曲。破损的钢筋笼应及时进行处理。

(5)桩位点的防护:做好现场桩位点的保护工作,特别是钻机行进过程中,应尽量避免碾压桩位点。

(6)成品桩的防护:钻机行走时尽量注意避让已施工完的桩头。

(7)基坑或承台开挖时,如用机械挖掘,应注意不要硬挖桩头部位,桩周围土应用人工挖除,避免造成桩身破坏。

(8)在去除桩顶杂质及混凝土时,应注意不要用钎子从桩头部竖凿,应分层横凿,避免破坏桩头。

(9)在处理桩顶锚固钢筋时,应注意不要来回弯折,更不要弯成死弯,避免折断。

8 安全措施

8.1 施工过程中的安全保证措施

(1)实施班组每天班前会制度,每天按"三交"、"三查"的原则从安全方面对员工进行规范的交底和签字,落实责任。

(2)坚持安全管理工作,在生产过程中常抓不懈,坚持现场薄弱环节防患,重点环节常抓,坚持班组安全工作管理和提高施工人员安全生产意识常抓不懈,使每个职工做到"我要安全"。

(3)落实各种防静电措施,确保设备的安全。

(4)设备送电前必须检查电源极性、电压值,防止电源极性接反或电源电压不正常造成设备损坏。

(5)在施工中,遇有动力设备、高压线路、地下管道、压力容器、易燃易爆品、有毒有害物体等情况,需要特殊防护时按设计要求采取可靠的安全防护措施,确保施工安全。

(6)氧气瓶、乙炔瓶放置在阳光直射不到的地方,且两瓶的间距要大于 10 m。

8.2 安全技术保证措施

(1)进入现场人员必须戴好安全帽,高空作业必须系好安全带。

(2)特种作业人员必须持证上岗。

(3)施工现场所有设备、设施、安全装置、工具配件及个人劳保用品等必须经常进行检查,确保完好和安全使用。

(4)现场电闸箱全部上锁,由专人负责管理,并看好电缆,以免受损漏电。

(5)施工人员经常检查桩机系统运转的可靠性,杜绝各类事故发生。

(6)所有工作人员,工作时要精力集中,听从指挥,特别是司机要与指挥人员配合好,信号不明应立即停机,待明确信号再继续施工。

(7)保证每班作业人员的休息时间,夜间施工要有充足的施工照明。

(8)生活用电开关接线等按照规定布置,保证绝缘良好。

(9)工地材料及职工驻地,备齐防火设施,防止火灾事故的发生。

8.3 规范现场临时用电管理

(1)按《施工现场临时用电安全技术规范》(JGJ 46—2005),从专业设计、负荷计算、分配、电源箱配置、缆线架设、工艺质量标准等方面对施工现场进行管理。

(2)项目部的用电项目按规范标准组织施工,主要设备、工序应写验收单存档。

(3)一、二级电源箱及各班组所用的三级电源控制箱及电缆线均应采用三相五线和双重防护标准。

(4)雨季前要对电源接地系统和防雷接地进行接地电阻测试复查,并记录存档。

(5)持证电工接临时电源的管辖范围实行每日安全用电巡查制度,发现问题立即整改,并做好记录。

8.4 认真贯彻执行安全生产责任制的各项规章制度

(1)开工前由项目经理组织安全工作大检查,验收合格后,方可开工。

（2）由专职安全员全面负责安全管理工作,加强安全制度和对每个职工的安全教育。

（3）职工及力工,上岗前应进行安全教育,并要有安全技术交底。

（4）现场临时配电要做到"三级配电"、"两级保护","一机一闸"加漏电保护器,要搭设防雨棚,做好电器设备的防雨工作。

（5）钻机和其他用电设备的电缆要经常进行检查,发现有老化、破损的地方要及时进行修复,对破损程度比较严重的要进行更换。

（6）工人宿舍照明一律安装漏电保护器,并采用安全电压,严禁私自乱接电线。

（7）岗位分工明确,机械必须由专人操作,必须持证上岗。

（8）工程中需用的电焊、氧气、乙炔,必须采取有效的防火措施,操作人员必须持岗位操作证。

（9）进入现场人员必须戴好安全帽,高空作业人员必须系好安全带。

（10）钻机行进中,钻工要时刻注意,对软弱地面要用铁板或木方垫平,方可行走。

（11）钻机施工过程中必须将钻具上的残土及时清除干净,以减轻钻具负荷,避免掉土块伤人。

（12）钻机及混凝土泵作业人员操作时精神要集中,时刻注意设备的运转情况及周围人员的活动情况,发现异常,应立即停机。

（13）搅浆机应由专人负责,开动时不得离人或向内扔入杂物。

（14）定期进行安全检查,加强安全防护,严禁违章作业,及时消除隐患,防止发生安全事故。

（15）对职工和农工食堂每天要进行消毒,食物要清洗彻底、干净后方可食用,防止中毒事件发生。

9 环保措施

（1）完善技术和操作管理规程,采取各种措施,降低施工噪声,经常检修设备,将便民、不扰民的措施落到实处。

（2）材料投放动作要轻,避免扬尘。

（3）生活垃圾统一堆放,及时处理,送至垃圾箱,废油料禁止随地倾倒。

（4）合理铺设水管路,禁止漏水,减少浪费。

（5）施工后应及时拆除设施,将工地环境清理干净,做到工完、料净、场清。

10 效益分析

采用长螺旋钻孔压灌混凝土旋喷扩孔桩,在相同长度条件下的桩基础,大大提高了桩基础的抗压承载力及抗拔承载力,减少了混凝土用量及钢筋用量,节约人力及物力投入,缩短工期,提高了经济效益。

11 应用实例

11.1 大庆东城水厂加压泵站清水池工程

11.1.1 工程概况

大庆东城水厂加压泵站工程位于大庆市开发区进出口加工区,清水池尺寸40 m×30 m×4.8 m,1座,地下式现浇钢筋混凝土结构,5 m×3.75 m柱网,无梁楼盖。池体纵向中部设一道后浇带。导流墙采用MU10烧结实心砖,M10水泥砂浆砌筑,两侧表面均抹1∶2水泥砂浆,20 mm厚。清水池桩基采用长螺旋钻孔压灌混凝土旋喷扩孔桩,桩高10 m,桩径400 mm,阔底直径600 mm,阔底高度1 000 mm,共166根。单孔竖向抗压极限承载力特征值为651 kN,单桩抗拔极限承载力标准值为732 kN。施工时段为2010年9月5日至2010年9月12日。

11.1.2 施工情况

池体开挖前,采用轻型井点降水,水位线降至设计标高后进行土方开挖,开挖采用自上而下分层方式,取土达到设计高程后,按设计图纸确定桩位,形成网格布置,钻机进场,在基坑内进行组装,混凝土输送泵及水泥浆搅拌设备进场,在基坑外进行安装并与钻机连接,分段进行打桩,设备 24 h 不停,工人三班倒连续作业。

11.1.3 工程监测与结果分析

桩基础工程结束后,检测部门对其进行了抗拔及抗压承载力试验,均达到了设计要求。混凝土桩基与底板连接后一年,清水池高程未发生任何变形现象。

11.2 大庆市东城水厂工程——反应沉淀间工程

11.2.1 工程概况

大庆市东城水厂工程位于东城区北部,规划占地 10 hm^2,设计总规模 12.5 t/d。主要保证黎明河以东庆北新城、东风新村、开发区、龙凤和万宝等地区的生产、生活用水需求。建筑场地类别为Ⅲ类,抗震防烈度为 6 度,主要建筑物建筑等级为四级,使用年限为 50 年。反应沉淀间平面尺寸 59.0 m(长度)×81.0 m(跨度),26.7 m 三等跨钢筋混凝土排架结构。反应沉淀池尺寸 48 m× 10 m,6 座,半地下现浇钢筋混凝土结构,池体长度方向设一道伸缩缝。池底板与桩基相连接,桩基采用长螺旋钻孔压灌混凝土旋喷扩孔桩,桩高 12 m,桩径 400 mm,阔底直径 600 mm,阔底高度 1 000 mm,共 316 根。施工时段为 2010 年 8 月 10 日至 2010 年 8 月 31 日。

11.2.2 施工情况

施工场地原为洼地,大部分场地回填经推土机平整后能够保证钻机正常施工要求,施工放样结束后,设备运到场地进行组装,为避免机器碾压已浇筑好的混凝土桩,采用蛇形退后法进行施工,所打混凝土桩经检测符合设计要求。

11.2.3 工程监测与结果分析

大庆市东城水厂工程——反应沉淀间工程,桩基础为长螺旋钻孔压灌混凝土旋喷扩孔施工,施工质量全部达到设计标准,打桩数量少,施工周期短,无安全事故发生,得到了参建各方的好评。

11.3 大庆市东城水厂工程——反应滤池间工程

11.3.1 工程概况

大庆市东城水厂工程——反应滤池间工程,设计桩基础施工工艺为:长螺旋钻孔压灌混凝土旋喷扩孔桩。桩径 Φ400 mm,桩长 12.0 m,扩大头直径 600 mm,桩身混凝土强度等级为 C30,桩总数 284 根。施工时段为 2010 年 8 月 5 日至 2010 年 8 月 28 日。

11.3.2 施工情况

地上、地下障碍物都处理完毕,达到"三通一平"。施工用的临时设施准备就绪。场地标高为底板的底皮标高。根据图纸放出轴线及桩位点,抄上水平标高木桩,并经过预检签证。选择和确定钻孔机的进出路线和钻孔顺序,制定施工方案。钻机钻到孔深、下好钢筋笼后,按建设单位和施工单位共同确定的量施工,在浇筑混凝土时,保证实际浇筑混凝土量。

大庆市东城水厂工程——反应滤池间工程,桩基础为长螺旋钻孔压灌混凝土旋喷扩孔施工,施工质量全部达到设计标准,打桩数量少,施工周期短,无安全事故发生,得到了参建各方的好评。

(主要完成人:曹庆涛　和传社　刘玉新)

大断面混凝土箱涵施工工法

中国水电建设集团十五工程局有限公司

1 前 言

大断面混凝土箱涵施工存在大量的钢筋制安、模板制安和混凝土浇筑工作,如何在保证安全和质量的前提下,加快施工进度、提高施工效率、降低工程成本,是施工单位考虑的主要问题。

中国水电建设集团十五工程局南水北调温博段三标项目部根据实际情况,从箱涵施工的各个工序入手,优化方案,取得良好的施工效果。

2 工法特点

施工简便,安全性高;节省人力,提高施工效率;施工质量良好;可连续作业,加快施工进度。

3 适用范围

本工法适用于断面结构尺寸没有变化的箱涵;尤其是断面尺寸较大,距离较长的箱涵工程;也适用于断面结构尺寸没有变化的其他线性结构。

4 工艺原理

利用结构断面尺寸不变的特点,制作一套可以移动的定型钢模台车和混凝土布料机,连续不断地进行混凝土作业。

5 施工工艺流程及操作要点

5.1 施工工艺流程

箱涵施工分两仓进行,先进行底板施工,等底板混凝土强度达到要求后,再安装钢模台车,进行侧墙和顶板施工,工艺流程见图1、图2。

5.2 操作要点

混凝土分二期施工(不含垫层),即底板(倒角上带 30 cm 高侧墙)为 I 序浇筑块,侧墙和顶板为 II 序浇筑块,浇筑块之间施工缝增设 BW2 型遇水膨胀橡胶止水条用以防止施工缝渗流水。底板采用分块跳仓法浇筑,侧墙和顶板使用 2 套侧、顶模台车采用顺序法由下游向上游端进行。

5.2.1 仓面清理

混凝土浇筑前,先清除建基面上的杂物、泥土及松动土块,并用压力水将基面或老混凝土表面冲洗干净。施工缝采用人工凿毛,清除缝面上所有浮浆、松散物料及污染体,用压力水冲洗干净,保持清洁、湿润。

5.2.2 测量放线

基面处理合格后,用全站仪、经纬仪、水准仪等进行测量放线,检查规格,将建筑物体形的控制点线放在明显地方,并在方便度量的地方给出高程点,确定钢筋绑扎和立模边线,并做好标记,焊接架立筋。

5.2.3 钢筋制安

钢筋在钢筋加工厂依据钢筋下料单加工制作,每一型号的钢筋必须捆绑牢固并挂牌明示。钢

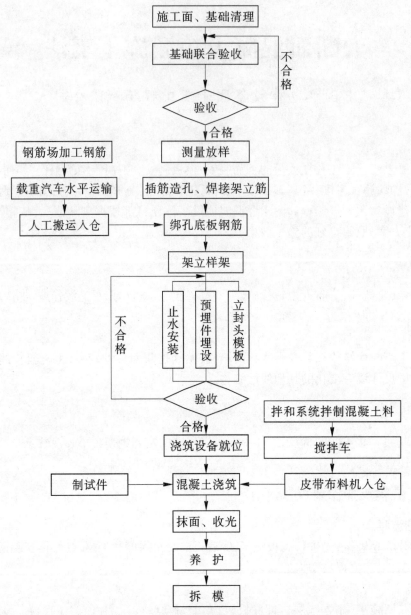

图1 底板混凝土施工工艺流程

筋的表面洁净,无损伤、油污和铁锈,加工的尺寸符合施工图纸的要求。

钢筋安装按设计图纸要求进行,结束后,对钢筋型号、接头、数量、间距、保护层及安装位置等进行检查。

钢筋焊接主要采用手工电弧焊、闪光对焊,手工电弧焊采用搭接焊或绑条焊,Ⅱ级钢筋接头的搭接或帮条焊缝长度,双面焊时为$5d$(d为钢筋直径,下同),单面焊时为$10d$,当焊接Ⅰ级钢筋时则分别为$4d$和$8d$。钢筋的连接质量均须满足规范及相关规定,焊接作业人员须经培训合格并做到持证上岗。

5.2.4 止水安装

止水设施的型式、尺寸、埋设位置和材料的品种规格符合施工图纸的规定,紫铜片止水采用自制的铜止水压延机进行加工制作。

施工中采取可靠措施对止水带进行保护,避免油污和长期暴晒,对于外露的部分止水带防止破

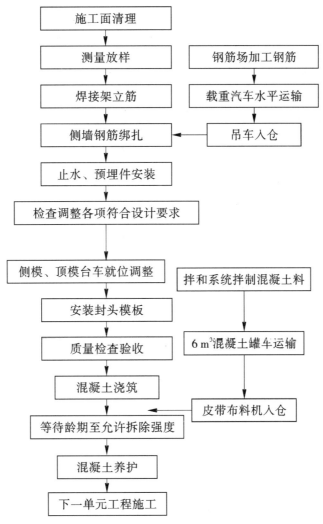

图2 侧墙、顶板混凝土施工工艺流程

坏和老化。

止水带接头采用热压硫化胶合,接头外观平整光洁,抗拉强度不低于母材的75%。

止水带安装采用模板挤压固定,严禁在止水上穿孔架立。水平止水安装时,先立止水底部模板,要求模板上口平直,标高准确,而后安装止水,中心位置控制好以后,再安装上部模板;止水上部设置木模板,以便于固定止水翼片。竖向止水首先将止水定位,然后再进行相邻模板的拼装。保证止水两侧不出现板缝,防止止水在浇筑过程中变形走样和漏浆。

5.2.5 预埋件安装

严格按设计图纸要求进行。一些管路需穿过密集钢筋区域时,采用穿插作业,严防乱割受力钢筋。预埋件一定要固定在可靠的部位,以防浇筑振捣走样。

5.2.6 立模、校模

管身段模板系统主要由内模台车、侧模、底板模板及端模组成,内模台车由自行式行走。

内模台车由主体台车和模板组成,台车长14.2 m。模板沿纵向分为9节(包括6个1.8 m节、2个1.7 m节和1个0.2 m节),面板厚度均为4 mm。顶模与侧模采用铰接,台车行走到位后,用千斤顶将门架纵梁支撑到钢轨上,再由垂直千斤顶、水平撑杆和侧向撑杆调整到施工位置后,由调节丝杠锁定。浇筑混凝土达到拆模强度后,再按照上述顺序的反顺序拆模。然后由卷扬机牵引到下一施工位置。

侧模共分为27块,面板为4 mm厚的钢板,竖肋为10号槽钢,横肋为100×10扁钢。侧模由桁车吊装就位,再用对拉杆与内侧模连接固定。

底板模板由底板端模、底板外模总成和八字模组成。八字模通过地锚连接固定。

考虑到施工中止水带的安装与定位,端模分为三部分采用模板挤压、螺栓紧固,保证止水带加紧定位。

定型钢模及各种特殊要求的模板均在模板加工厂制作,现场进行组装。组合钢模板在现场架立,扣件连接,Φ48钢管纵、横向背牢,拉杆固定,仓内设对撑,随浇筑混凝土上升时拆除。组合钢模板的围圈须有足够的刚度和强度,以防止模板变形过大影响建筑物结构尺寸及外观质量。

5.2.7 清仓验收

清理仓号内的杂物、排除积水,将待浇面洒水湿润,同时提交有关验收资料进行仓位验收。混凝土浇筑前,检查脚手架、安全护栏等。

5.2.8 混凝土拌制

混凝土在HZS120型强制式混凝土拌和站按工地试验室提供并经监理工程师批准的程序和混凝土配料单进行统一拌制,并在出机口和浇筑现场进行混凝土取样试验;各种不同类型结构物的混凝土配合比通过试验选定,并根据建筑物的性质、浇筑部位、钢筋含量、混凝土运输和浇筑方法、气候条件等,选用不同的坍落度。

5.2.9 混凝土浇筑

采用移动门架式布料机输送混凝土。布料机沿布置于基坑内的轨道移动至合适位置,尽量缩短与浇筑仓面的距离,出料口设置缓降漏斗,以降低混凝土入仓高度;布料机上搭设雨棚,防止混凝土水分散失。混凝土浇筑采用平铺法,插入式振捣棒配合附着式平板振捣器振捣,完成后及时覆盖并洒水养护。

移动门架式皮带布料系统是借用移动式起重门吊结构,在移动门架上布设水平布料皮带,门架垂直于管身轴线方向移动,作定点布料入仓。为把混凝土搅拌车的混凝土转送到门架水平皮带上,采用一上扬转送皮带钢架梁连接水平门架。上扬皮带钢架梁上端搭在门架上,下端架在边坡马道外缘的轨道上,使门架四个轮轴支点和上扬皮带钢架两个轮轴支点形成六轮同步行走系统。布料系统输送皮带宽80 cm,有效利用宽度40~50 cm,运转速度0.8 m/s,积料长度10~15 m。扣除行走移动等各种时耗,按照2/3有效时间计算,布料强度可达70 m³/h以上,能够充分满足混凝土入仓速度要求。

移动门架式布料系统遮阳防雨,从而保证混凝土入仓质量;整套布料系统只需4~6人操作布料和负责监控,节省人力,同时便于随时发现不合格混凝土料和异物,及时清除,杜绝入仓;安全可靠;节能省电,整机动力合计仅有24 kW;方便实用,在横梁下面装有5盏防震钠灯,夜间布料如同白昼,便于昼夜连续施工;节省投资,降低成本。

开始浇筑前,将该部位的混凝土浇筑配料单提交监理工程师审核,经监理工程师同意后,进行水泥砂浆和混凝土浇筑。

素混凝土垫层浇筑前,基础面经验收合格,垫层混凝土由混凝土拌和站集中拌和,6 m³混凝土罐车运输,皮带机入仓。混凝土垫层浇筑完毕并达到规定龄期后,再进行底板混凝土的准备工作。

混凝土浇筑时,由下而上对称下料,保持平衡连续进行。混凝土下料倾落自由高度不宜过大,每层浇筑层厚为30 cm。在浇筑过程中,观察模板、支架、钢筋、预埋件的情况,若发现有变形、移位时,及时采取措施进行处理。底板和顶板混凝土采用插入式及平板振捣器振捣,真空吸水机吸除混凝土表面多余的泌水;侧墙采用软轴插入式振捣器振捣。振捣时以混凝土不再显著下沉,不出现气泡,并开始泛浆为准,避免过振、漏振和欠振。振捣器距模板的垂直距离不小于振捣器有效半径的 1/2,每层浇筑厚度不大于振捣器有效半径的 1/2,且每层浇筑厚度不大于 30 cm。浇筑完毕后,将表层浮浆刮去,以免在两层混凝土之间产生软弱夹层。

为保证侧墙、顶板混凝土施工质量,尽量减少混凝土面气泡,采用二次复振的方法,即在正常振捣 30 min 后再进行一次振捣,以排除气泡,保证表面光洁度。

5.2.10 养护

混凝土浇筑结束后 12 h,洒水养护,使其保持湿润状态。养护时间 14 d,在干燥、炎热的气候条件下,适当延长养护时间。

5.2.11 拆模、修补

混凝土强度达到施工图纸要求及规范规定后,方可拆除模板。拆模后若发现有缺陷,提出处理意见,征得监理工程师同意后才能进行修补。对不同的缺陷,按相应的监理工程师批准的方法进行处理,直至满足设计和规范要求。

6 施工资源配置

6.1 施工主要设备配置

依据混凝土浇筑强度和施工进度计划,拟投入的主要施工设备见表1。

表1 主要施工设备

序号	设备名称	规格及型号	单位	数量	备注
1	混凝土拌和站	HZS120	座	1	
2	混凝土搅拌运输车	JC-6	辆	4	6 m³
3	侧模、顶模台车		套	2	
4	装载机	ZL50	台	2	3.0 m
5	载重汽车	5 t	辆	2	
6	活动皮带机		套	1	
7	插入式振捣器	1.1 kW	台	3	
8	平面振捣器	1.1 kW	台	1	
9	砂浆拌和机	750 型	台	1	
10	钢筋弯曲机	GW40-6	台	1	
11	钢筋切断机	GQ40-1	台	1	
12	钢筋调直机	GT4/10	台	1	
13	交流电焊机		台	8	
14	工程翻斗车	1 t	辆	2	
15	移动门架式布料机		台	1	

6.2 施工劳动力计划

依据施工强度和施工进度计划,拟投入本工程的劳动力资源配置见表2,各工种均为两大班作业。

表 2　拟投入本工程的劳动力资源配置

工种	模板工	钢筋工	混凝土工	司机	机修工	电焊工	电工	普工	技术干部	管理人员	操作工	合计
人数(人)	30	40	30	20	4	16	4	60	6	4	10	224

7　质量控制

7.1　施工质量控制措施

7.1.1　混凝土原材料质量控制

混凝土所用水泥品种,按设计图纸和技术条款中有关要求确定,其质量应符合国家现行标准。运至工地的水泥具有出厂合格证和品质检验报告,并由试验室按规范要求进行抽检。

骨料按监理批准的料源进行生产。开采前先检查料场骨料是否有活性成分,对含有活性成分的骨料必须进行专门试验论证,并经监理批准后方可使用。粗细骨料的存放、运输、质量、级配等符合技术条款有关要求。

混凝土掺和料按施工图和监理要求进行采购,其采购、运输、储存应符合规范标准和监理要求。

用于混凝土中的外加剂(包括减水剂、缓凝剂、速凝剂和早强剂等),质量应符合规范要求。外加剂掺量应通过试验确定,并报监理批准。其运输、贮存符合技术条款中有关要求。水泥、粉煤灰、外加剂、砂石骨料等要定期随机抽样检查,禁止不合格料进入拌和站。

7.1.2　混凝土拌和质量控制

严格遵照经监理批准的混凝土配合比,并由试验室根据骨料粒径、含水率等检测结果对混凝土配合比进行调整,出具混凝土施工配料单,报送监理批准后,方可送至拌和站拌和。

混凝土拌和按监理批准的施工配料单进行,严禁擅自更改配料单,拌和时分清级配和标号,避免多种混凝土同时拌和造成混淆。拌和用料采用抽检合格的原材料,严禁不合格材料进入主体工程。

混凝土质量由工地试验室进行管理和控制,制定必要的制度,一旦发现质量不符合要求,立即查明原因,及时报送监理,并提出相应措施,经监理批准后实施。

7.1.3　混凝土运输质量控制

混凝土拌制完成后迅速运达浇筑地点。运输过程中防止混凝土发生分离、漏浆、严重泌水等现象。无论在何种情况下,严禁在运输过程中加水。

混凝土入仓时自由下落高度不大于 1.5 m,否则增设缓降措施。

7.1.4　施工现场质量控制

混凝土的模板、钢筋、浇筑、养护质量,严格按施工操作要点控制。

7.2　混凝土质量检查

混凝土的模板、钢筋严格按照"三检制"进行检查验收,不合格不开仓;混凝土浇筑时安排专职质检人员旁站,对浇筑全过程质量进行指导、检查、监督和记录,并及时进行取样检验,随时检测混凝土坍落度,严格控制水灰比。

混凝土成型后,采用雷达超声波探测仪、回弹仪进行无损检测内在质量,若存在问题及时制定处理措施报监理工程师审批后实施。

7.3　现场施工管理

加强现场施工管理,提高施工工艺质量。

成立混凝土施工专业作业班组,施工前进行系统专业培训,持证上岗。

混凝土浇筑施工时,做到吃饭、交接班不停产、浇筑不中断,以免造成冷缝;过流面混凝土浇筑时,掌握好脱模时间,并在脱模后及时进行二次压面处理,消除混凝土表面机械损伤、早期裂缝、渗漏通道等,提高过流面表面质量。

8 安全措施

(1)施工现场的布置符合防汛、防爆、防雷电、防火等规定。

(2)现场道路平整、坚实、保持畅通,危险地点按照《安全色》(GB 2893—82)和《安全标志》(GB 2894—82)规定挂标牌,现场道路符合《运输安全规程》(GB 4378—84)的规定。

(3)施工现场实施机械安全安装验收制度,机械安装要按照规定的安全技术标准进行检测。所有操作人员要持证上岗。使用期间定机定人,保证设备完好率。

(4)施工现场的临时用电严格按照《施工现场临时用电安全技术规范》(TGJ 46—88)规定执行。

(5)确保必需的安全投入。购置必备的劳动保护用品,安全设备及设施齐备,完全满足安全生产的需要。

(6)积极做好安全生产检查,发现事故隐患要及时整改。

9 环保措施

(1)对有害的废弃物,如燃料、油料、化学品、酸等,根据环保规定进行处理,不得随意排放,以避免污染上地和河流。

(2)对交通道路进行防尘处理。由洒水车每隔 2 h 洒水一次,以减轻粉尘对施工人员和周围环境的影响,尽量有效降低和控制粉尘浓度。采用先进设备和施工技术,尽量降低噪声、废气,以保护施工人员的身心健康。

(3)在工地设置足够的临时卫生设施,并指定专人进行清扫处理和消毒杀菌。

(4)混凝土浇筑及养护产生的废水必须经过沉淀池,经处理达标后才能排放,不得任意排放,使废水流向坡地或草地,造成植被破坏或水土流失。

10 效益分析

10.1 施工简便,安全性高

内模钢模台车结构稳固,操作方便。台车安装成型后,内模的拆装只需采用丝杠进行调整即可。混凝土布料机安装成型后,可电动操作随时移动至工作仓面。这种施工方法减少了模板安装和混凝土入仓设备安装过程中的危险因素,施工简便,提高了施工安全性。

10.2 节省人力,提高了施工效率

内模台车的使用,减少了模板拆装工序;混凝土布料机不仅可以输送混凝土,还可以进行小件材料和钢筋的运输,节省了人力资源,提高了施工效率。

10.3 施工质量良好

台车大块模板的使用,使混凝土表面光滑平整,既提高了混凝土的外观质量,又降低了水流阻力;混凝土布料机配合溜筒的正确使用,避免了混凝土在卸料过程中的离析和骨料集中现象,提高了混凝土的内在质量。

10.4 可连续作业,加快施工进度

箱涵在施工过程中先进行底板施工,然后进行侧墙和顶板施工,形成流水作业,互不干扰,加快了施工进度。

11 应用实例

南水北调中线工程温博三标段幸福河渠道倒虹吸与大沙河渠道倒虹吸管身混凝土即用此工法

进行施工。

倒虹吸管身为 6.5 m×6.65 m 混凝土箱,共四孔,两孔一联。幸福河倒虹吸管身段长190 m,大沙河倒虹吸管身段长 325.8 m。本项目采用分两次浇筑完成的方法,第一次浇筑底板至下贴角上50 cm,第二次浇筑侧墙和顶板。分段采用连续浇筑法,不进行跳仓浇筑。

施工缝防渗处理:采用在外侧墙施工缝中部安设遇水膨胀止水条(中隔墙不需)。

模板安设:内模采用带行走系统的简易钢模台车,内外模板均采用大块定型钢模板,模板加固:底板除采用内拉与外支撑方法外,侧墙采用全对拉方法。模板基坑内水平运输、垂直吊装均利用移动门架式布料机进行。

混凝土采用拌和站集中拌制,罐车运输至基坑一级马道上,将混凝土卸入皮带机受料斗中,由皮带机输送至移动门架式布料机上垂直入仓,人工振捣、收面、养护。

幸福河倒虹吸管身段混凝土从 2009 年 11 月 20 日开始,2010 年 10 月 24 日全部完成,历时338 天,完成混凝土浇筑 27 148 m³,效果良好。

大沙河倒虹吸二期管身段从 2010 年 11 月 7 日开始使用内模台车和布料机施工,至 2011 年 1 月 18 日,历时 72 天,已浇筑混凝土 12 000 m³,目前还在继续按此工法施工。

(主要完成人:赵景文　范养行　孙敬超　高　阳　田刚卫)

城门洞型大型洞室边顶拱分部衬砌施工工法

江南水利水电工程公司

1 前 言

在水电工程项目城门洞型大型洞室混凝土衬砌施工中,按照传统的施工方法主要采用全断面钢模台车施工。边墙和顶拱同仓浇筑,单仓循环时间长,整个边墙和顶拱均占直线工期,难以满足施工进度要求。通过对全断面钢模台车施工方法进行改进,将边墙和顶拱分开衬砌,边墙采用多卡模板进行衬砌,顶拱采用顶拱钢模台车进行衬砌,这样只有顶拱衬砌占直线工期,加快了施工进度,且边墙模板可重复使用,节约了成本,取得了良好的效果。

2 工法特点

(1)边墙衬砌和顶拱混凝土衬砌分开进行施工,边墙衬砌不占直线工期,有利于加快施工进度,缩短施工工期。

(2)多卡模板可重复利用,节约了工程成本。

3 适用范围

本工法适用于城门洞型大型洞室混凝土衬砌施工。

4 工艺原理

4.1 底板、边墙、顶拱采取流水作业施工

底板、边墙、顶拱分开进行衬砌,采用流水作业施工。底板衬砌超前边墙3块,以保证边墙模板吊装时的足够空间,在实际施工中,为了更好地保证施工通道,底板衬砌采用半幅施工。边墙衬砌超前顶拱衬砌1块,以利于顶拱衬砌时挡头模板安装。这样除底板超前的3块和边墙超前的1块占直线工期外,其余底板和边墙衬砌不占直线工期,只有顶拱占直线工期,占直线工期的模板安装及浇筑的时间减少,加快了施工进度,缩短了施工工期。隧洞混凝土浇筑作业示意图见图1。

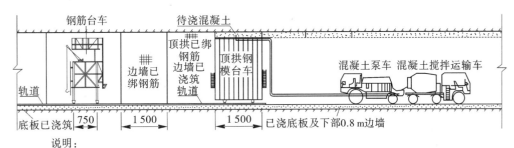

说明:
1.图中单位均以cm计。
2.标准洞身混凝土衬砌分为底板、边墙和顶拱三部分施工,边墙采用多卡模板浇筑,顶拱用15 m长顶拱钢模台车浇筑。

图 1 隧洞混凝土浇筑作业示意图

4.2 边墙衬砌作业顺序

边墙衬砌采用梯型浇筑法,共4块边墙同时进行浇筑,这样除开始浇筑的4层占直线工期外,

以后只有一层占直线工期。同时模板吊装时能把前一块的模板直接吊往下一块进行安装,起重机不必随浇筑块号的变化而移动,工效大大提高。隧洞边墙多卡模板浇筑顺序纵剖面示意图见图2。

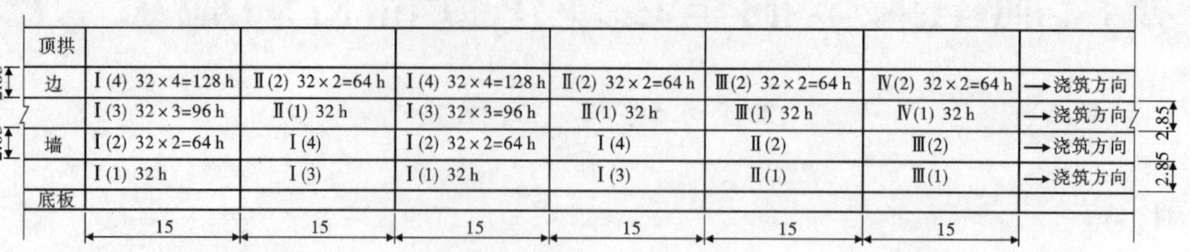

顶拱							
边	I(4) 32×4=128 h	II(2) 32×2=64 h	I(4) 32×4=128 h	II(2) 32×2=64 h	III(2) 32×2=64 h	IV(2) 32×2=64 h	→浇筑方向
	I(3) 32×3=96 h	II(1) 32 h	I(3) 32×3=96 h	II(1) 32 h	III(1) 32 h	IV(1) 32 h	→浇筑方向
墙	I(2) 32×2=64 h	I(4)	I(2) 32×2=64 h	I(4)	II(2)	III(2)	→浇筑方向
	I(1) 32 h	I(3)	I(1) 32 h	I(3)	II(1)	III(1)	→浇筑方向
底板							
	15	15	15	15	15	15	

说明:
1.图中单位均以m计;
2.单侧边墙每块分4仓浇筑,每仓大小为:长×高=15 m×2.85 m;
3.图中希腊字母序号表示每块边墙浇筑顺序,阿拉伯数字序号表示占直线工期每仓混凝土浇筑顺序;
4.图中标有时间的仓号表示占直线工期的仓号,从图中可以反应出只有第一块边墙4仓混凝土占直线工期,时间为128 h,其余边墙只有2仓混凝土占直线工期,时间为64 h;
5.从图中可以看出,浇筑第一块边墙第1、2仓时有两个块号同时浇筑,需2仓模板,浇筑第一块边墙3、4仓时有4个块号同时浇筑,需4仓模板,浇筑第二块边墙3、4仓开始有3个块号同时浇筑,需3仓模板。

图2 隧洞边墙多卡模板浇筑顺序纵剖面示意图

5 施工工艺流程及操作要点

5.1 施工工艺流程

混凝土衬砌分成底板、边墙及顶拱进行施工,底板和边墙超前,顶拱滞后跟进,底板超前边墙3块,边墙超前顶拱1块,为保证施工通道,部分底板采用半幅施工。进行边墙混凝土衬砌时,对支洞适时进行封堵。根据混凝土分块要求及浇筑难度综合考虑,混凝土衬砌分块长度为15 m。特大洞室混凝土衬砌工艺流程见图3。

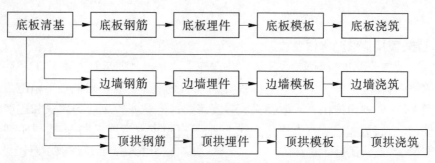

图3 特大洞室混凝土衬砌工艺流程

5.1.1 底板混凝土衬砌

底板每块长度为15 m,挡头模采用木模板。为确保底板面浇筑平整,底板浇筑搭设抹面架,抹面架采用1.5″钢管在底板上铺设四根轨道(使用短钢筋在主筋上焊接形成支架),抹面架焊接前由测量人员用全站仪和水准仪进行放线。

以洞径为15 m×18 m(宽×高),混凝土衬砌厚度1 m的洞室为例,底板单仓混凝土浇筑一个循环为74 h:

底板基础面清理验收:24 h;

钢筋绑扎时间:10 h;

立挡头模时间:6 h;

混凝土浇筑时间:10 h;

混凝土待凝时间:24 h;

一个循环所需时间合计:74 h。

5.1.2　边墙混凝土衬砌

边墙混凝土浇筑分仓长度为 15 m,仓号高为 3.15 m,采用多卡模板施工,多卡模板规格为 3.2 m×3 m,多卡模板采用 20 t 吊车拆装。

以洞径为 15 m×18 m(宽×高),混凝土衬砌厚度 1 m 的洞室为例,边墙单仓混凝土浇筑一个循环为 32 h:

立挡头模时间:6 h(可提前立挡头模,不占用直线工期);

拆模吊模安装时间:1 h;

模板校正时间:3 h;

混凝土浇筑时间:4 h;

混凝土待凝时间:24 h;

一个循环所需时间合计:32 h;

上层混凝土浇筑达到 24 h 后可拆模,达到 72 h 后,可进行下一层混凝土的浇筑,由于多卡模板不用搭设脚手架,模板吊装方便,因此边墙实行跳块浇筑,则边墙 4 层共用时间合计为 128 h。

5.1.3　顶拱混凝土衬砌

顶拱混凝土衬砌采用 15 m 长顶拱钢模台车施工,其钢模台车施工工艺流程为:钢筋台车行走就位→钢筋安装→钢筋验收→钢模台车行走→模板清理、涂脱模剂→钢模台车就位→测量检测验收合格→立堵头模→校模→预埋灌浆管→仓位清理、浇筑准备及验收→混凝土浇筑→拆模及养护→清理及缺陷处理。

以洞径为 15 m×18 m(宽×高),混凝土衬砌厚度 1 m 的洞室为例,顶拱使用钢模台车单仓混凝土浇筑时间为 56 h:

立挡头模时间:8 h;

台车就位时间:1 h;

模板校正时间:3 h;

混凝土浇筑时间:20 h;

混凝土待凝时间:24 h;

一个循环所需时间合计: 56 h。

钢筋台车与钢模台车共用一条轨道,钢筋台车超前钢模台车至少 2 个浇筑块以上。

钢筋绑扎在钢筋台车上进行,两次循环后,完成一块钢筋的绑扎。混凝土钢筋保护层采用在钢筋与模板之间设置强度不低于结构设计强度的混凝土垫块。

台车沿轨道通过自行设备移动至待浇仓位,调节横送油缸使模板与隧洞中心对齐,然后起升顶模油缸,顶模到位后把侧模用油缸调整到位,并把手动螺旋千斤顶及撑杆安装、拧紧。

5.2　操作要点

5.2.1　钢筋工程

钢筋加工场根据施工详图及混凝土施工分仓计算钢筋下料单,按照钢筋下料单加工工程所需钢筋,将加工好的钢筋依次编号,运输至施工现场后按照施工详图进行钢筋绑扎,严格执行《水工混凝土施工规范》的有关规定。

5.2.1.1　钢筋加工

钢筋加工在钢筋加工厂进行,按照设计图纸及混凝土施工分仓计算开出钢筋下料单,按照下料单下料加工,钢筋加工采用钢筋截断机和钢筋弯曲机进行,厂内钢筋的连接宜采用机械连接,当不具备机械连接条件时,直径≤28 mm 的采用闪光对焊或搭接焊,直径>28 mm 采用帮条焊。钢筋加工完毕经检查验收合格后,根据其使用部位的不同,分别进行编号、分类,并挂牌堆置在仓库(棚)内,露天堆放应垫高遮盖,做好防雨、防潮、除锈等工作。

5.2.1.2 钢筋运输

加工成形的钢筋采用汽车吊配合汽车运输。钢筋运至现场采用20 t汽车吊辅以人工进仓。

5.2.1.3 钢筋安装

钢筋安装前经测量放点控制安装位置。钢筋的安装采用人工架设,底板钢筋以基础锚杆、插筋为依托,设置架立筋;垂直钢筋设支撑筋固定。钢筋安装的位置、间距、保护层及各部分钢筋的尺寸,严格按施工详图和设计文件进行。为保证保护层的厚度,钢筋和模板之间设置强度不低于设计强度的预埋有铁丝的混凝土垫块,并与钢筋扎紧。在多排钢筋之间,用短钢筋支撑以保证位置准确。安装后的钢筋加固牢靠,且在混凝土浇筑过程中安排专人看护并经常检查,防止钢筋移位和变形。

直径在28 mm以下的钢筋连接宜采用闪光对焊或搭接焊,直径在28 mm以上时采用机械连接。钢筋机械连接应用前,先进行生产性试验,合格后报送监理人批准,并经发包人及设计单位同意后才能用于现场施工。钢筋接头分散布置,并符合设计及相关规范要求。电焊工均持有相应电焊合格证件。

5.2.2 模板施工

5.2.2.1 施工程序

模板施工程序为:模板设计、制作→测量放线→运输→组装→模板校正及复测→混凝土浇筑→拆模及维护→下一循环。

5.2.2.2 施工方法

模板由专业技术人员按混凝土的实际结构,依照施工规范进行设计,并提供制作详图。定型钢模和悬臂模板及钢模台车均按设计图纸在加工厂加工制作,经检验合格后运往现场拼装立模。加工合格的模板采用20 t汽车运输至工作面,采用20 t汽车吊辅以人工配合安装。

立模施工前应对钢模板进行除锈清理,并在模板面上均匀涂刷一层脱模剂,以便于脱模。模板拼装严格按相关施工规范进行,做到立模准确、支撑牢固可靠,以确保混凝土结构体形的尺寸和浇筑质量符合设计及规范要求。模板在使用过程中要注意保护,防止变形、损坏。

5.2.3 混凝土工程

5.2.3.1 混凝土入仓、铺料

底板浇筑采用平铺法铺料,铺料厚度30～50 cm,边墙及顶拱浇筑上升速度控制在每小时0.8 m以内,振捣器配合人工平仓,6 m³混凝土罐车运输,混凝土泵泵送入仓。

5.2.3.2 混凝土浇筑

(1)仓面振捣作业必须与浇筑能力相匹配,振捣按铺料顺序进行,以免造成漏振,确保混凝土浇筑质量。

(2)混凝土浇筑时,在上一层浇筑层面上先均匀铺设一层厚2～3 cm的水泥砂浆,砂浆标号应比同部位混凝土标号高一级。每次铺设砂浆的面积与混凝土浇筑强度相适应,以砂浆铺设30 min内被覆盖为限。

(3)浇筑混凝土时,严禁在仓内加水,当混凝土和易性较差时,采取加强振捣等措施;仓内的泌水必须及时排除,应避免外来水进入仓内,模板、钢筋和预埋件表面黏附的砂浆应随时清除。

(4)混凝土浇筑应保持连续性,因故超过混凝土间歇时间,但混凝土能重塑者,可继续浇筑;不能重塑者,按施工缝进行处理。

(5)混凝土振捣时应按以下要求施工:

①振捣器插入混凝土的间距,应不超过振捣器作业半径的1.5倍。

②振捣器应垂直按顺序插入混凝土,间距一致,防止漏振。

③振捣时应将振捣器插入下层混凝土5 cm左右。

④严禁振捣器直接碰撞模板、钢筋及预埋件。

⑤预埋件特别是止水片、止浆片周围应细心振捣,必要时辅以人工捣固密实。

⑥浇筑第一层时,卸料接触带和台阶边坡的混凝土应加强振捣。

5.2.3.3 养护

在混凝土浇筑完毕 12~18 h,当硬化到不因洒水而损坏时即开始人工洒水养护。操作时,先洒侧面,顶面在冲毛后洒水,持续养护时间为 21~28 d。混凝土的养护采用洒水养护,用有压水管均匀进行喷洒,为确保养护效果,设置专人进行养护管路的维护。

5.2.3.4 混凝土的表面保护

混凝土表面保护包括外观保护和表面防裂保护。

外观保护:对已浇筑完成的底板混凝土采用覆盖细沙等进行混凝土表面保护。另外对于一些混凝土的边角部位采用专用拆模工具拆除模板,以防损坏混凝土边角。

表面防裂保护:为防止混凝土表面的干缩变形引起的表面裂缝,对所有混凝土表面进行保湿养护。为防止混凝土的温度裂缝,对当年浇筑的混凝土在冬季进行保温。

5.3 劳动力配置

按混凝土工程高峰期最高浇筑强度且连续作业、人员二班轮休的原则配备所需劳动力的工种、人数。

主要劳动力配置见表 1。

6 材料与设备

按此工艺施工,一个工作面循环所需主要设备如表 2 所示。

表 1 主要劳动力配置

工种	人数
技术管理人员	8
质量安全	9
测量工	8
钢筋工	50
模板工	50
混凝土工	40
架子工	10
焊工	15
电工	8
修理工	6
钢模工	5
汽车司机	30
普工	100
合计	339

表 2 所需主要设备

机械名称	型号及规格	数量
钢模台车	15 m 长	1 台
钢筋台车	7.5 m 长	1 台
多卡模板	3×3.2 m	40 套
汽车式起重机	20 t	1 台
混凝土拖泵	HBT600	2 台
混凝土泵车		1 台
混凝土搅拌运输车	9 m³	9 台
液压反铲挖掘机	1.2 m³	1 台
装载机	3 m³	1 台
自卸汽车	20 t	2 台
振捣器		8 台
电焊机	30 kW	6 台

7 质量控制

7.1 人员的控制

设备操作人员、混凝土施工人员、试验人员必须经培训合格,持证上岗。

7.2 模板质量控制

(1)按钻爆法开挖洞段的断面要求配置各种模板,要保证各种模板与混凝土的供应能力、运输能力等相适应。

(2)精心组织模板的设计、制作和安装,保证模板结构有足够的强度和刚度,能承受混凝土浇筑和振捣的侧向压力及振动力,防止产生移位,确保混凝土结构外形尺寸准确,并具有足够的密封性,以避免漏浆。

(3)所有模板、钢模台车使用前必须经过检查检验,材质、加工质量、刚度合格的模板才能安装使用。

(4)严格按施工图纸进行模板安装的测量放样,重要结构设置必要的控制点,以便检查校正。

(5)钢模板在每次使用前清洗干净,涂刷矿物油类的防锈保护涂料以防锈和拆模方便。钢模面板禁止采用污染混凝土的油剂,以免影响混凝土外观质量。木模板面采用烤涂石蜡或其他保护涂料。

(6)模板安装过程中设置足够的临时固定设施,防止变形和倾覆,以保证模板安装的允许偏差符合国家标准和行业规范的规定。

(7)模板在使用拆除后立即清洗干净,妥善堆存,以便下次使用。

7.3 钢筋质量控制

(1)每批钢筋均附有产品质量证明书及出厂检验单,使用前分批检验钢筋外观尺寸,并进行机械性能(拉伸、弯曲)试验,检验合格后才能加工使用。

(2)严格按施工图纸的要求进行钢筋加工,保证加工后钢筋的尺寸偏差及端头、接头、弯钩弯折质量符合《水工混凝土钢筋施工规范》(DL/T 5169—2002)的规定。

(3)钢筋的安装严格按规范和施工图纸的要求执行,确保钢筋的位置、间排距、保护层厚度符合要求。

(4)施工中采用其他种类的钢筋替代施工图纸中规定的钢筋时,施工前将钢筋的替代报告报送监理审批,同意后实施。

7.4 混凝土运输质量控制

(1)根据混凝土供应能力、浇筑能力、仓面具体情况选用合适的运输设备,以保证混凝土运输的质量,充分发挥设备效率。

(2)混凝土运输采用混凝土搅拌车,以避免在运输过程中产生离析分离、漏浆、严重泌水、过多温度回升和坍落度损失等现象。

(3)所有运输车辆上安放明显标志,标明混凝土品种和使用部位。严禁在运输过程中向混凝土运输车内加水。

(4)减少混凝土运输时间,尽快把混凝土运送到仓内,超过停留时间的混凝土必须由试验人员检测合格后才能入仓,性能不能满足使用要求的混凝土不得入仓。

7.5 混凝土浇筑质量控制

(1)严格执行三检制。逐一检查验收模板、钢筋、预埋件的质量、数量、位置,并做好记录。所有仓号必须通过监理验收合格后才能进行混凝土浇筑。

(2)混凝土入仓时的自由倾落高度超过规定时采用缓降措施予以控制。

(3)浇筑混凝土时严禁在仓内加水,发现混凝土和易性较差时采取加强振捣等措施保证质量。

(4)混凝土浇筑施工连续进行,混凝土浇筑允许间歇时间按试验确定。混凝土施工过程中尽量缩短间歇时间,并在前层混凝土凝结之前将次层混凝土浇筑完成。超过允许间歇时间的按施工缝处理。

(5)采用振捣器捣实混凝土时,每一振点的振捣时间,以将混凝土捣实至表面出现浮浆和不再沉落为止,防止过振漏振。

(6)实行混凝土质量抵押金制度。即按部位、逐层分清责任人,出现质量问题除无偿纠错外,质量安全部有权进行处罚。

7.6 混凝土入仓质量控制

(1)泵送混凝土的坍落度控制在 12 ~ 18 cm。

(2)骨料最大粒径小于泵管管径的 1/3,防止超径骨料进入混凝土泵。

(3)安装导管前彻底清除管内污物及水泥砂浆,并用压力水冲洗。安装后要注意检查,防止漏浆。在泵送混凝土之前先在导管内通过水泥砂浆,以便润滑泵管。

(4)施工中保持泵送混凝土工作的连续性,如因故中断时经常使混凝土泵转动,以免泵管堵塞。间歇时间过久时将存留在导管内的混凝土排除,并加以清洗。

(5)严禁为提高混凝土的和易性而在混凝土泵的受料斗处加水。

7.7 混凝土表面施工质量控制

(1)模板在支立前清除表面污物,并涂以合适的隔离剂。

(2)模板安装的结构尺寸要准确,模板支撑稳固,接头紧密平顺。

(3)模板与基层表面接触处均不得漏浆,模板与混凝土接触表面涂隔离剂。

(4)渐变段采用定型木模板及钢模板,木模板要充分润湿,钢模板要刷脱模剂。模板安装的结构尺寸及接缝、平整度必须满足规范要求,拆模必须达到强度要求。

(5)制定温控措施,降低混凝土温度,降低混凝土水化热,使有温控要求的部位达到温控技术要求。

8 安全措施

8.1 施工用电安全措施

(1)施工现场的配电盘箱、开关箱等安装使用符合以下规定:安装牢固,电具齐全完好;各级配电盘箱的外壳完整,金属外壳设有通过接线端子板连接的保护接零;装有漏电保护器;设置防尘、防雨设施;开关箱高度不低于 1.0 m。

(2)施工供电线路架空敷设,其高度不得低于 5.0 m 并满足电压等级的安全要求;线路穿越横通道或易受机械损伤的场所时必须设有套管防护,管内不得有接头,其管口应密封;在构筑物脚手架上安装用电线路必须设有专用的横担与绝缘子等;作业面的用电线路高度不低于 2.5 m,大型移动设备或设施的供电电缆必须设有电缆绞盘,拖拉电缆人员必须配戴个体防护用具。

(3)加强供电线路和用电设备检查、维修、保养,防止发生触电事故。

(4)禁止非电工人员私拉电线,私接电器设备。

(5)制定安全用电规章制度,加强职工安全用电常识教育。

(6)接地及避雷装置:凡可能漏电伤人或易受雷击的电器及建筑物均设置接地或避雷装置。并指派专人定期对上述接地及避雷装置进行检查。对于电压高于 24 V 的电气设备,不允许工作人员站在水中操作。只有气体驱动、直流电驱动或液压驱动设备允许在潮湿环境下工作。

(7)各种电气设备设置"正在运行"、"正在检修、严禁合闸"等警示牌。电源点设置有"有电危险"等警告标志。

(8)对各施工点设置的柴油发电机,安排专人看管,并严格按照相关操作章程进行操作。

(9)仓库照明采用电压低于 36 V 的安全电压照明。

8.2 高空作业安全措施

(1)钢筋台车和钢模台车必须满铺脚手板,各种台车、台架上按要求挂安全网。

(2)安全架支撑、搭设连接牢固,周围设置安全网。

(3)操作人员在作业时绑安全带、戴安全帽。

(4)实行监护制度,作业过程中安全员负责监护,安全架下严禁站人。

(5)高空作业的材料、工具、物品通过吊运传输时绑扎牢固,严禁通过抛掷传输。

8.3 机械运行安全措施

(1)制定机械设备安全运行维护规程,落实岗位责任制,定机、定人、定期维护保养,保持良好机况。

(2)操作人员经过相关部门组织的安全技术、操作规程培训,考试合格、持有效上岗证。

(3)操作人员上岗前,经身体健康状况检查,有禁忌病症人员不准从事机械操作。

(4)机械操作人员加强对设备的保养、维护,定期到有关部门检验,并经过保险。

(5)机械在每次运行前经安全检查,严禁带病运行,严禁操作手酒后操作。

(6)机械操作人员离开机械设备,按规定将机械平稳停放在安全位置,拉上手动制动装置、熄灭启动装置并取走启动钥匙,将驾驶室锁好。

8.4 吊装机械作业安全措施

(1)起重机工作场地要平整、坚实,满足起重机自重和最大起重能力的承载力要求,起重机回转半径范围内无任何障碍物存在,夜间作业照明度符合规程要求。

(2)起重作业人员经专业培训,考试合格、获起重作业上岗证。

(3)起重机的变幅指示、力矩限制器、行程限位开关、超重报警装置等安全保护装置完备、齐全、灵敏、可靠。

(4)起重作业时,设专人指挥且指挥规范,起重臂和重物下严禁有人停留或通过,严禁起重机吊运人员。

(5)起重机钢丝绳、索扣要满足最大起重荷载强度要求,并达到规定安全系数。吊装前捆绑要牢靠,并检查所使用的机具、绳索、索扣完好,严禁带病、超负荷运行。

(6)严禁斜拉、斜吊或起吊埋在地下和固定在地面的重物。

9 环保措施

(1)项目开工后,项目部将与各施工队,各施工队与作业班组签订文明施工责任书,依此加强现场文明施工管理,规范作业人员的文明施工行为,提高作业人员的文明施工意识。

(2)制定文明施工管理细则,严格按照文明施工管理细则进行处理。

(3)对施工现场的材料堆放、设备停放、场地使用、临建设施搭设等加强检查、巡视力度,不合格的立即处理。

(4)对施工区内道路、工地临时厕所、现场垃圾等安排专人进行维护、清运,在晴天经常对施工通行道路进行洒水,防止尘土飞扬,污染四周环境。

(5)将施工场地和作业限制在工程建设允许范围内,合理布置、规范围挡,做到标牌清楚、齐全,各种标识醒目,施工现场整洁文明。

(6)对施工中可能影响到的各种公共设施制定可靠的防止损坏和移位的实施措施,加强实施中的监测、应对和验收。同时,将相关方案和要求向全体施工人员详细交底。

(7)设立专用排浆沟,对废浆、污水进行集中,认真做好无害化处理,从根本上防止施工废浆乱流。

(8)定期清运沉淀泥砂,做好泥砂、弃渣及其他工程材料运输过程中的防散落和沿途防污染措施,废水除按环境卫生指标进行处理达标外,应按当地环保要求的指定地点排放。弃渣及其他工程废弃物按工程建设指定的地点和方案进行合理堆放与处治。

10 效益分析

（1）采用边墙、顶拱分开进行衬砌的施工工艺，可以减小工期成本，此工法与边墙顶拱一起衬砌的传统方法相比浇筑时间和模板定位安装的时间都要大大缩短，因只有顶拱浇筑占直线工期，加快了整个工程的施工进度，整个工程的工期缩短，相关的间接费用减少，节约了工期成本。

（2）边墙模板是标准件，可以重复利用，而钢模台车是非标准件，只能是一个工程一次性摊销使用，采用边墙与顶拱分开浇筑的工艺节约了模板成本。

（3）边墙分开浇筑工序增多，工作面也相应增加，这对施工组织和施工管理水平提出了更高的要求，提升了施工组织管理的整体水平。

11 应用实例

11.1 梨园水电站

梨园水电站位于云南省迪庆州香格里拉县（左岸）与丽江地区玉龙县（右岸）交界河段。两条导流洞布置在同一河岸，1 号导流洞长 1 276 m，2 号导流洞长 1 409 m，过流断面大小为 15 m×18 m，1 号、2 号导流洞总的洞挖量为 95 万 m^3。合同工期为 18 个月。

导流洞混凝土衬砌按 15 m 长分块，1 号导流洞顶拱共 46 块，2 号导流洞顶拱共 54 块。导流洞采用了边墙、顶拱分开浇的施工工艺。从 2009 年 3 月底开始进行顶拱混凝土衬砌，9 月底全部衬砌完成，整个衬砌只用了 6 个月，共完成混凝土 10.4 万 m^3，单个工作面月最高衬砌 11 块，高峰月浇筑混凝土 2.2 万 m^3。

采用上述工法加快了施工进度，节约了工程成本，取得了良好的经济效益和社会效益。

11.2 董箐电站左岸导流洞

董箐电站左岸导流洞断面尺寸 15 m×17 m（宽×高），城门洞型，隧洞全长 926.82 m，进出口明渠分别长 131.75 m、121.39 m，进出口高程分别为 366.0 m、364.5 m。根据围岩类别及使用功能，洞身 C20 钢筋混凝土衬砌厚度分别为 60 cm、100 cm、150 cm。工程于 2005 年 3 月 28 日开工，2005 年 11 月 30 日完工，工期共 8 个月。采用上述工法加快了施工进度，实现了工程高质高效完成，确保大江截流的顺利实现。

11.3 糯扎渡水电站右岸泄洪洞

糯扎渡水电站右岸泄洪洞无压段标准段桩号 0+703～0+960.857，城门洞室，衬砌后断面为 12 m×16.5 m，全长 257.857 m，纵向坡度为 7%～9%。无压段陡坡段、无压段标准段底板及边墙 4.5 m 高为 C55 抗冲耐磨混凝土，4.5 m 高边墙以上为 C40 混凝土，顶拱为 C30 混凝土，混凝土量为 13 180 m^3。

在该段洞室衬砌施工时，我部采用了边顶拱分部衬砌的施工方法，单块长度 12～15 m，边墙采用 3 m×3 m 的翻转模板，顶拱采用长 7.5 m 的钢模台车。采用该工法施工，边顶拱可连续进行浇筑施工，施工进度得到保证，最大浇筑强度 8 仓/月，质量得到有效保证，多次被评为糯扎渡工地样板工程，取得了良好的社会效益。

（主要完成人：王亚辉　李虎章　万　文）

导流洞混凝土堵头施工工法

江南水利水电工程公司

1 前 言

导流洞封堵混凝土工程是水电站蓄水发电的关键项目之一,成功与否,将直接影响到电站能否按期蓄水发电,工程质量的好坏也将直接关系到电站是否能正常蓄水和运行。导流洞封堵混凝土工程施工质量要求高、工期紧、任务重,因此如何保证混凝土施工质量及进度是导流洞封堵成功的主要因素。根据公司在洪家渡水电站、天生桥一级水电站、盘石头水库导流洞封堵混凝土施工工艺,总结出导流洞封堵混凝土施工工法。

2 工法特点

(1)混凝土浇筑采用薄分层,辅以埋管通水冷却,解决导流洞封堵大体积混凝土内部均匀散热的问题,加快施工进度,保证工程质量,取得良好效果。

(2)优化混凝土配合比,采用中低热水泥,掺加粉煤灰、外加剂,减少水泥用量,降低水化热,从而大大降低了由于水化热影响混凝土质量,保证工程质量,也节约施工成本。

(3)采用外掺 MgO 补偿收缩型混凝土,有效解决了由于混凝土收缩形成周边缝的脱空现象,保证与原导流洞衬砌混凝土面牢固结合,工程质量优良。

(4)施工便捷,进度快,缩短工期,工效得以提高。

3 适用范围

本工法适用于各种导流洞封堵混凝土工程以及类似工程的封堵混凝土施工。

4 工艺原理

针对导流洞封堵混凝土工程施工特点,如工程量大、工期紧、任务重、施工质量要求高等,如何控制混凝土施工的工序连接、分层、温度、收缩、止水等是关键问题。根据施工进度及设计要求,下闸后及时进行洞内排水,合理的分段、分块进行仓号准备,原衬砌混凝土面凿毛处理、锚杆施工、钢筋安装、蛇形冷却管、GBW 止水条安装、模板组立等工序施工;采用低水化热、外掺 MgO 补偿收缩型混凝土进行浇筑,合理的入仓方式,有效解决了封堵混凝土施工中温度、收缩控制的难题;拆模后及时进行洒水养护和通水冷却,有效控制混凝土的温度;最后进行回填灌浆施工。

5 施工工艺流程及操作要点

5.1 施工工艺流程

施工工艺流程见图1。

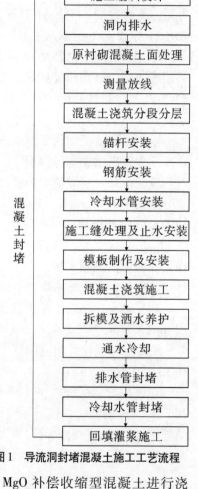

混凝土封堵

施工组织设计 → 洞内排水 → 原衬砌混凝土面处理 → 测量放线 → 混凝土浇筑分段分层 → 锚杆安装 → 钢筋安装 → 冷却水管安装 → 施工缝处理及止水安装 → 模板制作及安装 → 混凝土浇筑施工 → 拆模及洒水养护 → 通水冷却 → 排水管封堵 → 冷却水管封堵 → 回填灌浆施工

图1 导流洞封堵混凝土施工工艺流程

5.2 操作要点

5.2.1 施工组织设计

根据设计图纸文件要求,编制导流洞封堵施工组织设计,按施工组织要求,做好施工前的各项工作准备,主要是混凝土配合比设计、设备、材料、人员等准备到位。

5.2.2 洞内排水

导流洞进口闸门门下闸,导流洞出口采用填筑围堰挡水($P=10\%$),围堰高程根据当年长期水情预报确定,对堵头段上游的渗水采取堵排方法:在堵头段上游 2.0 m 的地方修筑黏土心墙黏土麻袋围堰,前期通过抽排方式,在小围堰内布置 2 台水泵抽排。后期当混凝土浇筑到廊道时,撤掉水泵,上游的渗水通过在堵头段预埋钢管引至廊道内排至堵头下游侧,钢管的大小根据上游来水量决定。排水钢管结构为:将钢管进水口打磨光滑,端头上安一带螺杆的活塞。在排水期,活塞由螺杆控制,活塞不封闭排水口(见图 2)。

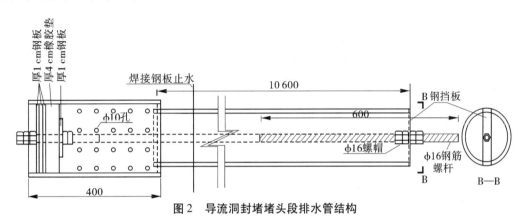

图 2　导流洞封堵堵头段排水管结构

5.2.3 原导流洞衬砌混凝土面处理

在堵头段集水排干后,对原导流洞衬砌混凝土面凿毛处理。先底板后边顶拱,底板直接进行人工凿毛,边顶拱采用搭设钢管脚手架,人工进行凿毛,凿毛深度 1.5 cm。

5.2.4 测量放线

根据设计图纸及施工组织设计,对分段、分层、止水、锚杆、钢筋、模板、灌浆廊道进行准确放线,确定位置,并采用红油漆标示于原衬砌混凝土面上。

5.2.5 混凝土浇筑分段分层

(1)分段:导流洞封堵分成三段进行浇筑,上游段为堵头段灌浆廊道以上部分,长 10 m;下游段为堵头段平直部分;中间段根据长度定为一段(见图 3)。

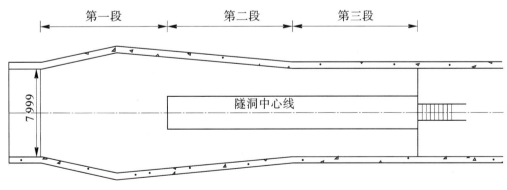

图 3　混凝土分段浇筑

(2)分层:浇筑分层按设计要求,基础约束层浇筑厚度为 1.5 m,灌浆廊道两侧浇筑层厚度为

3 m,其余部位不超过 2 m。分层浇筑见图 4。

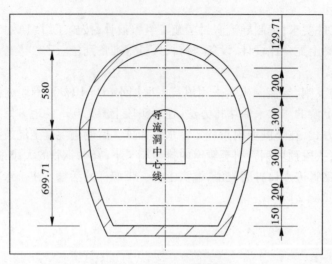

图 4　混凝土分层浇筑

5.2.6　锚杆施工

堵头段锚杆布置形式为梅花形全断面布设;先搭设满堂脚手架,测量放点,采用手风钻钻孔,边墙锚杆采用注浆机注浆,砂浆配合比为水泥:砂:水 = 1:1.2:0.44。顶拱锚杆采用快硬性水泥卷锚杆(药卷直径一般小于孔径 4~6 mm),人工安装锚杆。

5.2.7　钢筋安装

堵头段上游段(长 10 m)布置双层钢筋,根据设计图纸,在钢筋加工厂进行钢筋加工,运至工作面进行安装,安装中必须保证其规格、数量、间距、接头质量、保护层厚度等符合设计和规范要求。

5.2.8　冷却水管安装

浇筑混凝土之前,在每层混凝土中间预埋 φ25 mm 蛇形冷却管(镀锌钢管),灌浆廊道部位冷却管按间距 1.0 m 布置(见图 5),除灌浆廊道部位外其他部位冷却水管按间距 1.4 m 布置(见图 6),铺设层数与混凝土分层相同,冷却水管的进、出口端直接与灌浆廊道外供水管连接。

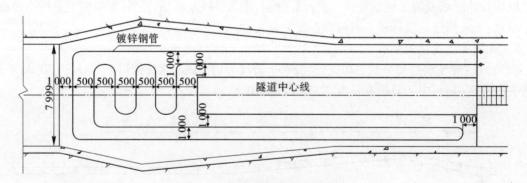

图 5　灌浆廊道部位冷却水管布置

5.2.9　施工缝处理及止水安装

(1)分段施工缝。根据设计图纸,分段间留施工缝,缝面采用人工凿毛,凿毛深度 1.5 cm,在距分块边缘 50 cm 处布置 GBW 止水条,止水条规格为 30 mm×20 mm,环行布置,止水条搭接长度为 5 cm,同时在第一段与第二段间分缝垂直面上布置插筋,梅花形布置 φ25@100×100 cm,$L=200$ cm,各伸入缝两侧混凝土中 100 cm。

(2)层间施工缝。用人工进行凿毛,高压水进行冲洗,凿毛深度 1.5 cm。

(3)止水条施工。堵头段上下游距分缝位置 75 cm 处分别设置一道 GBW 止水条,止水条规格

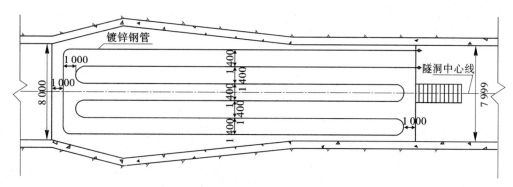

图 6　除灌浆廊道部位外冷却水管布置

为 30 mm×20 mm,环行布置,技术指标应满足设计要求。施工时先用人工将原混凝土面清洗干净,待贴面干燥后再用人工贴上,止水条搭接长度为 5 cm。

5.2.10　模板制作及安装

模板种类有:半悬臂模板、廊道顶拱模板两种,采用 P3015 钢模板和 P1015 钢模板组合而成(见图 7、图 8)。

(1)半悬臂模板。半悬臂模板用于每段混凝土浇筑上下端施工缝及灌浆廊边墙部位。其纵横向围楞均用 φ48 mm 钢管焊接而成,两钢管间净距为 16 mm,以便于拉筋加固(见图 7)。

(2)灌浆廊道顶拱模板。廊道顶拱半径 150 cm,顶拱模板骨架用 φ48 钢管按设计要求冷弯成半圆,弦杆用 φ28 钢筋制成,安装时每榀间距 75 cm 布置,先加固好拱架,然后再在其上拼装 P1015 钢模板(见图 8)。

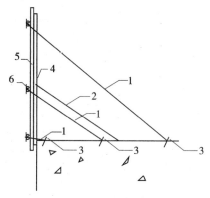

1—拉筋;2—钢支撑;3—预埋插筋;4—模板;
5—φ48 双钢管纵围楞;6—φ48 双钢管横围楞

图 7　半悬臂模板

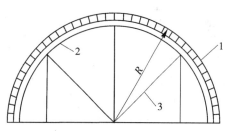

1—面板;2—φ48 钢管拱圈;3—钢筋桁架

图 8　廊道顶拱模板

5.2.11　混凝土浇筑施工

5.2.11.1　混凝土配合比设计

混凝土采用低水化热、补偿收缩混凝土,设计技术指标为:C25、W12、F100。优化配合比,采用中低热水泥,掺加粉煤灰、外加剂,减少水泥用量,降低水化热,同时,外掺 MgO 达到微膨胀效果。为确保混凝土的耐久性,保证混凝土浇筑的和易性,含气量要求控制在 4%~6% 范围内,混凝土仓面最大坍落度控制在 12~16 cm 范围内。

5.2.11.2　混凝土拌和及运输

混凝土拌和采用拌和楼拌制,拌和楼称料、拌和均由电脑自动控制。拌和系统的主要设备有:HL90-2Q1500 型拌和楼一座,自动配料间一座,压风送灰系统一套,水泥、粉煤灰贮罐共 2 个。

水平运输采用 6 m³ 混凝土搅拌运输车,从拌和楼到浇筑地点;垂直运输采用混凝土泵运输,运输能力根据现场而定。

5.2.11.3　混凝土浇筑

(1)入仓方式。由于导流洞上游已经封堵,混凝土料只能从下游工作面泵送入仓。现场布置两台混凝土泵车,分别负责块号左右两侧的进料,保证混凝土浇筑每层均匀上升。

(2)铺料方法。采用平铺法和台阶法。

①平铺法。在仓号位面积不大的部位,可采用平铺法铺料。卸料时,两侧应均匀上升,其两侧高差不超过铺料层厚 50 cm,一般铺料层厚采用 25 ~ 50 cm。

②台阶法。在仓号面积较大的部位,可采用台阶法铺料。台阶法混凝土浇筑程序从块体短边一端向另一端铺料,边前进、边加高,逐步向前推进并形成台阶,直至浇完整仓。其浇筑程序见图 9。

(3)平仓。平仓均采用人工平仓配合设备进行,但在靠近止水、模板和钢筋较密的部位用人工平仓,使骨料分布均匀。

(4)振捣。根据施工规范规定,平仓后及时进行混凝土振捣,从上游向下游振捣,时间以混凝土不再显著下沉、不出现气泡、开始泛浆为准。

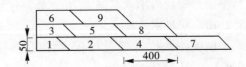

图 9　台阶法浇筑程序示意图 (单位:cm)

(5)混凝土铺料间隔时间。混凝土铺料间隔时间均应符合规范要求。《水工混凝土施工规范》规定,用振捣器振捣 30 s,振捣棒周围 10 cm 内仍能泛浆且不留孔洞、混凝土还能重塑时,仍可继续浇筑混凝土。否则,作为"冷缝"按施工缝处理后继续浇筑。

5.2.12　拆模及洒水养护

混凝土拆模后及时采用人工洒水养护,保持混凝土面湿润为标准。水平施工缝养护至下一层浇筑止,其余部位养护时间不少于 21 d。

5.2.13　通水冷却

混凝土内部采用养护散热。初期冷却水采用水库内的普通水,混凝土浇筑时管内水流速控制在 0.6 m/s 左右,每天改变通水方向一次,使混凝土内能均匀降温,保证冷却水与混凝土内部温差不超过 25 ℃,混凝土日降温幅度不超过 1 ℃,初期冷却时间通过计算确定,一般为 10 ~ 15 d,后期冷却在混凝土内部温升稳定后进行,考虑先用天然水冷却,若达不到灌浆温度要求时,再考虑采用冰水冷却,拟配备 1 台制冷机,供冷却水能力为 7 m³/h。直到混凝土降温至设计要求的灌浆温度。混凝土内部温度测定,可采用冷却水管闷水测温的方法测定。

5.2.14　排水管封堵

在堵头混凝土接触灌浆完毕,拉紧螺杆,活塞将进水口封闭,然后从出水口向排水管内灌微膨胀砂浆以封闭密实,并将出水口用钢板焊接严密。

5.2.15　冷却水管封堵

当冷却结束后通过灌水泥砂浆封堵冷却水管。

5.2.16　回填灌浆施工

5.2.16.1　施工工艺流程

施工工艺流程为:施工准备工作→灌浆管埋设→灌浆管检查→Ⅰ序孔灌浆→待凝 48 h 以上→Ⅱ序孔灌浆→待凝 7 d 以后,灌浆质量检查。

5.2.16.2　施工准备工作

在堵头段外附近用钢管脚手架就近搭设临时制浆平台,采用集中制浆、长距离输浆工艺对施工现场进行供浆。

5.2.16.3 灌浆管埋设

根据施工图纸把回填灌浆孔位布置好,孔位偏差控制在 20 cm 以内,用红油漆标注孔位之后。进行预埋施工,为了避免管路堵塞,预埋管在两端绑扎塑料薄膜。用 φ11/2″钢管作为进浆管,排气管进浆管埋法一致,采用 φ3/4″管,事先用电钻在老混凝土上钻孔深入衬砌 5 cm,钢管出浆口加工成 45°斜向插入孔内。埋设深度将根据混凝土浇筑分层分块穿插进行,采用接头进行对接。

一期布置:主要是堵头段及加衬段回填灌浆施工,用 φ11/2″钢管作为进浆管,排气管进浆管埋法一致,采用 φ3/4″管,事先用电钻在老混凝土上钻孔深入衬砌 5 cm,钢管出浆口加工成 45°斜向插入孔内。埋设深度将根据混凝土浇筑分层分块穿插进行,采用接头进行对接。

二期布置:主要是灌浆廊道回填灌浆施工,用 φ11/2″钢管作为进浆管,间隔 5 m,用 φ3/4″管接出作为灌浆岔管,灌浆岔管位置事先用电钻在老混凝土上钻孔深入衬砌 5 cm,岔管出浆口加工成 45°斜向插入孔内。灌浆主管可固定在浇筑前埋设的锚杆上。排气管与进浆管埋法一致,采用 φ3/4″管,位置比进浆管高。

5.2.16.4 灌浆施工

衬砌混凝土达 70% 设计强度后,开始进行灌浆,施工工序如下:

(1)孔位检查和钻孔。预埋管在灌浆前进行检查,发现堵塞,采用岩石电钻进行钻孔。孔径不小于 38 mm,孔深穿过混凝土进入衬砌 5 mm。

(2)灌浆:

①灌浆方法:采用纯压式灌浆法。

②灌浆材料:水泥采用 P.O.42.5 普通硅酸盐水泥;灌浆用砂应为质地坚硬清洁的天然砂或人工砂,不得含泥团和有机物,粒径不大于 2.5 mm,细度模数不大于 2.0。灌浆使用的水泥必须符合规定的质量标准。

③灌浆次序:施工按两个次序进行,先灌 Ⅰ 序孔,拱座 2 根进浆管,后灌 Ⅱ 序孔,顶拱进浆管,直至结束。

④浆液水灰比:根据施工实际情况 Ⅰ 序孔可灌注水灰尘比 0.6(或 0.5)的水泥浆,Ⅱ 序孔可灌注 1 和 0.6(或 0.5)两个比级的水泥浆。空隙大的部位应灌筑水泥砂浆或高流态混凝土,水泥砂浆的掺量不大于水泥质量的 200%。

⑤灌浆压力:采用 0.3~0.5 MPa。

⑥封孔:灌浆结束后,应排除钻孔内积水和污物,采用浓浆将全孔封堵密实和抹平,露出衬砌混凝土表面的管应割除。

(3)灌浆质量检查:

①回填灌浆质量检查应在该部位灌浆结束 3 d 后进行。灌浆结束后,承包人应将灌浆记录和有关资料提交监理人,以便确定检查孔孔位,检查孔应布置在顶拱中心线脱空较大、串浆孔集中及灌浆情况异常的部位,孔深穿透衬砌深入老混凝土 5 mm。每 10~15 m 布置 1 个检查孔,异常部位可适当增加。

②采用钻孔注浆法进行回填灌浆质量检查,应向孔内注入水灰比为 2:1 的浆液,在规定压力下,初始 10 min 内注入量不超过 10 L,即为合格。

③检查孔钻孔注浆结束后,应采用水泥砂浆将钻孔封填密实,并将孔口压抹平整。

5.3 劳动力配置

主要劳动力配置见表 1。

6 材料与设备

主要施工材料、机械设备配置见表 2。

表1 主要劳动力组织配置

工种	人数（人）
木工	20
钢筋工	10
电焊工	5
清洗凿毛工	100
钻孔工	21
制、注浆工	9
混凝土泵运转工	8
混凝土罐车司机	10
电工	6
普工	57
装载机工	1
机修工	2
现场值班调度	3
现场质检技术员	5
测量员	3
管理人员	20
合 计	280

表2 主要施工材料、机械设备配置

序号	设备名称	数量
1	P3015 钢模板	500 m²
2	P1015 钢模板	150 m²
3	钢管拱架	84 榀
4	灌浆廊道拱架	37 榀
5	钢管（φ50 mm）	100 t
6	空压机	2 台
7	混凝土泵车	3 台
8	混凝土罐车	5 辆
9	装载机	1 台
10	自卸汽车	3 辆
11	手风钻	4 台
12	高速制浆机	1 台
13	浆液搅拌机	1 台
14	输浆泵（BW250/50）	1 台

7 质量控制

（1）选用低热水泥，并掺一定比例的粉煤灰。对选用的水泥和粉煤灰应做试验，只有水泥达到合格，粉煤灰达到国家一级标准才能使用。

（2）基础面浇筑第一层混凝土前，先铺一层 2～3 cm 厚的水泥砂浆，保证混凝土与基岩面结合良好。

（3）在浇筑过程中，要求台阶层次分明，铺料厚度 50 cm，台阶宽度一般大于 1.0 m，坡度一般不大于 1∶2。

（4）振捣器移动距离均不超过其有效半径的 1.5 倍，并插入下层混凝土 5～10 cm，顺序依次、方向一致，避免漏振。

（5）混凝土采用预埋冷却水管通水冷却至稳定温度。

（6）施工前检查混凝土浇筑设备的运行情况，保证施工能够连续进行。

（7）锚杆孔直径应大于锚杆直径约 15 mm，孔壁与锚杆之间应灌满水泥砂浆。

（8）为保证混凝土浇筑时不混仓和减少最后一仓混凝土的脱空范围，在浇筑时用模板作临时隔板，待泵送二级配混凝土临近初凝状态时，将隔板取掉后继续进行后续混凝土的浇筑。

（9）模板施工的质量要求如下：

①工程所用的模板均满足建筑物的设计图纸及施工技术要求。

②所用的模板均能保证混凝土浇筑后结构物的形状、尺寸与相对位置符合设计规定和要求。

③模板和支架具有足够的稳定性、刚度和强度，做到标准化、系列化、装拆方便。

④模板表面光洁平整、接缝严密、不漏浆，混凝土表面的质量达到设计和规范要求。

⑤模板安装，均按设计图纸测量放样，设置控制点，并标注高程，以利于检查、校正。

⑥模板的面板均涂刷脱模剂，且对钢筋及混凝土无污染。

⑦模板的偏差,应满足规范规定,按相关验收规范执行。

⑧不承重的侧面模板拆除,在混凝土强度达到 25 kgf/cm² 以上时才拆除。钢筋混凝土结构的承重模板拆除均使混凝土强度达到表 3 的要求。

表 3　承重模板拆除与混凝土强度对照

部位	跨度(m)	混凝土强度(%)
梁、板、拱	≤2	50
	2～8	70
	>8	100

(10)灌浆结束标准:

①若排气管有回浆:在规定的压力下,排气管出浆后,延续灌注 10 min 即可结束。

②若排气管无回浆:在规定的压力下,灌浆孔停止吸浆,延续灌注 10 min 即可结束。

8　安全措施

(1)保证安全生产,文明施工,施工中严格贯彻国家、省和上级主管部门颁发的有关安全的法律、法规和劳动保护条例,制定安全目标。

(2)建立安全保证体系。强化安全监督和管理,建立健全安全管理机构,成立以项目负责人为第一安全负责人,项目总工程师为主要负责人的安全管理机构。项目部设专职安全员,委派责任心强富有经验的安全管理人员负责施工安全管理,对施工现场进行安全监督和检查,把好安全关,消除事故隐患。

(3)抓好"三级安全教育",对全体施工人员进行安全教育,考试合格后持证上岗,牢固树立"安全第一"的思想,特殊工种作业人员需经培训考试合格持有特殊作业操作证,持证上岗。

(4)建立健全安全责任制,实行责任管理,将安全目标落实到每个施工人员。

(5)严格执行交接班制度,坚持工前讲安全、工中检查安全、工后评比安全的"三工制度"。

(6)每一项目开工前制定详细施工技术措施和安全技术措施,报监理工程师审批后,及时进行施工技术和安全技术的交底,并落实措施。

(7)在施工现场设置安全方面的标志、制度、注意事项。安全员上岗必须佩戴醒目标志。

(8)进入现场施工的人员必须按规定佩戴安全劳保用品(如安全帽等),严禁穿拖鞋上班。

(9)高空作业要架设安全设施(搭设脚手架、悬挂安全网、设置安全栏杆、施工人员绑安全绳等),上述措施经检查合格后才能使用并派专人巡视和维护。

(10)以定期(每月一次)及不定期的方式组织开展安全检查,召开安全会议,把安全事故消灭在萌芽状态。

9　环保措施

(1)控制烟尘、废水、噪声排放,达到排放标准。

(2)固体废弃物实现分类管理,提高回收利用率。

(3)尽量减少油品、化学品的泄漏现象,环境事故(非计划排放)数量为零。

(4)实现环境污染零投诉。

(5)降低生产中自然资源和能源消耗,水电消耗控制在预算的 95% 以内。

10　效益分析

导流洞封堵混凝土通过优化配合比,降低了水化热影响,保证了工程质量,同时也节省了温控费用;另外,由于导流洞封堵混凝土采用了薄分层辅以埋管通水冷却的方法,解决了导流洞封堵大体积混凝土内部均匀散热的问题,加快了施工进度,取得了良好效果。

11 应用实例

本工法是我单位在洪家渡水电站、天生桥一级水电站、盘石头水库导流洞封堵混凝土施工中的成功案例。

11.1 洪家渡水电站

洪家渡水电站导流洞洞长 813 m,进口高程 980.0 m,出口高程 978.5 m,斜坡段洞身底坡 i = 1.879 7‰。断面为修正马蹄形,高度 12.80 m,宽 11.6 m,上半洞为半圆形,半径为 R = 5.8 m,侧墙半径 R = 14.5 m,底宽 8.0 m。导流洞封堵段位于导流洞 K0+295.7 ~ K0+333.7 段,长 38 m,分为三段封堵,每块分为 6 层,每块分缝位置均与原导流洞分缝位置错开 1.5 m 以上。导流洞封堵工程于 2004 年 4 月 1 日开始,工期为 3 个月,混凝土工程量 5 458 m³。

在导流洞封堵混凝土施工中,主要采取以下措施:

(1)在控制混凝土水化热方面:优化混凝土配合比,采用中低热水泥,掺加粉煤灰、外加剂,减少水泥用量,降低水化热。设计技术指标为 C25、W12、F100。

具体混凝土施工配合比见表 4。

表 4　导流洞封堵混凝土施工配合比

W/C	砂率 (%)	粉煤灰 (%)	MgO (%)	减水剂 UNF-2C (%)	引气剂 AE(/万)	材料用量(kg/m³)						
						水	水泥	煤灰	MgO	砂子	小石	中石
0.47	44	25	3.4	0.8	0.8	152	242	81	11.0	842	536	536

(2)控制混凝土收缩脱空现象:采用外掺 MgO(11.0 kg/m³)混凝土,形成补偿收缩型混凝土,有效解决了由于混凝土收缩形成周边缝的脱空现象,使封堵混凝土与原导流洞衬砌混凝土面牢固结合,保证工程质量。

(3)在控制混凝土温度方面:采用薄分层,辅以埋管通水冷却。

经过以上几方面的控制,我部在贵州洪家渡水电站导流洞封堵混凝土施工中取得成功,加快了施工进度,保证了工程质量和工期,降低了施工成本,赢得业主、设计、监理的高度认可,为洪家渡水电站提前发电起到至关重要的作用。经过 3 年的运行监测,该工程满足设计和规范要求,安全运行。

洪家渡水电站于 2008 年 12 月获第八届"中国土木工程詹天佑奖"和"中国建设工程鲁班奖"。

11.2 天生桥一级水电站

天生桥一级水电站位于广西隆林、贵州安龙县交界的南盘江干流上,是红水河梯级开发水电站的第一级。电站总装机容量 1 200 MW,最大坝高 178 m,总库容量 102.6 亿 m³。天生桥一级水电站两条导流洞位于河床左岸,于 1997 年 12 月中旬完成导流任务,进口闸门下闸开始封堵。堵头原设计长度为 40 m,后经设计进一步优化,将堵头段长度修改为 21 m 的瓶塞型结构。总工程量为 7 050 m³,钢筋 37 t。施工工期:1998 年 1 月至 1998 年 6 月底。采用导流洞封堵混凝土施工方法在天生桥一级水电站施工中取得圆满成功,加快施工进度,保证了工程质量,降低了施工成本,为天生桥一级水电站发电起到至关重要的作用。

导流洞封堵混凝土质量等级为优良。

11.3 盘石头水库

盘石头混凝土面板堆石坝最大坝高 102 m,坝顶长 666 m,坝顶宽 8 m。导流洞全长 516.0 m,

起点的洞型为 7.0 m×8.1 m 矩形,经过 15 m 渐变段,变成 7.0 m 宽、直墙高为 7.7 m,拱顶半径为 4.0 m、中心角为 122.09°的城门洞型,开工日期为 2000 年 4 月,完工日期为 2007 年 12 月。导流洞封堵段施工范围 0+35.94~0+195,总长 159.06 m。导流洞封堵主要工程量:混凝土 5 527.6 m³,回填灌浆 400 m²。采用此施工方法施工,进行连续混凝土浇筑,保证了混凝土施工质量,又加快了施工进度,比原计划工期提前了 3 个月。本工程已通过单位工程验收,单元工程优良率 92%,分部工程优良率 100%,单位工程评定为优良。工程运行至今,运行状况良好,无质量问题。

(主要完成人:韦顺敏　李虎章　帖军锋　范双柱　赵志旋)

斜屋面现浇混凝土施工工法

江南水利水电工程公司

1 前 言

近几年来,为了满足人们对生活多样化选择的需求,在建筑设计上呈现出许多新颖别致、纷呈多样的斜屋面结构。但往往由于斜屋面在施工中施工方法选择不当,易造成混凝土浇筑不密实,引起渗漏。本工法针对斜屋面结构特点,使用一种操作简易、切实可行的双层模板安装体系,来保证混凝土的浇筑质量。

2 工法特点

(1)传统上斜屋面(通常指坡度在25°~60°的斜屋面)施工中往往采取安装斜坡底面模板或在钢筋面上附加一层钢丝网进行浇筑、拍实,但由于坡陡,在振捣过程中往往造成混凝土滑落、离析现象,使混凝土只能在斜坡面上在无约束呈滑落状态下自然成型。混凝土浇捣密实性难以得到控制,施工质量难以达到预期效果,给混凝土结构施工留下渗、漏隐患。而安装双层模板后则克服了混凝土滑落的缺陷,混凝土浇捣成型后易于达到密实的效果。

(2)采用竖向定位木龙骨控制斜屋面结构的厚度及面层模板安装,面层模板则预先制作好,施工时采用逐级摆放、安装,逐级浇筑,模板安装工作面与混凝土浇筑互不干扰,相互依次循环进行,操作简单、方便,能保证结构密实、截面尺寸正确及表面平整,有利于保证混凝土成型的质量。

3 适用范围

本工法适用于设计坡度在25°~60°的现浇混凝土斜屋面施工。

4 工艺原理

本工法是在按要求安装好斜屋面底层模板后,依据斜屋面的走向沿坡底至坡顶的方向布置竖向龙骨,竖向龙骨与底层模板间通过限位止水螺栓进行夹固、定位,以此来控制结构的厚度及面层模板安装。面层模板则根据放样的结果予以事先分级预制,安装时将面层模板摆放进竖向龙骨之间,通过铁钉将面层模板与竖向龙骨钉牢即可。绕斜屋面四周从下至上分级安装面层模板,每安装完一级即可浇筑混凝土,采用逐级安装、逐级浇筑的方法相互依次循环进行,直至浇筑结束。

5 施工工艺流程及操作要点

5.1 工艺流程

施工工艺流程见图1。

5.2 施工要点

(1)为了避免在浇捣混凝土过程中板面钢筋下陷,保证板筋的有效高度,在双层钢筋网之间应增设有效的支撑马凳筋,支撑马凳筋不小于Φ10,当板筋≥Φ12时,间距不大于1 000 mm×1 000 mm,当板筋<Φ12时,间距不大于600 mm×600 mm。同一方向上的支撑不少于2道,且距板筋末端不大于150 mm。

(2)钢筋应绑扎牢固,以防止浇捣混凝土时,因碰撞、振动使绑扣松散,钢筋移位,造成露筋。

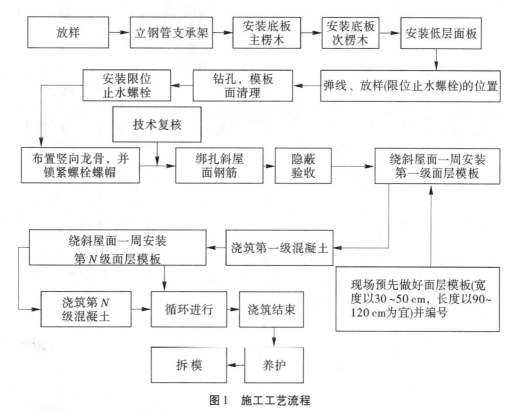

图 1 施工工艺流程

（3）马凳筋与上、下层钢筋接触点采用点焊，同时在其周边 2～3 道范围内的上、下层钢筋网也采取点焊，以加强钢筋网整体稳定性。

（4）绑扎钢筋时，应按设计规定留足保护层。留设保护层，应以相同配合比的水泥砂浆制成垫块，将钢筋垫起，严禁将钢筋用铁钉、铁丝直接固定在模板上。

（5）竖向龙骨可采用 40 mm×60 mm 或 50 mm×50 mm 方木双拼，布置间距依据面层模板模数级而定，竖向龙骨双拼间的空隙用小木条夹钉，竖向龙骨与底层模板间固定采用对拉螺栓高度限位加焊止水片，限位止水螺栓布置控制在 1 000～1 500 mm，这种做法不但能保证结构厚度，还能延长渗水路线，增加对渗透水的阻力。止水片与螺栓应满焊严密。安装完毕经技术复核后方可进行下道工序施工。

坡屋面面层模板、竖向龙骨、止水螺栓布置俯视图见图 2。

（6）面层模板。

宽度采用 300～500 mm，长度采用 900～1 200 mm 为宜，预制时尽量采用同一模数级，不足处经现场放样后确定，这样一方面便于模板安装、周转，节约材料；另一方面也有利于混凝土浇筑及在施工中检查混凝土浇筑是否密实，减少冷缝产生。

分级面层模板预制时两侧边加钉 20～30 cm 长的 30 mm×40 mm 侧压骨，面层模板的长度模数应比两侧竖向龙骨之间的净距小 10 mm（两端各 5 mm），以便于面层模板安放，安装时将面层模板的下边缘与竖向龙骨的下边缘对齐，通过铁钉将面层模板的侧压骨与竖向龙骨钉牢。

（7）浇筑混凝土时在模板面上口可临时设置 50 cm 高的挡板，避免浇筑时骨料滑落。对于钢筋排列较密的斜屋面，可采用 Φ30 小型振动棒振捣。浇筑过程中可采用小锤敲击检查是否已浇筑密实。

（8）浇筑混凝土时，可以斜屋檐为起点，绕屋面一周循环浇筑，浇筑完一层后即可安装上一层面层模板，逐级逐段安装面层模板，然后逐级浇筑混凝土，相互依次循环进行，直至浇筑结束。

（9）对于结构尺寸较大、周长较长的斜屋面，应在施工前根据每层混凝土浇筑的速度，计算好浇筑时间。如有必要时，可适当考虑添加缓凝剂，避免混凝土搭接前产生冷缝。

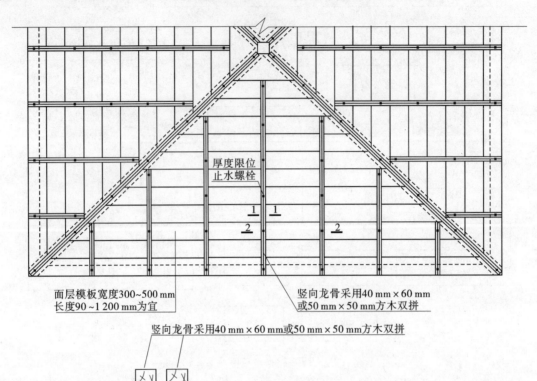

图2 坡层面面层模板、竖向龙骨、止水螺栓布置俯视图

（10）混凝土的养护对其抗渗性能影响极大，特别是早期湿润养护更为重要，一般混凝土终凝即应浇水养护，且养护期不少于14 d。

（11）面层模板可在混凝土强度达到1.2 N/mm²后拆除。拆模时严禁乱撬，以免造成止水螺栓松动，底层模板则应根据规范中有关梁板拆模的规定，以同条件试块试压强度为依据。

（12）针对不同斜屋面构造特点，其支撑体系、止水螺栓间距应进行计算。

5.3 劳动力组织

主要劳动力配备见表1。表中除测量工外，其他工种均为两班作业。

6 材料与设备

（1）模板预制安装设备：锯木机、电刨机、锤子、扳手、墨斗（弹线器）。

（2）钢筋加工、安装设备：切割机、电焊机、弯曲机、钢筋连接机械（据设计接头连接种类而定）、扎钩、铁丝。

（3）混凝土浇筑设备：铁铲、小锤、插入式振动器、计量器

表1 主要劳动力配备

工种	人数（人）
测量工	4
钢筋工	20
模板工	12
混凝土浇筑	12
焊工	10
混凝土运输	6
抹面工	4

具、试件制作器具。

(4)运输及起吊设备:附着式塔吊、人货电梯、高速井架、运输小车、混凝土吊斗等均可。

(5)各种质量检测工具。梁板模板可采用胶合板,规格为 915 mm×1 830 mm×18 mm 或 1 220 mm×2 440 mm×18 mm,竖向龙骨可采用 40 mm×60 mm 或 50 mm×50 mm 方木双拼,面层模板侧压骨采用 30 mm×40 mm 方木。

(6)止水螺栓规格可采用 φ10,止水片规格采用 50~80 mm,配蝴蝶扣或螺母,形成固定支撑体系。

(7)支撑采用 φ48 钢管配可调顶托,其间距、排距经计算后确定,并按规定布置好水平撑及拉撑,顶托空隙处应用木楔紧塞。

(8)针对斜屋面板厚度较小、钢筋较密的特点,粗骨料宜采用 10~20 mm 碎卵石,易于浇筑密实。

(9)砂宜采用中砂,并符合有关规范规定。

7 质量控制

(1)模板工程质量应执行国家标准《混凝土结构工程施工及验收规范》(GB 50204—2002)及其他有关规范规定。

(2)支撑系统及附件要安装牢固,无松动现象,面板应安装严密,保证不变形、不漏浆。

(3)面板要认真刷涂脱模剂,以保护面板增加周转次数。

(4)拆模控制时间应以同条件养护试块强度等级为依据,并符合有关规范及相关规定。

(5)拆模应小心谨慎,爱护模板支撑件,并应对构件认真清理、修复、保养。

(6)质量标准。允许偏差见表 2。

8 安全措施

(1)施工前木工工长应对木工班组进行详细的技术安全交底,特别是面层模板的分级模数应交底清楚,以免安装时出现错误。

(2)严格遵循国家颁布的《建筑安装工程安全技术规程》及上级主管部门颁布的各项有关安全文件规定。

表 2　允许偏差

项目	允许偏差	检验方法
模板上表面标高	±5 mm	拉线、用尺量
相邻面板表面高差	2 mm	用尺量
板面平整	5 mm	2 m 靠尺和塞尺检查

(3)施工中应加强安全巡检,着重检查配件牢固情况,特别应做好外架的封闭及防护工作。

(4)模板安装、拆除严格按照操作规程进行操作。

(5)模板支撑拆下后,应及时进行清理,并分类予以堆放整齐。

9 环保措施

(1)成立对应的施工环境卫生管理机构,在工程施工过程中严格遵守国家和地方政府下发的有关环境保护的法律、法规和规章,加强对施工材料、设备、废水、生产生活垃圾的控制和治理,遵守有防火及废弃物处理的规章制度,做好交通环境疏导,随时接受相关单位的监督检查。

(2)将施工场地和作业限制在工程建设允许范围内,合理布置、规范围挡,做到标牌清楚、齐全,各种标识醒目,施工现场整洁文明。

(3)对施工中可能影响到的各种公共设施制定可靠的防止损坏和移位的实施措施,加强实施中的监测、应对和验收。同时,将相关方案和要求向全体施工人员详细交底。

（4）设立专用的施工垃圾堆放点，对施工中产生的垃圾进行集中处理。

10　效益分析

采用本工法投入费用相对传统安装单层底面模板增加 20% 左右，但是采用双层模板后，可提高浇捣混凝土工效，降低混凝土因滑落而造成损耗。克服了以往施工中给斜屋面混凝土结构留下的渗、漏隐患，保证了混凝土成型质量，避免了以往由于结构渗、漏而返工修补所造成的延误工期及其经济损失，其创造的潜在经济效益远大于增加的投入。另外，其对客户今后在使用功能效果及对当前以质量求生存的施工企业而言，也取得了良好的社会效益。

11　应用实例

（1）特警"568"工程学员一、二大队宿舍楼为六层砖混结构楼，屋面为 30°四面坡，工程建筑面积 5 137×2 m²，工程于 2008 年 11 月完工。施工时采用本施工方法，施工快捷，屋面浇筑质量优良，浇筑完成后混凝土密实度较好，未出现屋面渗漏现象，工程总体质量良好。

（2）特警"568"工程干部宿舍南、北楼为六层砖混结构楼，屋面为 30°四面坡，屋面面积为 5 200+4 264 m²，工程于 2008 年 11 月完工。斜屋面施工时采用了双层模板现浇混凝土的陡斜屋面施工工法，施工操作简单、方便，屋面混凝土浇筑质量明显提高，浇筑完成后表面平整，减少了屋面防水施工时基层处理的大量工作，且混凝土浇筑密实，确保了工程质量和结构的安全性。

（3）特警"568"工程后勤保障分队楼为六层砖混结构楼，屋面为 30°四面坡，屋面施工时，采用了双层模板现浇混凝土的陡斜屋面施工工法，2008 年 3 月完工，该工法操作简单、方便，屋面混凝土浇筑质量明显提高，浇筑完成后表面平整，减少了屋面防水施工时基层处理的大量工作，且混凝土浇筑密实，确保了工程质量和结构的安全性。

（**主要完成人**：姜居林　李晓红　毛　翔　代开雄）

多级马道缓边坡混凝土拉模施工工法

湖北安联建设工程有限公司

1　前　言

在水利水电工程边坡防护项目中常见混凝土护坡,如进水口和出水口边坡、泄洪消力塘边坡等,水位变幅大,整体稳定性要求高,长边坡一般分设多级马道,设计坡度通常较缓。

护坡混凝土施工一般采用无轨拉模分级浇筑方法。湖北安联建设工程有限公司结合三峡永久船闸正向取水口右岸边坡、白莲河抽水蓄能电站工程、向家坝水电站地下厂房尾水渠右岸边坡等工程实例,组织开展科技创新,试验研究采用无轨拉模多级边坡连续施工技术,实现了护坡快速浇筑的目标,大幅节约了人力物力。该工法技术精巧,实用性强,操作简单,经济效益明显。

2　工法特点

(1)采用定型框架内嵌标准钢模组合成侧模,装配式二角架支撑固定,配重式面模直接安放于侧模上,整套系统稳固性好,立模备仓方便快捷。

(2)利用慢速卷扬机作为拉升动力,牵引面模直接在侧模上行走,可根据混凝土初凝速度快慢灵活控制面模滑升速度,操作简单。

(3)在马道转折处,采用定型卡式斜向支撑减缓拉模变角,使面模顺利渡过马道,实现连续滑升。

(4)平行于坡面搭设溜槽,在马道处设转角缓冲。根据边坡坡比及气温等条件,选择合适坍落度,辅以少量人工控制,能克服骨料分离现象,确保混凝土入仓质量,且效率较高。

3　适用范围

本工法适用于坡比为 1 : 1 ~ 1 : 2 的多级长缓坡混凝土护坡工程施工。

4　工艺原理

护坡工程混凝土设计存在一定坡度,通过设计面模使面模自重法向分力大于混凝土浇筑过程的浮托力,可以利用定型侧模的上缘作为面模的支撑进行拉升,利用定型卡式斜向支撑顺利通过马道,实现多级边坡连续浇筑一次成型。

5　施工工艺流程及操作要点

5.1　施工工艺流程
施工工艺流程见图1。

5.2　施工准备

5.2.1　建基面清理与处理

根据坡脚护坦基础地质条件及设计要求,可采用基础喷混凝土的方法将基础初步硬化,便于立模。喷混凝土后的基础面在施工前进行清扫、冲洗,使基础面保持洁净。对于回填边坡或土质边坡,可根据设计要求在喷混凝土前进行石渣换填、表面铺级配碎石,碾压密实即可。

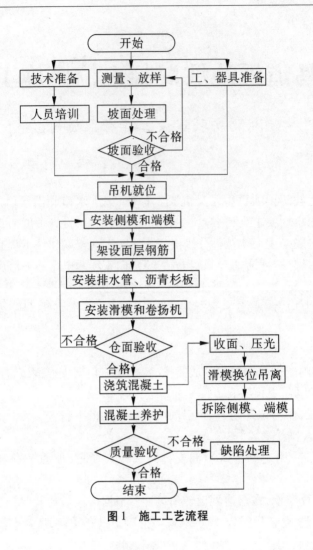

图1 施工工艺流程

5.2.2 排水孔施工

一般边坡均有坡面排水管孔,排水孔施工在基础换填完成后施工。按照设计要求和现场实际进行布孔,换填基础采用钢套管钻机钻孔,钻孔直径不小于设计要求直径,钻孔经验收合格后,安装设计孔径的塑料盲沟(外带反滤布,底部孔口用土工布包扎密实),塑料盲沟顶部露出基础面,便于搭接。混凝土部分的排水孔采用预埋PVC管,PVC管上部用铅丝固定在面层钢筋网上,下部套在塑料盲沟上,搭接长度应满足要求,搭接部分的空隙需用土工布塞实。PVC管在混凝土浇筑前,先用砂浆或者混凝土进行培脚,避免混凝土浇筑过程中因为侧压力产生移位或者砂浆流入塑料盲沟内导致排水孔失效。浇筑混凝土前,可用棉纱或土工布将PVC管口堵塞,待混凝土初凝后抹面时,清理孔口,并将孔口堵塞物取出,确保孔内无异物堵塞。

5.2.3 仓面准备

混凝土浇筑之前,将基础面上的杂物、浮渣泥土清理干净,并用高压水冲洗,使基础面保持洁净。然后准备进行模板安装等工作。

仓面准备内容包括:模板、钢筋、排水孔PVC管、伸缩缝沥青杉板等按设计要求安装就位,模板经测量后满足要求并出具测量结果,混凝土入仓设施与设备均已就位,振捣设备数量满足要求并可正常运转,夜间照明灯具安装就位并可正常使用,仓面防雨、遮阳设施准备充分,仓面干净无杂物、无积水,仓面设计与技术交底均已进行。

5.3 模板工程

采用卷扬机拉模,侧模采用型钢外框+内嵌小钢模的定型组合模板。

5.3.1 拉模模板(自带抹面平台)

拉模模板由面板、作业平台、防护栏杆、牵引绳、两侧的限位器、装卸式抹面平台等组成。面板采用 10 mm 厚度钢板,工字钢作肋焊接成框,8 mm 厚度钢板作为背挡面,形成中空的腔体面板。中空主要是为减轻面板钢材重量,使用时在面板中空的腔体内注水以增加模板重量来克服混凝土浮托力。作业平台用角钢焊接成框架,面层满铺双层竹跳板,主要用于作业人员左右行走;作业平台外侧用 Φ25 mm 镀锌钢管焊接成 1.2 m 高的护栏;在面板左右侧,用钢板焊接 5 cm 高限位器,避免拉模牵引过程左右侧行程不同导致一侧脱离侧模轨道;在模板正前方两端处,焊接 2 个牵引环,钢丝绳通过牵引环将拉模与卷扬机相连。如施工过程发现拉模重量不足时,可采用手提式预制块作为配重,固定在拉模上。拉模工作示意图见图 2。

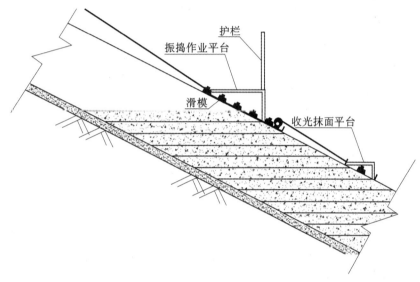

图 2 拉模工作示意图

5.3.2 侧模

为使侧模能够起到拉模滑轨的作用,可根据边坡实际及结构要求,设计成定型组合式模板,每个组合模板采用[10 型钢焊接成围囹,内嵌 3015 小钢模和 1015 小钢模。在模板加工厂内加工成形,运输到现场拼装后,在拆装过程中不再拆卸,而是整体搬运。组合模板采用背部斜撑,斜撑上设置有调节长短的花篮螺栓,接地端头设置地锚孔,用于钉入地锚。组合模板之间连接采用对接螺栓。以 1 m 厚护坡混凝土为例,侧模设计如图 3 所示。

5.3.3 模板安装与校核

模板安装顺序为:测量放样→控制点钉桩拉线→搬运模板到现场→初步固定模板→连接模板→精准校正模板→紧固模板→测量再次校核→出具测量成果。

模板安装前,首先进行测量放样,用灰线撒出仓位边线,在控制点上用钢筋钉桩,并标出结构线顶高,用细线将控制标高联系起来。立侧模时,采用自制坡面小车,小卷扬机牵引在坡面上行走进行上下运输。模板固定时,首先临时用地锚固定模板上任意两个支撑,人工再进一步调试,将其上缘线对准标高绳,用螺栓将相邻的侧模固定,螺栓只要安装就位即可,不能紧固。再次整体调整模板,使其基本符合结构要求,将其余支撑用地锚紧固,以前临时固定的地锚重新进行加固。测量再次用仪器校核模板标高和型体,期间通过调整模板支撑上的花篮螺栓校正模板偏差,调整到模板精度满足规范要求后,模板安装工作基本结束。

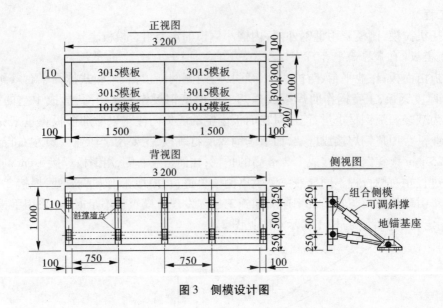

图3　侧模设计图

　　模板下口及模板间使用高压缩橡胶带,以保证缝面严密,浇筑不漏浆,每块模板之间接缝平整严密不漏浆。

　　由于喷混凝土基础面起伏不规则,立模时因模板间及模板与基础面间必然有空隙,可采取木板等易加工的材料进行填堵,砂浆填缝,以防止漏浆。特殊地形不能解决时,应对基础适当开挖清理,保证立模稳定、不漏浆。

　　模板安装偏差不得超过规范要求的允许偏差。模板安装完毕后,应在模板上口找直,并检查扣件、螺栓是否紧固,模板拼缝是否严密,并经测量仪器校核。

　　开仓前,在侧模上均匀涂上脱模剂,以便后期模板拆除时能够很好地保护混凝土棱角。

　　混凝土浇筑过程中,因为振捣棒的高频振动,会导致侧向模板连接螺栓、斜撑花篮螺栓松动,因此施工过程中应安排模板工不间断巡查,及时紧固螺栓。

5.3.4　侧模的拆除与维护

　　侧模应在混凝土达到规定的强度后才能拆除。拆模时首先将连接件拆除,再松动地脚螺栓,使模板与混凝土面逐步脱离。脱模困难时,可以在模板底部用撬棍撬动,不得在上口撬动、晃动和用大铁锤等重物硬砸模板。拆下的模板、支架及配件应及时清理、维修。

5.3.5　拉模施工注意事项

　　斜坡拉模施工采用顶部卷扬机同步提升装置。施工前,将面模放置到仓位最先端,仔细检查,确保面模与侧模顶部接触紧密。浇筑前,用卷扬机试提升、降落数次,确保面模和卷扬机处于良好工作状态。

5.4　钢筋工程

5.4.1　钢筋加工

　　钢筋的加工应在钢筋加工厂内完成。钢筋的加工应按照钢筋下料表要求的尺寸进行,加工后钢筋的允许偏差不得超过相关规范数值。

5.4.2　钢筋运输

　　钢筋水平运输采用平板汽车,垂直运输采用牵引式坡面小车,就位后人工搬运入仓,运输、吊装过程钢筋避免弯折变形。运输时,车厢长度尽量不小于钢筋长度,钢筋伸出车厢外不得大于1.5 m,车厢内钢筋两侧应有限位器,避免转弯过程掉落。有条件时坡面上垂直运输钢筋也可采用吊车吊装入仓。

5.4.3 钢筋安装

钢筋安装采用仓内绑扎,严格按照设计文件的规定进行,保证安装位置、间距、保护层及各部位钢筋的型号、规格、数量均符合设计文件的规定。钢筋保护层按施工详图要求布置与预留。现场绑扎钢筋时先设架立筋,然后根据设计详图绑扎主筋和分布筋。架立筋必须保证位置准确,保证钢筋架稳定不变形,以保证混凝土保护层的厚度。

5.4.4 浇筑过程保护

浇筑过程,安排专人维护钢筋网。需在仓面上行走时,应在仓面上设置用于临时通行的垫板,禁止施工人员直接踩踏钢筋网。维护人员对松脱的节点要及时用铁丝绑扎牢固,确保纵横向钢筋连接牢靠。绝不允许为方便混凝土浇筑擅自移动或割除钢筋。

5.5 混凝土工程

5.5.1 混凝土的拌和与运输

混凝土拌和必须严格按照配料单进行配料,达到要求坍落度,出料后应迅速运达浇筑地点,运输过程中不应发生分离、漏浆和严重泌水现象。混凝土运输可以采用自卸车运输,也可以采用搅拌运输车运输。

5.5.2 混凝土入仓

混凝土采用自卸车或搅拌运输车倒入集料口,由坡面溜槽输送入仓,溜槽采用 2 mm 厚薄钢板制作。在溜槽长距离斜坡输料条件下,需避免骨料分离现象:

(1)12 m 以上长边坡宜优先选用二级配混凝土,便于控制骨料分离。

(2)根据边坡坡比条件,在工艺参数试验的基础上,确定混凝土适宜的坍落度、胶材含量,也可通过调整粉煤灰和外加剂掺量来改善混凝土的和易性,以满足溜槽对混凝土流动性要求。

(3)根据环境温度变化,及时调整坍落度,对于 C25 二级配常态混凝土,25 ℃ 以下时入槽坍落度一般控制为 70 ~ 90 mm,25 ℃ 以上宜上调至 90 ~ 110 mm。

(4)在分级马道处,溜槽设置转角,原 1∶2 坡度可降缓至 1∶3 ~ 1∶4,转角处滞留料可辅以人工持锹拨下。

(5)采取调节放料速度、出料口隔挡、人工配合扒料等辅助性措施,充分保证混凝土入仓质量。

5.5.3 仓内摊铺振捣

仓内局部辅以人工摊铺到位。振捣时,混凝土振捣棒应按顺序均匀垂直插入,插入下层混凝土深度约 5 cm,缓慢提升,以混凝土表面返浆且不冒气泡为宜,避免漏振、欠振或超振现象发生。振捣过程中注意避免对预埋件、模板等产生扰动,预埋件密集区部位辅以人工振捣密实。振捣器的振捣、布置与混凝土的卸料等做到互相协调,不能在仓面内用振捣棒振捣运送混凝土。

5.5.4 收光抹面

在拉模面板后自带抹面收光平台,跟随拉模面板一同提升。收光平台在必要时也可单独固定提升。收光平台与面模采用单向铰接。收光抹面时,采用人工收 2 ~ 3 次:待混凝土完全沉实、表面完全收水、上人有脚印但不下陷时,用糙率较大的木质抹子初压抹平;在初抹后 1 ~ 2 h 内,混凝土初凝前,待表面稍硬、手按有印时,用钢板抹子再复抹 1 ~ 2 遍压实抛光即可。

5.5.5 拉模提升

施工过程中,通过控制两侧卷扬机同步运行使拉模上行或下行,两台卷扬机可各自独立运行调整。拉模一般按照 30 ~ 40 cm 上行一次,在浇筑间歇时每隔 30 min 提升一次,避免模板与混凝土黏结。根据不同季节气温和混凝土初凝时间以及坡比将提升速度控制在 1.5 ~ 2.0 m/h。拉模过马道时,先行将拉模滑升至上级边坡坡脚处,此时混凝土可直接入仓振捣。待到起坡后继续滑升,如此连续施工。

5.5.6 拉模过马道提升

当拉模提升到马道转角处时,采用定型制作的卡式斜向支撑用以减缓拉模变角,避免拉模卡在马道水平模板上,起到了缓冲作用,改善了卷扬机的工作工况。在完成马道水平段混凝土浇筑后,利用斜向支撑滑升到第二级,然后拆卸下斜向支撑,缓缓放下拉模降到马道起坡处,再行下料浇筑,继续滑升。

拉模过马道斜向支撑模板示意图见图4。

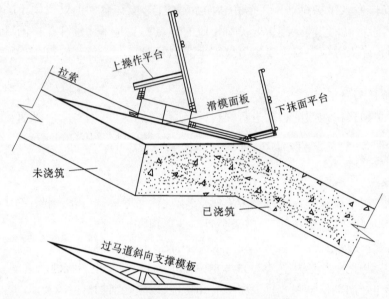

图4 拉模过马道斜向支撑模板示意图

5.5.7 侧模脱模

混凝土达到强度要求时(一般为1.5 MPa)开始拆模,并开始下一仓号的准备。拆模时注意保护好混凝土边角,以免影响混凝土外观质量。

5.5.8 混凝土养护与保护

混凝土浇筑完成12~18 h后进行洒水养护,高温季节可提前洒水养护,养护期间保持仓面湿润。采用花管扎孔流水养护和覆盖养护膜养护,以保持混凝土表面处于潮湿状态。养护期一般为14 d。

5.5.9 施工缝处理

保持混凝土浇筑连续。如因故中止浇筑而延续时间超过允许间歇时间造成初凝时,按照工作缝处理。施工缝面用高压水冲毛,以保证做到施工缝面粗砂微露,使混凝土层间结合良好。施工缝不用接缝板,只在混凝土板顶部放置压缝板条。混凝土凝固后,胀缝和施工缝的压缝板及时拔出,然后灌入填缝料。

5.5.10 特殊季节施工措施

5.5.10.1 雨季施工

雨季施工采取如下措施:

(1)注意收听天气预报,观察天气变化,与气象部门保持密切联系,根据天气情况安排施工项目。

(2)必须备好防雨材料和设施,浇筑过程遇大雨,立即停止混凝土浇筑,并用塑料布覆盖仓面。雨停后,若浇筑的混凝土尚未超过允许间歇时间,应先排出混凝土表面积水加铺水泥砂浆后续浇,否则按施工缝处理。

（3）做好工作面的排水工作，保持排水沟畅通，配备足够的排水设备并保持完好。

（4）加强机械、电气设备存放点和安装场防雨保护，以免设备受雨水淋和水泡。

5.5.10.2　夏季施工

夏季高温条件时采取如下措施：

（1）合理安排施工，尽量将混凝土施工安排在夜晚施工，以避开高温时段。

（2）混凝土入模温度不宜大于 30 ℃，浇筑应连续进行，当因故间歇时，其间歇时间宜短。当周围环境温度高于混凝土入模温度时，要提高浇筑速度，尽量缩短混凝土运输时间和运输车暴晒时间。

（3）炎热的天气养护要及时，采取喷雾、洒水、覆盖麻袋或薄膜等措施控制混凝土表面温度上升。

5.5.10.3　冬季施工

冬季低温条件时采取如下措施：

（1）低温季节浇筑应采取可靠的保温措施。及时在已浇混凝土结构表面覆盖保温材料，保温材料不宜直接覆盖在刚浇筑完毕的混凝土面上，可先覆盖塑料薄膜，上部再覆草袋等保温材料保温。

（2）拆模后的侧面混凝土应及时覆盖保温材料，以防混凝土表面温度的骤降而产生裂缝。

（3）对混凝土面及时洒水养护，保持混凝土面潮湿即可。气温低时，不得采用流水养护。

（4）当气温低于 0 ℃ 或口均气温低于 5 ℃ 时停止施工。

6　材料、设备配置与劳动力组合

6.1　材料配置

主要材料配置见表 1。

表 1　主要材料配置

序号	名称	规格	单位	数量	备注
1	混凝土	C25 二级配	m³	设计量	
2	钢筋	Φ20 mm	t	设计量	仓面钢筋、架立筋
3	PVC 管	Φ76 mm	m	设计量	

6.2　设备配置

设备配置见表 2。

表 2　设备配置

序号	设备名称	规格	单位	数量	备注
1	自卸车或混凝土搅拌运输车		辆	4	
2	汽车吊	25 t	辆	1	转运拉模时用
3	卷扬机（含减速器）	10 t	台	4	规格进行专项计算
4	卷扬机（含减速器）	2 t	台	2	坡面转运材料用
5	滑模（自带抹面平台）	9.5 m×1.2 m	套	2	自制，专项设计
6	侧模	3.2 m×1 m	套	2	自制
7	坡面小车	6.0 m×1.0 m	台	2	2 个工作面同时作业
8	振捣棒	Φ100 mm	台	8	
9	振捣棒	Φ70 mm	台	4	

6.3 劳动力组合

劳动力组合见表 3。

表 3 劳动力组合

序号	工种名称	数量	备注	序号	工种名称	数量	备注
1	摊铺工	5	仓内人员	10	25 t 吊操作手	1	模板、材料
2	混凝土振捣工	3	仓内人员	11	钢筋制作与运输	5	仓位准备
3	抹面工	4	仓内人员	12	钢筋安装	8	仓位准备
4	模板维护工	1	仓内值班	13	模板安装	10	仓位准备（侧模）
5	钢筋维护工	1	仓内值班	14	卷扬机安装	3	仓位准备
6	排水管维护工	1	仓内值班	15	测量工	2	仓位准备
7	卷扬机操作工	1	滑模操控	16	电工	1	电路供应
8	溜槽辅助工	5	下料配合	17	管理人员	2	
9	驾驶员	4	混凝土运输		合计	57	

7 质量控制

7.1 执行的主要技术标准和规程规范

（1）《水工建筑物滑动模板施工技术规范》（DL/T 5400—2007）。

（2）《水工混凝土施工规范》（DL/T 5144—2001）。

（3）《水利水电单元工程质量等级评定标准》（DL/T 5113.1—2005）。

（4）《水工混凝土钢筋施工规范》（DL/T 5169—2002）。

（5）《水利水电工程模板施工规范》（DL/T 5110—2000）。

7.2 主要质量控制措施

（1）原材料及半成品严格进场质检：钢筋进场前，必须检查按等级、牌号、规格及生产厂家是否满足规范要求，不得混杂，且应标牌明示。钢筋表面应洁净，使用前应将表面油渍、漆污、锈皮、鳞锈等清除干净。混凝土拌和应严格按规范要求及监理工程师批准的配合比进行，出口机性能指标应满足施工要求。

（2）开仓前必须细致检查：模板、钢筋、排水孔、伸缩缝沥青杉板安装等是否合格，各项测量成果、混凝土入仓设施及振捣设备等是否就位，夜间照明灯具安装是否正常，仓面防雨、遮阳设施是否准备充分，仓面应干净无杂物、无积水，仓面设计与技术交底记录完备。

（3）混凝土浇筑过程中重点控制振捣的质量，严格按规范操作，严禁漏振、欠振、过振。拉模速度视气温和混凝土初凝时间而定，不宜过快也不宜过慢，避免混凝土鼓凸或粘模。

（4）养护必须安排专人负责，保证养护时间和保温保湿的效果，控制混凝土内外温差满足设计要求，同时保护好外观质量。

（5）施工全过程操作都要坚持自检、互检、交接检制度。对工程必须本着自我控制的指导思想，牢固树立"上道工序为下道工序服务"和"下道工序就是用户"的思想，坚持做到不合格的工序不交工。

8 安全措施

8.1 执行的主要安全技术规程

（1）《水利水电工程施工通用安全技术规程》（SL 398—2007）。

（2）《水利水电工程土建施工安全技术规程》（SL 399—2007）。

(3)《建筑卷扬机安全规程》(GB 13329—1991)。

8.2 施工安全控制措施

(1)严格按照组织机构落实到人,实行专人专班、专人专岗。

(2)交叉作业时,实行专人指挥、专人协调,确保施工安全。

(3)做好防水(降雨来水、水管漏水、施工废水等)措施,加强安全巡视。

(4)监督设备安全检验,检查工地用电安全。

(5)根据施工特性,提前做好各项安全专项措施并贯彻落实。

(6)建立施工安全预警机制。积极做好安全危险源的识别与评价工作,针对各类复杂的地质、天气、环境条件,做好各类施工预案。

(7)卷扬机配置进行专项计算,选型采用慢速卷扬机。卷扬机加固进行受力验算与校核。

(8)建立卷扬机特种作业培训上岗操作制度,现场设置卷扬机安全操作规程警示牌。

9 环保措施

9.1 环境保护设计规范

(1)《水电水利工程环境保护设计规范》(DL 5402—2007)。

(2)《水电水利工程施工环境保护技术规程》(发改办工业[2007]1415 号)。

9.2 施工环保控制措施

(1)注重"预防为主"的原则,推行清洁生产技术和清洁生产,成立环境保护领导与实施机构。

(2)加强开工前教育,通过专题会议和生产例会,对全体职工进行环保教育,提高环保意识,做到动工前明确化、施工过程中管理制度化、标准化,环境保护实施具体化。

(3)坚持监督、检查制度,项目部环保小组专职人员,对工区的环保设施、措施执行情况,每日进行巡视、检查,并做好巡视日记,发现问题,及时出具"环保通知书",提醒注意或责令整改;编制《环境保护管理条例及实施细则》并严格执行,每月进行一次对照检查,发现问题及时处理。

(4)做好成品保护措施:混凝土浇筑完成后应将散落在模板上的混凝土清理干净,并按方案要求进行覆盖保护。雨季施工混凝土成品,要按雨季施工要求进行覆盖保护;每天专人负责给施工现场交通通道淋水,以减少工地的尘土,保护正常生产和生活。

(5)环境保护措施:施工用水经沉淀处理合格后排放,区域内建筑垃圾及时清理,运至指定地点妥善处理。

(6)做好区域管理:施工区域内材料、设备摆放有序,完工后及时清理现场。

10 效益分析

相比较传统的逐级浇筑的方法,本工法具备以下几个优点:

(1)可靠保证施工质量,面板平整度好,基本上不会出现蜂窝麻面等一般缺陷。

(2)采用多级边坡连续施工,减少了停仓次数,可以有效加快施工进度。

(3)结构简单,施工方便,采用可拆卸装置和活动配重,便于人工操作,更加省时省力。

(4)增加了拉模的周转次数,减少了设备投入与费用摊销,有效节约了成本。

11 应用实例

11.1 向家坝水电站地下厂房尾水渠边坡混凝土拉模施工

向家坝右岸地下电站尾水渠出口边坡为土质和岩石开挖边坡,坡面采用网喷混凝土临时支护,永久支护采用混凝土贴坡衬砌,厚度 1.0 m,坡比 1:2,底板高程 260 m,坡顶高程 296 m,在高程 260 m 处设置 3 m 宽坡脚护坦,在高程 270 m、280 m、290 m 处分别设置 2 m 宽 3 级马道,形成 4 级边坡,混凝土护坡总面积4.3万 m²。坡面排水管按 2 m×2 m 设置,混凝土强度等级为 C25,混凝土面层设计单层双向钢筋网。

出口边坡结构见图5。

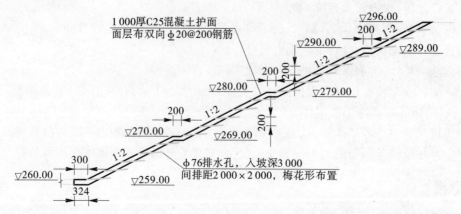

图5　向家坝右岸地下电站尾水渠出口边坡结构图

工程 2010 年 6 月开工至 2011 年 4 月浇筑完成,采用配重式无轨面模一次拉模到顶技术已成功进行 42 条带(单条带 8.8 m 宽,4 级边坡,3 级马道,边坡总长 86.5 m)拉模施工,平均混凝土滑升 1.5 m/h,单仓施工(含备仓时间)每循环约 5 d,实现了连续快速施工,同时节省施工成本约 10 万元。

11.2　三峡船闸正向取水口右岸边坡混凝土拉模施工

三峡永久船闸正向取水口右岸开挖边坡,岩石边坡(坡比 1∶0.3~1∶0.5)采用锚杆喷混凝土永久支护,土质边坡(局部采用石渣回填,坡比 1∶1~1∶2)采用混凝土贴坡衬砌,厚度 0.5~0.6 m,自引航道底板高程 130 m,坡顶平台高程 185 m,在高程 160 m 处设置 5 m 宽马道,在高程 145 m、175 m 处分别设置 2 m 宽马道,形成 4 级边坡,混凝土护坡总面积约 1.43 万 m²。坡面排水管按 2 m×2 m 设置,混凝土强度等级为 C20。

护坡混凝土浇筑 1999 年 10 月至 2000 年 5 月采用本工法施工,混凝土自 160 m 宽马道和 185 m 平台进料,溜槽入仓,无轨拉模浇筑,平均混凝土滑升 1.2~1.5 m/h,实现了两级边坡连续施工,取得了较好的实用效果,有效地提高了施工进度,同时也节省施工成本约 3 万元。

（主要完成人：赵久海　李　刚　徐永明　张　罡　郑　涛）

防渗墙钢结构导梁施工工法

上海勘测设计研究院

1　前　言

在水利工程土质均坝除险加固设计中往往利用混凝土防渗墙来达到防渗效果,混凝土防渗墙施工过程中一般需要对防渗墙的轴线进行定位,《水电水利工程混凝土防渗墙施工规范》(DL/T 5199—2004)规定导墙宜用混凝土结构构筑。防渗墙有多长,导墙就做多长,一般与大坝同长度。常用混凝土导墙结构型式见图1。该导墙属于工程临时结构,施工完毕即废弃,有的甚至还需要拆除。对导墙的要求一般是:要有一定的强度和刚度,能起到定位的作用;施工过程中不倾覆,不变形;并保护泥浆液面处于波动状态槽口的稳定,还要承受土压及施工机械等荷载,以及支撑混凝土导管、钢筋笼、接头管(板)等临时荷载。

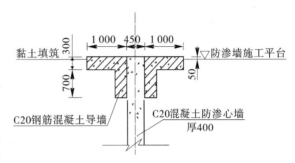

图1　防渗墙钢筋混凝土导墙断面

利用钢结构导梁替代混凝土结构导墙,同样起到防渗墙轴线定位的作用。与传统混凝土结构导墙相比,钢结构导梁具有很大的优越性,主要优点有使用方便、加快进度、经济节约等。其经济效益显著,平均每延米导梁每循环利用一次可节省成本约610元人民币。

2　工法特点

该工法的特点主要如下:

(1)可省去防渗墙导墙的结构设计。使用该工法,在以后的防渗墙设计中,只需考虑防渗墙本身功能的设计,无需再设计导墙。

(2)钢结构导梁使用方便,推广容易。钢结构导梁施工工法技术难度不大,平梁制作简单,使用方便,推广应用相对容易。

(3)施工进度加快。如果使用混凝土结构导墙,导墙施工及等待混凝土强度发挥需要一段时间,而采用新工法钢结构导梁作为导墙,导梁安装到位并调整好即可开始防渗墙墙体施工,省去混凝土结构导墙施工及等待混凝土强度发挥的时间,则施工进度加快。

(4)节约而且环保。使用钢结构导梁替代钢筋混凝土导墙,因导墙为临时结构,节省了钢筋、水泥,钢结构导梁不产生新的污染。

3　适用范围

本工法适用于水利工程中所有防渗墙施工。

4　工艺原理

本工法作为导墙的钢结构导梁,制作工艺和原理简单,按照设计图纸将钢板裁剪为需要的构件,然后将各构件焊接成型,钢板强度和焊接强度满足要求即可。另需配各导梁连接用的螺栓和拉结杆件若干。

4.1 导梁结构

钢结构导梁可根据钢板的长度加工,一般单根导梁9 m长,两根导梁组成一对。导梁断面为L型,用钢板制作,钢板厚度10 mm。为满足强度要求,中间加肋。单根导梁长9 m,一组两根,制作5~6组即可满足循环使用的要求。

制作成的导梁实物见图2。

4.2 导梁特点

钢结构导梁作为防渗墙定位的导墙有着不可比拟的优点和特点:

(1)一次制作,重复使用。钢结构导梁一次制作完成后,可随成槽施工的机械一起,作为防渗墙施工设备的必备配件之一,不限次重复使用。

图2 导梁实物

(2)一套导梁可满足不同厚度防渗墙施工的需要。防渗墙厚度从25~100 cm甚至更厚均有应用,作为轴线定位的导墙一般要随防渗墙厚度的变化而变,一套导梁可以适应这一变化要求,不用另外再制作。

(3)钢结构导梁制作长度短。钢结构导梁制作长度不需要和防渗墙或者大坝同长度,只需满足防渗墙循环施工的要求即可,一般满足5~8个循环长度,也即约50 m长。

(4)维护成本低,使用寿命长。因导梁为钢结构,只需在使用过程中注意避免受损,基本上无成本,使用寿命也长,即使废弃也能作为废钢全部回收,不产生污染。

5 施工工艺流程及操作要点

5.1 施工工艺流程

5.1.1 钢结构导梁制作流程

导梁制作主要流程如下:

(1)采购钢板板材(Q235规格钢板,厚度≥10 mm)。

(2)将钢板板材按照图纸尺寸要求剪裁为三个基本构件,分别为面板、底板和肋板。

(3)将面板、底板和肋板组合焊接成型,根据实际需要组合焊接完成5~8组导梁即可。

(4)在焊接好导梁的肋板上打孔,并配备穿孔的连接螺栓;制作30 cm、35 cm、65 cm(比防渗墙厚度大5 cm)等不同长度的短尺杆等备件。

5.1.2 施工工艺流程

应用导梁施工防渗墙的施工工艺流程为:开挖施工平台→开挖导槽→放导梁→导梁后回填土→防渗墙施工→导梁长度范围内的防渗墙施工完毕后拆除较早施工完成防渗墙施工的导梁→再延续开挖导槽→接续防渗墙施工→循环到防渗墙施工完成。

5.2 操作要点

操作要点主要有以下几个方面:

(1)导梁制作的长度一般要满足防渗墙施工5~8个槽段的要求,常规单个槽段长度约6 m,也即导梁制作长度约需50 m,6组左右,单组长度约9 m。满足防渗墙循环施工的要求即可。

(2)一组导梁与另一组导梁的连接,通过导梁背部肋板与肋板穿孔用螺栓连接,螺栓大小及强度须满足导梁稳定的要求。开孔数及螺杆直径通过计算确定。

(3)导梁后填土需夯实,确保施工过程中成槽机械等施工荷载条件下导梁的稳定。

(4)导梁本身强度须足够,保证在各种工作荷载条件下不变形。

6 材料与设备

需要的材料和设备如下：

（1）需要的材料：Q235 钢板，厚度≥10 mm。

（2）设备：钢材加工设备如剪板机等。

可委托钢材加工厂制作，有剪板机等设备的企业也可购进钢材自己加工，将板材按照设计图纸裁剪好，然后焊接而成即可。

7 质量控制

质量控制包括：钢结构导梁加工过程质量控制和导梁使用过程质量控制两个方面。

7.1 钢结构导梁加工过程质量控制

钢结构导梁加工应按照设计图纸的型式和钢结构有关规范进行。钢结构导梁的强度、刚度及稳定性需要经过验算，满足规范要求。

7.2 钢结构导梁使用过程中的质量控制

为确保导梁对防渗墙轴线和防渗墙槽口的准确定位，操作施工机械时应尽量避免机械臂及抓斗冲撞导梁。发生机械臂碰撞导梁致使导梁移位、槽口变形时，应及时纠正导梁位置，夯实导梁后填土。

8 安全措施

钢结构导梁加工和使用过程中有关安全措施可参照有关规程规范实施。

导梁加工过程遵循《钢结构施工质量验收规范》（GB 50205—2001）有关要求。

导梁使用过程中应防止成槽机械的机械臂冲撞导梁，防范的措施为控制成槽机械的机械臂升降的速度。若机械臂冲撞导梁致轻微变形，应及时校正，并分段夯实导梁后的填土。

9 环保与资源节约

使用钢结构导梁替代钢筋混凝土导墙，本身就从环保和节约资源的角度出发，既满足了工程施工的要求，又达到环保和资源节约的目的；使用钢结构导梁，不产生新的污染源，当导梁废弃不用时还可以回收钢材再利用，不存在污染物处理问题。

10 效益分析

钢结构导梁与钢筋混凝土导墙比较，其经济效益分析如下。

10.1 钢筋混凝土导墙使用成本分析

以图 1 所给断面计算为例，计算钢筋混凝土结构导墙每延米所需混凝土及钢筋量：

每延米导墙混凝土（强度 C20 以上）方量：

$$V = 0.3 \times (1 + 0.7) \times 2 = 1.02 (\text{m}^3)$$

每延米导墙使用钢筋量：

$$G_{\text{钢筋}} = 0.888 \times (5 \times 2 + 10 \times 1) \times 2 = 35.52 (\text{kg})$$

以上两项合计，每延米钢筋混凝土导墙成本约 610 元人民币。

10.2 钢结构导梁成本分析

钢结构导梁每延米质量计算如下：

$$G_{\text{导梁}} = (0.9 \times 2 + 0.9 \times 0.9 \times 2) \times 2 \times 0.01 \times 7\ 850 = 537 (\text{kg})$$

每延米导梁成本约人民币 6 000 元。

10.3 效益比较

每延米造价显然钢结构导梁高得多,但从应用实例来看,钢结构导梁一般制作50 m长度即可满足使用要求,而混凝土导墙则需和防渗墙同长。

以江西省永新县丰源水库保险加固工程为例,主坝长度570 m,钢结构导梁需长度50 m,而混凝土导墙需长度570 m,造价比较如下:

钢筋混凝土导墙需要成本:

$$610×570 = 347\ 700(元)$$

钢结构导梁需要成本:

$$6\ 000×50 = 300\ 000(元)$$

不难看出,仅就单次使用钢结构导梁成本即比钢筋混凝土导墙成本小。更重要的是,钢筋混凝土导墙仅能单次使用,使用完毕可能还需拆除,即成建筑垃圾,更需要处理成本。而钢结构导梁还可不限次投入使用,即使最终废弃不用,还可作为废钢回收利用。不仅效益可观,而且减小了建筑垃圾对环境影响的压力。

11 应用实例

11.1 应用实例一

以江西省永新县丰源水库除险加固工程主坝防渗墙施工为例介绍钢结构导梁的应用。

11.1.1 工程概况

丰源水库位于江西省永新县象形乡良陂村,坝址坐落于禾水支流桃花水中游,水库总库容为1 485万 m^3,是一座以灌溉为主,兼有防洪、养殖、发电等综合效益的中型水利工程。

丰源水库大坝于1965年冬兴建,于1972年基本建成。2007年6月经江西省水利厅鉴定审定,丰源水库主坝属3类坝,主坝存在严重质量及安全隐患,不能按设计正常运行。2009年,丰源水库被列入中央2009年第三批病险水库除险加固工程中央预算内专项资金计划,并开始组织实施。实施的主要加固项目有:主坝加固、副坝加固、溢洪道加固、输水隧洞加固;完善大坝安全监测及水情、雨情观测设施,改善工程管理设施等。

主坝加固主要内容之一是在大坝坝顶沿坝轴线设置液压抓斗造混凝土防渗心墙,墙厚0.4 m;对主坝两坝肩进行帷幕灌浆防渗处理,与防渗墙一起形成一道完善的防渗体系,以截断坝体和坝基渗流,降低坝体浸润线等。

11.1.2 防渗墙设计内容

丰源水库除险加固工程防渗墙设计参数主要为:混凝土防渗墙厚度40 cm,混凝土配合比按C20混凝土配制,成墙墙体抗压强度不小于10 MPa,墙体渗透系数不大于 $1×10^{-6}$ cm/s,极限水力坡降不小于300。

设计对防渗墙施工提的主要要求:建造槽孔前应修筑混凝土导墙(导向槽)和施工平台,导墙应平行于防渗墙中心线,地基不得产生过大或者不均匀沉降;槽孔入岩部分需配合冲击钻进行,合龙槽孔应尽量安排在深度较浅、条件较好的地方;防渗墙下部要求嵌入强风化基岩,嵌入深度应不小于2.0 m,遇大块孤石或坚硬岩石,可结合冲击钻机具;造孔工艺采用液压抓斗成槽,按二序法施工,即先施工Ⅰ序槽段,再施工Ⅱ序槽段。

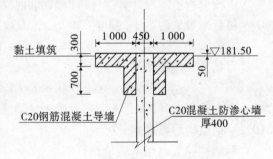

图3 防渗墙钢筋混凝土导墙断面

混凝土导墙图纸设计断面见图3,长度570 m。

11.1.3　防渗墙施工钢结构导梁工法应用

在防渗墙施工过程中,应用钢结构导梁代替钢筋混凝土导墙,且应用钢结构导梁的施工工法。

(1)钢筋混凝土导墙改用钢结构导梁。在丰源水库除险加固工程防渗墙施工中,使用钢结构导梁代替钢筋混凝土结构的导墙,同样起到了防渗墙轴线定位作用。

(2)钢结构导梁的优点。以该水库为例,其防渗墙导墙为钢筋混凝土结构,长 570 m,混凝土方量约 581.4 m³,钢筋约 17.4 t,两者加起来费用约 35 万元。但在施工中利用钢结构导梁代替,同样可起到导墙的作用,而且可重复利用,更环保,更节能,更符合当今社会节能减排的要求;另外,钢结构导梁安装及拆除速度也快,施工进度加快很多,少去许多钢筋混凝土结构施工及等强的时间。该工法在水利工程中很有应用和推广的必要。

11.2　应用实例二

江西省永新县洞口水库除险加固工程主坝防渗墙施工与丰源水库除险加固工程防渗墙施工类似,也应用了钢结构导梁及其施工工法,同样成功应用,起到了很好的效果,详细介绍略。

(主要完成人:孙　路　嵇仙宝　王生海　郑小东)

钢筋混凝土圆形管道一次浇筑成型工法

内蒙古辽河工程局股份有限公司

1 前 言

随着近年来国家加大对基础建设的投入力度,各地稀有金属矿产如雨后春笋般相继开工,随之而来的不可避免地要解决矿区排渣问题。排渣工程能否保质保量地完成将直接影响整个矿产体系能否按计划投产,而尾矿库部位无疑会成为制约工期的重要因素。

鸡冠山铜钼矿采选扩建项目尾矿库工程,总投资约 8 000 万元,工期内施工的主要建筑物有:透水坝一座(土石方 70 余万 m³);库区 8 道沟谷内布设着 27 座溢水井、7 座转流井;现浇钢筋混凝土排水管 3 200 多 m(其中:DN1500 排水管 1 650 m;DN2000 排水管 2 550 m);现浇钢筋混凝土排水斜槽 1 100 多 m;尾矿架空输水(三根管)管路 3 300 m;坝下设回水泵站、蓄水池、回水池、消力池等建筑物。我公司经过认真论证及精密计算,最终采用钢筋混凝土排水管圆形内模板一次安装进行浇筑施工工艺顺利地完成了本工程现浇钢筋混凝土排水管浇筑工作,并成功总结出钢筋混凝土排水管圆形内模板一次安装进行浇筑施工工法,为今后推广该项施工技术提供了可靠的技术保证。该项工法中的关键技术科技查新,在区内尚属首次使用。该项工法的推广和应用,必将取得良好的经济效益和社会效益。

该项工法获得了内蒙古黄河辽河工程局股份有限公司辽河工程局分公司 2009 年度技术创新一等奖。

2 工法特点

(1)工期:现浇混凝土管道全部采用自行设计整体钢模板一次性浇筑完成,节约工期约 55 d。

(2)成本:不需要大量周转材料,解决了在工期紧张情况下现浇混凝土管道浇筑问题,节约成本 156 万元。

(3)质量:全部混凝土采用一次性浇筑,确保了混凝土的整体质量。

(4)安全:避免了繁复的模板支立,节省了大量周转材料,使现场最大程度地减少了作业危险源,保证了工程安全顺利实施。

3 适用范围

本工法适用于水平或倾角不大于 10°,垫层厚度不小于 15 cm 钢筋混凝土管道成型。

4 工艺原理

圆形内模板所受压力采用针梁与丝杠支撑平衡,中心设针梁起支撑固定作用,以针梁为中心呈辐射状布置丝杠,来支撑纵向围图;桶形外模板所受混凝土浮力主要由固定到底拱摸板上与垫层上的螺栓来抵抗浮托力。

5 施工工艺流程及操作要点

5.1 施工工艺流程

施工工艺流程见图 1。

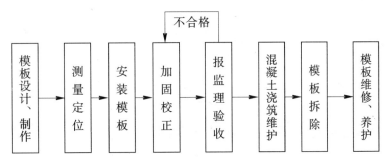

图 1　整体模板安装工艺流程

5.2　操作要点

5.2.1　进行力学分析计算

通过力学分析计算,内侧圆弧模板及外侧弧形模板根据图纸委托加工厂加工定型弧形模板、面板及肋板(内圆分 6 瓣、8 瓣、12 瓣),中心设针梁起支撑固定作用,以针梁为中心呈辐射状布置丝杠,来支撑纵向围图,为保证丝杠支撑点与定型模板缝吻合,施工时可调整丝杠支撑的角度或根数。针梁、丝杠和模板的支撑关系见图 2;针梁的支撑见图 3。

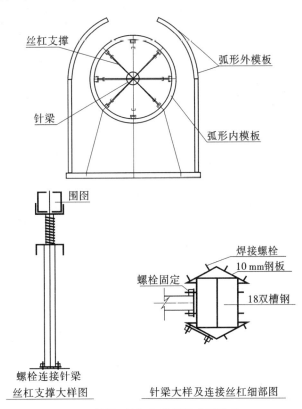

图 2　针梁、丝杠和模板的支撑关系

5.2.2　设计要点

5.2.2.1　针梁

针梁主要对浇筑前的内侧模板和围图、振捣设备和人员的重量等起支撑作用,并传递到施工段以外针梁的端支撑和拉线上,浇筑到底拱以上时,则上部新浇筑混凝土的压力主要传递到已浇筑完成的底拱上,所以针梁受到的荷载是有限的。

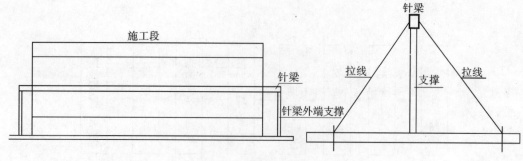

图3 针梁的支撑

5.2.2.2 上浮力的处理

浇筑底拱及下半部分时振捣混凝土所产生的上浮力,主要由固定到底拱模板上与垫层上的螺栓来抵抗,为保证足够的锚固力应采取如下措施:①浇筑垫层混凝土时,对拉螺栓的锚筋要深入到垫层混凝土底部,并且在底部焊接铁板(或一定尺寸的钢筋网片)增加锚固力。②在不增加总体混凝土工程量的前提下,局部增加垫层的厚度。③必须保证垫层混凝土达到足够的强度,考虑气温及赶工因素时,垫层混凝土可掺入早强剂。④针梁两端的拉线及整体模板、钢筋架立等都能抵抗上浮力。

6 材料与设备

本工法无需特别说明的材料,采用的机具设备等见表1。

表1 机具设备

设备名称	数量	用途
混凝土拌和系统	1 套	混凝土拌和
混凝土输送泵	1 台	混凝土运输
插入式震捣器	8 台	混凝土震捣
电焊机	2 台	模板安装

7 质量控制

7.1 工程质量控制标准

7.1.1 模板工程质量

模板工程质量执行《水利水电工程模板施工规范》(DL/T 5110—2000)。

(1)保证项目。模板及其支架必须具有足够的强度、刚度和稳定性;其支承部分应有足够的支承面积,如安装在基土上,基土必须坚实,并有排水措施。

(2)基本项目。模板接缝宽度不得大于1.5 mm。模板表面清理干净并采取防止黏结措施,模板上黏浆和漏涂隔离剂累计面积:墙、板应不大于1 000 cm²;柱、梁应不大于400 cm²。

(3)允许偏差。定型组合钢模板安装的允许偏差见表2。

表2 定型组合钢模板安装的允许偏差

检测项目	允许偏差(mm)		
	外露表面		隐蔽内面
	钢模	木模	
模板平整度:相邻两板面高差	2	3	5
局部不平(用2 m直尺检查)	2	5	10
板面缝隙	1	2	2
结构物边线与设计边线	10		15
结构物水平断面内部尺寸	±20		
承重模板标高	±5		
预留孔、洞尺寸及位置	±10		

7.1.2 混凝土工程质量

混凝土工程施工质量执行《水工混凝土施工规范》DL/T 5144—2001。

（1）保证项目。混凝土所用的水泥、水、骨料、加外剂等必须符合施工规范及有关规定,使用前要检查出厂合格证和检验报告是否符合质量要求。混凝土配合比、原材料计量、搅拌、养护和施工缝处理必须符合施工规范规定,并检查"混凝土搅拌质量记录表"和施工日志。

（2）基本项目。混凝土浇筑工序质量标准见表3。

表3　混凝土浇筑工序质量标准

项次	检查项目	质量标准	
		优良	合格
1	砂浆铺筑	厚度大于3 cm均匀、平整、无漏铺	厚度不大于3 cm,局部稍差
2	△入仓混凝土料	无不合格料进仓	少量不合格料入仓经处理尚能基本满足设计要求
3	△平仓分层	厚度不大于50 cm,铺设均匀,分层清楚,无骨料集中现象	局部稍差
4	△混凝土振捣	垂直插入下层5 cm,有次序,无漏振	无架空和漏振
5	△铺料间歇时间	符合要求,无初凝现象	无初凝现象,其他部位初凝累计面积不超过1%并经处理合格
6	积水和泌水	无外部水流入,泌水排除及时	无外部水流入,有少量泌水,排除不够及时
7	插筋、管路等埋设件保护	保护好,符合要求	有少量位移,但不影响使用
8	混凝土养护	混凝土表面保持湿润,无时湿时干现象	混凝土表面保持湿润,但局部短时间有时湿时干现象
9	△有表面平整要求部位	符合设计规定	局部稍超出规定,但累计面积不超过0.5%
10	麻面	无	少量麻面,但累计面积不超过0.5%
11	蜂窝狗洞	无	轻微、少量、不连续,单个面积不超过0.1 m²,深度不超过骨料最大粒径已按要求处理
12	△露筋	无	无主筋外露,箍、副筋个别微露,已按要求处理
13	碰损掉角	无	重要部位不允许,其他部位轻微少量,已按要求处理
14	表面缝隙	无	有短小、不跨层的表面裂缝,已按要求处理
15	△深层及贯穿缝隙	无	无

7.2 质量保证措施

7.2.1 模板容易产生的问题

一般会出现混凝土厚薄不一致、上口过大、墙体烂脚、墙体不垂直等问题。

防止办法如下：

(1)模板之间连接用的插销不宜过疏；

(2)丝杠规格要符合设计要求；

(3)所设的拉、顶支撑要牢固可靠,支撑的间距、位置宜由模板设计确定；

(4)模板安装前,模板底边应先铺好水泥砂浆找平层,以防漏浆。

7.2.2 混凝土容易产生的问题

7.2.2.1 蜂窝

(1)产生原因:振捣不实或漏振；模板缝隙过大导致水泥浆流失,钢筋较密或石子相应过大。

(2)预防措施:按规定使用振捣器。中途停歇后再浇捣时,新旧接缝范围要小心振捣。模板安装前应清理模板表面及模板拼缝处的粘浆,才能使接缝严密。若接缝宽度超过 2.5 mm,应予填封,梁筋过密时应选择相应的石子粒径。

7.2.2.2 露筋

(1)产生原因:主筋保护层垫块不足,导致钢筋紧贴模板；振捣不实。

(2)预防措施:钢筋垫块厚度要符合设计规定的保护层厚度；垫块放置间距适当,钢筋直径较小时,垫块间距宜密些,使钢筋下垂挠度减小；使用振动器必须待混凝土中气泡完全排除后再移动。

7.2.2.3 麻面

(1)产生原因:模板表面不光滑；模板湿润不够；漏涂隔离剂。

(2)预防措施:模板应平整光滑,安装前要把粘浆清除干净,并满涂隔离剂,浇捣前对模板要浇水湿润。

7.2.2.4 孔洞

(1)产生原因:在钢筋较密的部位,混凝土被卡住或漏振。

(2)预防措施:对钢筋较密的部位(如梁柱接头)应分次下料,缩小分层振捣的厚度；按照规程使用振动器。

7.2.2.5 混凝土表面不规则裂缝

(1)产生原因:一般是淋水保养不及时,湿润不足,水分蒸发过快或厚大构件温差收缩,没有执行有关规定。

(2)预防措施:混凝土终凝后立即进行淋水保养；高温或干燥天气要加麻袋、草袋等覆盖,保持构件有较久的湿润时间。厚大构件参照大体积混凝土施工的有关规定。

7.2.2.6 缺棱掉角

(1)产生原因:投料不准确,搅拌不均匀,出现局部强度低；或拆模板过早,拆模板方法不当。

(2)预防措施:指定专人监控投料,投料计量准确；搅拌时间要足够；拆模板时间的迟早考虑棱角有一定的强度。拆除时对构件棱角应予以保护。

7.2.2.7 钢筋保护层垫块脆裂

(1)产生原因:垫块强度低于构件强度；沉置钢筋笼时冲力过大。

(2)预防措施:垫块的强度不得低于构件强度,并能抵御钢筋放置时的冲击力；当承托较大的梁钢筋时,垫块中应加钢筋或铁丝增强；垫块制作完毕应浇水养护。

8 安全措施

8.1 劳动力组织。

劳动力组织情况见表 4。

8.2 安全技术措施

（1）认真贯彻"安全第一，预防为主"的方针，根据国家有关规定、条例，结合施工单位实际情况和工程的具体特点，组成专职安全员和班组兼职安全员以及工地安全用电负责人参加的安全生产管理网络，执行安全生产责任制，明确各级人员的职责，抓好工程的安全生产。

（2）施工现场按符合防火、防洪、防触电等安全规定及安全施工要求进行布置，并完善布置各种安全标识。

表 4　劳动力组织情况

单项工程	人数（人）	备注
管理人员	2	
技术人员	4	
木工	10	
混凝土工	8	
杂工	5	
合计	29	

（3）注意施工现场用电安全，电气工作人员必须持证上岗，认真贯彻执行有关安全工作规程。

（4）施工现场所有的用电设备必须是"一机、一闸、一保、一箱"，即一件用电设备配备一件刀闸、一个漏电保护器来防护，电箱要有门锁、有防雨措施。

（5）施工现场的临时用电严格按照《施工现场临时用电安全技术规范》的有关规定执行。

（6）电缆线路应采用"三相五线"接线方式，电气设备和电气线路必须绝缘良好，场内架设的电力线路其悬挂高度和线间距除按安全规定要求进行外，应将其布置在专用电杆上。

（7）施工现场使用的手持照明灯使用 36 V 的安全电压。

（8）室内配电柜、配电箱前要有绝缘垫，并安装漏电保护装置。

（9）建立完善的施工安全保证体系，加强施工作业中的安全检查，确保作业标准化、规范化。

9 环保与资源节约

（1）妥善处理各类污水，未经处理不得直接排入设施和河流。

（2）施工现场的用电线路、用电设施的安装和使用必须符合安全操作规程，并按照施工组织设计进行架设，严禁任意拉线接电。

（3）建筑垃圾、生活垃圾、渣土要在指定地点堆放，每日进行清理。

（4）施工机械应按施工平面布置规定的位置和线路设置，不得任意侵占场内道路。

（5）施工现场道路畅通，排水系统处于良好的使用状态，保护场容场貌的整洁，做到工完场清。施工中需要封路而影响环境时，必须向监理（业主）事先报告。在行人、车辆通行的地方施工，须设明显标志。

（6）温暖季节施工要对现场进行绿化。

（7）在施工中，凡是可能对地下水流的水质构成危害的工种、工序，在施工前要制定专门措施，严防水污染。

10 效益分析

（1）本工法将工程施工中繁复的模板拼装支立工序简化为一次性支立，大大降低了普通周转材料的使用量，节约了大量工期，并且成功降低了大量施工及安全成本的投入。为以后各现浇工程在类似情况下的规划建设提供了可靠的决策依据和技术措施，新的工法技术将促进混凝土管道工程施工技术的进步，有显著的社会效益和环境效益。

（2）本工法与同类工程的工法相比,由于工程工序简化,工程进度快、干扰因素少、有利于文明施工、各种资源能较好地利用,大大降低了由于工期长可能带来的安全隐患,并且节约了大量工程成本,形成了较好的经济效益。

11 应用实例

11.1 鸡冠山铜钼矿采选扩建项目尾矿库工程

鸡冠山铜钼矿采选扩建项目尾矿库工程位于内蒙古赤峰市,总投资约 8 000 万元,工期内施工的主要建筑物有:透水坝一座(土石方 70 余万 m³);库区 8 道沟谷内布设着 27 座溢水井、7 座转流井;现浇钢筋混凝土排水管 3 200 多 m(其中:DN1500 排水管 1 650 m;DN2000 排水管 2 550 m);现浇钢筋混凝土排水斜槽 1 100 多 m;尾矿架空输水(三根管)管路 3 300 m;坝下设回水泵站、蓄水池、回水池、消力池等建筑物。

该段于 2008 年 4 月 20 日开工,2008 年 10 月 4 日竣工,总工期 167 d。

11.2 敖仑花铜矿采选

敖仑花铜多金属矿采选项目尾矿库工程,位于内蒙古赤峰市啊鲁科尔沁旗西北约 80 km 的淘海营子村,总投资约 5 500 万元,工期内施工的主要建筑物有:22 m 高透水坝一座(土石方 50 余万 m³);库区内布设着 13 座溢水井;现浇 DN1500 钢筋混凝土排水管 4 200 多 m;截洪沟、坝肩排水沟 1 500 多 m;尾矿架空输水(三根管)管路 2 890 m;坝下设回水泵站、蓄水池、回水池、消力池等建筑物。

该段于 2008 年 8 月 1 日开工,2009 年 7 月 3 日竣工,总工期 155 d。

采用"钢筋混凝土排水管圆形内模板一次安装进行浇筑施工工法"防护后,为保证混凝土施工质量,及时监测各主要工序施工阶段数值,施工全过程处于安全、稳定、快速、优质的可控状态,化解了工期矛盾。工程质量优良率达 98% 以上,无质量、安全生产事故发生,得到了各方的好评。

（主要完成人:信世杰 李海峰 彭良柱）

高原多年冻土区桩基开挖工法

安蓉建设总公司

1 前　言

青藏高原的多年冻土是一种特殊的地质体,在青藏铁路、青藏 400 kV 直流联网等工程桩基施工过程中,我们针对不同地质类型的多年冻土,采用旋挖钻机成孔、冲击钻机成孔、人工开挖成孔相结合的开挖方式,取得了成功经验,创造了良好的经济效益和社会效益。

2 工法特点

(1)针对不同多年冻土,采用不同的施工技术和方法,针对性较强。
(2)工法应用了先进的设备与人工结合开挖成孔技术。
(3)施工快速,对工期保证有力。
(4)环保,对环境影响小。

3 适应范围

本工法主要适用于高原多年冻土区的桥梁、房建、电力等基础桩基开挖施工。

4 工艺原理

本工法主要按照"分类处理,逐步开挖,快速进行"的施工思路。
(1)根据多年冻土的强度、桩基所处的地形等,确定多年冻土的地质类型(见表 1)。

表 1　多年冻土区开挖地质情况分类

大类	小类
石方开挖	强风化岩体开挖、弱风化岩体开挖、微风化岩体开挖、新鲜岩体开挖(包括多年冻土区和融区)
土方开挖	季节性冻融层土体开挖、多年冻土土体开挖、不冻夹层开挖

(2)对于强度小于 500 kPa 的多年冻土,且旋挖钻机有施工平台的地方,最好选用旋挖钻机进行开挖施工。对于岩石强度大于 500 kPa,或者旋挖钻机不容易有施工平台的地方,可以选用人工挖孔。

(3)对于易塌孔或其他情况,可以少量地采取冲击钻开挖成孔的方式进行开挖。冲击钻孔主要用于碳酸盐岩石区的地下溶洞或小暗河,采用片石或黏土回填再进行冲击钻孔,另外也采用水泥袋或者水泥等回填再进行钻孔。

5 施工工艺流程及操作要点

冲击钻钻机的施工工艺流程与内地施工方法基本相同,在此不作单独介绍。结合开挖成孔实际情况,主要介绍人工成孔与旋挖钻机开挖成孔施工工艺。

5.1 机械开挖

5.1.1 工艺流程

旋挖钻机钻孔施工流程见图 1。

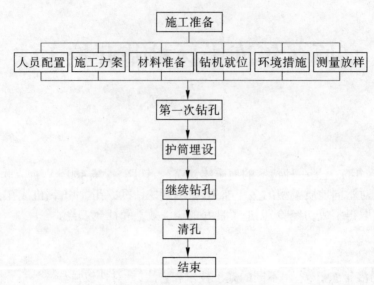

图 1　旋挖钻机钻孔施工流程

5.1.2　操作要点

(1)准备工作。首先做好各项施工前准备工作,包括人、机、料、技术方案、环境保护措施等。

(2)桩位的测量放样。根据导线点和三角控制点(导线点和控制点全部采用外径为 100 mm,内径为 80 mm 的钢管埋入天然上限以下至少 0.5 m 的深处),利用徕卡 TC1102 全站仪测定墩台桩位置,严格控制测量精度。

(3)护筒埋设。根据设计图纸,对于不同桩基础直径,采取不同桩径的钢护筒制埋。根据实际情况,设计要求护筒埋设深度冻土上限以下不少于 0.5 m,采用 5~6 mm 厚的钢板卷制。桩基施工完成后,护筒不取出,以减少桩基回冻等膨胀力对桩基产生的不良影响。

(4)钻孔。钻孔设备为 ZY-140 型和 R622HD 型旋挖钻机钻孔,钻机工作中要求工作平台密实平整,以防钻机在工作中失稳,影响钻杆的垂直度。在钻进过程中,为了保证成孔质量,钻孔操作工应选定有经验的施工人员担任,必须专人操作,合理采用钻进参数,根据地质情况选用不同的钻头和速度,每班要注意检查钻头直径,使钻头直径不小于设计孔径。注重环境保护,及时清理孔口周围积土,及时将土渣装运至指定弃土场集中堆放。根据地质情况不同,控制好各类地层钻进转速、钻压,防止不均匀加压产生孔位偏斜孔径缩小。钻进时应检查机台稳固性和立轴垂直度变化,若立轴垂直度大于5‰,应及时纠正。施工队技术员将计算好的钻孔深度,向钻孔操作工交底。施工前用钢尺丈量好钻具长度并编号,小班记录员准确丈量好机上余尺,及时填写原始记录,终孔时应测量孔深,满足要求方可终孔。

(5)清孔。用旋挖钻机螺旋钻头清除孔底虚土很方便,当钻至设计孔底标高后,要及时清孔,不得用加深孔深来代替清孔。

5.2　人工开挖工艺流程

人工开挖工艺流程见图 2。

5.2.1　施工准备

由于青藏高原平均海拔在 4 000 m 以上,空气稀薄,人工挖孔准备必须十分充分,特别是在职业健康与安全方面,必须有足够的氧气瓶或者氧气袋,防止人员在桩基内缺氧。人员选用年轻、身体好、技术好的熟练工。小型机具和材料的准备与内地无差别,主要是空压机、手风钻、风管、轱辘、柴油机和钻爆器材等。有地下水时,备用抽水设备。

5.2.2　测量放样

根据导线点和三角控制点(导线点和控制点全部采用外径为 DN100 mm,内径为 DN80 mm 的

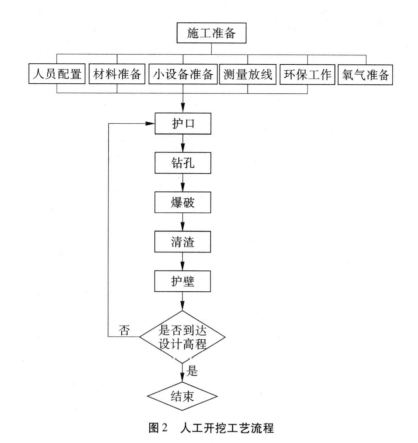

图2 人工开挖工艺流程

钢管埋入天然上限以下至少0.5 m的深处),利用徕卡TC1102全站仪测定墩台桩位置,严格控制测量精度。

5.2.3 护口施工

在孔口做厚度不小于30 cm、高度不低于地面20 cm、强度不低于C15的混凝土护口,防止在开挖工程中物体坠入桩基内,伤害施工人员。孔口周围不能有杂物,对石渣必须经常清理。

5.2.4 钻孔

采用手风钻钻孔,钻孔间距、孔深等根据岩石质量级别设计。采用浅眼爆破,一般硬质岩石不超过40 cm,软质岩石不超过80 cm。

5.2.5 爆破

钻孔完成,装药连线爆破。

5.2.6 清渣

采用人工清渣。施工时,提升机具要牢固可靠,防止提升时发生安全事故。

5.2.7 护壁

每开挖1.5 m的深度,用C20混凝土进行护壁支护,岩体质量差时,采用锚杆或钢护筒支护。

5.2.8 循环开挖与护壁

循环开挖与护壁至桩基设计高程。

5.3 劳动力组织

各种桩基施工方法所需施工人员配置不同,每个工作面旋挖钻机开挖劳动力组织见表2,人工开挖劳动力组织见表3,冲击钻开挖劳动力组织见表4。

表2　旋挖钻机开挖每个工作面劳动力组织

序号	工种	所需人数	备注
1	电焊工	1~2	
2	钻机操作手	2	
3	测量员	4~5	
4	安全员	1~2	
5	环保员	1~2	
6	普工	3~4	

表3　人工开挖每个工作面劳动力组织

序号	工种	所需人数	备注
1	爆破工	1~2	
2	钻工	3	
3	测量员	4~5	
4	安全员	1~2	
5	环保员	1~2	
6	普工	3~4	

6　材料与设备

　　各种桩基施工方法所需材料、设备配置不同,几种方法结合使用时,应根据需要选择材料设备。旋挖钻机开挖所需材料设备见表5,人工开挖所需材料设备见表6,冲击钻开挖所需材料设备见表7。

表4　冲击钻开挖每个工作面劳动力组织

序号	工种	所需人数	备注
1	钻机操作手	2	
2	测量员	4~5	
3	安全员	1~2	
4	环保员	1~2	
5	普工	3~4	

表5　旋挖钻机开挖每个工作面材料设备配置

序号	机具、材料	数量	备注
1	全站仪	1台	
2	旋挖钻机	1台	
3	电焊机	1台	
4	发电机	1台	
5	小型工具	若干	根据实际需要配置
6	钢材	若干	根据实际需要配置
7	枕木	4~6根	
8	焊条	若干	根据实际需要配置
9	柴油	若干	供发电机和钻机使用

表6　人工开挖每个工作面材料设备配置

序号	机具、材料	数量	备注
1	全站仪	1台	
2	空压机	1台	
3	手风钻	4~5台	
4	小型工具	若干	根据实际需要配置
5	钢材	若干	根据实际需要配置
6	爆破器材	若干	根据实际需要配置
7	砂石骨料和水泥	若干	根据实际需要配置
8	氧气袋或氧气瓶	若干	根据实际需要配置

表7　冲击钻开挖每个工作面材料设备配置

序号	机具、材料	数量	备注
1	全站仪	1台	
2	冲击钻机	1台	
3	电焊机	1台	
4	发电机	1台	
5	黏土、片石	若干	根据实际需要配置
6	枕木	4~6根	
7	焊条	若干	根据实际需要配置
8	柴油	若干	供发电机和钻机使用

7 质量控制

质量控制主要是桩位、孔倾斜度以及孔底虚渣厚度的控制,具体允许偏差见表8。

表8 孔桩允许偏差

项次	检查项目	规定值或允许偏差	检查方法和频率
1	桩位(mm)	50	用测量设备检查
2	孔倾斜度(%)	0.5	开挖后检测
3	虚渣厚度(mm)	不大于图纸规定值	开挖后清孔检查

8 安全控制

(1)认真落实《安全生产法》、国家地方的相关规定、条例、青藏铁路的安全管理规定。健全安全组织机构,落实责任制,明确各级人员的职责,落实问责制,确保安全生产。

(2)加强对影响安全生产的因素(包括人、机、物、环境等)的控制,定期对危险源进行排查,落实安全生产全过程管理,特别是对施工人员进行高原施工安全防护教育,抓好自我保护。

(3)加强爆破器材管理和爆破作业安全管理,严格按照《工程爆破器械管理规定》和国家爆破安全法规进行爆破器材管理,加强现场的静态和动态管控,派有责任心的专职人员全程进行监控,保证爆破器材受控。针对高原雷电多的特点,爆破器材库四周安装避雷针和相关消防设施。

(4)防止物体打击和机械伤人。设置安全员,在人工挖孔过程中,一定要加强防护,井口设置高度不低于地面30 cm高、厚度不小于20 cm的混凝土护口,并设置相关的维护网,防止石渣掉落打击孔内施工人员,经常检查提升设备运行机具,保证其工况良好。孔内应经常检查有毒气体浓度,当二氧化碳浓度超过3%,其他有害气体超过允许浓度或孔深超过10 m时,要设置通风设备。旋挖钻机等设备施工时,在机械旋转区域内设定禁止人进入的区域,防止机械伤人。

(5)临时用电要符合《施工现场临时用电安全技术规范》,供电设备与用电设备、供电线路按照国家相关规定执行。

(6)氧气瓶与乙炔瓶严格按规定分开存放,氧气瓶不得沾染任何油污,乙炔瓶有回火安全保护装置,不能卧放。

(7)加强检查,控制危险源,排除各类安全隐患。

9 环保措施

(1)制定环保方针,坚持"预防为主,保护优先,开发与保护并重"的原则。针对施工现场的环境特征以及施工特点,制定了相应的环保措施,主要控制施工过程以及施工人员和施工机械的行为规范。最大限度地减小影响区域,减小破坏程度,控制水土流失等。设立环卫科或环保部专职负责环保工作,并在施工现场设专职环保员,对施工现场不符合环保要求的施工行为给予纠正。

(2)在施工现场对施工便道进行优化,结合工程结构位置以及植被生长情况,尽量减少便道数量,把便道取短。

(3)设置醒目的标示牌,严格控制运输车辆行驶路线以及施工人员的活动范围,以免破坏自然环境。加强对施工人员关于"爱护环境,保护动物"的宣传,并限制施工人员在施工现场以外的活动范围,禁止接近、轰赶、捕杀施工区域内的野生动物以及破坏植被。

(4)对生活垃圾、建筑垃圾等固体弃物,生活和施工污水集中收集,集中处理,不得随意抛撒、排放。

(5)合理安排施工时间,制订施工措施,最大限度地减小对冻土环境的热融侵蚀破坏。

（6）对冲击钻成孔时，在孔周围用沙袋等进行围护，防止泥浆溅溢。

（7）在施工区域周围加设围栏，防止人员、设备破坏施工区域外的植被。

10 效益分析

三种施工方法各有自身的适应范围，在施工速度、施工成本、施工优点和缺陷方面各有不同，三种施工方法施工技术参数如表9所示。

表9 三种施工方法施工技术参数

施工方法	平均施工速度（m/d）	施工成本（元/m）	施工优点	施工缺陷
旋挖钻	50 ~ 60	1 000 ~ 1 200	钻孔速度快、机械化程度高、劳动效率高，适合强度小于 350 kPa 的岩性地质体	设备移动不方便，成本稍偏高
冲击钻	3 ~ 4	900	机械化程度较高，适合于硬质岩体或地下水丰富易塌孔的地层	速度较慢，使用的泥浆容易污染环境
人工	2 ~ 3	550	适合于硬质岩体且地下水不丰富的岩体，成本低	速度慢，不太安全，孔深度大于 17 m 缺氧大，需要供氧

上述三种方法，各有优缺点，在建设工程的施工中，土质多年冻土区，一般情况下，土体的强度小于 500 kPa，优先采用旋挖钻机进行施工；但是，对于强度大于 500 kPa 的岩体，旋挖钻机的进尺速度仅为 2 ~ 3 m/d，不宜采用旋挖钻机进行施工。冲击钻适应于融区和地下水丰富的硬质岩体的施工。对于地下水不丰富的硬质岩体，我们可以采用人工挖孔加快速度。在 19 标段，83% 的桥梁桩基为土质多年冻土，适合用旋挖钻机进行施工，部分岩质多年冻土或融区可以采用人工挖孔或冲击钻进行施工。

在经济效益方面，三种方法结合使用，产生一定的效应，盈利在 9% 左右。

在质量控制方面，桩位、清孔、垂直度均符合施工要求，经青藏铁路总指挥部委派的铁道部科学研究院（第三方）监测，我公司施工的桩基Ⅰ类桩约 96%，没有Ⅲ类桩出现。6 座大桥被青藏铁路总指挥部评为优质样板工程。

在环境保护方面，未发生环保事故，植被保护、动物保护、冻土保护等状况良好。

在安全和职业健康方面，未发生安全事故，但在高原缺氧条件下施工对人的健康影响应进一步研究。

11 应用实例

青藏铁路穿越青藏高原，新建的格尔木至拉萨段全长 1 120 km，其中 546 km 穿越多年冻土区。由武警水电部队承建的 19 标段，位于唐古拉山南麓，是青藏高原多年冻土的最南端，全长 25.8 km，线路所经地段 83% 为多年冻土，17% 的线路为融区。根据多年冻土的温度分区，19 标段多年冻土主要为高温极不稳定多年冻土、高温不稳定多年冻土、少数为低温基本稳定多年冻土和低温稳定冻土。按照含水量划分，19 标段多年冻土有：少冰冻土、多冰冻土、富冰冻土、饱冰冻土及含土冰层。

青藏铁路多年冻土是一种特殊的地质体，其物理特征、化学特征和工程特征与一般地质体有本质的区别,特别是多年冻土是一个感温易变体,当温度发生变化时,其工程特征变化显著,同时,多年冻土是一种冰质胶结体,因此在施工过程中,施工技术有着特殊的要求,特别是多年冻土的开挖施工,必须在技术上和施工组织上进行研究。在青藏高原多年冻土区内,为了保证基础稳定性,避免冻土暴露时间过长,应减少施工对多年冻土的扰动。

青藏铁路 19 标段有大小桥梁 35 座,桩基的开挖过程中,我公司因地制宜,采用不同方法对多年冻土区的桥梁桩基进行了开挖,其中旋挖钻机成孔 586 个,冲击钻成孔 112,人工挖孔 40 个。各种开挖成孔方式如图 3 所示。

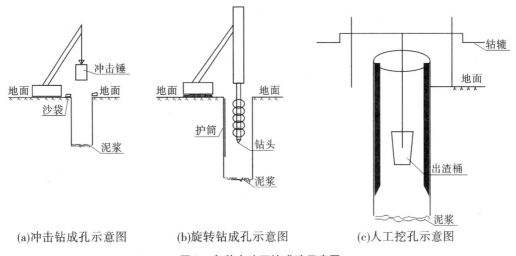

(a)冲击钻成孔示意图　　　(b)旋转钻成孔示意图　　　(c)人工挖孔示意图

图 3　各种方法开挖成孔示意图

从施工进度来看,正是由于三种方法的相互配合,优势互补,我公司在有效的 6 个月时间内(2003 年 7～9 月,2004 年 4～6 月)完成了 738 根桥梁桩基的开挖,累计 15 365 m。提前合同工期 2 个月完成节点工期,创造了较好的经济效益与社会效益。

另外,在格尔木—拉萨 ±400 kV 直流输电线路工程 8、9 标段、青藏铁路 18 标段桩基础施工中也采用了该技术,均取得了较好的经济效益和社会效益。

(**主要完成人**:周志东　周春清　贺宝桥　黄金鹏　韩　慧)

灌注桩扩孔率控制技术施工工法

郑州黄河工程有限公司

1 前 言

灌注桩扩孔率控制技术由郑州黄河工程有限公司研究开发。此项技术成果 2009 年 11 月通过黄河水利委员会国际合作与科技局专家鉴定,鉴定意见认为此项技术为国内水利行业一项最新成果。郑州黄河工程有限公司根据施工经验编制本工法。

2 工法特点

灌注桩扩孔率控制技术施工工法在原有灌注桩施工工艺、施工技术的基础上,通过步跟控制法加强施工过程监控与管理,扩孔率控制技术的应用,计算负摩阻力在单桩及群桩环境下力的作用效果,得到最佳钻速,进而有效控制扩孔率,最终达到有效控制灌注桩质量的目的。

3 适用范围

本工法适用于灌注桩结构的构筑物基础处理、拦河坝基堤等建筑中,工艺上适合正、反循环钻机不同地层的成桩要求。

4 工艺原理

原理分析包括两方面:一是扩孔的成因分析,其中着重说明负摩擦阻力带来的危害;二是全面介绍"步跟控制法",从开始到成桩直至完成整个施工质量控制。

4.1 负摩擦阻力

4.1.1 负摩擦阻力的定义

桩周土的沉降大于桩体的沉降,桩—土的相对位移(或者相对位移趋势)是形成摩擦力的原因,桩基础中,如果土给桩体提供向上的摩擦力就称为正摩阻力;反之,则为负摩擦阻力。桩周负摩擦阻力非但不能为承担上部荷载作出贡献,反而要产生作用于桩侧的下拽力,造成桩端地基的屈服或破坏、桩身破坏、结构物不均匀沉降等影响。其中,进钻过程中地基的屈服或破坏便是扩孔的重要成因。

负摩擦阻力是因为地基土沉降过大,桩和土相对位移过大地基土将对桩产生向下的摩擦力——拉力,使原来稳定的地基变得不稳定,实际荷载可能超过原来建议的地基承载力。一般可能由以下原因或以下原因的组合造成:

(1)未固结的新近回填土地基;

(2)地面超载;

(3)打桩后孔隙水压力消散引起的固结沉降;

(4)地下水位降低;

(5)非饱和填土因浸水而湿陷;

(6)可压缩性土经受持续荷载,引起地基土沉降;

(7)地震液化等。

4.1.2 负摩擦阻力的计算方法

负摩擦阻力大小的确定,关键在于确定中性面,中性面确定了,计算按模型假设和常规的侧阻力计算一样。主要计算方法如下:

(1)总应力法[α 法]。

(2)有效应力法[β 法]。

(3)原位测试结果法[标贯 SPT、静探 CPT]。

(4)高应变动力桩检测[物探]等。

4.1.3 群桩效应的负摩擦阻力计算方法

以上诸法针对的是单桩,群桩有"邻桩支撑效应",群桩的内部桩一般产生的负摩擦力小,外围桩产生的负摩擦力相对较大。而角点桩承受的负摩擦力要比周边、中心桩还要大,位移也大。因此,不同的桩,负摩擦力大小不同,产生时间也不同步。

在工程实践中,通过施工措施可以有效地减少负摩擦阻力。使桩的受力达到最大限度地均衡。

4.2 步跟控制法

所谓"步跟控制法",就是通过步步紧跟、环环紧扣、严格要求以达到质量控制效果。其操作步骤为:计算负摩擦阻力→地层、地质条件处理→合理打桩顺序选择→钻机精度控制→孔内造浆及钻进连续控制→清空指标控制→下笼精度控制→混凝土连续灌注控制→成桩控制。

5 技术工艺流程和操作要点

5.1 工艺流程

灌注桩扩孔率控制技术施工工艺流程见图 1。

5.2 技术要求

5.2.1 施工准备

5.2.1.1 技术交底

施工前,项目总工负责向各工队长和分项技术负责人进行技术交底,并组织全体职工认真学习"工程施工组织设计"、"钻孔灌注桩施工方案"、施工图纸、技术规范等有关文件和图纸,做到人人熟悉,各负其责。

5.2.1.2 场地平整

施工平台做到平整压实,以满足测量定位放线与桩基施工要求。现场清理过程中,须将桩基础范围内的一切障碍物清除干净,防止杂物掉入孔内,以便于钻机造孔的顺利进行。

5.2.1.3 测量放线

专业测量人员根据建设单位提供的设计图和导线网,准确地测放出基线、基点及桩位,桩位测量偏差严格控制在 10 mm 以内,在桩孔四周用木桩定位。加强基准点的妥善保护,预防在施工过程中遭到破坏。

5.2.1.4 灌注桩的试验(试桩)

灌注桩正式施工前,应先打试桩,以最终确定灌注桩施工工艺和方法。试验内容包括荷载试验和工艺试验。

(1)试验目的。选择合理的施工方法、施工工艺和机具设备;验证桩的设计参数,如桩径和桩长等;鉴定或确定成桩质量能否满足设计要求。

(2)试桩施工方法。试桩采用 GPS-10 钻机设备,按照成孔成桩方法,试桩的材料与截面、长度必须与设计相同,选择有代表性的地层或预计钻进困难的地层进行成孔、成桩等工序的试验,查明地质情况,判定成孔、成桩工艺方法是否适宜。

(3)试桩数目。工艺性、力学性试桩的数目根据施工具体情况决定,一般不少于实际基桩总数

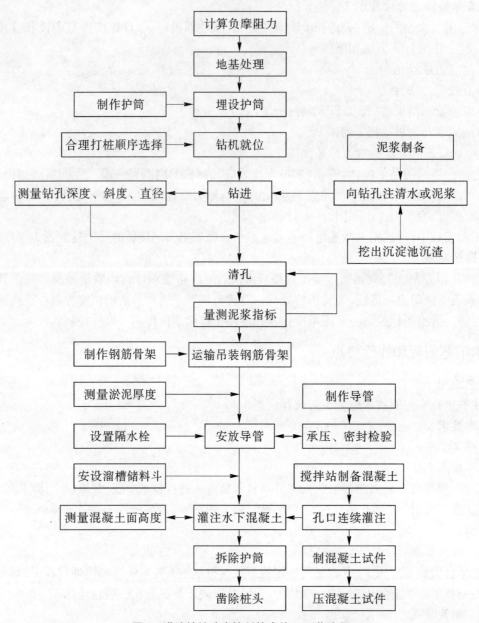

图1　灌注桩扩孔率控制技术施工工艺流程

的3%,且不少于2根。

(4)荷载试验。灌注桩的荷载试验,一般应作垂直静载试验和水平静载试验。

5.2.2　钻孔顺序

钻孔顺序根据工序、进度、进占平台具备的条件和工程设计内容确定。由于本工程相邻孔中心间距为1.2 m,钻机在平台上多台布置,流水作业。故钻孔作业顺序采用跳桩法,中间至少空出三个桩孔位置,以不影响相互间钻孔和其他工序施工为原则,且在已施工桩混凝土达到70%以后才施作相邻钻孔桩。

5.2.3　钻孔桩护筒制作与埋设

5.2.3.1　护筒制作

钻孔桩设计桩径为0.8 m,根据我公司灌注桩施工经验,并依据规范的要求,将护筒直径制作成 1.0 m,长度均制作成 2 m,采用 6 mm 钢板卷制护筒上下沿设置竖向加强筋。

5.2.3.2 护筒埋设

由于钢护筒较短,埋设采用挖孔埋设的方法,在挖孔至设计深度符合要求后,放置护筒,分层对称夯填护筒周围黏土。要求所埋护筒必须位置准确、垂直、稳固,护筒中心与桩中心重合,偏差不得大于 2 cm,倾斜偏差不大于 1%,护筒埋设深度约 1.7 m,护筒高出地面 0.3 m,并且高出地下水位 1.0~2.0 m。护筒下沉过程中,根据全站仪定出桩位中心和 4 个控制桩,进行钢护筒平面位置控制。用两台经纬仪进行护筒垂直度观测。如果出现较小倾斜,可在下沉过程中用导链以反方向拉力进行纠正,如果出现较大倾斜,需拔出重新就位下沉,直至位置调整准确。

5.2.3.3 钻机安装、就位及调试

根据平台上的桩位,钻机移动就位。就位时要进行测量检查,底盘须水平,钻塔与底盘保持垂直状态,并将钻机与平台进行限位,保证钻机在钻进过程中不产生位移。同时在钻进的过程中对底盘四角点不间断进行校核,如发现钻机有倾斜迹象或怀疑钻机有歪斜时均要进行基座检测并及时调平,且钻机顶部的中心、转盘中心、桩孔中心保持在同一铅垂线上。

利用吊车将刮刀钻头、风包钻杆及配重拼装在一起,在钻机就位后使钻塔倾斜或移动上层底盘,将本组件吊入孔内固定。检查钻杆,清洗密封圈,并接长钻杆,将钻头下到离孔底泥面约 30 cm 处,开动钻机空转,如持续 5 min 无故障时,即可开始钻进。对于下入孔内的钻具,如实记录钻头、配重、风包钻杆及钻杆的编号和实际长度。

5.2.4 泥浆制备及泥浆循环

5.2.4.1 泥浆制备及性能指标

护壁泥浆在钻孔过程中非常重要,尤其是对本工程地质层为砂土,造浆性能差,泥浆控制显得尤为关键。施工采用不分散、低固相、高黏度的 PHP 泥浆。为保证钻孔桩成孔施工的顺利进行,在正式开钻之前进行泥浆配比试验,选用不同产地的膨润土或黏土和不同比例的水、膨润土或黏土、碱、PHP 等进行试配,选择泥浆各项指标最优的泥浆配比,在试桩施工中得以检验和调整后用于正式钻孔桩施工中。泥浆的制备在岸上泥浆制备区进行,同时拟准备泥浆船以增加整个泥浆的制备速度。钻孔施工前首先在泥浆船上采用 3PN 泵射流搅拌膨润土或黏土泥浆,然后利用泥浆泵泵送至平台泥浆池内,满足施工要求后开始钻进。

5.2.4.2 泥浆循环系统

泥浆池和沉淀池布置在施工平台上面,泥浆池尺寸为 4 m×2 m×2 m(长×宽×深)。通过泥浆制备系统的输送不断增补泥浆池内的泥浆,以满足钻孔循环用浆量;钻孔内循环出来的泥浆通过循环槽流入沉淀池,经过沉淀的泥浆经循环槽流进泥浆池,完成泥浆循环。泥浆循环系统见图 2。

5.2.4.3 排渣、排浆系统

从钻孔内抽出的泥浆含有一定量的杂质和砂,经过沉淀和处理净化后的泥浆继续利用,废弃的泥浆按照监理的要求运送到指定地点。沉淀池内挖出的沉渣通过自卸车及时运到监理工程师指定的地点。

5.2.5 钻孔

(1)钻机安装就位后,底座和顶端应平稳、牢固,在钻进过程中不致产生倾斜位移。钻机顶部的起吊滑轮转盘中心与钻孔中心保持在同一铅垂线上,钻进过程中要经常检查,如有问题及时纠正。

(2)开钻时应慢速钻进,钻进采用三翼式合金钻头,开钻后先用小水量给水,慢速轻压、平稳钻进,待导向部位或钻头全部进入地层后,方可正常钻进,以避免黏土糊钻,钻具需使用有一定高度的筒状导正器,钻进时细致观察进尺情况,准确记录。当遇软硬变换时,应轻压慢转,以防钻孔偏斜。在粉砂土地层要慢速钻进,防止扩孔或塌孔。

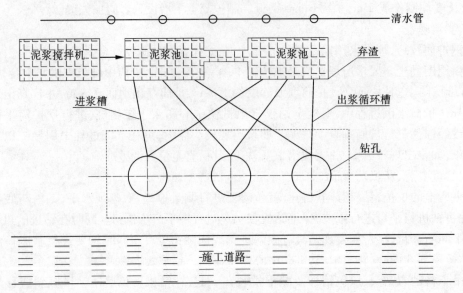

图2　泥浆循环系统示意图

（3）钻孔作业分班连续进行，填写钻孔施工记录，交接班时交待钻进情况及下一班应注意事项。要经常对钻孔泥浆进行检测和试验，不合要求时，应随时调整。要经常注意地层变化，注意在地层变化处捞取渣样，及时判明后记入记录表中并与地质剖面图核对。

（4）保持护筒内水头稳定，护筒内外水头差保持在3.0 m左右。

（5）钻进过程中采用增重减压钻进，保持孔底承受的压力不超过钻具重量之和（扣除浮力）的80%，以避免斜孔、弯孔和扩孔现象。

（6）在钻孔排渣、提钻头除土或因故停钻时，应保持孔内具有规定的水位和要求的泥浆相对密度和黏度。处理孔内事故或因故停钻，必须将钻头提出孔外。

（7）根据以往灌注桩的钻孔施工经验，成孔过程中，必须做好泥浆的维护管理工作。每0.5 h测一次泥浆的稠度和相对密度。根据泥浆成分的变化，分析孔内、护筒脚等部位的变化而做出相应的处理措施，并密切注意黄河流量与水位情况，及时调整泥浆面位置。

5.2.6　清孔

终孔后，及时进行清孔。采用泵吸反循环清孔，清孔时，在终孔后停止回转，将钻具提离孔底10~15 cm，反循环清孔持续到符合清孔要求为止。清孔时间一般为8~15 min。为保证清孔效果，清孔前先清理掉泥浆沉淀池内钻渣。清孔时将钻具提离孔底30~50 cm，缓慢旋转钻具，补充优质泥浆，进行反循环清孔，同时保持孔内水头，防止塌孔。当经检测孔底沉渣厚度满足设计要求，清孔后孔内泥浆指标符合要求后，及时停机拆除钻杆、钻头，待检孔合格后移走钻机，进行下道工序施工。清孔过程中，不得采用以加深钻孔深度的方法来代替沉渣厚度。

在钢筋笼安装完成，混凝土浇筑前，若孔底沉渣厚度大于5 cm，则须进行二次清孔。二次清孔泥浆指标符合要求且孔底沉渣厚度小于5 cm后，即可进行混凝土浇筑工序的施工。

5.2.7　钻孔检查

钻孔在终孔和清孔后，用专用仪器对孔径、孔形和倾斜度进行测定，测试检查合格后，书面上报监理工程师检验，并做好下放钢筋笼的准备。

5.2.8　制作、安装钢筋笼

5.2.8.1　一般要求

（1）进场的钢筋必须"三证"齐全，钢筋的种类、钢号、直径应符合设计要求。钢筋的材质应进行物理力学性能或化学成分的分析试验。

（2）制作前有锈蚀的钢筋应除锈,锈蚀严重的禁止使用,使用前应调直(螺旋筋除外)。主筋应尽量用整根钢筋。焊接的钢材,应作可焊性和焊接质量的试验。

（3）钢筋笼长 28.7 m,平均分两段制作。分段后的主筋接头应互相错开,同一截面内的接头数目不多于主筋总根数的 50%,两接头的间距应大于 50 cm。接头采用搭接单面焊。加强筋与主筋间采用点焊连接,箍筋与主筋间采用绑扎方法。

5.2.8.2 钢筋笼的制作

钢筋笼集中在钢筋加工厂制作、存放,各施工点小型营地存放一定数量的钢筋笼。制作钢筋笼的设备与工具有电焊机、钢筋切割机、调直机、钢筋圈制作台和钢筋笼成型支架等。

（1）根据设计要求,钢筋笼集中在钢筋加工厂集中下料,绑扎成形,每隔 2~2.5 m 设置加强箍筋一道,并在四周设定位钢环,在钢筋笼成型支架上绑扎焊接,测试管均布设在钢筋笼内侧。

（2）制作好的钢筋笼在平整的地面上放置,应防止变形。

（3）按图纸尺寸和焊接质量要求检查钢筋笼(内径应比导管接头外径大 100 mm 以上)。不合格者不得使用。

5.2.8.3 钢筋笼的安装。

钢筋笼安装用 16 t 吊车起吊,对准桩孔中心放入孔内,并悬挂牢固。在孔口处进行对接。采用单面焊接,焊缝应饱满,不得咬边夹渣,焊缝长度不小于 10 d。为了保证钢筋笼的垂直度,钢筋笼在孔口按桩位中心定位,使其悬吊在孔内。经有关人员对钢筋笼的位置、垂直度、焊缝质量、箍筋点焊质量等全面进行检查验收,合格后才能下导管灌注混凝土。

下放钢筋笼应防止碰撞孔壁。如下放受阻,应查明原因,不得强行下插。一般采用正反旋转,缓慢逐步下入。

5.2.9 导管

（1）每台钻机配一套导管,最下端一节导管长度要长一些,一般为 4 m,中间部分每节导管长度要整齐统一,便于计算总长度,上部配 1~2 节长 1.0~1.2 m 短管,便于控制总长度。

（2）吊装前应试拼,并经试压,确保不漏水。法兰连接的导管应做好标记,安装时需按试拼时状态对号安装。现场拼接时要保持密封圈无破损,接头严密,管轴顺直。

（3）导管要有足够的抗拉强度,能够承受其自重和盛满混凝土的重量。

（4）导管内径应一致,误差小于±2 mm,内壁光滑无阻,拼装后需用球塞作通过试验。

（5）导管对准孔位逐节连接紧密安放,导管下口距孔底 300~500 mm。

（6）导管每使用一次,必须认真清理内部污物,以便下次使用。

导管法灌注水下混凝土施工程序见图 3。

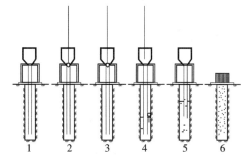

1—安装导管；2—安放隔水栓；3—灌注首批混凝土；
4—剪断铁丝,隔水栓下落管底；5—继续灌注混凝土,提升导管；
6—灌注完毕,拔出护筒

图 3　导管法灌注水下混凝土施工程序

5.2.10　二次清孔

一次清孔、钢筋笼吊装安放、导管下放完成后,混凝土浇筑前,为确保孔底沉渣厚度不大于 30 cm,必须进行二次清孔。清孔的方法是在导管顶部安装一个弯头,用泥浆泵将泥浆压入导管内,从孔底沿着导管置换沉渣。二次清孔泥浆指标符合要求且孔底沉渣厚度小于 30 cm 后,即可进行混凝土浇筑工序的施工。二次清孔泥浆指标同一次清孔泥浆指标。

5.2.11　水下混凝土灌注

清孔、下钢筋笼后尽早灌注桩体混凝土,灌注中尽量缩短时间,连续作业,使灌注工作在首批灌注的混凝土仍具有塑性的时间内完成。

5.2.11.1　水下灌注混凝土工艺施工顺序

其施工顺序为:安设导管及漏斗→悬挂隔水塞或滑阀→灌注首批混凝土→连续灌注混凝土直至桩顶→拔出护筒。

首先安设导管,用吊车将导管(直径 300 mm)吊入孔内,位置应保持居中,导管下口与孔底保留 40 cm 以上。导管接头必须紧密,确保密封良好。灌注首批混凝土之前在漏斗中放入隔水塞,然后再放入首批混凝土。在确认储存量备足后,即可剪断铁丝,借助混凝土重量排除导管内的水,使隔水塞留在孔底。灌注首批混凝土量应使导管埋入混凝土中深度不小于1.0 m。首批混凝土灌注正常后继续不中断灌注,灌注过程中用测锤测探混凝土面高度,推算导管下端埋入混凝土深度,并做好记录,正确指导导管的提升和拆除。直至导管下端埋入混凝土的深度达到 4 m 时,提升导管,然后再继续灌注,直至浇筑完毕。

5.2.11.2　水下灌注混凝土的技术要求

(1)准确计算和加注首批混凝土数量,保证首灌后导管底口埋入混凝土中不小于 1.0 m,灌注过程中则保证混凝土面一直高于导管下口 2.0 m,每次拆除导管前其下端被埋入深度不大于 6.0 m。混凝土灌注保持连续直至完成,从根本上防止断桩。

(2)随孔内混凝土的上升逐节快速拆除导管,导管埋入混凝土的时间做到不超过 15 min。拆下的导管立即清洗干净备用。

(3)在灌注过程中,当导管内混凝土不满含有空气时,后续的混凝土徐徐灌入漏斗和导管,不得将混凝土整斗从上而下倾入管内,以免在管内形成高压气囊,发生破管或断管事故。

(4)桩顶混凝土超浇 500~1 000 mm,在桩混凝土达到一定强度后,将设计桩顶标高以上部分凿除,确保桩顶混凝土无浮浆低强层。

(5)浇筑混凝土中做好各项记录。

(6)当混凝土升到钢筋笼下端时,为防止钢筋笼被混凝土顶托上升采取以下措施:

①在孔口固定钢筋笼上端。

②灌注混凝土的时间尽量加快,以防止混凝土进入钢筋笼时其流动性过小。

③当孔内混凝土接近钢筋笼底时,保持埋管深度并放慢灌注速度。

④当孔内混凝土面进入钢筋笼 1~2 m 后适当提升导管,减小导管埋置深度,增大钢筋笼在下层混凝土中的埋置深度。

⑤在灌注将近结束时,由于导管内混凝土柱高度减小,超压力降低,而导管外的泥浆及所含渣土的稠度和比重增大。如出现混凝土上升困难时,在孔内加水稀释泥浆,也可掏出部分沉淀物,使灌注快速完成。

5.2.12　凿桩、接桩施工及上部人行道施工

采用空压机风镐的方法破碎钻孔灌注桩桩头。

首先将标高线准确测出,在桩上作出明显的标记,采用风镐破碎桩头时不得超过标记线,处理后的桩头表面应平整,标高应准确。

为保持滩面部分以上灌注桩的质量和美观,在完成水下灌注桩施工后,开始进行高程约 82.30 m 以上部分混凝土柱施工,长度为 2.32 m。施工采用自制定型组合钢模板,同一长度模板三个为一组,模板分为两个半圆,相互间用螺栓固定连接。在混凝土达到一定强度后,凿除桩头混凝土,支定型圆柱钢模板,混凝土运输车运混凝土到现场后,倒入吊斗,吊车吊送入仓,用插入式振捣器振捣密实。

定型组合钢模板结构示意图见图 4。

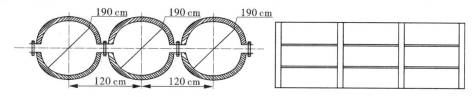

图 4　定型组合钢模板结构示意图

5.3　灌注桩扩孔率控制技术操作要点

5.3.1　地层、地质条件控制

首先,在修筑施工平台以前对原有地基进行沿轴线两侧 160 mm 范围进行夯实处理;

其次,逐层填压施工平台并且每层均沿轴线两侧 160 mm 范围进行夯实处理,直至平台修筑完成。

通过以上两项处理使沿轴线两边各 80 mm 范围土体紧密结合,将原有土体间的力重新整合,使土体自身进行受压—排压—重新稳定的过程,以减少因钻进造成此种力的整合对桩孔的破坏。去掉桩径 80 mm 范围,沿轴线分别压实土体 40 mm 与桩间距相等,最大限度地保证了成孔受力均衡,即负摩擦阻力最小。通过这种简单而有效的措施最大限度地克服了早期负摩擦阻力的产生,对控制灌注桩扩孔率起到了积极的作用。

5.3.2　选择合理的打桩顺序

在确定打桩顺序之前,首先必须弄清的是钻孔灌注桩与打入桩的不同。打入桩是将周围土体挤开,桩本身具有很高的强度,土体对桩产生被动土压力。钻孔灌注桩则是先成孔、后在孔内成桩,周围土移向桩身产生主动土压力。另外在成桩初期,桩身混凝土强度很低且钻孔灌注桩的成孔是依靠泥浆来进行护壁平衡的,因此采取适宜的打桩顺序对有效控制扩孔率是一项极其重要的技术措施。

打桩顺序一般分为:A. 由一侧向单一方向打;B. 自中间向两个方向打;C. 自中间向四周打。打桩顺序直接影响打桩进度及成桩质量,结合本工程特点及实际操作分析。本工程为沿河护坝桩,可采用 A、B 两种顺序打桩。两种方法相互比较选择 A 更为合理,它的优点在于:减少钻机的移动和转向,加快打桩速度,钻机若单向移动就位和起吊均很方便,故打桩效率高。但是也存在一定的缺陷:它会使土壤向一侧做挤压式移动,因此必须采取有效措施分散相对集中的土压力。本工程采用双跳桩成孔法,首先将所有孔排列,打一桩跳两桩。按 1、4、7;2、5、8;3、6、9 顺序打孔,分三步实现成孔灌注。1、4、7 为首批施工钻孔灌注桩,均有两桩间隔减少了定向土压力;2、5、8 为后续施工钻孔灌注桩;3、6、9 为最后施工钻孔灌注桩。此种方法不但使定向土压力有效减少甚至消除,同时桩间距相对适度不致影响进度。

5.3.3　成孔垂直精度的控制

钻孔灌注桩的垂直精度是保证基础承载力和维护结构稳定性、建筑尺寸准确性的重要一环。一般产生孔斜或弯曲状孔的原因主要有:①钻机安装稳定性差,钻进作业时震动或钻杆弯曲所产生;②地面软弱或软硬不均匀产生;③土层呈斜状分布或土层中有大的孤石或硬物造成。对于以上情况必须做好相应施工准备,如夯实平整场地,备枕木使钻机均匀着地,针对相关地质资料,对特殊地层能够选用钻头自重大、钻杆刚度大的钻机,进入不均匀硬层、斜层或有孤石时钻机尚可抵挡,另外可安装导正装置加以校正。结合本工程实践还应经常校正钻架和钻杆的垂直度,并在成孔后放下探孔器检验垂直精度。

5.3.4 孔内造浆及钻进连续性控制

有了精确的钻机整平后,钻机在钻进过程中的连续性控制则是有效控制扩孔率的关键环节。连续性钻进,是指从钻头开始旋转到整体成孔后停止旋转这一全部过程。在此过程中首先面对的将是孔内造浆,在这一段必须保证钻机在造浆区造浆,即护筒内空转造浆。严格禁止超出护筒区进尺造浆。在造浆完成后将匀速进尺,依据本工程特点采取了地层变速进尺法,即依据地层情况的变化有选择性地提高或降低钻进速度,最终达到均衡连续进尺以确保有效控制扩孔率。

6 材料与设备

6.1 材料

(1)水泥的强度等级不低于32.5级,其初凝时间不早于2.5 h;每批水泥发货时均附有出厂合格证和复检资料。水泥按不同品种、标号、出厂批号等分别贮放在专用的储罐中,防止因贮存不当引起水泥变质。

(2)粗骨料采用级配良好的碎石;石子含泥量小于2%,以提高混凝土的流动性,防止堵管。

(3)粗骨料的最大粒径不大于导管内径的1/6~1/8和钢筋最小净距的1/4,同时不大于40 mm。

(4)细骨料采用级配良好的中砂。

(5)混凝土的含砂率为40%~50%。

(6)外加剂应得到监理人的批准,才能采用。

(7)坍落度为180~220 mm。

(8)水泥用量不小于350 kg/m³,当监理人同意掺入适宜数量的减水缓凝剂或粉煤灰时,水泥用量不少于300 kg/m³。

(9)水灰比为0.5~0.6。

6.2 设备

主要施工设备见表1。

表1 主要施工设备

名称	型号及规格	名称	型号及规格
1.0 m³挖掘机	PC220-6	钢筋切断机	GTJ5-50
装载机	ZL-40	钢筋弯曲机	GW-40
推土机	TY1000	对焊机	UN-150
平地机	PY118	点焊机	DN1-75
打夯机	2.8 kW	木工圆锯	
回旋钻机	GPS-10	车床	CA620
泥浆泵	NL150-15	柴油发电机组	120 kW
水泵	80 F9	变压器	SC9-500/10
吊车	QY16	清水泵	9″
泥浆搅拌机	2 m³	潜水泵	IS50-32-190

续表 1

名称	型号及规格	名称	型号及规格
离心式水泵	14 kW	洒水车	EQ140-2
强制拌和机	JS1500	光轮压路机	YZ12
配料机	PLD800	振动压路机	3Y12-15A
插入式震动器	HZ30	油罐	20T
平板震动器		沥青洒布车	GEL5102
混凝土运输车	JCQ3	沥青混合料摊铺机	LT6CB
电焊机	BX-400	沥青混合料摊铺机	LTL60J
电焊机	BX1-300	稳定土拌和机	WBL21-C
钢筋调直机	TJ-5/15		

7 质量控制

7.1 质量控制标准

钻孔质量合格标准应符合表 2 的要求。

表 2 灌注桩成孔质量合格标准

序号	检测项目	检测标准及允许误差	备注
1	护筒超地面高度	不小于 30 cm	自钻机平台顶面算起
2	钻孔中心位置	不大于 5 cm	偏离设计桩位中心
3	钻孔长度	比设计深度超深不小于 5 cm	
4	钻孔直径	不小于设计直径	
5	钻孔的孔斜率	不大于 0.8%	
6	泥浆含砂率指标	不大于 4%	清孔时置换出来的泥浆
7	孔底沉渣厚度	不大于 5 cm	

调制的护壁泥浆及经过循环净化的泥浆应根据土层情况采用不同的性能指标,一般可按表 3 采用。

表 3 泥浆性能指标

地层情况	比重 γ	黏度 $\tau(s)$	静切力 θ (mg/cm^2)	含砂率 η (%)	胶体率 (%)	失水率 β (mL/30 min)
一般地层	1.1~1.15	10~25	10~25	<6	≥95	<30
松散易坍地层	1.3~1.5	20~28	50~70	<4	≥95	<20

现场拼接时要保持密封圈无破损,接头严密,管轴顺直。导管埋置深度见表 4。

表 4 导管埋置深度

导管内径(mm)	初灌埋置深度(m)	连续灌注埋深(m)	桩顶部灌注埋深(m)
200	1.2~2.0	3.0~4.0	0.8~1.2
230~255	1.0~1.5	2.5~3.5	1.0~1.2
300	0.8~1.2	2.0~3.0	1.0~1.2

7.2 质量保证措施

混凝土灌注桩检测,当桩混凝土达到一定强度后,即可进行混凝土灌注桩超声波检测,确定混凝土灌注桩质量。

要求施工中必须谨慎,强化管理,加强对各个施工环节的控制,保证各个环节均达到规范和质量标准要求,确保成桩质量全部合格。

8 安全措施

(1)认真做好施工前的培训工作,特别是针对施工中将要应用到的新技术、新材料、新工艺、新设备的培训。

(2)组织全体施工人员,认真学习设计文件、施工图纸、施工组织设计、质量保证手册、国家技术标准、国家现行施工及验收规范、操作规程,认真做好图纸的自审、会审。

(3)优化施工方案和合理安排施工程序,认真做好每道工序的质量标准和施工技术的交底工作。

(4)材料计划员应根据工程部提供的材料需用计划编制材料采购计划,内容包括材料名称、规格、型号、质量要求、供应时间及数量。精心选择质量可靠的材料供应商,严格控制进场原材料的质量,确保所有工程所用材料是合格品,所有材料除必须有出厂合格证明外,还应根据国家规范要求进行复检,并出示复检合格证书,进场后由试验员按规定抽样送检,不合格的材料清退出场,不得用于工程中。材料进场后,要按照施工平面图的布置,合理安排堆放。

(5)设备进场后,即可进行安装、调试。机械设备在使用前,应进行检查验收,并搞好其维修保养工作,确保其处于良好的工作状态。

(6)采用质量预控法,把质量管理的事后检查转变为事前控制,达到"预控为重"的目标,不搞"马后炮"。

9 环保措施

(1)编制可行性环保措施和方案,制定相关的环保制度,明确各级环保责任人的职责。

(2)在工作场地内设置沉淀池,对施工废水进行沉淀净化,对场地内运输道路进行洒水降尘或硬化处理,土、石、砂、水泥等材料运输和堆放进行遮盖,减少污染。

(3)对施工中遇到的各种管线,先探明后施工,并做好地下管线抢修预案。加强监控量测,有效控制地表沉降。

(4)施工期间,严格按照国家有关法规要求,控制噪声、震动对周围地区建筑物及居民的影响。合理安排施工工序,钻爆、重型运输车辆运行期间,避开噪声敏感地段。

10 效益分析

10.1 社会效益

步跟控制技术的提出,丰富了灌注桩的理论和实践,有效地控制了扩孔范围,节约了混凝土用量,降低了成本,提高了效益,缩短了施工时间,减少了施工对居民的影响等。

10.2 经济效益

该项成果既减少了混凝土的使用费用,又减少了购钻机自身磨损的维护费用。以混凝土为例,直接费用为325元/m³,一般施工技术为353元/m³,本工程灌注混凝土工程量为11 688 m³,共计节约混凝土经费327 264元。

10.3 环境效益

采用本工法施工,有效减少了对地层的扰动,控制了地表的沉降,施工中通过采取可行性处理措施防止地下水流失,减少了对周边环境的污染,保证了施工安全与工程质量,达到了一定的环保效果。

11 工程实例

11.1 河南郑州韦滩控导工程(43~52 坝)

河南郑州韦滩控导工程(43~52 坝)1999 年开工兴建以来,已完成弯道导流段钢筋混凝土灌注桩护岸 1 500 m。本标段为第一标段,坝号为 43~52 坝,长 1 000 m。主要内容为护壁泥浆制备、灌注桩造孔、钢筋笼制作、水下混凝土浇筑、钢筋及钢构件加工、柱板混凝土浇筑以及标志桩制作,植柳橛等其他工程的实施。本合同工程长 1 000 m,主要工程量为:灌注桩造孔 23 252 m、水下混凝土浇筑 11 688 m³、板柱混凝土 915 m³、钢筋笼制安 1 265 t、板柱钢筋制安 29.76 t、钢构件加工 16.21 t,还有柳橛、坝号桩等其他工程。据不完全统计,韦滩工程运用此项技术节约混凝土用量约为 5% 即 330 000 余元,为工程施工节约了大量的资金。该工程被河南黄河河务局评为优良工程,被黄河水利委员会评为文明工地,创造了良好的社会效益和经济效益。

11.2 河南郑州韦滩控导工程(1~16 坝)

河南郑州韦滩控导工程(1~16 坝),位于黄河南岸郑州市中牟县境内。本标段坝号为 1~16 坝,长 1 227 m。主要工程量为:灌注桩造孔 29 696 m、水下混凝土浇筑 14 920 m³、板柱混凝土 1 132 m³、钢筋笼制安 1 582 t、板柱钢筋制安 37.21 t、钢构件加工 20.27 t,还有柳橛、坝号桩等其他工程。

11.3 南水北调中线一期在穿黄工程Ⅳ标

南水北调中线一期穿黄工程Ⅳ标孤柏嘴控导工程位于郑州市以西约 30 km 处,于孤柏山湾横穿黄河,岸边有李村提灌站和中铝水厂提灌站两座取水设施。工程全长 4 000 m,藏头段长 1 500 m,导流湾段长 2 000 m,送流段长 500 m,设计桩长 32 m。

(主要完成人:炊廷柱 炊林源 尚向阳 周 博 王纳新)

寒区地形条件雷诺护垫护岸施工技术
施工工法

黑龙江省水利第一工程处

1　前　言

在边境界河护岸工程施工中,经常涉及工期及质量保证的问题。特别是工期保证的问题,因为界河护岸工程必须等江面结1 m多厚的冰层才能施工,且枯水期时间非常短,一开化江水水位就上来了。为了保证工期及施工质量,边境界河护岸工程护坡采用雷诺护垫护坡,大大加快了施工工期,并保证了护坡的施工质量。

传统的边境界河护岸工程主要有干砌石护坡、浆砌石护坡、预制混凝土板护坡等,这三种方法工效低,无法满足工期要求,且工程质量不易保证。经过对比选优和大量的现场试验,发现了一种新的护坡施工方法即雷诺护垫护坡,在抚远三角洲小河岛雷诺护垫护坡施工中取得了巨大的成功,不仅提前完成了施工任务,而且节约了大量的人力。雷诺护垫具有柔性、对地基适应性的优点,既可防止江岸遭水流、风浪侵袭而破坏,又实现了水体与坡下土体间的自然对流交换功能,达到生态平衡;坡上植绿可增添绿化效果,具有环保作用。

2　工法特点

(1)柔韧性:作为以低碳钢丝为组合体结构的雷诺护垫,具有很强的柔韧性,能够适应地基与被防护体的局部沉陷变形,并且可以自行调整愈合,阻止变形的继续发展。

(2)耐久性:机编六边形低碳钢丝网面加上硬质石头联合形成了一个大的耐久性很强的整体。

(3)环保性:产品是由符合一定要求的石头填充来达到防护的效果,在临水环境中,经过泥沙的自然沉积,其表面可以较迅速地生长植被,并促进周边微生态环境的恢复,具有完美的环境亲和性。

(4)透水性:产品具有自然透水性,雷诺护垫安装后,护垫后的水头不会增加。同时能够保证天然水体与地下水的自然交换,进一步加强了环保效果。

(5)整体性:产品由独立的单元构成,但同时每个相邻单元间都由钢丝绞合,所以还具有很好的整体性。

(6)经济性:雷诺护垫所需石头可以采用传统结构无法利用的碎石或鹅卵石,石头成本较低。不需要排水系统,只需要有限的机械设备,不需要熟练工。如果设计和施工合理,该结构使用寿命长,且无需维护。

(7)工期短:雷诺护垫施工质量容易保证,施工效率高,同在冬季施工,比传统的干砌石护坡和预制混凝土板护坡都大大缩短了施工工期。

3　适用范围

本工法适用于边境界河水利堤防、河道、岸坡的护坡工程。

4　工艺原理

（1）采用带独钩的挖掘机进行冻土凿破,带斗的挖掘机削坡,挖掘机倒运土。

（2）填石粒径必须在 7～15 cm 范围内,防止小粒径块石被水流涮走和影响植被生长。

（3）雷诺护垫能连结成一个整体,在上面回填腐殖土并撒上能适应恶劣条件的植物种子,能达到绿化,甚至恢复江岸原貌的效果。

5　施工工艺流程及操作要点

5.1　施工工艺流程

雷诺护垫护坡的施工工艺流程见图 1。

5.2　操作要点

根据施工图纸要求对护坡进行测量放样,雷诺护垫施工前先进行坡面清理,采用人工进行清理,清除坡面上一切杂物,包括浮土、草根、尖石、积雪等,保证坡面平整,不允许出现凸出及凹陷的部位,并应碾压密实。无纺布顺河流方向铺设,由下游方向往上游方向铺设,上层搭接到下层上,块间要进行缝合或搭接。雷诺护垫人工摆放,石料采用自卸汽车运输至岸顶,挖掘机与人工配合进行装填。

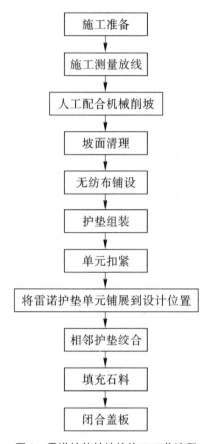

图 1　雷诺护垫护坡的施工工艺流程

5.2.1　雷诺护垫运输

雷诺护垫及其所有部件均由机械设备生产和联结,在运输过程中,所有雷诺护垫都被展开,然后折叠,捆扎或成卷。为了装运和运输,单个的护垫在工厂被捆扎一起。雷诺护垫的底和盖子单独捆扎,捆扎品在工厂压缩打包,以方便装运或运输。绞合钢丝是成卷的运输。扣件包装在盒子里,所有雷诺护垫都用标签标明尺寸和数量。

5.2.2　雷诺护垫组装

从包装中把折叠的单元取出,放在坚硬、平整的地面上开展作业,选择场地时要注意,既要方便雷诺护垫的组装、搬运,又要不影响现场其他作业内容的实施。将雷诺护垫打开,折痕下面垫一块木板,采用人工脚踩等方法,压成初始形状,前、后板和尾板应展开至垂直位置完成一个敞开的盒子。侧翼按要求折叠和互相交迭。所有的间隔板都要固定和系紧在护垫的前、后板上。雷诺护垫在组装后,侧面、尾部和间隔都应竖立,并确保所有的折痕在正确的位置,每个边的顶部都水平。

5.2.3　雷诺护垫的摆放和连接

进行雷诺护垫摆放前,先检验坡比是否符合设计要求,再放线确定出雷诺护垫摆放的位置。将组装好的雷诺护垫按照一定的要求紧密整齐地摆放在恰当的位置上,用于转弯段的雷诺护垫,可以通过裁剪雷诺护垫单元套接处理。摆放时雷诺护垫用于坡面防护时隔板要平行于水流方向,用于护底、护坦时隔板垂直于水流方向。坡面较陡或者坡面较为光滑容易引起施工过程中护垫下滑的情况,可以在坡顶钉木桩或者钢筋桩固定。

为了结构的完整性,将相邻的护垫用厂家提供的绞合钢丝牢牢地绞合起来,将所有相邻的未填充的单元格接触面的边缘,用绞合钢丝或钢环连接起来,使之成为一个整体,或使用钢环,中间间隔为 200 mm,如使用钢丝绞合,需每隔大约 150 mm 交替绞合一圈及两圈,将钢丝绞合至边缘钢丝和网面上,并在绞合时将每个圈拉紧,最后将绞合钢丝的末端缠绕或绞合形式固定在金属板用硬木栓固定在地面里。

5.2.4　石料装填

填充石头需要按照分级要求生产成所需大小。范围应在 70～150 mm,在不放置在护垫表面的前提下,大小可以有 5% 的变化。填石的强度、软化系数符合规范要求。本工程中采用挖掘机与人工配合进行装填作业。在坡面上施工时,为防止施工过程中石料受重力影响或人工踩踏下滑而造成隔板弯曲,石料必须从坡脚往坡顶方向进行装填;同时相邻隔板、边板两侧的石料也宜同时进行装填,表面部分是关系至整个雷诺护垫护坡外观效果的关键所在,宜选择粒径较大、表面较为光滑的石料进行摆放,且摆放得平整、密实。考虑到石头的沉降填充石头高出网格 2～3 cm。护垫内装填的石头需用人工摆放,尽量不损坏护垫上的镀层,减少空隙率。

5.2.5　闭合盖板

绞合盖板之前,检查石料是否装填饱满、密实,上表面是否平整。对雷诺护垫外轮廓进行检查,对一些弯曲变形、隔板上边缘下埋、表面不平整等不符合施工要求的地方进行校正,可用撬棍和铁钩进行纠正。用一定长度的绞合钢丝将盖板与边板、端板、隔板的上边缘连接在一起。绞合严格按照设计要求进行绞合,相邻护垫的端板或边板上边缘钢丝必须与盖板边缘钢丝紧密地绞合在一起。监控的护垫盖可以一次性连接。在相当数量的相邻护垫上铺设护垫盖时,可用成卷的金属网格代替单位护垫盖。

6　材料与设备

6.1　施工材料

石料应选用质地坚硬、不易风化的石料,其抗水性、抗压强度、几何尺寸等均应符合设计要求(《碾压式土石坝施工规范》DL/T 5129—2001 之 10.3.2)。用于本工程的块石,其石质应新鲜、坚硬、密实、无裂纹,不含易风化的矿物颗粒,遇水不易泥化或崩解,含水饱和极限抗压强度应符合设计要求,软化系数宜在 0.80 以上,石料直径为 70～150 mm,平均直径(d_{50})为 120 mm。

无纺布的性能要求单位面积质量 400 g/m^2,纵横向抗拉强度不小于 350 N/5 cm,延伸率不小于 60%,纵横向撕裂强度不小于 250 N,O_{95}=0.12～0.18,渗透系数小于 1.0×10^{-2}cm/s。

采用的雷诺护垫的主要技术参数如下:

雷诺护垫规格为:M6×2×0.25GF,即长 6 m、宽 2 m、厚 0.25 m,钢丝表面镀高尔凡。

雷诺护垫由隔板分成若干单元格,为了加强雷诺护垫结构的强度,所有的面板边端均采用直径更大的钢丝。

雷诺护垫钢丝网格采用 6×8,其标准如表 1 所示。

表 1　钢丝网格标准

钢丝网格	规格	D(mm)	容许公差	钢丝直径(mm)
	6×8	60	±4%	2.20
雷诺护垫规格	项目	长度(m)	宽度(m)	厚度(m)
	数量	6	2	0.25
	容许公差	±3%	±3%	±3%

用于制作雷诺护垫的钢丝为冷拔低碳钢丝,钢丝尺寸及材料需符合下述要求:

钢丝直径:用于编制网面的绞合钢丝直径为 2.20 mm,其公差为 ±0.06 mm,边端钢丝直径为 2.70 mm,公差为 ±0.06 mm。

抗拉强度:按照 EN 10223—3 标准(欧洲标准),钢丝的抗张强度应在 350 ~ 550 N/mm²。

延长率:钢丝延长率应符合 EN 10223—3 标准,延长率不能低于 10%,测试所用样品至少应有 25 cm 长。

表面镀层量要求:钢丝表面处理采用镀高尔凡(5% 铝–锌合金+稀土元素)防腐,镀高尔凡量符合 EN 10223—3 标准,网面钢丝直径为 2.20 mm,最小镀高尔凡量为 230 g/m²,边端钢丝直径为 2.70 mm,最小镀高尔凡量为 245 g/m²。

钢丝镀层黏附力要求:镀高尔凡层黏附力检验采用缠绕试验方法,并应达到如下要求,当镀高尔凡钢丝绕相当于自身直径 4 倍的芯轴紧密缠绕 6 圈时,用手指摩擦钢丝,其镀层不会剥落或开裂。

边端钢丝缠绕标准:为保证边框强度及整体工程的安全与稳定性,网面钢丝在边端钢丝上缠绕要保证在 2.5 圈以上,且必须采用专业机械进行。

6.2 施工设备

施工设备包括挖掘机、装载机和自卸汽车。

7 质量控制

7.1 雷诺护垫组装质量控制

从包装中把折叠的单元取出,将雷诺护垫完全展开,前、后板和尾板应展开至垂直位置,完成一个敞开的盒子。侧翼按要求折叠和互相交迭。所有的间隔板都要固定和系紧在护垫的前、后板上。雷诺护垫在组装后,侧面、尾部和间隔都应竖立,并确保所有的折痕在正确的位置,每个边的顶部都水平。

7.2 雷诺护垫的摆放和连接的质量控制

摆放时雷诺护垫用于坡面防护时隔板要平行于水流方向,用于护底、护坦时隔板垂直于水流方向。坡面较陡或者坡面较为光滑容易引起施工过程中护垫下滑的情况,必须在坡顶钉木桩或者钢筋桩固定。

雷诺护垫摆放到指定位置后,相邻的护垫用厂家提供的绞合钢丝牢牢地绞合起来,将所有相邻的未填充的单元格接触面的边缘,用绞合钢丝每隔大约 150 mm 交替绞合一圈至两圈连接起来,使之成为一个整体,将钢丝绞合至边缘钢丝和网面上,并在绞合时将每个圈拉紧,最后将绞合钢丝的末端缠绕或绞合形式固定在金属板用硬木栓固定在地面里。

7.3 雷诺护垫填石的质量控制

填石的石料应选用质地坚硬,不易风化的石料,其抗水性、含水饱和极限抗压强度应符合设计要求,软化系数宜在 0.80 以上,石料直径为 70 ~ 150 mm。必须用人工装填块石,装填高度超出网格 2 ~ 3 cm,填石密实、表面平整。

7.4 雷诺护垫盖板缝合的质量控制

缝合盖板前,对弯曲变形、隔板上边缘下埋、隔板上边缘不直等不符合要求的地方用撬棍和铁钩进行调正,之后用一定长度的钢丝每隔大约 150 mm 交替绞合一圈至两圈将盖板与边板、端板、隔板的上边缘连接在一起,相邻护垫的端板和边板上边缘钢丝必须与盖板边缘钢丝紧密地绞合在一起。

7.5 质量保证措施

(1)施工中遇到图纸修改或图纸错误及时与设计单位联系征得同意后办妥手续。各工序施工前认真进行施工技术交底,实行"三交",即口头交、书面交、现场交。施工中做到三级检查制度(自检、互检、专检)、隐藏工程需经监理签字验收、主要工序的施工必须在监理检查认可后方可进行。

（2）各种施工材料必须有完整的材质单,并按规定进行现场质量检查验收,有关资料及时报监理,经验收合格后方可使用。

（3）实行工程质量岗位责任制,严格执行质量奖惩制度,按科学化、标准化、程序化作业,实行定人、定点、定岗施工,各自负责其相应的责任。

8   安全措施

（1）成立该工程的安全生产领导小组,由项目经理任组长,全面负责安全管理工作,由项目副经理任副组长,负责安全生产的具体工作,下设专职安全员,具体负责安全的检查工作。

（2）制定安全生产管理制度和安全生产责任制度,加强安全培训教育工作,增强施工人员的安全防护意识。

（3）定期召开安全生产会议,对施工生产中存在的不安全问题及隐患及时纠正和排除,做到警钟长鸣。

（4）在技术交底的同时进行安全技术交底,加强对施工人员岗前安全培训工作,严格贯彻安全操作规程,禁止违章作业。

（5）冬季施工做好施工人员、设备的防寒、保暖工作,生活区内通风良好,防止一氧化碳中毒。

（6）做好安全防火、防爆工作,生活区和施工区均配置足够的灭火器具,严禁在易燃、易爆、危险品贮存区及作业现场使用明火或吸烟。

（7）机电设备必须专业人员操作,持证上岗,严禁酒后驾车和无证操作。

（8）设立安全标志及警示标志。路口设置路障或慢行、禁行标志;危险地段白天设路障,晚间设红灯警示;变压器及电闸箱等危险处设置危险警示标志。

9   环保措施

（1）遵守国家环境保护的有关法律、法规、法令及规章,不侵占农田、草原及道路,施工活动线以外的植物、树木必须保持原状。

（2）施工过程中不让有害物质(如燃油、弃渣等)污染土地及江河。

（3）保持施工区和生活区的环境卫生,加强对工程材料、设备、生产及生活垃圾的控制和管理,及时清理垃圾,并将其运至指定地点进行掩埋或焚烧处理,施工现场及生活区内设置足够的临时卫生设施,定期清扫处理。

（4）施工设备整洁、完好,施工结束后定点整齐停放。

（5）施工现场做到"工完、料净、场地清",确保道路畅通及场地平整。

（6）工程完工后,按业主要求的期限拆除施工临时设施,对拆除后的场区进行彻底清理。

10   效益分析

雷诺护垫护坡冬季施工在技术上是可行的,与干砌石护坡和预制混凝土板护坡相比大大缩短了施工工期,且节省了大量的人力、资金,还具有绿化效果,有效地防止了江岸不被水流、波浪侵蚀,保证了土地资源不再流失。

雷诺护垫护坡是一种比较经济、适用、环保的护坡形式,此工法值得推广应用。

11   应用实例

11.1   抚远三角洲小河岛护岸

11.1.1   工程概况

抚远三角洲小河岛护岸位于黑龙江省抚远县境内,多年平均气温 1.5 ℃左右,夏季炎热短暂,秋季湿润多雨,冬季漫长,严寒多雪,1 月极端气温达-41 ℃,冻土深 2.0 m 左右。小河岛护岸工程,护岸长度 700 m,施工桩号:1+800 ~ 1+100,护岸工程总工程量 23 865 m³,其中削坡土方 7 208 m³,回填腐殖土 2 193 m³,雷诺护垫护坡(25 cm)9 575 m²,耐特笼石笼 12 070 m³,无纺布 29 985 m²。

11.1.2 施工情况

抚远三角洲小河岛护岸工程 2010 年 3 月开工,装载机配合挖掘机进行护坡土方冻土开挖,人工精削。铺设无纺布、雷诺护垫,块石料填筑采用自卸车运输至岸边,挖掘机配合人工装填,人工封盖,确保了工程质量。

抚远三角洲小河岛护岸工程施工期为 2010 年 3 月 5 日至 2010 年 3 月 30 日。

11.1.3 工程监测与结果评价

抚远三角洲小河岛护岸工程施工质量良好,满足国家规范及设计要求。自 2010 年 4 月开江以来,雷诺护垫护坡经受住了冰凌期和汛期的考验,完好无损。

抚远三角洲小河岛护岸雷诺护垫护坡整体质量良好,填筑密实,缝合紧固,表面平整,经受住江水的冲刷和冰凌的撞击,使江岸不被淘刷,水土不再流失。

11.2 抚远三角洲无名岛护岸

11.2.1 工程概况

抚远三角洲无名岛护岸位于黑龙江省抚远县境内,地处中温带大陆性季风气候区。多年平均气温 1.5 ℃左右,多年平均降水量 550 ~ 650 mm,夏季炎热短暂,秋季湿润多雨,冬季漫长,严寒多雪,1 月极端气温达-41 ℃,冻土深 2.0 m 左右。该区域气候寒冷,一年有半年时间河流封冻,秋季流冰较早,一般冰厚 1.1 ~ 1.3 m。

本护岸工程为无名岛护岸,护岸长度 1 648.4 m,施工桩号为 1+800 ~ 3+448.4,护岸工程总工程量 14 905 m³(其中削坡土方 9 319 m³,回填腐殖土 5 586 m³),雷诺护垫护坡(25 cm)24 659 m²,无纺布 24 659 m²,砍小树 9 245 棵。

11.2.2 施工情况

抚远三角洲无名岛护岸工程 2011 年 1 月开工,装载机配合挖掘机进行护坡土方冻土开挖,人工精削。铺设无纺布、雷诺护垫,块石料填筑采用自卸车运输至岸边,挖掘机配合人工装填,人工封盖,确保了工程质量。

抚远三角洲无名岛护岸工程施工期为 2011 年 1 月 15 日至 2011 年 3 月 31 日。

11.2.3 工程监测与结果评价

抚远三角洲无名岛护岸工程施工质量良好,满足国家规范及设计要求。

抚远三角洲无名岛护岸雷诺护垫护坡整体质量良好,填筑密实,缝合紧固,表面平整,经受住江水的冲刷和冰凌的撞击,使江岸不被淘刷,国土不再流失。

11.3 抚远三角洲银龙岛护岸

11.3.1 工程概况

抚远三角洲又称黑瞎子岛,位于黑龙江省抚远县境内的黑龙江、乌苏里江汇合处,是由银龙岛、黑瞎子岛、明月岛共三个岛系 93 个岛屿和沙洲组成,最宽处 13 km,最窄处 3 km。抚远三角洲应急工程包括小河岛护岸、菊水岛护岸、银龙岛护岸、无名岛护岸、教堂上游段护岸、通江口段护岸及乌苏镇下段护岸共 7 段工程,总长度 25.063 km。

抚远三角洲地处中温带大陆性季风气候区。多年平均气温 1.5 ℃左右,夏季炎热短暂,秋季湿润多雨,冬季漫长,严寒多雪,1 月极端气温达-41 ℃,冻土深 2.0 m 左右。无霜期较短,115 ~ 150 d,多年平均蒸发量 980 ~ 1 200 mm(20 cm 蒸发皿)。

该区域气候寒冷,一年有半年时间河流封冻,秋季流冰较早,春季流冰一般发生在 4 月,历年最早流冰时间为 1979 年 4 月 8 日,最迟发生在 1995 年 4 月 28 日,春季持续流冰时间约 13 d。一般冰厚 1.1~1.3 m,历年最大冰厚为 1.36 m,发生在 1990 年 3 月 1 日。

本护岸工程为银龙岛护岸,护岸长度 1 050 m,施工桩号为 4+450~5+500,护岸工程总工程量 69 137 m³,其中削坡土方 18 040 m³,回填腐殖土 3 567 m³,固脚挖方 1 147 m³,雷诺护垫 14 642 m²,格宾填石固脚 1 088 m³,耐特笼石笼 19 918 m³,抛石 25 377 m³,无纺布 31 170 m²。

11.3.2　施工情况

抚远三角洲银龙岛护岸工程 2011 年 1 月开工,装载机配合挖掘机进行护坡土方冻土开挖,人工精削。铺设无纺布、雷诺护垫,块石料填筑采用自卸车运输至岸边,挖掘机配合人工装填,人工封盖,确保了工程质量。

抚远三角洲银龙岛护岸工程施工期为 2011 年 1 月 20 日至 2011 年 4 月 1 日。

11.3.3　工程监测与结果评价

抚远三角洲银龙岛护岸工程施工质量良好,满足国家规范及设计要求。

抚远三角洲银龙岛护岸雷诺护垫护坡整体质量良好,填筑密实,缝合紧固,表面平整,经受住江水的冲刷和冰凌的撞击,使江岸不被淘刷,国土不再流失。

（主要完成人:王永刚　朱尉民　马颖姑　朱辛研　朱志强）

滑框倒模施工工法

江夏水电工程公司

1　前　言

三峡永久船闸共有南北双线五级闸室,每级闸室分左右侧共有 42 块衬砌墙,衬砌墙为混凝土薄壁结构。墙体厚度从下至上为 1.5 ~ 2.1 m,墙体最高达 48 m,墙背布置的间距 2 m×1.5 m 高强锚杆端头距迎水面仅 5 cm,墙背设有竖向及水平排水管网。

永久船闸混凝土薄壁衬砌墙施工中采用了常规的组合模板、悬臂模板、滑模等施工工艺。因工期紧,为解决插筋外露问题,我公司在经充分研究和对比论证后提出了滑框倒模的新型施工工艺,不仅圆满完成了三峡船闸衬砌墙混凝土施工,而且所研究的滑框倒模技术获得了国家专利,并形成了该技术的成熟施工工艺。

2　工法特点

(1)只滑升框架,不滑升模板,对已浇混凝土表面无扰动,质量好。

(2)滑道与模板之间的摩擦力较小,其摩擦系数较传统滑模小一半以上,平台提升时,千斤顶受力均匀,不易滑偏。

(3)施工中遇特殊情况可随时停仓,将停仓部位作缝面处理后即可恢复施工。

(4)只需配一个滑框高度范围内模板,材料用量少,经济效益好。

(5)对高墙仓位进行不间断连续施工,进度快。

(6)不受混凝土表面伸出插筋的影响,应用范围较广。

3　适用范围

本工法适用于高度较大、薄壁混凝土结构施工,对混凝土体表面有外露插筋的结构施工有优势。

4　工艺原理

滑升框架与模板分离,在围圈与模板之间设置滑道,滑道与模板相对滑动,只滑框架,不滑模板。当框架滑升高度超过一块模板高度后,将下层模板拆除翻到上一层使用,如此周而复始直到混凝土结构浇筑到顶。

5　施工工艺流程及操作要点

5.1　施工工艺流程
本工法施工工艺流程见图 1。

5.2　操作要点
滑框倒模滑升组装结构剖面见图 2。

5.2.1　结构设计(12 m 自然段设计)

5.2.1.1　模骨系统

(1)模板:高度 2 m,分 5 层,每层高 40 cm。

(2)滑道:Φ48×3.5 mm 钢管。

(3)围圈:设三道 16 号工字钢,立柱可调节。

(4)提升架:立柱为 18 号工字钢,主次架。

(5)导轨:系受力结构,6 根 20 号工字钢,下口与墙体预埋套筒相连,上口与高强锚杆相连。

(6)操作平台:液压操作平台、钢筋绑扎和装模操作平台、下料平台。

(7)支承架:系滑升的竖向承重结构,竖杆为 Φ48×3.5 mm 钢管,每 12 m 自然段采用 7 组,每组为 5 根,第一排(7 根)浇筑在混凝土中。其他爬杆用扣件连成整体桁架。

5.2.1.2 液压滑升系统

每 4 只千斤顶为一组,每组的水平间距为 1.9 m,布置为 7 组,共计千斤顶 28 只。控制台采用 YKT-36 型,千斤顶 GYD-60 型,爬杆为 Φ48×35 mm 钢管。

5.2.1.3 电气设备系统

机械动力系统采用 380 V 电压,操作平台上照明电压采用 36 V 低压。

5.2.2 滑框倒模施工

(1)测量放样,在基础上放出支承架的位置线。

(2)计算好支承架的安装高度,搭设安装平台(简易临时钢管架)、组装单片式支承架,按设计线位置安装好,钢管支撑固定牢靠,支承架的横梁及立柱进行水平和垂直检测,将 7 组单片式支承架用槽钢连接,每片支承架的垂直度检测后,拧紧螺栓。

(3)将围圈用专用钩子固定在提升架的立柱上,再安装滑道及模板,模板先刷脱模剂,模板与滑道之间涂黄油并用扎丝简易绑扎。

(4)将 6 根导轨的下口与墙体预埋套筒相连(无套筒焊 Φ18 mm 拉条),上口与高强锚杆相连。

(5)将所有千斤顶装在横梁上,接通油路,进行耐压排气试验,直至油路无任何故障,插入所有支承杆,混凝土体外支承杆底面垫铁板并焊接牢固,锁定千斤顶的限位卡。

(6)安装下料斗溜槽并固定好。

(7)安装钢管三角井架并加固。

(8)在三层操作平台上铺设 4 cm 木板。所有平台四周都安装防护栏杆,高度不低于 1.2 m。

(9)分层浇筑,层高 40 cm,分 5 次将 2 m 模板浇筑到顶。待第一层混凝土浇筑超过 10~12 h 后,将模板与滑道之间的连接全部解除,开始滑升,第一次滑升 50~60 cm,以后每次滑升均为 40 cm,最底层模板(40 cm)拆除并翻立。以后正常滑升。

(10)滑框倒模施工结束,混凝土强度达到 0.5 MPa 后,先将最后 2 m 模板滑空拆除,然后拆除其余部位模板。

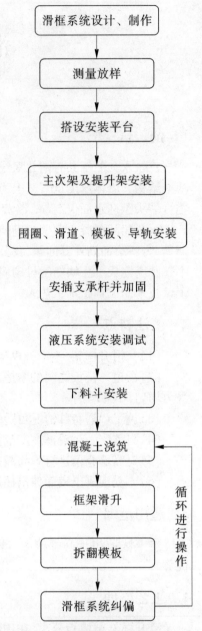

图 1　滑框倒模施工工艺流程

6　材料与设备

本工法所用材料与设备主要有:钢模、Φ48×3.5 mm 钢管、16 号工字钢、18 号工字钢、20 号工

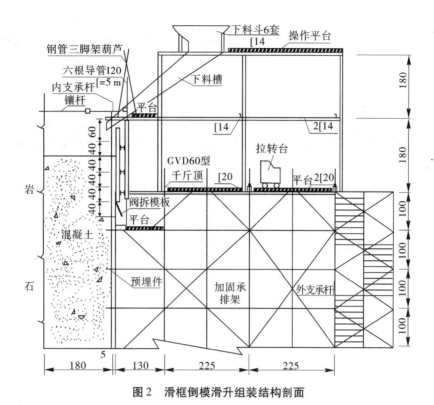

图 2 滑框倒模滑升组装结构剖面

字钢、4 cm 木板、下料斗、液压千斤顶系统等。

7 质量控制

7.1 混凝土质量控制

（1）混凝土的配制，除符合设计要求外，应控制坍落度 4～6 cm，浇筑时间 10～12 h，强度达 0.5 MPa。

（2）按滑框倒模施工工艺要求，在拆模时，混凝土表面强度必须达到 0.5 MPa 以上。

7.2 支承架平台水平度的检测控制

采用水管法：在每根支承杆上设一刻度尺，并将有色水管尺绑附在刻度尺上，滑升前，将每一水管的水位都调在同一水平上，在滑升过程中，不断观测，若累计误差超过 3～5 cm 就进行一次调平。

7.3 墙体垂直度的检测

支承架靠衬砌墙部位上下游两端和中间各设一个重锤，滑升前调好线锤，并固定好底面标记，线锤通过钢丝绳及滑轮随支承架滑升而不断下放，每隔一段时间观察一次，以确定偏差程度而进行调整，当支承架上口偏差 1 cm 时就调整一次。

7.4 滑升质量控制

（1）浇筑 2 m 高左右，第一层混凝土浇筑 10～12 h，混凝土强度一般达到 0.5～0.6 MPa 时，翻拆模板；

（2）滑升过程通过千斤顶的调平器或关闭部分千斤顶来严格控制操作平台的水平状态；

（3）导轨是主要的受力构件，混凝土所有侧压力均由导轨承担，要保证 4 根导轨处于完全受力状态，平台的左右偏移也主要由导轨控制。

7.5 模板质量控制

模板每次安插前必须将脏物清理干净并刷脱模剂。安插模板时，顶层模板口上的砂浆必须清除干净，使接缝严密。

7.6 混凝土成品质量控制

混凝土浇筑完成后,要及时进行养护,立面采用喷水管,随吊架滑升;冬季用保温被进行保温。

8 安全措施

(1)滑框倒模系统上、中、下三层操作平台底部应满铺脚手板,周边栏杆应不低于 1.2 m,且三个临空面应用密目网全封闭。

(2)所有搭设排架的人员必须是持证的架子工,所有在操作平台及排架上作业的人员应挂安全带。

(3)应在加固支承排架外侧恰当位置搭设规范的爬梯作为操作人员上下通道,并挂密目网封闭。

(4)操作平台上的照明采用 36 V 的安全电压。

(5)支承排架应与已浇混凝土牢固连接,确保排架不因混凝土侧压力而倾翻。

(6)滑框倒模施工结束后,先将最后 2 m 模板滑空拆除,然后采用门机整体吊装设备至地面,在地面拆除以保证安全。

9 环保措施

(1)所有混凝土运输车必须加挂挡板并夹橡胶条,防止运输途中混凝土洒落和流浆,污染道路。

(2)混凝土运输车出场前应清洗料斗,防止混凝土滴洒,经洗车台洗车后方可离场。

(3)混凝土施工用水及清洗运输车的污水应经集水坑沉淀后,按规定排放或回收用于洒水降尘。

10 效益分析

利用滑框倒模技术,比常规模板施工快 3~4 倍,比传统滑模快将近 1 倍。混凝土垂直度偏差控制在 6 mm 以内,表面光洁度、平整度良好,无波浪,无施工缝,且表面混凝土绝无扰动现象。在资源投入方面,较常规模板少,与传统滑模基本相当,其优势显而易见,具有良好的施工运用前景。

11 工程实例

三峡永久船闸共有南北双线五级闸室,每级闸室分左右侧共有 42 块衬砌墙,衬砌墙为混凝土薄壁结构。墙体迎水面横向 12~14 m 分块(标准块宽为 12 m,文中设计均为标准块计),闸室单数块中间设浮式系船柱,每隔 4 块衬砌墙设 1 个爬梯槽。每块竖向 15 m 左右分水平结构缝,竖向分缝处设两道铜止水,水平结构缝设水平止水,墙体厚度从下至上为 1.5~2.1 m,墙体最高达 48 m,墙背布置间距 2 m×1.5 m 高强锚杆端头距迎水面仅 5 cm,墙背设有竖向及水平排水管网。

我公司在进行该衬砌墙施工时采用了滑框倒模技术,取得了良好的社会经济效益。以试验块北二闸室Ⅱ北 18 块为例,滑模起止高程从 120.5~160 m,滑模从 2000 年 9 月 8 日开始浇筑,日滑升速度平均为 3.0~3.5 m,滑升历时 16 d,其中含遇到水平施工缝,设计要求停滑 1 d,加上前期准备历时约 35 d,该施工块总工期约 51 d。混凝土垂直度偏差控制在 6 mm 以内,表面光洁度、平整度非常好,无波浪,无施工缝,且表面混凝土绝无扰动现象,充分证明了滑框倒模施工工艺的成功。滑框倒模技术在北线一二级船闸得到全面推广,滑升块数总计 68 块,单元工程优良率达 91% 以上。

(主要完成人:晏正根 吴国如 揭 新)

矩形灌注桩成槽机施工工法

浙江省第一水电建设集团有限公司

1 前 言

混凝土灌注桩已经广泛应用于各种水利工程的基础处理,按其成孔方法不同,可分为钻孔灌注桩、沉管灌注桩、人工挖孔灌注桩、爆扩灌注桩等。灌注桩的成孔机械根据不同的地质条件常用的有冲击钻机、回转钻机、潜水钻机、螺旋钻机等,各种工程结构中混凝土灌注桩普遍采用圆形截面。由于圆形桩和矩形桩的不同几何特征,矩形桩截面较大,在桩体体积相等的情况下,矩形桩比圆桩具有更多的桩体表面积,因而具有更大的桩身摩阻力,使矩形灌注桩能够承受更大的侧向弯矩和水平力。矩形桩利用其截面特征还可以根据上部结构需要布置成各种复合体或合成体,是一种具有推广应用价值的新型灌注桩。

矩形混凝土灌注桩其施工工序与泥浆护壁的钻孔灌注桩相似,但成孔机械和方法与常规混凝土灌注桩不同。限于矩形混凝土灌注桩的截面特征,目前尚无专用成孔设备,我们在施工中利用 GB-26 型、SG-40A 型液压成槽机进行矩形混凝土灌注桩造孔,通过试桩和施工过程中对矩形混凝土灌注桩成孔工艺的探索、研究和实践,总结了砂砾石地层矩形混凝土灌注桩的施工方法,为矩形混凝土灌注桩的推广应用积累了施工经验,并形成了矩形灌注桩成槽机施工工法。

该技术已进行国内科技查新,查新结果为"委托查新项目采用成槽机造孔矩形灌注桩施工技术,矩形灌注桩成槽机施工工法,在上述所检国家级及浙江省级相关工法中未见述及"。

2 工法特点

(1)液压成槽机移动灵活、机动性好,现场适应性强。

(2)通过更换各种不同规格的抓斗,可适用于各种矩形混凝土灌注桩的造孔。

(3)成孔速度快、施工简便,功效大大高于传统造孔机械。

(4)成孔工艺简单,通过成槽机自带的电子测斜仪和纠偏装置,可以准确地控制孔深和垂直度,施工质量易于控制。

3 适用范围

本工法适用于深厚砂砾石地层(含飘石粒径≤60 cm 地层)和土层中的各类水利工程、建筑工程的矩形混凝土灌注桩施工。

4 工艺原理

在泥浆固壁条件下,利用液压成槽机抓斗垂直强制切割土体成槽,再通过抓斗颚板的张合,切削入土、抓斗闭合取料、提升卸料的原理进行矩形混凝土灌注桩造孔。根据不同孔深和土体,采用平挖、冲挖、侧挖等施工方法,经过清孔、钢筋笼制作安装、混凝土灌注等工序完成矩形灌注桩的施工。

5 施工工艺流程及操作要点

5.1 施工工艺流程

施工工艺流程为:施工准备→成槽机造孔→灌注桩清孔→钢筋笼制作安装→桩体混凝土灌注。

具体见图1。

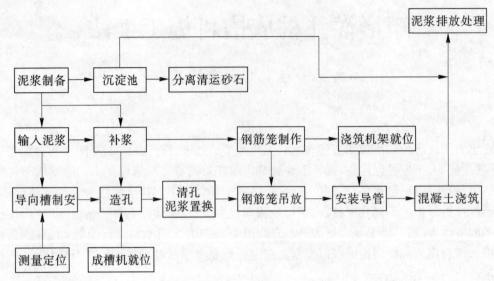

图1 成槽机矩形灌注桩施工流程

5.2 操作要点

5.2.1 施工准备

(1)熟悉设计文件,了解基础水文地质情况。

(2)根据设计要求编制详细的施工组织设计方案。

(3)按照矩形灌注桩截面大小、桩长等确定液压成槽机及抓斗规格。目前国内常见的成槽机抓斗形式有钢绳式、导杆式和液压导板式三种。钢绳式无自动纠偏功能,导杆式造孔深度较浅,液压导板式抓斗成孔深度深,对位准确可自行纠偏,液压抓斗平稳有力,可根据成孔大小更换不同规格的斗体。

(4)常用成槽机及抓斗规格见表1。

表1 常用成槽机及抓斗规格

序号	规格型号	最大提升力(kN)	抓斗尺寸(m)	挖深(m)
1	金泰 SG40A	400	(0.35~1.2)×(2.5~2.8)	70
2	宝峨 GB26	260	(0.6~1.2)×2.8	50
3	三一重工 HS350	350	(0.3~1.2)×2.8	60

(5)测量放样,平整施工场地。导向槽埋设前先测定埋设位置,导向槽测量定位采用十字交叉法,先测出中轴线,以中轴线为基准测出中心左右4点,用对角线交点确定桩位中心点。导向槽安装回填完成后必须进行槽口复测,以确保桩位准确。

施工场地应平整,便于成槽机行走,地面承载力必须满足液压成槽机履带对地面的最小压强。

(6)绘制灌注桩分序造孔图,并按分序绘制成槽机造孔路径图。为避免施工中对相邻灌注桩的扰动和间距过小造成坍孔,施工前应根据灌注桩的布置情况进行分序,一般按灌注桩序号分两序施工。为了使成槽机造孔过程尽量减少来回频繁行走,应按桩间净距和履带宽度合理设计成槽机行走路线。灌注桩分序造孔图见图2。

(7)确定灌注桩导向槽结构形式并按分序图进行导向槽施工。

①导向槽的作用类似于圆形灌注桩护筒,由于采用成槽机抓挖成孔,导向槽体要求有更高的强度和刚度。

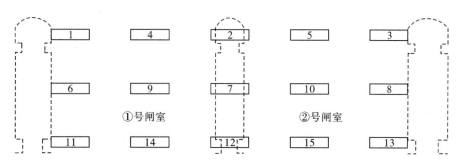

图 2　灌注桩造孔分序

②导向槽可采用现浇混凝土或钢板导向槽。当采用钢板导向槽时,安装埋设时在导向槽座下需铺设一层厚 20 cm 的黏土防止漏浆,导向槽周边用掺加适量黏土的砂砾料回填碾压密实。在地质条件允许的情况下应优先采用钢板导向槽,钢板导向槽制作简单、安装方便、成本低,可多次重复周转使用。采用混凝土导向槽,混凝土的强度等级应不小于 C20。导向槽孔口尺寸应比设计桩身截面扩大 10~15 cm,导向槽高度应不小于 1.2 m。导向槽结构图见图 3、图 4。

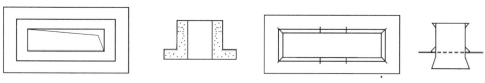

图 3　混凝土导向槽　　　　　图 4　钢导向槽

(8)泥浆池及泥浆制备。泥浆在灌注桩造孔过程中起着护壁、携渣、润滑及冷却机具的作用。泥浆选用及配合比设计是否合理,直接影响到灌注桩的造孔功能。泥浆应选用经配制的膨润土,根据地质条件和施工需要,掺加分散剂、增稠剂、防漏剂等。砂砾石地层渗透系数较大,矩形桩孔壁表面积较圆形灌注桩大,加之成槽机抓斗成孔速度快,孔壁稳定性差,泥浆的凝胶强度大小直接影响护壁效果的好坏。改性钠膨润土能够在较短时间内形成泥膜,有利于切削面的稳定,降低渗透系数。

泥浆池应根据施工桩位布置在近旁,泥浆池的容积必须满足 1~2 d 造孔施工的用浆量。膨润土泥浆宜使用高速搅拌机进行搅拌,搅拌时间一般可控制在 4~5 min,搅拌后的膨润土泥浆须在储浆池充分溶胀后再使用。随拌随用的泥浆,搅拌时间宜适当延长至 7~10 min。新拌制的膨润土泥浆参考配合比见表 2。

表 2　膨润土泥浆参考配合比

地层	配合比(%)			
	膨润土	纯碱	CMC	水
一般砂砾石地层	6~10	0.3~0.5	0.05~0.1	100
有渗漏砂砾石地层	10~15	0.3~0.5	0.1~0.2	100

5.2.2　成槽机造孔

5.2.2.1　成槽机就位

成槽机应按规定造孔路线就位,成槽机经过路线上的混凝土导向槽应事先用砂砾石回填,防止在成槽机行走过程中破坏。

5.2.2.2　开孔

成槽机就位后通过调整大臂升降将抓斗垂直对准导向槽孔口,对准孔口标志后徐徐入槽,待入槽后张开抓斗。初始成孔精度对全孔成孔精度影响很大,初始造孔过程必须严格遵守:抓斗入槽、出槽应缓慢匀速进行,严禁快速下斗,快速提升,以防破坏槽壁引发坍塌。

5.2.2.3 造孔

造孔作业按抓斗工作方式分为平挖法、冲挖法、侧挖法三种。

(1)平挖法:抓斗对准孔口匀速缓慢下降,触及孔底后将抓斗上提0.5 m,抓斗完全张开后下入孔底→切削入土→抓斗闭合取料→提升至孔口下料。平抓法利用导板和抓斗自重切削入土,适用于开孔段等较为松软地层的施工。

(2)冲挖法:抓斗入孔,缓慢匀速将抓斗下至距底3~5 m处,完全打开抓斗,利用卷扬机配置的自由落钩装置快速下至孔底→抓斗闭合取料→提升至孔口下料。冲抓法借助抓斗和导板快速下降的冲击力切削入土,适用于开孔段孔壁垂直稳固、土体坚硬密实地层的施工。

(3)侧挖法:侧挖法主要用于矩形灌注桩短边侧纠偏、有孤石地层及倾斜岩面的抓挖。具体操作方法是:抓斗缓慢匀速入孔,到达孔底或需要纠偏部位时张开抓斗放松钢丝绳,利用左右两侧液压推板使导板交替向两侧略微倾斜,向下切削入土抓斗取料提升至孔口。

(4)成槽机造孔作业孔内砂砾料由自卸车装车外运,根据运距远近配备1~2辆自卸车。

5.2.2.4 注意事项

(1)成槽机在就位开始造孔前必须检查电子测斜仪等仪表是否正常,液压抓斗及纠偏推板是否能正常工作,液压系统是否有渗漏,钢丝绳等起升结构是否完好。

(2)抓斗出入导向槽口时要轻放慢提,防止槽内泥浆液面急剧升降,影响孔壁土体稳定,引起孔口坍塌。成孔过程抓斗提升速度宜控制在0.5~0.6 m/s,下降速度控制在0.8 m/s左右,成孔速度宜控制在3~4 m/h。

(3)造孔时,悬吊抓斗的钢索不能松弛,必须始终使钢丝绳呈垂直张紧状态,确保孔壁垂直度符合设计要求。

(4)由于纠偏装置须在孔深6 m以下才起作用,因此孔口6~7 m段初始成孔精度直接影响到全孔,施工过程中挖掘速度不宜太快,必须严格控制抓斗速度,采用平挖法抓挖。成孔过程中随时利用侧斜仪进行观测,确保成孔垂直度。

(5)成槽机纠偏装置是利用安装在导板前后左右4个方向的12块推板,通过推板的伸缩调整抓斗方向。当成孔过程中出现偏差时,偏斜方向的推板顶出,抓斗偏向倾斜方向反向抓挖,当电子测斜仪精度显示恢复零位时,再适当超挖1~2 m深,方可收回液压顶板正常抓挖。成槽机司机可通过安装在液压抓斗上的探头,动态掌握偏斜情况进行纠偏,通过成孔过程中不断进行准确的动态纠偏,确保桩体的垂直精度要求。

(6)设计要求孔底至基岩面的灌注桩利用成槽机造孔时,应该根据地质勘探资料确定岩面高程,在接近基岩面时应采用平挖法。河道内基岩面一般呈倾斜状,在抓斗接触岩面后,可利用侧挖法抓挖较低一侧的岩面。确认开挖至岩面后不宜反复抓挖,以免引起孔壁坍塌。

5.2.3 矩形灌注桩的清孔

(1)由于矩形灌注桩采用成槽机抓挖成孔,本身产生的钻渣极少,在泥浆携渣能力较好的情况下,孔内沉渣较少,清孔比较简单。一般在成孔并进行泥浆置换后半小时再用抓斗清挖一次即可。

(2)清孔采用潜水泵排渣法,当孔内泥浆密度不大于1.15 g/cm³,黏度达到25~30 Pa·s,含砂量<4%时,即可结束清孔。

5.2.4 钢筋笼制作安装

(1)钢筋笼应按设计尺寸制作安装。钢筋笼制作场地尽量设在现场,以便于运输,减少运输途中钢筋笼变形或损坏。钢筋笼制作场地必须平坦、钢筋笼制作可事先搭设模架,在模架上进行绑扎。

(2)钢筋笼长度可根据设计桩长全段或分段制作,钢筋笼的制作长度一般不宜大于9~12 m。

为了避免钢筋笼下放过程中擦碰孔壁,钢筋笼下端竖向钢筋应稍向内弯折。钢筋保护层采用300 mm×500 mm×6 mm薄钢板,加工成"]"型焊接在钢筋笼上。

(3)钢筋笼主、箍筋连接宜采用点焊,除加强筋要求全部焊接外,其余交叉点的点焊数量不小于50%。

(4)钢筋笼制作过程中应注意横向连接筋的布置,确保混凝土导管顺畅插入。为避免横向筋弯钩钩住导管,钢筋弯钩应朝向外侧。

(5)钢筋笼的安装应根据钢筋笼重量、长度、吊机起重量等综合确定。矩形灌注桩钢筋笼体型扁平,吊装过程中极易发生扭曲变形,为保证钢筋笼的刚度,可设置纵横向桁架,以增强笼体刚度。

(6)钢筋笼采用25 t和50 t二台汽车吊联合吊装。吊装前应根据钢筋笼的长度和重量确定吊点位置,矩形钢筋笼一般应采用4点或6点吊装法。以50 t汽车吊为主吊,利用铁扁担上的2个滑轮将钢丝绳系在钢筋笼上部的4个吊点上,25 t汽车吊为副吊,吊起钢筋笼下部的2个吊点。2台吊机同时将钢筋笼吊离地面一定高度后,主吊逐渐起升,副吊同步相向移动并缓缓下降,钢筋笼逐渐由水平→倾斜→直立状态,此时解下副吊钢丝绳,由主吊将钢筋笼对准导向槽缓缓放入孔内。钢筋笼下放过程中应保持笼体垂直,避免擦碰孔壁引起坍孔。钢筋笼抬吊法见图5。

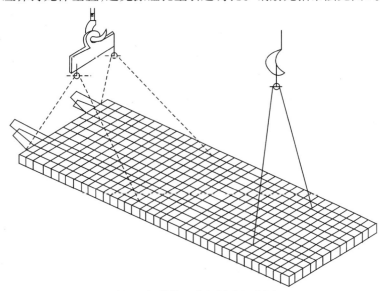

图5　钢筋笼6点起吊法示意图

(7)现场分段制作安装的钢筋笼的接头采用套筒挤压法连接,该方法操作简便、质量可靠、连接速度快,可以大大缩短钢筋笼孔口接头时间,减少因钢筋笼接头时间长引起孔壁坍塌的风险。

(8)钢筋笼吊放完成后,将笼体上部吊环固定在导向槽上口,调整好钢筋笼保护层,防止混凝土浇筑过程中钢筋笼上浮。

5.2.5　混凝土灌注

5.2.5.1　浇筑机架安装就位

液压成槽机不同于常规灌注桩成孔机械带有辅助起重设备,混凝土浇筑须利用简易浇筑机架进行。简易浇筑机架主要用于导管的安放和提升,同时作为混凝土进料漏斗的支承托架。机架由底座、门架、导向滑轮、卷扬机等组成。简易浇筑机架结构见图6。

5.2.5.2　导管安放

(1)混凝土灌注采用导管法。当灌注桩长边尺寸小于3 m时采用单导管,长边尺寸大于3 m应设置双导管。导管直径应≥(4～8)倍最大骨料粒径,尽量选用直径较大的导管有利于混凝土的灌注,选用导管直径以200～250 mm为宜。导管应按桩长选择不同的长度,做到长短配套。

(2)导管安装前应认真检查导管是否损坏,连接丝扣、密封圈是否完好。利用简易浇筑机架将导管逐节吊起,按事先确定的配套长度逐节安装,并确保导管居中。

（3）采用"满管法"浇筑,导管底口控制在距桩底10~20 cm范围内。满管法是指,管底至孔底的距离较小,球塞不能直接逸出管底,待混凝土满管后稍提导管才能逸出的开浇方法。采用直接跑球法,导管底口控制在距桩底30~40 cm范围内。直接跑球法是指,管底至孔底的距离较大,球塞能直接逸出管底的开浇方法。

5.2.5.3 混凝土灌注

（1）混凝土灌注前在导管内放置一比导管内径略小的球塞（可采用橡胶篮球）用以隔离导管内的混凝土和孔内泥浆,然后经漏斗向导管注入混凝土。

（2）灌注混凝土后,在管内混凝土的压力下球塞被压至孔底,混凝土注满导管后,将导管提升25~30 cm,使球塞逸出,导管内混凝土迅速注入孔内埋住导管底

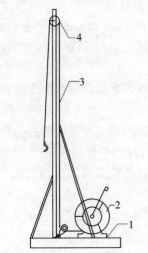

1—机架；2—卷扬机；3—门架；4—滑轮

图6 简易浇筑机架示意图

口,此时应保证混凝土的连续灌注,迅速加大导管的埋深,防止混凝土灌注中断未能埋住导管口,造成导管内漏入泥浆。采用满管法时,导管不能提得过高,管内混凝土面开始下降后立即将导管放回原位。

（3）混凝土灌注应确保连续进行,孔内混凝土面的上升速度应>2 m/h。导管最小埋深≥1.5 m,最大埋深≤6 m,埋深过浅拆管时导管易脱离混凝土,使泥浆混入混凝土中；埋深过大易发生铸管。

（4）首批混凝土浇筑完毕后,要立即察看导管内的混凝土面位置,以判断开浇是否正常。若混凝土面在导管中部,说明开浇正常；过高则可能管底被堵塞；过低则可能发生导管破裂或导管脱出混凝土面事故。开浇成功后应迅速加大导管的埋深,至埋深不小于2.0 m时,及时拆卸顶部的短管,尽早使管底通畅。每次拆除提升导管前必须用测锤对孔内混凝土面进行测量,测量无误后方可提升导管。

（5）混凝土浇筑过程中要保证混凝土具有良好的和易性,防止堵管。当出现堵管现象时,可上下提放导管促使混凝土流出导管。导管上下提升的幅度应严格控制,防止提升过度使导管脱离混凝土面。

（6）当混凝土灌注至灌注桩上部接近孔口段时,由于导管内外压力差变小,混凝土流动性小,注入速度逐渐变慢,此时应适当放慢混凝土灌注速度,适度提放导管,减少导管埋深。如孔内泥浆密度较大,可以适当加水稀释,降低泥浆密度,减少导管内外压力差,以利于混凝土灌注。

（7）经测量混凝土灌注达到设计超浇高程时,匀速将最后一节导管提起,即可终浇。

6 材料与设备

6.1 主要材料

6.1.1 制浆材料

制浆材料的质量决定了泥浆性能的优劣,直接影响到灌注桩的成孔质量。矩形灌注桩选用改性钠膨润土作为制浆材料。

改性钠膨润土,就是用人工方法,将强碱弱酸类化学助剂 Na_2CO_3（或 $NaHCO_3$、$NaOH$）加入到天然钙基膨润土中,从而使钙基土中的钠离子含量得到提高,达到使其钠化的目的。改性钠膨润土化学助剂质量必须稳定,标准添加量要求精确,在使用时应注意保质期,保存时间超过3个月,其化学助剂稳定性将会有所下降。改性钠膨润土的主要指标见表3。

表 3　改性钠膨润土主要指标

序号	项目	性能指标		
		一级土	二级土	三级土
1	造浆率(m³/t)	>16	10 ~ 16	6 ~ 10
2	失水量(mL/30 min)	<13.5	13.5 ~ 20	20 ~ 25
3	动切力(1 b/100 fm²)	<3×塑性黏度(pv)	—	—
4	水分(%)	<10	10 ~ 15	15
5	湿筛分析% +200 目	<4	<4	<4

6.1.2　水泥

用于灌注桩的水泥强度等级应不低于42.5,每立方米混凝土水泥用量不宜小于370 kg。

6.1.3　砂石料

砂石料可采用碎石或卵砾石,宜优先选用卵石。砂石料应采用5 ~ 40 mm的连续级配。

6.2　施工设备

6.2.1　成槽机

矩形灌注桩成槽造孔设备,目前广泛运用于地下连续墙施工,是一种较为先进的施工机械。本工法采用的成槽机技术参数见表4。

表 4　成槽机技术参数

型号规格	成槽宽度(m)	成槽深度(m)	最大提升力(kN)	发动机额定输出(kW)	履带外侧距离(mm)	履带底盘型号	主机质量(t)	发动机
金泰 SG40A	0.35 ~ 1.5	70	400	263	4 400	R455LC-7/JT80	67.3	柴油发动机
宝峨 GB26	0.35 ~ 1.2	50	260	194 kW	3 690	—	47	柴油发动机

6.2.2　起重设备

起重设备主要用于钢制导向槽、钢筋笼、简易浇筑机架的吊装。汽车吊较之履带式吊机具有机动性强、移动灵活便捷的特点,本工法选用25 t和50 t汽车吊。

6.2.3　简易浇筑机架

简易浇筑机架主要用于导管的安放和提升,同时作为混凝土进料漏斗的支承托架。简易浇筑机架由底座、门架、导向滑轮、卷扬机等组成。

6.2.4　常用设备

本工法常用设备见表5。

表 5　矩形灌注桩施工常用设备一览表

序号	设备名称	设备型号	单位	数量	用途
1	成槽机	SG40A	台	1	灌注桩造孔
2	成槽机	GB26	台	1	灌注桩造孔
3	汽车吊	25 t/50 t	台	1+1	钢筋笼吊放
4	挖掘机	卡特320	台	1	导向槽埋设
5	自卸汽车	10 t	台	2	砂砾石外运
6	混凝土搅拌车	6 m³	台	3	混凝土运输

续表5

序号	设备名称	设备型号	单位	数量	用途
7	简易浇筑机架	自制	台	1	混凝土灌注
8	钢筋调直机		台	1	拉直钢筋
9	钢筋弯曲机	GW40	台	1	钢筋加工
10	钢筋压接器	YJQ-32	套	1	钢筋笼快速接头
11	电焊机	BX-300	台	4	钢筋加工
12	钢筋切断机	GJ40	台	1	钢筋加工
13	高速搅浆机	ZJ-400	台	1	制备泥浆
14	泥浆泵	NSQ50-21	台	2	泥浆输送

7 质量控制

灌注桩作为工程建设中应用广泛的一种桩基形式,具有适应性强、施工操作简单、设备投入不大等优点。但是由于灌注桩的施工大部分是在地面以下进行,其施工过程无法直接观察,成桩后也不能进行开挖验收,因此加强工序施工质量控制,是确保灌注桩施工质量的重要手段。

7.1 质量标准

施工过程的质量控制必须严格执行相应施工规范。利用成槽机进行矩形灌注桩施工目前尚无专门的施工规范,由于其施工方法与圆形灌注桩类似,本工法参照以下规程规范:

(1)《建筑桩基技术规范》(JGJ 94—2008);

(2)《钻孔灌注桩施工规程》(DZ/T 0155—95);

(3)《水利水电工程混凝土防渗墙施工技术规范》(SL 174—96);

(4)《水工混凝土施工规范》(SDJ 207—82);

(5)《水利水电基本建设工程单元工程质量等级评定标准》(SDJ 249.1—88);

(6)《建筑基桩检测技术规范》(JGJ 106—2003)。

7.2 质量控制

7.2.1 原材料和中间产品

(1)用于施工的水泥、砂石料、钢筋、焊条、膨润土、外加剂等均须有产品质量保证书和质量合格证,并按规范规定进行抽检,复检合格后方可使用。

(2)混凝土、膨润土泥浆等中间产品的配制应按设计要求进行相应的级配设计,并通过现场试验确定。

7.2.2 工序质量控制

7.2.2.1 造孔

(1)成槽机就位位置必须准确,大臂位置必须居中。抓斗入槽前不应摆动,升降速度应严格控制,防止由于抓斗上升过快孔内形成负压引起孔壁坍塌。

(2)严禁在开孔段采用冲挖法施工造成孔斜甚至坍孔。

(3)造孔过程中除了使用成槽机电子测斜仪控制孔深、孔斜,终孔前还必须用重锤法和测绳对孔斜、孔深进行复测,确保成孔准确。

(4)矩形灌注桩成孔质量控制指标见表6。

表6　矩形灌注桩成孔质量控制指标

序号	检查项目	允许偏差
1	孔中心位置	50 mm
2	灌注桩截面尺寸	成孔尺寸不小于设计尺寸
3	孔斜率	≤1%
4	孔深偏差	±50 mm
5	孔底沉渣厚度	≤100

7.2.2.2　泥浆护壁及清孔

护壁泥浆和清孔是灌注桩施工过程中保证成桩质量的重要环节,通过清孔应尽可能使桩孔中的沉渣全部清除,从而提高桩基的承载力。

泥浆的质量控制包括泥浆拌制、泥浆存储、孔内泥浆及泥浆回收等。应设置专人对泥浆的相关性能指标进行定时检查,发现问题及时调整。泥浆检测的项目及频率见表7。

表7　泥浆质量检验项目及频率

序号	项目	取样频率	取样位置	检验项目
1	新拌制泥浆	每班取样1~2次	搅拌机出口	密度、漏斗黏度、含砂量
2	存储的泥浆	每班取样1~2次	泥浆池内	密度、漏斗黏度、含砂量
3	孔内泥浆	浇至桩长1/2处及终孔前各取样1次	桩长1/2处及桩底	密度、漏斗黏度、含砂量、pH值
4	处理后的泥浆	每天取样1~2次	处理后泥浆出口处	密度、漏斗黏度、含砂量

矩形灌注桩泥浆质量控制标准见表8。

表8　膨润土泥浆检测质量标准

项目	单位	新制泥浆		重复使用	清孔用浆	检测设备
		一般地层	松散地层			
相对密度（比重）	g/m³	1.05~1.10	1.10~1.20	≤1.20	≤1.10	NB-Ⅰ比重秤
漏斗黏度	Pa·s	20~35	25~35	30~35	20~35	1006型漏斗黏度计
含砂量	%	≤1	≤1	≤5	≤4	NA-Ⅰ含砂量测定仪
pH值		7.5~9	8~10	7.5~10	7.5~9	pH试纸

7.2.2.3　钢筋笼质量控制

(1)钢筋笼制作的钢筋规格、数量、位置和间距必须符合设计要求,并按规定焊接牢固,不得出现虚焊、脱焊。

(2)分段制作安装的钢筋笼主筋接头形式应满足规范要求,并通过试验确定。孔口对接钢筋笼时,需检查上下节钢筋笼是否垂直,保证上下主筋位置准确。钢筋笼的主筋接头应错开,同一截面上的接头数量不得超过该截面钢筋数量的50%。

(3)钢筋笼制作应有足够的刚度,吊装过程中须防止扭曲变形。吊点必须根据起吊方式焊接吊环,严禁将钢丝绳或卸扣直接套在钢筋笼上起吊。钢筋笼在沉放过程中必须匀速下放,当出现卡笼现象时不得强制沉放,应及时将钢筋笼提起,查明原因处理完毕后重新安放。

(4)钢板保护层应牢固焊接在笼体上,防止在钢筋笼沉放过程中松脱,引起卡笼事故。

(5)钢筋笼制作安装质量允许偏差见表9。

表 9 钢筋笼制作安装质量允许偏差

序号	检查项目	允许偏差	序号	检查项目	允许偏差
1	主筋间距	±10 mm	4	钢筋笼弯曲度	1%
2	箍筋和加强筋间距	±20 mm	5	保护层厚度	±20 mm
3	钢筋笼长度	±50 mm	6	钢筋笼中心定位	±10 mm

7.2.2.4 混凝土灌注质量控制

混凝土灌注是灌注桩的关键工序,对成桩质量至关重要,由于水下混凝土灌注无法直接观察,质量控制尤为重要。

(1)混凝土灌注前应根据桩长、截面大小和充盈系数编制灌注方案,包括各种长度的导管配置、单位灌注高度的理论方量、时间-浇筑方量过程曲线图,在实际灌注过程中对照检查,便于及时发现问题。

(2)混凝土拌和质量控制。混凝土应按设计配合比称量,并根据现场砂石料的实测含水率等进行现场调整。混凝土应采用拌和楼集中拌和,严格控制混凝土的水灰比、坍落度和扩散度。混凝土拌和时间应≥60 s,坍落度应控制在18~22 cm,扩散度为34~38。

(3)混凝土运输宜采用搅拌车,当气温较高时应考虑运输过程的坍落度损失,适当增大机口坍落度。

(4)导管应按每根桩的实际长度计算配置,底节以上和顶节应配置0.3~1.0 m短管。导管在使用前须进行水压试验,合格后方可使用。

(5)采用满管法浇筑应事先计算出满足导管最小埋深所需混凝土量,备足混凝土,确保首次灌注的混凝土升至导管底1 m以上。

(6)混凝土灌注过程中必须随时检查混凝土上升速度不小于3 m/h,控制导管埋深不大于6 m。导管提升和拆管要有条不紊,导管提升过程中应垂直向上,严禁左右摆动横向运动,使沉渣或泥浆混入混凝土中。

(7)由于矩形桩截面长宽比较大,混凝土上升时短边方向的混凝土高度会低于中间,终孔超浇高度应以两侧为准。

7.2.3 质量检测

灌注桩施工具有高度的隐蔽性,因此桩基检测是灌注桩施工质量控制的重要环节。通过桩基检测进行综合定性,对可能存在的缺陷作出判定,从而确保工程质量。

本工法采用低应变法和声波透射法进行灌注桩质量检测。

8 安全措施

(1)矩形灌注桩施工前应编制专项安全技术措施,对所有参加施工人员进行安全技术交底。

(2)施工中各专业工种必须严格遵守相关安全操作规程,定期进行安全检查。

(3)特种作业人员必须经过培训,持证上岗。

(4)施工用电线路实行三相五线制,实行三级保护。电动机械及工具应严格按一机一闸接线,并设安全漏电开关。

(5)泥浆池周围应设置护栏并设立警示标志。

(6)成槽机、吊机必须有专人指挥。成槽机行驶和作业区上方应避免通过高压线路。成槽机造孔时应尽量避免行走,以免在施工桩位附近增加较大的地面附加及振动荷载,引起孔段坍塌。成孔过程中,应加强观测,如发生较严重孔口坍塌应立即撤离、停止施工。

(7)成槽机冲抓过程中严禁过快,防止因坍孔造成埋斗事故。

(8)钢筋笼运输应绑扎牢固,防止在运输过程中挂擦碰撞,造成变形。

9 环保措施

(1)施工前应根据施工过程中可能出现的影响环境的各种因素(废水、废气、噪声、水土保持等),进行全面分析,制定切实可行的控制措施,以预防和最大程度地减小对环境的影响。

(2)加强对施工人员的环保教育,提高全员施工环保意识。

(3)灌注桩施工过程中产生的废浆及混凝土生产过程的污水及其他施工废水必须排入临时沉淀池沉淀处理后,方可排放。严禁直接向河道内排放。

(4)成孔过程中挖出的砂砾石尽可能采用工程措施加以利用,如用于基础回填等,如需外运应堆存沥干浆液后方可外运,以免在运输途中造成二次污染。

(5)废弃泥浆应采用密封的槽罐车运输,防止在运输途中洒漏。

(6)所有固体、液体废料的处理均应在经环保部门许可的地点进行。

(7)成槽机等以内燃机作为动力的施工设备的废气排放必须达到国家Ⅲ级标准。

(8)施工场内道路及场外渣料运输道路,应定时洒水,减少扬尘。

(9)办公及生活区生活垃圾应集中收集,做好绿化清洁工作,创造良好的生活环境。

10 效益分析

10.1 施工进度快、效率高、有效地降低了施工成本

采用液压成槽机进行矩形灌注桩造孔施工进度快、效率高。在浙江省永嘉县楠溪江供水工程拦河闸基础工程施工中,截面尺寸为 2.8 m×0.8 m 的矩形灌注桩,平均造孔速度为 3.1 m/h,按等截面换算为直径 1.0 m 的圆形灌注桩,如采用传统冲击钻机造孔,则需要 8~9 台钻机同时施工。

采用钢制导向槽可周转重复使用,提高了施工效率,大大降低了施工成本。单个混凝土导向槽需要消耗混凝土 6.9 m³,按 1 m³ 混凝土浇筑、拆除费用 444.0 元计算,仅此一项降低成本达 27 万元。

10.2 节能降耗

成槽机柴油机功率平均为 238 kW/h,冲击钻机电动机功率为 55 kW/h,按 8 台冲击钻机总功率计算,成槽机造孔的能耗可降低 45% 以上。按冲击钻机耗电量计算,每小时可减少用电量 198 kWh,按电价 0.9 元/kWh 计算,采用成槽机造孔成本可降低 178.2 元/m。

10.3 有利于环保

成槽机采用强制切割土体成孔,施工中无震动,抓斗利用液压启闭噪声小,施工中对周围环境影响很小。

采用钢制导向槽,与传统的混凝土导向槽相比,节约了大量的混凝土,没有混凝土导向槽凿除后所产生的大量废渣。

11 应用实例

11.1 浙江省永嘉县楠溪江供水一期工程

11.1.1 工程概况

永嘉县楠溪江供水工程由拦河闸、输水系统及附属工程等建筑物组成。拦河闸位于楠溪江下游永嘉县沙头镇,输水系统由拦河闸址至乐清市下垟村,输水线路全长约 17.91 km。

工程为Ⅱ等工程,主要建筑物拦河闸、输水系统为Ⅱ级建筑物。拦河闸由 14 孔宽 12 m 的开敞式挡水闸和 2 孔右岸调流闸及右岸鱼道、基础防渗墙、左岸滩地分隔墙、滩地自由溢流段等组成。

拦河闸基础设计为矩形截面混凝土灌注桩,截面尺寸为 0.8 m×2.8 m,闸底板 2 孔为一个结构单元,闸底板长 29 m、宽 16 m、厚 2 m,布置 20 根矩形截面灌注桩,一、二期工程共有摩擦及端承五个类型的矩形灌注桩计 217 根,每根桩长 5~20 m。

11.1.2 施工情况

一期工程矩形灌注桩于2008年5月开始施工,2009年1月完成。采用德国宝峨GB-26型液压成槽机造孔,导向槽采用现浇混凝土,施工完成矩形灌注桩129根。

实际施工时间为5个月(7~10月汛期未施工),单机月完成25.8根。

11.2 浙江省永嘉县楠溪江供水二期工程

浙江省永嘉县楠溪江供水二期工程矩形灌注桩于2010年1月开始施工,2010年5月完成,实际施工时间50 d(期间因地质补勘暂停施工)。二期工程采用金泰SG-40A型液压成槽机造孔,钢制导向槽。完成矩形灌注桩88根,单机月完成53根。二期工程由于采用了钢制导向槽施工,安装速度快并可周转使用,充分发挥了液压成槽机造孔速度快的作用,与冲击式钻机等成孔机械相比,在深厚砂砾石层中造孔,采用液压成槽机能提高工效3~7倍,极大地提高了灌注桩施工效率。

11.3 质量检测成果

浙江省永嘉县楠溪江供水一、二期工程由业主委托浙江省水利水电工程质量监督检验站采用低应变法和声波透射法进行灌注桩检测,其中Ⅰ类桩162根、占总数的75%,Ⅱ类桩55根占25%。

（主要完成人:邹春江　蒋文龙　王红尧　金华强　黄金锡）

可拆卸限位拉条模板施工工法

浙江省第一水电建设集团有限公司

1 前 言

混凝土模板施工中,模板的拉条与支撑筋已成为必不可少的组成部分,其施工费用占总成本的 5%~8%。对于未涉水的工程施工,拉条一般采用拉条外套 PVC 塑料管的方式埋设;对于涉水的工程施工,一般采用直接埋设钢筋拉条,更严格者在拉条上焊接止水环;且为了保证模板间的净间距,一般还要在模板间布设一定量的支撑定位筋。这样,不仅拆模工效极低,模板极易破损,而且拆模时拉条要承受等量的脱模力,极易造成拉条部位的混凝土破损,引起漏水;同时在定位筋部位也因定位钢筋头保护层过薄而锈蚀,最终漏水;被割除的拉条受风化锈蚀渗水作用,导致返黄锈及胀筋,致使混凝土剥落,影响质量与美观;对于涉水工程,还会在拉条孔凿除时引起拉条部位的结构混凝土松动而漏水,也会在拉条部位产生漏浆,同时会因拉条孔凿除不规则影响外观质量。

我们从赛盟模板体系、多尔模板体系、SGB 体系、汉尼贝克体系等中得到启示,设计出可拆卸限位拉条,并形成可拆卸限位拉条模板施工工法。采用本工法,上述质量通病可以全部避免,且拉条的成本费用大大降低,模板施工的效率大大提高,具有较高的社会、经济效益。

该技术已进行国内科技查新,查新结果为"委托查新项目针对设计出可拆卸限位拉条,制定了可拆卸限位拉条模板施工工法,在上述检索结果中未见述及"。

2 工法特点

(1)拉条制作简单,安装方便。

(2)省去了模板支撑筋,且可精确定位模板,提高模板安装工效。

(3)省去了拉条孔部位的模板止浆工序。

(4)可以快速方便地拆模,提高拆除模板的工效,同时可避免模板破坏,还可以避免拆除模板时引起的拉杆松动导致拉条部位漏水。

(5)卸除拉条的连接件后可以形成规则的孔洞,不用凿除混凝土,也不用割除拉条就可直接修补拉条孔,不影响外观质量。

(6)拉条的大部分部件可重复使用,大大降低了拉条的成本费用。

3 适用范围

本工法适用于各种混凝土结构的模板施工,同时其可拆卸限位拉条可以作为爬升式脚手架的锚脚等固定件使用。

4 工艺原理

将整根拉条从模板内侧部位分成三段,两端的外露段拉条采用专用内接套筒与中间内埋段拉条标准螺纹连接,见图 1 与图 2。只要保证以下四条,即可实现该目的:①螺杆在危险截面不被拉断,即螺杆强度满足要求;②不滑丝,即在旋合长度范围内,过渡配合螺纹强度满足要求;③拉条在反复的振动荷载作用下不破坏,即疲劳强度满足要求;④利用内接套筒的限位,可精确定位模板,省去了模板间的支撑筋。

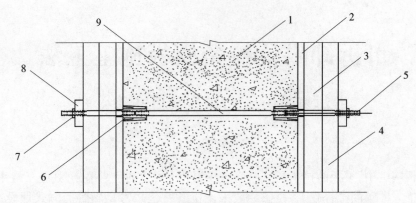

1—混凝土或钢筋混凝土;2—模板;3—内围楞;4—外围楞;5—拉条外露段(可重复利用部分);
6—专用内接套筒(可重复利用部分);7—螺母;8—钢垫板;9—拉条内埋段(不可拆除部分)

图1 可拆卸限位拉条装配示意图

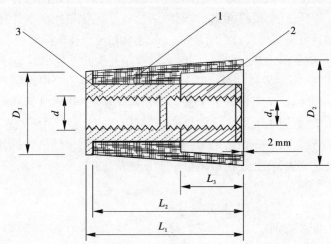

1—硬塑锥形套筒;2—钢质标准螺纹连接件(六角);3—钢质标准螺纹连接件(圆筒)

图2 专用内接套筒结构图

4.1 螺杆强度验算

其计算公式为:

$$\frac{5.2F_0}{\pi d_1^2} \leqslant [\sigma] \tag{1}$$

式中:d_1 为拉条螺杆部位的危险面的直径,即螺纹内径,mm;F_0 为螺栓所受的总拉力,N,$F_0 = F + F''$;F 为模板拉条承受的混凝土侧压力引起的拉力,N,$F = P_m A$;P_m 为混凝土的侧压力,N/m²;A 为模板拉条分担的受荷面积,m²;F'' 为剩余预紧力,对于拉条,一般取 $F'' = 0.6F$;$[\sigma]$ 为拉条材料的容许拉应力,MPa,$[\sigma] = \dfrac{\sigma_s}{S}$;$\sigma_s$ 为拉条材料的屈服极限,因一般采用 Q235 钢筋制作,$\sigma_s = 240$ MPa;S 为安全系数,一般取 1.2～1.6。

4.2 过渡配合螺纹强度验算

因拉条在承受混凝土的侧压力之前,螺母必须拧紧,因此按紧连接考虑计算。

$$\frac{5.2F_0}{\pi d_1^2} \leqslant [\sigma]_{\min} \tag{2}$$

式中:$[\sigma]_{\min}$ 为拉条材料的容许拉应力与螺母或钢质标准螺纹连接件的容许拉应力的最小值,

MPa。一般情况下,因螺母或钢质标准螺纹连接件的钢号要高于拉条的钢号,因此取 $[\sigma]_{min} = [\sigma]$。

由式(1)和式(2)对比可知,螺杆强度不是导致拉条破坏的主要原因,其主要原因是其螺纹的破坏。

4.3 拉条疲劳强度验算

由于拉条在承受荷载时受振动影响,其疲劳强度应力幅也是影响拉条的主要因素,故应满足强度条件:

$$\frac{c_1}{c_1 + c_2} \cdot \frac{2F}{\pi d_1^2} \leqslant [\sigma_a] \tag{3}$$

式中:$\dfrac{c_1}{c_1 + c_2}$ 为螺栓的相对刚度系数。螺栓的相对刚度系数的大小与螺栓及被连接件的材料、尺寸和结构有关,其值在 $0 \sim 1$ 变化;拉条的螺母处一般只有金属垫片或无垫片,因此 $\dfrac{c_1}{c_1 + c_2} = 0.2 \sim 0.3$;$[\sigma_a]$ 为拉条变载时的许用应力值,$[\sigma_a] = \dfrac{\varepsilon k_m k_u}{S_\sigma k_\sigma}\sigma_{-1}$;$\varepsilon$ 为尺寸系数表,可查《紧固件机械性能螺母螺栓、螺钉和螺柱》(GB/T 3098—2000)取得,常用拉条的尺寸系数见表1;k_m 为螺纹制作工艺系数,车制 $k_m = 1$,辊制 $k_m = 1.25$;k_u 为各圈螺纹牙受力分配不均匀系数;对于拉条,$k_u = 1.5 \sim 1.6$;S_σ 为安全系数,取 $2.5 \sim 4$;k_σ 为螺纹应力集中系数,对于 Q235 材质的拉条,$k_\sigma = 3.0$;σ_{-1} 为许用疲劳应力,$\sigma_{-1} = 0.23(\sigma_s + \sigma_B)$;$\sigma_B$ 为拉条的抗拉强度极限,对于 Q235 材质的拉条,$\sigma_B = 410$ MPa。

表1　常用拉条的尺寸系数

拉条直径(mm)	≤12	16	20	24
ε	1.00	0.87	0.81	0.76

5 施工工艺流程及操作要点

5.1 施工工艺流程

施工工艺流程见图3。

5.2 操作要点

5.2.1 拉条计算与选择

拉条要严格按本工法式(1)~式(3)逐项根据螺杆强度、过渡配合螺纹强度和疲劳强度计算出拉条螺杆部位的危险面的直径,取其中的最大值作为选型的拉条螺杆部位的危险面的直径,再根据《普通螺纹 优选系列》(GB/T 9144—2003)的粗牙螺纹系列选取拉条钢筋的直径,再由确定的拉条钢筋的直径按1型螺母的规格要求确定钢质标准螺纹连接件的壁厚。

5.2.2 可拆卸限位拉条制作

可拆卸限位拉条制作是本工法的关键。可拆卸限位拉条由三段式拉杆和内接套筒组成。三段式拉杆一般选用 Q235 圆钢制作,可拆卸限位拉条的钢质标准螺纹连接件材质为45号钢的成品件,外面锥形套筒为硬质工程塑料。

(1)螺纹。内外螺纹采用车制普通粗牙螺纹。螺距按《普通螺纹 优选系列》(GB/T 9144—2003)的粗牙螺纹系列选取,其螺纹的旋合长度不小于《普通螺纹 公差》(GB/T9144-2003)中规定的长旋合组 L 的旋合长度。常用的可拆卸限位拉条螺纹标准尺寸见表2,其螺纹一端采用左旋粗牙螺纹,另一端采用右旋粗牙螺纹,公差等级为6级。常用的内接套筒标准尺寸见表3,小头端采用左旋粗牙螺纹,大头端采用右旋粗牙螺纹,公差为4H。

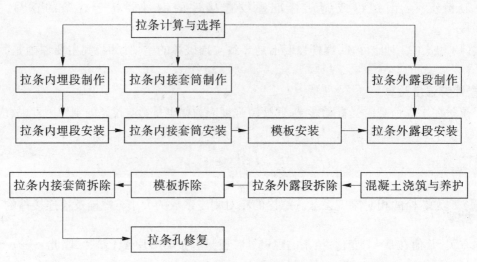

图 3 施工工艺流程

表 2 常用的可拆卸限位拉条粗牙螺纹标准尺寸

拉条公称直径 d(mm)	螺距 P(mm)	最小旋合长度(mm)	粗牙螺纹段长度(mm)
8	1.25	12	13.5
10	1.5	15	16.5
12	1.75	18	19.5
14	2	24	25.5
16	2	24	25.5
18	2.5	30	31.5
20	2.5	30	31.5
22	2.5	30	31.5
24	3	36	37.5

表 3 常用的可拆卸限位拉条内接套筒标准尺寸

拉条公称直径 d (mm)	小头直径 D_1 (mm)	大头直径 D_2 (mm)	内接套筒长度 L_1(mm)	硬塑锥形套筒长度 L_2(mm)	预留装卸长度 L_3(mm)
8	28	38	32	29	10
10	28	38	36	33	15
12	28	38	43	40	15
14	35	45	45	42	20
16	35	45	45	42	20
18	40	53	66	63	25
20	40	53	66	63	25
22	40	53	66	63	25
24	46	58	80	77	25

（2）拉杆长度确定：

$$可拆卸限位拉条内埋段的长度 = 模板内净尺寸 - 2L_1 + 2 \times 粗牙螺纹段长度$$

$$可拆卸限位拉条外露段的长度 = 模板厚度 + 内围楞厚度 + 外围楞厚度 +$$
$$垫板（或 3 形扣件）厚度 + 2 \times 最小旋合长度 + 20$$

5.2.3 模板安装

可拆卸限位拉条内埋段安装是模板安装的关键，要根据拉条与模板安装的结构图准确定位。宜与模板一道安装，以便精确定位。其内埋段的螺纹段必须旋至钢质标准螺纹连接件的最底部，若因拉杆加工的负误差影响，可通过调整螺纹旋合长度调整至设计要求，但螺纹旋合长度不得小于表 2 中的最小旋合长度。

可拆卸限位拉条的外露段安装：在模板就位后，先将外露段的拉杆旋入钢质标准螺纹连接件的最底部，再按普通拉条的要求安装垫板（或 3 形扣件），最后上双紧固螺母，使硬塑锥形套筒紧贴模板内表面即可。

5.2.4 混凝土浇筑与养护

混凝土浇筑时除必须遵循相关混凝土施工规范要求外，还要求振动棒严禁碰动拉条，严禁碰触可拆卸限位拉条内接套筒。

混凝土浇筑施工时，模工班组应安排专人值班，及时处理混凝土浇筑时发生的异常问题。

混凝土养护期间，若因需要，可在混凝土终凝后松动可拆卸限位拉条外露段，让模板自然脱离混凝土面，但最多松开 2 mm。

5.2.5 拆模

混凝土达到设计规定要求的强度后即可拆除模板。拆除模板时，先利用双紧固螺母将可拆卸限位拉条外露段从上到下逐层拆除，因没有了拉条的影响，模板拆除非常方便，只要将模板也与之同步移除即可。

5.2.6 内接套筒拆除与拉条孔修复

内接套筒拆除也比较方便，用同规格的六角套筒扳手反旋可拆卸限位拉条内接套筒的钢质标准螺纹连接件即可取出，该可拆卸限位拉条内接套筒可反复使用。可拆卸限位拉条内接套筒拆除后在混凝土表面留下一个标准的圆台孔，用 20 mm 宽的铁板刮去圆台壁面上的表皮，再用 107 套色砂浆分二次堵嵌即可。因嵌入的砂浆与可拆卸限位拉条内埋段的外露螺纹紧密咬合，外有一定的保护层，故不易脱落，不易反锈；又因拆模时未触动内埋段的拉杆，故不渗水。

6 材料与设备

6.1 材料

6.1.1 Q235 圆钢

可拆卸限位拉条的拉杆采用 Q235 圆钢制作，因是主要受力筋，必须按《金属拉伸试验方法》（GB/T 228—2002）、《钢及钢产品力学性能试验取样位置及试样制备》（GB/T 2975—1998）和《金属材料弯曲试验方法》（GB/T 232—1999）的规定进行屈服点、抗拉强度、延伸量和冷弯试验等原材料物理力学性能试验，检测结果符合《钢筋混凝土用热轧光圆钢筋》（GB 13013—91）要求后才可当钢筋拉条的原材料使用。

6.1.2 45 号钢材质的钢质标准螺纹连接件与螺母

45 号钢材质的钢质标准螺纹连接件与螺母必须按《紧固件机械性能 螺母 粗牙螺纹》（GB/T 3098.2—2000）的要求进行保证荷载试验、硬度试验，检验合格方可使用。

6.1.3 硬质锥形套筒

硬质锥形套筒虽是辅助配件，为保证装卸顺利，必须进行外观检查，无明显的倒刺、凹凸、裂纹等外观缺陷,且圆台两端平直即可。

6.2 主要机具设备

本工法中的内接套筒与螺母等配件均为标准成品件,可在市场上直接购置,与采用普通拉条施工混凝土结构相比,采用本工法不需要再额外增加机具设备。若可拆卸限位拉条的配件的拉杆螺纹与钢质标准螺纹连接件均为自制,则增加一套切铣机床(配螺纹铣刀)即可。

7 质量控制

7.1 质量控制标准

7.1.1 质量验收依据

质量验收依据见表4。

表4 质量验收依据

序号	名　　称	编号
1	普通螺纹 公差	GB/T 197—2003
2	普通螺纹 极限偏差	GB/T 2516—2003
3	普通螺纹 优选系列	GB/T 9144—2003
4	紧固件机械性能螺母 螺栓、螺钉和螺柱	GB/T 3098—2000

注:本表中未列其结构工程相关验收规范,应用本工法时应视合同要求适当增减其验收规范。

7.1.2 质量验收标准

(1)可拆卸限位拉条的螺纹加工的公差和极限偏差要符合《普通螺纹 公差》(GB/T 197—2003)、《普通螺纹 极限偏差》(GB/T 2516—2003)中6级公差等级的规定要求。

(2)拉杆加工、安装的偏差应符合表5的要求。

表5 拉杆加工、安装的允许偏差及检验方法

项　　目		允许偏差(mm)	检验方法
拉杆加工	总长度	0;−3	钢尺检查
	丝口长度	0;−10	钢尺检查
拉杆中心位置		±3	经纬仪、钢尺检查
模板内净结构尺寸		−3;+1	钢尺检查

(3)拉杆与可拆卸限位拉条内接套筒连接后,必须进行抗低拉试验,其抗拉强度不得低于钢筋母材的抗拉强度。

7.2 工程质量保证措施

7.2.1 拉杆加工制作

(1)用于拉杆的Q235钢筋要求有出厂证明书或试验报告单,使用前,仍要进行屈服点、抗拉强度、延伸量和冷弯等原材料物理力学性能试验,合格后方准使用;

(2)拉杆的下料长度必须符合要求,且不准用钢筋切断机下料,宜用砂轮切断机下料;

(3)拉杆应平直,不得有弯曲现象;

(4)拉杆的螺纹宜用机制螺纹,采用手工丝牙制作螺纹时,要求螺纹均一,公差和极限偏差要符合《普通螺纹 公差》(GB/T 197—2003)、《普通螺纹 极限偏差》(GB/T 2516—2003)中6级公差等级的规定要求。

7.2.2 内接套筒加工制作

(1)内接套筒宜采用成品件直接装配,也可以采用不低于Q235材质的套筒现场制作,现场制作的套筒的壁厚不得低于同规格的六角螺母的壁厚要求,其内螺纹的公差和极限偏差要符合《普通螺纹 公差》(GB/T 197—2003)、《普通螺纹 极限偏差》(GB/T 2516—2003)中6级公差等级的规定要求。

(2)硬塑锥形套筒应与钢质标准螺纹连接件接触紧密,必要时可用黏结剂进行黏合。

7.2.3 可拆卸限位拉条的存放

可拆卸限位拉条的入库存放应按规格分类存放,并做好防雨、防潮措施,严禁拉杆内埋段触及油污,严禁碰撞丝口。

7.2.4 可拆卸限位拉条模板安装

(1)可拆卸限位拉条安装前应进行组合条件上的抗拉试验,其抗拉强度不得低于同级别钢筋母材的抗拉强度。

(2)可拆卸限位拉条安装时,宜先临时安装一侧模板,再根据模板上预设的拉条孔的安装可拆卸限位拉条安装的内埋段和一侧的外露段。若不具备要求,宜与模板一道施工,即将一端旋入外露段拉杆的拉条从模板上的拉条孔插入后再调整固定内埋段拉杆。

(3)可拆卸限位拉条的硬质锥形套筒端头应与模板内表面紧贴,若不具备要求,可在硬质锥形套筒内填充黄油类的软装物,以防混凝土进入硬质锥形套筒内,影响可拆卸限位拉条的拆卸。

(4)可拆卸限位拉条的拉杆内埋段严禁与钢质标准螺纹连接件焊接连接。

8 安全措施

(1)贯彻"安全第一、预防为主、综合治理"的方针,正确评价安全生产的情况,做好危险源辨识、评价与管理,防患于未然,做好安全交底,使安全生产达到标准化、规范化。

(2)建立长效的安全检查机制,严格执行现行国家标准《建筑施工安全检查标准》(JGJ 59—99)。

(3)严格执行国家、省市、行业的各有关安全生产规程、规定,严格按照相应的安全技术操作规程施工。

(4)做好"三宝"、"四口"、"五临边"的安全防护工作。

(5)严格执行"高空作业"、"安全用电"等相关规定。

(6)操作人员必须做好三级安全教育和班前安全技术交底,施工前必须做好专项安全技术交底,施工时必须安排专人值班。

(7)安装与拆卸内接套筒时,应将可拆卸限位拉条内接套筒存放于可靠的工具内,严禁"上抛下丢"。

(8)遇到恶劣气候和6级以上的强风、迷雾、雷雨等情况,应立即停止高空作业和露天作业。

9 环保措施

(1)各种施工用材料和设备应符合国家有关产品标准的环境保护指标的要求。

(2)废弃的可拆卸限位拉条和螺母必须集中堆放,集中处理,严禁随地丢弃。

(3)加工螺纹时产生的废渣必须集中堆放,集中处理,严禁随地丢弃。

(4)可拆卸限位拉条的外露段和内接套筒尽可能采用高强度的材质,以增加使用次数。

(5)模板宜选用标准钢模板,以尽量减少木材的消耗。

10 效益分析

10.1 社会效益

本工法具有制作简单、安装方便、节省材料、提高模板安装与拆除工效、降低拉条孔对混凝土外观质量的影响、降低模板的损耗率、避免混凝土拉条部位漏浆产生的质量缺陷、避免拉条引起的混凝土结构渗漏等优点,可用于各种结构的模板施工,同时还可以作为爬升式脚手架的锚脚等固定件使用,对建设资源节约型、环境友好型社会具有较大的社会效益。

10.2 经济效益

应用本工法省去了模板支撑筋,省去了拉条孔部位的模板止浆工序和拉条孔凿除工序,提高了模板安装与拆除工效,降低了模板拆除过程中产生的模板损耗,可拆卸限位拉条的外露段和内接套筒可当工具使用,因此可产生明显的经济效益。

以100根Φ16拉条施工45 cm厚混凝土挡水侧墙为例,分别以可拆卸限位拉条模板方案、PVC套管模板方案和全埋式模板方案的固定模板的拉条成本(忽略提高模板安装与拆除工效、降低模板损耗和拉条修补产生的成本)进行对比,各主要区别的成本项目如表6所示。

表6　不同拉条方案的施工成本对比

有区别的成本项目		单位	单价(元)	可拆卸限位拉条方案		PVC塑料套管		全埋式方案	
				数量	成本(元)	数量	成本(元)	数量	成本(元)
钢筋(拉杆)母材	内埋段	m	8.00	0.4×100	312	—	—	—	—
	外露段			$\dfrac{0.657 \times 100}{10}$	52.56	—	—	—	—
	全长					$\dfrac{1.05 \times 100}{10}$	84.00	1.05×100	840.00
支撑筋母材		m	8.00			0.4×100	320.00	0.39×100	312.00
钢材残值		kg	-2.80	11	-30.80	16	-44.80	101	-282.80
拉杆螺纹加工		段	0.50	$200 + \dfrac{400}{10}$	120.00			200	100.00
M16内接套筒		个	8.00	200~50	32.00	—	—	—	—
Φ20PVC套管		m	0.85	—	—	0.49×100	41.65	—	—
拉条孔凿除		孔	0.50	—	—	200	100.00	200	100.00
合计		元			493.76		500.85		1 069.20

注:(1)钢筋拉条可重复利用时,按10次重复利用计算;

(2)可拆卸限位拉条按可重复利用50次的最低次数考虑;

(3)本表中混凝土结构以外的拉条单边最小长度按全埋式方案的30 cm为标准计算。

由表6可知:可拆卸限位拉条模板方案比PVC套管模板方案节省施工成本500.85-493.76=7.09(元),平均每根拉条节省成本0.07元;可拆卸限位拉条模板方案比全埋式模板方案节省施工成本1 069.20-493.76=575.44(元),平均每根拉条节省成本5.75元;若考虑拉条孔的防水修复与提高的工效的费用,每根拉条可节省12.00元左右。

11 应用实例

曹娥江大闸位于浙江省绍兴市钱塘江下游右岸主要支流曹娥江口,是国内第一河口大闸,列入国家重大水利基础设施项目,其挡潮泄洪闸垂直水流方向705 m,顺水方向长636.5 m。在其闸底板、闸墩、管道间、胸墙、轨道梁等结构中,配合大型钢模大量使用Φ24、Φ20、Φ16型可拆卸限位拉条(见图4),取得了良好的效果。

11.1 闸底板与闸墩可拆卸限位拉条模板施工

闸底板厚2.5 m,底板顺水流向长26.0 m,垂直水流向

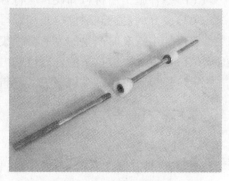

图4　可拆卸限位拉条

宽 24.0 m。闸墩长 24.0 m,高 12 m,厚 4.0 m,闸墩中间分缝。经计算,拉条采用 Φ25 型可拆卸限位拉条,其最大水平间距为 2.85 m,其最大纵向间距为 2.1 m。

模板施工方案:先安装好大型钢模板,再安装好可拆卸限位拉条的外露段与内接套筒(见图 5),然后在内侧模安装时安装好可拆卸限位拉条的内埋段。模板拆除时,先拆除外露段,再卸去内接套筒(见图 6),最后用套色砂浆修补圆台形的拉条孔。

图 5　闸底板 Φ25 型可拆卸限位拉条　　图 6　闸墩可拆卸限位拉条内接套筒拆除后留下的规则的拉条孔

11.2　空箱式管道间工程可拆卸限位拉条模板施工

管道间工程为空箱式钢筋混凝土结构,共分 28 孔,中孔跨径 22 m,边孔跨径 23 m,底宽 6.6 m(上口宽 8.0 m),高 4.5 m,箱内断面为 5.4 m×3.5 m,底板、侧墙、顶板厚度均为 0.50 m。通过计算,管道间拉条采用 Φ20 型可拆卸限位拉条,其水平间距 1 m,纵向间距最大为 1 m。

管道间的可拆卸限位拉条模板施工方案:在安装好外侧钢模后,立即安装好可拆卸限位拉条的外露段与内接套筒(见图 7),以便钢筋安装时尽量避开拉条,在内侧模安装时,需安装好可拆卸限位拉条的内埋段和另一侧的外露段与内接套筒。模板拆除时,先拆除可拆卸限位拉条的外露段,再卸去内接套筒,最后用套色砂浆修补圆台形的拉条孔(见图 8)。

图 7　管道间可拆卸限位拉条模板施工图　　图 8　拉条孔修复后管道间外表面

11.3　双空箱式胸墙可拆卸限位拉条模板施工

胸墙采用大跨度的双空箱式结构,与两侧闸墩固端连接,净跨 20.0 m,胸墙高 7.0 m;每个空箱净高均为 2.65 m,净宽均为 2.7 m;胸墙底板厚 0.7 m,顶板厚 0.5 m;胸墙上、下游侧壁厚 0.6 m,空箱间隔板厚 0.5 m。经计算,管道间拉条采用 Φ16 型可拆卸限位拉条,其水平间距 1 m,纵向间距最大为 1 m。

胸墙可拆卸限位拉条模板施工方案:先安装好外侧钢模和钢筋,再在内钢模安装之前,将已调好内埋段间距的可拆卸限位拉条插入预留孔中(见图 9),接着安装内钢模,最后通过调节外露段上的双紧固螺母,使内接套筒上的硬塑套筒与模板内表面紧密接触(见图10)。模板拆除时,先拆除可拆卸限位拉条的外露段,再卸去内接套筒,最后用套色砂浆修补圆台形的拉条孔。

图9 胸墙的可拆卸限位拉条模板施工　　　　　图10 胸墙的可拆卸限位拉条模板

(主要完成人:周雄杰　应小林　厉兴荣　周芳颖　陈国平)

面板堆石坝坝体浸水预沉降施工工法

中国水电建设集团十五工程局有限公司

1 前 言

混凝土面板堆石坝发展迅速。其坝料开采填筑费用约为整个投资的 70%，软岩分布占地球表面岩石 50% 以上，在大坝修筑中，充分有效地利用软岩料，不仅可拓宽堆石坝的适用范围，而且还可降低建设成本、加快施工进度。研究软岩开采筑坝技术具有广阔的前景和巨大的经济效益。国内外利用软岩料填筑的面板堆石坝已超过 15 座，如希拉塔坝、萨而瓦兴娜坝、贝雷坝、天生桥一级等，国内外学者对软岩的开采和筑坝技术进行了一定的研究，但是对控制坝体沉降变形、坝体软岩料的通透性还有待进一步系统研究。

2 工法特点

（1）利用主坝坝体和上游围堰及两岸边坡围成的基坑形成集水坑，进行坝体浸水时蓄水。

（2）坝体填筑料遇水软化后，发生湿化变形，在坝体自重的作用下加速坝体沉降速率。

（3）减小坝体蓄水运行后的变形量，在面板施工前，使坝体沉降稳定，确保面板施工质量。

3 适用范围

本工法适用于筑坝材料为软石或含软石、上游坡面采用挤压墙固坡工艺、坝前易于蓄水的面板堆石坝（不包括砂砾石坝）施工。

4 工艺原理

坝体浸水主要是利用坝前至上游围堰和左右岸山体围成的基坑蓄水，利用挤压墙和各种坝料的透水性，自然渗透达到坝料浸水，使运行期长期浸水部分提前得到沉降变形，防止后期流变变形对面板及坝体产生不利影响。

5 施工工艺流程及操作要点

5.1 施工工艺流程

施工工艺流程为：施工准备 $\xrightarrow{\text{监测}}$ 坝前基坑充水 $\xrightarrow{\text{监测}}$ 坝体浸水 $\xrightarrow{\text{监测}}$ 基坑及坝体排水 $\xrightarrow{\text{监测}}$ 结果分析。

5.2 操作要点

5.2.1 坝体浸水部位的控制及分析

按照坝体设计结构体形，坝体浸水高程最高水位为水平排水体底部高程（h），如浸水水位高于此高程，则浸水时水均从排水体排至下游排水廊道，影响厂房施工。为了能使坝体内的水位达到水平排水体底部高程，在坝前充水过程中，将坝前水位充至水平排水体顶部高程（H）。

5.2.2 坝体浸水时间控制

根据各种料的渗透系数，计算在最短渗径内将坝料全部浸透分别所需的时间（水平方向和垂直方向），取其最短时间（t）。

5.2.3　坝前基坑排水与坝内水位控制

在浸水完成后的排水过程中,坝内水位与坝外水位差不能大于 1 m,确保挤压墙上游坡面的稳定。

5.3　施工方法

5.3.1　施工准备

坝体浸水前在上游围堰堰后抽水泵站处修筑临时道路,以便机械调运水泵等。

5.3.2　坝前基坑充水

坝体浸水期间通过围堰渗水及架设于主河道内浮船上的离心水泵向基坑抽水,浮船在后方加工成型后,5 t 载重汽车运至主河道边,25 t 吊车吊运到指定位置,通过钢丝绳固定于河边预埋的钢筋桩上。水泵所用电源从临近变压器接入。

在坝前基坑内设置一座浮船及离心水泵。浮船通过 25 t 吊车吊运至指定位置,固定于提前预埋的钢筋桩上。水泵所用电源从临近变压器接入。

为了能使坝内水位较快达到水平排水体底部,一次性将坝前基坑水位充到水平排水体顶部。

坝外充水的时间主要取决于围堰的渗水量和主河道内配置的离心泵及基坑的大小,根据要求进行资源配置。

5.3.3　坝体浸水

坝体浸水主要依靠坝前基坑蓄水,自然浸水。在上游基坑内架设的离心泵和主河道内离心泵同时调节,使坝前基坑水位维持在水平排水体底部和顶部高程之间。

坝前基坑水位与坝内形成水位差时,开始向坝体浸水。浸水过程中,后期坝前基坑水位逐步下降,最终使坝体内外水位均达到坝体水平排水体底部高程。具体措施为:

(1)前 t 天通过主河道内的离心泵及基坑内的离心泵共同调节,保证基坑内水位始终维持在 H 高程;

(2)坝体浸水第 $t+1$ 天开始,从坝前基坑内抽水送回河道,使坝前基坑内水位回落到 h 高程,同时观察坝内各点渗压计,此时坝内水位值应为 h 高程左右;

(3)抽水过程中通过基坑内的水尺和坝内坝轴线处的渗压计和沉降管观测坝内外水头高度。

5.3.4　基坑及坝体排水

基坑排水利用坝基基坑前的离心泵对外抽排,抽排至主河道内;坝体的排水主要利用坝体底部的排水管进行排水。在底部排水管出口接 L 型钢管,钢管高 1.5 m,出口处绑扎 5 mm×5 mm 的钢丝网以防止石渣等杂物堵塞排水管。排水后期根据水位将加长管道逐步切割至原排水钢管,保证坝体内部排水畅通。

坝外和坝内水位差最大不能超过 1 m(垫层区不产生破坏时临界水头差)。

5.3.5　坝体监测

在基坑充水期间,每天对坝体的渗压、沉降、水平位移、坝前基坑水位、挤压墙表面测点观测一次。

从坝体浸水开始前 5 d 起,每天对坝内仪器进行观测,形成记录并对观测资料及时整理分析,直到坝体浸水结束后 5 d,坝内仪器包括电磁式沉降仪、位移计、渗压计、挤压墙表面测点。

在趾板面向右岸按 3 m 高差设置水位尺,尺长 3 m,用于观测基坑的水位,水尺的精度为 10 cm。

坝体内浸水高程以坝轴线处安装的渗压计量测坝内水位为准,在排水期间坝内水位的下降高程以垫层料内的渗压计为准。

坝体浸水期间,每天上午、下午对坝前、坝后坡的稳定变形、渗漏出水点(包括坝后厂房、量水堰)等进行人工观测。

坝体浸、排水期间,坝前基坑内水位主要利用人工观测水尺,坝内的水位主要依靠垫层料内的渗压计观测,坝轴线的沉降管辅助观测。

坝体排水期间,对坝内所有渗压计及坝前基坑水位的监测加密到 6 h 1 次,及时分析坝内垫层料内渗压计所显示的水位和坝前基坑水位。如高差在 1 m,可保持坝前基坑水泵间歇式抽排,如坝体内外水位高差小于 1 m,加大抽排力度;如高差大于 1 m,则立即停止坝外抽排,观察坝前挤压墙有无破坏等。不断调节坝前水位,始终保持坝内外水位高差在 1 m。

5.3.6 基坑清淤

由于上游基坑充水后,两岸及上游围堰下游坡面的虚渣和上游坡面施工时的弃渣等在上游基坑内形成淤积,在排水完成后需对趾板、上游坡面及上游基坑进行清理。

6 材料与设备

本工法无特别需要说明的材料及设备,其设备均为常规设备,见表 1 及表 2。

表 1 机械设备

序号	机械名称	规格/型号	备注
1	挖掘机	CAT330C,斗容 1.6 m³	
2	自卸汽车	斯特尔,20 t	
3	装载机	WA380,斗容 3.0 m³	
4	12″离心泵	12SH-9	
5	8″离心泵	8SH-9	
6	10″离心泵	10SH-9	
7	泥浆泵	100Yw100-30-15	
8	全站仪	TCR402	
9	弦式读数仪	BJK408	
10	电磁式读数仪		

表 2 材料表

序号	材料名称	规格	备注
1	钢管	12/10 吋	带法兰
2	橡胶钢丝管	12/10 吋	
3	浮船		每座 2.75 t
4	防护栏杆		
5	阀门	12/10/8 吋	
6	逆水阀	12/10/8 吋	
7	启动柜		
8	电缆	VV3×150+2×35 mm²	
9	岩棉板	厚度 3 cm	保温
10	水尺	10 号槽钢	
11	编织袋		清淤

注:1 吋=2.54 cm。

7 质量控制

（1）基坑排水时，坝内与坝外的水位差不能大于 1 m，确保垫层料不被破坏。

（2）在坝体浸水时，排水料底部高程以下坝料全部浸水所用时间需计算准确，确保坝料全部浸水。

（3）观测数据准确，并及时进行整理分析。

8 安全措施

（1）坝体充水前在挤压墙及两岸趾板面设置钢防护栏杆，同时设立安全警示牌，以防止人员坠落及坡面杂物落入上游基坑。

（2）浮船上施工人员要求身体健康，无晕水、恐高症，抽水浮船上配备 4 套救生衣及救生圈。

（3）在充排水期间安排专职安全员对此处工作人员进行监护。

（4）对所有施工人员进行安全技术交底。

（5）坝体蓄水后加快变形，在面板施工前，使坝体沉降趋于稳定，确保面板质量。

9 环保措施

（1）施工时，严格遵守国家有关环境保护的法律、法规及合同的有关规定，做好施工中的环境保护工作，以防止由于施工造成周边环境的污染。

（2）建立工地环保组织管理机构，对全体人员进行环保教育，使其增强环保意识并做好环保宣传。

（3）对施工期间道路产生的扬尘等，采用道路洒水的措施降尘，每天洒水 4 次。

（4）浸水期间，灌浆也在同步施工，为了防止灌浆污水流入坝前基坑，在浸水高程以上设置集水坑和沉淀池，废水沉淀后抽排至上游的主河道内。

10 效益分析

（1）坝体浸水加快坝体的沉降速率，在面板施工前，使坝体沉降趋于稳定，确保面板质量。

（2）坝体浸水使后续工作提前进行，为工程的早日投产运行创造条件，并使其能更早地发挥社会效益和经济效益。

（3）按本工法施工，缩短了坝体预沉降的时间，减少了预沉降期间人员及机械设备的待工费用。

11 应用实例

11.1 积石峡水电站应用情况

11.1.1 工程概况

积石峡水电站位于青海省循化撒拉族自治县境内积石峡出口处的黄河干流上，坝高 101 m，总装机容量 1 020 MW，坝体填筑料主要由砾岩、砂岩及泥质粉砂岩组成，各种岩性的组分为：砾岩：砂岩：泥质粉砂岩=5：3：2。

坝体主要由特殊垫层料 2B、垫层料 2A、过渡料 3A、排水料 3F、主堆石 3BⅠ及 3BⅡ、次堆石 3C 组成。坝体设置水平排水体和垂直排水体，水平排水体高度为 4 m，高程为 1 785~1 789 m，垂直排水体从 1 789 m 设置至 1 857 m，宽度由 4 m 渐变至 2 m，设置在主堆石 3BⅠ和过渡料 3A 之间，积石峡水电站坝体坝料结构见图 1。

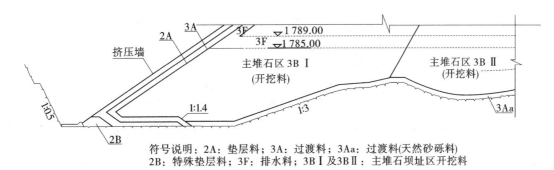

符号说明：2A：垫层料；3A：过渡料；3Aa：过渡料(天然砂砾料)
2B：特殊垫层料；3F：排水料；3BⅠ及3BⅡ：主堆石坝址区开挖料

图1 积石峡水电站坝体坝料结构图

11.1.2 应用实施该工法

积石峡水电站 2009 年 9 月 2 日至 2009 年 11 月 5 日采用面板堆石坝预沉降施工工法对坝体进行浸水,为了能使坝体内的水位达到高程 1 785 m,在坝前充水过程中,将坝前水位充至 1 789 m 高程,浸水高度为 29 m。

坝体浸水前,积石峡水电站坝体 2009 年 7 月 29 日至 9 月 7 日坝体沉降量为 56 mm(ES1),沉降速率为 1.37 mm/d。

2009 年 9 月 2 日至 2009 年 11 月 5 日坝体浸水期间的大坝沉降观测数据统计分析如下:

(1)从 2009 年 9 月 8~20 日坝体沉降加速,最大沉降量为 90 mm(ES1),沉降速率为 6.9 mm/d;

(2)从 2009 年 9 月 21 日至 10 月 31 日坝体沉降趋缓,最大沉降量为 27 mm(ES1),沉降速率为 0.68 mm/d;

(3)从 2009 年 11 月 1 日后坝体沉降趋于稳定。

时间-沉降量关系曲线见图2,坝前基坑及坝体内时间-水位曲线见图3。

大坝在填筑过程中,虽然在坝外设置了加水站进行了加水,但加水量不能使填筑的开挖料完全软化。在浸水期间,填筑的开挖料充分软化,浸水期间坝体的沉降速率是浸水前的 5 倍,坝体沉降明显,为后续施工项目赢得了时间,为工程的早日投产运行创造了条件。

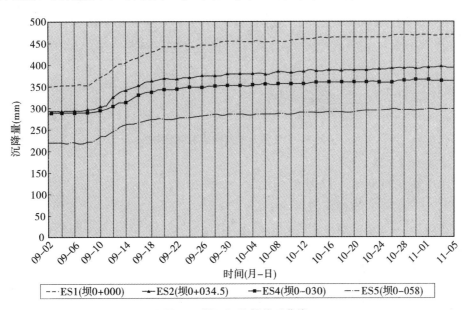

图2 时间-沉降量关系曲线

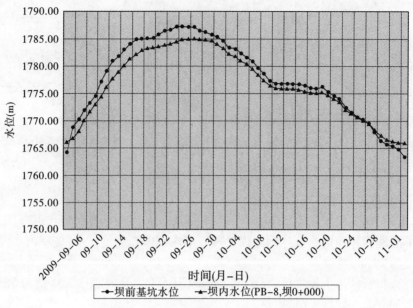

图3　坝前基坑及坝体内时间-水位曲线

11.2　公伯峡水电站应用情况

11.2.1　工程概况

公伯峡水电站位于青海省循化撒拉族自治县和化隆回族自治县交界处的黄河干流上,坝高139 m,总装机容量1 500 MW。坝体填筑料主要由特殊垫层料2B、垫层料2A、过渡料3A、主堆石3BⅠ-1、3BⅠ-2及3BⅡ、次堆石3C组成,其中主堆石3BⅠ-1为排水体。水平高度为6 m,高程为1 900~1 906 m;垂直高度从1 900 m设置至2 005.5 m,宽度为6 m,公伯峡水电站坝体坝料结构见图4。

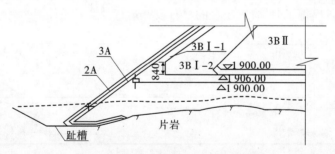

图4　公伯峡水电站坝体坝料结构图

11.2.2　应用实施该工法

公伯峡水电站2003年8月17日至10月25日采用面板堆石坝预沉降施工工法对坝体进行浸水,浸水高程为1 908 m,浸水高度为37 m。

坝体浸水前,公伯峡水电站坝体2003年7月31日至8月16日坝体沉降量为35 mm(ES2),沉降速率为2.06 mm/d。

坝体浸水期间,沉降观测数据如下:

(1)2003年8月17~27日坝体沉降量为44 mm(ES2),沉降速率为4 mm/d。

(2)2003年8月28日至10月14日坝体浸水期间坝体沉降量为108 mm(ES2),沉降速率为2.2 mm/d。

(3)2003年10月15日坝体沉降趋于稳定。

时间-沉降量关系曲线见图5。

大坝在填筑过程中,虽然在坝外设置了加水站进行了加水,但加水量不能使填筑料完全软化,在浸水期间,填筑的开挖料充分软化,浸水期间坝体的最大沉降速率是浸水前的1.94倍,坝体沉降明显,为后续施工项目赢得了时间,为工程的早日投产运行创造了条件。

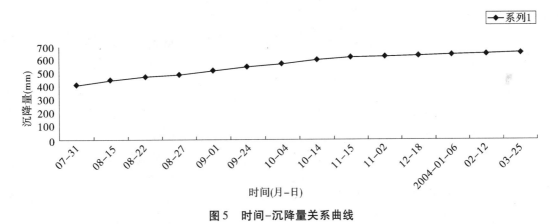

图5 时间-沉降量关系曲线

(**主要完成人**:杜晓刚 刘逸军 黄建强 李平平 郑文颖)

面板堆石坝打夯机斜坡及边角
夯实施工工法

浙江省第一水电建设集团有限公司

1 前 言

混凝土面板堆石坝是土石坝的主要坝型之一,坝体由堆石或砾石组成。混凝土面板堆石坝在填筑施工过程中存在边角及死角等部位振动碾无法碾压到位,填筑质量无法保证,部分坝型坝顶较短、坝顶作业面较小,且上游坡面较短,采用传统的振动碾碾压,边角、死角部位无法碾压到位、填筑质量无法保证;上游坡面采用传统的斜坡碾进行碾压时,受坝长及斜坡碾自身结构等的影响,坡面基本上无法碾压到位,且搭接碾压部位破坏严重,施工质量无法保证。为确保边角、死角及上游坡面的碾压质量,采用镐头机改装打夯机进行碾压夯实。采用镐头机改装打夯机对斜面进行碾压夯实,打夯机夯实机动性强,简化施工过程,安全隐患小,坡面夯实到位且满足质量要求,同时加快了施工进度。

打夯机夯实面板堆石坝斜坡及边角,其夯实的施工工艺主要是利用打夯机的机械作用力夯实面板堆石坝斜坡面,通过工程施工实践,总结形成本工法。

2 工法特点

(1)本工法可减少工序环节,降低劳动强度,机动性强,加快施工进度。

(2)本工法与斜坡碾相比,周边缝等边角部位能夯实到位,施工较安全,同时能保证压实度。

3 适用范围

本工法适用于斜坡碾等大型机械无法作业的面板堆石坝及无法碾压到位的边角区域的碾压。

4 工艺原理

将镐头机镐头卸掉,焊上 60 cm×60 cm 厚 2 cm 以上的钢板,利用镐头机自身机械力对坡面进行夯实。主要是通过机械力对坡面进行夯实,为确保最大作用力及最大接触面,夯实过程中夯板基本上平行于坡面,夯实过程中先采用小油门对坡面松散状态岩石进行夯实,再用大油门对整个坡面进行夯实以达到设计指标,然后再利用小油门对坡面进行碾压修整。

5 施工工艺流程及操作要点

5.1 施工工艺流程
施工工艺流程见图1。

5.2 施工操作要点

5.2.1 施工机具选择
为确保堆石的压实度,采用的挖机或镐头机输出功率在 70 kW 以上。

5.2.2 施工机具改装
(1)材料选取:钢板采购。钢板采用 Mn 钢,尺寸较大接触面较大,但受机头尺寸影响及钢板厚度影响,在压实过程中厚 2 cm 的 Mn 钢板四周会往上翻,钢板尺寸宜选在 60 cm×60 cm ~ 80 cm×

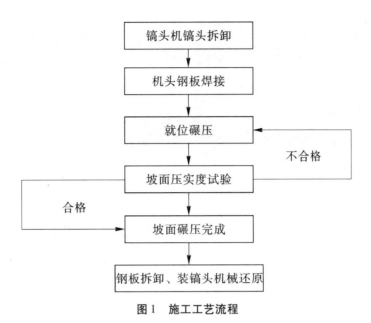

图 1　施工工艺流程

80 cm,钢板厚度需在 2 cm 以上,钢板越厚(厚度宜选在 2～3 cm,),同样的压实遍数,压实效果越好。

(2)机械改装:

方法一:将镐头机镐头卸下,钢板与卸除镐头的机头进行焊接,机头四周与钢板进行灌焊,焊缝饱满。

方法二:利用废旧镐头,镐头头部焊接钢板,钢板四角采用 4 根 Φ20 钢筋与镐头进行连接,焊接(见图 2)。

5.2.3　洒水湿润

压实前先对整个坡面洒水湿润,增加黏结力,减少压实过程中堆石滑落。

5.2.4　从下往上进行压实

由于接触面相对较小,为减少接触面接触部位的破坏,在碾压过程中,油门由小到大,再由大到小,先小油门整体对松散料进行压实 1 遍,再换大油门进行压实 4～5 遍,以达到设计要求,再通过小油门对搭接部位进行碾压修整一遍。碾压可随着坝高增加而逐步进行,当斜面超过臂长的,机械先在坝顶对上部进行碾压,无法压实到位的,机械移至趾板上对斜面进行压实。具体见图 3、图 4。

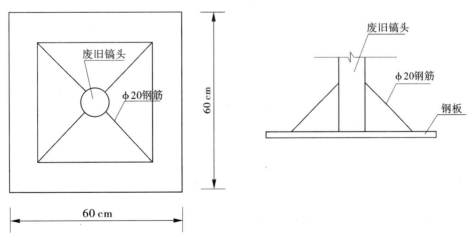

图 2　钢板与镐头连接示意图

| 图3 | 图4 |

5.2.5 试验

全部碾压完成后采用平板振捣器对斜面振捣和修面,然后进行试验,通过试验要求铺料厚度为 30~40 cm 的孔隙率≤16%。

6 材料及设备

(1)镐头机可由挖机改装,型号需在现代220(HY-220)、输出功率70 kW以上。

(2)机头焊接的钢板采用 Mn 钢,厚度在2~3 cm,规格为60 cm×60 cm~80 cm×80 cm。

(3)电焊机一台,试验工具一套,水泵一台,水管一根(长度视具体情况)。

(4)劳动组织。各工种人员配备和工作任务见表1。

表1 各工种人员配备和工作任务

序号	工种	人数	工作任务
1	打夯机操作工	1	操作打夯机进行压实作业
2	普通	4	洒水1人、土工试验
3	电焊工	1	镐头机改装打夯机焊接及切割
4	指挥人员	1	指挥压实及部位
5	试验员	1	土工压实度试验

7 质量控制

(1)夯实前,对整个坡面进行洒水处理,洒水量根据设计提供含水量进行控制,通过洒水可增加颗粒之间黏结力,减少夯实过程中坡面石块滑落,同时可增加压实度。

(2)夯实过程中,派设专人现场指挥,夯实从下往上、从左往右、再从右往左有序进行,避免漏压,对于搭接部位则采用小油门进行夯实修平。

(3)待全部夯实完成后,采用试坑注水法对坝体填筑的孔隙率及坝料的颗粒级配进行检验,对垫层料斜坡碾压质量的检验可采用灌砂法进行。试坑检查结果报监理工程师审查,如不合格则重新碾压,直至符合设计及规范要求。

8 安全措施

采用本工法施工时,除应执行有关安全施工及环保措施规定外,尚应遵守下列事项:

(1)施工作业人员必须了解和掌握本工艺的技术操作要领,特殊工种(如打夯机操作人员、电焊工等)应持证上岗。

(2)打夯机旋转半径内严禁站人。

(3)机械坝顶作业时,正下方严禁站人。

(4)斜面试坑试验时,作业人员须系好安全带。

9 环保要求

由于工程为水利工程,环保中对噪声控制无要求,但需做好防止和减轻水流、大气污染。

(1)施工废水、生活污水不得排入农田、耕地、饮用水源和灌溉渠道。

(2)清理场地的废料和工程施工所产生的废方,不得影响排灌系统及农田水利设施安全。

(3)施工作业产生的灰尘,除在现场的作业人员配备必要的专用劳保用品外,还应随时进行洒水以使灰尘公害减至最小程度。

10 效益分析

本工法可解决斜坡碾无法碾压到位的压实问题,确保施工质量。采用本工法,减少了施工工序,避免多工种交叉施工,有利于安全管理工作,可加快施工进度。本工艺与传统逐段浇捣法相比,具有良好的综合效益。

以遂昌成屏一级水库除险加固工程为例,效益分析如下:

(1)按坝长 54 m,高 11 m,斜面长 18.04 m,共计 974.2 m²,采用斜坡碾碾压压实和采用打夯机施工法,费用分析如下:

①斜坡碾碾压压实费用:由于坝长及斜面较短,作业无法展开,需 2.5 d 完成,且周边缝 1 m 左右及上部 4 m 左右无法碾压到位。

投入设备:挖机 2 台(1 台牵引、1 台定位),10 t 斜坡碾 1 台,钢丝绳 120 m,手动 3 t 葫芦 1 个。

投入人员:挖机工 2 人,斜坡碾作业人员 1 人,指挥人员 1 人,移位、安装配合人员 4 人共计 6 人。

挖机 240 元/(h·台),斜坡碾作业人员 300 元/d,指挥人员 150 元/d,配合人员 80 元/工,斜坡碾进出场费 4 000 元,租费 150 元/d(按 4 d 计)。

计:240×8×2×2.5+300×2.5+150×2.5+80×6+4 000+150×4=15 805(元)

②对于斜坡碾压无法夯实到位的部位处理:

根据打夯机压实施工费用按比例计算:

4 320÷974.2×[1×(18.04+54)+54×4]+232−116+50+100=1 543(元)

打夯机压实施工法费用:

打夯机压实 1 台 12 h 完成:投入打夯机 360×12=4 320(元),钢板(60 cm×60 cm×2 cm)58×4=232(元),焊工 3 h 共 50 元,指挥人员 150 元。

共计:4 320+232+50+150=4 752(元)

卖废钢板得:58×2=116(元)

③总共节省费用为:

15 805+1 543−(4 752−116)=12 712(元)。

(2)采用打夯机压实施工法,相比斜坡碾碾压施工法,工期缩短约 1.5 d,节省费用13 332 元,如表 2 所示。

表 2　传统振动碾碾压与打夯机夯实法费用比较

序号	费用项目	(1)传统振动碾碾压	(2)打夯机夯实	(2)-(1)
1	机械使用费(元)	10 200	4 320	-5 880
2	人工费(元)	2 325	200	-2 125
3	其他费用(元)	5 443	116	-5 327
	合计	17 968	4 636	-13 332

采用打夯机夯实施工方法,相比斜坡碾压施工方法,节省 13 332 元

11　工程实例

11.1　遂昌县成屏一级水库除险加固工程

遂昌县成屏一级水库除险加固工程从 2008 年 11 月 28 日开始施工,填筑工程于 2009 年 6 月 13 月全部完成。副坝坝长 54.00 m,高 11.00 m,斜面长 18.04 m,共计 974.16 m²。主坝长 210.54 m,加固部分高 5.40 m,斜长 8.85 m,共计 1 863.28 m²。

采用改装打夯机压实,施工完成后,进行试坑灌砂法,副坝 2 处,主坝 3 处,试验结果均符合设计指标。

11.2　湖州老虎潭水库主坝工程

湖州老虎潭水库主坝工程为Ⅲ等,属于中型水库,坝型为混凝土面板堆石坝和重力坝相结合的混合坝型,大坝坝顶高程为 54.80 m,坝顶总长 774.00 m。混凝土面板堆石坝坝顶长度为 688.00 m,最大坝高为 35.50 m,上、下游坝坡均为 1:1.3,坝体堆石料由垫层料、过渡料、主堆石料、次堆石料等组成,总填筑方量约 129 万 m³,本工程在 2006 年 12 月下旬开始填筑坝体,要求到 2007 年 7 月 15 日填筑完成。对于趾板等边角部位由于振动碾无法碾压到位,根据施工紧、施工强度大等实际情况多方探讨论证,采用镐头机改装打夯机进行碾压夯实,打夯机夯实机动性强,坡面基本上能夯实到位,安全隐患较小,且压实孔隙率满足要求,压实效果满足各项指标,减少了施工工序,避免多工种交叉施工,有利于安全管理工作,同时加快了施工进度,并确保了施工质量。湖州老虎潭水库主坝工程周边缝处理也采用此工法,试验结果均符合设计指标。2008 年 5 月 30 日下闸蓄水,本工程被评为优良工程。

(主要完成人:徐伟阳　孙　羽　李永莉　黄　奇　卢夕林)

面板堆石坝垫层料坡面激光导向
反铲修坡施工工法

江南水利水电工程公司

1 前 言

混凝土面板坝的面板由于受到几何尺寸、堆石坝体的变形、环境条件等诸多因素的影响,极容易出现裂缝,而坝体上游坡面垫层料尺寸及平整度对面板裂缝的影响至关重要。为此,实际施工中采用长臂激光导向反铲修坡技术,对上游坡面垫层料进行修坡,以增加坡面平整度,改善混凝土面板的应力条件,避免因混凝土面板厚薄不均匀导致面板局部受力发生开裂。另外,此技术的采用可以节省大量人工修坡的劳动力,降低劳动强度,极大地提高了修坡效率和质量。

2 工法特点

(1)设备定位准确,操作灵活。
(2)削坡质量有保证。
(3)可节省人工修坡的劳动力,降低劳动强度,提高劳动效率。
(4)安全可靠。
(5)经济效益明显。

3 适用范围

本工法适用于混凝土面板堆石坝垫层料坡面削坡。

4 工艺原理

该设备配有1145SX激光导向装置,伸缩式挖掘臂,伸缩幅度8.5 m,配有0.87 m³和0.76 m³两种铲斗,可在220°范围内自由旋转。

通过能进行坡度调节的激光器,并与加长臂反铲配合工作,对混凝土面板堆石坝垫层料进行削坡施工。

5 施工工艺流程及操作要点

5.1 施工工艺流程

激光导向反铲修坡施工工艺流程见图1。

5.2 垫层料填筑

垫层料的铺筑,应在上游坡面法线方向超填10～15 cm,并应严格测量检查。垫层料上游即是1∶1.4的斜坡,为保证振动碾的行走安全,滚筒上游侧边距垫层料上游边线留有30 cm的安全距离碾压不到。在振动碾水平碾压完成后,要用振动夯板补振这30 cm宽的条带。

5.3 坡面测量放线

激光导向反铲削坡前,采用网点控制修坡,方法是:坡面上按10 m×10 m网格布点,插上钢筋,

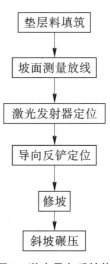

图1 激光导向反铲修
坡施工工艺流程

用细尼龙线绑在钢筋上,激光反铲按尼龙线的标定削坡至设计线。

5.4 激光器定位

5.4.1 激光发射器定位

5.4.1.1 定基准线

因为激光发射器只能相对于仪器本身的 X 轴、Y 轴找坡度,所以要测量大坝三维坐标需全站仪协助,找出设计的垫层料坡面线与水平面的交线,并将这条线作为基准线(见图2)。激光发射器应尽可能地靠近基准线,或将中心点对准基准线,或立桩在基准线上。因为基准线是与坝轴线平行的,这样当激光器的横坐标 X 轴自动找水平,Y 轴顺坡向且垂直于大坝轴线时就能使光平面平行于坡面。

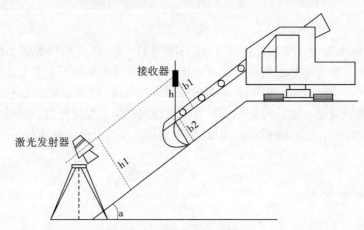

图2 基准线定位示意图

注:为表示出工作原理,此工作简图中激光发射器与接收器的比例有所扩大。激光发射器可安装在坝上各个合适位置,此位置只是其中之一位置。

5.4.1.2 安装激光器的原则

激光器应安装在坝上容易安全观察和拆卸的地方,应考虑选择使激光的发射和接收器之间无阻挡物的地点,每设立一个定位点都保证在坡面上能最大程度地发送和接收激光。必须尽量使三脚架上的基座水平于地面,安装于坡底。当安装在坡底部时,可在此位置上用混凝土修筑一个安装平台,作为定位点,以便于激光反铲修坡时安装激光器,同时有了平台也利于拆卸后的重定位。为保证激光坡度模式发射的准确性,安装上合适的角度板以便使激光发射指向的坡度线在所需的坡度线上下,将激光发射器固定在角度板上(见图3)。

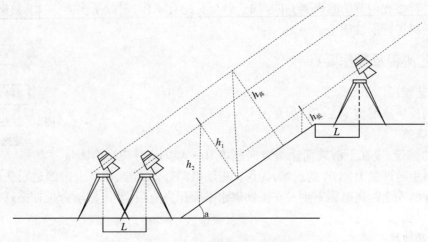

图3 激光发射器安装示意图

5.4.1.3　坡度窗口的设定

因激光发射器 X 轴平行于大坝轴线，X 轴的角度设为0，Y 轴为设定的坡度，对角度的设定控制是根据查表计算输入相应的坡度的换算值。如设计坡度为1∶1.4，近似值为71.428 6%，在此基础上1∶1.5坡度系列设置对比值见表1。

据此将激光器的设置窗调到3.27%，可得到所需角度的激光发射，从而能在坡面的上方建立一个激光平面。

5.4.1.4　立桩校准

由于坡面线长，点滴误差都将导致激光面偏离设计坡面，所以要分别对发射器的 X、Y 轴进行微调校准。X 轴坡度校准一般在基准线上安装两个高度相等的木桩，在发射器的两边各一个；同发射器基本等距，以此微调校准 X 轴，确保激光发射器的 X 轴平行于基准线。在 Y 轴方向再立一个木桩，桩上设接收器，接收器离地面的高度为 h_2（见图3）。如激光发射器上的望远镜瞄准，使用激光微调旋钮，确保发射器的 Y 轴坡度平行于坡面设计线，可得到完全平行于设计坡面的激光发射面。

5.4.1.5　激光面与设计坡面的距离（h_1）的算法

当激光器的中心点安置在基准线上时，激光平面与设计坡面的距离 $h_1 = h_2 \cdot \cos\alpha$，式中 h_2 是激光发射点距地面的高度。因为工地环境条件的限制，有时不能将中心点安置在基准线上，当中心点距基准线距离为 L 时，发出的激光虽仍平行于坡面，却使激光平面有了高低变化。如发射器在坝顶时中心点距基准线距离为 L，则 $h_{1低} = (h_2 - L \cdot \tan\alpha)\cos\alpha$；如发射器在坝底中心点距基准线距离为 L_1，则 $h_{1高} = (h_2 + L_1 \cdot \tan\alpha)\cos\alpha$。

5.4.2　反铲定位

（1）边坡修整前按设计边坡放线。

（2）激光导向反铲的履带外侧边沿与垫层料上游坡面边线重合。

（3）激光接收器定位。反铲大臂沿坡面放下，铲斗始终与小臂垂直。此时激光接收器安装在铲斗垂直于地面的3 m标杆上，相当于标杆与反铲小臂的夹角必须等于设计的坡度角 α，而且接收器到设计坡面的垂直距离（$b_1 + b_2 +$ 碾压沉降量）必须等于发射的激光面与设计坡面的距离 h。这样才能保证接收器可以接收到发射器发出的激光。此时接收器安装在标杆上的高度 $h = (h_1 - b_2 -$ 碾压沉降量$)/\cos\alpha$。

（4）显示器装在反铲驾驶室操作手可视的位置，当反铲铲斗刃口沿设计坡面移动到合适位置时，接收器接到发射器发出的激光信号，向显示器发出无线电信号。若显示器上黄灯闪烁表示已靠近设计坡面，绿灯亮起表示是准确位置，反之亮红灯。根据此信号，挖掘机操作手能准确控制刮削的深度。考虑到斜坡碾压后的坡面压缩度在1～2 cm，控制削坡底线为垫层料上游坡面设计线以上3 cm。剩下的工作由人工进行。

5.5　一次修坡高度的确定

激光导向反铲的一般最大伸缩幅度为8.5 m，按照垫层料上游坡1∶1.4推算，每填高4.8 m，即垫层料每上升12层（一层40 cm）进行一次修坡处理。

5.6　修坡

（1）通过激光发射器发射的信号指挥长臂反铲的操作。

（2）激光导向反铲沿设计线行走，削坡的控制底线为垫层料上游坡面设计线以上3 cm。

（3）局部边角部位由人工辅助修坡。

（4）反铲削下的垫层料存放在坝面垫层区，作为下一填筑单元的垫层料。

表1　设计坡度与坡度窗口对照

设计坡度（%）	设定窗口（%）
66.7	0.00
71.0	2.94
71.5	3.27
72.0	3.60
82.1	9.99

（5）当每一单元修坡结束后，在坝面设挡板，防止下一单元填筑的物料滚落。

5.7 斜坡碾压

用牵引机牵引 8～10 t 振动碾进行坡面碾压，先静碾后振碾。静碾 4 遍，振碾 6 遍，上下一次为一遍，振碾时，只在上坡时振动，下坡时不振动。

6 材料与设备

主要设备配置见表 2。

7 质量控制

（1）定期检查、校定激光仪及接收装置，确保激光反铲的削坡精度。

（2）严格控制坝面高程和平整度。

（3）根据施工经验，斜坡碾压后，坡面压缩度在 10～20 mm，故削坡放线时，应留有 30 mm 的余度（此余度未考虑坝体沉降）。

表 2　主要设备配置

设备名称	长臂履带式全液压反铲挖掘机	激光器	激光导向装置
数量	1	1	1

注：挖掘机的挖掘臂可伸缩。

8 安全措施

（1）认真贯彻"安全第一、预防为主"的方针，根据国家有关规定、条例，结合施工单位实际情况和工程的具体特点，组成专职安全员和兼职安全员的安全生产网络，执行安全生产责任制，明确各级人员的职责。

（2）建立完善的施工安全保证体系，加强施工作业中的安全检查，确保作业标准化、规范化。

（3）削坡时派专人指挥，坡面下严禁站人。

（4）夜间削坡要增加照明。

9 环保措施

（1）成立对应的施工环境管理机构，在工程施工过程中严格遵守国家和地方政府下发的有关环境保护的法律、法规和规章，

（2）加强对燃油、工程材料、设备、生产生活垃圾、弃渣的控制和治理。

（3）做到标牌清楚、齐全，各种标识醒目，施工场地整洁文明。

10 效益分析

（1）采用该设备，可以节省劳动力，降低工人的劳动强度，提高劳动效率。

（2）提高了修坡效率，经济效益可观。

（3）用反铲削坡，减少了人员在坡面的活动，有利于施工安全。

（4）用反铲削坡，坡面平整度容易控制，提高了质量。

11 应用实例

11.1 洪家渡水电站

洪家渡水电站大坝为钢筋混凝土面板堆石坝，最大坝高 179.5 m，坝顶长度 447.43 m，坝顶宽 10.95 m，上游边坡为 1：1.4，下游平均边坡为 1：1.4。填筑总量为 902.56 万 m³。最大横断面底宽约 520 m。系国内已建和在建 200 m 级的面板堆石坝之一，坡面面积 71 280 m²，分 47 单元修坡。

洪家渡水电站 2004 年 4 月 1 日开始蓄水，2004 年 7 月 1 日首台机组发电，经过运行监测大坝运行正常，面板变形观测值和渗流量均在设计允许范围之内，大坝运行安全。

洪家渡水电站于 2007 年 1 月获得贵州省"黄果树"杯优质施工工程奖,并于 2008 年 12 月获第八届"中国土木工程詹天佑奖"和"中国建设工程鲁班奖"。

11.2 天生桥一级水电站

天生桥一级水电站位于广西隆林、贵州安龙县交界的南盘江干流上,是红水河梯级开发水电站的第一级。电站总装机容量 1 200 MW,最大坝高 178 m,总库容量 102.6 亿 m³。

拦河坝为混凝土面板堆石坝,坝顶长 1 104 m,顶宽 12 m,上游坝坡为 1∶1.4,坝体填筑总量约 1 800 万 m³。面板堆石坝施工中,对面板堆石坝上游坡面垫层料采取了激光导向反铲进行修坡。采用该设备,修整坡面平整度高,质量保证,同时,提高了修坡效率,节省了大量劳动力,降低了工人的劳动强度,提高了劳动效率。

11.3 盘石头水库工程

盘石头水库大坝坝体填筑总方量为 554.69 万 m³。坝体分半透水的垫层料区(ⅡA 及趾板附近小区料ⅡAA)、过渡料区(ⅢA)、下游主堆石区(ⅢB)、次堆石区(ⅢC)、下游主堆石区(ⅢD)及上游铺盖(ⅠA、ⅠB)等填筑区。大坝分四期进行填筑,开工日期为 2002 年 4 月 6 日,完工日期为 2005 年 8 月 24 日。堆石坝施工中,对面板堆石坝上游坡面垫层料采取了激光导向反铲进行修坡,采用该设备修整坡面,平整度高,质量保证,同时提高了修坡效率,节省了大量劳动力,降低了工人的劳动强度,提高了劳动效率。

(主要完成人:刘 攀 李虎章 帖军锋 范双柱 赵志旋)

面板堆石坝上游坡面挤压式边墙施工工法

浙江省第一水电建设集团有限公司

1 前 言

混凝土面板堆石坝是土石坝的主要坝型之一,坝体由堆石或砂砾石组成,起支承面板作用,其上游面设置混凝土面板起防渗作用。由于面板运行期间承受较大的水压力并受坝体变形的影响,容易出现裂缝和接缝变形而引起大坝渗漏,因此提高坝体填筑质量,减少坝体变形现象,减少面板裂缝和提高接缝适应变形的能力,是面板堆石坝施工的关键问题。

混凝土挤压式边墙施工技术是混凝土面板堆石坝上游坡面施工的新方法。挤压边墙处于面板与堆石或砂砾石之间,传递面板所受的压力。因其替代传统工艺中垫层料的超填、削坡、修整、碾压、坡面防护等工序,垫层料的斜坡碾压改为垂直碾压,加快了进度,坝体填筑质量得到了保证和提高,有效减少了面板裂缝。浙江省在湖州老虎潭水库工程中首次应用成功并在龙游沐尘水库推广。

2 工法特点

(1)大坝施工进度可明显提高。边墙混凝土浇筑施工速度可达 40～50 m/h,在混凝土成型 2～3 h 后即可进行垫层料的填铺,两者几乎可同步上升。

(2)由于边墙在上游坡垣的限制作用,垫层料不需要超填,也不需要进行坡面修整和斜坡碾压,简化了施工工序,避免了上游边坡上滚石及斜坡碾压等危险作业,上游坡施工的安全性大大提高,上游坝脚部位可安全进行有关作业。

(3)边墙可提供一个规则、平整的坡面,坡面整洁美观,有利于施工管理。

(4)上游坡面采用新技术,使得工序和施工设备、机具得到简化。传统工艺需要的坡面平整和碾压设备、沥青喷涂设备、水泥砂浆施工模具等也可被挤压机取代,人工修整作业大为减少。

(5)边墙在坡面形成一个规则、坚实的支撑区域。靠上游边坡附近垫层料的压实方式被改变,垫层料由无侧向约束的垂直碾压和斜坡碾压被有约束的垂直碾压取代,垫层料的压实效果得到良好的保证,蓄水后这一区域的变形大大减少,提高了面板抗水压能力。

(6)上游坡面一次成型,挤压墙自然形成坡面防护,提供了一个可抵御冲刷的坡面,降低了度汛的难度,提高了导流度汛的安全性,避免了雨水对垫层料的冲刷,省掉了上游坝面的修复工作。

3 适用范围

本工法适用于混凝土面板堆石坝上游坡面的施工。

4 工艺原理

挤压混凝土边墙施工技术借鉴挤压滑模原理,利用机械挤压力形成墙体,并依靠反作用力行走。在每填筑一层垫层料之前,用边墙机挤压制作出一个不对称梯形的半透水性混凝土挡墙,然后在其内侧按设计铺筑坝料,用振动碾平面碾压,合格后重复以上工序。由于挤压机的高效工作和混凝土采用适宜的配合比,一个工作循环可在短时间内完成,保证坝面均衡平起施工。边墙截面基本为不对称梯形,上下层连接可视为铰接方式,这可使边墙适应垫层区的沉降变形,其下部不易形成空腔,避免对面板造成不利影响。

采用挤压混凝土边墙技术,边墙在上游坡面形成一个规则、坚实的支撑区域。传统工艺中的坡面料斜坡碾压被对填筑料的垂直碾压所取代,密实度得到保证,蓄水后这一区域的变形大大减少。由于边墙在坡缘的限制作用,垫层料不需要超填,施工安全性高。边墙可提供一个规则、平整、坚实的坡面,坡面整齐美观。使用挤压混凝土边墙技术,使施工设备得到简化,不再需要传统工艺的坡面平整和碾压设备、沥青喷涂设备和水泥砂浆施工机具等,并且施工进度得到了提高,边墙施工一般速度可达 40~60 m/h,与垫层料铺填可同步上升。

5 施工工艺流程及操作要点

在每填筑一层垫层料之前,将下层(已填筑)垫层料碾压整平,定位画线后用边墙挤压机制作出一个高 40 cm 的低强度、低弹性模量、半透水的混凝土小墙,待其达到一定的龄期(一般 2 h 左右),并具有一定强度后,在其下游侧按设计要求铺填垫层料,推土机摊铺平整后用自行式振动碾进行碾压,碾压合格后重复上述工序,即完成上游坝面的施工。

5.1 施工工艺

混凝土边墙采用挤压机一次成型,包括基面找平、挤压机就位、混凝土拌制运输、挤压成型、人工修整等施工工序。

5.2 操作要点

5.2.1 基面找平

垫层料摊铺时严格控制高差和平整度,由人工拉线绳找平,碾压后高差控制在 3 cm 以内,不符合要求者必须处理至达到要求才能进行挤压边墙的放线施工。

根据找平后实测基面高程放出上游设计边线位置,在此基础上按照挤压边墙底部宽度标划出内侧位置线,按照挤压机宽度尺寸标划出其靠垫层料一侧的轮迹线并挂线绳,洒白灰明示,作为挤压机行走时的控制线。

5.2.2 挤压机的就位及调整

用坝面填筑施工的反铲挖掘机吊装就位,对挤压机的机身和高度进行调整,使挤压机在垂直方向和沿机身方向处于水平,机身调整使挤压墙高度为 40 cm,并保证挤压机外刀片贴近前一层边墙坡顶。

5.2.3 混凝土拌制、运输

采用 2 台 0.75 m³ 强制式拌和机拌料,减水剂在拌和时加入,液态速凝剂通过挤压机上的喷嘴向料内喷加,2 台 6 m³ 搅拌罐车运料(见图 1)。

图 1 混凝土拌和及运输

5.2.4　边墙挤压成型

由专人操作挤压机的行走,控制在 50 m/h 以内,搅拌运输车卸料,将刚出料的粗骨料弃掉,出料均匀时再放入挤压机的受料仓,使搅拌运输车与挤压机同步行走,人工辅助卸料。挤压机行走时要保持与控制线的偏差在 2 cm 以内,以保证挤压墙坡面的平整度(见图2、图3)。

图 2　挤压机操作　　　　　　　图 3　成型的挤压边墙

5.2.5　人工修整

挤压机挤压出来的边墙与下层接头部位存在错茬,同时因各种原因刚成型的边墙会局部坍塌,因此在挤压机行走的后面,安排专人用铁锹对上下层错茬部位及坍塌的边墙进行修整,可保证挤压边墙的表面平整度(见图4)。

5.2.6　靠两岸坡的处理、层间结合部处理

靠两岸坡挤压机施工不到的部位由人工立模浇筑,混凝土料相同,小翻斗车运料,人工平仓,采用钢钎和木棒捣实。挤压墙每层成型后及时对空缺、凸凹、层间接茬、突出棱线由人工进行修补处理。

5.2.7　垫层料的施工

挤压边墙成型 1 h 后即可铺料、3 h 后即可碾压,离开挤压墙顶内侧线 20 ~ 30 cm 以外采用大碾碾压,临近挤压墙采用 1.5 t 手扶碾碾压(见图5)。老虎潭水库主坝工程垫层料 40 cm 铺设一层,每层碾压后采用灌砂法检测压实效果,共检测 85 组,最大孔隙率 16.61%,最小孔隙率 13.08%,平均孔隙率 14.71%,满足设计不大于 17% 的要求,取得了良好的效果。

图 4　挤压边墙人工修整　　　　图 5　挤压边墙成型后垫层料填筑

6　材料与设备

6.1　材料

挤压边墙作为占进原垫层料内的齿型混凝土墙,要求具有低强度、低弹模、半透水的特性,设计

要求的参数如表 1 所示。

表 1 挤压边墙设计要求参数

干密度值	弹性模量	抗压强度	渗透系数
2.05 g/cm³	3 000 ~ 8 000 MPa	<5 MPa	$10^{-2} \sim 10^{-4}$ cm/s

为此配合比必须考虑以下几点:一是挤压机挤压力的大小,即挤压出的混凝土密实度满足渗透要求;二是挤压混凝土的强度和弹模值满足要求;三是配合比适合可施工的要求。同时,在满足垫层料施工和临时防洪度汛固坡的前提下,使得混凝土挤压墙越接近垫层料越好,以减少对面板的约束,减少混凝土面板产生裂缝的可能性。

由于挤压机对混凝土配合比比较敏感,湿的混凝土行进速度快,干的混凝土行进速度慢,因此挤压边墙混凝土按一级配干硬性混凝土配合比设计,坍落度为 0,采用水泥用量 80 ~ 90 kg/m³,用水量 100 kg/m³ 左右,水灰比 1.31 ~ 1.45,速凝剂适量。水泥采用 P.O32.5 普通硅酸盐水泥,砂石骨料采用骨料场加工的特殊垫层料。

实际施工中,我们根据设计要求制作了抗压试块及弹模试块,结果如表 2 所示。

表 2 抗压试块及弹模试块要求参数

序号	项目	组数	平均值	最大值	最小值	结果
1	抗压强度(MPa)	8	2.94	3.8	1.6	符合设计要求
2	弹性模量(MPa)	5	2 444	2 728	2 328	符合设计要求
3	干密度(g/cm³)	2	2.05	2.07	2.06	符合设计要求

由于渗透性无设备做试验,我们采用挖坑灌水,结果表明渗透性很好。

上述数据表明,挤压边墙混凝土满足设计要求。

6.2 施工设备配备

采用由陕西水工机械厂生产的 BJY-40 型边墙挤压机,并配备相应辅助施工设备,具体设备及人员配备详见表 3。

7 质量控制

由于挤压混凝土边墙是一种新工艺,根据我公司已成功实施的混凝土面板坝的挤压混凝土边墙的施工情况,总结出以下质量控制要点:

(1)挤压边墙混凝土料。挤压边墙混凝土总的原则是低强度、低弹模、适当的渗透性并易于成型,因此混凝土的拌制质量是非常重要的。

(2)施工场地的平整度。施工场地的平整度应控制在 ±3 cm以内,是保证成型墙平顺垂直的关键,这就需要在垫层料碾压前

表 3 施工设备配备

名称	型号	数量
边墙挤压机	BJY-40	1 台
混凝土搅拌车	6 m³	2 台
拌和机	0.75 m³	2 台
手扶式振动碾	1.5 t	1 台
振动碾	22 t	1 台

由水平仪测量,人工找平,碾压后再进行找平,碾压不到的部位用人工进行夯实。

(3)挤压边墙施工 1 h 后可进行过渡料和垫层料的摊铺碾压施工,但不得对墙体造成任何破坏,如有损坏应及时进行修复,对垫层料的碾压要求用静压。

(4)墙体混凝土应进行适当的现场取样,并进行不同龄期的强度、弹模和渗透性试验,以便指导施工。

(5)挤压墙所用的混凝土的渗透系数应与垫层料相当,以便起到很好的反滤作用,加强垫层料的保护作用。

（6）挤压墙分层施工后,所形成的上游边坡整体平整度不太理想,需进行处理。鉴于挤压墙是代替垫层料的,其不平整度标准按垫层料执行,实际施工中控制在+5～-8 cm 范围内。

（7）在面板施工前,应对挤边压墙层间的错台进行处理,采用同标号的砂浆处理。

（8）遵守混凝土施工的有关规范和满足设计要求。

8 安全措施

挤压边墙混凝土施工属高空作业,施工安全隐患较多,为了做好安全生产、文明施工,需做好如下安全防范措施:

（1）严格遵守《水利水电建筑安装安全技术工作规范》,施工人员进入现场必须戴好安全帽,正确佩戴使用劳动防护用品;

（2）施工用电严格按有关规程、规范实施,现场电源一律按规定架空,装置配电盘,然后用电缆接至工作面,所有用电设备配置漏电保护器,加强雨季的用电安全检查工作;

（3）挤压机操作手在施工操作中要集中精力,听从调度人员指挥,不得随意离开岗位,时刻注意挤压机行走的方向,随时调整,以防止挤压机倾覆;

（4）混凝土搅拌车驾驶员在卸料时要注意观察边墙施工人员的位置,防止车辆撞到挤压机和操作人员;

（5）夜间施工必须有足够的照明设施;

（6）操作人员必须做好三级安全教育和班前安全技术交底。

9 环保措施

（1）施工前组织班组作业人员学习环境保护法,积极配合环境监理人员检查工作。认真执行当地环保部门的有关规定。

（2）水泥等粉类材料采用罐装车运输,场内道路按时洒水,降低粉尘对环境的污染。

（3）对进出场道路不乱挖乱弃,旱季注重道路洒水养护,降低粉尘对环境的污染,雨季做好沟渠疏通,防止因雨水剥离道路造成污染。

（4）施工现场做到工完场清,保持整洁卫生、文明施工。

（5）施工废水不得排入农田、耕地、饮用水源和灌溉渠道。

（6）清理场地的废料和工程施工所产生的废方,不得影响排灌系统及农田水利设施安全。

（7）施工作业产生的灰尘,除在现场的作业人员配备必要的专用劳保用品外,还应随时进行洒水以使灰尘公害减至最小程度。

10 效益分析

以湖州老虎潭水库工程挤压边墙为例进行对比说明。

如图 6 所示,挤压边墙断面为梯形,墙高 40 cm,顶宽 10 cm,底宽 67 cm,上游边坡 1∶1.3,下游边坡 8∶1,断面面积为 0.154 m²。坝面平均长度每层考虑为 650 m,每层高度 40 cm,坝基面从 18.6 m 高程起算,填筑至 52.2 m 高程,总共 84 层,估算挤压混凝土总方量为 8 408 m³。根据湖州老虎潭水库现场的实际情况及相关取费标准,分析得出混凝土挤压墙的单价约为 160 元/m³。

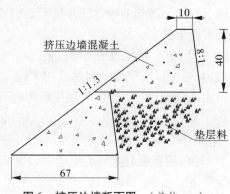

图 6 挤压边墙断面图 （单位:cm）

传统工艺的费用包括:超填 30 cm 垫层料、挤压墙本身体积的垫层料、斜坡碾施工、斜坡机械配合人工削坡、人工抹水泥砂浆。按 100 m³ 挤压墙混凝土施工与传统工艺同样斜坡面积比较,根据投标文件分析测算出传统施工方法相对应挤压墙部位垫层料的单价约为 183 元/m³。

由此得出采用挤压边墙技术可节约成本约 19.34 万元,因此经济效益是可观的。

经过上述技术经济分析,挤压边墙混凝土施工比传统施工工艺的费用节省,同时挤压边墙在施工质量、施工进度、安全保证和施工度汛上存在明显的优势。考虑到当前的施工工艺还有待于进一步完善,影响施工效率的主要因素是挤压机的行进速度,如果挤压机的行进速度加快,则施工效率会进一步提高,挤压边墙混凝土的单价仍然有下降的空间。

11 应用实例

11.1 湖州老虎潭水库工程

湖州老虎潭水库工程为Ⅲ等,属中型水库,坝型为混凝土面板堆石坝和混凝土重力坝相结合的混合坝型,大坝坝顶高程 54.8 m,坝顶总长 774 m。混凝土面板堆石坝段坝顶长度为 688 m,最大坝高为 35.5 m,上下游坝坡均为 1∶1.3,坝体堆石料由垫层料、过渡料、主堆石料、次堆石料等组成,总填筑方量约为 129 万 m³。本工程在 2006 年 12 月下旬开始填筑坝体,到 2007 年 7 月 15 日填筑完成,期间经过一个主汛期,中间结点控制 2007 年 4 月 15 日填筑到 35.5 m 高程,坝体具备挡水条件,填筑方量约 90 万 m³。

11.2 龙游沐尘水库

龙游沐尘水库主坝工程为Ⅱ等,属大型水库,总库容 12 570 万 m³。坝型为混凝土面板堆石坝,大坝坝顶高程 187.9 m,坝顶宽 5.5 m,坝顶总长 429 m。最大坝高为 55 m,上下游坝坡均为 1∶1.3,坝体堆石料由垫层料、过渡料、主堆石料、次堆石料等组成,总填筑方量约为 95 万 m³。本工程在 2007 年 12 月下旬开始填筑坝体,大坝填筑施工跨 2008 年汛期,大坝需在 2008 年 4 月 15 日前填筑至 50 年一遇洪水高程以上。

挤压边墙能与大坝填筑同步进行,大坝上游坡面形成即能担负挡水功能。经实践证明,该工艺在施工质量、施工进度、安全保证和施工度汛上存在明显的优势。

（主要完成人：刘全海　华建飞　卢夕林　杜奇奋　朱三雁）

破碎边坡控制灌浆钢管桩锁口施工工法

安蓉建设总公司

1 前 言

工程建设中,常会按陡于山体自然边坡坡度进行开挖。开挖后,山体边坡卸荷,应力状况发生改变,存在坍塌、滑坡、拉裂、张裂等地质隐患,采取的工程手段通常为:在开挖坡面采取喷锚支护的浅层支护,锚筋桩、锚索中层支护,大吨位长锚索和抗滑桩等深层支护。陡边坡、深厚破碎岩体是不适合布置建筑物的,但受条件限制,有时必须在这种地质状况下布置建筑物,传统的支护理论和支护手段只能保证开挖面的稳定,却不能阻止开口线外的山体滑移变形和山体失稳,如何保证边坡及山体整体稳定是工程建设领域中的一个技术难题。

我公司多年在西藏复杂破碎地质边坡中修建水电站和四川"5.12"汶川特大地震后灾后重建等工程中不断研究和实践,取得了破碎边坡控制灌浆钢管桩锁口施工工法。这种技术在复杂破碎地质边坡和震后山体结构改变后的破碎边坡综合治理中效果明显,且施工安全,加快施工速度,经济适用。

2 工法特点

(1)利用控制灌浆钢管桩锁口技术,既能保证开挖面边坡稳定,又能保证开口线外边坡稳定,有效防止开挖后产生的裂缝向上延伸;既可以在边坡开挖前施工,又可以在开挖过程中施工,对正常开挖不产生影响;根据使用对象,既可以单桩、单排使用,又可以群桩、多排使用。

(2)使用材料和设备均为常规的,市场供应充足。

(3)工艺简单,操作灵活,易于掌握。

3 适用范围

复杂地质边坡、破碎地质边坡、应急抢险加固边坡锁口等边坡综合治理工程。

4 工艺原理

工艺基于块体理论或散体理论,采用控制灌浆,在加固段内受灌浆压力作用后,在两桩之间产生剪挤推压作用,达到破碎散体压密、固结效果,大幅提高破碎岩体的 C 值 f 值和 E 值,改变地质体的结构和受力状态,改善地质体的稳定状态,同时利用钢管的强度将挤压后破碎岩体与完整基岩有机联成一个整体,增强边坡变形抵抗能力,达到稳定边坡的目的。

灌浆形成的凝胶体呈固体力学特性,灌浆压力产生的附加推剪力可分解为水平分力 F_x 和垂直分力 F_y,F_y 被孔内锚固的双塞结构和上塞锚固力平衡,能消除对滑移体产生的下滑作用;F_x 水平分力在滑坡体内相对呈内力形式,不产生下滑副作用,这样不但能选择非常高的灌浆压力,取得好的加固效果,而且消除了灌浆压力过大产生基础抬动或推移地层问题。其工艺原理见图1。

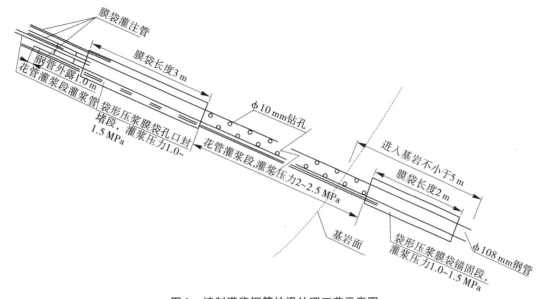

图 1　控制灌浆钢管抗滑处理工艺示意图

5　施工工艺流程及操作要点

5.1　施工工艺流程

控制灌浆钢管桩施工工艺流程如图 2 所示。

5.2　操作要点

5.2.1　控制灌浆钢管桩布置形式

钢管桩宜按双排梅花形布置,上、下排上仰一定角度且上下排之间有角度差,形成外夹角形式,保证成桩后最大限度承载抗剪力、抗滑力。钢管桩底部保证钢管下设深入较完整基岩不小于 5 m,钢管外露 0.5~1.0 m,钢管外露部分采用型钢焊接形式使之纵横连接,增强钢管桩与基岩的整体抗滑性能。

5.2.2　施工准备

施工准备包括临时施工道路修建、钻孔平台搭建、制浆站修建、送浆管路铺设,钢管、水泥、膜袋等原材料准备。

5.2.3　造孔

使用锚索钻机,偏心跟管钻进成孔。施工前,采用全钻仪按设计要求测定孔位,钻机安装就位并调整倾角及方位角,将钻机固定开钻。开孔偏差控制在 10 cm 以内,孔斜误差控制在孔深的 2% 左右。在钻进过程中,随时记录钻进速度、返渣等情况。

5.2.4　孔内钢管及灌浆装置安装

钢管采用厚壁钢管,直径小于钻孔孔径,中间设置为花管,两端安放膜袋。在锚固段、孔口封堵段和中间充填挤密段设置 3 套灌浆管,膜袋绑在钢管上,随钢管下设到位。钢管分节安装,孔口焊接对接,在下设过程中为避免膜袋与孔壁摩擦损坏,在钢管下部安装导向装置。

5.2.5　拔管

花管深入孔底,随后拔出套管。

5.2.6　控制灌浆

钢管下设后先灌注底部锚固膜袋,后灌注孔口锚固膜袋,锚固膜袋灌浆压力 1.0~1.5 MPa,孔

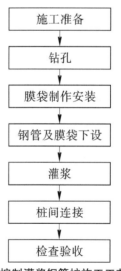

图 2　控制灌浆钢管桩施工工艺流程

（流程图内容）
施工准备
↓
钻孔
↓
膜袋制作安装
↓
钢管及膜袋下设
↓
灌浆
↓
桩间连接
↓
检查验收

口锚固膜袋对松散体存在压力,使孔口封闭更密实,有效地避免了松散体内卡塞、串冒问题,使灌浆压力能得到提高,同时避免浆液流失。在钢管两端锚固后对中间部位进行灌浆,由于两端受锚固力,克服了抬动、不能起压的问题,提高钢管桩整体受力。中间段灌浆压力为2.0~2.5 MPa,水泥浆中掺加5%~8%的控制液,以加速凝固,并保证无离析水出现,避免影响坡体稳定。

5.3 劳动力组织

劳动力组织情况见表1。

表1 施工劳动力组织

序号	工种名称	数量(人)	备注
1	管理人员	2	
2	钻机机长	2	
3	钻机操作手	4	
4	钢管制安工	4	花管制作与安装
5	灌浆工	6	制浆、灌浆
6	辅助工人	4	
7	合计	22	

注:表中人员按1台套钻灌设备施工配置。

6 材料与设备

6.1 主要材料

本工法无需特别说明的材料,主要为厚壁钢管、普通水泥、水玻璃等。

6.2 主要机械设备配置

主要机械设备配置见表2。

7 质量控制

7.1 工程质量控制标准

工程质量控制标准参照《水工建筑物水泥灌浆施工技术规范》(DL/T 5148—2001)执行。

7.2 质量保证措施

(1)大面积施工前应先进行试验,以探明地质情况,确定钻孔方法、灌浆压力、浆液浓度等参数。

(2)在下设过程中应避免膜袋与孔壁摩擦损坏,可在钢管下部安装导向装置。

(3)严格按照施工图纸所示孔位、间排距和深度及孔斜进行钻孔,保证钻孔精度。

(4)所使用的原材料必须检验合格。

(5)在施工过程中安排专职质检员进行过程控制。

(6)对钻孔、灌浆过程进行详细记录,出现异常情况应及时通知技术负责人,及时进行分析,采取有效的补救措施。

(7)控制好灌浆压力,加强地壳抬动变形观测,防止灌浆压力过大,破坏地层结构。

表2 主要设备配置计划

设备名称	数量(台、套)	说明
全站仪	1	孔位放样
锚索钻机	1	钻孔
三缸灌浆泵	1	
高速搅拌机	1	
储浆桶	1	
自动记录仪	1	灌浆记录
电钻	1	花管制作

注:以上设备按1台套钻灌设备施工配置。

8　安全措施

(1)建立安全管理组织机构,明确管理责任,配置专职和兼职安全员,确保安全措施落实到位。

(2)设置安全巡视员,加强高边坡安全稳定性检查;施工人员必须戴安全帽,高空作业时,应系好安全绳,并合理布置逃生通道,防止意外发生。

(3)作业区设置安全警示牌、安全防护网。

(4)边坡顶部设置截排水沟,防止雨水注入边坡裂缝或冲刷边坡,造成边坡失稳。

(5)将作业区至少 5 m 范围内的浮石、杂物清除干净,对可能引起的滑坡和崩塌体部位采取有效的预防性保护措施。

(6)钻机就位稳固,保证操作空间,钻机操作人员严格执行钻机操作规程。

(7)灌浆管连接牢固、可靠,防止浆液溢出伤人。

9　环保措施

(1)膜袋制作剩余边角余料应回收,不得燃烧或随意丢弃。

(2)现场施工人员生活垃圾应分类存放,集中处理。

(3)钻孔过程中适量喷水,减少粉尘对大气污染。

(4)水泥用完后,应将水泥袋回收,不得燃烧、掩埋或随意丢弃;做好水泥等建筑材料的防雨、防水措施,减少原材料浪费。

(5)加强施工道路洒水养护,减少扬尘。

(6)设置沉淀池,污水、废浆液应经沉淀池沉淀,达到排放标准后方可排放,沉淀池中清理出的垃圾应弃至指定渣场。

10　效益分析

控制灌浆钢管桩施工速度快,用其处理边坡锁口速度是锚索的 3~4 倍、锚筋桩的 2~3 倍,对于工期较紧工程、应急工程和抢险工程,可以大大加快施工进度,赢得时间;采用控制灌浆钢管桩,可以稳固松散破碎岩体,提高边坡自稳能力,保证边坡下部建筑物和施工安全,大量减少边坡开挖工程量,加快施工进度。在西藏老虎嘴水电站右岸边坡治理施工中,减少边坡削坡上万立方米,减少清除费用超过 100 万元,经济效益显著。

11　应用实例

老虎嘴水电站工程位于西藏林芝地区工布江达县境内,工程区大地构造部位位于青藏高原冈底斯—念青唐古拉板块内的念青唐古拉弧背断褶带中部之林芝—波密褶皱带,受印度板块与欧亚板块碰撞后持续的向北推挤和楔入力源作用,工程区新构造运动除强烈的地壳隆升外,还伴随强烈的地壳形变。右岸基本为岩石边坡,山体雄厚、陡峭。边坡由变质石英砂岩夹板岩条带组成,卸荷岩体水平深度 21.5 m,铅直厚度 17~25 m,弱风化水平深度 32.8 m,铅直厚度 25~30 m,砂质板岩顺坡陡倾。由于原旅游公路从 3 280 m 高程穿过,同期三条隧洞同时施工(导流洞、泄洪洞、交通洞),修建时受爆破扰动、卸荷影响,破坏了原有岩石边坡,形成高陡边坡,应力回弹,形成卸荷松弛岩体。

2007 年 3 月,工程开工建设,主要进行三条隧洞(右岸改线交通洞、导流洞、泄洪洞)掘进及进出口边坡开挖。在开挖过程中,交通洞出口边坡失稳,多次发生塌方,工程设计上采用了卸荷减载方案,致使出口进洞口持续往进口方向延伸,出口边坡开口线也同时向上延伸,且一直没有稳定的迹象,不再具备向上开挖清除危坡体的条件,对下方的进水塔施工构成严重威胁,现场业主、设计、监理和我公司项目部多次查看现场后我公司提出采用控制灌浆钢管桩锁口技术,得到各方认可。

在边坡开口线外采用双排控制灌浆钢管桩,上排桩距 1 m,与水平方向成 22°夹角,钢管外露 1 m;下排钢管桩桩距 1 m,与水平方向成 45°夹角,钢管外露 1 m;上下排钢管桩排距 1 m,梅花形布置,钢管外露部分焊接 I20 镀锌工字钢纵横连接。

交通洞出口边坡控制灌浆钢管桩施工共投入 2 台 MD-80 型锚索钻机钻孔,根据现场施工条件在导流洞支洞入口(3 242 m 高程)处设置 1 座制浆站,制浆站内设 1 台高速搅拌机拌制浆液;由于边坡陡、高差大,制浆站至施工作业面的距离远、灌浆线路长,灌浆时在 3 327 m 高程平台处设置了 1 座浆液中转站,制浆站拌制浆液后用 3SNS 灌浆泵送至中转站,再由中转站设置的 3SNS 灌浆泵往施工平台送浆至控制灌浆钢管桩灌浆孔内。电站厂房右边坡控制灌浆钢管桩施工共投入 1 台 MD-80 型锚索钻机钻孔,根据现场施工条件在上游围堰(3 264 m 高程)堰顶和交通洞进口处各设置 1 座制浆站,制浆站内设 1 台高速搅拌机拌制浆液,拌制后的浆液经储浆桶后用 3SNS 灌浆泵直接送至控制灌浆钢管桩灌浆孔内。交通洞出口边坡共完成 107 根控制灌浆钢管桩($L=15$ m),电站厂房右边坡共完成 25 根控制灌浆钢管桩($L=20$ m),整个过程历时一个月(2007 年 11 月 8 日开工,2007 年 12 月 10 日完工)。

原型观测数据显示,控制灌浆钢管桩及预应力锚索施工完成后,边坡变形趋于收敛,有效阻止了边坡外拉裂缝继续发展,部分裂缝甚至逐步闭合。大坝蓄水后右岸边坡监测数据反映:右岸边坡埋设的多点变位计、锚索测力计、锚杆应力计、表面变形测点测值均无明显变化,边坡稳定。

根据老虎嘴电站的地质情况和拉裂缝发展情况,如果不采用控制灌浆钢管桩技术阻止边坡裂缝发展,工期至少延误一年。采用控制灌浆钢管桩锁口后,有效阻止了边坡拉裂缝继续发展,边坡逐步趋于稳定,为下方的边坡开挖和锚索深层支护赢得了时间,保证了施工安全和永久建筑物安全,达到了综合治理目的,减少开挖清除破碎岩体 3.6 万 m³,降低工程造价 100 多万元,也为下部工程赶工创造了条件,顺利实现原本要推迟一年的首台机组发电目标(相当于提前一年发电)。老虎嘴水电站设计多年平均发电量 49 550 万 kWh,按 0.25 元/kWh 电价计算,发电收入 1.24 亿元,且施工全过程无安全生产事故发生,施工质量优良,得到了各方的好评。同时,老虎嘴水电站是西藏自治区"十一五"期间开工建设的重点工程,发电后极大地缓解了藏中及拉萨地区严重缺电局面,对促进地区经济发展和维护民族团结起到了积极作用。

(主要完成人:陶　然　郭建和　孙士国　蒲　果　张仕超)

全风化地层预固结灌浆施工工法

安蓉建设总公司

1 前 言

水利水电工程建设中,在遇到全风化高边坡开挖时通常采取削坡至自然稳定边坡或是采用钢管桩、锚杆、钢筋网喷混凝土等方法进行临时固坡。采用削坡至自然稳定边坡则开挖工程大,采用钢管桩、锚杆、钢筋网喷混凝土则成本较高,对厚度较大(>50 m)、边坡较高(>100 m)的边坡,采用预固结灌浆施工技术则可以减小开挖工程量并解决边坡开挖施工期安全和边坡开挖成形问题。

我公司在四川省大渡河流域大岗山水电站左岸坝肩高边坡施工中,对全风化花岗岩进行预固结灌浆施工,实践证明,预固结灌浆施工技术对于全风化地层边坡开挖成形效果明显,解决了全风化地层高边坡开挖成形、稳定问题,取得了明显的社会效益和经济效益。针对大岗山水电站左岸坝肩高边坡预固结灌浆施工实践经验,经总结、提炼,形成了边坡预固结灌浆施工工法。

2 工法特点

(1)为防止破坏地层结构,预固结灌浆压力较一般的固结灌浆小,控制在 0.3~0.8 MPa。

(2)采用孔口封闭分段灌浆,各灌浆段可以得到多次复灌,因而灌浆质量较好。

(3)施工设备简单,可适应性强,一般钻灌设备即可,适用于各种全、强风化层和覆盖层,且无需考虑覆盖层等因素。

(4)预固结部分为设计开挖线附近一定厚度的地层,一般来说,固结段总长的 1/3 为挖除部分,2/3 为开挖成形边坡坡体。

(5)成本相对较低,只需要水泥等胶凝材料,相对预埋花管注浆法节约大量钢材,并缩短施工工期。

3 适用范围

本工法适用于全、强风化地层和覆盖层高边坡的开挖施工。

4 工艺原理

预固结灌浆是把水泥等浆液材料通过一定压力注入到全风化地层、强风化地层或覆盖层颗粒之间的空隙内,通过浆液渗透,排除空隙中的自由水和气体,填充颗粒间的空隙,颗粒和浆液混合形成固结体,从而增强受灌体的密实性、整体性,改善受灌体的物理力学性能。

5 施工工艺流程及操作要点

由于边坡预固结灌浆施工随开挖梯段进行,所以边坡预固结灌浆施工采用自上而下分排分序逐渐加密;为了保证预固结灌浆效果,对灌浆段采用自上而下分 3 段灌浆,灌浆压力逐段增加;对于水平长度较长的施工区域,按照长 20~50 m 分区施工。

5.1 施工工艺流程

工艺流程如图 1 所示。

5.2 操作要点

5.2.1 施工准备

5.2.1.1 边坡清理

为了尽量提高钻孔的效率,减少孔口至灌浆段无效孔长,对坡度较缓边坡采用机械设备(反铲等)清理至稳定边坡(坡比 1:1~1:1.3),同时清理后的坡面为造孔作业提供施工场地,便于观察岩石表面的串、冒浆等问题,以便及时处理。

5.2.1.2 灌浆试验

1)试验单元划分

根据现场施工区情况,在一定高程上选择相对较宽阔区域:约长25 m、宽9 m,作为试验单元。

2)钻孔布置形式

预固结孔共三排,间、排距为3 m,孔深15 m,呈梅花形布置。

3)灌浆孔分序、编号

试验区灌浆分两序施工,第一、三排为Ⅰ序,第二排为Ⅱ序。

编号为 GS(a-b-c)-b

其中:G 表示固结灌浆;S 表示试验单元;a 表示排数,自然数1,2,3,…;b 表示排序;c 表示孔号,自然数1,2,3,…。

4)灌浆方法

采用循环式灌浆方式,采用自上而下、孔口封闭分段灌浆,严格按照5 m 段长进行控制。

5)灌浆顺序

按先Ⅰ序后Ⅱ施工,相邻孔位钻孔或灌段间隔时间应大于4 h(保证初凝)。

6)灌浆材料

水泥:采用 P.O32.5 普通硅酸盐水泥。

砂:遇吸浆量大的地段需加入一定的砂。砂的最大粒径小于2.5 mm,细度模数不大于2.0,含泥量小于3%,有机物含量不大于3%。

水:符合施工用水的要求。

外加剂:由试验确定,并报监理工程师批准。

7)试验结果

(1)采用孔口封闭、循环式的灌浆方法,技术可靠。

(2)采取风动冲击器跟管钻进的造孔方法,满足预固结灌浆对钻孔的要求。虽然该方法成孔成本较高,但有利在该类地层成功。

(3)灌浆段长度自上而下采用5 m、5 m、5 m。

(4)灌浆孔分二序,按分序加密的原则施灌:先灌Ⅰ序孔,再灌Ⅱ序孔。

(5)钻孔冲洗只可采用压风冲洗方法,风压可为灌浆压力的50%。

(6)孔的灌浆压力采用0.3~0.8 MPa,与试验区岩体条件相适应。

(7)采用 P.O32.5 水泥,能够满足预固结灌浆的需要。

本次试验使用的浆液配比为:普通水泥浆液3:1、2:1、1:1、0.8:1、0.5:1;试验结果表明,采用3:1、1:1 和0.5:1 的浆液即可。

根据试验成果及后期的开挖边坡成形、胶结情况,证实预固结灌浆处理是成功的,试验所采取

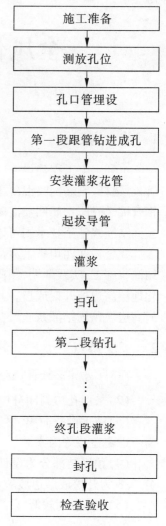

施工准备

测放孔位

孔口管埋设

第一段跟管钻进成孔

安装灌浆花管

起拔导管

灌浆

扫孔

第二段钻孔

⋮

终孔段灌浆

封孔

检查验收

图1 预固结灌浆工艺流程

的灌浆施工工艺和采用的参数是适宜的。

5.2.2 测放孔位

由测量专业人员采用全站仪测放控制桩号,用钢尺丈量排距,并标出孔号;根据开挖梯段高度,灌浆孔按照梅花形布置,间距为 3 m。单排灌浆钻孔平面布置如图 2 所示。

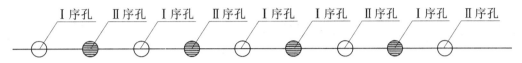

Ⅰ序孔 Ⅱ序孔 Ⅰ序孔 Ⅱ序孔 Ⅰ序孔 Ⅰ序孔 Ⅱ序孔 Ⅰ序孔 Ⅱ序孔

图 2 单排灌浆钻孔平面布置图

5.2.3 非灌段跟管钻进和孔口管埋设

采用比孔口管大 2 级的潜孔冲击器钻进,孔口段的深度与孔口管长度一致。

孔口段钻孔完毕,随即将孔口管下至孔底,如无法安装可用吊锤等施加外力推入或用钻机带动直接钻入,管壁与钻孔孔壁之间用水灰比 0.5：1 的水泥净浆填满,校正并固定孔口管,待凝 72 h。孔口管管口高出地面 10 cm,上端部加工出螺纹。

5.2.4 第一段跟管钻进成孔

采用比孔口管小一级的偏心跟管钻具钻进至第一段孔深。

5.2.5 安装灌浆花管

灌浆花管安装至孔底不大于 50 cm 处,花管为 Φ60 PVC 管,径向每间隔 30 cm 成梅花形布置三排 Φ8 花眼。

5.2.6 起拔导管

采用拔管机并在不损伤、移动花管的情况下起拔导管。

5.2.7 灌浆

5.2.7.1 灌浆原则

灌浆采用自上而下分段、排内分序逐渐加密的原则。

5.2.7.2 分段灌浆的段长

各段长均为 5 m。

5.2.7.3 灌浆压力

三段次自上而下灌浆压力为 0.3 MPa、0.5 MPa、0.8 MPa,压力表安装在孔口回浆管上。

5.2.7.4 浆液比级

采用 3：1、1：1 和 0.5：1 三个比级。由稀到浓,按规范要求进行浆液浓度变换,按岩层分段灌浆,开灌水灰比为 3：1。遇吸浆量大于 30 L/min 的孔段,可越级变浓。

5.2.7.5 结束标准

在设计压力下,灌浆孔(段)注入率不大于 1 L/min 时,延续 10 min,即可结束。

5.2.7.6 封孔

灌浆结束后,用压力灌浆法置换封孔,待凝后用水泥砂浆回填孔口。

5.2.7.7 特殊情况处理

1)地表冒浆

灌浆过程中,出现地表冒浆现象,结合现场实际施工情况,采用低压、浓浆、限流、间歇灌浆等方法处理,对个别冒浆量大的孔段进行待凝。

2)灌浆中断

对于灌浆过程中,由于特殊原因造成灌浆中断,其处理方法如下:

一是尽快恢复灌浆,否则应立即冲洗钻孔,再恢复灌浆;若无法冲洗或冲洗效果不明显的,应进行扫孔,再恢复灌浆。

二是恢复灌浆时,应使用开灌比级的水泥浆进行灌注,如注入率与中断前相近,即可采用中断前的水泥浆的比级继续灌注;如注入率较中断前减少较多,应逐渐加浓浆液继续灌注;如注入率较中断前减少很多,且在短时间内停止吸浆,应采取补救措施。

3)注入量大的孔段

对于灌浆段注入量大而难以结束时,均采用低压、浓浆、限流、间歇灌浆或灌注速凝浆液。

5.2.8 待凝以及扫孔

每段灌浆完毕,一般待凝4~6 h后在进行扫孔。

扫孔完毕即按照前面步骤依次进行钻孔、灌浆循环施工,直至达到设计灌浆深度。

5.2.9 封孔

终孔段灌浆结束、浆液凝固后,将孔内积水排出后用水泥砂浆封孔并抹平孔口。

5.2.10 检查验收

施工过程中加强质量监督检查,并利用声波检测设备对灌浆孔灌浆前后进行岩体单孔声波检测对比。另外,利用现场观察开挖坡面是否成形、自稳,坡面是否平整且无垮塌现象进行验收、评定。

6 材料与设备

6.1 灌浆材料

(1)水泥:采用标号为 P.O 32.5 普通硅酸盐水泥灌浆材料。

(2)砂:遇吸浆量大的地段需加入一定的砂。砂的最大粒径小于 2.5 mm,细度模数不大于2.0,含泥量小于3%,有机物含量不大于3%。

(3)水:符合施工用水的要求。

(4)外加剂:添加减水剂或速凝剂,由试验确定,并报监理工程师批准。

6.2 主要机械设备

(1)造孔设备:采用 XY-2PC 型地质钻机、30 型液压潜孔钻机、空压机等。

(2)灌浆设备:BW-200 型灌浆泵、200×200 型制浆机。

7 质量控制

7.1 工程质量控制标准

目前对于预固结灌浆施工质量控制没有专门的质量评定标准和规范,所以预固结灌浆施工质量控制参照执行《水工建筑物水泥灌浆施工技术规范》(DL/T 5148—2001)。

利用声波检测设备对灌浆孔灌浆前后进行岩体单孔声波检测对比。另外,利用现场观察开挖坡面是否成形、自稳,坡面是否平整且无垮塌现象进行评定。

7.2 质量保证措施

(1)严格按照 ISO 9001:2000 质量管理体系及我公司质量管理程序文件建立质量保证体系,全面实行质量管理,确保施工质量。施工质量保证体系运行以"三检制"为核心内容,以开展施工班组的"三自检"为基础,"QC 小组"活动为手段,"三工序"为质量控制程序的运行活动。

"三检制"的运行:在工作中每个工序的质量应实行班组自检、施工队互检和职能部门(专职质检员)专检。

"三自检"的运行:在班组的每项工程完成后,即操作者要进行自检、自评、自定的活动。

积极开展"QC 小组"活动,积极开展群众性技术质量活动。

"三工序"活动:即严格执行工序管理,上道工序不清,不能过检验认证,本道工序不施工;本道工序是为下道工序服务的,下道工序是本道工序的用户,本道工序为下道工序创造施工条件和便利。

(2)项目负责人为第一质量责任人,项目部成立质量管理领导小组,配置专职质量检验员。各职能部门负责人及机长为相应职权范围内第一质量责任人,将质量管理工作逐层分解,逐项落实,层层监督,分级管理。

(3)施工之前,必须对施工图纸及技术要求进行会审,根据施工图纸及技术要求编写施工技术措施和质量计划,并将施工技术措施和质量计划要求对施工人员进行详细的交底。

(4)所有设备操作人员和记录人员必须执证上岗,其他人员必须经过培训,经考试合格后方可上岗;所有的灌浆施工作业都应该在监理工程师旁站的情况下进行;施工质检人员对施工过程中的钻孔、高压风清孔、灌浆的全过程进行跟踪检查,以确保施工作业的规范性和灌浆质量的可靠性。

(5)坚持材料、成品或半成品进场检验制度,严把材料质量关,进入施工现场的材料必须具备出厂合格证和必要的检验证明,杜绝不合格的材料进入施工现场。

(6)施工过程中各种用于检验、试验和有关质量记录的仪器、仪表必须定期进行检验和标定。

(7)施工中,严格执行"三级检查验收"制度;通过加强过程控制,不断完善施工措施,使其满足技术要求和有关文件规定,确保灌浆质量。

(8)质量检查应全面完整地搜集资料,及时准确地进行记录,作为工程验收的依据,并应归入技术档案。

(9)施工过程中遇到特殊情况,应严格按设计有关要求编写出具体的处理方案,及时报监理批示,并严格按监理工程师批准方案执行。

(10)以有关行业标准和规程规范中有关规定及设计要求作为工程质量检查与等级评定的标准。

8 安全措施

(1)建立健全安全组织,项目经理为安全第一责任人,由项目负责人、技术负责人和各施工队队长、班长组成项目安全管理小组,对整个项目的全过程实行安全管理。

(2)认真贯彻"安全第一、预防为主"的方针,根据国家有关安全管理规定、条例,并结合项目工程特点,拟订切实可行的安全管理办法、措施、制度,下发到各班组落实执行,并加强安全宣传教育。

(3)根据现场需要,配备完善的安全保护设施,严格安全检查制度,管理人员及专职安全员应定期或不定期进行安全检查,发现安全隐患必须督促生产者及时整改,杜绝事故隐患。

(4)严格执行安全奖罚制度,凡发生的安全责任事故,必须按"三不放过"的原则进行处理。对相关部门、作业队(班)和个人进行不定期的检查考核。

(5)加强社会治安工作,创造良好的施工环境,以利施工的顺利进行,各施工班组要做好自律工作,教育和管理好员工,要尊重当地民风民俗,做到文明施工。

(6)施工现场设施必须符合防火、防盗要求,易燃、易爆材料按规定存放,派专人守护;特殊工种生产人员必须持证上岗。

(7)施工现场应做好滑坡、交通、安全、生产等警示标牌。

(8)针对高边坡施工安全问题制定安全措施,认真辨识危险源,加强高边坡稳定监测,对可能存在塌方、掉块的部位设置柔性防护网,确保施工设备、人员安全。

(9)在边坡顶部设置截水沟,防止雨水渗入边坡引起塌方。设专职安全员对高边坡进行巡视,做好预报、预警。

9 环保措施

(1)工地成立施工环境卫生管理机构,在施工过程中严格遵守国家和地方政府的有关环境保护的法律、法规和规章制度,加强施工现场材料管理,加强对废水、废渣、粉尘的控制和治理。

(2)在现场设立专用排浆沟、集浆坑,对废液、污水进行集中处理,禁止随意排放。

(3)进行水泥灌浆施工作业,粉尘对人体具有极大的危害作用,施工时应做好严格的劳动保护工作,应戴口罩。

(4)对施工现场进行合理布置,做到现场规划合理、标志醒目、场地文明整洁。

10 效益分析

(1)施工方法针对性强,技术可靠;施工工序简单,操作简便。

(2)费用低廉,较钢管桩等其他支护措施,节约钢材。

(3)与其他支护措施相比,场地易于布置,工程进度快,有利于及时为后续工序提供作业条件。

(4)本工法属于超前基础处理措施,施工过程中所取得的地质信息可以为后续施工提供一定的信息指导,如岩体声波检测可以对地层改良情况进行判别。

11 应用实例

四川省大渡河流域大岗山水电站左两岸坝肩高边坡开挖高度达525 m,海拔1 360 m以上边坡地层为全风化花岗岩,部分为覆盖层,设计开挖坡比为1∶0.75,为了保证陡峻边坡的开挖稳定、成形,设计方案为对全风化花岗岩、覆盖层边坡进行预固结灌浆处理。左岸坝肩以上边坡采用预固结灌浆固坡面积10 500 m²,于2007年8月1日开工,2008年年底结束。

在左岸1 390 m以上边坡开挖支护施工过程中,我公司严格按照设计要求、试验监理批复、监理工程师现场指令对全风化花岗岩地层、覆盖层边坡进行了预固结灌浆处理,最终边坡基本按设计开挖线成形,坡面平整且无垮塌现象。

经监理工程师检查表明,灌浆施工符合设计指标,原始记录真实翔尽,资料齐全,灌浆效果显著;利用声波检测设备对灌浆孔灌浆前后进行对比检测,发现灌浆前后岩体单孔声波有明显的变化:灌前800 m/s左右,灌后可达1 000~1 500 m/s,灌后声波提高30%以上,开挖坡面成形、自稳、平整且无垮塌;左岸坝顶以上边坡预固结灌浆达到设计要求,满足施工需要。

（主要完成人：梁建忠　党永平　李　睿　李书健　涂　云）

砂砾石隧洞施工工法

葛洲坝新疆工程局(有限)公司
新疆水利水电勘测设计研究院

1 前 言

二道弯隧洞所穿越的地层岩性为第四系中更新统砂砾石地层(Q_2^{al}),隧洞洞身段围岩主要由中更新统冲积砂砾石层组成,结构松散,砂砾石层内有厚 $0.5 \sim 3.0$ m 的砂层透镜体分布,砂砾石干密度 γ_d 为 $1.9 \sim 2.0$ g/cm³,纵波速度 $1\,000 \sim 1\,200$ m/s,弹力抗力系数 $100 \sim 200$ N/cm³,砾石含量 80%,砾石成分为花岗岩、凝灰角砾石,胶结差。隧洞属 V 类围岩,成洞条件差,施工中易塌方。隧洞洞室一经开挖,边顶拱砂砾石随即塌落,在砂层透镜体分布地段,塌落更严重。二道弯隧洞地质条件复杂,施工难度大,若采用常规岩石隧洞施工方法即边顶拱喷混凝土,超前锚杆及超前管棚预注浆,随机锚杆加钢筋网等支护方式已不能适应砂砾石隧洞的施工。砂砾石隧洞施工许多关键技术问题目前尚无可供借鉴的规程规范,只能在施工中不断去探索。

葛洲坝新疆工程局(有限)公司在二道弯隧洞施工中,聘请了科研院所有关知名专家,专门成立了技术攻关小组。课题组针对施工中可能遇到的技术难题,进行研究攻关,提出了相应的施工技术方案,并在建设中进行验证、总结和提高,最终形成了完整的砂砾石隧洞施工技术体系,包括:①砂砾石隧洞进洞施工及隧洞施工规则;②砂砾石隧洞塌方段处理方法;③砂砾石隧洞格栅拱架的加固;④静态破碎法和钢丝网及钢板反贴技术在处理隧洞孤石和塌方的应用;⑤隧洞轴线双导线校核法在工程施工中的应用;⑥T 型开挖技术在砂砾石隧洞中的应用。2008 年 12 月 18 日,新疆维吾尔自治区水利厅组织并邀请同行专家在乌鲁木齐市对"砂砾石隧洞施工技术的研究与应用"项目进行了科技成果验收。验收结论是:该成果目前已在二道弯隧洞成功应用,保证了该工程的顺利完工,并缩短了工期,节约了投资,具有很大的社会效益与经济效益。

2008 年"砂砾石隧洞施工技术研究与应用"获新疆水利科学技术三等奖和葛洲坝集团公司科技进步二等奖。

"砂砾石隧洞施工工法"应用于二道弯砂砾石隧洞和中石油独山子"大发展"项目的饮水保障项目第四水源地引水隧洞工程一标及二标等,都取得了较好的经济效益和社会效益。值得在今后类似的工程施工中借鉴、应用和推广。

2 工法特点

(1)针对砂砾石隧洞开挖支护,严格按照"短进尺、强支护、快封闭、勤量测"的原则施工。一次支护位置提前具备,经安全处理和平渣后,立即施做一次支护,采用钢格栅拱架、挂网喷混凝土等支护手段,形成一柔性封闭环,确保围岩稳定。同时,缩小钢拱架的间距,确保一次支护的强度和刚度。丰富了"新奥法原则"隧道施工的内涵。

(2)采用格栅拱架密排进洞法解决了砂砾石隧洞洞脸进洞锁口的稳定性问题。

(3)隧洞轴线双导线校核法保证了隧洞轴线的高精度贯通。

(4)采用砂砾石隧洞格栅拱架锁脚法,解决了在松散地层施工中拱脚稳定的问题。

(5)采用 T 型开挖法与工序,保证了施工安全,加快了施工进度,节约了成本。

3 适用范围

此工法适用于砂砾石隧洞施工。

4 工作原理

砂砾石隧洞施工采用T型分步平行流水作业法,具体为分步平行开挖,分步平行施工顶拱和边墙的初期支护及时闭合构成稳固的初期支护体系,保护围岩的天然承载力,有效抑制围岩变形。通过收敛观测及顶拱沉降监测反馈指导施工,及时调整支护参数和混凝土衬砌施工时间,确保隧洞施工安全。

在遇到自稳定性极差的地段,则采用上部弧形导坑法短进尺开挖施工作为拱部初期支护,在此部位施工时应尽量缩短支护循环时间,减少边墙开挖振动。

5 施工工艺流程及操作要点

5.1 主要施工工艺流程

5.1.1 隧洞围岩地质外貌

二道弯隧洞围岩外貌见图1。

5.1.2 主要施工工艺流程

台阶分步平行流水作业法施工工艺流程见图2。

图1 二道弯隧洞围岩外貌

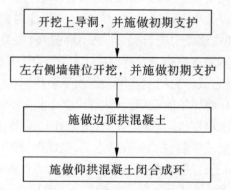

图2 台阶分步平行流水作业法施工工艺流程

5.2 一次支护施工

5.2.1 洞室开挖

洞室开挖采用两台阶分步平行开挖法进行施工,施工顺序见图3。先开挖上导洞,上导洞部分Ⅰ区人工用风镐、铁锹开挖至设计线,小挖掘机(0.2 m³)配合出渣。当上导洞开挖完成后立即进行钢筋拱架、网片和连系筋的安装,并喷护C25混凝土至一衬设计线。然后用小挖掘机(0.2 m³)开挖核心土台(Ⅱ区,长3 m左右)和Ⅲ区。同步进行边墙部位Ⅳ区(Ⅴ区)的开挖,即采用小挖掘机直接开挖装渣,3～5辆5 t自卸车进行运输,同时人工用十字镐、风镐配合挖掘机修至设计面,开挖完成后立即进行钢筋拱架、网片和连系筋的安装,并喷护C25混凝土至一衬设计线。每循环进尺一般控制在0.5～1.2 m为宜。为尽量避免施工干扰,并有效减小核心土台的高度,确保施工安全,上下台阶应相错15～20 m为宜。

5.2.2 钢拱架安装、挂网

钢拱架支撑由主筋(Φ25螺纹钢)、附筋(Φ12、Φ8圆钢)组成"△",底部宽度为18 cm,高度为16 cm。见图4和图5。每榀钢拱架由四段组成,每段钢拱架的端部设一块钢脚板(δ=1 cm),钢拱

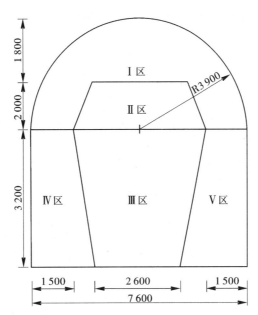

图 3 洞室开挖及支护施工顺序示意图 （尺寸单位:mm）

架与钢板用 U 形和 L 形 Φ20 螺纹钢筋可靠焊接,相临两块钢板采用 3 根 Φ20 螺纹刚连接,每榀拱架之间由 Φ22 螺纹钢筋连接。钢拱架固定采用起拱处增设 2 根 L 50×4 角钢(L = 60 cm)伸至岩体内,喷护 C25 混凝土固定,并与钢拱架焊接牢固。

待 Ⅰ 区开挖完成后,立即进行顶拱钢筋拱架的安装,安装过程中应确保拱架位置在设计断面上,各项偏差在规范的允许范围内,拱架调整好后将 Φ22 螺纹连系钢筋、Φ8 钢筋网焊接牢固。顶拱拱架安装结束后,跟进安装边墙拱架。

5.2.3 喷射混凝土

待钢拱架、网片安装完成经过验收后,进行顶拱和边墙的喷护,喷射作业先从拱脚或墙脚向上堆喷,以防止上部喷射回弹料虚掩拱脚(墙脚)使混凝土不密实,造成失稳。先将凹洼部分找平,然后喷射凸出部分,并使其平顺连接。喷射操作应沿水平方向以螺旋形划圈移动,并使喷头尽量与受喷面保持垂直,喷嘴口与受喷面距离以 0.6 ~ 1.0 m 为宜。喷射混凝土表面应大面平整并湿润光泽。

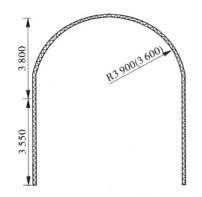

图 4 钢筋拱架结构示意图 （尺寸单位:mm）

图 5 制作成型的钢拱架

5.2.4 一次支护施工注意事项

（1）开挖时按设计开挖边线应预留 20 cm 保护层,人工采用十字镐或榔头修整至设计面,尽量减少超挖量。

（2）开挖时左右侧墙不得同时开挖,应错开 2 m 以上,避免出现同一榀拱架两个拱脚同时悬空现象。

（3）安装边墙钢拱架时应伸入标准开挖断面以下 30～50 cm,并浇筑 30 cm 宽的条状锁脚混凝土,确保拱架受力稳定。

（4）施工中要将钢拱架置于坚实的地基上,确保钢拱架受力。

（5）钢拱架平面应垂直于隧洞轴线,其倾斜度不应大于 2°,钢拱架的任何部位偏离铅垂面不应大于 5°。

（6）为增强钢拱架的整体稳定性,应将钢拱架与纵向连接筋、网片、锁脚角钢焊接牢固。

（7）安装钢拱架时,连接接头一定要连接牢固。拱脚部位易发生塑性剪切破坏,该部位接头除栓接处,还应用钢筋焊接,确保接头的刚度和强度。

（8）当钢拱架与混凝土初喷层间存在较大间隙时应想办法将空隙填充密实;钢拱架与围岩的间距不应大于 5 cm。

（9）严格按设计要求进行顶拱下沉及周边收敛位移量测,通过监控量测的信息反馈,及时调整一次支护的各参数和混凝土的衬砌施工时间。

5.2.5 隧洞一次支护成型断面实际施工示例

隧洞一次支护成型断面见图 6。

5.2.6 围岩地质条件较差段施工工艺措施

隧洞掘进至地质条件较差段时,除上述施工工艺及方法外,还应采取如下措施:

（1）地质勘探。在开挖过程中,加强地质跟踪及预测,以便采取恰当的施工程序及措施,确保围岩稳定。

（2）土料开挖。开挖严格按照"短进尺、强支护、快封闭、勤量测"的原则施工。

（3）一次支护。支护位置提前具备,经安全处理和平渣后,立即施做一次支护,采用钢格栅拱架、挂网喷混凝土等支护手段,形成一柔性封闭环,确保围岩稳定。同时缩小钢拱架的间距,确保一次支护的强度和刚度。

图 6 隧洞一次支护成型断面

（4）施工监测措施。成洞后按设计要求及时埋设各种观测仪器,并开始观测,十倍洞径距离以后,视变形速率情况可拉开测量时间间隔。通过勤量测及时反馈信息,指导开挖支护施工,确保隧洞稳定和施工安全。

5.3 二次衬砌施工

5.3.1 施工工艺流程

隧洞二次衬砌按照新奥法原则进行,混凝土生产用自动计量拌和站,罐车运输。施工时采用先边顶拱后仰拱的方法,边顶拱混凝土衬砌采用液压钢模台车,泵送混凝土浇筑,仰拱混凝土施工采用常规方法,其具体流程如图 7 所示。

实际二衬混凝土施工示例见图 8。

5.3.2 钢模台车操作方法

5.3.2.1 钢模台车结构

隧洞边顶拱衬砌采用钢模台车(见图 9)进行立模浇筑,钢模台车总长 10.3 m,为整体式钢架结构,台车顶部平整上设 2 排共计 6 个千斤顶、6 个垂直丝杆用于支撑顶拱模板,侧面起拱处各设一排(每排 5 个)水平丝杆,下部混凝土侧压力最大处各设一排油压千斤顶(自动调节),用于调整及加固模板。钢模左右两侧对称分布有 2 排共计 12 个窗口,用于混凝土入仓及作为进人孔便于仓面平仓振捣,顶拱设两个垂直封拱孔。钢模表面布有 12 台附着式平板振动器,用于混凝土振捣。

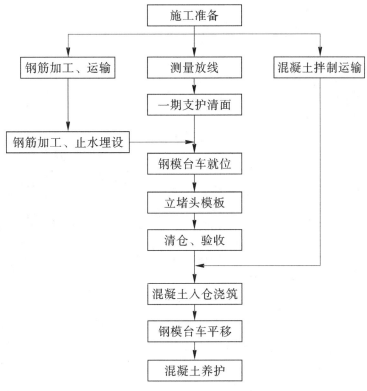

图 7   二衬混凝土施工流程

图 8   二道弯隧洞二衬混凝土施工

5.3.2.2   轨道安装

钢模台车利用外力(挖掘机牵引)行走在钢轨上,轨道安装要求较高。经测量人员放线定位后,两钢轨中线与隧洞轴线距离偏差不得大于 2 cm,高程偏差不得大于 1 cm,钢轨下每 80 cm 布设一道枕木,确保轨道受力均匀。轨道通过道钉固定于枕木上,每 10 m 铺设一段轨道,与钢模台车相对应。

5.3.2.3   钢模台车就位

在钢模台车上划定中轴线和起拱线,测量人员测定隧洞轴线及高程后,通过调整台车顶部的千斤及两侧的油缸,将钢模台车精确定位于设计断面上。定位时,首先调整钢模台车轴线,使其位于隧洞轴线上,再通过升降台车顶部的千斤,将顶模固定于顶拱设计高程处,最后利用两侧的自动油压系统调整两侧模板,使其位于设计断面上。

钢模台车定位后,再次复核钢模是否与设计断面相符,确定在规定的误差范围之后,将台车上所有的丝杆加固。

钢模台车定位实际施工示例见图10。

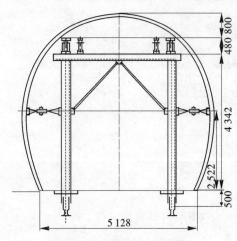

图9　隧洞钢模台车示意图　　　　图10　二道弯隧洞钢模台车定位

5.3.2.4　底部侧模安装

可参照常规模板安装方法实施。

5.3.2.5　堵头安装

堵头采用定型钢模板拼装,内设对拉螺杆,外设方木进行加固,确保分缝混凝土面平直、密实,同时也可保证橡皮止水安装质量。

5.3.2.6　模板表面处理

钢模台车模板表面处理方法,与常规模板类似。

5.3.3　边顶拱二衬混凝土浇筑

5.3.3.1　边墙混凝土浇筑

边墙混凝土由钢模台车各窗口入仓,人工进行平仓,仓内采用插入式振捣器进行振捣。仓外采用附着式振捣器振捣。振捣时,振动棒每30 cm一层进行分层插入振捣,振动棒应插入下层混凝土10 cm,快插慢提,使气泡充分排出,振捣止水部位时,要防止止水移位或翻卷,同时要注意止水两侧混凝土是否填充密实。边墙混凝土浇筑时,各窗口应依次入仓,两侧墙混凝土均匀水平上升,分层厚度不得大于30 cm。混凝土浇筑至各窗口下平面时,仓内人员由窗口退出,将截断的钢筋焊接好后,窗口即关闭平整,以免混凝土出现错台。

5.3.3.2　顶拱混凝土浇筑

顶拱混凝土入仓时,必须先从已浇筑好的混凝土接缝处向堵头方向浇筑顶拱混凝土,通过钢模台车顶部的冲天尾管及端头的预留孔入仓。混凝土振捣通过钢模台车上的附着式振捣器进行振捣,确保混凝土密实。端头最高处应预留观察孔,便于观测顶拱混凝土是否浇满,避免顶部托空。如顶部端头模板最高处已漏浆,说明混凝土已浇满,即可停止混凝土泵送,封拱采用活塞式封拱装置,将冲天尾管处混凝土压平,混凝土即浇筑结束。

5.3.3.3　养护时间

混凝土浇筑完强度达到设计强度后,经质检人员同意后,可进行脱模。脱模后喷养护剂或洒水养护,养护时间不得少于28 d。

5.3.3.4 注意事项

混凝土浇筑过程中,应保持连续浇筑,各窗口及顶拱封拱,接输送泵时,施工人员动作要迅速,严格控制混凝土间歇时间,避免出现冷缝。

5.3.4 洞衬混凝土浇筑常见问题质量控制

5.3.4.1 混凝土纵向接缝错台处理方法

钢模台车面板与混凝土接缝处应用丝杆或木料顶紧,最短不少于 8 cm,浇筑时随时检查支撑情况。

5.3.4.2 施工缝处理

施工缝凿好毛后,用 GB 止水条紧贴在混凝土面上,浇筑时加强振捣。

5.3.4.3 止水固定

用钢筋夹固定,浇筑时加强平仓,并派专人看守,搞好止水周边混凝土浇筑,防止止水翻卷。

5.3.4.4 顶部脱空问题

加密尾管,布置检查孔,在侧面检查顶拱是否浇满。

隧洞钢筋焊接实际施工示例见图 11。

5.4 主要关键工序操作技术要点

5.4.1 隧洞格栅拱架密排进洞技术

洞脸锁口处理是隧洞工程顺利进行洞身施工的基本前提,砂砾石洞脸锁口处理至关重要,同时锁口处理是洞身施工方法的探索。超前锚杆超前管棚或灌浆施工均无法实施,进洞难度很大,必须制定专项隧洞进洞施工方案。

进洞前先将洞脸边坡进行加固处理,洞脸进行挂网喷护处理(采用 Φ8 钢筋,间排距 20 cm×20 cm)C25 混凝土喷 8 cm 厚,洞脸范围布置排水沟和防洪堤,防止雨水冲刷,并做好施工前一系列准备工作。

在上述施工准备完成后,进行进洞口开挖工作,洞口砂砾石坡比在保证安全的前提下,尽可能陡一些(1∶0.3～1∶0.5),开挖完成后,在洞底起坡处 1 m 的距离,先立一榀导向钢拱架,钢拱架应伸入建基面以下 50 cm,并浇筑 30 cm 宽 C25 条状混凝土,然后立拱架依次连接。从导向钢拱架向洞口方向每 0.5～1.0 m 立一榀钢拱架,每两榀钢拱架支立完成后,立即进行连系筋焊接(Φ22,间距 1 m)和挂网(Φ8,15 cm×15 cm)施工,并对钢拱架后有砂砾石部位采用喷 C25 混凝土厚 20 cm 进行加固处理,该工序直至进洞第一榀钢拱架安装完成为止(见图 12、图 13)。

图 11 二道弯隧洞仰拱钢筋焊接

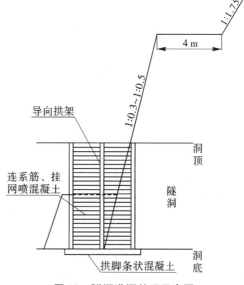

图 12 隧洞进洞处理示意图

洞口的开挖和支护,严格遵照砂砾石隧洞"短进尺,强支护,快封闭,勤测量"的施工原则,施工顺序为先顶拱后边墙,为保证隧洞锁口的安全,减少渐变段施工所需时间,采用每40 cm设一榀钢拱架,钢拱架之间每1 m,设一根Φ22连系筋,挂网(Φ8,15 cm×15 cm)喷20 cm厚C25混凝土进行锁口后,再进行进洞施工。

施工顺序为:Ⅰ区——→Ⅱ区——→Ⅲ区——→Ⅳ区——→Ⅴ区。

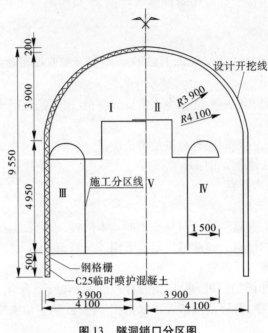

图13　隧洞锁口分区图

5.4.2　砂砾石隧洞塌方段处理

砂砾石隧洞因结构松散开挖时极易发生塌方,塌方段部位示意图见图14,一般处理方法如下:

暂停隧洞进口洞挖施工,将已形成的空腔段封闭,同时封闭掌子面。预留灌浆管,向顶部空腔内灌注水泥净浆。灌浆分时段进行,一次灌浆厚度不得大于25 cm,以防止顶部荷载过大,影响支护安全。灌浆分多次进行,直至顶拱灌浆厚度达到二衬厚度(即50 cm)以上。灌浆过程中各检查孔随时进行检查,同时加强钢拱架变形观测。处理完成后,采用短进尺、强支护的原则,由于原钢格栅榀距已调至0.5 m,开挖时应结合实际情况再确定是否还需调整。

再次开挖时,采用钢丝网对塌落部位立即进行封闭,封闭端部采用Φ25钢筋制成三角架支撑,完成后用C20混凝土喷护8 cm进行防护。防护完成后,再按常规施工方法进行钢拱架Φ8钢筋网片和连接筋安装和喷护施工,直至喷护达到设计厚度即0.2 m,必要时对空腔再进行灌浆处理。

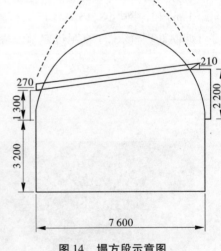

图14　塌方段示意图

5.4.3　砂砾石隧洞工程贯通施工

在隧洞剩余30 m洞挖时,再次校正隧洞轴线和四等高程点,并在距两侧掌子面15 m时进行一次贯通测量,将测量误差尽量减小,确保贯通的精度。在隧洞洞挖进尺剩余2倍洞径时,考虑应力集中对隧洞的影响,将钢拱架加密。加密采用逐渐递增的方法,在剩余2倍至1倍洞径时,适用榀距0.8～0.5 m,待两掌子面间距小于1倍洞径时,钢格栅榀距不得大于 50 cm,以确保一衬的支撑强度。根据隧洞地质情况,在隧洞洞挖剩余 15 m 时,停止一端掌子面开挖,并喷混凝土 5 cm 封闭该处掌子面。加强顶拱变形观测,开挖时尽量少扰动或基本不扰动围岩,保持围岩的固有承载力,在距掌子面 1 倍洞径时,采取人工开挖的形式进行开挖。在上半拱贯通后,测定隧洞贯通精度,同时两端交错进行拱脚开挖支护,确保隧洞整体开挖顺利完成。

5.4.4 隧洞轴线双导线校核法

隧洞测量是保证施工质量的关键,砂砾石隧洞在做好常规测量的基础上,充分利用通风竖井,采用了隧洞轴线双导线校核法,即洞内导线和洞外导线相结合的方法,两条导线通过通风竖井用红外线投点仪进行相互校核,保证了施工精度。该方法优点为:①避免了洞内放线通视效果不好,多次转站造成的测量累计误差;②在隧洞有弯道时,导线测量有短边控制长边的问题,测量误差大,可通过洞外导线校核;③隧洞洞顶有通风竖井、长隧洞或有弯道隧洞较为适用。

5.4.5 砂砾石隧洞格栅拱架锁脚法

砂砾石隧洞砂砾石结构松散,不胶结,地质条件复杂,洞室一经开挖,边顶拱塌落严重。为确保施工的安全,防止因开挖边墙造成顶拱拱架整体下沉或拱架变形,在起拱处两侧分别增设 2 根 L 50 ×5 角钢(角钢长度 60 cm,向上仰角 15°)伸入砂砾料中,并浇筑 C25 条状混凝土。(见图 15)。加强每榀格栅拱架连系筋的焊接质量,增强格栅拱架的整体支护强度。为确保拱脚牢固,防止顶拱和侧墙围岩压力造成格栅拱架变形,增设了格栅拱架混凝土基座,尺寸 0.5 m×0.5 m×0.5 m,浇筑 C25 混凝土,确保了格栅拱架的刚度和强度。

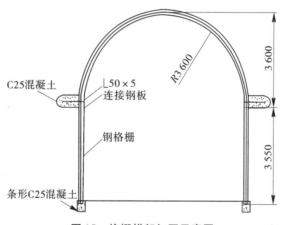

图 15 格栅拱架加固示意图

5.4.6 砂砾石隧洞 T 型开挖法

洞室开挖采用 T 型分步平行开挖法进行施工,先开挖上导洞,上导洞部分 I 区人工用风镐、铁锹开挖至设计线,小型挖掘机配合出渣。当上导洞开挖完成后立即进行钢筋拱架、网片和连系筋的安装,并喷护 C25 混凝土至一衬设计线。然后用小型挖掘机开挖核心土台(Ⅱ区,长 3 m 左右)和Ⅲ区。同步进行边墙部位Ⅳ区(Ⅴ区)的开挖,即采用小型挖掘机直接开挖装渣,3 ~ 5 辆自卸车进行运输,同时人工用十字镐、风镐配合挖掘机修至设计面,开挖完成后立即进行钢筋拱架、网片和连系筋的安装,并喷护 C25 混凝土至一衬设计线。每循环进尺一般控制在 0.5 ~ 1.2 m 为宜。为尽量避免施工干扰,上下台阶应相错 15 ~ 20 m 为宜。

新奥法常规开挖施工顺序:Ⅰ区──→Ⅳ区──→Ⅴ区──→Ⅱ区(Ⅲ区)。砂砾石隧洞开挖若采用此顺序进行施工,上下作业面施工相互干扰大,核心土台高度较大,施工安全隐患大,严重制约开挖施工进度。施工过程中经过探索比较,将开挖顺序调整为:Ⅰ区──→Ⅱ区(Ⅲ区)──→Ⅳ区──→Ⅴ区,同时将上下台阶距离加长至 15 ~ 20 m,并将台阶开挖成斜坡,减小核心土台的高度。此方法的改进,不仅提高了施工进度,同时确保了施工安全。

5.4.7 静态破碎法的应用

当砂砾石隧洞有大体积漂石,为了减少清除大漂石对洞室的松动危害,确保安全生产,在砂砾石洞室开挖中采用了静态破碎法清除大漂石,并取得了成功。

(1)静态破碎法施工工艺流程为:钻孔——破碎剂拌制——装填——养护。

(2)首先根据漂石大小、岩石特性布置炮孔为梅花形,钻孔设备选用 TY-7655 型手风钻,并按设计好的破裂参数进行造孔。炮孔布置见图 16。

(3)破碎剂的选型及拌制。施工过程中选用了 SCA-II 破碎剂(水灰比 0.36),根据水灰比计算出用水量及破碎剂用量,然后用带刻度量筒量好所需水量倒入铁桶中,再将称量好的破碎剂倒入,并用木棒搅拌均匀,搅拌时间一般为 40~60 s。

(4)装填。搅拌好的破碎剂浆体在 5~10 min 内装填至炮孔内,灌注浆体时一定要装填密实。对于垂直炮孔,直接将浆体倾倒进去;对于水平和倾斜炮孔,采用砂浆泵将浆体压进炮孔内,然后用塞子堵口。岩体一般在 24 h 以后开始破碎。

岩体破碎效果见图示图 17。

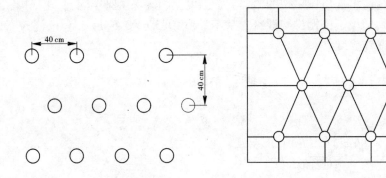

图 16　炮孔布置示意图　　　　图 17　岩体破碎效果示意图

(5)养护。洞内温度较高时在装填浆体完后,覆盖孔口。气温过低时采取保温和加温措施。

(6)安全注意事项。为了安全,施工时应戴防护眼镜,同时对装填好的区域进行警戒,防止喷孔烧伤人体,若不小心将浆体沾到皮肤上,应立即用清水洗净。

(7)破碎剂用量计算。按岩体单位体积耗药量计算:

$$Q = q_2 V$$

式中:Q 为用药量,kg;V 为破碎体体积,m^3;q_2 为破碎单位体积介质用药量,kg/m^3(中、硬质岩石破碎一般选用 10~15 kg/m^3)。

5.4.8 钢丝网及钢板反贴技术的应用

砂砾石隧洞在施工时,顶拱 120°~150° 范围内常出现较大粒径的砾石,且结构松散,不胶结。其中洞身分布了松散的砂层透镜体,自稳能力极差,洞室开挖时,砾石、砂层随即塌落。格栅拱架安装完成后,若直接对准顶拱开挖面喷护混凝土,将造成更大范围的塌落,严重威胁施工人员和工程的安全。

具体施工方法为:当遇到松散的砂层透镜体及流砂时,先将制作好的条状钢板(厚2~3 mm)超前打入待开挖顶拱区域(120°~150°范围),施工人员再进行顶拱开挖、格栅拱架安装、喷护混凝土。当遇到松散砂砾石洞段,格栅拱架安装完成后,将钢丝网紧贴开挖面,用钢筋顶住并牢固地焊接在拱架上,然后再进行混凝土喷护。

5.4.9 砂砾石隧洞支护规则

（1）钢筋网宜做成网片，在洞内安装以加快支护速度。

（2）钢格栅必须用螺栓连接，如两钢板有缝隙，插入钢筋并焊好。

（3）上拱部钢格栅的两脚板必须坐在坚实的岩面上，拱角处用角钢锲入基岩中，确保拱脚受力稳定。

（4）各榀支撑之间要用连接筋连成整体，安装位置正确，并与围岩密贴。与围岩之间的空隙要用喷射混凝土填塞饱满，拱架支撑的底座应插入混凝土底座之中。

（5）洞室开挖时按设计边线应预留 20 cm 保护层，人工采用十字镐或榔头修整至设计面，尽量减少超挖量。

（6）开挖时左右侧墙不得同时开挖，应错开 2 m 以上，避免出现同一榀拱架两个拱脚同时悬空现象。

（7）上导洞台阶长度为 3~5 m，核心土台净空高度 1.7~2.0 m。

（8）下导洞开挖时两侧拱脚位置应预留 1 m 宽土台，并有 1∶0.3~1∶0.5 的坡度。

（9）必须严格控制钢拱架安装位置的偏差。

（10）隧洞洞顶每 5 m 设置一个高程点，每天必须对洞顶变形情况观测一次。

（11）二次衬砌和开挖掌子面的距离为 40~50 m。

（12）二衬混凝土施工按洞衬混凝土施工方案实施。

（13）隧洞施工必须按砂砾石隧洞施工程序进行。

5.4.10 砂砾石隧洞施工注意事项

（1）在 Ⅳ 类和 Ⅴ 类围岩中，当洞径超过 5.5 m 时，从安全的角度出发，必须实行分部开挖，每一循环开挖后应立即支护，防止围岩变形过大而造成塌方事故，实行分部开挖的目的是限制开挖后围岩与一次支护的变形速率，防止全断面开挖围岩和一次支护变形过大而失稳，是保护围岩稳定的重要措施。

（2）在砂砾石隧洞施工中，控制每循环开挖进尺是非常重要的安全措施，在 Ⅴ 类围岩中，宜为 0.5~1.0 m。采取短进尺的目的是限制围岩变形的速率，避免围岩变形突然释放。在开挖时，尽量少扰动围岩，保持围岩的固有承载能力。最大限度地延长围岩的自稳时间，保持在自稳时间内迅速完成临时支护，并适时进行永久衬砌。

（3）一次支护和二次衬砌距离平行作业问题：在正常地质条件下，隧洞一端日进尺为 2~3 m，月进尺可达到 60~90 m。二衬边顶拱浇筑时间为 8~10 h，脱模时间为 30 h，3~4 d 一段，月浇筑 60~90 m。在二衬施工过程中，其中有约 24 h 在钢模台车中部和底部需采用圆木和钢管加固，无法出渣和进材料。洞内一衬和二衬之间需储备喷浆料和钢拱架，确保一衬能正常开展。

（4）一次支护和二次衬砌距离问题：根据监测资料，掌子面开挖超过围岩收敛监测断面 2 倍半洞径即 20 m 左右时，围岩变形趋于稳定，但还处于缓慢的变化中。在围岩变形趋于稳定后再进行二次衬砌，对二次衬砌的防裂和受力均有利，但由于在一次支护和二次衬砌之间有一段（10 m）需进行钢筋绑扎作业，另需布置开挖支护设备和施工场地，在正常地质条件下，其距离应控制在 40~70 m 为宜。为确保施工安全，不宜超过 100 m。

6 劳动力组织与设备配置

按照工程施工质量的控制需求，投入的劳动力及主要测量设备及施工设备配置计划见表 1 及表 2。

表1 劳动力组织情况

工种	管理人员	技术人员	施工人员	其他人员	合计
所需人数(人)	2	4	20	5	31

表2 主要测量设备及施工设备配置

一	测量设备	型号	单位	数量	用途
1	水准仪	DS23	台	4	隧洞开挖
2	经纬仪	J6、DJ6	台	2	隧洞开挖
3	全站仪	GTS-711S	台	1	隧洞开挖
4	红外线激光指向仪	YBJ-500(B)	台	2	隧洞开挖
二	施工设备				
1	手风钻	7655	套	20	隧洞开挖
2	风镐	G20	把	50	隧洞开挖
3	0.2 m³挖掘机	日立	台	2	隧洞开挖
4	20 m³空压机	20 m³	台	4	隧洞开挖
5	钢模台车	定制	台	2	隧洞衬砌
6	3 m³自卸车	川交	辆	10	隧洞开挖
7	电焊机	ZX7-500	台	10	钢筋加工
8	混凝土泵	HBT	台	2	混凝土浇筑
9	混凝土罐车	6 m³	台	3	混凝土浇筑
10	混凝土拌和站	50 m³/h	台	1	混凝土浇筑
11	其他设备			多种	

7 工程质量控制标准

7.1 隧洞贯通测量极限误差

隧洞贯通测量极限误差见表3。

表3 隧洞贯通测量极限误差

相向开挖长度(m)		≤4	4~8
极限贯通误差 (mm)	横向	±100	±150
	纵向	±200	±300
	竖向	±50	±75

7.2 质量保证技术措施

(1)建立以项目总工程师为首的技术管理系统,结合本工程的设计要求、地质情况,制定切实可行的施工方案。

(2)进洞口边坡开挖、支护符合设计要求,防止塌方堵塞洞口。

(3)根据洞室采用T型开挖的方法,在设计边线处采用人工开挖,以保证不欠挖、少超挖,从而减少对边顶拱的扰动。

(4)对洞内易塌方段部位,采取封闭掌子面,预留灌浆孔,向顶部空腔内灌注水泥浆的方法及时处理。

（5）控制循环进尺，避免施工干扰，采取短进尺、强支护、快封闭、勤测量的方法，保证施工进度与安全。

（6）利用通风竖井，采用洞内导线和洞外导线相结合的方法，保证隧洞贯通精度。

（7）严格控制隧洞的开挖尺寸，保证格栅拱架的牢固性，从而保证一衬混凝土喷护厚度和二衬混凝土浇筑厚度。

（8）严格按照二衬混凝土所用钢模台车的设计要求制作台车，以保证洞内混凝土的浇筑质量。

8 安全措施

（1）认真贯彻"安全第一、预防为主"的方针，根据国家有关规定、条例，结合施工单位实际情况和工程具体特点，组建项目安全生产组织机构，并由项目主管生产的领导任安委会组长。组成专职安全员和班组兼职安全员及工地用电负责人参加的安全生产管理网络，执行安全生产责任制，明确各级人员的职责，抓好工程的安全生产。

（2）各施工队、各部门应认真贯彻执行国家、自治区制定和编写的有关规定，并结合本单位的工种和生产具体情况，制定本施工队、各部门的安全生产管理制度及安全技术操作规程，做到有章可循。

（3）坚持安全生产的宣传教育工作，经常对施工人员进行安全思想和安全知识教育，特别要做好新工人和调换工种工人的三级安全教育、特殊工种的安全教育和经常性的安全教育，不断提高增强职工的安全意识和责任感。

（4）定期或不定期地举办安全知识学习培训班，对各工种进行安全知识测验，合格者可持证上岗，不合格者继续学习直至合格。

（5）施工现场按符合防火、防风、防雷、防洪、防触电等安全规定及安全施工要求进行布置，并完善布置各种安全标识。

（6）施工现场的临时用电严格按照《施工现场临时用电安全技术规范》的有关规范规定执行。

（7）洞口布置大功率鼓风机向洞内供风，保证洞内施工人员的作业环境。

（8）在开挖过程中发现地层不稳定，存在顶部塌方隐患的地方，立即停止施工，任何人不得胁迫工人施工，不允许在不安全条件下施工。

（9）确保安全经费，定期进行安全设备检查和更新。

（10）建立完善的施工安全保证体系，加强施工作业中的安全检查，确保作业标准化、规范化。

9 环境保护措施、办法

（1）成立对应的施工环境卫生管理机构，在工程施工过程中严格遵守国家和地方政府下发的有关环境保护的法律、法规和规章，加强对施工燃油、工程材料、设备、废水、生产生活垃圾、弃渣的控制和治理，遵守有关防火及废弃物处理的规章制度，随时接受相关单位的监督检查。

（2）将施工场地和作业限制在工程建设允许的范围内，合理布置，做到标牌清楚、齐全，各种标识醒目，施工场地整洁文明。

（3）对施工中可能影响到的各种公共设施制定可靠的防止损坏和移位的实施措施，加强实施中的监测、应对和验证。同时，将相关方案和要求向全体施工人员详细交底。

（4）设立专用弃渣场认真做好开挖弃渣堆放及平整，从根本上防止环境破坏。

（5）定期清运生活垃圾及其他工程废料，按工程建设指定的地点和方案进行合理堆放和处治。

（6）对施工场地道路进行硬化，并在晴天经常对施工通行道路进行洒水，防止尘土飞扬，污染周围环境。

10 效益分析

(1)随着西部大开发的进一步深入展开,在铁路、公路、矿山、水利工程建设中,软岩隧洞施工将越来越普遍。以新疆为例,635工程的博特玛依隧洞、顶山隧洞,伊犁南岸干渠的八一达坂隧洞和二道弯隧洞等都属软岩隧洞范畴。但由于二道弯隧洞特殊的地质条件,即洞身处砂砾石干密度γ_d为1.9~2.0 g/cm³,砾石含量80%,属V类围岩,成洞条件差,同时围岩内分布有松散的砂层透镜体。进口分布有泥岩和胶结体,施工尤显困难。在这样的地质条件下进行隧洞施工,在新疆水利建设史上是少见的。隧洞施工必须严格按软岩隧洞施工规则,即"短进尺、强支护、快封闭、勤量测"的原则进行施工。需解决隧洞进洞困难、掘进时边顶拱塌落严重等一系列技术难题,才能保证隧洞施工安全顺利。鉴于软岩隧洞施工目前尚无规程规范可供参考,必须在施工中不断去探索。

(2)二道弯隧洞工程为南岸干渠的咽喉工程,隧洞施工的成败直接影响南岸干渠的进度、投资和安全生产。砂砾石隧洞施工工法在该工程成功运用,避免了大挖方和绕线方案的实施,取得了巨大的经济效益、社会效益和生态效益。

11 应用实例

该工法主要应用于胜利水库砂砾石隧洞工程、二道弯砂砾石隧洞和中石油独山子"大发展"项目的饮水保障项目第四水源地引水隧洞工程一标及二标等。

11.1 二道弯隧洞

11.1.1 工程概况

隧洞段长1 780 m,进口明渠连接段长230 m,出口明渠连接段长234 m。隧洞为无压明流隧洞,隧洞纵坡为1/1 000,马蹄形断面6.2 m×6.2 m。工程总投资5 470万元,合同工期:2004年7月1日开工,2006年12月31日工程竣工。

隧洞穿越的地层岩性为第四系中更新统砂砾石,进口表层覆盖分布有5~10 m厚的风积黄土,出口表层覆盖分布有3~10 m厚的坡洪积碎石土,洞身处砂砾石干密度γ_d为1.9~2.0 g/cm³,砾石含量80%,属V类围岩,成洞条件差,同时围岩内分布有松散的砂层透镜体。其中隧洞进口约400 m为第三系上新统砂岩、砂质泥岩地层。洞身段埋深50~68 m,地下水位低于隧洞底板。

隧洞按新奥法原理设计,采用复合衬砌,以钢筋格栅、锚杆、连接筋、钢筋网喷射混凝土作为初期支护,紧跟模筑混凝土作为二次衬砌,初期支护为城门洞形,二次衬砌为马蹄形断面。

11.1.2 施工情况

二道弯隧洞施工采用T型分步平行流水作业法,具体为分步平行开挖,分步平行施工顶拱和边墙的初期支护及时闭合构成稳固的初期支护体系,保护围岩的天然承载力,有效抑制围岩变形。在遇到自稳定性极差的地段,则采用上部弧形导坑法短进尺开挖、做拱部初期支护,在此部位施工时尽量缩短支护循环时间,减少边墙开挖振动。通过收敛观测及顶拱沉降监测反馈指导施工,及时调整支护参数和混凝土衬砌施工时间,确保隧洞施工安全。

在隧洞施工中严格遵守砂砾石隧洞施工规则即"短进尺、强支护、快封闭、勤量测"的方法进行施工,针对砂砾石隧洞施工制定了一套行之有效的砂砾石隧洞施工规则:

(1)砂砾石隧洞进洞施工及隧洞施工规则。

(2)砂砾石隧洞塌方段处理方法。

(3)砂砾石隧洞格栅拱架的加固。

(4)静态破碎法和钢丝网及钢板反贴技术在处理隧洞孤石和塌方的应用。

(5)隧洞轴线双导线校核法在工程施工中的应用。

(6)在砂砾石隧洞中的应用。

其中砂砾石隧洞进洞施工、T型开挖技术、隧洞轴线双导线校核法、砂砾石隧洞格栅拱架的加固为该砂砾石隧洞施工中的创新点。

该工程于2004年7月18日开工,2006年11月20日竣工。

11.1.3 结果评价

二道弯隧洞共计划分为12个分部,包括进出口及渐变段2个分部,洞身段9个分部,回填灌浆1个分部,划分单元工程共829个。分部工程全部达到合格标准,且全部质量评定优良,单元工程全部达到合格标准,其中质量评定优良的有743个,单元工程优良率为89.6%。

2007年11月15日隧洞顺利通过分部工程验收,二道弯隧洞12个分部均被评为优良。

11.2 第四水源工程隧洞工程一标(2+900~4+800)、二标(4+800~6+600)

11.2.1 第四水源工程概况

新疆石油管理局独山子石油化工总厂第四水源工程位于乌伊公路安集海大桥以南的山间洼地——安集海南洼地,该工程主要任务为独山子大石化工程提供工业和生活用水。

第四水源工程输水线路总长37.564 km,设计输水流量为1.39 m³/s。输水线路中有6 km为砂砾石地层水工隧洞,其余埋设输水管线。由我单位中标承建的隧洞工程一标(2+900~4+800)、二标(4+800~6+600)总长为3.7 km,其中一标合同工期为2007年5月5日至2008年8月30日,二标合同工期为2007年5月28日至2008年8月30日,两个标段工程总投资3 892万元。

11.2.2 第四水源工程隧洞一标、二标地质情况

隧洞一标、二标地质情况为:2+900~3+590段隧洞穿过围岩为第四系上更新统冲积砂卵砾石层,砾石直径一般为2~6 cm,砾石磨圆度中等,为次圆状。3+590~4+800段上部为第四系下更新统冲积砂砾石层,下部为第三系砂砾岩,泥岩互层地层,岩石为厚层块状,夹层厚1.5~5 m不等。4+800~6+600段第三系砂砾岩,泥岩互层地层,岩石为厚层状。

11.2.3 设计和施工情况

(1)设计情况:四水源工程隧洞一标、二标设计为城门洞形,其开挖、一次支护、二衬后断面见图18。

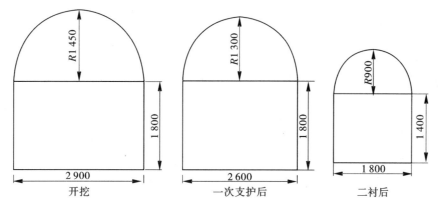

图18 第四水源一标、二标设计图 (单位:mm)

(2)施工情况:独山子第四水源工程隧洞一标、二标分别于2007年5月5日和2007年6月1日正式开工。隧洞全长3.7 km,在工程施工中充分运用二道弯砂砾石隧洞施工技术成果,并不断加以改进和补充,经过5个多月的艰苦努力,于2007年10月15日全线胜利贯通。比合同工期提前约半年时间,得到了业主、设计、监理等各方的一致好评。隧洞一标、二标于2008年7月10日完工,比合同工期提前了50 d,保障了独山子大石化的供水,取得了巨大的社会效益和经济效益。

(**主要完成人**:龙小明 汤德勤 刘 章 肖青春 余海鸣)

深厚砂砾石层"钻劈法"成槽防渗墙施工工法

浙江省第一水电建设集团有限公司

1 前 言

随着水电建设的快速发展,水利工程规模的不断扩大,供水、蓄水工程的日益增多,水利工程供水蓄水中的地下防渗越来越深,防渗规模也越来越大,地质条件也越来越复杂。近几年常用液压抓斗成槽机进行成槽施工,但对于较深、地质条件复杂、需要进入基岩的地下连续墙,液压抓斗成槽机有它的局限性,抓杆深度不够,适应地层能力不强;造价偏高,施工难度大,入基岩效果差,对于较深的防渗墙质量无法保证。

经过逐步探索,不断研究和实践,对垂直结构防渗施工工艺、机具设备配置以及方案进行了系统分析,并在工地现场安排防渗墙造孔的生产性试验,分别先用冲击反循环成孔、液压抓斗成槽机进行成槽与采用"钻劈法"配合 CZ-6 型冲击钻机成孔施工进行对比。液压抓斗成槽机虽然成槽较快,但由于砂砾石层较深、地质条件复杂、需要进入基岩,液压抓斗成槽机与冲击反循环有它的局限性,抓杆深度不够,适应地层能力不强,造价偏高,入基岩效果差,对于较深的防渗墙质量无法保证。而采用"钻劈法"配合 CZ-6 型冲击钻机成槽施工是一个成功有效的施工方法,解决了深厚砂砾石层、复杂地基等垂直防渗工程的技术难点和施工过程中的关键技术问题,取得了良好的成绩和更大的进展,可以得到更广泛的应用。

该技术已进行国内科技查新,查新结果为"委托查新项目针对深厚(大于 70 m)砂砾石层地质特点,采用钻劈法配合 CZ-6 型钻机施工,并制定了深厚砂砾石层钻劈法成槽防渗墙施工工法,在上述检索结果中未见述及"。

2 工法特点

(1)可根据现场地质条件灵活分割槽段施工,确保孔壁稳定;

(2)处理异常情况方法简单多样,能现场迅速组织,无须复杂的工艺设备配合;

(3)嵌岩效果好,能使同一槽段或相邻槽段底标高按设计要求施工,避免因地质原因嵌岩不到位或底标高不一致;

(4)对于于不同地层,造孔垂直度较高,能保证孔型质量,操作简便;

(5)遇有大抛石或透水性强的卵石层也能经过简单处理顺利通过,大大节约成本和时间。

3 适用范围

"钻劈法"成槽施工工法的地层适应性好,适应于水利工程地下防渗规模较大的情况,也可以在深厚覆盖层防渗墙施工中广泛应用,可穿过含大粒径漂、卵石等复杂地质条件的土层,能够解决深厚砂砾层、复杂地基垂直防渗工程的技术难点和施工过程中的关键技术问题,尤其可用于防渗墙体超深(50~80 m)且需要嵌入基岩的防渗工程施工。

4 工艺原理

"钻劈法"成槽方法是先钻凿主孔,后劈打副孔;劈打副孔时在相邻的两个主孔中放置接砂斗接出大部分劈落的钻渣。由于在劈打副孔时有部分(或全部)钻渣落入主孔内,因此需要重复钻凿主孔,称作"打回填"。采用冲击钻造孔时,钻凿主孔和打回填都是用抽砂筒出渣的。钻机在钻进软弱地层时要采用空心阶梯圆筒状钻头,且宜采用"轻打勤放"的方法,即采用小冲程(500~800 mm)、高频次(45 次/min)、勤放少放钢绳的钻进方法;对于坚硬地层,可采用加重平底十字钻头,高冲程(1 000 mm)、低频次(40 次/min)的重打法,配合采用高密度泥浆或向孔内投放黏土球,以及勤抽砂等综合方法,以加大钻头的冲击力和泥浆的悬浮力,并使钻头能经常冲击到地层的新鲜面层。由于钻头部分是圆形的,在主、副孔钻完之后,其间会留下一些残余部分,称作"小墙"。这就需要找准位置,从上至下把它们清除干净(俗称"打小墙")。小墙打完后进入摸孔工序,摸孔就是进一步清除孔壁上残存的芽子和突出的岩块。方法是:使钻头在槽内每隔 0.2 m 间距下放到孔底,以顺利不受阻碍的下放到孔底为合格。至此就可以形成一个完整的、宽度和深度满足要求的槽孔。以上即为一个槽段的成槽施工方法,之后便可下放钢筋网片(或称钢筋笼)灌注混凝土,当所有槽段施工完毕并连接起来后便形成一道不透水的混凝土防渗墙,以达到防渗目的。

起防渗作用的地下连续墙,是保证地基稳定和大坝等主体建筑安全的工程设施。防渗墙上部与坝体或拦河闸中的防渗体相连接,墙下部分嵌入基岩或相对不透水层一定深度,由于混凝土防渗墙能有效地截断地下水流,大大地减小透水地层的渗透流量,从而保证坝基透水地层的稳定。

5 施工工艺流程及操作要点

5.1 施工工艺流程
施工工艺流程见图 1。

5.2 操作要点

5.2.1 施工准备、测量放线
施工前,应先做准备工作,按照规范及有关技术标准要求,根据图纸测量定位防渗墙中心线,并对混凝土防渗墙有关的施工参数、材料、设备及施工工艺措施等作现场生产性试验。

5.2.2 固壁泥浆
为了防止塌孔及护壁泥浆中的黏土凝聚、沉淀分离,防渗墙造孔采用膨润土配制成优质的护壁泥浆。

(1)应按试验选定的配合比配制泥浆,泥浆性能指标应满足有关规范技术要求。

(2)配置泥浆的水质应符合指定技术条款相关规定。

(3)泥浆应净化,循环使用。循环使用的泥浆应每隔 30 min 检测一次性能指标,性能指标不符合要求的作废浆处理。

(4)储浆池内的泥浆采取 VY9/7 空压机供风进行定时搅动,保证不结块和沉淀。

(5)槽孔内泥浆面始终保持在槽口板顶面以下 30~50 cm 的范围内。

5.2.3 防渗墙槽段划分
在防渗墙施工过程中,常根据工程地质情况、水文地质情况、混凝土搅拌强度、混凝土浇筑强度、单个槽孔的造孔延续时间以及泥浆质量等因素划分槽孔长度(根据施工经验一般都在 4~8 m),并根据施工情况对槽段的长度进行适当调整。划分槽孔时尽量做到墙段接头少,有利于快速、均衡和安全施工。

砂砾石地层中的槽段划分应注意:

(1)比较密实的地层,槽孔可长些,疏松、易坍塌的地层宜分短些。

(2)深墙造孔时间长,槽孔宜分短些,反之,可长些。

(3)地下水位较高,渗透性强的地层、地段,槽孔宜分短些,反之,可长些。

(4)槽孔长度应与混凝土的生产能力相适应,保证槽孔混凝土浇筑时上升速度大于 2 m/h。

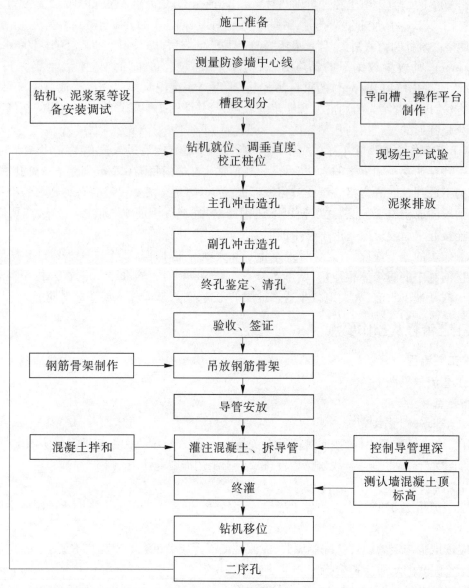

图1 施工工艺流程

（5）含大漂石较多的地段造孔时间长，槽孔长度要分得短些。漂石地层大多易漏失固壁泥浆，槽段太长泥浆供应不足，不利于槽壁的稳定。

5.2.4 导向槽制作

为了便于开孔，可提前形成一个 2~3 m 深的导向槽。一般导向槽施工时采用"7"型，根据每个工程的具体情况，也可采用更有利于孔壁稳定的"L"型。导向槽施工时先完成 1.50 m 宽底板、厚 20 cm、高 1.20 m 的墙体，等到两侧各 6 m 的操作平台土石方回填夯实到相应标高后，进行剩余 1 m 墙体板及导向槽下游侧操作平台的 20 厚 C25 混凝土制作。

5.2.5 现场生产性试验

为确定混凝土防渗墙造孔的有关参数、固壁材料、挖槽设备及施工工艺措施的合理性，在工程地质条件相类似地段或在防渗墙中心线部位做现场生产性试验。试验的项目有：固壁泥浆配合比及拌制工艺、造孔工艺及工效、浇筑工艺、槽段接头复打试验。

5.2.6 防渗墙成槽

复杂地层大多含有较多的卵石、漂石，采用 CZ-6 钢绳冲击钻机和"钻劈法"造孔成槽施工，先钻凿主孔,副孔采用冲击钻机两边劈打,最后形成槽孔。施工中,现场施工管理人员严格控制槽孔孔斜率,确保孔位中心偏差不大于 3 cm、孔斜率不大于 0.4%。技术人员随时对孔斜率情况进行抽检,保证孔斜率满足设计要求。

用冲击钻机钻进细砂层时,可采取以下措施:

(1)向孔内投放加有石子的黏土球,石子含量 34% ~ 40%,石子粒径可为 50 ~ 60 mm、30 ~ 40 mm 和 20 mm 三种,黏土球直径约 200 mm,也可做成立方块。主孔钻进时投放 5 ~ 6 块即可,待 5 min 后用钻头慢放轻打几下即可正常钻进,钻进时每班投土球 2 ~ 3 次,抽渣 2 ~ 3 次,抽渣完毕后立即投放黏土球。

(2)掏槽扩孔法,此法在投放黏土球的同时,用 Φ400 mm 小钻头快速钻进,先钻透粉细砂层,再扩大至全断面。这对于较薄(如 1 m 左右)的粉细砂层很有效。黏土球要勤投、少投,投球后要少抽渣重冲击。用此方法可以达到 0.8 ~ 1.2 m/台班的钻进工效。

(3)防渗墙施工时还常常会遇到漂石层或大孤石,给钻进带来很大困难,在这种情况下常用的措施是重锤冲凿。此法比较简便,多用于孤石埋藏较浅、不宜爆破的部位。具体做法是:将重 5 ~ 12 t、带有底齿的特制重锤吊起,然后使其自由下落,以巨大的冲击力将大漂石击裂、击碎。可使用 CZ-6 冲击式钻机或履带式起重机吊挂重锤。对于较大的孤石,可先用岩芯钻或液压冲击回转钻机在孤石上钻出很多孔洞,破坏岩石的完整性,然后再用重锤击碎,这样可以大大加快施工进度。

5.2.7 岩面鉴定

防渗墙嵌入基岩深度的鉴定是槽孔建造中的重要环节。其确定方法是依照防渗墙中心线地质剖面图,当孔深接近预计的基岩面时,开始留取岩样,根据岩样的性质,对照临孔基岩面分析本孔钻进展情况确定基岩面。槽孔进入基岩的嵌入深度采用岩芯取样方法确定岩面高程,岩芯应妥善保存。当上述方法难以确定基岩面,或对其基岩面发生怀疑时,应钻取岩芯验证确定。基岩岩样是槽孔嵌入基岩的主要依据,必须真实可靠,并按顺序、深度、位置编号,填好标签并装箱,妥善保存。鉴定入岩深度要特别注意防止误判,因为对含有与基岩岩性相同的大漂石,往往容易将接近孔底部的大漂石当做基岩,从而发生对基岩面的误判,给工程带来巨大损失,这种事故在我国防渗墙施工中曾多次发生。勘探资料和施工阶段都不能马虎。特别提醒石灰岩河床各种溶沟、溶槽乃至溶洞都有可能卧在防渗墙下形成渗流通道。

5.2.8 清孔、终孔验收

槽孔钻掘完成后,泥浆中的钻渣都将沉淀在槽底,这些钻渣必须在混凝土浇筑前清理干净。否则,会影响下一道浇筑混凝土工序,会因槽底沉渣过稠,导管内混凝土下不去而发生堵管事故。清除孔底淤积的方法主要有抽筒出渣法、泵吸排渣法、气举排渣法、潜水泵排渣法。本工法采用抽筒出渣法出渣。清孔完毕,相关人员进行终孔验收、签字。

5.2.9 钢筋骨架制安

钢筋选用具有质量保证书,并通过抽样复检合格的钢筋。钢筋骨架由专职钢筋工和持证电焊工上岗制作,钢筋骨架在槽段口加工成型。钢筋骨架底端垂直钢筋加工成微闭合形状,做到成型主筋直,制作误差小,直观效果好。为保证钢筋笼在吊放过程中不扭曲变形,在钢筋笼制作时,加设支撑钢筋。钢筋骨架下放时选择合适吊点,采用两点法起吊。

5.2.10 导管安放、浇筑混凝土

15 t 履带吊安放钢筋骨架结束后,采取钻机下放导管,浇筑用导管在全面使用前,应进行一次密闭承压试验,试验压力为 8 ~ 12 kg/cm^2,要求稳定 30 min 不漏水。混凝土浇筑开仓时,先在导管内下设隔离球,将导管下至距孔底小于 25 cm 处,待导管及料斗储满料后,将导管上提适当距离,让混凝土一举将导管底封住,避免混浆。导管埋入混凝土的深度为 1 ~ 5 m。混凝土浇筑时,因槽内下设有钢筋骨架,要严格控制槽内混凝土的高差。

5.2.11 深槽段的连接

防渗墙一般由各单元墙段连接而成,墙段间的接缝是防渗墙的薄弱环节。如果连接不好,就有可能产生集中渗漏,降低防渗效果。对墙段连接的基本要求是接触紧密、渗径较长和整体性较好。对于大深度防渗墙,其槽段之间的连接是防渗墙防渗效果的关键所在。

接触紧密的接缝,其抗渗能力与墙体基本相同;若接缝宽度在 5 mm 以内,且被致密的膨润土所充填,其抗渗性和耐久性也能满足一般水利水电工程的防渗要求,接缝的渗透系数一般不大于 1×10^{-6} cm/s;如果局部接缝夹泥过厚,就可能留下集中渗漏的隐患。因此,防渗墙施工应采用优质低固相膨润土泥浆,并严格控制清孔和接头刷洗质量。

在多种类型的接头型式中本工法采用"钻凿法"。

钻凿法即施工二期墙段时在一期墙段两端套打一钻的连接方法,其接缝呈半圆弧形,一般要求接头处的墙厚不小于设计墙厚。为了避免对已浇筑墙体造成不利影响,一般要求接头孔在槽孔浇筑结束后 24 h 开钻,对于塑性混凝土,待凝时间应更长一些。

6 材料和设备

6.1 材料

6.1.1 制浆材料

泥浆在造孔过程中主要起固壁和悬浮钻渣等作用,造孔完成后泥浆成为固化灰浆的基本材料。制作泥浆可以用当地黏土,也可以用膨润土,根据现场条件而定。黏土比重较大,一般为 1.20 ~ 1.25,膨润土泥浆的比重较小,一般为 1.05 ~ 1.10。为了使泥浆适应不同性质的地基土和不同条件下的护壁要求,通常要在泥浆中加入泥浆处理剂。常用的泥浆处理剂可分为分散剂(纯碱)、填黏剂(CMC)、防漏剂等。泥浆性能指标应满足规范技术要求,施工前首先进行物理性能试验,各项性能指标见表1。

表1 新制膨润土泥浆性能指标

项目	单位	性能指标	试验用仪器
密度	g/cm³	<1.1	泥浆比重计
漏斗黏度	s	30 ~ 90	1 500 mL 漏斗
含沙量	%	≤1.0	含沙量测量器
10 min 静切力	Pa·s	1.4 ~ 10	静切力计
失水率	mL/30 min	<20	失水量仪
pH 值		9 ~ 12	pH 试纸或电子 pH 计

6.1.2 墙体材料

不同的墙体材料,能够承受的荷载以及抵抗变形和渗透的能力是各不相同的,在承受相同的水头情况下墙体厚度也是不同的。选用防渗墙材料主要应根据设计防渗墙的目的和工程需要而定。防渗墙墙体材料根据其抗压强度和弹性模量,可以分为刚性材料和塑性材料。

6.2 设备

6.2.1 钢绳冲击式钻机

钢绳冲击式钻机(简称冲击钻)通过钻头向下冲击运动破碎地基土,形成钻孔。它不仅适用于一般的软弱地层,亦可适用砾石、卵石、漂石和基岩等一些深度比较大的地层。

常规的 CZ-6 型冲击钻机可施工 800 ~ 1 400 mm 厚防渗墙,最大钻孔深度可达 150 m,但在 80.0 m 左右比较合适,超过这一深度,其造孔工效显著降低。钻具的最大重量 4 500 kg,钻具冲击次数 40 ~ 50 次/min,桅杆高度 13.5 m,桅杆起重量 12.0 t,电机功率 30 kW,电机转数 975 r/min,工作状态的外形尺寸(长×宽×高)5 600 mm×2 300 mm×14 000 mm。

6.2.2 钻头

冲击钻头可分为十字钻头、空心钻头、空心阶梯圆钻头和角锥钻头等。在防渗墙施工中常用十字钻头和空心钻头。空心钻头主要用于钻进黏土层、砂土层和壤土层等松软地层,钻进时阻力小,切削力大,重心稳。十字钻头用于砂卵石层、风化岩层、卵石、漂石以及基岩等,钻头磨损后采用堆焊或补焊进行修理。

6.2.3 钢丝刷

钢丝刷又称钢丝刷钻头,是用于对墙段接缝缝面进行刷洗,以清除泥皮的工具。一般用废旧十字钻头或工字钻头加工而成。

6.2.4 抽砂筒

抽砂筒是抽排孔底沉渣的工具,在冲击钻钻进过程中,需要将含大量钻渣的泥浆抽出,同时更换新浆,以便继续钻进。抽筒工作时由钢丝绳悬吊着,当向下运动时,抽筒的底活门被泥浆的顶托力打开,孔底泥浆进入抽筒内;当提升抽筒时,底活门自动关闭,稠泥浆留在抽筒内,往复数次,抽筒内就装满了含大量钻渣的稠泥浆,即可提出孔口,倒入排渣沟。因钻机型号和钻孔直径不同,所用抽砂筒的规格也有所不同(见图2)。

带密封圈上盖

钢筋绳与摇轴连接

带密封圈底盖,采用铁板制作,封盖中心采用细钢丝绳

图2　抽砂筒示意

7 质量控制

防渗墙工程是隐蔽工程,质量的控制和检查极其重要。深墙施工质量不易控制,因此质量检查的重要性显得更为突出。现今检测手段尚不十分完善,通常主要注重施工过程的检查和控制。对墙体的检查,首先检查施工工艺是否精细,原始资料是否齐全,检测成果是否准确,再全面分析各项检测成果和整体防渗效果,综合进行评价。不要因个别数据的差异而作出片面的结论。工序质量检查包括造孔、终孔、清孔、接头、钢筋骨架制作与安设、混凝土拌制与浇筑等。上道工序未经检查合格不得进行下道工序。墙体质量检查包括原材料的检验、导管间距、浇筑混凝土面的上升速度及导管埋深、浇筑高程、混凝土槽口取样的物理力学检验及其数理统计分析结果以及在墙体上钻孔取芯进行压水试验与波速测试等。

7.1 造孔质量控制

7.1.1 质量标准

造孔检查内容包括槽段的位置、轮廓尺寸、孔斜率和孔深(入岩深度)等,其质量标准见表2。

表2　造孔检查内容及质量标准

序号	项目		质量要求	检查方法
1	孔位偏差		不大于3 cm	尺量
2	槽孔宽度(墙厚)		不小于设计墙厚	钻头、抓斗、超声波测孔仪
3	孔斜率	一般地层	≤0.4%	重锤法 超声波测孔仪
4		漂石、陡岩	≤0.6%	
5		接头孔	两次孔位中心在任一深度的偏差不大于设计墙厚的1/3	
6	入岩深度		符合设计要求	岩样鉴定或钻孔检查

7.1.2 孔位和孔宽

孔位是指槽孔以及组成槽孔的各单孔的孔口位置。槽孔中心线的位置由各单孔的孔中心位置确定,所以在槽孔验收时要检查各单孔的孔位。单孔孔位的最大允许偏差为 3 cm,在不同方向均应满足此要求。

孔宽可以用超声波测孔仪或用直径、宽度不小于设计墙厚的钻具检查。超声波测孔仪检测的结果较精确,而且可以测出超挖量的大小,而用钻具检测只能判断是否满足孔宽要求。钻具的直径或宽度决定了槽孔的宽度,所以直径或宽度不小于设计墙厚的钻具能顺利下放到孔底并能在孔内自由移动,就说明槽孔的宽度满足设计要求。对于二期槽孔来说,还要检查与一期墙段搭接处的槽孔宽度是否满足设计要求。

钻孔偏斜的程度用孔斜率表示。孔斜率是指孔底或某一深度孔中间的位置相对于孔口中心位置的偏差值与孔深的比值。孔斜率可用重锤法或超声波测孔仪检测。对于一般工程,可用测量悬吊钻头或抓斗钢绳的偏斜率值来进行计算的重锤法;对于重要或孔形有严格要求的工程,应采用超声波测井仪进行检测。

7.2 入岩深度控制

7.2.1 入岩深度确定

入岩深度设计根据地质条件和工程要求确定,一般为 0.5~1.0 m。当基岩的风化程度较高、较破碎或硬度较小时,入岩深度要求可达 1.5~2.0 m。施工中也要根据基岩鉴定揭示的地质情况随时调整入岩深度。此外,遇到陡坡岩面时,基岩钻进的深度也要增加,否则不能保证垂直岩面方向的入岩深度。由于基岩深埋地下,其位置和岩性难以准确判断。为了保险,实际入岩深度往往超过设计入岩深度。防渗墙的钻孔孔径一般较大,入岩较困难,应尽量避免不必要的加大入岩深度,否则会给施工进度造成非常不利的影响。基岩中的问题主要依靠墙下岩石灌浆去解决。

7.2.2 入岩深度检查方法

防渗墙入岩深度检查的方法是:在钻进基岩的过程中鉴定基岩面位置及岩性,据此确定入岩深度和终孔深度,所确定的入岩深度应不小于设计入岩深度。在槽孔检验时,将实际终孔深度与所要求的终孔深度相比较,是否满足要求。由于防渗墙沿线的岩面和岩性情况不同,所以每个槽孔都必须进行多点基岩鉴定和多点检查。一般只进行主孔的基岩鉴定和检查。在岩面和岩性变化较大的情况下,才进行副孔的基岩鉴定和检查。副孔的终孔深度一般应大于两相邻主孔终孔深度的平均值。

7.2.3 基岩鉴定

水利水电工程大多位于深山峡谷之中,覆盖层中含有大量的漂石和孤石,基岩面的情况极为复杂,在基岩面附近碰到与基岩岩性相同的大孤石很难判断是孤石还是基岩。一旦误判岩面造成墙底悬挂和返工,就会带来巨大的工期和经济损失。由此可见,基岩鉴定必须有绝对的把握,宁可多打不能少打。要保证基岩鉴定有足够的准确性,首先要从宏观上了解河段的地形、地貌、地质构造、河流发育期等特性,再做好了解基岩特性、补充勘探等基础工作。基岩鉴定的主要依据是地质勘探资料,但设计阶段的勘探孔间距很大,而且不一定在防渗墙的轴线上,不能满足防渗墙施工的需要,所以在施工阶段必须进行补充勘探。补充勘探应尽早进行,以免给防渗墙施工带来过多的干扰。

基岩鉴定包括岩面鉴定和岩性鉴定。通过岩面鉴定确定入岩深度的计算起点;通过岩性鉴定确定入岩深度和终孔深度。

在鉴别岩样的同时,综合考虑勘探孔的岩面线、相邻主孔岩面、钻进感觉、钻进速度、钻具磨损情况等因素。

取样鉴定的方法是:当孔深接近预计基岩面时,即开始取样,每钻进 10~20 cm 取样一次,并对取样深度、钻进感觉等情况作记录。由现场地质工程师对所取岩样的岩性和含量逐一进行鉴定,当某一深度岩样的岩性与基岩岩性一致,含量超过 70%,且与钻进情况和相邻孔的岩面高程不相矛盾时,即可确定该深度为岩面深度。

当上述方法难以确定基岩面或对基岩面发生怀疑时,应采用岩芯钻机钻取岩样,加以验证和确定。

每个鉴定部位(单孔)在终孔前均须填写基岩鉴定表,注明孔位、取样深度、岩性、确定的岩面高程和终孔深度等内容,由监理工程师签认后作为检查入岩深度和工程验收的依据。自基岩顶面至终孔所取的岩样应完好保存在岩芯箱中,以备验收时检查。

7.3 清孔质量控制

7.3.1 质量标准

清孔阶段应当检查孔底淤积厚度、孔内泥浆质量,二期槽孔还应检查接缝面泥皮刷洗情况。各检查项目质量要求见表 3。

表 3 清孔质量标准

序号	项目		质量要求
1	孔底淤积(cm)		≤10
2	清孔换浆	膨润土浆 密度(g/cm^3)	1.15
		膨润土浆 马氏黏度(s)	32 ~ 50
		膨润土浆 含沙量(%)	5
		黏土浆 密度(g/cm^3)	≤1.3
		黏土浆 马氏黏度(s)	≤30
		黏土浆 含沙量(%)	≤10
3	墙段接头刷洗		钢丝刷基本不带泥屑,孔底淤积不增加

7.3.2 墙段接头刷洗检查

二期槽孔成槽后,需要对槽孔两端的一期墙段的端面进行刷洗,将黏附其上的泥皮和残渣刷洗干净。刷洗方法是用特制的钢丝刷贴紧接缝面分段反复上下提拉刷洗。刷洗和检查同时进行,直至钢丝刷上不再带有泥屑,孔底淤积不再增加,方可认为刷洗合格。

7.3.3 底淤积厚度检查

孔底淤积的检查一般都采用测绳和钢制的测饼、测针。用测饼和测针检查时,淤积厚度等于测针的测深减测饼的测深。单用测饼检查时,淤积厚度等于用钻具测得的终孔孔深减测饼的测深。测饼的直径为 120 mm,厚度为 20 mm,中间开有直径为 30 mm 的出浆孔。测针可用直径 25 ~ 30 mm、长 400 ~ 500 mm 的钢筋制作。

7.3.4 清孔换浆检查

清孔换浆后孔内泥浆性能的检查方法是:清孔换浆结束 1 h 后,用取浆器取距离孔底 0.1 ~ 1.0 m 处的泥浆检测其密度、黏度和含沙量。每个槽孔至少在两个孔位取样。

8 安全生产措施

(1)本工程安全生产目标:依据国家 JGJ 59—99 标准,确保整个工程施工安全达到合格等级,杜绝因工死亡和重大设备、火灾等安全事故的发生,减少一般轻伤事故,杜绝和控制刑事案件的发生。

(2)安全生产责任制度。建立各级安全生产责任制,责任落实到人,在整个工地形成职责分明的安全工作网络。特殊工种和其他木工、钢筋工、泥工等工种必须持证上岗。做好各项安全记录台账。

（3）安全教育制度。安全教育分为安全教育和安全交底两部分。严格执行三级安全教育制度。

（4）安全检查制度。定期和不定期进行安全检查。对查出的事故隐患，要定人、定时间、定措施，进行整改，不断提高和加强职工的安全意识，落实各项安全制度和安全措施。

（5）编制施工用电专题方案。施工用电线路实行三相五线系统，安装触电保护器，实行三级保护。电动机械及工具应严格按一机一闸制接线，并设安全漏电开关。

（6）现场的特种作业人员必须按规定进行专门培训、考核后，持证上岗。

（7）钢筋骨架及钢筋原材料运送过程中要有统一指挥，搬运工人动作要一致，防止砸伤事故发生。

9　环保措施

建筑施工对环境所造成的污染有施工噪声、粉尘、夜间灯光、施工污水、施工车辆进出、建筑垃圾等。针对这些情况，本项目中采取以下措施进行环境保护。

（1）施工场地内的施工道路和材料堆放处做到场地平整、无积水，道路畅通，照明充足，无长流水、长明灯。建筑垃圾做到日集日清，集中堆放，专人管理，统一搬运。

（2）砂浆、混凝土搅拌机的污水、冲洗水及其他施工用水排入临时沉淀池沉淀处理后，再排入河道里。为防止施工中的粉尘污染，施工临时道路要洒水。

（3）防止施工噪声污染，尽量减少施工噪声，并尽可能低速运转，控制作业时间，减少夜间施工，以免影响居民休息。

（4）防止施工车辆运送中材料随地散落，如有散落，派专人打扫。

（5）对合同规定的施工活动界限之内的生态环境，尽力维护原状，界限之外的，必须予以保护。

（6）施工时，保护周围生态环境不受破坏，灰尘的飞扬扩散采取浇水措施，原绿化树木及时移植或保护，减轻施工污水对水体水质的污染。

（7）废土处理措施。

①沟槽开挖挖起的沉淤、杂填土以及施工场区内的其他废土废料等集中堆置在场区内统一的堆放点，再进行外运处理。

②场区内的废土每天安排专人进行及时处理。

③废土外运时，在施工现场出入口必须安排保洁人员冲洗运输车辆，以防将废土带到马路上去。

10　效益分析

以永嘉楠溪江供水工程为例，工程的地下防渗规模较大，防渗墙较深（最深处达72 m，属于浙江省目前最深的防渗墙），砂卵石等覆盖层较厚，并含有大粒径漂石、块石且地下经过采砂等地质条件非常复杂。选用 CZ-6 型钻机和"钻劈法"施工，成功地摸索出一套解决深厚覆盖、松散、复杂地层垂直防渗工程的适用工艺解决了施工过程中的关键技术问题，该方法可用于防渗墙体超深超厚且需要嵌入基岩的工程防渗施工，为以后处理水利工程防渗在类似情况下的施工提供了非常可靠的工艺方案、技术指标，并促进了处理深层防渗墙的技术进步。本工法能迅速组织现场施工，无须复杂的工艺设备配合，处理异常情况方法简单多样，施工时有条不紊，能控制工期，节约施工成本。在施工结束后，经过与其他方案对比分析，节约总造价20%左右。同时经过多个类似工程的实践与应用，取得了良好的经济效益和环境效益。采用本工法可以保证工期和质量，在复杂地质条件和其他类似地质条件的基础防渗施工中进一步推广应用，将产生良好的社会效益。

11 应用实例

应用本工法的工程实例见表 4。

表 4 工程实例

工程名称	工程概况	开、竣工时间	工程造价	应用效果
湖州老虎潭水库副坝工程	本工程为Ⅲ等,属中型水库,主要建筑物:下舍南、北副坝及莫家村副坝,下舍南、北副坝坝型均采用混凝土面板堆石坝,南副坝最大坝高26.8 m,坝顶长 168 m,北副坝最大坝高 22.3 m,坝顶长140 m。大坝防渗墙体厚 30 cm,深 53~65 m 不等。莫家村副坝坝型为常态混凝土重力坝,坝高8 m,坝顶长 60 m,上游坝坡垂直,下游51.8 m 以上垂直,51.8 m 以下坝坡为 1∶0.7	2006 年 6 月 2007 年 4 月	1 495.57 万元（防渗墙部分）	好
龙游小溪滩水利枢纽工程	Ⅲ等工程,主要由电站、左充排水泵房、泄洪冲砂闸、橡胶坝、右充排水泵房组成。橡胶坝共 8跨,左 4 跨长 15 m,右 4 跨长 9.8 m,防渗体采用厚 60 cm、最深 63 m 的钢筋混凝土防渗墙	2005 年 2 月 1 日 2006 年 7 月 31 日	11 518 万元	好
永嘉县楠溪江供水工程	拦河闸位于永嘉县沙头镇上游、大小楠溪江汇合口下游河段,闸室上游侧设长 9.2 m、厚 80 cm的 C30W4F100 混凝土连接板,与混凝土防渗墙头梁连接,连接板高程低于闸底高程0.5 m,连接板上游侧地基内设厚 80 cm 的 C15W6 混凝土防渗墙,防渗墙深入基岩,上部为松散的砂砾石,下部经过采砂,地质条件非常复杂。墙底高程最低为−65.0 m,最大墙深 72.0 m,共计 C15W6 混凝土18 102 m^2	2008 年 3 月 2009 年 8 月	1 258 万元（防渗墙部分）	好

（**主要完成人:**秦海燕 张晓宏 杨 虎 金华强 李洪生）

水工混凝土悬臂模板施工工法

中国水利水电第六工程局有限公司

1 前 言

悬臂模板,又称爬升模板,是一种依靠预埋件及支架抵抗混凝土浇筑时所产生侧压力维持模板自身稳定及混凝土结构物形体尺寸的模板,支立模板时不需要另外的加固措施。具有模板面积大、操作简单、迅速等特点,拆模后的混凝土结构物表面光洁,是一种理想的墙体模板体系,具有十分广阔的应用前景。

此种模板在中国水利水电第六工程局有限公司承建的工程中已经得到广泛应用并且收益颇丰。在同等混凝土施工条件下,采用此种悬臂模板施工工法浇筑的混凝土结构物与采用组合钢模板浇筑的混凝土结构表面相比较,具有混凝土表面平整度高、光滑无错台、支模速度快、施工投入少等优点,使混凝土施工工序达到优质高效,在混凝土结构物"外光内实"的质量前提下,进一步提高了混凝土外观质量,具有较好的经济效益和良好的社会效益。

通过悬臂模板施工工法在丰满三期永庆反调节水库右岸土建工程、尼尔基水利枢纽溢洪道下标段工程、双沟水电站压力管道及发电厂房系统土建工程、蒲石河抽水蓄能电站地下厂房等工程的广泛应用,现已形成了一套成熟的水工混凝土悬臂模板施工工法,为此特编制本工法。

2 工法特点

水工混凝土悬臂模板施工工法与以往常规施工支模方法相比较,具有以下特点。

2.1 施工特点

(1)模板依靠预埋件及支架抵抗混凝土浇筑时所产生的侧压力,以维持模板自身稳定及混凝土结构物形体尺寸,支立模板时不需要另外的加固措施。

(2)模板各处构件均为销子连接,安装、拆除方便,提高了支、拆模的效率及支模质量。

(3)悬臂模板中可以组成上、中、下三层带有护栏的施工平台,使工作人员在施工作业中的安全有了保障。

(4)模板板面大,需借助起重设备吊装就位,依靠模板支撑构件进行人工调校,支立速度快、精度高。

(5)混凝土施工程序无异于传统混凝土浇筑方法,在保证了混凝土"外光内实"的基础上达到了清水混凝土标准,减少或避免了进行后期修补,达到了免装修效果。

2.2 混凝土成型质量特点

(1)采用悬臂模板施工后的混凝土结构物全高立面垂直度达到了良好的效果,并且偏差控制在最小。

(2)混凝土表面平整光洁,不产生错台挂帘现象,杜绝了蜂窝麻面现象,减少了表面气泡。

(3)同采用普通模板支模相比,大大降低了结构物表面缺陷处理工作量,使混凝土外观质量达到了清水混凝土的标准。

该工法在丰满三期永庆反调节水库右岸土建工程中应用后,结构物表面平整度及立面垂直度的检查情况见表1。

表 1　表面平整度及垂直度检查记录

序号	项目名称		实测值(mm)									
---	---	---	1	2	3	4	5	6	7	8	9	10
1	表面平整度	边、中墩	-2	-4	-2	-2	+1	0	+1	+5	-1	0
			6 号坝段		8 号坝段							
		导墙及挡墙	-2	+1	+2	-2	-3	-5	+2	-1	0	-2
			右下 12 号				右上 8 号					下导 4 号
2	立面垂直度	边、中墩	-2	+1	-3	+2	+3	+2	-1	-1	-2	-2
								6 号坝段			8 号坝段	
		导墙及挡墙	+4	+2	+1	+2	0	-3	-2	0	-2	0
				右上 10 号				下导 3 号				

2.3　经济特点

2.3.1　减少模板拉条用量,节约资金投入

根据施工中的统计,组合钢模板支立时拉条用量平均约 3.5 kg/m²,支立一块悬臂模板(单块模板板面面积 9 m²)只需要两根受力螺杆,折合每平方米模板可节约投入(0.003 5×3 300)-(2×10)/9=9.3(元)(按此统计时段的钢材市场价格)。

2.3.2　提高工作效率

根据施工中的统计,普通组合钢模平均每人每天可拆立约 4.5 m²,而采用悬臂模板后,平均每人每天可拆立约 36 m²,工作效率提高了约 8 倍,在工程量相同的前提下采用此工法施工可减少施工人员投入。

2.3.3　减少辅助工序,节约材料投入,提高施工进度

悬臂模板施工与普通组合钢模施工相比省去了相应的脚手架搭设这一项施工工序及相应的脚手架投入(结构物高度与节约投入及施工进度成正比)。

3　适用范围

本工法适用于建筑物中对外观质量要求较高的水工混凝土工程,也适用于工民建、桥墩、闸墩、混凝土挡墙、隧道直边墙、地下厂房边墙混凝土衬砌等结构的模板施工。

4　工艺原理

采用悬臂模板施工提高混凝土质量,其支模、拆模及模板维护要求均较高,工艺原理为:

(1)根据设计图纸,对不同部位的结构混凝土进行模板设计,模板均采用大模板,其面板采用高质量维萨板(又名"WISA"板),保证面板强度、弹性、韧性、耐磨性及加工精度,保证表面光洁、无明显模板接缝痕迹。

(2)通过试配,选取最优配合比,所选混凝土拌和物的原材料均要满足规范及设计要求。

(3)施工过程中控制混凝土的和易性及入仓坍落度、浇筑层厚、混凝土含气量、复振时间等的仓面工艺来保证混凝土内的气泡排出,以保证混凝土表面的光洁平整度。

(4)混凝土浇筑完后,采取洒水等措施进行混凝土养护。

5 施工工艺流程及操作要点

5.1 施工工艺流程

施工工艺流程见图1。

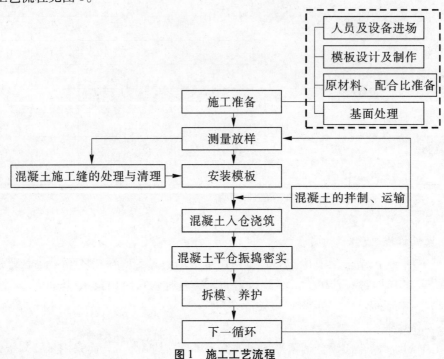

图1 施工工艺流程

悬臂模板混凝土浇筑的施工工艺流程与传统混凝土施工流程基本一致。其不同点在于减少了模板拉条的用量。

5.2 操作要点

5.2.1 施工准备

5.2.1.1 人员及设备进场

根据进度计划,提前安排人员及设备进场,在项目开工前,相应的工种人员、混凝土运输及浇筑设备必须按时到场。

5.2.1.2 模板设计及制作

混凝土的浇筑对模板要求很高,根据混凝土结构物形状有针对性地设计模板,并在加工厂加工制作成型,并保证模板的加工质量。模板加工完成后,运至现场利用吊车配和人工进行支立。

5.2.1.3 原材料及配合比的准备

1)原材料

根据规范及设计要求,对进场原材料及时进行检验。

2)配合比

混凝土采用的粗细骨料级配较好,粉煤灰质量品质优良,外加剂性能稳定,使混凝土拌和物满足设计要求,且拌和物的坍落度、含气量、凝结时间等各项性能也很容易保持稳定,混凝土的力学性能、耐久性和热学性能均满足设计指标、国家标准及水电行业标准的要求,为保证混凝土施工质量打下坚实的基础。

5.2.1.4 基面处理及第一层准备

在混凝土浇筑前要保证基础面无欠挖,并将基础面冲洗干净,确保混凝土与基岩接触良好。然后根据现场实际情况进行基础找平,并开始进行第一层混凝土浇筑前的准备工作,做好第一层三角架支立固定的预埋件。

5.2.2 悬臂模板施工

5.2.2.1 悬臂模板组成

悬臂模板主要由面板、主背楞、可调斜撑（即花篮螺杆）、主梁三角架、吊平台、挑架等主要部件组成,如图 2 所示。

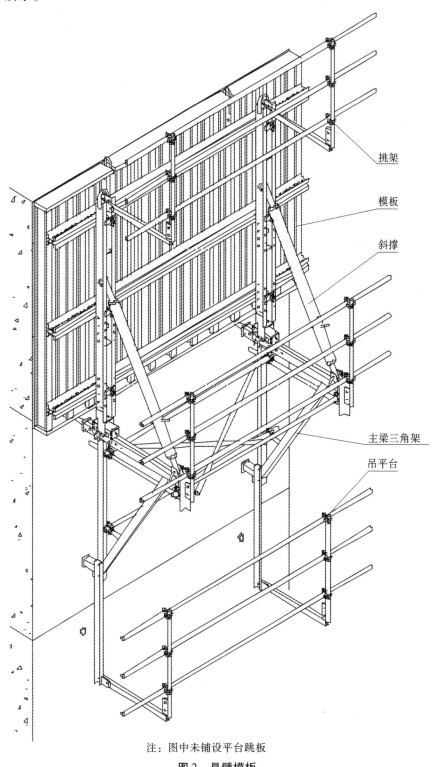

挑架

模板

斜撑

主梁三角架

吊平台

注：图中未铺设平台跳板

图 2 悬臂模板

　　悬臂模板的面板采用高密度木制维萨板,该模板表面光滑、平整,且模板表面有抗磨层,具有较高的强度;主背楞为钢件,是用来连接模板、主梁三角架和可调斜撑的主要构件,其上设有托板,可调节模板使其上下移动;可调斜撑(即花篮螺杆)是用来调节模板的倾斜度;主梁三角架主要是承受混凝土对模板的侧压力以及连接吊平台,其前端设有微调装置,用来调节模板水平移动;吊平台主要是处理预埋螺栓孔以及混凝土表面的缺陷;挑架主要是操作人员的施工平台。

5.2.2.2 模板施工

　　钢筋及模板安装前需测量放线,给出各边各角的控制点,以保证钢筋绑扎及模板支立的精度。

　　1)第一层施工

　　在悬臂模板施工前,先在其结构基础层上按40 cm间距预埋地脚螺栓,待混凝土达到一定强度后,将底梁用[10 槽钢和D20 螺栓连接加固好后(见图3),再将主背楞与底梁连接好,并做好防护工作;支模前,根据测量人员放出的点,返出混凝边线,并用墨斗在混凝土面上弹出边线;模板由吊车吊起后,在模板的底部粘贴双面胶条用来防止混凝土漏浆,当模板按着边线调整好后,用卡扣件将模板与主背楞连接好,调节可调斜撑,使模板垂直(见图4)。

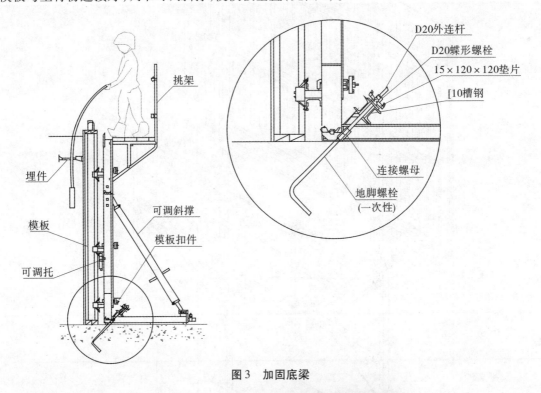

图3　加固底梁

图4　悬臂模板第一层支模施工

模板校调好后,通过在面板上预先钻设完的孔,将埋件、爬锥螺栓固定在模板面上,由于爬锥属于可重复利用的构件,所以在爬锥的锥面上涂抹几层黄干油以方便取出,注意在涂抹时,不要污染到钢筋和混凝土面上,埋件施工如图 5 所示。挑架安装完后,用马道板将挑架连接成整体形成工作平台,同时在外侧栏杆上挂安全网。

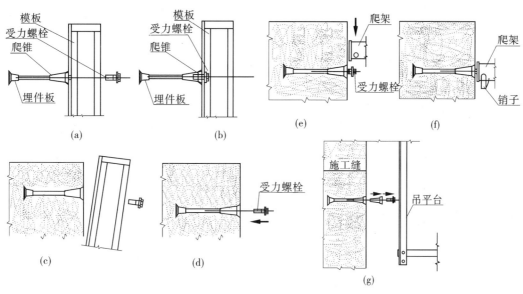

图 5　埋件施工

2)第二层施工

第一层混凝土浇筑完毕,待混凝土达到一定强度后,模板进入第一次爬升(即第二层混凝土模板支立阶段)施工。

3)模板的拆除

首先将挑架上的工作平台、安全网以及连接两个模板的芯带逐一拆除,然后将模板上的受力螺栓拆除;转动可调斜撑,使模板上口逐渐脱离混凝土面。

为防止拆模过程中发生模板滑落的现象,在拆除前先用钢丝绳将模板挂在吊钩上,然后将连接模板的卡扣件一一拆除;模板在吊运时,有专人指挥,吊运前所有施工人员暂时离开该部位;拆除后的模板放在平整的场地上,叠放时加方木铺垫以防止模板面滑伤和受力不均而造成变形。

4)模板的爬升

第一次爬升时将先前拆下的受力螺栓安装在预埋混凝土内的爬锥上,并与混凝土面保持2.5~3 cm 的距离,以方便爬件挂设。爬件以两个为一组进行挂设,在挂设过程中保持爬件平稳。在吊装模板前,先将模板表面的杂物清理干净,由于模板为木制材料,所以在清理进程中严禁用尖锐的物品,以免划伤模板表面,在清理完后的模板面上涂刷一层脱模剂。为避免新老混凝土接缝部位跑浆,在吊装模板前先将双面胶条粘贴在混凝土面上,当模板与主背楞固定好后,通过可调斜撑(即花篮螺杆)调整模板的垂直度,通过微调装置将模板下沿与老混凝土表面顶紧,确保不漏浆、不错台(见图6)。

第二次爬升与第一次爬升的操作步骤相同,在模板校调完后,在爬架下安装吊平台(见图7),以便拆除可周转的爬锥以备用,又可以处理混凝土表面的一些缺陷。至此,悬臂模板进入了正常的施工循环状态。

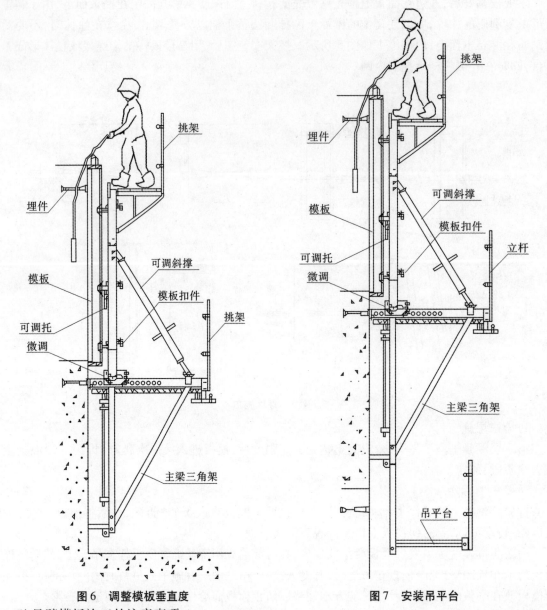

图 6　调整模板垂直度　　　　　图 7　安装吊平台

5)悬臂模板施工的注意事项

悬臂模板在实际施工中注意的几点事项:

(1)混凝土入仓时不要太靠近模板,避免下料过程中的冲击力使模板产生不均匀变形。

(2)在振捣过程中,振捣器与模板要保持一定距离,避免振捣器与模板表面接触而损坏板面。

(3)施工中在调整可调斜撑时,一定注意旋转方向,避免造成模板的倾斜。

5.2.2.3　混凝土养护

混凝土浇筑结束后要按相关规范要求及时进行洒水养护。高温季节采用花管喷淋养护,养护时间为 28 d。低温季节采取覆盖保温被等措施进行保温。

6　材料与设备

混凝土施工质量的优良与否,不仅取决于施工工艺及施工方法,施工所用材料及施工设备的选用也是一个重要因素。

6.1 工程材料

6.1.1 混凝土材料

（1）水泥：根据《中热硅酸盐水泥、低热硅酸盐水泥、低热矿渣硅酸盐水泥》（GB 200—2003）技术要求，进行水泥的选用。并通过掺加合适的外加剂来改善混凝土性能，提高混凝土的抗渗能力。

（2）粗骨料：按照规范要求将开采的天然骨料筛分为小石、中石、大石、特大石的四级粒径。成品粗骨料控制指标为：超径控制在 5% 以内，逊径控制在 10% 以内，含泥量不大于 1%。这样由于选用了级配良好的粗骨料，使得配置的混凝土和易性较好，抗压强度高，同时减少了混凝土中水量和水泥的用量，从而使水泥水化热减小，降低了混凝土温升。

（3）细骨料：按照《水工混凝土砂石骨料试验规程》（DL/T 5151—2001），细骨料一般采用天然中砂，细度模数为 2.75~2.90。选用平均粒径较大的中砂拌制混凝土时可以减少混凝土拌制用水，减少水泥用量，减少水泥水化热，降低混凝土温升，从而减少混凝土的收缩。

（4）粉煤灰：根据《水工混凝土掺用粉煤灰应用技术规范》（DL/T 5055—1996），为了保证混凝土浇筑质量，改善混凝土的和易性，提高混凝土的耐久性能，必须满足混凝土对粉煤灰的质量要求，选用性能好的 I 级粉煤灰。

（5）外加剂：混凝土外加剂现基本采用缓凝高效减水剂和引气剂，并且粉煤灰掺量每增加 10%，为了控制相同的含气量，就需增加引气剂掺量约 0.001%。

（6）拌和水：拌和水根据工程的实际情况，进行水质分析，分析结果应符合《水工混凝土施工规范》（DL/T 5144—2001）的要求。

6.1.2 模板

模板采用维萨板，此材料极易采购。在使用过程中注意板面的保护，若在使用后板面受损，必须采取相应措施修补，以免影响混凝土的外观质量。维萨板表面的清洁度及平整度要求很高，每次施工时必须用刮刀将维萨板表面清理干净，并涂刷脱模剂。

6.2 工程设备

混凝土施工所采用的工程设备与普通混凝土浇筑的施工设备相同，混凝土运输采用混凝土搅拌运输车，混凝土入仓采用混凝土泵或采用起重设备吊罐入仓，混凝土大模板的支立采用吊车或塔机配合人完成。

7 质量控制

7.1 管理措施

（1）建立混凝土浇筑质量保证体系，确定混凝土施工过程中的重点控制工序，不留质量死角，落实各工序施工责任人，做好工序管理工作。

（2）浇筑混凝土前，首先组织相关人员按施工组织设计制定的混凝土施工工艺、施工方法、技术控制要点等向作业班组进行技术交底。项目副经理负责组织相应施工机具的到位工作，为混凝土浇筑施工打好提前量。项目部的质量部门、技术部门指定专人负责相应部位的混凝土浇筑质量和混凝土的质量检验及监督。

（3）组织现场小组专职负责落实混凝土的供应、混凝土浇筑振捣工艺、模板支立拆除和拌和站配料施工工艺的过程控制以保证施工质量。

7.2 技术措施

（1）模板支立前，做好测量放线工作，上下层交接部位做好防漏浆处理措施，模板支立时，相邻两块模板并缝采用相关措施进行处理，防止、出现错台及漏浆。

（2）模板拆模时，要注意对板面的保护，防止发生碰撞，损伤模板表面，并做好模板的表面处理保养工作，为下次支模做好准备。

(3)模板支立、拆除时要严格按技术交底的要求进行正序施工,杜绝由于乱序施工对模板的损伤。

(4)混凝土施工前,现场试验室根据各部位混凝土浇筑的施工方法及性能要求,进行混凝土配合比设计,确定合理、先进的混凝土配合比。

(5)拌和站每次搅拌前,应检查拌和计量控制设备的技术状态,以保证按施工配合比计量拌和,根据材料的状况及时调整施工配合比,准确调整各种材料的使用量,接受监理及业主的监督。

(6)从拌和站运至施工现场的混凝土应先检查随车提供的配合比通知单是否符合现场当前所需的混凝土配合比要求,再检查混凝土的坍落度等是否满足入模要求,否则不得在本工程中使用,重新处理合格后才能使用。

(7)混凝土运输在冬季采用保温效果较好的料罐车运输,并做好施工组织管理,加快混凝土入仓速度,夏季高温季节,做好车辆的防晒保温和冲洗降温,减少混凝土运输途中的温度回升。

(8)混凝土浇筑时,根据混凝土级配、结构部位分别配用手持式硬轴振捣棒或软轴振捣棒,局部位置配用附着式振捣器,以确保混凝土振捣密实。模板附近,必要时进行复振,以减少水气泡,提高混凝土表面质量。

8 安全措施

(1)为保证照明安全,必须在各施工区、道路、生活区等设置足够的照明系统,在潮湿和易触电的场所照明供电电压不大于 36 V。施工用电线路按规定架设,满足安全用电要求。

(2)配备安全防护设施,仓面设置安全通道和安全围栏,模板挂设安全作业平台,高空部位挂设安全网,随仓位上升搭设交通梯,操作人员佩戴安全绳和安全带,施工脚手架和操作平台搭设牢固,防止安全事故发生。

(3)施工中存在空间交叉作业时,设专职人员做好现场协调工作,防止出现由于空间交叉作业所发生的安全隐患。

(4)各作业队、作业班组应做好每班的交接班记录,实行班前召开安全交底会的制度,把当天的工作重点、安全重点及可能发生的安全隐患进行交底,督促作业人员在施工时不要违章作业,防止安全事故发生。

(5)项目部成立安全管理小组,针对本工程安全重点由技术部编制安全技术措施指导现场生产,加强施工现场安全管理工作,科学组织施工,确保施工安全。

9 环保措施

(1)严格遵守国家和地方政府有关环境保护的法令、法规和合同规定,对施工活动范围内的环境予以认真保护。教育职工遵守环保法规,提高环保意识,并根据本工程环保的特点制定一系列具体措施加以贯彻落实。自觉接受当地环保部门对施工活动的监督、指导和管理,积极改进施工中存在的环保问题,提高环保水平。

(2)施工安排得当,做到交通、水、电畅通,不发生切断和阻塞现场交通情况,不发生堵塞施工现场排水现象。

(3)保证生产、生活场地整洁卫生,工完场清,保证场洁。

(4)保护施工区和生活区的环境卫生,及时清理各种垃圾并按要求运至指定的地点进行掩埋和焚烧处理。

(5)在施工区的合适位置设置厕所,保持厕所清洁卫生,保持生活区清洁卫生,环境美化。

(6)用行之有效的手段减少施工现场的噪声、粉尘,加强施工道路的养护。

(7)经常性检测机械的废气排放标准,机械停放整齐,保养完好,外观清洁。

10 效益分析

10.1 经济效益

采用悬臂模板施工工法浇筑水工混凝土与传统混凝土施工工法相比,解决了传统混凝土施工中的模板底部漏浆,混凝土面模板拼缝明显,混凝土错台,混凝土表面起砂、起皱,混凝土表面存在气泡,混凝土表面颜色不一致、无光泽,预埋件不平、歪斜、内陷,对拉螺栓孔周围漏浆等一些质量通病,保证了混凝土外光内实,达到了清水混凝土标准。减少或避免了进行后期修补,并以其"施工方便,工艺新颖",大大加快了工程的施工进度,保证了工期,提高了施工工效,降低了施工难度,提高了模板使用率,减少了材料浪费,节约人工费,创造了良好的经济效益。

10.2 社会效益

采用悬臂模板施工工法浇筑混凝土在水工建筑施工中是一次大胆尝试,它在不附加任何条件的前提下,将混凝土的外观质量提高到了一个免装修的层次,当前,水工建筑物对混凝土除有性能要求外还有外观要求,如清水混凝土、镜面混凝土等。因此采用悬臂模板施工工法浇筑混凝土是迎合了市场的这一需要。随着悬臂模板在各种混凝土施工中的成功应用,其施工技术日益成熟,并在其基础上衍生出利用模板板面内贴 PVC 板浇筑镜面混凝土施工工艺,使混凝土外观质量又上一个台阶,可在有免装修要求或外观质量要求较高的混凝土施工中使用。

11 应用实例

(1)水工混凝土悬臂模板施工工法经承建单位中国水利水电第六工程局有限公司在丰满三期扩建永庆反调节水库右岸土建工程的应用,取得了良好效果,被集团公司评为 2006 年度优质工程。

(2)水工混凝土悬臂模板施工工法经承建单位中国水利水电第六工程局有限公司在尼尔基溢洪道工程的应用,取得了良好效果。混凝土浇筑质量得到了建设单位及监理单位的一致好评。

(3)水工混凝土悬臂模板施工工法经承建单位中国水利水电第六工程局有限公司在双沟水电站压力管道及发电厂房系统土建工程中的成功应用,提高了混凝土外观质量,加快了施工进度,取得了良好的经济效益和社会效益,得到了建设单位及监理单位的高度评价。

(**主要完成人**:吴金华 付瑞川 裴利民 于忠金)

斜坡护面混凝土简易滑模施工工法

浙江省第一水电建设集团有限公司

1 前 言

随着近年来水利建设的蓬勃发展,水利工程中护坡采用的灌砌石、浆砌石,因人工成本增加、灌砌石混凝土浇筑质量难以保证,问题日益突出。设计人员在工程中逐渐减少采用灌砌石、浆砌石护坡,大多数工程采用混凝土护坡,但往往由于在混凝土坡面施工中施工方法选择不当,易造成混凝土浇筑不密实。本施工工法是针对护坡结构特点,使用一种操作简易、切实可行的简易滑模施工方法,来保证混凝土的浇筑质量。为此,总结了水利工程斜坡护面混凝土简易滑模的设计、制作、安装等经验编制了本工法。

2 工法特点

(1)投入成本低,操作简易。

(2)取消了斜坡坡面架设模板,缩短工期,减少机械费、材料费,降低垂直运输压力和施工成本。

(3)避免了护坡架设模板加固困难,易引起变形使坡面不平整,混凝土入仓困难等问题;避免了因斜坡不立模板,混凝土的流动性使坡面混凝土的振捣不能密实等质量问题。

(4)滑模施工为连续进行,在护坡坡面较长时可以避免设置混凝土施工缝。

3 适用范围

本施工工法适用于坡面长度小于15 m的堤防、渠道的护岸、衬砌等密实性的钢筋混凝土或混凝土斜坡护面结构;设计坡度在1∶1.0~1∶3.0。

对于设计坡度小于1∶3.0的坡面,可按照一般平面底板的施工方法混凝土直接入仓进行振捣、浇筑、抹面;对于设计坡度大于1∶1.0的坡面则可按照墙体的施工方法安装模板后进行浇筑。

4 工艺原理

本工法在混凝土护坡浇筑时,首先在混凝土护坡分缝处架立[12槽钢作为滑模轨道,在斜坡下部放一块60 cm宽、用3根[20槽钢拼制的钢板作为滑动模板。在[12槽钢上端架设2个5 t的手动葫芦,葫芦起重钩挂住滑动模板。混凝土用溜槽直接入仓,按照滑动模板的高度对混凝土平仓、振捣密实,人工拉动葫芦;再次混凝土入仓、平仓、振捣,依次将护坡浇筑到顶。

本工法用简易的手动葫芦、槽钢等取代以往顶升滑模系统所需的大型千斤顶、油泵、大量滑轨、复杂的支撑体系和斜坡大型有轨滑模系统所需的卷扬机、地锚、大量滑轨、垫梁等施工材料,减少了设备和周转材料的投入。利用混凝土滑模施工的原理用简易的设备进行施工,保证了斜坡护面混凝土的密实性和表面平整度,操作方便、简单。

简易滑模系统见图1、图2。

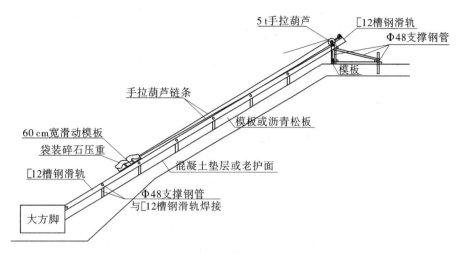

图 1　简易滑模系统侧视图

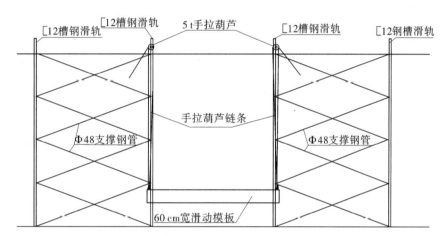

图 2　简易滑模系统平面图

5　施工工艺流程及操作要点

5.1　施工工艺流程

施工工艺流程见图 3。

5.2　操作要点

5.2.1　测放护坡坡度、标高

根据业主单位提供的控制点、水准点,设立施工水准点及辅助施工基线,应设置在不受干扰、牢固可靠且通视好、便于控制的地方。并根据设计施工图进行放样,设立护坡分缝位置、底脚及坡顶的边线的标志,测设好标高。

5.2.2　混凝土护坡钢筋施工

(1)大多混凝土护坡配置了钢筋,为了避免在浇捣混凝土过程中护坡钢筋下陷,保证钢筋的有效高度,在钢筋网与下部垫层间增设有效的支撑马凳筋,支撑马凳筋不小于 Φ10,当钢筋≥Φ12 时,间距不大于 1 000 mm×1 000 mm,当钢筋<Φ12 时,间距不大于600 mm×600 mm,同一方向上的支撑不少于 2 道,且距钢筋末端不大于 150 mm。

(2)钢筋相互间应绑扎牢固,以防止浇捣混凝土时,因碰撞、振动使绑扣松散,钢筋移位,造成露筋。

(3)马凳筋与上层钢筋接触点采用点焊,同时在其周边 2～3 道范围内的钢筋网也采取点焊,以加强钢筋网整体稳定性。

(4)绑扎钢筋时,应按设计规定留足保护层。

5.2.3 滑轨、滑动模板的制作

5.2.3.1 滑动模板制作

滑动模板宽度一般为 60 cm,长度 L=相邻两道滑轨的间距+50 cm。

滑动模板采用[20 槽钢和钢板制作。一般为 3 块[20槽钢电焊拼接,下覆一块 8 mm 厚钢板,以使滑动模板表面平整,无扭曲。

在滑动模板前翼缘,距两端边缘 20 cm 位置各焊接一个 Φ16 吊耳,作为模板滑升的牵引点。

5.2.3.2 滑轨制作

滑轨长度 L=护坡斜长+50 cm。

滑轨采用[12 槽钢,如槽钢长度不能够满足一次性滑模施工到顶,须用电焊接长。槽钢的腹板、上下翼缘用对接正焊缝连接,在腹板内侧连接段位置再用电焊覆一块 8 mm 厚的菱形钢板,并把作为滑轨滑动面的一侧和跟模板紧贴的一面用磨光机将焊缝磨平。

在滑轨背面间隔 100 cm 焊接一段 Φ48 脚手钢管,该段脚手钢管的长度一般等同于设计护坡的厚度,整根滑轨要求平整、无扭曲。

沿槽钢长度方向用电钻打上 Φ10 小孔,间距 50 cm,以备加固侧模板用。

在滑轨上端焊接一个吊耳,以挂放手拉葫芦。吊耳采用 Φ18 圆钢。吊耳与滑轨的焊接必须满焊,焊接长度为双面焊 10 cm。

滑轨及支撑节点平面图见图 4,剖面图见图 5。

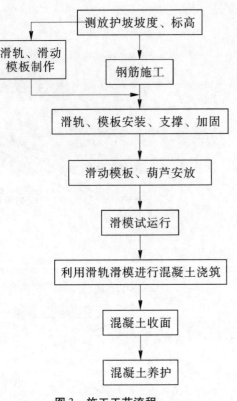

图 3　施工工艺流程

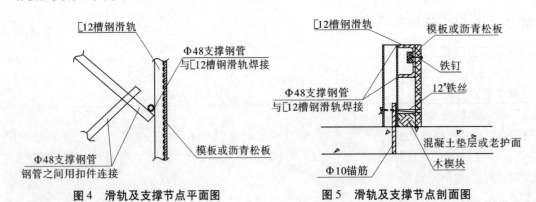

图 4　滑轨及支撑节点平面图　　图 5　滑轨及支撑节点剖面图

5.2.4 滑轨、模板安装

护坡混凝土滑模按分块跳仓间隔进行,先浇块用[12 槽钢代作滑模轨道,后浇块直接用修整后的先浇块混凝土护坡作为轨道。

先浇筑块的滑轨安装:如混凝土护坡下面浇筑有混凝土垫层或为老护坡的混凝土,则按测量点用墨线弹出混凝土护坡分缝位置线,在分缝线后退 9 cm 的位置用冲击电锤钻孔,孔深 10 cm,间距 100 cm,将 20 cm 长 Φ18 锚筋打入孔中,人工抬放滑轨,将焊接在滑轨上的 Φ48 钢管套在 Φ18 锚筋上,用在 Φ48 钢管下垫木楔的办法,按设计图纸要求的坡度将滑轨表面平整度和坡度调整至标准,

相邻浇筑块间用脚手钢管对撑将滑轨固定、加固,钢管间用扣件连接固定,对撑钢管用扣件与焊接在[12 槽钢上的脚手钢管的上半部分连接固定。

如混凝土护坡下面为碎石、石渣等垫层,则要求在护坡分缝处用水泥砂浆进行找平,找平条带宽度为 20 cm,厚度 5 cm,将制作滑轨时焊接在滑轨上的 Φ48 钢管支在水泥砂浆找平条带上,相邻浇筑块间用脚手钢管对撑将滑轨固定、加固,钢管间用扣件连接固定,对撑钢管用三角支撑的办法,分别与焊接在[12 槽钢上的脚手钢管的上部和下部用扣件连接固定住。

为防止滑轨底端在滑升过程中因手拉葫芦牵引力的作用而下沉,滑轨的底端应支撑牢固,如护坡上口为混凝土大方脚、基岩等可将滑轨直接支撑在上面,如是一般的干砌石、抛石、土体等,须对滑轨底端支撑位置进行加固,可将该部位浇筑混凝土进行适当加固,并在滑轨底端垫设木板或钢板。

侧模板可结合滑轨架设,模板上口紧贴滑轨安放,调整模板顶面与滑轨顶面齐平,然后在[12 槽钢外侧垫一小方木,用铁钉穿过事先在滑轨打的小孔将小方木与模板钉牢固定;模板下口与支撑钢管用 12# 铁丝绑紧固定。

在后浇筑块滑模浇筑时,可不架设[12 槽钢滑轨,将滑动模板两端搁置在相邻的先浇筑块的混凝土面上进行滑模施工,先浇筑块的混凝土强度须达到 3.0 MPa 以上,以防止滑动模板的滑升破坏先浇筑块的混凝土表面。滑模施工前,先对浇筑块分缝处自上而下 40 cm 宽范围的平整度进行检查,如达不到规范要求的,用人工凿平或用磨光机打磨平整。并在该范围内铺上一条 40 cm 宽的油毡,防止混凝土浇筑时混凝土污浆污染先浇筑块混凝土;滑动模板在油毡上滑升,也对先浇筑块混凝土表面起到一定的保护作用。

5.2.5 滑动模板、配重、手拉葫芦的安放

待钢筋网、侧模和滑轨安装好以后,即可安放滑动模板。滑动模板前端两侧各设一个挂钩,将 2 个 5 t 的手动葫芦的起重链条挂钩挂住滑动模板,葫芦挂在[12 槽钢滑轨上端的吊耳上。

在后浇筑块施工时,因没有安装滑轨,须定制一种方便搬运的活动支架以挂放手动葫芦。活动支架用角钢和槽钢制作,后面加压重,支架结构见图 6。安装时要求支架前端的[12 槽钢顶住已浇筑好的混凝土护坡上端侧面。

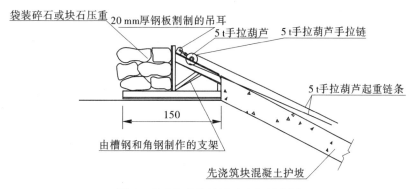

图 6 手动葫芦挂放活动支架示意图

因混凝土浇筑时,滑动模板会有上抬的现象,这需要在滑动模板上加配重,一般用袋装碎石作为配重。滑动模板和配重的安放一般用人工抬运的方式安放。

最小配重的计算公式如下

$$G_{配重} = p_{上浮} - G_{滑模}$$

式中:$G_{配重}$ 为滑动模板上所需的最小配重,kN/m^2;$p_{上浮}$ 为新浇混凝土对模板的上浮力,可根据经验取值,护坡坡度小于 1:1.0 时,取 3~5 kN/m^2,对曲线坡面取大值;$G_{滑模}$ 为滑动模板的自重,kN/m^2。

先取手拉葫芦时,可按照计算的牵引力要求进行校核选取,一般可选取 5 t 手拉葫芦。牵引力 T 可按下式计算:

$$T = KA[\tau + G\sin\theta + | G\cos\theta - p_{上浮} | f_1 + Gf_2\cos\theta]$$

式中:K 为牵引力安全系数,取 1.5 ~ 2.0;A 为模板与混凝土的接触面积,m^2;G 为滑动模板的自重,kN/m^2;θ 为坡面与水平的夹角;$p_{上浮}$ 为新浇混凝土对模板的上浮力,kN/m^2;τ 为模板与混凝土的黏结力,钢模板按 $0.5\ kN/m^2$ 计;f_1 为钢模板与混凝土的摩擦系数,取 0.4 ~ 0.5;f_2 为钢模板与滑轨的摩擦系数,取 0.15 ~ 0.5(钢对钢)。

5.2.6 滑模试运行

滑模系统安装完成后,沿轨道进行试运行,检查滑轨加固、模板滑升、葫芦挂钩、葫芦运行等是否安全可靠,并就上下指挥通信和信号畅通,排除一切妨碍滑动模板启动滑升的障碍物。

5.2.7 混凝土的浇筑

(1)施工中混凝土在拌和站集中拌和,可用手推双胶轮车、工程车或者自卸车运输直接倒入集料斗,混凝土沿斜面溜槽自然下滑进入仓面。如坡面较长或较陡,在溜槽末端设置一块挡板,并结合人工平仓,以避免混凝土离析。如坡面较缓,可用人工沿溜槽铲滑使混凝土下滑入仓或用起重设备直接吊运混凝土料罐卸料入仓。

混凝土应分层入仓,每层混凝土浇筑高度为 25 ~ 40 cm,一次性混凝土入仓不宜过多,并要求浇筑工人在滑动模板前进行人工平仓,以避免滑动模板被混凝土抬高。

(2)在施工中,采用 1.5 kW 的插入式振捣器,激振半径为 50 cm。施工时要求振捣棒的插入深度以插入前一层混凝土 5 cm 深为宜,插入间距 40 cm 左右。在混凝土施工中,如振捣次数控制不好,会使滑动模板有上抬现象,在提升力允许的情况下,尽可能增加滑模上的配重。此外,由于振捣时间过长,滑模后的混凝土出现鼓肚现象,要求工人注意振捣时间。

(3)滑动模板滑升前,必须清除前沿超填混凝土,以减轻滑升阻力。滑升时两端提升应平稳、匀速、同步。每浇完一层混凝土滑升一次,一次滑升高度为 25 ~ 30 cm,不得超过一层混凝土的浇筑高度。保证滑模底部与已浇筑好的混凝土搭接宽度不小于 20 cm。

初次滑升时应注意观察滑模滑升速度快慢、混凝土坍落度大小、混凝土表面是否出现下坠和鼓肚现象三者之间的关系,以刚脱模的混凝土表面不出现下坠、鼓肚现象为标准。用手拉葫芦将滑动模板缓慢起升 25 ~ 30 cm,观察混凝土的下坠、鼓肚情况,如混凝土面基本不动,经全面检查设备无异样,则可进入正常滑升阶段;如混凝土护坡面有下坠、鼓肚现象,首先减小坍落度,如坍落度为满足现场混凝土施工要求,已没有减小余度,则应控制模板滑升的速度。滑升速度一般控制在 2.0 ~ 4.0 m/h。

(4)护坡混凝土应连续浇筑。滑模施工一旦开始就应连续作业直至浇筑完成。如因故中止浇筑时间过长,而超过混凝土初凝时间,则必须停止浇筑,待混凝土强度达到 2.5 MPa 时按施工缝处理,以保证护坡混凝土浇筑的连续性。浇筑后续护坡混凝土前缝面应按施工缝进行处理,处理时要认真地进行凿毛、冲洗、清除污物和排除表面积水,然后在湿润的缝面上,先铺一层厚 2 ~ 3 cm 的水泥砂浆,其水灰比不得高于所浇混凝土。水泥砂浆应摊铺均匀,以利与先期浇筑的混凝土充分结合,然后再在其上浇筑混凝土。

(5)雨天施工。

①减小水灰比和坍落度。在雨天混凝土浇筑,应采用较小的混凝土坍落度,一般不超过 4 cm。因为混凝土的出机至入仓皆是露天作业,受雨水影响较大,混凝土的水灰比、坍落度在运输、入仓过程中会有所变化。

②降低浇筑速度,一般在 1 h 内浇筑、滑升约 50 cm。

③及时覆盖。在雨天施工,脱模后的混凝土,容易被雨水冲刷,表面会出现麻点,因此在抹面平

整后,及时覆盖薄膜或彩条布,以保护刚抹好面的混凝土面。

(6)发现脱模后的混凝土鼓肚现象,在收面时,将鼓肚的混凝土挖除,用手提式小型平板振捣器复振。

(7)浇筑混凝土过程中,应安排专职人员经常观察模板、支撑、钢筋等的情况,当发现有变形和移动时,应及时采取相应的处理措施。要严格按照设计坡度施工,多方向、多点拉线控制混凝土面标高,保证混凝土浇筑质量。

(8)用手提式小型平板振捣器将刚脱模的混凝土自下而上再次振捣,使混凝土表面翻浆,有利于混凝土收面。

(9)因有一定的坡度,混凝土成形较困难,故要求混凝土采用二级配,坍落度控制为3~5 cm。

5.2.8 混凝土收面

水利工程混凝土表面要求清水混凝土面,平整度要求≤8 mm,收面要求密实、平整、压光;混凝土不得存在起皮、起砂、龟裂和其他缺陷。

收面工人如因坡度较陡无法站立,可用脚手钢管制作一条与滑动模板等长,宽为30 cm 的踏板,上铺3 cm 厚的木板,在踏板的外边缘两端各焊制一个 Φ16 吊环,挂上 Φ8 起重链条。踏板横向放置在滑动模板下1~1.5 m 的位置,用在 Φ8 起重链条两头装保险挂钩的办法挂在加固滑轨的脚手钢管上,随浇筑面的抬高,逐步抬升踏板,便于收面工人对刚脱模的混凝土面进行收面。

5.2.9 混凝土的养护

混凝土在浇筑完成、初凝后,应及时铺盖草袋、麻袋或养护专用布,以利于混凝土隔热、保温、保湿,并应在12 h 内浇水养护,保持混凝土表面湿润,混凝土养护时间不少于7 d,有利于防止裂缝的发生。

6 材料与设备

6.1 材料

(1)侧面模板可结合伸缩缝沥青松板架设,加固木档横截面大小可采用50 mm×70 mm;如不是沥青松板的,可用组合钢模架设。

(2)侧向支撑采用 Φ48 钢管,其间距、排距经计算后确定,在滑轨一侧间距1 m 左右焊接一段与护坡混凝土厚度同样长的短 Φ48 钢管,侧向支撑钢管与之用扣件连接、固定。

(3)混凝土采用二级配,粗骨料宜采用5~20 mm、20~40 mm 碎石,砂宜采用中砂,并符合有关规范规定。

(4)滑轨采用[12 槽钢。

(5)滑动模板宽约60 cm,采用[20 槽钢和8 mm 厚钢板制作。

6.2 机具设备

(1)模板(伸缩缝沥青松板)制作安装设备:锯木机、电刨机、锤子、扳手、墨斗(弹线器)。

(2)钢筋加工、安装设备:切割机、电焊机、弯曲机、钢筋连接机械(根据设计接头连接种类而定)、扎钩、铁丝。

(3)混凝土浇筑设备:插入式振动器、手提式小型平板振捣器、5 t 起重葫芦、铁铲、小锤、泥工用铁板、4 m 铝合金刮尺、计量器具、试件制作器具。

(4)运输及起吊设备:溜槽、混凝土运输工程车、8 t 汽车吊等。

(5)各种质量检测工具。

7 质量控制

(1)模板、钢筋、混凝土工程质量应遵照国家标准《滑动模板工程技术规范》(GB 50113—

2005)、《混凝土结构工程施工及验收规范》(GB 50204—2002)、《水工混凝土施工规范》(DL/T 5144—2001)及其他有关规范规定。

(2)滑模施工应根据全面质量管理的要求,建立健全有效的质量保证体系,实行严格的质量控制、工序管理与岗位责任制度,对施工各阶段的质量应进行检查、控制,以达到所规定的质量标准,确保施工质量及其稳定性。

(3)根据工程的施工机械、现场条件,按简易滑模施工护坡混凝土工艺流程编制详细的施工组织设计和实施方案。对施工管理人员、试验技术人员和操作技术工人进行滑模施工的技术交底、培训,未经培训的人员不允许上岗操作。

(4)滑模系统及附件要安装牢固,无松动现象,模板应安装严密,保证不变形、不漏浆。

(5)滑轨必须按标准安装,滑轨面的坡度与标高为混凝土坡坡结构设计坡度与标高。

(6)滑模滑升应缓慢、匀速。滑模滑升速度,根据混凝土坍落度和混凝土拌制、运输强度可控制在 2～4 m/h。当入仓混凝土坍落度增大时,应减小滑模滑升速度。不得料多时追赶,然后随意等待。

(7)滑模滑升后混凝土表面局部有缺陷的,禁止用加铺薄砂浆层的办法修补,必须用手提式小型平板振捣器自下而上复振,直至表面翻浆,然后原浆铁板压光、扫毛。

(8)混凝土护坡面的平整度要求≤8 mm,观感应达到一般抹灰的质量要求。

(9)混凝土护坡面的坡度与标高应满足设计要求和施工规范的规定。

(10)混凝土面不得存在起皮、起砂、龟裂和其他缺陷。

(11)同一块护坡混凝土浇筑时一般不留施工缝,如有特殊情况要留,必须严格按照有关规范规定处理。

(12)滑模施工时,应有专人负责接收和报告气象预报工作,遇有降雨、寒流侵袭时,不得进行滑模施工。

8 安全措施

(1)施工中严格遵守《水利水电工程土建施工安全技术规程》(SL 399—2007),机械的操作必须符合《建筑机械使用安全技术规程》(JGJ 33—2001)。

(2)进行高空施工作业时,必须遵守国家现行标准《建筑施工高处作业安全技术规范》(JGJ 80—91)的规定。

(3)斜坡面坡度较大时,首先要确保四周防护到位,同时要求斜坡面不允许放置易滑落物件。

(4)必须按照工序进行施工,滑轨没有固定前,不得进行下道工序。禁止利用拉杆、支撑攀登上下。

(5)混凝土浇筑前,项目安全员和技术员对所有支撑、滑模体系、临时用电等进行安全检查及整改,直至消灭安全隐患后才能进行混凝土浇筑。

(6)运输车辆倒退时,车辆应鸣笛后退警报,并有专人指挥和查看车后。

(7)所有施工机械、电力、燃料、动力等的操作部位,严禁吸烟和任何明火。

(8)施工机电设备应有专人负责保养、维修和看管,确保安全生产。施工现场的电线、电缆应尽量放置在无车辆、人、畜通行部位。开关箱应带有漏电保护装置。

(9)混凝土振捣手在施工过程中应穿防滑胶鞋,戴上绝缘手套。

(10)夜间浇筑混凝土时,应有足够的照明,并防止眩光。

(11)施工过程中,必须按规定使用各种机械,严防伤及自己和他人。

(12)焊工持证上岗,上岗前期试焊焊件必须经检验合格。

(13)专业电工持证上岗。电工有权拒绝执行违反电气安全的行为,严禁违章指挥和违章作业。

9 环保措施

(1)加强对作业人员的环保意识教育,钢筋运输、装卸、加工应防止不必要的噪声产生,最大限度地减少施工噪声污染。

(2)废旧模板、钢筋头、多余混凝土应及时收集清理,保持工完场清。

(3)施工废水应及时收集处理,未经处理不得排入农田、耕地、饮用水源和灌溉渠道、养殖场。

(4)施工作业产生的灰尘,除在现场的作业人员需配备必要的专用劳保用品外,还应随时进行洒水,以使灰尘公害减至最小程度。

10 效益分析

10.1 经济效益

经济效益分析见表1。

10.2 社会效益

采用本工法进行斜坡护面混凝土施工,取消了坡面模板的架设,缩短工期,混凝土护坡施工质量得到了很大的提高,同时也得到了业主、设计单位、监理单位的一致好评。简易滑模法斜坡护面混凝土施工的成功不但提高了本企业的施工技术水平,节约了大量的模板、机械投入,降低了施工成本,也为我公司在社会上树立了良好的形象。

表1 经济效益分析

项 目	费 用
取消架立模板节省的费用	
材料费	10 元/m²
人工费	15 元/m²
机械费	2.3 元/m²
小 计	27.3 元/m²
简易滑模法护坡施工增加的费用	
滑轨、滑模钢材、制作等一次性投入	2.1 元/m²
收面人工	2.5 元/m²
机械费	2.1 元/m²
小 计	6.7 元/m²
合计节约费用	20.6 元/m²

11 应用实例

11.1 钱塘江海宁盐仓段标准海塘工程二期二标工程

钱塘江海宁盐仓段标准海塘工程位于浙江省海宁市盐仓镇,为临江一线的重要生命线工程,保护着海宁、桐乡、嘉兴、余杭等市县,具有突出的重要性。该工程是在原有堤身基础上加固,堤顶高程 11.70 m,海塘堤线长 1 015 m。0.5～11.70 m 高程外坡设计采用在原浆砌块石护坡上浇筑30 cm厚C20 混凝土,护坡坡度为 1∶0.8。

钱塘江海宁盐仓段标准海塘工程二期二标工程总造价798 万元,混凝土护坡工程量为 3 187 m³。该工程外坡混凝土护坡采用本工法进行施工,缩短了工期,板面平整度(≤8 mm)检查 460 个点,符合要求点 414 个,合格率90%。本工程混凝土护坡面积共 10 623 m²,每平方米节约 20.6 元,共节约20.6×10 623 = 218 840(元)。

11.2 钱塘江海宁盐仓段标准海塘工程三期三标工程

钱塘江海宁盐仓段标准海塘工程三期三标海塘堤线长 1 035 m,工程总造价 1 056 万元,混凝土护坡工程量为 5 635 m³。

该工程外坡混凝土护坡采用本工法进行施工,缩短了工期,板面平整度(≤8 mm)检查 520 个点,符合要求点 473 个,合格率91%。本工程混凝土护坡面积共 12 783 m²,每平方米节约 20.6 元,共节约20.6×12 783 = 263 330(元)。

11.3 温州市龙湾区丁山一期围垦中闸改建工程

温州市龙湾区丁山一期围垦中闸改建工程为丁山一期围垦标准塘建设配套工程。该工程位于温州市龙湾区海城街道。水闸净宽为 5 m×3 孔,底板高程-0.5 m,交通桥顶高程 7.2 m,闸门为平板钢闸门。工程总造价 1 530 万元。

该工程在闸室下游侧 3.0~7.0 m 高程护坡设计采用 30 cm 厚钢筋混凝土护坡,护坡坡度为 1:1.5,工程量 696 m³。混凝土护坡采用本工法进行施工,板面平整度(≤8 mm)检查 90 个点,符合要求点 83 个,合格率 92%。本工程混凝土护坡面积共 2 320 m²,每平方米节约 20.6 元,共节约 20.6×2 320=47 792(元)。

(主要完成人:胡学军　苏孝敏　杜红霞　金华强　李洪生)

水下坚硬土地基开挖施工工法

黑龙江省水利水电工程总公司

1 前 言

水工建筑物施工时,经常遇到水下开挖基坑或渠道。在水深且土质坚硬的"铁板砂"或低液限碱性黏土时用普通挖泥船开挖功效极低,甚至无法开挖。在松嫩平原大庆地区水下高碱性低液限黏土及齐齐哈尔地区铁板砂水下开挖过程中总结了水下坚硬土地基开挖施工工法。主要利用耙吸挖泥原理,用铲斗先翻松水下坚硬的土层,再通过挖泥装置将挖松的土挖出输送至岸上。水下开挖"铁板砂"或级配良好的砂砾石,可采用单斗挖掘机及挖泥船联合施工作业的方式,或采取改装链斗式挖泥船开挖。其原理是先对中密的铁板砂进行翻松,再用挖沙船进行开挖。当开挖水下坚硬的黏性土时,先用链斗将水下黏土挖起通过卸泥装置卸至船下集泥箱,在集泥箱内用绞刀把坚硬的土块搅碎成泥浆,再通过 8 吋泥浆泵将泥浆排到规划的弃渣场。即斗齿切土→链斗收集泥土→链斗输送泥浆至船上→泥浆箱收泥并搅碎→泥浆泵排放,相当于绞吸式、链斗式、普通三种挖泥船联合作业方式。

经多项工程实践证明,该技术可节约大量人力、物力,不仅提前工期、而且经济效果显著。

2 工法特点

2.1 施工功效高

水位较高的坚硬地层水下土方开挖,受水深度的影响,如采用常规水下施工方法,施工效率极低,甚至无法施工。采用本工法,集水下翻松、挖出水面、水上输送于一体,开挖效率显著提高,施工费用较低。

2.2 适用范围广

传统的水下挖掘施工针对不同的土质采取不同的设备,而本工法可挖掘砂性土、铁板砂、黏性土等多种特殊土质及深水条件下的各种环境,投用的设备少。

2.3 操作简单,调遣费用低

针对不同的水文地质条件改制水下开挖设备,开挖施工作业操作过程简单,设备调遣量小,费用低,机动灵活。

3 适用范围

适用于深水条件下的坚硬砂砾石层、细砂层、黏土层土质及其他土层的水下开挖。

4 工艺原理

根据耙吸挖泥船的工作原理,通过对挖泥船、抽砂船、挖砂船的技术改造,改制成适应特殊较复杂水文地质条件下的水下翻松、挖出水面、水上输送于一体的水下开挖机械。此设备可适应密实的级配良好细砾、坚硬黏土互层或其他不良地层土的水下开挖清理,具有绞吸式挖泥船、链斗式挖泥船、单斗、抽砂船的工作性能。

5 施工工艺流程及操作要点

5.1 施工程序

水文地质条件调查→施工方案确定→水上开挖设备改制→施工作业区及弃渣场规划→施工区测量放样→水下土方开挖→质量检测。

5.2 水文地质条件调查

开挖前进行详细的水文地质条件调查,取得开挖区域详细的水文资料和地质资料,详细了解开挖区的土层情况和施工期的河水及地下水位变化情况。

5.3 施工区测量放样

开挖前选用合适的测控仪器设备,在岸边或围堰上设置好控制点,确定施工放样及控制测量方法。

5.4 水下开挖设备的改制

根据工程具体情况,调查分析水下开挖区域的地层岩性,结合常用的挖泥船、抽砂船、单斗等设备的工作原理及特点,研制适合本工程条件的水下开挖施工设备改造计划,改制开挖设备。

5.5 基坑水下开挖

5.5.1 岸边开挖

一般江河的岸边坡经多年的维护加固,岸边的水上、水下土方开挖采用挖掘机进行开挖。首先修筑临时便道,由挖掘机分多个施工作业面同时进行开挖,水下开挖料经岸边沥水后,再用挖掘机装自卸汽车外运到监理工程师或建设单位指定弃渣场。开挖时一次开挖不到设计深度时,水深在3.0~5.0 m采用长臂挖掘机进行开挖,挖掘机进不去且水深超过5.0 m的区域采用挖砂船及挖泥船进行开挖至设计底高程,边坡按水下自然稳定坡角确定,一般在1:3~1:4,最大限度地减少用挖泥船进行水下开挖的工程量。

5.5.2 河道开挖

河道中部陆地设备进不去时,采取水面行走式开挖设备施工。如果遇到多年沉积的级配良好细砾铁板砂或较硬黏土时,先用翻松装置进行翻松,再用经改制的挖泥(砂)船开挖。保证水下开挖的几何尺寸及高程,是水下开挖的关键质量控制点之一。开挖前先进行开挖试验,确定开挖船的布点、开挖方向。挖砂船开挖出的渣料,直接输送到岸上,经沥水后装自卸车运送到指定的临时弃渣场。

在土方施工中,经常测量、校正平面位置、标高、边坡。待水下土方开挖完成后,用工作船统一进行基坑高程验收,对不平整的部位,用链斗进行扫平。经自检合格后报监理单位进行验收,验收合格后进行封底混凝土浇筑。采用挖沙船进行基坑开挖施工示意图如图1、图2所示。

5.5.3 级配良好密实细砾层水下翻松方法

采用自制浮船,如果有条件亦可使用承载力足够的拖船,浮船上用18 m长臂挖掘机

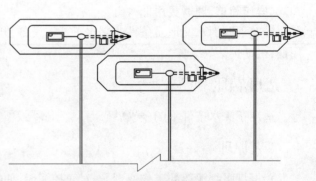

图1 挖砂船开挖作业施工平面布置

对水下铁板砂进行翻松。其施工方法是在开挖区的两岸平行于建筑物轴线对称设锚固钢丝绳的锚具,通过两岸连接的一对钢丝绳来稳定浮船,长臂挖掘机在浮船上进行水上开挖作业。固定于浮船上的两台0.4 m³长臂反铲挖掘机,一台固船一台翻松,根据开挖区域可在水上对水下用采砂船开挖不了的级配良好细砾实施翻松作业。

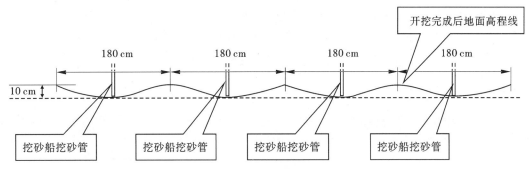

图 2 基坑开挖完成后的纵断面剖面

说明：

挖砂船在水面上的位置固定主要靠左右岸及上下游围堰上设置的锚，通过牵引绳前进。平整度控制是基坑水下开挖的关键环节之一，当水下开挖至设计高程以上 50 cm 时，挖砂船的开挖刀口按间距 180 cm 排列由一端向另一端推进，将开挖面的平整度控制在 10 cm 之内。

5.5.4 黏土水下开挖方法

对链斗挖砂船进行改造，在收砂前臂加设切土刀。为防止黏泥粘链斗影响效率，在链斗的背面焊接除泥齿装置，进行料斗的辅助卸泥，船体下部设集泥箱，集泥箱内装有绞刀并设泥浆泵。在开挖区域的前后设锚，改型挖泥船通过钢丝绳固船并起到牵引的作用，层层开挖，直到设计深度。在水下土方开挖作业过程中，在集泥箱处设自动控制液面高度的加水装置，自动上水，实现切土刀切土，链斗挖泥，集泥箱收泥，绞刀搅拌打碎泥团，泥浆泵排泥联合作业。排泥管采用聚乙烯白塑料管，直接连至业主、监理指定的排放地。

6 材料与设备

6.1 主要材料

钢丝绳、钢管、型钢、钢板、绞刀、油筒、排泥管、浮筒、锚。

6.2 主要设备

机动快船、长臂挖掘机、抽砂船、泥浆泵、100～200 t 浮船、抽砂泵、链斗式挖沙船。

7 质量控制

质量控制主要是水下开挖平整度控制措施。当采用挖砂船开挖时，先确定最深点，然后再向其他部位扩展。根据基坑内的水面水位情况在开挖接近基底设计高程时，加大测控的量测频次，提前确定吊绳入水深度，防止超挖、欠挖。

岸边采用挖掘机进行开挖的部分，如用长臂挖掘机一次能挖至设计高程的区域或部位，根据水面高程确定长臂挖掘机的长臂入水深度，由现场测量员进行跟踪监控，确保一次开挖至设计高程，不再用抽砂船进行开挖。

大面积水下开挖完成后，利用水下远红外观测仪进行测量，如有达不到高程的部位，再采用挖砂船进行找平，直至达到设计高程及满足规范要求。

8 安全措施

（1）现场施工作业人员须提前进行安全教育，船员持证上岗。施工作业及水上作业人员安全作业岗位证件齐全，具有安全作业许可，5 级以上大风天停止水上开挖作业。

（2）船边设置防护栏杆，防护栏杆高度≥1.1 m，长臂挖掘机在浮箱上保证留有足够的工作面。

（3）船上的所有操作人员均穿救生衣，戴安全帽，操作浮桥上备用救生圈、杆、绳子等若干，保证水上安全作业设施齐全。

（4）在施工区域周围备用2条工作船,以备应急时用。

（5）及时与当地海事部门联系,取得水上水下施工作业的支持与帮助。

（6）水上开挖要设专人看护,设专职安全员2名,24 h不间断地进行现场检查、监督、指导。

9 环保措施

（1）成立文明施工和环境保护领导机构,全面贯彻国家和有关部门关于文明施工、环境保护的法令、法规和规章制度。

（2）运油、储油油筒采用不漏的新筒,保持船上清洁,防止对水库的水体产生污染。船只上的工作人员,严禁向水库内抛弃废物以及生活垃圾等,做到文明施工。

（3）加强施工现场管理,现场设备、材料堆放合理整齐,开展经常性文明施工大检查和文明施工评比活动,奖励先进、惩罚落后,促进文明施工水平的提高。

（4）合理规划施工现场,开挖弃渣堆放整齐。经常对施工排水通道及道路进行维修、养护,保证水路及施工道路畅通、完好。

（5）施工结束后,按发包人要求尽快清理施工现场,除业主同意外,拆除其他一切临时设施,清除建筑垃圾,恢复原来的地形地貌。

10 效益分析

10.1 经济效益分析

水下坚硬土地基开挖施工工法不但缩短了排降水时间,而且施工工效较传统的水下开挖措施显著提高,施工成本降低。

10.2 社会效益分析

水下坚硬土地基开挖施工为我国在低水位施工水工构筑物提供了施工方法和施工经验,缩短了工期,节省了费用,低碳环保,社会效益明显。

10.3 技术效益分析

水下坚硬土地基开挖施工技术的应用和推广,解决了长期困扰施工领域水下黏土及硬质土开挖技术难题,为我国在低水位条件下拓宽了施工技术的领域,为深水条件下水工构筑物的施工提供了有效的施工方法。

11 应用实例

11.1 北引渠首泄洪闸工程

11.1.1 工程概况

泄洪闸工程位于北引渠首枢纽轴线桩号2+473.5～2+69处嫩江主河道上,共12孔,每孔净宽16 m,总净宽192 m,由进口段、闸室段、消力池段、海漫段组成。由于基底承压水头高,渗透系数大(500 m/d),经过多次专家技术论证,采用水下开挖基坑,水下浇筑混凝土压重基础处理施工方案,于2010年末已完成主体工程的基坑水下开挖及封底混凝土施工。

11.1.2 开竣工日期

开工时间为2009年11月22日,竣工时间为2011年10月31日,基坑内水下土方开挖完工日期为2010年8月31日。

11.1.3 实物工程量

本工程的主要工程量为:土方开挖2 003 500 m³,水下土方开挖1 082 458 m³,占总开挖土方量的54%。主体工程基坑内水下土方开挖工程量约为26万 m³,其中级配良好砂砾石开挖18万 m³,黏土水下开挖57 379 m³,其他土水下开挖22 621 m³。

11.1.4 应用效果及存在问题

主体基坑土方开挖采取的是挖掘机及挖泥船联合施工作业的方式,中间部位先用长臂挖掘机对中密的铁板砂进行翻松,再用挖泥船进行开挖。黏土水下开挖采用改型挖泥船进行开挖。岸边位置采用单勾、反铲及长臂挖掘机进行开挖。实践证明,选用合理的施工方法、合适的施工机具,不仅加快了施工进度,而且保证了工程的施工质量、安全,具有很好的推广应用价值。

11.2 大庆石化红旗泡泵站引渠水下开挖

11.2.1 工程概况

红旗泡泵站引渠工程位于红旗泡水库库区内,长度 665 m,渠底宽度为 35.42 m,渠底高程 143.50~140.00 m,渠道两侧的边坡为 1:3.0。开挖弃土场位于原泵站输水管堤的南侧库区,距开挖区平均运距为 500 m。水库正常蓄水位为 148.00 m。库底的地面高程 143.50~146.00 m。

11.2.2 开竣工日期

本工程开工日期为 2007 年 5 月 10 日,竣工日期为 2007 年 11 月 30 日。

11.2.3 实物工程量

水下开挖工程量为 158 586 m³。

11.2.4 应用效果及存在问题

开挖区域内的地层岩性主要以第四系更新统冲积层(alQ₃)高液限黏土(黄色、灰黑色)为主,含碱量高,比较坚硬($R = 150$ kPa),水下开挖的土质岩性类别为六类土,开挖难度较大。经技术经济分析,采取改装链斗式挖泥船开挖。

此方案每条船主要的技术指标为:船长 26 m,宽 5.5 m,高 2.6 m,自重 18 t,载重 160 t,总装机 240 kW,产量设计为 50~100 m³/h。适于砂土层、泥土砂层、黄黏土层、盐碱土等硬质土层。

本工程采取分段分层开挖方法,每段为 50 m 长,每层 50 cm(绞刀为卧式,其直径为 1 m)。引渠顶高程为 145.88 m,分 10 层开挖,底高程为 140.00 m。每层深度控制精度为 15 cm,单船行驶作业宽度为 5 m,船的行驶主要以卷扬机钢丝绳牵引,先施工需要护砌的渠道末端,逐渐向渠道的首端推进。施工作业结束,随之将定位桩拆除。

本工程采用改装链斗式挖泥船进行水下开挖,提高了功效,而且解决了引渠水下开挖的技术难题。

11.3 齐齐哈尔通阳街污水泵站工程

11.3.1 工程概况

齐齐哈尔市通阳街污水泵站工程,位于齐齐哈尔市区通阳街。地下水位 142.00 m,沉井刃脚底设计高程为 135.35 m,即封底时沉井内的水深为 6.7~7.0 m,封底混凝土的厚度为 1.3~1.6 m。

11.3.2 开竣工日期

开工日期为 2005 年 7 月 10 日,竣工日期为 2005 年 11 月 10 日。

11.3.3 实物工程量

水下开挖土方量为 2 283 m³。

11.3.4 应用效果及存在问题

根据岩土工程勘察报告,地基高程 140.82~135.32 m 为粉细砂、铁板砂及圆砾层,所以选用了抽砂船作业。抽砂船坐落在井中间,在抽砂船枪头部位安装铁板砂破碎装置,人为提前把水下铁板砂打碎,再将沉井中间部位的砂砾抽出,形成锅底坑,刃脚靠井壁的自重逐渐下沉,再抽砂,再下沉,直至下沉到设计标高。然后停止抽砂,用抽砂船大致整平,满足设计要求。

此工法在齐齐哈尔市通阳街污水泵站工程进行了成功应用,实践证明,选用合理的施工方法,合适的施工机具,不仅加快了施工进度,而且保证了工程的施工质量、安全,具有很好的推广应用价值。

(主要完成人:温洪艳 李永奎 孙德成 武玉华 张晓春)

特大断面导流洞开挖施工工法

中国水利水电第六工程局有限公司

1 前 言

特大断面导流洞开挖施工工法在溪洛渡水电站左岸 1 号、2 号、3 号导流洞工程开挖施工中的成功应用,极大地提高了开挖质量,边墙成型完整,并加快了施工进度。在左岸导流洞开挖施工过程中,导流洞中下层采用两侧深孔预裂、中间梯段爆破为主的施工方法,变洞挖为明挖,以及对施工设备进行了改进,大大降低了施工费用,加快了施工进度,同时充分利用工作面形成平面多工序、立体多层次的流水作业,使 20 多 m 高的洞室形成上、中、下同时作业的局面。该工法的应用,在溪洛渡左岸导流洞工程中创下了 3 项中国企业新纪录,2 项科技进步成果奖,9 个施工样板段,其经济效益和社会效益显著。

本工法在溪洛渡水电站左岸导流洞工程中成功应用后,又相继在湖北潘口水电站导流洞工程、锦屏二级水电站导流洞工程中成功应用,证明本工法适用于特大断面(面积大于 120 m^2 或跨度大于 12 m)的城门洞形导流洞的开挖施工。

2 工法特点

(1)本工法根据导流洞的断面大小,将导流洞分上层和中下层进行开挖。上层采用先开挖中导洞,等中导洞全线贯通后,再进行两侧扩挖的方法,其中两侧扩挖在施工时分别滞后进行。

(2)本工法特大断面导流洞中下层采用两侧深孔预裂、中间梯段爆破为主的施工方法,变洞挖为明挖,大大降低了费用,加快了施工进度。

(3)本工法对 100B 轻型潜孔钻进行了改造,使上层扩挖在 10 cm 就能满足中下层预裂孔下钻要求,大大减少了扩挖工程量。

(4)本工法在预裂孔钻孔时采用了定位样架导向技术,对造孔精度控制,保证了钻孔成型质量。

(5)本工法采用专门的钻孔质量控制与检查体系,对预裂爆破孔和梯段爆破孔进行了质量跟踪、控制、检查等全方位质量控制手段,大大提高了爆破质量。

(6)本工法充分利用工作面,形成平面多工序、立体多层次的流水作业,使洞室形成上、中、下同时作业的局面,大大加快了施工进度。

3 适用范围

本工法适用于水工建筑物中特大断面(面积大于 120 m^2 或跨度大于 12 m)的城门洞形导流洞的开挖施工,也可以供水电站其他特大断面洞室群开挖施工借鉴。

4 工艺原理

国内大断面、高边墙地下洞室的中下层施工大都采用直边墙预裂梯段开挖,层高一般为 8 ~ 10 m;也有部分工程采用中部梯段爆破两侧预留保护层进行光面爆破开挖。其造孔多采用轻型潜孔钻和履带潜孔钻。本工法选用了预裂爆破与梯段爆破相结合的施工技术,导流洞中下层采用两侧深孔预裂、中间梯段爆破为主的施工方法,变洞挖为明挖。但由于机型特点,两种钻机均不能临近边墙施工,因此需要对上层边墙开挖进行一定范围的扩挖。根据轻型潜孔钻的结构特点,其扩挖量至少在25 cm以上才能满足下钻要求,结合本工程特点,本工法对轻型潜孔钻进行了改造,使上层扩挖在10 cm就能满足下钻要求,大大减少了扩挖工程量。同时采用专门的钻孔质量控制与检查体系,对预裂爆破孔和梯段爆破孔进行了质量跟踪、控制、检查等全方位质量控制手段,减少了人为因素的影响,保证了造孔精度,使边墙平均超挖控制在10 cm以内,平整度小于9 cm,爆破半孔率达到了90%以上,工程开挖质量优良。并通过多次现场生产性试验,确定适宜的爆破参数及装药结构,从而确保了高边墙的预裂爆破成型质量,同时还控制了中部梯段爆破对边墙的震动影响。

5 施工工艺流程及操作要点

5.1 施工工艺流程

5.1.1 施工工艺总体安排

特大断面导流洞开挖施工,根据各具体工程的不同结构特点及布置特性,可采用不同的总体施工安排,但总体上的施工工艺安排依次为:上层中导洞开挖施工、上层两侧扩挖施工、中层开挖施工(其中在中层开挖施工中,两侧预裂爆破与中间垂直梯段爆破可以采用在一次爆破中先后起爆完成,也可以采用预裂爆破超前完成一定距离后再进行中间垂直梯段爆破)、下层开挖施工。其中上层、中层、下层开挖施工中可根据具体情况采用上一层全部施工完成后再进行下一层的开挖施工,也可以采用各层滞后立休同步进行开挖施工。

5.1.2 中层两侧预裂爆破施工工艺流程

特大断面导流洞开挖施工中层两侧预裂爆破施工工艺流程为:生产性试验(上层扩挖试验、钻机架设试验、爆破参数试验)→爆破参数设计→基岩面清理→测量放线→布孔→样架搭设→样架校核→钻机架设→造孔施工(钻孔控制)→验孔→装药爆破→爆破效果检查。

5.1.3 预裂爆破施工工艺流程施工中需注意的事项

5.1.3.1 欠挖处理

施工前首先对上层已开挖的边墙2.5 m高度范围内进行欠挖检查,若存在欠挖,及时组织人员进行处理,以满足边墙预裂钻机就位要求。

5.1.3.2 预裂孔深度确定

根据导流洞各段开挖断面的大小,为确保边墙预裂爆破效果,中层开挖高度采用一样的高度,即上层开挖高度为9.0 m,中层开挖高度10.5 m,下层预留2.5～4.1 m保护层。为保证中层边墙预裂爆破完整,预裂爆破孔超钻深度为1.0～2.0 m,中部梯段爆破超钻深度为1.0 m。即预裂爆破孔深为11.5～12.5 m,中部梯段爆破孔深度为11.5 m。

5.1.3.3 开挖分段长度确定

根据地下洞室断面情况及容渣情况,当采用中层两侧边墙预裂爆破与中间梯段爆破同时进行爆破施工时,其预裂爆破分段长度原则上按10 m左右一段;若采用两侧边墙预裂爆破超前于中间梯段爆破时,其预裂爆破分段长度可适当加长,并根据爆破安全监测数据分析反馈的意见对分段长度作适当调整。

5.1.3.4 钻孔样架的搭设、检查与钻机架设的控制措施

中层两侧边墙预裂爆破的效果,主要受钻孔质量的制约,因此在样架的搭设与检查中尤为重要,在样架与钻机的搭设施工中,必须做到"稳、准、狠",即样架架设基础必须稳固,样架搭设位置必须准确,样架的支撑及加固措施必须牢固地与系统锚杆或加设的锚筋连接。

5.2 操作要点

5.2.1 上层开挖施工

根据各导流洞或地下洞室断面情况,其上层开挖可采用三部分开挖,也可以采用两部分先后滞

后开挖,结合溪洛渡左岸导流洞的断面情况及围岩情况,上层采用先开挖中导洞,等中导洞全线贯通后,再进行两侧扩挖的方法,其中两侧扩挖施工时分别滞后进行。爆破后,先进行安全处理,然后根据围岩情况适时进行系统安全支护。另外,在上层两侧边墙开挖时,与中层接触段的2.5 m高度范围内进行扩挖,并且对该范围内不进行支护施工。

5.2.2 中层开挖施工

特大断面导流洞中层开挖采用两侧预裂爆破、中间垂直梯段爆破的施工方法,梯段高度10.5 m,变洞挖为明挖。其中预裂爆破孔采用YQ100B钻机垂直钻设,梯段爆破孔为达到良好的堆渣效果,采用斜孔布置,与水平夹角为85°,采用D7液压钻机进行钻设。为了保证钻机能够沿设计边线下钻,对钻机进行改进设计,使预裂钻孔开钻需要的超挖从25 cm降低到10 cm以内。在上层开挖时沿两侧边墙2.5 m高度范围内超挖10 cm(见图1)。

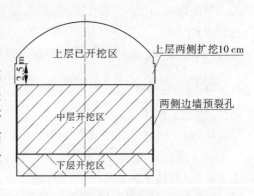

图1 中层预裂爆破段开挖标准断面

5.2.2.1 上层扩挖尺寸研究及钻机改造

在国内很多类似工程施工中,大型洞室开挖施工其直立边墙大部分采用了预裂爆破技术,但是对钻机架设需要的扩挖空间均在25 cm以上,其扩挖工程量较大,在本工程中,我们根据结构物特点,对上层扩挖尺寸与钻机架设关系进行了系统研究,从而对钻机改造提出了合理的设计,改变了轻型潜孔钻钎尾的位置,使上层扩挖控制在10 cm左右。

5.2.2.2 爆破参数、爆破网路设计与生产性试验

在进行中层开挖前需进行一定的生产性试验,试验的目的主要是通过试验确定爆破参数、钻孔参数、炮孔布置方式及钻孔精度控制方法。通过生产性试验探索出优良的施工工艺与合理的爆破设计。

生产性试验一般以3~5次为宜,选择具有代表性的不同地质条件部位进行。每个试验段内,不同孔距的设置及装药结构为必选的试验内容,但同一试验段内安排的比选参数不宜超过3组。

每次试验对边墙的预裂爆破参数设计、中间的梯段爆破设计均作出详细的记录,并根据爆后成型质量检查、爆破松动圈影响范围、质点振动速度监测数据等进行综合分析和判断,以确定适宜的钻爆参数以及钻孔精度控制标准。通过现场试验,确定爆破参数如表1、表2所示。

预裂孔先响,中层开挖主爆孔一次不超过5排(进尺10 m),这有利于保证爆破质量和控制爆破振动。采用微差起爆,每段4~6孔,相邻段间隔时间不小于50 ms。

表1 预裂爆破参数

预裂高度 (m)	部位	孔径 (mm)	孔间距 (m)	线装药密度 (g/m)	最大单响 (kg)	药卷直径 (mm)
12.5	中层开挖	Φ90	0.8	450~550	85	Φ32

表2 梯段爆破参数

梯段高度 (m)	部位	孔径 (mm)	超深 (m)	孔间×排距 (m×m)	单耗(kg/m³)	药卷直径 (mm)
10.5	中层开挖	Φ76	1.0	2.17×2.0	0.45~0.55	Φ60

5.2.2.3 基岩面清理

为保证开孔准确和钻孔质量,首先沿边墙设计轮廓线位置采用人工配合反铲清出1.5 m宽的条带,排除积水。做到基岩面无虚渣,平整,这样一方面可以保证定位样架搭设牢靠,防止钻机受冲

击荷载出现移位;另一方面可以提高钻机的开孔精度,防止开孔位置出现大的偏移。

5.2.2.4　测量放线

现场施工测量放线由专业人员采用全站仪进行,根据爆破设计和现场情况,先由测量人员准确地放出预裂孔的孔位和高程,用红油漆在侧墙上作好标记,详细地将每个孔的测量记录填写到导流洞下层开挖预裂孔施工放样记录表中,现场与施工队的技术人员交底,并由双方签字确认。

5.2.2.5　样架搭设与校核

施工人员按照设计轮廓线安设钢管样架,固定钻机,进行钻机就位、调正。钻机样架采用1.5寸脚手架钢管搭设,设置纵横向联系杆和三角形斜支撑,并与边墙锚杆或插筋(没有锚杆部位打插筋)连接牢固,确保钻机固定牢固、稳定,在钻进过程中不得出现轻微晃动、偏移等影响钻孔位置、垂直度的现象。样架搭设完毕后需经专业测量师采用全站仪校核造孔样架角度,方向、角度符合要求后,由施工队伍将记录表上交给质检部门进行再次检查,并且向质检部申请开钻。质检人员现场检查、复核,主要对扣件的连接、钻机的稳定性、钻机的垂直度以及钻孔的孔位、孔深进行检查,经检查合格、签发预裂孔开钻证后方可正式开钻。

5.2.2.6　造孔施工

边墙预裂爆破孔采用改进型轻型潜孔钻机造孔,孔径为 Φ90 mm,孔距80 cm,按照距底板不小于1.5 m 保护层进行钻孔孔深的控制。预裂孔的钻孔孔深主要采用累计钻杆长度进行控制,以保证所造孔在孔深要求上满足规范要求。

开挖施工队伍严格按照测量放样记录表中的数据准确地计算出各孔的孔深,并将计算结果填入预裂孔施工放样记录表中。预裂孔在钻孔过程中,应采用低风压,减慢钻孔速度,以保证钻孔角度不发生偏差。

钻孔精度主要采用以下措施进行控制:

(1)采用定位样架导向技术,保证钻机就位后,其开孔位置、钻孔方位角、倾角均与设计指标完全一致。

(2)严格执行开孔段和钻进过程中的三次校钻制度,即开钻 20 cm 检查、钻进 1 m 检查、钻进3 m 和钻进 5 m 检查;分别检查纵向和横向偏差指标是否满足规定,发现钻孔偏差及时纠偏。同时对钻机垂直度进行检查、校核,将检查结果填写到预裂孔钻孔施工质量检查验收记录表中。若符合要求,继续施工,否则及时停止钻设,并在左右两侧规定的范围进行补钻。

(3)钻进过程中每 2 ~ 3 根钻杆加一个扶正器,有效防止钻进过程中"飘钻"现象的发生。

(4)严格控制钻进速度。开钻时用小风压缓慢推进,孔深 0 ~ 1 m 内钻速控制在 40 min/m,孔深 1 ~ 8 m 内钻进速度控制在 15 ~ 20 min/m。

5.2.2.7　预裂孔装药爆破

现场按设计装药结构,用电工胶布将药卷和导爆索绑扎在竹片上,然后,人工送入孔内,预裂孔装药时,还应注意绑扎药卷的竹片应放置在靠设计轮廓线一侧。底部1.0 m 范围内加强装药、上部孔口段减弱装药,装药结束后预裂孔堵塞时,先在药卷顶部堵塞纸团或纺织袋,然后再填塞钻孔岩屑,严禁混入块石,堵塞长度要求不小于设计堵塞长度。按爆破设计联网,采用火雷管起爆。

5.2.2.8　预裂爆破效果检查

每次爆破完成,清除石渣,露出开挖面后由专职质检员及技术人员对爆破成型质量进行检查,对残孔率、坡面平整度、坡面爆破裂隙进行检查记录,并收集相关数据,作为下次预裂爆破参数调整的依据。岩面超欠挖情况采用全站仪进行检查形成测量体型图,岩面平整度采用水平尺进行现场量测;爆破松动圈测试采用爆后声波测试的方式。最后,根据爆破成型质量检查结果及时与开挖质量评定标准进行比较,得出评价结论及改进方法。

5.2.2.9　梯段爆破

梯段爆破工作面清理采用反铲辅以人工将工作面的浮渣清理干净,以利于布孔和钻孔,对临空须认真清理,形成良好的临空面,提高梯段爆破效果,尤其是对抵抗线,必要时采用手风钻补孔与梯段爆破一起起爆。按爆破参数设计由测量人员现场用红油漆标明控制孔位,开挖队技术人员根据控制孔位进行剩余爆破孔的布设。采用全液压快速 D7 钻钻孔,钻孔偏差不大于 20 cm。在爆破技术人员的指导下,由炮工按设计装药结构和起爆网络装药、连网。每次爆破过后,对爆堆形状和爆破块度进行检查,作为爆破参数调整的依据。采用 1.6 m³ 反铲及装载机装 20 t 自卸汽车出渣。

5.2.3　下层开挖施工

根据溪洛渡导流洞开挖断面尺寸,导流洞下层开挖高度在 2.0~4.1 m,采用 YT-28 手风钻水平钻孔,滞后中层开挖 100~150 m,周边孔光面爆破。光爆孔用刀片把 Φ25 的药卷分成 4 段,采用导爆索连接,用电工胶布按间距 25 cm 缠在竹片上,线装药密度 200 g/m,尽量减少爆破对围岩的破坏,减少裂隙再扩线和隐形裂隙张开。每次出渣完成后,对残孔率和开挖面平整度进行检查,作为爆破参数调整的依据。

5.2.4　导流洞开挖快速施工

充分利用工作面,形成平面多工序、立体多层次的流水作业,使 20 多 m 高的洞室形成上、中、下同时作业的局面,大大加快了施工进度。

根据溪洛渡水电站左岸导流洞及其施工支洞布置情况(见图 2),整个导流洞工程共有 3 条上层施工支洞和 3 条下层施工支洞,因此按照每条施工支洞设置两个工作面,则在各层施工时最多可设置 18 个工作面。另外由于上层施工支洞与下层施工间隔设置,因此在上层开挖施工的同时,结合现场实际施工情况,可同时进行上层、中层和下层的开挖施工。

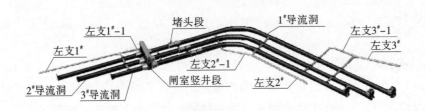

图 2　溪洛渡左岸导流洞及相关施工支洞布置

6　材料与设备

6.1　工程材料

特大断面导流洞开挖施工中主要涉及的材料就是钻孔施工时的辅助材料及爆破材料,其中辅助材料主要为边墙预裂爆破钻孔样架搭设及加固材料,样架搭设主要采用 1.5 寸脚手架钢管及其专业扣件,加固材料主要为随机锚杆等。根据溪洛渡水电站左岸导流洞工程中层开挖施工情况,单个中层预裂工作面需要 1.5 寸脚手架钢管及其专业扣件约 2.0 t。

6.2　工程设备

溪洛渡水电站左岸导流洞开挖施工中,高峰期上层共设置了近 12 个工作面,中下层开挖近 10 个工作面,其中每个工作面的施工设备如表 3 所示。

表3 主要设备配置

序号	设备名称	型号及规格	单位	数量	备注
一	上层开挖				
1	多臂钻	H353E	台	1	钻孔
2	手风钻	YT-28	台	16	钻孔
3	自卸汽车	5 t	台	1	运输材料
4	液压反铲	1.6 m³	台	1	扒底
5	装载机	3.0 m³	台	1	装渣
6	自卸汽车	20 t	台	9	出渣
二	中层开挖				
1	轻型潜孔钻机	YQ100B	台	20	钻设预裂孔
2	液压钻机	D7	台	2	钻设梯段爆破孔
3	自卸汽车	5 t	辆	1	运输材料
4	液压反铲	1.6 m³	台	2	扒底
5	装载机	3.0 m³	台	2	装渣
6	自卸汽车	20 t	台	12	出渣
三	下层开挖（该层施工设备与上层开挖施工设备配置基本一致,且上层已经施工完成,可直接利用上层开挖设备）				

7 质量控制

地下洞室开挖施工中,钻孔质量与爆破参数设计是爆破效果的关键,因此钻孔及装药参数选择是爆破开挖成型质量控制的重要环节,是超欠挖控制的关键,而钻孔质量的好坏主要受钻孔位置、钻孔方向、钻孔倾角三个因素的影响。同时地下洞室围岩受结构面、节理、断层、地下水等影响,其揭露出的地质情况千变万化,如何针对不同的岩性进行个性化的装药,这也是一个精细化的施工过程,本工法的质量控制主要从质量管理措施和技术管理措施两个大的方面进行控制。

7.1 质量管理措施

质量管理措施主要指建立开挖质量保证体系,确立管理人员名单,负责各工序的组织管理工作。以质量管理部门为主要负责部门,以现场质量管理人员为主要控制手段,做到事前、事中、事后三方面的控制,对开挖施工全过程进行质量控制,主要体现在以下几个方面。

7.1.1 测量放线质量控制

测量放线在定位架搭设前进行,放样内容包括定位架定位点、所有周边孔开孔点;测量放线过程中,技术人员及现场管理人员必须同时在场,与测量人员配合完成放线工作。放线完成后,测量人员必须向现场技术人员进行交底;测量放样记录要清晰准确,参与放样人员要在记录上签字,测量记录要完整保存。

7.1.2 钻孔样架搭设与拆除质量控制

样架搭设结构以批准的结构图为准,根据实际情况可增加连接杆,但不能减少连接杆,位置以测量所放的样架搭设控制点为基准,要求位置准确,固定牢固可靠,结构稳定性足以承受钻孔作业。定位样架的搭设与拆除根据实际情况分段安排进行。搭设完成的样架在正式投入使用前必须进行验收,验收时必须由测量队对样架搭设的位置准确性进行复核,符合要求的样架测量队提供样架校核数据给现场当班技术人员;复核测量的同时,安排完成对定位样架的结构及稳固性情况的相关检查工作。

7.1.3 钻孔质量控制

预裂爆破孔的钻孔质量控制指标主要包括孔径、孔距、孔向和孔深偏差控制。钻孔完成后,钻工要先进行自检,然后按照"三检"程序申请进行验收。预裂孔成孔验收合格后需采用有效措施对孔口位置进行临时封堵保护,以防止在正式装药前钻孔被堵塞。

7.1.4 验孔

预裂爆破孔的验收工作严格执行"三检制度"和"联检制度"。终检工作由专职质量检查人员完成。预裂孔的钻孔验收主要检查项目包括孔距、孔向和孔深检查,并同时做好相应的检查数据记录工作。预裂孔的孔距采用钢卷尺进行检查。预裂孔的纵向和横向偏差检查的方式可采用孔内插管人工吊锤球法或者地质罗盘检测法进行。孔深的检查主要采用控制孔底的绝对位置为准,检查时采用在孔外设置基准线的方法进行。

7.1.5 装药结构、联网质量控制

预裂爆破孔采用间隔装药结构,装药一律采用竹片间隔绑扎的形式进行,所使用的装药参数和药卷直径应严格按照爆破设计参数执行。中间梯段爆破采用导爆管引爆,采用大直径药卷连续装药。

装药结构重点检查项目为药卷直径、单节药卷重量、药卷布置间距、绑扎牢固程度、导爆索安装情况以及单孔总装药量。单孔的装药量以及封堵段长度和起爆网络的连接方式必须满足技术措施和专项爆破设计的技术要求。

7.1.6 爆破后的效果检查、收集数据资料

爆破实施后,值班技术人员、专职质检员以及监理工程师应及时对预裂缝成缝情况和成缝宽度采用人工测量的方式完成数据的采集工作。

最后,根据爆破成型质量检查结果及时与开挖质量评定标准进行比较,得出最终的开挖质量评价结论并确定后续施工的改进方法。

7.2 技术管理措施

技术管理措施涵盖了开挖施工整个过程,主要体现在质量控制的事前、事中和事后控制的各个阶段,即事前对施工技术要求进行交底,事中进行技术指导,事后对爆破效果进行技术总结和爆破参数的修正。主要体现在以下几个方面:

(1)成立专门的技术小组,统一协调管理现场出现的技术问题,对现场实际施工情况要全面了解。技术部按工序编制施工作业指导书并下发给施工作业人员。

(2)在钻孔及装药前,都要对施工人员进行详细的技术交底,参加人员涵盖作业队领导、工人、现场质量负责人等,并形成技术交底纪要并发放至施工队及现场质量管理人员。

(3)在钻孔与装药施工过程中对现场施工人员进行技术指导,解决现场遇到的技术问题。

(4)开挖质量的数据收集和质量评价工作由质量管理部门牵头负责完成。质量数据收集的范围主要包括(但不限于)爆破参数设计资料、各工序质量验收记录、实际装药联网参数、爆后质量检查、测量断面资料、施工现场照片或者施工录像以及爆破监测数据分析资料等。

由于边墙预裂爆破施工的特殊性,爆破参数分析主要基于预裂缝的成缝情况和成缝宽度进行初步的研判,爆破效果的分析有待于后续开挖揭露出预裂面后才能安排进行。数据分析的方法通常采用对比法和统计图法等。通过数据分析后对开挖过程技术措施、质量控制方法等作出评价结论。

8 安全措施

施工中始终坚持"安全第一、预防为主"的方针,积极做好安全工作。

（1）建立健全安全保证体系、安全监督体系，制定完善的安全管理规章制度。成立安全环保部，建立和完善各项管理制度，配备安全管理干部、专职安全员，对整个施工现场进行监督检查，重点部位专职安全员 24 小时监控。

（2）加强安全教育培训，提高全员安全素质。

（3）认真开展安全活动。每周六安全员例会活动，总结上周安全生产中存在的问题，提出解决问题的办法，布置下周安全工作的重点。各施工队每周一次安全日活动，总结上周生产状况，学习安全知识、安全操作规程和各项安全管理规定，布置下周生产任务。各班组每天坚持开展"班前会活动"、"三工活动"和"预知危险活动"，利用每天班前 5 分钟召开班前会活动，活动时大家相互问好，相互检查身体状况、安全防护用品佩戴情况，以增加班组成员的凝聚力，布置当天的生产任务、安全注意事项。同时开展危险预知活动，让每个班组成员查找当天生产任务中可能存在的危险及采取的对策，做到心中有数、积极预防。

（4）进行深入细致的安全大检查，建立奖罚机制。

（5）为保证照明安全，必须在各施工区、道路、生活区等设置足够的照明系统，地下工程照明用电遵守 SDJ 212—83 第 10.3.3 条的规定，在潮湿和易触电的场所照明供电电压不大于 36 V。施工用电线路按规定架设，满足安全用电要求。

（6）所有进入地下洞室工地的人员，必须按规定佩戴带安全防护用品，遵章守纪，听从指挥。

（7）洞室施工放炮由取得"爆破员证"的爆破工担任，严格防护距离和爆破警戒；在规定的爆破时段内，撤离施工人员和设备，由炮工负责引爆；爆破后启动通风设备进行通风，保证在放炮后的规定时间内将有害气体浓度降到允许范围内，才能进行安全处理和洒水降尘。

（8）作业前清除掌子面及边顶拱上残留的危石和碎块，保证进入人员和设备的安全。出完渣施工平台就位后人工利用撬棍再次进行安全检查及处理；在施工过程中，经常检查已开挖洞段的围岩稳定情况，清撬可能塌落的松动岩块。

（9）开展施工期围岩稳定变形监测工作，定时进行爆破振动监测，围岩收敛变形观测，时刻掌握围岩变化。

9 环保措施

环境保护是我国的一项基本国策，其法律、法规、标准是强制性执行规定。根据工程施工的特点和工程的施工环境，严格遵守招标文件中提出的有关环境保护的要求，严格遵守《中华人民共和国环境保护法》、《中华人民共和国水污染防治法》、《中华人民共和国大气污染防治法》、《中华人民共和国噪声污染防治法》、《中华人民共和国水土保持法》等一系列有关环境保护和水土保持法律、法规及规章，做好施工区和生活营地的环境保护工作，坚持"以防为主、防治结合、综合治理、化害为利"的原则。

（1）严格遵守国家和地方政府有关环境保护的法令、法规及合同规定，对施工活动范围内的环境予以认真保护。教育职工遵守环保法规，提高环保意识，并根据本工程环保的特点制定一系列具体措施加以贯彻落实。自觉接受当地环保部门对施工活动的监督、指导和管理，积极改进施工中存在的环保问题，提高环保水平。

（2）施工安排得当，做到交通、水、电畅通，不发生切断和阻塞现场交通情况，不发生堵塞施工现场排水现象。

（3）保证生产、生活场地整洁卫生，工完场清，保证场洁。

（4）保护施工区和生活区的环境卫生，及时清理各种垃圾并按要求运至指定的地点进行掩埋和焚烧处理。

（5）在施工区的合适位置设置厕所，保持厕所清洁、卫生，保持生活区清洁卫生，环境美化。

（6）用行之有效的手段减少施工现场的噪声、粉尘,加强施工道路的养护。如选用低噪声设备,加强机械设备的维护和保养,降低施工噪声对施工人员的影响;对供风站、钻机等噪声大的设备,采取消音隔音措施,使噪声降至允许标准,对工作人员进行噪声防护(戴耳塞等),防止噪声危害;洞室内钻孔作业时,小型钻机必须采用湿式钻孔作业;开挖作业时,对爆渣洒水除尘,以控制和减少粉尘对空气的污染。

（7）经常性检测机械的废气排放标准,机械停放整齐,保养完好,外观清洁。

（8）各作业面的生产废水通过临时排水沟汇集到集水池,用水泵抽排,通过污水管排放至洞外污水沉淀池。处理达标后排放,沉渣定期清挖,统一运至弃渣场。要求所有施工废水做到达标排放,防止造成江河水体污染。

10　效益分析

特大断面导流洞开挖施工工法在溪洛渡水电站左岸1号、2号、3号导流洞工程开挖施工中的成功应用,极大地提高了开挖质量,边墙成型完整,并加快了施工进度。在左岸导流洞开挖施工过程中,导流洞中下层采用两侧深孔预裂、中间梯段爆破为主的施工方法,变洞挖为明挖,以及对施工设备进行了改进,大大降低了施工费用,加快了施工进度,同时充分利用工作面形成平面多工序、立体多层次的流水作业,使20多m高的洞室形成上、中、下同时作业的局面,创造了新的洞挖记录,经济效益和社会效益显著。

（1）在溪洛渡左岸导流洞开挖施工过程中,导流洞中下层采用两侧深孔预裂、中间梯段爆破为主的施工方法,变洞挖为明挖,以及对施工设备进行了改进,大大降低了施工费用,加快了施工进度,节约工期至少3个月,创造经济效益120万元。

（2）在溪洛渡左岸导流洞开挖施工过程中,对钻机进行改进设计,使常规情况下设备钻预裂孔下钻需超挖25 cm以上变成只需沿两侧边墙2.5 m高度范围内超挖10 cm,总计减少超挖超填达2 887 m³,大大节约了费用。按开挖单价64.66元/m³、混凝土单价309.1元/m³计算,创造经济效益107.9万元。

（3）该工法的应用,在溪洛渡左岸导流洞工程中创下了3项中国企业新纪录,2项科技进步成果奖,9个施工样板段,其社会效益明显。

（4）本工法通过减化施工程序安排,采用样架进行钻孔精度控制等方法,设计轮廓线位置的开挖成型质量优良。为后续的地下工程开挖施工提供了新的技术方法和质量控制指标,促进了预裂爆破技术在地下工程施工中的进一步运用。

11　应用实例

11.1　金沙江溪洛渡水电站左岸导流隧洞工程

金沙江溪洛渡水电站工程是我国西电东送中线的骨干电源之一,位于四川省雷波县和云南省永善县交界处的金沙江干流上,左岸距四川省雷波县城约15 km,右岸距云南省永善县城约8 km,由拦河大坝、泄洪建筑物、引水发电建筑物及导流建筑物组成,总装机容量12 600 MW。

溪洛渡水电站左右岸各布置了3条导流洞,左岸为1号~3号导流洞,导流洞平面上呈单弯道布置,洞身为城门洞形特大断面,普通洞段开挖断面为(宽×高)(20~21.6)m×(22~23.6)m,闸室段最大开挖断面为(宽×高)34 m×32 m,堵头段最大开挖断面为(宽×高)26 m×28 m,左岸导流洞洞身段总长5 003.168 m,总计石方洞挖260万 m³,开挖工程量大、强度高、工期紧。施工中面临许多技术难题,我们针对导流洞的特点,开展了技术攻关,取得了可喜的成果,并形成了成熟的施工工法在同类工程中应用。在溪洛渡水电站左岸导流洞开挖施工过程中,将导流洞分上、中、下三层进行开挖,上层采用先中导洞贯通,再进行两侧扩挖的方法;中下层采用两侧深孔预裂、中间梯段爆破为主的方法,并对钻机进行改进设计,从而减少了边墙超挖,节约了费用;底板采用水平光爆的施工方法。开挖后,根据不同的岩石情况,及时采取有针对性的支护措施,保证了施工安全。

左岸导流洞平均月开挖强度 15.2 万 m³,高峰期月最大开挖强度达 27.1 万 m³。溪洛渡水电站左岸导流洞工程中,获得中国水利水电建设集团公司科学技术进步一等奖和中国电力科学技术奖三等奖。9 个施工段被三峡集团溪洛渡工程建设部评为样板段工程。该工法的成功运用,优化了传统施工工艺、节约了施工成本,与传统施工方法相比可加快施工进度,节约工程建设工期,具有明显的经济效益和社会效益。

11.2 锦屏二级水电站导流隧洞工程

锦屏二级水电站位于四川省凉山彝族自治州木里、盐源、冕宁三县交界处的雅砻江干流锦屏大河湾上,是雅砻江干流上的重要梯级电站。电站总装机容量 4 800 MW,单机容量 600 MW。由水电六局承建的导流隧洞工程位于拦河闸坝右岸,呈双弯道布置,上游平面转角为 39.33°,下游平面转角为 30.02°,平面转弯半径均为 100.00 m,隧洞全长 592.93 m。

特大断面导流洞开挖施工工法在锦屏二级水电站导流隧洞工程的应用,实现了提前完成合同工期,多次受到二滩业主、监理、设计和专家的赞誉。同时,项目部获得锦屏水电站优秀项目部、项目经理获得锦屏水电站优秀项目部经理称号。

11.3 湖北潘口水电站导流洞工程

潘口水电站位于湖北省竹山县境内堵河干流上游河段,坝址位于湖北省十堰市竹山县境内,距竹山县城 13 km,工程开发任务以发电为主,兼有提高下游黄龙滩水电站大坝防洪和改善库区通航条件等效益。电站装机 3 台,总装机容量 513 MW(2×250 MW+13 MW),属一等大(1)型工程。潘口水电站导流洞身断面为 15×18 m(宽×高)的城门洞形特大型断面,总长 534 m。

特大型断面导流洞开挖施工工法在湖北潘口水电站导流洞工程的成功应用,取得了良好经济效益和社会效益,按照此工法的实施和施工现场合理的组织,使施工工期提前近 2 个月,受到潘口水电站业主、设计、监理各方好评。

(主要完成人:叶　明　施召云)

特大涌水土中斜洞开挖施工工法

中国水利水电第五工程局有限公司第一分局

1 前 言

目前,对于软岩隧洞开挖施工技术已有了相当成熟的施工方法,相关论著也很多。但对于围岩为土或泥结碎石(碎石含量<10%)的斜井隧洞开挖施工,相关文献资料却很少,尤其是地下水极其丰富,水量达到450 m³/h 的斜井土洞开挖,从目前现有文献资料看尚没有相关论述。因此,国内对特大涌水土洞斜井开挖尚处于探索阶段,尚没有成熟、完整的施工技术,尤其是对斜井土洞地下水的处理更有待于探索研究。因此,进行特大涌水洞段土洞斜井施工技术研究是非常必要的。

我局结合山西万家寨引黄北干线支北04、支北03-1 施工支洞的成功实践,总结出了特大涌水条件下土洞斜井开挖的施工方法。经查新,该施工方法创国内特大涌水土洞斜井开挖施工新记录,获工程局 2007 年度科技进步二等奖,同时形成工法,2007 年 11 月 24 日在北京被中国企业联合会、中国企业家协会确定为第十二批中国企业新记录。

2 工法特点

(1)采用合理的分部开挖法结合加强排水,有效地解决了特大涌水条件下土洞斜井开挖中地下水对开挖的影响;

(2)开挖掌子面留核心土,有效地解决了掌子面坍塌问题;

(3)顶拱及两侧墙采用钢支撑及超前注浆小导管,有效地解决了顶拱及两侧墙坍塌问题;

(4)采用模筑混凝土封闭开挖围岩,有效地解决了地下水对喷混凝土的影响问题。

3 适用范围

该工法适用于斜井条件下,地质条件不良的大涌水洞段施工。

4 工艺原理

根据掌子面围岩地质条件极差、地下水丰富的特点,该工法采用长台阶分部法开挖,具体开挖施工程序如图 1 所示。先进行Ⅰ部上半圆拱部开挖,每次开挖至上半圆底部有水,上半圆开挖难以

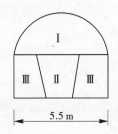
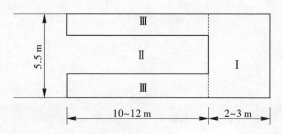

图 1 开挖施工程序

进行时(此时Ⅰ部上半圆底部高程已低于Ⅱ部中槽底部高程),再将Ⅱ部中间拉槽及时跟进,距前部掌子面2~3 m,待Ⅱ部中槽开挖至底部出水难以开挖时(此时Ⅱ部中槽底部高程已低于Ⅰ部上半圆底部高程),Ⅰ部上半圆底部已经无水,可以继续开挖Ⅰ部上半圆,同时开挖Ⅲ部两侧边墙,边

墙边挖边支护,每挖 0.5～1.0 m 支护一次,以上工序循环进行。采用该施工方法,地下水主要汇集于Ⅱ部前端,这样可确保Ⅰ部掌子面及Ⅲ部两侧墙开挖及一次支护,尽可能少的受地下水影响。

开挖采用风镐、铁锹施工。

5 工艺流程及操作要点

5.1 工艺流程

施工工艺流程如图 2 所示。

5.2 操作要点

5.2.1 工程特点及难度

支北 03-1 施工支洞为斜井支洞,倾角 18.52°,地下水集中于掌子面底部,开挖出渣难度较大;洞内地下水极其丰富,达到 450 m³/h,不利于围岩稳定,使围岩自身稳定性大大降低,土在隧洞开挖中属于开挖难度最大的围岩之一,其自身开挖稳定性极差,开挖过程中极易坍塌;施工操作难度大。

综上所述,该洞开挖主要难度是由于地下水及围岩自身稳定性差造成的。因此,制定开挖方案前必须先对开挖过程中可能遇到的关键技术问题进行详细分析、研究,确保开挖过程中的安全、稳定。

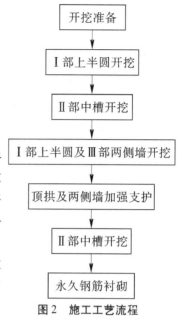

图 2　施工工艺流程

（流程图内容：开挖准备 → Ⅰ部上半圆开挖 → Ⅱ部中槽开挖 → Ⅰ部上半圆及Ⅲ部两侧墙开挖 → 顶拱及两侧墙加强支护 → Ⅱ部中槽开挖 → 永久钢筋衬砌）

5.2.2 关键技术问题的分析、处理

5.2.2.1 地下水问题

地下水渗漏问题处理的好坏,直接影响到支洞开挖能否成功。因此,在进行支洞开挖前必须先处理好地下水渗漏问题,这是该支洞能否开挖成功的关键。

能否成功地处理地下水直接关系到工程的工期和施工安全。因此,支洞开挖前必须先对已开挖洞段进行永久衬砌,并进行堵水灌浆,将地下水量减少到最小,剩余地下水通过水泵抽排至洞外,即"以堵为主,堵排结合"。在开挖过程中,每开挖 30 m 进行一次永久衬砌。

5.2.2.2 顶拱坍塌问题

由于围岩为土,已开挖掌子面存在面状渗流,底拱大量涌水,因此开挖后的顶拱极易坍塌,解决好顶拱坍塌问题是该支洞开挖成功的又一关键问题。

顶拱坍塌问题可以通过超前支护结合模筑的方法来解决。自掌子面沿设计开挖线向前方土体内超前打入 Φ50 mm 超前小导管并注浆,以支立好的钢支撑为一个支点,前方未开挖土体为另一个支点,超前小导管作为纵梁承受顶拱土体的压力,超前小导管间距 20 cm 左右。在钢支撑和超前小导管保护下的开挖,单循环进尺宜控制在 0.8～1.0 m,且必须及时进行一次模筑混凝土,封闭顶拱,使模筑混凝土和超前小导管共同承受顶拱土体压力。

5.2.2.3 掌子面坍塌问题

由于地下水水量较大,再加之超前小导管的前端支点为前方掌子面未开挖土体。因此,掌子面土体在顶拱土压力及掌子面渗流的共同作用下,极易发生坍塌。掌子面的坍塌将造成超前小导管的前方支点失稳,从而导致超前支护失败,可见掌子面的坍塌问题必须引起足够重视。

泥结碎石开挖中,为了避免掌子面发生坍塌,采用长台阶开挖法,先进行上半圆开挖,每次开挖长度 10～12 m,先挖周边,中间留平台,以撑托掌子面。实践证明,中间留平台的方法,可以有效地防止掌子面坍塌,是土类围岩隧洞开挖的重要手段之一。

掌子面留平台情况见图 3。

5.2.2.4 模筑混凝土和喷混凝土的选择问题

对于泥结碎石类围岩,开挖后封闭是采用模筑混凝土还是喷混凝土的问题上,存在着分歧,笔

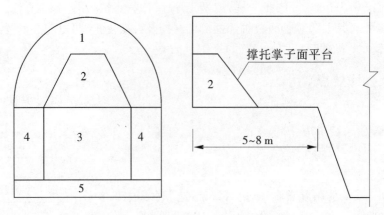

图3 泥结碎石段洞身开挖程序

者通过多年软岩开挖的实践证明,采用模筑混凝土比喷混凝土更经济、快捷、有效。模筑混凝土与喷混凝土相比,存在以下优点:

(1)不受地下水影响。该支洞地下水丰富,开挖后的边顶拱渗水严重,边顶拱表面存在着一层水膜,喷混凝土无法附着在边顶拱泥结碎石表面,而模筑混凝土由于简易木模板的使用却能将混凝土与边顶拱较好地结合。这是因为边顶拱开挖采用人工精细开挖,超挖得到有效控制,边顶拱模筑混凝土厚度基本控制在20~25 cm,由于单循环进尺只有0.8~1.2 m,单块模板长不过1.2 m,且由于渗水的存在,模筑只能采用塌落度较小的干混凝土,浇至顶拱封仓部位时,简易木模板几乎一块一块地安装,入仓采用人工用手往模板里塞,以确保填满空腔,最后一块木模板,尽管长度不过1.2 m,但为确保填满空腔,仍将其分为0.3 m和0.9 m两段,先将0.9 m段人工用手塞满,再用长0.3 m、宽0.2 m左右的木板端上混凝土封仓。当然尽管顶拱部位混凝土与岩面能较好地结合,却由于未能实施有效振捣,其密实度并不高,但实践证明,其完全能满足一次支护要求。

(2)形成联合支护快捷。喷混凝土一次只能喷3~5 cm厚,若要喷20~25 cm厚得分4~5次,才能喷至设计厚度,拖延时间太长,不利于尽快形成与超前小导管、钢支撑的联合支护。而模筑混凝土可以一次模筑至设计厚度,且顶拱模筑时间不过6~7 h。

(3)成形好。模筑混凝土与喷混凝土相比,由于模板的存在成拱规则,受力条件好。

(4)成本低。模筑混凝土与喷混凝土相比,成本较低,喷混凝土为388元/m³左右,而模筑混凝土则只要281元/m³。

(5)材料消耗少。相同厚度的喷混凝土与模筑混凝土相比,喷混凝土回弹率较高,顶拱达30%左右,浪费较大;而模筑混凝土却不存在回弹问题,相对从材料上较节约。

可见,模筑混凝土与喷混凝土相比,具有见效快、成形好、成本低、浪费少,尤其是不受地下水影响等优点。因此,对于该支洞泥结碎石类围岩,我们采用了模筑混凝土。

5.2.3 特大涌水洞段施工

由于斜井支洞内已开挖洞段渗水量很大,因此施工准备完成后必须先对已开挖洞段进行衬砌,然后紧跟堵水灌浆,待堵水灌浆结束且满足施工要求后,再进行支洞开挖。随着开挖,地下水量会逐渐增大,必须加强抽排,必要时再进行堵水灌浆。

5.2.3.1 堵水灌浆

1)堵水灌浆情况

灌浆是以堵水为目的,通过灌浆截断地表水对地下水的补给,从而封堵地下水。灌浆对象是针对已开挖衬砌洞段。按30 m一段灌注,通过试验段的灌注确定了施工工艺和有关灌浆参数。施工中实际采用的灌浆参数如下:

（1）堵水灌浆布置。采用环间分序、环内加密的原则,布置情况见图 4。

（2）灌浆材料。灌浆主要材料采用水泥、水玻璃,无水孔采用单液水泥浆,有水孔采用水泥、水玻璃双液浆。

（3）浆液配合比。对于无水孔,采用水灰比为 0.5∶1 的水泥浆灌注;对于有水孔,除 0.5∶1 的水泥浆外,另掺入 2%~4% 的水玻璃。

（4）灌浆压力和结束标准。灌浆压力:一序孔采用 1.0~1.5 MPa,二序孔采用 1.5~2.0 MPa;结束标准:在设计压力下,单位注入量 ≤1 L/min 时,继续灌注 30 min,即结束灌浆。

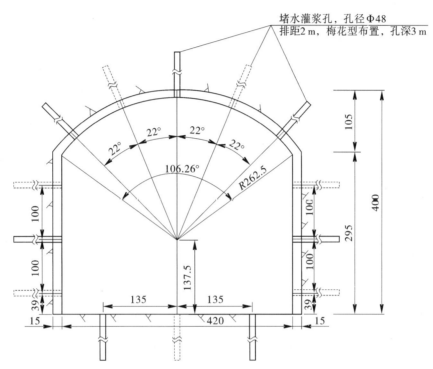

图 4　已开挖衬砌洞段堵水灌浆布置　（单位:cm）

2）灌浆效果

通过对已衬砌洞段的堵水灌浆,效果非常明显,地下水渗漏大大减少,通过水泵抽排,完全可以满足开挖施工要求。随着开挖地下水量会逐渐增大,必须加强抽排,必要时再进行堵水灌浆。

5.2.3.2　支洞开挖施工

1）开挖方法

支洞采用长台阶核心支撑法开挖。首先挖上半圆,每次开挖 10~12 m,先挖周边,中间留平台（核心）撑托掌子面,待上半圆边顶拱一次支护结束后,再开挖下部;下部开挖时,先由中部开挖,再开挖边墙,边墙边开挖边支护,每开挖 0.5~0.8 m 支护一次。

2）开挖支护程序

在支洞开挖施工中,一次支护主要采用钢支撑,超前小导管及模筑混凝土,辅以径向锚杆、钢筋网等。二次钢筋混凝土衬砌（即永久衬砌）紧跟,滞后开挖面两个仓,30 m 左右。

土洞段一次支护示意如图 5 所示。

（1）上半圆开挖,每次开挖 10~12 m,先挖周边,中间留平台,以撑托掌子面。开挖采用风镐配合人工。

（2）每挖 0.5~0.8 m 立一榀钢支撑,钢支撑采用 I 18 工字钢焊接而成,由长 2.0 m 埋入洞壁的 Φ22 mm 砂浆锚杆固定,相邻两榀钢支撑之间用 Φ22 mm 钢筋焊接。

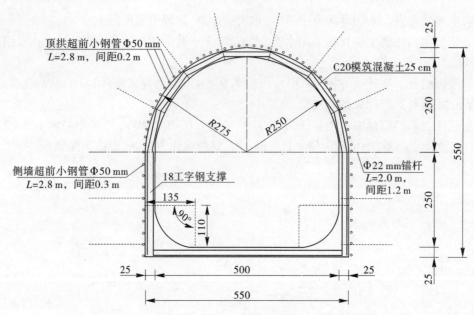

图 5 泥结碎石洞段一次支护示意图 （单位:cm）

（3）由于围岩稳定性极差,地下水丰富,因此必须采用加密超前小导管。在钢支撑外缘用 YT28 手风钻钻孔,钻孔直径 $\Phi 60 \sim 65$ mm,风镐打入长 2.8 m 的 $\Phi 50$ 超前小导管,顶拱间距 $20 \sim 25$ cm,侧墙间距 $30 \sim 40$ cm。

（4）单循环进尺控制在 $0.5 \sim 0.8$ m,每循环均需支立简易木模板,进行上半圆 C20 模筑混凝土浇筑,厚 25 cm。支立模板采用悬挂式,即不需要常规的支撑模板所用钢拱架,而是将单块模板直接用铅丝绑扎在钢支撑上,外侧沿拱圈用 $\Phi 8$ mm 钢筋作带。

（5）下半部开挖,先由中间开槽,后挖边墙,随挖随模筑,挖 1 m 模筑 1 m。

（6）支立两侧简易模板,并进行两侧墙混凝土模筑。

（7）至此,全断面形成一个封闭体。然后绑扎底拱及边顶拱双层钢筋,进行二次混凝土衬砌,二次衬砌采用 C25 混凝土,厚 40 cm。

6 材料与设备

本工法无需特别说明的材料,采用的具体设备见表 1。

表 1 机具设备

序号	设备名称	设备型号	单位	数量	用途
1	卷扬机	JTK-1.8×1.2	台	1	牵矿斗车
2	矿斗车	3.5 m³	台	1	运渣
3	小型反铲	YC35-7	台	1	装渣
4	手风钻	YT28	台	2	备用处理孤石
5	风镐		台	6	开挖
6	空压机	20 m³	台	2	供风
7	电焊机	BX-300	台	3	钢筋加工
8	气焊		台	2	钢筋加工
9	切割机	CJ40	台	1	钢筋加工
10	灌浆泵	KBY-50/70	台	2	堵水灌浆
11	搅拌罐		台	2	堵水灌浆

7 质量控制

7.1 工程质量控制标准

斜井施工质量执行《水利水电工程施工测量规范》。斜井允许偏差按表 2 执行。

表 2 斜井允许偏差

序号	项 目	允许偏差（mm）	检查频率	检验方法
1	中线	±10	每榀格栅	用钢尺
2	标高	±10		用水平仪
3	边墙	±10		用钢尺
4	顶拱	±10		用钢尺

7.2 质量保证措施

(1)斜井必须按照设计要求做好支护结构,断面不得欠挖,严禁一次开挖进尺超过设计值。

(2)应根据现场情况积极采取措施防止塌方。

(3)由于开挖围岩为土,人工开挖比较便于控制开挖质量,超挖量基本控制在 10 mm 以内。

8 安全措施

(1)认真贯彻"安全第一,预防为主"的方针,根据国家有关规定、条例,结合施工单位实际情况和工程的具体特点,组成专职安全员和班组兼职安全员以及工地安全用电负责人参加的安全生产管理网络,执行安全生产责任制,明确各级人员的职责,抓好工程的安全生产。

(2)施工现场按符合防火、防风、防雷、防洪、防触电等安全规定及安全施工要求进行布置,并完善布置各种安全标识。

(3)各类房屋、库房、料场等的消防安全距离做到符合公安部门的规定,室内不堆放易燃品;严格做到不在木工加工场、料库等处吸烟;随时清除现场的易燃杂物;不在有火种的场所或其近旁堆放生产物资。

(4)氧气瓶与乙炔瓶隔离存放,严格保证氧气瓶不沾染油脂、乙炔发生器有防止回火的安全装置。

(5)施工现场的临时用电严格按照《施工现场临时用电安全技术规范》的有关规范规定执行。

(6)电缆线路应采用"三相五线"接线方式,电气设备和电气线路必须绝缘良好,场内架设的电力线路其悬挂高度和线间距除按安全规定要求进行外,将其布置在专用电杆上。

(7)施工现场使用的手持照明灯使用 36 V 的安全电压。

(8)室内配电柜、配电箱前要有绝缘垫,并安装漏电保护装置。

(9)对将要较长时间停工的开挖作业面,不论地层好坏均应作网喷混凝土封闭。

(10)建立完善的施工安全保证体系,加强施工作业中的安全检查,确保作业标准化、规范化。

9 环保措施

(1)成立对应的施工环境卫生管理机构,在工程施工过程中严格遵守国家和地方政府下发的有关环境保护的法律、法规和规章,加强对施工燃油、工程材料、设备、废水、生产生活垃圾、弃渣的控制和治理,遵守有关防火及废弃物处理的规章制度,做好交通环境疏导,充分满足便民要求,认真接受城市交通管理,随时接受相关单位的监督检查。

(2)将施工场地和作业限制在工程建设允许的范围内,合理布置、规范围挡,做到标牌清楚、齐全,各种标识醒目,施工场地整洁文明。

（3）对施工中可能影响到的各种公共设施制定可靠的防止损坏和移位的实施措施,加强实施中的监测、应对和验证。同时,将相关方案和要求向全体施工人员详细交底。

（4）设立专用排浆沟、集浆坑,对废浆、污水进行集中,认真做好无害化处理,从根本上防止施工废浆乱流。

（5）定期清运沉淀泥砂,做好泥砂、弃渣及其他工程材料运输过程中的防散落与沿途污染措施,废水除按环境卫生指标进行处理达标外,并按当地环保要求的指定地点排放。弃渣及其他工程废弃物按工程建设指定的地点和方案进行合理堆放与处置。

（6）优先选用先进的环保机械。采取设立隔音墙、隔音罩等消音措施降低施工噪声到允许值以下,同时尽可能避免夜间施工。

（7）对施工场地道路进行硬化,并在晴天经常对施工通行道路进行洒水,防止尘土飞扬,污染周围环境。

10 效益分析

（1）本工法成功地解决了特大涌水条件下的土洞斜井开挖问题,由于工程施工在地下进行,施工产生的振动、噪声、粉尘等公害也得到了最大限度的控制。工程施工时,周围的居民能正常生活。该工法技术将促进地下工程施工技术进步,社会效益和环境效益明显。

（2）本工法与同类地下工程的工法相比,工程进度快、干扰因素少、有利于文明施工、各种资源能较好地利用,产生了较好的经济效益。本工法的应用为我局承建的山西万家寨引黄北干线前期准备工程Ⅱ标节约资金97.7万元。

11 应用实例

本工法首先在我局承建的山西万家寨引黄北干线前期准备工程Ⅱ标,支北04斜井支洞施工中开始试用,取得成功后,开始在支北03-1支洞推广应用,圆满完成了特大涌水条件下土洞斜井开挖任务。

11.1 工程概况

支北03-1支洞:该支洞为土洞斜井支洞,总长409.92 m,其中0+250～0+354.65洞段为特大涌水土洞段,斜井坡度为18.52°,开挖断面呈城门洞形,宽5.4 m,高5.4 m。工程地质:0+000～0+085.95属进口段,围岩为Q_3^{al+pl}黄土状亚砂土,土体结构松散,稳定性差;0+085.95～0+165.23段围岩为Q_2含砾石亚黏土,土体含水量较高,工作性质不良;0+165.23～0+354.65段围岩为含砾石红黏土,有一定自稳能力,但与上覆Q_2土体接触部位含水量增高,稳定性差。支(北)03-1支洞,于2005年3月14日开挖至桩号0+237.05(支洞斜长250.0 m)时,底拱开始向洞内渗水,渗水量12 m³/h左右,随着向前开挖,边墙开始向洞内渗水,3月29日开挖至桩号0+245.11(支洞斜长258.50 m),渗水量增加至60 m³/h,2005年4月6日开挖至桩号0+247.01(支洞斜长260.50 m)时,边顶拱及掌子面开始向洞内大量渗水,经现场实测,洞内渗水量达到110 m³/h。2005年5月11日,开挖至桩号0+255.543(支洞斜长0+269.5)时,地下水增大到280 m³/h,2005年5月26日,开挖至桩号0+260.431(支洞斜长0+274.655)时,地下水增大到323 m³/h,至6月6日地下水增大至450 m³/h。

支北04支洞:该支洞为斜井支洞,开挖断面呈城门洞形,宽5.5 m,高5.5 m,洞长422.76 m,倾角19.05°。该支洞曾于1993年由水电某局开工兴建,两年时间只开挖了264 m,由于地下水太丰富,地质条件太差而被迫停工。我局于2003年12月中标该施工支洞剩余部分及部分主洞施工。该洞已挖0+143～0+264洞段,自1995年底停工后至2003年12月期间被地下水长期浸泡。经业主实测,地下水流量为 168 m³/h。洞内地下水抽干后,出露围岩为泥结碎石,泥土呈红黄色,碎石含量<10%,块度 5~30 cm,顶部坍塌空腔高 2.0 m 左右,地下水沿顶拱及掌子面大量渗漏。支北 04 施工支洞为斜井支洞,倾角 19.05°,地下水集中于掌子面底部,开挖出渣难度较大;洞内地下水极其丰富,不利于围岩稳定;洞内围岩经地下水长期浸泡,使围岩自身稳定性大大降低,泥结碎石(含量<10%)类围岩在隧洞开挖中属于开挖难度最大的围岩之一,其自身开挖稳定性极差,开挖过程中极易坍塌;施工作业人员开挖作业几乎在雨水中进行,施工操作难度大。综上所述,该洞开挖主要难度是由于地下水及围岩自身稳定性差造成的。因此,制定开挖方案前必须先对开挖过程中可能遇到的关键技术问题进行详细分析、研究,确保开挖过程中的安全、稳定。

11.2　施工情况

2004 年 3 月 26 日开始,采用该工法对支北 04 支洞 0+264~0+336 泥结碎石大涌水洞段进行开挖,圆满完成了开挖任务。

2005 年 3 月开始,采用该工法对支北 03-1 支洞 0+250~0+354.65 特大涌水洞段进行开挖,圆满完成了开挖任务。

实践证明,采用该工法对特大涌水条件下土洞斜井开挖是非常成功的。

通过山西万家寨引黄北干线支北 03-1、支北 04 支洞特大涌水条件下土洞斜井开挖、支护的成功实践,为同类工程的施工提供了有益的经验。对于特大涌水洞段的开挖,除了合理的开挖工序外,必须先解决地下水问题,此外,加密超前小导管及预防掌子面坍塌的短台阶核心支撑法,是泥结碎石斜井隧洞开挖成功的关键。

（**主要完成人**:杨玉银　杨贵仲　蒋　斌　于贺龙　蒯数林）

土石坝加压充填灌浆施工工法

四川省水利电力工程局

1 前 言

　　为从根本上改变农业生产基础设施薄弱的现状,党和政府领导人民大力兴修水利,其中土石坝占有相当大的比例,几十年来为工农业生产的发展提供了丰富的水资源。土石坝建造时受到自然条件和当时施工技术条件的限制,不可避免地留下诸多薄弱环节,随着时间的推移,多数土石坝出现不同程度的险情,土石坝除险加固工程日趋繁重,其中坝体及坝基渗漏是众多土石坝水库成为病险水库的主要原因之一。加压充填灌浆是通过不开挖处理土坝坝体渗浸和内部隐患的一种防渗处理措施,沿坝轴线布孔,用灌浆压力沿坝轴线灌入水泥黏土浆构筑防渗帷幕,与浆液连通的裂缝、洞穴等坝体隐患均能被泥浆充填挤压密实,一次性灌浆结束后就能达到防渗加固的目的,施工工效快、经济合理、方法简便易行,有较好的社会效益和经济效益,是处理土坝坝体隐患的一项经济有效的新技术。通过工程实践,四川省水利电力工程局总结形成本工法。

2 工法特点

　　进入 20 世纪 90 年代,省内土坝除险加固采用人工开挖夯实、高压喷射灌浆等方法处理,收到一定效果,但由于情况复杂,部分工程渗漏问题没有得到彻底解决,同时土坝灌浆作为防渗处理的一种行之有效的方法,逐渐被业界所重视。加压充填灌浆就是沿坝轴线布孔,利用坝体主应力基本沿坝轴线分布这一规律,用灌浆压力沿坝轴线灌入泥浆构筑浆体防渗帷幕,同时与浆脉连通的裂缝、洞穴等坝体隐患,均能被水泥黏土浆液充填挤压密实,达到防渗加固的目的,经济合理,方法简便易行。所配制的水泥黏土浆刚柔适宜,能满足土坝坝体防渗变形的要求。

　　目前推行的土坝防渗处理措施中开挖回填黏土的处理方式工程量大,造价高;充填式灌浆适用于处理性质和范围都已确定的局部隐患,处理范围有限;劈裂式灌浆处理范围较大,但其施工工期长,对工艺有很高的要求。加压充填灌浆技术就是将劈裂灌浆和充填灌浆工艺结合后优化的一种土坝除险加固的施工方案,其工艺简单易行,施工速度快,造价低。

3 适用范围

　　加压充填灌浆是在土坝坝体的除险加固中通过实践总结出来的一项新技术,对解决以下几种土坝坝体隐患效果良好:

　　(1)坝体碾压不均匀,心墙泥岩风化度不够,密实度较差的土石坝;

　　(2)坝体内有渗漏通道、软弱层,坝体浸润线过高,坝坡发生湿润区或"牛皮胀"或渗透破坏(管涌、流土)现象;

　　(3)坝体由于不均匀沉陷而产生的裂缝(不包括滑坡裂缝);

　　(4)分期施工的土坝,分层和接头有软弱带及透水层;

　　(5)坝体内存在生物洞穴和腐烂树根等隐患。

4 加压充填灌浆工艺原理

　　加压充填灌浆是利用压力浆液,通过管道注入土坝坝体内的洞孔及缝隙中,浆液在压力作用下析水后密实,以达到恢复坝体整体性和防渗目的的土坝坝体防渗处理技术。在土坝病险水库基础处理中,具有广阔的市场前景。

5 加压充填灌浆施工工艺

5.1 工艺流程

加压充灌浆工艺流程如图1所示。

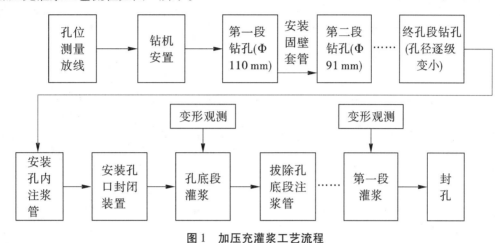

图1 加压充灌浆工艺流程

5.2 钻孔

(1)由于土坝坝体在干钻过程中会存在缩径,因此必须采用扭力较大的地质钻机钻孔,开孔孔径一般不小于 110 mm。

(2)沿坝轴线设两道灌浆帷幕,孔位呈梅花形错位布置,孔距 2.0 m,排距 1.2 m,孔向 90°,孔深视渗透情况而定,一般超过渗漏区域 0.2~0.5 m。

(3)分两序施工,先钻上游排 1 序,后 2 序,后钻下游排 1 序,再 2 序。

5.3 灌浆

由于灌浆需要 24 小时不间断施工,为保证工程进度与质量,施工前必须做好充足的施工准备,首先,保证机械设备正常运行;其次,选择符合要求的土料场。

5.3.1 灌浆试验

在灌浆前必须先进行灌浆试验,以确定适宜的灌浆参数。

5.3.2 灌浆段长

段长控制为 5~10 m,自下而上灌浆。

5.3.3 压力控制

第一段起灌压力为 0.1 MPa,第二段灌浆起灌压力 0.15 MPa,采用逐级加压,孔口最大灌浆压力按 0.45 MPa 控制,如在灌浆过程中孔口出现冒浆,或土坝变形观测发生异常时应及时调整灌浆压力。

5.3.4 浆液配比

(1)选择水泥、黏土混合液,控制帷幕体渗透系数在 10^{-5} cm/s 以下。拌制土料选取粉质黏土或粉质壤土,黏粒含量为 20%~40%,粉粒含量为 30%~70%,遇水后可迅速崩解分散,吸水膨胀,具有一定的稳定性和黏结力,水泥用量占黏土含量的 8%~15%。

(2)浆液稠度。水和干料重量比为 1:1~4:1,拌制好的泥浆其容重为 13.72~15.68 N/cm³。浆液用铁纱网布过滤干净。

5.3.5 浆液浓度

浆液容重为 12.74~15.68 N/cm³,起灌后逐渐加浓。

5.3.6 灌浆结束标准

主要以灌入浆量控制,经复灌后不再吸浆时,可终止灌浆。

6 设备与材料

本工程钻孔工作占直线工期,因此钻孔设备配置应使基础处理施工少占直线工期。加压充填灌浆工程主要设备见表1。

表1 主要机械设备

序号	名 称	型 号	单 位	备 注
1	地质回转钻机	500型	台	
2	泥浆灌浆机	中压	台	
3	高速制浆机	自制	台	
4	泥浆泵	低扬程、大流量	台	
5	潜水泵	QS-80	台	
6	轻便测斜仪	KXP-1	台	
7	轻便交流电焊机	BX3-300	台	
8	灌浆自动记录仪	SXP-11	套	
9	砂浆搅拌机	200L	台	
10	排污泵	4PH	台	

灌浆用材料主要是黏土、水泥。

7 加压充填灌浆质量控制

7.1 质量控制的组织与管理

工程执行以项目经理为第一责任人的施工质量保证体系和责任制,为实施本标工程施工质量目标全面落实质量管理办法和质量保证措施。

本工程质量保证措施如下。

7.1.1 工程开工前准备工作

(1)由施工技术部门组织质检、计划、技术、监理人员对工程开工的专业技术人员、机械设备到位及材料进行检查,具备开工条件,由监理工程师签发开工令进行工程开工。

(2)施工技术部门组织质检、试验、工程技术人员进行技术交底。同时,布置工程总进度计划、质量目标、工程安全目标和环境保护目标。

7.1.2 工程施工过程质量管理

(1)施工技术部门组织质检、安全、试验、工程技术人员编制工程施工组织设计和质量安全实施措施,报送监理工程师审查批准后予以执行。

(2)工程施工过程中,施工技术部门派专业技术人员值班,解决和指导工程施工实际问题。

(3)试验室负责对水泥、外加剂、中间产品进行经常性、常规性检测,取得详细的数据资料,进行数据分析,分析结果及时反馈给有关部门并借以指导生产。

(4)灌浆工程系隐蔽工程,应切实保证施工质量,严格按照规范与设计要求施工。施工中如实准确地记录灌浆数据,及时整理、分析,绘制灌浆相关图表等,为验收做好准备。

(5)对发生质量缺陷事故的,质检部门按照"三不放过"的原则进行严肃处理,对不合格的工序,必须返工重做。

7.2 关键部位和关键工序的质量控制

加压充填灌浆由于其灌浆的特殊性和时效性,应主要对以下几点进行重点控制:

(1)灌浆原材料(水泥、黏土、添加剂等)的检验;

(2)灌浆压力的适时控制;

(3)灌浆结束标准的控制。

8 安全措施

8.1 安全组织管理措施

坚持"管生产必须管安全"的原则,负责工程施工安全。在工程施工项目部建立安全管理机构,由专职安全工程师和安全员组成。项目部以项目经理为安全生产第一责任人,各相关部门负责人为安全生产相关责任人。

8.2 安全管理机构

安全管理机构在安全管理工作中认真贯彻"安全生产,人人有责"的原则,负责工程施工安全工程的监督、协调。

8.3 主要安全技术措施

(1)各种施工机械的操作人员必须持证上岗;各种车辆必须遵守交通规则,按章行驶,各种施工机械杜绝带病工作。

(2)做好劳动保护,定期给现场施工人员发放劳动保护用品,如安全帽、水鞋、雨衣、手套、防护面具和安全带等;给特殊工种作业人员发放劳动保护津贴和营养补助。

(3)凡经医生诊断,患高血压、心脏病、贫血人员,不得从事高空作业。

(4)从事高空作业,必须系好安全带和穿软底鞋,不准穿塑料底和带钉子的硬底鞋。

(5)悬空高处作业时,临空面必须搭设安全网或防护栏杆。工作人员必须系好安全带,戴好安全帽。安全网必须随着建筑物升高而提高,安全网距工作面的最大高度不超过 3.0 m。安全网必须拉直拴牢在固定架子或固定环上。高空作业使用的工具、材料等,不准掉下。严禁使用抛掷方法传送工具和材料。小型材料或工具应放在工具袋内。

(6)施工现场周边悬挂安全警示牌,起预防和警示作用。

(7)施工现场实行封闭式管理,除进出口各留一通道外,通道口设置值班警卫室,严禁与施工无关人员进入施工现场。

9 加压充填灌浆环保措施

(1)严格遵守国家和地方颁布的有关环境保护的法律、法规及业主制定的有关本工程生态环境保护管理办法的规定。

(2)对各类生产、生活设施等,均应严格按照业主的要求,做好全面规划,使全工区的建筑物、道路、生产、生活设施有序、协调、美观,与周围的自然风光和谐地融合为一个整体;所有规划设计必须报送监理工程师审查,或按监理工程师指示报送有关部门审查批准后才能实施。

(3)对生活污水和生产废水、废弃渣料等严格进行处理,做到"三个统一",即污水统一集中、统一无公害化处理、统一排入,经检测合格达标后排至规定的地点。

(4)所有生活、生产区应修建标准的卫生设施。在施工现场区域配备足够的卫生设施,所有废弃物处理达标后方能排放至规定的区域。

(5)对工区内的生活垃圾,无毒性的生产废料、废渣等生产垃圾,定期清理,并运至指定地点进行掩埋或焚烧销毁。禁止将生活、生产垃圾随地乱倒。

(6)开展文明工地文明班组建设活动,并建立文明单位创建奖励基金,鼓励大家积极参加争创

"文明班组、文明个人"活动。

10   加压充填灌浆效益分析

加压充填灌浆技术就是将劈裂灌浆和自流式充填灌浆工艺结合后优化的一种土坝除险加固的施工方案,其施工速度快,工程造价低,工艺简单易行。相对其他土坝坝体防渗处理工艺,有以下优点。

10.1   加压充填灌浆与劈裂灌浆工艺对比

两种工艺工程处理范围相近,由于劈裂灌浆采用的是"少灌多复"的原则,加压充填灌浆基本是一次性灌浆,工艺难度减轻,工期大大缩短,人工和机械费用减少,灌浆弃料减少,对环境污染减轻。

10.2   加压充填灌浆与自流式充填灌浆工艺对比

自流式充填灌浆适用于处理性质和范围都已确定的局部隐患,处理范围有限,效果较差;加压充填灌浆处理范围较大,基本能对出现渗漏的土坝坝体整个进行缺陷处理,灌浆效果较好。

10.3   加压充填灌浆与开挖回填工艺对比

加压充填灌浆与开挖回填工艺对比所需工期减少,工程造价低。

11   加压充填灌浆应用实例

11.1   加压充填灌浆在关门石水库的应用

关门石水库位于四川省邻水县芭蕉河一级支流小西河上,坝址位于邻水县城北镇朱家村境内关门石一带,是一座具有防洪、灌溉及城市供水等综合效益的中型水库,该水库枢纽工程由主坝、副坝、导流泄洪洞、放水洞等建筑物组成。主坝为风化泥岩心墙堆石坝,河床混凝土齿槽建基高程358.7 m,设计坝顶高程400.8 m,最大填筑体坝高42.1 m,防浪墙顶高程401.7 m,坝顶宽度8 m,坝顶长度203.4 m。上游坝坡1:1.7,下游坝坡1:1.8,最大坝底宽度158 m。

据关门石水库主坝蓄水期渗流量观测资料统计,其渗流量达到12.82 L/s。同时下游坝坡372 m高程(轴线0+080)处有渗水逸出点。结合大坝渗漏情况,2005年12月19日四川省水利厅对设计报告进行审查并提出了修改意见,决定对关门石水库主坝心墙渗漏问题进行处理。工程于2006年1月27日开工,2006年7月15日完工。共计完成钻孔211个,进尺3 342.00 m,灌浆2 058.00 m,划分成单元工程7个,其中优良单元7个,单元优良率100%,总体质量优良。施工结束后,分段进行检查孔注水试验以检查心墙灌浆质量,经检查各孔段注水试验渗透系数均小于设计要求的5.0×10^{-6} cm/s,心墙防渗处理达到了预期效果。工程完工后至今运行正常,满足了设计防渗要求。

11.2   加压充填灌浆在绵阳沉抗水库的应用

沉抗水库位于四川省绵阳市游仙区沉抗镇,是武引一期工程中的一座中型骨干囤蓄水库,总库容9 820万 m^3,大坝坝体为风化泥岩心墙石渣坝。工程主要建筑物包括大坝、泄洪放空隧洞、灌溉放水隧洞。大坝高55 m,坝顶长653 m,坝顶宽10.8 m。沉抗水库枢纽工程于1997年5月开工,2000年1月基本完工,2000年12月竣工,2001年12月18日通过验收投入运行。2004年大坝出现坝体渗漏情况,为确保下游人民群众的生命财产安全,决定对沉抗水库大坝进行灌浆防渗处理。

工程于2004年6月15日开工,2004年12月22日完工。完成工程量为钻孔649个孔,进尺8 478.58 m,灌浆7 186.18 m。完成单元工程17个,其中优良单元17个。

施工结束后为了检验沉抗水库大坝缺陷处理的效果,为年底的安全鉴定提供可靠的依据,同时为了满足沉抗水库工程自身正常运行的需要,沉抗水库管理处在2005年12月30日将库水位达到正常蓄水位529 m,这也是该水库自建成运行以来达到的历史最高水位。目前经过10多天加密观测,工程运行一切正常,所有观测数据均在合理范围内。工程完工后至今,坝体防渗完全满足了设计防渗要求。

(主要完成人:李雪飞　李金国　吕　钊　徐　锋)

无黏性粗粒土碾压试验工法

中国水电建设集团十五工程局有限公司

1 前　言

碾压试验是土石坝工程开工前现场必须进行的大型施工试验项目,目的是确定每种坝料的可压实性、填筑的相对密度、压实度、干密度;校核验证设计填筑标准的合理性,为大坝填筑选择满足设计要求、经济合理的铺料厚度、碾压遍数、碾压施工机械等施工参数和研究坝料填筑施工工艺方法。

碾压试验的结果对工程施工进度、施工质量、施工经济效益、施工的方便程度有着重要的影响。在满足填筑质量标准前提下,尽可能使施工经济、快速。但现行的规范规程中对碾压试验没有统一的规定要求,只是在《碾压式土石坝施工规范》的附录中提出了碾压试验的步骤、试验取样数量(砂和砂砾料每一组合取样6~8个、堆石料每一组合不少于3个)。这对100 m以上和一些大型土石坝,坝料回填量很大,几百万甚至几千万立方米的填筑量,不管从工程的重要性、安全性还是土方量的代表性上考虑,用几个取样点来决定整个工程施工的技术参数,在理论上、技术上都是不成熟的,在标准上是不可靠的、不客观的。中国水电建设集团十五工程局有限公司突破了目前《碾压式土石坝施工规范》对无黏性粗粒土碾压试验要求,提出了新的思路和施工方法,以保证大坝施工质量和安全运行。

无黏性粗粒土碾压试验工法在西安市黑河金盆水利枢纽、青海公伯峡、青海积石峡、青海康杨、青海苏只、湖北潘口水电站等大坝工程施工中应用,经过不断的完善,形成了一套完整的施工工艺,对坝体的质量控制和安全运行具有很好的保证作用。

2 工法特点

本工法的主要特点是在施工参数选择试验(一般3~4个碾压遍数、3个不同铺土厚度)选出适合的施工参数以后,增加校核试验场次;校核试验中(1个铺土厚度、1个碾压遍数),按照统计理论要求的数量进行取样,数量一般为20~30个点;对所得数据进行统计分析,计算参数选择试验所选施工参数是否能保证施工质量标准要求的压实保证率和合格率,以确保在此施工参数条件下施工压实质量能达到评定标准。同时,各种坝料在参数选择时,考虑各类料的层厚搭配,保证坝料填筑过程中坝面平齐上升;校核试验中增加了碾压前后坝料颗粒级配的试验及坝料破碎率试验、渗透试验等,以确保在该施工参数的施工条件下,坝料的其他技术性能能达到设计要求的技术指标。

3 适用范围

本工法适用于土石坝施工中无黏性粗粒土填筑施工参数的选择和填筑质量控制标准的确定。

4 工艺原理

根据料场设计勘探资料、施工料场复查的试验结果,现场进行坝料的碾压试验时,按照规范规定的方法和取样数量初选施工参数,用初选的施工参数进行校核试验。校核试验取样数量控制在20~30个,对所得数据进行统计分析,计算这个初选施工参数的施工保证率和合格率,确定出满足施工质量优良标准的施工参数,用于坝体填筑施工中的控制指标。

5 施工工艺流程及操作要点

5.1 施工工艺流程

初选施工参数时,要考虑不同坝料碾压后的层厚搭配,保证施工过程中坝面平齐上升,工艺流程按照《碾压式土石坝施工规范》进行操作。校核试验工艺流程见图1。

5.2 操作要点

校核试验成果是直接用于指导工程施工和质量控制的指标。校核试验时,试验用料应具有代表性、试验过程中的施工机械与实际施工机械应一致,按统计理论要求的数量取样,建立满足保证率和合格率要求的施工参数,为工程施工提供科学依据。

5.2.1 场地处理与布置

场地平坦、地基坚实,用试验用料先在地基上铺一层,压实到设计标准,将这一层作为基层,然后在其上进行校核试验。

试验场地面积,宜根据试验用料和取样数量,进行合理安排布置。取样数量20~30个点,试坑直径为土料最大直径的3~5倍,最大不超过200 cm,碾压试验场地的有效面积不小于180 m²。

由于碾压时产生侧向挤压,试验区的两侧应留出一个碾宽,顺碾压方向的两端应留出8~10 m作为非试验区,满足停车和错车的要求。

在进行碾压试验前,除对密度、级配测试点进行放样外,还要进行沉降观测点的放样。观测沉降测点布置成正方形网格,用全站仪测出坐标点,并引出试验场外标识,用水准仪测量各点基础高程。

试验场地基础找平后,在监理认可、平整好的场地上,用白灰放出试验平面布置区,布置2.0 m×2.0 m的方格网点,并将20 cm×20 cm钢板按放在各取样点上,采用碾压试验用碾压设备碾压4遍将钢板直接压入地下,使钢板与基础面水平。用全站仪测出坐标点并引出试验场外标识,用水准仪测量各点基础高程,以控制铺料厚度。

5.2.2 现场碾压试验设备

根据填方工程的特点、填筑坝料的性质选择合适的施工机械,是提高施工效率,获得优良施工质量的重要环节,碾压试验中选择与施工过程相同的机械设备。

5.2.3 坝料铺筑

在料场选定具有代表性的范围取料,用反铲开采,自卸车运输,采用进占法上料,推土机粗平,人工细平,铺料前检测试验点处的坝料颗粒级配。

铺料过程中用带刻度的尺杆,初步控制铺料厚度。人工配合机械找平,厚度误差控制在±3 cm以内。用全站仪放出坐标点,用灰线撒出测点及碾压区域,最后用水准仪按测点测得虚铺厚度。

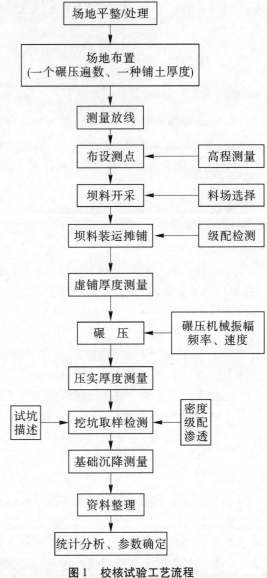

图1 校核试验工艺流程

5.2.4　坝料碾压

铺料厚度合格后,用参数选择试验确定的碾压遍数进行前进后退整轮错位法碾压,碾轮之间搭接 10 cm。碾压行进速度控制在 2 ~ 3 km/h,振动频率保持在 26.5 ~ 28.5 Hz,振幅保持在 1.3 ~ 1.4 mm。

碾压后测量压实厚度。在所布置试验点取样,坑径按土料最大粒径的 3 ~ 5 倍控制,最大不超过 200 cm,级配筛分试验用标准圆孔筛,取样结束后,测试原基础高程,计算坝料虚铺厚度与压实厚度的关系。

采用灌水进行碾压后密度检测(灌水用塑料薄膜厚度为 0.05 ~ 0.1 mm)。

对部分试验点进行现场原位渗透试验。

5.3　资料整理与参数选定

利用统计技术对检测的 20 ~ 30 个点的数据进行统计分析,计算满足施工保证率和合格率的坝料填筑控制参数,确定各种坝料的施工工艺。

6　材料与设备

无黏性粗粒土碾压主要试验设备见表 1。

碾压试验用料根据大坝填筑分区不同,采用与大坝填筑相同的试验用料分别进行碾压试验。

表 1　碾压试验设备一览表

设备名称	规格型号	数量	单位	用途
装载机、反铲等挖装设备	—	1	台	坝料的装运
推土机	320HP	1	台	平料
自行式、拖式振动碾	18 ~ 20 t	2	台	坝料的碾压
自卸汽车	20 t	5	台	试验用料的拉运
反铲	—	2	台	试验用料的铲运
洒水车	8 t	1	台	洒水
测量设备(全站仪)	—	1	套	测量用
测量设备(水准仪)	—	1	套	测量用
干密度测试设备	附属仪器	≥4	套	取样用
级配试验设备	0.075 ~ 100 mm	≥4	套	试验用
其他配套仪器设备		1	套	试验用

7　质量控制

7.1　施工依据

《碾压式土石坝施工规范》(DL/T 5129—2001);

《混凝土面板堆石坝施工规范》(SL 49—94);

《混凝土面板堆石坝施工规范》(DL/T 5128—2009);

《土工试验规程》(SL 237—1999);

其他的设计文件和合同条款要求。

7.2　质量控制

碾压试验前,应按工程的坝料特性、合同技术条款和相关规范要求,编制满足坝料填筑要求的碾压试验计划书,并报送监理工程师审批。

选择符合合同条款和大坝施工要求的施工机械。每一个工程,施工机械在碾压试验前已基本确定,碾压试验的目的是研究在现有机械条件下,怎样保证施工质量和施工进度。

除按照《碾压式土石坝施工规范》(DL/T 5129—2001)中要求控制试验外,还应从以下几个方面进行质量控制:

(1)碾压试验选择铺料厚度时,依据经验和坝料试验的实际情况,考虑虚铺厚度与压实厚度的关系。不同铺料厚度,其压实效果是不一样的。铺料厚度的选择还应考虑碾压机具的影响深度、坝料的最大粒径等方面的因素,在参数选择试验时,通常依据经验选择3个铺料厚度;碾压遍数一般选择3~4个不同的遍数。经过试验选择能满足设计要求的最佳铺料厚度和碾压遍数,以达到优质高效。

(2)碾压式土石坝多种坝料同时填筑,由于不同坝料最大粒径不同、性能不同,施工碾压的铺料厚度也不同,为了满足施工过程中大坝平齐上升,在各类料达到设计要求的同时,必须考虑各类料的层厚搭配,不同层料的坝料施工,在一个时段使坝面平齐,是保证施工质量的一个重要环节,不可忽视。所谓坝面的平齐上升,是指压实后的平齐。不同坝料的压实沉降量是不一致的,在选择虚铺厚度时,应充分考虑到这一点。

(3)不同的含水量碾压的效果也不同。校核试验应在加水量参数通过试验确定后进行,试验中坝料的含水量的试验方法是事先做多组小于5 mm或10 mm料的含水率与全料含水率的对比试验,进行资料分析,绘制小于5 mm或10 mm料与全料含水率的关系曲线,在碾压试验中使用,即可达到快速准确测定取样点的密度、分析碾压效果的目的。

(4)按照规范规定的取样数量初选施工参数,用初选的施工参数作校核试验,按统计理论要求的数量确定取样数量,取样点一般为20~30个,进行数据统计分析,计算最优施工参数的施工保证率和合格率,从而确定出施工质量优良的最优施工控制指标和坝料填筑工艺。

校核试验中应进行:虚铺厚度和压实厚度的测量,确定虚铺厚度与压实厚度的关系;碾压试验前后颗粒级配及破碎率试验,了解压实前后颗粒级配的变化和土料的破碎情况;用灌水法进行密度试验及部分试验点的原位渗透试验等,确定碾压效果和碾后的坝料性能。

8 安全措施

(1)坚持"安全第一、预防为主"的方针,对碾压试验过程中的危险源进行辨识,并制定相应的措施。

(2)落实安全责任制,明确安全责任人,设立专职安全员负责试验场地的安全工作,加强对现场操作人员的安全培训,提高安全防范意识,加强安全管理。

(3)加强现场机械设备的管理,现场设专人对运输、碾压设备进行指挥与调配,其他任何人无权随意指挥车辆。指挥机械的人员要手持红旗,并与机械保持足够的安全距离,任何人员不得在机械的后面随意跑动。车辆装料不要太满,以防洒落的粗粒土砸伤人。

(4)在试验场地周围设置明显的标志牌,禁止无关人员和机械进入试验场地。

(5)周围如果存在爆破作业,应提前沟通,合理安排时间,尽量避过爆破时间。

9 环保措施

(1)认真贯彻落实国家环境保护的法律、法规和规章的有关规定,做好施工区域的环境保护工作。做好环境因素辨识,并制定相应的控制措施。

(2)加强现场施工过程中的粉尘污染、噪声治理控制,防止扰民。最大限度地减少施工活动给周围环境造成的不利影响。

(3)将施工场地和作业限制在工程建设允许的范围内,合理布置、规范围挡,做到标牌清楚、齐全,各种标识醒目,施工场地整洁文明。

(4)加强对施工用燃油、工程材料、设备、废水、生产生活垃圾、弃渣的控制和治理,遵守防火及废弃物处理的规章制度。

10 效益分析

(1)本工法在西安黑河金盆水利枢纽工程、青海公伯峡水电站工程、青海积石峡、青海苏只水电站工程和正在建设的湖北潘口水电站等工程中使用,虽然没有直接增加明显的经济收入,但加快了施工进度,提前了工期,提高了工作效率,保证了施工质量和大坝安全运行,西安黑河金盆水利枢纽工程荣获 2009 年中国建设工程鲁班奖。

(2)在青海公伯峡水电站工程中,提前原计划 3 个月完成大坝填筑,施工质量被评为优良,取得了良好的经济效益和社会效益,为按期下闸蓄水创造了条件,并受到了各方专家的好评。公伯峡水电站混凝土面板堆石坝 3 年填筑结束,共填筑各种坝料 439.1 万 m^3,取样检测约 1 041 组,均达到或超过设计要求指标。该工程荣获 2007 年中国建筑工程鲁班奖。

(3)本工法是同类型工程的第一部工法,提出了在校核试验时运用统计技术理论,确定满足保证率和合格率的施工控制指标,内容涵盖了无黏性土碾压试验在土石坝工程中的运用,促进了新技术的推广使用。

11 应用实例

11.1 西安黑河金盆水利枢纽工程

西安黑河金盆水利枢纽主要由拦河坝、泄水建筑物、引水发电系统三大部分及古河道防渗与副坝、下游护岸组成。

西安黑河金盆水利枢纽拦河大坝为黏土心墙砂砾石坝,设计坝高 130 m,砂砾石填筑总量 603 万 m^3。

在西安黑河金盆水利枢纽工程中,以料场的上下包线和平均级配线为基准,共进行 18 场次的碾压试验。土料 12 场试验,共取样 3 240 个,合格率大于 98.0%;垫层料、过渡料、砂砾料 6 场碾压试验,共取样 180 组,保证率为 99% 以上,合格率大于 99.0%。坝体填筑中按此要求控制,均达到或超过设计指标要求,坝体质量和运行情况好。

11.2 青海黄河公伯峡水电站

青海黄河公伯峡水电站位于青海省循化县与化隆县交界处的黄河干流上,枢纽建筑物包括拦河大坝(混凝土面板堆石坝)、右岸引水发电系统及左岸溢洪道、泄洪洞、右岸泄洪洞等部分。

拦河大坝长 429.0 m,坝顶宽 10.0 m,最大坝高 139.0 m。坝体填筑量 473 万 m^3。

公伯峡水电站混凝土面板堆石坝填筑的堆石料、砂砾料碾压试验共进行 11 场,取样 426 组,合格率大于 98.0%。实际施工中,共填筑各种坝料 439.1 万 m^3,取样检测 1 041 组,检测合格率达到 97% 以上。

11.3 康杨水电站工程

康杨水电站左岸及河床壤土斜墙坝与左岸的泄洪闸相连,坝顶高程 2 036 m。壤土斜墙坝从上游至下游为上游坝壳、上游反滤层、防渗体、下游反滤层、下游坝壳和排水棱体。设计坝体填筑料约 50 万 m^3,反滤料、垫层料共计约 9 万 m^3(包括截流戗堤反滤在内)。

土料 3 场碾压试验共取样 270 个,合格率大于 98.0%;垫层料、过渡料、砂砾料 4 场碾压试验,共取样 145 组,合格率大于 99.0%。

11.4 湖北潘口水电站工程

湖北潘口水电站位于湖北省十堰市竹山县境内,地处堵河干流上游河段,坝址距竹山县城 13 km,经鲍峡镇至十堰公路里程 162 km。工程开发任务以发电、防洪为主,电站建成后还具有增加南水北调中线可调水量、提高南水北调的供水保证率、改善库区通航条件等综合利用效益。水库正常蓄水位355.0 m,相应库容19.7亿 m³,总库容23.38亿 m³,调节库容11.2亿 m³,为完全年调节水库。电站装机2台,总装机容量500 MW。

潘口水电站为一等大(1)型工程。枢纽建筑物主要由混凝土面板堆石坝、右岸岸边开敞式溢洪道、右岸泄洪洞、左岸引水隧洞、地面厂房和开关站等组成。

潘口水电站大坝为混凝土面板堆石坝,混凝土面板堆石坝布置在潘口河口上游约1.2 km处。坝顶高程362.0 m,趾板最低建基面高程248.0 m,最大坝高114.0 m。坝顶宽9.2 m,上下游坝坡均为1∶1.4。总填筑量276.1万 m³,坝体填筑量259.3万 m³。

潘口水电站大坝垫层料、过渡料、砂砾料、堆石料共进行8场碾压试验,共取样240组,保证率为95%以上,合格率大于96.0%。

(主要完成人:王星照　李　晨　易永军　梁艳萍　赵继成)

现浇梁贝雷片支撑系统施工工法

江夏水电工程公司　厦门安能建设有限公司

1　前　言

现浇桥梁施工中普遍采用普通脚手架作为支撑系统,但在同座桥梁中,遇到桥墩高度不等、跨度不同、地基处于软基基础时,普通脚手架钢管支撑系统存在耗时耗力、成本过高、安全风险较大的弊病,我公司采用贝雷片系统进行支撑,能克服以上弊病,保证现浇梁的安全、高效施工。此工法在高速铁路现浇梁施工中运用较为广泛。

2　工法特点

(1)支撑系统对地形条件要求低,适合于各种地形条件;

(2)贝雷片为标准材料,安装过程简单,施工效率高,安全系数大;

(3)节约材料,材料损耗少,周转次数多。

3　适用范围

本工法适用于现浇梁施工。

4　工艺原理

贝雷片支撑系统由基础、下部钢管支撑、上部贝雷片支撑、调平层四大部分组成。支撑系统必须确保位于稳固地基上,本工法主要利用墩身承台作为稳固地基。若跨度较大(≥24 m)时,需增加中间支撑,中间支撑位置坐落在软基地基时,对软基进行相应处理,以满足承载力要求为准。下部支撑采用大型钢管(直径≥100 cm)作为竖向支撑,同时可灵活调节高度,以适应不同地形条件和不同高度。上部采用标准贝雷片作为横向支撑,将荷载均匀传至地基面。调平层主要由工字钢和方木组成,呈网格状布置,主要起调平梁体底模作用。

5　施工工艺流程及操作要点

5.1　施工工艺流程

贝雷片支撑系统安装按自下而上、先整体后局部的方法进行施工。施工工艺流程如下:

支撑系统设计→单节钢管加工→地面贝雷片组装→钢管支撑分节安装→钢管调直→测量复合钢管顶部高程→安装水平支撑→安装剪刀撑→安装双排工字钢横梁→下部支撑系统验收→贝雷片吊装(整组吊装,每组长度为梁的跨度)→铺设工14工字钢横梁→铺设10 cm×10 cm方木→安装微调木楔→安装模板。

5.2　施工操作要点

5.2.1　基础处理

(1)支撑系统须确保位于稳固地基上,本工法主要利用墩身承台作为稳固地基。若跨度较大(≥24 m)时,需增加中间支撑,中间支撑位置位于软基地基时,需对软基进行适当处理,以满足承载力要求。

(2)跨度<24 m梁采用双层贝雷片时不设中间支撑,在墩身承台设竖向支撑即可满足荷载要

求。若采用单层贝雷片,在跨中增设中间支撑,中间支撑位于软基上时,对软基进行相应处理,以满足承载力为准。

(3)跨度>24 m 时均采用单层贝雷片结构,中间依据跨度增设中间支撑,支撑间距宜控制在12~16 m。中间支撑位于软基上时进行地基处理。

5.2.2 下部钢管支撑安装及加固

5.2.2.1 单节钢管加工

单节钢管两端采用 1.5 cm 厚钢板覆盖,并与钢管焊接牢固,四周焊接肋板,肋板同时作为横向支撑的连接点。钢板背面用油漆等材料描出钢管的圆形及外部轮廓线,以便对中准确,钢板四周采用钻机凿孔,孔径 30 mm。

5.2.2.2 钢管支撑分节安装及调直

采用吊机安装钢管,钢管间采用 Φ24M16 高强螺栓连接,螺栓连接后先不要紧固。钢管安装完成后采用全站仪或铅垂线的方法对钢管进行调直,保证偏心距小于 5 mm,调直后紧固螺栓。

5.2.2.3 测量复合钢管顶部高程

根据计算得到的钢管顶部高程,采用全站仪或水准仪进行高程复核,确保上部结构高程在可调整范围内。

5.2.2.4 钢管支撑加固

1)安装水平支撑

若钢管支撑位置为空心墩,则水平支撑位于墩身 6 m、10 m、14 m 3 个通气孔处,分别采用 1 根 Φ25 螺纹钢对拉,在与钢管连接处利用两排槽钢夹住 Φ25 螺纹钢焊接饱满,双排槽钢兼作水平支撑,空心墩内采用 3 根弯成"L"形 Φ25 螺纹钢与对拉的 Φ25 螺纹钢焊接饱满,并设置 50 cm×50 cm×1 cm(长×宽×高)的钢板作为层压板,与"L"形钢筋焊接。

若钢管支撑位置为实心墩,则采用 YT-28 手风钻在墩身 6 m 处造孔,孔深大于 1 m,插入 1 根 Φ25 螺纹钢,采用锚固剂锚固钢筋,在与钢管连接处利用两排槽钢夹住 Φ25 螺纹钢并焊接饱满,双排槽钢间距为:与 Φ529 钢管连接的部位钻孔间距为 60 cm,与 Φ1000 钢管连接的部位钻孔间距为 115 cm。"U"形螺栓两头插入剪刀撑钻孔位置,采用螺母连接,钻孔与螺母间设置加劲板。

2)中间支撑加固

中间支撑仅设置水平支撑与十字剪切斜撑。水平支撑采用[14 槽钢,将所有支撑钢管连接,设置位置为 6 m、10 m、14 m 的位置。剪刀撑分别在钢管支撑的 4 个面设置,设置范围为 0~6 m、6~10 m、10~14 m 段。将中间支座上的所有支撑钢管连接成一个整体。剪刀撑与钢管连接方式与两侧支撑相同。

5.2.3 上部贝雷片吊装

支撑结构上部采用 HD200 型贝雷片组合支撑结构。单榀贝雷片结构见图 1。贝雷片拼装完成后进行验收,确保按照贝雷片拼装技术要求进行施工,无遗漏配件。贝雷片吊装时,采用风绳定位与转向,吊装时严格遵守吊装安全规定。每组贝雷片之间安装桁片,每 3 m 安装一片,梅花形布置,中间 16 片安装 45 cm 桁片,两侧的贝雷安装 1.5 m 桁片,使贝雷片成为整体。平支撑。桥墩与支撑钢管之间采用[16 槽钢将墩身与竖向支撑焊接,作为抗压支撑。钢管下端采用插筋固定,箍梁连接采用焊接连接或螺栓连接,连接后与桥墩形成整体。

5.2.4 调平层施工

贝雷片安装牢固后,进行调平层施工,调平层分为三层:第 1 层为工14 工字钢,方向为垂直桥梁轴线向,沿顺桥向每 80 cm 布置一根;第 2 层为 10 cm×10 cm 方木,方向为顺桥向,沿垂直桥向每 40 cm 布置一根。第 3 层上设置微调层,微调采用木楔,木楔布置间距、排距不大于 40 cm,木楔调整幅度控制在 2.5 cm。

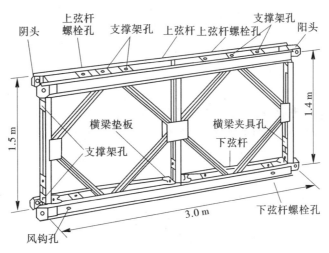

图 1　单榀贝雷片结构

5.2.5　堆载预压

（1）钢管贝雷片支架搭设完后，钢管与横向工字钢分配梁、贝雷片与贝雷片之间、贝雷片与荷载分配系统之间，荷载分配系统与模板之间存在未密贴的部分，型钢及钢模板受压后自身存在较大的弹性变形。为消除以上非弹性变形，得到实际的施工预留拱度，保证成桥后线型，整个支撑系统需进行堆载预压。

（2）采用模拟压重方法，经过比选，采用大尼龙袋装砂子方法进行压重，每袋装砂后重约 1.3 t。砂子由物资部门采购，在施工现场由人工配合装袋。吊装砂袋时，砂袋下方不得站人，以防止砂袋突然坠落伤人。预压时砂袋堆放部位要基本与梁体实际荷载分布相似，腹板部分较集中。预压超载系数取 1.2。

6　材料与设备

本工法材料主要为大直径螺旋焊缝钢管、成品贝雷片、方木、型钢，采用的机具主要为安装所使用的吊机、无需增加特殊设备。

图 2　32 m 跨度贝雷片支撑系统图片　　图 3　上部贝雷片结构图　　图 4　下部钢管支撑结构图

7　质量控制

7.1　工程质量控制标准

（1）构件系统承载力满足结构要求，支架强度安全系数大于 1.5。

（2）构件系统稳定性满足安全要求，现位制梁管理办法规定的安全系数大于 1.3。

（3）支架地基承载力必须满足地基容许承载力要求。

（4）钢管节点批量加工前，首先加工标准件，作为节点加工的参考标准。钢管节点加工时，钢管与垫层钢板、肋板与钢管必须焊接牢固，焊缝大于 8 mm，无漏焊、无焊瘤、焊接平顺。

（5）垫层钢板螺栓孔必须采用机钻成孔，不容许采用氧气乙炔开孔，开孔位置事先计算，确保钢管轴心偏差小于 1 mm。进行钢管与垫层钢板焊接时，先确定钢管位置，并将钢管轮廓线绘于钢板上，与标准构件对比，确保钢管轴心偏差小于 1 mm。

（6）节点加工完成后进行预拼装，实测钢管轴心偏差，小于 2 mm 为合格，否则该节点重新加工，测量方法为吊线锤法初测后采用全站仪复测。钢管采用 M24 高强螺栓进行拼接，确保螺栓紧固。安装完成后及时进行调直，钢柱要确保垂直度，垂直误差小于 5 mm。

（7）横梁双排工字钢之间采用焊接连接，确保焊接牢固，焊缝大于 8 mm，无漏焊、无焊瘤、焊接平顺。双排工字钢在支撑点位置必须设置加紧肋板。双排工字钢在支撑点处采用钢筋焊接固定脚，拆除时采用氧气乙炔切除。

7.2 工程质量保证措施

（1）施工过程中严格施工工艺，加强检验检查制度，必须配备足够数量和相应素质的质检人员，实行"三级检查制度"，自检不合格不报请监理检查，未经监理检查签认不转入下道工序，严格过程控制，严禁在施工中偷工减料，确保现支架施工工序质量和工程质量。

（2）在现浇梁施工过程中，全体施工人员对外应服从建设单位、监理的监督，对发现的问题进行及时整改，对内必须接受质检人员的指导、检查和监督。质量安全部门对施工质量有内部否决权，对经检验不合格的原材料、半成品以及违反规程规范的作业和不合格工序实施"一票否决"，坚持"上道工序不合格不准进入下道工序"、"自检不合格不得提交监理单位检验"等制度。

（3）现浇梁施工前要根据施工合同和设计文件确定现浇梁施工所应执行的质量标准、规程规范以及单位工程、分部工程、分项工程和检验批的划分，并组织全体现浇梁施工人员进行学习。

（4）严格按施工流程对支架进行安装加固，确保连接紧固，无漏洞。

（5）测量人员要进驻现场，对钢管安装的垂直度、高度进行严密监控，确保支撑体系重心垂直于地平面。

（6）对进场的贝雷片和钢管、型钢等主要受力构件做原材料检测，确保原材料合格，避免发生事故。

8 安全措施

（1）起重吊装的指挥人员必须持证上岗，作业时应与操作人员密切配合，执行规定的指挥信号。操作人员应按照指挥人员的信号进行作业，当信号不清或错误时，操作人员可拒绝执行。

（2）遇有六级以上大风或大雨、大雾等恶劣天气时，应停止起重吊装露天作业。在雨雪过后或雨雪中作业时，应先经过试吊，确认安全可靠后方可进行作业。

（3）起重机作业时，起重臂和重物下方严禁有人停留、工作或通过。重物吊运时，严禁从人上方通过。严禁用起重机载运人员。

（4）起重机行驶和工作的场地应保持平坦坚实，并应与沟渠、基坑保持安全距离。

（5）严格工地用电线路规划和检查，杜绝工地用电出现闸刀，做到"一机一闸一保"；加强车辆和设备的检查保养，严禁机械设备带病作业和超负荷运转。

（6）作业层下应设置安全密目网，并对作业区设置安全警示标志，安排专职安全员巡视。

（7）支撑系统搭设到顶时，应组织技术、安全、施工人员对整个架体结构进行全面的检查和验收，及时解决存在的结构缺陷。

9 环保措施

保护生态环境，环境保护工作在施工时应做到全面规划、合理布局、化害为利，创造清洁适宜的施工和生活环境。

（1）以醒目的标志封闭施工区域,并在区界挂醒目整洁的环保语言和企业精神等标牌。

（2）支架材料应合理计算,避免出现材料超量采购。

（3）支架施工完成后,应做到工完料清,严禁多余料堆放于施工现场。

（4）施工完成后,个别材料出现损坏,应统一回收,统一处理,严禁随意丢弃。

10　效益分析

本工法利用大型钢管结合贝雷片支撑,具有良好的社会效益及经济效益:

（1）基本构件少,架设及拆装方便。

（2）基本构件结合为通用部件,系统适用性强。

（3）具有高度的经济性,工期缩短,运费减少,综合成本降低。

11　工程实例

11.1　工程概况

厦门至深圳铁路位于闽粤两省的东南滨海地区,线路东起厦门枢纽厦门西站,西至深圳枢纽新深圳站,途经福建省厦门、漳州和广东省潮州、汕头、揭阳、汕尾、惠州、深圳等八城市。东家大桥位于广东省汕尾市赤坑镇东家村,桥起止里程为 DK350+861.990 ～ DK351+137.850,桥梁全长 275.86 m。该线路纵坡为 3.0%,双线线间距为 4.6 m,全桥位于直线上。桥跨布置为 2×24+5×32+2×24,共 9 跨。上部结构设计为现浇预应力钢筋混凝土简支箱梁,下部为圆端形实体、空心桥墩,墩高 10 ～ 20 m。原设计为支架法(满堂脚手架)施工,因地基处理工程量大、地形不平整、墩身高度不统一等原因,经过方案比较,最终采用贝雷片系统作为支架支撑进行施工。

11.2　东家大桥贝雷片支撑系统施工情况

11.2.1　工程质量标准及施工参数

支架设计质量指标如下:

（1）构件系统承载力满足结构要求,支架强度安全系数大于 1.5。构件系统稳定性满足安全要求,现位制梁管理办法规定的安全系数大于 1.3。

（2）支架地基承载力必须大于等于 225 kPa。

（3）支架搭设使用的支架搭设应按立杆、横杆、斜杆、连墙件的顺序逐层搭设,每次上升高度不大于 3 m。底层水平框架的纵向直线度应不大于 $L/200$;横杆间水平度应不大于 $L/400$。

（4）支撑钢管必须与地面垂直,底部承台钢管采用插筋加固,将钢管与桥墩(台)形成整体。

（5）钢管节点加工时,钢管与垫层钢板、肋板与钢管必须焊接牢固,焊缝大于 8 mm,无漏焊、无焊瘤、焊接平顺。

（6）钢管拼接时轴心偏差小于 1 mm,钢柱要确保垂直度,垂直误差小于 5 mm。

（7）钢管顶部高程偏差小于 8 cm,且不允许超高。

（8）双排工字钢之间采用焊接连接,确保焊接牢固,焊缝大于 8 mm,无漏焊、无焊瘤、焊接平顺。

（9）吊车起吊贝雷片组时,确保两台吊车同时提升,贝雷片组倾斜角度小于 15°。贝雷片组安装位置偏差小于 10 cm。

（10）水平支撑及斜撑安装位置偏差小于 50 cm。荷载分配层工字钢及方木间距偏差不大于 5 cm。

11.2.2　工程施工过程及情况

东家大桥共 9 跨,其中 4 跨为 24 m 梁,5 跨为 32 m 梁。我公司根据不同跨度进行力学校核后,按跨度采用了两种形式进行支撑系统设计与施工。

11.2.2.1　24 m 跨度箱梁贝雷片支撑系统

采用 HD200 型双层贝雷片组成的桁架结构作为上部支撑,贝雷片下部采用 2×7Φ529@7 螺旋焊缝钢管钢管作为竖向支撑,支撑点设于该跨梁两端承台,支撑钢管顶部采用双排工字钢,贝雷片坐于双排工字钢上。贝雷片顶部铺设工字钢及方木作为调平层。24 m 跨度贝雷片支撑系统见图 5。

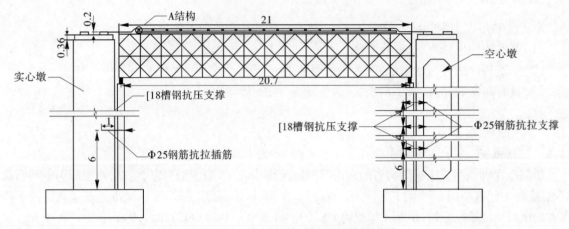

图 5　24 m 跨度贝雷片支撑系统示意图

11.2.2.2　32 m 箱梁贝雷片支撑系统

采用 HD200 型单层贝雷片组成的桁架结构作为上部支撑,贝雷片下部采用 2×3Φ1000@12+2×2Φ529@7 螺旋焊缝钢管钢管作为竖向支撑,支撑点设于该跨梁两端承台,跨中设两道竖向支撑,轴向间距 2.6 m,采用 2×6Φ529@7 钢管作为竖向支撑。支撑钢管顶部采用双排工字钢,贝雷片坐于双排工字钢上。贝雷片顶部铺设工字钢及方木作为调平层。32 m 跨度贝雷片支撑系统见图 6。

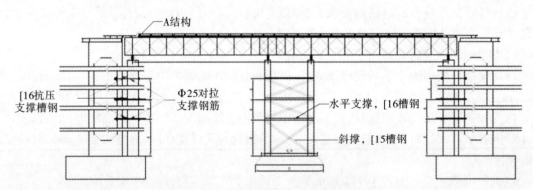

图 6　32 m 跨度贝雷片支撑系统示意图

该工程东家大桥施工于 2010 年 6 月 15 日全部结束,经检测,工程各项质量指标符合设计要求。

（**主要完成人:**张利荣　朱俊华　胡继峰　邓俊烨　李建元）

岩锚梁混凝土内二次张拉预应力
锚杆施工工法

中国水利水电第十四工程局有限公司

1 前 言

岩壁锚杆吊车梁简称岩锚梁,是地下洞室大吨位桥机的支撑结构,适用于水电站地下厂房、主变压器室、尾水闸门室和其他用途的地下洞室。岩锚梁是通过两组受拉锚杆和一组受压锚杆承受荷载,把钢筋混凝土梁锚固在岩壁斜面上的受力结构。20 世纪 80 年代,我国在鲁布革水电站地下厂房首次引进挪威等北欧国家已较为普遍应用的岩锚梁技术。后来在广州抽水蓄能电站(一、二期)、天荒坪抽水蓄能电站及小浪底、大朝山和棉花滩等水电站地下厂房应用均获成功。岩锚梁具有经济可靠、方便施工、加快进度、减少厂房跨度、提前使用等优点,已在国内普遍应用。目前,在国内大型水电站地下厂房中,岩锚梁受拉锚杆采用二次张拉预应力锚杆,尚无成熟的施工工法。中国水利水电第十四工程局有限公司根据所承建的多个大型地下厂房施工的成熟的施工方法,总结形成了本工法,并已成功应用于湖北清江水布垭地下厂房、重庆彭水地下厂房、贵州乌江构皮滩地下厂房、湖北三峡地下厂房岩锚梁施工。

2 工法特点

岩锚梁预应力锚杆采用精轧螺纹钢作为杆体材料;长度为 250 m 的厂房岩锚梁大约布置有 2 000 根锚杆,施工工期紧张,一般不超过 2 个月;相邻两根锚杆间距为 500 mm,上、下两根锚杆垂直间距为 280 mm。钻孔精度要求:上下偏差不大于 30 mm,左右偏差不大于 50 mm,孔深偏差不大于 50 mm,倾角偏差不大于 2°。

本工法预应力锚杆采用 2 次张拉、2 次注浆的工艺,第一次张拉力为设计规定值 150 kN,第二次张拉力为设计规定值 200 kN。从岩锚梁预应力锚杆一次张拉结束至二次张拉开始历时 10 ~ 15 个月。

3 适用范围

本工法适用于水电站地下厂房、主变压器室、尾水闸门室等岩壁吊车梁的锚固施工。

4 工艺原理

岩锚梁预应力锚杆施工结合混凝土的浇筑进行,锚杆造孔提前进行,锚杆孔验收合格后,在混凝土浇筑前预埋钢套管和钢垫板(钢套管和钢垫板之间焊接)。锚杆采用先插杆后注浆的施工工艺,共分两次灌浆、两次张拉。混凝土浇筑前安装锚杆并第一次注浆;岩锚梁结构钢筋绑扎过程中预埋钢套管和钢垫板(钢套管和钢垫板之间焊接),对预应力锚杆梁体内自由段进行保护,待岩锚梁混凝土达到 28 d 龄期进行第一次张拉。厂房开挖基本结束、桥机动载试验完成后进行预应力锚杆第二次张拉,完成后进行第二次注浆。

预应力锚杆分两次张拉及灌浆,通过预埋钢套管、涂刷沥青保护岩锚梁梁体内锚固段及自由段,在主厂房(或其他洞室)开挖基本结束,高边墙变形趋于稳定,岩体卸荷、应力释放完成后,通过调整每根锚杆螺母的松紧程度来实现对预应力锚杆的补偿张拉(或松弛)至设计吨位,使应力均匀分布,以达到锚杆和梁体整体较好的受力效果。

5 施工工艺流程及操作要点

5.1 施工工艺流程

施工工艺流程如下:施工准备→测量放线→钻孔→洗孔→安装锚杆→一期灌浆(岩石内锚段及自由段注浆)→浇筑岩锚梁混凝土→预应力锚杆第一次张拉锁定→主厂房开挖完成→二期灌浆(梁体内锚固及自由段注浆)→预应力锚杆第二次张拉锁定→外锚头保护。

施工程序安排见图1。

5.2 操作要点

5.2.1 施工准备

岩锚梁预应力锚杆造孔施工前先将施工排架搭设牢固,轻型潜孔钻机就位固定牢靠,风、水、电接好,相应的安全防护到位。施工排架和安全防护必须经安全部验收合格方准使用。

5.2.1.1 施工排架搭设

施工排架采用Φ50无缝钢管搭设,横向间距@60 cm,纵向间距@80 cm,竖向排距@120 cm,斜撑(剪刀撑)根据实际情况搭设,施工平台采用竹跳板铺设并采用铅丝与钢管绑扎连接,安全护栏搭设高度不低于1.2 m,并在外围挂绿色安全网。施工排架具体搭设满足相关规范要求。

5.2.1.2 钻机就位

钻机采用钻机支架就位,支架由施工队根据钻机的具体体形尺寸自己制作。钻机就位时钻机、钻机支架和施工排架必须连接成一整体,防止局部摇摆。

施工排架搭设和钻机就位见图2。

5.2.2 测量放线

岩锚梁预应力锚杆造孔精度要求极高,必须认真进行每根锚杆的孔位和相应尾线的放线。具体如下:

(1)测量人员根据设计蓝图先放出每根锚杆的桩号及基准高程,并用红油漆进行标记。

(2)测量人员根据所放出的锚杆孔位在相应位置的钢管排架上放出每根锚杆的尾线点。

5.2.3 造孔、清孔

岩锚梁预应力锚杆造孔均采用QZJ-100B轻型潜孔钻机进行。控制标准:开孔偏差小于5 mm,孔径及孔深不小于设计值,孔斜偏差不大于2°。

5.2.3.1 造孔角度控制

锚杆施工前,需清除开挖壁面上的碎石及灰尘,开挖坡面清理整修达设计验收标准,并经地质工程师和监理人验收合格后,方可进行锚杆施工。

造孔角度主要为水平方向角度和垂直方向角度,水平方向角度采用尾线控制,利用在施工排架

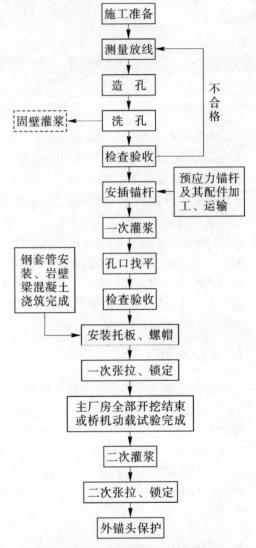

图1 预应力锚杆施工工艺流程

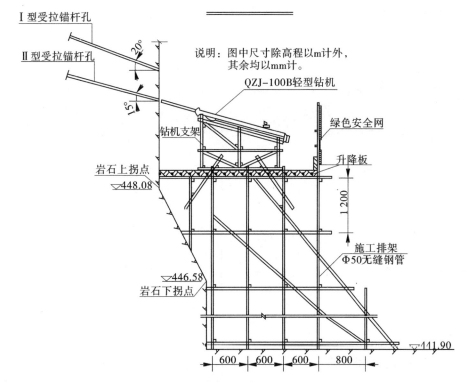

图 2 施工排架搭设和钻机就位

上放出的锚杆尾线点,采用工程线将尾线点和锚杆孔位点连接成一条直线,不断调整钻机位置使钻机中轴线与工程线重合。

垂直方向角度采用罗盘或水平尺控制,当水平角度调整就位后,由技术人员用罗盘或水平尺按设计要求角度 15°或 20°指挥钻机操作手不断调整钻机,直至钻杆角度符合设计要求后方可施钻。

钻孔过程中进行分段测斜,及时纠偏,钻孔完毕再进行全孔测斜。

5.2.3.2 孔深控制

由于开挖时局部地方出现少许超挖,为了保证锚杆的入岩深度,按设计蓝图所示孔深控制,钻孔深度按"宁超不欠",允许最大超深 5 cm。钻孔深度可根据钻杆的长度控制:当孔深与钻杆的长度成几何倍数时,由钻杆的根数控制孔深,当不成几何倍数时,则在钻杆上标好长度记号以控制钻孔深度。

5.2.3.3 清孔

造孔完成后采用压缩空气冲洗,以清除碎石、泥浆、碎屑,不能用水冲洗钻孔,冲洗后做好孔口保护。

5.2.3.4 固壁灌浆

对于地质条件较差的部位或溶蚀破碎带,造孔过程中经常出现塌孔或成孔困难时,可先按设计要求进行固壁灌浆,固壁结束后进行扫孔并及时注浆,以防再次塌孔。

5.2.4 锚杆孔验收

已经清洗干净的孔,作业队班组自检(一检)合格后做好钻孔验收记录并报队级技术员(二检)复检,复检合格后报质量部(三检)终检,合格后报请监理工程师验收,监理工程师验收合格后进行孔口保护。对验收不合格的孔,重新造孔或补造后重新验收,直至合格。

5.2.5 锚杆制作、安装

5.2.5.1 锚杆自由段加工

锚杆采用 Φ32 精轧螺纹钢筋,全长范围不能有接头,表面保持清洁。自由段除锈处理后,涂刷沥青,然后外裹塑料膜保护。预应力锚杆结构见图3。

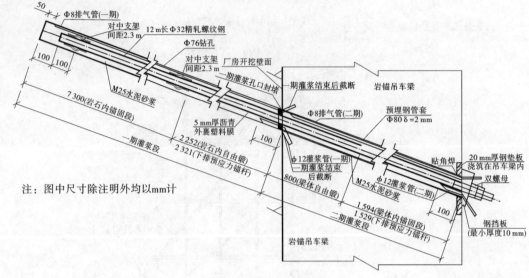

图3　预应力锚杆结构

5.2.5.2　对中装置制作、安装

对中装置采用Φ10钢筋加工制作对中支架,然后采用铅丝与锚杆绑扎牢固。在锚杆一期灌浆内锚段上等间距焊4根Φ10 mm钢筋,确保对中装置不会在锚杆安插过程中移位。对中支架参见图4。

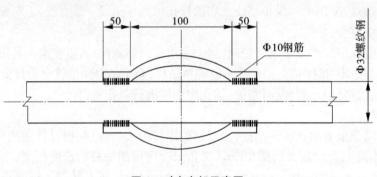

图4　对中支架示意图

5.2.5.3　进、回浆管绑扎

锚杆加工时需绑扎一期进浆管、一期回浆管。进、回浆管均采用PE管,其中进浆管直径12 mm、回浆管直径8 mm。进、回浆管按照设计长度下料,绑扎固定于锚杆上。对于有较大超深的孔,为了使孔底注浆饱满,须将一期回浆管尽量插到孔底,浆管相应加长;由于PE管容易产生弯曲而堵管,故采用在锚杆端部增加一个对中套管,套管上焊Φ12 mm钢筋延伸至孔底,一期回浆管延长段绑在Φ12 mm钢筋上。

5.2.5.4　止浆装置

预应力锚杆一期灌浆时在孔口设置临时封堵器以保证灌浆质量,灌浆结束后卸除临时封堵器。实际施工中先采用帆布口袋绑扎固定在锚杆孔口部位作为临时封堵器,由于灌浆压力较大时,布袋漏浆较严重,后采用高标号砂浆将孔口封堵,待砂浆达到设计强度时再进行灌浆,效果较好。

5.2.5.5　锚杆安插

锚杆安插利用岩锚梁混凝土浇筑排架以人工安插为主,可利用平台车配合安装。锚杆入孔速度均匀,并避免来回抽动,防止损坏锚杆体,并保证锚杆居于孔位中间。

5.2.6 一期灌浆

预应力锚杆灌浆的水泥采用 42.5 普通硅酸盐水泥。采用 M25 水泥砂浆,配合比 0.45∶1∶ 0.5(水∶水泥∶砂),纯水泥浆配合比 0.44∶1(水∶水泥)。

现场利用搅拌缸严格按照配合比拌制,水、砂等均进行称量。灌浆采用挤压式注浆泵进行有压循环灌浆,灌浆压力为 0.3~0.4 MPa。当回浆量连续且比重大于或等于进浆比重时,循环 10 min 后再屏浆 20 min,压力下降不大于 25% 时,灌浆结束。施工中可根据生产性工艺试验成果选取合适的灌浆压力及砂浆配比。

灌浆结束后,及时对岩面浮浆及场地进行清理,并及时割除外露的灌浆管,使用与岩锚梁同标号的混凝土或干硬性砂浆将钻孔封填密实,孔口压抹齐平。

5.2.7 无损检测

岩锚梁预应力锚杆注浆密实度要求不低于 90%。在锚杆达到设计规定强度后,及时对每根锚杆进行无损检测,检查锚杆的注浆密实度,若无损检测不合格,及时在该孔位旁补打,直至无损检测合格为止。

5.2.8 钢套管、钢垫板安装

在岩锚梁梁体内为预应力锚杆二期张拉的自由段和内锚固段,其中自由段涂刷沥青后采用塑料膜保护,在岩锚梁浇筑时采用钢套管保护,预应力锚杆在梁体内段。钢套管长度根据岩面超挖情况现场切割。在岩锚梁结构钢筋绑扎时进行钢套管、钢垫板预埋安装(钢套管与钢垫板之间焊接),首先将钢套管套在锚杆上,通过短钢筋将其与结构钢筋初步固定,待岩锚梁侧模安装并校模完成后,再将钢套管、钢垫板与结构钢筋固定牢靠。钢套管靠基岩面的闭浆,考虑采用打插筋与钢套管焊接固定,钢套管端部与岩面的空隙采用砂浆封闭,以防混凝土浇筑时进入钢套管内。

5.2.9 第一次张拉

5.2.9.1 钢挡板加工

钢挡板严格按照设计尺寸进行加工,加工完成涂刷防锈漆备用,Ⅰ型钢挡板、Ⅱ型钢挡板分别做出标志。

5.2.9.2 钢挡板安装

在混凝土达到 28 d 龄期后,进行一次张拉前进行钢挡板安装,最后加垫圈、螺母预紧。

5.2.9.3 张拉

张拉前按设计图纸安装测力计等监测仪器,第一次张拉待一期灌浆完成及岩锚梁混凝土达到 100% 设计强度后进行。采用扭力扳手一次张拉锁定,锁定值为设计规定值(150 kN),张拉力(kN) 通过率定曲线换算成扳手扭力(N·m)。锚杆张拉时,先对锚杆进行预紧,再将锚杆一次张拉至设计规定值锁定,不足设计张拉力时进行补偿张拉。

5.2.10 第二次张拉

第二次张拉在厂房开挖基本结束,桥机动载试验完成后进行。第二次张拉仍然采用扭力扳手,张拉锁定值为设计规定值(200 kN)。

施工中加强安全监测,并根据监测结果及时对预应力锚杆紧固力进行调校,避免预应力超过设计张拉力。

5.2.11 第二次灌浆

第二次张拉完成后,进行第二次灌浆施工。灌浆前通过钢挡板预留孔插入灌浆管,然后封闭孔口。水泥品种、砂浆配合比及灌注设备与第一次灌浆相同。

所有的灌浆及张拉均通知监理工程师旁站,及时填写相应的记录表格,记录锚杆编号、灌浆时间、灌浆压力、张拉时间、张拉力等数据。

5.2.12　外锚头保护

二次灌浆结束后,截去多余的灌浆管和回浆管,对露出岩锚梁混凝土的锚头涂环氧漆进行永久防锈处理。

5.2.13　锚杆验收

5.2.13.1　锚杆无损检测

锚杆无损检测逐根进行,注浆密实度不得小于90%。

5.2.13.2　锚杆拉拔试验

现场随机抽样,每300根锚杆为一批,每批抽查1组(每组3根)。单根锚杆抗拉拔力不小于400 kN。

6　材料与设备

6.1　材料

6.1.1　杆体材料

预应力锚杆采用精轧螺纹钢作为杆体材料,材质满足《水电工程预应力锚固设计规范》(DL/T 5176—2003)要求。其主要力学性能如下:

(1)公称直径:32 mm;

(2)抗拉强度:≥835 MPa;

(3)屈服点:≥540 MPa;

(4)伸长率:≥8%。

6.1.2　预应力锚杆组成构件

主要包括钢套管、钢垫板、钢挡板、垫圈、螺母、对中支架、灌浆管及排气管。

6.1.2.1　钢筋端部螺纹车削加工

根据需要对钢筋端部进行车丝,长度200 mm(若精轧螺纹钢的螺纹与螺母配套,则不需进行端部车丝),加工制作后不得降低杆体各力学指标,加工段表面进行镀锌钝化处理。

6.1.2.2　钢垫板及钢挡板

钢垫板尺寸200 mm×200 mm×20 mm(长×宽×厚),钢挡板最小厚度10 mm,为不规则的楔形体,按设计要求在钢挡板上预留灌浆管、排气管孔。钢垫板和钢挡板采用Q235B钢加工而成,表面镀锌钝化处理,钢垫板表面涂刷防腐油漆。

6.1.2.3　螺母

采用双高强螺母,性能等级为8H,表面作抗氧化处理。

6.1.2.4　垫圈

采用高强垫圈,硬度为35~45HRC,表面作抗氧化处理。

6.1.2.5　钢套管

梁体内预埋钢套管,外径80 mm,壁厚2 mm,采用Q235B钢加工而成,表面涂刷防腐油漆。

6.1.2.6　灌浆管及排气管

分别采用外径12 mm和外径8 mm的PE塑料软管,耐压值不低于设计压力的1.5倍。

6.1.2.7　对中支架

岩石内锚固段对中支架采用Φ10 mm钢筋加工制作。

6.1.2.8　张拉自由段保护

按设计图纸在预应力锚杆自由段涂刷沥青,沥青外裹塑料膜,自由段两端用塑料膜缠紧。沥青厚5 mm,塑料膜选用厚1~2 mm,质地光滑,并且与钢筋、砂浆、沥青等不发生物理化学反应的材料。

6.1.3 灌浆材料

6.1.3.1 水泥

采用 42.5 普通硅酸盐水泥。

6.1.3.2 外加剂

品质符合《混凝土外加剂》(GB 8076—1997)标准,用量根据配合比试验确定。

6.1.3.3 水

砂浆用水须洁净、无污染,凡符合混凝土用水标准的水均可用于拌和及养护。

6.2 设备

钻孔设备:轻型潜孔钻(孔径 Φ76);

张拉设备:扭力扳手(或张拉千斤顶);

灌浆设备:J3—7 型挤压式注浆机(或灌浆机)。

7 质量控制

(1)施工队严格按照设计文件、施工技术措施的要求组织施工。

(2)对监理工程师和项目部质量管理部所发的关于质量的指令必须无条件执行。

(3)造孔过程加强检查,严格控制孔深和方位角、倾角,造孔验收严格按照"三检制"的程序组织实施。

(4)造孔时轻型潜孔钻机必须安置扶正器(或样架)和对中支架。

(5)钢套管、钢垫板、钢挡板严格按照设计尺寸加工,钢套管、钢垫板安装时通过测量放线准确定位、固定。运输过程中必须轻拿轻放,避免碰撞。

(6)锚杆加工时仔细对照图纸,自由段、涂刷沥青及裹塑料膜段设置位置准确,有监测仪器的锚杆做好标志。保护好锚杆端部螺纹。

(7)对中装置、进浆管、回浆管下料长度要准确,绑扎要牢靠,防止在锚杆安插过程中松脱或滑动。

(8)砂浆拌制时必须对原材料进行称量,严格按照给定的配合比拌制,拌制及注浆过程有质检人员旁站。

(9)扭力扳手扭力根据率定曲线调好后,不得任意改动,并根据设计要求定期率定。

(10)造孔、灌浆、张拉等全过程做好详细记录。

(11)锚杆施工完毕 7 d 内,不得对其扰动。

(12)其他要求见质量管理部颁布的质量实施细则。

8 安全措施

(1)施工排架搭设按照脚手架搭设作业指导书的要求进行,搭设完成由安全部验收后方可使用。

(2)操作平台设有牢靠的安全防护栏杆。

(3)作业人员配戴好安全防护设施(如防毒面具等),高空作业时必须挂好安全带。

(4)搭接风、水、电时,注意接头牢靠,管线无损伤。

(5)各种设备按照操作规程操作。

(6)限制非操作人员进入正在作业的施工区。

(7)认真执行安全部发放的各种安全管理规定。

9 环保措施

(1)工作面保证照明良好。

（2）现场材料堆放必须整齐有序。各工序工作完成后要及时清理工作现场。对有用的材料及时回收入库，废弃料等及时清理运走，确保施工现场整洁、有序。严格执行项目部有关文明施工的规章制度执行。

（3）锚杆自由段需涂刷沥青并采用塑料膜进行保护，施工过程中控制沥青等废弃料对施工场地的污染。

（4）浆液制备及一、二次灌浆施工后，及时进行废弃浆液的回收及场地清理。

（5）采用有效措施减少水泥、外加剂等粉尘对人员的危害。

10　效益分析

在构皮滩水电站地下厂房岩锚梁采用二次张拉预应力锚杆，通过生产性工艺试验，熟悉施工程序，确定钻孔、灌浆、张拉设备，在短短两个月的时间内完成了 1 838 束预应力锚杆施工（不含二次张拉、灌浆），为岩锚梁混凝土浇筑的顺利完成，确保厂房开挖按期完成，从而为构皮滩水电站 2008 年首台机提前半年发电提供了强有力的保障。

11　应用实例

二次张拉预应力锚杆施工工法应用实例见表 1。

表 1　二次张拉预应力锚杆施工工法应用实例

工程名称	工程位置	工程规模	应用部位	开竣工日期 （年-月-日）	实物工作量（根）	应用效果	存在问题
乌江构皮滩水电站	贵州遵义	I 等工程 3 000 MW	地下厂房岩壁梁	2003-12-01 ~ 2010-04-30	1 848	较为理想	无
重庆彭水水电站	重庆彭水	I 等工程 1 750 MW	地下厂房岩壁梁	2003-10-01 ~ 2007-11-30	1 024	较为理想	无
湖北水布垭水电站	湖北水布垭	I 等工程 1 600 MW	地下厂房岩壁梁	2002-05-01 ~ 2008-12-31	966	较为理想	无
湖北三峡水电站	湖北三峡	I 等工程 4 200 MW	地下厂房岩壁梁	2004-12-20 ~ 2008-12-31	2 081	较为理想	无

表中所列 4 个工程岩锚梁均采用二次张拉预应力锚杆，实物工作量为二次张拉预应力锚杆数量。

（**主要完成人：**字继权　傀光恒　杨桂鹏　薛小伟　杨元红）

液压悬臂滑模施工工法

郑州黄河工程有限公司

1 前 言

滑模施工技术是混凝土工程和钢筋混凝土工程中机械化程度高、施工速度快、场地占用少、安全作业有保障、经济环保综合效益显著的一种施工方法。我国 20 世纪 70 年代开始在全国推广应用该项施工工艺,并得到了较快的发展。近 10 多年,滑模施工技术又有了长足的进步,部分成果已达到国际先进水平。我公司在广西五里峡水库防渗面板加固工程施工中,采用了科技含量高、先进的液压悬臂滑模技术并获得了巨大成功。

五里峡液压悬臂滑模技术的应用,创造了广西水利建设史上一个奇迹,通过科技查新检索,表明该项技术具有以下几方面的突破与创新,并获得了河南黄河河务局科技进步一等奖和应用技术创新成果特等奖。

(1)在五里峡混凝土面板几近垂直(1∶10)的情况下,采用单侧悬臂液压整体滑升工艺施工,国内未发现在垂直重力坝(面板坝)工程施工或面板加固工程中采用悬臂滑模工艺施工的相关文献。

(2)五里峡水库施工 II 期左、右岸坝段和 I 期溢流坝段滑模整体提升施工长度分别为 56 m、68 m、62 m,这在国内未发现类似技术指标的文献报道。

(3)施工中采用激光经纬仪、激光准直仪、激光铅垂仪、激光观测站等,并配置工业电视监控系统、自动对讲机和数字移动通信、自动液压控制台、微机联网等先进设备,初步实现了滑模施工动态跟踪监测,并逐步采用了自动调平、自动纠偏和纠扭控制技术,改变了以往垂球吊准、手工纠偏的测控落后面貌,初步实现了水平度与垂直度的统一控制,这在国内未发现类似文献报道。

(4)开发了配套的 Φ48 mm×3.5 mm 普通脚手架钢管作为支承杆使用,体内体外均可布置的新工艺,钢管的截面面积虽然和 Φ25 mm 圆钢基本相当,但刚度增加了 5 倍多,可使支承杆的数量相对减少,自由脱空长度相对增加。

2 工法特点

(1)滑模施工工艺不断推陈出新,大大丰富了传统的滑模施工技术。近 10 多年来,滑模施工工艺不断革新,派生出了多种形式的滑模工艺,已成功地应用在工程实践中,取得了显著的经济效益和社会效益。比较成熟和典型的新工艺有不同材质墙体的"复合壁滑升工艺"、井壁或结构加固用的"单侧滑升工艺"、双曲线冷却塔的"滑动提升模板工艺"、"滑框倒模工艺"、"液压爬模工艺"等。五里峡混凝土面板加固,具有垂直悬挂、单侧固定、超宽整体滑升等特点,使滑模施工综合技术应用水平上了一个新台阶。

(2)滑模千斤顶设备向品种系列化、多样化、超大吨位方向发展。滑模千斤顶已由过去单一的HQ3.5 t 级小型千斤顶,发展成 6、8、9、10 t 级大吨位滑模千斤顶,目前已初步形成了系列化产品,并且具有滚珠式、楔块式、松卡式等多种卡头形式和升降、拔杆功能,不仅提高了提升能力,而且还改善了提升性能,是近几年来滑模机具的重要发展。

五里峡选用 32 个 6 t 千斤顶液压整体联动,实现了整体提升宽度 62 m,滑升施工高度近 50 m。可以预见,具有升降、自动拔杆功能的超大吨位千斤顶(大于 10 t,可兼作提升重物用),是今后滑模提升设备的发展方向。

（3）大力开发滑模 Φ48 mm×3.5 mm 钢管支承杆体外布置工艺。随着大吨位滑模千斤顶的推广应用，开发了配套的 Φ48 mm×3.5 mm 普通脚手架钢管作为支承杆使用，体外布置的新工艺，钢管的截面面积虽然和 Φ25 mm 圆钢基本相当，但刚度增加了 5 倍多，可使支承杆的数量相对减少，自由脱空长度相对增加，这给平台结构布置提供了更大灵活性，改善了操作平台过去因支承杆刚度较小容易失稳的缺陷，作为工具式支承杆较圆钢易回收，且通用性强，已取得较好的经济效益，应大力推广应用。

（4）滑模施工体现了滑模工艺快速施工、劳动强度低的特点。目前，在垂直运输方面，已大量采用无井架、随升平台井架、随升塔吊、附壁式自升塔吊等，使运输机械随着滑模平台上升；在混凝土运输和浇筑方面，逐步推广混凝土管道泵垂直输送、平台上采用混凝土布料机水平布料等全盘机械化施工工艺。滑模电脱模技术、滑模混凝土养护技术、滑模千斤顶工作性能现场检测技术等的开发应用，也大大提高了滑模施工技术的机械化水平，使滑模施工速度快的特点得到了有力的设备保障，工人劳动强度进一步降低。

3 适用范围

本工法适用于大面积混凝土垂直面板结构施工。

4 工艺结构与原理

4.1 混凝土防渗面板施工滑模工序

施工工序为：测量→滑模安装→原面板凿毛→锚筋安装→钢筋绑扎焊接→止水安装→清仓→浇筑混凝土→提升→养护→下一循环。

4.2 液压悬臂超宽滑模结构

滑模装置主要由模板系统、操作平台系统、液压系统以及施工精度控制系统等部分组成（见图1）。

4.2.1 模板系统

4.2.1.1 模板

模板又称做围板，依赖围圈带动其沿混凝土的表面向上滑动。模板的主要作用是使混凝土按设计要求的截面形状成形。模板用材一般以钢材为主。如采用定型组合钢模板，则需在边框上增加与围圈固定相适应的连接孔。

钢模板可采用厚 2~3 mm 的钢板冷压成型，或用厚 2~3 mm 钢板与 L 30~L 50 角钢制成。模板的高度可视情况不同设计为 1.2 m 或 1.5 m。其宽度以考虑组装与拆卸方便为宜，按 2 m 间距设计。

4.2.1.2 围圈

围圈又称做围檩。其主要作用是使模板保持组装的平面形状并将模板与提升架连接成一整体。围圈承受由模板传递来的混凝土侧压力、冲击力和风荷载等水平荷载，同时还承受滑升时的摩阻力、作用于操作平台上的静荷载和施工荷载等竖向荷载，并将其传递到提升架、千斤顶和支承杆上。

4.2.1.3 提升架

提升架又称做千斤顶架。它是安装千斤顶并与围圈、模板连接成整体的主要构件。提升架的主要作用是控制模板、围圈由于混凝土的侧压力和冲击力而产生的位移变形；同时承受作用于整个模板上的竖向荷载，并将上述荷载传递给千斤顶和支承杆。当提升机具工作时，通过它带动围圈、模板及操作平台等一起向上滑动。

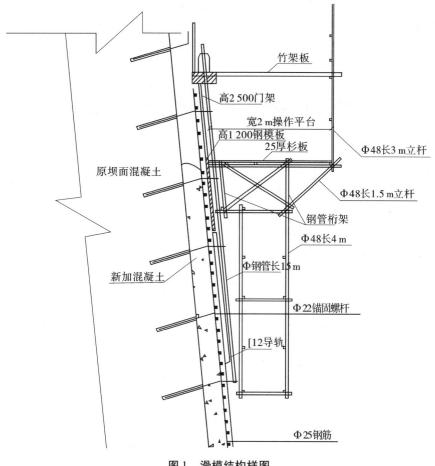

竹架板
高2 500门架
宽2 m操作平台
高1 200钢模板
25厚杉板
Φ48长3 m立杆
Φ48长1.5 m立杆
钢管桁架
Φ48长4 m
Φ钢管长15 m
Φ22锚固螺杆
[12导轨
原坝面混凝土
新加混凝土
Φ25钢筋

图 1　滑模结构样图

提升架的立柱可采用槽钢制作,或可用双槽钢制作成一矩形截面的立柱。对于侧压力较大的结构体,其提升架的立柱可采用型钢制成一定截面尺寸的桁架梁。提升架必须具有足够的刚度,应按实际的水平荷载和竖向荷载进行计算。提升架的横梁与立柱必须刚性连接,两者的轴线应在同一水平面内,在使用荷载下,立柱的侧向变形应不大于 2 mm。提升架横梁至模板顶部的净高度,对于配筋结构不宜小于 500 mm,对于无筋结构不宜小于 250 mm。

4.2.2　操作平台系统

依据防渗面板特点,滑模施工平台设计分为三层。

4.2.2.1　上层操作平台

滑模的上层操作平台,是一般加固工程特需设计的,用于超前进行旧混凝土面的凿毛、绑扎钢筋以及结构锚筋的钻孔、安装,同时用于操作提升后的调整和测量,是钢筋、埋设件等材料暂时存放场地。

上部操作平台尺寸只要满足于工作宽度,一般钻机要求工作宽度 2 m。护拦高度以安全考虑,设计为 1.8 m 以上。

4.2.2.2　中层施工平台

中层施工平台是绑扎钢筋、浇筑混凝土、提升滑模体的操作场所;液压控制机械设备一般布置在操作平台的中央部位。

4.2.2.3　辅助平台

辅助平台又称为辅助盘。为便于施工人员随时检查脱模后的混凝土质量,即时修补混凝土表面缺陷,扒出埋件,以及即时对混凝土表面进行洒水养护,安装在工作盘下方,用L 50×5 角钢组成,盘面用 δ50 mm 木板铺密实,悬挂于桁架和提升架下。吊杆可用 Φ16～Φ18 钢筋或 50 mm×4 mm 的扁钢制成,也可采用柔性链条。辅助盘盘面宽度一般为 600～800 mm。为了保证安全,其外侧应设防护栏杆挂设安全网。

4.2.3 液压提升系统

液压提升系统主要由液压千斤顶、液压控制台、油路和支承杆等部分组成。

4.2.3.1 液压千斤顶

液压千斤顶又称穿心式液压千斤顶或爬升器。其中心穿过支承杆,在周期式的液压动力作用下,千斤顶可沿支承杆作爬升动作,以带动提升架、操作平台和模体随之一起上升。目前,国内生产的滑模液压千斤顶类型主要有滚珠式、楔块式、松卡式等。

4.2.3.2 液压控制台

YKT-36B 液压控制台是液压传动系统的控制中心,是液压滑模的心脏。主要由电动机、齿轮油泵、换向阀、液压分配器和油箱组成。其工作原理略。

4.2.3.3 油路系统

油路系统是连接控制台到千斤顶的液压通道,主要由油管、管接头、液压分配器和截止阀等元、器件组成。油管一般采用高压无缝钢管和高压橡胶管两种。根据滑模工作面积的大小决定液压千斤顶的数量及编组形式。

4.2.4 锚杆锁定与支承杆

支撑杆与面板固定锚筋焊接,上下每隔 1 m 安装 Φ20 速凝砂浆锚杆。

支承杆又称爬杆。它支承着作用于千斤顶的全部荷载。目前使用的额定起重量为 60 kN 的滚珠式卡具液压千斤顶,与之配套的支承杆采用 Φ48 mm×3.5 mm 钢管。其接头可采用丝扣连接、焊接和销钉连接。采用丝扣连接时,钢管两端分别焊接 M60 螺母和螺杆,丝扣长度不宜小于 50 mm。采用焊接的方法时,应先加工一段长度为 200 mm 的 Φ38 mm×3 mm 钢管衬管,并在支承杆两端各钻 3 个 Φ4 小孔,当千斤顶上部的支承杆还有 400 mm 时,将衬管插进支承杆内 1/2,通过 3 个小孔点焊后,表面磨平。随后在衬管上插上一根支承杆,同样点焊磨平。当千斤顶通过接头后再用帮条焊接。

5 操作步骤及要点

5.1 安装锚筋

(1)坝面标定锚筋位置:按设计位置严格标定(红漆),误差不超过 2 cm。

(2)钻孔:利用气腿风钻钻孔,垂直坝面方向,误差小于 7°。

(3)清孔:孔内残渣必须清理干净。

(4)安装:注入速凝砂浆,利用风钻把锚筋推入孔内。锚筋预先按设计长度加工。

5.2 滑模的安装

滑模的安装依次为轨道支承架、轨道模体牵引机具操作平台及辅助设施。

(1)轨道支撑架:轨道支承架按设计图纸安装,其位置应准确。

(2)围圈连接:围圈与预埋锚筋连接要牢固,安装完毕必须经测量检查;接头处轨道中心宜与支承架顶板中心基本一致,接头必须平顺无突变。

(3)轨道模体牵引爬轨器固定安装:下卡块与轨道翼缘的间隙宜为 2～3 mm。

(4)模板安装:采用定型组合钢模板,模体在工厂必须试组装,并经检查验收合格后方可运至现场,吊装就位时严禁碰撞轨道,需在边框处增加与围圈固定相适应的连接孔。

(5)安装提升架:按结构进行桁梁结构拼接,提升架的立柱可采用槽钢制作,或用双槽钢制作成一矩形截面的立柱,牵引机具的安装应按有关规程或规定执行。

(6)安装工作平台:主要考虑工作场地与安全,安装完毕应进行安全围护,既美观又安全。

(7)固定支承杆:采用焊接的方法固定,表面磨平。

5.3 液压提升装置安装

液压提升系统主要由液压千斤顶、液压控制台、油路和支承杆等部分组成。

5.3.1 液压千斤顶选型

选择国内生产的较为可靠的滚珠式、楔块式、松卡式液压千斤顶。

5.3.2 液压控制台布置

液压控制台是液压传动系统的控制中心,主要布置在提升宽度的中心部位。

5.3.3 油路系统

油管一般采用高压无缝钢管和高压橡胶管两种。根据滑模工作面积的大小决定液压千斤顶的数量及编组形式。

5.3.4 提升试运转

液压系统安装完毕,应进行试运转,首先进行充油排气,然后加压至 12 MPa,每次持压 5 min,重复 3 次,各密封处无渗漏,进行全面检查,待各部分工作正常后,再插入支承杆。

5.4 混凝土浇筑与滑模提升

5.4.1 混凝土拌和

混凝土拌和程序和拌和时间应通过试验确定,对掺加引气剂的混凝土应视具体情况适当延长搅拌时间,集中生产混凝土,并用混凝土泵运输到工作面。

5.4.2 混凝土输送

采用泵送混凝土,保持混凝土和易性。

5.4.3 混凝土浇筑

面板混凝土浇筑必须保持连续性,如特殊原因中止浇筑且超过允许间歇时间则应按施工缝处理,超过允许间歇时间的混凝土拌和物应按废料处理,严禁加水强行入仓。

混凝土浇筑应遵守以下规定:混凝土入仓必须均匀,止水片周围混凝土应辅以人工布料,严禁分离,布料后应及时振捣密实,振捣时振捣器不得触及滑动模板、钢筋、止水片,振捣器应在滑模前沿振捣,不得插入模板底下,振捣密实。

5.4.4 模板滑升

每次滑升间隔时间不应超过 30 min,每次提升 3~5 cm,每小时提升 3 次,每次混凝土入仓高度不大于 30 cm,面板浇筑滑升平均速度宜为 1.5~2.0 m/d。

5.4.5 养护

脱模后的混凝土宜及时用塑料薄膜遮盖,混凝土初凝后应及时铺盖草袋等隔热保温材料并及时洒水养护,连续养护。

6 施工劳动力、材料和设备

6.1 滑模施工劳动组织计划

滑模施工人员组合:为保证混凝土的连续浇筑,施工时采用二班制连续作业,采用各专业、工种混合编制队伍,相互协作,密切配合,根据工程量及施工条件劳力组织(见表1),每班 131 人,两班 262 人。

6.2 滑模施工设备及辅助材料

滑模施工设备及辅助材料如表2所示。

表1　每班劳动力组织

序号	工种	人数(人)	工作内容
1	班长	1	全面安排及技术指导
2	值班员	2	负责调度
3	信号工	2	负责吊运、指挥
4	配料工	25	混凝土拌和站
5	实验员	1	现场取样
6	卷扬机工	8	操作
7	2台混凝土泵操作工	4	负责混凝土泵输送
8	混凝土工	12	混凝土振捣、清理
9	钢筋工	18	负责锚筋及钢筋绑扎、安装
10	电焊工	4	焊接
11	测量工	2	控制高程
12	机械工	4	液压机械操纵、维修、保养
13	抹灰工	6	混凝土养护、修饰
14	电工	2	动力电力
15	木工	6	负责预留孔、预埋件
16	液压工	4	液压操作与维修
17	辅助工	10	场外材料转运
18	普工	20	混凝土凿毛
	合计	131	

表2　滑模施工设备及辅助材料

设备名称	液压控制台(YKT-36)	千斤顶(60型)	固定导轨([12.6×2 000)	门架([8)	工具桁架(5 500×900)	水平调平限位器	针形阀	红外经纬仪
数量	4台	180台	450根	130榀	90榀	150套	160个	1台
设备名称	卷扬机(5~10 kN)	提升井架(45~60 m)	混凝土泵(18~30 m³/h)	混凝土振捣器(1.1 kW)	混凝土拌和站	空压机(0.8~3.0 m³)	钢筋切割机(40 kW)	电焊机(25 kVA)
数量	8台	8座	2台	15台	2台	5台	4台	8台

7　施工质量控制

7.1　一般规定

7.1.1　现场安装滑模前的准备工作

现场安装滑模前必须做好以下准备工作：

(1)清理建筑物的基础,检查其尺寸和标高,处理遗留问题并经验收合格;

(2)按照工程设计图纸放样,标出建筑物的设计轴线、边线及滑模装置主要构件的位置,核对滑模装置各类部件的规格、数量,并检查其质量;

(3)搭设安装平台或临时施工支架;

(4)安装完毕的滑模应经总体检查验收后才允许投入生产。

滑模装置的制作、组装的允许偏差如表3所示。

表3 滑模装置的制作、组装的允许偏差

项目	模板长宽	模板局部平整度	轨道中心线	轨道长	轮距
允许偏差(mm)	+2,-2	+2,-2	+2,-2	+3,-3	+3,-3

7.1.2 滑模施工的混凝土应满足的要求

滑模施工的混凝土除应满足工程设计规定外,尚应满足以下要求:

(1)混凝土早期强度增长速度必须适应模板滑动速度;

(2)混凝土坍落度应与滑模施工工艺相适应;

(3)混凝土中掺入外加剂或粉煤灰的品种数量应经试验确定。

7.1.3 滑模混凝土的浇筑滑升应遵守的规定

滑模混凝土的浇筑滑升应遵守以下规定:

(1)应分层平起对称均匀地浇筑混凝土,各层浇筑的间隔时间不得超过允许间歇时间。

(2)振捣混凝土时不得将振捣器触及支承杆预埋件钢筋,模板振捣器不得插入下层混凝土。

(3)左右模板滑动时严禁振捣混凝土,在浇筑混凝土过程中应及时把粘在模板支承杆上的砂浆、钢筋上的油渍和被油污的混凝土清除干净。

(4)对脱模后的混凝土表面必须及时修整。

(5)对脱模后的混凝土应避免阳光暴晒,必须及时养护,采用喷水养护时应防止冲坏混凝土表面,始终保持混凝土表面湿润,采用喷刷养护液。

(6)封闭养护时应防止漏喷漏刷,不应使预埋件超出混凝土浇筑体表面,必须安装牢固,出模后应及时使其外露。

(7)每次滑升前应严格检查并排除妨碍滑升的障碍物,采用液压千斤顶提升机具时应保证所有千斤顶均能充分进油回油;滑模起滑后因故中途停滑时必须执行停滑措施。

(8)严寒季节或夏季进行滑模施工时应根据当地施工期的气候条件制定保温或降温的技术措施。

(9)滑模提升过程中,要严格控制中心线,避免产生不允许的偏差,调压井为筒体结构,其扭转的允许偏差为高度的1%,垂直度允许偏差为高度的1%,为保证偏差不超过允许值,施工中每次滑升后都进行观测,发现问题及时纠正。在操作平台中心及大井内壁两边设置线锤控制垂直度和扭转。当模板每滑升一段高度后,可以从线锤与控制桩点相对位移直接观测主平台的偏移与扭转。对于扭转采用反向下料及平仓振捣加以纠正,当发现操作平台的水平度和垂直度产生偏差时,则关闭针形阀,停滑一组或数组千斤顶来调整,应缓慢进行,多次完成,避免井身出现急弯。

7.1.4 滑模装置拆除程序

滑模装置的拆除应按施工技术措施规定的程序进行:

(1)滑模装置拆除(包括施工中改变平台结构),必须编制详细的施工方案,明确拆除的内容、方法、程序、使用的机械设备、安全措施及指挥人员的职责等。

(2)凡参加拆除工作的作业人员,必须经过技术培训,考试合格。不得中途随意更换作业人员。

(3)拆除作业必须在白天进行,宜采用分段整体拆除,在地面解体。拆除的部件及操作平台上的一切物品,均不得从高空抛下。

7.2 滑模施工工程质量的检查

质量检查必须遵守部颁质量检查制度和规程,混凝土浇筑前必须对滑模装置安装的质量全面复检验收,必要时进行加载试验。

混凝土的施工质量检查包括钢筋、止排水伸缩缝和预埋件等,除遵守水工混凝土施工规范的有关规定外,尚应检查混凝土的分层浇筑厚度、模板体的滑动速度等;脱模后的混凝土有无塌落拉裂和蜂窝麻面;混凝土脱模强度每一工作班不应少于两次;对结构钢筋插筋各种预埋件的数量、位置以及钢筋支承杆接头的焊接质量等进行检查。

每滑升应对建筑物的轴线、体形尺寸及标高进行测量检查并作好记录,滑模施工过程中检查发现的质量问题必须及时予以纠正和处理,并做好施工记录,作为评定施工质量和竣工验收的基本资料。

8 施工安全措施

8.1 一般规定

滑模工程开工前,必须根据工程结构和施工特点以及施工环境、气候等条件编制滑模施工安全技术措施,作为滑模工程施工组织设计的一部分,报上级安全和技术主管部门审批后实施。

滑模工程施工负责人对管辖范围内的安全技术全面负责,组织编制滑模工程的安全技术措施,进行安全技术交底及处理施工中的安全技术问题。

安全与技术管理部门应认真贯彻实行安全责任制,密切配合做好安全工作。

滑模施工中必须配备具有安全技术知识、熟悉本规范和《液压滑动模板施工技术规范》的专职安全检查员。

安全检查员负责滑模施工现场的安全检查工作,对违章作业有权制止。发现重大不安全问题时,有权指令先行停工,并立即报告领导研究处理。

对参加滑模工程施工的人员,必须进行技术培训和安全教育,使其了解本工程滑模施工特点、熟悉本规范的有关条文和本岗位的安全技术操作规程,并通过考核合格后方能上岗工作。主要施工人员应相对固定。

滑模施工中应经常与当地气象台、站取得联系,遇到雷雨、六级和六级以上大风时,必须停止施工。停工前做好停滑措施,操作平台上人员撤离前,应对设备、工具、零散材料、可移动的铺板等进行整理、固定并做好防护,全部人员撤离后立即切断通向操作平台的供电电源。

滑模操作平台上的施工人员应定期体检,经医生诊断凡患有高血压、心脏病、贫血、癫痫病及其他不适应高空作业疾病的,不得上操作平台工作。

8.2 施工现场安全技术措施

在施工的建(构)筑物周围必须画出施工危险警戒区。警戒线至建(构)筑物的距离不应小于施工对象高度的1/10。危险警戒线应设置围栏和明显的警戒标志,出入口应设专人警卫并制定警卫制度。

施工现场的供电、办公及生活设施等临时建筑和大宗材料的堆放,应布置在危险警戒区外。

滑模工程进行立体交叉作业时,上、下工作面间应搭设隔离防护棚。

升降机通道口、地面落罐处及施工人员上、下处等应设围栏。

8.3 滑模操作平台安全技术措施

滑模操作平台的制作,必须按设计图纸加工;如有变动,必须经主管设计人员同意,并应有相应的设计变更文件。滑模操作平台各部件的焊接质量必须经检验合格,符合设计要求。

操作平台及吊脚手架上的铺板必须严密平整、防滑、固定可靠,并不得随意挪动。操作平台的孔洞(如上、下层操作平台的通道孔,梁模滑空部位等)应设盖板封严。

操作平台(包括内外吊脚手)边缘应设钢制防护栏杆,其高度不小于120 cm,横挡间距不大于35 cm,底部设高度大于18 cm的挡板。在防护栏杆外侧应满挂铁丝网或安全网封闭,并应与防护栏杆绑扎牢固。内部吊脚手架操作面一侧的栏杆与操作面的距离不大于10 cm。

8.4 垂直运输设备安全技术措施

滑模施工中所使用的垂直运输设备包括混凝土泵送井架(60 m 高)左右各1处,人行井架1个,钢筋提升井架1个,卷扬机8~10台。

垂直运输设备的设置、安装、检验及操作等,除应遵守国家现行有关的专业安全技术规程外,尚应符合设备出厂说明中安全技术文件的各项要求。没有上述文件时,应编制该设备安装及操作的安全技术规定。

垂直运输设备,应有完善可靠的安全保护装置(如起重量和提升高度的限制、制动、防滑、信号等装置及紧急安全开关等),严禁使用安全保护装置不完善的垂直运输设备。

垂直运输设备安装完毕后,应按出厂说明书要求进行无负荷、静负荷、动负荷试验及安全保护装置的可靠性试验。

操作垂直运输设备的司机,必须通过专业培训,考核合格后持证上岗,禁止无证人员操作垂直运输设备。

各类井架的缆风绳、固定卷扬用的锚索、装拆塔式起重机等的地锚,按定值设计法设计时的经验安全系数应符合要求。

自行设计的安全卡钳,安装后应按最不利情况进行负荷试验,并经安全和技术主管部门鉴定合格方可投入使用。

8.5 滑模施工动力及照明用电

滑模施工的动力及照明用电应设有备用电源。

滑模施工现场的场地和操作平台上应分别设置配电装置,附着在操作平台上的垂直运输设备应有上下两套紧急断电装置。总开关和集中控制开关必须有明显的标志。

滑模施工现场的夜间照明,应保证工作面照明充分,其照明设施应符合规定。

滑模操作平台上采用 380 V 电压供电的设备,应装有触电保护器。经常移动的用电设备和机具的电源线,应使用橡胶软线。操作平台上的总配电装置应安装在便于操作、调整和维修的地方,开关及插座应安装在配电箱内,并做好防雨措施。不得把开关放在平台铺板上。

滑模操作平台上的用电设备的接地线与接零线应与操作平台的接地干线有良好的电气通路。

8.6 通信与信号

在滑模施工组织设计中,应根据施工的要求,对滑模操作平台上与工地办公室、垂直及水平运输的控制室、供电、供水、供料等部位的通信联络作出相应的技术设计,其主要内容包括:应对通信联络方式、通信联络装置的技术要求及联络信号等作出明确规定;制定相应的通信联络制度。在施工中所采用的通信联络方式应简单直接,装置应灵敏可靠。

通信联络装置安装好后,应于试滑前经检验试用,合格后方可正式使用。

在滑模施工过程中,通信联络设备及信号应设专人管理和使用。

8.7 防雷、防火、防毒

滑模施工中的防雷装置,应符合《建筑防雷设计规范》的要求。雷雨时,所有露天高空作业人员应下至地面,人体不得接触防雷装置。

操作平台上应设置足够和适用的灭火器以及其他消防设施;操作平台上不应存放易燃物品;使用过的油布、棉纱等应及时回收,妥善保管。消防器材设备应有专人负责管理,定期检查维修,保持完整好用。寒冷季节应对消防栓、灭火器等采取防冻措施。

施工现场有害气体浓度的卫生标准,应符合国家现行的《工业企业设计卫生标准》的规定。

9 环保措施

为了防止由于施工造成的作业污染和扰民,保障建筑工地附近居民和施工人员的身体健康,减少和避免施工对环境的破坏,在液压悬臂超宽滑模施工中我们认真执行"以防为主,防治结合"的原则并结合周围实际情况,充分分析环境因素,采取以下必要的措施。

9.1 防止大气污染措施

(1)清理施工垃圾时使用容器吊运,严禁随意凌空抛撒造成扬尘。施工垃圾及时清运,清运时,适量洒水减少扬尘。

（2）施工道路采用硬化,并随时清扫洒水,减少道路扬尘。

（3）工地上使用的各类柴油、汽油机械执行相关污染物排放标准,不使用气体排放超标的机械。

（4）易飞扬的细颗粒散体材料尽量库内存放,如露天存放时采用严密苫盖。运输和卸运时防止遗洒飞扬。

（5）在施工区禁止焚烧有毒、有恶臭物体。

9.2 防止水污染措施

（1）办公区、施工区、生活区合理设置排水明沟、排水管,道路及场地适当放坡,做到污水不外流、场内无积水。

（2）在搅拌机前台及运输车清洗处设置沉淀池。排放的废水先排入沉淀地,经二次沉淀后,方可排入城市排水管网或回收用于洒水降尘。

（3）未经处理的泥浆水,严禁直接排入城市排水设施和河流。所有排水均要求达到国家排放标准。

（4）禁止将有毒有害废弃物用做土方回填,以免污染地下水和环境。

9.3 防止施工噪声污染措施

（1）作业时尽量控制噪声影响,对噪声过大的设备尽可能不用或少用。在施工中采取防护等措施,把噪声降低到最低限度。

（2）在施工现场倡导文明施工,尽量减少人为的大声喧哗,不使用高音喇叭或怪音喇叭,增强全体施工人员防噪声扰民的自觉意识。

（3）尽量避免夜间施工,确有必要时,及时向环保部门办理夜间施工许可证,并向周边居民告示。

10 技术效益分析

采用液压悬臂超宽滑模施工技术,模板一次性组装完毕,直到主体结构混凝土全部完成,有效提高施工进度。此方案经广西省水利厅组织的专家组论证后实施,经历 2008 年南方雨雪灾害影响,雪灾停工 20 余 d,工程依然顺利完成,确保了 3 月 15 日蓄水,保证了下游 20 万人生产生活用水。使业主提前一年蓄水发电、恢复库区养渔业,仅此带来直接经济效益 350 万元,经济效益明显,而新工艺施工成本与常规钢模板衬砌方案相比没有提高。五里峡工程实践进一步证明了液压悬臂滑模施工技术产生的社会效益和经济效益显著。证明了该项技术工艺的可行性与重要性。

11 应用实例

广西五里峡水库主坝为浆砌石溢流混凝土重力坝,1979 年和 1982 年两次修建而成,存在坝面裂缝渗水。坝顶高程 293.3 m,上游混凝土防渗面板厚度 50～80 cm,设计上游坝坡 280 m 以下为 1:0.1,280 m 以上部分为垂直。改建加固主体工程是,依据设计坝坡,对防渗面板混凝土加厚,钢筋混凝土平均厚度 30～50 cm,混凝土标号 C20,为达到抗渗要求,外加 AEA 抗裂防水膨胀剂。分缝宽度 9～11 m 不等,W 形止水铜片外加泡沫板。

本工程招标阶段计划开工日期为 2007 年 9 月 30 日,计划完工日期为 2009 年 9 月 30 日,实际具备开工条件时间为 2007 年 10 月 22 日,比计划工期推迟 24 d,而合同要求在 2008 年 3 月 15 日具备下闸蓄水条件,施工时间只有 143 d。因而混凝土防渗面板施工起决定性作用。

根据原施工组织设计方案,按原设计采用钢模板衬砌方案,坝高 55 m,至少需要施工时间为 240 个工作日,施工进度无法保障。因而经调研,建议采用滑模施工技术,以确保工期的顺利实现。

（**主要完成人:** 孙国勋 尚向阳 周 博 王纳新 闫好好）

预应力混凝土连续箱梁挂篮悬臂灌注施工工法

江夏水电工程公司

1 前 言

随着高速铁路建设的飞速发展,大跨、高墩、结构特殊、造形新颖的桥梁建设项目不断涌现,对桥梁工程施工形成新的挑战,促使相应的施工工艺应运而生,作为桥梁无支架施工方法之一的挂篮施工方法在近几年内得到广泛应用,解决了不少工程难题。

我们在厦深铁路广东段站前工程 XSGZQ-7 标段桥梁项目建设中,运用钢箱纵梁式挂篮,安全、优质、快速地完成了 4 联(40+64+40)m 预应力混凝土连续箱梁的施工,形成了本工法。

2 工法特点

(1)模板无须支架施工,桥下不受交通和障碍物影响。

(2)有利于施工质量的控制,特别是对桥梁变形的控制。

(3)施工活动范围相对集中,便于施工安全管理,对周边环境影响极小。

(4)施工不受外部因素制约,工期不受干扰。

(5)节约成本,挂篮设备可重复使用,省去大面积模板支架、基础及障碍物清除等大量费用。

3 适用范围

本工法适用于跨河道、跨既有线路等桥跨下无法搭设支架现浇的箱梁施工。

4 工艺原理

预应力混凝土连续箱梁挂篮悬臂灌注施工是根据施工图设计划分的节段,从墩顶 0 号梁段开始,沿桥跨方向对称,同步往两头逐段进行施工,直到合拢。

0 号段常采用臂架或钢管搭设的托架立模现浇施工。挂篮施工前,应将 0 号节段与桥墩进行墩梁固结,确保挂篮施工时,梁段不位移、不转动、不倾覆。

悬臂灌注施工工法主要施工设备为挂篮。挂篮是采用型钢焊接组拼成稳定的承重结构,具有结构简单、轻巧、受力明确、刚度大、变形小等特点;同时在操作过程中,安装、锚固、移动、拆卸方便,而且安全可靠,稳定性好。挂篮承重系统由两榀主纵钢箱梁、前支腿及后锚装置组成。挂篮行走时,采用倒链牵引,挂篮前支点安放槽钢滑道,后支腿设滚轮行走小车,以减小滑行阻力;承重系统通过行走系统的支点和后钩传力到放置于桥面的行走轨道上,以平衡行走时产生的倾覆力矩。挂篮悬浇施工时,混凝土、钢筋、模板等载荷通过吊挂系统吊挂于前端的上横梁上,锚固系统锚固于后一节段梁体的底板上,挂篮主纵梁前端支承于已浇筑梁段的腹板上,尾部通过后锚固系统锚固于梁段腹板上,从而平衡混凝土、模板等产生的倾覆力矩。钢箱纵梁式挂篮结构见图 1、图 2。

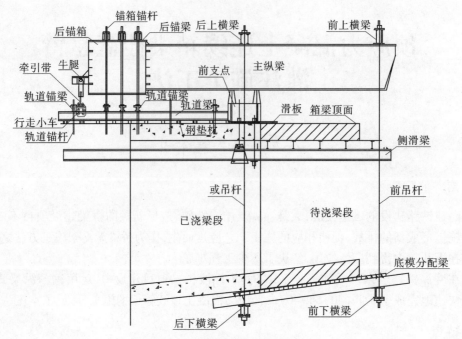

图1 钢箱纵梁式挂篮纵断面图

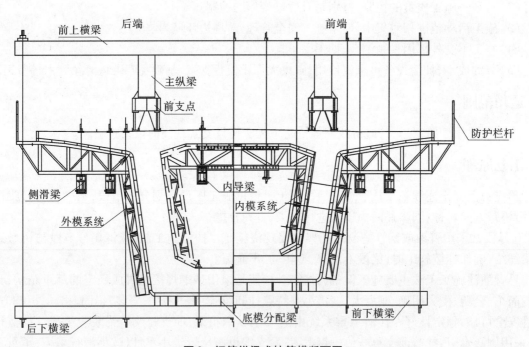

图2 钢箱纵梁式挂篮横断面图

挂篮施工遵守对称、平衡施工的原则,同步对称地进行挂篮安装、梁段施工、预应力张拉、挂篮前移、挂篮拆除等。每一段梁须完成预应力张拉施工后,挂篮才可前移到下一梁段的施工位置。悬浇节段完成后,合拢段施工要遵循先合拢边跨,再合拢中跨的原则。在中跨合拢段施工以前,应先释放梁墩固结,形成单悬臂结构,中孔合拢段完成后,通过张拉,使原来的静定体系向超静定体系转换,最终完成连续梁的施工。

5 施工工艺流程及操作要点

5.1 施工工艺流程

本工法施工工艺流程见图 3。

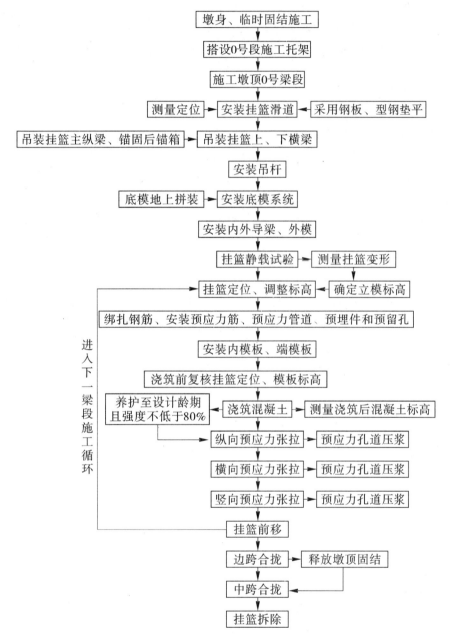

图 3 预应力混凝土连续箱梁挂篮悬臂灌注施工工艺流程

5.2 施工操作要点

5.2.1 0 号节段施工

5.2.1.1 支座安装和定位

在支座安装前,首先在支座垫石上确定支座安装中心线,根据中心线及需要安装的支座型号和规格、外形几何尺寸在支座垫石上测设放样。

5.2.1.2 临时固结

活动支座安装完毕后,按照设计要求采用临时支座或临时支墩将 0 号梁段予以固结。

5.2.2 悬臂梁段施工

5.2.2.1 挂篮设计

挂篮设计按照《铁路桥梁钢结构设计规范》(TB 10002.2—2005)及《客运专线铁路桥涵工程施工技术指南》(TZ 213—2005)相关条文要求进行结构计算。计算内容包括:按最大重量节段荷载的最不利工况组合对挂篮各杆件进行强度、刚度及稳定性检算;对浇筑状态的锚固安全系数及行走状态的抗倾覆系数进行验算。

1)设计荷载及组合

挂篮应根据箱梁最重、最长悬浇节段施工进行相应的受力设计验算。挂篮设计荷载包括节段混凝土湿重、挂篮自重、施工机具及人群荷载、挂篮行走冲击荷载、施工冲击荷载、风荷载等。

荷载组合Ⅰ:混凝土湿重+施工冲击荷载+挂篮自重+施工机具及人群荷载;

荷载组合Ⅱ:混凝土湿重+挂篮自重+风荷载;

荷载组合Ⅲ:混凝土湿重+挂篮自重+施工机具及人群荷载;

荷载组合Ⅳ:挂篮自重+挂篮走行冲击荷载+风荷载;

荷载组合Ⅰ、Ⅱ用于挂篮各结构的强度计算,荷载组合Ⅲ用于挂篮各构件的挠度验算;荷载组合Ⅳ用于挂篮行走验算。

2)技术指标

各部件强度、刚度、稳定性验算应满足相应材料力学指标;挂篮前端点最大允许变形 20 mm;施工、行走时的抗倾覆安全系数不小于 2.0;锚固系统安装系数不小于 2.0;挂篮总重占最重悬浇节段的 0.3~0.5。

3)挂篮组成

钢箱纵梁式挂篮由承重系统、牵引行走系统、模板系统、悬吊锚固系统及附属部分组成。挂篮各系统及构件组成见表1。

表1 挂篮构件

序号	项目内容	构件组成
1	承重系统	主纵梁、上下横梁、底模分配梁
2	牵引行走系统	前支腿、行走轨道、滑板、行走小车、侧滑梁及滑动装置、内滑梁及滑动装置
3	模板系统	底模、侧模、翼缘模板、内模
4	悬吊锚固系统	前后吊杆、轨道锚梁、后锚箱锚梁、锚杆
5	附属部分	操作平台、防护栏杆

5.2.2.2 挂篮的加工及验收

(1)挂篮所有的主要承重构件包括主纵梁、横梁、滑梁、吊杆等材料必须符合国家标准。

(2)确定合理的焊接工艺。由于挂篮构件多为组焊件,为保证焊接质量、减少焊接残余变形,各杆件焊接前,必须先制定焊接工艺。根据挂篮所有材料选定焊条种类、型号、规格,确定焊接层数、坡口形状、电流大小,进行试焊。重要部位构件焊接时,焊工必须先进行首焊试验,经试验合格后方准其焊接。试焊后的焊件,进行几何形状检查并探伤,经检查合格后,此工艺方可作为挂篮构件的焊接工艺。

(3)确定合理的下料方案。由于挂篮构件多,尺寸不一,因此合理的下料方案对结构的受力性能、材料的节省及焊接工作量的大小影响颇大。例如配料时,受拉构件多采用整料,受压构件可用短料焊接等。

(4)滑道底板上平面要求刨平,滑道槽内及不锈钢滑板加工后不涂油漆,涂油并包装防护好,以防损坏其光洁度。

按《钢结构工程施工质量验收规范》(GB 50205—2001)、《钢结构工程质量检验评定标准》(GB 50211—95)进行焊接、制作、验收。

5.2.2.3　挂篮安装

(1)挂篮安装前要认真详读图纸,明确安装参数,做好技术交底。

(2)挂篮起重作业的所有吊具、钢丝绳等应按技术要求选用,不能随便更改;吊装作业要明确专人指挥。

(3)侧模、翼缘模板和底模提升到位后要及时调整模板位置及高程,使得模板后端与 0 号块混凝土面贴紧,并及时紧固吊杆。

(4)后锚吊杆的下端锚在箱梁翼板、顶板底斜面上的要设置钢楔块,保证吊杆的垂直(轴心)受拉(钢楔块根据箱梁的底斜面角度自制)。

(5)所有吊杆及后锚精轧螺纹钢紧固时,吊杆要拧满螺帽的螺纹,并外露不小于 10 cm 长度。后锚与预埋钢筋须采用专用连接器对半套接,套接前应事先在精轧螺纹钢上做好刻度标记,以便连接时控制套接长度。

(6)如需在挂篮上临时增加设施(如施工平台、防雨棚等),不得损坏挂篮结构及改变其受力形式,并固定牢靠。

(7)挂篮安装完成后,应进行全面检查,并做好检查记录。

5.2.2.4　加载试验

(1)挂篮安装完成后必须进行加载试验,目的在于检验挂篮的承载力,测定挂篮前端最大竖向位移,同时消除挂篮的非弹性形变,测出弹性变形值,作为模板调整预抛高的依据。

(2)加载试验可在底模和侧模安装完毕、挂篮各部位连接检查合格后进行,加载前在底模上布置观测点,加载时按照最大梁重的 1.2 倍荷载进行。

(3)为确保试验安全,按 50%→80%→100%→120% 分四级加载完成。每次加载后及时观测并记录数据,加载间隔时间为 2 h。满载后,增加观测频率,前后观测高程差值不超过 5 mm,则认为基本稳定,即可卸载。

(4)卸载后再次对测点标高进行测量,根据加载前及卸载前后的观测数据分析计算出挂篮的弹性变形趋势,拟合出弹性变形曲线,以此作为预拱度设置的依据。

5.2.2.5　挂篮行走和锚固

(1)挂篮行走前,应认真检查前支腿滑板前端及轨道梁内侧有无杂物,并及时清除;检查模板与箱梁混凝土面是否安全脱离,确保无物件扣、缠、挂住等现象。

(2)挂篮行走时,利用 2 个 10 t 的手动倒链葫芦挂住挂篮两侧前支腿同步牵引,使挂篮主纵梁、底模系统、侧模系统同步前移就位至下一节段要求位置。

(3)挂篮移动速度控制在 5～10 cm/min,移动过程必须保证平稳,后锚箱尾部通过箱梁的预留孔洞穿挂 10 t 倒链葫芦及防倾覆钢绳。倒链随挂篮前进速度释放,不发生意外时,钢绳是不受力的。挂篮前进困难时要及时检查是否有地方卡住,排出障碍。如由于滑板在个别部位被卡,导致挂篮无法牵引时,可在两侧前支腿后方轨道焊接牛腿,采用千斤顶牵引,待正常后再改用手动葫芦牵引。

（4）牵引时，挂篮左右主纵梁要保持平衡前进，主纵梁前后间距离控制在 10 cm 内（在轨道上每 10 cm 画一道线，以便控制距离）。同时，应保证同一主墩上两个挂篮平衡行走，两端挂篮前移距离相差不超过 50 cm，以防止 T 构倾覆。

（5）挂篮行走过程中，当轨道锚梁挡住行走小车时，必须先在行走小车后方加压轨锚梁压住轨道后，方可拆除挡道的锚梁。挂篮前移到位后，应先安装后锚梁进行后锚箱锚固，将临时受力状态变为永久受力状态；其后安装底模后吊杆、内外滑梁吊杆；确保后方可进行钢筋绑扎。

5.2.2.6 节段循环施工

（1）钢筋施工。先绑扎底板钢筋，腹板钢筋主要为箍筋，与底板钢筋一共安装，并将腹板筋下端固定在底板钢筋上，形成腹板钢筋骨架；安装腹板钢筋水平、联系筋；绑扎顶板钢筋。

（2）预应力筋施工。在钢筋施工时穿插进行预应力筋和预应力管道安装，将其固定在钢筋网上，预应力管道每隔 50 cm 安装定位网固定；预应力管道内临时穿塑料衬管，防止管道变形、漏浆。

（3）混凝土灌注施工。混凝土灌注顺序为底板→腹板→顶板。通过腹板浇筑底板混凝土，合理控制各腹板浇筑顺序、浇筑强度，在内箱倒角处安装部分底板内模，避免底板浇筑完毕腹板混凝土仍然往箱梁内翻浆。

（4）预应力张拉压浆。同条件混凝土抗压试块强度和弹性模量达到设计强度的 80%，进行纵向预应力筋张拉，然后张拉横向预应力筋，竖向预应力筋滞后 2 个节段张拉。钢绞线预应力管道通过管道摩阻试验测定实际管道摩阻损失。

5.2.2.7 悬臂施工平衡控制

桥墩两端梁段悬臂施工进度应对称、平衡，实际最大不平衡偏差不得超过设计要求值。

1）挂篮行走平衡控制

两端挂篮每一榀主纵梁配置一个倒链葫芦。挂篮行走时，四个倒链同时牵引，保证挂篮四片主纵梁匀速、平行、同步前移。

2）钢筋安装不平衡重控制

各种材料均匀对称堆放在 0 号段顶部，严禁堆放在悬臂部位。在各个节段钢筋施工过程中，计算出每个节段钢筋及工作面需要的材料总重量，对称进行钢筋的绑扎和运输。

3）浇筑混凝土不平衡重控制

浇筑混凝土前，两悬臂端钢筋及模板均已安装完毕，基本处于对称平衡状态。混凝土浇筑时两悬臂端对称平衡地进行，严格控制两悬臂端混凝土的不平衡重在设计允许范围内。

4）预应力施工控制

悬臂浇筑箱梁节段预应力张拉，严格按照先纵向、后横向、再竖向顺序进行；纵向预应力张拉从上到下、左右对称同时张拉，若出现意外情况不对称张拉最多只能一束，防止箱梁横向偏压失稳或翘曲；横向预应力左右同时对称跳槽张拉。

5.2.2.8 合拢段施工及体系转换

（1）合拢施工顺序先边跨，后中跨，边跨合拢时临时支墩不能拆除。

（2）合拢前，测量箱梁顶面标高和轴线，连续测试温度影响偏移值，观测合拢段在温度影响下梁体长度及竖向的变化。

（3）合拢前，应在两悬臂端预加与需要承担的合拢段混凝土重量相等的配重。加配重时要按中轴线对称加载，并在浇筑混凝土过程中逐级卸载，使悬臂端挠度保持稳定。

（4）合拢宜在设计温度范围内合拢，若设计无要求，合拢段混凝土浇筑时间应在日气温较低、温度变化幅度小时施工，凌晨以后、日出之前最佳。

5.2.2.9 线形控制

影响连续梁线形控制的主要因素有施工阶段的恒载、桥梁的预应力、混凝土收缩、混凝土徐变、挂篮或支架的变形、日照温差造成的梁体变形等。

1）立模标高的确定

悬臂灌注施工中，连续梁线形控制的关键在于立模标高的确定。各梁段立模标高的合理确定，是关系到主梁的线形是否平顺、是否符合设计的一个重要问题。如果在确定立模标高时考虑的因素比较符合实际，而且加以正确的控制，则最终桥面线形较为良好；如果考虑的因素和实际情况不符合，控制不力，则最终桥面线形会与设计线形有较大的偏差。

施工时的立模标高并不等于设计中桥梁建成后的标高，总要设一定的预抛高，以抵消施工中梁体产生的各种变形（挠度）。其计算公式如下：

$$H_i = f_i + f_{g(z)} + f_i^1 + f_i^2 + f_i^3 + f_i^4$$

式中：H_i 为第 i 节点的立模标高；f_i 为第 i 节点的设计高程；$f_{g(z)}$ 为挂篮或支架弹性变形值；f_i^1 为由施工恒载在 i 位置产生的挠度总和而设置的预拱度；f_i^2 为混凝土收缩、徐变在 i 位置引起的挠度总和而设置的预拱度；f_i^3 为由张拉各预应力在 i 位置产生的挠度总和而设置的预拱度；f_i^4 为由日照温差变化在 i 位置产生的挠度总和而设置的预拱度。

其中 f_i 依据设计图纸计算得到，$f_{g(z)}$ 需根据加载试验分析得到，而 f_i^1、f_i^2、f_i^3 三项在设计阶段已经充分考虑，f_i^4 项设计阶段仅考虑了特定温度场变化下的情况，需根据现场监测数据进行修正。

2）施工监测

（1）监测控制网的建立。线形监测控制网依托桥梁线下工程测量控制网建立。高程控制点采用水准测量的方法，先在各桥墩承台上各设一个高程控制点，待连续梁 0 号块竣工后，采用悬钢尺水准测量方法，将承台上的高程控制点引上，并在每个 0 号块中心横断面上各布置 3 个高程控制点，横断面中心高程控制点兼作平面控制点。高程控制点满足四等水准要求，平面控制点满足四等导线要求。

（2）变形监测点的布设。变形监测点纵桥向布设时，原则上按设计提供的挠度断面进行。每个断面横向布置 3 个高程观测点，中间测点兼作平面线形监测控制点。横断面两侧的 2 个测点有两方面的作用，其一是通过两个点的挠度比较，可以观测到箱梁阶段有无出现横向扭转；其二是同一节段箱梁上有两个观测点，可以比较监测结果，相互验证，以确保各节段箱梁挠度观测结果的正确无误。

变形监测点的埋设应保证本身的稳定性，布设时原则上应与设计挠度横断面一致，但由于梁端测点无法布设，可将测点布设断面平移至设计断面后端 10 cm 处；测点横向布置在桥中线上和腹板中心线的顶板处。测点采用埋设 Φ16 钢筋，在竖直方向与该节段顶板的上层钢筋网点焊牢固，并要求竖直。测点露出箱梁混凝土表面 2 cm，测头磨平并用红油漆标记。

（3）梁体线形跟踪及调整。连续梁线形跟踪及监测采用"三阶段挠度观测法"。即连续梁悬灌施工每一梁段可分为三个施工阶段，分别是混凝土浇筑后（张拉前）、挂篮前移后、预应力张拉后三个阶段，在每一阶段均需对已施工梁段上的监测点进行跟踪和监测。各施工阶段监测到的挠度数据与预测所得的理论挠度数据相比较，绘出关系曲线，当偏差很小时，可根据曲线关系推算出下一施工阶段的变形情况，及时进行预拱度调整；当两条曲线没有规律且偏差超限时（大于 10 mm），应认真分析原因，并报请设计单位根据实际情况调整理论参数，修正理论挠度值。

6　材料与设备

本工法无需特别说明的材料，采用的机具除钢筋、混凝土、预应力施工等常规设备外，主要是根据具体工程自行设计的挂篮。

挂篮悬臂灌注施工所需主要机械设备见表 2。

表2　主要机械设备

序号	名称	规格	单位	数量
1	挂篮	钢箱纵梁式	只	2
2	吊车	25 t	台	1
3	混凝土泵车	60 kW	台	1
4	混凝土运输车	8 m³	台	3
5	交流电焊机	BX-500-3	套	4
6	钢筋弯曲机	TC406-40	套	1
7	钢筋切割机	GQ40-16	套	1
8	钢筋调直机	GT3-14	套	1
9	电动卷扬机	10 t	套	1
10	倒链葫芦	5 t	套	6
11	倒链葫芦	10 t	套	6
12	千斤顶	YCW-250B	套	4
13	千斤顶	YDC240Q	套	2
14	千斤顶	YG-60	套	2
15	液压千斤顶	20 t	套	4
16	拌浆机	JV250	套	1
17	真空压浆机	VSL-YJJ	套	1
18	插入式捣固棒	Φ50	个	6
19	插入式捣固棒	Φ30	个	2

注:本表所列设备为1个T构施工设备。

7　质量控制

施工中除参照《客运专线铁路桥涵工程施工技术指南》(TZ 213—2005)和《客运专线铁路桥涵工程施工质量验收暂行标准》(铁建设[2005]160号)》中悬臂浇筑施工及质量标准相关要求外,主要按照设计要求的各项技术标准执行。

8　安全措施

(1)施工现场设立专职安全员,对现场进行重点监控;班组设立兼职安全员。

(2)挂篮安装严格按照设计安装程序进行组拼,各栓接部件严格按要求采用高强螺杆和螺母,挂篮的后锚螺杆由于是最关健的受力杆件,因此必须具备质保书和试验报告,确保其强度和抗拉力满足设计要求。

(3)安装时,严格按技术人员的交底进行安装,在正式启用前,安全员必须全面检查其安全状况。

(4)挂篮投入使用前,必须对挂篮进行加载试验。

(5)挂篮行走时,严格按照指挥员要求进行操作,杜绝违章作业。

(6)严禁在六级以上大风、暴雨、雷电天气施工作业。

(7)高空作业时,临边围护应按规范要求搭设钢管支架和安全围护,上下作业面采用登高爬梯;高空作业人员必须戴好安全带,要规范和正确、合理利用安全带,确保真正防护作用。

(8)在桥位上下游各 100～200 m 处设置限高标志、警示标志及告示牌,防止过往车辆(或船只)与挂篮发生碰撞事故。

9 环保措施

(1)以预防为主,加强宣传,全面规划,合理布局,改进工艺,节约资源,争取最佳经济效益和环境效益。

(2)严格遵守国家和地方政府部门颁布的环境管理法律、法规和有关规定。

(3)采取合理的施工组织措施,合理安排施工机械作业,高噪声作业活动尽可能安排在不影响周围居民及社会正常生活的时段下进行。

(4)加强施工管理,实行文明施工,对环境有污染的废弃物需排放时,必须经过处理。

(5)挂篮底部采用钢管支架搭双层防坠架,每层上铺竹笠片,下罩密目安全网,以防建筑垃圾掉落,污染环境。

10 效益分析

使用本工法与其他相比,可有以下的直接效益:

(1)相比使用高大承重支架而言,人员操作安全,易于掌握,劳动强度低,经济效益好。

(2)在穿越高架道路、河流、通航河道的施工时,则可保证交通通行,大大减少了因施工所引起的道路中断,具有明显的社会效益和经济效益。

11 工程实例

厦深铁路广东段站前工程 XSGZQ-7 标段(40+64+40)m 预应力混凝土连续箱梁施工。

11.1 工程概况

厦深铁路广东段站前工程 XSGZQ-7 标段特大桥施工段采用挂篮悬臂施工连续梁共 4 座,跨径布置均为(40+64+40)m,其中跨 G324 国道连续梁线间距为 5.0 m,其余 3 座线间距为 4.6 m。具体情况见表 3。

表 3　厦深铁路广东段站前工程 XSGZQ-7 标段连续梁概况

序号	名　称	里　程	墩　位	说　明
1	324 国道连续梁	DK320+843.220～DK320+988.720	螺河特大桥 8 号～11 号墩	梁长 145.2 m,线间距 5.0 m,跨 G324 国道,国道与线路夹角为 35°,上部连续梁设计为 C50 预应力混凝土,梁部混凝土 1 949.5 m³
2	东　河连续梁	DK326+794.530～DK326+940.077	螺河特大桥 189 号～192 号墩	梁长 145.2 m,线间距 4.6 m,跨东河,东河与线路夹角为 82°,上部连续梁设计为 C50 预应力混凝土,梁部混凝土 1 887.6 m³
3	东海大道连续梁	DK328+879.017～DK329+024.517	螺河特大桥 252 号～255 号墩	梁长 145.2 m,线间距 4.6 m,跨东海大道,东海大道与线路夹角为 103°,上部连续梁设计为 C50 预应力混凝土,梁部混凝土 1 887.6 m³
4	螺　河连续梁	DK332+654.817～DK332+800.267	螺河特大桥 367 号～370 号墩	梁长 145.2 m,线间距 4.6 m,跨螺河,螺河与线路夹角为 99°,上部连续梁设计为 C50 预应力混凝土,梁部混凝土 1 887.6 m³

连续梁箱梁横截面为单箱单室、变高度、变截面结构;0 号段梁高 5.29 m,跨中梁高 2.89 m,全

联共设 39 个梁段。A0 段两个,每个节段的长度为 8 m,此节段为支架现浇段;B0 段一个,节段长 2 m,A1、A2、B1、B2 段各两个,每个节段长度为 3 m,A3、A4、A5、A6、A7、A8、B3、B4、B5、B6、B7、B8 段各两个,每个节段长度为 3.5 m,A9 段两个,每个节段长度为 2 m,均为悬灌灌注梁段;A10 段两个,每个节段长度为 7.6 m,此节段为支架现浇段。连续梁梁段划分见图 4。

图 4　梁段划分示意图

11.2　施工情况

厦深铁路广东段站前工程 XSGZQ-7 标段 4 座连续梁为该标段的关键工程,控制全线工期。连续梁施工时,共投入 6 套(12 只)挂篮,6 个作业班组。在施工时采用本工法,通过科学组织,精心施工,连续梁梁部最长施工时间为 204 d,最短施工时间为 161 d,4 座连续梁平均施工时间为 184 d,顺利完成了施工任务,有力地保证了后续施工的顺利进行。

11.3　总体评价

本工法应用于厦深铁路广东段站前工程 XSGZQ-7 标段(40+64+40)m 预应力混凝土连续箱梁工程,一次性通过业主单位组织的施工许可评定,成为厦深线第一批获得预应力混凝土连续梁挂篮悬臂灌注法施工许可证的单位。各座连续梁施工检验批均验收合格,工程各项质量指标符合设计及规范要求,工程安全无事故,受到业主、监理单位的一致好评。

(主要完成人:郑文魁　张利荣　朱俊华　肖长华　张　李)

圆形水工隧洞边顶拱混凝土施工工法

湖北安联建设工程有限公司　江南水利水电工程公司

1　前　言

大型水工隧洞圆形断面衬砌混凝土一般采用全圆钢模台车一次浇筑成型,混凝土泵送入仓,易出现温度裂缝,难以解决下部气泡与平整度问题。湖北安联建设工程有限公司在总结糯扎渡水电站右岸泄洪洞工程施工经验的基础上,依托承建的溪洛渡水电站右岸泄洪洞工程,为消除混凝土温度裂缝和表面气泡等顽疾,经过试验研究,采取分块施工方案,底部100°采用翻模施工,浇筑较低坍落度混凝土,边顶拱260°采用大型钢模台车施工,浇筑高坍落度泵送混凝土,采取预冷混凝土、布置仓面空调、分段通冷却水、个性化分区振捣、二次复振等方式,摸索出了一套有效降低台车腰线以下(面板反弧区)混凝土表面气泡和控制混凝土温度的施工工艺,成效显著,被评为样板工程,取得了良好的经济效益和社会效益,通过实践,逐步形成了本工法。

2　工法特点

(1)底拱、边顶拱分开浇筑,减少了底板施工难度,有效提高了底板浇筑质量。

(2)边顶拱采用钢模台车施工,混凝土整体成型好,模板接缝错台小,平整度达到设计要求。

(3)采取个性化振捣方式,反弧区气泡少,减少了修补面积,降低了成本。

(4)采取多种措施控制混凝土温升,混凝土温度控制符合设计要求。

3　适用范围

本工法适用于各种大型水工隧洞圆形断面边顶拱浇筑及其他类似工程。

4　工艺原理

圆形隧洞边顶拱260°范围采用钢筋台车提供作业平台安装钢筋,钢模台车立模,采用预冷混凝土,混凝土罐车运输,混凝土拖泵泵送入仓,人工平仓,分区个性化振捣,附着式振捣器辅助振捣,合理选取二次复振的间隔时间及振捣时间,尽可能消减模板反弧区气泡,并采取仓面空调、通冷却水等一系列温控措施控制混凝土内部温升,浇筑完成30 h后拆模,及时喷雾养护。

5　施工工艺流程与操作要点

5.1　施工工艺流程

大型圆形隧洞边顶拱混凝土浇筑工艺流程见图1。

5.2　台车安装

5.2.1　底板保护

台车安装前底板已经浇筑,为方便后续施工,在已浇筑完的底拱面上需要布置施工设备,行走运输车辆,因此需要对底板面进行保护,防止损坏底板表面,采取如图2所示的方式进行保护。

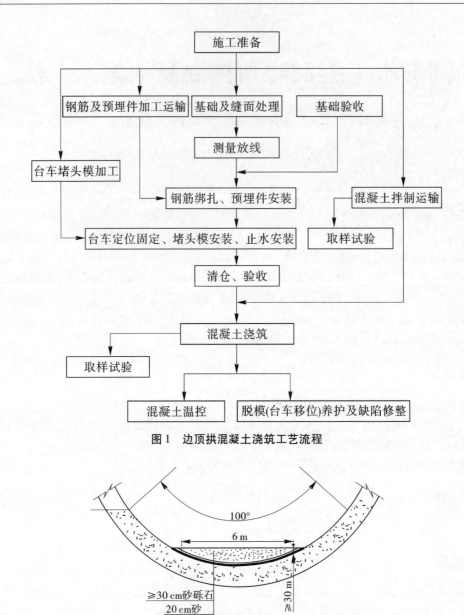

图1　边顶拱混凝土浇筑工艺流程

图2　溪洛渡泄洪洞底板混凝土保护垫层示意图

5.2.2　轨道铺设

底板浇筑时,已预埋轨道安装定位锥,台车安装及行走前,先将支座与定位锥连接,再将支撑梁用螺栓安装在支座上,上铺轨道,即构成台车运行轨道,细部见图3。

5.2.3　台车安装

台车安装利用汽车吊、手动葫芦等设备进行施工,由台车制作厂家负责进行首次安装。安装过程中注意已浇混凝土面的保护。

5.3　操作要点

5.3.1　施工现场准备

混凝土仓面准备包含基岩面处理和施工缝面处理。

本部位基岩面开挖施工期已验收并喷护,施工前冲洗干净,无泥土、杂物及油污;针对渗水采取措施妥善引排出本仓,所有基础面在混凝土浇筑前24 h内,保持潮湿状态,在浇筑前仓内排干

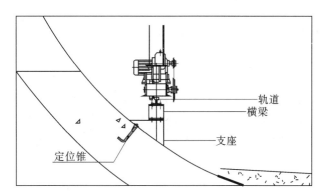

图3 台车轨道与底板混凝土关系示意图

积水。

施工纵缝属于混凝土长间歇期,采取深凿毛处理;环向施工缝浇筑完 20 h 后拆除端头模,进行凿毛处理。施工缝面处理后做到无积水、无灰浆浮渣、无乳皮及污染(油污)的效果。

仓面准备完成后进行钢筋安装。

5.3.2 钢筋制安

混凝土衬砌钢筋形式为双层布置,迎水面钢筋保护层为 10 cm,基岩侧钢筋保护层为 5 cm,迎水面钢筋用带 20 cm 弯钩的钢筋与锚杆焊接连成整体,环向钢筋采用套筒连接,分布筋采用搭接连接,环向钢筋与分布筋采用扎丝连接。

5.3.2.1 钢筋进场、存放、验收

所用钢筋种类、等级、直径等应符合施工图纸和有关设计文件的规定,每批钢筋应附有产品质量证明书、出厂检验单等。

钢筋进场后按不同厂家、规格、等级分批验收、分别堆放,挂牌标识。每批进场的钢筋均严格按规范及其他相关要求进行检验,合格后再使用。

5.3.2.2 钢筋加工

钢筋加工前技术部门应根据图纸和规范要求,本着方便施工、节约成本的原则编制钢筋下料表,并对钢筋加工人员进行详细交底。钢筋加工厂根据提料单和下料表进行加工。

1)清除污锈

钢筋除锈采用除锈机,钢筋数量少时也可人工除锈。清除污锈时确保将其表面的油渍、漆污、锈皮、鳞锈等清除干净,水锈和色锈可不作专门处理;表面有严重锈蚀、麻坑、斑点等钢筋应降级使用或剔除不用;浇筑混凝土前应将钢筋表面黏附的灰浆清除掉。

2)端头加工

钢筋出厂时端头一般会有劈裂、缩头或严重弯头,必须进行切割。切割后,端头整齐,并与轴线垂直,轴线偏移不得大于 0.1 d 和 2 mm。

3)丝头加工

钢筋丝头加工采用车丝机。

(1)钢筋下料时采用砂轮切割机切断;钢筋端部不得有马蹄形或扭曲,不得有弯曲;钢筋端面平整与钢筋轴线垂直。

(2)丝头加工时使用水性润滑液,不得使用油性润滑液。

(3)丝头有效螺纹中径的圆柱度(每个螺纹的中径)误差不得超过 0.2 mm。

(4)标准型接头有效螺纹长度不小于1/2连接套筒长度。

(5)丝头加工完毕经检验合格后,立即带上丝头保护帽或拧上连接套,防止钢筋运输时损坏丝头。

4)弯折加工

钢筋弯折可采用钢筋弯曲机。钢筋的弯钩、弯折加工按 DL/T 5169 的规定执行。加工后的成品钢筋按规范要求验收。其他要求严格按照 DL/T 5169 的规定执行。

为了防止运输时造成混乱和便于安装,对加工好的钢筋挂牌编号按序整齐堆放。每批钢筋加工成型后,由质量部门组织进行验收,验收合格的钢筋运往现场进行安装。

5.3.2.3 钢筋运输

钢筋出厂后,用平板载重汽车运往施工现场。在运输过程中按料牌、分型号、隔离、捆绑等方法,防止钢筋型号无法辨识、窜号,钢筋变形、混乱、松脱及污染。

5.3.2.4 钢筋安装

1)安装程序

钢筋安装程序见图4。

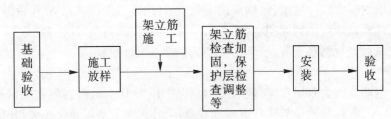

图4 钢筋安装程序

2)安装过程

钢筋安装前根据设计图先进行架立筋施工,样架施工完成后由质检员验收。验收合格后进行环向钢筋安装,并与锚杆焊接。完成后,再进行纵向钢筋安装。

3)安装注意事项

接头布置:接头相互错开,在"同一截面"的接头数量不超过50%。

钢筋过缝处理:按照设计技术要求,纵向、环向钢筋均要过缝。

钢筋绑扎接头最小搭接长度及钢筋焊接接头最小焊接长度、焊缝宽度、厚度按《钢筋焊接及验收规程》(JGJ 18—2003)的要求进行。

严禁为方便混凝土浇筑擅自移动或割除钢筋。

钢筋安装完毕,按照设计图纸和规范标准进行详细检查,并做好检查记录。

钢筋工序经"三检"验收合格并报请监理验收合格后进行模板施工。

5.3.3 台车立模就位

5.3.3.1 钢模台车

钢模台车是以组合式钢结构门架支撑大型钢结构模板系统,电动机驱动自行,利用液压油缸和螺旋千斤调整模板到位及脱模。可由两台4.5 m长的台车组合而成,在平曲线部位加入楔形模板,保证混凝土衬砌精度。

施工时,在钢筋绑扎完成并经验收合格后,铺设好钢模台车轨道,将台车行走到仓号位置,利用千斤顶调整伸缩模板至设计位置,确保钢模台车与已浇筑混凝土面接触紧密,搭接平顺。模板安装前,根据施工图纸进行测量放线,模板依据测量点、线进行安装及校正,最后进行固定。

钢模台车就位前对面板进行打磨,并检查有无缺陷,无误后刷脱模剂。应均匀涂刷脱模剂,不得污染钢筋和施工缝面,不得漏刷。

5.3.3.2 堵头模板

由于每仓两端头部位布置有钢筋连接头和橡胶止水带(结构缝设有铜止水),端头部位采用散装木模板堵头。木模安装使用钢管和方木固定,内设 Φ12 钢筋内拉条,外用钢管支撑。

5.3.4 预埋件安装

预埋件包括止水、灌浆管、排水管、冷却水管、温度计以及水力学检测仪器。

5.3.5 混凝土入仓、振捣

混凝土入仓浇筑工艺流程:混凝土(砂浆)水平运输→混凝土(砂浆)垂直运输→砂浆入仓铺筑→混凝土入仓下料→平仓→振捣→二次复振(腰线以下)→退管封拱。

5.3.5.1 泵管、溜筒布置

采用拖泵泵送+溜筒的方式入仓,在每个仓号后方左右两侧设置两台拖泵,泵管沿着钢模台车取捷径上升至台车端头部位进入仓内,横向延伸,然后接软管,后接溜筒至浇筑面(距离浇筑面1.5 m左右),其泵机、溜筒布置平面图、立面图如图5、图6所示。

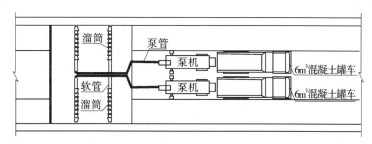

图5 泵机、溜筒布置平面图

5.3.5.2 混凝土入仓

(1)砂浆入仓前,先用少量水润湿泵管,将进入仓内之前的一节泵管拆开,使润管的水排到仓外后,再重接泵管,往仓内泵送砂浆。每侧水平施工缝面均需铺筑砂浆。砂浆入仓后人工铺设均匀,厚度为2~3 cm。

(2)下料前安排专人用小铲刀及时将溅落在模板上的灰浆清理干净,保持模板表面清洁,并补刷脱模剂,以免在拆模时发生粘模影响外观质量。

(3)在顶部泵管口与溜槽下方钢筋网上垫保温被或风筒布,避免混凝土料从泵管口或溜槽溢出撒落在模板上,不易清理,影响混凝土外观质量。

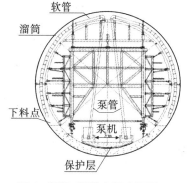

图6 泵机、溜筒布置立面图

(4)在水平止水带附近下料时注意不要一次下料将止水带覆盖,在旁边分次下料,每次下料后立即振捣,将混凝土料填满止水带下方区域,然后拆除止水带支托卡具,再继续下料覆盖止水带。

竖向止水带两侧应均匀下料,避免止水带被混凝土料挤压产生翻折。

(5)严格控制下料层厚,腰线以下不大于30 cm,腰线以上不大于40 cm。开仓前,用红油漆在端头模上按规定间隔明确标示出下料层厚,下料时严格按照标示线控制。

(6)腰线以下控制下料速度不超过30 cm/h,下完一层料后留足时间进行振捣和二次复振,充分振捣后再进行下一层下料。

(7)下料时溜筒出口应朝向岩壁侧,避免骨料冲击模板或在模板边产生骨料集中现象。溜筒尾节下料过程中来回摆动实现多点下料,避免单点下料造成混凝土堆积和骨料集中。

(8)仓内外沟通采用信号灯联系,信号灯开启代表下料,信号灯熄灭代表暂停下料。指定仓内一名作业人员控制信号灯。

5.3.5.3 个性化平仓振捣

(1)下入仓里的混凝土及时平仓振捣,不得堆积。平仓时及时将集中大骨料均匀分散到未振捣的富浆混凝土上,不得将集中大骨料覆盖到已振捣的混凝土表面上,也不得用水泥砂浆覆盖骨料集中区,特别注意将模板、止水片和钢筋密集部位的大骨料分散到其他部位,而各种埋件位置、预留槽等狭小空间位置应采用铁锹人工平仓,遇到超径石应清理至仓外。

使用振捣器平仓时,将振捣器斜插入料堆下部,使混凝土向操作者移动,然后逐次提高插入位置,直至混凝土料堆摊平到规定的厚度为止。不得将振捣器垂直插入料堆的顶部,以免大骨料沿锥体下滑而砂浆集中在中间形成砂浆窝,也不得用振捣器长距离赶料。

(2)平仓后应立即振捣,不得以平仓代替振捣。按顺序依次振捣,以防漏振。沿水流方向分两排布置振捣棒插点,振捣时先靠基岩面侧振捣,再振捣靠模板侧。在靠模板侧振捣时,振捣棒距钢筋网5~10 cm插入混凝土,插入点间距20~30 cm。其余部位按照30~40 cm间排距布置插入点。每一插点振捣时间不少于20~30 s,同时腰线以下二次复振较平仓振捣间隔时间为15~20 min。采用Φ80、Φ70和Φ50振捣棒振捣。

手持振捣棒应根据模板角度不同调整插入角度,尽量保证不留死角,以防漏振。振捣棒应快插、慢拔。为使上下层混凝土振捣密实均匀,可将振捣棒上下抽动,抽动幅度为5~10 cm。

振捣第一至第三坯层混凝土时(水平施工缝以上1 m),靠模板侧使用Φ50振捣棒,振捣器斜插,尽量平行模板,以消减气泡。靠岩壁侧和第三坯层以上使用Φ80或Φ70振捣棒振捣。

振捣上层混凝土时,振捣器头部应插入下一混凝土坯层表面以下5 cm左右,使上下层结合良好。

模板侧振捣过程中要求振捣棒距离内层钢筋3~5 cm,严禁触碰钢筋、模板,以免对下层混凝土造成扰动。

(3)顶拱部位安装附着式振捣器进行辅助振捣,确保振捣密实。

(4)护模工在振捣过程中加强巡视,密切关注模板变化。如检查到模板有松动或变形,应立即停止该部位混凝土浇筑并采取措施校正,并作好记录。振捣过程中及时对螺旋千斤进行紧固。

(5)控制振捣时间,禁止过振,以免使混凝土出现砂浆、骨料分层,使表层砂浆厚度过大而降低混凝土抗冲耐磨性能。

浇筑过程中对于层间歇时间过长的(一般2~3 h),在覆盖下一层混凝土料之前,应利用振捣棒对其浅表进行提浆处理并加强振捣,确保混凝土的层间结合。

(6)振捣过程中应避免振捣器碰撞拉条,以防模板拉筋螺栓松动或预留孔变形。浇筑过程中应加强对金结埋件和灌浆管的保护,避免出现错位和丢失现象。

(7)随时检查模板的缝隙是否有漏浆。若发现漏浆的情况,应立即暂停下料和振捣,并从仓外用双面胶或棉纱将缝隙堵塞严密,同时加固螺旋千斤。堵塞完毕重新下料前,应对漏浆部位进行加强振捣,使漏浆部位的浆液重新填塞均匀;严重漏浆的部位还应将靠模板的混凝土料扒除一定深度并换填富浆混凝土料或砂浆后振捣均匀,避免因浆液渗漏导致拆模后混凝土表面出现砂线或蜂窝现象。

(8)如岩壁面有渗水现象,应在靠近岩壁侧设置集水坑,随浇筑上升逐层变换集水坑位置。

5.3.5.4 封拱

(1)顶拱采用退管法封拱,浇筑自密实混凝土或一级配大塌落度混凝土,浇筑时应尽量缩小顶拱空腔。对于顶拱人工无法进入仓内振捣的部位,应随着收仓进展情况,适时逐排开启顶拱附着式振捣器,每一附着式振捣器开启时间不少于3~5 min。

(2)在收仓一端的端头模板中央最上方事先预留一孔洞(约20 cm×20 cm),用于检查顶拱混凝土浇筑是否饱满及排除顶拱空腔内的残留空气,待混凝土浇筑到此部位时,再及时将孔洞进行加固封堵。

(3)对于边顶拱浇筑基本完成接近收仓时,如果发现顶拱空腔较大,混凝土流动性不好时,可以直接在拌和楼生产同标号砂浆,利用其流动性好的特点对顶拱结构混凝土外部空腔进行回填砂浆,尽量减少后期回填灌浆工作量。

5.3.6 混凝土温度控制

从配合比、出机口、运输、浇筑、养护等阶段采取温控措施,即优化配合比、使用预冷混凝土、运输过程对运输车辆进行洒水降温和覆盖隔热、优化仓面设计和配置合理资源以强化浇筑覆盖速度、通水冷却进行内部降温、恒温湿养护以防止表面产生裂缝、冬季设置洞帘保温以防止表面产生裂缝等。具体措施如下。

5.3.6.1 优化混凝土配合比减少水泥用量,控制水化热温升

选用水化热低的中热硅酸盐水泥,选用效能高的外加剂,优化混凝土配合比,减少混凝土中的胶凝材料掺量,降低混凝土水化热和提高自身抗裂能力。

腰线以上至顶拱之间采用 16～18 cm 泵送混凝土;封拱时采用自密实混凝土。

5.3.6.2 出机口混凝土温度控制

使用预冷混凝土,出机口温度为 12～14 ℃。

5.3.6.3 混凝土运输过程温度控制

混凝土运输罐车采取遮阳布等遮盖隔热措施,避免长时间暴晒或防雨。当外界气温高于23 ℃时,在装料前间断性地对罐体外侧进行洒水降温,以降低罐体内的温度。

合理调配车辆,尽量缩短混凝土的运输时间,避免出现车等卸料等原因导致混凝土升温。

5.3.6.4 混凝土浇筑过程温度控制

在混凝土浇筑过程中,采取如下措施控制浇筑温度:

(1)合理安排调节施工时段,尽量避免在正午高温时段运输高标号混凝土。

(2)混凝土入仓后及时进行平仓振捣,加快混凝土的覆盖速度,缩短混凝土的暴露时间。

(3)夏季洞内混凝土浇筑时,仓内内环境温度较高,可安装 1 台大功率空调以降低仓内温度。

5.3.7 预埋冷却水管通水冷却混凝土

5.3.7.1 冷却水管布置

边顶拱冷却水管埋设从分缝线上升24 cm 后开始铺设,并布置在衬砌层厚的中部,通过 Φ25 横向架立钢筋支撑(间排距 1 m×1 m),水平架立筋固定(沿水管走向全程布置),固定形式为活动连接,确保在浇筑前将水管放置在内层钢筋处,防止影响混凝土入仓和进人振捣施工等,浇筑时移动到中部,冷却水管使用 Φ25 mmPE 管,水管间距为 1.0 m,按照顺水流方向呈蛇形布置。

由于单仓混凝土浇筑时间 30 余 h,仓位又为薄壁结构,先浇筑部位混凝土温度达到通水条件时,上部混凝土还未浇筑,如果整仓通水,后浇筑部位的混凝土浇筑温度低于通水温度(尤其高温季节,水温一般 25 ℃,混凝土浇筑温度一般 16～18 ℃),会拉高后浇筑部位最高温度,适得其反。为避免此种情况,采取分段通水。

浇筑腰线以下部位混凝土时,接通接口 2 和接口 3;浇筑腰线以上部位时将接口 3 和接口 4 连通,整仓通水。

边顶拱冷却水管展开布置见图7。

5.3.7.2 冷却水管通水检查

混凝土开仓浇筑之前应对冷却水管进行通水检查,检查漏水和堵管现象。混凝土浇筑过程中应防止振捣时将冷却水管打断,并分次对冷却水管通水检查。

5.3.7.3 通水冷却

每个仓位混凝土浇筑过程中应及时进行温度测量。当混凝土内部温度高于水温 2～3 ℃时开始通水进行混凝土内部散热,并执行以下具体措施:

(1)当水温低于 20 ℃(含 20 ℃)时,通常温水冷却,当水温高于 20 ℃时,通冷却水冷却。

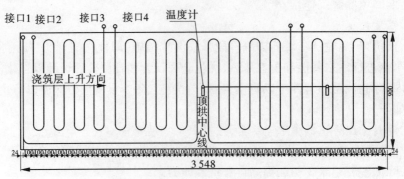

图 7　冷却水管及温度计布置展开图

（2）流向每天改变一次。

（3）混凝土内部最高温升出现前通水流量按 35 L/min 控制,内部温度达到最高值并开始降低后通水流量按 18 L/min 控制。

（4）通水过程中需满足混凝土温度与水温之差在混凝土内部最高温升出现前不得超过 25 ℃、后期不得超过 20 ℃,且应控制最大单天降温速度不能超过 1 ℃。

（5）通水时间初拟为 7~10 d,实施中应根据混凝土温度变化情况对通水流量和时间进行调整。

（6）通水期间应认真测定数据和做好记录,并进行数据统计分析。

5.3.7.4　通水参数测定

按照设计技术要求,每仓埋设 2 组温度计,每组 2 支共 4 支,一组布置在拱顶处,一组布置在边拱上(见图 7)。采用水工电缆在冷却水管进出口部位接出,共需水工电缆 60 m。

混凝土温度趋于稳定前,每 2 h 测一次温度。待温度稳定后继续测 2 d 时间,停止测温。过程中及时对监测结果进行分析,并据此调整通水参数。

5.3.7.5　冷却水管封堵

底拱和边顶拱冷却水管通水完毕之后,进行回填灌浆,回填灌浆压力为 0.3 MPa,采用 0.5∶1 的纯水泥浆灌注。

5.3.7.6　混凝土温度控制管理措施

（1）建立健全温度控制管理体系。成立混凝土温控小组,负责混凝土温控措施的实施、做好各项温控记录、分析温控记录数据并调整温控措施参数(特别是通水冷却参数)、处理遇到的各种特殊情况等;实行混凝土温度控制及主要温控指标预警预控制度,严格仓面工艺设计和施工管理。

（2）会同当地气象部门,加强水文气象的短、中、长期预报工作,避免雨天开仓、浇筑,而进入低温季节前应做好寒潮及气温骤降的监测与预报,在寒潮及气温骤降冲击下,日平均气温在 2~4 d 连续下降 6~9 ℃,致使混凝土表面温度急剧下降时,放下洞帘以保温。

（3）严格按照设计要求做好温控记录。温控记录派专人负责,做好出机口温度、浇筑温度、环境温度、常温水水温、通水水温、冷却水管出口水温、混凝土内部温度等各种温度记录,为温控分析提供及时、准确、详细的数据。

（4）每周/月编制温控报表,分析温控效果,及时调整温控措施,并报送监理批准。

5.3.8　混凝土养护

5.3.8.1　养护范围及时间

拆模后立即喷水养护,使混凝土表面保持潮润状态,连续养护时间不得少于 28 d。

5.3.8.2　养护方法

混凝土养护过程中,仓位实行养护挂牌制度,专人维护管理。养护全过程要均匀不间断,养护期内始终保持混凝土面湿润,不得出现干湿交替现象。每 2 h 检查一次养护情况,严禁出现表面发白甚至干裂现象。

养护设备处于常备状态,对养护管路定期检查,脱落及堵塞的养护管应及时修复。

混凝土养护专人负责,并认真做好养护记录,应全面真实地记录养护过程和养护状况。

5.4 主要劳动力配备

劳动力配置计划见表 1。

表 1 边顶拱混凝土施工人员配置计划

工种	管理人员	技术员	安全员	测量工	混凝土工	钢筋工	模板工	电工	电焊工	混凝土泵工	温控员	驾驶员	台车维护工	普工	合计
人数	2	2	2	2	20	20	10	2	2	4	2	16	2	10	96

6 材料与设备

施工中使用的主要机械设备与材料见表 2。

表 2 混凝土施工机械设备

序号	主要设备、材料名称	型号	单位	合计	备注
1	边顶拱钢模台车	R=7.5 m	台	1	
2	钢筋台车		台	1	
3	混凝土搅拌运输车	6.0 m³	辆	8	2 辆备用
4	加长平板载重汽车	10 t	辆	1	运钢筋等
5	混凝土拖泵	HBT60C	台	3	1 台备用
6	制冷机组	水冷式	台	1	
7	电焊机	BX3-500	台	6	
8	振捣器电频机	9.5 kW	台	4	
9	高频插入式振捣器	1.5 kW	台	12	含备用
10	软轴插入式振捣器	1.1 kW	台	16	含备用
11	注浆机		台	1	冷却水管注浆用
12	搅拌机		台	1	
13	变压器	500 kVA	台	1	

7 质量控制

7.1 质量控制标准

(1)《水工混凝土施工规范》(DL/T 5144—2001);

(2)《水电水利工程模板施工规范》(DL/T 5110—2000);

(3)《水工混凝土钢筋施工规范》(DL/T 5169—2002);

(4)《钢筋焊接及验收规程》(JGJ 18—2003);

(5)《钢筋机械连接通用技术规程》(JGJ 107—2003);

(6)《水电水利基本建设工程单元工程质量等级评定标准》(DL/T 5113—2005);

（7）设计混凝土施工技术要求。

7.2 混凝土浇筑质量控制

（1）建立健全质量管理体系，制定质量管理办法和考核办法，并严格实施。应严格按国家和行业的现行施工规程、规范以及相应的施工技术措施组织施工。

（2）施工过程严把"四关"：一是严把图纸关。组织技术人员对图纸进行认真复核，了解设计意图，层层组织技术交底。二是严把测量关。施工测量放线由专业测量工实施，校模资料要求报监理工程师审批。三是严把材料质量及试验关。对每批进入施工现场的商品混凝土及钢材等按规范要求进行质量检验，杜绝不合格材料及半成品使用到工程中。四是严把工序质量关。实行工序验收制度，严格"三检"制度，上道工序没有通过验收不得进行下道工序施工，使各工序施工质量始终处于受控状态。

（3）项目部质量部门对单个浇筑仓号进行仓面设计，并在开仓前报送监理工程师批准。将负责分区落实到人，浇筑过程中执行"三检"人员旁站制度。

（4）基岩面清除杂物、冲洗干净。经监理工程师检查验收合格后，才能开仓进行混凝土浇筑。

（5）钢筋表面洁净无损伤，油漆污染和铁锈等在使用前清除干净，钢筋平直，无局部弯折。钢筋的加工、绑扎和焊接等符合设计要求及规范规定。安装后保护层符合设计要求。

（6）台车面板允许偏差不超过规范的规定，保证牢固可靠、不变形，台车就位后须经测量监理验收后方可开仓浇筑。模板表面涂脱模剂以保证混凝土表面光洁平整。

（7）混凝土浇筑保持连续性。如因故中断，超过允许间歇时间时，则按冷缝进行处理。

8 安全措施

本工程存在的主要危险源有交通运输、机械伤害、电气伤害、坠落伤害、焊接伤害等，依据相关法律及采取的措施如下。

8.1 安全法律法规

（1）《中华人民共和国安全生产法》。

（2）《中华人民共和国道路交通安全法》。

（3）《建设工程安全生产管理条例》。

（4）《水电水利工程施工安全防护设施技术规范》（DL 5162—2002）。

8.2 安全措施

（1）建立健全安全保证体系，完善安全管理机构。建立健全安全责任制，项目负责人为第一安全责任人，分管安全的项目副经理为主要安全负责人，生产副经理必须管安全。项目部设安全专职部门和专职安全员。

（2）制定安全目标，严格贯彻国家、企业及工区安全生产管理规定。

（3）严格执行安全培训制度，抓好"三级安全教育"制度和岗位安全技术教育培训制度，不断提高作业人员的自我保护意识，使作业人员充分认识到安全的重要性。

（4）严格执行安全检查制度，抓好日常检查、周例行检查、月联合检查及专项安全检查，发现隐患应及时下发隐患整改通知并及时整改。

（5）严格安全会议制度，抓好安全周、月、季度例会，形成会议纪要。

（6）施工前编制安全作业指导书，对作业人员进行详细交底，防止作业人员违章操作、冒险作业、违章指挥、违反劳动纪律等现象的出现。

（7）项目部对安全文明施工实行"重奖重罚"原则，对在安全工作中做出突出贡献的班组和个人给予表扬与奖励，对忽视安全生产、发生事故的单位及个人给予处罚。项目部按照施工任务及施工难度、特点制定安全监控指标，实行目标管理，并与施工队负责人签订安全生产责任书，明确责任和奖惩条件,根据考核情况,年终奖惩兑现。

(8)开好班前会及安全预知危险活动。作业前以班组为单位,由安全员及带班班长共同主持班前会,强调施工现场的安全注意事项。活动开展必须有详细记录,参加人员必须本人签名。各班组兼职安全员组织本班组开展预知危险活动,提高作业人员对存在危险的预知能力和警惕性。应使作业人员能注意检查和发现异常情况,能注意到自己作业当中可能制造出来的危险因素,提高作业人员排除隐患和执行正确行为的能力。

(9)对重大安全隐患建档,实行排查制度,对重大安全隐患实行一把手督办制度。

9 环保措施

9.1 环保法律法规

(1)《中华人民共和国环境保护法》。

(2)《中华人民共和国水污染防治法》。

(3)《中华人民共和国固体废物污染环境保护法》。

9.2 环保措施

项目部安全部门全面负责施工区及生活区的环境监测和保护工作,接受监理人的指导,并积极配合当地环境保护行政主管部门对施工区和生活营地进行的定期或不定期的专项环境监督监测。每月按监理人指定的报表内容、格式报送环境月报,报告本月的环境保护工作。

9.3 防止污染措施

(1)采取一切必要手段防止运输的物料遗落到场区道路和河道,并安排专人及时清理。

(2)根据本工程具体情况,在现场设置可移动厕所,并保持清洁和卫生,确保现场施工人员能够比较方便地入厕,严禁随地大小便。

(3)设立专门的排水措施保持施工区清洁卫生,抽排水设施完善,排水沟保持清洁畅通,施工区不得有积水、杂物、垃圾、粪便、弃置不用的工器具等。

9.4 防止和减轻水及大气受污染措施

(1)施工废水和生活污水集中收集,经过处理达标后排放。

(2)在施工期间和完工以后应妥善处理施工区域、砂石料场的各类垃圾,以减少对河道、溪流的侵蚀,防止沉渣进入河道或溪流。

(3)冲洗集料或含有沉积物的操作用水,采取过滤、沉淀等措施,做到达标排放。

(4)施工废料如沥青、水泥、油料、化学品等堆放管理严格,防止废料随雨水径流排入地表附近水域造成污染。施工机械定期保养以防严重漏油,在运转和修理过程中产生的油污水也须集中处理以达到环境标准。

(5)施工道路和施工现场经常进行洒水湿润,以防止粉尘对沿途植被和生活区污染。

(6)运料过程中,对易飞扬的物料用篷布覆盖。

(7)运转时有粉尘发生的施工场地,如混凝土拌和站(场)投料器等部位均应设置防尘设备。给在这些场所作业的工作人员配备必要的劳保防护用品。

9.5 加强噪声控制

(1)加强交通噪声的控制和管理。

(2)进入生活营地和其他非施工作业区的车辆,不使用高音,尽量减少鸣笛次数;广播宣传合理安排时间,不影响公众办公、学习和休息。

(3)高噪声区作业人员配备个人降噪设备。

10 效益分析

(1)采用本工法台车整体浇筑边顶拱,与针梁台车全断面整体浇筑工法比较,台车造价节约投资约 30%。

（2）用台车整体浇筑，施工进度加快，大大缩短了工期，提高了经济效益。

（3）采取了一系列温控措施，降低了混凝土内部最大温升，提高了混凝土抗裂性能。

（4）有针对地消除反弧区气泡，减少了后期对表观缺陷的修补工程量。

11　应用实例

金沙江溪洛渡水电站右岸泄洪建筑物由 3 号、4 号泄洪洞组成，两条泄洪隧洞均为有压接无压，洞内龙落尾型式。泄洪洞由进水塔、有压洞段、地下工作闸门室、无压洞段、龙落尾段和出口挑坎等组成。泄洪洞轴线平行布置，中心间距为 50.00 m，隧洞全长分别为 1 433.550 m、1 633.624 m。

泄洪洞工程设计为大断面、大流量、高流速（20 ~ 50 m/s），其混凝土表面不平整度和抗冲耐磨要求高，温控防裂难度大。

有压段衬砌断面尺寸为 $R=7.5$ m 的圆形断面，两端设渐变段，流速在 25 m/s 左右，设计为全断面钢筋混凝土衬砌，衬砌厚度为 100 cm 或 105 cm（渐变段 150 cm），采用 $C_{90}40W8F150$ 混凝土。设计平整度要求为 5 mm，设计温控要求底板不大于 37 ℃、边顶拱不大于 38 ℃。

为有效解决大断面圆形隧洞混凝土温控防裂问题，我部研究底拱和边顶拱分部浇筑技术，先浇筑底拱常态混凝土，后采用钢模台车浇筑边顶拱泵送混凝土。

有压段边顶拱 260°范围采用整体钢模台车施工，钢模台车长 9.1 m、重 178 t，采用二次复振施工工艺，混凝土泵浇筑二级配混凝土（腰线以下坍落度 14 ~ 16 cm，腰线以上坍落度 16 ~ 18 cm），收仓采用退管法浇筑 $C_{90}40$ 自密实混凝土，按照平铺法两侧均匀布料同步上升（腰线以下层厚不大于 30 cm，腰线以上层厚不大于 40 cm），使用 Φ80、Φ70、Φ50 的振捣棒人工平仓振捣。温控措施为浇筑制冷混凝土、在台车上安装空调及实行个性化通水。

采用 $C_{90}40$ W8F150 二级配混凝土，水灰比 0.33，水泥用量 245 kg，粉煤灰掺量 30%，其中：腰线以下低温季节采用 14 ~ 16 cm 泵送混凝土（水泥用量 236 kg/m³，粉煤灰用量 101 kg/m³），高温季节采用 16 ~ 18 cm 泵送混凝土（水泥用量 245 kg/m³，粉煤灰用量 105 kg/m³）；自密实混凝土水泥用量 315 kg/m³，粉煤灰用量 135 kg/m³。

采用该工法施工，施工质量优良，满足设计要求，受到了业主、监理一致好评，多次被评为样板仓工程。

（**主要完成人**：张卫华　周　燚　覃壮恩　邓良超　易　丹）

圆形水工隧洞底拱混凝土施工工法

湖北安联建设工程有限公司　江南水利水电工程公司

1 前　言

大型水工隧洞圆形断面衬砌混凝土一般采用全圆针梁钢模台车一次浇筑成型或分部浇筑底拱和边顶拱,混凝土泵送入仓,胶凝材料用量大,混凝土易出现温度裂缝,且难以解决下部气泡与平整度问题。湖北安联建设工程有限公司在总结糯扎渡水电站右岸泄洪洞工程施工经验的基础上,依托承建的溪洛渡水电站右岸泄洪洞工程,为减少圆形水工隧洞底拱混凝土胶凝材料用量,有效降低水化热,消除混凝土温度裂缝和表面气泡等顽疾,研究圆形水工隧洞采用分部浇筑方案,经过试验研究,底拱采用长臂反铲提升混凝土入仓浇筑施工工艺,底拱 100°左右范围采用翻模施工,拱角处采用刮轨控制形体及平整度,两侧采用翻模成型施工,使用螺栓内撑,特制螺杆连接拉条固定翻模,有效避免了采用砂浆垫块支撑模板造成的软弱结构面,采用较低坍落度混凝土,提高了混凝土温控防裂性能及表观质量,取得了良好的经济效益和社会效益,通过实践,逐步形成了本工法。

2 工法特点

(1)操作简单,施工效率高,经济效益好。

(2)采用刮轨翻模抹面工艺收面,较好控制混凝土结构体形。

(3)采用新型特制接安螺杆,施工方便,减少混凝土孔洞修补工程量。

(4)采用螺栓内撑模板,避免了砂浆垫块支撑造成的软弱结构面。

(5)采用长臂反铲提升混凝土入仓,与泵送混凝土相比,减少了混凝土胶凝材料用量,降低了混凝土最大温升,提高了混凝土防裂性能。

3 适应范围

本工法适用于各种大型水工隧洞圆形底拱浇筑及其他类似工程。

4 工艺原理

底拱 100°左右范围采用底部刮轨工艺和两侧翻模工艺相结合的方式施工,底拱底部 31.245°(弧长 4.09 m)范围内不立模,改为埋设刮轨钢筋(采用圆钢加工成设计体形)固定在插筋上。在混凝土浇筑时,使用不同型号的振捣棒人工平仓振捣,然后采用刮尺按照刮轨钢筋控制的设计结构线刮除超高的混凝土(或不足部位则填补欠料),最后取掉刮轨钢筋后补填混凝土再人工压面收光。底拱两侧部位选用定型弧形钢模板,人工立模(利用内拉内撑,外部分段钢管围图固定)。混凝土浇筑时,按照平铺法底拱两侧均匀布料同步上升,并在混凝土初凝前从下往上逐步翻模后压面收光。混凝土采用 20 t 自卸车运输,利用集料斗集料后长臂反铲提升入仓。

5 施工工艺流程和操作要点

5.1 施工工艺流程

混凝土浇筑施工工艺流程见图1。

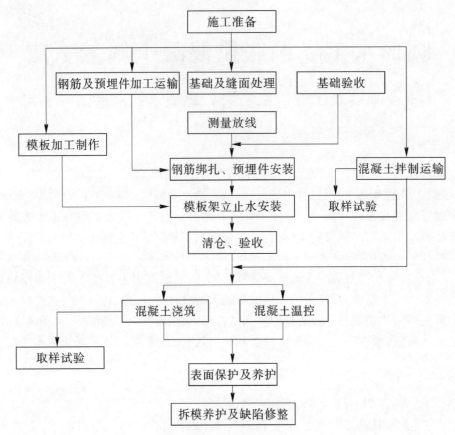

图1 底拱混凝土浇筑工艺流程

5.2 施工操作要点

5.2.1 仓面准备

混凝土仓面准备包含基岩面处理和施工缝面处理。

5.2.1.1 基岩面处理

在基础开挖符合设计要求并验收合格的条件下,清除基岩面上的松动岩块、泥土、杂物及油污等,并采取措施妥善引排岩体内渗水及地面水,最后将基岩面冲洗干净并排净积水。清洗后的基础面在混凝土浇筑前应保持洁净和湿润。

基础面浇筑第一层混凝土,必须先铺一层 2~3 cm 厚的水泥砂浆或浇筑二级配富浆混凝土,砂浆水灰比应与混凝土浇筑强度相适应,铺设施工工艺应保证混凝土与基岩结合良好。

5.2.1.2 施工缝面处理

对于各施工缝面、伸缩缝面,应进行缝面清理。对于施工纵缝,应用高压水枪进行缝面冲毛。对于施工横缝,由于受模板限制无法进行冲毛,应进行凿毛处理。施工缝面处理标准见图2。

冲(凿)毛前应及时清除仓内(缝面)堆积物,排除

图2 施工缝面处理标准

仓面积水,以免增加冲(凿)毛难度,降低冲(凿)毛效果,影响冲(凿)毛质量。冲(凿)毛后缝面必须洁净,保证无积水、无灰浆浮渣、无乳皮及污染(油污),注意无需挖除表面粗骨料,然后用水洗干净。

5.2.2　测量放线

施工前根据圆形隧洞混凝土结构尺寸、分块仓位编号,采用全站仪进行测量放样,将各分块仓位放样点标示在基础面上,以方便各工序施工。所有测量数据,都必须通过现场作业和室内计算互相校核。施工放样过程中,严格按照施工测量控制程序进行操作。

5.2.3　钢筋制安

5.2.3.1　钢筋制作

钢筋加工应在钢筋加工厂根据下料单进行。为了防止运输时造成混乱和便于安装,每一型号的钢筋应捆绑牢固并挂牌明示。其流程按照图 3 进行。

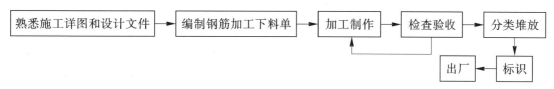

图 3　钢筋加工流程

5.2.3.2　钢筋安装

1)钢筋安装程序

钢筋安装程序如图 4 所示。

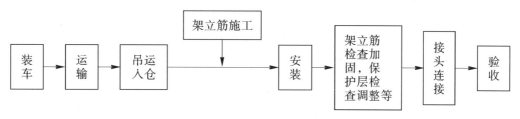

图 4　钢筋安装程序

2)钢筋安装注意事项

(1)钢筋在现场按施工图纸和相关规范的有关规定人工进行安装。

(2)按照钢筋分布顺序由内至外进行,先安装岩面层弧形钢筋的架立筋,架立筋的直径和间距满足承重钢筋网的受力要求,一般选用Φ25 mm 的钢筋。在架立筋上等间距标示弧形钢筋的位置,并严格按标示的位置进行安装。接着等距离安装岩面层的分布钢筋。之后安装面层弧形钢筋的架立筋,再安装面层弧形钢筋,最后安装面层分布钢筋。

(3)在钢筋架设完毕,浇混凝土之前,按照设计图纸和规范标准进行详细检查,并作好检查记录。以前检查合格的钢筋,如长期暴露,则在混凝土浇筑之前,应重新检查合格后方能使用。钢筋的安装不得与混凝土浇筑同时进行。

(4)在混凝土浇筑过程中,应安排值班人员经常检查钢筋架立位置,如发现变动应及时矫正。严禁为方便混凝土浇筑擅自移动或割除钢筋。

(5)根据现有成熟的技术条件,钢筋接头主要采用手工电弧焊接和机械连接,钢筋焊接接头按《水工混凝土钢筋施工规范》(DL/T 5169—2002)和《混凝土结构设计规范》中有关要求执行。

(6)钢筋接头位置做到分散布置,配置在"同一截面内"的受力钢筋,其接头的截面面积占受力钢筋总截面面积的百分率,在受弯构件的受拉区不超过 50%。

5.2.4　预埋件施工

有压段底板预埋件主要有止水片、冷却水管、电阻温度计、灌浆孔套管。

5.2.4.1　铜片止水

(1)结构缝设置铜片止水,位置在迎水面以下 30 cm 处。

（2）铜止水片应平整,经卡尺检查的厚度符合要求。表面若有砂眼、钉孔和裂缝,应查明原因并进行补焊处理。

（3）填充铜止水片鼻子的沥青麻绳应在厂内加工。

（4）铜止水片按规定弧形位置延升,铜止水片中心线应在同一断面上,不得扭曲变形。其不同高程位置应根据测量点采用垂球和量尺校核各点位置是否符合要求,如有偏离应校正到位。

（5）应严格保证鼻子部位与伸缩缝位置一致,骑缝布置,鼻子中心线与接缝中心线的允许偏差为±5 mm。

（6）在现场焊接的接头应逐个进行外观和煤油渗透检查。如果煤油可以渗过铜止水片,则接头焊接质量不合格,需进行补焊或返工处理。

（7）采取措施对已浇筑部位的外露侧止水片进行保护,防止变形、移位、撕裂或破坏。备仓时清除止水片上的水泥浆和杂物,发现变形或孔洞时应调整、补焊。

5.2.4.2 橡胶止水

（1）橡胶止水片安装时应采用专用支托卡具支撑牢固,弧形止水片的支托卡具每50 cm设置一道,严禁在止水片上穿孔进行固定。

（2）橡胶止水片接头除进行外观质量检查外,还应用手指从接头两侧挤压来检查接头是否存在脱空等粘接不紧密现象;如有脱空,则揭开接头重新粘接。

（3）拉筋、钢筋或其他钢结构不得与止水片相碰接。

（4）环向结构缝橡胶止水布置在距迎水面60 cm处,环向及纵向施工缝橡胶止水布置在距迎水面30 cm处,其连接采用定型十字连接产品。

（5）纵向施工缝橡胶止水与环向结构缝铜片止水采用铆接法连接,铆接采用螺栓固定,螺栓间距10 cm。

5.2.4.3 冷却水管

（1）严格按照仓面设计图进行布置,用架立钢筋将水管固定在距混凝土结构线50 cm处,间排距1 m×1 m,转弯段圆弧半径50 cm。

（2）水管内径25 mm,壁厚3 mm PE管,每仓布置一根水管,长度约140 m。

（3）注意在施工过程中对冷却水管的保护,不得弯折、砸破,影响后续的灌浆封堵。

5.2.4.4 预埋温度计

（1）布置的支数和位置应严格按照仓面设计图进行布置,每仓布置4支。

（2）温度计一般固定在架立筋上,安装时应先用电工胶布将架立筋缠一圈,然后再将温度计探头固定在此位置,水工电缆接好后绷紧顺着钢筋引至仓外,安装完成后先用仪器进行试测,防止假接。

（3）注意在施工过程中对温度计的保护,如遇水工电缆被切断,应立即进行恢复。

5.2.4.5 预埋灌浆孔套管

基岩面清理完毕后,由测量人员精确施放出灌浆孔孔位,并标示清楚。灌浆孔预埋套管采用Φ50钢管,径向安装,采用拉条点焊固定在架立筋上,顶端距混凝土设计浇筑面5 cm。模板安装前用木楔堵塞管口,并使木楔接触模板面板,在模板背面相应位置点焊一根细钢筋作为标示,便于拆模时及时找出预埋灌浆套管位置。套管安装前,应检查是否破损,套管安装后及浇筑过程中,防止碰撞变位。

5.2.5 刮轨安装

5.2.5.1 刮轨

（1）按施工图纸进行刮轨的测量放样,同一仓位应用同一个转点进行测量放样校核,避免多次转点引起误差过大。

（2）按混凝土设计体形尺寸控制刮轨位置，刮轨安装后采用测量仪器校核各点位的误差是否在设计允许范围内，否则要调整螺杆到设计点位高程。

（3）不允许将刮轨的托盘与套筒进行点焊，而起不到调节高度的作用，最终套筒也不能取出成了一次性消耗品。

（4）在下料过程中应避开刮轨，防止圆钢塌落或被压变形。

（5）第一遍抹面结束后，在混凝土初凝前拆除刮轨，及时对刮轨进行清理，以便重复利用。

（6）刮轨拆出后要及时用新鲜混凝土料对缺陷部位进行填补，人工捣实和抹面。

5.2.5.2 轨排螺栓

由测量人员对轨排螺栓位置进行精确放点，预埋丝杆在浇筑底拱时安装在混凝土内，其安装位置必须准确，预埋丝杆与支撑钢筋、分布筋适当点焊固定。

5.2.6 模板施工

圆形水工隧洞底拱衬砌混凝土采用的模板有标准段底拱弧形钢模板、端部堵头木模、渐变段底拱弧形木模板等。

5.2.6.1 模板安装

1）木模

由于先浇块（伸缩缝块之外）两端钢筋过缝，并设置橡胶止水带，端头部位采用散装木模板堵头。木模安装使用钢管和方木固定，内设 Φ12 钢筋内拉条，外用钢管支撑。

在伸缩缝处设置铜止水和橡胶止水，钢筋不过缝，弧形围图采用 Φ32 钢筋，加工时在过铜止水和橡胶止水处将钢筋加工成双"U"形以避开铜止水和橡胶止水并将其两侧模板连接成整体，防止模板移位。

2）弧形组合钢模板

圆形水工隧洞底拱翻模区域采用弧形组合钢模板。由若干块弧形钢模拼装而成，单块模板为 150 cm×45 cm。其安装采用内拉、内撑、外部围图、端头支撑的型式固定，内拉即为 Φ12 钢筋内拉条，内撑即为 Φ28 的支撑钢筋，围图采用 Φ48 钢管，且横向围图分段加工成标准弧形，端头支撑即将围图两端利用钢管支撑在岩壁和利用垫块支撑在已浇混凝土面上。

5.2.6.2 模板保护

（1）混凝土浇筑过程中应安排专人及时清理溅至模板上的灰浆，保持模板表面清洁。

（2）安排专人负责模板看护，及时检查模板支撑是否松动或变形，如有应立即采取措施，必要时立即停止混凝土浇筑，并作好记录。

（3）振捣过程中防止振捣器碰撞预埋锚筋，以防锚筋松动或面板定位锥孔变形，面板定位锥孔一旦变形应及时矫正。

5.2.6.3 模板拆除及清理

非承重模板在混凝土强度达到 2.5 MPa 时拆除，模板拆除后要及时清理干净、修补整齐，混凝土浇筑前涂刷脱模剂。

5.2.7 混凝土浇筑

工艺流程：混凝土运输→混凝土入仓下料（先中间后两侧）→平仓→振捣→无模区刮轨拆除、抹面→翻模区拆模、抹面→边墙顶部收仓→压光抹面。

5.2.7.1 入仓方式

采用长臂反铲提升输送入仓，为确保混凝土自拌和楼出机口至入仓浇筑 2.0 h 内完成，反铲集料斗 1.0 h 定期清理一次，并作好记录，避免浇筑过程中混凝土产生废料弃料。布料时严格按照仓面设计要求的浇筑方向、坯层厚度、布料顺序进行铺料。对于两侧边墙区域，采用钢管架搭设受料斗和溜槽入仓；对于中部无模区域，为避免混凝土下落冲击钢筋网造成钢筋网损坏变形和混凝土骨料分离,下料高度不大于1.5 m。

5.2.7.2 下料施工工艺

(1)下料时按先底部后两侧的顺序布料,浇筑方向从下游向上游依次推进。两侧下料时应交替进行,均匀上升,一侧不得高于另一侧一个坯层厚度(见图5)。

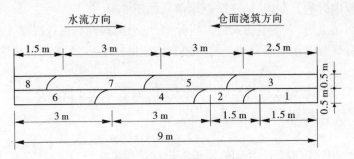

图5 台阶法浇筑示意图

(2)及时将撒落在盖模上的混凝土清理干净,以免在拆模时黏结在盖模上的混凝土掉落到已抹好的混凝土面上影响抹面质量。

(3)浇筑区域横截面上各个不同高程的浇筑下料面积各不相同,越往上面积越小,应注意在下料过程中逐步改变入仓强度并控制在一定范围内,保证浇筑速度稳定,均匀上升。

如图6所示,将两排模板所对应区域作为一个浇筑坯层,根据现场施工经验,每个坯层浇筑时间按1 h控制,这是第1、2排模板所对应区域(即1~2下料层)浇筑所需最短时间。各下料层所对应的入仓强度应满足表1要求。

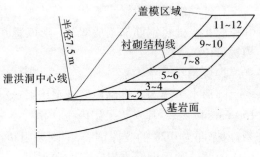

图6 浇筑下料示意图

其中,第1~2坯层下料困难,所需时间最长,其所对应入仓强度为该层下限,以保证该层尽快浇完;11~12下料层所对应入仓强度则为该层上限,以保证其上升速度与其他坯层一致,有利于拆模时机的准确把握。

(4)在止水带附近下料时应注意不得一次下料将止水带覆盖,而应在旁边分次下料。每次下料后立即振捣,将混凝土赶至止水带下方直至填满止水带下方区域,然后拆除支撑止水带的卡具,再继续下料覆盖止水带。

表1 各下料层对应入仓强度

浇筑下料层	入仓强度(m³/h)	浇筑下料层	入仓强度(m³/h)
1~2	5	7~8	7.8
3~4	6.5	9~10	8.4
5~6	7.4	11~12	8.5

5.2.7.3 平仓振捣工艺

(1)入仓的混凝土应及时平仓振捣,不得堆积。平仓时应及时将集中大骨料均匀分散到未振捣的砂浆较多的混凝土上,不得散布到上坯层的上表面上,也不得用水泥砂浆覆盖骨料集中区,应特别注意将模板、止水片和钢筋密集部位的大骨料分散到其他部位,而各种埋件位置、预留槽等狭小空间位置应采用铁锹人工平仓,遇到超径石应清除出仓外。

(2)使用振捣器平仓时,应将振捣器斜插入料堆下部,使混凝土向操作者方向移动,然后逐次提高插入位置,直至混凝土料堆摊平到规定的厚度为止。不得将振捣器垂直插入料堆的顶部,以免大骨料沿锥体下滑而砂浆集中在中间形成砂浆窝,也不得用振捣器长距离赶料。

(3)平仓后应立即振捣,不得以平仓代替振捣。大面积振捣时,几个振捣工应排成一排,保持规定的作业路线,按顺序依次振捣,以防漏振。振捣器插入间距应控制在振捣器有效作业半径的1.5 倍以内。经现场实践,确定 Φ100 振捣棒插入点间距为 40 cm,Φ70 振捣棒插入点间距为30 cm,Φ30 振捣棒插入点间距为 20 cm,插入孔位按三角形或正方形分布(见图7)。

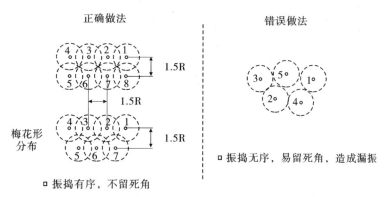

图7　手持振捣棒振捣方法示意图

(4)手持振捣棒应尽量垂直插入混凝土,如果垂直插入不便,也可适当倾斜,但与水平角度不得小于 45°,且每次倾斜方向应保持一致,以防漏振(见图8)。振捣棒应快插、慢拔,为使上下层混凝土振捣密实均匀,可将振捣棒上下抽动,抽动幅度为 5～10 cm。在斜坡面上浇筑时,振捣棒仍应垂直插入,并先振低处,再振高处。

(5)振捣第一坯层混凝土时,振捣器头部不得碰到基岩或老混凝土面,但距离基岩或混凝土垫层面不宜超过 5 cm。振捣上层混凝土时,振捣器头部应插入下一混凝土坯层表面以下 5 cm 左右,使上下层结合良好。

(6)对于存在长间歇的部位和料头处,应加强、加密振捣。

(7)两侧边墙内采用 Φ70 振捣棒振捣,在垂直水流向截面各不同高程的振捣层布置的插入点个数及振捣棒插入角度,如图9 所示。

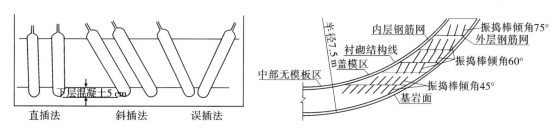

图8　手持振捣棒振捣方法示意图　　　图9　边墙盖模区分层振捣示意图

(8)盖模以下部位混凝土浇筑时,振捣人员应进入到仓内振捣,特别注意对钢筋密集区域的振捣,确保混凝土密实。当中部无模区下料结束,开始进行两侧盖模区下料前,振捣人员要进入到模板下对料头进行振捣,之后才能开始盖模区下料。

(9)控制振捣时间,不能过振,以免使混凝土出现砂浆、骨料分层,使表层砂浆厚度过大而降低混凝土抗冲耐磨性能。

5.2.7.4　收仓抹面施工工艺

(1)中部无模板区振捣完成后,严格按照收仓线收仓。先滚筒提浆,后用刮尺收面。完成后,搭设抹面平台,移除刮轨,进行抹面。初凝前第一道平整混凝土表面,第二道收光混凝土表面,初凝时进行第三道压光。

（2）对靠近端头模处混凝土的收面应该严格控制其高程，一般是在刮轨高程校核完成后测其表面距模板顶部的距离，并记录下来，待第二道抹面完成后进行校核。

（3）抹面过程中用 1.5 m 靠尺跟踪检测，将表面不平整度控制在 5 mm/1.5 m 以内。

（4）抹面平台采用 Φ40 薄壁钢管制作的四边形桁架搭设，刮尺刮面结束开始抹面后必须上抹面平台作业，严禁人员再直接踩踏混凝土面。抹面平台搭设稳定，避免人员站立不稳踩踏混凝土面，或失手将硬物掉落在混凝土面上造成已抹好的混凝土面碰损、刮擦留下缺陷。

（5）每仓浇筑过程中质检员均详细记录每排模板对应区域的浇筑时间并认真填写"浇筑、翻模时间统计表"，以便掌握好翻模时间。根据现场施工经验，翻模时间为浇筑结束后 4 h 左右。

（6）翻模开始后，即按照拆模→拆卸顶撑螺栓及拉条螺杆→填补螺栓孔洞→木板抹面→铁抹刀抹面的程序进行流水作业。

（7）最上排模板，拆模时人员应在抹面平台上作业，严禁踩踏混凝土上表面。拆除时间以该部位混凝土接近初凝为准，以尽量减小拆模时对上口混凝外边缘的扰动，确保边线的平整顺直。根据现场施工经验，一般比下部模板拆模时间晚 1 h 左右。

（8）抹面时控制好抹刀走向，应沿圆弧面垂直水流方向进行抹面。且抹刀与混凝土面接触面积应尽量小，一般仅刀口边缘 1~2 cm 范围接触混凝土面，确保压光效果。

（9）翻模后，若出现因振捣不到位或表层砂浆流失等引起的蜂窝、空洞等，应先将缺陷区域内的泌水用海绵蘸干，然后用钢筋头进行人工捣实，再取新鲜混凝土料进行填补，用钢筋头进行人工捣密，最后进行抹面。严禁未经任何处理就直接填补混凝土料进行抹面，也不允许用反铲下料时撒落在模板上的混凝土料进行填补。

5.2.8 混凝土温控

5.2.8.1 混凝土温控措施

有压段衬砌混凝土为高标号混凝土，根据设计给出的夏季（5~9月）施工温控指标，从配合比、出机口、运输、浇筑、养护等阶段采取温控措施，即优化配合比、使用预冷混凝土、运输过程对运输车辆进行洒水降温和覆盖隔热、优化仓面设计和配置合理资源以强化浇筑覆盖速度并使用保温被遮盖防晒、通水冷却进行内部降温、恒温湿养护以防止表面产生裂缝、冬季覆盖保温和设置洞帘保温以防止表面产生裂缝等。

5.2.8.2 优化混凝土配合比减少水泥用量，控制水化热温升

施工过程中，选用水化热低的中热硅酸盐水泥，采用低坍落度混凝土，选用效能高的外加剂，通过不断优化混凝土配合比，减少混凝土中的胶凝材料掺量，降低混凝土水化热和提高自身抗裂能力。

5.2.8.3 出机口混凝土温度控制

控制出机口混凝土温度主要从控制混凝土骨料、水、水泥等原材料的温度入手，采取对骨料进行风冷、加冰、使用 0~4 ℃ 的冷水拌制等方法降低原材料温度，从而降低出机口混凝土温度。

5.2.8.4 混凝土运输过程温度控制

本项目在运输途中采取各种有效措施进行温升控制。具体措施如下：

（1）加强施工管理，尽量缩短运输时间，减少转运次数。

（2）混凝土拌和物运输采取遮阳布等遮盖隔热措施，避免长时间暴晒或防雨。当外界气温高于 23 ℃ 时，还应在装料前不间断地对车厢外侧进行必要的洒水降温，以降低车厢内的温度。

（3）合理调配车辆，尽量缩短混凝土的运输时间，避免出现车等卸料等情况导致混凝土升温。

5.2.8.5 混凝土浇筑过程温度控制

在混凝土浇筑过程中，采取如下措施控制浇筑温度：

（1）合理安排调节施工时段，尽量避免在正午高温时段运输混凝土。

（2）混凝土入仓后及时进行平仓振捣，加快混凝土的覆盖速度，缩短混凝土的暴露时间。

5.2.8.6 预埋冷却水管通水冷却降温措施

按照仓面设计要求,预埋内径 25 mm,壁厚 3 mmPE 冷却水管,待每个仓位混凝土浇筑完成后及时进行温度测量。当混凝土内部温度高于水温 2~3 ℃时开始通水进行混凝土内部散热。

5.2.9 养护

(1)抹面完成后,待混凝土表面产生一定强度后及时覆盖保温被,并用水管洒水养护。

(2)对垫渣范围以上的边墙部位用麻袋进行覆盖,不定时洒水养护,保持混凝土面湿润。

5.3 劳动力组织

依据本工程施工规划及进度安排,底拱混凝土划分为两个作业面,劳动力配置计划见表2。

表 2 劳动力配置计划

工种	管理员	技术员	安全员	测量工	混凝土工	钢筋工	抹面工	模板工	电工	电焊工	温控员	驾驶员	普工	合计
人数	6	6	4	6	25	26	20	15	2	8	2	20	15	155

6 材料和设备

本工法无特别说明的材料,所需主要机械设备如下。

6.1 运输设备配置

根据前述运输设备能力计算及台车的浇筑速度要求(不大于 1.0 m/h),底拱浇筑时配置 1 台反铲入仓,7 辆 20 t 自卸车(2 辆备用)。

6.2 施工中使用的主要机械设备与材料

施工机械设备与材料见表3。

表 3 施工机械设备与材料

序号	主要设备、材料名称	型号	单位	合计	备注
1	标准段底拱翻模板(钢模)		套	2	每套按照 9 m 仓加工
2	渐变段底拱翻模板(木模)		套	2	即进出口渐变段各一套
3	20 t 自卸车	20 t	辆	7	2 辆备用
4	加长载重汽车	20 t	辆	2	运钢筋等
5	长臂反铲		台	1	底拱浇筑用
6	制冷机组	水冷式	台	1	
7	电焊机	BX3-500	台	6	
8	振捣器电频机	9.5 kW	台	4	
9	高频插入式振捣器	1.5 kW	台	6	含备用
10	软轴插入式振捣器	1.1 kW	台	8	含备用
11	刮轨设备		套	2	
12	注浆机		台	1	
13	搅拌机		台	1	
14	手风钻		台	6	含备用
15	移动空压机	3.5 m³/min	台	2	
16	变压器	500 kVA	台	1	

7 质量控制

7.1 质量控制标准

（1）《水工混凝土施工规范》（DL/T 5144—2001）；

（2）《水电水利工程模板施工规范》（DL/T 5110—2000）；

（3）《水工混凝土钢筋施工规范》（DL/T 5169—2002）；

（4）《钢筋焊接及验收规程》（JGJ 18—2003）；

（5）《钢筋机械连接通用技术规程》（JG J107—2003）；

（6）《水电水利基本建设工程单元工程质量等级评定标准》（DL/T 5113—2005）。

7.2 混凝土浇筑质量控制措施

（1）制定质量管理办法和考核办法，并严格实施。

（2）严格按国家和行业的现行施工规程、规范以及相应的施工技术措施组织施工。

（3）严格按《水电水利基本建设工程单元工程质量等级评定标准》的要求，对各工序的单元工程质量进行检查、验收、评定。

（4）过程严把"四关"：一是严把图纸关，组织技术人员对图纸进行认真复核，了解设计意图，层层组织技术交底。二是严把测量关，施工测量放线由专业测量工实施，校模资料要求报监理工程师审批。三是严把材料质量及试验关，对每批进入施工现场的商品混凝土及钢材等按规范要求进行质量检验，杜绝不合格材料及半成品使用到工程中。四是严把工序质量关，实行工序验收制度，上道工序没有通过验收不得进行下道工序施工，使各工序施工质量始终处于受控状态。

（5）严格按照"三级质量检查制度"对各项工序进行质量检查与验收，即初检、复检和终检。首先由班组技术员对自己负责的各项工序进行初检，班组技术员检查合格后通知作业队技术主管进行复检，作业队技术主管检查合格后通知质量管理部门进行终检，质量工程师检查合格后书面通知监理工程师最后进行仓面验收。每一级检查不合格的及时通知相关作业班组进行返工或修正，保证各项工序满足设计和规范的技术要求。

（6）由项目部技术部门工程师负责对单个浇筑仓号进行仓面设计，并在开仓前报送监理工程师批准，将负责分区落实到人，浇筑过程中执行"三检"人员旁站制度。

（7）施工所用原材料符合招标文件、设计施工要求和国家有关质量标准，有生产许可证、合格证及技术资料，使用前按有关规程规定进行抽查、复检，经检验合格后方可使用。

（8）模板的制安、拼装满足有压段结构外形，制作允许偏差不超过规范的规定，保证牢固可靠、不变形，模板表面涂脱模剂以保证混凝土表面光洁平整。

（9）钢筋表面洁净无损伤，油漆污染和铁锈等在使用前清除干净，钢筋平直，无局部弯折。钢筋的加工、绑扎和焊接等符合设计要求及规范规定。

（10）基岩面清除杂物、冲洗干净，经监理工程师检查验收合格后，才能开仓进行混凝土浇筑。

（11）混凝土浇筑保持连续性。如因故中断，超过允许间歇时间时，则按冷缝进行处理。反铲集料斗 1.0 h 定期清理一次，并作好记录，避免浇筑过程中混凝土产生废料弃料。

（12）立模时须与相邻段模板拼缝保持同一水平面，以确保拆模后混凝土表面模板拼缝纵横一致。

（13）施工操作人员具有相应的操作技能，特别是专业性很强的工种，操作人员具有相应的工种岗位的实践经验，技术工种须持证上岗。

（14）正确处理进度与质量的关系，"进度必须服从质量"，坚持好中求快、好中求省，严格按标准、规范和设计要求组织、指导施工。

8 安全措施

本工程存在的主要危险源有交通运输、机械伤害、电气伤害、焊接伤害等,依据相关法律及采取的措施如下。

8.1 安全法律法规

(1)《中华人民共和国安全生产法》。

(2)《中华人民共和国道路交通安全法》。

(3)《建设工程安全生产管理条例》。

(4)《水电水利工程施工安全防护设施技术规范》(DL 5162—2002)。

8.2 安全措施

(1)施工所用的动力线路和照明线路,必须按规定高度架设,线路完好无损,做到三级配电、两级保护,各类配电开关柜(箱)有防水(雨)措施,设醒目的安全警示牌。所有用电设备做到"一机一闸一漏",与金属物接触部位必须采取有效的隔离措施。

(2)混凝土仓内照明一律使用 36 V 及以下的安全电压,并采用有防护罩的灯具。

(3)电焊机配置专用漏电保护器(保证电焊机空载电压≤36 V),使用专用线材,不得利用排架等作为接零,接零点距施焊点间距≤3.0 m;作业人员穿戴专用的劳动保护用品,作业时有监护人监护。

(4)施工现场使用的二、三类机电设备及电动工具(包括振捣器专用电机、电焊机、砂轮机、切割机、钢筋弯曲机、钢筋切断机、钢筋调直机、刨床、电圆锯、角磨机、电钻及冲击钻等)除定期进行全面检查外,每班必须检查电气设备外露的转动和传动部分的遮栏或防护罩是否完好,防止触电和机械伤害。

(5)起重设备和吊装索具经责任人严格检查后才能投入使用。吊装前必须对润滑系统进行保养,并且检查所有零部件必须完好。并通过班前会每班对起重设备和吊装索进行检查。

(6)所有机械操作人员及特殊工种(电工、焊工等)必须持证上岗,按相关操作规程正确操作,严禁违章操作,杜绝酒后作业。

(7)氧气、乙炔严禁混装存放、运输,使用时的安全距离不得小于 5 m;电、气焊(割)作业严格按操作规程作业。

(8)各工作场所必须配备足够数量的灭火器,以备应急之用。

9 环保措施

9.1 环保法律法规

(1)《中华人民共和国环境保护法》。

(2)《中华人民共和国水污染防治法》。

(3)《中华人民共和国固体废物污染环境保护法》。

9.2 环保措施

(1)对于混凝土拌和、混凝土浇筑振捣、交通运输等施工强噪声源,尽量选用噪声和振动水平符合国家现行有关标准的设备,高噪声区作业人员配备个人降噪设备。噪声排放达到《建筑施工场界噪声限值》(GB 12523—90)标准。

(2)生产废水含泥量高,污染物主要为悬浮物,基本不含毒理学指标,直接排放对生态环境影响较大。因此,各作业面的生产废水必须通过排水沟等设施汇集到集水池,再进入沉淀池,然后达标排放。沉渣定期清挖,统一运至弃渣场。处理后污水达到《污水综合排放标准》(GB 8978—96)标准。各施工区域施工点设置污水沉淀池,所有施工废水、地下渗水经三级沉淀处理后排放。

（3）在施工现场设置足够的保洁箱,施工、生活垃圾一律入内,并及时将垃圾清理到指定位置。在现场就餐,吃剩的饭菜要倒入专用的器皿中运离施工现场,施工现场不准有一次性饭盒、塑料袋、饭粒等生活垃圾。

（4）汽车、施工机械设备排放的气体经常检测,排放的气体必须符合《大气污染物综合排放标准》(GB 16297—1996)规定的排放监控浓度限值时,才能投入使用。否则必须检修或停用。

10 效益分析

采用本工法施工浇筑底拱,翻模工艺和刮轨工艺、长臂反铲辅助浇筑混凝土的施工方法,和通常的圆拱采用泵送混凝土浇筑相比较,既降低了水化热影响,减少了混凝土产生危害性裂缝概率,又能提高混凝土抗裂性能,有针对性地消除盖模区气泡,大大减少后期对表观缺陷的修补工程量,节约胶材成本,提高经济效益。

同时,采用本工法施工操作简单,可以加快施工进度,缩短工期,节约成本。另外,采用翻模工艺和刮轨工艺,既减少了混凝土表面气泡,又通过人工抹面,满足了设计对平整度的要求,能够取得较好的经济效益和社会效益。

11 工程实例

11.1 工程概况

金沙江溪洛渡水电站右岸泄洪建筑物由 3 号、4 号泄洪洞组成,两条泄洪隧洞均为有压接无压,洞内龙落尾型式。泄洪洞由进水塔、有压洞段、地下工作闸门室、无压洞段、龙落尾段和出口挑坎等组成。泄洪洞轴线平行布置,中心间距为 50.00 m,隧洞全长分别为 1 433.550 m、1 633.624 m。泄洪洞工程设计为大断面、大流量、高流速(20～50 m/s),其混凝土表面不平整度和抗冲耐磨要求高,温控防裂难度大。设计平整度要求为 5 mm,设计温控要求底板不大于 37 ℃、边顶拱不大于 38 ℃。

为有效解决大断面圆形隧洞混凝土温控防裂问题,我部研究底拱和边顶拱分部浇筑技术,先浇筑底拱常态混凝土,后采用钢模台车浇筑边顶拱泵送混凝土。底拱采用 $C_{90}40$ F150W8 二级配混凝土、坍落度 70～90 mm、粉煤灰掺量 30%、水泥用量 219 kg。有压段底拱 100°范围采用翻模及刮轨施工工艺,长臂反铲提升浇筑混凝土。底拱中部 31.245°(弧长 4.09 m)范围设置无模区,采用刮轨工艺进行收面处理。底拱两侧部位选用弧形定型钢模板立模,按照平铺法(层厚≤40 cm)两侧均匀布料同步上升,并从下往上依次翻模抹面、压光。

采用该工法施工,施工质量优良,满足设计要求,受到了业主、监理一致好评。

11.2 施工情况

通过多掺粉煤灰,减少水泥用量,采用低坍落度常态混凝土等方法,降低水化热温升,减少了温控费用投入及混凝土裂缝的发生。

通过工艺试验优化了底拱翻模工艺和刮轨工艺,改善了翻模和抹面作业平台;采用接安螺栓连接内拉条和丝杆,并加工分段弧形围图固定定型模板,减少因切割丝杆产生的缺陷面积和深度,便于翻模,同时为翻模施工争取了抹面时间,加快了施工进度。因混凝土外观和质量均良好,多次被业主评为工程质量"样板仓",取得了良好的经济效益和社会效益。

（**主要完成人：**孙宪国　孙　峰　周　燚　覃壮恩　邓良超）

黏土心墙坝心墙土料制备及填筑施工工法

中国水电建设集团十五工程局有限公司

1 前 言

黏土心墙坝作为最常见的土石坝坝型,具有相当的施工优越性,能充分应用当地材料,有良好的安全性、适应性和经济性。

黑河水利枢纽工程位于西安市西南约 86 km 的黑河口,拦河坝为黏土心墙砂砾石坝,坝顶高程 600 m,最大坝高 130 m,总填筑量为 788.8 万 m³。心墙顶部高程 598 m,顶宽 7 m,最大底宽 83 m,总填筑量 150 万 m³。

为确保施工质量及进度,中国水电建设集团十五工程局有限公司开展了科技创新,从施工布置、现场施工组织、施工工艺、质量检测等多方面入手,形成了科学、规范的黏土心墙施工工法。本工法在施工中效果明显,具有明显的社会效益和经济效益。

2 工法特点

本工法从料场复查开始,通过碾压试验,掌握工程各工料场的储量及土性,制定心墙土料的合理开采及制备方案;统一考虑大坝心墙土料与反滤料及反滤过渡料的施工工序,制定了"先砂后土"分层平起的填筑措施;并对心墙与施工道路、坝基混凝土盖板等结合部位作出了处理办法,形成了较科学、规范的黏土心墙坝心墙土料制备及填筑施工工艺和质量、安全、环保控制措施。本工法可提高施工效率,确保施工质量。

3 适用范围

本工法适用于心墙土石坝黏土心墙及均质土坝工程施工。

4 工艺原理

黏土心墙坝是以压实的黏性土(掺和防渗混合土料)体为防渗体,主要起挡水及防渗作用。心墙是大坝的核心,心墙土体填筑质量的好坏直接关系到项目建设的成败。心墙防渗体坝面填筑分为铺料、压实、取样检测三道主要工序,还有洒水、刨毛、清理坝面、接缝处理等项工作。

黏土心墙与坝壳填筑料之间一般设反滤过渡层,反滤过渡层的主要作用是滤土排水,保护心墙表面的土料不被水带走,同时对刚度相差较大的两种土料起到过渡作用。防渗土体与反滤过渡料施工密切配合,拟定工序时,一般应将土料与反滤料的施工工序统一考虑,做到平起填筑。

5 施工工艺流程及操作要点

5.1 施工工艺流程

施工工艺流程为:施工准备→土料、反滤料的制备及开采→结合部位处理→土料、反滤料的摊铺→碾压→取样检测→洒水→刨毛。

5.2 操作要点

5.2.1 施工准备

5.2.1.1 料场复查

料场复查作出并确定:

(1)土料场分布图及土料开采、运输工程量明细表(见表1)。

(2)各土场土料的主要土性指标及开采量汇总表、料场土料天然物理、化学性质表、料场土料颗粒组成及定名表、料场土料力学性质表,格式见表2~表5。

5.2.1.2 碾压试验

心墙料场选好后进行现场碾压试验。在坝外选择比较宽敞坚实的场地进行试验,土料选择料场中储量大且具有代表性的相对较次的。通过碾压试验并结合相应的室内击实试验,确定各种碾压机具在达到设计指标时的压实参数,作为施工依据。不同料场土料施工技术参数见表6。

5.2.2 土料的制备及开采

心墙填筑的实践都证明,各个土场基本没有直接开采上坝的合适土料,自然土料常要经过水分调节或干密度调制后才能上坝。土料制备有以下几种方法。

1)机械掺拌

为黏土心墙填筑需要,采取平面取土,且将高含水土料和低含水土料在土场用机械掺拌后上坝。不仅取得了含水量合格的土料,而且充分利用有限土源,扩大取土范围,增加取土量。

主要掺拌工艺为:将不同区域内高含水和低含水土料,分别用推土机松土器疏松后并推运至拌和场;再用推土机将高含水土料推运于低含水土料之上,形成初步混合土;将初步混合土用推土机斜向推翻倒运一遍后,再逆向推翻倒运一遍,推运距离均为25 m左右,此时的混合土料已基本合格。对局部不均匀的土料,在装车时再用装载机翻倒一次,进行第四遍拌和,使土料更加均匀,并使水分散失,得到完全合格的土料。拌和工序见图1。

2)逐层翻晒

含水量在21%左右的自然土料常采取犁翻日晒措施;通过翻晒仅能降低含水量3%~4%,天然含水量大于24%的土料翻晒工作量太大,效率极低,且使土壤团粒破坏,一般不用。

翻晒工艺流程为:用带松土器的推土机松动原状土层深0.3 m,每天上午和下午,用推土机带七铧犁沿纵横方向翻晒,翻晒间隔时间长短和每层土料的翻晒遍数依土料天然含水量情况和当天气温而定。每天上、下午各监测一次土料含水量。当土料含水量达到上坝要求后,向土场周边道路旁推运约60 m,集土、待运。翻晒场又立即开始下层土料翻晒施工。

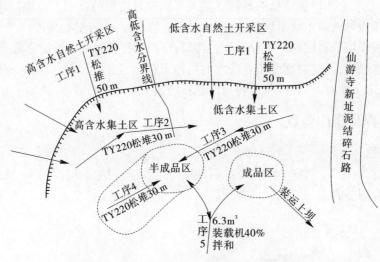

图1 武Ⅱ土场土料机械拌和工序示意图

表 1　土料制备、开采、运输工程量明细表

（自然方）

序号	土场名称	自然方量 (m³)	清表量 (m³)	①开挖上坝 方量 (m³)	①开挖上坝 占本土场 (%)	②翻晒上坝 方量 (m³)	②翻晒上坝 占本土场 (%)	③掺和上坝 方量 (m³)	③掺和上坝 占本土场 (%)	④翻晒掺和上坝 方量 (m³)	④翻晒掺和上坝 占本土场 (%)	⑤堆土牛上坝 方量 (m³)	⑤堆土牛上坝 占本土场 (%)	⑥翻晒堆土牛上坝 方量 (m³)	⑥翻晒堆土牛上坝 占本土场 (%)	⑦挖运掺和 方量 (m³)	⑧翻晒堆土牛 方量 (m³)	土牛覆盖 (m²)	废土清运 (m³)
1																			
2																			
3																			
4																			
5																			
合计																			

说明：

表 2　各土料场主要土性指标及开采量汇总

（自然方）

序号	土料场名称	土场面积 (万 m²)	储量 (万 m³)	运距 (km)	土壤级别	平均天然含水率 (%)	最优含水率 (%)	天然干密度 (g/cm³)	设计干密度 (g/cm³)	折实系数	开采上坝方量 (m³)	堆土牛量 (m³)	清表量 (m³)	废土清运量 (m³)
1														
2														
3														
4														
5														
合计														

注：

表 3 料场天然物理、化学性质

料场名称	天然含水量 ω (%)	天然干密度 ρ_d (g/cm³)	塑限 ω_p (%)	液限		塑性指数		有机质含量 (%)	易溶盐含量 (%)	pH	
				ω_{L10} (%)	ω_{L17} (%)	I_{P10}	I_{P17}			sio_2/R_2O_3	
备注											

表 4 料场土料颗粒组成及定名

料场名称	颗 粒 组 成 (mm)							不均匀系数 C_u	曲率系数 C_c	土的分类	比 重
	2~0.5	0.5~0.25	0.25~0.1	0.1~0.05	0.05~0.005	<0.005	<0.002				
	百 分 含 量 (%)										
备注											

表 5 料场土料力学性质

料场名称	击实试验						压缩				渗透			击实		快剪		饱和快剪		饱和固结快剪	
	湿法			干法			ρd (g/cm³)	ω (%)	E_s (MPa)	a_v (MPa)$^{-1}$	ρ_d (g/cm³)	ω (%)	渗透系数 (cm/s)	ρ_d (g/cm³)	ω (%)	C (kPa)	Φ (度)	C (kPa)	Φ (度)	C (kPa)	Φ (度)
	功能 (kJ/m³)	ω_{oP} (%)	ρd_{max} (g/cm³)	功能 (kJ/m³)	ω_{oP} (%)	ρd_{max} (g/cm³)			100~200	100~200			垂直								
备注																					

表6 不同料场土料施工技术参数

土场	设计干密度（g/cm³）	上坝含水量（%）	机械（人工）松铺厚度（cm）	碾压机械及碾压遍数（遍）	机械使用技术参数
武Ⅱ	1.68~1.70	17~19	机铺25~30	凸块碾8	①凸块碾：行驶速度2 km/h，振动频率21.8 Hz。②汽胎碾：行驶速度一挡中油门。③光面振动碾：行驶速度2~2.5 km/h，振动频率为26.5~28.5 Hz。
	1.66	18~21	人铺15	蛙夯8	
荞麦窝	1.68~1.70	17~19	机铺25~27	凸块碾先8汽胎碾后4	
狮子头	1.68~1.70	17~19	机铺25~27	凸块碾先8汽胎碾后4	
金盆	1.70	17~19	机铺22~25	凸块碾8	
上黄池	1.68	17~19	机铺23~25	凸块碾8	
钟楼山	1.68	17~19	机铺25	凸块碾8	
武Ⅰ	1.66	18~20	机铺22	凸块碾10	

通过翻晒制备合适土料,需要大面积土场即翻晒场,投入翻晒设备较多,有关情况见表7。

表7 金盆含砾土料翻晒条件及产量统计

气象条件			土料条件		土场条件		翻晒条件		日平均产量
气温	蒸发量	日照历时	翻晒前天然含水量	合格土料含水量	面积	（长×宽）	层/d	层厚	
25~35 ℃	2.5 mm/d以上	10 h/d以上	17%~21%	"土牛"堆存要求13%~16%	2.16万m²	180 m×120 m	1层/d	13.5 cm	1 254 m³/d

3) 料台混合

土场土料不均匀,土性差异较大,常采用料台混合处理。根据土料分布部位和土场地形,在土场开挖出高6~8 m料台,用自卸汽车将两类土料按比例拉运至料台,分层从料台上倒下,装载机在料台下通过装车将混合后的土料进行了二次拌和,再拉运上坝。

4) 堆存"土牛"

为解决冬季低气温土料上坝问题,利用高温季节翻晒土料,将翻晒好的土料用自卸汽车拉运至贮存场堆成"土牛"。"土牛"边坡1:1.3~1:1.5,周围修排水沟,拦截外部雨水;面人工整平拍光,用双面涂塑帆布覆盖,并在帆布边缘制作的绳眼内穿绳牵拉,再在帆布搭接处用草泥土条覆压,防止风吹起帆布接缝,雨水流入。

5.2.3 结合部位处理

5.2.3.1 过坝路连接心墙填筑区的横向接坡

由于过坝路穿越心墙,心墙区总要形成一高一低的交换填筑局面,形成高差不超过10 m,坡度不陡于1:3的心墙横向接坡。填筑时,用人工配合推土机清除已填坡面的污物、干土层,清至含水量达到设计要求的土层,对坡面进行刨毛处理;边用洒水车洒水,边铺土;用自行式凸块振动碾一次碾到结合部。

5.2.3.2 黏土与坝基混凝土盖板的连接及边夯

铲除混凝土盖板表面浮皮,清扫泥土和杂物粉尘,外露钢筋头截止混凝土表面以下5 cm,用水泥砂浆抹平。铺土前混凝土表面涂刷一层3~5 mm浓泥浆,其水∶土=1∶2.5。铺土从最低点逐层水平扩展,边刷泥浆边填土。

心墙底部靠近混凝土盖板0.5 m范围以内,由于面积小,人工摊铺,杵子夯实。填土0.5~1 m厚时,平地机配人工平土,蛙式打夯机夯实,杵夯周边。超过1 m厚用220HP推土机配人工平土,铺土厚度15 cm,汽胎碾碾压。

5.2.3.3 过心墙施工道路布设

由于有些工程土料场和坝壳料场分布不均,加之坝壳料势必要跨心墙填筑,因而过黏土心墙道路成为必不可少的通道,乃至成为施工交通的主干道。过心墙道路布设既要保证上下游道路畅通,还要有利于作业区划分。

过心墙道路一般靠近左右坝肩交换布置,并和上下游道路衔接顺畅。黑河坝穿越心墙道路布置见图2。

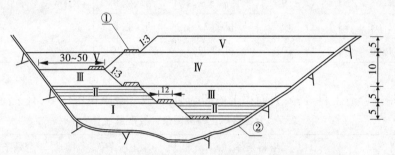

Ⅰ、Ⅱ、Ⅲ、Ⅳ、Ⅴ—心墙填筑层次序;①—道路;②—混凝土盖板

图2 黑河坝穿越心墙道路布置示意图(单位:m)

为防止过往车辆、机械对土料的重复碾压而破坏,保证雨季施工道路的正常使用,在过心墙施工路底层铺垫一层低含水土料并压成光面,上铺80~100 cm厚的砂砾石料,宽度10~12 m。

新的过心墙道路铺垫通行后,用反铲后退法挖除旧的过心墙路,挖至基面黏土以下,直至无剪切破坏和橡皮层。

5.2.4 土料、反滤料的摊铺

采用"先砂后土法"填筑黏土心墙。即先填筑一层反滤砂,再填筑两层黏土,见图3。分层铺土,振动压实。心墙土料施工分为3个区:铺料区、碾压区、合格区,3区连续循环作业。

土料、反滤料的摊铺施工具体如下。

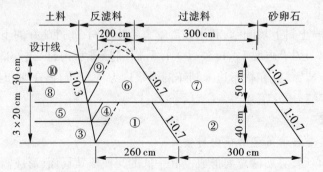

①、②、③…铺土顺序,其中①、②、③、④、⑤、⑧为压实区;⑥、⑦、⑨、⑩为未压实区

图3 先砂后土法(黑河坝)

5.2.4.1 反滤砂铺填

反滤砂由自卸汽车从料场运至填筑区卸料(上游分两次卸料)。反铲配合人工进行铺设,虚堆高度 70 cm。第一层土铺设完后,人工清除由于平土和碾压造成进入反滤砂界内的黏土(因其形似象牙,俗称"象牙土"),并在虚缝处填补砂,按施工土砂交界线整理。第二层土铺设完后,同样清除"象牙土"填补砂,砂高与铺填土齐平,确保砂堆顶宽满足设计要求。

5.2.4.2 土料铺设

(1)反滤砂铺设后,对前一层合格土料洒水湿润、刨毛,由 20 t 自卸车运土,在铺料区采用进占法卸料,220HP 推土机摊铺,平地机整平,按上下游边线将土料铺填到位。

(2)铺土时要检测土料的含水率,需满足含水率 17%~19% 的要求,严禁不合格土料上坝。

(3)压实机械的压实作用随着土层厚度增加而逐渐减少,铺土厚度根据压实机械的性能和压实密度的要求由现场碾压试验确定为 25 cm,由专人用钢钎制作的测尺,在铺土时进行全面控制,并作好记录,该作业区土料铺完后,由质检人员和现场监理工程师检测,厚度合格后,再进行碾压工序。

5.2.4.3 反滤过渡料铺设

过渡料铺设,可在铺土的同时进行,采用自卸车运料至坝壳区卸料,用反铲按照施放的边线进行铺设和整理,铺设厚度为 45 cm。

经碾压试验确定砂反滤、混合反滤料铺料厚度均为 50 cm,即填一层砂反滤和混合反滤配填两层土,并骑缝碾压一次;填筑两层砂反滤和混合反滤配填一层坝壳砂卵石,并骑缝碾压一次。17.5 t 自行式振动平碾碾压 8 遍。设计相对密度 $D_r \geqslant 0.8$。具体方法如下:

(1)每班有一位专职施工员控制"三界"(土砂界、砂与过渡料界、过渡料与坝壳料界)。固定一台 1.4 m³ 反铲和 10 名民工专门整理反滤砂和过渡料,每层铺土后用白灰施放土砂界线,人工将线外虚土铲回,用砂补填,称"第一次补砂";土砂界骑缝碾压后,施放边线,清除压实的"象牙土",再用砂补填,称为"第二次补砂"。

(2)铺填两层土后对反滤砂、过渡料及时骑缝碾压,平碾骑压土料宽度 $\geqslant 50$ cm,且注意砂子比土和过渡料高 5~10 cm,以利砂子压实。质检站分别对反滤砂和过渡料层层取样检查密实度;合格后,施工员用测绳施放"三界线",同时用白灰画出反滤砂、过渡料卸料位置线,用以控制填筑量。

(3)为使现场 24 h 能按需要及时施放正确的"三界"线,测量队在左右岸坡混凝土盖板上分别施放 4 条一定高度的边线;两条为直线段土砂界方向线,两条为坝肩"八字形"心墙土砂界方向线;且在纵向坝段分区处上、下游土砂界埋设坡比为 1:0.3 的钢坡尺;在坝 0+095、0+294 拐点上下游确立标志。

(4)进入心墙卸土的过车路口先采用反滤砂上铺设钢板的方法,防止拉土车陷入反滤砂。由于此法未能完全解决好保护反滤砂的目的,且钢板较重,人工无法移动,机械转移效率较低。因此,后改为在反滤砂上铺 20 cm 厚度黏土作为过车路口的办法,操作方便快捷,加快施工进度,且改路清除废土后反滤砂仍可处于压实状态。

5.2.5 碾压

5.2.5.1 土料碾压

两台 SD175F 自行式凸块振动碾和两台 YZT18 拖式凸块振动碾碾压,行车方向平行坝轴线,采用前进后退错矩法进行,相邻碾迹的搭接宽度不小于碾宽的 1/10。质检站质检人员和施工处的指挥工同时监测碾压遍数和错距,保证不漏压和欠压。碾压完毕后,质检人员按 100~200 m³ 1 次频次用核子密度仪和环刀取样检测干密度、含水量。

碾压后的土层达到表面平整,无弹簧,不起皮,无脱空和剪力破坏。

经试验及分析讨论研究最终形成黏土心墙碾压机械及施工参数为:

（1）心墙土料的压实采用18 t拖式振动凸块碾,行驶速度2～5 km/h(1挡中油门)。先静碾4遍后,再以相同的行驶速度振动碾压6～8遍;平行碾压方向搭接宽度为1/10碾筒长度(20 cm)。

（2）土料含水率宜控制在室内试验最优含水率的干侧碾压。

（3）铺土厚度不大于30 cm,进占法铺料。

（4）铺土前,对下一层压实土表面先刨毛洒水,再用20 t自卸汽车进占法上土,220HP推土机摊铺。

5.2.5.2 反滤过渡料碾压

土料铺设与反滤砂齐平,土料碾压完毕后,清除"象牙土",填补砂,整理边界,用18 t振动平碾平行坝轴线对反滤过渡料碾压8遍,同时,跨越土砂分界线,骑缝碾压12遍。骑缝宽度不小于30 cm。

5.2.6 取样检测

黏土压实后,用核子密度仪或环刀法测定其干密度,要求达到设计指标1.68 t/m³;反滤过渡料用灌砂法测定,并用压实度控制。质量检查不合格者,进行补压,并重新测定。检测结果经现场监理工程师审查合格后,再进行下一道工序。

5.2.7 洒水、刨毛

土料在碾压后有较高的强度,适应坝体变形的能力较低,故含水率须控制在合适的范围,保证土的可塑性,能够适应坝体变形。风力或日照较强时,在施工过程中水分损失较大,铺料与压实表面均用洒水车洒水润湿,以保持合适的含水量。对已碾压密实的土层,取样检查合格后,采用焊接在120HP推土机铲刀上的<Φ25钢筋梳齿进行表面刨毛5～10 cm,洒水保持湿润。待监理验收合格并签发铺料许可证后再上料。对停滞一段时间后又填筑的层面,在上土之前将干缩的土层钩松,洒水润湿,使土料含水调至正常施工含水量,然后重新碾压;对表面干裂严重的硬土块则挖除弃至坝外。

5.2.8 雨季及冬季施工

雨季填筑时,使心墙填筑面中央凸起,向上、下游倾斜,坡度1%～2%,以利排除雨水;下雨前采用汽胎碾对心墙全坝面进行碾压封面,并用防水雨布覆盖,防止雨水下渗,做好坝面保护;下雨期间,严禁施工机械穿越和人员践踏防渗土料与反滤过渡区;雨后对填筑面进行晾晒,将含水量较高的填土推起或清除至坝外。为了避免雨水顺两坝肩盖板流入心墙的防渗土料内,根据填筑高程,在两坝肩盖板上设置砖砌截水沟以拦截雨水,并将雨水集中引入集水池抽排至下游坝壳区。同时,在心墙与两坝肩盖板交接处采用土料堆—土埂,并设置临时排水沟,覆盖防雨布加以防渗,使顺坡面(或坝肩混凝土面)流下的水经防雨布导入心墙上下游的坝壳料之中,待雨停复工后再局部处理。

冬季根据当地气温资料,为防止冻害,按施工技术规范有关规定,确定心墙防渗土料停工时间。停工后上面覆盖1 m黏土料,来年复工时将上部可利用的黏土料挖装运至制备土场,调整含水到要求范围后再加以利用。根据取样检测情况及测量复核资料,确认上一年的合格填筑面后,方可进行下道工序。

5.3 劳动力组织

劳动力组织情况见表8。

表8 劳动力组织情况

工种	管理人员	技术人员	机械操作人员	质检人员	指挥工	杂工	合计
所需人数	12	18	110	10	8	25	183人

6 材料与设备

本工法采用的机具设备见表9。

表9 大坝黏土心墙施工机械

序号	名称	机械类别及台数（机械×台数）	数量合计
1	推土机	420HP×1,320HP×1,(120~220)HP×11	14
2	装载机	6.0 m³×2,3.0 m³×7	9
3	挖掘机	5.6 m³×2,(1.0~1.6)m³×7	9
4	自卸汽车	20 t×25,(12~15)t×5	30
5	振动平碾	自行式18 t×2,拖式18 t×3	5
6	振动凸块碾	自行式18 t×2,拖式18 t×2	4
7	汽胎碾	30 t×1	1
8	平地机	177HP×1(850B型)	1
9	洒水车	8 t×5	5

7 质量控制

7.1 工程质量控制标准

按照ISO9002质量管理标准,以及中国水利水电第十五局《质量手册》、《程序文件》,我们在黑河工地建立了一整套文件化质量管理体系,其中包括项目工程《质量计划》、《质量检查制度》、《受控文件和资料控制办法》、《岗位职责》、《机械设备管理规定》、《物资材料采购实施办法》、《物资材料产品标识和检验试验状态标识规定》、《施工日志填写规定》、《质量记录管理规定》、《关键工序和特殊工序控制办法》、《质量检验试验计划》、《图纸会审规定》、《职工教育管理办法》等16种质量管理文件和86种质量记录,14种作业指导书。使质量管理工作标准化、规范化、制度化。

7.2 质量保证措施

坚持规范化的技术工作程序是质量保证的前提。规定和执行的技术工作程序是:设计图纸审查—编制施工组织设计—编制质量计划—对关键、特殊工序编制作业指导书—技术交底—实施验证—改进。

(1)质量检验工作由黑河工地质检站(实验室)及处质检科、队质检员承担。

质量检验的依据是设计图纸、合同、技术文件,国家和部颁的规程、规范、质量标准,企业质量文件和本工程的《质量计划》、《质量检验试验计划》。

(2)坚持"三检制"原则,严格施工过程检验控制。每一施工过程结束后,均严格执行工程队初检、处经理部复检、局质检站终检的施工过程"三检制"。三级检查验收后,要分别填写初复检表和终检表。终检表要经监理工程师检查复核并签字认可,才能转入下道工序施工。上道工序保证为下道工序生产合格产品,坚持不合格不得转序的原则。

8 安全措施

(1)认真贯彻"安全第一,预防为主"的方针,根据国家有关规定、条例,结合施工单位实际情况和工程的具体特点,组成专职安全员和班组兼职安全员以及工地安全用电负责人参加的安全生产管理网络,执行安全生产责任制,明确各级人员的职责,抓好工程的安全生产。

(2)施工现场按符合防火、防风、防雷、防洪、防触电等安全规定及安全施工要求进行布置,并完善布置各种安全标识。

(3)各类房屋、库房、料场等的消防安全距离做到符合公安部门的规定,室内不堆放易燃品;严格做到不在木工加工场、料库等处吸烟;随时清除现场的易燃杂物;不在有火种的场所或其近旁堆放生产物资。

(4)施工现场的临时用电严格按照《施工现场临时用电安全技术规范》规定执行。

(5)电缆线路应采用"三相五线"接线方式,电气设备和电气线路必须绝缘良好,场内架设的电力线路其悬挂高度和线间距除按安全规定要求进行外,将其布置在专用电杆上。

(6)施工现场使用的手持照明灯使用 36 V 的安全电压。

(7)室内配电柜、配电箱前要有绝缘垫,并安装漏电保护装置。

(8)加强对职工进行文明施工与安全生产教育,进行岗前技术培训,讲授技术要求和操作规程,使每一个施工人员都能按要求的标准和方法进行施工,杜绝了一切不安全的因素发生。对电气焊工、电工、汽车驾驶员等特殊工种实行持证上岗作业。

(9)建立完善的施工安全保证体系,加强施工作业中的安全检查,确保作业标准化、规范化。

9　环保措施

(1)成立对应的施工环境卫生管理机构,在工程施工过程中严格遵守国家和地方政府下发的有关环境保护的法律、法规和规章,加强对施工燃油、工程材料、设备、废水、生产生活垃圾、弃渣的控制和治理,遵守有防火及废弃物处理的规章制度,做好交通环境疏导,充分满足便民要求,认真接受城市交通管理,随时接受相关单位的监督检查。

(2)将施工场地和作业限制在工程建设允许的范围内,合理布置、规范围挡,做到标牌清楚、齐全,各种标识醒目,施工场地整洁文明。

(3)对施工中可能影响到的各种公共设施制定可靠的防止损坏和移位的实施措施,加强实施中的监测、应对和验证。同时,将相关方案和要求向全体施工人员详细交底。

(4)设立专用排浆沟、集浆坑,对废浆、污水进行集中,认真做好无害化处理,从根本上防止施工废浆乱流。

(5)定期清运沉淀泥沙,做好泥沙、弃渣及其他工程材料运输过程中的防散落与沿途污染措施,废水除按环境卫生指标进行处理达标外,并按当地环保要求的指定地点排放。弃渣及其他工程废弃物按工程建设指定的地点和方案进行合理堆放和处治。

(6)优先选用先进的环保机械。采取设立隔音墙、隔音罩等消音措施降低施工噪声到允许值以下,同时尽可能避免夜间施工。

(7)对施工场地道路进行硬化,并在晴天经常对施工通行道路进行洒水,防止尘土飞扬,污染周围环境。

10　效益分析

在大坝的黏土心墙施工中通过大量的试验确定优质的黏土料源及最优含水量和最佳干密度,应用先进的施工工艺和方法严格控制心墙黏土料的制备和填筑施工,保证了黏土心墙的填筑质量和坝体的防渗效果,取得了较好的经济效益和社会效益。

(1)提前 10 d 坝体填筑到 527 m 度汛高程,确保了度汛工期和坝体的安全施工,得到了业主 50 万元奖金。

(2)由于施工程序合理顺畅,制备的黏土性能好,设备和人员利用率大大提高,根据合同成本核算,每立方米心墙填筑料可降低施工成本 0.76 元,累计经济效益 114 万元。

(3)由于工程质量优良,受到业主 35 万元的奖金。

(4)由于各节点工期的保证和提前,受到业主各类奖励共计 50 万元。

(5)由于坝体黏土防渗心墙施工质量很好,坝体无渗漏,节省了进一步的处理费用,为工程投入灌溉和发电创造了条件。

(6)由于施工单位的精心组织、科学管理，该工程整体质量优良。该工程以国内已建成最高黏土心墙砂卵石坝而创"中国企业新纪录"，2009 年 9 月荣获"中国建设工程鲁班奖"。

11 应用实例

11.1 黑河水利枢纽黏土心墙坝施工

黑河金盆水利枢纽工程位于西安市周至县城南黑河干流峪口以上 1.5 km 处，坝址处控制黑河流域面积的 65.5%。水库设计正常高水位 594.0 m，总库容 2.0 亿 m^3，有效库容 1.77 亿 m^3，多年平均调节水量 4.28 亿 m^3，其中给西安市年均供水 3.05 亿 m^3，日均供水量 76.0 万 t，供水保证率 95%；农田灌溉年供水量 1.23 亿 m^3，灌溉农田 37 万亩；坝后电站装机容量 2.0 万 kW，年均发电量 7 308 万 kW·h。

拦河大坝为黏土心墙砂砾石坝，坝顶高程 600 m，最大坝高 128.9 m，为 I 级建筑物。坝顶长度 443.6 m，顶宽 11 m，坝顶设有观测廊道和钢筋混凝土防浪墙，坝底最大宽度 525 m。大坝上游坡面为 40 cm 厚 C15 混凝土护坡，坡比 1:2.2，混凝土护坡和两岸基岩上的趾板相连；大坝下游坡面设有 12 m 宽的贴坡式永久上坝路，坡面为浆砌石条带网格固定的干砌石护坡，坡比 1:1.8 和 1:1.5。两岸坝肩清挖至强风化基岩，为不陡于 1:0.75 的稳定边坡。

黏土心墙顶高程 598 m，顶宽 7 m，底部最大宽度 84.3 m，两侧坡比在河床段为 1:0.3，在靠近两岸坡段为 1:0.6。在心墙上下游两侧各设置两层反滤层，第一层为砂反滤层，心墙上游宽 1 m，下游宽 2 m；第二层为 $d \leqslant 80$ mm 的混合反滤层，上游宽 2 m，下游宽 3 m。黏土心墙及两侧反滤层均填筑在 C20 混凝土盖板上，混凝土盖板浇筑在弱风化基岩上。

心墙自 1999 年 10 月 19 日开始填筑，2001 年 12 月 20 日填至 598 m 高程（心墙设计顶高程），共填筑黏土 148.31 万 m^3。从填筑速度分析，2000 年 3 月是黏土填筑高峰期，创造了最高日填筑 7 600 m^3，月填筑 15.16 万 m^3 的纪录。

工程于 1996 年 1 月开工，2002 年 6 月竣工验收。由于施工单位的精心组织、科学管理，该工程整体质量优良。该工程以国内已建成最高黏土心墙砂卵石坝而创"中国企业新纪录"，2009 年 9 月荣获"中国建设工程鲁班奖"。

尤其是在大坝的黏土心墙施工中，该单位通过大量的试验确定优质的黏土料源及最优含水量和最佳干密度，应用先进的施工工艺和方法严格控制心墙黏土料的制备和填筑施工，保证了坝体的防渗效果，水库于 2002 年 10 月通过安全蓄水鉴定，2003 年 4 月 1 日蓄水至今，没有出现渗漏现象，运行状况良好。

11.2 新疆北屯六三五水利枢纽黏土心墙坝施工

新疆北屯六三五水利枢纽，位于新疆阿勒泰地区福海县境内。工程由拦河大坝、导流兼泄洪排砂洞、总干进水闸、溢洪道、发电引水系统和电站厂房组成。拦河大坝为黏土心墙砂砾堆石坝，坝顶总长 1 900 m，坝高 70.6 m。工程于 1997 年 3 月正式开工，2000 年 8 月竣工验收。中国水利水电第十五工程局在大坝的黏土心墙施工中精心组织、科学管理，应用先进的施工工艺和方法严格控制心墙黏土料的制备和填筑施工，保证了坝体的防渗效果，水库蓄水至今运行情况良好，没有出现渗漏现象。

11.3 新疆恰甫其海水利枢纽黏土心墙坝施工

我局承建的新疆恰甫其海水利枢纽，位于伊犁地区巩留县和特克斯河县境内，工程以灌溉为主，兼有发电、防洪等综合利用功能，属大（1）型 I 等工程。水库库容 16.94 亿 m^3，控制流域面积 523.45 万亩，电站总装机容量 320 MW。大坝为黏土心墙坝，最大坝高 108 m。主要建筑物包括大坝、表孔溢洪道、中孔泄洪洞、深孔排砂放空洞、发电引水洞和电站厂房。

工程于 2002 年 4 月开工，2005 年 8 月竣工验收。由于施工单位的精心组织、科学管理，该工程整体质量优良。

在大坝的黏土心墙施工中,施工单位通过大量的试验研究,采用"先砂后土法"填筑黏土心墙,采用了一系列先进的施工工艺和方法严格控制心墙黏土料的制备和填筑施工,保证了黏土心墙填筑质量和坝体的防渗效果,大坝至2005年蓄水至今没有出现渗漏现象,运行状况良好。

（**主要完成人**:贾　浩　赵立荣　田明录　宋鹏刚　吴雪静）

真空联合堆载预压加固软土地基施工工法

江苏盐城水利建设有限公司

1 前 言

真空联合堆载预压地基处理能够加速地基土的抗剪强度的增长,从而提高地基的承载力和稳定性,使地基土强度的提高能适应上部建筑的荷载和周边建筑物的沉降。这种施工方法克服了其他地基处理法强度较低,施工工期长的困惑,通过芦杨泵站、芦杨地龙、张码大沟涵闸等工程的运用,我们总结了真空联合堆载预压地基处理现场真空排水施工的工艺控制、分级堆载质量和时间控制等经验,编制了本工法。

2 工法特点

(1)机械埋设,效率高,运输省,管理简单。特别适用于大面积超软弱地基上进行机械化施工,而且土体在加固过程中的侧向变形很小,地基不会发生剪切破坏,可缩短加固周期。

(2)加固效果好,加固土体均匀性好。真空联合堆载预压排水法加固软土地基时,通过垂直排水通道向周边土体传递的真空度在整个加固区范围内是均匀分布的。承载力可提高 70% ~ 150%,固结度可达 80% 以上。

(3)工期影响小。真空联合堆载预压排水法加固软土地基能缩短工期,明显加快工程进度。

3 适用范围

真空联合堆载预压排水法加固软土地基适用于含水量高、压缩性大、强度低、透水性差、土层厚的软弱土层,要求加固荷载超过 0.090 MPa 的地基处理,且有足够的堆载材料或实物。

4 工艺原理

真空联合堆载预压排水法利用土料、块石等作为预压荷载,对被加固的地基进行预压,软土地基在此外加荷载作用下,使土体中产生正的超静水压力,使土中的有效应力不断增长;同时利用大气为荷载,使用加压系统在加固土体内形成真空度,通过垂直排水通道向其四周加固土体传递真空度,对土体产生负超静水压力,从而使土体孔隙中的水和气由土体中的垂直排水通道通过真空泵吸出,使土中孔隙水压力降低,通过两者的共同作用使土体产生垂直压缩变形、强度增长得以固结,软土地基达到加固处理效果。

5 工艺流程及操作要点

5.1 工艺流程

真空联合堆载预压地基处理的工艺流程见图 1。

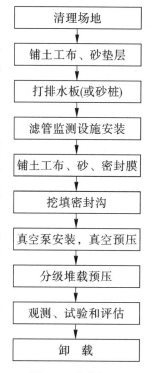

清理场地

铺土工布、砂垫层

打排水板(或砂桩)

滤管监测设施安装

铺土工布、砂、密封膜

挖填密封沟

真空泵安装,真空预压

分级堆载预压

观测、试验和评估

卸 载

图 1 工艺流程

5.2 真空联合堆土预压地基处理操作要点

5.2.1 砂垫层铺设

5.2.1.1 施工准备

推土机结合人工平整,其表面设计高程误差控制在±5 cm以内。用J₂经纬仪进行分区及单元分块的测量放样,用木桩标出各加固分块单元边线的准确位置。

5.2.1.2 砂垫层施工

砂垫层起水平排水和传递真空度的作用,先铺设渗水土工布,然后铺设20 cm厚的砂垫层,塑料排水板施打结束,安装真空排水管道后,再铺设30 cm厚的砂垫层。砂垫层范围要超出塑料排水板至密封沟。

5.2.2 塑料排水板施工

塑料排水板验收标准执行《塑料排水板质量检验标准》(JTJ/T 257—96),施工严格按《塑料排水板施工规程》(JTJ/T 256—96)执行。

塑料排水板施工可使用轨道式插板机施工,排水板施工步骤如下:

(1)根据设计图纸,确定排水板的平面布置及施打排水板的顺序。

(2)试打排水板,根据地质资料在现场选择有代表性的点位,试打2~3根排水板,总结不同地质条件下的施工参数和施工经验。

(3)根据试打的施工参数,按测量好的排水板桩位施打排水板。打设过程中,结合施工机械作业和行走需要铺设行走轨道,测量机架平整度,保持桩架垂直,保证排水板垂直插入地基内。记录好每根排水板施工参数,判断是否回带,若回带超50 cm,则在该板位旁补打。

5.2.3 主管、滤管、抽真空装置及密封装置系统

埋置于砂垫层中的管道分主管和滤管(又叫支管)两种。

主管或滤管的连接用螺纹钢丝吸水橡胶软管(二通),长度在300 mm左右,它的内径稍大于滤管和主管的外径。主管与滤管之间用三通或四通连接。滤管的末端用木塞或PVC圆板封死。

主管的出膜装置是内外管道的连接口。它是在主管的出口部位连结一个带有法兰盘的弯曲钢管进行密封,用橡胶垫圈将真空膜内外的管道连接起来。

抽真空装置由高压射流泵、射流喷嘴、循环水箱组成。安装时调整好水箱与出膜口的位置、水箱与泵的位置。出膜口与水箱之间的钢丝胶管长一些,防止路基沉降和上土对此直接影响(拉、压)。

待埋设完真空表测头及其他观测仪器后,在加固区内铺设一层密封膜,膜下保护土工布,土工布用手提式缝纫机缝好,搭接宽度15 cm,土工布铺设范围至密封沟旁的黄砂垫层。然后三层密封膜铺放覆盖整个预压区,并将膜体四周埋入密封沟内。

挖填密封沟,为确保系统的密封性,密封沟挖深2.5~3.0 m,坡比小于1∶1,故密封沟采用挖掘机结合人工随挖随填,用淤泥或黏土回填密实。挖密封沟时必须清除石块或其他植物根须等,防止刺破密封膜。

5.2.4 真空预压联合堆载

5.2.4.1 抽真空及真空维持

上述工作完成后,即可开始抽真空,抽真空后加固区内真空度会持续上升,当膜下真空度≥0.080 MPa时(或达设计要求值),即进入正常真空预压阶段。

膜下真空度稳定在0.080 MPa以上,膜面上的砂眼等漏气点(如有)均修补好以后,铺设一层膜面保护土工布,以保证后期堆载过程中膜面密封良好。

5.2.4.2 土方堆载预压

按要求抽真空后膜下真空度稳定在0.080 MPa以上(或某一设计值以上),10 d后即可进入堆

土加载阶段。开始 1 m 厚土料经过严格筛选,采用人工分层铺填,以防止机械破坏密封膜。待填土厚度大于 1 m 后可用机械运土压实填筑。

堆土速率以现场监测为准,控制在边桩水平位移小于 5 mm/d,基底中心点沉降速率小于 15 mm/d,孔隙水压力不超过预压荷载产生应力的 60%。堆载应分层均匀,严禁局部堆升。

施工过程中须派专人对埋设的仪器进行保护,以免仪器、仪表被碰坏和压损。局部有仪器埋设处采用人工上土、人工夯实。待填土厚度到 3 m 时应根据量测资料估算一下软土的抗剪强度,如果估计土层不会发生剪切破坏,才能进一步填土。

填筑至设计标高时,整个加固区进入真空堆载联合预压阶段(见图 2)。

真空联合堆土预压地基处理时,真空预压加固区膜下真空度达 0.080 MPa 以上的连续抽真空,地基固结度 $U_t \geq 90\%$ 时,连续 7 d 平均沉降量小于或等于 1~2 mm/d 时,即可报验准备卸荷。

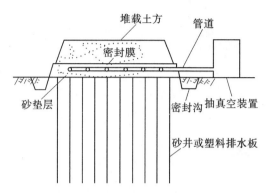

图 2　真空联合堆土预压处理软基示意图

5.2.5　监测与观测试验

稳定监测控制标准为(或根据设计确定):

表面沉降 <15 mm/d;水平位移 <5 mm/d;孔压系数 $B = \Delta u/\Delta p < 0.6$;真空度 ≥ 0.080 MPa。

5.2.5.1　表面沉降

沉降板(铁板)的尺寸为 30 cm×30 cm×1 cm,用 50 cm 的六分管作为沉降接管。连续 7 d 平均沉降量小于或等于 1~2 mm/d 时,经监理、设计、咨询单位确认后,停止观测。

5.2.5.2　真空度观测

利用真空表测读膜下真空度,用埋设在不同深度的真空计监测真空度随时间和深度传递的速度与影响范围。真空计埋设在排水板和淤泥中分别观测比较。

5.2.5.3　孔隙水压力

在设计孔位上用钻机成孔,钻孔至埋设位置以下 0.5~1.0 m,然后将孔隙水压力计用专用设备压入软土中至埋设位置,埋设后做好编号并记录初读数。

5.2.5.4　分层沉降

在设计孔位上用钻机钻孔至硬土层,然后将沉降管及磁环安装好沉入孔中,直至孔底,埋设完毕后,测读磁环初始位置、沉降管孔口的标高。

5.2.5.5　水平位移

利用测斜管进行水平位移监测,根据土体在场内、外水平方向的移动,判断加固地基的稳定性,控制加载速率。在设计位置用钻机成孔,钻孔穿过淤泥层达设计高程后,埋入测斜管,测试初读数资料。

5.2.6　卸载

根据监测试验结果,报建设、监理、设计单位同意后开始卸载,堆载预压材料全部使用机械挖运,按均衡原则的要求卸载。

5.2.7　加固效果评估

真空联合堆载预压施工结束,根据试验和监测结果,整理沉降与时间、空隙水压力与时间等关系曲线,推算地基最终固结变形量、不同时间的固结度和相应的变形,以分析处理效果。

根据对加固土体的水平位移情况观测成果,判断整个真空联合加载和恒载预压过程中有无出现失稳现象。

按太沙基单向固结理论,采用分层总和法进行固结计算,与实测沉降值作比较,分析地基加固效果。

根据标准贯入试验、静载荷试验及其他土工试验验证地基加固效果。

6 材料与设备

6.1 材料

真空联合堆载预压地基处理主要材料为土工布、砂、塑料排水板、PVC排水滤管、土工膜、堆载材料(如土、石料、水等)。

6.2 主要机械设备

真空联合堆载预压排水法施工主要机械设备见表1。

表1 主要机械设备

序号	名　称	数　量	备　注
1	推土机	根据工程具体情况确定	用于平整场地和堆卸载
2	挖掘机		用于平整、堆卸载、挖填密封沟
3	翻斗车、手推车		用于运输黄砂和堆载材料
4	插板机		用于施打排水板
5	真空泵		用于真空预压
6	其他设备		用于测量、监测、分析仪器设备

7 质量控制

(1)真空联合堆载排水板施打,根据施工方案按设计要求和有关规范进行,排水板选用建筑行业重点推荐的塑料排水板产品,保证塑料排水板的纵向通水量和强度,塑料排水板出厂前进行计算机喷码,刻度间隔20 cm,以便于施工质量控制。

(2)排水板的施工严格按照《塑料排水板施工规程》(JTJ/T 256—96)的有关规定执行。若有回带长度超过500 mm,则在该板位旁450 mm内重新插入补打一根。回带排水板根数不应超过施打总根数的5%;塑料排水板伸进砂垫层20 cm后折平30 cm长。

检查每根排水板的施工情况,符合验收标准后方可移机进行下一根排水板施工。剪断排水板前,及时用砂垫层砂料仔细填满打设在排水板周围形成的孔洞。每台插板机需配一名质检员检查、记录塑料排水板施工资料,包括深度、板位误差、垂直度、外露长度、回带及补打等情况,整理归档。

(3)按先真空预压后联合堆载预压步骤逐步分级加载,根据监测结果严格按设计要求进行,做到平衡堆卸压载材料。堆载和卸载过程中注意保护好监测仪器仪表。

(4)监测认真到位,保证资料真实可靠,以便客观地评价地基加固效果。通过相应的土工试验和大型荷载试验验证加固效果,加固后地基承载力等指标达设计要求后方可进行下一道工序施工。

(5)在预压堆载施工前进行理论计算,掌握好预压前基面高程,确保基础压缩固结后的基顶高程为建筑物底高程,省时省力,经济安全。

8 安全措施

8.1 劳动组织

根据加固工程规模大小、工期等要求,确定施工设备。劳动组织按一个工程投入一台套插板机为例,合理安排劳力计划,做到连续施工。

施工负责人1名,负责生产组织,进度安排。

现场负责人 1 名,负责现场协调,技术指导,质量跟踪检查。

专职安全员 1 名,负责现场安全生产。

专职质检员 1 名,负责质量检查报验,资料的搜集整理。

测量监测人员 4 名,负责施工期的监测。

土方施工队(其中队长 1 名),负责土方及砂垫层的施工。土方机械及人员根据工程量及现场情况配备。

排水板施工队人员 12 名(其中队长 1 名,单机分班连续施工)。

机电工 5 名,负责现场的机电排水工作。

8.2 安全注意事项

(1)严格遵守国家现行的有关安全技术规程、文件,针对本工程特点,制定安全防护管理措施。

(2)加强安全教育,对职工进行岗前安全技术培训,对新进场工人进行三级安全教育。定期进行安全教育和安全大检查,发现隐患及时予以排除。

(3)做好劳动防护,进入施工现场戴安全帽,高空作业架设安全网,佩戴安全带。

(4)做好防火和用电安全,办公、生活、生产等房屋的布置,符合防火间距的规定,加强用电防火安全教育,严格按用电安全规定架设任何临时线路。

(5)做好起重安全工作,严格按起重作业规程施工。对于工程机械,严格按照机械操作规程作业,操作人员持证上岗,以防止机械事故的发生。

(6)现场电源一律按规定架设,装置固定的配电盘,随时对漏电及杂散电流进行监测,所有用电设备配置触电保护器,正确设置接地及避雷装置,以防电器设备受雷击,并定期专人检查管理维修。

(7)现场设置的安全防护设施、安全警示标志不得擅自拆除、移动。如有变化须经工地负责人和安全部门同意,并采取相应措施。

(8)加强安全监测,一旦发现堆载加固过程有土体失稳现象,应立即停止加载,并及时采取有效措施,等土体稳定后再行加载。

9 环保与资源节约

(1)施工过程中加强周边环境的保护,严禁破坏地表植被、农作物,严禁噪声扰民。

(2)施工排水须净化后排入附近河道。

(3)压载土方施工防止尘土飞扬,必要时洒水并设挡风围栏。

10 效益分析

真空联合堆载排水法加固地基与其他地基处理方法比较见表 2。

表 2 不同基础处理方法施工周期及经济效益对比

地基处理方法	施工周期(月)	每 100 m²(万元)
堆载预压法	12	2.859
真空预压法	12	2.469
灌注桩基础	5.5	9.096
真空联合堆载法	6.5	3.820

由表 2 可知,真空联合堆载法加固软土地基每平方米的造价比施工周期相差不大的灌注桩地基处理节省 60% 的造价。

11 应用实例

11.1 淮河入海水道芦杨泵站工程

芦杨泵站是一座具有自排和抽排功能的泵站,设计排涝流量25 m³/s,站身布置在入海水道北堤后。地质主要以淤泥质黏土和粉质黏土为主,属中、高压缩性土层,层厚35.0 m左右。经过多方案比较,为提高地基承载力,保证淮河入海水道新筑北堤沉降和建筑物相适应,采用真空联合堆土预压方法进行地基处理。

芦杨泵站工程于2002年6月18日开始进行地基处理,2002年12月30日开始主体建筑物工程施工,2003年6月15日已完成水下部分,当年12月10日完成全部合同工作量。

根据观测资料,真空联合加载和恒载预压阶段,土体的水平位移基本上是场外向场内的,整个真空联合加载和恒载预压中,没有出现任何失稳现象。按太沙基单向固结理论采用分层总和法进行固结计算,芦杨泵站工程真空联合堆载预压理论沉降值为2 225 mm,而实测沉降值为1 910 mm;该工程真空联合加载和恒载预压计算沉降与实测资料基本吻合。

真空预压地基处理工程中,真空度一直都维持在0.082 MPa左右,加固区中心点平均固结度为95.18%,满足设计要求的固结度90.0%。

根据标准贯入试验得出加固前后工程地基承载力有较大提高,达0.100~0.120 MPa。根据大型静载荷试验,加固后芦杨泵站地基承载力达0.120 MPa。

经过4个多月恒载预压和现场监测、取样、试验及评估分析,根据试验结果和河海大学岩土所的技术咨询报告,经南京水利科学研究院、河海大学、江苏省水利勘测设计研究院等单位专家的现场踏勘,在芦杨泵站、芦杨地龙真空联合堆土预压地基专家评估会上,一致认为两工程真空联合堆土预压地基处理非常成功,达到了设计要求,地基加固效果明显。

11.2 淮河入海水道芦杨地龙工程

芦杨地龙工程为苏北灌溉总渠渠北灌区引水灌溉工程,设计流量25 m³/s,穿越淮河入海水道南、北泓和南、北堤,其中部分洞身和北涵首处于高填土的北堤下。工程地质主要以淤泥质黏土和粉质黏土为主,属中、高压缩性土层,层厚35.0 m左右。经过多方案比较,为提高工程地基承载力,保证淮河入海水道新筑北堤沉降和建筑物相适应,采用真空联合堆土预压方法进行地基处理。

根据观测资料,工程真空联合加载和恒载预压阶段,土体的水平位移基本上是场外向场内的,整个真空联合加载和恒载预压中,没有出现任何失稳现象。按太沙基单向固结理论采用分层总和法进行固结计算,芦杨地龙工程真空联合堆载预压理论沉降值为1 768 mm,而实测沉降值为1 611 mm,真空联合加载和恒载预压计算沉降与实测资料基本吻合。

真空预压地基处理工程中,真空度一直都维持在0.082 MPa左右,加固区中心点平均固结度为91.11%,达到设计要求的固结度90.0%。

根据标准贯入试验得出加固前后工程地基承载力有较大提高,达0.110~0.185 MPa。根据大型静载荷试验,地基承载力达0.180 MPa。

经过4个多月恒载预压和现场监测、取样、试验及评估分析,根据试验结果和河海大学岩土工程科研所的技术咨询报告,经南京水利科学研究院、河海大学、江苏省水利勘测设计研究院等科研单位专家的现场踏勘,在芦杨泵站、芦杨地龙真空联合堆土预压地基专家评估会上,一致认为两工程真空联合堆土预压地基处理非常成功,达到了设计要求,地基加固效果明显。

芦杨泵站、芦杨地龙地基处理完成后即进行上部建筑物施工,并于2003年底前先后完工,根据对芦杨泵站、芦杨地龙上部建筑物和入海道新筑北堤的沉降观测结果,总沉降量和不均匀沉降均在规范规定的范围内。

11.3 淮河入海水道张马大沟涵闸

张马大沟涵闸工程位于江苏省阜宁县境内芦蒲乡小曹庄南侧的张马大沟上,淮河入海水道工程桩号 85+580 的北堤穿堤建筑物。设计排涝流量为 21 m³/s,工程等级为 2 级水工建筑物,地震设防烈度为 6 度。本工程设计闸首为 C25 钢筋混凝土坞式结构,涵洞为单孔钢筋混凝土矩形箱式结构,洞口尺寸 3 m×3 m,涵闸全长 124.94 m。张马大沟位于海相沉积和河相沉积的软弱黏土、淤土地基上,土层含水量高,含水率高达 60%,埋深近 35 m,压缩量大,抗剪切强度低,渗透系数小,基本为软塑、流塑状淤泥土,为典型的高压缩性软土地基类型。

该工程采用真空堆载联合预压法处理软基效果明显,根据河海大学岩土工程科研所提供的评价分析报告,张马涵闸加固区内最大表面沉降 2 056 mm,沉降速率超出规范允许值 10 mm/d 很多,平均沉降速率 15.69 mm/d,加固区观测到最大日均沉降速率 62 mm/d,到加固处理后期沉降趋于稳定,卸载前一周平均沉降速率 0.5~1.0 mm/d;在加固过程中土体水平位移基本是由场外到场内的收缩型,最大位移为 287 mm,加载过程中没有任何失稳现象,加固区始终处于负压状态;加固过程中膜下真空度维持在 0.080 MPa,密封效果良好,真空度在土体中由浅及深的减小,符合排水板真空传递衰减规律;加固深度较大,减小了工后沉降,实测分层沉降资料表明,该法能消除下层软土的部分次固结沉降。通过真空堆载联合预压法,土体的物理力学指标得到改善,地基加固效果明显。

真空联合堆载预压基处理工艺在工程实践中不仅保证了施工进度,也取得了较好的经济效益,通过工程质量验收检验,均达到了设计要求,合格率达 100%,表明该项技术在加固软土基础方面有着广泛的应用前景。

(主要完成人:董长海　纪恒军　陈先勇　潘祝书　张　华)

振动沉管布袋桩施工工法

江夏水电工程公司　厦门安能建设有限公司

1　前　言

布袋注浆成桩技术是新近开发应用的一种地基处理施工工艺,目前名称尚未得到统一,根据国内文献查阅主要有布袋注浆桩(bag-grouting pile or injection pile)、注浆布袋桩(grouted bag's pile)、土工布袋桩和柱状布袋注浆技术等,习惯上简称布袋桩,尽管名称有差别,但原理基本相同。

布袋桩理论始见于 20 世纪 90 年代初,其基本构思是通过运用小型的工程设备,采用机械成孔的方法结合压力注浆技术,在土层中形成具有承载能力的圆柱状固结体,形成一种既可抗弯又可抗压的多性能小直径桩体。

该工艺最早由上海隧道工程股份有限公司开发运用,并于 1992 年通过局级技术鉴定。随后在堵塞地下工程中的大面积空洞,与灌注桩等组成地下墙,作为防渗帷幕或挡土墙以及形成复合地基,承受建筑物荷载等多个工程领域得到应用。2007 年采用回转钻机成孔布袋注浆成桩技术应用于甬台温铁路,成功加固处理了深厚层夹层软土地基问题。我公司通过厦深铁路工程实践,改变传统布袋桩成孔及注浆施工工艺,总结出一套采用振动沉管钻机成孔更适合软土地基加固施工的布袋桩施工工艺,形成本工法。

2　工法特点

(1)振动沉管机功率大、成孔快,对桩间土具有挤(振)密效应,代替了传统施工工艺中布袋膨胀时产生的对桩间土的作用力。

(2)该设备施工成桩速度快,桩体规则,桩径有保证,改进后的注浆方法过程简单,易于操控,布袋通过浆液自重撑开,桩体呈规则圆柱状,桩径充分得到保证。

(3)解决了上部 7~8 m 砂层不需处理(形成空桩)的难题,降低了施工成本。

3　适用范围

本工法适用于粉细砂、淤泥等软土地基加固工程施工。

4　工艺原理

采用的振动沉管机成孔,在成孔过程中即带入布袋。通过计算加固区域淤泥层的标高,在沉管钻机的钢套管上开一可活动窗口,当沉管至窗口位于地面以上 500 mm 时,打开窗口将注浆管从布袋口插入,直接采用大流量泵注浆,注满后即可扎死布袋口,然后继续振动将布袋桩下沉至设计深度。

5　施工工艺流程及操作要点

5.1　施工工艺流程
本工法施工工艺流程见图1。

5.2　施工操作要点

5.2.1　测量放桩位
钻孔前根据设计图纸,测量放桩位,桩位用竹片写上孔号作标示,并报监理审批。误差不得大于 5 cm。

5.2.2 钻机就位

机械就位应平整,立轴、转盘与孔位对正,各种制浆注浆设备调试完好。

5.2.3 钻孔

(1)对施工钻孔应统一编号并熟悉顺序。做到心中有数,以免发生混乱、重复及遗漏。

(2)施工中不属人为造成的原因需要移动设计孔位时,必须征得现场监理、技术人员同意、认可后方能实施。

(3)采用振动沉管钻机成孔,成孔直径 400 mm。

(4)开钻前必须用水准尺校平,保证机身平稳,钻孔偏斜<1%。

(5)桩底穿透淤泥层深入底部砂层以下 1 m;开钻前在套管下部安置混凝土桩尖,并与注浆布袋连接牢固,保证桩尖与套管的安置紧密,防止在钻进过程中桩尖与套管分离。

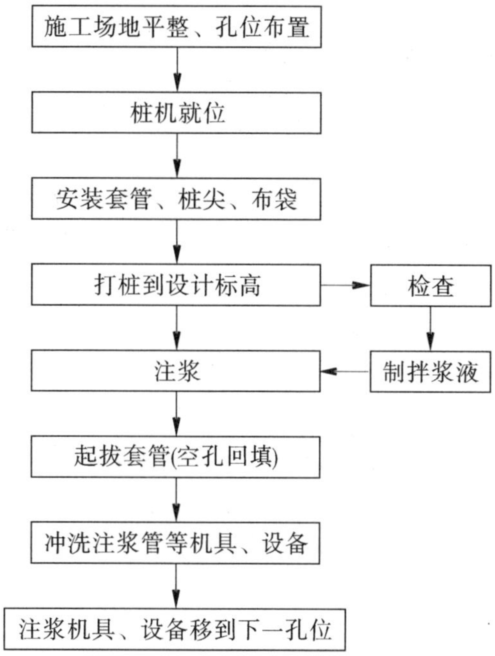

5.2.4 配制浆液

浆液配方可由水、水泥、砂等组成。采用 42.5 普通硅酸盐水泥,按水灰砂比 1∶0.7∶0.7 配制并搅拌水泥浆液均匀。根据搅拌桶的刻度加水,开动搅拌机后加入水泥,搅拌 3～5 min 后放入第二只低速搅拌桶中待用。禁止采用一只搅拌桶,边配浆边抽浆,否则难以控制浆液水灰比。施工时用比重计检测浆液比重是否正常。

5.2.5 注浆作业

根据地质资料计算出施工范围内最大有效桩长(本工程 18 m),在套管侧壁有效桩长位置开设窗口,当沉管至窗口距地面 1.0 m 左右时,从窗口对套管内布袋注浆,注浆结束后将布袋扎紧并继续沉管至设计深度。

5.2.6 空孔回填

在套管拔起前应对空孔回填碎石与砂混合物,并振动密实,套管拔起后地面以下不得留有空孔。

```
施工场地平整、孔位布置
        ↓
     桩机就位
        ↓
 安装套管、桩尖、布袋
        ↓
 打桩到设计标高 → 检查
        ↓          ↓
     注浆    ← 制拌浆液
        ↓
 起拔套管(空孔回填)
        ↓
 冲洗注浆管等机具、设备
        ↓
 注浆机具、设备移到下一孔位
```

图 1　布袋桩施工工艺流程

6　材料与设备

6.1　主要材料

原工法采用的浆液是水泥(或掺加少量细砂、细粉煤灰)浆液,要求浆液流动性好,水灰比大,凝结后的桩体强度较低。工法改进后的浆液不存在以上限制,水泥浆液中可掺入较多的细砂、中粗砂或矿石粉等工业废料,凝固后可形成高强度的桩体。

6.1.1　水泥

布袋桩采用的主要材料为水泥,在地下水有侵蚀性的地方应选用有抗侵蚀性的水泥,以保证桩体的耐久性。为了提高浆液的流动性和稳定性,改变浆液的凝结时间或提高凝结体的抗压强度,可在水泥浆液中加入外加剂。根据加入的外加剂及注浆目的的不同,水泥浆液可分为普通型、速凝—早强型、高强型、抗渗型等类型。

普通型浆液一般采用强度等级为 32.5 或 42.5 的硅酸盐水泥或普通硅酸盐水泥,不加任何外加剂,凝结体的抗压强度(28 d)最大可达 20 MPa。本工程设计无特殊要求故采用普通型浆液,水泥采用42.5普通硅酸盐水泥。

6.1.2 布袋

布袋为土工织物袋。原设计要求的布袋主要技术参数如下:单位面积230 g/m²,CRB顶坡强度≥5.5 kN,等效孔径0.07~0.5 mm,撕裂强度≥0.85 kN,渗透系数$K=10^{-2}~10^{-3}$ cm/s。此布袋技术参数设计根据原传统布袋桩施工工艺而定,考虑到布袋在注浆过程中需要承受注浆压力等多方面因素,改进后的施工工艺理论上对布袋性能要求有所降低,只需采用普通土工织物袋即可。

6.1.3 其他材料

传统施工工艺中需消耗较多的PVC注浆管或铁管,在改进后的施工中注浆管可重复利用。

采用振动沉管施工需使用桩尖,桩尖采用C30混凝土预制,直径0.4 m。

6.2 施工设备

振动沉管工艺施工中选用的施工设备主要有振动沉管机、大流量泥浆泵、泥浆搅拌机等。振动沉管施工设备见图2。

图2 振动沉管施工设备

振动沉管机的优点是造孔进度快,孔径大,不需要护壁材料,缺点是难以穿越局部存在的硬土夹层。

7 质量控制

(1)钻孔应达到设计深度,其误差一般小于-10 cm,根据沉管速度及电流值变换判定是否穿过淤泥层。布袋的绑扎方法应使上下两头不泄漏浆液。

(2)布袋桩每孔压入浆液理论注浆量应不小于0.126 m³/m×孔深。

(3)认真记录钻孔及注浆情况,并及时统计。同时要作好布袋规格和用量,水泥、外加材料的消耗量等施工参数记录。

(4)每班对现拌浆液必须进行随机抽样测试。

(5)布袋桩施工的允许偏差、检验数量及检验方法见表1。

8 安全措施

(1)严格工地用电线路规划和检查,做到"一机一闸一保护"。

(2)加强车辆和设备的检查保养,严禁机械设备带病作业和超负荷运转。

(3)加强道路维护和保养,设立各种道路指示标识,保证行车安全。

(4)每班作业前应进行牵引设备和钢丝绳的检查,防止设备故障和钢丝绳断裂,对于断丝和起毛的钢丝绳应按规范要求及时更换。

(5)为防止牵引设备钢丝绳过卷引发安全事故,应在牵引设备钢丝绳上安装自动限位器。

(6)所有高空作业人员应佩戴安全绳,安全绳在机顶的锚固点应坚固;工作中严禁不同人员的安全绳交叉和打结。

表 1　布袋桩施工的允许偏差、检验数量及检验方法

序号	检验项目	允许偏差	施工单位检验数量	检验方法
1	桩位(纵、横向)	50 mm	按成桩总数的10%抽样检验	经纬仪或钢尺丈量
2	桩身垂直度	1%	且每检验批不少于 5 根	经纬仪或吊线测钻杆倾斜度
4	所用水泥、砂等的品种、规格、质量	符合设计要求	每批抽样检验 1 组	检查产品质量证明文件及抽样检验
5	浆液质量	严格按试验确定的配合比拌制,浆液应均匀,不得离析	每根桩施工过程中抽样检验 2 次	观察并用浆液比重计检测浆液密度
6	桩的数量、布桩形式	符合设计要求	全部检验	观察、现场清点
7	桩的长度	符合设计要求	每根桩检验	检查施工记录
8	桩的完整性、均匀性、无侧限抗压强度	满足设计要求	桩总数的5‰,且不少于 3 根	完工后 7 d,在每根检测桩桩长范围内垂直钻孔取芯,观察其完整性、均匀性,拍摄取出芯样的照片,取不同深度的 3 个试样作无侧限抗压强度试验
9	复合地基承载力	满足设计要求	桩总数的2‰,且不少于 3 根	平板载荷试验

9　环保措施

(1)工程活动产生的污水不得排入农田。在施工现场设置污水收集池,污水经沉淀处理后抽排至周边松散地表作渗透净化处理。严禁向有水河道中弃土、弃渣。

(2)工程建设中含有害物质的施工物料不得堆放在河流、沟渠等水体附近。

(3)在施工过程中尽量选用先进的机械设备,以有效减少跑、冒、滴、漏的数量及维修次数,从而减少含油污水的产生量。

(4)施工营地、施工场地的生活污水要经过处理后再进行排放。生活污水经简单处理,达到排放标准后排放。卫生间、厕所污水设置化粪池处理后排放。

(5)散装水泥等采取封闭措施,避免扬尘及抛撒。水泥罐底部出口处用篷布将四周围起来,防止水泥灰尘向四周扩散。靠近农田的应设置隔离墙(板)。

(6)生产和生活垃圾分类统一收集,集中处理,运至指定的垃圾场。

(7)含有石油类的固体废物应单独收集,密封包装,再运至指定的地点掩埋处理。

(8)对打印、复印设备废弃墨盒、硒鼓等送环保部门统一回收。

(9)做好施工区农田的排涝工作,埋设涵管等以保障排水畅通。

10 效益分析

我单位采用经改进后的振动沉管法成桩 44 000 延米,随机抽样检验全部合格。改进后的工法较改进前在施工成本、施工效率和施工工序等方面更有优势,桩体强度得到大幅提高,可减少布桩数目,降低工程投资,缺点是地面产生震动较强烈,噪声污染大。

软土地基加固方法很多,在铁路领域应用较广泛的桩型复合地基处理包括旋喷桩、深层搅拌桩和预应力管桩等,我们把布袋桩与以上常见的几种工法在经济性方面进行了对比,其中布袋桩分传统布袋桩和振动沉管布袋桩,见表2。

表2 振动沉管布袋桩与其他常见软基加固工艺的经济性比较

施工工法	处理面积 (m²)	桩距 (m)	桩径 (m)	桩数 (根)	单价 (元/m)	总造价 (元)	单位造价 (元/m²)
沉管布袋桩		1.8	0.4	42	98.9	41 538	415.38
传统布袋桩		1.2	0.4	81	87.8	71 118	711.18
双管旋喷桩	100	2.4	0.8	25	226.2	56 550	565.50
深层搅拌桩		1.0	0.5	121	37.4	45 254	452.54
预应力管桩		2.2	0.5	36	258.0	92 880	928.80

注:桩基处理长度均以10 m计算。

通过分析对比可以看出,在处理后达到同等复合地基承载力的条件下,振动沉管布袋桩每平米处理造价相对最低,比传统布袋桩造价节约41.6%,经济效益明显。利用振动沉管工艺施工的布袋桩加固地基单价低,地质适应性强,处理后的复合地基承载力较高,是一种值得推广的施工工法。

采用振动沉管施工后的布袋桩对土体的加固形式有所改变,从单一的对淤泥层加固的布袋桩变成了淤泥层的布袋桩和顶部碎石挤密桩相结合的处理结果,相对软土路基的加固处理来说无疑更为有利。

11 工程实例

厦深铁路广东段站前工程 XSGZQ-7 标段,里程范围:DK320+582.87 ~ DK353+350,线路长度32.381 km。起点为螺河特大桥厦门台尾,终点为金马隧道出口。线路东起陆丰市,跨越国道 G324和省道 S240、S241 等,西至汕尾市。总工期30个月,计划2008年9月1日开工,2011年2月28日完工,其中路基软土地基处理在2009年10月完工。

路基段全长 6.64 km,位处滨海冲积平原,场地平坦宽阔,多辟为水田及旱地。冲积平原区为冲积、海积或混合型成因,部分地层富含沼气,地层主要依次为细砂、淤泥或淤泥质黏土、细砂、中粗砂,下伏基岩为泥岩和粉砂岩,设计要求对淤泥或淤泥质黏土软弱层进行加固处理,部分路段采用布袋桩方法处理。振动沉管工艺进行布袋桩施工25根,7 d后钻芯检测。试桩结果:采用改进后的施工工艺施工取芯较完整,芯样抗压强度高,完全满足设计要求。

(主要完成人:唐经华 孙义勇 邱 敏 戎 雷 陈建星)

整体式混凝土浮船施工工法

江夏水电工程公司　厦门安能建设有限公司

1　前　言

钢筋混凝土船结构的制造方法可分为整体式、装配式两种。内河、沿海或特定水域的非自航钢筋混凝土船及其他混凝土漂浮设施一般为装配式结构形式。装配式结构是在工厂预制成各种构件然后运往工地装配而成,优点是不受季节限制,能加速施工进度,有利于材料周转,节约成本,但装配式结构的接头构造较为复杂,整体性较差,对防渗及抗撞击不利。整体式结构是在现场立模扎筋,浇筑混凝土而成的结构,它整体性好,刚度大,但施工工期较长,费用较高。整体式钢筋混凝土船的施工有别于陆地建筑物的施工,为确保混凝土船的吃水深度满足设计要求,对船体的外形尺寸和重量控制非常严格。现浇部分的层间缝施工质量及内部预制隔舱湿接缝的处理直接影响混凝土船的密封性,是施工中控制的重点和难点。

我公司承担了三峡永久船闸上游浮式导航堤钢筋混凝土船工程,施工过程中对以上两种制造方法进行综合研究和总结,形成本工法。

2　工法特点

(1)采用底和船舷整体现浇,内部隔舱预制拼接的方法,施工速度快、工效高。

(2)整体性好,刚性大,耐久性和抗渗性能远远高于一般钢筋混凝土船。

(3)施工质量容易保证,能够满足设计要求。

3　适用范围

本工法适用于各类现场制作的钢筋混凝土船施工,也适用于类似工程的施工。

4　工艺原理

整体式钢筋混凝土采取底和船舷整体现场浇筑,内部隔舱和甲板采用预制拼装方式进行施工。

5　施工工艺流程及操作要点

5.1　施工工艺流程

整体式钢筋混凝土船施工工艺流程见图1。

5.2　操作要点

5.2.1　原材料设计

混凝土工程质量是否优良,取决于许多因素,其中一个重要因素就是混凝土的技术性能要符合要求,新拌混凝土和硬化混凝土的性能决定于它的配比成分,通过选择配合比来保证混凝土性能符合要求。配合比设计的目的是要得到满足工程施工要求的和易性及其他技术性能的新拌混凝土,混凝土凝结后的强度符合设计要求并具有耐久性。混凝土船由于钢筋密集,混凝土级配一般均为一级配混凝土,水泥应采用标号不低于42.5硅酸盐、普通硅酸盐、抗硫酸盐、矿渣硅酸盐水泥。砂应采用质地坚硬、洁净的天然砂,砂的颗粒级配应处于JGJ52中第5条表1中的1区、2区范围内。粗骨料应采用质地坚硬的碎石、卵石,其最大粒径不宜超过钢筋间的最小净距,并应小于构件断面最小边长的0.25倍。为了改善混凝土的和易性,在混凝土拌和时加一定量的引气剂。同时钢筋混凝土船混凝土浇筑速度较慢,这就要求适当延缓混凝土的凝结时间,以利于施工操作和保证混凝土质量。高温季节混凝土施工由于气温高,水泥水化速度加快,水分蒸发迅速,混凝土坍落度损失加快,很快失去流动性,会给施工带来困难,影响混凝土工程质量,所以要求混凝土有较长的工作时间;同样混凝土结构施工中因故中途停顿,要求上下浇筑层混凝土结合良好,防止形成冷缝,也需要混凝土的凝结时间延长。特别是浇筑舷板及端舱,这些部位混凝土施工必须加缓凝剂,其他部位如底板、纵横隔舱及现浇甲板和各种接缝,如不是高温季节则可考虑不加缓凝剂。

钢筋材料圆钢使用3号钢(Ⅰ级钢),螺纹钢使用5号钢、16锰钢(Ⅱ级钢)及25锰硅钢(Ⅲ级钢),不使用冷加工的粗钢筋(冷拉、冷拔或冷轧钢筋),每批钢筋进场必须具备检验合格证。并按批量进行取样,送实验室进行钢材的机械性能抗拉强度检验。

5.2.2 船厂场地建造

混凝土船底板模板是利用船厂地坪施工的,因此对船厂地坪的平整度要求较高,首先要选择在坚实的基础上铺设10~15 cm厚碎石垫层找平,并要求压实。采用[20槽钢或组合钢模立模,外设地锚支撑加固。在模板上作好高程标记,并每隔2 m左右用调节螺杆设置高程控制点,确保混凝土地坪平整度,然后浇筑低标号地坪混凝土。为了保证混凝土船起浮要求,左右方向8 m进行分块跳仓施工,上下游方向10 m左右进行切缝;浇筑后及时进行抹面收光。在场坪四周设置排水边沟引向深沟。

5.2.3 混凝土分层

先在船台地坪上现浇底板,舷板、端舱结构分两次浇捣,并同时在船台上预制船的纵横舱壁和甲板,等构件混凝土强度达70%时进行拼装,然后浇甲板及各种接缝混凝土。见图2。

5.2.4 船台放样

放样工具主要是用木工使用的墨斗弹线,弹垂线主要是用两脚划规。

(1)首先详细熟悉图纸,了解全船各部分的情况与拼装的相互关系,各构件的尺寸及连接是否有误。

(2)在地坪放样前,先在纸上用比例尺进行合理规划,预制件应分类堆放在一起,既考虑施工方便,又安排紧凑,合理利用现有混凝土地坪。

(3)底板放样先放底板的边框线,等三层油毡铺好并粘贴好搭头后,再放出底板梁及纵横舱壁等位置,为了清晰,用白、黄漆标明转角或梁的位置,便于钢筋绑扎和支模。

(4)预制件放样时将构件的轮廓尺寸和梁、预制件的预留位置放在混凝土地坪上。

(5)在地坪上面将各构件编上号,等预制件脱模前在构件上用油漆编上号,以便安装时使用。

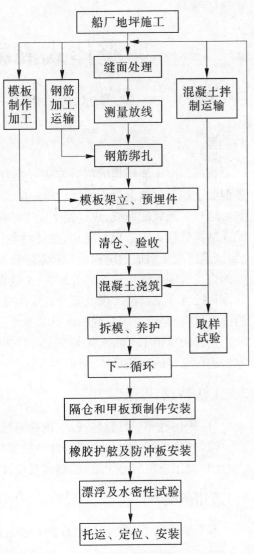

图1 整体式钢筋混凝土船施工工艺流程

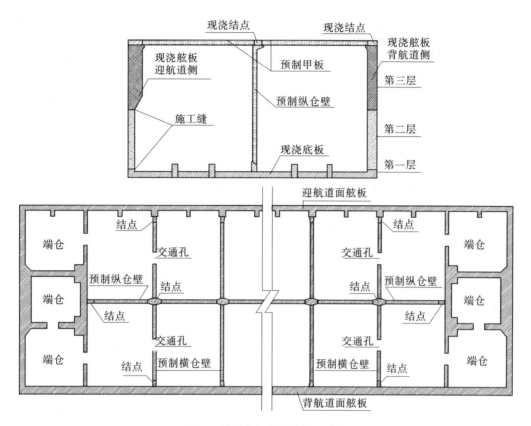

图 2 混凝土船分层浇筑示意图

5.2.5 模板工程

5.2.5.1 模板选型

混凝土船的舷板部位,采用钢模板施工;而预制件四面均有钢筋外露,采用木模。结点模板采用定型木模。无论何种型式的模板均应具有足够的刚度和强度,并满足如下要求:

(1)拼装牢靠,结合紧密,为防止漏浆,模板拼缝统一粘贴双面胶带。

(2)模板装拆方便。

(3)钢模使用在各类构件上的夹具及卡具尽可能通用。

(4)在混凝土地坪上施工预制件及舷板、端舱等侧模必须垂直、牢固,使浇出的混凝土能满足图纸要求。

(5)各预制件伸出钢筋的边模开口尺寸控制准确。

5.2.5.2 底板模板

底板采用混凝土船台作为底模,船体施工正式放样前,在混凝土船台上铺设三层油毡,作为弹性垫层,目的是减少混凝土船台表面对混凝土船底板的约束力,使混凝土船在漂浮时能顺利脱离船台。最上层油毡使用沥青油毡,油毡铺设要保证严密不漏浆,但要在船台分缝处切割分缝,确保混凝土船上浮时水能顺利进入,铺设时在船台边留有一定的余量,以便在油毡上放样。

底板侧模使用组合钢模板,外设地锚支撑,在船台边设置插筋固定。

底板肋梁使用组合钢模板,用统一宽度的钢卡具将两侧模板卡紧,模板间用木方定位抵死;梁与梁之间用定位杆固定梁的间距。

5.2.5.3 舷板模板

舷板模板采用组合钢模板,内外模之间采用 Φ12 mm 对拉螺栓固定,螺栓间距40 cm×75 cm,保证模板相对位置不变。为保证模板整体稳定,在船舱内外搭设整体排架,模板与排架之间拉撑结合,外侧排架与船体内钢管排架连成整体,外排架每隔一定的距离设有斜撑。为准确保证舷板的水平度,在所支模板上纵向拉线,控制模板尺寸。

5.2.5.4 端舱模板

端舱采用组合钢模板,舱内采用钢管承重排架作支撑,端舱内所设排架钢管间距1.5 m×1.5 m,舱顶模板使用预制定型的木模板,横向使用10 cm×10 cm的木方作为横向支撑,通过调节螺杆调节至规定尺寸。

5.2.5.5 甲板模板

甲板模板采用先支模,后拼装预制甲板,护舷侧使用木模板,岸舷侧使用钢模板,两侧均根据各舷的具体尺寸,将模板用调节螺杆固定在舷板边缘,螺杆焊在预留钢筋上,通过螺杆调整模板尺寸,另纵向水平垂直度利用拉线调整。

5.2.5.6 结点模板

底板结点模板使用预制定型的木模板,根据底板肋梁的厚度及高度,定制木模板,在模板上对穿螺杆固定模板,模板一侧紧靠纵横舱壁,另一侧用标准尺寸的方木支撑,并留出足够宽的混凝土进料口。

船舱内的竖向结点与甲板横向结点同时支模,均采用木模板,根据竖向结点的宽度和高度先将模板制作成型,而后进行组装,安装方法是先将紧固螺杆焊接在所立模板接缝钢筋上,再在两舱同一侧的模板上钻孔,两舱模板对穿,通过螺杆牢固紧密地固定在接缝处,用吊线锤调整所支模板的垂直度。

甲板结点是在甲板拼装前,先将结点模支好后拼装甲板。甲板结点使用木模板,先将紧固螺杆焊在纵向舱壁的丁字梁预留钢筋上,模板对称钻孔,将模板穿在螺杆上,两舱模板通过紧固螺杆夹在丁字架两侧,待甲板拼装后根据缝隙大小再进行处理。用水泥砂浆从舱内将缝隙抹严,以免漏浆。

5.2.6 钢筋工程

5.2.6.1 钢筋加工

1)钢筋调直

直径在10 mm以下的盘状原钢,用钢筋调直机进行调直加工,直径大于10 mm的直条钢筋,先在工作台上的扳柱上平大弯,然后再用铁锤敲打平小弯,钢筋加工后应垂直、无弯曲、经检验符合规定后实施下道工序。

2)钢筋切断

钢筋的切断采用钢筋切断机,为保证钢筋下料的质量,在正式操作前应先断两三根,检验长度的准确性后,方可批量断料,测量长度所用工具或标志应准确,避免用短尺量长料,以防止累积误差。

3)钢筋弯曲

钢筋的弯曲成型,要求加工的钢筋形态正确,无翘曲不平的现象,以便钢筋的绑扎安装,为保证钢筋弯制的质量符合要求,在成批钢筋弯制前,都应试弯一二根,然后检查弯制形状、尺寸是否与设计相符,并校对钢筋弯曲的顺序,所定的弯曲标志是否合适,经过调整,确保无误后方可批量弯制。

5.2.6.2 钢筋绑扎

1)绑扎前准备工作

首先要熟悉图纸,做到心中有数,加工好的材料进场后,按类堆放,核对钢筋配料单和标牌,检查钢筋加工是否遗漏或错误,加工成型的钢筋规格、形状、数量是否与图纸相符,发现问题及时解决,避免造成不必要的返工。

2)砂浆垫块

浮船钢筋保护层普遍偏小,一般为1.5~2.5 cm,与一般水工建筑物钢筋绑扎中10 cm保护层相比,控制难度大。为精确控制钢筋的保护层,采用高标号水泥砂浆垫块进行控制。水泥垫块的厚度根据图纸设计的钢筋保护层来确定,制作时预埋两根 20 号铁丝,使之能固定在钢筋上,布置按梅花形布置,间距一般为 0.5 m 和 1.0 m,起到精确控制钢筋保护层厚度的作用。

3)底板钢筋绑扎

钢筋绑扎方向从中间向两端或从一端向另一端绑扎,避免中间拱筋,为防止钢筋的滑动,钢筋相邻交叉点的铁丝扎扣应按十字形绑扎,所有相交点都应扎牢。底层钢筋网扎好后,垫上水泥垫块,成梅花形布置,以保证钢筋有足够的保护层,垫好垫块后开始绑扎横梁和纵梁,绑扎底板梁时注意箍筋的弯钩叠合处应交错扎在两根架立筋上,箍筋的四个角都应扎牢,扎点的铁丝扣互相成十字形,箍筋应垂直,箍筋的下面中部与底板钢筋扎牢,横筋箍筋绑扎在纵向筋底层上,纵梁箍筋绑扎在横梁钢筋底层上,以确保箍筋浇混凝土时不露筋。横、纵梁绑扎好后,方可穿底板上层的横、纵向钢筋,上层钢筋网的纵、横向钢筋应与底层钢筋网的纵、横向钢筋对齐,绑扎方法与底层相同,钢筋网扎好后,用短竖筋将上层钢筋网支撑起来,支点钢筋成梅花状,支点钢筋应与上层钢筋网点焊固定,两层间距离应符合设计要求。

4)舷板、端舱钢筋绑扎

舷板、端舱的竖向钢筋应与底板横、纵向钢筋相对应,绑扎好后应焊接。竖筋立好后,按图纸设计尺寸,在每隔 3 m 左右的竖筋上放出水平钢筋的位置。绑扎时水平筋应与竖筋相互垂直,水平筋与竖筋相交点在相邻处的扎扣扎成十字形,为防止水平筋的下滑,每隔 1 m 处增加一个缠扣。在舷板、端舱两端和中部还要各扎一根斜筋,防止钢筋网绑扎成型后向一端倾斜。两层钢筋网之间用短筋点焊固定,中间距应符合设计要求。舷板、端舱钢筋竖向保护层厚度用吊锤线的方法调整。先在两端吊锤线校核两端竖向保护层,然后在两点间拉一条直线,用钢尺量出两点间钢筋直线的距离,调整到与两端钢筋至直线距离一致。每隔 2 m 用拉筋将调整好的舷板或端舱钢筋网固定在钢脚手架上,将带扎丝的垫块呈梅花状绑扎在钢筋网上。

5.2.6.3 钢筋焊接

直径大于或等于 10 mm 的热轧钢筋接头必须进行焊接,焊接形式主要为单面搭接焊,焊条选用 E50 系列,焊条的直径及焊接电流必须合理选择,焊缝长度应不低于 10 倍的焊接钢筋直径,焊接高度为钢筋直径的 0.3 倍且不小于 4 mm,焊缝宽度为钢筋直径的 0.7 倍,且不小于 10 mm。焊接时引弧在搭接钢筋的一端开始,收弧在搭接钢筋的端头上,防止咬边,弧坑饱满。焊缝与钢筋熔合良好。焊缝表面平顺,无明显气孔、咬边、凹陷和夹渣,更无裂缝。焊接方法、接头形式、焊接工艺和质量验收都按规范严格控制。

为保证焊接质量,焊工必须持证上岗,并在规定范围内施焊,钢筋焊接前,必须根据施工条件进行试焊,合格后方可施焊。

5.2.7 预埋件工程

5.2.7.1 预埋铁板

预制纵横隔舱与舷板、底板之间的相互连接方式除外露钢筋外,增设预埋铁板进行连接。铁板两块为一组,通过钢筋进行焊接固定。预埋铁板插入混凝土内或配筋的网层间,采用样架固定。

5.2.7.2 进人孔及通风孔

预制纵横舱壁与端舱每两个舱之间预设有进人孔,作为入舱检查的水平通道。甲板设有进人孔及通风孔埋件,进人孔为入舱维修、观察的垂直通道。进人孔与通风孔均为钢质材料,采用定型钢材制作。

5.2.8 混凝土工程

5.2.8.1 混凝土运输

混凝土运输采用混凝土运输车自拌和系统运至施工场坪。

5.2.8.2 底板混凝土浇筑

采用门机吊罐直接入仓,为减少铲锹工作量,下料时进行手动调整下料量,人工均匀摊开,平铺浇筑,先用软轴振捣器插振,然后用平板振捣器振。浇混凝土的程序是从船的一端向另一端浇筑。首先从第二舱开始,接着浇第一舱(端头舱),因第一舱是斜坡形,故先从下面往上振,同时用木板(根据底板每格的宽度预先加工好30 cm宽木板)压住混凝土,减少混凝土的向下流动,保证板的混凝土密实及不脱节。然后浇第三舱、第四舱……底板中间部位用平板振捣器搭接3~5 cm振动。板的振捣完成后,将混凝土料下在梁内,采用软轴振捣器对梁振捣,并进行二次回振。底板振捣完成后,进行三次抹面压光,第一次要求在振捣结束后进行,严格按照控制的厚度将多余混凝土铲除刮平,用刮尺和木抹子收平,第二次在混凝土初凝前进行,要求用铁板严格抹平压光,第三次在混凝土初凝后、终凝前进行,用铁板最后进行压光;抹光人员分三组进行流水作业,第一组抹平压实,第二组抹光,第三组压光,以控制底板混凝土平整度,防止表面裂逢。

为保证底板的浇筑质量,需采取以下措施:

(1)应事先检查底板及舷板的钢筋保护层,避免露筋现象。

(2)板和梁的振捣时间差应控制适当,防止出现板已经初凝而梁还未振捣好的现象。

(3)为避免底板梁的超重,底板抹光前将底板梁吊空模下口混凝土刮除,使吊空模板下口底缘与板面混凝土处于同一平面内。

5.2.8.3 舷板、端舱混凝土浇筑

浇筑前对上一层混凝土面冲洗后铺设一层5 cm水泥砂浆,适当控制铺设距离,避免砂浆失水后失效,然后进行混凝土浇筑。采用门机吊罐将混凝土料下在舱位周边人工搭设的下料平台,人工铲锹入仓。采用台阶法浇筑,每层厚度40~50 cm,要求台阶分明,根据天气和混凝土情况控制台阶长度。首先用软轴振捣器对端舱振捣,然后由两侧对称振捣至迎航道和背航道。操作时做到快插慢拔,上层插入下层5~10 cm,每次移动位置控制在50 cm左右,每层混凝土都进行二次回振。振捣完后,及时铺设保温被进行保温。

端舱部位有金结、钢筋密集;现浇甲板的钢筋均插入舷板、端舱的端部;混凝土入仓及振捣困难,对此应采取以下措施来保证浇筑质量。

(1)端舱部位混凝土坍落度增加为9~12 cm,其他部位不变,仍为7~9 cm。

(2)迎航道舷板混凝土与背航道舷板及端舱混凝土标号不同,为不混淆,在吊罐上作标记,正确下料。

(3)浇筑金结导向钢座下混凝土时,采用振捣棒从钢座顶部圆孔插入进行振捣,振捣时间加长,确保振捣密实。

(4)端舱有现浇甲板,中部有起拱,在浇筑前预先在模板和钢筋上作好标记,控制浇筑厚度。

5.2.9 预制件安装工程

混凝土船预制件包括纵、横隔舱和甲板。预制地坪利用船台地坪,地坪涂刷三遍脱模剂(柴油和机油混合制成),第一遍涂刷时,在机油中掺40%柴油;待地坪干后,涂刷第二遍时,在机油中掺80%柴油;第三遍只涂刷柴油。同时确保地坪无积油,避免污染钢筋。其他可参照钢筋混凝土船相关内容。

5.2.9.1 纵、横隔舱安装

纵、横隔舱吊装前将船体内钢模、杂物、积水全部拆除和清除,并将舷板内预埋件敲出;对纵、横隔舱进行放样,并用油漆作好标记。纵、横隔舱外伸钢筋超出部分割除。安装时将纵、横隔舱竖直吊入仓内,对准对应的边线和端线,缓慢下落,伸出钢筋插入底板梁内,两端挂好手动葫芦,用铝合金扁尺靠纵隔舱板面对底板的纵、隔舱边沿线,用手动葫芦进行调整,然后测量标高,通过门机进行粗调,用撬杠进行微调。定位后,将预制件伸出的钢筋与底板梁安装钢筋进行焊接固定。接着调整垂直度,采用吊垂线的方法,通过移动门机吊钩和钢管支撑进行。垂直度调好后,焊接连接铁板和部分底板梁钢筋对预制件进行固定。再进行下一块的安装。其余伸出钢筋待吊装完后全部进行焊接。

5.2.9.2 甲板安装

待纵、横隔舱全部安装就位并固定后方进行甲板的安装,甲板通过门机平吊至纵、横隔舱顶部,在相应位置放好即可,粗略定位用门机,精确对位采用撬杠,定位后,将甲板和横隔舱的预埋铁焊接进行固定。其余伸出钢筋待吊装完后全部进行焊接。

5.2.10 混凝土温控

严格控制混凝土浇筑温度;保证混凝土运输车辆,提高混凝土的入仓速度,加强混凝土的振捣,按要求每层混凝土的覆盖时间不超过 2 h;大仓号采用台阶法浇筑,层面及时覆盖 EPE 保温被;舷板混凝土垂直面在高温时段进行全天候保温保湿养护,低温季节除模板外侧挂设保温被外,船舱内用碘钨灯升温。

钢筋混凝土船不属于大体积混凝土浇筑,因此混凝土的温度控制主要是养护。混凝土浇筑结束后,及时洒水养护,以保持混凝土表面经常湿润。只有在充分潮湿养护的情况下,水泥才能达到最大程度的水化,相反在干燥时,水泥不能达到有限程度的水化,这时混凝土就将出现干裂,影响混凝土质量。对永久暴露的水平面采用流水养护;混凝土结构成型后 6 ~ 12 h,气温较高或大风天气不迟于 2 ~ 3 h,即喷雾养护,在气温低于 5 ℃时停止养护,同时覆盖保温被。养护时间按 7 ~ 28 d 控制。

5.2.11 橡胶护舷及防冲板安装工艺

5.2.11.1 安装流程

上护舷安装→下护舷安装→防冲板安装→塑料贴面板安装。

5.2.11.2 安装措施

1)上、下护舷安装

首先在上边沿确定一条控制线,根据预埋钢板上螺母实际位置进行定位,并弹上墨线作好标识,护舷照此线安装。护舷吊带采用尼龙绳,起吊后,将橡胶护舷上下各四孔与预埋钢板上螺纹孔对齐(以墨线进行控制),用圆垫圈和带钩方垫圈将连接螺栓上与预埋钢板螺母内拧紧,连接螺栓尽量安装于护舷安装孔中心位置,以备出现误差时可进行调整。

2)防冲板安装

上、下护舷安装完毕、位置全部准确后,进行防冲板安装。用两根等长钢丝绳,起吊防冲板安装环,将防冲板上的安装孔与护舷头部的螺纹绞孔对正,将螺栓旋入(螺纹旋入尽可能深一些,以免防冲板串动时螺栓脱落)。再将防冲板的位置摆正后用内六角扳手拧紧。

3)塑料贴面板安装

塑料贴面板有两种规格:方型贴面板和边角贴面板;由于贴面板孔径大于防冲板螺栓孔,贴面板与板间易对齐,间距易控制均匀,将对应螺丝拧紧,安装即完成。

5.2.12 水密性试验

钢筋混凝土船结构设计每两个船舱作为一个水密单元,其目的是防止某一个船舱破损,两个船舱进水的情况下整个船体不会下沉。为全面检查混凝土船的水密性能及施工质量,对混凝土船进行水密性灌水及冲水试验,混凝土船吃水线以下进行灌水检查,吃水线以上部分进行冲水检查。一是检查水密舱壁承受静水压力后的密封情况;二是检查船舱内纵横舱壁及底板接缝处水密质量;三是对混凝土船吃水线以上的船舷和甲板从外侧进行冲水,检查混凝土船外侧舷板及甲板在设计水压下,混凝土板及分层接缝处是否有渗漏现象。

水密试验时,船体及舱内各接缝混凝土强度必须保证不低于设计强度的70%。用消防管从通风孔(进人孔)向舱内灌水,按先后顺序向水密舱内灌水,灌至底板以上3.5 m止。见图3。

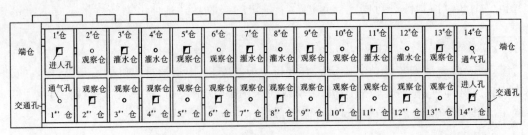

图3 水密试验顺序图

船舱灌水结束后,在舱内存留时间12 h,并安排专人进行检查,在此期间每2 h检查一次,发现渗漏部位,作出标记,认真作好试验记录,待试验结束后进行修补;对混凝土船吃水线以上部位(包括甲板上部、舷板、纵横舱壁及进人孔)进行冲水检查,冲水压力不低于0.09 MPa,喷头距离试验处不大于3 m,移动速度0.5 m/min。试验结束后用水泵将船舱内水排除,对渗漏部位进行修补,修补处理后再进行试验,直至达到设计要求。

5.2.13 漂浮及定位施工

5.2.13.1 施工流程

场地清理→地锚施工和浮船系固→压载平衡→浮船起漂→浮船拖带→浮船初步定位→浮船精确定位→设备安装。

5.2.13.2 施工方法

对各艘浮船底板周边进行清理,割除地坪上的钢筋头,彻底清除油毡(隔离层)黏结的混凝土及砂浆杂物,保证水能顺利进入油毡内部,使浮船能顺利脱离隔离层。为保证浮船漂起后相互间不发生碰撞、飘流,每个浮船四周建造系固浮船用地锚4座,每个承受拉力为10 t。每艘浮船需系缆4根,四角系棕球靠垫防碰。

浮船漂浮后,船体可能会发生倾斜,采用了沙袋对其进行压载平衡。然后用拖船将浮船按对应位置拖入上航道初就位,将其拖至其上航道浮堤支墩间进行定位及设备安装。

5.3 劳动力组织

本工法劳动力组织情况见表1。

表1 劳动力组织情况

工种	管理人员	技术人员	模板工	钢筋工	混凝土工	普工	合计
人数(人)	4人	4人	15人	10人	8人	16人	57人

6 材料与设备

采用材料及机具设备见表2。

表2 材料及机具设备

序号	设备名称	设备型号	单位	数量	备注
1	全站仪	TC905L	台	1	
2	经纬仪	THEO010B	台	2	
3	水准仪	WILD NAKO	台	2	
4	装载车	东风	辆	1	
5	五十铃自卸车	CX281K	辆	5	

续表2

序号	设备名称	设备型号	单位	数量	备注
6	门机	丰满门机/30 t	台	1	
7	汽车吊	70 t	辆	1	
8	液压混凝土卧罐	YM-3	台	1	
9	变频机组	ZJB150	台	5	
10	Φ100 振捣器	Φ100	台	10	
11	软轴振捣棒	Φ30、50	台	10	
12	平板振捣器		台	10	
13	高压冲毛机	A2691-4	台	1	
14	移动式压缩机	HP750W/CU	台	1	
15	浮吊	50 t	台	1	拖移浮船
16	驳船	20 t	台	1	拖移浮船

7 质量控制

7.1 工程质量控制标准

浮船施工质量标准按《混凝土结构工程施工及验收规程》(GB 50204—92)、《钢筋焊接及验收规程》(JGJ 18—96)执行,浮船最终形体质量标准按表3执行。

表3 浮船形体控制允许偏差

部位	允许公差(mm)	部位	允许公差(mm)
总长	+50	舷板、端板、舱壁垂直度	±2,且不大于±5
型宽	±18.8	舷板纵向平直度	±8
型高	±25	舱壁的间距位置	±10
甲板中拱	—	护舷、纵骨、护舷材纵向平直度	10

7.2 质量保证措施

(1)组合钢木模板接缝要全部粘贴双面胶带,防止漏浆产生砂线。

(2)浇筑过程中施工缝铺设砂浆要求在现场拌制,浇筑到哪里就铺到哪儿,确保接缝砂浆新鲜,防止出现冷缝。

(3)施工过程中要全过程进行养护和保温,防止出现裂缝。

(4)护舷吊带采用尼龙绳,避免对护舷的破坏。

(5)浮船漂浮后要充分准备好进行压载平衡的沙袋,并做好人员动员。

(6)水密试验要认真负责,出现的问题要彻底处理。

(7)成立专门质量管理领导小组,制定了严格的质量管理措施和奖惩办法,责任落实到人,明确各单位一把手是质量工作第一责任人。

8 安全措施

(1)落实安全生产责任制,并成立了以项目经理为安全生产第一责任人的安全生产领导小组,施工现场划分安全责任区,明确责任制。

(2)配备专职安全员,各施工队设置兼职安全员若干名,所有安全员均经培训合格后持证上岗,并配戴袖标。

(3)配备了安全设施,并针对不同施工部位的施工特点,进行安全交底,重点对用电设备进行了安全交底。

(4)在施工区内设置警戒标志,各种作业人员和操作人员一切按操作规程操作。

(5)设备进行定期保养和检修,严格按照操作规程进行操作。

(6)3 m以上的高空作业,施工人员按规定佩戴安全绳,搭设安全护拦。

(7)开好日作业会,明确作业任务,现场作业人员必须穿好救生衣,戴好防护手套,防止人员落水淹溺。

9 环保措施

(1)成立对应的施工环境卫生管理机构,在工程施工过程中严格控制遵守国家和地方政府下发的有关环境保护的法律、法规和规章制度,加强对施工燃油、工程材料、设备、废水、生产生活垃圾、弃渣的控制和管理,随时接受相关单位的监督检查。

(2)将施工中可能影响到的各种公共设施允许的范围内,合理布置、规范围栏,做到标牌清楚、齐全,各种标识醒目,随时接受相关单位的检查。

(3)对施工中可能影响到的各种公共设施制定可靠的防止损坏和移位的实施措施,加强实施过程中的监测、应对和验证。同时,将相关方案和要求向全体施工人员进行详细交底。

(4)设立专用排水沟、集浆坑,对废浆、污水进行集中,认真做好无害化处理。

(5)定期清运沉淀泥沙,做好泥沙、废弃物及其他施工过程中的污染措施。

(6)优先选用先进的环保机械。采取设立隔音墙、隔音罩等消音等措施降低施工噪声到允许值以下。

(7)对施工道路进行硬化,并在晴天进行洒水,防止尘土飞扬,污染环境。

10 效益分析

10.1 节约成本

超大型整体装配式混凝土浮船同其他类型浮船比,具有耐腐蚀、稳定性好、使用寿命长,造价低、维修少,制造技术简单等特点,能从根本上节约能源。

10.2 施工速度快,效益高

由于船体制造采用整体现浇混凝土形式,内部隔舱和甲板采用预制拼装形式,大大缩短了工期,提高了效益。

10.3 节约工具

浮船全部现场制造,不需大型起重设备,减少机械设备投入。

11 应用实例

11.1 工程概况

三峡大坝永久船闸上游浮式导航堤位于一闸首上游南、北两侧,南、北两侧各有4艘钢筋混凝土浮船(共计8艘),与上游1~4号浮堤支墩一道组成250多m的长堤,用做船舶过闸时临时停靠之用。浮船典型断面见图4。浮船船宽(在中横剖面上,两侧舷板外缘间最大距离,护舷材和舷伸甲板不计在内)9.4 m,型深(在中横剖面上,沿船舷由船底下表面量至计算甲板上表面的垂直距离)5 m,船长(在主甲板中线上,自首端板前缘量至尾端板后缘的距离)分为55 m和51 m两种规格,每种规格各4艘,共8艘。空载吃水深3.5 m,干舷高1.5 m,归属为钢筋混凝土薄壁结构,舷板厚度0.36~0.55 m,底板及甲板厚度0.2 m,纵、横仓壁厚度0.15 m,钢筋保护层为1.5~2 cm。底板、舷板及端仓结构为现浇钢筋混凝土,甲板、纵横仓壁为预制混凝土,通过拼接缝浇筑二期混凝土连接成整体。单艘浮船自重约1 800 t。

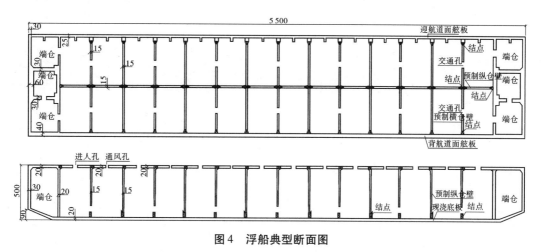

图4　浮船典型断面图

11.2　施工情况及结果评价

11.2.1　水密试验

钢筋混凝土船漂浮前水密试验从2002年4月30日开始至5月23日结束,历时23 d。8艘船的舷板及端舱均未发现任何裂缝和渗漏,船舱内部横隔舱局部接缝出现湿点,共10处,经修复处理后再次试验已完全达到设计要求。8艘船水密试验质量评定合格率达100%,均符合漂浮条件。

11.2.2　浮船形体检测

浮船形体检测的结果见表4。

2002年9月1日三峡永久船闸上游浮船开工,2003年5月16日浮船开始投入运行。施工全过程处于安全、稳定、快速、优质的可控状态。现浇混凝土未出现一处裂缝,水密性试验滴水不露,工程质量优良率100%。无安全事故发生,得到了各方面的一致好评。

表4　浮船形体测量结果统计

部位	设计尺寸（m）	允许公差（mm）	实际最大公差（mm）	实际最小公差（mm）
总长	51/55	±50	−20	−1
型宽	9.4	±18.8	−9	±4
型高	5.0	±25	−10	+2
甲板中拱	0.05	—	+6	−3
舷板端板垂直度	—	±5	−4	+1
舷板纵向平直度	—	±8	—	—
横舱壁位移	3.4/3.5/3.25	±10	+8	−2
护舷平直度	—	10	+8	−2

（主要完成人:吴国如　朱俊华　林金良　胡继峰）

2009-2010 年度水利水电工程建设工法汇编

2009-2010 Collection of Construction Methods in Water & Hydropower Engineering

二、机电及金结
工程篇

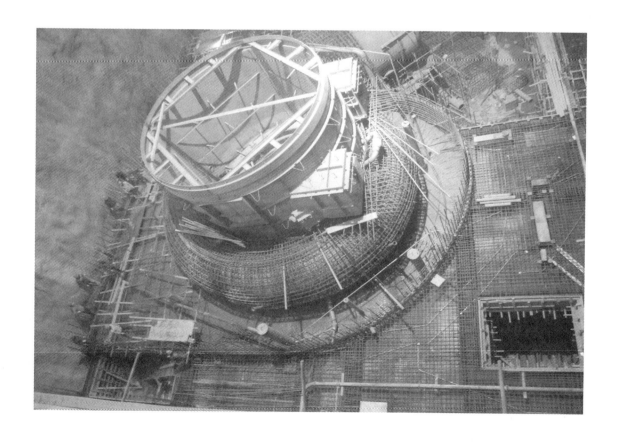

抽水蓄能电站球阀安装施工工法

中国水利水电第十四工程局有限公司

1 前 言

近年来,我国抽水蓄能电站得到大力发展。目前在建的惠州抽水蓄能电站是世界上最大的抽水蓄能电站之一,机组采用很多新工艺、新技术。该电站每台机组均设置1台直径2 m的球阀。该球阀具有高严密性、高稳定性、水力损失小,操作方便等特点,但由于体积和重量较大,安装精度高,给施工带来一定的难度。中国水利水电第十四工程局有限公司在球阀安装过程中形成了一套具有可操作性的施工工法,实现了惠蓄电站球阀安装的高效、优质和安全,并达到了节约成本和缩短工期的目的。

2 工法特点

本工法通过全站仪的合理放样,预埋吊点,确保球阀安装操作简单、快速、安全。通过三次吊装球阀,解决球阀延伸管安装定位、焊接控制、楔形法兰加工等问题。

3 适用范围

本工法主要适用于大型抽水蓄能机组的球阀安装,且球阀与上游延伸管之间采用楔形法兰连接。

4 工法原理

(1)球阀第一次试装定位,确定球阀延伸管的安装长度;第二次预装,以方便球阀延伸管的焊接监控、定位和楔形法兰加工尺寸测量;第三次找正安装就位。

(2)球阀延伸管与压力钢管焊接时,延伸管处于自由状态,通过合理的焊接顺序控制延伸管出口与球阀中心偏差及延伸管法兰与球阀法兰间的平行度。

(3)球阀与延伸管的楔形法兰通过车床加工,加工成一标准斜形切面。

5 施工工艺流程及操作要点

5.1 施工工艺流程

球阀安装施工工艺流程为:球阀基础预埋→球阀预装→上游延伸管安装→楔形法兰加工安装→伸缩节安装→接力器安装→球阀静态试验。

5.2 操作要点

5.2.1 球阀安装前期准备

安装蜗壳和上游压力钢管时,应确保蜗壳延伸管法兰与压力钢管的同轴度在偏差范围内。

在土建进行球阀上层楼板浇筑时,在上游侧预埋吊点1对,供球阀延伸管调整固定时使用。吊点应与上游压力钢管轴线对称分布,尽可能靠下游方向埋设,两吊点跨距为钢管直径的1.2倍,承载能力应满足延伸管吊装要求,并按规定进行承载试验。

5.2.2 球阀基础安装

具备施工条件后,测量蜗壳延伸管法兰面的轴线、高程、里程。根据测量结果,使用全站仪放出球阀二期预埋件安装控制点,制作支撑架、挂钢琴线标记出球阀中心线,见图1。

把基础螺栓和螺纹保护套管穿入基础板埋件上,调整螺杆外露部分到基础板上的距离,利用桥机将预埋件吊放至安装位置,配合工字钢调整球阀基础板,见图2。通过预设的控制点挂钢琴线,控制两基础板中心和距离,通过调节螺栓控制球阀基础板的水平、中心和高程。其中基础板的水平用框式水平仪检测,高程则用水准仪检查,调整合格后点焊加固,进行混凝土浇筑。

5.2.3 球阀预装

在安装间对到货的球阀进行检查,清扫、擦洗,清除球阀阀体内的一切杂物,并检查球阀两法兰面和球阀的中心是否标记清楚。

利用桥机及专用吊具将球阀整体吊至球阀基础板上就位。调整球阀上下游法兰的中心与轴线对齐,球阀下游法兰与蜗壳延伸管法兰距离至设计要求值。并通过水准仪检查球阀上下游法兰面中心高程,用挂钢琴钱的方式检查球阀两法兰的垂直度。

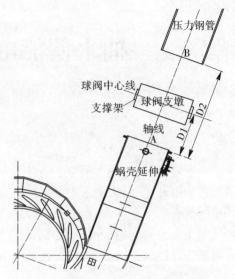

图1　球阀基础安装示意图

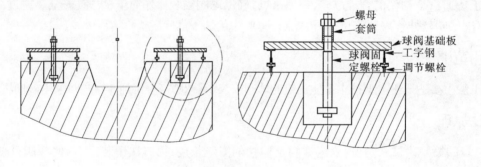

图2　球阀基础板调整示意图

尺寸满足设计要求后,预紧球阀的固定螺栓,紧固力矩为50%的设计力矩。测量球阀与上游侧压力钢管之间的距离,并以此确认上游延伸管的切割量,如图3所示。

在压力钢管断面口从+X轴线沿周长在各象限内等分40点并编号1、2、3、…、40,同样在球阀法兰上对应象限内等分40点,并编号$1'$、$2'$、$3'$、…、$40'$,然后量取压力钢管与球阀两相同点之间距离L_1、L_2、L_3、…、L_{40},做好详细记录。计算切割量距离,延伸管切割量$L = L_1 - L_0 + \delta$(L_1为延伸管到货长度,L_0为球阀至上游压力钢管距离,δ为楔法兰垫理论加工厚度),由于楔形法兰有10 mm的加工余量,因此不考虑焊缝的收缩量。

根据上述计算值,对球阀延伸管进行放样,按放样点采用氧乙炔手动切割延伸管,并按图纸要求对切割面开坡口、打磨,同时做好切割面的中心线标记。

基础板上对球阀安装位置标记后,将球阀吊出,等待延伸管吊装后回装。

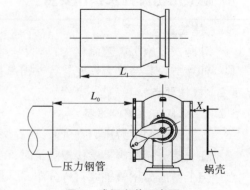

图3　球阀安装示意图

5.2.4 球阀延伸管安装

5.2.4.1 延伸管吊装

延伸管安装前,检查并校正压力钢管和延伸管对接管口的圆度。

在压力钢管下方焊接两段 10 号槽钢,并伸出压力钢管 300 mm。注意焊接前必须对焊接部位预热处理,预热采用火焰局部加热,温度一般为 120~250 ℃。

搭设可靠的临时安装平台,分 3 层,每层约 1.7 m。

将切割后的延伸管吊入阀坑内,并放置到槽钢上,另一端用手拉葫芦和钢丝绳进行临时固定和调整,见图 4。延伸管法兰面垂直度、同轴度和至球阀中心的距离调整合格后进行可靠固定。

球阀回装就位,调整延伸管与球阀上游法兰面、压力钢管对接间隙。满足要求后,点焊固定。

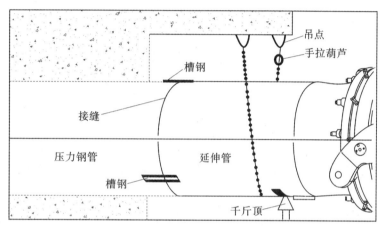

图 4 球阀延伸管调整示意图

5.2.4.2 延伸管与压力钢管焊接

(1)焊接前对焊接坡口及坡口两侧各 50~100 mm 范围内的氧化皮、铁锈、油污及其他杂物应清除干净。

(2)延伸管与压力钢管对接环缝焊接由两名焊工对称、分段退步焊接,焊接前需对焊缝进行预热。采用加热片,温度为 120 ℃,温升速度不大于 30 ℃/h,保温达 3 h 后方可开焊。焊接过程中需保持焊缝温度在规定范围内,焊缝层间温度不超过 250 ℃。

(3)焊接前在延伸管与球阀法兰对接位置处安装上 4 块百分表,对称安装 8 颗延伸管与球阀连接螺栓,螺母不安装。

(4)焊接首先在正面打底,然后对正面进行填充焊接,正面焊缝焊接完后,用碳弧气刨进行背缝清根,打磨,完成背缝焊缝,见图 5。

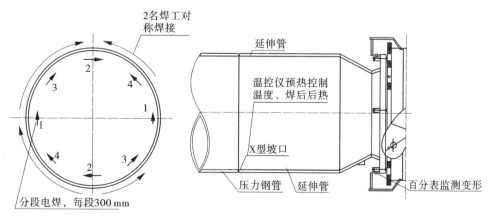

图 5 延伸管与压力钢管焊接

（5）焊接过程中观察百分表变化，根据百分表的变化情况及螺孔与螺栓的间隙，通过改变焊接工艺措施和焊接参数来控制焊接变形。焊缝焊接完成后，按要求保温3 h，温度不低于最低预热温度，保温时间达到后缓慢冷却，降温速度不大于15 ℃/h。焊接48 h后按要求进行探伤检查：100% UT+100% PT及RT抽样检查。

延伸管焊接参数如表1所示。

表1　延伸管焊接参数

焊条直径	操作电流（A）	操作电压（V）	焊接方位
Φ3.2 mm	80~120	20~26	横焊、立焊、仰焊
Φ4.0 mm	110~150	20~26	横焊、立焊、仰焊

5.2.5　进水阀楔形法兰加工及安装

焊接工作完成并完全冷却后，用游标卡尺测量延伸管法兰与球阀法兰外边缘的距离，共测40点。以40点的测量值绘制正弦曲线。波峰为最厚点，波谷为最薄点，并根据该值加工楔形法兰。采用大型车床进行加工，应严格控制加工偏差在设计值的±0.10 mm。

楔形法兰加工好后，安装密封盘根，盘根安装时应防止其滑落，按加工前标注的方位再把楔形法兰吊入阀坑，在球阀延伸管法兰上固定。

将清洗完成的球阀吊放到基础板上就位，穿好延伸管法兰与球阀法兰连接螺栓、戴上螺母和垫圈，对称打紧，并记录每根连接螺栓伸长值。其中延伸管的紧固螺栓全部进行两次拉伸，第一次达到拉伸值的80%，第二次达到拉伸值的100%。

上述螺栓全部打紧后再打紧球阀基础板上的螺栓。

5.2.6　球阀下游伸缩节安装

伸缩节吊入安装位置就位前，先把各安装接触面清扫干净，清除法兰面上的毛刺、油漆等影响密封的杂物。

将伸缩节吊入阀坑，相对于球阀及蜗壳法兰调整，用螺栓和螺母将伸缩节与球阀连接并对称预紧。其中伸缩节的紧固螺栓全部进行两次拉伸，第一次达到拉伸值的80%，第二次达到拉伸值的100%。

使用桥机将夹紧法兰吊装准备，套入伸缩节预先就位。

组装密封法兰，将"U"型密封和"O"型密封装入相应的密封法兰槽内，抹上油脂润滑固定。使用桥机将密封法兰套入伸缩节内。

5.2.7　接力器安装

在安装间将接力器置于关闭并锁定，防止吊装时活塞杆滑动，将接力器与铰座安装连接。

利用桥机将接力器及铰座吊入阀坑，套上基础螺栓、预埋基础板。相对于球阀拐臂找正并与拐臂连接（球阀处于关闭位置），此时将接力器垂直度调整好，保证接力器两铰座同轴度在规范要求内后，进行临时加固，见图6。

对接力器基础螺栓及预埋基础板浇筑混凝土，浇筑期间保护接力器活塞杆，检查接力器的垂直度情况。

养护期到后，检查接力器垂直度，并拧紧接力器基础螺栓到设计紧固力矩。

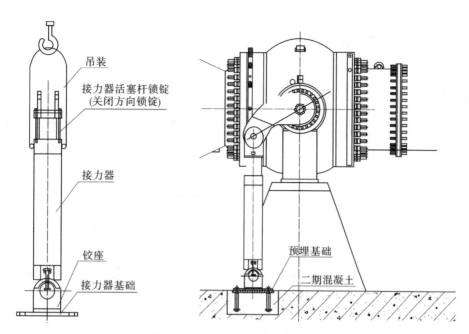

图6 接力器安装及接力器基础混凝土浇筑图

6 材料与设备

6.1 工作人员配置

工作人员配置见表2。

表2 工作人员配置

名称	施工负责人	技术员	质检员	安全员	探伤员	水轮机工	焊工	起重工	天车工	辅助工
数量	1	1	1	1	2	4	2	1	1	2

6.2 施工主要配置设备和材料

球阀安装主要施工设备和材料见表3。

表3 球阀安装主要施工设备和材料

序号	设备名称	型号及规格	数量	备注
1	逆变弧焊机	ZX7-400B	2 台	
2	电焊条烤箱	YCH-50	1 个	
3	角向磨光机	Φ100、Φ150	各2 台	
4	移动式空气压缩机	0.9 m³	1 台	
5	链子葫芦	3 t	2	
6	链子葫芦	5 t	2	
7	千斤顶	16 t、32 t、50 t	4	
8	超声波探伤仪	CTS-22、26	1	
9	钢丝绳	Φ21	12 m	
10	水准仪	NA2+GPM3	1	
11	全站仪	TC2002	1	

续表3

序号	设备名称	型号及规格	数量	备注
12	百分表		4 套	
13	游标卡尺		1 把	
14	配电箱		1	
15	轴流风机		2	
16	氧乙炔装置		1 套	
17	焊条保温筒	5 kg	2 个	

7 质量控制

7.1 质量控制标准和要点

（1）本工法执行标准为《水轮发电机组安装技术规范》（GB/T 8564—2003）和厂家标准。

（2）在对球阀基准点和高程点放样时，与机组的基准点的偏差不应超过 1 mm。

（3）球阀基础板安装后应加固牢靠，水平应保证在 0.1 mm/m 以内。

（4）球阀延伸管调整后焊接前，延伸管法兰与球阀上法兰中心偏差小于±2 mm。

（5）延伸管焊缝焊接前预热工作设专人负责，使用测温枪全过程监护记录，测量间隙时间为 15 min，严格控制焊缝温度变化。

（6）球阀延伸管焊接后，管口中心偏差应小于±1 mm。

（7）焊接使用的焊条须经严格的烘烤后方可使用。

7.2 质量控制措施

（1）为了达到过程的有效控制，必须做到质量、成本、工期三位一体，明确各职能人员的控制任务，进行密切协作，做好技术交底工作。建立操作要点的管理和控制。强化工艺措施的编制、评审及批准程序，对于重要处理项目的工艺措施，进行工艺评审，并报请监理负责人批准。

（2）强化过程控制，对延伸管焊接质量及变形控制、补偿节加工尺寸的准确测量及加工、伸缩节水封安装及轴向间隙的工序质量重点监控，严格进行工艺过程监测，不将工艺过程缺陷传递到下一段工艺中去。

（3）强化检验程序，通过严肃认真的检验控制程序，将一切隐患消除于未发生阶段。

8 安全措施

（1）坚持特殊工种人员持证上岗制度，强化操作人员的质量意识。

（2）加强职工技能培训，提高施工人员的安全意识。施工之前召开班前会，明确当日施工任务和施工质量控制点，做好技术交底，避免野蛮施工造成的质量和安全事故。

（3）进入施工现场的人员必须戴好合格的安全帽，从事高空作业的人员必须使用检验合格的安全带。

（4）球阀延伸管所搭设的临时脚手架须经检查验收合格后方可使用。

（5）切割作业使用的氧气乙炔应进行可靠固定，且两者间隔应大于 5 m。

（6）所有电源线、焊接线、气割线必须分类布置，并井然有序，36 V 以上的电气设备和由于绝缘损坏可能带有危险电压的金属外壳、构架等，必须有保护接地，且设专职的电气维修工进行检查、维修和调整工作。

（7）使用千斤顶调整球阀部件时，必须按规定的承重能力使用。置于平整坚实的地方，用垫木垫平，不能用铁板代替木板，以防滑动。所顶部位必须坚实，选择有足够强度的部位，以防止设备变形和损坏。另外,千斤顶顶升重物不能长时间放置不管,更不能做寄存物件用。

(8)在使用手拉葫芦过程中,悬挂葫芦的构架必须牢固可靠。悬挂支承点的承载能力应与起重能力相适应。起吊的物件必须捆绑牢固可靠。吊具、吊索应在允许负荷范围,严禁在吊物件下站人或近距离行走。

(9)焊接和切割过程中必须遵守《焊接与切割安全规程》(GB 9448—1999)。

(10)每天下班前应对施工现场进行清理,将工机具、材料、设备等归类整理。清扫施工场地,做到工完、料清、场地净。

9　环保措施

(1)施工人员应经过培训,掌握相应机械设备的操作要求、机械设备的养护知识、机械设备的环保要求。

(2)在施工过程中,施工人员应形成环保意识,最大限度地减少施工中产生的噪声和环境污染。

(3)清洗球阀部件后的清洗剂和破布,应统一回收处理。不能随便排放,以免污染环境。

(4)定期清理施工垃圾,并按照相关规定集中堆放、回收、处理;焊接后的废弃焊条应回收进行统一处理。

(5)严格按照《NOSA 五星手册》进行施工管理。

10　经济效益分析

(1)球阀延伸管与压力钢管接缝焊接时,延伸管在焊接收缩时可自由位移,大大减小了焊缝自身的应力,从而提高焊缝质量,保证球阀运行的可靠性。

(2)楔形法兰采用大型车床加工,根据测量值形成的正弦值判断高低点的位置,然后根据计算值加工成一标准斜形面,加工方法简单易操作,降低了安全风险系数,提高了经济效益。

(3)本工法为目前国内大型抽水蓄能电站大型球阀安装提供了借鉴作用。本工法对安装中的关键技术进行了较全面、细致的研究,实现了技术先进、经济合理和施工方便等目标,为同类型球阀安装提供了宝贵的施工经验。

11　应用实例

惠州抽水蓄能电厂装机容量 2 400 MW,A 厂 4 台和 B 厂 4 台 300 MW 可逆式电动发电机组,机组的主阀均由 ALSTOM 设计制作,现场安装由中国水利水电第十四工程局有限公司机电安装分公司负责实施。机电安装工程于 2006 年 3 月开工,至 2012 年完工。球阀公称直径 2.0 m,进水阀总重 66 t,设计压力 7.6 MPa,双接力器水压操作,操作水压为 627～605 mH$_2$O。球阀安装主要包含球阀本体、上游延伸管、下游伸缩节、接力器等 4 个大件安装,其中延伸管长约 3.5 m,与压力钢管的接缝焊接并进行二期混凝土浇筑,另一端通过楔形法兰与球阀相连接。根据厂家的要求,球阀的中心、高程需要控制在 2 mm 以内,水平应小于 0.3 mm/m,此外球阀安装应无渗漏,安装运行后无异常现象。通过本工法的成功应用,施工过程简单、安全、快捷,确保了工期计划,球阀安装单元工程经质量评定均为优良,为机组的安全稳定运行奠定了坚实的基础。

(主要完成人:唐扬文　张晓东　黄运福　施玉泽　杨庆文)

大型抽水蓄能机组钢蜗壳整体安装
施工工法

江夏水电工程公司

1 前 言

大型抽水蓄能电站机组都采用钢蜗壳,由于制造和运输因素,设备生产厂家将座环与蜗壳组焊在一起,并分瓣提供(因运输尺寸限制)。为确保安装精度,其施工方法一般是在机坑内分瓣安装组焊,采取焊接普通钢构的方法进行座环蜗壳焊接,蜗壳外侧铺设弹性层,按照平仓法进行混凝土浇筑。上述施工方法虽然精度高,定位容易,但占用直线工期长,焊接技术难度大,成本高。

根据大型抽水蓄能电站机组钢蜗壳的结构特点,我公司采取了在安装间先将分瓣座环蜗壳拼焊为一体,再将整体座环蜗壳吊入安装位置,调整加固,最终进行座环拉紧螺栓拉伸。此方法在我公司承担安装施工任务的多个抽水蓄能电站得到应用并取得了理想的效果,其技术先进、施工简单,工期短、质量高、安全可靠,取得了良好的经济效益和社会效益。

2 工法特点

与传统的施工方法比较,本工法施工周期短、质量高、成本低;技术经济效能方面,具有工艺完善、施工简便、效果理想、技术先进、方法新颖等特点。

(1)厂家供货时已将座环与蜗壳焊在一起,但受运输尺寸限制将座环蜗壳纵向分成2瓣及蜗壳延伸段钢管(即蜗壳与引水球阀间钢管)。现场在安装间搭设平台后,将分瓣座环蜗壳置于平台上,进行组焊使其成为一个整体。在安装间组焊可以大大缩短直线工期、施工环境好、质量高、安全得到保证。

(2)利用事先计算好长度的钢丝绳及可调节长度的起重法兰螺栓,将焊接为整体的座环蜗壳整体吊入安装位置,整体座环蜗壳吊装较分瓣座环蜗壳更为简单、更为安全。

(3)选择合适的焊接参数、焊接顺序,合理分布焊接工位,保证了座环及蜗壳焊接一次合格率,确保机组主要受力构件的运行安全。

3 适用范围

该工法适用于大型抽水蓄能电站钢蜗壳和普通水电站类似钢蜗壳整体安装。

4 工艺原理

(1)整体座环蜗壳为几何不对称结构,选用合适的吊装工具就可以在安装间进行组焊,并整体一次吊装到位。

(2)在外界存在较大约束力的条件下,选择合适的焊接方法,可保证焊接一次合格,确保机组受力构件的运行安全。

5 工艺流程及操作要点

5.1 施工工艺流程

座环/蜗壳施工工艺流程如图 1 所示。

5.2 操作要点

5.2.1 施工准备

（1）设备安装前应进行全面清扫、检查，并复核设备形体尺寸。

（2）设备基础板的埋设，应用钢筋或角钢与混凝土钢筋焊牢，其高程偏差、中心和分布位置偏差及水平偏差应满足厂家技术要求。

（3）准备好调整用楔子板，楔子板要成对使用。

（4）设备组合面和法兰连接面，应光洁无毛刺。

（5）检查设备过水表面，焊缝应平滑。

（6）根据设备尺寸准备好测量器具。中心及圆度测量，选用内径千分尺；高程测量选用水准仪；水平测量选用框式水平仪。

（7）根据设计图纸，埋设相应基础板和地锚。

（8）设备安装前检查排除作业面围栏、孔洞盖板、设备吊装、管口对接等安全隐患。

（9）施工前，对施工人员进行技术工艺交底、安全生产措施交底、文明施工教育。

5.2.2 座环蜗壳组装

有些电站座环、蜗壳分开运抵施工，现场进行蜗壳瓦片挂装。抽水蓄能电站多为分瓣座环蜗壳型式。现以分瓣座环蜗壳在安装间拼装施工为例。

（1）分瓣座环蜗壳在安装间卸车，见图 2。

（2）拼装时座环蜗壳第一瓣放置在预先准备好的支墩上支撑牢固，将另一瓣座环蜗壳缓慢合拢，调整座环组合缝间隙及座环各部对位后，用连接螺栓及销钉将分瓣座环蜗壳把合。

（3）用电测法检查座环圆度，满足相关厂家要求，如有偏差用千斤顶进行调整，直至合格。

（4）根据图纸及厂家要求进行座环焊接施工，焊接结束后进行焊缝外观检查，在焊缝外观检查合格的基础上，进行无损探伤。

（5）蜗壳凑合节安装，实测蜗壳凑合节宽度，配装凑合节，修磨坡口见图 3、图 4。凑合节拼装允许偏差见表 1，合格后进行环缝及蝶边焊接工作。

（6）两段蜗壳延伸段在安装间拼焊为整体后，待座环蜗壳调整加固到位后，吊装到位进行安装。

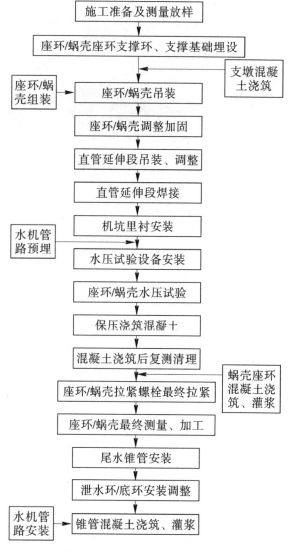

图 1 座环/蜗壳施工工艺流程

座环/蜗壳组装 → 座环/蜗壳吊装

支墩混凝土浇筑 → 座环/蜗壳吊装

施工准备及测量放样
座环/蜗壳座环支撑环、支撑基础埋设
座环/蜗壳吊装
座环/蜗壳调整加固
直管延伸段吊装、调整
直管延伸段焊接
机坑里衬安装（水机管路预埋）
水压试验设备安装
座环/蜗壳水压试验
保压浇筑混凝土
混凝土浇筑后复测清理
座环/蜗壳拉紧螺栓最终拉紧（蜗壳座环混凝土浇筑、灌浆）
座环/蜗壳最终测量、加工
尾水锥管安装
泄水环/底环安装调整
锥管混凝土浇筑、灌浆（水机管路安装）

图 2 分瓣座环蜗壳吊装

图 3　分瓣座环蜗壳拼接

图 4　蜗壳凑合安装

表 1　凑合节拼装允许偏差　　　　　　　　　　　　　（单位：mm）

序号	项目	允许偏差	说明
1	G	$+2 \sim +6$	
2	$K_1 - K_2$	± 10	
3	$e_1 - e_2$	$\pm 0.002e$	
4	L	$\pm 0.001L$，最大不超过 ± 9	
5	D	$\pm 0.002D$	
6	管口平面度	3	在钢平台上拼装或拉线检查管口，应在同一平面上（属核对检查项目）

5.2.3　座环蜗壳整体吊装

座环蜗壳组焊为一体后，因质量分布不对称，其重心靠近延伸处，其几何中心与重心的偏差较大。因此，在吊装前应根据质量分布情况计算出中心位置，根据其重心位置确定四根吊装钢丝绳的长度。达到座环蜗壳吊起后四根钢丝绳受力基本相等、安全平稳的目的。

因蜗壳的质量分布较难精确计算，钢丝绳的计算长度往往存在偏差。为此，通常把受力较大的钢丝绳制作成固定长度，把受力较小的钢丝绳制作成可调长度。

钢丝绳可调长度常常通过滑车组或起重法兰螺栓来实现。当钢丝绳计算长度存在偏差后通过滑车组或起重法兰螺栓来调整。如不计算其重心位置，常因滑车组或起重法兰螺栓调整长度范围受限而难以达到安全平稳的吊装目的。座环蜗壳整体吊装见图 5。

5.2.4　座环蜗壳安装

（1）复测座环蜗壳混凝土支墩的基础板高程，并按复测数据放置相应的楔子板及垫板。测量放出座环蜗壳安装调整所用的中心方位、高程基准线。座环蜗壳安装主要控制点见表 2。

（2）座环蜗壳整体吊入机坑，放置在机坑内的支墩上支撑牢固。再进行蜗壳延伸段的整体吊装、拼焊工作。

（3）用电测法检查座环中心、高程、方位，要求中心及方位偏差满足厂家及国家标准，如有偏差用千斤顶进行调整，直至合格。

（4）首次预紧地脚螺栓，预紧力大小应符合厂家要求，在预紧过程中应对称、均匀、分步进行。

图 5　座环蜗壳整体安装

（5）延伸段安装。应考虑已经定位的蜗壳管口断面、球阀中心线、球阀中心距离、中心高程、引水钢管中心线、高程等主要位置尺寸。确保压力钢管、球阀延伸段、球阀、伸缩节、蜗壳延伸段、蜗壳的正确连接。为此应进行延伸段的试装，根据试装尺寸对延伸段凑合节余量进行修割。

表 2　蜗壳安装推荐控制测点

点号	名称	部位	说明
1	机组中心点	X、Y 方向线交点	座环安装后的机组中心
2	定位节中心点	蜗壳定位节进口断面	测放在混凝土地面上
3	定位节高程点	蜗壳定位节进口断面	测放在线架上，该点高程为座环实际安装高程
4	进口渐变段上、下中心点	蜗壳进口渐变段第一节进口断面	测放在混凝土地面上
5	进口渐变段左右中心高程点	蜗壳进口渐变段第一节进口断面	墙面上或放在线架上
6	尾节定位中心点	$+Y$ 开始节上口	测放在混凝土地面上
7	尾节定位高程点	$+Y$ 开始节最远点	测放在线架上，并与 $+Y$ 轴线重合
8	蜗壳分度点	座环上蝶形边 1 cm 处打上洋冲记号	校核安装位置
9	高程点	座环每个固定导叶的进水边打上洋冲记号	用连通管测腰线高程

5.2.5　座环蜗壳焊接

整体焊接顺序为：座环焊接→座环基础底环焊接→蜗壳凑合节焊接→蜗壳延伸段焊接→蜗壳延伸段法兰焊接。

5.2.5.1　座环、蜗壳焊接一般规定

（1）在新钢种蜗壳焊接前应按 DL 5017—1993 第 6.1 节的规定进行焊接工艺评定，并根据评定成果报告的要求，制订焊接工艺规程。

（2）蜗壳纵缝、环缝均应采用多层多道焊，每层厚度一般不超过 5 mm，焊道宽度应根据焊接方式和焊接材料确定。

（3）每层焊前必须将上一层焊渣彻底清除干净，层间接头应错开 30 ~ 50 mm。

（4）蜗壳不预热焊接的最低环境温度应符合表 3 的规定，但应加温除湿。

（5）焊接环境温度低于表 3 的规定，即使壁厚小于表 4 的规定可以不预热的蜗壳焊件也应适当予以预热。厚钢板焊前可参照表 4 的规定预热，焊缝每侧预热宽度应不小于板厚的 2 ~ 3 倍。要求焊前预热的焊件在焊接过程中层间温度不应低于预热温度，且不高于 230 ℃。

（6）没有特殊规定的焊缝均应采用分段退步焊，分段长度为 200 ~ 400 mm。

（7）焊缝装配间隙为 2 ~ 4 mm，局部装配间隙若大于 4 mm 应先进行补焊，补焊完才允许整条焊缝进行封底焊接。

（8）定位焊缝长度为 100 mm 左右，如发现有裂纹、夹渣、气孔等缺陷均应清除重焊；需预热焊接的焊缝，定位焊时也应预热，其要求与主缝焊接相同。

（9）高强钢蜗壳正式焊接时应将定位焊缝刨掉；封底焊后应清根的高强钢焊缝焊后应清根，若用碳弧气刨清根应用砂轮机磨掉渗碳层。封底焊后不清根的焊缝应用软质焊条（如纯铁焊条等）或直径 3.2 mm 以下焊条进行根部焊接，并采用单面焊双面成型工艺。

（10）调节焊接线能量和预热温度应兼顾各方面的影响，一般线能量控制在 20 000 ~ 35 000 J/cm 为宜。

（11）焊缝出现裂纹时应进行质量分析，找出原因，订出措施方可处理。

（12）同一部位焊缝缺陷返修次数一般不应超过两次,特殊情况下超过两次以上的焊缝返修处理应经施工监理工程师批准,并做好记录。

（13）焊接对装拉板所用的焊条及工艺方法应与主缝焊接要求相同。

（14）去除各种拉板时不应使用锤击的方法,应用碳弧气刨切割(或氧—乙炔焰切割),再用砂轮磨平,严禁损伤母材。

表3　蜗壳允许不预热焊接的最低环境温度

序号	钢种	钢板厚度(mm)	允许不预热焊接的最低环境温度(℃)
1	碳素钢(含碳量≤0.22%)	≤38	0
2	16Mn	≤34	0
3	15MnV　15MnTi	≤32	5

表4　蜗壳厚钢板焊前预热温度

序号	钢种	蜗壳壁厚(mm)	预热温度(℃)
1	碳素钢(含碳量≤0.22%)	>38	80~120
2	16Mn　16MnR	>34	100~120
3	15MnV　15MnVR　15MnTi	>30	80~150
4	WEL-TEN62CF,62U等高强钢	>25~30	60~80
		>30~38	80~100
		>38~50	100~150

5.2.5.2　座环焊接

（1）分瓣座环组合并满足规范要求后,进行组合面的焊接。

（2）安排4名焊工对2处座环组合面进行对称焊接。焊接顺序如图6所示,图纸数字表示焊接顺序。

（3）焊接时变形监测:在座环组合缝的法兰面适当位置设置焊接收缩控制点、架设百分表。用以监测焊接过程中座环法兰面水平度及圆度的变化。根据变化情况及时调整焊接顺序。

（4）焊缝外观及内部质量检查合格后,再进行蜗壳凑合节瓦片的拼装、焊接。

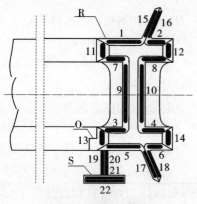

图6　座环组合面焊

5.2.5.3　蜗壳环缝焊接

（1）待分瓣座环全部焊接结束并探伤合格后,进行蜗壳凑合节安装、焊接。先焊接瓦片与蝶边纵焊缝,再焊接瓦片间环焊缝。瓦片间环焊缝焊接顺序见图7。

（2）根据周长不同确定同时施焊人数,焊接要求与组装环缝焊接相同;焊接方法采用多层、多道、对称、分段、退步焊,环焊缝焊接顺序见图7。

（3）蜗壳凑合节的纵缝和第一条环缝焊接方法与蜗壳其他纵缝和环缝焊接要求相同。

（4）凑合节第二条环缝为封闭焊接,拘束力大、应力大,封底焊时宜采用叠焊,如图8所示,焊缝焊接应连续完成。

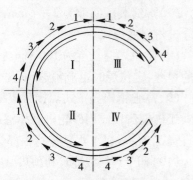

图7　蜗壳环焊缝焊接顺序

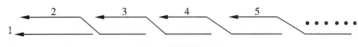

图 8 叠焊打底图

(5)第二条环缝从第二层焊接开始到盖面前最后一层焊接止应配合锤击,锤头应磨成圆形,其圆弧半径不应小于 5 mm,打击的方向应沿着焊接方向成矩形运动,如图 9 所示。

(6)蜗壳环缝焊接过程最好连续进行,中断焊接前最小焊接厚度不得小于板厚的 2/3。采用预热焊接时,若中断焊接,应采取保温措施。高强钢焊接应连续焊完并按设计要求作后热消氢处理。

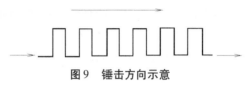

图 9 锤击方向示意

5.2.5.4 焊接检验

(1)蜗壳焊缝应作无损探伤检查。焊缝内部质量可选用 X 射线探伤或超声波探伤。

(2)蜗壳焊缝的探伤应在焊后或热处理结束 24 h 后进行。对怀疑有延迟裂纹的部位应在 72 h 后再进行复探。

(3)焊缝中缺陷返修后应按原探伤条件进行复探,复探时应向返修段两端各延长至少 50 mm 作扩大探伤。

6 材料与设备

使用的主要材料及工器具见表 5。

表 5 主要的材料及工器具

序号	设备名称	设备型号	单位	数量	用途
1	蜗壳拼装平台	自制	套	1	用于支撑座环蜗壳
2	蜗壳拼装设备		个	2	用于组装座环蜗壳
3	蜗壳整体吊装设备及吊具	钢丝绳、卸扣、调整法兰	套	1	用于吊装
4	蜗壳焊接及气刨工具	焊接、气刨机、空压机、加热工具	套	1	用于座环蜗壳焊接
5	无损探伤工具	超声波探伤仪、X 射线探伤仪	个	1	用于焊缝探伤
6	测量工具	水准仪	套	1	测量座环平面度

7 质量控制

根据厂家要求,座环蜗壳在安装过程中应对下述过程进行质量检验,检验标准参见厂家技术标准。

(1)座环现场拼对结束并连接可靠后,在焊接前应对其水平度、圆度、直径、错边量等几何尺寸进行检查。

(2)蜗壳凑合节瓦片最后一道环焊缝为 I 类焊缝,由于拘束力大易产生裂纹,因此应注意焊接顺序、焊接参数等。

(3)由于座环对缝焊接量大,座环水平度、圆度及直径精度要求高,为此在焊接过程中应随时对其上述参数进行观察,以便调节焊接顺序及焊接工艺。

(4)整体座环蜗壳在吊装前,应根据其质量分布计算好其几何中心与重心的偏差,以便确定整体吊装钢丝绳的长度,确保座环蜗壳吊装平稳安全。

8　安全措施

整体座环由于座环蜗壳为几何不对称结构,因此在吊装过程中应保持起吊水平,防止倾斜吊装引起单根钢丝绳受力过大而断裂。

9　效益分析

由于座环蜗壳拼装质量要求高,焊缝坡口宽,焊接量大,需要边焊接边观察其焊接变形,以便及时调整焊接顺序,故一台机组的座环蜗壳在机坑分瓣组焊为一整体需要40 d左右的时间。这种方法不影响座环底部的钢筋混凝土施工,而且因安装间空间大可以同时进行2台机组的座环蜗壳组焊,可以在短时间内将整个主厂房的钢筋混凝土工程施工结束,因此座环蜗壳在安装间进行组焊与传统施工方法相比,可以大大缩短直线工期,为机组提前发电赢得宝贵的时间。

安装间进行座环蜗壳组焊时,仅需要一组支撑平台即可,施工环境好,安全得以保障。在机坑内进行座环蜗壳组焊,除了需要支撑平台外还需要搭设焊接施工平台,土建钢筋密集,施工环境差,与土建交叉,施工安全难于保障。

座环蜗壳焊接选择合适的焊接参数、焊接顺序、焊接工位,保证了焊接一次合格率,确保机组主要受力构件的运行安全。

10　应用实例

现以辽宁蒲石河抽水蓄能电站蜗壳整体安装、水压试验及混凝土浇筑为例,进行简要介绍。

(1)设备主要特性:蜗壳座环在设备出厂时已焊为一体,并整体分为2瓣运输到工地。安装单位考虑到现场业主对工期的要求,计划将分瓣座环及蜗壳在安装间组装,焊接为一体后,利用300 t桥机将拼焊为一体的座环蜗壳一次吊装到安装位置。

分瓣蜗壳、座环2处把合面共布置9组楔形定位块,把合断面为"工"字形接触面。蜗壳从进口开始分为V01～V21节,其中V06、V16为凑合节瓦片。在完成座环焊接后进行V06、V16凑合节瓦片的拼焊接。在蜗壳与球阀间布置有1节蜗壳延伸段。座环/蜗壳及延伸段总重为148 t。

(2)在安装间进行组对组焊,座环上法兰工作面水平度为0.15 mm(厂家要求为0.3 mm),座环内径偏差为0.3 mm(厂家要求为0.5 mm),焊缝探伤合格率达98%,整体吊装安全平稳。

(3)采用合适的焊接工艺、安装间进行组焊、整体吊装等工艺,大大提高了施工质量,节约了成本,赢得了工期。每台机节约直线工期40 d,4台机主厂房混凝土及机电预埋实际施工时间比原合同工期提前3个月左右。

(**主要完成人**:郝绍峰　李建华　吴　泥　林小鹏　于万利)

大型抽水蓄能电站首机首次水泵工况
启动施工工法

江夏水电工程公司

1 前　言

抽水蓄能电站首台机组首次启动采用水轮机方式启动还是水泵方式,取决于上水库在机组启动前能否蓄水至一定水位以及足够的机组调试水量。对于上水库无天然来水的抽水蓄能电站,若采用外设供水设备向上水库充水,不但工期较长,而且所需抽水费用很大;如果首机首次采用水泵工况启动方式,则可以迅速满足机组有水调试的水量要求,并大大缩短工期,从而解决上库蓄水时间过长与首台机组投产工期过紧的矛盾。

河南宝泉电站为上水库无天然来水的抽水蓄能电站,是国内第一个首机首次以水泵工况启动成功的实例,宝泉电站的成功,既保证了首台机组的按期发电目标,创造了良好的社会效益,又节省了蓄水费用成本,创造了可观的经济效益。

2 工法特点

对于上水库没有天然径流的抽水蓄能电站,尤其是上水库死库容较大的电站,具有迅速提高上库水位、缩短投产工期、创造可观经济效益等特点。

3 适用范围

本工法适用于抽水蓄能电站。

4 工法原理

抽水蓄能电站首机首次水泵工况启动原理,首先是利用充气压水设备,对机组转轮室进行压水,使机组处于空载状态,再利用静止变频装置 SFC 启动机组,逐步升至额定转速后并入电网,同时切除 SFC 设备,最后打开进水球阀及导叶,机组开始抽水运行。

5 工艺流程及操作要点

5.1 总流程

机组自静止开始启动至水泵工况抽水,共分为四个大阶段,即启动条件具备阶段、SFC 拖动机组至额定转速阶段、机组并网进入水泵调相工况 PC 阶段、机组由水泵调相 PC 转水泵抽水 P 阶段,具体流程图如图 1 所示。

5.2 操作要点

5.2.1 首机首次水泵工况启动条件

5.2.1.1 最低扬程

首机首次以水泵工况启动所需上水库水位,应根

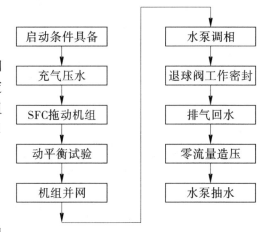

图 1　水泵工况启动流程

据机组模型报告中所要求的水泵超低或最低扬程来确定。一般因安全考虑,可选择最低扬程启动水泵,并稍留裕量,而不选择超低扬程启动水泵,水泵启动前引水系统及上水库的最低水位由厂内充水泵完成。

5.2.1.2 淹没深度

机组启动时的淹没深度应满足其出厂参数值及现场计算要求。

5.2.2 水泵工况启动最低扬程的核定

引水系统及尾水的水位形成后,在首机首次水泵工况启动前,需结合电站工程实际,对最低扬程以及相关的水力参数进行核定,以保证水泵抽水工况下无空化破坏和稳定运行。

5.2.3 充气压水过程

5.2.3.1 压水时间

调相压水的调试主要关注贮气罐的容积和调相压水控制程序正确性。一般情况下,调相压水贮气罐的容积是按空压机不工作和贮气罐内为下限正常工作压力的情况下,满足连续完成2次充气压水的要求设计和配置的。在充气压水过程中,压水水位及压水时间的控制最为关键,首次充气压水时,由于压水只与时间的设定有关,因此机组充气压水时间必须适宜,如果一次充气压水过长,导致调相压水贮气罐不满足连续完成2次调相压水用气量的要求,则需对调相压水系统的程序进行调整。

5.2.3.2 先压水后拖动

先充气压水,后用SFC拖动机组到水泵调相工况,这种调相启动程序的好处如下:

(1)机组在静止状态下进行充气压水,用气量较小,启动成功率较高;

(2)压水后转轮已处于空气中,用SFC启动机组及低转速时段输出功率小,有利于SFC的启动运行;

(3)能使机组启动总时间缩短。

5.2.4 动平衡试验

产生机组不平衡的原因分为机械不平衡、电磁不平衡和水力不平衡三个方面因素,当机组在充气压水状态下,由于排除水力因素的影响,因此有利于机组动平衡的精确测定及配重,用SFC拖动机组来进行动平衡试验与水轮机工况下进行动平衡试验相比较,配重准、时间短、效率高,这对于抽水蓄能电站任何一台机组来说,都是比较适合采用的办法。

5.2.5 调相转抽水过程

水泵调相转抽水运行分三步进行,一是转轮室排气回水,二是零流量造压,三是开导叶抽水。此过程中的关键技术是:正确选定标志水泵造压程度的输入功率参数值,该选定值是开启球阀、导叶的主要条件。由于机组输入功率值能反映水泵造压的实际情况,因此可监测和设定两个功率参数,即一级功率设定值用于开球阀,二级功率设定值用于关闭转轮室排气阀和止漏环供水阀,并开启导叶。

水泵调相转抽水过程中的技术关键是把握水泵工况调相转抽水导叶开启的条件和时机,并对水泵抽水过程中的流量、温度、振动、摆度、压力脉动等密切监测,并根据实测数据,对机组导叶开度及开机规律进行调整。

5.2.6 水泵抽水过程的数据分析

在首机首次水泵抽水过程中,需对机组运行过程中的数据进行监测与分析,主要包括温度、振动、摆度、压力脉动、空化系数、机组淹没深度等,由于机组首次启动时扬程较低,需根据现场实测的扬程以及导叶开度,分析机组在抽水过程中是否存在空蚀,空蚀分析思路如下:

(1)扬程—开度—流量曲线,查出当前导叶开度的流量值。

(2)再根据此流量值,从空蚀系数—流量曲线中查出空蚀系数。

（3）最后算出水泵淹没深度，从而得知当前下水库的水位是否满足要求，如果水位偏低，则说明水泵存在空蚀现象；如果判断水泵存在空蚀，则需要减小导叶最大开度，以减小流量，达到减少空蚀的目的。

6 材料与设备

抽水蓄能电站首机首次启动过程中所需要的设备除充分利用电站监控等永久设备之外，现场还需配备相关的调试设备，主要如下：

（1）机组动平衡调试设备一套；

（2）机组水力监测设备一套；

（3）主要二次系统包括继电保护、调速器、励磁系统的调试设备各一套。

7 质量控制

7.1 调试大纲的制订

在机组启动之前，需根据电站实际情况，制订合理的机组调试大纲，并经讨论后具备可操作性，从而保证机组有水调试工作的顺利实施。

7.2 组织机构

现场成立启动验收委员会及试运行指挥部，试运行指挥部下设分部调试组、整组启动调试组、验收检查组，生产准备组，综合组。试运行指挥部具体负责调试现场的组织、指挥和协调工作。试运行指挥部由业主负责牵头组织，设计、监理、施工单位及主机生产厂家的代表参加。

8 安全措施

抽水蓄能电站首机首次以水泵工况启动时，水泵属低扬程大流量时的运行状态，不安全因素较多，需着重对以下几项内容进行安全控制：

（1）确保设备质量。机组在水泵工况首次启动时存在的设备质量风险，主要是基于机组本身可能存在设计、制造和安装缺陷，如果机组的设计、制造和安装均能正常地达到标准和合同规定的性能要求，则由设备质量造成的风险都是可以控制的。

（2）提高起泵扬程。在确定起泵的最低扬程时，一般因安全考虑，可选择最低扬程启泵，并稍留裕量，以改善启泵扬程，而不选择超低扬程启泵。

（3）尽快躲过低扬程区域。在低扬程下抽水，是机组最恶劣的运行工况，其振动摆度将会明显增大，在满足上水库水位上升速率的前提下，应尽可能进行连续抽水，使机组尽快进入正常运行扬程范围。

（4）利用无功校保护。SFC 启动机组完成并网后，机组在水泵调相 PC 工况下发出无功功率 Q，利用无功电流来校验主变差动保护，从而规避主变差动保护动作误动风险。

（5）编制事故预案。根据水泵运行可能出现的各种事故，编制合适的技术预案，主要包括：水泵抽水断电、水淹厂房、机组振摆度过大、瓦温偏高或烧瓦等事故预案，从而对水泵运行过程中可能发生的事故风险，起到规避作用。

9 环保措施

（1）施工中应遵守国家有关环境保护的法律、法规，接受环保部门对电站施工的监督和指导。

（2）施工现场合理堆放材料，合理进行现场布置，尽量避免占用农田和改变地貌现状。

（3）施工垃圾一律回收，集中处理。施工完毕后不得残留废弃物。

（4）电站完工后应将原土回填，不得流失，地表属于坡地时应筑坡保护。

10　效益分析

抽水蓄能电站首机首次以水泵工况启动时所体现的经济效益,主要是与机组以水轮机工况启动相比较而得出的,以宝泉工程实例分析,首机首次采用水泵工况启动方式,可创造经济效益共约6 886.5 万元,具体计算如下。

10.1　机组提前投产效益

根据水轮机工况开机所需总水量为 189.84 万 m^3,如果用充水泵抽水,两台充水泵的总流量为 0.25 m^3/s,漏水量为 0.12 m^3/s,每天充水时间平均按 20 h 计算,则充水泵的充水时间为 203 d;

以上水量如果利用机组以水泵工况抽水,根据主泵流量为 58.13 m^3/s,则抽水时间为 9 h,可分摊为 2 d 时间完成;

根据以上计算,1 号机组提前投产时间 201 d;根据宝泉机组租赁协议,单机投产后每月租赁费用为 1 000 万元,因此可创造经济效益为 6 700 万元。

10.2　节省充水电费

如利用 2 台充水泵向上库充水,每台水泵电机功率为 750 kW,按照现场施工用电收费标准 0.55 元/kWh,每天充水时间平均为 20 h,则 203 d 共需充水电费为 335 万元,机组 9 h 抽水费用为 148.5 万元,因此节约充水电费为 186.5 万元。

以上两项累计经济效益额共为 6 886.5 万元。

11　应用实例

国网河南宝泉抽水蓄能电站首机首次启动方式的选择在电站建设前期就有一个初步的想法,即采用水泵工况启动,为此,在签订设备供货合同之初就对生产厂家提出需保证机组能满足水泵工况启动的要求,并要求制造厂进行低扬程和零流量下的模型试验,以验证机组水泵工况启动的可行性。其后经多次讨论确立了"以水泵工况首次启动、启动试验完成后先抽水后发电、发电试验和抽水试验相互交替并与上水库初次充蓄水相结合的启动试运行方案",并编制了详细的启动试运行方案和严格的操作程序,以确保机组首机首次水泵工况启动成功。

宝泉抽水蓄能电站首机首次采用水泵工况启动方式,于 2008 年 7 月份开始整组启动调试,2008 年 8 月 27 日并网抽水成功,根据机组水泵工况实测运行数据可知:机组瓦温正常、振摆度正常、压力脉动正常、空化系数和淹没深度均符合要求,机组运行稳定,状况良好。

（主要完成人:张孟军　曾祥辉　刘俭勤　吴诗铭　孙　宁）

大型抽水蓄能机组蜗壳保压混凝土施工工法

江夏水电工程公司

1 前 言

座环/蜗壳是抽水蓄能电站重要的能量转换部件,传统上蜗壳外侧铺设弹性层,混凝土浇筑对构件挤压移位严重,对机组安装的精度产生一定的影响,且混凝土浇筑后灌浆量大,成本较高。目前,国内已建或在建大容量的抽水蓄能电站都采用钢蜗壳,整体座环蜗壳吊入安装调整后,为保证蜗壳安装精度和混凝土浇筑质量,采用的蜗壳保压浇筑方法,对蜗壳进行水压试验通过后保压混凝土浇筑。此方法在多个抽水蓄能电站得到应用并取得理想的效果,其技术蜗壳位移量可控,混凝土浇筑质量高,可取得较好的经济效益。

蜗壳/座环水压试验的目的:检验水泵-水轮机蜗壳焊缝、座环焊缝的焊接质量;检查在最高压力下蜗壳/座环强度和蜗壳、座环变形是否符合设计要求;同时在蜗壳/座环保压浇筑混凝土过程中防止蜗壳/座环变形。

2 工法特点

与传统的施工方法比较,本工法可缩短施工周期、提高安装质量、降低施工成本等,具有工艺完善、技术先进、方法新颖等特点,成功地控制座环/蜗壳焊接变形和混凝土浇筑过程中引起的外形尺寸变化是本工法的关键。

整体座环/蜗壳调整加固,并与凑合节钢管焊为一体后进行水压试验。试验采取压力多次、曲折、分步加压的方式。

试验通过后进行保压混凝土浇筑,混凝土浇筑按照一定入仓强度台阶法均匀布料,在蜗壳阴角部位埋设混凝土泵管,混凝土浇筑到蜗壳中心线高度后进行泵送混凝土,以填充未浇筑到位的蜗壳阴角部位。

3 适用范围

本工法适用于电站钢蜗壳整体保压混凝土浇筑。

4 工艺原理

(1)为消除蜗壳焊接应力及运行工况下钢蜗壳与钢筋混凝土联合受力,蜗壳安装完成后常常进行1.5倍的水压试验进行焊接消除焊接应力,0.5倍压力下进行保压混凝土浇筑。此方法既能消除焊接应力,又能取消弹性层。

(2)混凝土浇筑时,按照一定速度台阶法均匀布料,通过预埋泵管进行泵送混凝土,填充未浇筑到位的蜗壳阴角部位。保证构件不移位、浇筑密实、灌浆量小。

5 施工工艺流程及操作要点

5.1 施工工艺流程

蜗壳试验的程序为:座环内封筒及密封安装→下机坑里衬安装→蜗壳上的测压管及压力表安装→蜗壳内注水→蜗壳分逐次逐步升压、保压、降压,再升压、保压、降压直达到设计要求→水压过程中监测、记录→保压座环蜗壳混凝土浇筑→保压座环、蜗壳回填灌浆→混凝土等强→座环蜗壳 M72 螺栓最终拉紧→泄压→座环蜗壳最终测量。

5.2 操作要点

5.2.1 施工准备

（1）水压试验前应进行全面复核设备形体尺寸。中心及圆度测量,选用内径千分尺;高程测量选用水准仪;水平测量选用框式水平仪。

（2）全面复核座环拉紧螺栓的拉紧力矩,检查所有拉紧螺栓的伸长值偏差应满足厂家技术要求。

（3）准备蜗壳变形量测量工器具和架设试验设备。

（4）检查水压试验设备完备性。

（5）检查混凝土浇筑设备和检测设备,准备混凝土取样仪器。

（6）施工前,对施工人员进行技术工艺交底、安全生产措施交底、文明施工教育。

5.3 蜗壳试验的实施

蜗壳/座环压力试验示意图见图1。

（1）装配水压封堵筒环,安装时注意座环上下端面的 O 形密封圈,确保密封圈的压缩量符合设计要求。

（2）在蜗壳进口法兰与球阀基础之间搭设符合安全要求的操作平台,布置试验增压泵,调节水箱;配置试验管路及注/排水管路、压力表计、排气阀、试验泵电源等。

（3）在蜗壳、座环的 X、$-X$、Y、$-Y$ 4 个方向使用型材设置测量支架,在 4 个蜗壳断面的座环法兰面布置 4 块百分表,座环内侧精加工面的水平布置 8 块百分表,在蜗壳外侧蜗壳中心线上布置 4 块百分表,监测试验时蜗壳变形及座环水平变化。

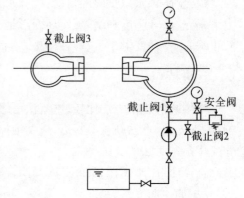

图 1　蜗壳/座环压力试验示意图

（4）压力试验注水。蜗壳注水量约为 60.5 m^3,洞内进行水压试验,应做好水温控制工作,不结冰,确保水质清洁无杂质。

待灌浆全部结束后,泄压后可将蜗壳最低处的阀体打开进行排水;为不污染仓位应将打压水引至自排水廊道。

（5）蜗壳水压试验

①首先进行试验泵试验,启动试验泵进行水压试验,调整安全阀最大压力值的 +5%。试验过程中压力变化允许值为额定压力的±3%。

②试验中少许泄漏是允许的,但所有焊缝位置不允许有泄漏现象。

③对蜗壳进行充水,关闭充水阀,逐级升压,每升一级保压 5 min,降压一次后再升压,最高试验力、升压级差、升压降压速度、稳定时间等参数具体要求如图2所示。

④由专门人员用秒表,压力表对整个水压试验数据做好详细记录,在每个保压阶段认真检查座环、蜗壳的焊缝有无渗漏、裂纹、变形等,并记录监控座环的百分表读数;检查各封堵孔与座环内封筒封堵有无渗漏。进行焊缝检查、封堵检查。

采取多次、曲折、分步加压的方法,一是更好地消除焊接应力,二是确保水压试验的安全性,因此加压速度及压力值、保压时间、降压速度及压力值都应严格按照曲线要求进行,不得随意施压。升降压速度通过打压泵进行设定,加压人员要精心操作。

5.4 蜗壳保压混凝土浇筑与灌浆回填

蜗壳水压试验合格后,按技术规范要求,蜗壳外侧不加弹性层,对蜗壳保压(0.5 倍设计水压)

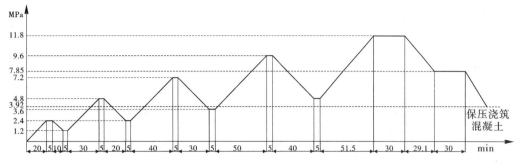

图 2　300 MW 抽水蓄能机组蜗壳/座环水压试验压力控制曲线

浇筑混凝土。混凝土浇筑上升速度不应超过 300 mm/h,施工时在座环法兰面布置百分表监测座环水平变化,在蜗壳的进口封头处布置百分表监视蜗壳的位移,根据实际情况随时调整混凝土浇筑顺序。保压浇筑混凝土时间较长,要求专人记录压力变化情况,压力降至偏差范围(低于 5%)时及时启动泵增压。蜗壳层混凝土浇筑后,留有 28 d 保压时间方可卸压拆除水压试验设备。

5.4.1　施工难点分析

蜗壳二期混凝土施工难点主要表现在蜗壳周围钢筋密集、机电埋件管路多、工作面狭窄、平行作业干扰人、施工工序衔接复杂,而且许多地方施工人员无法进行混凝土振捣,见图 3。因此,为保证蜗壳二期混凝土的施工质量,必须结合设计与施工,对施工重点和难点进行研究,提出合理的施工方案。

蜗壳安装后,蜗壳与座环下部连接处(反弧区)混凝土入仓较为困难。该部位混凝土浇筑预埋混凝土泵管,采用泵送 I 级或 II 级配混凝土入仓浇筑。浇筑前沿蜗壳底部预留灌浆孔和排气孔,在混凝土达到规定强度后进行灌浆施工,确保混凝土密实。

图 3　座环蜗壳混凝土浇筑

浇筑蜗壳外包混凝土时,为了尽量减少混凝土对蜗壳的侧压力,混凝土采取平铺法入仓。现场可选用的混凝土入仓手段为桥机吊卧罐和泵送入仓,卧罐吊运的混凝土与泵送混凝土坍落度不应相差太大。

5.4.2　混凝土浇筑方法

运输车将混凝土运至安装场后,利用桥机吊卧罐入仓。混凝土入仓要控制对称下料,保证混凝土面均匀上升,下料点要避开各种埋件埋管,防止损坏,蜗壳混凝土入仓温度应控制在 20 ℃以内。

先浇筑蜗壳外侧混凝土,混凝土采用 II 级配,按台阶法浇筑,台阶高度 30~50 cm,台阶宽度 2.0~3.0 m,台阶沿蜗壳轴向展开,并逐步向蜗壳底部延伸,在蜗壳底部形成一道斜坡。内侧靠近座环/ 基础环的部位则需要利用混凝土输送泵进料,并采用人工平仓,振捣器振捣,逐步将蜗壳底部浇筑密实。

然后改用混凝土泵车浇筑蜗壳内侧和座环底部以及蜗壳阴角部位混凝土,利用泵车的压力将阴角部位填满。混凝土采用 I 级配混凝土或同标号砂浆。该部位根据施工部位不同,分别采用环向管和径向管退管法浇筑;当混凝土浇筑至无法进人操作后撤出泵管,封闭进人通道。然后改用预埋在混凝土内的径向朝天泵管浇筑阴角部位剩余的混凝土,径向朝天泵管出口距阴角部位最高处 20 cm 较为合适。混凝土振捣可利用座环上预留的孔洞进行。当混凝土浇筑至座环顶面,且环板上孔洞开始冒浆后,用木塞将座环上的出气孔和未使用的径向泵管进口封堵,然后加大混凝土泵车压力,改用同标号混凝土或砂浆浇筑阴角部位,浇筑过程中,不断从座环侧壁顶部预留的孔洞观察混凝土浇筑情况,当孔中往外流水停止后,及时用铁丝在孔中不断搅动,直至砂浆不断冒出为止。蜗壳腰线以上部位则主要通过桥机配吊罐及泵送直接入仓的方式进行浇筑。混凝土泵管平面及立面布置见图4。

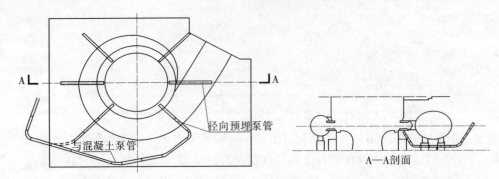

径向预埋泵管

与混凝土泵管

A—A剖面

图4　混凝土泵管位置

蜗壳外围混凝土施工需与机电安装人员配合蜗壳打压,浇筑蜗壳混凝土时,蜗壳内应按设计要求保持水压,并在座环上装设千分表观察蜗壳位移情况,以便控制混凝土浇筑速度和顺序,施工中应对蜗壳移位变形进行监测,若发现座环变形应及时调整入仓及振捣部位和方向,确保座环的水平度符合规范要求,蜗壳外包混凝土浇好后等强一定时间再进行回填灌浆。

5.4.3　混凝土浇筑温度变化

混凝土浇筑过程中混凝土的水化热对蜗壳内的水温影响大,蒲石河4号机蜗壳混凝土浇筑时洞室温度为12 ℃,混凝土浇筑过程中最高水温为45 ℃,温差为33 ℃,出现在50 h后。由于水温升高,蜗壳内侧体积膨胀量 ΔV

$$\Delta V = V_1 \times \beta \times (t_2 - t_1) = 135 \text{ m}^3 \times 0.207 \times 10^{-3} \times (45 \text{ ℃} - 12 \text{ ℃}) = 0.922 \text{ m}^3$$

$$V_2 = V_1 + \Delta V = 135 \text{ m}^3 + 0.922 \text{ m}^3 = 135.922 \text{ m}^3$$

若忽略蜗壳自身的膨胀或变形时,由于混凝土水化热导致压力变化,变化值为 Δp。$\Delta p = \Delta V/(V_2 \times \gamma) = 0.922 \text{ m}^3/(0.403 \times 10^{-3} \text{ m}^2/\text{kgf} \times 135.922 \text{ m}^3) = 16.83 \text{ kgf/m}^2 = 16.83 \text{ MPa}$。

说明:V_1 为试验后蜗壳内侧最大体积,V_2 为水化热引起的蜗壳内侧最大体积,β 为水的膨胀系数 0.207×10^{-3}(20 ℃时),γ 为水的压缩率 $0.403 \times 10^{-3} \text{ m}^2/\text{kgf}$(50 ℃及 $1 \sim 500 \text{ kgf/cm}^2$时)。

这说明混凝土水化热导致的试验水温升高,从而引起的蜗壳内压力上升值为16.83 MPa。因此,在混凝土浇筑过程中及浇筑后的一段时间内,应随时观测压力表的值。水温升高时应及时卸压,温度逐渐恢复室温时随时加压,确保保压混凝土浇筑压力波动在设计值的±10%以内。

待混凝土达到龄期后,在蜗壳保压状态下,进行座环蜗壳混凝土灌浆。灌浆到达规定时间后,进行最终卸压。

6　材料与设备

使用的主要材料及工器具见表1。

表1　使用的主要材料及工器具

序号	设备名称	设备型号	单位	数量	用途
1	测量工具	水准仪	套	1	测量座环平面度
2	水压试验工具	压力泵及表计	个	各2	蜗壳水压试验
3	混凝土浇筑工具	混凝土泵机	套	4	用于混凝土浇筑

7 质量控制

根据厂家要求,座环蜗壳在安装过程中应对下述过程进行质量检验,检验标准参见厂家技术标准。

(1)试验前应对其水平度、圆度、直径、错边量等几何尺寸进行检查。

(2)座环的拉紧螺栓伸长值、蜗壳压力参数等需在施工过程中试验、检查。

(3)蜗壳水压试验严格按照试验规程进行升压、降压操作。由于座环对缝焊接量大,座环水平度、圆度及直径精度要求高,应随时对其上述参数进行观察。

(4)混凝土浇筑过程中注意对构件的观察,防止浇筑过程构件移位,调节混凝土浇筑顺序及工艺。

(5)施工过程中注意混凝土水化热对蜗壳压力的影响。

(6)注意混凝土入仓方法,以确保座环蜗壳阴角部位的混凝土浇筑密实。

(7)保压过程中定期检查蜗壳压力值,压力下降时应增压。

8 安全措施

8.1 水压试验安全

不得带压对各种仪表、阀体进行拆换;加压时应当精心操作,不得过快升、降压;加压不得超过要求值;蜗壳、测压管、表计、阀体应做好标记,不得进行焊接、切割、损坏。

8.2 混凝土浇筑安全

应特别注意混凝土水化热导致的试验水温升高,引起蜗壳内部压力增加,防止对蜗壳本身及其相连的管路表计的破坏。

9 效益分析

蜗壳水压试验可以更好地消除焊接应力,采取蜗壳保压混凝土浇筑,以取消常规使用的弹性层;此消应力方法简单易行,不设弹性层可以节约成本,缩短工期。

采用预埋泵管输送蜗壳阴角部位混凝土的浇筑方法浇筑效果好,后期灌浆量也非常小,大大节约了成本。

10 应用实例

现以河南宝泉抽水蓄能机组、辽宁蒲石河抽水蓄能机组蜗壳整体安装、水压试验及混凝土浇筑为例,进行简要介绍。

(1)设备主要特性:蜗壳座环在设备出厂时已焊为一体,并整体分为 2 瓣运输到工地。座环/蜗壳保压试验后,最终的偏差最大的主要参数为:座环上法兰工作面水平度为 0.15 mm(厂家要求为 0.3 mm),座环内径偏差为 0.3 mm(厂家要求为 0.5 mm),机组高程符合设计要求。水压试验钢蜗壳最大膨胀点在蜗壳进口端,最大膨胀量为 2.5 mm。

(2)在混凝土浇筑过程中座环蜗壳未发生移位变形,采用预埋泵管输送蜗壳阴角部位混凝土的浇筑方法浇筑效果非常好,后期灌浆量最大为 1 m^3。

(3)采用合适的焊接工艺、安装间进行组焊、整体吊装、水压试验、泵送阴角部位混凝土等工艺,大大提高了施工质量,节约了成本,赢得了工期。每台机节约直线工期 40 d,4 台机主厂房混凝土及机电预埋实际施工时间比原合同工期提前 3 个月左右。

(**主要完成人:**曾祥辉 郝绍峰 杨保晶 纪云峰 秦 宇)

1 000 mm² 大面积导线压接施工工法

江夏水电工程公司

1 前 言

在国家"十二五"规划纲要中明确提出要加大特高压输电技术发展,国家电网公司规划建设连接大型能源基地与主要负荷中心的"三纵三横"特高压骨干网架和13项直流输电工程。通过加快建设能源外送通道,可以解决我国大型能源基地远距离、大规模输电问题。大截面导线输变电作为一项自主开发特高压输电技术将得到广泛应用,宁东±660 kV 宁夏至山东世界第一条±660 kV、1 000 mm²大截面导线输变电示范工程投产,标志着我国又一条新的电压等级直流线路投入生产。本工程导线采用1 000 mm²JL/G3A-1000/45 型钢芯铝绞线大截面导线。1 000 mm²大截面导线在全国乃至世界上也属于首次使用,因此导线的展放成为施工的难点,而导线的压接则成为重中之重。

我公司针对导线的特点,经过认真分析计算和试验,总结出了较好的导线压接方法,该方法经工程实际验证,具有较好的经济性并且是安全可靠的。

2 工法特点

(1)本工程采用 JL/G3A-1000/45 型钢芯铝绞线,计算拉断力 226.15 kN,安全系数为 2.5。

(2)本工程液压作业施工使液压作业标准化、规范化,施工质量、工艺标准达到 660 kV 直流工程考核标准的要求。

3 适用范围

本工法适用于大截面导线、地线的压接。

4 工法原理

本工法主要是把大截面导线连接起来,利用液压原理使导线与外铝管压接完后具有较高的安全性、牢固性。把大截面导线应用到我国电力线路生产运行中。

5 施工工法及操作要点

5.1 施工工艺流程

大截面导线施工工艺流程如图 1 所示。

5.2 液压施工方法及操作要点

(1)液压时所用的钢模应与被压管相配套,凡上模与下模有固定方向时,则钢模上应有明显标记,不得错放,液压管的缸体应垂直地面,并放平稳。

(2)被压管放入钢模时位置应准确,检查点位印记是否处于指定位置,双手把握管线后上模。此时应使两侧线与管保持水平状态,并与液压机轴心相一致,以减少管子受压后可能产生的弯曲,然后开动液压机。

(3)液压机的操作必须使每模都达到规定压力,而不应以合模为压好标准。

(4)施压时相临两模至少重叠 50 mm。

（5）各种液压管在第一模压好后检查压后对边距尺寸,符合标准后继续施压。

（6）当管子压后有飞边时,应将管子边挫掉,铝管应搓成圆弧状。已压部分如有飞边时,除挫掉,还应用细砂纸将挫过处磨光。管子压完后若飞边过大使对边距超过尺寸时,应将飞边挫掉后重新施压。

（7）钢管压完后,凡锌皮脱落者,不论是否裸露于外,均需涂锌处理。

5.3 施工准备

（1）根据设计图纸要求和所用工器具的清单,将相应的管子型号和工器具安全运输到施工现场,并对工器具和管子型号进行分类摆放。

（2）使用液压机前应检查液压设备所有构件是否完好,油压表必须经过校核,性能正确可靠,液压机输出压力为 81 MPa,不得随意调整。

（3）本次液压采用的液压机,以高压油泵为动力,以相应的钢模对导线和地线进行液压施工,钢模使用前必须检查是否与导线和地线匹配,压模尺寸如下：

直线接续管压模尺寸,铝模 Φ72、钢模 Φ24;

耐张管压模尺寸,铝模 Φ72、钢模 Φ22;

钢模对角线误差最大允许值为+0.2 mm、-0.05 mm。

5.4 液压操作规定

操作人员须经过培训及考试合格,持有操作证方可进行操作,操作时应有指定的质检员及监理人员旁站进行监督。操作完成后,检查是否合格,予以签证。操作人员在压接管上打上操作钢印。

5.5 液压前的操作规定

5.5.1 液压设备及材料检验

（1）对所使用的导线的结构及规格进行认真检查,其参数应符合工程设计要求,同时符合国家要求。

（2）NY-1000/45 耐张线夹和 JYD-1000/45 接续管的材质应符合《国家电力金具制造质量标准》（SD 218—87）等标准的规定。

5.5.2 清洗

对使用的各种接续管及耐张线夹应使用汽油清洗管内壁的污垢,并清除影响穿管的锌疤与焊渣,短期不使用时,清洗后应将塑料袋封装;导线地线的液压部分（包括补修管）清洗长度不少于压接长度的 1.5 倍。

5.5.3 涂导电脂及清除钢芯铝绞线铝股表面氧化膜的操作程序

（1）涂导电脂及清除铝股氧化膜的范围为铝股进入铝管部分。

（2）按照清洗要求对外层铝股用汽油清洗并干燥后,将导电脂薄薄地涂上一层,以将外层铝股覆盖住。

（3）用细钢丝刷沿钢芯铝绞线轴线方向对已涂导电脂部分进行擦刷,使液压后能与铝管接触的铝股表面全部刷到,并保留导电脂。

5.5.4 穿管

（1）钢芯铝绞线 JYD-1000/45 接续管的穿管示意图如图2、图3所示。

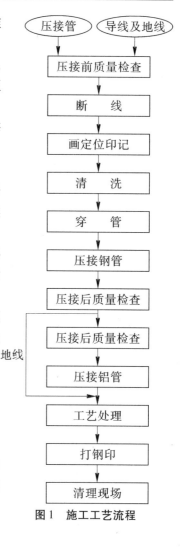

图1 施工工艺流程

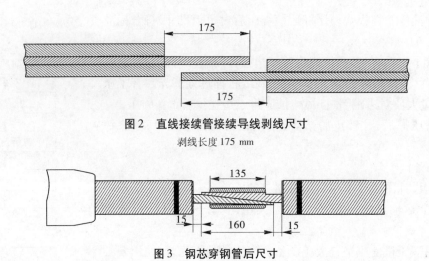

图 2　直线接续管接续导线剥线尺寸

剥线长度 175 mm

图 3　钢芯穿钢管后尺寸

（钢管长度 135 mm，钢芯露出管口 12.5 mm，钢芯与铝线端头间距 15 mm，导线端头间距 190 mm）

①为了防止铝股剥开后钢芯散股，在松开绑线后先在端头打开一段铝股，将露出的钢芯端头用绑线扎牢。在切割内层铝股时，只割到每股直径的 3/4 处，然后将铝股逐股掰断。

②套铝管：将铝管自钢芯铝绞线一端顺导线绞制方向先穿入。

③穿钢管：使钢芯散股呈扁圆形，将一端先穿入钢管，置于钢管内的一侧，然后将另一端钢芯也散股呈扁圆形，自钢管另一端与已穿入的钢芯相对搭接插入（不是插接）。直至两端钢芯在钢管对面各露出 12.5 mm 为止，见图 3。

④穿铝管：当钢管压好后，找出钢管压后中点 O，自 O 向两端铝线上各量铝管全长一半（0.5L，L 为铝管实际长度），在该处画印记 A。在铝线上量尺画印工序，必须严格按照清洗的要求。两端印记画好后，将铝管顺铝线绞制方向向另一端旋转推入，直至两端管口与铝线上两端定位印记 A 重合为止。然后铝管再向牵引场方向预偏 45 mm。

（2）钢芯铝绞线耐张线夹 NY‑1000/45 的穿管示意图如图 4～图 6 所示。

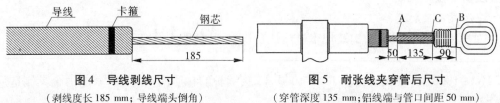

图 4　导线剥线尺寸

（剥线度长 185 mm；导线端头倒角）

图 5　耐张线夹穿管后尺寸

（穿管深度 135 mm；铝线端与管口间距 50 mm）

①剥铝股（见图 4）：铝股割线长度为 185 mm，其他操作程序直线接续管穿管中①相同。

②套铝管：将铝管自钢芯铝绞线一端先穿入。

③穿钢锚：将已剥露的钢芯自钢锚口穿入钢锚，穿时顺钢芯绞制方向旋转推入，保持原节距，直至钢芯端头触到钢锚底部，管口与铝股预留 50 mm（见图 5）。

④穿铝管（见图 6）：当钢锚压好后，按照清洗的要求对铝股表面进行涂电力脂及清除氧化膜；然后将铝管顺铝股绞制方向旋转推向钢锚侧，直至铝管右端口与钢锚凸台重合，再向铝线方向预留 45 mm。

5.5.5　操作工艺

（1）JYD‑1000/45 搭接式钢管液压部位及操作顺序见图 7、图 8，第一模中心应在钢管中心，然后分别相管口端部施压，一侧压至管口后再压另一侧。对清除钢芯上防腐剂的钢管，压后应将管口及裸露于铝线外的钢芯上涂富锌漆，以防生锈。

（2）JYD‑1000/45 搭接式铝管液压部位及操作顺序见图 9，首先检查铝管两端管口与定位印记

A 是否重合,并在铝管管口向内牵引场方向预偏 50 mm 作起始压接印记 A1,见图 10,分别自 A1 标记向中间部位施压。压至不压区记号 N 后再从另一边 N 向 A2 依次施压。

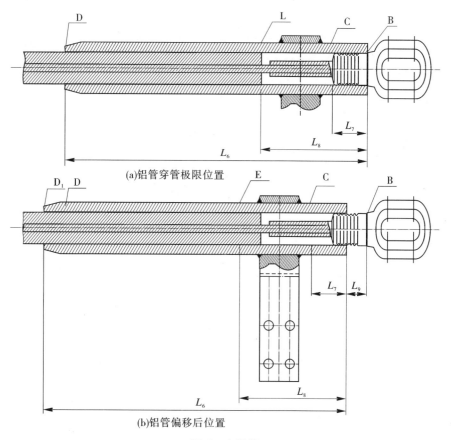

(a)铝管穿管极限位置

(b)铝管偏移后位置

图 6　穿铝管

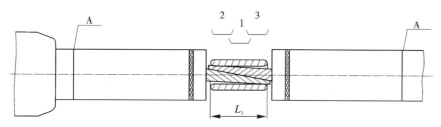

图 7　直线接续管钢管液压液压顺序示意图

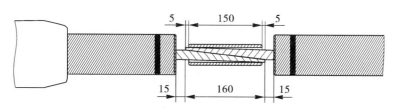

图 8　直线接续管钢管液压后尺寸

(钢管长度 150 mm;伸长量 15 mm,钢芯露出铝口 5 mm;钢芯与铝线端头间距 15 mm;两侧铝线端头间距 190 mm)

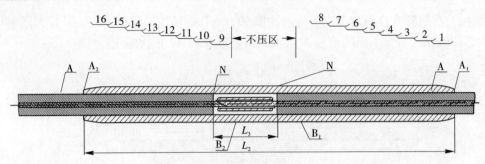

图9 铝管压接顺序

(从牵引场侧管口开始压第一模,逐模向张力场侧施压至同侧标记点;隔过不压区后,再从另一侧标记点
逐模侧施压至张力场侧管口)

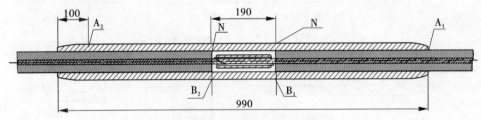

图10 直线接续管铝管液压后尺寸

(铝管全长 990 mm;不压区长度 190 mm;压区长度 400 mm×2;对边距 62.12 mm)

(3)NY-1000/45 耐张线夹的操作图如图 11、图 12 所示。

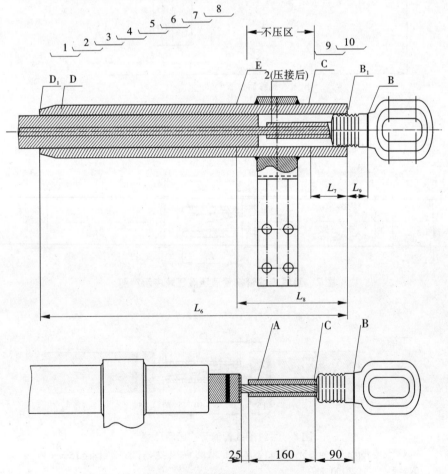

图11 耐张线夹钢管液压后尺寸

(压区长度 160 mm;伸长量 25 mm;液压后对边距(最大)19.12 mm;线端与管口间距 25 mm)

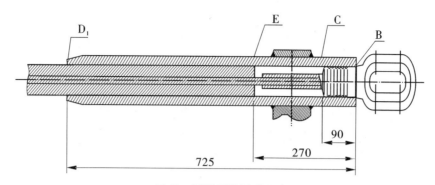

图 12　耐张铝管压后尺寸

（全长 725 mm，伸长 65 mm，压区长度 390+90 mm；压后对边距（最大）62.12 mm）

①钢锚液压部位及操作顺序自凹槽前侧开始向管口端连续施压。

②铝管液压部位及操作顺序见图 11，首先检查右侧管口与钢锚凸台 B 是否重合，铝管向外距钢锚预留 L_9 为 45 mm，量出不压区位置，第一模自铝管口起压印记 D_1 开始，连续向右侧不压区位置施压。耐张线夹铝管左端施压好后，再自 C 向右端施压。

6　材料与设备

所需材料与设备见表1。

表 1　所需材料与设备

设备名称	YQ 型液压机（2 500 kN）	断线钳	锯	钢卷尺（3 m）	游标卡尺	红蓝铅笔	棉布	电力脂	砂纸（0 号）	钢刷	板锉	木锤	富锌漆	钢管护套	黑胶布
数量	1 台	1 个	2 个	1 个	1 个	2 支	若干	若干	若干	5 个	1 支	1 个	若干	相应	若干

7　安全措施

（1）在管子指定位置打工程进行检验性试验，试件应符合下列标准：

每种连接试验试件不得少于 3 件（允许接续管与耐张线夹做成一根），试件握着力不得小于导线设计计算拉断力的 95%，即导线额定抗拉力的 90%：导线 226.15×90% = 203.5（kN）；地线 178.57×90% = 160.7（kN）。如果发现有一件试件不合格，应查明原因，改进后加倍复试，直至全部合格为止。

（2）各种液压管压后对边距尺寸 S 的最大允许值可按下式计算：

$$S = 0.866D×0.993+0.2$$

式中：D 为管外径，mm。

检查三个对边距，但三个对边距只允许有一个最大值，超过此规定时，应更换钢模重压。

（3）液压管液压后不应有明显的扭曲和弯曲，有明显扭曲时应重新施压；有明显弯曲时应校直，校直后不应出现裂纹。

（4）各液压管施压后，应认真填写记录。液压操作人员自检合格后应填写上自己的钢印号。质检人员检查合格后在记录表上签名。

（5）导、地线液压管压接完成后展放时要用压接管护套进行保护，护套两端用 10 号铁丝绑扎牢固，绑扎后用黑胶布紧密缠绕，以防展放时伤及导线。

（6）液压管压机吨位压前、压后尺寸推荐值见表2。

8　安全措施

（1）压接人员必须经过培训、考核、取证，方可上岗。

表2　压接参数　　　　　　　　　　　　　（单位:mm）

压接管 压接机	直线接续管 JYD-1000/45			耐张线夹 NY-1000/45		
	管长	压后长度	伸长	管长	压后长度	伸长
200 t	890	990	100	660	725	65
300 t	890	970	80	660	700	40

（2）液压机使用前应进行认真检查,液压模具有裂纹严禁使用。

（3）放入顶盖时,必须使顶盖与钳体完全吻合;严禁在未旋转到位的状态下压接。

（4）液压机启动后先空载检查各部位运行情况,正常后方可使用;压接钳活塞起落时,人体不得位于压接钳上方。

（5）液压泵的安全溢流阀不得随意调整,并不得用安全溢流阀卸荷。

（6）液压操作人员,在工作时应避开高压油管和钳体顶盖,防止爆裂、冲击伤人;操作过程中要随时注意压力表值,不得过荷载;压力未达到规定值,出现压模合拢,应立即停止操作,进行全面检查,如果发现故障,该机应停止使用。

（7）切割导线、地线时,应有防止回弹伤人的措施;切割导线、地线时,应有防止导线、地线散股的措施。

9　环保措施

（1）施工中应遵守国家有关环境的法律、法规,接受环保部门对线路施工的监督和指导。

（2）施工现场材料合理堆放,合理进行现场布置,尽量避免占用农田。

（3）施工垃圾一律回收,集中处理。施工完毕后地表不得有残留废弃物。

（4）设置专用容器回收油污,已漏油的应清理干净或进行深埋处理。

10　效益分析

采用本工法施工,有效地提高了压接技术水平,减少临时占地的时间,降低劳动人员的劳动强度,提高劳动效率,加快施工进度。从而使施工成本大大降低,可产生明显的经济效益和社会效益。

11　应用实例

宁东—山东±660 kV 直流输变电示范工程大截面导线压接。

11.1　工程概况

±660 kV 宁东—山东直流输变电示范工程开始于宁夏回族自治区宁东县换流站,止于山东省青岛市换流站,工程规模为单回路 660 kV 送电线路,路径长 1 333 km,该线路首次采用 4×1 000 mm² 大截面导线。

11.2　施工情况

在压接过程中,每段压接共用 2 h,施工作业人员 7 人,其中操作人员 3 人,配合人员 4 人,大大节省了压接时间,从而大大提高了经济效益。

11.3　经济效益

本大截面导线压接具有很强的通用性,从施工实际看其经济效益很好。综上所述,可用于其他等面积的大截面导线压接,同时对非 1 000 mm² 大截面导线的压接也有很高的参考价值。

（主要完成人:马建荣　张万维　李启贤　丁国强　何乐峰）

高原高寒条件压力钢管焊接施工工法

江夏水电工程公司　安蓉建设总公司

1　前　言

西藏地区水电开发,海拔多在 3 000 m 以上,属高原高寒气候,年平均温度低下,极端温度在-20 ℃以下,昼夜温差大。在恶劣环境下进行压力钢管焊接施工,大型昂贵自动化焊接设备的运用受到限制,单纯依靠焊条电弧焊不利于有效控制焊接变形,也难以满足压力钢管大量焊接工作量对工期的要求,采用优化设计工艺的埋弧自动焊接较好地解决了高寒条件下压力钢管焊接问题。

西藏昌都金河电站平均海拔 3 200 m,是典型的高原高寒气候,其引水压力钢管焊接施工通过简便、有效的工法实践,优化埋弧自动焊接工艺设计,克服了高寒因素的不利影响,取得了较好的经济效益和社会效益。

2　工法特点

(1)高原高寒地区空气稀薄,含氧量低,电弧燃烧不充分,采用空气等离子切割下料和埋弧自动焊等方法,有效地提高了电弧稳定性和焊接线能量值。

(2)高原高寒地区日温差大,金河电站实测昼夜最大温差 25 ℃,合理组装加劲环、合理设计坡口等措施有效控制了焊接变形。

(3)高原高寒地区积温少,尤其冬季干冷漫长,较同纬度东部平原低 20 ℃,低温态焊接施工,采取正确的焊接工艺和热措施可以避免产生焊接裂纹。

(4)高原高寒地区多雨雪、大风天气,现场合理的工装设计是正常焊接施工的可靠保证。

3　适用范围

本工法适用于高原高寒条件下压力钢管焊接施工。

4　工艺原理

(1)充分利用高原日照时间长,大胆采用露天厂房,重点围绕埋弧自动焊接,合理穿插衔接,优化钢管焊接施工流程。

(2)在单节钢管焊接校形后安装加劲环,直线工期延长,整体变形不易控制,而利用加劲环强制定形作用,在纵缝外缝焊接后、内缝焊接前进行安装,一方面减小了因加劲环尺寸偏差对管节形体的破坏,另一方面通过加劲环的有效约束,提高了整体刚度,减小了纵缝尤其是内缝的变形。

(3)如果采用气体保护焊,在高原高寒条件下实现有效的热措施和成熟的自动化操作会比较复杂,通过工艺改进,内外环缝和弯管均采用埋弧自动焊,电弧在焊剂层下以隐蔽状态大电流稳定燃烧,减小了外部恶劣环境的影响,同时提高了线能量,厚厚的渣壳还起到了后热处理的作用。

(4)自动角焊小车实现加劲环的全方位 CO_2 保护自动焊接,由于变形小、效率高,加劲环拼焊由关键工序变为非关键工序,工艺流程更为紧凑。

(5)在现场焊接施工中引进厂房管理中的实时检测概念,利用超声波探伤仪配合高温耦合剂及时发现和消除在线缺欠,避免产品积压,盘活施工场地空间。焊后验收环节通过超声波检测、射线检测及其比照,及时发现可能的时效缺陷。

5 工艺流程及操作要点

5.1 工艺流程

现场钢管焊接工艺流程如图1所示。

5.2 操作要点

5.2.1 焊前准备

5.2.1.1 焊接材料

焊材贮藏间保持通风、干燥;焊接材料尽量白天烘焙,避免吸湿;专人负责领用分发与回收,即领即用,用后及时回收不过夜;焊条置于保温筒内,并经常检查,保持良好通电加热状态;适当减少焊剂槽中焊剂储量,在焊接区设置风屏;区分二次烘焙材料,防止误用;焊接过程中注意焊剂扬尘与清扫,层道中不应有焊剂颗粒残留;禁用油污锈蚀严重的焊丝。

5.2.1.2 焊前清理

认真清理坡口内锈污水分,尤其是水、冰、霜冻要彻底清除,在高原高寒条件坡口内湿气滞留较深,日照降低氧分压的作用有限,必须进行预热。焊前预热不仅可以适当提高母材初始温度,降低温度梯度,减少过程吸湿,更重要的是焊前除湿,避免气孔。

5.2.2 坡口加工与焊接

5.2.2.1 坡口加工

按排料图和工艺卡进行放样,用空气等离子切割机下料,再在铣边机上按坡口设计要求铣削成型。图2所示为自制加劲环切割装置。

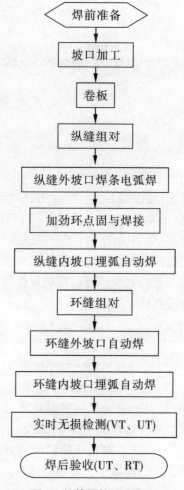

图1 钢管焊接工艺流程

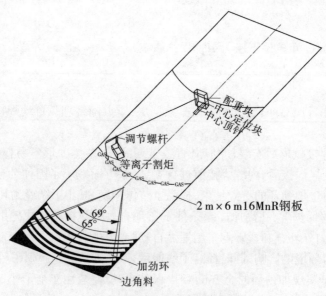

图2 自制加劲环切割装置图

5.2.2.2 纵缝坡口设计与焊接

压力钢管过水面处于高寒工况,坡口设计应首先考虑如何提高内部和内壁质量。

1)坡口型式

坡口型式如图 3 所示。外坡口深约 1/3δ,保证埋弧焊封底需要,同时使变形量内外一致;内坡口深约 2/3δ,有利于提高效率;钝边 1 mm 利于拼对,钝边尺寸应与间隙匹配;间隙 1~2 mm 可增加熔透量,减少清根工作,过大则引起周长误差;外坡口在卷制后角度增加,按 60°设计可保证坡口宽度;内坡口虽为埋弧自动焊,但因卷制后角度减少,管壁较薄,设计时放大至 46.9°(图示角度为卷制后角度)。

角度 46.9°的设计计算:内坡口深度为 8 mm,板厚 14 mm(中性层厚 7 mm),钢管内径 3 500 mm。钢管由两瓦片对拼而成,即存在两对坡口,每一坡口外边较内边弧长增加值为 π×($D_外$−$D_内$)÷4 = π×(3 516 mm−3 500 mm)÷4 = 12.56 mm。该弧长增加值包括卷制前坡口外边与内边长度差 $h×tanα$(h 为坡口深度,$α$ 为卷制前的坡口角度,即要求解的 46.9°);该弧长增加值另一部分通过卷制后角度减少来弥补,减少量为 $h×tanα−h×tan30°$(30°即希望获得的卷制后角度)。

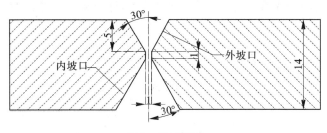

图 3　坡口型式

2)外坡口

外坡口直接在拼装位(钢管竖立)由焊条电弧焊完成,主要优点是:

(1)正式焊接与点固定位焊衔接紧凑。因高寒影响坡口内易积水积冰,正式焊前坡口烘干时定位焊缝骤冷骤热,容易炸裂,导致拼装失败。点固后随即焊接,简化了工艺过程,提高了工作质量和效率。

(2)外坡口封底为内坡口埋弧自动焊创造了条件。

(3)外坡口在拼装平台上小拘束度焊接,变形容易控制。

(4)钢管竖立,两瓦片对拼纵缝完全对称。

3)内坡口

内坡口在加劲环拼焊完成后由埋弧自动焊完成,主要优点是:

(1)加劲环的安装"锁定"了拼装尺寸,这样管节可以 90°翻身,创造埋弧自动焊的平焊条件。

(2)埋弧自动焊是一种较为成熟的高效优质焊接方法,大大提高了焊缝内部质量和内壁焊缝表面质量。

(3)电弧在焊剂层下燃烧,减少了高寒影响;实现了较大电流(电流密度是焊条电弧焊的 4~6 倍);焊接过程自动调节,操作简单,减少了人为的影响因素。

(4)热效率高,焊接速度快,加快了施工进度,减少了严冬的焊接工作量。

5.2.2.3　环缝坡口设计与焊接

环缝完全由埋弧自动焊完成。环缝在拼装架上点固定位后(定位焊缝在内坡口内),将该单元管节转吊至滚焊台车,外环缝焊接时保持焊接机头不动,钢管在保持一定线速度的滚轮架金属滚轮的摩擦作用下匀速转动。焊接内坡口时,埋弧焊焊接机头置于管内,调节焊接小车速度,使之与滚轮线速度约为 2∶1(忽略板厚影响),方向相反,焊缝红外导向灯和导电咀始终竖直指向内坡口中心。坡口设计如图 4 所示。

图 4 所示角度为卷制后角度;坡口未留间隙以避免烧穿,同时便于组装对缝;钝边 3~4 mm 可

以满足双面自动焊根部焊透要求,钝边过小限制了焊接电流,钝边过大则不易焊透;由于钢管外周长是很关键的一项验收指标,钢管压头时有不可避免的直边问题,在坡口设计时以外坡口焊缝为主焊缝,并采取外坡口焊缝先焊的施工工艺。

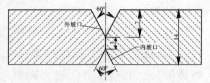

图 4　坡口设计图 （单位:mm）

5.2.3　焊条电弧焊

5.2.3.1　焊接过程的连续性

在高寒地区,一条焊缝在白天一次焊完是有必要的,焊接过程的连续减少了焊接清理工作,更重要的是在保持工艺规范不变的情况下提高了线能量值,避免了反复预热,保持了层间温度,防止了焊缝层道间吸湿。

5.2.3.2　焊接参数的一致性

在压力钢管焊接施工中,为防止连续焊接过程能量积累引起过高线能量,增加易冷淬材料的开裂危害性,在施焊过程中应小规范多层多道焊,速度适中,保持规范和操作的一致性和对称性。

5.2.4　埋弧自动焊

5.2.4.1　工艺参数

埋弧自动焊工艺参数如表 1 所示。

表 1　埋弧自动焊工艺参数

板厚	间隙	电流	电压	焊接速度
14 mm	3 ~ 4 mm	700 ~ 750 A	34 ~ 36 V	30 m/h

5.2.4.2　简易操作架尺寸

埋弧自动焊简易操作架尺寸如图 5 所示。

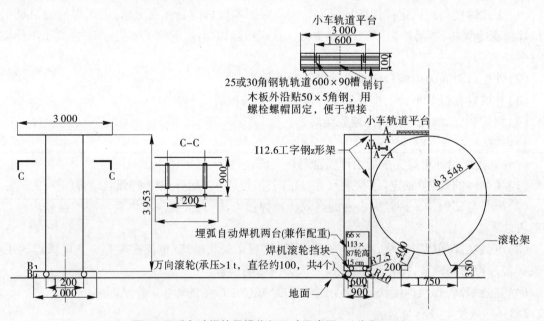

图 5　埋弧自动焊简易操作架尺寸示意图 （单位:mm）

5.2.4.3　埋弧自动焊变形控制

1）纵缝纵向收缩变形

《水利水电工程压力钢管制造安装及验收规范》(DL 5017—2007)规定单节钢管长度与设计值之差不应超过±5.0 mm。金河电站单节管长 2 100 mm,按板厚δ14,埋弧自动焊三道计算,其纵向收缩量为 $\Delta L = 0.006 \times 2\,100 \times 3/14 = 2.7$(mm)。实际测量为 3 mm,均在标准范围之内。控制纵向收缩的措施主要是在保证焊透的情况下适当减少焊接电流,同时调整工艺,避免因盖面层偏低增加焊缝层数,使变形量增大。

2)内凹与外凸变形

由于焊缝的角变形和横向收缩在管壁厚度方向的不一致引起压力钢管管壁在焊缝处形成鼓包和下塌。第一层焊缝的影响至关重要,其变形作用约为其他层的 2 倍。变形的最终取向将取决于内外坡口的相对熔敷作用。当以外坡口为主时,焊后将引起内凹,反之亦然。施工中用焊缝量规仔细检查坡口铣削、组对质量,打底前沿焊缝全长方向预先调整焊接小车,清根时选择合适的碳棒和操作角度,严格控制第一层焊缝变形。

3)环缝横向收缩变形

以内径 $D=3\,500$ mm,板厚 $\delta=14$ mm 的钢管对接环缝为例,实测最大 $\Delta B=4$ mm。环缝焊接在自动滚焊台车上进行,层与层之间旋转方向相反,可以均衡受热,减少横向收缩。

4)翘曲变形

翘曲变形型式如图 6 所示。翘曲变形主要由纵缝纵向收缩和加劲环、环缝横向收缩引起。

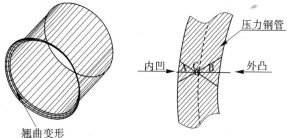

图 6　焊缝翘曲变形示意图

5.2.5　无损检测与焊后验收

在钢管环缝焊接完成后,充分利用滚焊台车,在线适时进行超声波检测,配合高温耦合剂使用,满足质量消缺要求,提高了流水作业效率,保证了钢管及时下线。在堆放场地,再按标准比例对特征部位可能缺陷进行扫查,并与射线检测比照。各项指标验收合格后转入防腐施工。

6　材料与设备

本工法采用的主要材料、设备见表 2。

表 2　主要材料、设备

序号	材料或设备	单位	数量	用途
1	PE-100 空气等离子切割机	台	1	钢板切割
2	HBJ-9 铣边机	台	1	坡口加工
3	MZ-1-1250 埋弧自动焊机	台	2	纵缝、环缝焊接
4	GR-71 自动角焊小车(配 ZP7-500 焊接电源)	台	2	角焊缝焊接
5	CTS-23 超声波探伤仪、XXQ-2505 射线探伤仪	台	1	焊缝无损检测
6	HJ431(型号 HJ402-H08MnA)颗粒度 0.5~3 mm;碳钢焊丝 H08MnA,Φ4			埋弧焊用焊接材料

7　质量控制

7.1　工程质量控制标准

(1)焊缝、热影响区无裂纹、气孔、夹渣、弧坑。

(2)余高 0~4 mm,焊缝半宽 2~7 mm。

(3)咬边深度≤0.5 mm,长度≤100 mm 并且不超过整条焊缝长度的 10%。

(4)无明显飞溅。

(5)角焊缝要求:$K<12,0\sim+3$;$K>12,0\sim+4$。

7.2 质量保证措施

(1)探伤由具备相关Ⅱ级以上资质的人员进行,标准要求的探伤比例见表3。

表3 探伤比例的标准要求

探伤方法	RT(射线探伤)		UT(超声波探伤)	
类别	Ⅰ类焊缝	Ⅱ类焊缝	Ⅰ类焊缝	Ⅱ类焊缝
比例	20%	10%	50%	30%
合格级	Ⅱ级	Ⅲ级	BⅠ级	BⅡ级
复验比例	5%			

施工中,Ⅱ类以上焊缝全部进行超声波检测,包括适时检测和延时检测,实际检测比例达130%。按照标准规范要求及时修复发现的焊接缺陷。16MnR容易产生的缺陷主要有未熔合、夹渣性未熔合、片状夹渣(含切割熔渣致夹渣,利用双探头从宽度方向易探测)、点状夹渣(盖面速度慢,间隙>0.8,电弧前端漏下的焊剂颗粒造成)、气孔(由于高寒条件冷凝作用强,搅拌作用差,CO_2来不及逸出形成气孔)等,施工中有针对性地加强了过程控制,纵缝、环缝一次合格率均在95%以上。

(2)丁字焊缝、有可疑波形或判断不准时射线拍片对照。

(3)焊缝每个工位标识焊工钢印号,并在工序检查表中记录,体现可追溯性。

(4)碳弧气刨清根时,碳棒直径不超过8 mm。

8 安全措施

8.1 埋弧自动焊

(1)埋弧焊机控制箱外壳必须盖好,防雨防渗水。

(2)埋弧焊用电缆符合焊机额定焊接电流容量,连接部分牢固,并经常检查各部分导线的触点是否良好、绝缘性是否可靠。

(3)在焊接过程中应保持焊剂连续覆盖,以免焊剂中断、露出电弧。

(4)在调整送丝机构及焊机工作时,手不得触及送丝机构的滚轮。

(5)清扫、回收焊剂时应防止焊工吸入焊剂粉尘。

(6)经常注意偏心焊嘴或滚轮磨损情况,如发现磨损过甚,立即更换。

8.2 焊条电弧焊

(1)可燃、易燃物料应远离电弧区。

(2)焊工应使用合适的面罩和遮光镜片,配好防水胶鞋、口罩等劳动保护用品。

(3)在钢管内部等狭小区域焊接时,应保持通风换气。

(4)禁止将过热的焊钳浸在水中,热焊钳应空冷后再使用。

(5)接地线或零线时,先接地体或零干线,后接设备外壳,拆除则反之。

(6)焊接设备二次端的焊把线上既不准接地,也不准接零。

8.3 碳弧气刨

(1)气刨时电流较大,要防止焊机过载发热。

(2)气刨时大量高温液态金属及氧化物从电弧下被吹出,应严防烫伤和火灾。

(3)气刨时噪声、有害烟尘较大,操作者应配戴好劳动保护用品。

9 环保措施

(1)施工期间应遵守《环境空气质量标准》(GB 3095—1996)的二级标准,保证在施工场界及敏感受体附近的总悬浮颗粒物(TSP)的浓度值控制在其标准值内。

(2)施工期前,按照中华人民共和国国家标准《建筑施工场界噪声限值》(GB 12523—90),对施工场地产生的噪声加以控制。

(3)埋弧自动焊丝与 CO_2 焊丝、药芯焊丝等其他焊丝相比,焊接烟尘量最小。

(4)焊接烬头、渣壳等废弃物专人清扫,集中处理,避免污染土壤。

10 效益分析

(1)本工法是工厂紧凑型流水作业在安装现场的成功应用,围绕压力钢管焊接与变形,合理设计下料、坡口加工、卷制、拼焊、加劲环安装、无损检测与验收等工序的组织施工,流程合理,衔接紧凑,人机协调,较好发挥了有限资源的最大优势。

(2)本工法着眼野外环境作业简便、高效的要求,围绕压力钢管焊接自动化程度的提高与焊接接头质量的可靠保证,从经济、技术、环保角度合理比选自动焊接设备,就地取材,自制辅助工装,取得了明显的经济效益。

11 应用实例

11.1 工程概况

(1)金河电站引水压力钢管采用三个 Y 形岔管,均为三梁岔,全长为 556.657 m。主管(Φ3 500,16MnR,δ10~24)1 条,总长为 372.881 m;次管(Φ2450,16MnR,δ22)2 条,总长为 70.756 m;支管(Φ1700,16MnR,δ16)4 条,总长 113.020 m。钢管设有加劲环、止水环、灌浆孔螺塞等附件。

(2)压力钢管焊接主要包括钢管对接纵缝(929.538 m)、钢管对接环缝(2 615 m)、附件组合焊缝等。根据焊缝分类,Ⅰ类焊缝主要有钢管管壁纵缝、厂内明管段环缝、凑合节合拢环缝、岔管加强板对接焊缝、岔管加强板与管壁组合焊缝;Ⅱ类焊缝主要有钢管环缝、加劲环对接焊缝、加劲环与管壁组合焊缝及其他主要受力角焊缝;其余为Ⅲ类焊缝。

11.2 施工情况

(1)压力钢管共950 t,制造焊接量约占3/4,压力钢管焊接以埋弧自动焊为主,以焊条电弧焊为辅,其中纵缝焊丝耗量约1 487 kg,焊剂耗量约1 487 kg;环缝焊丝耗量约2 789 kg,焊剂耗量约3 347 kg。

(2)压力钢管焊接从 2002 年 8 月 1 日开始工装制备,2002 年 12 月 31 日焊接完成。

11.3 效益评价

效益评价见表4。

表4 效益评价

评价项目	效益评价
变形控制	长度偏差≤2 mm;周长偏差≤5 mm;错边≤1 mm;角变形≤3°;无翘曲
焊缝质量	焊缝一次合格率>95%,二次合格率100%,未发现延迟裂纹,外观成形较好,一次性全部验收合格,质量优良
施工进度	钢管制作量共850 t,基本施工人员15 人(下料1 人、铣边1 人、卷板1 人、拼装4 人、焊接5 人、辅工3 人)。全部压力钢管在安装前5 个月顺利完成,争取了安装的主动
经济效益	通过焊接工法,有效控制了变形,省去内支撑等加固钢材约120 t,共节约资金约80 万元

(主要完成人:林小鹏 欧阳运华 周建征)

三机同轴机组中心、轴线调整施工工法

江夏水电工程公司

1 前 言

在抽水蓄能机组中水泵水轮-发电电动机组较为常见,由水泵、水轮机、发电机三机组合的结构形式较特殊,三机同轴的机组安装最难点在于轴线调整,轴线偏差的控制可直接影响机组的运行品质。三机同轴式抽水蓄能机组由于连接法兰多,轴线长,盘车次数多,轴线调整难度大,需要调整的时间长。为提高该类机组轴线调整质量,采用天顶天底投影仪控制机组轴承、支承环、基础环的中心和高程,进行同心定位,通过盘车、研磨推力头卡环和连接法兰面的方法,较好地解决了安装中轴线调整的难题,形成了本工法。

2 工法特点

(1)同心定位能较好地在机组安装过程精准控制三机同心度偏差,减小安装误差;三机同轴的轴线调整能矫正制造误差,精准测量和控制长轴绝对摆度值,提高最终安装精度。

(2)利用高压减载系统盘车,方法简捷,工效高。

3 适用范围

本工法适用于三机同轴式抽水蓄能机组的安装,对多轴、长轴机组的轴线调整有一定的借鉴作用。

4 工艺原理

(1)安装蓄能泵基础板,浇筑二期混凝土,以蓄能泵基础板高程、中心作为整套机组安装基准点。

(2)利用天顶天底投影仪进行同心定位,安装中导轴承、水轮机导轴承、下导轴承及上导轴承支撑环,确保各轴承的支承环与基础环的中心一致。

(3)将蓄能泵壳吊装在基础环上,用天顶天底仪确定其中心,依次安装泵轴、六级泵体,调整泵体与泵壳间隙误差在设计规范内,确保蓄能泵转动部分与泵壳同心。

(4)用天顶天底仪再次复核对中间轴承、水导轴承、下导轴承、推力轴承支撑板与蓄能泵同心,相对高程一致。

(5)依次完成水泵水轮机、发电电动机安装,检查水斗与喷嘴、定子与转子空气间隙符合设计要求,确保转动部分与固定部分同心。

(6)检查与蓄能泵相边的齿轮联轴器应处分开状态,检查机组转动部分应处自由状态,发电电动机上导瓦抱轴,调整至间隙0.03～0.05 mm。启动电动减载泵手动盘车。

(7)计算各轴长度、轴线垂直度及绝对偏差值,以推力镜板直径和轴长度计算修正偏差值,计算机组轴线调整值,加工绝缘板或卡环厚度,实现机组轴线调整。要求轴线调整盘车最好在同一温度下进行。

5 工艺流程及操作要点

5.1 工艺流程

轴线调整工艺流程见图 1。

5.2 操作要点

三机同轴的轴线如图 2 所示。

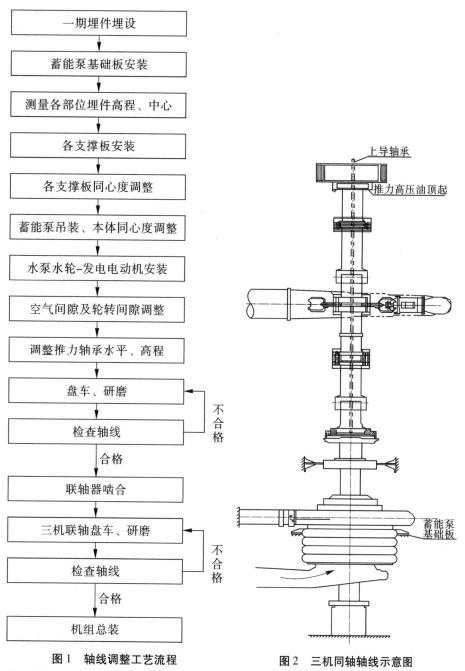

一期埋件埋设

↓

蓄能泵基础板安装

↓

测量各部位埋件高程、中心

↓

各支撑板安装

↓

各支撑板同心度调整

↓

蓄能泵吊装、本体同心度调整

↓

水泵水轮-发电电动机安装

↓

空气间隙及轮转间隙调整

↓

调整推力轴承水平、高程

↓

盘车、研磨 ← 不合格

↓

检查轴线 → 不合格

↓ 合格

联轴器啮合

↓

三机联轴盘车、研磨 ← 不合格

↓

检查轴线 → 不合格

↓ 合格

机组总装

图 1 轴线调整工艺流程

图 2 三机同轴轴线示意图

5.2.1 一期埋件埋设

一期混凝土浇筑时安装基础埋件,在浇筑过程中监测基础埋件位移,正式安装前清理埋设件并复测其精度符合设计要求。

5.2.2　蓄能泵基础板安装

以蓄能泵基础板高程、中心作为整套机组安装基准点,安装蓄能泵基础板,浇筑二期混凝土。

5.2.3　测量各部位埋件高程、中心

利用天顶天底投影仪进行同心定位,测量各部位埋件高程、中心,确保各轴承的支承环与基础环的中心一致。

5.2.4　各支撑板安装

安装中导轴承、水轮机导轴承、下导轴承及上导轴承支撑环。

5.2.5　各支撑板同心度调整

用天顶天底仪进行同心度调整。实测蓄能泵轴、中间轴、水轮机轴、发电/电动机下端轴及转子加工长度,计算中间轴承、水泵/水轮机导轴承、发电/电动机下导轴承及推力轴承安装高程与实际加工长度一致。

5.2.6　蓄能泵吊装、本体同心度调整

将蓄能泵壳吊装在基础环上,用天顶天底仪确定其中心,依次安装泵轴、六级泵体,调整泵体与泵壳间隙误差在设计规范内,确保蓄能泵转动部分与泵壳同心。用天顶天底仪再次复核,确保中间轴承、水导轴承、下导轴承、推力轴承支撑板与蓄能泵同心,相对高程一致。

5.2.7　水泵水轮机、发电电动机安装

依次完成水泵水轮机、发电电动机安装,检查水斗与喷嘴、定子与转子空气间隙符合设计要求,确保转动部分与固定部分同心。

5.2.8　空气间隙及转轮间隙调整

检查与蓄能泵相边的齿轮联轴器处分开状态,检查机组转动部分应处自由状态,发电电动机上导瓦抱轴,调整至间隙为 0.03 ~ 0.05 mm。

5.2.9　调整推力轴承水平、高程

用水准仪测量,进行推力轴承水平、高程的调整。

5.2.10　盘车、研磨

(1)瓦面涂抹洁净透平油,启动电动减载泵进行手动盘车、研磨。进行水泵水轮-发电电动机盘车前,在上导轴颈处等分 8 点,并按逆时针顺次编号,以此作为盘车测点,在上导、推力镜板、主轴法兰、水导、转轮法兰、中间轴法、蓄能泵轴各部,于+X、+Y 处同一纵轴线上各装一块径向百分表,其中镜板在+Y 处装一块轴向百分表。

(2)读取上导、推力镜板,主轴法兰、水导、转轮法兰、中间轴法各部位位移值,按对称点计算相对偏差,与上导位移值比较计算各部位绝对偏差。以各轴长度计算轴线垂直度,并按计算结果在计算纸上描绘轴系拐点和折度。

(3)根据轴系拐点和折度,计算纠正偏差值,用液压拉伸连接螺栓或加垫方法纠正轴系折度。

(4)根据计算绝对偏差值,以推力镜板直径和轴长度计算修正偏差值,计算机组轴线调整值,加工绝缘板或卡环厚度,实现机组轴线调整。

(5)瓦面涂抹洁净透平油,启动电动减载泵进行手动水泵水轮-发电电动机带蓄能泵盘车。

(6)要求盘车时机组转动运行方向与正式运行方向一致,测量上导、推力镜板、主轴法兰、水导、转轮法兰、中间轴法、蓄能泵连接器法兰各表读数,计算出相对摆度值、绝对摆度值,应符合轴线 0.005 mm/m 要求。

5.2.11　检查轴线

进行轴线检查,如轴线检查合格则进行联轴器啮合,如不合格,则再进行盘车、研磨。

5.2.12　联轴器啮合

检查与蓄能泵相边的齿轮联轴器间隙符合设计要求,启动联轴开关,检查并确认联轴器在啮合状态。

5.2.13 三机联轴盘车、研磨

联轴器啮合后进行三机联轴盘车、研磨。

5.2.14 检查轴线

读取各部位位移值,按对称点计算相对偏差和绝对偏差。以推力面至蓄能泵轴不测点长度计算的轴线垂直度,并按计算结果在计算纸上描绘轴系拐点和折度。根据计算的绝对偏差值,拉伸中间法兰连接螺栓纠正轴系折度或加工绝缘板或卡环厚度实现机组轴线调整。如轴线检查合格则进行机组总装;如不合格,则再进行盘车、研磨。

5.2.15 注意事项

值得注意的是,轴线调整时受环境条件影响较大,以往安装均发现机组轴线调整数据受温度变化影响明显的情况,不同时段轴线变化呈现规律性。故轴线调整盘车宜在同一温度下进行。

6 材料与设备

本工法采用的主要材料、机具设备见表1。

表1 材料、机具设备

名称	天顶天底投影仪 (WILD·HEERBRUGG)	水准仪 (D3)	毫米级水平尺 (3 m)	毫米级钢卷尺 (20 m)	框式水平仪 (0.2 mm/m)
数量	1 台	1 台	1 把	1 把	3 个
名称	有磁性底座的千分表	研磨平台	刮刀	各种研磨膏	氩弧电焊机
数量	20 个	2 个	10 个	10 盒	1 台

7 质量控制

(1)三机同轴机组的相对摆度控制要求高。机组的轴线控制按相应规范及设计图纸要求,以定位后的下部中间轴下端法兰的高程、中心为基准,要求相对摆度不超过 0.005 mm/m。

(2)盘车按同一方向旋转,测点到位准确,根据百分表的回位及所测量摆度的规律性,判断盘车的正确性。

(3)要求盘车后下导绝对摆度为 0.04 mm,水导绝对摆度为 0.065 mm,转轮法兰绝对摆度值为 0.15 mm,符合轴线 0.005 mm/m 要求,同时满足 750 r/min 机组水导轴颈处绝对摆度要求。

8 安全措施

(1)在盘车过程中,防止转动部件对人和设备的伤害。

(2)机组内临时用电必须采用安全电压,尽量避免焊接作业。

(3)高空交叉作业,应有防护及通信措施。

(4)设防火器材,并设警示牌警示,消除起火源,严防油品着火。

(5)安装机组内照明,确保安装通道畅通。

9 环保措施

(1)设施设置专用的废物桶,对废弃油品(透平油、机油等)集中收集,集中处理,认真做好无害化处理。对含油量超标的弃水要采取收集和就地处理措施,含油深度达到《污水综合排放标准》(GB 8978—1996)规定的一级标准后方可排放。

(2)按照《工业企业噪声卫生标准》,合理安排工作人员减少接触噪声的时间,对距噪声源较近

的施工人员,除采取戴防护耳塞等劳动保护用品外,还要适当缩短劳动时间。

(3)施工现场合理堆放材料,合理进行现场布置,施工完毕后地表不得残留废弃物。

(4)施工期间应遵守《环境空气质量标准》(GB 3095—1996)的二级标准,保证在施工场界及敏感受体附近的总悬浮颗粒物(TSP)的浓度值控制在其标准值内。

10 效益分析

(1)利用先进的测量设备及加工设备,提高了安装过程中的精度,使同心度、轴承面、支承面及基础环等达到了安装要求,减少了调整次数,较好地发挥了人力和设备资源的优势。

(2)采用研磨推力头卡环和连接法兰面的方法,给操作带来了极大的方便。

(3)减少了辅助劳力,缩短了调整时间。

11 应用实例

西藏羊卓雍湖抽水蓄能电站(简称羊湖电站)位于拉萨市西南约 85 km,海拔 3 600 ~ 4 400 m,是一座高水头、高转速、三机同轴式抽水蓄能电站,电站引高原湖泊羊卓雍湖湖水发电,抽取雅鲁藏布江江水入湖蓄能,装机容量 5×22.5 MW,最大扬程为 850 m,抽水量为 2.0 m³/s,发电流量 3.2 m³/s。电站投入运行后,担负拉萨电网调峰、调频和事故备用任务。机组的额定转速为 750 r/min,飞逸转速为 1 290 r/min,水轮机为三喷嘴立轴水斗式水轮机,额定出力为 23.1 MW,额定水头为 816 m;发电/电动机为悬式密闭自循环空气冷却发电/电动机,发电额定容量为 22.5 MW,电动机额定吸收功率为 20 MW,额定电压为 6.3 kV,额定功率因数为 0.9,蓄能泵为竖轴单吸六级离心泵。

机组的相对摆度控制要求高,羊卓雍湖抽水蓄能电站机组为国外引进设备,按国际标准、规范和合同具体要求进行设计、制造、安装和试验,外方督导人员现场服务。

机组安装从 1993 年 8 月开始安装,1995 年 10 月 4 台机组安装完成。

(主要完成人:王至强 刘其园 甘福高 曾祥辉)

2009-2010 年度水利水电工程建设工法汇编

2009-2010 Collection of Construction Methods in Water & Hydropower Engineering

三、其他工程篇

k_{30}（k_{50}）快速检测坝料填筑质量工法

中国水电建设集团十五工程局有限公司

1　前　言

　　水利水电工程中的面板堆石坝、黏土心墙堆石坝,在施工过程中评价施工质量的填筑干密度,是用挖坑灌水或灌砂法试验取得的。由于堆石料粒径较大(石料粒径经常在 300～400 mm,有时最大达 1 000 mm),通常一个坑人工要挖 2～3 t 料,体力劳动强度十分繁重,费工费时,获得结果周期长,势必制约填筑速度。

　　青海公伯峡水电站大坝工程施工中,借鉴了公路工程 k_{30} 检测试验技术。研究中发现堆石坝填筑料粒径大、铺料厚度大,而 k_{30} 荷载板尺寸小,有些不适合,创新了 k_{50} 检测试验技术,即选用直径 50 cm 的荷载板进行检测试验。k_{30}（k_{50}）法用以确定大坝填筑后的施工质量,取得了圆满成功,为确定大坝填筑干密度开辟了科学的、省功省时的新途径,可在类似的工程中借鉴使用。

　　该工法在青海公伯峡水电站等工程中的应用证明,由 k_{30}（k_{50}）试验得出的宕性结论与常规检测方法是一致的,定量结果具有可比性;与常规的挖坑取样法相比,k_{30}（k_{50}）小型载荷试验新技术具有方法简便、可大幅度减小劳动强度(挖坑的工作量)、取得成果周期短的优势。而且,k_{30}（k_{50}）值本身就是表征坝料变形特性与允许承载力大小的力学性质指标。因此,推广土石坝坝料填筑质量 k_{30}（k_{50}）快速检测技术,对于大型高土石坝工程的质量控制及整体质量评价,有重大的实用价值及经济意义;应用它对于评价面板坝的变形问题,将开拓一种新的研究思路。

2　工法特点

　　在面板堆石坝坝料的碾压试验中,采用圆形钢板进行小型荷载试验得到的填筑层压实系数值 k_{30}（k_{50}）和对应测点的干密度值。

　　(1)与常规取样法相比,k_{30}（k_{50}）检测方法具有操作简单、可大幅度减小传统检测方法中挖坑的工作量、取得成果周期短的优势。

　　(2)解决了传统的挖坑灌水方法劳动强度高、取得成果的周期长、效率低、样本少的不足,同时也避免了对于填筑量大、施工面广的土石坝工程所得结果难以全面反映坝体填筑质量,挖坑取样时,势必制约填筑进度,挖坑后的人工回填不密实而造成质量缺陷。

　　(3)由于面板堆石坝的主要问题是坝体沉降量和不均匀变形对面板和止水结构的影响,小型载荷试验法可以方便地得出 k_{30}（k_{50}）值及坝料变形模量,而小型载荷试验,它本身就是一个表征坝料变形特性的物理指标。因此,将 k_{30}（k_{50}）检测方法与室内试验、计算分析相结合,对于评价面板坝的变形问题,将开拓一条新思路。

　　(4)填筑料干密度大,沉降量小,变形模量、压缩模量高,k_{30}（k_{50}）值大。

3　适用范围

　　本工法适用于水利水电工程中的堆石面板坝、黏土心墙堆石坝等类似工程,其干密度的检测方法,可推广至公路路基填筑工程等。

4　工法原理

　　k_{30}（k_{50}）值是采用圆形钢板进行小型荷载试验得到的填筑层压实系数值。它是在坝料的碾压试验时,对不同的坝料分别进行传统的挖坑法的干密度和$k_{30}(k_{50})$试验,经过对试验结果的统计分析,确定出满足设计密度(或压实度、孔隙率)等要求的$k_{30}(k_{50})$值,作为该种坝料填筑时的压实控制指标。

$k_{30}(k_{50})$是荷载试验获得的$P \sim S$(压强—沉降量)曲线上直线段与沉降(S)轴之间夹角α的$\tan\alpha$值,即:$k_{30} = \tan\alpha = P/S$(式中:$P$为不大于比例极限$P_0$时压板的平均压力强度,kPa;$S$为$P$所对应的压板平均稳定沉降量,cm)。

根据压实料的性质,工程中常用以下两种公式:

$$k_{30} = P_0/S_0 \tag{1}$$

$$k_{30} = Q_{max}/S_p \tag{2}$$

式中:P_0、S_0为填筑层强度比例极限及对应的压板稳定沉降量;Q_{max}、S_p为填筑层上部建(构)筑物的最大可能接地压力强度及对应的压板稳定沉降量。

由式(1)可知,假设填筑层为弹性地基模式,k_{30}值是填筑层产生单位沉降量所需要施加的压力强度值。k_{30}值的大小表明填筑层刚度的大小,能够反映一定填筑层变形模量与允许承载力大小的力学性质的试验资料。

根据有关文献,由$D = 30$ cm小型荷载板试验确定地基允许承载力R时,R与P_0的关系为:$R = P_0/2$,代入式(1),并取$S_0 = 0.5$ cm,得

$$k_{30} = 2R/S_0 = 4R \tag{3}$$

由此可知,k_{30}值又是一个能够反映地基土允许承载力大小的力学性质指标。

因此,在公伯峡面板堆石坝坝体填筑中,开展了采用$k_{30}(k_{50})$法检测土石坝坝料填筑质量的试验和应用研究。

5 工艺流程及操作要点

按照荷载试验的一般要求,试验的影响深度为荷载板直径的1.5~2.0倍,对于粒径30 cm以下的坝料,铺料厚度为40 cm,采用直径30 cm的荷载板能够满足要求,确定出k_{30}值;对于粒径60 cm以下的坝料,铺料厚度为80 cm,试验中应采用直径≥50 cm的荷载板,确定出k_{50}值。

5.1 工艺流程
工艺流程见图1。

5.2 测试设备
$k_{30}(k_{50})$试验的基本测试设备如图2所示。

(1)压板:直径30 cm(50 cm)、厚20~25 mm的钢制圆形板;

(2)加载装置:10~15 t千斤顶1台(以推土机、压路机或卡车作为反力支点);

(3)测力装置:压力传感器1个,电阻应变仪1台;

(4)测沉降量装置:百分表2只及相应的表架和支架。

5.3 现场施工检测试验
根据碾压试验计划,对不同的坝料采用不同的铺筑厚度,铺料厚度验收合格后,用振动碾静碾一遍,再用全站仪放出坐标点,用灰线撒出碾压区域和$k_{30}(k_{50})$试验点。

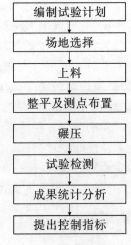

图1 工艺流程

检测试验的加载装置为1台15 t油压千斤顶,由轮式装载机(自重为18.0 t)提供试验反力;测力装置采用了华东电子仪器厂生产的BHR-4型(30 t)荷重传感器与YJ-18型静态电阻应变仪,试验前均进行了检定;用2只303所的DSB-50型数字百分表测沉降量,见图3。

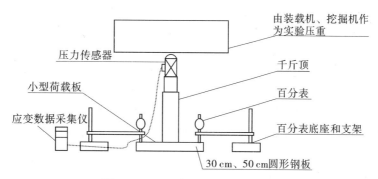

图 2 $k_{30}(k_{50})$ 试验的基本测试设备

测试步骤如下：

（1）布置测点、平整测点地表；

（2）将 KLD85Z 轮式装载机开至测点；

（3）安放荷载板、千斤顶，使二者中心对准，并使千斤顶上部对准反力点；

（4）安放压力传感器、电阻应变仪并接通电源；

（5）安放支架、表架和百分表，将两表置于压板同一直径两端；

（6）以 1 t 的荷载强度进行预压，消除虚假沉降后卸载，固定压板；

图 3   现场检测

（7）数字百分表清零；

（8）以荷载 $\Delta P = 1$ t 逐级加荷，施加每级荷载后，不断调整千斤顶以补充因地基沉降而产生的卸载值，待沉降稳定后，记录该级荷载强度 P 及两个百分表读值；

（9）当荷载强度 P 达到预定的最大荷载强度（荷载板直径 $d = 30$ cm 时，$P \leqslant 8$ t；$d = 50$ cm 时，$P \leqslant 12$ t）或两个百分表的平均沉降量 $\geqslant 0.6$ cm 时，试验结束。

（10）在每个 $k_{30}(k_{50})$ 测点附近进行干密度试验。

5.4 $k_{30}(k_{50})$ 值的确定

经过对检测结果的分析，确定出满足与坝料填筑设计指标（干密度、压实度等）要求相对应、保证率为 90% 的 $k_{30}(k_{50})$ 控制标准，作为大坝填筑时的控制依据。

6   材料与设备

$k_{30}(k_{50})$ 检测坝料填筑的主要仪器设备见表 1。

表 1 $k_{30}(k_{50})$ 试验设备一览表

设备名称	承压板	千斤顶	荷重传感器	手持式应变数据采集仪	数字百分表	轮式装载机
规格型号	直径 30 ~ 50 cm、厚 20 ~ 32 mm 的钢制圆形板	15 t	BHR-4 型（30 t）	YJS-XZ-01	DSB-50 型	KLD85Z
数量	各 1 个	1 台	1 个	1 台	2 只	1 台

7 质量控制

7.1 施工依据

(1)《碾压式土石坝设计规范》(SL 274—2001);

(2)《混凝土面板堆石坝设计规范》(SL 228—1998);

(3)《土工试验规程》(SL 237—1999);

(4)《碾压式土石坝施工规范》(DL/T 5129—2001);

(5)《混凝土面板堆石坝施工规范》(DL/T 5128—2001);

(6)《铁路路基设计规范》(TB 10001—2005);

(7)《铁路路基施工规范》(TB 10202—2002,J 161—2002)。

7.2 施工质量检测

以荷载与沉降量综合起来控制试验进程。试验采用了快速检测法,在确定的试验面上摆好荷载板,施加 0.5~1 t 荷载进行预压;消除虚假沉降后卸载,固定荷载板;以荷载增量 $\Delta P = 1$ t 逐级加荷。施加每级荷载后,不断调整千斤顶,以补充因填筑料沉降而引起的卸载,待沉降量基本稳定(即应变仪的读数在 30 s 内无显著降低)后,记录该级荷载强度 P 及百分表读数;当荷载强度 P 达到预定的最大值(荷载板直径 $d = 30$ cm 时,$P \leq 7$ t;$d = 50$ cm 时,$P \leq 12$ t)或两个百分表的平均沉降量 ≥ 0.6 cm 时,试验结束。

7.3 施工质量控制

(1)检测设备的检定:对用于检测试验的数显式百分表、数据采集仪(包括传感器),由具有资质的检定部门检定合格后,方能使用。

(2)检测测试面要求:测试面必须是平整无坑洞的地面,对于粗粒土或混合料造成的表面凹凸不平,应铺设一层 2~3 mm 的干燥中砂或细石渣,试验中每次摆放荷载板前,都采用了人工整平,使荷载板着地均匀,在测试中浅层有明显大石时可更换位置。

(3)加载设备:加载设备一旦就位,立即熄火,在没有试验检测人员的指挥时,不可移动,以免影响检测结果的可靠性。

(4)检测条件:土石料含水量的高低对 $k_{30}(k_{50})$ 值影响较大,进行 $k_{30}(k_{50})$ 检测时,必须考虑坝料含水量及降雨的影响,适量提高控制试验结束的平均沉降量。

(5)质量控制:按照 90% 以上的保证率,根据坝料设计控制指标干密度等与 $k_{30}(k_{50})$ 的相关性,评价压实密度是否合格。

8 安全措施

(1)坚持"安全第一、预防为主"的方针,对现场试验的范围进行危险源标识,并制定相应的措施。

(2)落实安全责任制,明确安全责任人,加强对操作人员的安全培训,提高安全防范意识,加强安全管理。

(3)对于使用的大型机械设备,就位后应熄火,在试验人员操作整个试验过程中,机械设备不得启动和移动,以免发生意外事故。

(4)试验完成后,应在试验人员和仪器设备全部离开机械设备后,在专人的指挥下,移走设备。

9 环保措施

(1)在工法的实施过程中,严格遵守国家和地方政府下发的有关环境保护的法律、法规和规章。

(2)将施工场地和作业限制在工程建设允许的范围内,合理布置、规范围挡,做到标牌清楚、齐全,各种标识醒目,施工场地整洁文明。

10 效益分析

(1)通过本工法在青海公伯峡水电站工程、青海苏只水电站工程、青海积石峡工程和湖北潘口水电站工程中的使用,对加快施工进度起到了较好的促进作用。

(2)在青海公伯峡水电站工程中,提前原计划 3 个月完成大坝填筑,施工质量被评为优良,为按期下闸蓄水创造了条件,取得了良好的经济效益和社会效益,并受到了各方专家的好评。公伯峡水电站面板堆石坝三年填筑结束,共填筑各种坝料 439.1 万 m^3,取样检测约 1 041 组,均达到或超过设计要求指标。

(3)本工法是同类型工程的第一部工法,内容涵盖了在高混凝土面板堆石坝工程中的运用,推动了 $k_{30}(k_{50})$ 检测技术的发展,促进了新技术的推广使用。

11 应用实例

11.1 青海公伯峡面板堆石坝

11.1.1 工程概况

公伯峡水电站位于青海省循化县与化隆县交界的黄河干流上,距西宁市 153 km,是黄河上游龙—青段规划的第四个大型梯级电站,水库总库容 6.2 亿 m^3。该工程自 2001 年 8 月正式开工建设,工程总工期 3 年半,2004 年 9 月 23 日首台 30 万 kW 机组并网发电,10 月 21 日第二台 30 万 kW 机组又提前并网发电,创造了国内百万千瓦级水电建设的新纪录。

枢纽主要任务是发电,兼顾灌溉及防洪,枢纽建筑物由大坝、引水发电系统、泄水系统三部分组成。公伯峡水电站大坝为混凝土面板堆石坝,最大坝高 139 m,坝顶长度为 429 m,坝顶宽 10 m,坝体填筑总量约 473.0 万 m^3,水库正常蓄水位 2 005.0 m,总库容为 6.2 亿 m^3,电站装机容量为 1 500 MW,年发电量 51.4 亿 kWh,属一等大(1)型工程。

坝体分为垫层小区(2B)、垫层区(2A)、过渡区(3A)、主堆石 I 区(3B I $_1$、3B I $_2$)、主堆石 II 区(3B II)、次堆石区(3C)以及上游铺盖等八个填筑区域,同时,坝体垫层区上游坡面在国内首次采用挤压式混凝土边墙施工工艺技术。

11.1.2 施工情况及结果评价

2002 年初,在公伯峡水电站工程大坝各种坝料碾压试验及坝体填筑中使用 $k_{30}(k_{50})$ 试验方法。2002 年 8 月,在坝体填筑中对各种坝料的 $k_{30}(k_{50})$ 进行了比较深入的应用试验研究,主要包括:垫层料 2A、过渡料 3A、主堆石开挖爆破料 3B I $_1$ 及 3B I $_2$、砂卵石料 3B II、次堆石开挖料 3C 六种填筑坝料。每层铺料厚度:2A、3A 为 40 cm;3B I $_1$、3B I $_2$、3B II、3C 为 80 cm。选择具有代表性且平整无坑洞的测点采用 $k_{30}(k_{50})$ 测试,主、次堆石料考虑到粒径较大,铺料厚度大,选用了直径 50 cm 的荷载板。然后挖坑测试干密度,浅层有明显大石时可更换位置。

(1)根据设计和碾压试验提供的碾压参数要求,2A 料干密度 ≥ 2.20 g/cm^3,孔隙率 $\leq 17\%$,90% 以上测点 k_{30} 值大于 2.0 MPa/cm,全部测点的平均值接近 3.0 MPa/cm。坝体填筑检测,在干密度、孔隙率满足设计要求时 k_{30} 平均值在 1.7 ~ 3.7 MPa/cm,90% 以上测点大于 2.0 MPa/cm,平均值大于 3.0 MPa/cm。从干密度试验结果看,能够满足设计要求,与碾压试验测试结果相吻合。

(2)按照设计和碾压试验提供的参数要求,3A 料干密度 ≥ 2.17 g/cm^3,孔隙率 $\leq 18.5\%$,90% 以上测点 k_{30} 值大于 1.5 MPa/cm,全部测点的平均值接近 3.0 MPa/cm。坝体填筑检测,k_{30} 平均值在 2.45 ~ 4.67 MPa/cm,大部分的测点大于 2.3 MPa/cm,基本与碾压试验 k_{30} 值一致。

（3）3B I$_1$设计要求干密度≥2.05 g/cm³，孔隙率≤22.5%，干密度值测试结果能够满足设计要求时，90%以上测点 k_{50}（k_{30}）值大于2.0 MPa/cm，全部测点的平均值接近2.7 MPa/cm。坝体填筑检测3B I$_1$料，k_{30}（k_{50}）平均值大于3.0 MPa/cm，除一个点有差异外，其他测点均大于2.0 MPa/cm，大部分的测点大于2.3 MPa/cm。这与碾压试验结果相符，但干密度差异较大。对于主堆石3B I$_1$料，大粒径、颗粒粗，k_{50}法所测得的值差异是较大的，尤其是大粒径石较多时，测得的沉降量较低，k_{50}值较高，但干密度值没有明显提高，这也是保证其具有良好的透水性要求所带来的问题。

（4）设计提供的3B I$_2$料参数要求，干密度≥2.15 g/cm³，孔隙率≤20%，坝体填筑中3B I$_2$料不洒水碾压8遍，k_{50}值则大于1.4 MPa/cm，k_{50}平均值大于2.0 MPa/cm，高于3C的平均值。主堆石3B I$_2$料测试数量少，加之料的来源广泛，从坝体填筑来看，对于这种易压碎的坝料，细颗粒含量高低对坝料洒水碾压后沉降量的影响是明显的，计算 k_{50} 值的一个重要指标是沉降量，沉降量的增加将使 k_{50} 值降低，在大坝填筑时也采用碾压试验时测试 k_{50} 的方法，应能够正确评价坝料压实效果。

（5）3B II 主堆石砂砾石料，设计相对密度 Dr≥0.8，碾压试验检测值全部满足设计要求，平均相对密度分别为0.93与0.91，此时，90%以上测点的 k_{30} 值大于2.5 MPa/cm，全部测点 k_{30} 的平均值接近3.5 MPa/cm。坝体填筑检测3B II 料干密度平均值2.32 g/cm³，相对密度（Dr）平均为0.87，k_{50} 平均值大于2.4 MPa/cm，除1组外，其他测点均大于1.6 MPa/cm，k_{50} 值明显高于其他料。但从试验结果看，3B II 砂砾石料 k_{50} 值有些异常，离差度较高。由于3B II 料中有相当含量的大粒径卵石，这些卵石磨圆度好，强度高，采用 k_{50} 方法测试时，一些点可能会得到较低的沉降量和偏高的 k_{50} 值，与常规取样结果基本一致，反映了3B II 料中大粒径卵石的特性。

（6）3C 料次堆石在坝体填筑中测试的 k_{50} 平均值大于1.5 MPa/cm，大部分的测点大于1.3 MPa/cm，低于3B I$_2$料的平均值，沉降量2.6 mm左右。其原因为3C料岩性较差，碾压后易破碎，细颗粒含量较高，但均匀性较好，这也是公伯峡坝料的特性。

（7）从 k_{30}（k_{50}）检测坝料的各项指标结果可以明显看出各区坝料的物理特性；岩性、级配质量好的填筑区料 k_{30}（k_{50}）值高、干密度大、试验沉降量小，变形模量、压缩模量高。

从统计的结果看，k_{30}（k_{50}）法是一个科学、可靠的、成功的方法，为快速检测坝料填筑压实质量，提供了有效可行的途径，k_{30}（k_{50}）法确定土石坝料压实质量参数标准是一个创新的方法，还可进一步完善。

从工程安全鉴定和竣工验收结果看，蓄水后沉降率0.54%，均小于规范0.8%的要求，满足设计要求。水库蓄水近90 d，坝后量水堰2个月后才出水，出水量仅为3.0 L/s，这在国内外混凝土面板施工中是没有的，在同类工程中处于领先地位。表明了公伯峡面板坝施工质量达到了新的高度，开创了国内外土石坝施工技术的先河，公伯峡大坝获得"鲁班奖"。

虽然以上研究试验没有直接增加明显的经济收入，但加快了施工进度，提前了工期，提高了工作效率。公伯峡水电站面板堆石坝三年填筑结束，共填筑各种坝料439.1万 m³，取样检测约1 041组，均达到或超过设计要求指标，说明完成的 k_{30}（k_{50}）法试验是可靠的。

11.2 青海苏只水电站复合土工膜防渗堆石坝工程

11.2.1 工程概况

黄河苏只水电站位于青海省循化与化隆两县交界处，是黄河干流上游龙羊峡—青铜峡河段第9个梯级水电站，属黄河上游中型水电站，电站距在建的公伯峡水电站12 km，距西宁市150 km。电站总装机容量22.5万 kW，安装3台单机容量为7.5万 kW 水轮发电机组。

复合土工膜防渗堆石坝工程需坝顶碎石0.9万 m³，坝体堆石量6.8万 m³，料场距坝址左岸约11.0 km（右岸15 km），堆石体料主要采用公伯峡工程 II 号沟弃渣场开挖料；岩性为花岗岩，其次为片麻岩，多呈强风化。坝料级配连续，组成为强风化花岗岩和风化片岩，最大粒径≤600 mm；砂砾石量为 20.7 万 m^3，截流戗堤、围堰砂砾石量为 7.2 万 m^3，砂砾石主要取于水车村、甘都沟口料场，花岗岩、片麻岩及石英岩等，岩石坚硬；砂粒成分主要为石英、长石、岩屑等，最大粒径 $\leqslant 500\ mm$，坝体保护层、垫层料 1.1 万 m^3，主要取于水车村砂砾石料，并进行筛洗加工满足设计要求，坝体及围堰护坡浆砌石所需块石约 2.0 万 m^3。

11.2.2 工程检测及结果评价

2005 年 9 月在青海黄河苏只水电站坝体填筑中，在采用常规干密度（相对密度）检测的基础上，也进一步采用 $k_{30}(k_{50})$ 法检测土石坝坝料填筑质量的试验研究，并将 k_{30} 试验结果与常规的干密度、碾压沉降量结果等作了比较，根据试验结果，得出以下结论：

（1）随着干密度增大，k_{30} 值也在增高，填筑料的沉降量减小，这与常规取样结果基本一致，符合试验的正常规律。对于青海苏只水电站大坝，设计垫层料相对密度 0.80，k_{30} 值的控制标准 $\geqslant 2.22\ MPa/cm$，满足质量要求。

（2）k_{30} 值高的地方，干密度大，碾压过程中的沉降量小。对于砂砾石料，设计相对密度 0.80，k_{30} 值的控制标准 $\geqslant 2.25\ MPa/cm$，满足质量要求。

（3）k_{30} 法在苏只大坝垫层料、砂砾石料的填筑检测中应用，效果良好。业主单位组织的专家咨询组给予肯定，并得到设计、监理单位的认可，此法将作为苏只复合土工膜防渗堆石坝坝料压实质量检测的基本依据。

在苏只水电站工程中再次应用 k_{30} 法检测坝料填筑压实质量新技术，获得了良好的质量、工期、安全、经济等综合效益。大坝工程共计完成单元 243 个，优良 233 个，单元工程优良率达到 95.9%，达到了优良等级。2006 年 6 月 21 日提前原计划 3 个月完成大坝填筑，并为按期下闸蓄水创造了条件，首台机组提前 3 个月投产发电，业主给予质量目标考核奖励 45.0 万元。

11.3 湖北潘口水电站混凝土面板堆石坝工程

11.3.1 工程概况

潘口水电站位于湖北省十堰市竹山县境内，地处堵河干流上游河段，坝址距竹山县城 13 km，经鲍峡镇至十堰公路里程 162 km。工程开发任务以发电、防洪为主，电站建成后还具有增加南水北调中线可调水量，提高南水北调的供水保证率的作用，电站装机 2 台，电站装机容量 500 MW，水库正常蓄水位 355.0 m，相应库容 19.7 亿 m^3，调节库容 11.2 亿 m^3，为完全年调节水库。潘口水电站属一等大（1）型工程，枢纽建筑物主要由大坝、右岸开敞式溢洪道、右岸泄洪洞、左岸引水洞、地面厂房和开关站等组成。

11.3.2 工程检测及结果评价

坝体从上游至下游分为盖重区（1B）9.9 万 m^3，利用开挖弃渣；上游铺盖区（1A）6.9 万 m^3，利用小河坪土料场土料；垫层区（2A）10.2 万 m^3 及特殊垫层料（2B）0.4 万 m^3，利用潘口河料场硅质岩加工；过渡区（3A）19.1 万 m^3，利用潘口河料场硅质岩（灰岩）加工；主堆砂砾石区（3B1）68.9 万 m^3，利用上游犁湾滩、红花湾、小河坪、孙家嘴砂砾料及下游七里堰、青竹坝、廖家湾料场砂砾石料；上游主堆石区（3B2）87.5 万 m^3，利用潘口河料场硅质岩（灰岩）料；下游堆石区（3C）59.2 万 m^3，利用黄茅观料场开挖料和溢洪道开挖正片岩及潘口河料场硅质岩（灰岩）；滤水坝趾（3E）5.9 万 m^3，利用潘口河料场硅质岩（灰岩）填筑；反滤料 4.50 万 m^3，利用砂石系统加工天然砂石料；下游护坡（P）3.60 万 m^3，利用潘口河石料场硅质岩（灰岩）砌筑。

（1）潘口河料场 3B2 爆破料碾压试验与荷载板 k_{50} 试验成果分析。主堆石 3B2 料碾压试验 k_{50} 检测 8 组，可以看出，3B2 料不洒水，铺料 80 cm，碾压 8 遍，沉降量 $\leqslant 3.0\ mm$ 时，k_{50} 值取 1.5 MPa/cm，对应干密度 2.12 g/cm^3，孔隙率 19.4%。设计要求 3B2 料干密度 2.13 g/cm^3；孔隙率 $\leqslant 19\%$。建议施工中采用 k_{50} 的方法与挖坑检测密度与 k_{50}（>1.5 MPa/cm 控制）相结合，应该能够正确评价 3B2 料压实效果。

(2)潘口河料场 3A 过渡料碾压试验与荷载板 k_{30} 试验成果分析。过渡料 3A 料碾压试验 k_{30} 取样 13 组,可以看出,3A 料碾压 6~8 遍后随着碾压遍数的增加,k_{30} 值高,对应干密度大、孔隙率小,比较规律,3A 料设计干密度 2.22 g/cm³,孔隙率≤17%,建议施工控制干密度 2.18 g/cm³,孔隙率≤18%,施工中干密度检测与 k_{30}(>2.1 MPa/cm 控制)相结合,加大坝体填筑质量监控。

(3)潘口河料场破碎掺配加工 2A 垫层料碾压试验与荷载板 k_{30} 试验成果分析。垫层料 2A 料碾压试验 k_{30} 取样 23 组,结果表明,2A 料碾压 6~10 遍后随着碾压遍数的增加,对应干密度大、孔隙率小、k_{30} 值高,比较规律。适量洒水对 k_{30} 值的影响效果明显,k_{30} 检测值 1.50(MPa/cm),对应干密度值 2.23 g/cm³,能够满足设计要求,但沉降量较大,平均值在 4.5 mm 以上。这是因各测点的密度、粗细级配分布不均,有一定的离散性所致。建议施工控制干密度2.22 g/cm³,孔隙率≤16%,施工中干密度检测与 k_{30}(>1.6 MPa/cm 控制)相结合。

潘口河料场 2A 破碎掺配料承载力与沉降量关系见图 4。

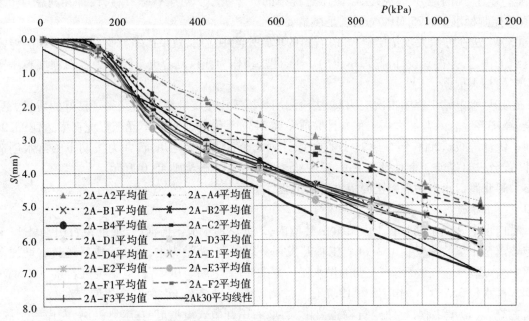

图 4　潘口河料场 2A 破碎掺配料承载力与沉降量关系

(4)溢洪道开挖料 3C 次堆石料碾压试验与荷载板 k_{50} 试验成果分析。从试验结果可以看出,3C 料碾压 8~10 遍后随着碾压遍数的增加,3C 料干密度平均2.24 g/cm³,k_{50} 平均值 1.2 MPa/cm,k_{50} 测得的沉降量较大,为 1.5~7.2 mm,同样差异波动较大,很不规律,计算 k_{50} 值的一个重要指标是沉降量,沉降量的增加将使 k_{50} 值降低。对于这种易压碎的坝料来看,次堆石 3C 料岩性,粗细料比例及级配的均匀性、坝料洒水控制量,对碾压后的干密度、k_{50} 值、沉降量影响是明显的。3C 料设计干密度 2.20 g/cm³,孔隙率≤23%。建议施工控制干密度 2.20 g/cm³,孔隙率≤23%,施工中干密度检测与 k_{50}(>1.3 MPa/cm 控制)相结合。

（**主要完成人：**王星照　赵继成　章天长　李　晨　易永军）

750 kV 线路高铁塔组立施工工法

江夏水电工程公司

1 前 言

2005 年 9 月 26 日,西北 750 kV 官亭至兰州东输变电示范工程投产,标志着我国超高压电网建设进入了一个新的时期。750 kV 线路中采用的铁塔主要是杯型直线塔、杯型直线转角塔和干字形耐张塔。其中杯型铁塔平口以上塔头部分的吊装是施工的重点和难点。

杯型铁塔平口以上塔头部分的吊装,作业高度高,横担长,重量大,最大部件超过了 50 kN,横担最长达 46 m,铁塔平口以上高达 23 m。500 kV 常用的普通抱杆的起重重量和几何尺寸都不能满足施工需求。以上这些均给 750 kV 线路铁塔组立施工带来了很大难题。

我公司针对铁塔特点,经过认真分析计算,选用了截面为 700 mm×700 mm,长为 32 m 钢抱杆,采用"内悬浮外拉线"法组立铁塔,经工程实际验证,具有较好的经济性并且是安全可靠的。

2 工法特点

(1)选用□700 mm×32 m 抱杆,采用"内悬浮外拉线"法,其单边额定吊重为 55 kN,可以满足 750 kV 线路铁塔吊重及开口要求。

(2)可以减少高空作业次数和难度,降低了劳动强度,同时也大大降低了安全风险。

(3)可以加快铁塔组立进度,满足工期的要求,并具有较好的经济性。

3 适用范围

本工法适用于塔高小于 80 m,平口以上高度不大于 23 m,单边吊重不大于 55 kN 自立式铁塔组立。

4 工法原理

(1)本工法主要是把抱杆拉线的下端固定在塔外的地面上,抱杆根部为悬浮式,靠 4 条承托绳固定在主材上,利用抱杆的支撑,用滑车、绞磨、地锚等工具形成吊装的一种分解组塔方法。

(2)本工法可起吊较重的塔片,被广泛应用于 750 kV 线路铁塔组立施工中。

5 施工工艺及操作要点

5.1 施工工艺流程

750 kV 线路高铁塔组立施工工艺流程见图 1。

5.2 施工方法及操作要点

内悬浮外拉线抱杆采用我公司的 700 mm×700 mm 断面的钢抱杆。抱杆本体长 32 m,共 8 节。其中上节携带 1 个两轮朝天滑车、8 个上拉线挂点和 2 个起重滑车悬挂点,下节携带 2 个单轮朝地滑车、四边各 1 个承托绳连接挂点。内悬浮外拉线抱杆共分为抱杆系统、拉线系统、承托系统、起吊牵引系统和控制系统。

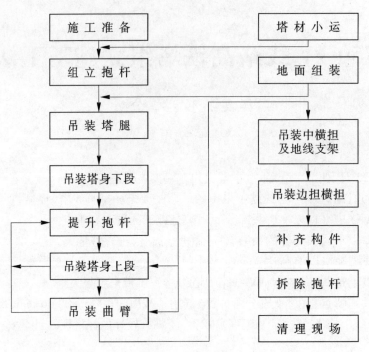

图1 施工工艺流程

5.2.1 施工准备

5.2.1.1 塔材和工器具的准备

根据设计图纸和所用工器具的清单,将相应塔型的塔材和工器具安全运输到施工现场,并对工器具和塔材进行清理。工器具和塔材分类摆放整齐。塔材所用螺栓涂抹黄油。

5.2.1.2 地锚的设置

施工前要根据塔位地形,合理布置钢抱杆的拉线地锚,地锚一般设置在基础的对角线上,且与基础中心的距离为塔高的1.2倍的位置上为宜,铰磨的地锚一般布置在顺线路的方向的基础中心线上,地势较平的一侧,距塔高的1.2倍的地方布置。地锚埋设的方法及深度见图2。

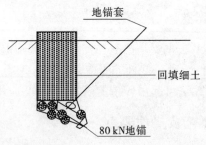

坑类别	坑深(m)	地锚规格(kN)
地滑车坑	2.0	80
绞磨坑	2.2	80
拉线坑	2.0	80

图2 地锚埋设的方法及深度

5.2.2 组立抱杆施工

5.2.2.1 抱杆的组装及吊立

根据现场地形合理选择钢抱杆放置的方向,并根据钢抱杆的斜材方向连接抱杆,相邻两节抱杆的斜材不能同向。由于钢抱杆比较长,所以起立钢抱杆时用人字抱杆吊立,不允许人工直接起立。人字抱杆吊立钢抱杆示意图如图3所示。

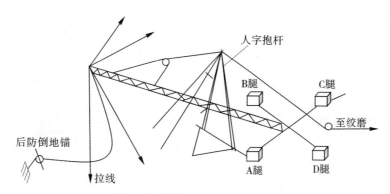

图3 人字抱杆吊立钢抱杆示意图

5.2.2.2 拉线系统布置

拉线系统一般采取"X"形布置。拉线绳采用 Φ15.5 mm 钢丝绳,拉线对地夹角不大于 45°,其长度按现场地形确定。拉线一端用 60 kN 手扳葫芦连接在外拉线地锚上,活头通过制动器也连接在外拉线地锚上,具体见图4。手扳葫芦用于短距离的调整,制动器适用于长距离的释放。

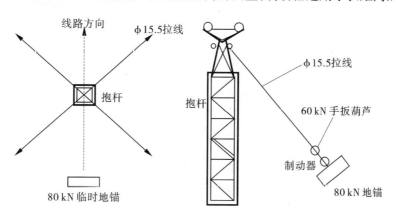

图4 拉线系统布置示意图

5.2.2.3 操作要点

(1)抱杆在竖立前应注意检查抱杆的质量。重点检查其连接螺栓是否齐全、紧固;构件是否弯曲变形,有无脱焊,连接后的垂直度等。要求连接螺栓必须齐全、紧固,构件无变形、损伤,连接无弯曲。同时应将抱杆的附件(如腰环、朝天滑车、朝地滑车、牵引绳、拉线等)连接好。

(2)吊立抱杆时,钢抱杆底部利用塔基或埋设地锚固定在塔基中心位置,人字抱杆底部固定在钢抱杆的中下部位置,调节起吊绳的长度,保证人字抱杆整体与地面的夹角约为50°。起吊钢抱杆采用两点吊立,不允许单点起吊钢抱杆。

(3)抱杆起立完成后应收紧固定好四方落地拉线,4 根拉线的收紧程度应基本相当,能满足安全吊装即可。

5.3 地面组装施工

(1)地面组装前,对构件进行布置,根据地形及塔段本身对塔件有无方向限制,是否影响吊装等合理布置组装的方位。

(2)根据抱杆可提升的高度、吊装的重量、主材允许的弯曲程度和减少吊装次数,合理确定分段、分片及带辅铁的数量。

(3)组装时场地要平整或用垫木将主材垫平,垫木的高度和支撑点一定要足够支撑塔材的重量,避免主材弯曲。

(4)组装可分为平组和立组,平组适用于塔身分片吊装的组装,立组适用于整体吊装塔脚、导地线支架和横担的组装。

(5)组装完成后,重新检查垫块、垫片是否按设计图数量安装,螺栓的规格和穿向是否正确,并紧固所有螺栓,带辅铁的没有固定的一端要用钢丝绑牢。

5.4 吊装施工

5.4.1 吊装施工流程

吊装施工的流程见图5。

5.4.2 起吊系统布置

(1)起吊绳采用Φ15.5 mm钢丝绳,起吊绳与抱杆夹角应控制在10°以内。布置如图6所示。

(2)地滑车和腰滑车布置。

80 kN地滑车主要是改变牵引绳方向,将垂直方向的牵引绳水平引向塔外。地滑车不许用塔腿当地锚,可在塔腿旁选择合理位置埋设80 kN地锚,连接地滑车及地锚的钢丝绳套采用Φ21.5 mm钢丝绳套。

腰滑车的作用是防止牵引绳与抱杆或塔段相碰撞,腰滑车应布置在已组塔段上端主材上,固定腰滑车的钢丝套应尽量短些。

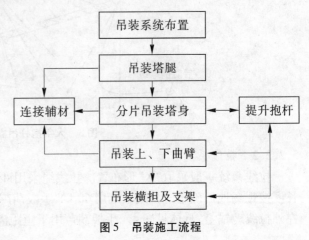

图5 吊装施工流程

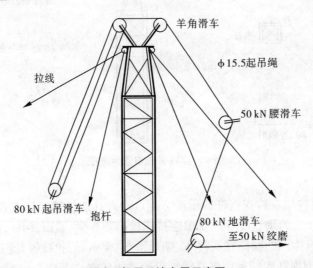

图6 起吊系统布置示意图

5.4.3 吊装塔腿施工

(1)吊装塔腿前,检查受力侧的拉线、吊绳的绑扎、螺栓的紧固,发现问题及时处理,处理完成后方可吊装。

(2)吊装时,要匀速起吊,吊离地面300 mm后,停止吊装,检查各受力点,无异常后再继续吊装。

(3)就位时,地螺连接的要尽量保证塔脚板下平面与基础面平行,对准螺栓后缓慢落下;插入角钢连接的要塔腿主材与角钢角度一致,对准连接板后缓慢落下。到位后将连接螺栓穿上并紧固。

(4)螺栓紧固完成后,缓慢松出磨绳,并解开吊绳。依次吊装四条塔腿后,将四条腿的连接水平材连接安装。

5.4.4 吊装塔身施工

5.4.4.1 塔身吊装

吊装塔身采用分片吊装,一般采取两节组成一段一起吊装,两吊点绳在塔片的固定位置必须位于塔片重心位置以上的塔片对称节点处,绑扎后的吊点合力线应位于塔片结构中心线上。起吊构件时,应在吊点附近绑扎补强木,补强木直径为150 mm,长度为8~10 m。

其吊装补强如图7所示。

5.4.4.2 控制绳布置

(1)控制绳采用3 根 Φ13.5 mm 钢丝绳。其塔片上方布置1 根、下方水平布置2 根。其作用是控制起吊塔片与塔身不撞挂,并微调被吊塔片位置,方便就位。

(2)控制绳对地夹角应小于45°,被吊塔片距已组铁塔的最远距离应控制在0.3~0.5 m。

(3)下方水平的2 根控制绳应布置在所吊塔片面的基础中心线两侧,且对称布置,距离要适中,要利于控制塔片位置。

(4)上方的控制绳要布置在所吊塔片面的基础中心线上,距离适中,便于调整塔片就位。

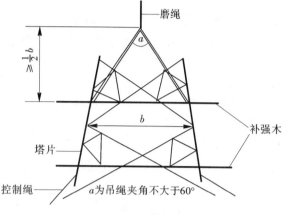

图7　吊装补强示意图

5.4.4.3 塔片吊装操作要点

塔片吊装前已组塔段的主要斜材必须安装齐全,接头螺栓必须紧固,紧固率达98%,对分段接头处无水平材的部位应进行补强或安装临时水平材。

(1)构件开始起吊,控制绳应稍微收紧,起吊中,在保证塔片不碰撞已组塔段的情况下,应尽量松出控制绳。

(2)开始起吊时,构件着地一端应设人看护,防止塔材插入土中折弯塔材。

(3)构件刚离地后,应暂停起吊,做震动试验并进行以下检查:

①牵引系统是否运转正常,各滑车是否转动灵活;

②抱杆状态是否满足要求,拉线是否受力正常;

③各绑扎连接点是否牢固,地锚、制动器是否受力正常;

④已组塔段有无明显变形;

⑤控制绳绑扎点是否正确,绑扎是否牢固。

以上检查无异常情况时,再继续起吊。

(4)构件上端吊至与已组塔段相平时,应密切监视塔片起吊情况,防止构件与塔身相挂或构件离塔身太远。

(5)构件下端吊至就位处附近时,由塔上负责人指挥停止牵引,并慢慢松出控制绳,及时用尖扳手找正就位。

(6)固定主材时,先穿尖扳手,再连就近的螺栓。两主材都就位后,应安装并拧紧全部接头螺栓,并安装好两侧面大斜材。

(7)新吊塔片与已组塔段全部连接并将接头螺栓全部紧固后,再解除起吊绳和控制绳。控制绳解除后,应将其与已解吊绳连接牢固,用其将吊绳及动滑车慢速接至地面固定。

5.4.5 提升抱杆施工

5.4.5.1 抱杆提升

在升抱杆前必须使底层塔材连接好,塔材安装齐全、螺栓全部拧紧后才可以升抱杆。抱杆提升布置如图8所示。

5.4.5.2 承托系统布置

承托系统由承托绳、链条葫芦、塔身固定装置等组成。承托系统布置如图9所示。承托绳由1根Φ19.5 mm钢丝绳绕过抱杆根部承托绳挂环,双股挂于5 t专用滑车上,通过专用滑车、塔身固定装置连接于塔身。每副抱杆配4根承托绳。承托绳与铁塔的连接要选在有水平材和大斜材与主材的连接部位。单根承托绳对抱杆轴线的夹角控制在30°左右,最大不得大于45°。

5.4.5.3 提升抱杆操作要点

(1)用拉线将抱杆调整到垂直状态,绑好上、下两道腰环。

(2)将已穿过朝地滑车提升绳的一端绑扎在已组塔段上端主材节点处,另一端穿过腰滑车,再通过转向滑车引至绞磨。

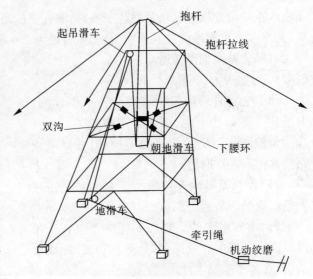

图8 抱杆提升布置示意图

(3)慢松拉线,开启绞磨,当抱杆提升一定高度承托绳全部松弛后,停止牵引,拆除承托系统。

(4)继续提升抱杆,并配合外拉线控制,将抱杆提升到要求高度为止。

(5)将承托绳固定于要求塔段主材的节点位置并连接牢固。承托绳固定在铁塔结构的塔身有水平材的位置,当无水平塔材时,应采取有效的补强措施。

(6)回松绞磨,用拉线调整好抱杆状态后,固定好拉线。

(7)拆除上、下腰环和提升工具,做好下次起吊工作。

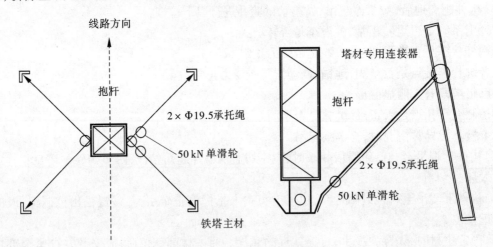

图9 承托系统布置示意图

5.4.5.4 抱杆的布置

抱杆是整个组塔的关键工具。其插入已组塔段内的长度应能保证承托绳对抱杆轴线的夹角控制在30°左右,最大不超过45°。在满足组塔就位等条件下,其插入长度应尽量长些。

抱杆腰环的作用是保证在提升抱杆中,使抱杆始终处于竖直状态。腰环与已组塔段的连接采用Φ15.5 mm钢丝绳,两腰环间的垂直距离应保持在10 m左右。在布置腰环时,抱杆应处于竖直状态,上腰环布置在已组塔段最上端,下腰环布置在抱杆最终提升的位置附近。抱杆提升固定好后,应解除腰环。抱杆一次提升高度过大时应进行倒腰环操作。

5.4.6 吊装塔头施工

塔头吊装可分为曲臂吊装和横担及支架整体吊装两部分。

5.4.6.1 塔头吊装施工布置

(1)曲臂吊装布置如图 10 所示。

(2)横担及导地线支架整体吊装布置如图 11 所示。

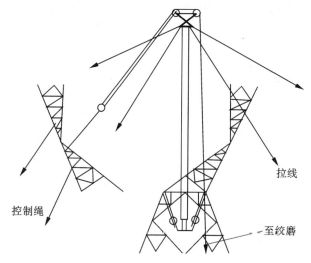

图 10 曲臂吊装布置示意图   图 11 横担及导地线支架整体吊装布置示意图

5.4.6.2 塔头部分的吊装操作要点

1)吊装下曲臂

下曲臂分为左右两部分组装在塔位的两侧面,用抱杆左右两边的吊钩分别吊装下曲臂的左右两部分。

2)吊装上曲臂

吊装前抱杆应向起吊物侧预倾 10°,在起吊物的反侧铁塔 K 字点处对抱杆加挂一根临时拉线。上曲臂分为左右两半分别组装在塔位的两侧,用抱杆左右两边的吊钩分别吊装左右上曲臂。

3)导线横担及导地线支架整体吊装

(1)整体起吊横担及支架时除设置四根外拉线外,还应在起吊物的反侧加装一根临时补强拉线,减少受力侧两根拉线的受力外,同时用来调节抱杆倾斜角方便就位。

(2)吊装前,在两上曲臂之间用导链葫芦连一根钢丝绳套,用于就位时随时调整两曲臂间距。吊装时应尽量减小横担与塔身的接近距离。吊至要求高度后,利用拉线及补强拉线调整抱杆后仰适当角度使横担就位,抱杆后仰过程中应严密观察横担不得与抱杆磕碰。

(3)调整大绳布置在起吊段的主材上下端。上段一根采用"V"形扣与两边两根主材相连,下端两根分别连于两根主材上,以方便就位。所有控制绳均采用制动器缓慢松放,起吊过程应严格监控控制绳的受力情况。

(4)就位时,横担两头的四个节点处均应有人监护,按照低点优先就位原则(即吊件哪个接头低就先连接哪个点),逐点就位。严禁高点就位后采用继续起吊的方法就位低点。

5.4.6.3 构件绑扎要求

(1)吊点绳与牵引绳、构件间的连接,曲臂吊绳采用一根 Φ19.5 mm 钢丝绳套,两端与被吊曲臂主材相连后,中间挂于起吊滑车上,并用 100 kN U 形环封固,两侧吊绳组成的 V 形夹角应小于 120°。横担及导地线支架整块吊装时采用两根等长的 Φ19.5 mm 钢丝绳套,分前后侧将四个绳头连于横担相应位置,中间挂于起吊滑车上,并用 100 kN U 形挂环封固,左右两吊绳组成的 V 形夹角应小于110°。

（2）两吊点绳在构件的固定位置必须位于构件重心位置以上的构件对称节点处,绑扎后的吊点合力线应位于构件结构中心线上。

5.5 抱杆拆除施工

5.5.1 抱杆拆除施工流程

抱杆拆除施工流程如图12所示。

5.5.2 拆除抱杆操作要点

整基铁塔组装完成后即可拆除抱杆。若采用由塔身某部位将抱杆直接拉出的方法拆卸,抱杆将与塔材严重碰撞,拆卸难度较大,为此采用分段拆卸施工,现简述整塔组装完毕后抱杆拆除方法。

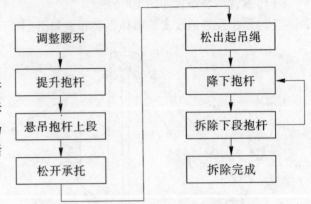

图12 抱杆拆除施工流程

（1）在导线中横担挂线点处设置起重滑车。

（2）在抱杆上端适当位置固定绑扎起吊绳,将此绳穿过起重滑车及塔下地滑车后引至绞磨。

（3）在抱杆根部绑一根 Φ18 mm 棕绳,使其通过塔下转向滑车后引至塔外。

（4）恢复上腰环受力,调松外拉线,开启绞磨使绞磨受力后,拆除抱杆上拉线。

（5）将抱杆提升适当高度(0.5 m),停止绞磨牵引,并拆除承托绳。

（6）拉紧抱杆根部棕绳,慢松绞磨,当抱杆顶端回落至横担附近时,停绞磨拆除外拉线及起吊系统等,继续回落抱杆,直至地面。

（7）用腰环固定抱杆的不拆除段,用钢丝套将抱杆的不拆除段与上部相邻段连接牢靠后,拆除段间的连接螺栓。拆除时,应将绞磨固定牢靠,不得提升或回松磨绳。

（8）开启绞磨,抱杆根部离地后,以人力将抱杆根部段拉至塔外,同时回松绞磨,使未拆除段抱杆底部落地。

（9）重复以上方法,拆除其余抱杆段。

6 材料与设备

铁塔组立所需的主要工器具见表1。

表1 主要工器具

序号	名称	规格	单位	数量	序号	名称	规格	单位	数量
1	钢抱杆	□700 mm×32 m	副	1	11	卸扣	37.5 kN	个	4
2	人字抱杆	□400 mm×16 m	副	1	12	手扳葫芦	6 t×6 m	个	5
3	钢丝绳	Φ21.5 mm	m	100	13	手拉葫芦	2 t×3 m	个	2
4	钢丝绳	Φ19.5 mm	m	200	14	滑轮	8 t	只	2
5	钢丝绳	Φ15.5 mm	m	1 400	15	滑轮	5 t	只	6
6	钢丝绳	Φ13.5 mm	m	400	16	滑轮	3 t	只	2
7	地锚	80 kN	个	9	17	滑轮	8 t(双轮)	只	1
8	铰磨	50 kN	台	1	18	制动管	DN150	只	9
9	卸扣	100 kN	个	18	19	白棕绳	Φ18 mm	m	750
10	卸扣	50 kN	个	25	20	帐篷	8 m²	顶	1

7 质量控制

(1)塔身倾斜:≤2.4‰。

(2)主材弯曲(各节点间弦线检测):≤1/800。

(3)螺栓紧固扭矩:M16(80 N·m)、M20(100 N·m)、M24(250 N·m)。

(4)螺栓安装规格符合设计图纸要求;穿入方向符合规范及工程要求;螺母拧紧后单母者应露出二扣,双母者可以相平,螺杆与物件垂直,螺母平面与结构平面应贴紧,不能有空隙;螺栓必须加垫者,每端不宜超过两个垫圈。

(5)质量记录的填写、整理应认真、清晰、规范、完整,签字齐全,并及时上报质检部门统一汇总装订。

8 安全措施

内悬浮外拉线抱杆分解组塔施工安全措施除应严格遵守《电力建设安全工作规程(架空电力线路)》(DL 5009.2—2004)规定的安全技术措施的要求外,还应注意以下几点:

(1)抱杆提升及塔材起吊时应做振动试验,起吊过程中,正侧面必须设置监护人,随时观察抱杆及承力系统的受力情况。

(2)起吊过程中,起吊速度严格控制,全体人员必须精力集中,配合密切。

(3)起吊下曲臂、中导线横担和边导线横担时,拉线受力较大,起吊时必须布置起吊物反侧的临时补强拉线。

(4)控制绳的受力增大是所有系统受力增大的关键因素,施工中应尽量减小控制绳的受力。

(5)地锚埋设是铁塔组立整个系统稳定的关键。地锚埋设时,必须按照要求深度进行埋设,卧牛槽的开挖深度和马道的开挖坡度必须符合要求,回填土下层利用蛇皮袋装土回填,上层采用细土回填夯实,并采取坑上铺设彩条布防止雨水进入。

(6)抱杆升降过程中,特别是抱杆处于平口以上时,外拉线必须同时收或松,严禁仅在腰环的作用下升降抱杆。抱杆拆装过程中必须采取有效的措施保证拆除段或待安装段的稳定,防止失控。

(7)塔件吊装过程中塔上不得有人,塔件起吊高度达到就位时高处作业人员方可上塔,上塔时不得从吊件侧攀登;确因工作需要塔上必须留人时,塔上人员应在吊件反向安全部位且身体不得超出最高处的水平材,并随时注意起吊过程的异常情况。

(8)现场警戒线应醒目,无关人员严禁进入作业现场警戒线以内,塔下工作人员无故不得进入重物跌落区。

(9)遇有雷雨、浓雾、沙尘暴、六级及以上大风天气严禁进行高空作业。

9 环保措施

(1)施工中应遵守国家有关环境保护的法律、法规,接受环保部门对线路施工的监督和指导。

(2)设置专用容器回收油污,对含油量超标的弃水要采取收集和就地处理措施,含油深度达到《污水综合排放标准》(GB 8978—1996)规定的一级标准后方可排放。

(3)按照《工业企业噪声卫生标准》,合理安排工作人员减少接触噪声的时间,对距噪声源较近的施工人员,除采取戴防护耳塞等劳动保护用品外,还要适当缩短劳动时间。

(4)施工现场合理堆放材料,合理进行现场布置,尽量避免占用农田和改变地貌现状。施工垃圾一律回收,集中处理。施工完毕后地表不得残留废弃物。

(5)组塔完成后应将原土回填,不得流失,地表属于坡地时应筑坡保护。

10　效益分析

采用本工法施工,有效减少起吊次数和高空工作次数,从而降低施工人员劳动强度和施工作业安全风险,提高劳动效率,方便安装,加快了施工进度。缩短了临时占用田地时间,减轻了协调难度。也使施工成本大大降低,可产生明显的经济效益和社会效益。

11　应用实例

本工法成功应用于 750 kV 兰州东—银川东输电线路工程铁塔组立施工。

11.1　工程概况

750 kV 兰州东—银川东输电线路工程始于甘肃省榆中县 750 kV 兰州东变电站,止于宁夏回族自治区灵武市 750 kV 银川东换流变电站。工程规模为单回路 750 kV 送电线路,路经长度为 370.006 km。气候属温带季风气候,具有明显的向大陆性气候过渡的特征。全年干旱缺雨,温差较大,四季气候的特点是:冬季雨雪少,寒冷时间长;春季升温快,冷暖变化大;夏季气温高,降水较集中;秋季降温快,初霜来临早。年平均气温 7.4 ℃,1 月平均气温-7.4 ℃,7 月平均气温 18.1 ℃,年平均降水量 510 mm。全段海拔多在 2 000 m 以上,最高海拔达 2 700 m 左右。该线路主要采用了 ZB118、ZB218、ZB318、ZB125、ZB225、ZB325、ZB425、JG1、JG2、JG3 和 ZM1 等塔型。

11.2　直线塔 ZB325 单线图

直线塔 ZB325 单线图如图 13 所示。

11.3　施工情况

在组装 ZB325 直线塔施工中,从立抱杆到降抱杆清场,共用了 3 天时间,施工作业人员共 23 人,其中高空作业人员 6 人,指挥 1 人,地面配合人员 16 人。与采用其他方法组装铁塔相比,可以节省时间 2 天,施工作业人员减少 5 人。而且螺栓主要在地面紧固,减少了塔上紧固螺栓的次数和时间。在吊装过程中,由于塔上作业次数和吊装次数减少,有效地降低了安全风险。

11.4　总体评价

选用□700 m×32 m 抱杆,采用"内悬浮外拉线"法组立 750 kV 线路铁塔,可适用于所有塔型的组立,具有很强的通用性。从施工实际看,相对其他方法,其经济效益更好,安全风险更低。综上所述,本工法优于其他组立铁塔的施工方法。

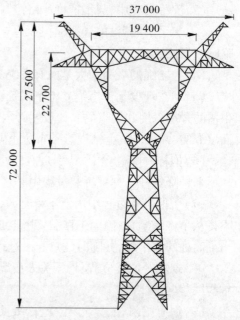

图 13　直线塔 ZB325 单线图

（主要完成人:姜国华　武生军　王定苍　匡汉林　丁国强）

大掺量磨细矿渣混凝土施工工法

浙江省第一水电建设集团有限公司

1 前 言

高性能混凝土是近期混凝土技术发展的主要方向,国外学者曾称之为21世纪混凝土。水利工程建设的日益规模化、巨型化,工程条件的复杂化,工程建设节奏的快速发展,以及工程对材料的高耐久性和节能环保的要求的国内外发展趋势,都对水利工程材料提出了越来越高的要求。

大掺量磨细矿渣混凝土是一种新型的水工绿色高性能混凝土,是在大幅度提高常规混凝土性能的基础上,采用现代混凝土技术,选用优质原材料,在完善的质量控制下制成的;除采用优质水泥、水和集料以外,采用低水胶比和掺加足够数量的矿物细掺料与高效外加剂,以保证混凝土的耐久性、工作性、各种力学性能、适用性、体积稳定性和经济合理性。

该技术已进行国内科技查新,查新结果为"委托查新项目针对水利工程编制的大掺量磨细矿渣混凝土施工工法,磨细矿渣掺量比达60%～80%,在上述检索结果中未见述及"。

2 工法特点

(1)大掺量磨细矿渣混凝土具有高耐久性、高体积稳定性、高抗渗性、高抗磨性能和高工作性能的特点。

(2)施工简单,单位造价低。

(3)水胶比低、混凝土强度相对较高、弹性模量高。

(4)能更多地节约水泥熟料,降低能耗与环境污染。

(5)提高工程质量,美化结构外观。

(6)与普通的水工混凝土相比,其抗拉强度高,尤其是加入纤维后,其抗拉强度、抗冲耐磨性能将大幅提高,有利于结构物的防裂。

3 适用范围

本工法适用于所有对耐久性有要求的水工、港工等有氯离子侵蚀作用的混凝土结构,同时还适用于设计强度在40 MPa以下的所有市政桥梁的桥墩结构、房屋建筑工程的地下结构混凝土。掺入一定纤维后,还适用于对抗冲、耐磨有特殊要求的混凝土结构。

4 工艺原理

大掺量磨细矿渣混凝土是一种新型的水工绿色高性能混凝土,是在大幅度提高常规混凝土性能的基础上,采用现代混凝土技术,选用优质原材料,在完善的质量控制下制成的;除采用优质水泥、水和集料以外,采用低水胶比和掺加大量磨细矿渣与高效外加剂,同时添加一定量的二水石膏作为体积稳定剂,以保证混凝土的耐久性、工作性、各种力学性能、适用性、体积稳定性和经济合理性。其主要工艺原理为:

(1)低水胶比。低水胶比是保证绿色高性能混凝土具有较高耐久性的前提之一,只有水胶比低,混凝土的孔隙率才可能降低。

(2)掺加足够的掺和料。矿物掺和料是绿色高性能混凝土的主要组成材料之一。常用的矿物掺和料有粉煤灰、硅粉、磨细矿渣等。矿物掺和料具有形态效应、火山灰效应、微集料效应,不仅有利于水泥水化作用和混凝土强度、密实度和工作性,增强粒子密集堆积,降低孔隙率,改善孔隙结构,而且对抵抗侵蚀和延缓性能退化都有较大的作用。掺加矿物掺和料会产生有利的密实堆积效应、复合化超叠加效应和中心效应。

(3)强的界面。低水胶比提高了水泥石的强度和弹性模量,使水泥石和集料间弹性模量的差距减小;界面处的水膜层厚度减小,晶体生长的自由空间减小;掺入的矿物掺和料与氢氧化钙反应后,界面过渡层孔隙率也下降。

(4)环境友好。能更多地节约水泥熟料,降低能耗与环境污染;更多地掺加工业废料为主的矿渣;更大地发挥混凝土的高性能优势,减小水泥与混凝土的用量。

5 施工工艺流程及操作要点

5.1 工艺流程

施工工艺流程为:配合比设计与调整→原材料储存与管理→称量→搅拌→运输→浇注→养护→拆模。

5.2 操作要点

5.2.1 配合比设计与调整

5.2.1.1 大掺量磨细矿渣混凝土配合比设计

大掺量磨细矿渣混凝土配合比设计是一个复杂的过程,要在已有工程经验以及相关科研单位的研究成果的基础上,考虑多种胶凝材料的组合方案,确定水胶比、浆集比和砂石比,设计出符合现场施工要求的高性能混凝土。再对高性能混凝土性能进行对比分析,包括:①新拌混凝土性能:坍落度、含气量、容重、和易性;②力学性能:抗压强度、劈裂抗拉强度、轴心抗拉强度、静力抗压弹模等;③耐久性:碱-骨料反应、混凝土抗氯离子渗透、混凝土碳化、混凝土抗渗性、混凝土抗冻性、抗硫酸盐侵蚀;④混凝土变形性能:混凝土干缩、轴心抗拉强度、抗拉弹性模量、混凝土极限拉伸值。最后再根据综合对比分析结果确定配合比。

1)水胶比的确定

在大掺量磨细矿渣混凝土配合比设计中,水胶比的确定是关键。为满足本工程绿色高性能混凝土指标要求,水胶比分别从抗碳化及强度要求进行确定,选取其最小值。

(1)抗碳化要求的水胶比。由于碳化所产生对混凝土劣化的外力,主要与水灰比有关。不超过容许状态的水灰比,根据下式确定:

$$100x \leqslant \frac{5.83c}{a\sqrt{t}} + 38.3 \tag{1}$$

式中:x 为水灰比;c 为钢筋保护层厚度,cm;a 为劣化外力区系数,室内取1.0,室外取1.7;t 为设计使用寿命,年。

(2)强度要求的水胶比。张明证根据大量试验结果,总结了高性能混凝土28 d强度方程,根据该强度方程计算确定。

(3)有关规范和研究项目推荐。根据《海港工程混凝土结构防腐蚀技术规范》(JTJ 275—2000),高性能混凝土水胶比≤0.35;美国战略公路研究项目(SHRP),最大水胶比为0.35。

2)配合比设计

大掺量磨细矿渣混凝土的配合比设计应符合施工工艺、混凝土强度等级、耐久性指标的要求,并做到经济合理。配合比不能只以强度的高低来确定,应主要以是否满足耐久性要求为判定标准。

根据试验研究,要满足耐久性要求,大掺量磨细矿渣混凝土配合比应满足:

(1)水胶比严禁随意扩大,C30 大掺量磨细矿渣混凝土的水胶比必须≤0.40(砂石干燥状态下）,C40 大掺量磨细矿渣混凝土的水胶比必须≤0.35(砂石干燥状态下)。

(2)C30 三级配大掺量磨细矿渣混凝土的胶凝材料用量应≥297 kg/m³,C30 二级配大掺量磨细矿渣混凝土的胶凝材料用量应≥395 kg/m³,C40 大掺量磨细矿渣混凝土的胶凝材料用量应≥440 kg/m³,但胶凝材料用量不宜超过 500 kg/m³。

(3)大掺量磨细矿渣混凝土中的矿渣掺量应占胶凝材料用量 50%以上。

3)施工配制强度

混凝土的施工配制强度,应大于下式中的 $f_{cu,o}$:

$$f_{cu,o} = f_{cu,k} + 1.645\sigma \tag{2}$$

式中: $f_{cu,o}$ 为混凝土的施工配制强度,MPa; $f_{cu,k}$ 为设计所要求的混凝土立方体抗压强度标准值,MPa; σ 为立方体抗压强度标准差,MPa。

5.2.1.2 配合比现场调整

施工时,可对推荐大掺量磨细矿渣混凝土的配合比进行适当调整,调整原则如下:

(1)砂率可根据砂的粗细进行适当调整,最优砂率需经试验确定;

(2)外加剂用量根据原材料情况,经试验确定,以满足混凝土和易性、工作度以及含气量等技术要求为目标:

(3)推荐配合比中骨料为自然干燥状态,若以饱和面干状态为基准,需要进行用水量的调整,调整不得扩大水胶比;

(4)外加剂中的水计入混凝土总用水量中;

(5)磨细矿渣的比例不能随意变动;

(6)当混凝土原材料发生较大变化时,应及时调整混凝土配合比;

(7)其他事项应满足国家现行有关标准要求。

5.2.2 原材料储存与管理

5.2.2.1 水泥

(1)水泥进场必须有产品合格证或品质检验报告,并应对其品种、包装、重量、出厂日期等进行检查验收,且按有关规定进行验收和复验;对于检验不合格的原材料应按有关规定清除出场。

(2)先出厂的水泥应先用,应优先使用散装水泥。袋装水泥储运时间超过 3 个月、散装水泥超过 6 个月,使用前应重新检验。

(3)运到工地的水泥应按标明的品种、强度等级、生产厂家和出厂批号,分别储存到有明显标志的储罐或仓库中,不得混装。

(4)水泥在运输和储存过程中应防水防潮,已受潮结块的水泥应经处理并检验合格后方可使用;罐储水泥宜一个月倒罐一次。

(5)散装水泥运至工地的入罐温度不宜高于 65 ℃;储存散装水泥过程中,应采取措施降低水泥的温度和防止水泥升温。

(6)水泥仓库应有排水、通风措施,保持干燥;堆放袋装水泥时,应设防潮层,距地面、边墙至少30 cm,堆放高度不得超过 15 袋,并留出运输通道。

(7)应避免水泥的散失浪费,做好环境保护。

5.2.2.2 磨细矿渣

(1)磨细矿渣进场必须有产品合格证或品质检验报告,并应对其品种、包装、重量、出厂日期等进行检查验收,且按有关规定进行验收和复验;对于检验不合格的掺和料应按有关规定清除出场。

(2)磨细矿渣应储存在专用仓库或储罐内,在运输和存储过程中应注意防潮,不得混入杂物,并应有防尘措施。

(3)对于库存超过 6 个月或有明显异常的磨细矿渣,使用前应进行复验;如有怀疑时,应随时检查。

5.2.2.3 二水石膏

（1）二水石膏进场必须有产品合格证或品质检验报告，并应对其品种、包装、重量、出厂日期等进行检查验收，且按有关规定进行验收和复验；对于检验不合格的材料应按有关规定清除出场。

（2）二水石膏应储存在专用仓库内，在运输和存储过程中应注意防潮，不得混入杂物，并应有防尘措施。

（3）对于库存超过6个月或有明显异常的二水石膏，使用前应进行复验；如有怀疑时，应随时检查。

5.2.2.4 骨料

（1）不得使用碱活性骨料，当料源发生变化时，应重新进行碱活性的检验。

（2）骨料中不允许有泥块存在；应该控制各级粗骨料中超径、逊径、针状、片状颗粒的含量；粗骨料表面应洁净，如有裹粉、裹泥或被污染，应该清除。

（3）成品骨料的堆放和运输应符合下列规定：堆放场地应有良好的排水设施，必要时应设遮阳防雨棚；各级骨料仓之间应采取设置隔墙等有效措施，严禁混料，应避免泥土和其他杂物混入骨料中；应尽量减少转运次数，卸料时，当粒径大于40 mm骨料的自由落差大于3 m时，应设置缓降措施；细骨料仓的数量和容积应满足细骨料脱水的要求；在粗骨料成品堆场取料时，同一级料应注意在料堆不同部位同时取样。

5.2.2.5 外加剂

（1）应结合工程选定的混凝土原材料进行外加剂适应性试验，并根据配合比和施工要求，选择外加剂掺量。

（2）外加剂应存放在专用仓库内或固定的场所内妥善保管，严防暴晒；防止出现沉淀和分层等不均匀现象。

（3）超过保质期，使用前应进行复验，如有怀疑时，应随时检查。

（4）未经鉴定的外加剂产品，在无充分的试验论证时，不得在工程中使用。

5.2.2.6 纤维

必须按厂商的产品技术说明施工。

5.2.2.7 水

（1）如果使用非饮用水时，开工前应该检验其质量；

（2）如果水源有改变和对水质有怀疑时，应及时检查；

（3）饮用水均可使用，未经处理的工业废水不得使用；

（4）水中不应含有影响水泥正常凝结与硬化的有害杂质及油脂、糖类、游离酸类、碱、盐、有机物或其他有害物质；

（5）不得采用pH值小于5的酸性水；

（6）不得采用硫酸盐含量超过2 000 mg/L和氯离子含量大于2 000 mg/L的水；

（7）钢筋混凝土结构不得使用海水拌制和养护混凝土。

5.2.3 称量

（1）搅拌混凝土时，应按配料单进行配料，不得任意更改。

（2）对配料设备应进行良好的维护和检查，确保称量准确，混凝土原材料称量偏差应符合表1的规定。

（3）每一工作班正式称量前，应对称量设备进行零点校准；施工过程中也应该经常进行校核，如称量系统失控应及时纠正。

（4）原材料称量示值每一工作班应该经常检查，水泥、掺和料、水、外加剂等原材料称量示值应该不少于 4 次,骨料的称量示值应该不少于 2 次。

5.2.4 搅拌

目前常用机械强化搅拌,常用的搅拌机有自落式搅拌机和强制式搅拌机。自落式搅拌机拌和方式是靠叶片对拌和料进行反复的分割提升和撒落,从而使拌和料的相互位置不断进行重新分布,而撒落时的冲击加强了这种拌和作用,相对而言,这种搅拌作用强度还是不够的,它只适合于普通混凝土的拌和,对于低水胶比混凝土和轻骨料混凝土不能产生良好的搅拌效果。强制式搅拌机

表1 原材料称量的允许偏差	
原材料名称	允许偏差(%)
水泥、磨细矿渣等掺和料	±1
粗细骨料	±2
水、外加剂	±0.5

拌和是强制拌和料按预定轨迹运动,对塑性及低水胶比混凝土都可进行有效的拌和,但是这种搅拌机工作机构的转速很低,所以搅拌时间较长,生产效率较低。

搅拌流程:宜优先采用先将骨料与水泥、掺和料一起干拌 2 min,再加水、外加剂和纤维湿拌,这样既节省拌和功率,又可保证均匀度;也可先将部分水与水泥、掺和料、纤维拌和成浆体,再加骨料和部分水进行拌和。但不理想的喂料和搅拌流程会影响拌和物的质量,达不到从微观上使水泥颗粒均匀分布和较完全的水化反应的目的。

无论采用何种搅拌流程,大掺量磨细矿渣混凝土都必须比普通混凝土延长搅拌时间 1 min 以上,否则会使拌和物不均匀而影响质量。D. A. Abrams 的试验证明,平均抗压强度随搅拌时间的增加而提高(见图 1)。

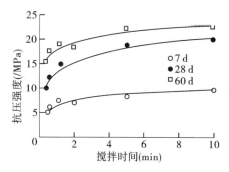

图 1 搅拌时间对混凝土强度的影响

大掺量磨细矿渣混凝土的拌制宜由专设的混凝土搅拌站集中搅拌,并采用搅拌效率较高、均质性好的行星式、逆流式、双锥式或卧轴式强制式搅拌机,搅拌机的叶片应及时更换。

大掺量磨细矿渣混凝土拌和物宜先以掺和料和细骨料干拌,再加水泥与部分拌和用水,最后加粗骨料、外加剂和剩余拌和用水。

总搅拌时间可根据需要按图 1 选取,但时间不宜少于 3 min,搅拌应比常规混凝土延长 40 s 以上。

混凝土拌和物出现下列情况之一者,按不合格处理:

(1)错用配料单已无法补救,不能满足质量要求;

(2)混凝土配料时,任意一种材料计量失控或漏配,不符合质量要求;

(3)拌和不均匀或夹带生料。

5.2.5 运输

(1)选择混凝土运输设备及运输能力应与拌和、浇注能力和仓面具体情况相适应。

(2)同时运输两种以上混凝土时,应设置明显的区分标志。

(3)混凝土在运输过程中应尽量缩短运输时间及转运次数。

(4)混凝土拌和物运送到浇注地点时,应避免出现离析、漏浆、泌水、分层和坍落度损失较大等现象;如有离析、分层等现象,应对混凝土拌和物进行二次搅拌,不得随意加水;必要时,可同时加水和胶凝材料,但必须保持水胶比不变。

(5)混凝土已初凝或失去塑性时,应作废料处理。

(6)采用不露浆、不吸水的盛器;盛器在使用前应用水湿润,但不得留有积水,使用后应刷洗干净。

（7）在高温和低温条件下，混凝土运输工具应设置遮盖或保温措施，以避免天气、气温等因素影响混凝土质量。

（8）使用汽车、搅拌车、侧翻车等车辆运输混凝土，或者使用门式、塔式起重机等设备运输混凝土，以及使用各类皮带机运输混凝土时应遵循有关规定。

5.2.6 浇注

（1）浇注混凝土前，应详细检查有关准备工作，包括：地基处理情况（或缝面处理）、模板、钢筋、预埋件、垫块等是否符合设计要求；应确保仓面内无杂物和积水，还应掌握气象资料。

（2）浇注混凝土时，应随时检查模板、支架、钢筋、预埋件、预留孔和垫块的固定情况，当发现有变形、位移时，应立即停止浇注，并应在已浇注混凝土凝结前进行修整。

（3）钢筋的混凝土保护层厚度应符合设计要求，其尺寸允许偏差为浪溅区在 0 ~ +10 mm，其他部位为 -3 ~ +10 mm；还应检查垫块的位置和数量，并应绑扎牢固；绑扎垫块的铁丝头不得伸入保护层内。

（4）钢筋表面不得有锈屑、油污、水泥浆、盐渍或其他可能影响耐久性及握裹力的有害物质。

（5）混凝土应按一定厚度、顺序和方向，分层浇注，浇注面应大致水平。

（6）浇注混凝土的分层厚度应根据拌和能力、运输能力、浇注速度、气温及振捣能力等因素确定，一般为 30 ~ 50 cm，根据振捣设备类型确定浇注混凝土的分层厚度，可参照表 2 确定。

表 2　浇注混凝土的分层最大允许厚度

振捣方法		分层最大允许厚度
插入式	振捣机	振捣棒（头）长度的 1.0 倍，最大 500 mm
	电动或风动振捣器	振捣棒（头）长度的 0.8 倍，最大 500 mm
	软轴式振捣器	振捣棒（头）长度的 1.25 倍，最大 500 mm
平板式	无筋或单层钢筋结构中	250 mm
	双层结构中	200 mm
附着式（外挂）振动器振实		300 mm
人工捣实		200 mm

注：厚度是指振实后的混凝土厚度。

（7）在浇注过程中，应控制混凝土的均匀性和密实性，不得出现露筋、空洞、冷缝、夹渣、松顶等现象。

（8）混凝土在浇注过程中，如有坍落度不符合要求，或有分层离析等异常现象时，应立即查明原因，妥善处理后再继续浇注。

（9）入仓的混凝土应及时平仓振捣，不得堆积；仓内若有粗骨料堆叠时，应均匀地分布至砂浆较多处，不得用砂浆覆盖，以免造成蜂窝。

（10）混凝土应先平仓后振捣，严禁以振捣代替平仓；振捣时间以混凝土粗骨料不再明显下沉，并开始泛浆为准，应避免欠振或过振。

（11）混凝土拌和物至浇注地点的温度最高不宜超过 30 ℃，最低不宜低于 10 ℃。

（12）混凝土的浇注应连续进行，如因故中断，其允许间歇时间应根据混凝土硬化速度和振捣能力经试验确定，或参照表 3 的规定执行；如果超过允许的间歇时间，应按施工缝处理，若能重塑的，仍可继续浇注上层混凝土。

（13）混凝土浇注过程中，如表面泌水较多，应设法减少；仓面泌水应及时排除，但不得带走灰浆；当混凝土浇注至顶部时，宜采用二次振捣及二次抹面，刮去浮浆，确保混凝土的密实性；当采用二次振捣时，应遵循下列规定：

二次振捣时间点的选择：选择合理的时间间隔，是二次振捣成败的关键。时间间隔过短，效果不明显；时间间隔过长，特别是混凝土初凝后，超过重塑时间范围，则破坏混凝土结构，影响混凝土质量。合理的时间间隔与水泥品种、水灰比、坍落度、气温和施工方法有关，可通过操作试验确定，也可参照表4确定。对不同品种水泥在不同气温条件下的时间选择，其中，薄壁结构选择时间下限，较厚结构选择时间上限。另外，对掺用外加剂的混凝土，应根据外加剂的种类进行试验，以确定二次振捣的合理时间。

表3　浇注混凝土的允许间歇时间

混凝土的入模温度(℃)	允许间歇时间(h)
20~30	2.5
10~19	3.0

注：①允许间歇时间为混凝土从搅拌机卸出到浇注完毕的延续时间；②表列数据未考虑掺用外加剂的影响；③如果间歇时间过长，应在现场进行重塑试验，如混凝土不能重塑时，应按施工缝处理；④重塑试验可用插入式振捣器在振动下靠自重插入混凝土中，并振捣15 s后，在振捣器周围100 mm处仍能泛浆，即认为能重塑。

二次振捣的操作方法：混凝土二次振捣要根据不同结构采取不同的振捣方法：对厚度>20 cm的结构可用插入式振捣器振捣，对厚度≤20 cm的预制平板，用附着式振捣器振捣；对于分层浇注的厚大结构，应每层浇注完毕后停歇1 h，使其获得初步沉实，再继续浇注。

为保证混凝土二次振捣质量，振捣时的施工工艺特别重要，主要控制以下几个方面：

①二次振捣的幅度比一次振捣要轻。用插入式振捣器振捣时，待混凝土停止泛浆，没有明显下沉为止，然后缓慢拔出振捣器；用附着式振捣器振捣时沿混凝土表面纵横方向振捣一遍即可。

②振捣时，要尽量避免碰撞钢筋、模板和预埋件。

表4　混凝土二次振捣时间间隔

混凝土浇筑时的气温(℃)	时间间隔(min)	
	普通硅酸盐水泥	矿渣硅酸盐水泥
20~30	60~90	90~120
10~20	90~120	120~150
5~10	120~150	120~150

③振捣结束后要及时压面并覆盖草帘避免太阳光暴晒，待混凝土凝结后及时洒水养护，保持混凝土表面湿润。

(14)混凝土自高处倾落的自由高度超过2 m时，应采用串筒、斜槽、溜管或振动溜管浇注混凝土。

(15)混凝土在浇注和静置过程中，应采取措施防止产生裂缝；由于混凝土的沉降及塑性干缩产生的表面裂缝，应予以修整。

(16)施工缝的位置和形式应在无害于结构的强度及外观的原则下设置，施工缝的处理应符合下列要求：按混凝土的硬化程度，采用凿毛、冲毛或刷毛等方法，清除老混凝土表面的水泥薄浆膜和松弱层，并冲洗干净，排除积水；混凝土强度达到2.5 MPa后，方可进行浇注上层混凝土的准备工作；水平缝应铺一层厚1~2 cm的水泥砂浆，垂直缝应刷一层水泥净浆，其水灰比应比混凝土水胶比减少0.03~0.05；新老结合面的混凝土应细致捣实。

(17)厚大结构宜分层浇注；处于在同一块结构物上的结构上应均衡上升。

(18)在浇注混凝土时，应及时清除泌水。

(19)特殊季节施工。

● 冬季施工

室外日平均气温连续5 d稳定低于5 ℃时，混凝土结构工程应采取冬期施工措施，并应及时采取气温突降的防冻保温措施；冬期施工严格按《建筑工程冬期施工规程》(JGJ 104—97)进行：

①预先制定好冬期施工养护方案，组织好材料选购，安排好施工进度计划，施工管理应比常温混凝土更严格；备足加热、保温和防冻材料，骨料宜在进入冬季前筛洗完毕。

②冷天施工应密切注意天气预报,防止遭受寒流、风雪和霜冻袭击。

③混凝土的浇注入仓温度不宜低于10℃,浇注大面积的混凝土时,在覆盖上层混凝土以前,底层混凝土的温度不宜低于3℃;应加强对混凝土温度的检测,包括混凝土入仓温度和混凝土浇注后的表面温度,根据所测温度,随时采取相应的措施。

④混凝土浇注后应进行及时的保温养护,立即覆盖塑料薄膜,然后在薄膜上面覆盖草垫,有条件的再外加彩条布覆盖;侧墙的模板应采用木模板,并在模板外挂岩棉毡或草帘保温,适当延长拆模时间,拆模后,及时覆盖塑料薄膜,外加草帘保温;在迎风面应采取挡风措施。

⑤应使混凝土温度下降到0℃前,其强度达到允许受冻强度,混凝土允许受冻强度不应小于设计强度的30%。

⑥当室外日最低气温低于-10℃,重要敞开部位的混凝土不宜露天浇注。

⑦当混凝土入仓温度达不到要求时,混凝土拌和水应加热;在混凝土拌和物温度不超过40℃的前提下,拌和水加热最高可达80℃。混凝土调和前,搅拌筒应用出机口坍落度,必要时应适当缩小混凝土的水胶比;加强仓内排水和防止周围雨水流入仓内;做好新浇注混凝土尤其是接头部位的保护工作,并及时做好抹面工作。

⑧拌制混凝土所采用的骨料应清洁,不得含冰、雪、冻块及其他易冻裂物质;骨料的贮备场地应选择地势高、不积水的地方,并有足够的堆高,宜覆盖。

⑨如需采用抗冻剂时,不得采用氯盐抗冻剂。

⑩必须做好如下各项温度的观测和记录:室外气温和暖棚内气温每个工作班测量2次;室外气温及周围环境温度每天至少定时定点测量4次;水温和骨料温度每个工作班测量4次;混凝土出机温度和浇注温度每个工作班至少测量4次;在混凝土浇注后3~5d内尤其要加强观测其养护温度,并注意边角最易降温的部位。

● 夏季高温季节

①当日最高气温达到30℃以上时,应采取措施降低混凝土的入仓温度:在砂石原材料堆场上加盖遮阳棚,避免太阳直晒;用地下水冲洗石子降温;生产混凝土时,可在拌和水中加入冰块。

②混凝土运输工具设置必要的隔热遮阳措施;仓面采取遮阳措施,喷洒水雾降低周围温度。

③缩短混凝土运输时间,加快混凝土入仓覆盖速度。

④避开中午高温时间浇注混凝土,或对容易出现裂缝的部位避开高温时间施工。

⑤使用外加剂使缓凝时间延长。

● 雨季施工

①及时了解天气预报,合理安排施工,避免在大雨、暴雨或台风过境时浇注混凝土。

②雨季施工应做好如下工作:砂石料场应排水通畅;运输工具及道路应有防雨及防滑措施;水泥仓库要加强检查,做好防漏、防潮工作;墩、墙等浇注仓面应有防雨措施并备有不透水覆盖材料;采取必要的防台风和防雷击措施;增加骨料含水率的测定次数,及时调整拌和用水量。

③中雨以上的雨天不得新浇混凝土,有抹面要求的混凝土不得在雨天施工。

④在小雨天气进行浇注时,应采取下列措施:适当减少混凝土拌和用水量和采用蓄水养护方式较好。

⑤在浇注过程中,遇大雨、暴雨,应立即停止进料,已入仓混凝土应及时振捣密实后遮盖,雨后必须先排除仓内积水,对受雨水冲刷的部位应立即处理,如混凝土还能重塑,应加铺接缝混凝土后继续浇注,否则应按施工缝处理。

5.2.7 养护

衡量混凝土保水性的指标为保水率。可按美国ASTM-C156-91规定,用1:3水泥砂浆样品(水灰比为0.4)在各种养护方式下,在恒定温度和相对湿度条件下按式(3)测定失水率,选择失水率相对较小较经济方便的养护方式作为结构工程的养护方式。

$$Z = (W_1 - W_2)/W_1 \times 100\% \tag{3}$$

式中:Z 为失水率(%);W_1 为试件初始质量,kg;W_2 为测定期试件质量,kg。

(1)整个养护期间,尤其是从终凝到拆模的养护初期,应确保混凝土处于有利于硬化及强度增长的温度和湿度环境中。

(2)养护混凝土时,应每天记录大气气温的最高、最低温度和天气变化情况,并记录养护制度。

(3)混凝土抹面后,应立即覆盖,防止风干和日晒失水;终凝后,混凝土顶面应立即开始持续潮湿养护;拆模前,应拧松侧面模板的紧固螺帽,让水顺模板与混凝土表面缝隙流下;在常温下,混凝土应至少养护 15 d;底板部位采用热水加热;投料顺序是先投入骨料和加热的水,待搅拌一定时间后,水温降低到 40 ℃ 左右时,再投入水泥继续搅拌到规定时间(总搅拌时间应该比常温混凝土长),要绝对避免水泥假凝。

(4)可采用养护剂养护,养护剂的选择、使用方法和刷涂时间应按产品说明并通过试验确定;混凝土表面不得使用有色养护剂。

(5)当采用塑料薄膜或养护膜进行养护时,应覆盖严密,并经常检查塑料薄膜或养护剂膜的完整情况和混凝土的保湿效果;若有损坏,应及时修补。

(6)养护混凝土必须使用淡水。

5.2.8 拆模

混凝土拆模时的强度应符合设计要求,当设计未提出要求时,应符合下列规定:

(1)侧模应在混凝土强度达到 2.5 MPa 以上,且表面及棱角不因拆模而受损时,方可拆模。

(2)底模应在混凝土强度符合表 5 的规定后,方可拆除。

(3)芯模或预留孔洞的内模板应在混凝土强度能保证构件表面不发生塌陷和裂缝时,方可拆除。

(4)混凝土拆模时,由水泥水化引起的混凝土温度不能过高,以免周围环境温度过低,引起内外温差过大,产生裂缝;环境温度低于 0 ℃ 不宜拆模;在炎热或大风干燥季节,应采取逐段拆模、边拆边覆盖的拆模工艺;避免在寒流袭击、气温骤降时拆模。

(5)拆模宜按立模顺序逆向进行,不得损伤混凝土,并减少模板破损;当模板与混凝土脱离后,方可拆卸、吊运模板。

(6)拆模后的混凝土结构应在混凝土达到 100% 设计强度后,方可承受全部设计荷载。

表 5　拆除底模时所需的混凝土强度

结构类型	结构跨度(m)	达到混凝土设计强度的百分数(%)
板、拱	≤2	50
	2~8	75
	>8	100
梁	≤8	75
	>8	100
悬臂梁(板)	≤2	75
	>2	100

6　材料和设备

6.1　材料

6.1.1　材料用量要求

大掺量磨细矿渣混凝土各组成材料用量要根据调整后的配合比料和结构工程量计算确定,并备有 10% 以上的富余度。

6.1.2　材料质量要求

大掺量磨细矿渣混凝土各组成材料除了满足国家标准和行业标准一般技术要求外,还必须满足相关技术要求。

6.1.2.1　细骨料

(1)应符合现行国家标准《建筑用砂》(GB/T 14684—2001)Ⅱ类砂的一般技术要求。

(2)细骨料不得使用海砂和人工砂,应选用颗粒坚硬、强度高、耐风化、清洁的天然砂。

(3)细骨料中氯离子含量(以重量百分比计)不得大于0.03%。

(4)在可能的情况下,应避免采用可能发生碱—骨料反应(AAR)的活性骨料;骨料碱活性检验标准为《水工混凝土砂石骨料试验规程》(DL/T 5151—2001)砂浆棒快速法;必要时,可以使用更为严格的《砂、石碱活性快速试验方法》(CECS 48:93)进行严格检验控制。

(5)细骨料中的含泥量应低于2.0%。

(6)泥块含量应为0。

(7)坚固性硫酸钠溶液法5次循环后的质量损失应小于8%。

(8)细骨料应满足《建筑用砂》(GB/T 14684—2001)表1之第2级配区要求;细度模数为2.3~2.9。

(9)砂表观密度、堆积密度、孔隙率应符合如下规定:表观密度大于2 500 kg/m^3,堆积密度大于1 350 kg/m^3,孔隙率小于47%。

(10)有害物质满足《建筑用砂》(GB/T 14684—2001)表4中Ⅱ类砂的规定。

(11)泵送泵混凝土应选用中砂,通过0.3 mm方孔筛(或0.315 mm圆孔筛)筛孔的颗粒应不少于15%。

6.1.2.2　粗骨料

(1)首先,应符合现行国家标准《建筑用卵石、碎石》(GB/T 14685—2001)Ⅱ类石子的一般技术要求。

(2)在可能的情况下,应避免采用可能发生碱—骨料反应(AAR)的活性骨料;骨料碱活性检验标准为《水工混凝土砂石骨料试验规程》(DL/T 5151—2001)砂浆棒快速法;必要时,可以使用更为严格的《砂、石碱活性快速试验方法》(CECS48:93)进行严格检验控制。

(3)骨料的最大粒径不应超过钢筋净间距的2/3、构件断面的最小边长的1/4和保护层厚度的2/3。

(4)粗骨料中的含泥量应低于0.5%。

(5)泥块含量应为0。

(6)针片状颗粒含量不超过10%。

(7)硫酸盐、硫化物含量(以SO$_3$质量计)小于0.5%。

(8)粗骨料中氯离子含量(以质量百分比计)不得大于0.03%。

(9)坚固性硫酸钠溶液法5次循环后的质量损失应小于8%。

(10)应严格控制超二逊径颗粒含量:以原孔筛检验超径小于5%,逊径小于10%。

(11)表观密度、堆积密度、孔隙率应符合如下规定:表观密度大于2 500 kg/m^3,堆积密度大于1 350 kg/m^3,孔隙率小于47%。

(12)进行粗骨料供应源选择时,应进行岩石抗压强度检验,岩石抗压强度与混凝土强度等级之比不小于2。

(13)吸水率≤2.5%。

(14)压碎值指标小于20%。

6.1.2.3　水泥

(1)宜采用强度等级为不低于42.5级的普通硅酸盐水泥或硅酸盐水泥,其质量应符合《硅酸盐水泥、普通硅酸盐水泥》(GB 175—1999)标准;

(2)不得使用立窑水泥,C$_3$A含量宜控制在6%~12%;

（3）总碱含量控制在 1.0% 以内；

（4）水泥中氯离子含量（以重量百分比计）不得大于 0.03%。

6.1.2.4 磨细矿渣

（1）磨细矿渣技术条件应符合国家标准《高强高性能混凝土用矿物外加剂》（GB/T 18736—2002）的 I 级或 II 级规定（比表面积、3 d 和 7 d 活性指数除外）；

（2）比表面积 ≥420 m^2/kg；

（3）烧失量不大于 3%。

6.1.2.5 二水石膏

作为体积稳定剂的二水石膏,其技术性能应该满足《石膏和硬石膏》（GB/T 5483—1996）中 G 类石膏特级产品技术要求。

（1）必须是 G 类产品；

（2）$CaSO_4 \cdot 2H_2O$ 含量在 95% 以上；

（3）细度:0.2 mm 方孔筛筛余率 ≤10%。

6.1.2.6 外加剂

外加剂应该满足《混凝土外加剂》（GB 8076—1997）的要求性能,掺高效减水剂混凝土的性能要求满足表 6 的要求。

表 6 掺高效减水剂混凝土的性能要求

项　　目		单位	标准要求	
			一等品	合格品
减水率		%	≥18	
泌水率比		%	≤90	≤95
含气量		%	≤3.0	≤4.0
抗压强度	3 d	%	≥130	≥120
	7 d	%	≥125	≥115
	28 d	%	≥120	≥110
28 天收缩率比		%	≤135	
对钢筋锈蚀作用		%	对钢筋无锈蚀作用	

泵送剂应满足《混凝土泵送剂》（JC 473—2001）的相关规定,掺泵送剂混凝土的性能要求应满足表 7 的要求。

表 7 掺泵送剂混凝土的性能要求

项　　目		单位	标准要求	
			一等品	合格品
坍落度增加值		mm	≥100	≥80
常压泌水率比		%	≤90	≤100
压力泌水率比		%	≤90	≤95
含气量		%	≤4.5	≤5.5
抗压强度（3 d、7 d、28 d）		%	≥90	≥85
坍落度保留值	30 min	mm	≥150	≥120
	60 min	mm	≥120	≥100
28 d 收缩率比		%	≤135	
对钢筋锈蚀作用		%	对钢筋无锈蚀作用	

6.1.2.7　纤维

必须符合产品《纤维混凝土结构技术规程》(CECS 38—2004)和厂商的产品技术指标要求。

6.1.2.8　水

1)一般要求

水的化学分析按《水工混凝土水质分析试验规程》(DL/T 5152—2001)进行。饮用水可以不进行试验;应满足《水闸施工规范》(SL 27—91)和《水工混凝土施工规范》(DL/T 5144—2001)5.5 的一般技术要求。

2)水的化学方面要求

(1)水中不应含有影响水泥正常凝结与硬化的有害杂质及油脂、糖类、游离酸类、碱、盐、有机物或其他有害物质;

(2)不得采用工业或生活污水;

(3)不得采用 pH 值小于 5 的酸性水;

(4)不得采用硫酸盐含量(按 SO_4^{2-} 计)超过 2 000 mg/L 和氯离子含量大于 200 mg/L 的水;

(5)钢筋混凝土结构不得使用海水拌制和养护混凝土。

6.2　设备

大掺量磨细矿渣混凝土施工机械设备与普通水工混凝土施工设备相比,主要区别是比普通水工混凝土多一些掺和料(有时还要加纤维)的贮备器具(或仓库),混凝土拌和设备中多了掺和料接合设备,其他的测量、混凝土试验、混凝土运输、混凝土浇筑、养护等机械设备相同。

7　质量控制

7.1　原材料及施工

(1)大掺量磨细矿渣混凝土原材料的质量必须严格控制;指标必须符合第 6 部分提出的要求;检验合格后,方可施工。

(2)对同一水泥厂生产的同品种、同标号的水泥,以一次进站的同一出厂编号的水泥作为一取样单位,但一批的总量不能超过 400 t;袋装水泥储运时间超过 3 个月,散装水泥超过 6 个月,使用前应重新检验;对水泥质量有怀疑时,应随时检查。

(3)对同厂家生产的同品种、同型号的磨细矿渣,以一次进站的同一出厂编号材料料作为一取样单位,磨细矿渣的一批总量不能超过 400 t,粉煤灰的一批总量不能超过 200 t,硅粉和体积稳定剂的一批总量不能超过 100 t;在正常保管的情况下,3 个月至少检查一次,对于库存超过 6 个月或有明显异常的矿物掺和料,使用前应进行复检;如有怀疑时,应随时检查。

(4)对集中生产的骨料,以连续供应 600 t 为一取样单位,不足 600 t 的也以一批论。

(5)外加剂质量检查应以连续供应 10 t 为一取样单位;不足 10 t 的也以一批论;超过保质期,使用前应进行复验;如有怀疑时,应随时检查。

(6)如果使用非饮用水时,开工前应该检验其质量;如果水源有改变和对水质有怀疑时,应及时检查。

(7)砂石的含水率每班至少检验 1 次,气温变化较大或雨天应增加检验次数,及时调整拌和用水量。

(8)混凝土各种原材料的配合量每班至少检验 2~4 次;混凝土搅拌时间每一工作班至少检查 2 次。

7.2　大掺量磨细矿渣混凝土施工

(1)每班至少检验新拌混凝土的坍落度 4 次,在制取试件时,应同时测定坍落度;每班至少检验新拌混凝土的含气量、泌水率 1 次;检验结果应该满足设计、施工要求。

（2）固化后混凝土的力学性能的质量检验以标准条件下养护的试件的抗压强度为主，必要时，尚需作抗拉、弹性模量等试验，抗压试件的检验应满足如下要求：

①不同标号、不同配合比的混凝土应分别制取试件。

②连续浇注厚大结构的混凝土时，每 100～200 m³ 混凝土成型一组 28 d 龄期试件，不足 100 m³ 混凝土取 1 组；浇注非厚大结构时，每 50～100 m³ 混凝土成型一组 28 d 龄期试件。

③每一工作班至少成型试件 1 组。

④混凝土试件强度合格与否的判定根据有关规定执行。

（3）混凝土耐久性的检验应满足如下要求：

①在标段、混凝土配合比、原材料相同的条件下，混凝土抗渗性试件每 20 000 m³ 混凝土取一组，不足 20 000 m³ 混凝土也应取一组；当配合比或者原材料有变动时，每次均应留置试件。

②在原材料相同的情况下，每一种混凝土配合比至少取一组抗冻、碳化、抗氯离子渗透快速试验试件；当配合比或者原材料有变动时，每次均应留置至少一组试件。

③试件的制作、养护、试验和合格评定应满足现行的相关国家标准和行业标准规定，并符合本报告的有关要求。

7.3 其他要求

（1）混凝土拌和物应该均匀，颜色一致，不得有离析和泌水现象出现。

（2）新拌混凝土的含气量应在 2.5%～4.0%，坍落度经时损失应较小。

（3）混凝土拌和物中的氯离子最高含量不大于 0.1%（占胶凝材料的质量百分比）。

（4）混凝土的强度应满足设计强度等级要求。

（5）大掺量磨细矿渣混凝土应满足耐久性能指标要求：

①抗渗等级和抗冻指标应满足设计要求。

②试验方法参照《水工混凝土试验规程》（DL/T 5150—2001）4.28 条进行快速碳化试验，温度为 20 ℃±5 ℃，二氧化碳浓度为 20%±3%，相对湿度为 75%±5% 环境下，快速碳化 28 d，碳化深度小于 20 mm。

③采用《水工混凝土试验规程》（DL/T 5150—2001）4.29 条进行混凝土抗氯离子渗透快速试验，氯离子相对渗透系数应 ≤2.2×10^{-12} m/s。

（6）钢筋的混凝土保护层厚度应满足设计要求；钢筋混凝土保护层垫块应采用与本体相同的胶凝材料配比，水胶比要小于构件本体混凝土的水胶比，强度等级应比构件本体混凝土的设计强度等级提高一个等级；垫块厚度尺寸不允许负偏差，正偏差不得大于 5 mm。

（7）钢筋混凝土最大裂缝宽度不应超过《水工混凝土结构设计规范》（SL/T 191—96）中四类环境要求。

（8）混凝土拆模后，不应出现蜂窝麻面现象。

（9）混凝土结构尺寸及外表应满足相应的验收规范和合同要求。

8 安全措施

大掺量磨细矿渣混凝土施工的安全措施与普通水工混凝土施工的安全措施无任何区别，必须严格按《水利水电建筑安装安全技术工作规程》（SD 267—88）、《水利水电起重机械安全规程》（SL 425—2008）和其相应结构的技术验收规程规范的要求。

（1）贯彻"安全第一、预防为主、综合治理"的方针，正确评价安全生产的情况，做好危险源辨识、评价与管理，防患于未然，作好安全交底，使安全生产达到标准化、规范化。

（2）建立长效的安全检查机制，根据现行国家标准《建筑施工安全检查标准》（JGJ 59—99）严格执行。

（3）严格执行国家、省市、行业的各有关安全生产规程、规定,严格按照相应的安全技术操作规程施工。

（4）混凝土拌制时,相关施工人员必须配戴可靠的防粉尘、防噪声的安全用具;混凝土浇注时施工人员要戴橡胶手套,穿橡胶质套鞋,配备防噪声耳机。

（5）做好"三宝"、"四口"、"五临边"的安全防护工作。

（6）严格执行"高空作业"、"安全用电"等相关规定。

（7）操作人员必须做好三级安全教育和班前安全技术交底,各工序施工前必须做好专项安全技术交底。

9 环保措施

大掺量磨细矿渣混凝土施工的环保措施与普通水工混凝土施工的环保措施无区别,主要有以下措施:

（1）各种施工用材料和设备应符合国家有关产品标准的环境保护指标的要求。

（2）砂石料的开采应该十分有序且以不过分破坏环境为前提。

（3）水泥尽量选用"绿色型"水泥工业生产的水泥。

（4）材料运输、贮备要使用专用机具与设备,采取防尘和防散漏措施,防止对环境的污染。

（5）现场设污水处理池,施工废水经处理合格后才进行排放。施工废渣、废料采用集中堆放,统一处理。

（6）施工作业产生的灰尘,除在现场的作业人员配备必要的专用劳保用品外,还应随时进行洒水以使灰尘公害减至最小程度。

（7）在施工期间,科学合理地规划施工区块,施工材料按要求整齐堆放,减少占地面积。

（8）在施工中,采用科学的施工管理方法合理安排施工作业,减少各施工工序的施工时间,减少电、水等能源浪费。

10 效益分析

10.1 社会效益

10.1.1 减少工业废料对环境的污染,有利于社会可持续发展

水泥生产排放大量的 CO_2、NO_x 和 SO_3 等有害废气,对人类生存环境与气候造成极其不利的影响。每生产 1 t 水泥可生产 1 t CO_2,我国 2003 年水泥产量达 8.63 亿 t,CO_2 的排放量仅次于美国,位居世界第二位。水泥生产能耗高,大量消耗自然资源,1 t 水泥消耗 1.01 t 石灰石、0.25 t 黏土、115 kg 煤和 108 kWh 电;水泥环境协调差,产生的污染相当严重。

大掺量磨细矿渣混凝土科学地大量使用工业废渣,既能提高混凝土的性能,又能减少对熟料的需求,制约高能耗水泥产业的投入规模,有利于产业结构调整。同时,大量使用工业废料,减少工业废料对环境的污染,有利于社会可持续发展,这符合党中央提出的科学发展观的精神,是科学发展观的具体体现。大掺量磨细矿渣混凝土技术的发展和应用,是社会发展的迫切需要,更是人类的生存和发展的需要,具有重大的社会效益。

10.1.2 延长工程寿命,极大地减少资源浪费和巨大的维修投入,是社会可持续发展的需要

根据最近出版的《中国腐蚀调查报告》一书,我国建筑工程因腐蚀造成的年损失约为 5 000 亿元,占 GDP 的 6%,其中直接损失与间接损失约各占一半。据美国专家估计,一个拦河坝的平均寿命大约为 50 年,全世界共有 4 万座大型拦河坝和 100 万座中型拦河坝年久失修。我国坝工混凝土建筑物的现状比较严峻,综合评估寿命为 30~50 年。"短命工程"不仅是需要庞大的经费投入,而特别重要的是工程寿命缩短将是资源能源的极大浪费。若以设计寿命为 30 年时各项资源、能源、

资金指标为 1 计,则很容易计算出不同使用年限时消耗之倍数,见表 8。

由表 8 可以看出,使用年限仅 5 年者其消耗将是 30 年的 6 倍,若寿命能延长至 100 年则消耗仅为 30 年的 0.3 倍。大掺量磨细矿渣混凝土由于注重的是高耐久性,其寿命一般在 100 年以上,因此大掺量磨细矿渣混凝土延长了工程寿命,极大地减少资源浪费和巨大的维修投入,是社会可持续发展的需要。

表 8   不同使用年限之消耗倍数

使用年限(年)	5	10	20	30	40	60	100
消耗倍数	6	3	1.5	1	0.75	0.5	0.3

10.2   经济效益

以曹娥江大闸为例,本工程共使用 24 万 m³ 大掺量磨细矿渣混凝土,由于在大掺量磨细矿渣混凝土中掺入了 61% 的磨细矿渣(不含水泥中自身含有的 8% 矿渣成分),水泥用量仅占普通混凝土的 35%,整个曹娥江大闸枢纽工程节约了 10 万多 t 水泥,由于磨细矿渣的价格比水泥低 60 多元/t,节约工程造价 600 多万元,大大降低了工程造价。

若考虑工程寿命的价值,一般来说,普通混凝土水利工程的评估寿命为 30～50 年(不考虑海工结构),而绿色高性能混凝土应用于本工程,使用寿命远大于 100 年。若普通混凝土工程按 40 年计,曹娥江大闸的大掺量磨细矿渣混凝土工程按 100 年计,从表 8 中可知,曹娥江大闸使用绿色高性能混凝土后各项资源、能源、资金的消耗仅为普通混凝土的 60%。

11   应用实例

曹娥江大闸枢纽工程位于浙江省绍兴市,钱塘江下游南岸主要支流曹娥江河口,是曹娥江流域综合规划和钱塘江河口尖山河段整治规划中的关键性工程,也是浙东引水工程的配水枢纽。枢纽工程由挡潮泄洪闸、鱼道、堵坝、导流堤等组成。枢纽工程为 I 等工程,主要建筑物挡潮泄洪闸、堵坝等为 I 级建筑物,按 100 年一遇设计,300 年一遇校核,设计排涝流量为 11 030 m³/s,挡潮闸总净宽 560 m(28 孔,每孔净宽 20 m),工程总投资约为 12.5 亿元,属大(I)型水闸工程,列入国家重大水利基础设施项目,被誉为中国河口第一大闸。

曹娥江大闸枢纽工程地处咸淡水交替处,河口地表水中氯离子含量 3 042～3 181 mg/L,根据《岩土工程勘察规范》(GB 50021—2001),在干湿交替条件下,曹娥江河口高平潮地表水,低平潮地表水和右岸地下水对钢筋混凝土结构具有中等腐蚀性,对混凝土的耐久性有严重影响。

曹娥江大闸枢纽工程作为国家重大水利基础项目,提出"混凝土百年耐久"设计目标,主要结构混凝土采用了大掺量磨细矿渣混凝土(钢筋保护层均为 60 mm,C30W8F100、C40W10F100,28 d 快速碳化,其碳化深度应≤6 mm、氯离子相对渗透系数应≤2.2×10⁻¹² m/s)。

11.1   原材料

本工程大掺量磨细矿渣混凝土的原材料严格按"确保质量、环境和谐、就近取材"的原则选择料源。水泥采用浙江尖峰水泥生产的 P.O42.5 级水泥;掺和料采用的是余姚明峰建材有限公司生产的磨细矿渣;体积稳定剂采用的是山东某厂生产的二水石膏天然材料;细骨料为嵊州浦口天然河砂;粗骨料取材于绍兴县柯桥州二村锦石料场的非碱活性碎石;外加剂为南京水利科学研究院瑞迪高新技术公司生产的 HLC—NAF2(B) 高效泵送剂;纤维选用的是宁波大成新材料股份有限公司研制生产的由聚脂和聚丙烯同心复合制成的强纶建材-II 纤维;水采用的是工业用水。经骨料碱活性检验、物理性能试验及胶凝材料化学成分、粉体颗粒分布、原材料其他性能检测等的试验,各项指标均符合要求。

11.2   配合比

在已有工程经验以及相关科研单位的研究成果的基础上,考虑多种胶凝材料的组合方案,经过一系列的性能对比分析(①新拌混凝土性能:坍落度、含气量、容重、和易性;②力学性能:抗压强度、劈裂抗拉强度、轴心抗拉强度、静力抗压弹模等;③耐久性:碱—骨料反应、混凝土抗氯离子渗透、混凝土碳化、混凝土抗渗性、混凝土抗冻性、抗硫酸盐侵蚀;④混凝土变形性能:混凝土干缩、轴心抗拉强度、抗拉弹性模量、混凝土极限拉伸值,根据不同部位技术要求,确定适用的高性能混凝土施工配合比),最终确定的高性能混凝土配合比如表9所示。

表9 曹娥江大闸枢纽工程大掺量磨细矿渣混凝土配合比成分

| 混凝土强度等级 | 配合比成分(kg/m³) | | | | | | | | | 使用部位 |
	水泥	磨细粉渣	二水石膏	水	砂	5~20碎石	20~40碎石	40~80碎石	NAF2(b)外加剂	
C40W10F100	154	268.4	17.6	154	599	637	637		3.52	胸墙、管道间
C40W10F100	174	303	20	174	595	1 125			4.474	轨道梁
C30W8F100	118	206	13.5	135	638	407	407	543	2.531	闸底板、消力池、护坦、上游坦水、海漫、翼墙、分隔墩4.89 m以下、集控楼地下室、检修场
C30W8F100	140	244	16	160	662	615	615		3.0	闸墩、防浪墙、栏杆基座、灌砌石海漫面层、下游坦水、护坡混凝土、鱼道、二期
C30W8F100	152	265.4	17.4	174	671	1 143			3.915	条石下混凝土基层、垫层、灌砌石海漫

为提高结构物的抗裂性能,在闸墩、防浪墙、二期等部位的C30W8F100大掺量磨细矿渣混凝土中还掺入了0.9 kg/m³纤维。

11.3 机械设备与浇注

混凝土全部采用JF1000拌和楼拌和,搅拌流程为先将骨料与水泥、掺和料一起干拌2 min,再加水、外加剂和纤维湿拌,总拌和时间4.5 min;6 m³混凝土搅拌车水平运输;闸底板、消力池采用行走桥式皮带机作为入仓设备,分块跳仓浇注;其他结构均采用50 t履带吊或160 t·m行走式塔机作为入仓设备;Φ50加长软轴插入式振捣器或Φ75高频振捣器振捣混凝土,B-11A平板振捣器或1.1 kW附着式振捣器辅助振捣。

大掺量磨细矿渣混凝土浇注均采用二次浇注、二次抹面工艺,混凝土浇注过程中产生的泌水由人工清除。

高温季节的大掺量磨细矿渣混凝土施工采用了加冰屑、加制冷水、预冷骨料、通冷却水等温控措施;冬季施工采用了骨料蓄热、仓面蓄热等措施。

11.4 养护与拆模

大掺量磨细矿渣混凝土结构二次抹面后就立即用养护膜和250 g/m²的土工布格覆盖,混凝土终凝后浇水养护7 d,7 d后拆除非承重模板,在模板拆除后立即喷涂F-8混凝土养护剂养护,强度达到设计强度且预应力工程完成后就拆除承重模板。

11.5 效果

曹娥江大闸枢纽工程共有24万 m³大掺量磨细矿渣混凝土,所有混凝土色泽均匀一致、表面光滑、无裂缝、外观美观,达到了清水混凝土的外观要求,外观质量得分率均在95%以上。并得到了来参观的社会各界的高度赞赏,被以潘家铮院士为首的专家组誉为"所见过质量最好的混凝土"。

(主要完成人:周雄杰 应小林 厉兴荣 汪佳佳 周芳颖)

桩膜围堰施工工法

北京翔鲲水务建设有限公司

1 前 言

桩膜围堰施工工法是我公司在实践过程中摸索总结出来的。在京密引水渠技术改造工程施工中,为保证引水渠沿线在施工期间不停水,并且符合围堰使用后拆除彻底、对水质无污染的要求,我公司设计并使用了单排桩"L"型桩膜围堰,该围堰以其施工简便、符合要求、运行可靠的特点,在京密引水一期技术改造施工中首次运用成功。在后继的城市水系治理、各种跨河穿河建筑物、入河口建筑设施及水库清淤施工中,我们对桩膜围堰技术进行了大量应用,并发展出了单排桩"U"型桩膜围堰和双排桩桩膜围堰等多种围堰形式,对其材料和施工方法进行了不断地总结和改进,形成了公司独特的围堰施工方法,取得了很好的经济效益和社会效益。目前,《一种桩膜围堰及其施工方法》经中华人民共和国知识产权局批准,获得发明专利,专利号为 ZL200810116765.6。

2 工法特点

(1)桩膜围堰施工速度快,侵占过水断面小,简便易行。

(2)环保效益和经济效益显著,围堰拆除彻底并且对水体无污染,用料省,主要材料可以反复周转使用。

(3)施工工艺科学实用,工作效率高。

3 适用范围

(1)本工法适用于水深在 5 m 以内,水流速度≤1.5 m/s 的各种跨河、跨渠建筑物的施工,各种入河口的建筑设施的施工,以及坑塘、水库库滨带、河湖的建筑物施工和清淤施工。

(2)当水深在 2.5 m 以下时,选用单排桩桩膜围堰;水深在 2.5~5 m 时,采用双排桩桩膜围堰。

(3)本工法适用于砂砾石和各种土质地层。

4 工艺原理

4.1 工作原理

桩膜围堰的工作原理是以桩作为围堰的主要承重结构,以斜撑、拉杆加强其稳定性,由水平梁加强其整体性,传递水压力,用特制苇帘、木板、定型钢拍子或钢模板作为防水膜布的垫层,迎水面铺设防水膜布挡水。

4.2 围堰形式

4.2.1 单排桩桩膜围堰

当水深小于 2.5 m 时,宜选用单排桩桩膜围堰。单排桩桩膜围堰按照铺膜形式分为"L"型桩膜围堰和"U"型桩膜围堰,"L"型桩膜围堰见图 1。

"U"型桩膜围堰的铺膜形式为"U"型,在"U"型桩膜围堰施工时,为保证围堰外侧施工方便,增加作业面积,可去掉斜撑,用钢索对拉相对桩头的方法,保证桩的稳定,见图 2。

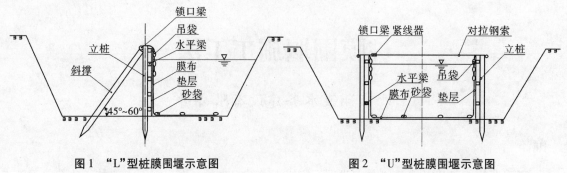

图1 "L"型桩膜围堰示意图   图2 "U"型桩膜围堰示意图

4.2.2 双排桩桩膜围堰

当水深大于2.5 m时,宜选用双排桩增加围堰稳定性,两排桩之间用系梁绑扎连接形成整体,即双排桩桩膜围堰。见图3。

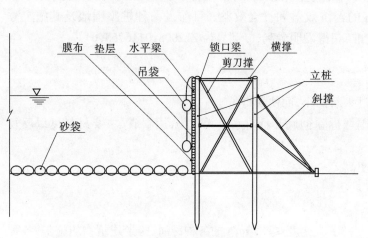

图3 双桩膜围堰示意图

5 工艺流程及操作要点

工艺流程见图4。

6 材料与设备

6.1 主要材料

主要材料见表1。

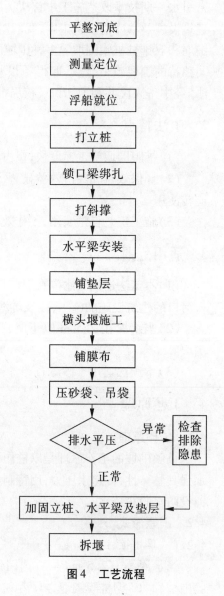

图4 工艺流程

表 1　主要材料

序号	材料名称	规格	使用部位
1	圆木	Φ18～20 cm	立桩
2	钢管	Φ140～Φ160	立桩
3	圆木	Φ14～18 cm	斜撑
4	铅丝	8#～12#	锁口梁、水平梁安装用
5	盘条	Φ6	锁口梁、水平梁安装用
6	方钢	5×10 或 4×8	水平梁
7	苇帘、竹胶板或多层板	根据围堰堰高确定	膜布垫层
8	钢拍子	根据围堰堰高确定	膜布垫层
9	聚氯乙烯中强、高强篷布	根据围堰断面、长度确定	挡水层
10	麻绳	—	压袋吊袋扎口及悬吊用
11	塑料编织袋	—	膜布搭接缝、压底膜使用

6.2　主要机具设备

主要机具设备见表 2。

表 2　主要机具设备

序号	设备名称	数量	用途
1	打桩浮船	1	水上行走
2	打桩机	1	机械打桩
3	石硪(铁硪)	1	人工打桩
4	经纬仪	1	测量监测
5	条凳	16	人工打桩

7　质量控制

本法在施工时,重点对材料质量作如下控制。

7.1　木桩和斜撑

木桩为 Φ18～20 cm 的圆木,长度根据围堰高来确定;斜撑为 Φ14～18 cm 的圆木,长度根据围堰高和水平夹角确定。

材质标准参照 GB 50206—2002 中的承重木结构原木材质标准Ⅱa 的要求,不能有腐朽,每个木节的最大尺寸不得大于所测部位原木周长的 1/6,在受剪面上(环向)不允许有裂缝。

7.2　钢桩

Φ140～Φ180 mm 钢管,桩长根据围堰高来确定。材质标准参照《一般结构用焊接钢管》(SY/T 5768—95)标准。

7.3　水平梁

5×10 方钢,符合《热轧圆钢和方钢尺寸、外形、重量及允许偏差》(GB/T 702—2004)的标准要求。

7.4　特制苇帘、竹胶板或多层板

特制苇帘粗杆密筋,每 50 cm 加一根小竹竿,不得有稀疏、破损处;竹胶板或多层板为正规厂家的合格产品。

7.5　钢拍子

水深大于 2 m 时,可替代水平梁和苇帘,钢拍子尺寸根据围堰高来确定,刚度需经力学验算。

7.6　防水膜布

聚氯乙烯中强篷布,焊接由厂家热焊,焊接扯断力要求不小于原布。

7.7 压缝用砂袋

塑料编织袋装入卵石或豆石,重 245~490 kg。

8 安全措施

(1)对围堰的安全高度按照如下公式进行核算:

$$H = H_u + H_w + h \tag{1}$$

式中:H 为围堰的安全高度,m;H_u 为围堰堰前壅高水位,m;h 为围堰安全超高,m,按规范确定;H_w 为风浸爬高:

$$H_w = 0.036 \times f^2 \times D \times \cos\alpha / H_0 \tag{2}$$

式中:f 为风速,m/s;D 为吹程,km;H_0 为堰前水深,m;α 为围堰坡度(%)。

(2)施工前对作业人员进行安全技术交底,配备水衩、救生衣等劳动保护用品,打桩机按照操作规程进行操作检查。

(3)为了满足定位精度和安全的要求,水流过大时,采用增大抛锚质量的方法稳定打桩浮船。

(4)超过 2.0 m 水深带水作业时,现场要配备有经验的救生员。

(5)设置观测点对围堰(主要是立桩)的标高和平面位置进行观测,尤其应在围堰拐角处、地址情况不佳处设置观测点进行观测,并参照构筑物变形的要求,制定控制限值。控制限值见表3。观测仪器为全站仪和水准仪,汛期每天两次,详细记录观测结果,发现异常要分析原因,并及时处理加固。设置专职人员看护围堰,在雨天时加大现场巡视力度。

(6)制定围堰的安全应急预案,以便在发生异常情况时能够及时处理。

表3 围堰运行控制限值

监测项目	预警值	报警值	极限值
桩顶位移值(mm)	20	30	50

9 环保措施

废弃的防水膜布、苇帘、编织袋等建筑垃圾统一由有资质的垃圾站进行处理,不得任意丢弃或自行处理。

10 效益分析

桩膜围堰施工速度快、糙率小、过水能力强,所需材料均为通用材料,且可周转使用,具有很好的经济性和适用性。

可带水筑堰,供排水不间断,在城市河道施工中优势明显,是近年来城市河道中采用最多的堰型,具有很好的社会效益。

围堰使用后拆除彻底,对渠水及两岸无污染,具有明显的环保效益。

11 应用实例

桩膜围堰工法经过不断完善,在北京城市水系治理、各种跨河建筑物穿河管线(如桥梁跨河、燃气热力管道穿河、电力电信管道穿河、雨污水管线穿河、铁路箱涵穿河等建筑物)、入河口及河道内建筑设施(如各种管、涵和闸)及水库清淤施工中都使用了桩膜围堰进行导流,应用十分广泛,施工时均严格按照工法的关键工艺进行作业,很好地保证了工程的进度要求和工程质量,具体应用见图5~图12。

图5　桩膜围堰在城市水系长河段运用

图6　昆玉段双孔箱涵入河口施工

图7　滨角园跨河桥墩柱施工

图8　滨角园跨河桥施工围堰正常运行

图9　凉水河跨河桥施工中围堰导流

图10　地铁过玉渊潭湖围堰排水导流

图11　双桩膜围堰在三家店水库清淤中运用

图12　三家店水库清淤工程中围堰运行

（主要完成人：刘才厚　段启山　李志红　谭　泓　李庆军）

工于九围 誉之四海

浙江省围海建设集团股份有限公司自成立以来，始终致力于拓展人与自然和谐相处的发展空间，始终引领行业发展，始终坚持以科技创新为核心，演绎着科技对世界的美好诠释，走出一条"自主创新、科技围海"的标准化海堤建设的道路，是中国最具实力的海堤一体化服务商。依靠先进的技术、工艺、设备，专业化的管理团队，丰富的施工经验，科学的管理体系，已发展成为我国海堤建设领军企业。

南起广东，北达辽宁，在祖国大江南北留下了围海人坚实的脚步。公司累计建设海堤长度超过600公里，对应围区面积达100多万亩，相当于新加坡的国土面积，在全国海堤建设累积总长度占比排名第一。承建项目荣获"全国十大科技建设成就奖"、"鲁班奖"、"国家优质工程金质奖"、"詹天佑奖"、"新中国成立60周年100项经典暨精品工程奖"等省部级以上优质工程奖。

二十余载春华秋实，围海人肩负治水、兴水使命，立志产业报国，承接先辈的伟大事业，秉承"发展蓝色经济，建设绿色家园"的企业理念，大力弘扬"精诚、超越、共进"的企业精神，为建设海洋、保护海洋开拓创新，作出自己的贡献。

全国最大的一级群众渔港——玉环坎门渔港的防波堤

大型深水插板船

深水区排水板插设施工

东海大桥海堤——世界上第一条高速公路海堤

浙江国海建设股份有限公司

公系国防建设
优质工程保障

浙江省舟山警备区码头战场建设指挥部
二〇〇六年七月

浙江省国海建设集团股份有限公司
2008中国建筑业连续3年最具综合实力10强企业

全国优秀水利企业

（2007年度）
中国水利企业协会
二〇〇八年十一月

全国文明单位

中央精神文明建设指导委员会
2009年1月

荣誉——源自围海光辉业绩

荣誉——给予围海最好回报

荣誉——推动围海不断前行

围海股份
RECLAIM CONSTRUCTION

浙江漩门二期堵港蓄淡工程——当时国内最大的深水堵港工程

被授予"中国最佳生态旅游示范区"称号

也是我国最大的蓄淡水库，相当于六个杭州西湖

亚洲最软地基的水库大坝
——台州里墩大坝

复杂软基爆破挤淤筑堤施工

不占一分耕地，建造一座新城——舟山东港海堤

工欲善其事

必先利其器

温州灵霓海堤——中国最长的跨海大堤，全长14.5公里

长乐外文武水闸——福建省修建的第一座外海滩区大型围垦工程中的配套挡潮闸

活塞式土方输送船施工

滩涂桁架式筑堤机土方施工

对开驳船